FRIEDRICH KLAGES

Lehrbuch der organischen Chemie I, 2

LEHRBUCH DER ORGANISCHEN CHEMIE

IN DREI BÄNDEN

VON

DR. FRIEDRICH KLAGES
Professor der organischen Chemie an der Universität München

1953

WALTER DE GRUYTER & CO.
vormals G. J. Göschen'sche Verlagshandlung · J. Guttentag, Verlagsbuchhandlung
Georg Reimer · Karl J. Trübner · Veit & Comp.
BERLIN W 35

LEHRBUCH
DER ORGANISCHEN CHEMIE

I. BAND
SYSTEMATISCHE ORGANISCHE CHEMIE

2. HÄLFTE
STICKSTOFF- UND ANDERE NICHTMETALLVERBINDUNGEN
METALLORGANISCHE VERBINDUNGEN
CYCLISCHE VERBINDUNGEN U. A.

VON

DR. FRIEDRICH KLAGES

Professor der organischen Chemie an der Universität München

MIT 6 ABBILDUNGEN UND 16 TABELLEN

1953

WALTER DE GRUYTER & CO.

vormals G. J. Göschen'sche Verlagshandlung · J. Guttentag, Verlagsbuchhandlung
Georg Reimer · Karl J. Trübner · Veit & Comp.

BERLIN W 35

vormals G. J. Göschen'sche Verlagshandlung / J. Guttentag, Verlagsbuchhandlung / Georg Reimer / Karl J. Trübner / Veit & Comp.
Berlin W 35
Archiv-Nr. 52 94 53 Printed in Germany
Satz: Walter de Gruyter & Co. Druck: Günther & Sohn, Berlin

Meinem hochverehrten Lehrer
Herrn Geh. Regierungsrat, Prof. Dr. phil.,
Dr. ing. e. h., Dr. med. h. c., Dr. phil. h. c.

HEINRICH WIELAND

in Dankbarkeit
zugeeignet

Vorwort

Die Entwicklung der organischen Chemie innerhalb der ersten Hälfte dieses Jahrhunderts hat gegenüber der mehr praktisch eingestellten Forschungsrichtung der Vorperiode — bedingt durch den Zwang zum Ausbau des von KEKULÉ aufgestellten Systems der organischen Chemie — insofern einen grundsätzlichen Wandel erfahren, als nunmehr wieder rein theoretische Fragen in den Vordergrund des Interesses gerückt sind, so insbesondere die Zusammenfassung des reichhaltigen in dieser Vorperiode aufgefundenen Tatsachenmaterials mit Hilfe moderner physikalischer Methoden zu einem geschlossenen theoretischen Gebäude der „Chemie des Kohlenstoffs". Dieser Entwicklung hat die Mehrzahl der organisch chemischen Lehrbücher, die immer noch, der Forschungsrichtung der Vorperiode entsprechend, im wesentlichen auf eine beschreibende Darstellung der einzelnen Verbindungsklassen und Verbindungen eingestellt ist, bisher nur unvollkommen zu folgen vermocht, so daß ein steigendes Bedürfnis entstanden ist, diese allgemeinen Lehrbücher durch Werke rein theoretischen Inhalts zu ergänzen.

Um diese Lücke in der chemischen Lehrbuchliteratur zu schließen, wurde in dem vorliegenden neuen „Lehrbuch der organischen Chemie" der Versuch unternommen, die moderne Forschungsrichtung auch im Rahmen eines allgemeinen Lehrbuchs schon ausführlich zu behandeln und dadurch dem Chemie-Studierenden in einem einzigen Werk ein neuzeitliches Gesamtbild seiner Wissenschaft zu geben. Insbesondere wurde Wert gelegt auf ein tieferes Verständnis für die zahlreichen Beziehungen und Zusammenhänge zwischen den verschiedenen Verbindungen und Verbindungsklassen, die für den noch lernenden Chemiker häufig wichtiger sind als die Einzeltatsachen selbst.

Dieser erweiterte Aufgabenbereich machte allerdings eine wesentliche Vergrößerung des bisher üblichen Lehrbuchumfanges und damit die Abfassung eines mehrbändigen Werkes, wie sie auch in den Nachbargebieten (anorganische Chemie, Physik, Mathematik) bereits vorliegen, erforderlich. Doch wurden Umfang und Stoffaufteilung der einzelnen Bände so abgewogen, daß eine über einen längeren Zeitraum gehende ratenweise Anschaffung des Gesamtwerkes ohne wesentliche Beeinträchtigung des Verständnisses möglich ist; denn das Lehrbuch soll ja nicht erst kurz vor dem Examen angeschafft werden, sondern den Studierenden während eines möglichst großen Teil seines Studiums begleiten.

Auch hinsichtlich der Stoffeinteilung hat sich die Notwendigkeit einer grundlegenden Änderung gegenüber den bisherigen Gepflogenheiten ergeben. So ist es z. B.

heute nicht mehr möglich, theoretische Fragen, wie etwa die Mesomerielehre oder die Stereochemie, im Rahmen der üblichen Lehrbucheinteilung in eine aliphatische, eine aromatische und eine heterocyclische Reihe erschöpfend zu behandeln, da ihre Darstellung jeweils die Kenntnis sämtlicher Verbindungsklassen der organischen Chemie voraussetzt. Ebenso treten bei den organischen Farbstoffen, den verschiedenen Gruppen von Naturstoffen, der Biochemie usw. häufig Stoffe nebeneinander auf, die verschiedenen Verbindungsklassen angehören, also bei keiner dieser Verbindungsklassen gemeinsam behandelt werden können. Zur Umgehung dieser und ähnlicher Schwierigkeiten wurde daher das Prinzip der geschlossenen Darstellung des gesamten Materials aufgegeben und eine Unterteilung des Stoffes in die folgenden drei, voneinander mehr oder weniger unabhängigen Teile vorgenommen:

1. Die systematische organische Chemie (zwei Halbbände), in der die verschiedenen organisch-chemischen Verbindungsklassen vom Standpunkt der Chemie des Kohlenstoffs aus nebeneinander behandelt werden. Hier wurden im Gegensatz zu sämtlichen bisherigen Lehrbüchern erstmals die aliphatischen und aromatischen Verbindungen nicht mehr getrennt einander gegenübergestellt, sondern sowohl die Unterschiede als auch die zahlreichen Übergänge zwischen den gesättigten, ungesättigten und aromatischen Reihen für jede Verbindungsklasse besonders hervorgehoben. Ferner wurden die bisher stets bei den einzelnen Verbindungsklassen untergebrachten und daher über das ganze Gebiet verstreuten Reaktionen des Kohlenstoffgerüstes (Oxydation, Reduktion, Synthese und Abbau) am Schluß dieses Teils nochmals in einem eigenen Kapitel zusammengefaßt.
2. Die theoretische und allgemeine organische Chemie, in der, nach Beschreibung der wichtigsten Einzeltatsachen im ersten Teil und unter Voraussetzung dieser Einzeltatsachen, die theoretischen Grundlagen des gesamten Gebietes von einer höheren Warte aus behandelt werden, und schließlich
3. Die Sondergebiete, die die mineralisch vorkommenden organischen Verbindungen, die organischen Farbstoffe, die Grundlagen der Chemie der hochmolekularen Stoffe, die verschiedenen Gruppen von Naturstoffen und die Grundlagen der Biochemie enthalten.

Das Buch ist seiner ganzen Anlage nach in erster Linie für den fortgeschrittenen Chemie-Studierenden (nach dem Diplom-Vorexamen) bestimmt und enthält für ihn, sowie auch für den fertigen Chemiker, über den rein erlernbaren Stoff hinaus genügend (vielfach in Tabellen und Formelbildern übersichtlich geordnetes) Tatsachenmaterial, um sich über sämtliche wichtigeren Gebiete der organischen Chemie einen orientierenden Überblick zu verschaffen. Doch ist die ganze Darstellung, namentlich des ersten systematischen Teiles, so gehalten, daß das Buch auch von einem Anfänger mit den üblichen anorganisch-chemischen Vorkenntnissen gelesen werden kann.

Ein derartig umfangreiches Werk, das die Grenzen dessen erreicht, was ein einzelner Autor heute noch zu überblicken vermag, kann natürlich nicht ohne Hilfe von außen fertiggestellt werden. Insbesondere habe ich von einer sehr großen Anzahl von Kollegen in und außerhalb von München, die ich unmöglich alle namentlich anführen kann, durch Anregungen, Ratschläge, Überlassung von Sonderdrucken und vor allem auch Begutachtung einzelner Kapitel wertvolle Unterstützung erfahren, für die ich an dieser Stelle nochmals meinen herzlichen Dank aussprechen möchte. Ferner danke ich meinen Mitarbeitern, Herrn Dr. K. Mönkemeyer, sowie den Herren Dipl. chem. R. Heinle, W. Grill, H. Meuresch, W. Mesch und H.-J. Manderla für ihre unermüdliche Hilfe beim Lesen der Korrekturen, sowie meiner lieben Frau für ihre Mitarbeit bei der Abfassung des Manuskripts.

Die Hinweise auf einschlägige Stellen in den anderen Teilen des Buches erfolgen stets durch Angabe der Kapitel und Kapitelabschnitte (z. B. **III**, Kap. 4, IV, 2b), so daß sich gegebenenfalls auch bei voneinander unabhängigen Neuauflagen der einzelnen Bände keine Schwierigkeiten ergeben würden. Hierbei bedeuten die vorstehenden fetten römischen Zahlen **I**, **II** und **III** jeweils die oben angeführten drei Bände. Innerhalb der einzelnen Bände, sowie von der zweiten Hälfte der systematischen organischen Chemie zur ersten zurück, werden dagegen stets die Seiten zitiert.

München im Mai 1952

Friedrich Klages

Stoffeinteilung

I. Band, erste Hälfte:

Einführung in das Gesamtwerk

1. Kapitel: Die Grundlagen der organischen Chemie

Systematische organische Chemie

2. Kapitel: Die Kohlenwasserstoffe
3. Kapitel: Die organischen Halogenverbindungen
4. Kapitel: Die organischen Sauerstoffverbindungen (Oxyverbindungen, Oxoverbindungen, Carbonsäuren, Kohlensäurederivate)
5. Kapitel: Verbindungen mit mehreren Sauerstoff-Funktionen im Molekül

I. Band, zweite Hälfte:

6. Kapitel: Die organischen Stickstoffverbindungen
7. Kapitel: Die organischen Schwefelverbindungen
8. Kapitel: Die organischen Verbindungen der übrigen Nichtmetalle
9. Kapitel: Die metallorganischen Verbindungen
10. Kapitel: Verbindungen mit anomalen Funktionen (Kohlenoxydderivate, freie Radikale, organische Verbindungen mit künstlichen Isotopengemischen)
11. Kapitel: Die cyclischen Verbindungen
12. Kapitel: Die Reaktionen am Kohlenstoffgerüst (Oxydation, Reduktion, Synthese, Abbau)

II. Band:

Theoretische und allgemeine organische Chemie

1. Kapitel: Die Geschichte der organischen Chemie
2. Kapitel: Die physikalischen Hilfsmittel der organischen Chemie
3. Kapitel: Die Bindungen und Bindungssysteme der organischen Chemie
4. Kapitel: Die Reaktionen und Reaktionsmechanismen der organischen Chemie
5. Kapitel: Tautomerieprobleme
6. Kapitel: Die zwischenmolekularen Kräfte und Assoziationserscheinungen
7. Kapitel: Die Stereo- oder Raumchemie

III. Band:

Sondergebiete

1. Kapitel: Die mineralisch vorkommenden organischen Verbindungen
2. Kapitel: Die organischen Farbstoffe
3. Kapitel: Die Grundlagen der Chemie der hochmolekularen Verbindungen
4. Kapitel: Die Zucker- oder Kohlenhydrate
5. Kapitel: Die Isoprenabkömmlinge
6. Kapitel: Sonstige stickstoffreie organische Naturstoffe (Fette und verwandte Verbindungen, natürliche Phenolderivate)
7. Kapitel: Die stickstoffhaltigen organischen Naturstoffe (Eiweisstoffe, Purinderivate, Alkaloide)
8. Kapitel: Die Grundlagen der Biochemie

Inhalt

I. Band, zweite Hälfte

Seite

6. Kapitel. Die organischen Stickstoffverbindungen 533

I. Die Aminoverbindungen 535

1. Die gesättigten aliphatischen Amine 536
a) Darstellung und allgemeine Eigenschaften 536
b) Die Derivate der aliphatischen Amine 544
α) Die Metallamide 545
β) Die Ammoniumsalze 545
γ) Die quartären Ammoniumsalze 546
δ) Die tertiären Imoniumsalze 549
ε) Die Säurederivate der Amine 550
c) Einzelne Amine 551
α) Die primären Amine 551
β) Die sekundären Amine 554
γ) Die tertiären Amine 555
δ) Die Polyamine 556
ε) Die cyclischen Amine 558
2. Die Enamine 561
3. Die aromatischen Amine 563
a) Darstellung und allgemeine Eigenschaften 563
b) Die Derivate der aromatischen Amine 570
c) Einzelne Amine 572
4. Die Aminoderivate der organischen Sauerstoffverbindungen 576
a) Die Aminoalkohole 576
b) Die Aminophenole 577
c) Die Aminoaldehyde und Aminoketone 578
d) Die Aminocarbonsäuren 580
α) Die 1,2- oder α-Aminocarbonsäuren 580
β) Die β-, γ-, δ- und ε-Aminocarbonsäuren 587
γ) Die aromatischen Aminocarbonsäuren 588

II. Die organischen Derivate anderer gesättigter Stickstoff-Wasserstoff-Verbindungen 590

1. Die aliphatischen Derivate des Hydroxylamins 590
a) Die α-Alkylhydroxylamine 590
b) Die β-Alkylhydroxylamine 591
2. Die Trialkylaminoxyde 592
3. Die aromatischen Derivate des Hydroxylamins 593
4. Die aliphatischen Derivate des Hydrazins 595
5. Die aromatischen Derivate des Hydrazins 598
a) Die Mono-arylhydrazine 598
b) Die Diarylhydrazine 600
c) Die Triarylhydrazine 601
d) Die Tetraaryl-hydrazine 602
6. Die Isonitramide 602
7. Tri- und Tetrazanderivate 603

Seite

III. Verbindungen mit einer ungesättigten Kette von Stickstoffatomen 605
1. Die Diazoverbindungen 605
a) Die aliphatischen Diazoverbindungen 606
b) Die aromatischen Diazoverbindungen 613
2. Die organischen Derivate des Diimins (Azoverbindungen) 626
a) Allgemeines 626
b) Die aliphatischen Azoverbindungen 628
c) Die aromatischen Azoverbindungen 629
d) Die Azoxy-Verbindungen 632
3. Die organischen Derivate des Triazens und der Stickstoffwasserstoffsäure 633
a) Monosubstituierte Aryl-triazene 633
b) Di- und trisubstituierte Triazene 634
c) Die Azide 635
4. Die organischen Derivate des Tetrazens, Hexazens usw. 637

IV. Die Nitroverbindungen 639
1. Darstellung und allgemeine Eigenschaften 639
2. Die aliphatischen Nitroverbindungen 646
3. Die aromatischen Nitroverbindungen 650

V. Die Nitrosoverbindungen 660
1. Darstellung und allgemeine Eigenschaften 660
2. Einzelne Nitrosoverbindungen 664

7. Kapitel. Die organischen Schwefelverbindungen 667

I. Die organischen Derivate des oxydativ zweiwertigen Schwefels 667
1. Die Mercaptane und Thiophenole 668
2. Die Thioäther 673
3. Die Trialkyl-sulfoniumsalze 674
4. Die Disulfide 675

II. Die organischen Derivate der höheren Wertigkeitsstufen des Schwefels . . . 676
1. Die Sulfonsäuren und ihre Derivate 676
2. Die Sulfone 687
3. Die Sulfinsäuren und ihre Derivate 689
4. Die Sulfoxyde und ihre Derivate 691

8. Kapitel. Die organischen Verbindungen der übrigen Nichtmetalle 694

I. Allgemeines 694

II. Die organischen Derivate des Selens und Tellurs 696

III. Die organischen Derivate des Phosphors, Arsens und Antimons 696
1. Die organischen Phosphorverbindungen 697
a) Die organischen Derivate des dreiwertig negativen Phosphors 697
b) Die organischen Derivate des positiv dreiwertigen Phosphors 699
c) Die organischen Derivate des fünfwertigen Phosphors 700
2. Die organischen Arsenverbindungen 701
a) Die organischen Derivate des negativ dreiwertigen Arsens 701
b) Die organischen Derivate des positiv dreiwertigen Arsens 703
c) Die organischen Derivate des fünfwertigen Arsens 705
3. Die organischen Antimonverbindungen 707

IV. Die organischen Derivate der Nichtmetalle der vierten und dritten Gruppe des Periodensystems 708
1. Die organischen Siliciumverbindungen 708
2. Die organischen Germaniumverbindungen 711
3. Die organischen Borverbindungen 712

Seite

9. Kapitel. Die metallorganischen Verbindungen . . . 715

I. Darstellung und allgemeine Eigenschaften . . . 715
II. Die wasserunbeständigen metallorganischen Verbindungen . . . 725
1. Die organischen Derivate der Alkalimetalle . . . 725
2. Die magnesiumorganischen Verbindungen . . . 727
3. Die organischen Zink- und Cadmiumverbindungen . . . 728
4. Die organischen Derivate des Aluminiums, Galliums und Indiums . . . 729
III. Die wasserbeständigen metallorganischen Verbindungen . . . 729
1. Die organischen Quecksilberverbindungen . . . 730
2. Die organischen Zinnverbindungen . . . 731
3. Die organischen Bleiverbindungen . . . 732
4. Die organischen Wismutverbindungen . . . 734
5. Die organischen Chromverbindungen . . . 734

10. Kapitel. Verbindungen mit anomalen Funktionen . . . 736

I. Das Kohlenoxyd und seine Derivate . . . 736
1. Allgemeines . . . 736
2. Das Kohlenoxyd . . . 738
3. Die Isonitrile oder Isocyanide . . . 740
4. Die Knallsäure . . . 744
II. Die freien Radikale . . . 746
1. Die Triarylmethylradikale . . . 748
2. Sonstige Polyarylalkylradikale . . . 752
3. Die freien Alkylradikale . . . 754
4. Die Radikale mit zweibindigem Stickstoff . . . 756
5. Die Radikale mit dreibindigem Stickstoff . . . 758
6. Radikale anderer Heteroelemente . . . 759
III. Künstliche Isotopengemische in der organischen Chemie . . . 760
1. Die organischen Deuteriumverbindungen . . . 760
2. Die organischen Verbindungen mit schwerem Sauerstoff . . . 766
3. Die organischen Verbindungen mit schwerem Stickstoff und Kohlenstoff 767
4. Organische Verbindungen mit künstlich radioaktiven Elementen . . . 768

11. Kapitel. Die cyclischen Verbindungen . . . 771

I. Die alicyclischen Verbindungen . . . 773
1. Allgemeines über die Cycloparaffine und ihre Derivate . . . 773
2. Die Cycloparaffine und ihre Derivate . . . 781
a) Das Cyclopropan und seine Derivate . . . 781
b) Das Cyclobutan und seine Derivate . . . 783
c) Das Cyclopentan und seine Derivate . . . 786
d) Das Cyclohexan und seine Derivate . . . 788
e) Das Cycloheptan und seine Derivate . . . 792
f) Das Cyclooctan und seine Derivate . . . 794
g) Cycloparaffine größerer Ringweite . . . 797
3. Bi- und polycyclische Ringsysteme . . . 800
a) Polycyclische Ringsysteme ohne gemeinsame Ringatome . . . 802
b) Die Spirane . . . 802
c) Orthokondensierte Ringsysteme . . . 803
d) Bicyclische Ringsysteme mit mehr als zwei, beiden Ringen gemeinsamen Atomen . . . 805
e) Polycyclische Ringsysteme . . . 808
4. Die heterocyclischen Verbindungen der alicyclischen Reihe . . . 809

Seite

II. Die cyclischen Verbindungen vom Benzoltypus 812
1. Kondensierte aromatische Ringsysteme 812
a) Allgemeines 812
b) Das Naphthalin und seine Derivate 813
c) Das Anthracen und seine Derivate 821
d) Das Phenanthren und seine Derivate 827
e) Höher kondensierte, rein aromatische Ringsysteme 830
f) Verbindungen mit kondensierten aromatischen und aliphatischen Ringsystemen 834
2. Die Verbindungen vom Pyridintypus 838
a) Allgemeines 838
b) Einzelverbindungen der Pyridinreihe 844
c) Das Chinolin und seine Derivate 845
d) Das Isochinolin 849
e) Das Acridin und seine Derivate 850
3. Sechsgliedrige Ringsysteme mit mehreren Stickstoffatomen 851
a) Die Diazine und ihre Derivate 851
α) Das Pyridazin und seine Derivate 851
β) Das Pyrimidin und seine Derivate 852
γ) Das Pyrazin und seine Derivate 854
b) Die Triazine und ihre Derivate 854
α) Das sym-Triazin und seine Derivate 855
β) Das vic- und das as-Triazin 856
c) Die Tetrazine und ihre Derivate 857
4. Die sauerstoffhaltigen sechsgliedrigen Ringsysteme 858
a) Die Pyryliumsalze 858
b) Die Pyrone 860
5. Die schwefelhaltigen sechsgliedrigen Ringsysteme 865

III. Die fünfgliedrigen Ringsysteme mit aromatischem Charakter 867
1. Die Verbindungen vom Pyrroltypus 867
a) Das Pyrrol und seine Derivate 867
b) Das Indol und seine Derivate 874
c) Das Carbazol und andere polycyclische Pyrrolderivate 878
d) Die fünfgliedrigen Ringsysteme mit mehreren N-Atomen 878
α) Allgemeines 878
β) Das Pyrazol und seine Derivate 881
γ) Das Imidazol und seine Derivate 884
δ) Die Triazole 885
ε) Das Tetrazol und seine Derivate 888
2. Die Verbindungen vom Furantypus 890
a) Das Furan und seine Derivate 890
b) Cumaron, Diphenylenoxyd und höhere Benzofurane 893
c) Die Oxazole und Furazane 895
3. Die Verbindungen vom Thiophentypus 897
a) Allgemeines 897
b) Das Thiophen und seine Derivate 898
c) Die Azaverbindungen der Thiopenreihe 900
d) Die Trithione 901
e) Das Selenophen 903

Seite

12. Kapitel. Die Reaktion am Kohlenstoffgerüst . . . 904

I. Die Oxydationsreaktionen . . . 904

1. Die direkte Oxydation . . . 904
a) Elementarer Sauerstoff, Ozon, Peroxyverbindungen . . . 905
b) Kaliumpermanganat, Chromtrioxyd und Salpetersäure . . . 906
c) Moderne Oxydationsmittel . . . 908

2. Die indirekte Einführung von Sauerstoff . . . 910

3. Die Dehydrierung . . . 912

II. Die Reduktionsreaktionen . . . 917

1. Wasserstoff als Reduktionsmittel . . . 917
a) Der elementare Wasserstoff . . . 917
b) Der nascierende Wasserstoff . . . 919
c) Die elektrolytische Reduktion (und Oxydation) . . . 921
d) Der atomare Wasserstoff . . . 922

2. Sonstige Reduktionsmittel . . . 923

3. Die indirekte Reduktion . . . 925

III. Der Aufbau von C···C-Bindungen . . . 926

1. Synthesen mit negativ polarisiertem Kohlenstoff . . . 926
a) Die KOLBEsche Nitrilsynthese und verwandte Reaktionen . . . 927
b) Die Synthesen mit metallorganischen Verbindungen . . . 927
c) Die von 1,3-Dicarbonylverbindungen ausgehenden Synthesen . . . 928

2. Die Kondensationsreaktionen . . . 928
a) Die FRIEDEL-CRAFTsche Synthese (im weitesten Sinne) . . . 932
b) Die Kondensationsreaktionen der Alkohole . . . 935
c) Die Kondensationsreaktionen der Oxoverbindungen . . . 936
α) Die Aldolkondensation und verwandte Reaktionen . . . 936
β) Die Crotonaldehydkondensation und verwandte Reaktionen . . . 939
d) Die Ester- oder CLAISEN-Kondensation . . . 941
e) Die Kondensationsreaktionen anderer Carbonsäurederivate . . . 943

3. Die auf Anlagerungsreaktionen an C···C-Mehrfachbindungen beruhenden synthetischen Verfahren . . . 944

4. Die oxydierende und reduzierende Verknüpfung von C-Atomen . . . 949

IV. Der Abbau von C···C-Bindungen . . . 950

1. Der oxydative Abbau von C···C-Bindungen . . . 951
a) Der stufenweise Abbau einer Paraffinkette von ihrem Ende her . . . 951
b) Die Spaltung längerer Ketten in der Mitte . . . 953

2. Die Spaltung von C···C-Bindungen unter Erhaltung der Gesamtoxydationsstufe . . . 954

3. Die Verwendung von Abbaureaktionen zur Strukturaufklärung organischer Verbindungen . . . 957

6. Kapitel

Die organischen Stickstoffverbindungen

Unter *organischen Stickstoffverbindungen* im weitesten Sinne versteht man alle Substanzen, die einen stickstoffhaltigen Rest mittels des N-Atoms an ein Kohlenstoffradikal gebunden enthalten. Von ihnen stehen jedoch alle Verbindungen, in denen der Stickstoff mehrfach oder neben anderen Heteroatomen an ein oxydativ höherwertiges C-Atom gebunden ist, in derart nahen Beziehungen zu den Sauerstoffverbindungen der gleichen Oxydationsstufe, daß man sie, wie bereits auf S. 173 betont, zweckmäßig als deren Derivate betrachtet. Wir wollen daher (der allgemeinen Gepflogenheit entsprechend) im folgenden unter Stickstoffverbindungen im engeren Sinne nur diejenigen Substanzen zusammenfassen, in denen der stickstoffhaltige Rest durch eine einfache Bindung mit einem keine weiteren Heteroatome tragenden C-Atom verknüpft ist.

Da der *Stickstoff* nach dem Sauerstoff das wichtigste Heteroelement der organischen Chemie darstellt, ist die Zahl der bekannten Stickstoffverbindungen des Kohlenstoffs sowie deren Bedeutung für Natur und Technik ebenfalls außerordentlich groß. Sie weisen jedoch einen ganz anderen Charakter auf als die vorbesprochenen Sauerstoffverbindungen. Während diese sich nur vom Wasser ableiten und ihre chemische Mannigfaltigkeit hauptsächlich durch das verschiedenartige Verhalten des Kohlenstoffs in den verschiedenen Sauerstoff-Funktionen bedingt ist, liegen bei den Stickstoffverbindungen die Verhältnisse gerade umgekehrt. Einerseits leiten sie sich von einer sehr großen Anzahl anorganischer Stickstoffverbindungen ab, die häufig sogar als reine Wasserstoffverbindungen überhaupt nicht existenzfähig sind (wie z. B. *Diimin* H—N=N—H oder *Aminoxyd* $H_3N \rightarrow O$) andererseits ist die einfache C—N-Bindung im Gegensatz zur C—O- oder gar C—Hal-Bindung bereits ziemlich reaktionsträge und nähert sich in dieser Beziehung der nahezu reaktionslosen C—C- oder C—H-Bindung. Infolgedessen tritt bei den Reaktionen der organischen Stickstoffverbindungen der Kohlenstoffrest häufig überhaupt nicht in Erscheinung, und die Umsetzungen spielen sich fast ausschließlich am Stickstoff ab. Das bedeutet aber, daß die Chemie der organischen Stickstoffverbindungen in mancher Hinsicht nur eine durch den stabilisierenden Einfluß des Kohlenstoffs wesentlich erweiterte Chemie des Stickstoffs darstellt. Lediglich bei den Anilinbasen und den Nitroverbindungen, sowie in einigen anderen Ausnahmefällen, beobachtet man auch einen starken Einfluß des stickstoffhaltigen Substituenten auf die Reaktionsfähigkeit des organischen Molekülteiles.

Die verschiedenartige Natur der organischen Sauerstoff- und Stickstoffverbindungen kommt zum Teil bereits in der Nomenklatur zum Ausdruck. So spricht man bei den Sauerstoffverbindungen z. B. von primären, sekundären und tertiären Alkoholen in Abhängigkeit von der primären, sekundären oder tertiären Natur des die alkoholische Hydroxylgruppe tragenden C-Atoms. In den primären, sekundären und tertiären Aminen ist es dagegen der Stickstoff, der ein, zwei oder drei organische Reste trägt, und eine Verbindung wie tert.-Butylamin $(CH_3)_3C—NH_2$ zählt trotz des tertiären Alkylrestes zu den primären Aminen, da die tertiäre Natur des Alkylrestes für die hier im Vordergrund des Interesses stehende Reaktionsfähigkeit des Stickstoffs ohne Belang ist.

Die **Einteilung** der organischen Derivate des Stickstoffs geschieht in erster Linie nach der kohlenstofffreien anorganischen Stickstoffverbindung, von der sie sich durch Einführung organischer Reste ableiten, und wir unterscheiden dementsprechend die Amino-, Hydroxylamino-, Hydrazino-, Diazo-, Azo-, Nitroso-, Nitroverbindungen usw. Erst sekundär werden diese Verbindungsklassen auf Grund der Natur des organischen Restes weiter unterteilt, wobei sich fast stets wesentliche Unterschiede zwischen den aromatischen und aliphatischen Verbindungen ergeben.

I. Die Aminoverbindungen

Unter *Aminoverbindungen* versteht man die organischen Derivate des Ammoniaks, d. h. Verbindungen, in denen eines oder auch mehrere H-Atome des Ammoniaks oder des Ammonium-Ions durch einwertige organische Radikale ersetzt sind. Man unterteilt sie nach der Zahl der am Stickstoff befindlichen organischen Reste in die sich vom Ammoniak ableitenden *primären, sekundären* und *tertiären Amine* bzw. *Aminoverbindungen* und die sich vom Ammonium-Ion ableitenden und als Derivate des vierbindigen Stickstoffs nur in Form der Ionen existenzfähigen *quartären Ammonium-Ionen* bzw. *-Salze*:

primäres Amin

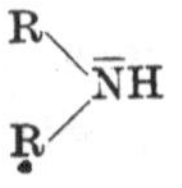

sekundäres Amin

tertiäres Amin

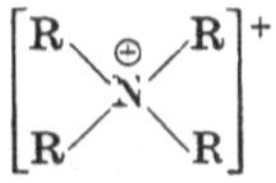

quartäres Ammonium-Ion

Die diesen Aminen und Ammoniumsalzen entsprechenden Sauerstoffverbindungen sind die Alkohole, Äther und Trialkyloxonium-Salze. Während man aber die Alkohole und Äther auf Grund ihres unterschiedlichen Verhaltens als getrennte Verbindungsklassen auffaßt, ist dies bei den primären, sekundären und tertiären Aminen trotz des verschiedenen Substitutionsgrades nicht in dem Maße der Fall, da sie die für alle Aminoverbindungen charakteristischen basischen Reaktionen in gleicher Weise zeigen.

Nomenklatur. Als rationelle Namen führen die einfachen Aminoverbindungen die Gruppenbezeichnung *-amin*, der in der üblichen Weise die Namen und auch die Zahl der am Stickstoff befindlichen organischen Radikale vorangestellt werden (z. B. *Methyl-amin, Dimethyl-amin, Methyläthyl-amin* usw.). In komplizierten Verbindungen, die auch noch andere Funktionen im Molekül enthalten und nach diesen benannt werden, bezeichnet man die $—NH_2$-Gruppe dagegen als *Aminogruppe*, wie es z. B. in *Amino-essigsäure, p-Amino-benzaldehyd* usw. der Fall ist. Auch die Kombination beider Bezeichnungsarten ist gebräuchlich, wie z. B. der häufig vorkommende Ausdruck *Dimethylaminogruppe* $(CH_3)_2N—$ zeigt. In Trivialnamen ist man schließlich bestrebt, die Kennzeichnung der Aminoverbindungen allgemein durch die Endung *-in* (z. B. *Glycin, Alanin, Morphin* usw.) vorzunehmen. Doch ist diese Benennungsart leider nicht systematisch durchgeführt worden.

Eine scharfe gegenseitige Abgrenzung muß man schließlich noch zwischen den Gruppenbezeichnungen *-amin, -imin, -amid, -imid* und *-nitril* vornehmen, die zeitweilig sehr unsystematisch angewandt wurden und dadurch zu einiger Verwirrung Anlaß gegeben haben. Die heute allgemein anerkannte Definition lautet: Die Endsilbe *-in* dient zur Kennzeichnung aller vom oxydativ ein- oder zweiwertigen Kohlenstoff sich ableitenden, noch basisch reagierenden Stickstoffverbindungen (z. B. der primären Am*ine*, der Ket-im*ine* usw.), während die Endung *-id* ausschließlich für Säurederivate (Carbonsäuream*ide* und -im*ide*) sowie auch für Metallstickstoffverbindungen (z. B. Natriumam*id*) verwandt wird. Entsprechend bezeichnet man mit dem Wortstamm *-am-* (*-am*id und *-am*in) stets einfach, mit dem Wortstamm *-im* (*-im*id und *-im*in) stets doppelt und mit der Endung *-nitril* stets dreifach an das gleiche C-Atom gebundenen Ammoniak- bzw. Aminstickstoff. Das „Succin*imid*" und das „Phthal*imid*" sind also streng genommen keine Säureimide sondern sekundäre Säureamide (vgl. S. 345). Ebenso sind die vielfach gebräuchlichen Ausdrücke Carb*amin*säure und *Imino*äther falsch und müssen durch die Bezeichnungen Carb*amid*säure (S. 397) und *Imido*äther (bzw. noch besser -ester, vgl. S. 351) ersetzt werden. Weitere Beispiele dieser Art sind die auf S. 586 beschriebenen Verbindungen *Imino*-di-essigsäure und *Nitrilo*-tri-essigsäure, die man besser *Amino*-di- und *Amino*-tri-essigsäure nennen sollte. Schließlich wird die Verbindung CH_3—CO—NH—CH_3 als *Methylacetamid* bezeichnet, wenn man sie als Alkylderivat eines Säureamids auffaßt, jedoch als *Acetylmethylamin*, wenn man sie vom Methylamin ableitet.

Die **Konstitution** der einfachen Aminoverbindungen ergibt sich im allgemeinen eindeutig auf Grund ihrer Synthese durch Alkylierung oder Arylierung von Ammoniak, sowie der, meistens allerdings nur schwierig durchführbaren, hydrolytischen oder acidolytischen Wiederabspaltung der organischen Reste als Alkohole (bzw. Phenole) oder Alkyl-(bzw. Aryl-)halogenide.

1. Die gesättigten aliphatischen Amine

a) Darstellung und allgemeine Eigenschaften

Vorkommen. Die einfachen aliphatischen Amine, d. h. die Alkylsubstitutionsprodukte des Ammoniaks, kommen nur vereinzelt und in geringer Menge als Abbauprodukte der Eiweißaminosäuren natürlich vor. Dagegen begegnet man komplizierten Aminoverbindungen mit aliphatisch gebundenem Stickstoff des öfteren in der belebten Natur. Ihnen gehören, soweit es sich um reine Amine handelt, die in den Alkylresten keine Sauerstoff-Funktionen enthalten, insbesondere eine Reihe wichtiger Alkaloide, wie z. B. Coniin, Nicotin, Lupinin und auch Piperin (vgl. **III**, Kap. 7, III), an.

Die **Darstellung** der Amine geschieht nach vier verschiedenen Methoden: 1. durch Alkylierung von Ammoniak, 2. durch Reduktion des Stickstoffs in den Alkylderivaten anderer Stickstoffverbindungen, 3. durch Reduktion des Kohlenstoffs in den Ammoniakderivaten der höheren organischen Sauerstoff-Funktionen und schließlich 4. durch die bereits beschriebenen Säureabbaumethoden von Hofmann, Curtius und Lossen (vgl. S. 316).

Zu 1. Die **Alkylierung des Ammoniaks** geht infolge seiner Basizität mit den üblichen Alkylierungsmitteln (nicht aber mit Diazomethan, vgl. S. 609) besonders leicht vor sich und erfordert im Gegensatz zu der der Alkohole (S. 208) keine basischen Kondensationsmittel zum Abfangen der entstehenden Säure, da das als erstes Reaktionsprodukt anfallende alkylierte Ammoniumsalz eine durchaus beständige Substanz ist, deren Bildungstendenz durch die zusätzlich erfolgende (exotherme) Salzbildung gegenüber der der freien Amine noch erhöht wird:

$$H_3N| + R\vdots—Hal \longrightarrow [H_3\overset{\oplus}{N}—R]^+ Hal^-$$

Im weiteren Verlauf der Reaktion tauscht jedoch das Alkylammoniumion mit überschüssigem Ammoniak das Proton aus, und das hierbei entstehende freie Alkylamin kann zum Dialkylamin, sowie nach Wiederholung des Vorganges auch zum Trialkylamin und Tetraalkylammoniumsalz alkyliert werden. Man erhält infolgedessen bei der Einwirkung von einem Mol des Alkylierungsmittels auf ein Mol Ammoniak stets ein Gemisch der Salze sämtlicher möglichen Alkylierungsprodukte (und des nicht umgesetzten Ammoniaks) als Reaktionsprodukt:

$$NH_3 + R{-}Hal \longrightarrow [RNH_3]^+\,Hal^- \xrightarrow{+NH_3} RNH_2 + NH_4^+\,Hal^-$$

$$RNH_2 + R{-}Hal \longrightarrow [R_2NH_2]^+\,Hal^- \xrightarrow{+NH_3} R_2NH + NH_4^+\,Hal^-$$

$$R_2NH + R{-}Hal \longrightarrow [R_3NH]^+\,Hal^- \xrightarrow{+NH_3} R_3N + NH_4^+\,Hal^-$$

$$R_3N + R{-}Hal \longrightarrow [R_4N]^+\,Hal^-$$

Durch diesen uneinheitlichen Reaktionsverlauf wird die Anwendbarkeit der Methode zur Darstellung bestimmter Amine, z. B. einheitlicher primärer Amine, naturgemäß sehr eingeschränkt. Doch sind für diesen Fall eine Reihe von Varianten entwickelt worden, auf die weiter unten (S. 551 f., 555 u. a.) noch näher eingegangen wird.

Außer mit den üblichen Alkylierungsmitteln kann man bei höherer Temperatur und in Gegenwart von Katalysatoren die Alkylierung des Ammoniaks auch mit Alkoholen und z. T. sogar mit Äthern als Alkylierungsmitteln durchführen. Die auf S. 180 bereits näher beschriebene Reaktion führt im allgemeinen ebenfalls zu einem Gemisch der primären bis tertiären Amine, jedoch nicht mehr zu den quartären Ammoniumverbindungen, da diese unter den Reaktionsbedingungen nicht existenzfähig sind (S. 548).

Zu 2. Die **Reduktion des Stickstoffs** in den organischen Derivaten anderer Stickstoffverbindungen, insbesondere in den Nitro-, Nitroso- und Diazoverbindungen, sowie auch in den Alkylderivaten des Hydrazins, Hydroxylamins und der Stickstoffwasserstoffsäure, führt stets zu Aminen als Endprodukten, in denen der Stickstoff die niedrigste Oxydationsstufe aufweist:

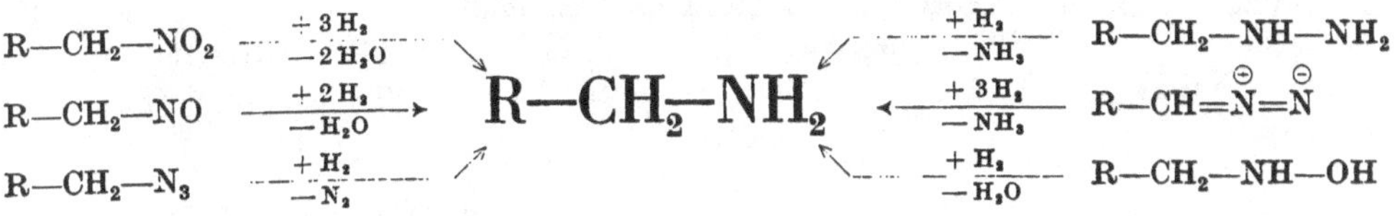

Das Verfahren wird allerdings nur selten zur Darstellung einfacher Amine verwandt, da die zu reduzierenden Stickstoffverbindungen in der aliphatischen Reihe meist nur schwer zugänglich sind. Dagegen eignet es sich zur Konstitutionsermittlung anderer stickstoffhaltiger Substanzen, denn nur diejenigen Verbindungen, in denen der Stickstoff direkt an Kohlenstoff gebunden ist, gehen bei der Reduktion in Amine über, während anderenfalls, z. B. wenn die Bindung des Stickstoffs über ein O-Atom erfolgt, Ammoniak und ein Alkohol entstehen. Isomere Verbindungen, wie etwa die α- und β-Alkyl-hydroxylamine (S. 590 f.) liefern also verschiedene Reduktionsprodukte:

$$R{-}NH{-}OH \xrightarrow{+H_2} R{-}NH_2 + H_2O \qquad R{-}O{-}NH_2 \xrightarrow{+H_2} R{-}OH + NH_3$$

Zu 3. Die Methoden zur **Reduktion des Kohlenstoffs** (und gegebenenfalls daneben auch des Stickstoffs) in den stickstoffhaltigen Derivaten der höheren Sauerstoff-Funktionen haben wir zum Teil bereits früher kennen gelernt (vgl. S. 288). Als geeignete Ausgangsmaterialien für die Darstellung von Aminen haben sich vor allem die Oxime, Nitrile und Isonitrile (S. 740 f.) erwiesen, doch ist in gleicher Weise auch die Reduktion von Ald- oder Ketiminen, Hydrazonen, Azinen und sonstigen Schiffschen Basen, sowie auch die Überführung der Säureamide in Amine gelungen:

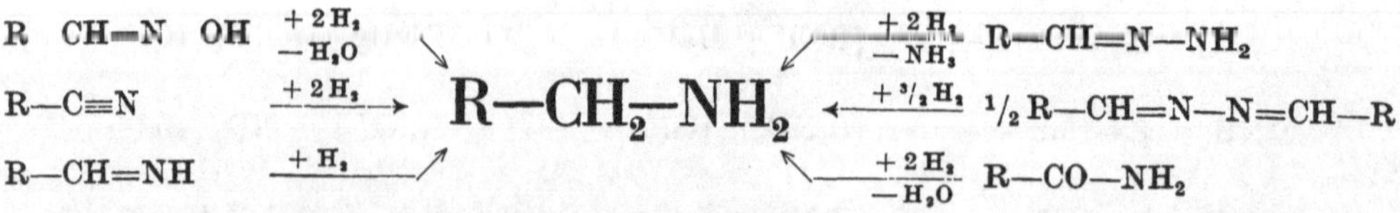

Als Reduktionsmittel verwendet man präparativ meistens nascierenden Wasserstoff. In diesem Falle muß die Reduktion der Isonitrile, Oxime und anderen SCHIFFschen Basen wegen deren Instabilität gegen Säuren in neutralem oder gar basischem Medium, d. h. elektrolytisch, mit Natrium-Alkohol sowie mit Natrium- oder Aluminiumamalgam durchgeführt werden. Die Nitrile lassen sich daneben auch mit Zinn oder Zink und Salzsäure reduzieren, während Säureamide schließlich nur durch Lithium-aluminiumhydrid angegriffen werden.

Technisch werden die gleichen Reaktionen mit katalytischem Wasserstoff ausgeführt, und zwar nach Versuchen von SABATIER, MEILHE und CAROTHERS entweder in der Gasphase über Nickel oder Kupfer als Kontakt bei 150—200° oder in Lösung mit Palladium-Katalysatoren bei Zimmertemperatur. Lediglich die Reduktion der Carbonsäureamide erfordert noch schärfere Bedingungen und gelingt erst oberhalb 200° unter hohen Wasserstoffdrucken.

Größere Schwierigkeiten bereitet nur die Reduktion der Nitrile und zuweilen auch die der Oxime, die, statt zu den erwarteten primären, häufig überwiegend zu den sekundären oder gar tertiären Aminen führt. Dieser zunächst überraschende Reaktionsverlauf findet seine Erklärung in der Bildung der Aldimine als Reaktionszwischenprodukte, die dann den Ammoniakstickstoff gegen den Rest des primären oder auch sekundären Amins austauschen. Am einfachsten ist dieser Austausch über den freien Aldehyd als Zwischenprodukt zu formulieren, doch findet er auch bei der Hydrierung in Abwesenheit von Wasser, z. B. in der Gasphase statt, so daß er zumindest in diesem Falle direkt über ein Anlagerungsprodukt des Amins an das Imin erfolgen muß:

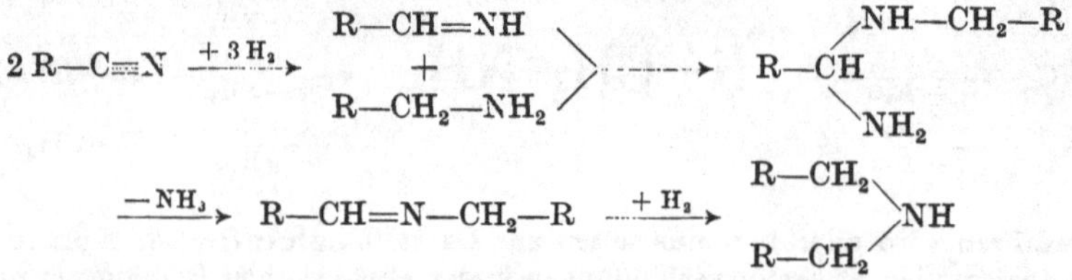

Diese meist unerwünschte Nebenreaktion kann neuerdings bei der Hydrierung durch Verwendung von Eisessig oder Essigsäureanhydrid als Reaktionsmedium fast vollständig zurückgedrängt werden. Günstige Ergebnisse hatte früher KRAFFT auch mit Natrium und Alkohol als Reduktionsmittel erzielt.

Ein interessanter Spezialfall der Bildung von Aminen aus stickstoffhaltigen Derivaten von Oxoverbindungen liegt in der Reduktion von Aldehyden oder Ketonen in Gegenwart von Salmiak vor, bei der die SCHIFFschen Basen (bzw. ihre Salze) als Zwischenverbindungen fungieren. Als Reduktionsmittel verwendet man entweder Ameisensäure oder überschüssigen Aldehyd. Die Reaktion geht in letzterem Falle auf dem Wege einer Disproportionierung vor sich und stellt eine Modellreaktion der biochemischen Bildung der Alkyl-Stickstoff-Bindung dar (vgl. **III**, Kap. 8, III):

$$R\text{—}CH{=}O + NH_4Cl \longrightarrow [R\text{—}CH{=}\overset{\oplus}{N}H_2]^+Cl^- + H_2O$$

$$\xrightarrow{+\,R\text{—}CH=O} [R\text{—}CH_2\text{—}NH_3]^+Cl^- + R\text{—}C{\genfrac{}{}{0pt}{}{{/\!/}O}{\diagdown OH}}$$

Besonders Formaldehyd ist ein vielfach angewandtes „Methylierungsmittel" zur Gewinnung methylierter Amine, wie im einzelnen bereits auf S. 252 ausgeführt wurde.

Physikalische Eigenschaften. Der am Stickstoff befindliche Wasserstoff zeigt eine ähnliche, jedoch etwas schwächere siedepunktserhöhende Wirkung wie der Hydroxylwasserstoff. Infolgedessen liegen die Siedepunkte der *primären Amine* etwa in der Mitte zwischen denen der Alkohole und Äther gleicher Kohlenstoffzahl, die der sekundären Amine etwas tiefer, während die der am Stickstoff wasserstofffreien tertiären Amine (wie die der Äther) mit denen der Paraffine verglichen werden können.

Tabelle 26

Die Siedepunkte einiger aliphatischer Amine

	Primäre Amine		Sekundäre Amine		Tertiäre Amine		zum Vergleich Alkohol	Äther
	Substituent	Sdp.	Substituenten	Sdp.	Substituenten	Sdp.	Sdp.	Sdp.
C_1	CH_3	—6,5°	—	—	—	—	65,5°	—
C_2	C_2H_5	17	$(CH_3)_2$	7°	—	—	78,3	—24°
C_3	n-C_3H_7	48	CH_3, C_2H_5	35	$(CH_3)_3$	3,4°	97	11
C_4	n-C_4H_9	78	$(C_2H_5)_2$	56	$(CH_3)_2$, C_2H_5	37	117	34,5
C_5	n-C_5H_{11}	103	n-C_4H_9, CH_3	91	$(C_2H_5)_2$, CH_3	66	138	64
C_6	n-C_6H_{13}	129	$(C_3H_7)_2$	109	$(C_2H_5)_3$	89	156	91

Hinsichtlich der **Löslichkeitseigenschaften** entsprechen die Amine etwa den Alkoholen, d. h. die niederen Glieder der Reihe sind infolge der hydrophilen Natur des Aminostickstoffs mit Wasser mischbar und die höheren Amine in ihm mäßig bis schwer löslich. Doch finden die einfachen Amine wegen ihres niedrigen Siedepunktes und auch wegen ihrer schweren Zugänglichkeit keine Verwendung als Lösungsmittel oder Reaktionsmedium.

Der Geruch der niederen Amine ist dem des Ammoniaks ähnlich, doch im allgemeinen bei größerer Intensität weniger stechend. Mit zunehmender Molekülgröße wird der Geruch weniger unangenehm und verschwindet schließlich ganz.

Chemische Eigenschaften. Trotz der großen Ähnlichkeit von Wasser und Ammoniak (vgl. anorg. Lehrbücher) weichen ihre organischen Derivate, die Alkohole und Amine, hinsichtlich ihres chemischen Charakters weitgehend voneinander ab, so daß die wenigen Analogiefälle nur mit Mühe zu erkennen sind. Die Hauptursache dieses unterschiedlichen Verhaltens ist in der starken Basizität des Aminostickstoffs zu suchen, die der ganzen Verbindungsklasse ihren charakteristischen Stempel aufdrückt. Im einzelnen müssen wir zwischen den folgenden fünf Reaktionsgruppen unterscheiden: 1. der Salzbildung mit Säuren oder Alkylierungsmitteln, 2. der Bildung von Komplexverbindungen, 3. der Substitution des am Stickstoff befindlichen Wasserstoffes, 4. den Oxydationsreaktionen und 5. den Spaltungsreaktionen der C—N-Bindung.

Zu 1. Die **Basizität** der Amine beruht wie beim Ammoniak auf der Tendenz des am Stickstoff befindlichen ungebundenen Elektronenpaares, ein Proton unter Bildung eines Ammoniumions anzulagern:

Bei der großen Ähnlichkeit von Wasserstoff und Paraffinkohlenstoff (S. 5f.) wird durch die Einführung der Alkylreste in das Ammoniakmolekül die Basizität des Stickstoffs nur unwesentlich verändert, und zwar infolge der schwach positiven Natur der Alkylreste etwas erhöht. Die Dissoziationskonstanten der einfachen aliphatischen Amine liegen daher im Durchschnitt etwa um eine Zehnerpotenz über der des Ammoniaks, so daß die Amine ebenfalls noch zu den schwachen Basen gehören:

Tabelle 27

Die basischen Dissoziationskonstanten und p_K-Werte einiger organischer Stickstoffverbindungen

Verbindung	K	p_K
Ammoniak (z. Vergleich)	$1{,}8 \cdot 10^{-5}$	4,75
1. Aliphatische Amine		
Methylamin	$4{,}4 \cdot 10^{-4}$	3,36
Dimethylamin	$5{,}1 \cdot 10^{-4}$	3,29
Trimethylamin	$5{,}5 \cdot 10^{-5}$	4,26
Äthylamin	$3{,}4 \cdot 10^{-4}$	3,47
Triäthylamin	$5{,}7 \cdot 10^{-4}$	3,25
Allylamin	$5{,}7 \cdot 10^{-5}$	4,24
Benzylamin	$2{,}4 \cdot 10^{-5}$	4,62
2. Aromatische Amine		
Anilin	$3{,}8 \cdot 10^{-10}$	9,42
Dimethylanilin	$1{,}2 \cdot 10^{-9}$	8,92
Phenylhydrazin	$1{,}6 \cdot 10^{-9}$	8,80
Diphenylamin	$7{,}6 \cdot 10^{-14}$	13,12
α-Naphthylamin	$8{,}4 \cdot 10^{-11}$	10,08
3. Heterocyclen		
Pyrrolidin	$1{,}3 \cdot 10^{-3}$	2,89
Piperidin	$1{,}6 \cdot 10^{-3}$	2,80
Piperazin	$6{,}4 \cdot 10^{-5}$	4,19
Pyrazol	$3{,}1 \cdot 10^{-12}$	11,51
Pyridin	$1{,}7 \cdot 10^{-9}$	8,77
Chinolin	$6{,}3 \cdot 10^{-10}$	9,20
Pyrrol, Indol, Carbazol	$< 10^{-16}$	$> 16{,}0$
4. Säurederivate		
Acetamid	$2{,}5 \cdot 10^{-13}$	12,60
Harnstoff	$1{,}5 \cdot 10^{-14}$	13,82
Veronal	$1{,}1 \cdot 10^{-8}$	7,96
Acetamidin	$2{,}0 \cdot 10^{-2}$	1,70
Guanidin	$3{,}2 \cdot 10^{-1}$	0,50

Wie wir gesehen haben, kann die Salzbildung außer durch Addition eines Protons auch durch Einwirkung eines Alkylierungsmittels auf das Amin erfolgen. Diese Art der Salzbildung führt stets zu einer Erhöhung der Alkylierungsstufe, also von der primären in die sekundäre, von der sekundären in die tertiäre Reihe und von den tertiären Aminen zu den quartären Ammoniumsalzen. Sie stellt die einzige synthetische Möglichkeit dar, zu letzteren zu gelangen (vgl. auch S. 547 Anm.).

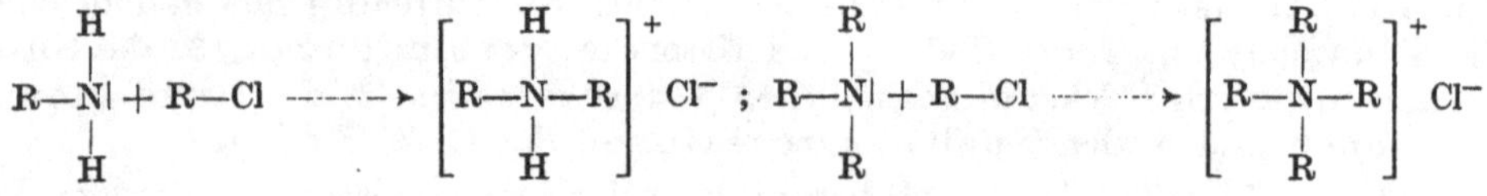

primäres Amin — sekund. Ammoniumsalz — tert. Amin — quart. Ammoniumsalz

Zu 2. Ähnlich wie Ammoniak besitzen auch die Amine eine stärkere Tendenz zur Bildung von Komplexverbindungen als die entsprechenden Sauerstoffverbindungen. Doch sind diese Komplexe der einfachen Amine im allgemeinen für den Organiker nur von geringem Interesse und bieten gegenüber den anorganischen Ammoniakaten (vgl. anorg. Lehrbücher) nichts wesentlich Neues.

Erst, wenn in Verbindungen mit mehreren Funktionen im Molekül das komplex gebundene Metall in ein cyclisches System eingebaut werden kann, gewinnen die Verbindungen an Bedeutung. Insbesondere werden wir später in den Blut- und Blattfarbstoffen (**III**, Kap. 2, VII), sowie auch in den Oxydationsfermenten (vgl. **III**, Kap. 8, II), sehr interessante natürliche Komplexverbindungen dieser Art kennenlernen.

Zu 3. Die **Substitution** des am Stickstoff der primären und sekundären Amine noch befindlichen **Wasserstoffs** führt zu: a) den Metallamiden, in denen der Wasserstoff durch Metall ersetzt ist (NaNHR und $NaNR_2$), b) den noch zu den Aminen selbst zählenden höher alkylierten Aminen, in denen er durch weitere Alkylreste substituiert ist, c) den Acylaminen (R—NH—CO—R′ und R_2N—CO—R′), in denen ein Säurerest in das Aminmolekül eingetreten ist, sowie schließlich d) den Schiffschen Basen und sonstigen auf S. 287f. beschriebenen stickstoffhaltigen Derivaten der Oxoverbindungen, in denen der Wasserstoff durch den Carbonylkohlenstoff ersetzt ist.

Die Derivate selbst werden auf S. 544f. beschrieben. An dieser Stelle interessieren uns nur die verschiedenen Möglichkeiten, mit ihrer Hilfe primäre, sekundäre und tertiäre Amine zu trennen. Die wichtigsten Verfahren beruhen auf der Tatsache, daß in den Acylderivaten der primären Amine (R—NH—Ac) sich am Stickstoff noch ein H-Atom befindet, in denen der sekundären Amine (R_2N—Ac) der Stickstoff bereits wasserstofffrei ist, und daß die tertiären Amine (R_3N) schließlich überhaupt keine Acylderivate mehr bilden. Insbesondere die folgenden drei Verfahren haben eine präparative Bedeutung erlangt:

a) Die Trennung mittels **aromatischer Sulfonsäurechloride.** Hier reagiert der am Stickstoff befindliche Wasserstoff in den Sulfonamiden der primären Amine (Ar—SO_2—NH—R) noch sauer (die Sulfonsäuren sind bekanntlich starke Säuren), so daß diese Sulfonamide aus einer ätherischen Lösung mit Natronlauge extrahiert werden können. Die wasserstofffreien Amide der sekundären Amine reagieren dagegen nicht mehr mit Natronlauge und verbleiben in der ätherischen Lösung, während die unveränderten tertiären Amine schließlich als Basen mit Salzsäure extrahiert werden können:

Primäres Amin: $RNH_2 \xrightarrow[-HCl]{+Ar-SO_2-Cl} RNH-SO_2-Ar \xrightarrow{NaOH} RNNa-SO_2-Ar$

Sekundäres Amin: $R_2NH \xrightarrow[-HCl]{+Ar-SO_2-Cl} R_2N-SO_2-Ar \xrightarrow{NaOH}$ keine Reaktion

Tertiäres Amin: $R_3N \xrightarrow{+Ar-SO_2-Cl}$ keine Reaktion

Das Verfahren bietet den weiteren Vorteil der leichten Regenerierbarkeit der primären und sekundären Amine durch Wiederabspaltung der Sulfonsäurereste.

b) Die Trennung mittels **salpetriger Säure** beruht auf dem verschiedenartigen Verhalten der „Nitrosamine“ (= Salpetrigsäure-amide, vgl. S. 550) der primären und sekundären Amine, denn nur die letzteren sind beständig, während die Nitrosamine der primären Amine sich sofort in die Diazoverbindungen umlagern, die in der aliphatischen Reihe unter den Reaktionsbedingungen ebenfalls unbeständig sind, so daß unter Abspaltung von Stickstoff direkt die Alkohole entstehen (Näheres vgl. S. 543). Infolgedessen erhält man bei der Einwirkung von salpetriger Säure aus den primären Aminen die Alkohole, aus den sekundären Aminen die Nitrosamine, während die tertiären Amine wieder unverändert bleiben:

Primäre Amine: $R{-}NH_2 + O{=}N{-}O{-}H \xrightarrow{-H_2O} R{-}OH + N_2$

Sekundäre Amine: $R_2N{-}H + HO{-}N{=}O \xrightarrow{-H_2O} R_2N{-}N{=}O$

Tertiäre Amine: $R_3N + O{=}N{-}OH$ keine Reaktion

In diesem Fall ist eine Regeneration der primären Amine natürlich nicht mehr möglich.

c) Schließlich liegt für die spezielle Aufgabe der Trennung von Mono-, Di- und Trimethylamin, die nahezu bei der gleichen Temperatur sieden (vgl. Tab. 26, S. 539), noch ein weiteres Verfahren in der **Einwirkung von Formaldehyd** vor, der die Amine in Oxoderivate verschiedener Molekülgröße überführt, die sich dann leicht durch fraktionierte Destillation trennen lassen:

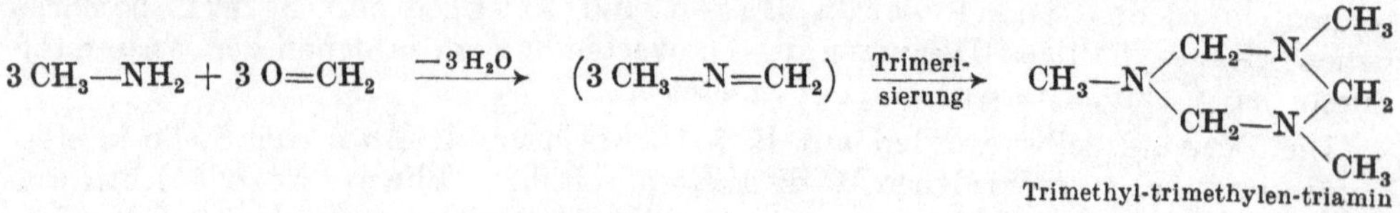

Trimethyl-trimethylen-triamin
Sdp. 166°

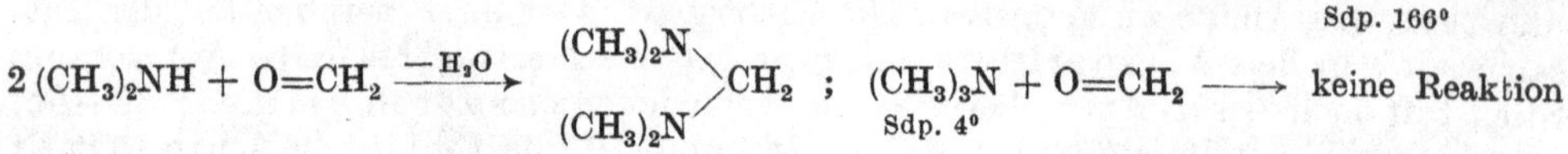

Tetramethyl-methylen-diamin Sdp. 82,5° ; Sdp. 4°

Hier ist eine Regenerierung des primären und sekundären Amins ohne Schwierigkeit durch Säurespaltung der Formaldehydderivate möglich.

Zu 4. In Umkehrung der oben beschriebenen Reduktion höher oxydierter Stickstoff- und Kohlenstoff-Funktionen zur Aminogruppe ist auch eine **Oxydation der Amine** am Stickstoff und am Kohlenstoff möglich. Doch ist ihr Reduktionsvermögen im allgemeinen nur gering, und sie erweisen sich in den meisten Fällen als ziemlich oxydationsstabil. So kann man sie z. B. (trotz grundsätzlich gleicher Dehydrierbarkeit) nicht wie die Alkohole durch einfache Oxydationsreaktionen zu den Derivaten der Oxoverbindungen und Carbonsäuren dehydrieren. Lediglich bei Temperaturen von 300—350° über Nickel als Katalysator und in Abwesenheit von Oxydationsmitteln ist nach SABATIER (in Analogie zu der auf S. 234 beschriebenen Dehydrierung von Alkoholen zu Aldehyden) eine katalytische Dehydrierung primärer Amine unter Abspaltung von elementarem Wasserstoff möglich, die über die Aldehydstufe hinaus sofort zu den Nitrilen führt:

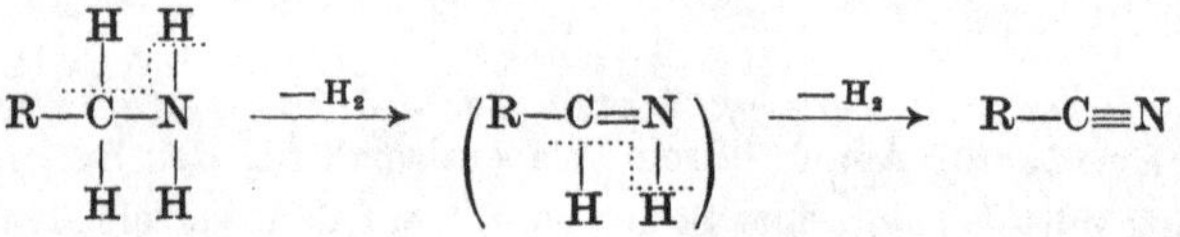

Eine Oxydation des Stickstoffs gelingt häufig mit Hilfe von Wasserstoffperoxyd und führt primär wahrscheinlich stets zu Aminoxyden (S. 592), die aber nur bei den tertiären Aminen beständig sind und in der primären Reihe sofort zu den Nitrosoverbindungen weiter oxydiert werden:

$$R_3N| + O \longrightarrow R_3N{\to}O \quad ; \quad R{-}\overline{N}H_2 + O \longrightarrow R\left(\overset{O}{\overset{\uparrow}{-NH_2}}\right) \xrightarrow{+O(-H_2O)} R{-}\overline{N}{=}O$$

Aminoxyd — Aminoxyd — Nitrosoverbindung

Zu 5. Die C—N-Bindung ist, der geringen Acidität des Ammoniakwasserstoffs entsprechend, nur noch schwach polar und steht hinsichtlich ihrer **Spaltbarkeit** etwa in der Mitte zwischen der C—O- und C—C-Bindung. Sie gehört also bereits zu den ausgesprochen reaktionsträgen Bindungstypen, deren Aufspaltung bei Temperaturen unter 100° weder hydrolytisch noch unter Abspaltung von Ammoniak zur Doppelbindung gelingt und auch zwischen 100 und 200° nur mit überkonzentrierter Jodwasserstoffsäure im Sinn einer Acidolyse möglich ist, wenn die reaktionsfähigere $C—\overset{\oplus}{N}$-Bindung des Alkylammoniumions vorliegt (vgl. S. 546):

$$R—NH_2 \xrightarrow{+H^+} R—\overset{\oplus}{N}H_3 \xrightarrow{+HJ} R—J + \overset{\oplus}{N}H_4$$

Die Reaktion erinnert an die ZEISELsche Methoxylbestimmung (S. 211) und läßt sich ebenfalls quantitativ durchführen. Sie dient unter der nicht ganz exakten Bezeichnung *Methylimid-* (statt Methylamino-) *Bestimmung* in ähnlicher Weise zum quantitativen Nachweis von N-Alkylgruppen.

Erst bei sehr viel höherer Temperatur wird die C—N-Bindung auch der neutralen Amine labiler. So beobachtet man z. B. unter den Bedingungen der Aminbildung aus Alkoholen und Ammoniak (S. 180, 537) häufig auch eine direkte Übertragung von Alkylresten zwischen zwei Aminmolekülen, so daß es u. a. möglich ist, sekundäre Amine über Aluminiumoxyd bei 380° praktisch vollständig zu tertiären Aminen und Ammoniak zu disproportionieren, während bei etwa 300° über Manganoxyd-Aktivkohle als Katalysator die Gegenreaktion überwiegt:

$$3\,R_2NH \underset{MnO,\,300^\circ}{\overset{Al_2O_3,\,380^\circ}{\rightleftarrows}} 2\,R_3N + NH_3$$

Ebenso tritt bei höherer Temperatur, z. B. im Verlaufe der Kohlehydrierung (III Kap. 1, I, 5a), zuweilen auch eine hydrierende Aufspaltung der Aminbindung unter Bildung von Paraffin und Ammoniak (Gleichung formulieren!) ein.

Bei dieser schweren Spaltbarkeit der C—N-Bindung haben eine Reihe von speziellen Verfahren, die durch Koppelung der Spaltungsreaktionen mit anderen Vorgängen den Aminabbau wesentlich erleichtern, eine größere Bedeutung erlangt:

a) Zum Abbau **primärer Amine** eignet sich am besten die auf S. 541 bereits erwähnte Spaltung mit salpetriger Säure, bei der jedoch nur der organische Rest in Form von Alkohol oder von Olefin und Wasser, nicht aber die Aminogruppe erhalten bleibt:

$$R—CH_2—CH_2—NH_2 + O{=}N—OH \xrightarrow[-H_2O]{-N_2} \begin{cases} R—CH{=}CH_2 + H_2O \\ R—CH_2—CH_2—OH \end{cases}$$

Hier ist es die Bildungstendenz des Stickstoffmoleküls bei der Zersetzung der Diazoverbindung, die die Spaltungsneigung der C—N-Bindung erhöht.

Bei Verwendung von Nitrosylhalogeniden entstehen in analoger Weise die Alkylhalogenide bzw. Olefin und Halogenwasserstoff:

$$R—CH_2—CH_2—NH_2 + O{=}N—Hal \xrightarrow[-H_2O]{-N_2} \begin{cases} R—CH{=}CH_2 + H—Hal \\ R—CH_2—CH_2—Hal \end{cases}$$

b) Die **sekundären Amine** führt man nach v. BRAUN in die Säureamidchloride über, die, wie bereits auf S. 346 erwähnt, als Orthocarbonsäurederivate die

Tendenz aufweisen, sich in normale Carbonsäurederivate zurückzuverwandeln, und daher bei mäßigem Erhitzen die Alkylradikale als Alkylhalogenide abspalten:

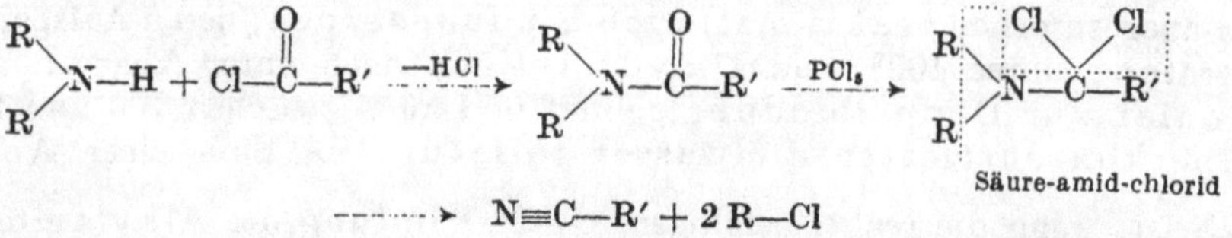

c) Auch für den Abbau **tertiärer Amine** hat v. BRAUN ein brauchbares Verfahren entwickelt, das wir ebenfalls bereits kennen gelernt haben (S. 393). Er führt die Amine durch Anlagerung von Bromcyan in die quartären Ammoniumsalze des Cyanamids über, die bereits die typische Labilität der Alkylreste in den quartären Ammmoniumverbindungen (S. 548) zeigen, und bei der thermischen Zersetzung ebenfalls unter Abspaltung eines *Alkylhalogenidmoleküls* zerfallen:

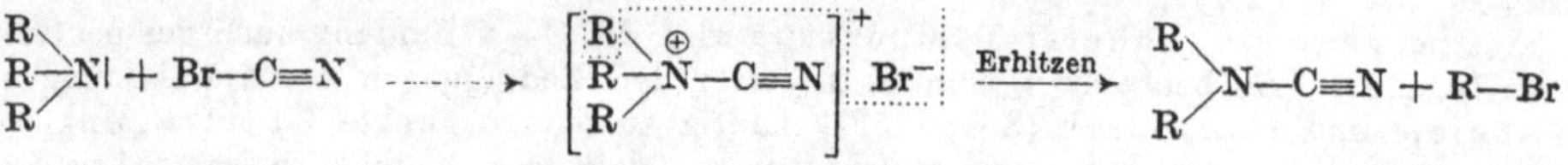

Aus den hierbei entstehenden Dialkylcyanamiden läßt sich durch hydrolytische Spaltung als weiteres Abbauprodukt auch das sekundäre Amin gewinnen.

d) Die **quartären Ammoniumsalze** baut man nach A. W. HOFMANN am besten durch thermische Zersetzung der quartären Ammoniumbasen ab (Näheres vgl. S. 548):

$$[R—CH_2—CH_2—\overset{\oplus}{N}R'_3]^+OH^- \xrightarrow[\text{hitzen}]{\text{Er-}} R'_3N + R—CH_2—CH_2—OH \quad (\text{bzw. } R—CH{=}CH_2 + H_2O)$$

Da bei dieser Reaktion die Methylgruppen schwerer als alle anderen Alkylreste abgespalten werden, kann man die Methode auch zum Abbau der höheren Alkylreste aus komplizierteren primären bis tertiären Aminen verwenden, indem man diese jeweils bis zur Stufe der quartären Salze methyliert und dann durch thermische Zersetzung der Ammoniumbasen einen der ursprünglichen Alkylreste abspaltet (HOFMANNscher Abbau durch erschöpfende Methylierung):

$$R—NH_2 + 3\,CH_3—J + 3\,NaOH \xrightarrow[-2\,H_2O]{-3\,NaJ} [R—\overset{\oplus}{N}(CH_3)_3]^+OH^- \xrightarrow{\text{Erhitzen}} R—OH + (CH_3)_3N|$$

Das Verfahren bietet den Vorteil, die Alkylreste nacheinander in verschiedenen Reaktionsstufen abtrennen zu können, und gestattet es auch, aus der Zahl der bis zur Erreichung der quartären Stufe eingeführten Methylgruppen zwischen primären, sekundären und tertiären Aminen zu unterscheiden. Es hat insbesondere in früherer Zeit wesentlich mit zur Konstitutionsaufklärung der Alkaloide beigetragen (vgl. **III**, Kap. 7, III).

b) Die Derivate der aliphatischen Amine

Wie wir schon auf S. 541 gesehen haben, leiten sich von den primären und sekundären Aminen (in ähnlicher Weise wie von den Alkoholen) durch Substitution des Aminwasserstoffs oder durch Besetzung des am Stickstoff befindlichen ungebundenen Elektronenpaares eine Reihe von Derivaten ab. Sie sind in ihren Eigenschaften den entsprechenden Alkoholderivaten (S. 191ff.) sehr ähnlich und lassen als einzige Verbindungsklasse eine gewisse Analogie zwischen den Alkoholen und Aminen erkennen.

α) Die Metallamide

Die Metallamide der organischen Basen entsprechen in jeder Beziehung den Metallalkoholaten und können auch in gleicher Weise durch Einwirkung der freien Alkalimetalle oder von metallorganischen Verbindungen auf primäre oder sekundäre Amine gewonnen werden:

$$R{-}NH_2 + Na \longrightarrow R{-}NHNa + {}^1/_2\,H_2; \qquad R_2N{-}H + R'{-}Me \longrightarrow R_2NMe + R'{-}H$$

Die uns ausschließlich interessierenden Alkalimetallderivate sind natriumamidähnliche, salzartige Verbindungen, die durch Wasser und Alkohole sofort zersetzt werden und (in Analogie zu dem System Alkoholat-Wasser, S. 193) selbst in flüssigem Ammoniak nur im Rahmen eines Gleichgewichtes neben dem betreffenden Alkalimetallamid beständig sind (Gleichung formulieren!). Lediglich von indifferenten organischen Lösungsmitteln werden sie nicht angegriffen und sind in Äthern und tertiären Aminen zuweilen auch löslich. Eine praktische Bedeutung haben sie neben dem bei gleicher Reaktionsfähigkeit viel leichter zugänglichen Natriumamid nur in Ausnahmefällen erlangt, z. B. als Kondensationsmittel für die auf S. 349 u. 795 f. beschriebene Nitrilkondensation.

β) Die Ammoniumsalze

Die **Benennung** der Oniumsalze der organischen Amine wird nur sehr unsystematisch durchgeführt und ist immer noch unbefriedigend. Insbesondere die wichtigen halogenwasserstoffsauren Salze bezeichnet man in Anlehnung an die frühere irrige Vorstellung, daß es sich in ihnen um „hydratartige" Additionsverbindungen der Säure an das Amin handelt, allgemein mit den wenig schönen Ausdrücken *Chlorhydrat, Bromhydrat* usw. (z. B. *Trimethylamin-chlorhydrat*). In anderen Fällen, wie z. B. beim *Trimethylamin-pikrat,* leitet man den Namen der Salze von dem der Amine, statt von dem der Ammoniumionen ab. Streng rationell ist dagegen die Benennung als alkylsubstituierte Ammoniumsalze (z. B. *Trimethyl-ammoniumchlorid*) oder auch als Additionsprodukte der Säuren an das Amin (*Trimethylamin-hydrochlorid*).

Die **Darstellung** der Salze geschieht ausschließlich nach „anorganischen" Methoden, d. h. entweder direkt durch Zusammengeben von Säure und Base in einem (meist organischen) Lösungsmittel oder (seltener) durch Ausfällung wasserunlöslicher Salze mittels Fällungsreaktionen. Besonders charakteristische, zur Identifizierung und Analyse geeignete Salze sind die in Alkoholen meist schwer löslichen Chloroplatinate $(RNH_3)_2PtCl_6$, Chloro-aurate $(RNH_3)_2AuCl_4$, Pikrate (S. 658), Pikronolate und Styphnate (S. 658).

Für den Organiker von Interesse sind insbesondere die **Beständigkeitsverhältnisse** des alkylierten Ammoniumions. Infolge der niedrigen basischen Dissoziationskonstante der Amine zeigt der am Ammoniumstickstoff befindliche Wasserstoff noch eine deutliche Acidität. Die alkylierten Ammoniumsalze werden daher (ähnlich wie die einfachen Ammoniumsalze) bereits durch Wasser geringfügig hydrolysiert und durch Hydroxylionen praktisch vollständig unter Regeneration des Amins zerlegt. Ferner vermag der Wasserstoff bei höherer Temperatur im Rahmen eines Gleichgewichtes auch auf die weniger basischen Anionen der Salze überzugehen:

$$[R_3NH]^+Cl^- \underset{\text{Zimmertemperatur}}{\overset{\text{Erhitzen}}{\rightleftharpoons}} R_3N + HCl\,,$$

so daß man namentlich die Ammoniumsalze schwacher Säuren bereits durch mäßiges Erhitzen zu einem gewissen Prozentsatz wieder rückwärts in ihre Bildungskomponenten zerlegen kann. Bei der Gewinnung der Säureamide aus den Ammoniumsalzen der Carbonsäuren (S. 341) und bei der Wöhlerschen Harnstoffsynthese (S. 400) spielt diese Möglichkeit eine wichtige Rolle.

Ähnlich wie die N—H- ist auch die N—R-Bindung in den Ammoniumsalzen etwas labilisiert und leichter aufspaltbar als in den Aminen selbst. So findet z. B. die auf S. 543 beschriebene Spaltung der Alkylamine mit Jodwasserstoffsäure in saurem Medium statt. Desgleichen geht die Bildung cyclischer Amine aus den Diaminoverbindungen (S. 557, 559) und die Gewinnung der sekundären aromatischen Amine aus zwei Molekülen eines primären Amins (S. 564) von den Ammoniumsalzen aus. Auch bei der Abspaltung von Salmiak aus dem Hydrochlorid des Vestrylamins (S. 88) macht man von dieser erhöhten Reaktionsfähigkeit der organischen Reste in den alkylierten Ammoniumionen Gebrauch.

Vollkommen verschwunden ist in den Ammoniumsalzen schließlich die Basizität des Stickstoffs, und alle auf dieser Basizität beruhenden Reaktionen können nicht mehr durchgeführt werden. In Gegenwart von Säuren kann man Amine infolgedessen nicht acylieren, alkylieren oder in Derivate von Oxoverbindungen überführen, da alle diese Substitutionsreaktionen primär über eine Anlagerung an das ungebundene Elektronenpaar verlaufen (vgl. auch **II**, Kap. 4, II, 2 u. 4).

γ) Die quartären Ammoniumsalze

In den quartären Ammoniumsalzen ist der Aminostickstoff mit vier organischen Resten besetzt. Sie enthalten also keinen Wasserstoff am Stickstoff mehr und unterscheiden sich dadurch grundlegend von den normalen Ammoniumsalzen, so daß sie als selbständige Verbindungsklasse betrachtet werden müssen.

Ihre **Darstellung** geschieht nach zwei verschiedenen Methoden:

1. durch doppelte Umsetzung aus anderen Salzen des gleichen quartären Ions. So gewinnt man z. B. die freien Hydroxylbasen, die man in diesem Zusammenhang ebenfalls als „Salze" betrachten kann, fast ausschließlich durch Behandeln der Halogenide mit Silber- oder auch Thalliumhydroxyd:

$$[R_4\overset{\oplus}{N}]^+ Hal^- + AgOH \text{ (bzw. TlOH)} \longrightarrow [R_4\overset{\oplus}{N}]^+ OH^- + AgHal \text{ (bzw. TlHal)}$$

2. auf synthetischem Wege durch Anlagerung der üblichen Halogenierungsmittel, insbesondere von Alkylhalogeniden, an tertiäre Amine (Gleichung formulieren!). Auch einige andere Halogenverbindungen, wie z. B. Bromcyan, kann man an tertiäre Amine unter Bildung von quartären Ammoniumsalzen anlagern:

$$R_3N| + Br\text{—}C\equiv N| \longrightarrow [R_3\overset{\oplus}{N}\text{—}C\equiv N|]^+ Br^-$$

Doch läßt sich die Anlagerung anderer Halogenverbindungen nicht mehr allgemein durchführen, und es ist insbesondere noch nicht gelungen, Carbonsäurehalogenide zu den quartären Salzen der Carbonsäureamide vom Typus $[R\text{—}CO\text{—}\overset{\oplus}{N}R_3]^+ Cl^-$ anzulagern.

Die Bildung quartärer Ammoniumsalze wird zuweilen in erstaunlichem Ausmaß durch das Lösungsmittel katalytisch beeinflußt. So erfolgt z. B. die in Hexan-lösung sehr langsam verlaufende Anlagerung von Äthyljodid an Triäthylamin in Äthylalkohol als Lösungsmittel bereits mit der 200fachen, in Benzylalkohol mit der 750fachen und in Acetonitril sogar mit der 5000fachen Geschwindigkeit.

Geht man zur Darstellung der quartären Ammoniumsalze von den niederen Aminen oder gar vom Ammoniak aus, so muß man zur Einführung von mehr als einem Alkylrest jeweils aus den zunächst entstehenden normalen Ammoniumsalzen die Basen wieder in Freiheit setzen. Nur bei Zusatz von Natronlauge oder Natriumcarbonat kann hier also die Bildung der quartären Salze in einem Reaktionsgang erreicht werden:

$$R{-}NH_2 + 3\,R{-}Cl + 2\,NaOH \xrightarrow[-2\,NaCl]{-2\,H_2O} [R_4\overset{\oplus}{N}]^+Cl^-$$

Der vierfach alkylierte Stickstoff ist, da seine Bindigkeit und Wertigkeit verschieden sind (vgl. S. 31), nur in Form von Ionen existenzfähig, so daß wir neben den in Lösung vorliegenden Einzel-Ionen und den in festem Zustand aus Ionengittern aufgebauten quartären Ammoniumsalzen keine in Form von Neutralmolekülen auftretende Derivate kennen.

Dies bezieht sich insbesondere auch auf das **„freie Tetramethylammonium“**, das, ähnlich wie das freie Ammonium der anorganischen Chemie, bei der Elektrolyse seiner Salze an Quecksilberelektroden als ein unterhalb 0° beständiges Amalgam — sowie in flüssigem Ammoniak als Lösungsmittel auch in Form sehr wenig beständiger blauer Lösungen, die in jeder Beziehung den bekannten blauen Alkalimetall-Lösungen entsprechen (vgl. anorg. Lehrbücher) — erhalten werden kann. Es wurde früher als ein radikalartiges Neutralmolekül mit vierwertigem Stickstoff angesehen, doch ist eine derartige Struktur auf Grund der Elektronentheorie der Valenz nicht möglich, denn keines der 17 Atome des Tetramethylammonium-Ions kann ohne Überschreitung der Oktettzahl (bzw. beim Wasserstoff der Dublettzahl) das überschüssige Elektron binden, so daß dieses, wie nebenstehend formuliert, als Einzelelektron, also ohne nähere Beziehung zu einem bestimmten der 17 Atome, dem positiv geladenen Tetramethylammonium-Ion gegenüberstehen muß.

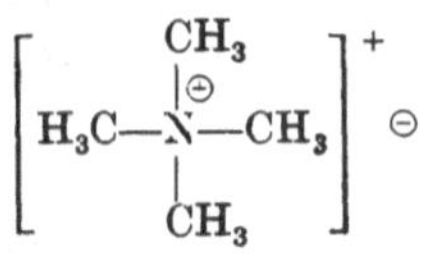

Das ist aber in Übereinstimmung mit dem experimentellen Befund nur in einer metallischen Phase möglich. Ein neutrales Tetramethylammoniummolekül, wie man es früher annahm, gibt es also nicht, und die scheinbare „Entladung“ des Ions bei der Salzelektrolyse spielt sich in Wirklichkeit in der Weise ab, daß das unveränderte Ion als Ganzes aus der Lösung in die metallische Phase übertritt und diese als Äquivalent ein Elektron aus dem elektrolysierenden Strom in ihr Elektronengas aufnimmt. Die Reaktion stellt den einzigen bisher bekannten Fall des Einbaues einer organischen Substanz in eine metallische Phase dar.

Die quartären Ammoniumionen verhalten sich bei zahlreichen Reaktionen den wasserstoffhaltigen Ammoniumionen sehr ähnlich. Insbesondere zeigt der Stickstoff in ihnen ebenfalls keine basischen Eigenschaften mehr und ist nicht mehr substituierbar. Ferner geben sie in gleicher Weise schwer lösliche Pikrate, Chloroplatinate usw.[1]).

Der charakteristische Unterschied zwischen beiden Verbindungsgruppen tritt erst gegenüber basischen Ionen, insbesondere gegenüber dem Hydroxylion in Erscheinung, an das alle wasserstoffhaltigen Ammoniumionen auf Grund ihrer Acidität sofort ein Proton abgeben (s. o.), die quartären Ammoniumionen dagegen nicht. Diese sind daher als einzige Ammoniumverbindungen gegen Hydroxylionen (mäßig) beständig, und die Tetraalkylammoniumhydroxyde verhalten sich infolgedessen wie die Hydroxyverbindungen der Alkalimetalle, d. h. sie liegen in vollständig dissoziierter Form vor und zählen zu den starken Basen.

---

[1]) Allerdings kann man diese Salze nicht mehr durch einfaches Zusammengeben von Amin und Säure oder auch von tertiärem Amin und dem zugehörigen Säureester darstellen, sondern ist ausschließlich auf das oben unter 1 beschriebene Verfahren der doppelten Umsetzung mit andern Salzen angewiesen, das durch den Zwang zur Entfernung des korrespondierenden Salzpaares in der Anwendung mitunter recht umständlich ist.

Man muß sich aber stets darüber im klaren sein, daß die Ursache der Basizität der Amine und der quartären Ammoniumhydroxyde eine völlig verschiedene ist. Bei ersteren fungiert der Stickstoff, bei letzteren das Hydroxylion als Träger der Basizität. Die unterschiedliche Basizität des Stickstoffs in den Aminen, aus denen die quartären Ammoniumbasen entstanden sind, hat auf deren Basizität also gar keinen Einfluß, sondern höchstens auf ihre Stabilität, d. h. die Leichtigkeit, mit der die Tetraalkylammoniumionen die unten näher beschriebenen Zersetzungsreaktionen eingehen. Solange die Hydroxyde aber als quartäre Ammoniumverbindungen vorliegen, können sie nur in Form der nicht assoziierenden Hydroxylbasen existieren, sind also stets gleich starke Basen.

Von den speziellen Reaktionen des quartären Ammoniumions ist vor allem die gegenüber den Aminen gesteigerte Reaktionsfähigkeit der Alkylstickstoffbindung von Interesse, die wir grundsätzlich bereits bei den gewöhnlichen Ammoniumionen kennen gelernt haben, die hier jedoch, da ein Protonenübergang vom Kation zum Anion nicht möglich ist, deutlicher in Erscheinung tritt. Sie äußert sich insbesondere in einer gewissen Tendenz des quartären Ammoniumions, in Umkehr der unter 2 beschriebenen Bildungsreaktion einen Alkylrest auf das zugehörige Anion zu übertragen. So beobachtet man z. B. ein dem System Ammoniak-Chlorwasserstoff ganz ähnliches System zwischen tertiären Aminen und Alkylchloriden:

$$[R_3\overset{\oplus}{N}—R]^+Cl^- \underset{\text{Zimmertemperatur}}{\overset{\text{Erhitzen}}{\rightleftharpoons}} R_3N| + R—Cl\ ,$$

und ähnlich, wie die gewöhnlichen Oniumionen besonders stark basischen Anionen gegenüber labil sind, geht auch die Zersetzung der quartären Ammoniumionen um so leichter vor sich, je stärker basisch das zugehörige Anion ist. Man führt den Abbau quartärer Ammoniumsalze daher am besten über die stark basischen Hydroxyde aus, und kommt so zu der bereits auf S. 544 beschriebenen Hofmannschen Abbaureaktion, die auf Grund dieser Anschauung lediglich eine Alkylierung des Hydroxylions durch das quartäre Ammoniumion als Alkylierungsmittel darstellt und als echte Alkylierungsreaktion stets von einer Abspaltungsreaktion, d. h. der Bildung von Olefin und Wasser (statt des Alkohols) begleitet ist:

$$\left[R—\underset{\underset{H}{|}}{C}H—CH_2—\overset{\oplus}{N}R_3\right]^+ OH^- \xrightarrow{\text{Erhitzen}} \begin{cases} R—CH{=}CH_2 + |NR_3 + H_2O \\ R—CH_2—CH_2—OH + |NR_3 \end{cases}$$

Im allgemeinen geht die Wasserabspaltung etwas leichter vor sich als die Alkoholbildung, so daß letztere meistens fast vollständig zurückgedrängt wird. Lediglich die Methyl- und die Benzylgruppe vermögen aus konstitutiven Gründen keine Olefine zu bilden und werden daher stets als Alkohole abgespalten. Sie haften infolgedessen am Stickstoff fester als alle anderen Alkylreste, wovon man, wie schon auf S. 544 angedeutet, bei der Durchführung des Hofmannschen Abbaus zu Konstitutionsbestimmungen auch praktischen Gebrauch macht.

Bei der sehr weitgehenden Parallelität zwischen Acidität einer Säure und Alkylierungstendenz ihrer Ester (vgl. S. 198) sollte man annehmen, daß die quartären Ammoniumionen wie die normalen Ammoniumionen auch schon bei niederer Temperatur gegenüber Hydroxylionen unbeständig sind und lediglich infolge der größeren Reaktionsträgheit der Alkylreste als metastabile Moleküle neben ihnen existieren können. Diese Vermutung trifft tatsächlich zu, denn wenn man versucht, die Tetraalkylammoniumbasen aus ihren wäßrigen Lösungen in Substanz zu isolieren, so bekommt man nur die den Alkalimetallhydroxyd-hydraten analogen kristallisierten Hydrate, die sich zwar je nach den Umständen mehr oder weniger weitgehend, niemals aber vollständig entwässern lassen. Vielmehr tritt selbst beim Trocknen bei normaler Temperatur im Hochvakuum nach Überschreiten eines bestimmten Mindestwassergehaltes stets Zerfall in Trialkylamin und Alkohol (bzw. Olefin und Wasser) ein. Dieser Mindestwassergehalt beträgt beim stabileren Tetramethyl-ammoniumhydroxyd 1, beim labileren Tetraäthyl-ammoniumhydroxyd dagegen, das Spaltung in Äthylen und Wasser erleiden kann, bereits 4 Moleküle Wasser.

δ) Die tertiären Imoniumsalze

Einer weiteren Gruppe von Oniumsalzen, die am Stickstoff ebenfalls keinen Wasserstoff mehr besitzen, begegnen wir in den Alkylierungsprodukten der Schiffschen Basen:

$$\mathrm{R{-}CH{=}N{-}R'} \xrightarrow{+\mathrm{R''{-}Hal}} \left[\mathrm{R{-}CH{=}\overset{\oplus}{N}}\begin{matrix}\mathrm{R'}\\ \mathrm{R''}\end{matrix}\right]^{+} \mathrm{Hal}^{-}$$

In ihnen ist der Stickstoff nicht mehr quartär (obgleich man fälschlicherweise auch hier meistens von „quartären" Ammoniumsalzen spricht), da er nur drei Substituenten enthält, von denen einer doppelt gebunden ist. Man grenzt sie daher zweckmäßig unter dem Begriff der *tertiären Imoniumsalze* von den eigentlichen quartären Ammoniumsalzen ab. Sie enthalten als charakteristischen neuartigen Bindungstypus die sehr reaktionsfähige $\mathrm{C{=}\overset{\oplus}{N}}$-Doppelbindung, der wir hier erstmals begegnen.

Die **Reaktionen der $\mathrm{C{=}\overset{\oplus}{N}}$-Doppelbindung** sind dadurch charakterisiert, daß einerseits der Stickstoff nicht mehr basisch reagiert, so daß die Labilität der normalen C=N-Doppelbindung gegen Säuren fortfällt, und daß andererseits die C=N-Doppelbindung durch die positive Aufladung des Stickstoffs aktiviert wird, wodurch sie wie die C=O-Doppelbindung zur Anlagerung basischer Reagentien, insbesondere von Hydroxylionen, befähigt wird. Sämtliche Ammoniumsalze dieses Typus sind daher alkalilabil und lagern Hydroxylionen mit mehr oder weniger großer Geschwindigkeit an die $\mathrm{C{=}\overset{\oplus}{N}}$-Doppelbindung an unter gegenseitiger Entladung der Ionen und Bildung eines alkylierten Aldehyd- bzw. Ketonammoniakderivates (I), das allgemein *Pseudo-ammoniumbase* oder auch *Carbinolbase* genannt wird. Die Reaktion kann direkt als die Umkehr einer Dissoziationsreaktion angesehen werden und verläuft beim Säurezusatz unter Abfangen der Hydroxylionen wieder rückwärts im Sinne einer Dissoziationsreaktion zu den tertiären Imonium-Ionen:

$$\left[\mathrm{R{-}CH{=}\overset{\oplus}{N}R'_2}\right]^{+} \underset{+\mathrm{H^{+}}\,(-\mathrm{H_2O})}{\overset{+\mathrm{OH^{-}}}{\rightleftharpoons}} \mathrm{R{-}CH}\begin{matrix}\mathrm{OH}\\ \mathrm{NR'_2}\end{matrix} \quad \mathrm{I}$$

Danach zeichnen sich alle drei Typen von Oniumionen, die wir hier kennengelernt haben, durch eine mehr oder weniger große Labilität gegen Hydroxylionen aus. Bei weitem am schnellsten reagieren die einfachen Ammoniumionen, die ihr Proton stets unmeßbar rasch im Rahmen eines normalen Säuren-Basen-Gleichgewichts abspalten, so daß Ammoniumionen und Hydroxylionen auch kurzzeitig nicht in nennenswertem Umfang nebeneinander auftreten können. Die hier beschriebenen ungesättigten Imonium-Ionen nehmen insofern eine

Mittelstellung ein, als die Anlagerung der OH-Ionen im Rahmen einer Zeitreaktion erfolgt, so daß man die freien Hydroxylbasen, d. h. die Imonium- und OH-Ionen nebeneinander, wenigstens kurzzeitig als metastabile Verbindungen in Lösung erhalten kann. Die quartären Ammoniumionen mit vier Alkylresten am Stickstoff sind schließlich am stabilsten und neben hydratisierten Hydroxylionen bei Zimmertemperatur auch in kristallisiertem Zustand beständig.

Ähnlich wie bei den Enolen und Enaminen sind auch hier die einfachen Einzelverbindungen der Reihe ohne Bedeutung geblieben oder, wie das sich vom Formaldehyd ableitende Dimethylmethylen-immonium-jodid $[(CH_3)_2\overset{\oplus}{N}{=}CH_2]^+J^-$, nicht existenzfähig bzw. noch nicht beschrieben worden. Doch werden wir komplizierteren Verbindungen dieses Typus immer wieder begegnen — z. B. bei den Pyridiniumsalzen (S. 842), den basischen Triphenylmethanfarbstoffen (**III**, Kap. 2, III, 2 b), einigen Alkaloiden (**III**, Kap. 7, III) sowie schließlich auch den Diazoniumsalzen (S. 613), die statt der $C{=}\overset{\oplus}{N}$-Doppel- die sich ähnlich verhaltende $N{\equiv}\overset{\oplus}{N}$-Dreifachbindung enthalten. Bei allen diesen Verbindungen beobachtet man in gleicher Weise die beschriebene Labilität gegenüber Hydroxylionen.

ε) Die Säurederivate der Amine

Führt man in organische Amine eine Acylgruppe ein, so kommt man zu Verbindungen, die wieder eine Doppelnatur aufweisen und sowohl als acylierte Amine als auch als am Stickstoff alkylierte Säureamide aufgefaßt werden können. Sie entsprechen in ähnlicher Weise den Estern der Alkoholreihe, wie die tertiären Amine mit den Äthern, die Metallamide mit den Alkoholaten und die quartären Ammoniumsalze mit den Trialkyloxoniumsalzen verglichen werden können. Ihre **Darstellung** geschieht nach den auf S. 341 bereits beschriebenen Methoden zur Gewinnung der einfachen Carbonsäure- und auch Kohlensäureamide, insbesondere durch Acylierung der Amine mit Säurechloriden, Säureanhydriden, Estern sowie den freien Carbonsäuren selbst.

Die **allgemeinen Eigenschaften** der N-Alkylcarbonsäureamide weichen nicht wesentlich von denen der nicht substituierten Säureamide (S. 342 f.) ab. Eine spezielle Bedeutung für die Charakterisierung der Amine als leicht zugängliche, gut kristallisierende Derivate haben insbesondere die bei der Addition von Isocyansäure, Rhodanwasserstoffsäure und ihren Estern entstehenden unsymmetrisch substituierten Harnstoffe und Thioharnstoffe (formulieren! vgl. S. 402, 412 u. a.) erlangt.

Von den Alkylamiden anorganischer Säuren haben wir die **Dialkylnitrosamine** ($R_2N—NO$) bereits kennengelernt (S. 541). Sie entstehen beim Zusammengeben der wäßrigen Lösungen der salpetrigen Säure und sekundärer Amine (bzw. ihrer Ionen, die sich als Ionen schwacher Säuren und schwacher Basen z. Teil gegenseitig entladen) ohne jede Katalyse auch in der Kälte fast augenblicklich und stellen gelbe Flüssigkeiten dar, die infolge ihres hohen Dipolmomentes ungewöhnlich hoch sieden (Dimethylnitrosamin: Sdp. 153°). Sie lassen sich als normale Säureamide durch Kochen mit Salzsäure wieder rückwärts in die Bildungskomponenten zerlegen:

$$[R_2NH_2]^+NO_2^- \rightleftharpoons R_2N{-}H + HO{-}NO \xrightarrow{-H_2O} R_2N{-}NO \xrightarrow{+OH_3^+} [R_2NH_2]^+ + HNO_2.$$

worauf ihre oben erwähnte Verwendbarkeit zur Reinigung und Abtrennung der sekundären Amine beruht. Von größerer allgemeiner Bedeutung ist ihre Reduzierbarkeit zu den as-Dialkylhydrazinen (S. 596), die man meistens mit Zinkstaub und Eisessig durchführt:

$$R_2N{-}N{=}O + 2\,H_2 \xrightarrow{-H_2O} R_2N{-}NH_2$$

Bei der Bildung der Nitrosamine hat also, ähnlich wie bei der des ebenfalls säureamidartig aufgebauten Nitroguanidins (S. 405) und Nitroharnstoffs (S. 403), gleichzeitig die Synthese eines Hydrazinsystems stattgefunden.

Als Alkylamide der unterhalogenigen Säuren kann man die meistens als **Halogenamine** schlechthin bezeichneten *N-Halogen-alkyl-* und *-dialkylamine* auffassen. Sie entstehen wie die Nitrosamine bereits beim Zusammengeben der unterhalogenigen Säure und der Amine (bzw. durch doppelte Umsetzung ihrer Salze) in wäßriger Lösung bei tiefer Temperatur, wobei es ohne Schwierigkeiten gelingt, jeweils sämtliche noch am Stickstoff befindlichen H-Atome durch Halogen zu ersetzen:

$$R_2N{-}H + HO{-}Cl \xrightarrow{-H_2O} R_2N{-}Cl \quad \text{bzw.} \quad R{-}NH_2 + 2\,HO{-}Cl \xrightarrow{-2\,H_2O} R{-}NCl_2$$

Die einfachen Alkylchloramine sind niedrig siedende Flüssigkeiten von sehr starkem die Atmungsorgane angreifendem Geruch, die ähnlich wie die anorganischen Halogenstickstoffverbindungen beim Überhitzen zu schweren Detonationen neigen. Bei der Spaltung der Halogen-Stickstoff-Bindung kann das Halogen sowohl als positiver als auch als negativer Substituent austreten. Ersteres ist bei ihrer Verwendung als Halogenierungsmittel (vgl. S. 145) der Fall, bei der die Chloramine unter Regeneration des Amins als echte Derivate der unterhalogenigen Säuren reagieren, d. h. das Elektronenpaar am Stickstoff verbleibt:

$$R_2N{-}Hal + R{-}H \longrightarrow R_2N{-}H + R{-}Hal$$

Eine Abspaltung als negatives Halogen-Ion erfolgt dagegen im Verlauf des Hofmannschen Abbaues der N-Halogen-carbonsäureamide (vgl. S. 345):

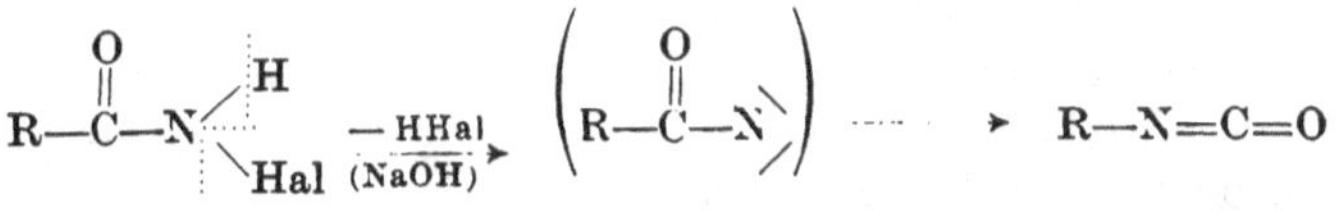

c) Einzelne Amine

α) Die primären Amine

Die primären Amine sind die wichtigsten Verbindungen der Reihe. Für ihre **Darstellung** wurden daher eine große Zahl von speziellen Verfahren entwickelt, die sich vor allem mit der Möglichkeit des Abbruches der auf S. 536 beschriebenen Alkylierungsreaktion auf der Stufe der primären Amine befassen. Dies gelingt am besten durch Substitution der restlichen H-Atome des Ammoniaks durch wiederabspaltbare Säurereste. Die präparativ wichtigste Methode stammt von Gabriel, der durch Alkylierung von Phthalimidkalium (S. 470) zum Ziele gelangte:

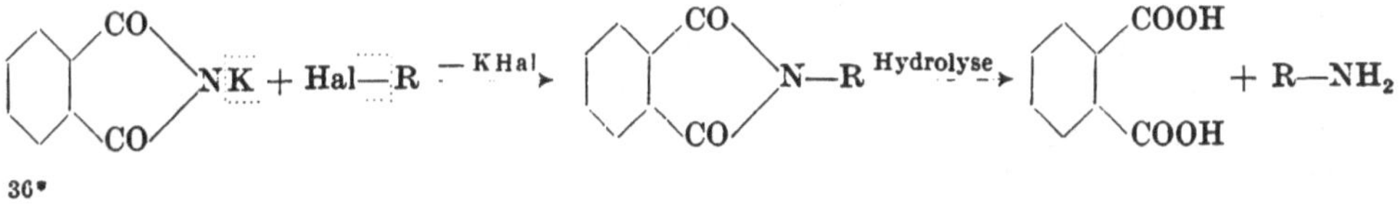

Eine zweite Möglichkeit, die 1848 zur Entdeckung der Amine durch WURTZ führte, liegt in der bereits bei der Berührung mit Wasser eintretenden Hydrolyse der Isocyansäureester (S. 392) vor, in denen die restlichen zwei H-Atome des Ammoniaks durch den Carbylrest substituiert sind, und die ihrerseits durch Alkylierung von Alkalimetallcyanaten:

$$O{=}C{=}N\,Na + Hal{-}R \xrightarrow{-NaHal} O{=}C{=}N{-}R \xrightarrow{H_2O} R{-}NH_2 + CO_2,$$

sowie mit Hilfe des CURTIUSschen Abbaus der Säureazide (S. 353), gewonnen werden können. Auch der nicht mehr über die Isocyansäureester führende HOFMANNsche Abbau der Carbonsäureamide (S. 345) hat für die Darstellung einiger primärer Amine präparative Bedeutung erlangt.

Dagegen bereitet die Unterbrechung der Alkylierung des nicht substituierten Ammoniaks auf der Stufe der primären Amine auch bei Verwendung eines großen Ammoniaküberschusses, ja sogar in flüssigem Ammoniak als Reaktionsmedium, große Schwierigkeiten, da die alkylierten Amine infolge ihres stärker ausgeprägten lipophilen Charakters vom lipophilen Alkylierungsmittel besser benetzt und daher leichter weiter alkyliert werden als Ammoniak selbst. Erst wenn man Natriumamid als besonders stark basische Verbindung in flüssigem Ammoniak auflöst, erhält man bei der Einwirkung von Alkylierungsmitteln überwiegend die primären Amine. Ebenso bewirkt der Zusatz von Salmiak bei der Aminierung der Alkohole mit Zinkchlorid-Ammoniak (S. 180) eine bevorzugte Bildung primärer Amine.

Von den auf S. 537 unter 2 beschriebenen Verfahren kann die Reduktion der Nitro-, Nitroso-, Diazo- und Azidoverbindungen, sowie von den unter 3 beschriebenen Verfahren die der Oxime, Nitrile (bei geeigneter Versuchsführung) und Carbonsäureamide aus konstitutiven Gründen nur zur Bildung primärer Amine führen. Insbesondere die Reduktion der Nitrile findet häufig zu ihrer Darstellung Anwendung.

Die primären Amine zeigen außer den angeführten allgemeinen Umsetzungen eine Reihe **spezieller Reaktionen,** die teils zu ihrem Nachweis dienen, teils aber auch präparative Bedeutung zur Darstellung der hierbei entstehenden Verbindungen erlangt haben. Die wichtigsten von ihnen sind:

1. die beim Kochen mit Chloroform und Alkali eintretende Bildung von Isonitrilen, die an ihrem intensiven und widerwärtigen Geruch bereits in Spuren zu erkennen sind (Näheres vgl. S. 742):

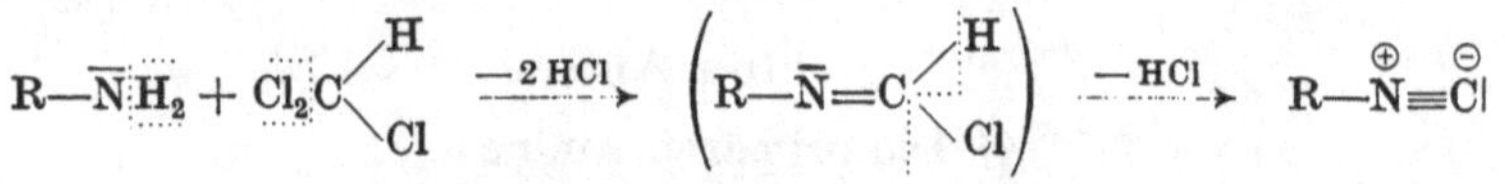

2. die bereits beschriebene Bildung von Isocyansäureestern bei der Einwirkung von Phosgen (vgl. S. 385, 392).

3. die ebenfalls bereits beschriebene Senfölbildung bei der Einwirkung von Schwefelkohlenstoff (vgl. S. 410).

Ferner sei von den im allgemeinen Teil angeführten Reaktionen nochmals hingewiesen auf:

4. die unter Abspaltung von elementarem Stickstoff erfolgende Alkoholbildung bei der Einwirkung von salpetriger Säure, bzw. Alkylhalogenidbildung bei der Einwirkung von Nitrosylhalogeniden.

5. die Bildung SCHIFFscher Basen mit Oxoverbindungen.

6. die Bildung alkalilöslicher Säureamide mit Arylsulfochloriden (vgl. S. 541).

Einzelverbindungen. Methylamin CH_3—NH_2 tritt im Bingelkraut in geringer Menge natürlich auf. Es ist ebenso wie das nächst höhere Homologe, das **Äthylamin** C_2H_5—NH_2, bei normaler Temperatur gasförmig. Beide Verbindungen werden daher meistens in Form ihrer salzsauren Salze oder alkoholischen Lösungen aufbewahrt und zur Reaktion gebracht.

Allylamin $CH_2{=}CH$—CH_2—NH_2 ist eine bei 53° siedende, ungesättigte Base, die aus Allyljodid und Phthalimidkalium nach GABRIEL dargestellt werden kann (formulieren!). Sie übt ähnlich wie die Allylhalogenide eine Reizwirkung auf die Augen und Atmungsorgane aus, verhält sich aber im übrigen infolge der β,γ-Stellung der Doppelbindung zum Stickstoff wie ein normales aliphatisches Amin (vgl. Tabelle 27, S. 540), ähnlich wie auch der Allylalkohol zu den Alkoholen zählt.

Benzylamin C_6H_5—CH_2—NH_2, das einfachste Alkylamin mit der Aminogruppe in der Seitenkette eines aromatischen Kerns, wird durch Hydrierung von Benzonitril sowie (neben der sekundären und tertiären Base) bei der Einwirkung von Ammoniak auf Benzylchlorid gewonnen (Gleichungen formulieren!). Es verhält sich ebenfalls wie ein normales aliphatisches Amin und ist im Gegensatz zu den isomeren Anilinbasen (S. 564) eigenartigerweise mit Wasser mischbar.

Phenäthylamin C_6H_5—CH_2—CH_2—NH_2, das nächst höhere Homologe des Benzylamins, kommt natürlich in faulendem Eiweiß als Abbauprodukt des Phenylalanins (**III**, Kap. 7, I, 1) vor, wird aber meistens synthetisch, am besten durch Hydrierung von Benzylcyanid über Nickel bei 180—200° gewonnen (formulieren!). Es steht konstitutionell den Alkaloiden der Ephedrinreihe (**III**, Kap. 7, III, 2 β) nahe und zeigt infolgedessen als erste Verbindung der Reihe physiologische Aktivität, die insbesondere in einer blutdrucksenkenden Wirkung zum Ausdruck kommt.

Das um ein C-Atom reichere *α-Methyl-β-phenyl-äthylamin* oder **Benzedrin** C_6H_5—CH_2—$CH(CH_3)$—NH_2 ist die eigentliche Muttersubstanz des Ephedrins und übt ähnlich wie Coffein eine starke stimulierende Wirkung auf das Nerven- und Kreislaufsystem aus. Es dient daher — ebenso wie sein bereits zu den sekundären Aminen zählendes N-Methylderivat, das **Pervitin** C_6H_5—CH_2—$CH(CH_3)$—NH—CH_3 — als wichtiges Stimulans. Insbesondere wecken beide Verbindungen aus tiefstem Schlaf und eignen sich daher als Gegenmittel gegen Schlafmittel (sog. *Weckamine*).

Im **Brom- und Chloräthylamin** Hal—CH_2—CH_2—NH_2 liegen die einfachsten *Halogenalkyl-amine*[1]) vor. Sie können nach der Methode von GABRIEL durch partielle Umsetzung von Äthylenchlorid (bzw. -bromid) mit einem Mol Phthalimidkalium sowie durch Ringöffnung von Äthylenimin mittels konzentrierter Halogenwasserstoffsäure gewonnen werden:

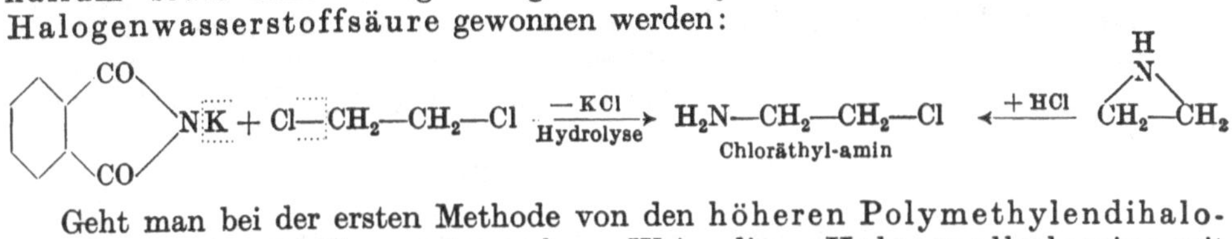

Geht man bei der ersten Methode von den höheren Polymethylendihalogeniden aus, so erhält man in analoger Weise die ω-Halogenalkylamine mit größerem Abstand der Halogen- und Aminogruppe (formulieren!).

Die Halogenalkylamine sind infolge der gleichzeitigen Anwesenheit der leicht miteinander in Reaktion tretenden Alkylhalogenid- und Aminogruppe sehr zersetzliche Substanzen, die nur in saurer Lösung beständig sind, wenn der

[1]) Der an sich naheliegende, der Bezeichnung Halogenalkohole (S. 190) entsprechende einfache Name *Halogen-amine* findet bereits zur Benennung der N-Halogenverbindungen (S. 551) Anwendung.

Stickstoff infolge der Bildung des Ammoniumions nicht mehr mit Alkylierungsmitteln zu reagieren vermag (vgl. S. 546). In neutralem oder gar alkalischem Medium tritt dagegen, in Analogie zur Bildung cyclischer Äther aus den Halogenalkoholen (S. 190), sofort innermolekulare Alkylierung der Aminogruppe unter Bildung cyclischer Amine ein:

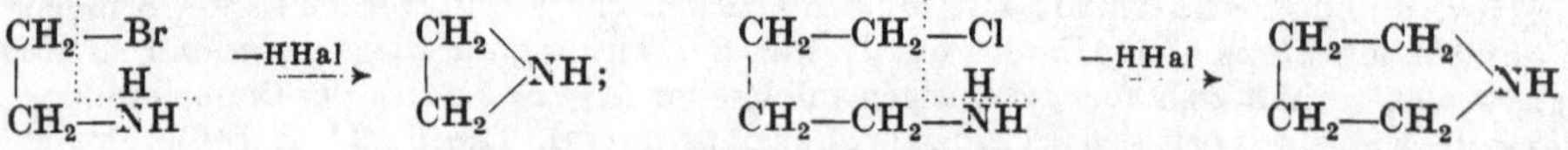

Die Halogenalkylamine sind daher wichtige Ausgangsmaterialien zur Synthese cyclischer Amine (vgl. S. 558).

β) Die sekundären Amine

Die **Darstellung** einheitlicher sekundärer Amine bereitet im allgemeinen größere Schwierigkeiten als die der primären und tertiären Verbindungen, da eine der Methode von Gabriel entsprechende Alkylierung und spätere Hydrolyse von Säureamiden relativ schwer durchführbar ist. Dagegen hat sich die auf dem gleichen Prinzip beruhende Dialkylierung von Anilin mit anschließender Aufspaltung der p-Nitrosoverbindung (Näheres vgl. S. 664) als brauchbares präparatives Verfahren erwiesen:

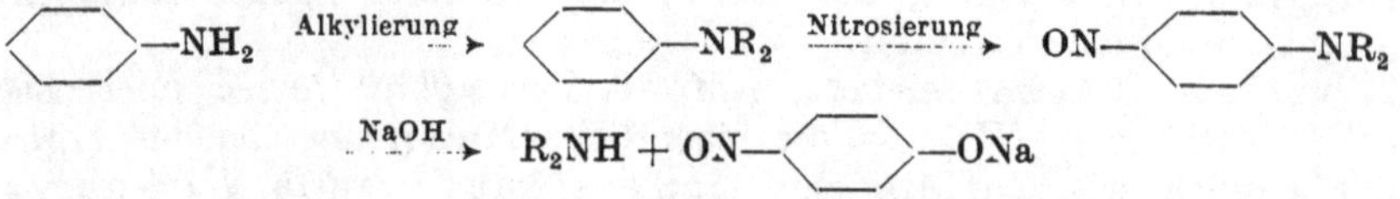

Ein weiteres, speziell zur Darstellung der Methylalkylamine geeignetes Verfahren besteht in der Reduktion von Isonitrilen:

$$R{-}\overset{\oplus}{N}{\equiv}\overset{\ominus}{C}| \xrightarrow{+2H_2} R{-}NH{-}CH_3\,,$$

die sowohl mit katalytischem (über Nickel bei 160—180°) als auch mit nascierendem Wasserstoff (Natrium und Alkohol, sowie neuerdings auch mit Lithium-aluminium-hydrid) durchgeführt werden kann. Da die Isonitrile ihrerseits aus den primären Aminen gewonnen werden (vgl. S. 742), hat man auf diese Weise die Möglichkeit, über die Isonitrile nur eine Methylgruppe in primäre Amine einzuführen. Schließlich erhält man auch bei der Reduktion oder Hydrierung der Schiffschen Basen primärer Amine in glatter Reaktion die sekundären Amine:

$$R{-}N{=}CH{-}R' \xrightarrow{+H_2} R{-}NH{-}CH_2{-}R'$$

Von den **speziellen Reaktionen** der sekundären Amine haben nur die Bildung der Nitrosamine und der Abbau über die Säureamidchloride nach v. Braun, die wir bereits kennen gelernt haben, eine größere Bedeutung erlangt.

Dimethylamin $(CH_3)_2NH$, das Anfangsglied der Reihe, kommt in geringen Mengen in der Heringslake vor. Sein salzsaures Salz zeigt eigenartigerweise eine starke Löslichkeit in Chloroform und kann daher (zusammen mit Trimethylamin-hydrochlorid) leicht vom Salmiak und Monomethylamin-hydrochlorid abgetrennt werden. Diese Löslichkeitsverhältnisse sind für seine Gewinnung aus dem bei der Methylierung von Salmiak mit Formaldehyd entstehenden Salzgemisch auch von praktischer Bedeutung.

Diäthylamin $(C_2H_5)_2NH$ wird durch Äthylierung von Ammoniak mit Äthylhalogeniden oder Acetaldehyd und Ameisensäure (als Reduktionsmittel, vgl. S. 538) gewonnen. Es findet wegen seines günstigen Siedepunktes (56°) häufig Anwendung in der präparativen Chemie als sekundäres Amin schlechthin, z. B. für katalytische Reaktionen (S. 247).

Von den höheren Gliedern der Reihe haben wir das *Pervitin* als das N-Methylderivat des Benzedrins bereits kennengelernt (S. 553).

γ) Die tertiären Amine

Tertiäre Amine sind wieder leichter zugänglich, da sie einerseits bei einer Reihe von Verfahren, wie z. B. der Amingewinnung aus Alkoholen oder Oxoverbindungen und Ammoniak, die Endstufe der Alkylierung darstellen, andererseits als Zersetzungsprodukte der quartären Ammoniumsalze nach A. W. Hofmann entstehen. Besondere Methoden zur ausschließlichen Darstellung tertiärer Amine sind daher nicht entwickelt worden.

Hinsichtlich ihrer **allgemeinen Eigenschaften** unterscheiden sie sich infolge der Substitution aller am Stickstoff befindlichen H-Atome in ähnlicher Weise von den primären und sekundären Aminen, wie die Äther von den Alkoholen. So reagieren sie z. B. nicht mehr mit metallorganischen Verbindungen unter Metallamidbildung und dienen daher zuweilen als Lösungsmittel für Grignardverbindungen.

Auch Acylierungsmitteln gegenüber verhalten sie sich normalerweise indifferent, obgleich hier prinzipiell eine Anlagerung zu den quartären Salzen der Säureamide möglich sein sollte. Eine derartige Reaktion wurde bisher aber nur in wenigen Ausnahmefällen beobachtet (z. B. bei der Addition von Bromcyan im Rahmen des v. Braunschen Abbaues; vgl. S. 544), so daß man tertiäre Amine, insbesondere Pyridin, im allgemeinen als säurebindendes Reaktionsmedium für Acylierungsreaktionen verwenden kann:

Ein weiteres Acylierungsmittel, mit dem sie eigenartigerweise in Reaktion treten, ist salpetrige Säure, die bereits bei wenig erhöhter Temperatur einen Alkylrest unter Bildung der Nitrosamine abspaltet:

$$R_2N—R + HO—N=O \longrightarrow R_2N—NO + R—OH$$

Die Reaktion ist wahrscheinlich mit der ebenfalls auffallend leicht erfolgenden Ätherspaltung durch Salpeter- und salpetrige Säure (S. 211) nahe verwandt und wirkt bei der quantitativen Trennung von sekundären und tertiären Aminen (S. 541) zuweilen störend.

Als spezielle, vor allem zur Identifizierung und Analyse geeignete Reaktion dient außer der Bildung der Pikrate, Chloroplatinate usw. insbesondere die bei der Einwirkung von Alkyljodiden spontan unter Erwärmung eintretende Bildung der meist gut kristallisierenden quartären Ammoniumsalze. Bezüglich des v. Braunschen Abbaues vgl. S. 544.

Schließlich beobachten wir bei den tertiären Aminen eine wichtige neuartige Oxydationsmöglichkeit: die Anlagerung eines semipolar gebundenen O-Atoms an das ungebundene Elektronenpaar des Stickstoffs unter Bildung von Aminoxyden (S. 592):

$$R_3N| + O \dashrightarrow R_3N \rightarrow O$$

Die Reaktion wird mit Hydroperoxyd als Oxydationsmittel ausgeführt und stellt neben der Bildung der Oniumionen und Metallkomplexe eine dritte wichtige Absättigungsmöglichkeit ungebundener Elektronenpaare dar, wie die Bildung der Azoxy- aus den Azoverbindungen (S. 631), der Nitro- aus den Nitrosoverbindungen (S. 655), der Nitriloxyde aus den Nitrilen (S. 350) sowie auch der Sulfoxyde (S. 691), Phosphinoxyde (S. 701), Arsinoxyde (S. 707) usw. aus den Thioäthern, Trialkylphosphinen, Trialkylarsinen usw. beweist. Sie tritt in der Stickstoffreihe zwar an allgemeiner Bedeutung noch hinter der Salzbildung zurück, steht aber bei den weniger basischen Elementen der höheren Perioden bei weitem an erster Stelle und läßt sich auch dort fast stets mit Peroxyden als Oxydationsmitteln durchführen.

Trimethylamin $(CH_3)_3N$ kommt ebenfalls in der Heringslake vor und ist der Hauptträger des typischen Fischgeruchs. Es entsteht als Abbauprodukt des Betains (S. 362) bei der thermischen Zersetzung von Melasse, wird aber meistens synthetisch durch erschöpfende Methylierung von Salmiak mit Formaldehyd gewonnen (Gleichung formulieren!). Trimethylamin ist ein stark giftiges, insbesondere das Nervensystem angreifendes Gas. Es findet präparativ und technisch vor allem Anwendung zur Herstellung quartärer Ammoniumsalze, wie z. B. von Neurin (S. 562), Betain (S. 586), GIRARDS Reagens (S. 586) usw., sowie zur Gewinnung von Blausäure (S. 363).

Triäthylamin hat als einfachstes bei normaler Temperatur flüssiges Trialkylamin eine gewisse päparative Bedeutung erlangt. Seine Darstellung geschieht am besten durch HOFMANNschen Abbau von Tetraäthylammoniumhydroxyd oder durch erschöpfende Äthylierung von Salmiak mit Acetaldehyd und Ameisensäure (Gleichungen formulieren!).

δ) Die Poly-amine

Die den Polyalkoholen entsprechenden aliphatischen Polyamine mit mehreren Aminogruppen im Molekül sind von nur geringer Bedeutung. Ihre **Darstellung** erfolgt in analoger Weise wie die der Mono-amine, z. B. durch Umsetzung von Polyhalogenverbindungen mit Ammoniak oder, falls man die Reaktion auf die Einführung primärer Aminogruppen beschränken will, auch mit Phthalimidkalium. Ein weiteres, in der Technik vielfach angewandtes Verfahren beruht auf der Reduktion, insbesondere der katalytischen Hydrierung, von Dinitrilen (Gleichung formulieren!).

Die Polyamine sind, ähnlich wie die Polyalkohole, ölige, schlecht kristallisierende Substanzen, die im Verhältnis zu den Monaminen außerordentlich hoch sieden und mit Wasser mischbar sind.

Tabelle 28

Die physikalischen Konstanten einiger Polyamine

	Sdp.	Smp.		Sdp.	Smp.
Hydrazin (zum Vergleich)	113°	1,4°	Pentamethylen-diamin (Cadaverin)	179°	∼−10°
Äthylen-diamin	118°	8,5°	Hexamethylen-diamin	204°	+42°
Trimethylen-diamin	137°	−23,5°	1,2,3-Triamino-propan	108°/15 mm	—
Tetramethylen-diamin (Putrescin)	159°	23,5°			

Die uns in erster Linie interessierenden Diamine bilden mit Säuren basische und neutrale Salze und zeigen hinsichtlich der Dissoziationskonstanten der ersten Aminogruppe (die K_2-Werte sind noch nicht bestimmt worden) ein ähnliches Verhalten wie die Dicarbonsäuren (S. 453), d. h. die K_1-Werte nähern sich mit wachsender Kettenlänge auch hier dem doppelten K-Wert für einfache Amine. Nur streben sie, wie aus Abb. 13 hervorgeht, diesem Grenzwert von unten zu, da sich die beiden Aminogruppen (im Gegensatz zu der gegenseitigen Aciditätssteigerung der Carboxylgruppen in den Dicarbonsäuren) in ihrer Basizität gegenseitig schwächen, so daß die Basizität der Diamine mit steigender Annäherung der Aminogruppen immer mehr zurückgeht.

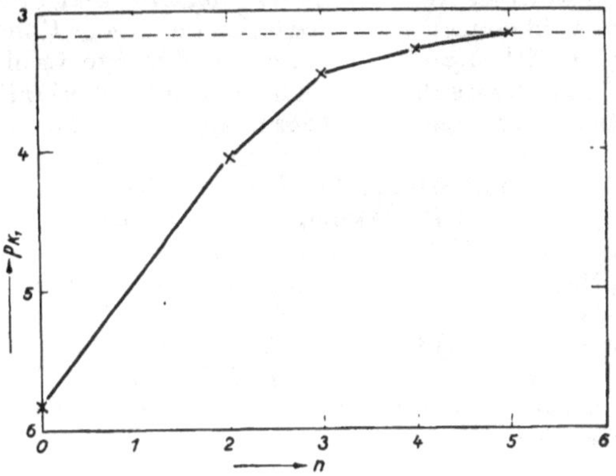

Abb. 13

Vergleich der Dissoziationskonstanten von Mono- und Diaminen.

×——× p_{K_1}-Werte der Polymethylen-diamine (n = Zahl der zwischen den NH_2-Gruppen befindlichen Methylengruppen.

------ p_{K_1} berechnet = —log (2 $K_{\text{Äthylamin}}$) = 3,83

Weiterhin beobachtet man wie bei den Verbindungen mit mehreren Sauerstoff-Funktionen im Molekül eine gewisse Tendenz zu Ringschlußreaktionen, deren Verlauf in der dort beschriebenen Weise von dem gegenseitigen Abstand der Aminogruppen abhängt. So kann z. B. Äthylen-diamin nur unter Einbau weiterer Atome in den Ring cyclische Komplexe oder Kondensationsprodukte bilden:

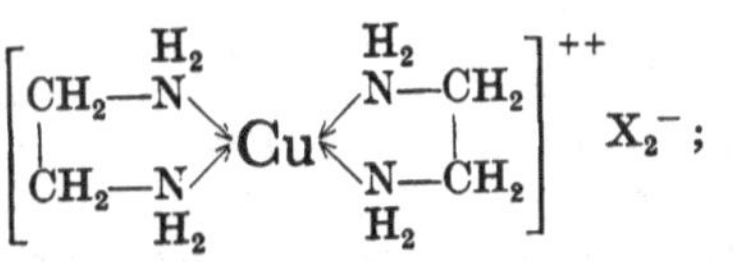

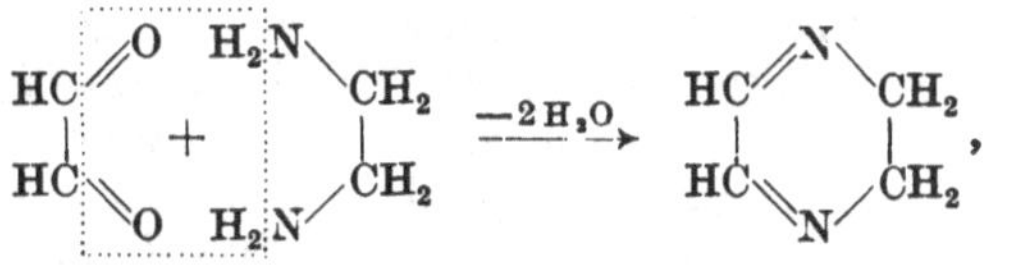

während die höheren Diamine beim Erhitzen ihrer salzsauren Salze eine Ammoniumgruppe als Salmiak abspalten und in die sekundären cyclischen Basen übergehen:

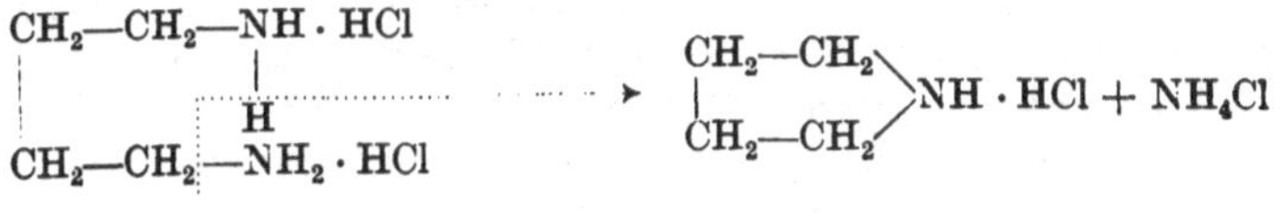

Äthylendiamin $H_2N—CH_2—CH_2—NH_2$ ist aus Äthylenbromid und Ammoniak leicht zugänglich und stellt eine an der Luft rauchende ölige Substanz dar, die mit Wasser in Form eines bei 10° schmelzenden Hydrates kristallisiert. Von seinen Reaktionen ist vor allem die Neigung zur Bildung sehr stabiler cyclischer Komplexe mit Schwermetallionen hervorzuheben. Insbesondere der angeführte *Kupfer-II-Komplex*, in dem jedes Äthylendiaminmolekül zwei Ammoniakmoleküle des $Cu(NH_3)_4^{++}$-Ions (vgl. anorg. Lehrbücher) ersetzt, ist sehr charakteristisch und zeigt eine äußerst geringe Dissoziationstendenz.

Von den höheren Homologen des Äthylendiamins treten das *Tetramethylendiamin* $H_2N—(CH_2)_4—NH_2$ unter dem Namen **Putrescin** und das *Pentamethylendiamin* $H_2N—(CH_2)_5—NH_2$ unter dem Namen **Cadaverin** als Zersetzungsprodukte der Eiweißaminosäuren Ornithin und Lysin (**III**, Kap. 7, I, 1) in faulendem Eiweiß natürlich auf. Sie wurden daher früher als wichtige Bestandteile der Leichengifte angesehen und *Ptomaine* genannt. Doch sind sie vollkommen unschädlich. Pustrescin findet zur Herstellung von Polyamidkunststoffen (**III**, Kap. 7, I, 3) eine beschränkte technische Anwendung und wird zu diesem Zweck synthetisch aus Bernsteinsäuredinitril (S. 463), sowie durch doppelten HOFMANNschen Abbau aus Adipinsäurediamid, dargestellt (Gleichungen formulieren!).

Noch wichtiger als Ausgangsmaterial für Polyamid-Kunststoffe ist das um zwei Methylengruppen reichere **Hexamethylen-diamin,** das technisch durch Reduktion des bereits auf S. 464 beschriebenen, durch Totalsynthese aus Acetylen, Kohlenoxyd und Blausäure (vgl. Tafel I, S. 128 und Tafel II, S. 741) leicht zugänglichen Adipinsäuredinitrils im großen gewonnen wird.

Die durch lineare Verknüpfung mehrerer Polymethylendiaminmoleküle entstehenden sekundären Polyamine treten z. T. im menschlichen Sperma natürlich auf. Bisher konnten die bei der Kondensation von ein bzw. zwei Molekülen Trimethylendiamin mit Putrescin entstehenden Basen:

$$\underset{\text{Spermidin}}{H_2N—(CH_2)_3—NH—(CH_2)_4—NH_2} \quad \text{und} \quad \underset{\text{Spermin}}{H_2N—(CH_2)_3—NH—(CH_2)_4—NH—(CH_2)_3—NH_2}$$

isoliert werden, deren Konstitution, insbesondere auch auf dem Wege der Synthese, von DUDLEY (1926/27) sichergestellt wurde.

Als Beispiel einer Triaminoverbindung sei schließlich das dem Glycerin nahestehende **1,2,3-Triaminopropan** $H_2N—CH_2—CH(NH_2)—CH_2—NH_2$ angeführt. Es kann durch Reduktion von 1,2,3-Trinitropropan gewonnen werden und stellt ein dem Glycerin sehr ähnliches viskoses Öl dar.

ε) Die cyclischen Amine

Die den cyclischen Äthern entsprechenden cyclischen Amine kommen in Form ihrer Derivate zum Teil natürlich vor (z. B. Piperidin in den Alkaloiden des Pfeffers, Pyrrolidin im Prolin, usw.; vgl. **III**, Kap. 7, I, 1 u. III, 3a). Ihre **Benennung** erfolgt, ähnlich wie die der cyclischen Säureamide (S. 345), inkonsequenterweise durch die Endung *-imin* (z. B. *Äthylen-imin*), obgleich es sich bei ihnen nicht um echte Imine mit doppelt gebundener =NH-Gruppe (wie bei den Aldehyd- und Ketiminen), sondern um sekundäre aliphatische Amine handelt. Für ihre **Darstellung** kommen insbesondere zwei allgemein gültige Verfahren in Betracht, die wir bereits kennengelernt haben: 1. die Halogenwasserstoffabspaltung aus den Halogenalkyl-aminen (S. 553), die bei den freien Basen meistens spontan eintritt, und 2. die thermische Ammoniakabspaltung aus den halogenwasserstoffsauren Salzen der Diamine (S. 557).

In Analogie zu den cyclischen Äthern (S. 423) zeigen die cyclischen Amine gegenüber den normalen sekundären Aminen ebenfalls ein erhöhtes Dipolmoment und infolgedessen einen erhöhten Siedepunkt, eine gesteigerte Wasserlöslichkeit und eine merklich größere Basizität (vgl. Tab. 27, 540). Dagegen verhalten sie sich in ihren **chemischen Reaktionen,** vom stark gespannten Äthylenimin (s. u.) abgesehen, den linearen Verbindungen sehr ähnlich. Insbesondere lassen sie sich in gleicher Weise in Nitrosamine überführen oder nach v. Braun über die Säureamidchloride abbauen (Gleichung formulieren!). Die hierbei entstehenden Polymethylendihalogenide werden häufig sogar auf diesem Wege dargestellt (vgl. S. 158).

Einzelverbindungen. Das einen Dreiring enthaltende **Äthylenimin** zeichnet sich infolge seiner starken Ringspannung wiederum durch eine besondere Reaktionsfähigkeit aus und hat auch technisches Interesse gefunden. Seine Darstellung geschieht nur nach der ersten der angeführten Methoden durch innermolekulare Alkylierung der Halogenäthyl-amine (I), sowie neuerdings in prinzipiell gleicher Weise auch vom Äthylenoxyd aus über das Äthanolamin (III), das nach Überführung in den Schwefelsäureester (II) ebenfalls unter innermolekularer Alkylierung des Stickstoffs in Äthylenimin übergeht:

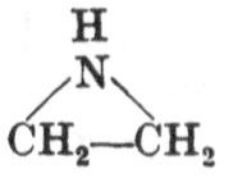

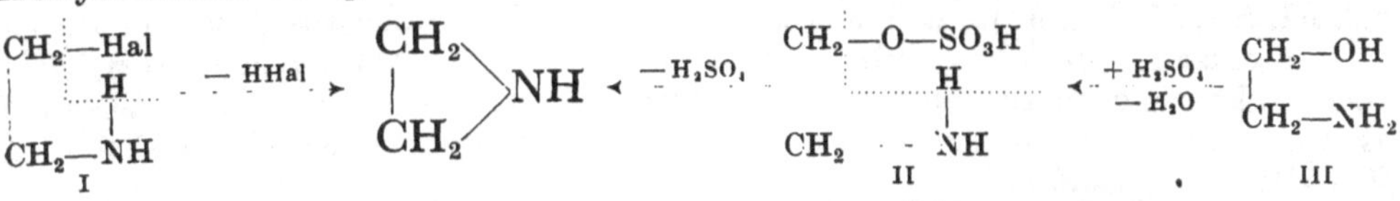

Von seinen Reaktionen ist vor allem die leichte Öffnung des Ringsystems bemerkenswert, die, ähnlich wie beim Äthylenoxyd (S. 424), durch Anlagerung von Wasserstoffverbindungen aller Art erfolgt und zur Synthese der β-Substitutionsprodukte des Äthylamins verwandt werden kann:

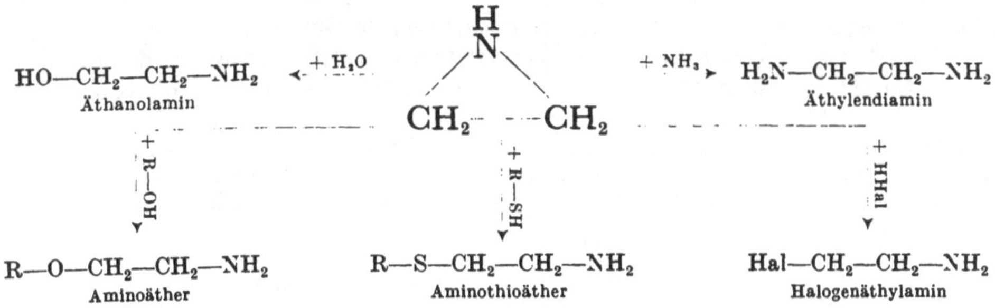

Als Katalysatoren für alle diese Reaktionen sind Säuren erforderlich, offenbar weil die Spaltung der C—N-Bindung auch hier am Ammoniumstickstoff leichter erfolgt als am Aminstickstoff. Beim Erhitzen von Äthylenimin mit nur wenig Säure findet gegenseitige Absättigung der Äthyleniminomoleküle unter Bildung hochmolekularer Produkte statt:

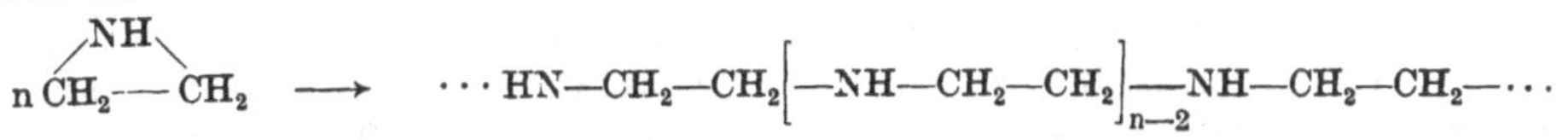

Der Vierring des **Trimethylen-imins** ist erheblich weniger gespannt und entsteht daher bereits in geringer Ausbeute beim Erhitzen von salzsaurem Trimethylendiamin, doch geht man besser vom γ-Chlorpropylamin aus:

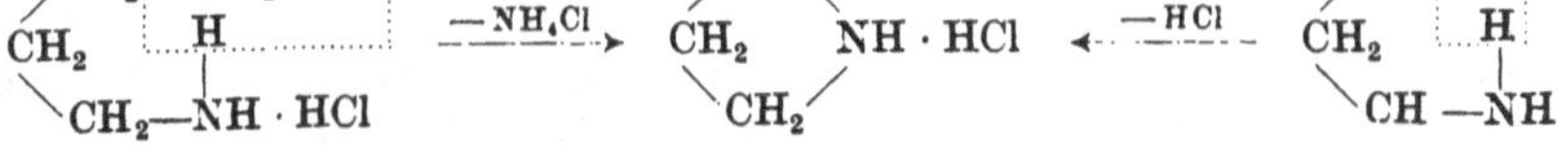

Die gegenüber normalen Aminen erhöhte Reaktionsfähigkeit kommt hier nur noch in der Aufspaltbarkeit des Ringes durch konzentrierte Salz- oder Schwefelsäure (Gleichung formulieren!) zum Ausdruck.

Pyrrolidin (*Tetramethylen-imin*) tritt als einzige Verbindung dieser Reihe in Form der nicht substituierten Base natürlich auf und ist neben Nicotin, das ebenfalls einen Pyrrolidinring enthält (vgl. **III**, Kap. 7, III, 4), im Tabak enthalten. Seine Synthese durch Erhitzen von salzsaurem Putrescin (formulieren!) bereitet wegen der Bildung eines Fünfringes keine Schwierigkeiten, doch stellt man es, wie schon der Name sagt, in der Praxis meistens durch Hydrierung von Pyrrol (S. 870) dar:

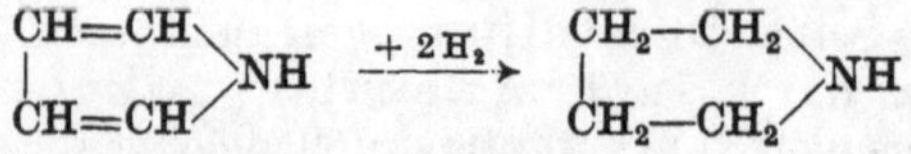

Auch das einen Sechsring enthaltende **Piperidin** (*Pentamethylen-imin*) kommt in der belebten Natur vor, jedoch nur in Form der Amide ungesättigter aromatischer Carbonsäuren in den Alkaloiden des Pfeffers (daher der Name, vgl. **III**, Kap. 7, III, 3a). Es kann, ähnlich wie das Pyrrolidin aus Putrescin, durch Cyclisierung von Cadaverin (Gleichung formulieren!) gewonnen werden, wird aber praktisch ebenfalls ausschließlich durch Hydrierung der entsprechenden aromatisch-heterocyclischen Base, des im Steinkohlenteer enthaltenen Pyridins, dargestellt:

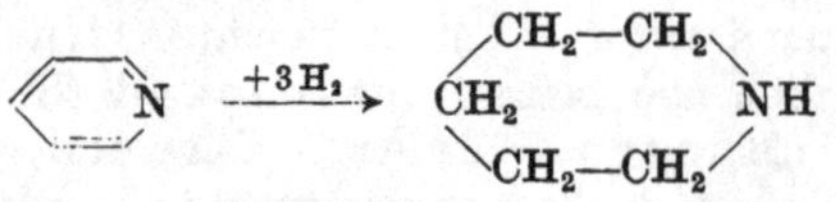

Piperidin ist auf Grund dieser Reaktion nicht nur das am leichtesten zugängliche cyclische sondern auch das am leichtesten zugängliche sekundäre Amin und dient daher in der Praxis neben Diäthylamin häufig als sekundäres Amin schlechthin (z. B. als Katalysator für die Crotonaldehyd-Kondensation, vgl. S. 247 u. 939).

Eine disekundäre cyclische Base liegt im **Piperazin** vor. Es entsteht, ähnlich wie Dioxan bei der Verätherung von Glykol, wenn man versucht, Äthylendiamin durch Erhitzen des salzsauren Salzes in eine cyclische Base zu verwandeln:

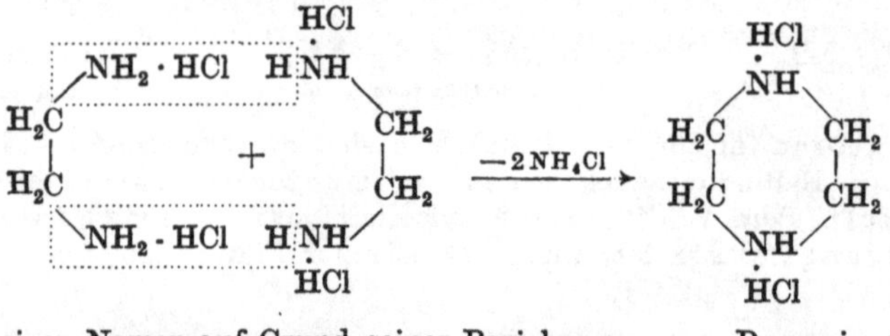

Piperazin hat seinen Namen auf Grund seiner Beziehungen zum Pyrazin (S. 854) erhalten. Es unterscheidet sich, abgesehen von seinem gegenüber dem linearen disekundären Amin gleicher Kohlenstoffzahl auffallend hohen Schmelz- und auch Siedepunkt:

	Sdp.	Smp.
Piperazin	145°	104°
N,N'-Dimethyl-äthylendiamin ($CH_3—NH—CH_2—CH_2—NH—CH_3$)	119°	<0°

ebenfalls nicht wesentlich von den normalen sekundären Aminen. Als Diamin zeigt es wiederum eine nur geringe Basizität (vgl. Tabelle 27, S. 540).

Versucht man schließlich, durch thermische Zersetzung der Hydrochloride höherer Diamine zu cyclischen Aminen mit mehr als sechs Ringgliedern zu gelangen, so beobachtet man meistens unter Verengerung des sich im „*status nascendi*" befindenden Ringes die Bildung alkyl-substituierter Pyrrolidinderivate, in denen jedoch die Kohlenstoffkette noch unverändert enthalten ist:

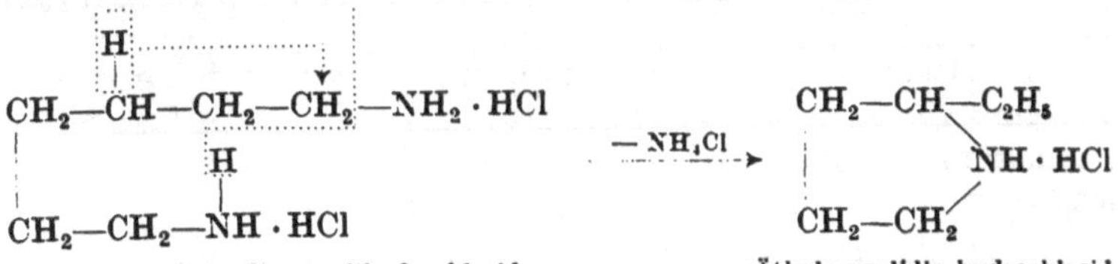

Hexamethylendiamin-dihydrochlorid — α-Äthylpyrrolidin-hydrochlorid

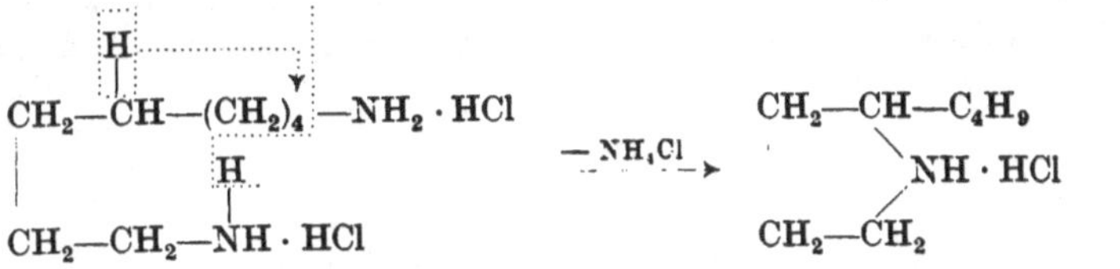

Octamethylendiamin-dihydrochlorid — α-Butylpyrrolidin-hydrochlorid

2. Die Enamine

In Analogie zu den Enolen zeigen auch die Aminoverbindungen ein von den gesättigten Aminen abweichendes Verhalten, wenn die Aminogruppe an einem Olefinkohlenstoff steht. Man grenzt diese Verbindungen daher als *Enamine* (der Name ist in gleicher Weise entstanden wie die Bezeichnung *Enole*, vgl. S. 216), von den normalen Aminen ab.

Diese Analogie zu den Enolen zeigt sich insbesondere auch in einer ähnlichen Tendenz zur Umlagerung der Enamine in die Imine von Oxoverbindungen. Einfache Enamine sind daher ebensowenig bekannt wie einfache Enole, und man beobachtet in gleicher Weise erst dann das Auftreten stabiler Enaminverbindungen, wenn das Bindungssystem des Enamins durch eine Mesomerie (z. B. von I mit der Zwitterionenstruktur II) stabilisiert wird. Dies ist z. B. beim Monoimin des Acetylacetons der Fall, dessen „Ketiminform" und „Enamin-form" annähernd energiegleich sind, so daß sich zwischen ihnen ein ähnliches Tautomeriegleichgewicht einstellt wie beim Acetylaceton selbst, und man von einer *Ketimin-Enamin-Tautomerie* spricht:

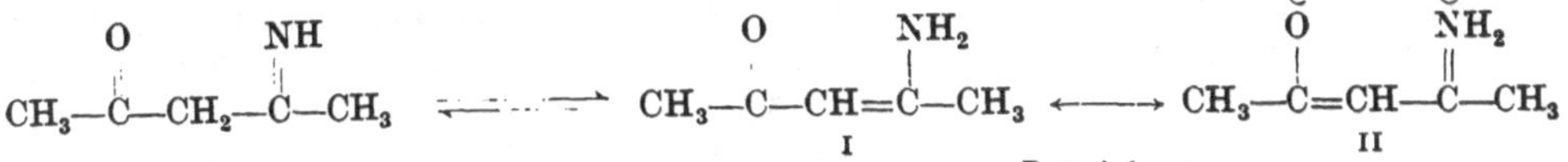

Ketiminform — Enaminform

des Acetylaceton-monimins

Wenn auch auf Grund des Absorptionsspektrums (Auwers 1930/32) die Enaminform in derartigen Tautomeriegemischen stärker hervortritt als die Enolform bei der Keto-Enol-Tautomerie, so sind die Enamine doch alles in allem wesentlich unbeständiger als die Enole, da sie infolge dieser Tautomerie über die Ketimine (als Schiffsche Basen) äußerst leicht durch Säuren hydrolysiert werden. Die freien Enamine haben daher bisher nur geringes Interesse gefunden und sind auch noch sehr wenig untersucht worden.

Erst beim Übergang zu den nicht mehr zur Tautomerie befähigten, den Enoläthern entsprechenden N-Dialkylderivaten werden die Enamine etwas beständiger. Als erste derartige Verbindung wurde im Jahre 1921 von K. H. Meyer das **Dimethylvinylamin** (IV) durch thermische Zersetzung von Neurinchlorid (III, s. u.) gewonnen:

$$[CH_2{=}CH{-}\overset{\oplus}{N}(CH_3)_3]^+ Cl^- \xrightarrow{\text{Erhitzen}} CH_2{=}CH{-}N(CH_3)_2 + CH_3{-}Cl$$

III IV

Heute stellt man die Dialkylvinylbasen leichter, und zwar wiederum in Analogie zu den Enoläthern, durch Anlagerung von sekundären Aminen an Acetylen dar (vgl. S. 111).

Auch die einfachen Dialkyl-vinylamine sind noch sehr unbeständig, da sie einerseits sehr leicht wieder rückwärts in Acetylen und sekundäres Amin zerfallen, andererseits eine noch reaktionsfähigere olefinische Doppelbindung enthalten als die Enoläther und daher:

1. mit wäßrigen Säuren sofort zu Acetaldehyd und sekundärem Amin hydrolysieren. Die Reaktion formuliert man am besten über das wieder zur Umlagerung in die Ketiminform befähigte Dialkyl-vinyl-ammonium-Ion als Zwischenprodukt:

$$CH_2{=}CH{-}NR_2 + H^+ \longrightarrow \left[CH_2{=}CH{-}\overset{\oplus}{N}HR_2\right]^+ \rightleftarrows \left[CH_3{-}CH{=}\overset{\oplus}{N}R_2\right]^+$$

$$\xrightarrow{+H_2O} CH_3{-}CH{=}O + R_2\overset{\oplus}{N}H_2$$

2. mit Diazoniumsalzen zu kuppeln vermögen:

und schließlich

3. eine starke Polymerisationsneigung aufweisen.

Insbesondere die letztere Reaktion ist von technischer Bedeutung für die Kunststoffgewinnung, wird jedoch praktisch nur bei den etwas stabileren Vinylderivaten aromatischer sekundärer Amine, wie z. B. des Diphenylamins, oder auch von Heterocyclen (z. B. von Pyrrol, Carbazol, Imidazol usw.) ausgewertet.

Geht man mit der Alkylierung noch einen Schritt weiter, so gelangt man in den Trialkyl-vinyl-ammoniumsalzen zu Verbindungen, die als quartäre Ammoniumverbindungen auch in saurer Lösung nicht mehr zur Tautomerie befähigt und damit hydrolysenbeständig sind. Die wichtigste von ihnen ist das als **Neurin** bezeichnete *Trimethyl-vinyl-ammoniumhydroxyd*, das als Wasserabspaltungsprodukt des Cholins (S. 577) bei Fäulnisprozessen entsteht und auf analogem Wege auch durch Kochen mit Barytwasser gewonnen werden kann. Doch zieht man zur Darstellung meistens die Synthese aus Äthylenbromid und Trimethylamin mit anschließender Bromwasserstoffabspaltung vor:

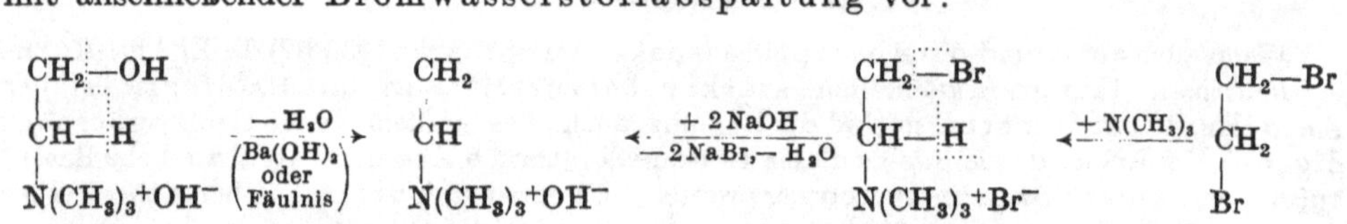

Cholin Neurin

Neurin ist das einzige natürlich vorkommende Enaminderivat und ein sehr starkes Gift. Es greift, wie schon der Name sagt (νεῦρον = der Nerv), insbesondere das Nervensystem an und stellt einen wesentlichen Bestandteil der Leichengifte dar.

3. Die aromatischen Amine

a) Darstellung und allgemeine Eigenschaften

Die eigentlichen *aromatischen Amine*, d. h. Aminoverbindungen, in denen die NH_2-Gruppe direkt am Benzolkern steht, werden nach ihren einfachsten Vertretern häufig auch als *Anilinbasen* bezeichnet. Sie kommen nicht natürlich vor, stellen aber eine technisch wichtige Körperklasse dar, weil sie sich, insbesondere über die Diazokörper, in fast alle anderen aromatischen Verbindungen überführen lassen und dadurch eine wichtige Zentralstellung einnehmen.

Für ihre **Darstellung** kommen in erster Linie die auf S. 536/37 unter 2 und 1 angeführten Reaktionen in Betracht, nämlich 1. die Reduktion aromatischer Nitroverbindungen und 2. die direkte Einführung der Aminogruppe in den aromatischen Kern. Daneben findet 3. in beschränktem Umfange auch der Hofmannsche oder Curtiussche Abbau aromatischer Carbonsäuren Anwendung.

Zu 1. Die **Reduktion von Nitroverbindungen** steht im Gegensatz zur aliphatischen Reihe bei weitem an erster Stelle, weil die Nitroverbindungen die am leichtesten zugänglichen aromatischen Stickstoffverbindungen sind. Die Reaktion ist ziemlich kompliziert und verläuft über mehrere Zwischenstufen, die mit allen möglichen Nebenreaktionen auf S. 651 f. eingehend beschrieben werden.

Als Reduktionsmittel dient meistens nascierender Wasserstoff, und zwar verwendet man präparativ Zink oder Zinn und konzentrierte, technisch Eisen und sehr verdünnte Salzsäure. In letzterem Falle kommt man mit etwa $^1/_{40}$ der molaren Säuremenge aus, da sich das entstehende dreiwertige Eisen infolge Hydrolyse als Oxydhydrat abscheidet, praktisch also alles Eisen direkt in das Oxyd übergeht (Gleichung formulieren!). Weitere technisch wichtige Verfahren sind die elektrolytische Reduktion sowie neuerdings auch die katalytische Hydrierung über Kupfer als Katalysator bei hohen Wasserstoffdrucken und Temperaturen. Eine letzte Gruppe von Reduktionsmitteln liegt schließlich im Schwefelwasserstoff, Schwefelammonium oder den Alkalisulfiden vor. Sie haben sich insbesondere für die partielle Reduktion von Polynitroverbindungen als geeignet erwiesen:

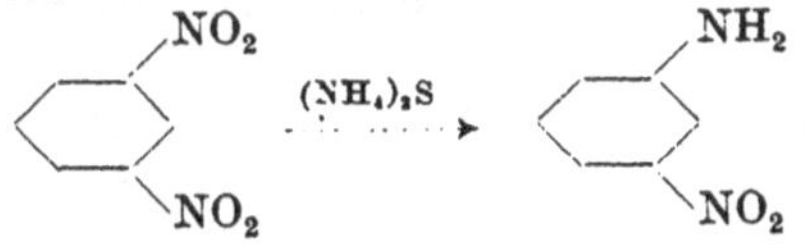

Zu 2. Die **Einführung der Aminogruppe** in den Benzolkern, d. h. die Arylierung des Ammoniaks erfordert, wie alle Arylierungsreaktionen (S. 167), ziemlich scharfe Bedingungen und gelingt erst beim Erhitzen von Arylhalogeniden mit Ammoniak unter Druck auf 150—250° in Gegenwart von Kupferpulver oder anderen Kupferkatalysatoren:

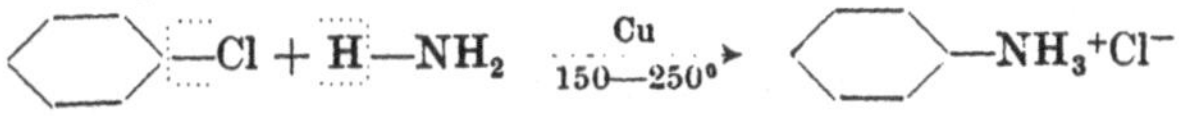

Auch die Einführung eines zweiten und dritten Arylrestes in das Ammoniakmolekül ist auf diesem Wege möglich. Da hierzu eine nochmalige (geringfügige) Verschärfung der Reaktionsbedingungen erforderlich ist, kann man im Gegensatz zur aliphatischen Reihe die einzelnen Arylierungsstufen nacheinander durchführen. Die Reaktion eignet sich insbesondere zur Überführung primärer in sekundäre und sekundärer in tertiäre aromatische Amine. Doch ist es in diesen Fällen zweckmäßig, die entstehende Salzsäure durch Zusatz von Pottasche, sowie in der Technik auch von Calciumhydroxyd, zu binden (Gleichungen formulieren!).

In ähnlicher Weise wie die alkoholische kann man auch die phenolische Hydroxylgruppe durch Erhitzen der Phenole mit Chlorzinkammoniak, oder durch Leiten von Phenol- und Ammoniakdämpfen über Dehydratisierungskatalysatoren (z. B. Al_2O_3), gegen die Aminogruppe austauschen:

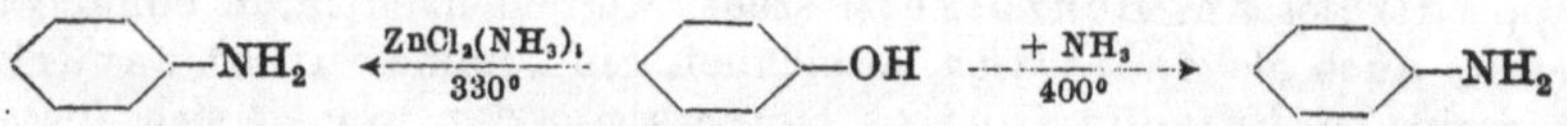

Beide Reaktionen erfordern gegenüber der aliphatischen Reihe eine um etwa 100° erhöhte Temperatur, haben aber für die Darstellung der aromatischen Monamine keine praktische Bedeutung erlangt, zumal auch hier die primären, sekundären und tertiären Amine nebeneinander entstehen.

Geht man dagegen von den Polyphenolen aus, insbesondere vom Resorcin, Phloroglucin und ihren Derivaten, so erfolgt der Austausch der Oxy- gegen die Aminogruppe in Umkehrung der auf S. 429 und 430 beschriebenen Phenolbildungsreaktionen infolge der hier auftretenden Keto-Enol- und Ketimin-Enamin-Tautomerie wesentlich leichter z. T. bereits beim Behandeln mit konzentriertem Ammoniak:

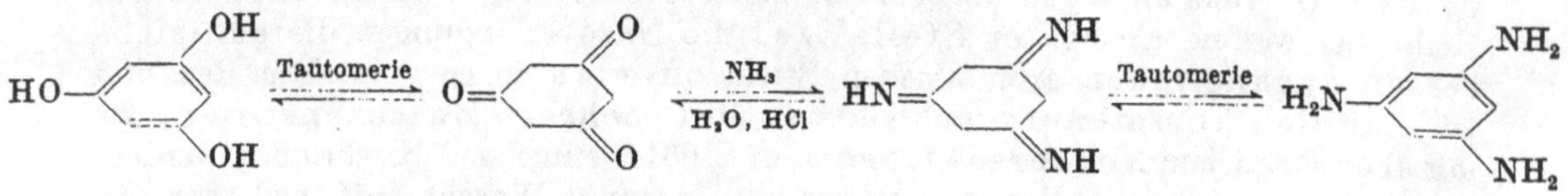

Das gleiche gilt von den Naphtholen und Oxyanthrachinonen, die ebenfalls infolge einer gewissen Auflockerung des aromatischen Systems relativ leicht in die Aminoverbindungen überführbar sind (vgl. z. B. S. 817).

Eine dritte Möglichkeit zur Arylierung des Stickstoffs, die allerdings nur zur Einführung eines zweiten Arylrestes in primäre aromatische Amine geeignet ist, liegt schließlich im gemeinsamen Erhitzen des salzsauren Salzes eines primären aromatischen Amins mit einem weiteren Mol der freien Base auf 2—300° vor. Die Reaktion stellt eine Art „Umarylierung" dar und ist mit der Darstellung cyclischer Amine durch thermische Zersetzung der salzsauren Salze von aliphatischen Diaminen vergleichbar (S. 557, 559):

Eigenschaften: Als wichtigster Unterschied gegenüber der aliphatischen Reihe fallen die außerordentlich hohen Siedepunkte der aromatischen Amine auf, die meistens sogar noch über denen der Phenole gleicher Kohlenstoffzahl (vgl. Tab. 12; S. 221) liegen. Dagegen schmelzen sie sehr niedrig, so daß die niederen Glieder der Reihe (mit wenigen Ausnahmen) bei normaler Temperatur flüssig sind (s. Tab. 29). Ihre Wasserlöslichkeit ist etwas geringer als die der Phenole.

In ihrem **chemischen Verhalten** lassen die aromatischen Amine zwei größere Gruppen von Reaktionen erkennen: 1. die Umsetzungen der Aminogruppe und 2. die Reaktionen des aromatischen Kerns.

Zu 1. Die Reaktionen der Aminogruppe zeigen gegenüber der aliphatischen Reihe keine grundsätzlichen Abweichungen. Am auffallendsten ist die wesentlich geringere Basizität der aromatischen Amine, die auf den gleichen Mesomerieeffekt der Arylreste zurückzuführen ist wie die Aciditätserhöhung der Hydroxylgruppe in den Phenolen (Näheres vgl. **II**, Kap. 3, III, 2).

Diese Basizitätsverminderung hängt stark von der Zahl der am Stickstoff befindlichen Arylreste ab, da jeder hinzukommende Arylrest eine weitere Basizitätsverminderung bewirkt. So steigt z. B. der basische p_k-Wert von durchschnittlich 4 in den aliphatischen Aminen über 9—10 in den Monoaryl- und 13—14 in den Diaryl- (vgl. Tabelle 27, S. 540) auf etwa 16 in den Triaryl-aminen an. Letztere reagieren infolgedessen gegenüber Wasser nicht mehr basisch. Diesen p_k-Werten entsprechend nimmt die Tendenz der Salze zur hydrolytischen Spaltung mit wachsendem Arylierungsgrad zu. Während z. B. die wäßrigen Lösungen der aliphatischen Ammoniumsalze noch nahezu neutral reagieren, färben die Salzlösungen der Monoarylamine Lackmuspapier bereits rot, und die Salze der Diarylamine sind in wäßriger Phase (Schwerlöslichkeit der Base, Löslichkeit der Salze und Säuren) unter Ausfällung der Basen stets vollständig gespalten. Sie können nur aus ätherischer Phase (Löslichkeit der Säuren und Basen, Unlöslichkeit der Salze) erhalten werden und lassen sich bestenfalls in hochkonzentrierten Mineralsäuren unzersetzt auflösen. Die Triarylamine bilden schließlich nur noch mit den allerstärksten Mineralsäuren, wie z. B. Perchlorsäure, in Substanz herstellbare, in Wasser jedoch sofort hydrolysierende Salze. Ferner können sie in wasserfreier Schwefelsäure unter Salzbildung aufgelöst werden.

Tabelle 29

Die physikalischen Konstanten einiger aromatischer Amine

	Sdp.	Smp.	D/T. flüssig		Sdp.	Smp.	D/T. flüssig
Anilin	184°	— 6°	1,022/20°	Monomethyl-anilin	194°	—57°	0,987/20°
o-Toluidin	201°	—16°	0,999/20°	Dimethyl-anilin	193°	2°	0,956/20°
m-Toluidin	203°	—44°	0,989/20°	Diäthyl-anilin	217°	—38°	0,935/20°
p-Toluidin	200°	+45°	0,934/79°	o-Phenylendiamin	257°	104°	—
2,3-Xylidin	222°	—	0,991/15°	m-Phenylendiamin	283°	63°	1,139/17°
2,4-Xylidin	214°	—	0,978/20°	p-Phenylendiamin	267°	140°	—
2,5-Xylidin	218°	16°	0,979/21°	Dimethyl-phenylendiamin	262°	41°	1,041/15°
2,6-Xylidin	218°	—	0,980/15°	Benzidin	405°	128°	1,251/fest
3,4-Xylidin	226°	49°	1,076/fest	Diphenylamin	302°	54°	1,159/fest
3,5-Xylidin	220°	—	0,994/0°	Triphenylamin	348°	127°	—

Mit der Verminderung der Basizität des Stickstoffs läuft eine Erhöhung der Acidität der am Stickstoff befindlichen H-Atome parallel. Man kann die Metallamide der aromatischen Amine daher auch direkt aus den freien Aminen durch Umsetzen mit Natriumamid, z. B. in flüssigem Ammoniak oder überschüssigem Amin als Lösungsmittel, gewinnen:

Die Reaktion ist mit der Auflösung von Phenolen in Natronlauge vergleichbar.

Von den Substitutionsreaktionen des Aminowasserstoffs nehmen einen etwas andersartigen Verlauf als in der aliphatischen Reihe einerseits die Einwirkung von salpetriger Säure auf primäre Amine, die zu den in der aromatischen Reihe beständigen Diazoverbindungen führt (vgl. S. 616f.), andererseits die Einwirkung von Schwefelkohlenstoff, die über die Anlagerung zu den Aryldithiocarbamidsäuren (I) hinaus sofort weiter zu den Senfölen (III) führt. Aber auch diese sind unter den Reaktionsbedingungen noch nicht beständig und lagern sofort noch unverändertes Amin zu den Diaryl-thioharnstoffen (II) an. Die Senföle (III) lassen sich daher nur sekundär aus diesen Diarylthioharnstoffen durch Wiederabspaltung eines Aminrestes mittels Salzsäure gewinnen:

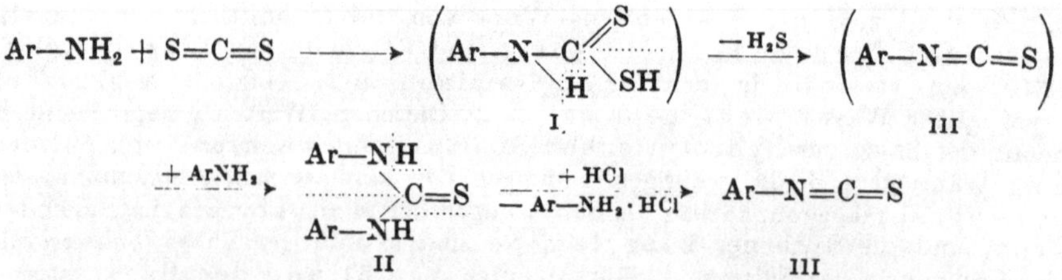

In gleicher Weise wie in der aliphatischen Reihe verlaufen:

a) die Alkylierung und Acylierung der Aminogruppe. Erstere führt ebenfalls zu den quartären Ammoniumsalzen als Endprodukten, bei deren Zersetzung nach A. W. Hofmann stets nur die Alkylgruppen abgespalten werden:

$$Ar{-}NH_2 + 3\,Hal{-}R \xrightarrow{(2\,NaOH)} [Ar{-}\overset{\ominus}{N}R_3]^+Hal^- \xrightarrow[\text{Abbau}]{\text{Hofmannscher}} Ar{-}NR_2 + R{-}OH$$

Die acylierten aromatischen Amine werden in Analogie zu den Säureamiden *Anilide* genannt.

b) die Isonitrilreaktion der primären Amine.

c) die Nitrosaminbildung der sekundären Amine.

d) die Aminoxydbildung der tertiären Amine.

e) soweit es sich um gemischt-aliphatisch-aromatische Amine handelt, die verschiedenen Spaltungsreaktionen der N-Alkyl-Bindung nach v. Braun.

Eine hydrolytische Abspaltung der aromatisch gebundenen Aminogruppe gelingt durch Einwirkung von Säuren oder Zinkchlorid in wäßriger Lösung bei 280—290°. Diese gegenüber den aliphatischen Aminen deutlich gesteigerte Labilität der C—N-Bindung ist wahrscheinlich auf die ersten Anfänge einer Ketimin-Enamin-Tautomerie zurückzuführen:

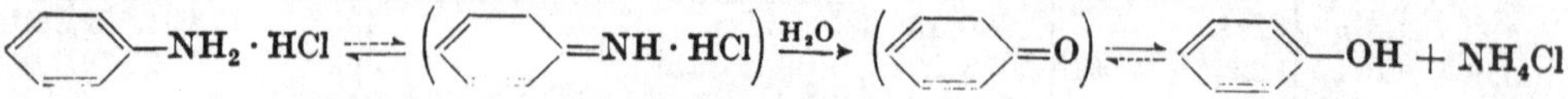

Wie uns das Beispiel der Darstellung von Resorcin und Phloroglucin aus den entsprechenden Aminoverbindungen (vgl. S. 429f.) zeigt, nimmt in Übereinstimmung mit dieser Annahme die Leichtigkeit der hydrolytischen Spaltung mit der Zahl der Aminogruppen und der dadurch bedingten Erhöhung der Neigung zu Ketimin-Enamin-Tautomerie zu.

Eine weitere Möglichkeit einer allerdings indirekten hydrolytischen Abspaltung der Aminogruppe stellt die auf S. 621 beschriebene Phenolverkochung der Diazoniumsalze dar:

Zu 2. Die Reaktionsfähigkeit des aromatischen Kerns wird durch die Aminogruppe in ähnlicher Weise erhöht wie durch die phenolische Hydroxylgruppe (S. 222f.). Insbesondere zeigen die aromatischen Amine (mit Ausnahme der in stark saurem Medium verlaufenden Reaktionen, vgl. S. 570) die gleiche Erleichterung der Kernsubstitution wie die Phenole, so daß z. B. die Halogenierung ebenfalls bereits ohne Katalysator verläuft und auch die meisten der auf S. 224 beschriebenen zusätzlichen Substitutionsreaktionen möglich sind, nämlich: 1. die Nitrosierung, sofern sie bei den primären Aminen nicht in die Diazotierung (S. 616f.) übergeht, 2. die Kupplung mit aromatischen Diazoverbindungen (S. 623f.) und 3. die Kondensation mit Carbonylverbindungen unter Ver-

knüpfung zweier Benzolkerne, die auch hier für die Synthese von Triphenylmethanfarbstoffen (**III**, Kap. 2, III, 2b) von Bedeutung ist. Doch werden mit Formaldehyd keine hochmolekularen Produkte mehr erhalten.

Neuartig ist lediglich die Tatsache, daß der Stickstoff bei den meisten Substitutionsreaktionen schneller angegriffen wird als der aromatische Kern, sodaß primär meistens die am Stickstoff substituierten Verbindungen entstehen. Doch vermag in diesen der am Stickstoff haftende Substituent unter dem Einfluß von Säuren oder Komplexbildnern wesentlich leichter in den Kern zu wandern, als dies bei den Phenolderivaten (z. B. bei der FRIESschen Verschiebung, S. 225) der Fall ist, so daß man hier neben der direkten Substitution des Benzolringes auch die Darstellung kernsubstituierter Verbindungen über die (oder gar lediglich durch Umlagerung der auf anderem Wege gewonnenen) N-Substitutionsprodukte kennt. In beiden Fällen dirigiert die Aminogruppe als Substituent erster Ordnung die neu eintretenden Gruppen hauptsächlich in p- und erst bei deren Besetzung auch in o-Stellung.

Infolge dieser Verhältnisse unterteilt man die Substitutionsreaktionen der aromatischen Amine am besten in: a) Reaktionen, bei denen der Kern direkt, d. h. ohne nachweisbare Bildung N-substituierter Zwischenprodukte substituiert wird, b) Reaktionen, bei denen die intermediäre Bildung N-substituierter Verbindungen nachgewiesen ist, man die Reaktion aber meistens über die Zwischenprodukte hinweg in der gleichen Reaktionsphase zu den kernsubstituierten Verbindungen weiterführt, und c) Reaktionen, bei denen man von den normalerweise stabilen, unter Umständen gar nicht auf dem Wege einer Substitutionsreaktion darstellbaren N-substituierten Verbindungen ausgeht, die Kernsubstitution also nur auf dem Wege einer Umlagerung bewirkt. Ihnen schließen sich d) noch eine vierte Gruppe von Reaktionen an, bei denen, ebenfalls in Analogie zu den Phenolen (S. 225/26), der zur Aminogruppe p-ständige Wasserstoff oxydativ herausgespalten wird, und schließlich e) die Substitutionsreaktionen der Ammoniumverbindungen.

Zu a) Eine **direkte Substitution des Benzolkerns** ohne intermediäre Bildung N-substituierter Derivate ist insbesondere bei den tertiären Aminen möglich. Die wichtigsten hierher gehörenden Reaktionen sind die Nitrosierung mit salpetriger Säure (S. 660), die Kupplung mit Diazoverbindungen (S. 624) und die Kondensation mit Carbonylverbindungen zu den Leukoverbindungen von Triarylmethanfarbstoffen (z. B. zu IV) (vgl. auch **III**, Kap. 2, III, 2b).

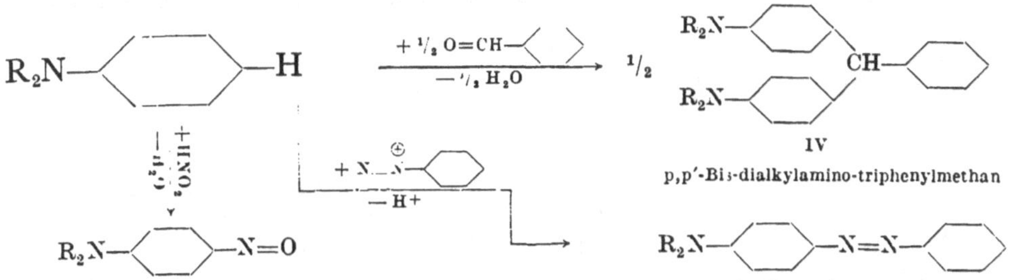

IV
p,p'-Bis-dialkylamino-triphenylmethan

p-Nitroso-dialkylanilin

p-Dialkylamino-azobenzol

Ferner kann man durch Acylierung der primären und sekundären Amine die Bildung N-substituierter Zwischenprodukte umgehen oder zumindest stark zurückdrängen, da die Säureanilide wesentlich schwerer am Stickstoff substituierbar sind als die Anilinbasen. Insbesondere die unter b) beschriebene Nitrierung und Halogenierung wurden, da die N-Substitutionsprodukte der einfachen Amine leicht anderweitig Zersetzung erleiden, häufig von den *N-Acetylverbindungen* aus durchgeführt.

Zu b) Die meisten Substitutionsreaktionen der primären und sekundären Amine gehören dem **zweiten Reaktionstypus** an. So entstehen z. B. bei der Halogenierung und auch der Nitrierung aromatischer Amine primär stets die N-Halogenamine bzw. N-Nitro-aniline (allgemein kurz *Nitranilide* genannt), die aber nur bei tiefer Temperatur beständig sind und sich unter normalen Arbeitsbedingungen, ohne isoliert werden zu können, spontan in die kernsubstituierten Verbindungen umlagern:

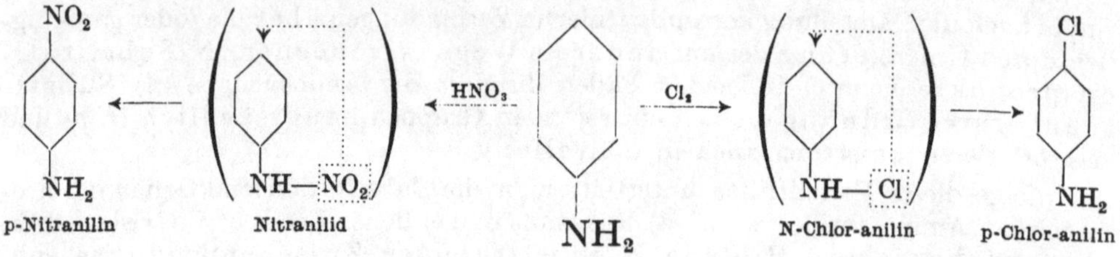

p-Nitranilin Nitranilid N-Chlor-anilin p-Chlor-anilin

Wegen der Möglichkeit von Nebenreaktionen geht man jedoch in beiden Fällen (abgesehen von der Jodierungsreaktion) besser von den Acylaminen aus (s. o.).

Auch bei der Sulfonierung der aromatischen Amine durch Erhitzen mit konzentrierter Schwefelsäure auf 180—190° (S. 572) entstehen die Arylsulfamidsäuren als Zwischenprodukte, ohne daß ihre Isolierung jedoch in allen Fällen gelungen ist:

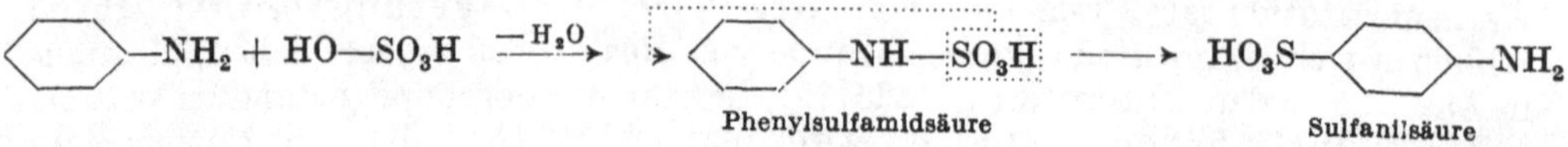

Phenylsulfamidsäure Sulfanilsäure

Da ihre Anwesenheit nicht stört, sind keine Verfahren zur Vermeidung ihrer Bildung entwickelt worden.

Von den sonstigen Substitutionsreaktionen ist vor allem die Kern-Nitrosierung mit salpetriger Säure von Interesse, die nur in der sekundären und tertiären Reihe möglich ist, da primäre Amine mit salpetriger Säure Diazoverbindungen bilden. Während nun die tertiären Amine direkt im Kern substituiert werden (s. o.), können die N-Nitrosamine der sekundären Amine bei vorsichtigem Arbeiten in normaler Weise isoliert werden. Sie lagern sich jedoch in Gegenwart von nur Spuren von Mineralsäuren sehr rasch in die p-Nitrosoverbindungen um (Umlagerung von O. Fischer und Hepp):

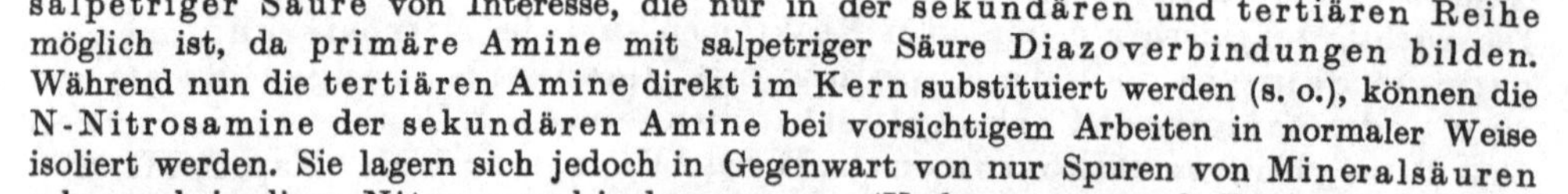

Einen Übergang zu den unter c) beschriebenen Reaktionen stellt bereits die Alkylierungsreaktion dar, die im allgemeinen ausschließlich zu den N-Substitutionsprodukten führt (s. o.). Nur unter sehr energischen Bedingungen, z. B. beim Erhitzen des Amins mit Methylalkohol und Salz- oder Schwefelsäure als Katalysator auf Temperaturen oberhalb 200°, wird auch der aromatische Kern substituiert. Als Reaktionsendprodukt erhält man hierbei aus Anilin unter Eintritt von fünf Methylgruppen in das Molekül in glatter Reaktion N-Dimethylmesidin (V):

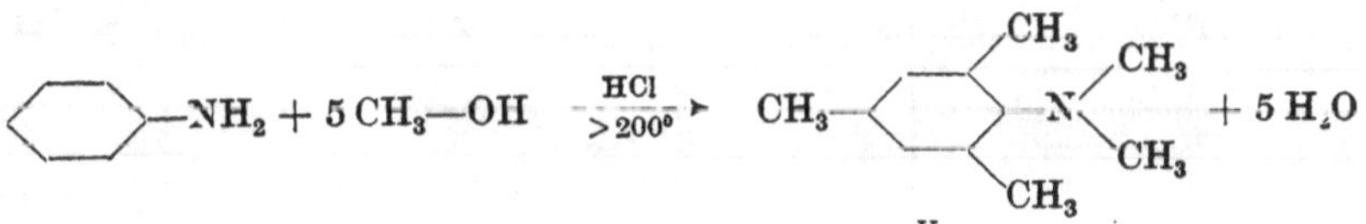

V

Bei Temperaturen um 350° tritt auch in Abwesenheit von Säuren eine direkte Wanderung der Alkylreste vom Stickstoff in den aromatischen Kern ein. So geht z. B. Monomethylanilin bei 330° in p-Toluidin über (Gleichung formulieren!).

Zu c) Ausschließlich auf dem Wege einer **Umlagerung der N-Substitutionsprodukte** erfolgt die Darstellung der folgenden Verbindungen:

α) der p-Aminoketone, die man durch Erhitzen der acylierten Amine mit wenig Säure oder Zinkchlorid auf Temperaturen um 200°, also in Analogie zur Friesschen Verschiebung (S. 225) gewinnt:

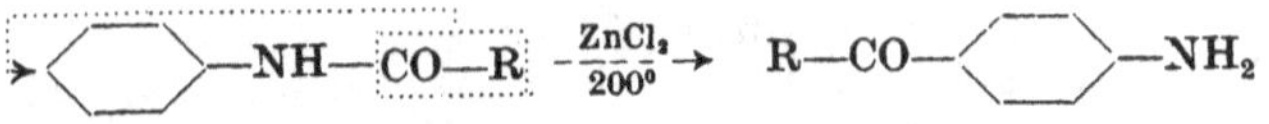

β) des p-Aminophenols, das beim Behandeln von Phenylhydroxylamin mit starken Säuren entsteht (vgl. S. 594):

γ) des Benzidins, das ausschließlich mit Hilfe der auf S. 600 beschriebenen Benzidinumlagerung vom Hydrazobenzol aus gewonnen wird:

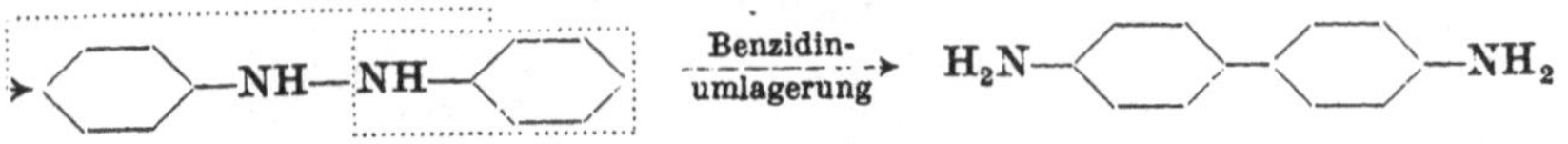

Bei den unter β) und γ) genannten Reaktionen ist es die nicht auf dem Wege einer Substitutionsreaktion in die Aminogruppe einführbare Oxy- bzw. Aminogruppe, die vom Stickstoff in den Kern zu wandern vermag.

Zu d) Die **oxydative** bzw. dehydrierende **Herausspaltung des p-ständigen Wasserstoffs** kann hauptsächlich in zwei Richtungen erfolgen:

α) durch dehydrierende Verknüpfung des p-ständigen C-Atoms mit dem Aminostickstoff eines zweiten Aminmoleküls mittels Bichromat-Schwefelsäure:

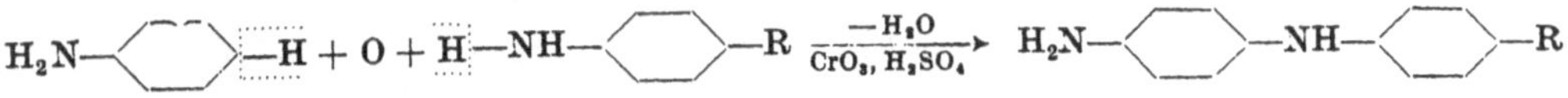

Die Reaktion haben wir bereits auf S. 296 als Teilreaktion der Chinongewinnung kennen gelernt. Sie findet insbesondere zur Synthese von Farbstoffen der Indaminreihe (**III**, Kap. 2, III, 3) praktische Anwendung.

β) durch Verknüpfung zweier p-ständiger C-Atome zum Diphenylderivat. Zu dieser Reaktion sind insbesondere die Polyphenylamine geeignet, die in konzentrierter Schwefelsäure als Reaktionsmedium bei der Oxydation mit Salpeter- oder salpetriger Säure in tiefblaue Diphenochinon-diimin-farbstoffe (I) übergehen:

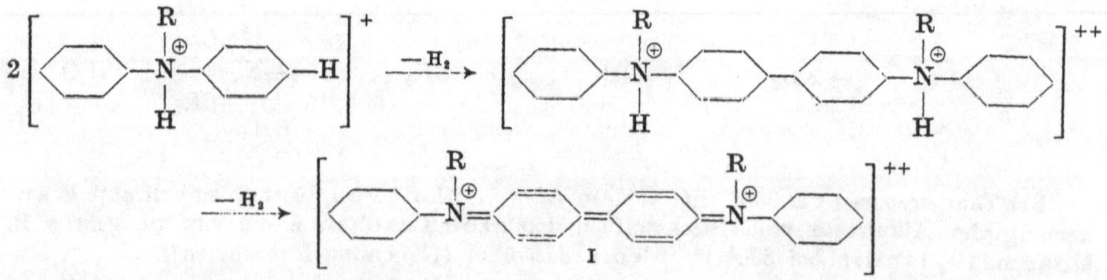

Eine Lösung von Diphenylamin in konzentrierter Schwefelsäure dient daher als Reagens auf Salpetersäure, Chlorsäure und andere Oxydationsmittel.

Zu e) Einen gänzlich anderen Reaktionstypus beobachtet man schließlich in sehr stark schwefelsaurer Lösung oder beim Vorliegen **quartärer Ammoniumsalze.** Hier kann die Ammoniumgruppe infolge der Blockierung des ungebundenen Elektronenpaares am Stickstoff die Reaktionsfähigkeit des Benzolkerns nicht mehr erhöhen und wirkt nunmehr als Substituent zweiter Ordnung (Näheres vgl. **II,** Kap. 4, III, 1), d. h. sie lenkt neu eintretende Substituenten ausschließlich in m-Stellung und erschwert die Substitution gegenüber der des einfachen Benzolkerns. Mit zunehmender Konzentration der Nitriersäure (vgl. S. 641) geht daher die Nitrierbarkeit aromatischer Amine zurück, und man beobachtet neben der o- und p-Substitution, die über die infolge der Hydrolyse der Salze stets in Spuren vorhandene freie Base vor sich geht, in steigendem Maße auch m-Substitution. Infolgedessen ist es unter geeigneten Bedingungen möglich, die Anilinbasen als einzige Verbindungen der aromatischen Reihe in einem Reaktionsgang fünfmal, und zwar viermal im Kern und einmal am Stickstoff, zu nitrieren, wobei der wichtige Sprengstoff Pentanitranilin (VI; S. 659) entsteht:

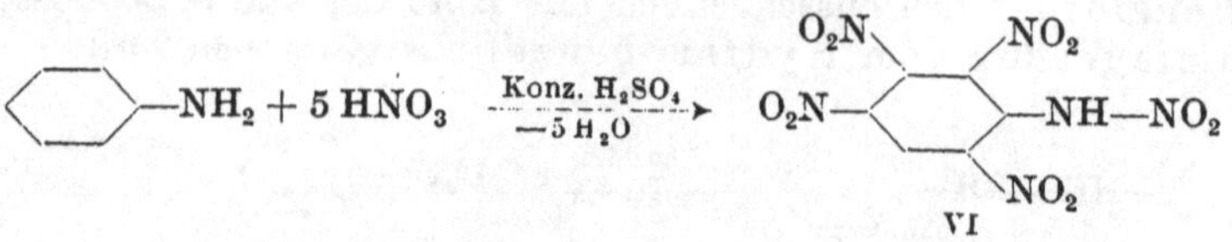

Auch die auf S. 568 bereits kurz gestreifte Sulfonierung des Anilins (S. 686) erfordert infolge der Blockierung des ungebundenen Elektronenpaares der Aminogruppe durch die Salzbildung ziemlich scharfe Reaktionsbedingungen. Sie führt aber nicht zum m-Substitutionsprodukt, da — ehe das Aniliniumion in m-Stellung substituiert werden kann — die wieder einen Aminstickstoff enthaltende Arylsulfamidsäure (VII) als Zwischenprodukt entsteht, die als Säureamid kein schwefelsaures Salz mehr bildet und daher die normale p-Wanderung des am Stickstoff befindlichen Substituenten erleidet:

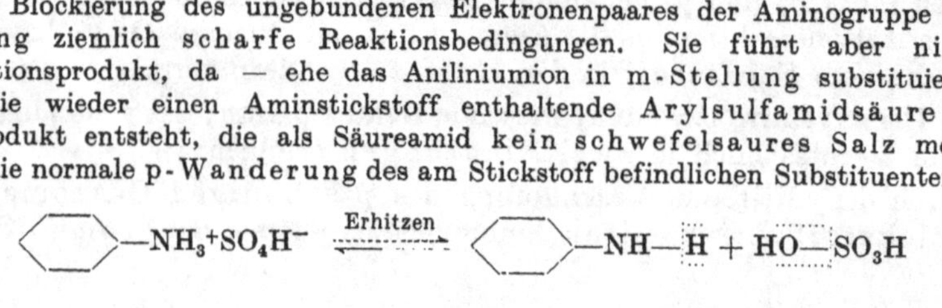

b) Die Derivate der aromatischen Amine

Die bei der Substitution des Aminwasserstoffs entstehenden Derivate der aromatischen Amine zeigen im allgemeinen kein von den Derivaten der aliphatischen Amine abweichendes Verhalten, so daß wir uns auf die Beschreibung einiger weniger Verbindungsgruppen beschränken können.

Die **N-Halogenamine** können nur selten in Substanz isoliert werden, da sie sich meistens spontan in die kernhalogenierten Verbindungen umlagern. Eine Ausnahme machen lediglich diejenigen Verbindungen, in denen bereits alle o- und p-Stellen besetzt sind, wie z. B. das bei der erschöpfenden Chlorierung von Anilin entstehende **N-Chlor-2,4,6-trichloranilin**:

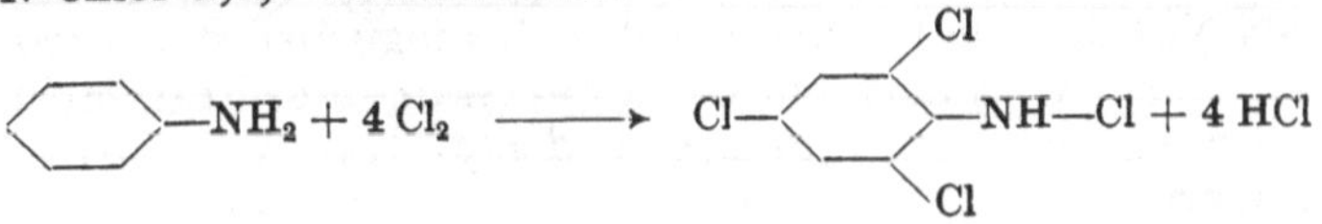

Es ist eine relativ beständige Substanz und dient zuweilen als Chlorierungsmittel (S. 145).

Wesentlich interessanter sind die allgemein als **Nitranilide** bezeichneten Anilide der Salpetersäure. Sie entstehen bei der Einwirkung von Salpetersäure auf aromatische Amine in Essigsäureanhydrid als Reaktionsmedium bei tiefer Temperatur und reagieren tautomer im Sinne der folgenden Formeln:

Amidoform Imidoform

Beide Formen sind infolge der stark acidifizierenden Wirkung der Nitrogruppe trotz ihrer Säureamidnatur deutlich sauer, so daß sich die Nitranilide in Alkalilaugen unter Salzbildung auflösen. Eine Stabilisierung der tautomeren Formen ist nur durch Alkylierung (zu ihren „Estern") möglich, und zwar entsteht der Ester der Amidoform bei der Methylierung des Natrium- und der der Imidoform bei der Methylierung des Silbersalzes mit Methyljodid (Gleichungen formulieren!).

Die Nitranilide erleiden in Gegenwart von Säuren, also unter den normalen Bedingungen der Nitrierungsreaktion, sowie auch beim Belichten und Erwärmen, Umlagerung in die kernsubstituierten Nitranilinbasen (S. 658). Der erwähnte Methylester der Amidoform geht hierbei in *p-Nitro-N-methylanilin* über (Konstitutionsbeweis):

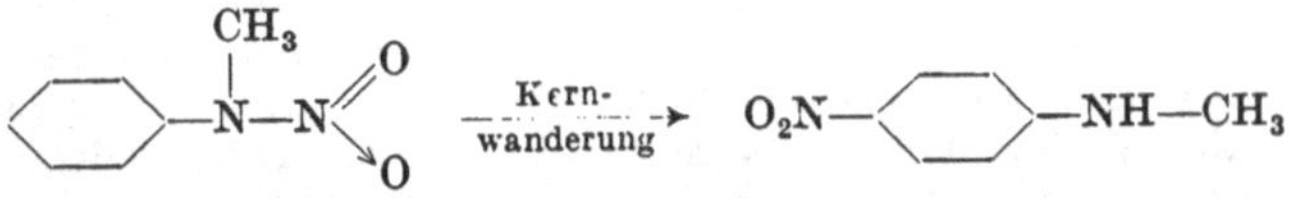

Die bei der Einwirkung von salpetriger Säure entstehenden **Nitrosamine** sind nur in der sekundären Reihe als echte Nitrosamine beständig, während man bei den Nitrosaminen der primären Amine eine ähnliche Tautomerie zwischen einer Amido- (VIII) und einer Imidoform (IX) beobachtet wie bei den Nitraniliden:

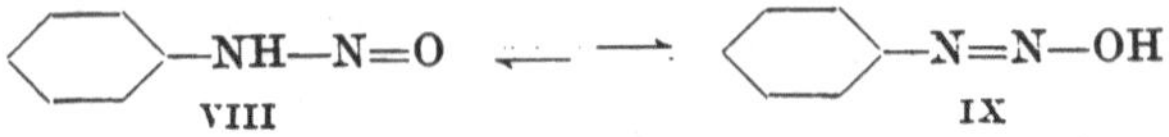

VIII IX

Von der Imidoform leiten sich die auf S. 613, 618 beschriebenen Diazotate ab, die danach als Salze der Arylimide der salpetrigen Säure aufgefaßt werden können. Diese Imido- oder „Diazoform" der Nitrosamine ist jedoch nur in alkalischer Lösung beständig, und aus neutraler Lösung scheidet sich die (meist unlösliche) reine Amido- oder „Nitrosamin-Form" ab, so daß in Abwesenheit von Säuren und Basen auch die Nitrosamine der primären aromatischen Amine isolierbar sind (Näheres vgl. S. 619).

Die Nitrosamine der sekundären aromatischen Amine spalten wie die aliphatischen Nitrosamine (S. 550) in saurem Medium die Nitrosogruppe wieder ab, und da die hierbei entstehende salpetrige Säure (evtl. in einer aktivierten Form, etwa als NO^+-Ion) unter den gleichen Bedingungen den Benzolkern nitrosiert, führt die Einwirkung auch nur geringer Säuremengen sofort zu der bereits auf S. 568 beschriebenen Umlagerung in die p-Nitrosoverbindung nach O. Fischer und Hepp.

Die bei der Einwirkung von konzentrierter Schwefelsäure auf aromatische Amine entstehenden **N-Arylsulfamidsäuren** (fälschlich auch *Arylsulfaminsäuren* genannt) haben nur als Zwischenprodukte bei der Darstellung aromatischer Aminosulfonsäuren (S. 686) Bedeutung erlangt. Sie unterscheiden sich von letzteren vor allem durch die relativ leicht eintretende hydrolytische Spaltung, die sie als Schwefelsäurederivat in Umkehrung der Sulfonierungsreaktion häufig bereits beim Kochen ihrer wäßrigen Lösungen erleiden:

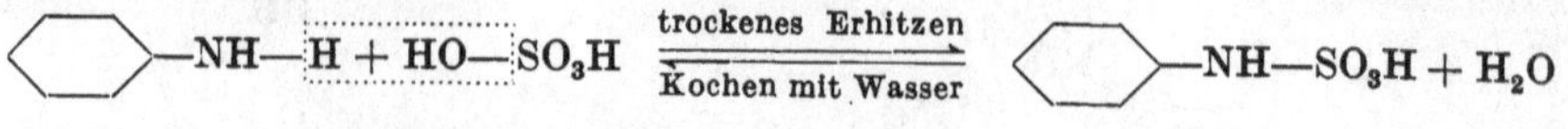

Eine letzte Gruppe von Säurederivaten stellen die bei der Einwirkung von Thionylchlorid entstehenden **Thionylimide** dar. Sie sind gelbe, zersetzliche Öle, deren Struktur noch nicht in allen Einzelheiten sichergestellt ist:

c) Einzelne Amine

Anilin C_6H_5—NH_2 (*Phenylamin*), das einfachste aromatische Amin, hat eine sehr bewegte Entdeckungsgeschichte.

Erstmals wurde es 1826 von Unverdorben bei der Kalkdestillation von Indigo erhalten und *Krystallin* genannt. Ihm folgte im Jahre 1834 Runge, der die Base aus Steinkohlenteer isolierte und ihr, ohne die Identität beider Verbindungen zu erkennen, den Namen *Kyanol* gab. Wiederum einige Jahre später, im Jahre 1841, stellte Zinin sie erstmals im Verlauf einer übersichtlichen Reaktion (durch Reduktion von Nitrobenzol) dar und nannte sie daraufhin folgerichtig *Benzidam* (modern ausgedrückt etwa = *Aminobenzol*), während schließlich Fritzsche sie im gleichen Jahre ein zweites Mal als Abbauprodukt des Indigos entdeckte (beim Behandeln mit Kalilauge neben Anthranilsäure S. 588) und wiederum einen neuen Namen, die sich von spanisch *Anil* = Indigo ableitende Bezeichnung *Anilin*, vorschlug. Erst A. W. Hofmann erkannte im Jahre 1843 die Identität aller dieser Verbindungen, hat aber eigenartigerweise den Namen Anilin beibehalten, obgleich Fritzsche als einziger der ersten Bearbeiter keinen prinzipiell neuartigen Weg zur Gewinnung der Base eingeschlagen hat.

Anilin wird praktisch ausschließlich durch Reduktion von Nitrobenzol mit Eisen- und Salzsäure sowie elektrolytischem oder auch katalytischem Wasserstoff dargestellt (s. o.). Das aus reinem Benzol über Nitrobenzol gewonnene einheitliche Produkt führt in der Technik den Namen *Blauanilin*. Ihm steht das aus einem Benzol-Toluol-Gemisch entstehende *Rotanilin* gegenüber, das nur etwa 33% Anilin enthält und in der Hauptsache aus 23% p- und 44% o-Toluidin besteht. Es ist vor allem zur Synthese von Fuchsoniminfarbstoffen (**III**, Kap. 2, III, 2b) geeignet.

Anilin ist in reinem Zustand eine farblose, sich an der Luft rasch braun färbende, ölige Flüssigkeit von nicht unangenehmen Geruch. Seine Dämpfe sind giftig, so daß man sich vor längerem Einatmen hüten muß. Als primäres Amin zeigt es die Isonitril- und die Senfölreaktion. Seine mit Oxoverbindungen und Carbonsäuren entstehenden Derivate zeichnen sich durch gute Kristallisationsfähigkeit aus und sind daher zur Charakterisierung dieser Verbindungen geeignet. Speziell zum Nachweis des Anilins dient zuweilen die mit Formaldehyd entstehende trimere Schiffsche Base, das *Anhydro-formaldehyd-anilin* (I), sowie die bei der Einwirkung von Chlorkalk auf die wäßrige Lösung der freien Base auftretende Violettfärbung.

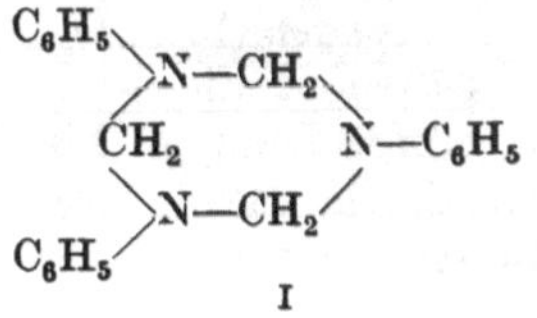

I

Anilin ist ein technisches Zwischenprodukt. Insbesondere dient es — und zwar einerseits über die Diazoverbindungen, andererseits auf Grund der leichten Substituierbarkeit des p-ständigen H-Atoms — als Ausgangsmaterial für die Gewinnung einer großen Zahl anderer aromatischer Verbindungen.

Acetanilid $CH_3—CO—NH—C_6H_5$ wird durch Erhitzen von essigsaurem Anilin gewonnen und dient in der Pharmazie unter der Bezeichnung *Antifebrin* als Antipyretikum. Doch wird es in neuerer Zeit zunehmend durch das harmlosere Phenacetin (S. 578) verdrängt. Als Säureamid kann es sowohl durch Kochen mit Mineralsäuren als auch durch Kochen mit Alkalien verseift werden. Ferner lagert es sich bei längerem Erhitzen mit wenig Säure oder Zinkchlorid auf 200° in ein Gemisch von wenig o- und viel p-Aminoacetophenon um (s. o.).

Von den **Kohlensäurederivaten des Anilins** haben wir das Phenylisocyanat als Reagens auf Alkohole und organische Amine bereits kennengelernt (vgl. S. 392). Diphenylthioharnstoff (III) entsteht in der auf S. 566 angegebenen Weise bei der Einwirkung von Schwefelkohlenstoff auf Anilin in Gegenwart von Natriumhydroxyd. Er dient als Ausgangsmaterial für die Sandmeyersche Indigosynthese (III, Kap. 2. V, 1) und läßt sich durch Erhitzen mit Salzsäure unter Abspaltung von Anilin-hydrochlorid in Phenylsenföl (IV) sowie durch Erhitzen mit Bleicarbonat unter Abspaltung von Schwefelwasserstoff in Diphenyl-carbodiimid (II) überführen:

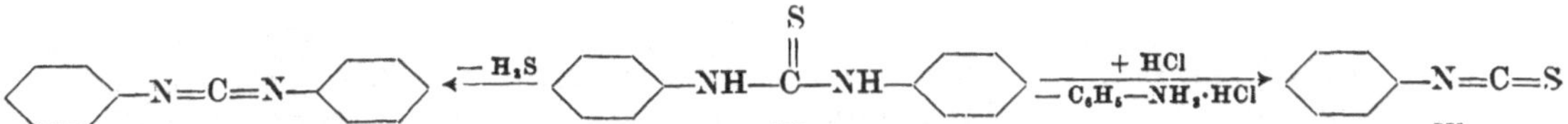

II III IV

Monomethylanilin $C_6H_5—NH—CH_3$ entsteht neben Dimethylanilin bei der Methylierung von Anilin, ist aber wegen des nahezu gleichen Siedepunktes relativ schwierig von diesem abzutrennen und daher nur von geringem Interesse. Sein Nitrosamin erleidet in Gegenwart von Säuren die bereits mehrfach erwähnte Umlagerung von O. Fischer und Hepp (Gleichung formulieren!).

Dimethylanilin $C_6H_5—N(CH_3)_2$ ist eine wichtige tertiäre Base, die zur Vermeidung der Bildung quartärer Ammoniumsalze durch Methylierung von Anilin mit Methylalkohol in Gegenwart von Salz- oder Schwefelsäure im Autoklaven unter Druck bei etwa 200° hergestellt wird. Als eigentliches aktives Reagens fungiert hierbei das intermediär entstehende Methylchlorid bzw. Monomethylsulfat. In Abwesenheit von Mineralsäuren, z. B. beim Leiten von Anilin und Methylalkoholdämpfen über Tonerdekontakte, muß man die Reaktionstemperatur bereits auf 400° erhöhen.

Da Dimethylanilin nicht mehr am Stickstoff substituiert werden kann, werden aus ihm bei den oben beschriebenen Substitutionsreaktionen direkt die kernsubstituierten Derivate gewonnen. Am wichtigsten sind die Nitrosierung zu *p-Nitrosodimethylanilin* (S. 666), die Kupplung mit Diazoverbindungen zu *Azoverbindungen* (S. 624), die Kondensation mit Säurederivaten zu *Aminoketonen* (S. 579) und die oxydative Verknüpfung mit anderen aromatischen Aminen in saurer Lösung (**III**, Kap. 2, III, 3 u. 4). Alle diese Reaktionen haben auch technische Bedeutung erlangt und machen Dimethylanilin zu einem wichtigen Zwischenprodukt in der Farbenindustrie.

Diphenylamin $(C_6H_5)_2NH$ wird entweder durch Phenylierung von Anilin mit Chlorbenzol in Gegenwart von Kaliumcarbonat und Kupferpulver bei 150—200° oder noch einfacher durch gemeinsames Erhitzen von Anilin und Anilinhydrochlorid auf 250—300° gewonnen. Es ist eine außerordentlich beständige, bei 300° unzersetzt destillierende Substanz von nur noch geringer Basizität (vgl. Tabelle 26, S. 539) und dient als Ausgangsmaterial für die Darstellung einiger Farbstoffe sowie in konzentrierter Schwefelsäure als Reaktionsmedium zum Nachweis von Salpetersäure (S. 540).

Triphenylamin $(C_6H_5)_3N$ stellt man am besten durch weitere Phenylierung von Diphenylamin mit Jodbenzol in Gegenwart von Kupferpulver und Kaliumcarbonat dar. Es liefert außer mit Perchlorsäure keine isolierbaren Salze mehr, und auch quartäre Ammoniumsalze konnten bisher nicht dargestellt werden. In Schwefelsäure als Reaktionsmedium entstehen bei der Oxydation mit salpetriger Säure ähnliche blaue Farbstoffe wie aus Diphenylamin (vgl. S. 570).

Die sich vom Toluol und Xylol ableitenden Anilinbasen haben die Trivialnamen **Toluidine** und **Xylidine** erhalten. Von den zahlreichen möglichen Isomeren (vgl. Tab. 29, S. 565) haben nur die folgenden vier, bei der Reduktion von technischem Nitrotoluol und Nitroxylol entstehenden Basen eine praktische Bedeutung erlangt:

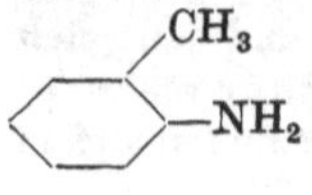

o-Toluidin

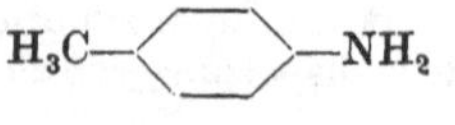

p-Toluidin

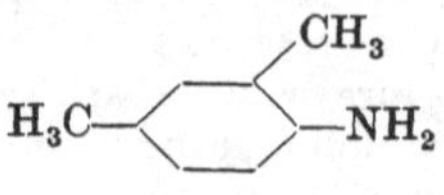

m-Xylidin

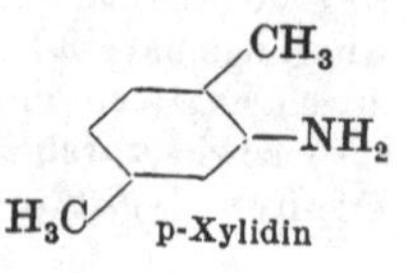

p-Xylidin

Ihre Abscheidung und Trennung aus dem zunächst erhaltenen Basengemisch geschieht auf Grund der verschiedenen Löslichkeit ihrer salzsauren und oxalsauren Salze. Sie finden vor allem in der Farbenindustrie praktische Anwendung als Zwischenprodukte.

Von den höheren Verbindungen der Reihe haben wir das **N-Dimethyl-mesidin** als Endprodukt der Methylierung des Anilins bereits kennengelernt (S. 569).

Phenylen-diamine. Die Diaminoverbindungen des Benzols sind wie die mehrwertigen Phenole durch eine zunehmende Unbeständigkeit und Oxydationsempfindlichkeit ausgezeichnet. Sie besitzen daher lediglich Interesse als Zwischenverbindungen zur Durchführung von Synthesen.

o-Phenylen-diamin (V) kann durch Reduktion von o-Nitranilin gewonnen werden. Es ist eine sich rasch an der Luft verändernde, kristallisierende Base, die, ähnlich wie Brenzcatechin (S. 427), durch ihre Tendenz zu Ringschlußreaktionen ausgezeichnet ist und daher zur Darstellung zahlreicher mit einem Benzolring kondensierter heterocyclischer Ringsysteme Verwendung findet:

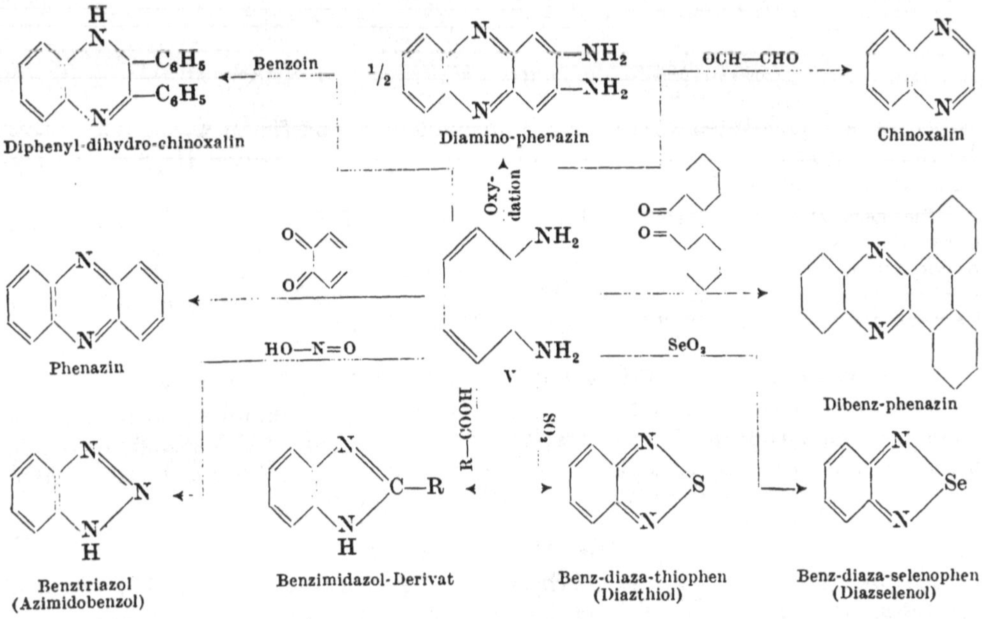

Insbesondere die mit Phenanthrenchinon entstehenden Dibenz-phenazine (Phenanthro-phenazine) sind schwer löslich und können als Reagens auf o-Arylen-diamine dienen.

m-Phenylendiamin und **m-Toluylendiamin** (2,4-*Diamino-Toluol*) sind aus den entsprechenden m-Dinitroverbindungen (S. 655) ebenfalls leicht zugänglich und dienen in der Technik als Farbstoffkomponenten.

p-Phenylendiamin (VI) kann durch Reduktion von p-Nitranilin, p-Dinitrobenzol und anderen p-disubstituierten Stickstoffverbindungen, wie etwa dem durch Kupplung von Anilin und diazotiertem Anilin leicht zugänglichen p-Amino-azobenzol erhalten werden:

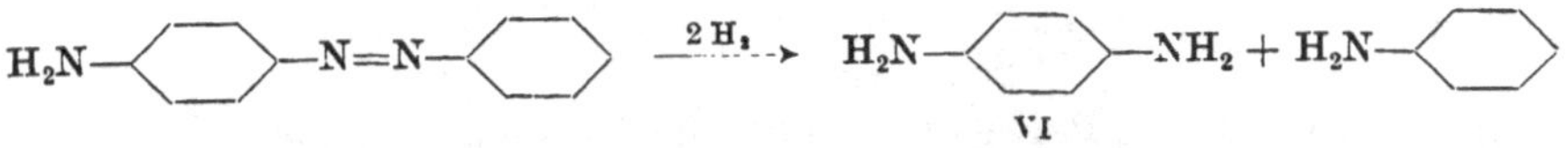

Die freie Base ist eine sehr unbeständige Verbindung, die bereits durch Luftsauerstoff unter Dehydrierung zum Chinondiimin und dessen sekundären Umwandlungsprodukten zerstört wird. In Form ihrer Salze, insbesondere des gut kristallisierenden Dihydrochlorids, ist sie dagegen stabil und kann längere Zeit aufbewahrt werden.

as-Dimethyl-p-phenylendiamin $(CH_3)_2N—C_6H_4—NH_2$ wird praktisch ausschließlich durch Reduktion von p-Nitrosodimethylanilin (S. 666) gewonnen und ist auf Grund dieser Reaktion ein technisch leicht darstellbares Produkt. Die freie Base ist noch unbeständiger als p-Phenylendiamin selbst und kann nur unter Stickstoff aufbewahrt werden. Sie dient in der Technik als wichtigstes Zwischenprodukt zur Synthese von Farbstoffen.

Benzidin $NH_2—C_6H_4—C_6H_4—NH_2$, das wichtigste Amin der Biphenylreihe, wird praktisch ausschließlich mit Hilfe der Benzidinumlagerung aus Hydrazobenzol gewonnen (vgl. S. 600), wobei man die Bildung des Hydrazobenzols und die Benzidinumlagerung durch Reduktion von Azo- oder Azoxybenzol in stark saurem Medium auch in einen Reaktionsgang durchführen kann:

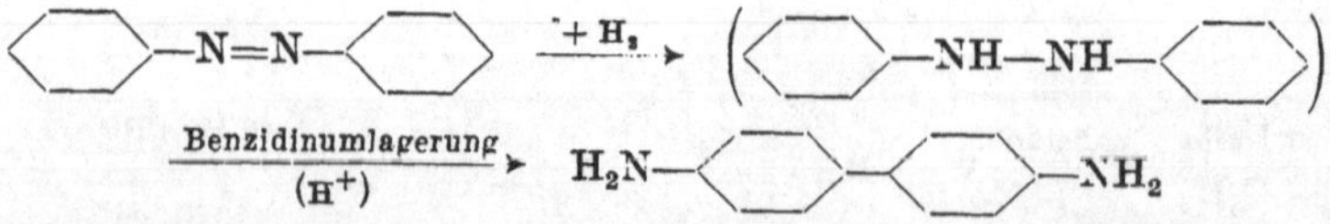

Es ist das am leichtesten zugängliche Biphenylderivat und findet wegen des hohen Molekulargewichts der aus ihm erhaltenen Azofarbstoffe (vgl. **III**, Kap. 2, VI, 3) eine vielfache technische Anwendung.

Die **kernhalogenierten aromatischen Amine** werden in der oben beschriebenen Weise durch Einwirkung der elementaren Halogene (einschließlich Jod) auf die Amine oder besser auf die N-Acylamine gewonnen. Die hierbei entstehenden o- und p-Halogenaminoverbindungen sind infolge der positivierenden Wirkung des Halogenatoms schwächer basisch als die unsubstituierten Amine (vgl. **II**, Kap. 3, I, 3).

4. Die Aminoderivate der organischen Sauerstoffverbindungen

Führt man in die in Kap. 4 beschriebenen Sauerstoffverbindungen noch eine oder mehrere Aminogruppen ein, so entstehen Substanzen, die den Verbindungen mit mehreren Sauerstoff-Funktionen sehr ähnlich sind. Vor allem beobachtet man auch hier die Tendenz zu Ringschlußreaktionen.

a) Die Amino-alkohole

Von den Verbindungen, die gleichzeitig eine Amino- und eine alkoholische Hydroxylgruppe im Molekül enthalten, haben nur die *1,2-Aminoalkohole* und ihre Derivate eine größere Bedeutung erlangt. Ihnen gehört insbesondere eine Reihe physiologisch aktiver Substanzen an.

Äthanolamin *(Aminoäthylalkohol, Colamin)* $H_2N—CH_2—CH_2—OH$ kommt als Glycerinphosphorsäureester in den zur Phosphatidgruppe gehörenden Kephalinen (**III**, Kap. 6, I, 2) natürlich vor. Seine Darstellung geschah früher durch Umsetzung von Äthylenchlorhydrin mit Ammoniak (S. 190), doch zieht man heute die leichter durchzuführende Anlagerung von Ammoniak an Äthylenoxyd (S. 424) vor:

$$\overset{O}{\overbrace{CH_2—CH_2}} + NH_3 \longrightarrow \underset{\text{Äthanolamin}}{HO—CH_2—CH_2—NH_2} \xleftarrow{-HCl} HO—CH_2—CH_2—Cl + H—NH_2$$

In beiden Fällen entstehen als Nebenprodukte die sekundäre und die tertiäre Base, das

$$\underset{\text{Diäthanolamin}}{\begin{matrix}HO—CH_2—CH_2\\HO—CH_2—CH_2\end{matrix}\!\!>NH} \quad \text{und das} \quad \underset{\text{Triäthanolamin}}{\begin{matrix}HO—CH_2—CH_2\\HO—CH_2—CH_2\end{matrix}\!\!>N—CH_2—CH_2—OH}$$

Äthanolamin stellt eine dem Glykol ähnliche, bei 171° siedende, ölige Flüssigkeit dar, die mit Alkohol und Wasser mischbar, in Äther dagegen schwer löslich ist. Seine fettsauren Salze reagieren neutral und zeigen seifenähnliche Eigenschaften. Sie dienen daher, ebenso wie die Salze des Di- und Triäthanolamins, als alkalifreie Wasch- und Netzmittel in der Textilindustrie. Ferner findet Äthanolamin in der pharmazeutischen Industrie Anwendung zur Herstellung seiner Derivate.

β,β'-Diamino-äthyläther, der Äther des Äthanolamins, entsteht neben Äthanolamin bei der Einwirkung von Wasser auf Äthylenimin (S. 559):

$$\overset{NH}{\overbrace{CH_2—CH_2}} + H—O—H + \overset{NH}{\overbrace{CH_2—CH_2}} \longrightarrow H_2N—CH_2—CH_2—O—CH_2—CH_2—NH_2$$

Er dient als Ausgangsmaterial für die Gewinnung von Polyamidkunststoffen.

Im **Novocain** liegt der p-Amino-benzoesäureester des N-Diäthyl-äthanolamin-hydrochlorids $H_2N—C_6H_4—CO—O—CH_2—CH_2—N(C_2H_5)_2 \cdot HCl$ vor. Es übt auf die peripheren Nerven eine lähmende Wirkung aus und dient daher, wie schon der Name sagt, in der Pharmazie an Stelle von Cocain als Lokalanästhetikum.

Das wichtigste Äthanolaminderivat ist ohne Zweifel die als **Cholin** (I) bezeichnete Trimethylammoniumbase des Colamins, die (wie dieses) mit Glycerinphosphorsäure verestert, einen wesentlichen Bestandteil der meisten Phosphatide bildet. Seine Darstellung geschieht ausschließlich synthetisch aus Äthylenchlorhydrin oder Äthylenoxyd und Trimethylamin:

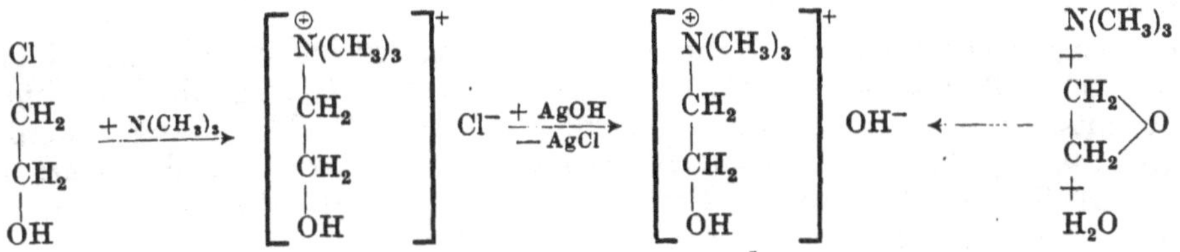

I

Cholin ist physiologisch aktiv und wirkt blutdrucksenkend. Wie bereits beschrieben (S. 562), geht es im Verlauf von Fäulnisprozessen oder beim Kochen mit Barytwasser in das sehr giftige Neurin über.

Acetylcholin $CH_3—CO—O—CH_2—CH_2—N(CH_3)_3^+OH^-$ ist eine im Tier- und Pflanzenreich weitverbreitete quartäre Ammoniumbase, die wesentlich stärker physiologisch aktiv ist als Cholin selbst und sich neben einer blutdrucksenkenden insbesondere auch durch eine muskelkontrahierende Wirkung auszeichnet. Es kann z. B. selbst in einer Verdünnung von 1 : 10^9 noch durch die Auslösung einer Kontraktion von überlebendem Meerschweinchendarm nachgewiesen werden, und es hat den Anschein, als ob es auch im lebenden Organismus die Funktion der Auslösung der Darmperistaltik übernimmt.

Die Benzoesäure- und p-Aminobenzoesäureester einiger höherer Aminoalkohole dienen neben Novocain als Cocainersatzmittel:

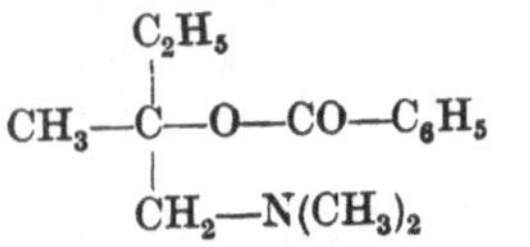

Stovain

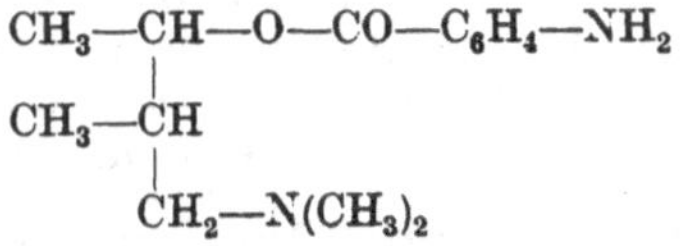

Tutocain

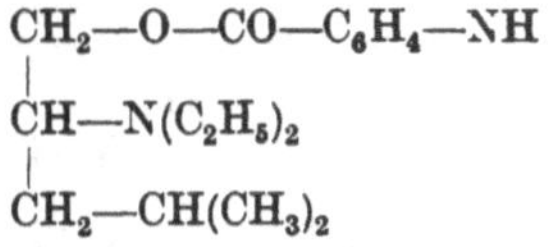

Panthesin

Ein höherer Amino-polyalkohol liegt in dem in Gehirnsubstanz in Form verschiedener Derivate auftretenden **Sphingosin** $CH_3—(CH_2)_{12}—CH{=}CH—CH(OH)—CH(NH_2)—CH_2—OH$ vor.

b) Die Aminophenole

Die Aminophenole kommen nicht natürlich vor, stellen aber infolge ihrer Reaktionsfähigkeit eine technisch wichtige Substanzklasse dar. Als allgemeine **Darstellungsweise** hat insbesondere die Reduktion der entsprechenden Nitrophenole praktische Bedeutung erlangt (Gleichungen formulieren!). Sie nehmen in ihren Eigenschaften eine Mittelstellung zwischen den Polyphenolen und Polyaminen ein und zeichnen sich insbesondere ebenfalls durch ihre Empfindlichkeit gegenüber Luftsauerstoff und anderen Oxydationsmitteln in alkalischer Lösung aus.

o-Aminophenol (I) zeigt in Analogie zum Brenzcatechin und o-Phenylendiamin eine starke Tendenz zu Ringschlußreaktionen.

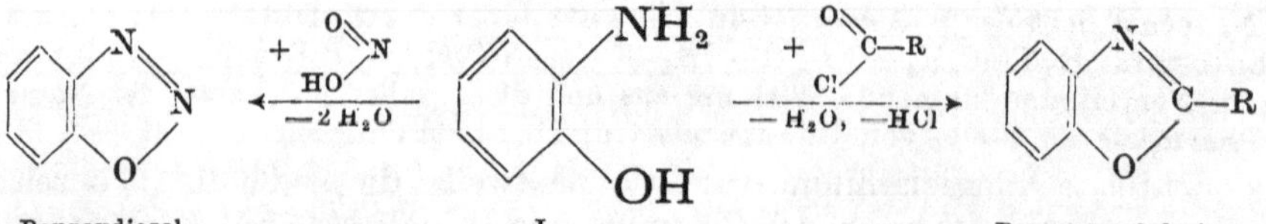

Benzoxdiazol I Benz-oxazol-derivat

Auf Grund seiner reduzierenden Eigenschaften findet es neben seinem N-Methylderivat praktische Anwendung als Haarfärbemittel.

m-Aminophenol und **N-Methyl-m-aminophenol** dienen in der Farbenindustrie als Zwischenprodukte.

p-Aminophenol (II) ist die wichtigste Verbindung der Reihe, da es aus Nitrobenzol durch Reduktion in stark schwefelsaurer Lösung über das intermediär entstehende Phenylhydroxylamin in einem Reaktionsgang gewonnen werden kann (vgl. S. 594). Von seinen Eigenschaften ist vor allem die leichte Dehydrierbarkeit zum Chinon-monimin und Chinon (als dessen Hydrolysenprodukt) hervorzuheben:

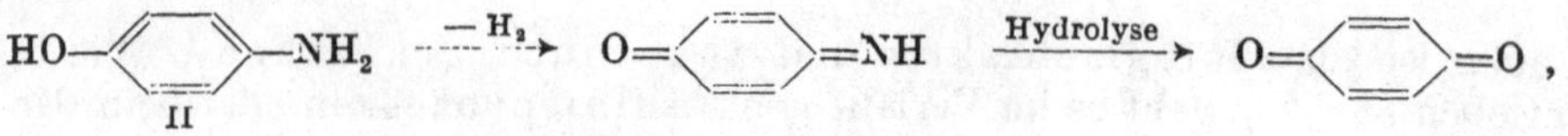

II

auf Grund derer es Anwendung als fotografischer Entwickler (unter dem Namen *Rodinal*, vgl. S. 428) gefunden hat. Ferner dient es als Ausgangsmaterial für die Gewinnung von Schwefelfarbstoffen.

N-Methyl-p-aminophenol kann noch zu einer chinoiden Verbindung oxydiert werden und dient daher unter der Bezeichnung *Methol* ebenfalls als fotografischer Entwickler (S. 428).

Erst die o-Alkyläther des p-Aminophenols lassen sich nicht mehr in Chinone überführen und sind etwas oxydationsbeständiger. Der Methyl- und der Äthyläther führen die Trivialnamen **Anisidin** und **Phenetidin** (III). Sie sind die Muttersubstanzen einiger physiologisch aktiver Substanzen. Insbesondere das *Acetyl-phenetidin* $CH_3—CO—NH—C_6H_4—O—C_2H_5$ ist ein wichtiges Antipyretikum **(Phenacetin)** und hat wegen seiner geringeren Giftigkeit das früher gebräuchliche Acetanilid (S. 573) nahezu völlig verdrängt. Ferner liegt in einem Harnstoffderivat des Phenetidins (IV), das u. a. aus Harnstoff und Phenetidin durch Kochen mit Salzsäure gewonnen werden kann:

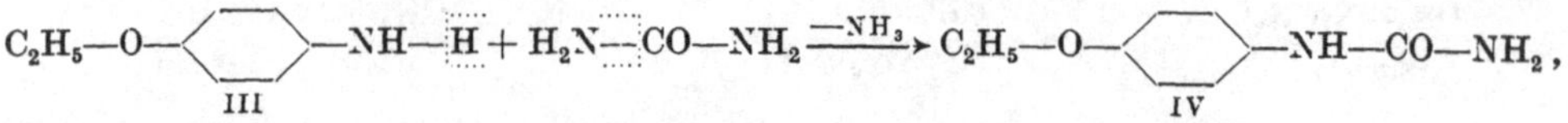

III IV

ein künstlicher Süßstoff vor, der 200mal süßer als Rohrzucker und im Gegensatz zum Saccharin kochbeständig ist. Er hat den Namen **Dulcin** erhalten, jedoch wegen seiner Schwerlöslichkeit in Wasser und einer geringen Toxizität nur wenig Anwendung gefunden.

c) Die Aminoaldehyde und Aminoketone

Verbindungen, die gleichzeitig eine Oxo- und eine primäre Aminogruppe im Molekül enthalten, sind sehr unbeständige Substanzen, weil die beiden Funktionen leicht miteinander unter Bildung hochmolekularer oder cyclischer Schiffscher Basen reagieren (Gleichungen formulieren!). Sie werden daher niemals in Substanz, sondern ausschließlich in Form ihrer Derivate hergestellt, von denen insbesondere die salzsauren Salze, in denen die Aminogruppe durch die Oniumsalzbildung gegen die Oxogruppe, und die Acetale, in denen die Oxogruppe durch Acetalisierung gegen die Aminogruppe geschützt ist, zu ihrer Aufbewahrung dienen:

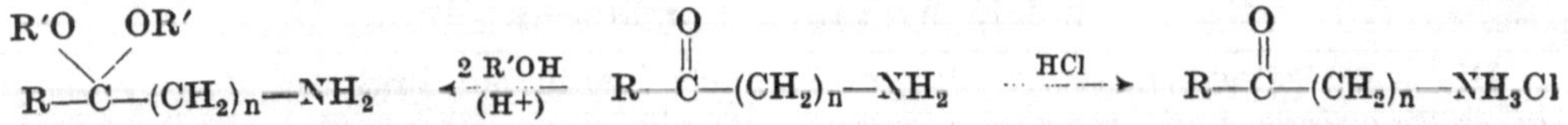

β-Amino-acetaldehyd-acetal $H_2N—CH_2—CH(OC_2H_5)_2$, die einfachste Verbindung der Reihe, kann durch Einwirkung von Ammoniak auf β-Chlor-acetaldehyd-acetal erhalten werden (Gleichung formulieren!). Es ist eine bei 163° siedende, durchaus beständige Verbindung, die mit Säuren zu den Salzen des freien Aminoacetaldehyds verseift wird und zuweilen für synthetische Reaktionen Anwendung findet.

Etwas beständiger sind bereits die Oxoverbindungen, die eine sekundäre oder gar tertiäre Aminogruppe im Molekül enthalten. Speziell die **β-Mono- und -Dialkylamino-ketone** haben ein gewisses Interesse gefunden, da sie allgemein durch Anlagerung eines primären oder sekundären Amins an α,β-ungesättigte Ketone erhalten werden können und als β-substituierte Carbonylverbindungen beim Erhitzen die Aminogruppe leicht wieder abspalten:

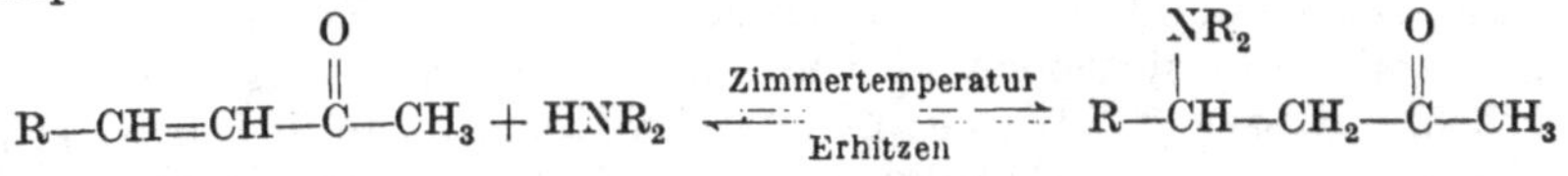

Sie gehören darnach zu den wenigen Aminoverbindungen, in denen die Bildung und Spaltung der C—N-Bindung durch einfache Anlagerungs- und Abspaltungsreaktionen möglich ist (vgl. S. 87 und 94), und finden auf Grund dieser Eigenschaft zuweilen präparative Anwendung, z. B. zur Synthese aliphatischer Diazoverbindungen (S. 608).

Die wichtigste Verbindung dieser Gruppe ist ohne Zweifel das bei der Anlagerung von Ammoniak an Phoron unter Ringschluß entstehende **Triacetonamin**:

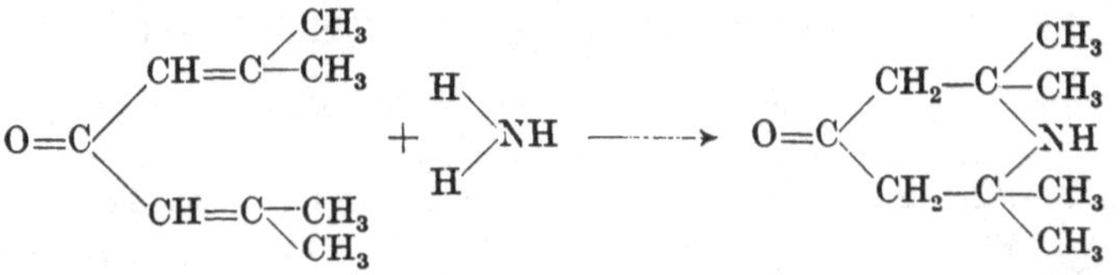

Triacetonamin

Es zeigt keinerlei Neigung zur Verharzung mehr und hat wegen seiner dem Tropinon (**III**, Kap. 7, III, 5a) ähnlichen Molekülgestalt pharmazeutische Bedeutung erlangt, da einige seiner Derivate eine den entsprechenden Tropinonderivaten analoge physiologische Wirksamkeit zeigen und daher als künstliche Alkaloide Verwendung finden.

Die **aromatischen Aminoaldehyde** und **-ketone** mit einer primären Aminogruppe im Molekül können im Gegensatz zur aliphatischen Reihe zwar in Substanz isoliert werden, verändern sich aber beim Aufbewahren immer noch sehr rasch und finden daher nur gelegentliche Verwendung zu synthetischen Reaktionen (vgl. z. B. die Chinolinsynthese von Friedländer, S. 847). Erst die Verbindungen mit tertiären Aminogruppen, wie etwa der **p-Dimethylamino-benzaldehyd** $(CH_3)_2N—C_6H_4—CHO$, sind wirklich beständig. Die wichtigste Verbindung dieser Reihe ist das aus Dimethylanilin und Phosgen (bzw. neuerdings auch Kohlendioxyd, vgl. S. 933) mit Zinkchlorid (bzw. $AlCl_3$) als Kondensationsmittel leicht darstellbare *p,p'-Bisdimethylamino-benzophenon* (**Michlers Keton**):

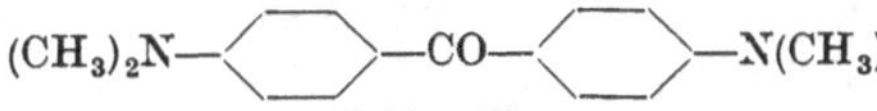

Michlers Keton

Es dient in der Farbenindustrie als Zwischenprodukt (vgl. **III**, Kap. 2, III, 2b) und zeigt auf Grund der Regel von Angeli (vgl. **II**, Kap. 3, III, 2) eine deutliche gegenseitige Abschwächung der Reaktionsfähigkeit der Oxogruppe einerseits und der Dimethylaminogruppe andererseits.

d) Die Aminocarbonsäuren

Die wichtigsten sauerstoffhaltigen Aminoverbindungen sind die *Aminocarbonsäuren* (meistens kurz *Aminosäuren* genannt), die einerseits als Bausteine der Eiweißkörper (vgl. III, Kap. 7, I, 1), andererseits als Muttersubstanzen einiger sich sekundär von ihnen ableitender Verbindungsklassen von Interesse sind. Sie zeigen in ihrem allgemeinen Verhalten eine gewisse Ähnlichkeit mit den Oxycarbonsäuren und werden wie diese auf Grund der gegenseitigen Stellung von Amino- und Carboxylgruppe unterteilt.

α) Die 1,2- oder α-Aminocarbonsäuren

Die α-Aminocarbonsäuren sind die eigentlichen Eiweißbausteine und daher bei weitem am wichtigsten. Für ihre **Darstellung** wurde — abgesehen von ihrer Gewinnung aus Naturprodukten, insbesondere bei der Eiweißhydrolyse — eine große Anzahl von Methoden entwickelt, die auf den folgenden drei Reaktionen beruhen: 1. der Einführung der Aminogruppe in ein Carbonsäuremolekül, 2. der gleichzeitigen Einführung der Amino- und der Carboxylgruppe in ein Aldehydmolekül und 3. der Einführung eines organischen Restes in eine niedrigere Aminocarbonsäure.

Zu 1. Die Einführung der Aminogruppe gelingt am einfachsten durch Umsetzung der durch Halogenierung von Fettsäuren leicht zugänglichen α-Halogenfettsäuren (S. 314, 379) mit Ammoniak:

$$H_2N{-}H + Cl{-}CHR{-}COOH \xrightarrow[-NH_4Cl]{+2\,NH_3} H_2N{-}CHR{-}COONH_4$$

Als Nebenprodukte entstehen hierbei in mehr oder weniger großer Ausbeute die sekundären $(HOOC{-}CHR{-})_2NH$ und tertiären Aminocarbonsäuren $(HOOC{-}CHR{-})_3N$, deren Bildung man jedoch durch überschüssiges Ammoniak, meistens durch Verwendung einer konzentrierten wäßrigen Ammoniaklösung als Reaktionsmedium, weitgehend zurückdrängen kann. Zuweilen empfiehlt sich auch das Arbeiten mit Phthalimidkalium nach Gabriel (S. 551).

Eine weitere interessante Möglichkeit zur Einführung der Aminogruppe besteht in der Reduktion der stickstoffhaltigen Derivate der Oxogruppe von α-Ketocarbonsäuren, insbesondere der Oxime und Hydrazone (Gleichungen formulieren!). Die Reaktion konnte neuerdings auch über die Imine, die sich intermediär bei der Hydrierung eines Gemisches von Brenztraubensäure und Ammoniak über Palladium als Katalysator bilden, durchgeführt werden:

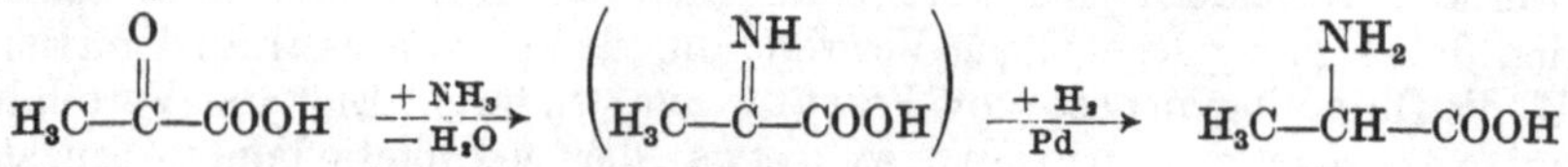

Sie stellt damit eine Modellreaktion der ebenfalls über die α-Ketocarbonsäuren verlaufenden biochemischen Aminosäuresynthese dar (vgl. III, Kap. 8, III).

Zu 2. Die gleichzeitige Einführung einer Amino- und einer Carboxylgruppe in ein Aldehydmolekül gelingt nach Strecker in der bereits auf S. 239 beschriebenen Weise durch Kombination der Cyanhydrinsynthese mit der Bildung der Aldehydimine, indem man den um ein C-Atom ärmeren Aldehyd mit Ammoniumcyanid (bzw. Blausäure und überschüssigem Ammoniak) behandelt:

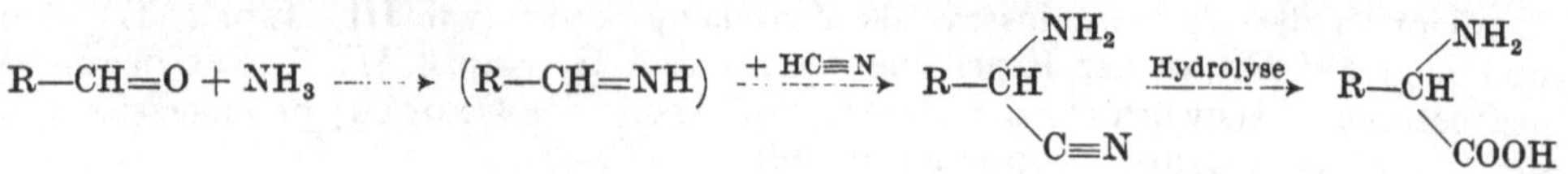

Zu 3. Zur Verlängerung des Alkylrestes der einfachsten Aminosäure, des Glycins (S. 585), hat ERLENMEYER JUN. ein sehr interessantes Verfahren entwickelt, das auf dem gleichen Prinzip wie die PERKINsche Zimtsäuresynthese (S. 370) beruht. Allerdings würde die Aminogruppe des Glycins bei dieser Reaktion stören. Man geht daher vom benzoylierten Glycin (I), der Hippursäure (S. 585), oder auch vom Acetylglycin, der Acetursäure (formulieren!), aus, die beide im Verlaufe der Reaktion unter der Einwirkung von Acetanhydrid als Kondensationsmittel ein *Azlacton* genanntes cyclisches Säureanhydrid (II) bilden. Erst in diesem sind die β-ständigen H-Atome genügend aktiviert, um im Sinne der Zimtsäuresynthese mit dem Aldehyd (der im Gegensatz zur Cyanhydrinsynthese zwei C-Atome weniger enthält als die zu bildende Aminosäure) zu kondensieren, und man braucht schließlich in dem Kondensationsprodukt III lediglich die entstandene C=C-Doppelbindung zu hydrieren und den Benzoyl- (bzw. Acetyl-)rest wieder abzuspalten, um zu der gewünschten gesättigten Aminosäure zu gelangen:

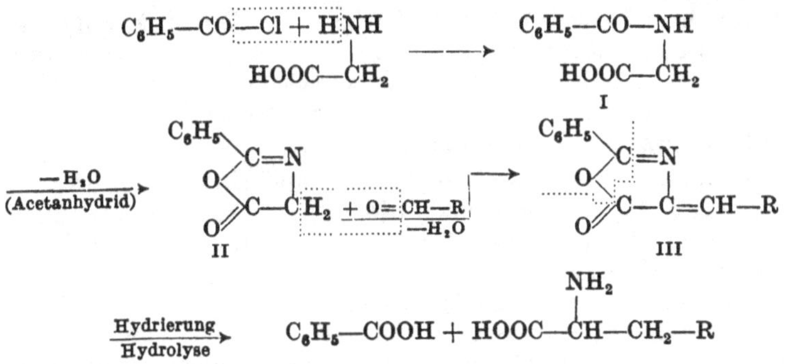

Das Verfahren hat sich insbesondere zur Synthese aromatischer und heterocyclischer Aminosäuren bewährt.

Eigenschaften. Die α-Aminocarbonsäuren sind tautomere Substanzen, die durch Wanderung des Protons von der Carboxyl- zur Aminogruppe im Rahmen einer normalen elektrolytischen „Dissoziationsreaktion" sich nahezu quantitativ in die „salzartige" *Zwitterionenform* IV umlagern (vgl. auch **II**, Kap. 5, II, 1):

$$H_2N—CHR—COOH \rightleftharpoons H_3\overset{\oplus}{N}—CHR—CO\overset{\ominus}{O}$$

IV

Sie stehen daher in ihren physikalischen Eigenschaften den Salzen nahe und können nicht mehr ohne Zersetzung destilliert werden. Ebenso schmelzen sie sehr hoch (zum Teil nur unter Zersetzung) und zeigen einen ausgesprochen hydrophilen bzw. lipophoben Charakter, so daß sie häufig sogar nicht mehr in Alkoholen löslich sind. Als spezielles Lösungsmittel für die Trennung verschiedener Aminosäuren hat sich insbesondere n-Butanol bewährt.

In ihrem **chemischen Verhalten** zeigen die α-Aminosäuren vielfach die Reaktionen der beiden charakteristischen Funktionen nebeneinander. So kann man z. B. die Carboxylgruppe in normaler Weise verestern oder in die Säurechloridgruppe überführen. In ersterem Falle entstehen die destillierbaren, infolge des Fehlens der freien Carboxylgruppe stark basischen Ester, die aber bei längerem Aufbewahren zur zwischenmolekularen Amidbildung neigen (Gleichung formulieren! vgl. auch S. 583) und daher meistens in Form der salzsauren Salze gewonnen werden. Noch unbeständiger sind naturgemäß die Säurechloride, die nur in Form der salzsauren Salze (V) oder der am Stickstoff acylierten Derivate (VI) existenzfähig sind, da sonst die Säurechloridgruppe spontan mit der Aminogruppe reagieren würde (formulieren!):

$$\underset{\text{V}}{\text{R—}\overset{\displaystyle NH_3^+Cl^-}{\overset{|}{\text{CH}}}\text{—CO—Cl}} \qquad \underset{\text{VI}}{\text{R—}\overset{\displaystyle NH\text{—}CO\text{—}CH_3}{\overset{|}{\text{CH}}}\text{—CO—Cl}}$$

Die Aminogruppe kann vor allem acyliert werden, wobei infolge der Bildung der neutralen Säureamidgruppe die sauren *Acylamino-carbonsäuren* R'—CO—NH—CHR—COOH entstehen. Eine weitere normale Reaktion der Aminogruppe liegt in der außerordentlich rasch erfolgenden Abspaltung von elementarem Stickstoff bei der Einwirkung von salpetriger Säure vor, die u. a. bei der Bestimmung der freien Aminogruppen im Eiweiß nach VAN SLYKE praktische Anwendung findet (S. 344).

An **neuartigen Reaktionen** werden beobachtet: 1. das elektrolytische Verhalten der Aminocarbonsäuren, 2. die säureamidartige Verknüpfung mehrerer Aminosäuremoleküle, 3. sonstige Ringschlußreaktionen, 4. die auf S. 608, 612 beschriebene Überführbarkeit der Aminosäureester in Diazoverbindungen, 5. die Betainbildung und 6. Abbaureaktionen.

Zu 1. Die Aminosäuren enthalten eine saure und eine basische Gruppe von annähernd gleicher Stärke und sind infolgedessen typisch amphotere Substanzen, die sowohl als schwache Säuren als auch als schwache Basen zu reagieren vermögen. Ihre Lösungen werden daher „*Ampholyte*" genannt. Ferner zeigen sie sehr komplizierte **Dissoziationsverhältnisse.** In reinem Wasser wird das von der Carboxylgruppe abdissoziierende Proton sofort von der Aminogruppe unter Bildung des oben beschriebenen Zwitterions aufgenommen. Die Verbindungen reagieren daher annähernd neutral und wandern nicht im elektrischen Feld.

Setzt man nun der Lösung eine starke Mineralsäure zu, so kann diese nicht mehr mit der Aminogruppe reagieren, da diese schon neutralisiert ist. Sie gibt ihr Proton vielmehr an die —COO⁻-Gruppe als dem stärkst basischen Molekülteil des Zwitterions ab, d. h. die Carboxylgruppe wird aus ihrem Ion durch eine stärkere Säure in Freiheit gesetzt, und wir bekommen das typische Dissoziationsgleichgewicht einer Carbonsäure:

$$\underset{\text{IV}}{H_3\overset{\oplus}{N}\text{—}CH_2\text{—}CO\overset{\ominus}{O}} + H^+ \rightleftharpoons \underset{\text{VII}}{H_3\overset{\oplus}{N}\text{—}CH_2\text{—}COOH}$$

Daß es sich jedoch nicht um eine normale Carbonsäure handelt, zeigt sich bei Anlegen eines elektrischen Feldes. Denn während normalerweise nur das (negativ) geladene Anion einer Säure mit dem Strom (zur Anode) wandert, und das neutrale Säuremolekül selbst nicht transportiert wird, liegen hier infolge des Einbaus der $\text{—}\overset{\oplus}{N}H_3$-Gruppe die Verhältnisse gerade umgekehrt: Das „Anion", d. h. das die anionoide COO^--Gruppe enthaltende Zwitterion IV, ist elektrisch neutral und wandert nicht im elektrischen Felde, während das die neutrale COOH-Gruppe enthaltende „Säuremolekül" (VII) eine positive Ladung trägt. Die Verbindung verhält sich in saurer Lösung daher wie das Salz einer Aminbase und wandert im Gegensatz zu einer normalen Carbonsäure zur Kathode.

Setzt man der Aminosäurelösung dagegen Natronlauge zu, so kehren sich sämtliche Verhältnisse um. Hier greifen die Hydroxylionen, da die Carboxylgruppe bereits neutralisiert ist, die Ammoniumgruppe als den stärkst sauren Molekülteil des Zwitterions an und führen sie in normaler Weise in die Aminogruppe über. Wir beobachten daher das Dissoziationsgleichgewicht einer normalen Aminobase:

$$HO^- + H_3\overset{\oplus}{N}{-}CH_2{-}CO\overset{\ominus}{O} \rightleftharpoons H_2O + H_2N{-}CH_2{-}CO\overset{\ominus}{O}\,,$$

IV VIII

als deren dissoziierte Form wie oben das neutrale Zwitterion IV fungiert, während die nicht dissoziierte Form (VIII), wiederum elektrisch, und zwar diesmal negativ geladen ist. Die Aminosäure verhält sich daher in alkalischer Lösung wie das Salz einer Carbonsäure und wandert bei Anlegung eine selektrischen Feldes im Gegensatz zu einem normalen Amin zur Anode.

Bezüglich der quantitativen Verhältnisse vgl. auch **II**, Kap. 5, II, 1.

Zu 2. Ähnlich wie man in den α-Oxycarbonsäuren die beiden Sauerstoff-Funktionen esterartig sowohl zu den cyclischen Lactiden als auch zu den linearen Estoliden miteinander verknüpfen kann (vgl. S. 473f.), vermögen auch die Carboxyl- und die Aminogruppe der α-Aminocarbonsäuren unter Bildung von zwei verschiedenen säureamidartigen Reaktionsprodukten miteinander zu reagieren:

$$n\,H_2N{-}\underset{|}{\overset{R}{C}}H{-}COOH \xrightarrow{-(n-1)H_2O} NH_2{-}\overset{R}{C}H{-}CO\left[{-}NH{-}\overset{R}{C}H{-}CO\right]_{n-2}{-}NH{-}\overset{R}{C}H{-}COOH$$

IX

oder

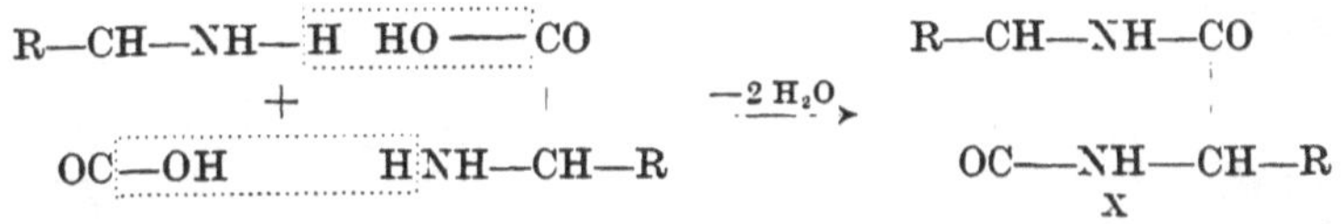

X

Die bei der cyclischen Kondensation entstehenden dimolekularen Säureamide (X) enthalten einen Piperazinring (S. 560) und werden, da dieser formal zwei Keto-carbonylgruppen (in Wirklichkeit die Carbonylgruppen von Säureamiden) enthält, **Diketopiperazine** genannt, während die linearen Kondensationsprodukte (IX) als Modellsubstanzen der Eiweißkörper den Namen **Peptide** erhalten haben.

Bei der bevorzugten Bildung sechsgliedriger Ringe findet ohne besondere Vorsichtsmaßregeln, d. h. unter den normalen Bedingungen der Säureamidgewinnung (z. B. bereits beim längeren Aufbewahren oder besser beim Erwärmen der oben erwähnten Aminosäureester auf 100°, sowie auch beim Erhitzen der freien Aminosäuren selbst in 80%igem Glycerin als Reaktionsmedium auf 170°) ausschließlich die Bildung von Diketopiperazinen statt. Für die Darstellung von Peptiden ist es daher erforderlich, die nicht in Reaktion tretenden Amino- bzw. Carboxylgruppen zu schützen. Auf die zahlreichen zu diesem Zweck ausgearbeiteten Methoden wird im Zusammenhang mit der Eiweißchemie näher eingegangen (vgl. **III**, Kap. 7, I, 2).

Zu 3. Von weiteren **Ringschlußreaktionen** ist vor allem die Bildung cyclischer (ureidartiger) Harnstoffkondensationsprodukte zu erwähnen, von denen wir das Hydantoin bereits als Reduktionsprodukt der Parabansäure (S. 458) kennengelernt haben. Sie lassen sich wesentlich einfacher von den Aminosäuren aus durch Anlagerung von Kaliumcyanat (im Sinn der Wöhlerschen Harnstoffsynthese) und anschließende Wasserabspaltung gewinnen:

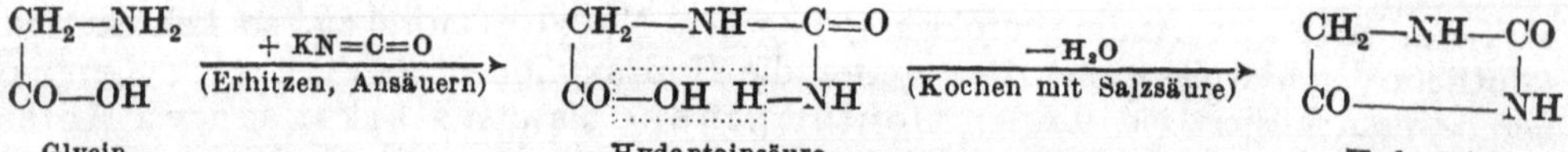

Glycin Hydantoinsäure Hydantoin

Schließlich sind die α-Aminocarbonsäuren, und zwar wieder in Analogie zu den Oxycarbonsäuren, auch zur Bildung cyclischer Komplexsalze befähigt, die jedoch keine echten Salze darstellen, da sowohl das Carboxylat-Ion als auch die Aminogruppe durch eine Atombindung an das Metallatom gebunden sind. Sehr charakteristisch sind die tiefblauen, selbst gegen Alkali beständigen Kupferkomplexe, denen die Konstitution XI zugeschrieben wird:

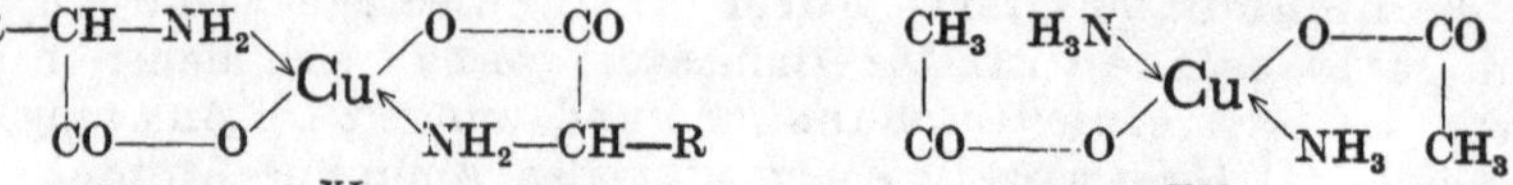

XI XII

Sie unterscheiden sich danach von dem bekannten Diammoniakat des Kupfer-II-acetats (XII) lediglich durch die cyclische Verknüpfung der mit dem Kupfer verbundenen Atomgruppen.

Die gut kristallisierenden Kupferkomplexe werden durch Schwefelwasserstoff zerstört und eignen sich daher zur Reinigung der Aminosäuren. Andere Komplexe zeichnen sich bei einer außerordentlichen Stabilität durch ihre Wasserlöslichkeit aus. Durch Zusatz von Aminosäuren kann man daher zuweilen die normalen Fällungsreaktionen von Metallionen verhindern (vgl. S. 587).

Zu 5. Unter **Betainen** (XIII) versteht man die innermolekularen quartären Ammoniumsalze der Aminocarbonsäuren. Sie werden allgemein durch Anlagerung von Trimethylamin oder anderen Trialkylaminen an α-Halogenfettsäuren dargestellt:

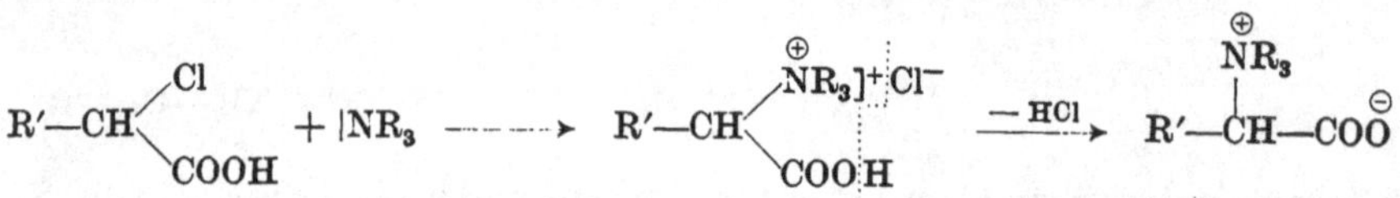

XIII

und unterscheiden sich von den Aminosäuren hauptsächlich darin, daß in ihnen die schwach basische COO^--Gruppe nicht mit der schwachsauren $—NH_3^+$-Gruppe sondern mit einer quartären Ammoniumgruppe kombiniert ist. Infolgedessen gibt es weder eine „nicht dissoziierte" Form der Betaine, noch ein dem basischen Anion der normalen Aminosäuren ($H_2N—CH_2—COO^-$) entsprechendes Anion, sondern nur das Zwitterion, das in neutraler Lösung und dem gesamten alkalischen Gebiet beständig ist, und das saure Kation XIV, das in saurer Lösung mit dem Zwitterion im Gleichgewicht steht (vgl. auch S. 582):

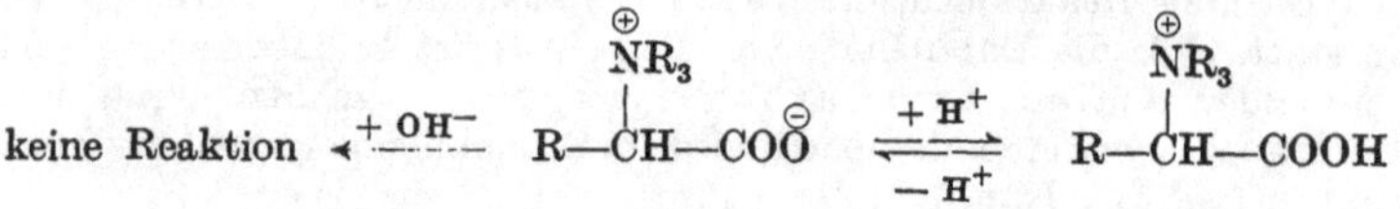

XIII XIV

Eine interessante Umlagerung erleiden die Betaine beim vorsichtigen Erhitzen auf etwa 250°. Hier wandert in Analogie zum HOFMANNschen Abbau einer der Alkylreste unter innermolekularer Alkylierung der Carboxylgruppe vom Stickstoff zum „Anion" und bildet den Ester der Dialkylaminocarbonsäuren (XV), der auf Grund seiner größeren Flüchtigkeit sofort abdestilliert. Bei raschem Erhitzen auf höhere Temperatur findet eine andere Art des HOFMANNschen Abbaus, die Abspaltung des Essigsäurerestes unter Bildung von Trimethylamin statt:

$$R_3N| + \text{Zersetzungsprodukte} \xleftarrow[\text{Temperatur}]{\text{hohe}} R_2\overset{\oplus}{N}(R)—CH_2—COO^{\ominus} \xrightarrow[\text{Erhitzen}]{\text{vorsichtiges}} \underset{\text{XV}}{R_2N—CH_2—CO—OR}$$

Zu 6. Ähnlich wie in den α-Oxy- ist auch in den α-Aminocarbonsäuren die von der Carboxylgruppe ausgehende C—C-Bindung etwas labilisiert. Diese Labilisierung macht sich hier im Gegensatz zu den Oxysäuren insbesondere in einer relativ leicht erfolgenden **Decarboxylierung** zu dem nächst niederen Amin bemerkbar:

$$R—CH(COOH)—NH_2 \xrightarrow{\text{Erhitzen}} R—CH_2—NH_2 + CO_2,$$

während die bei den Oxycarbonsäuren beobachtete Kohlenoxydspaltung (S. 474) nicht möglich ist, offenbar weil das Molekül durch die Salzbildung stabilisiert wird.

Auch der **Abbau der Aminogruppe** geht etwas leichter vor sich als bei den einfachen Aminen und gelingt, abgesehen von der bereits erwähnten Methode von VAN SLYKE (S. 582), nach H. WIELAND auch durch Dehydrierung mit Luftsauerstoff in Gegenwart von eisenhaltiger Aktivkohle als Katalysator. Die Reaktion verläuft in Umkehrung der oben beschriebenen Bildungsweise über die Imine der α-Ketocarbonsäuren als Zwischenverbindungen:

$$R—CH(NH_2)—COOH \xrightarrow{-H_2} R—C(=NH)—COOH \xrightarrow{\text{Hydrolyse}} R—C(=O)—COOH,$$

führt aber nur zu wenig einheitlichen Oxydationsprodukten. Sie ist daher lediglich als Modellreaktion des biochemischen Aminosäureabbaues von Interesse.

Einzelverbindungen. *Aminoessigsäure* $H_2N—CH_2—COOH$, die einfachste α-Aminocarbonsäure, wurde erstmals im Jahre 1819 von BRACONNOT durch Kochen von Leim mit Schwefelsäure oder Barytwasser (vgl. **III**, Kap. 7, I, 1) dargestellt. Sie hat auf Grund dieser Bildungsweise, sowie ihres süßen Geschmacks, den Trivialnamen **Glykokoll** (= *Süßleim*) erhalten, der in Anlehnung an die Nomenklatur der übrigen Eiweißaminosäuren (**III**, Kap. 7, I, 1) später in **Glycin** abgeändert wurde. Ihre Darstellung geschieht im allgemeinen synthetisch aus Chloressigsäure und Ammoniak (Gleichung formulieren!).

Glycin ist eine gut kristallisierende, bei 232—236° unter Zersetzung schmelzende Substanz, die in Wasser gut und in organischen Lösungsmitteln einschließlich der einfachen Alkohole unlöslich ist. Die Verbindung selbst hat nur geringe Bedeutung erlangt, doch leiten sich von ihr eine Reihe wichtiger Derivate ab.

Benzoylglycin $C_6H_5—CO—NH—CH_2—COOH$ wurde im Pferdeharn entdeckt und hat auf Grund dieses Vorkommens den Namen **Hippursäure** (v. ὁ ἵππος = das Pferd) erhalten. Sie dient im Säugetierorganismus zur Entfernung der giftig wirkenden Benzoesäure, wie u. a. aus ihrer Bildung und Abscheidung im Harn nach Einspritzung von Benzoesäure hervorgeht. Die Verbindung wird synthetisch durch Benzoylierung von Glycin mit Benzoylchlorid gewonnen und dient, ebenso wie die bei der Acetylierung von Glycin entstehende **Acetursäure** $CH_3—CO—NH—CH_2—COOH$, als Ausgangsmaterial für die Aminosäuresynthese von ERLENMEYER JUN. (siehe oben).

Ein weiteres Acylderivat des Glykokolls haben wir im *Hydantoin* bereits kennengelernt (S. 458, 583). Es ist die Muttersubstanz einiger pharmazeutisch wichtiger Verbindungen. Als Beispiel sei das aus Phenyläthylglycin und Kaliumcyanat leicht zugängliche C-Phenäthyl-hydantoin (Gleichung formulieren!) angeführt, das unter dem Decknamen *Nirvanol* als Schlafmittel dient:

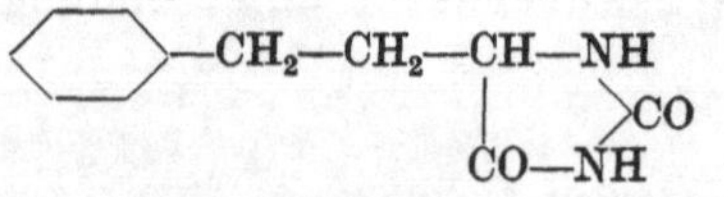

Nirvanol

N-Methyl-glycin tritt als Abbauprodukt des Kreatins und Kreatinins (s. u.) bei Fäulnisprozessen natürlich auf und führt den Trivialnamen **Sarkosin.** Es ist, wie fast alle aliphatischen N-Methylamino-Verbindungen, eine sehr giftige Substanz, von der sich eine Reihe sekundärer Derivate ableiten. Am wichtigsten sind das **Kreatin** und das **Kreatinin,** die der Hydantoinsäure (S. 584) und dem Hydantoin analog gebauten Guanidinderivate des Sarkosins. Sie können in ähnlicher Weise aus Sarkosin und Cyanamid synthetisiert werden und sind wahrscheinlich auch biochemisch eng miteinander verknüpft:

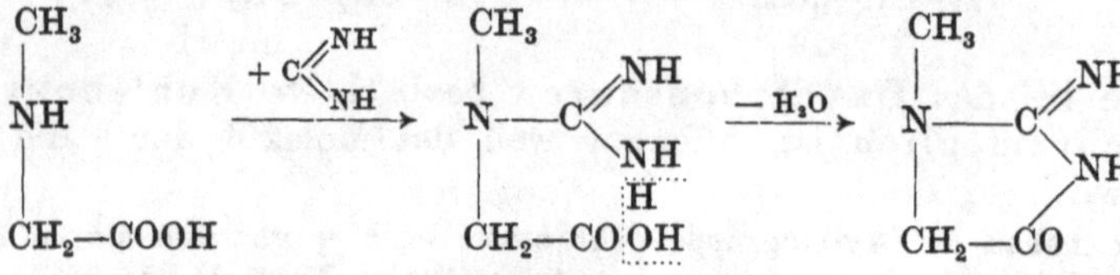

Sarkosin Kreatin Kreatinin

Beide Verbindungen kommen natürlich vor. Die wichtigere ist ohne Zweifel das Kreatin, das bis zu 0,3% im Muskel enthalten ist und hier nach Versuchen von LOHMANN und PARNAS über ihr Phosphorsäurederivat, die **Kreatinphosphorsäure** (auch *Phosphokreatin* genannt) $H_2O_3P—NH—C(=NH)—N(CH_3)—CH_2—COOH$, als biochemischer Phosphorüberträger fungiert (daher der häufig angewandte Name *Phosphagen*). Insbesondere findet von ihr aus die Übertragung des Phosphorsäurerestes auf die Adenylsäure zur Adenylphosphorsäure (vgl. **III,** Kap. 8, II) statt.

Kreatinin wird im Säugetierharn abgeschieden und tritt auch in einigen Pflanzen natürlich auf. Über seine biochemischen Beziehungen zum Kreatin und der Kreatinphosphorsäure ist noch nichts Näheres bekannt.

Trimethylglycin oder *Betain* schlechthin $\overset{\ominus}{O}OC—CH_2—\overset{\oplus}{N}(CH_3)_3$ kommt in der Zuckerrübe (*Beta vulgaris*) und in zahlreichen anderen Pflanzen natürlich vor und hat der ganzen Gruppe betainartiger Verbindungen den Namen gegeben. Seine biochemische Bildung ist eng mit der des Cholins (S. 577) verknüpft, mit dem es häufig auch gemeinsam auftritt. Seine Darstellung geschieht meistens synthetisch aus Chloressigsäure und Trimethylamin, doch kann es auch durch Oxydation von Cholin erhalten werden:

$$[HO—CH_2—CH_2—\overset{\oplus}{N}(CH_3)_3]^+OH^- \xrightarrow{-4\,H} \overset{\ominus}{O}OC—CH_2—\overset{\oplus}{N}(CH_3)_3$$

Das Betain der Zuckerrübe reichert sich in der Melasse an und wird u. a. zu Trimethylamin und Blausäure verarbeitet (vgl. S. 362).

Das *salzsaure Hydrazid des Betains* $[H_2N—NH—CO—CH_2—\overset{\oplus}{N}(CH_3)_3]^+Cl^-$ liefert als Hydrazinderivat mit Oxoverbindungen normale Hydrazone, die infolge der stark hydrophilen Ammoniumsalzgruppierung wasserlöslich sind. Es dient daher unter der Bezeichnung **GIRARDS Reagens** zuweilen zur Trennung von Oxoverbindungen von wasserunlöslichen Begleitsubstanzen (S. 288).

Amino-di-essigsäure $HN(CH_2—COOH)_2$ und **Amino-tri-essigsäure** $N(CH_2—COOH)_3$, fälschlich auch *Imino-di-* und *Nitrilo-tri-essigsäure* genannt (vgl. S. 536), entstehen neben

Glycin bei der Einwirkung von Chloressigsäure auf wenig Ammoniak. Sie bilden mit Calciumionen sehr stabile, wasserlösliche Komplexe etwa der folgenden Konstitution:

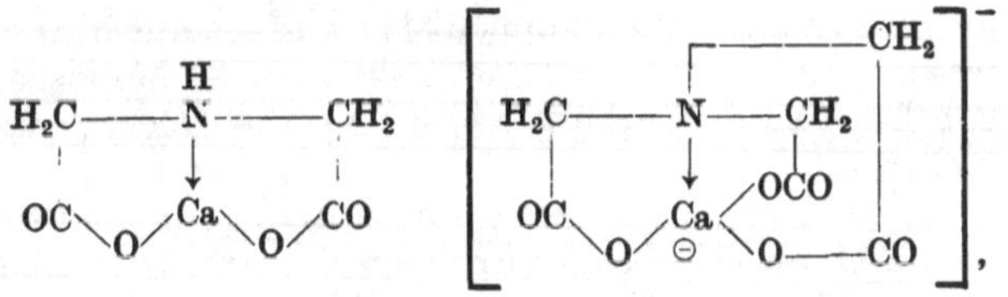

in denen das Calcium nicht mehr durch Fällungsreaktionen nachgewiesen werden kann. Sie finden auf Grund dieser Eigenschaft eine beschränkte Anwendung als Wasserenthärtungsmittel und werden zu diesem Zweck unter dem Namen **Trilone** in den Handel gebracht (*Trilon A* = Amino-triessigsäure; *Trilon B* = Äthylendiamin-tetraessigsäure). Diese Trilone stellen gleichzeitig die wichtigsten Verbindungen in der Reihe der *Komplexone* dar, in denen man ein analytisches Hilfsmittel gefunden hat, um einfache Metallkationen so leicht und scharf wie Säuren und Basen titrieren zu können.

Phenylglycin $C_6H_5—NH—CH_2—COOH$, das einfachste aromatische Derivat des Glykokolls, ist durch normale Alkylierung von Anilin mit Chloressigsäure leicht zugänglich (Gleichung formulieren!) und ein wichtiges technisches Zwischenprodukt für die Indigosynthese (**III**, Kap. 2, V, 1).

Alanin und andere Eiweißaminosäuren werden in **III**, Kap. 7, I, 1 beschrieben.

β) β-, γ-, δ- und ε-Aminocarbonsäuren

Aminocarbonsäuren, deren Aminogruppen weiter von der Carboxylgruppe entfernt stehen, kommen mit wenigen Ausnahmen nicht natürlich vor, haben aber in einigen Fällen praktische Bedeutung erlangt. In ihrem allgemeinen Verhalten schließen sie sich ebenfalls eng an die entsprechenden Oxycarbonsäuren an.

So gehören z. B. die **β-Aminosäuren** als Carbonsäuren, die in β-Stellung zur Carboxylgruppe einen negativen Substituenten enthalten, ebenfalls zu den wenigen Aminoverbindungen, die durch Abspaltung von Ammoniak (z. B. beim Erhitzen über den Schmelzpunkt) in die entsprechenden ungesättigten Verbindungen übergeführt und auch umgekehrt aus diesen durch Anlagerung von Ammoniak an die olefinische Doppelbindung dargestellt werden können:

$$R—CH{=}CH—COOH \underset{-\,NH_3\,(\text{Erhitzen})}{\overset{+\,NH_3}{\rightleftharpoons}} R—\underset{|}{\overset{NH_2}{CH}}—CH_2—COOH$$

Eine weitere Bildungsweise beruht auf der Umsetzung von β-Halogencarbonsäuren (S. 381) mit Ammoniak.

β-Aminopropionsäure (**β-Alanin**) $H_2N—CH_2—CH_2—COOH$ ist die einzige natürlich vorkommende β-Aminosäure und als integrierender Bestandteil der Pantothensäure von biochemischer Bedeutung (vgl. **III**, Kap. 8, I).

Die **γ- und δ-Aminocarbonsäuren** zeigen, wie die entsprechenden Oxycarbonsäuren, eine große Cyclisierungstendenz und gehen leicht spontan in cyclische Säureamide über, die in Analogie zu den Lactonen den Namen **Lactame**[1]) erhalten

[1]) Die einfachen Lactame werden, ähnlich wie die Diketopiperazine (S. 583), nach der sauerstofffreien Ringverbindung benannt und als deren Oxoderivate bezeichnet, so daß man Namen wie *Pyrrolidon* oder *Piperidon* für die Lactame der γ-Aminobuttersäure und der δ-Aminovaleriansäure erhält:

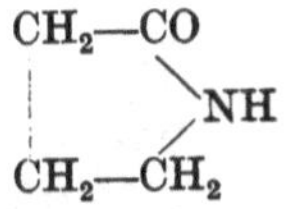

Pyrrolidon
(γ-Butyro-lactam)

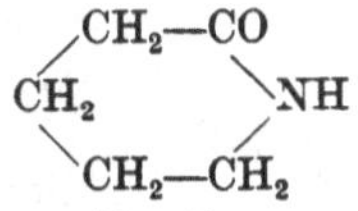

Piperidon
(δ-Valero-lactam)

haben. Infolgedessen können sie ebenfalls nur in wenigen Fällen in Substanz isoliert werden und treten an Bedeutung zurück. Meistens werden an ihrer Stelle direkt die Lactame synthetisiert, wofür die folgenden drei Methoden zur Verfügung stehen:

1. die Umsetzung von γ und δ-Halogencarbonsäuren mit Ammoniak, wobei durch anschließendes Erhitzen der primär entstehenden Aminocarbonsäuren im gleichen Reaktionsgang der Ringschluß bewirkt wird:

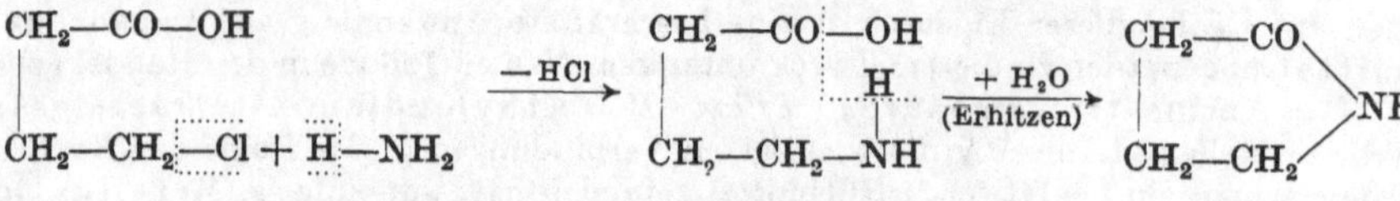

2. die Substitution des Ringsauerstoffs in Lactonen durch die >NH Gruppe, die man durch Erhitzen mit Ammoniak unter Druck auf etwa 200° erreicht (vgl. S. 481), und schließlich

3. die partielle, meist elektrolytische Reduktion von cyclischen sekundären Säureamiden:

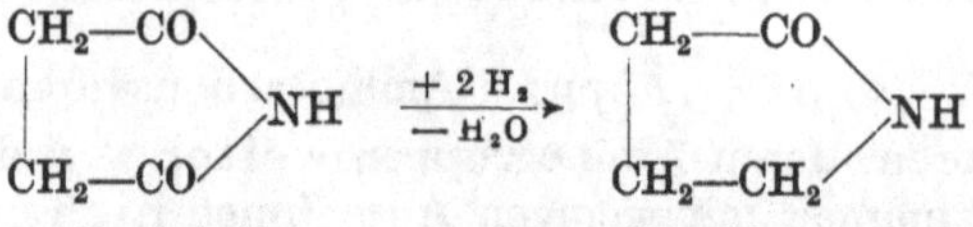

Succin-imid Pyrrolidon

Auch die Lactame zeigen (wie die bisher besprochenen Ringverbindungen) ein erhöhtes Dipolmoment und sieden daher für ihre Kohlenstoffzahl zu hoch (z. B. Pyrrolidon: Sdp. 245°, gegenüber N-Äthylacetamid: Sdp. 206°). Chemisch verhalten sie sich wie normale Säureamide.

ε-Aminocarbonsäuren, deren Lactame bereits sieben Ringglieder enthalten, und höhere Aminocarbonsäuren reagieren auch hier leichter zwischenmolekular als unter Ringschluß. **ε-Aminocapronsäure,** die aus dem Halbamid der Adipinsäure über das Halbnitril gewonnen wird:

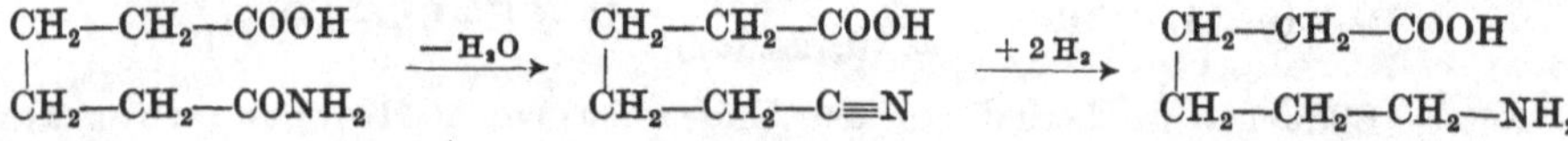

geht daher bei der Wasserabspaltung leicht unter linearer Kondensation in hochmolekulare Polyamide über und hat infolgedessen Anwendung in der Kunststoffindustrie gefunden (*Polyamidkunststoffe,* Näheres vgl. **III,** Kap. 7, I, 3).

γ) Die aromatischen Aminocarbonsäuren

Aminocarbonsäuren, deren Aminogruppe sich an einem aromatischen Kern befindet, kommen nur in geringen Mengen natürlich vor, üben hier aber zum Teil außerordentlich wichtige physiologische Funktionen aus. Sie weichen in ihren allgemeinen Eigenschaften nicht wesentlich von den aliphatischen Aminocarbonsäuren ab.

Anthranilsäure (*o-Aminobenzoesäure*) ist die wichtigste Anilincarbonsäure. Sie wurde 1841 von Fritzsche als Abbauprodukt des Indigos (neben Anilin, vgl. S. 572) entdeckt, und läßt sich leicht wieder in diesen überführen (vgl. **III,** Kap. 2, V, 1). Ihre Darstellung erfolgt ausschließlich vom Phthalimid aus durch Hofmannschen Abbau mittels Natriumhypobromit oder Chlorkalk. Weiterhin hat ihre Bildung beim Kochen von o-Nitrotoluol mit Alkalilaugen, die auf einer eigenartigen innermolekularen Wanderung des Sauerstoffs vom Stickstoff zum Kohlenstoff beruht, theoretisches Interesse gefunden:

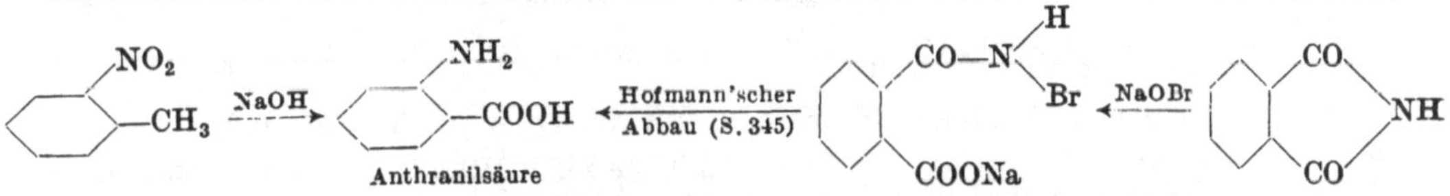

Anthranilsäure

Abgesehen von ihrem normalen Verhalten als Anilinocarbonsäure zeichnet sich Anthranilsäure vor allem durch ihre für eine β-Aminocarbonsäure auffallend leicht eintretende Decarboxylierung aus, die bei raschem Erhitzen unter Abdestillation von Anilin stattfindet und die nahe Verwandtschaft mit der entsprechenden Phenolcarbonsäure, der Salicylsäure (S. 489), erkennen läßt. Bei vorsichtigem Erwärmen kann Anthranilsäure dagegen, und zwar ebenfalls in Analogie zur Salicylsäure, unzersetzt sublimiert werden. Anthranilsäure war eine Zeitlang das wichtigste Ausgangsmaterial für die Indigosynthese (III, Kap. 2, V, 1). Heute findet sie Verwendung für die Herstellung von Azofarbstoffen.

Die Anthranilsäureester zeigen einen angenehmen Geruch und sind in einigen ätherischen Ölen enthalten, z. B. der **Methylester** im Jasminblütenöl und sein **N-Methylderivat** im Mandarinenöl. Die synthetischen Produkte finden Anwendung in der Riechstoffindustrie.

m-Aminobenzoesäure wird durch Reduktion von m-Nitrobenzoesäure im großen gewonnen und findet Verwendung als Kupplungskomponente für Azofarbstoffe.

p-Aminobenzoesäure (I) erhält man in entsprechender Weise durch Reduktion von p-Nitrobenzoesäure oder durch Oxydation von p-Toluidin (nach Schützen der Aminogruppe durch Acetylierung):

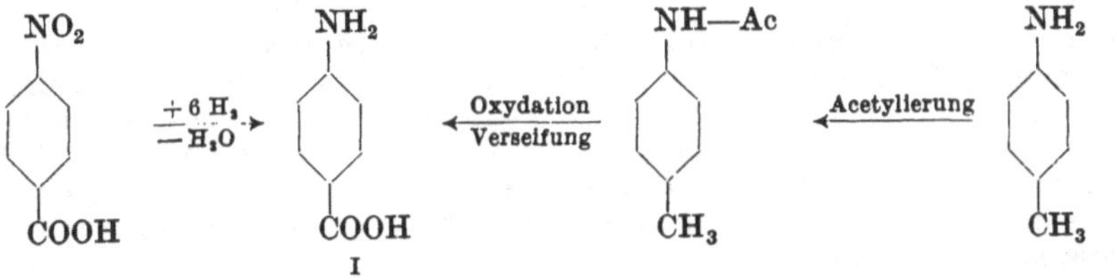

I

Sie ist physiologisch stark aktiv und gehört zur Gruppe der B-Vitamine (Näheres vgl. **III**, Kap. 8, I). Infolgedessen leiten sich von ihr einige wichtige Pharmazeutika ab, von denen wir den N-Diäthyl-cholinester, das *Novocain*, und das nahe verwandte *Panthesin* bereits kennen gelernt haben (S. 577). Auch die einfachen Alkylester, insbesondere der Äthyl- (*Anästhesin*) und Propylester (*Propäsin*) finden Verwendung als Lokalanästhetika.

o-Aminophenylessigsäure (II) geht als γ-Aminocarbonsäure spontan in das zugehörige Lactam, das Oxindol über, das wegen seiner nahen Beziehungen zum Indigo von Interesse ist (vgl. S. 876 und **III**, Kap. 2, V, 1):

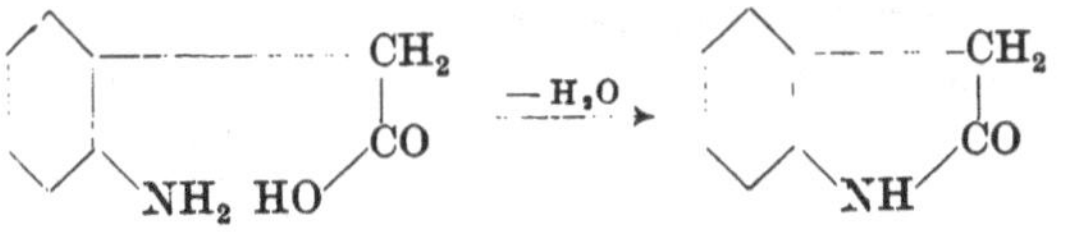

II Indoxyl

II. Die organischen Derivate anderer gesättigter Stickstoff-Wasserstoff-Verbindungen

Von den Stickstoffwasserstoffverbindungen mit einer gesättigten Kette von Hetero-atomen, insbesondere dem Hydroxylamin, Aminoxyd und Hydrazin, leiten sich in ähnlicher Weise wie vom Ammoniak eine Reihe organischer Derivate ab, die jedoch, da die Natur nicht zum Aufbau der N—N-Bindung und des Hydroxylaminsystems befähigt ist, mit Ausnahme einiger Aminoxyde nicht natürlich vorkommen. Sie entsprechen in ihren Darstellungsweisen und ihrem allgemeinen chemischen Charakter den vorbesprochenen Aminoverbindungen weitgehend, so daß wir uns mit einem kurzen Überblick über die wichtigsten neuartigen Reaktionen begnügen können.

1. Die aliphatischen Derivate des Hydroxylamins

Je nachdem, ob der Wasserstoff der Hydroxyl- oder der Aminogruppe durch organische Reste ersetzt ist, unterscheidet man zwei Reihen von Hydroxylaminderivaten: die O- oder α- und die N- oder β-Alkylhydroxylamine. Von ihnen gehören streng genommen nur die letzteren zu den organischen Stickstoffverbindungen, da in den α-substituierten Derivaten der organische Rest am Sauerstoff steht. Doch ordnet man auch diese als charakteristische Abkömmlinge des Hydroxylamins zweckmäßig an dieser Stelle ein, ähnlich wie man ja auch das Hydroxylamin selbst allgemein als Stickstoff- und nicht als Sauerstoffverbindung betrachtet.

a) Die α-Alkylhydroxylamine

Die **Darstellung** der α-Alkylhydroxylamine (auch *Hydroxylamin-O-alkyläther* genannt) geschieht ausschließlich durch Alkylierung der Hydroxylgruppe des Hydroxylamins, die man jedoch, da bei der direkten Einwirkung von Alkylierungsmitteln ausschließlich der Stickstoff angegriffen wird (s. u.), nach einem der Methode von GABRIEL analogen Verfahren vornimmt, indem man den Aminowasserstoff durch Überführung des Hydroxylamins in ein Oxim blockiert, und in diesem dann die Hydroxylgruppe in der auf S. 289 beschriebenen Weise alkyliert:

$$HO{-}NH_2 + O{=}C\langle \longrightarrow HO{-}N{=}C\langle \xrightarrow[\text{NaOH}]{\text{R—X}} R{-}O{-}N{=}C\langle \xrightarrow[\text{lyse}]{\text{Hydro-}} R{-}O{-}NH_2$$

Auf dem gleichen Prinzip beruht die O-Alkylierung des aus Nitrit und Sulfit leicht herstellbaren hydroxylamin-disulfonsaurem Kaliums $HO{-}N(SO_3K)_2$ mit anschließender hydrolytischer Abspaltung der Sulfonsäurereste nach TRAUBE (1920) (Gleichung formulieren!).

Die Hydroxylamin-O-alkyläther sind den Aminen ähnliche, jedoch etwas schwächer basische Flüssigkeiten, die infolge der Besetzung der stark assoziierenden Hydroxylgruppe wesentlich tiefer sieden als das freie Hydroxylamin (z. B. α-Methylhydroxylamin: Sdp. 50°). Von ihren **chemischen Reaktionen** ist bemerkenswert:

1. die acidolytische Spaltung der R—O-Bindung durch Kochen mit Jodwasserstoffsäure, die als normale Ätherspaltung angesehen werden kann und sich zur quantitativen Bestimmung der Alkoxylgruppe nach ZEISEL eignet. Sie stellt neben der bereits erwähnten Reduzierbarkeit der α-Alkylhydroxylamine zu Ammoniak und den betreffenden Alkoholen (S. 537) den wichtigsten Konstitutionsbeweis dar.

2. das Fehlen der reduzierenden Eigenschaften des Hydroxylamins, das insbesondere von theoretischem Interesse für die Aufklärung der Reduktionswirkung des freien Hydroxylamins ist. Diese beruht danach offensichtlich auf einem Dehydrierungsvorgang unter Bildung des unbeständigen Nitroxyls und wird durch die Substitution des Hydroxylwasserstoff unmöglich gemacht:

$$H_2N{-}OH \xrightarrow{-H_2} (HN{=}O) \rightarrow \text{Sekundär-produkte} \quad ; \quad H_2N{-}O{-}R \rightarrow \text{keine Dehydrierung möglich}$$

b) Die β-Alkylhydroxylamine

In den N-Alkylhydroxylaminen liegen echte organische Stickstoffverbindungen vor, wie u. a. ihre Reduzierbarkeit zu den Aminen (vgl. S. 537) beweist. Ihre **Darstellung** geschieht hauptsächlich durch Einwirkung der üblichen Alkylierungsmittel auf freies Hydroxylamin, wobei ausschließlich die Aminogruppe als der basischere Molekülteil angegriffen wird. Die Reaktion führt, wie die Alkylierung des Ammoniaks, stets zu einem Gemisch der verschiedenen möglichen Alkylierungsprodukte bis zu den quartären Trialkyl-hydroxylammonium-Verbindungen, welche bei Anwesenheit von Natriumalkoholat (in dem meist alkoholischen Reaktionsmedium), das die partiell alkylierten Basen wieder in Freiheit setzt, auch hier in einem Reaktionsgang gewonnen werden können:

$$H_2N{-}OH + 3\,R{-}Hal + 2\,NaO{-}R \longrightarrow [R_3\overset{\oplus}{N}{-}OH]_+Hal^- + 2\,NaHal + 2\,ROH$$

Ein spezielles Verfahren zur Darstellung der Monoalkylverbindungen geht wie oben von den Oximen aus, die, wie wir auf S. 289 gesehen haben, in Abwesenheit von Natronlauge am Stickstoff zu den Nitronen alkyliert werden und sich anschließend durch deren Hydrolyse leicht in die β-Alkylhydroxylamine überführen lassen. Ebenso führt die vorsichtige partielle Reduktion aliphatischer Nitroverbindungen mit Zinkstaub in salmiakneutraler Lösung zu den Monoalkylhydroxylaminen:

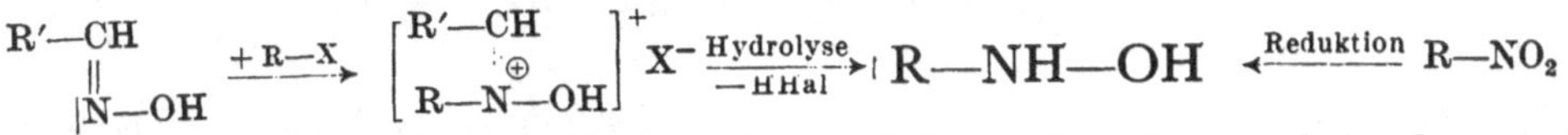

Die **β-Monoalkylhydroxylamine** sieden infolge der Anwesenheit der stark assoziierenden Hydroxylgruppe wesentlich höher als die α-Verbindungen (z.B. N-Methylhydroxylamin: Sdp. 63°/15 mm) und sind auch in ihrem chemischen Verhalten dem freien Hydroxylamin viel ähnlicher. Insbesondere wirken sie auf Grund ihrer Dehydrierbarkeit zu den Nitrosoverbindungen:

$$R{-}NH{-}OH \xrightarrow{-H_2} R{-}N{=}O$$

ebenfalls stark reduzierend und erleiden oberhalb 100° stürmische bis explosible Zersetzung. Eine hydrolytische Abspaltung des Alkylrestes ist, im Gegensatz zu den α-Verbindungen, nicht möglich.

Die **β,β-Dialkylhydroxylamine** (III) können in nicht ganz durchsichtiger Reaktion durch Einwirkung metallorganischer Verbindungen auf NO_2 erhalten werden. Zur Darstellung besser geeignet ist die Reaktion von Alkylnitraten (I) mit drei oder von Nitroparaffinen (II) mit zwei Molekülen einer GRIGNARD-Verbindung:

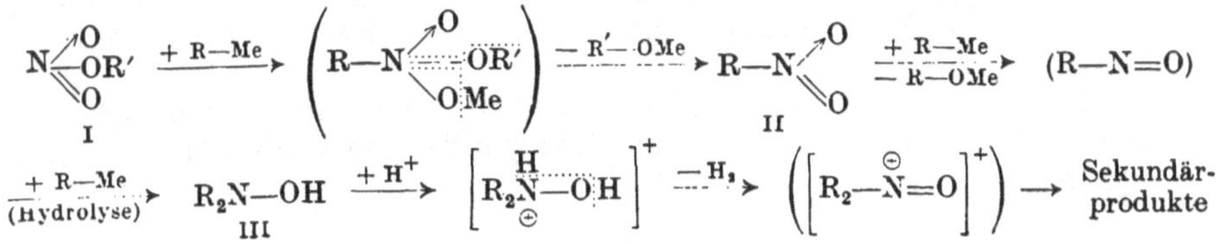

Sie sind, wie in den Formeln bereits angegeben, über das Ammoniumion noch dehydrierbar und wirken daher ebenfalls reduzierend.

Die **quartären Trialkyl-hydroxylammonium-Ionen** sind zwar in mancher Hinsicht den Tetraalkylammonium-Ionen ähnlich, unterscheiden sich aber in ihrer wichtigsten Eigenschaft, dem Verhalten gegenüber den stark basischen Hydroxylionen, grundlegend von ihnen, da sie, wenn auch nicht am Stickstoff, so doch am benachbarten Sauerstoff noch ein leicht abdissoziierendes H-Atom enthalten. Infolgedessen sind sie gegenüber Hydroxylionen nicht beständig und gehen mit ihnen sofort unter Protonenabgabe in die neutralen Aminoxyde über Die Reaktion verläuft wie alle Protonenübergänge reversibel, so daß die Trialkylhydroxylammoniumsalze zu den Aminoxyden in dem gleichen Verhältnis stehen, wie die Salze der Aminbasen zu den freien Aminen:

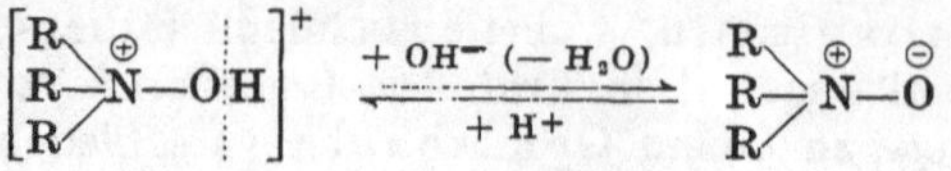

Die Trialkylhydroxylammoniumsalze weisen daher eine Doppelnatur auf. Sie sind einerseits die quartären Ammoniumsalze des Hydroxylamins, andererseits die normalen, d. h. durch Anlagerung eines Säuremoleküls entstehenden Salze der Aminoxyde.

2. Die Trialkylaminoxyde

Das unsubstituierte Aminoxyd stellt eine Zwitterionenform des Hydroxylamins dar und steht, da der Übergang zwischen beiden Formen im Rahmen einer Protonenwanderung unmeßbar rasch erfolgt, zu diesem im Verhältnis der Tautomerie (vgl. auch anorg. Lehrbücher):

Im Gegensatz zu den Aminocarbonsäuren ist hier jedoch praktisch ausschließlich die ungeladene Hydroxylaminform im Gleichgewichtsgemisch vorhanden, und der exakte Nachweis der Anwesenheit der Aminoxydform steht noch aus. Man kann daher beim Hydroxylamin selbst und auch bei seinen N-Alkylderivaten kaum mehr von einer Tautomerie sprechen, sondern in der in **II,** Kap. 5, I definierten Weise lediglich von dem Verschwinden einer Isomeriemöglichkeit.

Die Bildung beständiger Aminoxydderivate ist daher erst möglich, wenn am Stickstoff kein Wasserstoff mehr steht. Die einfachsten Verbindungen, bei denen dies der Fall ist, sind die vollständig alkylierten Trialkylaminoxyde $R_3N{\to}O$, in denen wir das erste Beispiel der auf S. 533 erwähnten Stickstoffverbindungen kennenlernen, deren kohlenstofffreie Grundverbindungen nicht existenzfähig sind.

Infolge dieser Verhältnisse ist die **Darstellung** der Trialkylaminoxyde ebensowenig durch direkte Alkylierung des Aminoxyds möglich, wie die der Enoläther durch direkte Alkylierung der Enole, sondern sie muß auf einem Umweg erfolgen. Hierfür kommen insbesondere zwei Verfahren in Betracht, die wir bereits kennengelernt haben:

1. die Anlagerung eines O-Atoms an tertiäre Amine, die man fast ausschließlich mittels Hydroperoxyds oder anderer Peroxyverbindungen durchführt (vgl. S. 556):

$$R_3N| + O \longrightarrow R_3N{\to}O$$

2. die nachträgliche „Polarisierung" der N—O-Bindung des Hydroxylamins zu einer semipolaren Bindung, die man in der oben beschriebenen Weise über die quartären Trialkyl-hydroxylammoniumsalze in zwei Stufen vornimmt: a) der Aufladung des Stickstoffs durch Bildung des Trialkyl-hydroxylammoniumions und b) der entgegengesetzten Aufladung des Sauerstoffs durch Abspaltung des Protons mittels Hydroxylionen:

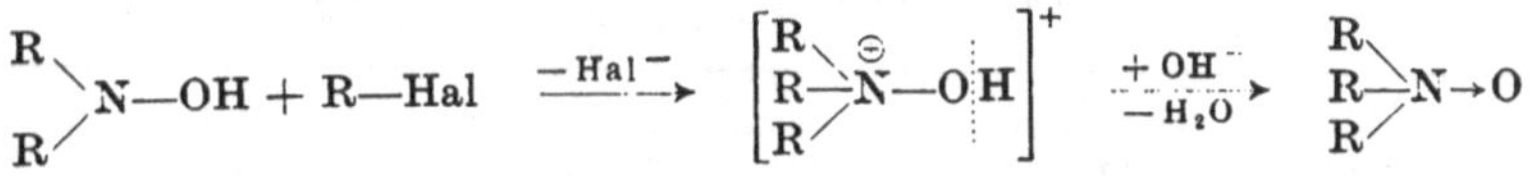

Eigenschaften. Die Aminoxyde weisen infolge des durch die semipolare Bindung bedingten Zwitterionencharakters ein sehr hohes Dipolmoment auf und sind daher in Anbetracht ihrer Molekülgröße sehr hoch schmelzende und siedende Verbindungen, die nur im Vakuum unzersetzt destilliert werden können und in Wasser sehr leicht löslich sind. Chemisch zeichnen sie sich insbesondere durch die erwähnte Fähigkeit zur Salzbildung mit Säuren aus, die auf der Protonenaffinität des negativ geladenen Sauerstoffs (analog der Basizität der Alkoholationen) beruht:

Doch ist die Basizität infolge der Nachbarstellung des positiv geladenen Stickstoffs nur gering (vgl. **II**, Kap. 3, I, 5).

Die Aminoxyde können sowohl reduzierend als auch oxydierend wirken. Als Reduktionsmittel treten sie insbesondere gegenüber Schwermetallionen in alkalischer Lösung auf, z. B. gegenüber Fehlingscher Lösung oder ammoniakalischer Silbersalzlösung. Sie reagieren hierbei grundsätzlich anders als das freie Hydroxylamin, da eine Dehydrierung des Stickstoffs nicht möglich ist. Der Angriff des Oxydationsmittels muß also an den Alkylresten erfolgen, doch sind die Einzelheiten des Reaktionsverlaufes noch nicht geklärt.

Die Oxydationswirkung ist eine gemeinsame Eigenschaft aller Verbindungen und insbesondere aller Stickstoffverbindungen mit semipolar gebundenem Sauerstoff (z. B. der Aminoxyde, der Salpetersäure, des Nitrobenzols, der Sulfoxyde usw.) und beruht wahrscheinlich auf der Hydrierbarkeit der N—O-Bindung, ist also der des Hydroperoxyds ähnlich. Insbesondere können die Trialkylaminoxyde durch Zinkstaub und Eisessig reduziert werden und setzen aus saurer Jodkaliumlösung Jod in Freiheit (Gleichungen formulieren!).

Trimethylaminoxyd, das Anfangsglied der Reihe, kommt im Fleisch von Haifischen, Hummern und anderen Seetieren natürlich vor. Es ist wasserfrei eine bei 208° schmelzende und bei 180°/10—12 mm sublimierende Substanz, die sich jedoch nur schwer entwässern läßt und meistens in Form eines Hydrates kristallisiert. Seine Basizität entspricht mit einem p_K-Wert von 9,4 etwa der des Anilins.

Auch bei anderen natürlichen tertiären Aminen, insbesondere einigen Alkaloiden, nimmt man heute an, daß sie auch in Form der N-Oxyde natürlich auftreten.

3. Die aromatischen Derivate des Hydroxylamins

In der aromatischen Reihe sind lediglich die β-Substitutionsprodukte des Hydroxylamins bekannt. Von größerem Interesse sind insbesondere die **Monoarylhydroxylamine,** die als Zwischenprodukte bei der Reduktion der Nitroverbindungen auftreten und infolge ihrer großen Reaktionsfähigkeit die Lenkung des

Reduktionsverlaufes in verschiedene Richtungen gestatten (vgl. S. 651 f.). Ihre **Darstellung** erfolgt ausschließlich durch vorsichtige partielle Reduktion von Nitroverbindungen in neutraler Lösung, die man meistens mit Zinkstaub und Salmiaklösung, aber auch mit amalgamiertem Aluminium und Alkoholen (oder feuchtem Äther) durchführt:

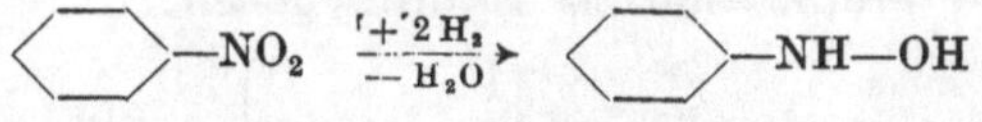

Eine weitere interessante Bildungsweise beruht auf der Oxydation primärer aromatischer Amine mittels Sulfo-monopersäure. Sie führt in Analogie zur Oxydation tertiärer Amine (S. 592) zunächst zu einem Aminoxyd, das sich anschließend sofort in die tautomere Hydroxylaminform umlagert (Gleichung formulieren!). Dagegen ist eine direkte Arylierung des Hydroxylamins infolge der Reaktionsträgheit der Arylhalogenide nicht möglich, da sie viel zu hohe Temperaturen erfordern würde.

Das **Phenylhydroxylamin** als wichtigstes Beispiel eines Mono-arylhydroxylamins ist eine schön kristallisierende, doch im allgemeinen sehr zersetzliche Substanz, die auch in reinem Zustand nur wenige Tage im Exsikkator aufbewahrt werden kann. Insbesondere in Anwesenheit von Feuchtigkeit tritt rasch Oxydation durch Luftsauerstoff ein, die zur Bildung von Nitrosobenzol und von diesem aus mit einem zweiten Molekül Phenylhydroxylamin zum Azoxybenzol (Näheres siehe unter 4c) führt:

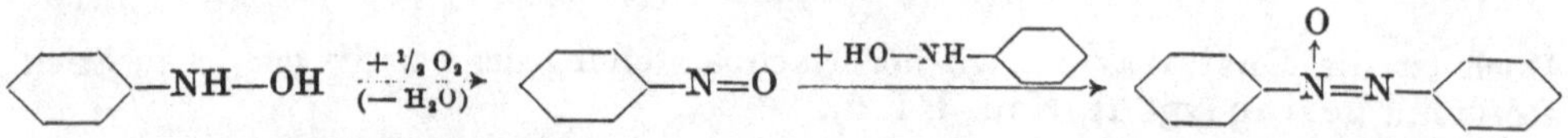

Die **chemische Reaktionsfähigkeit** der Mono-arylhydroxylamine ist außerordentlich vielseitig und umfaßt die folgenden vier Gruppen von Reaktionen, die wir zum Teil bereits kennengelernt haben:

1. die soeben erwähnte **Dehydrierung zur Nitrosoverbindung,** die außer mit Luftsauerstoff auch mit anderen Oxydationsmitteln, wie z.B. Bichromat-Schwefelsäure, durchgeführt werden kann.

2. die **Reduzierbarkeit zum Amin,** die als Teilreaktion bei der Darstellung der aromatischen Amine aus Nitroverbindungen eine wichtige Rolle spielt und zur Vermeidung von Nebenreaktionen am besten in schwach saurem Medium vorgenommen wird (vgl. S. 651 f.).

3. die durch starke Mineralsäuren katalysierte **Umlagerung in p-Aminophenole** (vgl. S. 578). Die Tendenz zur Wanderung der Hydroxylgruppe an den Kern ist hierbei so groß, daß sie auch bei besetzter p-Stellung unter Bildung von Chinol-iminen (I), bzw. nach deren, in dem sauren Reaktionsmedium spontan erfolgender Hydrolyse, von Chinolen (II) (vgl. S. 298) vor sich geht:

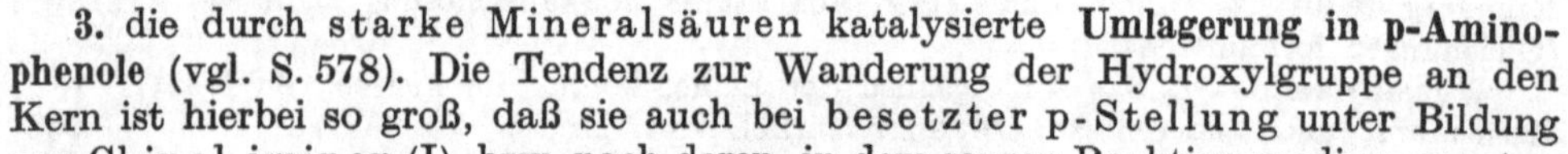

4. eine Reihe von **Kondensationsreaktionen,** bei denen die Arylhydroxylamine sowohl in der Hydroxylaminform als sekundäre Amine, als auch in der Aminoxydform als Derivate primärer Amine in Reaktion treten. Ersteres ist insbesondere der Fall bei:

a) der aus zwei Molekülen des Hydroxylamins in alkalischem Medium unter Wasserabspaltung erfolgenden Bildung eines Azokörpers (vgl. S. 630):

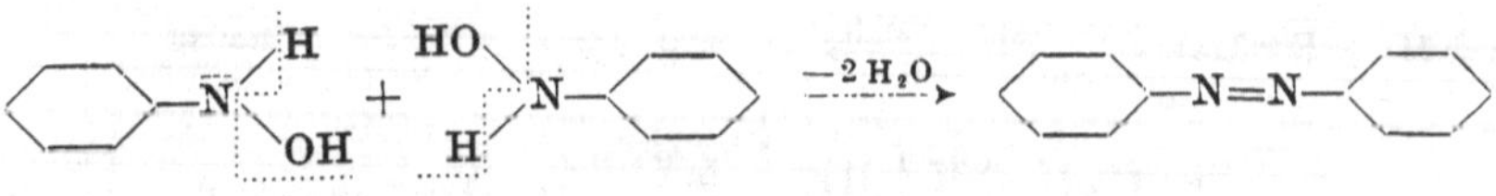

b) der Bildung echter Nitrosamine bei der Einwirkung von salpetriger Säure (Näheres vgl. S. 603):

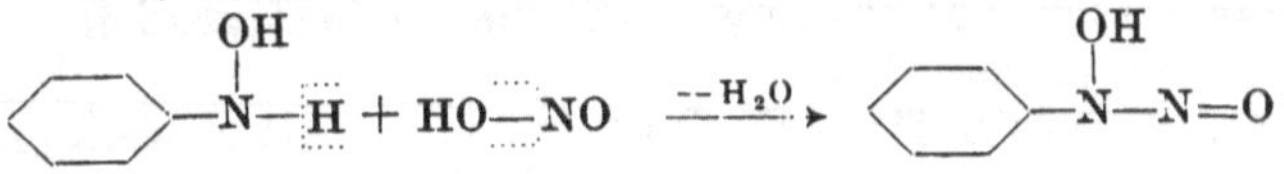

Dagegen beobachtet man eine Reaktion der Aminoxydform bei:

c) der ebenfalls in alkalischem Medium stattfindenden Kondensation mit Nitrosoverbindungen, die zur Bildung von Azoxykörpern führt und als Teilreaktion der alkalischen Reduktion von Nitroverbindungen gleichzeitig deren wichtigste Darstellungsweise ist (vgl. S. 632):

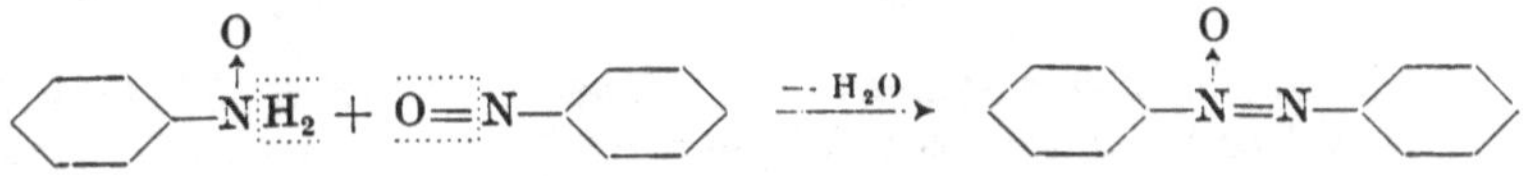

d) der in analoger Weise vor sich gehenden Bildung von Nitronen bei der Einwirkung von Oxoverbindungen:

Die Darstellung von **Diarylhydroxylaminen** stößt auf erheblich größere Schwierigkeiten. Sie wird nach H. Wieland am besten durch Einwirkung von metallorganischen Verbindungen auf Nitrosokörper durchgeführt:

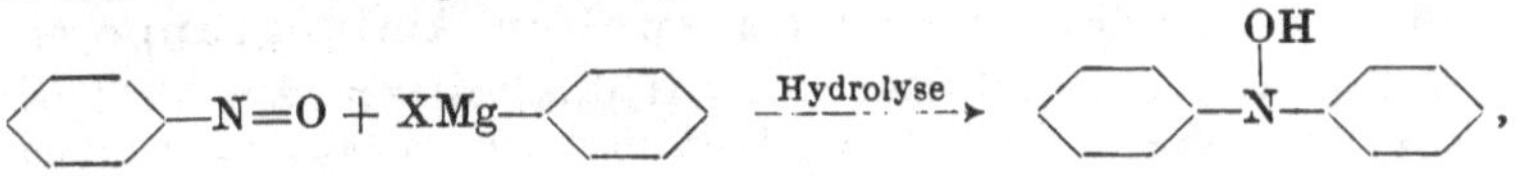

gelingt aber auch auf anderem Wege (vgl. z. B. S. 662). Die Diarylnitrosamine sind noch wesentlich unbeständiger als die Mono-arylverbindungen. Sie dienen als Ausgangsmaterialien für die Gewinnung der Diarylstickstoffoxyd-Radikale (S. 758).

4. Die aliphatischen Derivate des Hydrazins

Die aliphatischen Derivate des Hydrazins sind von allen Verbindungen dieser Reihe den Aminoverbindungen am ähnlichsten. So kann z. B. ihre **Darstellung** in analoger Weise durch Alkylierung von Hydrazin erfolgen und begegnet den gleichen Schwierigkeiten, da auch hier mehrere Alkylierungsprodukte nebeneinander entstehen.

Insbesondere wirkt es sich sehr erschwerend aus, daß eine bereits alkylierte Aminogruppe des Hydrazins infolge ihres liphophilen Charakters viel leichter als die unsubstituierte NH_2-Gruppe und auch das freie Hydrazin mit dem ebenfalls liphophilen Alkylierungsmittel reagiert. Daher wird jedes N-Atom, das auch nur eine Alkylgruppe trägt, sofort weiter bis zur quartären Verbindung alkyliert. In dieser ist jedoch die Basizität der zweiten Aminogruppe stark herabgesetzt (S. 597), so daß sie nicht mehr mit Alkylierungsmitteln zu reagieren vermag. Man kann daher durch direkte Alkylierung von Hydrazin im allgemeinen nur einseitig substituierte Produkte und von diesen in nennenswerter Ausbeute auch nur die quartären Salze erhalten:

$$H_2N{-}NH_2 + R{-}Hal \xrightarrow[-\,NaHal,\;-\,H_2O]{+\,R{-}Hal,\;+\,NaOH} R{-}NH{-}NH_2 \xrightarrow[-\,NaHal,\;-\,H_2O]{+\,R{-}Hal,\;+\,NaOH} R_2N{-}NH_2$$

$$\xrightarrow{+\,RHal} [R_3\overset{\oplus}{N}{-}NH_2]^+Hal^- \xrightarrow{+\,R{-}Hal} \text{keine Reaktion}$$

Zur Darstellung bestimmter Hydrazine muß die Methode daher ebenfalls im Sinne des GABRIELschen Phthalimidverfahrens variiert werden. Die wichtigsten dieser speziellen Reaktionen sind:

1. für die Darstellung von **Monoalkylhydrazinen** die Alkylierung von Benz-aldazin (I) zu dessen leicht wieder spaltbaren Hydrazoniumsalzen (II):

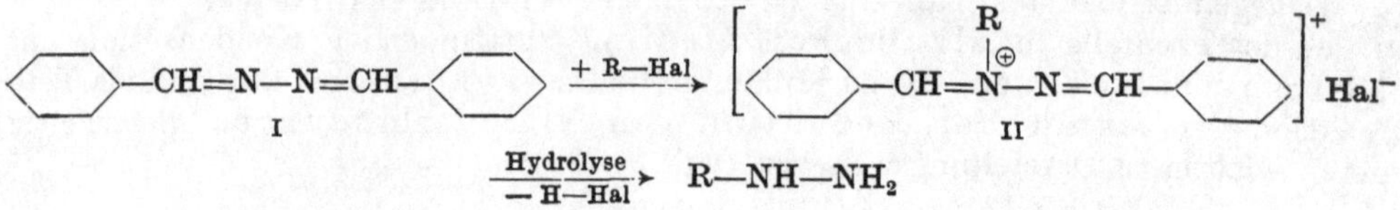

2. für die Darstellung der **sym-Dialkylhydrazine** (auch *N,N'-Dialkylhydrazine* oder *Hydrazoparaffine*[1]) genannt) die Alkylierung der sym-Diacylhydrazine mit anschließender Wiederabspaltung der Acylreste:

$$(Ac)(H)N{-}N(Ac)(H) \xrightarrow[-\,2\,H{-}X]{+\,2\,R{-}X} (Ac)(R)N{-}N(Ac)(R) \xrightarrow[(-\,2\,Ac{-}OH)]{\text{Hydrolyse}} R{-}NH{-}NH{-}R$$

3. für die Darstellung der **Tri-** und **Tetraalkyl-hydrazine,** die die größte Schwierigkeit bereitet hat und bisher nur in wenigen Fällen gelungen ist, die Einwirkung von Alkylierungsmitteln, die eine geringe Neigung zur Bildung quartärer Ammoniumsalze aufweisen — wie z.B. von Äthylchlorid oder Isopropylbromid — und die daher die Alkylierung auch der zweiten Aminogruppe ermöglichen.

Nicht auf dem Wege einer Alkylierung des Hydrazinsystems dargestellt werden:

4. die **as-Dialkyl-hydrazine** (*N,N-Dialkylhydrazine*), die man am besten durch Synthese des Hydrazinsystems auf dem Umweg über die Nitrosamine der sekundären Aminoverbindungen (vgl. S. 551) gewinnt:

$$R_2N{-}H + HO{-}N{=}O \xrightarrow{-\,H_2O} R_2N{-}N{=}O \xrightarrow[-\,H_2O]{+\,2\,H_2} R_2N{-}NH_2\,,$$

sowie schließlich

5. ungleichmäßig substituierte **Trialkylhydrazine,** die bei der Hydrierung der Dialkylhydrazone von Oxoverbindungen entstehen:

$$R_2N{-}N{=}CH{-}R' \xrightarrow{+\,H_2} R_2N{-}N(H){-}CH_2{-}R'$$

Bei den beiden letztgenannten Reaktionen muß man sich vorsehen, daß nicht gleichzeitig die N—N-Bindung reduzierend gespalten wird (s. u.).

Die niederen aliphatischen Hydrazine sind farblose, tief siedende Flüssigkeiten von scharfem, aminähnlichem Geruch, die sich mit Wasser in jedem Verhältnis mischen und wie das Hydrazin selbst mit Säuren zwei Reihen von Salzen liefern:

$$H_2N{-}NR_2 + HCl \longrightarrow [H_2N{-}\overset{\oplus}{N}HR_2]^+Cl^- \xrightarrow{+\,HCl} [H_3\overset{\oplus}{N}{-}\overset{\oplus}{N}HR_2]^{++}Cl^-_2$$

[1]) Bezüglich der Nomenklatur der Hydrazoverbindungen vgl. S. 627.

Die Di-oniumionen der Hydrazine sind allerdings in wäßriger Lösung weitgehend hydrolisiert und reagieren stark sauer, so daß die Hydrazinbasen bei der Titration nur einsäurig erscheinen.

Von besonderem Interesse sind die **Beständigkeitsverhältnisse der N—N-Bindung,** die als einfachstes anorganisches Modell der reaktionsträgen C—C-Bindung angesehen werden kann. Entsprechend ihrer unpolaren Natur erweist sie sich sowohl in saurem als auch in alkalischem Medium als gegen hydrolytische und sonstige solvolytische Spaltungsversuche absolut stabil. Dagegen macht sich ihre gegenüber der C—C-Bindung verminderte Festigkeit[1]) einerseits in der bereits zwischen 200 und 300° erfolgenden Vercrackung, die in Analogie zur thermischen Zersetzung der Paraffine zu einem Amin und einer SCHIFFschen Base führt:

$$R—\overset{H}{C}H—CH_2—R' \xrightarrow{\text{Vercrackung}} R—CH{=}CH_2 + R'—H$$

$$R—\overset{H}{C}H—NH—NH—R' \xrightarrow{\text{Vercrackung}} R—CH{=}NH + H_2N—R',$$

andererseits in einer auffallend leicht erfolgenden hydrierenden Spaltung durch katalytischen und auch nascierenden Wasserstoff bemerkbar. Doch ist es häufig möglich, andere Reduktionsreaktionen unter Schonung der N—N-Bindung durchzuführen, wie die unter 4 und 5 angeführten Bildungsweisen zeigen.

Eine oxydative Spaltung der Hydrazinbindung ist nicht möglich. Doch wirken bei der großen Bildungstendenz von Stickstoff-Stickstoff-Mehrfachbindungen auch die organischen Hydrazine stark reduzierend, solange sie, zumindest in Form der Hydrazinium-Ionen, an jedem Stickstoff noch wenigstens ein H-Atom tragen und damit zur Dehydrierung befähigt sind:

$$R—NH—NH_2 \xrightarrow{-H_2} (R—N{=}NH) \longrightarrow R—H + N_2$$

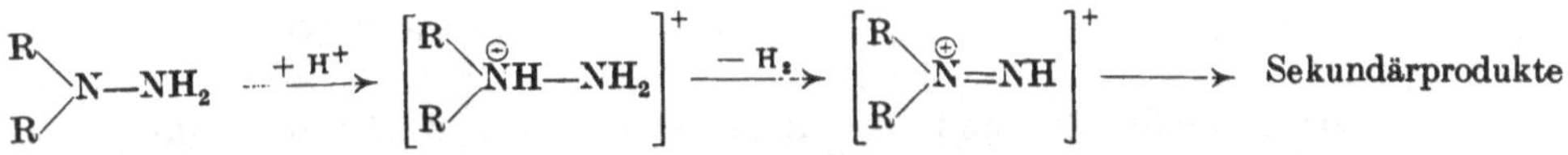

Alle Mono-, Di- und Trialkylhydrazine reduzieren daher FEHLINGsche Lösung bereits in der Kälte. Lediglich die Tetraalkylhydrazine, die nur in Form der in alkalischer Lösung kaum in Spuren vorhandenen Di-oniumionen $[R_2\overset{\oplus}{N}H—\overset{\oplus}{N}HR_2]^{++}$ dehydriert werden können sind gegen FEHLINGsche Lösung leidlich beständig und werden erst bei längerem Kochen zersetzt.

Während bei der Reaktion mit FEHLINGscher Lösung definierte Oxydationsprodukte nicht faßbar sind, gelingt es bei vorsichtiger Dehydrierung mit Quecksilberoxyd, die symmetrisch substituierten Dialkylhydrazine in Azoverbindungen (I) und die as-Dialkylhydrazine in Tetrazene (II) überzuführen:

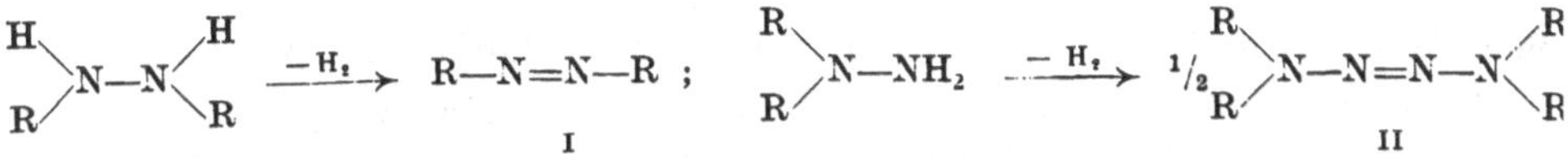

I II

[1]) Die Bildungswärme der N—N-Bindung beträgt nur 28 kcal gegenüber einem Wert von 82,7 kcal für die C—C-Bindung (vgl. Tabelle in **II.** Kap. 2, I, 6).

Bei der Einwirkung von **salpetriger Säure** auf **Monoalkylhydrazine** entstehen in Analogie zum Verhalten des Hydrazins selbst die Alkylderivate der Stickstoffwasserstoffsäure (S. 636), während die Trialkylhydrazine als sekundäre Stickstoffverbindungen in **Nitrosohydrazine** mit drei aneinander gebundenen N-Atomen übergehen. Sie stellen den Nitrosaminen ähnliche gelbe Flüssigkeiten dar:

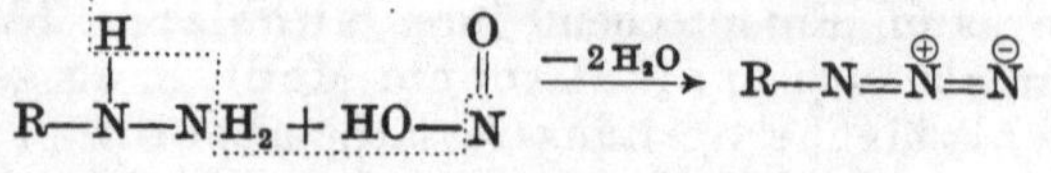

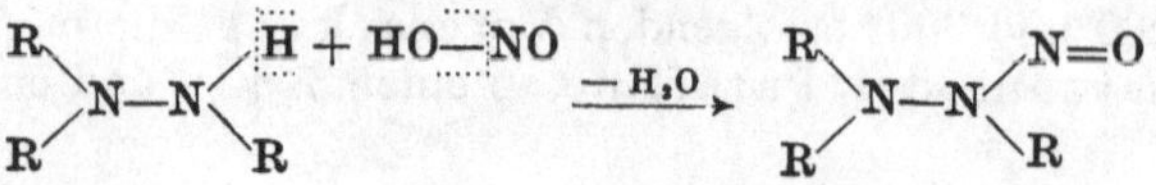

5. Die aromatischen Derivate des Hydrazins

Ähnlich wie die Arylhydroxylamine sind auch die Arylderivate des Hydrazins leichter zugänglich und wesentlich reaktionsfähiger als die aliphatischen Vertreter der Reihe, so daß sie zum Teil technische Bedeutung erlangt haben. Ihre **Darstellung** erfolgt wegen der Labilität des Hydrazinsystems nicht durch Arylierung des Hydrazins oder seiner Derivate, sondern ausschließlich durch Verknüpfung der (gegebenenfalls) bereits arylierten N-Atome.

a) Die Mono-arylhydrazine

Für die **Darstellung** der Mono-arylhydrazine kommt praktisch ausschließlich die partielle Reduktion der aromatischen Diazoverbindungen in Betracht, die bei der Einwirkung von Zinn-II-chlorid und Salzsäure, sowie insbesondere von Natriumsulfit (Näheres vgl. S. 625), auf der Stufe des Arylhydrazins stehen bleibt:

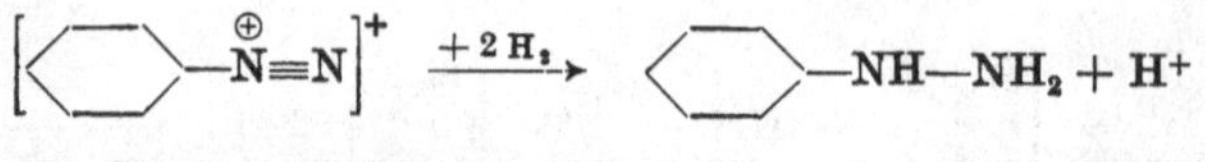

Die Mono-arylhydrazine sind den aromatischen Aminen ähnliche, doch etwas labilere und im allgemeinen nur im Vakuum unzersetzt destillierende Substanzen, die sich an der Luft rasch braun färben. Sie sind zu den folgenden sechs Gruppen von Reaktionen befähigt:

1. zur **Salzbildung mit Säuren,** bei der sie infolge des Vorliegens einer nicht aromatisch substituierten Aminogruppe etwas stärker basisch reagieren als die Monoarylamine (vgl. Tab. 27, S. 540). Doch besitzt ohne Zweifel auch die arylierte Aminogruppe eine gewisse Basizität, so daß man neben den Ionen $Ar{-}NH{-}\overset{\oplus}{N}H_3$ in geringem Umfang auch mit der Anwesenheit der Ionen $Ar{-}\overset{\oplus}{N}H_2{-}NH_2$ rechnen muß. Diese Basizität reicht aber nicht mehr zur Bildung von wasserbeständigen Di-oniumsalzen der Formel $[Ar{-}\overset{\oplus}{N}H_2{-}\overset{\oplus}{N}H_3]^{++}Hal^{-}_2$ aus.

2. zu **Kondensationsreaktionen der NH_2-Gruppe.** Hierher gehört vor allem die Bildung der *Arylhydrazone* der Oxoverbindungen (S. 288), der *Arylhydrazide* der Carbonsäuren und der *Arylosazone* der 1,2-Oxy-oxo- bzw. -Dioxo-Verbindungen (S. 433, 439).

3. zu **Kondensationsreaktionen der Ar-NH-Gruppe.** Sie werden nur selten beobachtet. Als Beispiel sei die bei der Einwirkung von salpetriger Säure eintretende Bildung von *α-Nitroso-arylhydrazinen* angeführt, die als echte Nitrosamine eine gelbe Farbe aufweisen und durch Wasserabspaltung unter Mitbeteiligung auch der zweiten Aminogruppe in die Arylazide übergeführt werden können:

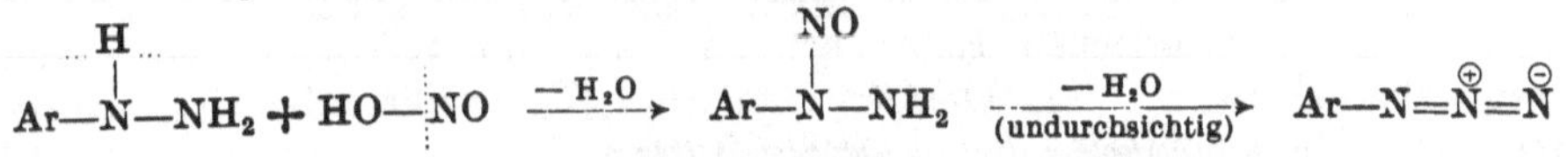

Eine weitere derartige Kondensationsreaktion wird auf S. 638 beschrieben.

4. zu **Ringschlußreaktionen** unter Kondensation beider Aminogruppen. Insbesondere die mit Acetessigester eintretende Bildung von Pyrazolderivaten (Näheres vgl. S. 496, 882) hat große praktische Bedeutung erlangt.

5. zu **Oxydations-** bzw. **Dehydrierungsreaktionen,** die im Gegensatz zur aliphatischen Reihe unter Bildung definierter Reaktionsprodukte durchgeführt werden können. So läßt sich z. B. Phenylhydrazin mit Kupfer-II-Ionen in schwach essigsaurer Lösung in glatter Reaktion zum unbeständigen Phenyl-diimin (I) dehydrieren, das sofort sekundär in Stickstoff und Benzol zerfällt:

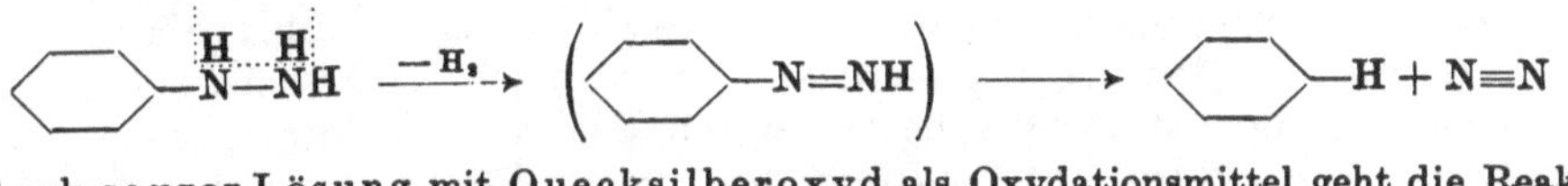

In stark saurer Lösung mit Quecksilberoxyd als Oxydationsmittel geht die Reaktion noch eine Stufe weiter, und es wird das Phenylhydrazin unter Abspaltung von zwei Molekülen Wasserstoff direkt zum Diazoniumion dehydriert:

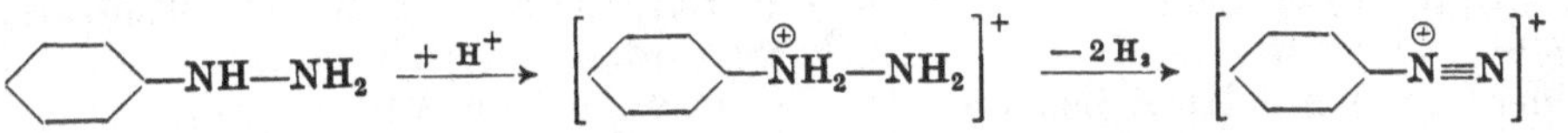

6. zu **Reduktionsreaktionen.** Sie führen stets zu einer Spaltung der N—N-Bindung. Von spezieller Bedeutung ist die Koppelung der Reaktion mit der oben beschriebenen Dehydrierung, d. h. die Disproportionierung der Arylhydrazine unter Bildung der aromatischen Amine und von Ammoniak einerseits, sowie der aromatischen Kohlenwasserstoffe und von Stickstoff andererseits. Sie geht sowohl beim Überhitzen, z. B. zum Teil bereits bei der Destillation unter normalem Druck, als auch bei normaler Temperatur unter der Einwirkung von fein verteiltem Platin und anderen Hydrierungskatalysatoren vor sich:

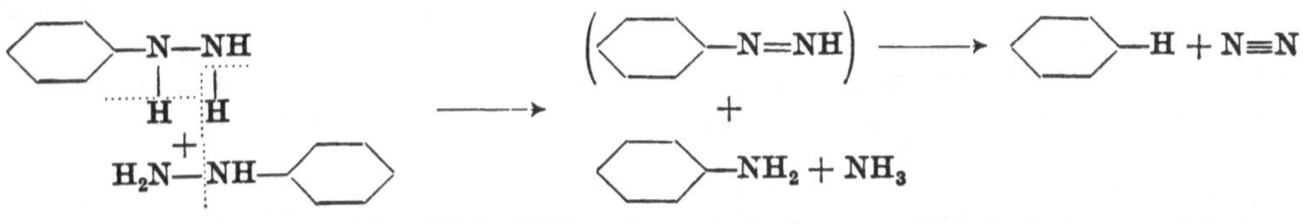

Phenylhydrazin C_6H_5—NH—NH_2, das einfachste und bei weitem wichtigste Mono-arylhydrazin, wird technisch durch Reduktion von diazotiertem Anilin mit Natriumsulfit gewonnen. Es schmilzt bei 23°, liegt aber infolge geringfügiger Verunreinigungen bei normaler Temperatur meistens als ölige, leicht braun gefärbte Flüssigkeit vor, die bei 244° unter geringer Zersetzung siedet und bei Berührung mit der Haut zuweilen zu Ekzemen führt. Analytisch dient es als Reagens auf Oxoverbindungen, technisch als Zwischenprodukt für die Synthese von Pyrazolderivaten.

2,4-Dinitro-phenylhydrazin ist ein wichtiges Aldehyd- und Ketonreagens, das vor allem mit zahlreichen stark wasserlöslichen Oxy-oxo-Verbindungen wasserunlösliche Osazone bildet und so deren Abscheidung ermöglicht.

b) Die Diarylhydrazine

Auch in der aromatischen Reihe kennen wir zwei Gruppen von disubstituierten Hydrazinen: 1. die *symmetrischen Diarylhydrazine* oder *Hydrazoverbindungen* und 2. die *asymmetrischen Diarylhydrazine.*

Zu 1. Die **aromatischen Hydrazoverbindungen** treten als Reduktionsprodukte der Azokörper (daher der Name, vgl. auch S. 627) im Verlaufe der alkalischen Reduktion aromatischer Nitroverbindungen auf (S. 651f.) und werden praktisch ausschließlich auf diesem Wege dargestellt:

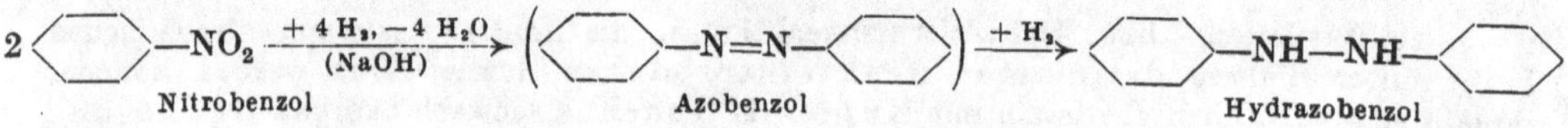

Sie sind farblose, in Wasser unlösliche, gut kristallisierende Verbindungen, die nur noch eine geringe Basizität zeigen und infolge der unten beschriebenen Benzidin-Umlagerung mit Säuren nicht mehr in Salze übergeführt werden können. Oxydationsmitteln gegenüber sind sie noch unbeständiger als die Mono-arylhydrazine und werden bereits durch Eisen-III-Ionen, sowie bei längerem Stehen auch durch Luftsauerstoff, unter Rückbildung der Azoverbindungen dehydriert (Gleichungen formulieren!). Im übrigen verlaufen sowohl die Oxydations- als auch die Reduktionsreaktionen in ähnlicher Weise wie bei den Monoarylhydrazinen. Insbesondere tritt ebenfalls bei höherer Temperatur oder in Gegenwart von Dehydrierungskatalysatoren Disproportionierung ein, die hier (neben zwei Molekülen des aromatischen Amins) zur Azoverbindung führt:

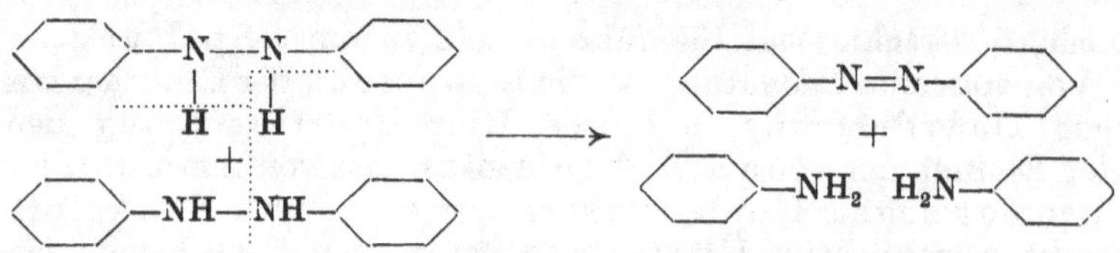

Eine neuartige und gleichzeitig die praktisch wichtigste Reaktion der Hydrazoverbindungen ist die bereits auf S. 569 kurz erwähnte **Benzidin-Umlagerung.** Sie tritt unter der Einwirkung starker Mineralsäuren bereits in der Kälte ein und beruht auf einer gleichzeitigen Wanderung der Substituenten an beiden N-Atomen in die p-Stellung, so daß beide Benzolkerne gegenüber der ursprünglichen Anordnung um 180^0 verdreht und in p,p'-Stellung wieder verknüpft werden (bezüglich des Reaktionsmechanismus, vgl. **II**, Kap. 4, III, 4a):

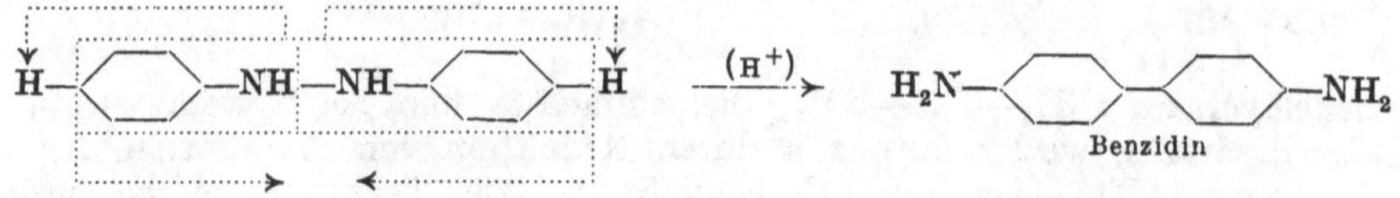

Daß es sich bei dieser Umlagerung tatsächlich um den gleichen Reaktionstypus wie bei der auf S. 568f. beschriebenen p-Wanderung des am Stickstoff befindlichen Substituenten handelt, geht aus einigen charakteristischen Nebenreaktionen hervor. So entsteht z. B. aus Hydrazobenzol neben Benzidin in geringer Menge auch die als *Diphenylin* bezeichnete, in o- und p'-Stellung zu den Aminogruppen verknüpfte Base:

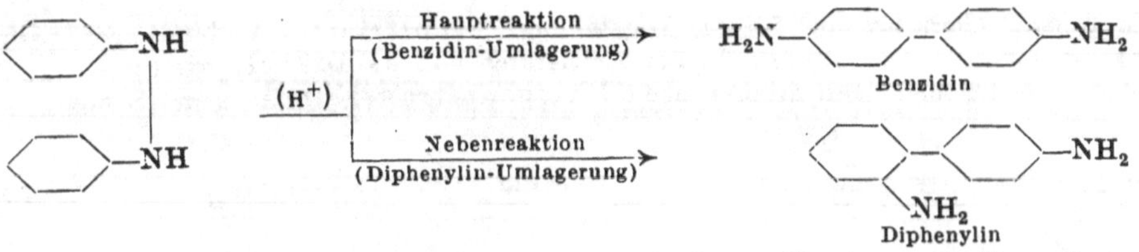

Vor allem aber wandert bei Hydrazoverbindungen, in denen die eine p-Stellung besetzt ist, nur einer der beiden stickstoffhaltigen Reste (wie jeder am Stickstoff befindliche Substituent) in p- oder auch o-Stellung (unter Bildung einer Diarylaminbase). Da neben dieser als *o-* bzw. *p-Semidin-Umlagerung* (v. lat. *semi* = halb) bezeichneten Reaktion auch die Diphenylin-Umlagerung in geringem Ausmaß stattfindet, beobachtet man in diesem Falle die Bildung von drei verschiedenen Reaktionsprodukten nebeneinander:

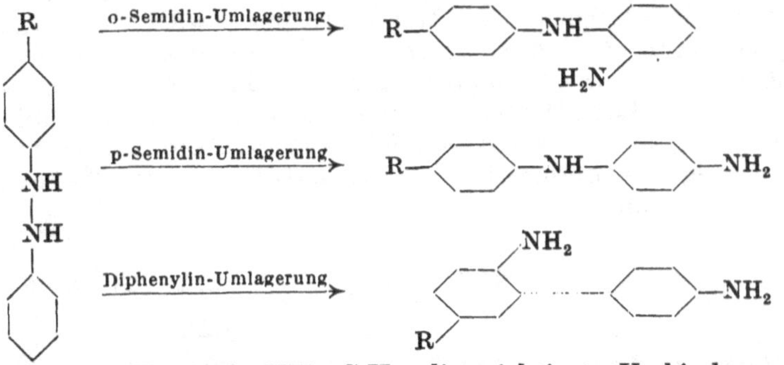

Hydrazobenzol $C_6H_5-NH-NH-C_6H_5$, die wichtigste Verbindung der Reihe, wird durch Reduktion von Nitrobenzol oder auch von Azobenzol mit Zinkstaub und alkoholischer Natronlauge dargestellt, in der Technik jedoch meistens ohne Isolierung durch Ansäuern des Reaktionsgemisches sofort zu Benzidin weiter verarbeitet.

Zu 2. Die **asymmetrischen Diarylhydrazine** können in Analogie zur aliphatischen Reihe durch Reduktion der Diarylnitrosamine gewonnen werden:

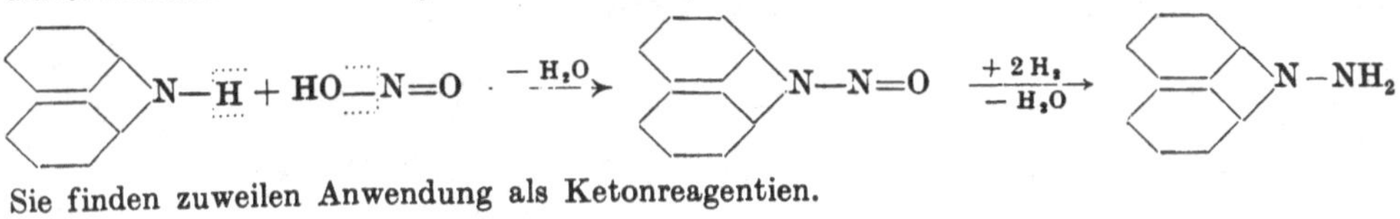

Sie finden zuweilen Anwendung als Ketonreagentien.

c) Die Triarylhydrazine

Die Gewinnung von Triarylhydrazinen bereitet wesentlich größere Schwierigkeiten und ist nicht mehr allgemein durchführbar. **Triphenylhydrazin** wurde erstmals im Jahre 1915 von H. Wieland durch Einwirkung von Phenylmagnesiumbromid auf Diphenylnitrosamin gewonnen:

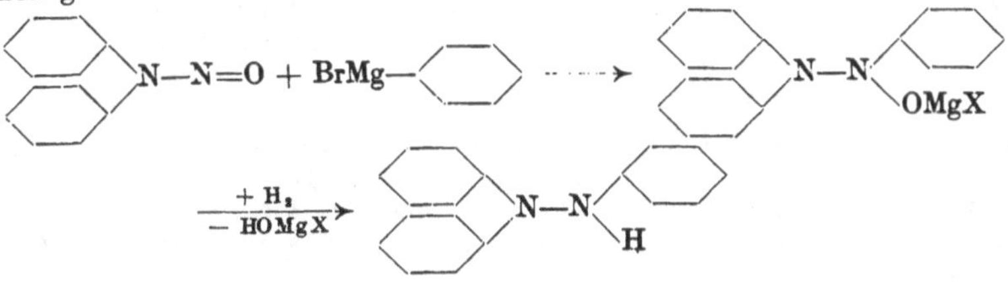

Eine andere, allerdings nur für die Darstellung kernnitrierter Verbindungen geeignete Reaktion fand St. Goldschmidt in der Arylierung von as-Diarylhydrazinen mit den besonders reaktionsfähigen aromatischen Halogennitroverbindungen (S. 654):

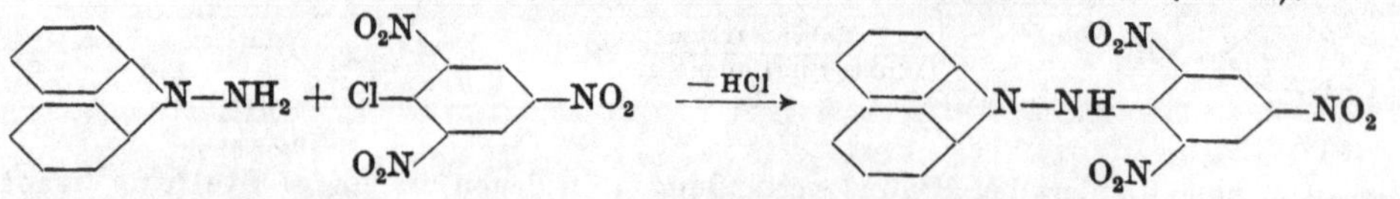

Die nach beiden Verfahren gewonnenen Verbindungen haben für die Darstellung der auf S. 757 beschriebenen Triarylhydrazyl-Radikale spezielle Bedeutung erlangt.

d) Die Tetraaryl-hydrazine

Die Tetraaryl-hydrazine beanspruchen vor allem theoretisches Interesse im Hinblick auf ihre Tendenz zum Zerfall in freie Radikale (vgl. S. 756). Ihre **Darstellung** erfolgt wieder auf einem anderen Wege und zwar ausschließlich durch Zusammenlagerung von zwei Diarylstickstoffradikalen, die man am einfachsten aus Diarylaminen durch Herausoxydation des am Stickstoff befindlichen Wasserstoffs mittels Kaliumpermanganats oder anderer Oxydationsmittel, sowie auch durch Abspaltung von elementarem Stickstoff aus den Tetraaryl-tetrazenen (S. 638), gewinnt:

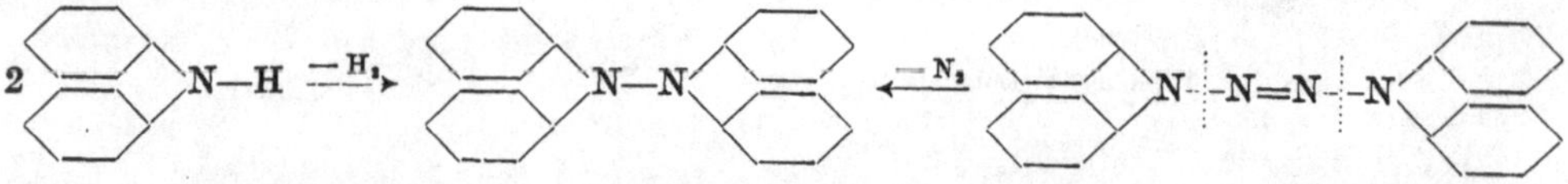

In den Tetraaryl-hydrazinen ist die N—N-Bindung gegenüber den bisher beschriebenen Hydrazinderivaten sehr stark geschwächt und zeigt nicht nur bei normaler oder mäßig erhöhter Temperatur die Tendenz zum Zerfall unter Bildung freier Radikale (vgl. S. 756), sondern erleidet in Gegenwart von Säuren auch sehr leicht eine hydrolytische bzw. acidolytische Spaltung. In diesem Fall stabilisiert sich das vom Diarylhydroxylamin (oder auch vom Diarylchloramin) abgeleitete Spaltstück sofort unter Abspaltung von Wasser (bzw. HCl) zum dimolekularen N,N'-Diaryl-phenazinderivat I:

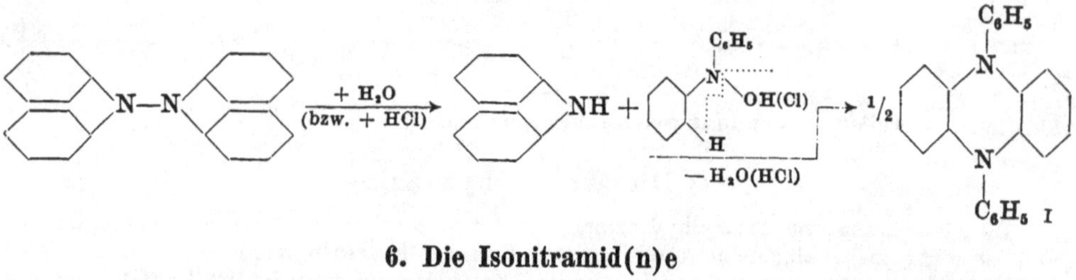

I

6. Die Isonitramid(n)e

Eine letzte Gruppe von hydrazinartigen Verbindungen, in denen die N-Atome jedoch keinen Wasserstoff mehr enthalten, sondern (mit Ausnahme des organischen Restes) nur mit Sauerstoff abgesättigt sind, liegt in den von Traube beschriebenen Isonitramiden vor. Sie entstehen in Form ihrer Alkalisalze bei der Einwirkung von Stickoxyd und Natriumalkoholat auf Oxoverbindungen, die eine aktive Methylengruppe enthalten. Hierbei werden jeweils bis zu zwei H-Atome der aktiven Methylengruppe substituiert, und es findet anschließend, falls Wasser zugegen ist, eine hydrolytische Abspaltung der Carbonylgruppe unter Bildung einer am Kohlenstoff sauerstofffreien Verbindung statt. So erhält man z. B. aus Acetaldehyd direkt das *Methylen-di-isonitramid-natrium* (I, vgl. auch S. 246):

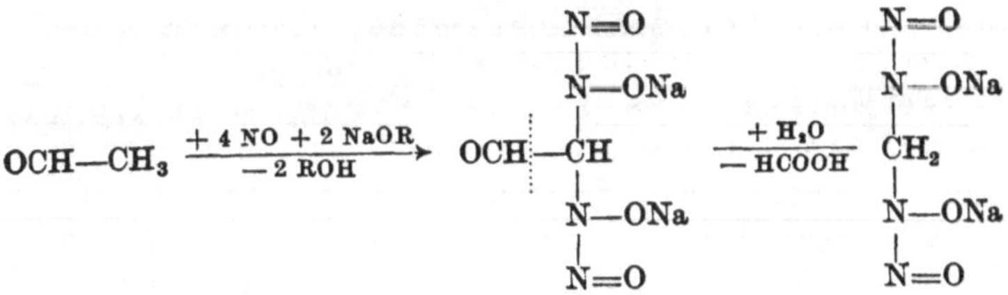

I

Die Isonitramide haben ihren Namen auf Grund ihrer Isomerie mit den Nitramiden R—NH —NO_2, die beide O-Atome an einem Stickstoff tragen, erhalten und sind nur in Lösung oder in Form ihrer Salze beständig. Ihre Konstitution ergibt sich einerseits aus ihrer Ähnlichkeit mit dem anorganischen stickoxyd-schwefligsaurem Kalium KO—SO_2—N(OK)—NO (vgl. anorg. Lehrbücher), andererseits auf Grund ihrer Reduzierbarkeit zu den entsprechenden Hydrazino-Verbindungen.

Methylen-di-isonitramid ist eine ziemlich starke Säure, die ein neutral reagierendes Dinatriumsalz liefert und über das schwer lösliche Bleisalz leicht gereinigt werden kann. Die Lösungen der freien Säure zerfallen beim Erhitzen unter Bildung von Stickoxyden, Formaldehyd, Hydroxylamin und etwas Blausäure.

Auch in der aromatischen Reihe sind einige Isonitramide bekannt, die hier in Form der freien Säuren etwas beständiger sind, und die wir als Reaktionsprodukte der Arylhydroxylamine mit salpetriger Säure bereits kennengelernt haben. Sie werden auf Grund dieser Bildungsweise allgemein *Nitroso-arylhydroxylamine* genannt.

Nitroso-phenylhydroxylamin C_6H_5NOH—NO, die wichtigste Verbindung der Reihe, ist mit einem p_K-Wert von 4,28 stärker sauer als Essigsäure und bildet infolgedessen ein stabiles Ammoniumsalz. Ferner fällt es mit Eisen-III- und Kupfer-II-Ionen in Form tief farbiger, spiranartiger Komplexverbindungen (z. B. von II) aus, die zum speziellen Nachweis dieser Metalle dienen und daher dem Nitrosophenylhydroxylamin den Namen *Cupferron* eingetragen haben.

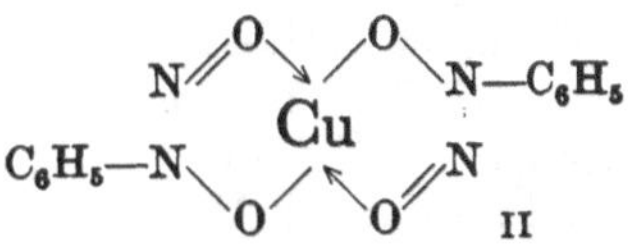

II

7. Tri- und Tetrazanderivate

Die höheren „Homologen" des Hydrazins mit einer gesättigten Kette von drei und mehr Stickstoffatomen werden als „*Aza-Verbindungen*" (vgl. S. 116) der Paraffine durch die Endung *-azan* gekennzeichnet und *Triazan*, *Tetrazan* usw. genannt:

H_2N—NH—NH_2	H_2N—NH—NH—NH_2	H_2N—NH—NH—NH—NH—NH_2
Triazan	Tetrazan	Hexazan

Die kohlenstofffreien Grundverbindungen der Reihe sind noch nicht bekannt, und auch die Darstellung ihrer organischen Derivate stieß stets auf große Schwierigkeiten, so daß ihre Existenzfähigkeit bisher nur in wenigen Fällen sichergestellt werden konnte.

Z. B. sind **organische Triazanderivate** schon mehrfach in der Literatur beschrieben worden. Doch lassen sich die Angaben entweder nicht reproduzieren, oder es sind Zweifel aufgetaucht, ob bei den betreffenden Bildungsreaktionen wirklich ein Triazangerüst entsteht. Lediglich auf dem Wege der Anlagerung von Anilin an Azodicarbonsäureester (I) scheint bisher eine einwandfreie Synthese eines Triazanderivates (II) gelungen zu sein (Diels 1911):

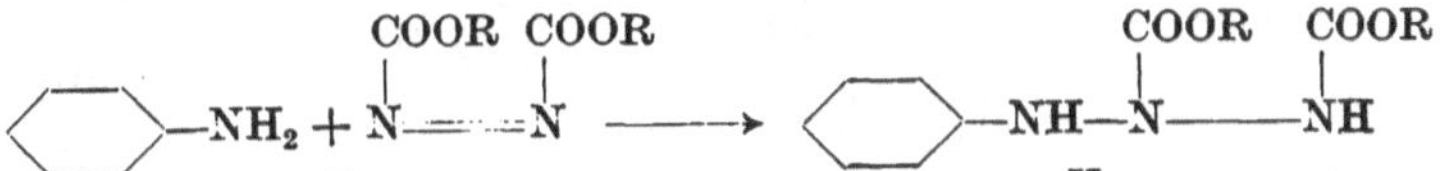

I II

Tetrazane sind bisher nur in der aromatischen Reihe dargestellt worden und entstehen nach St. Goldschmidt (1929) in relativ einfacher Weise durch Zusammenoxydieren von zwei Molekülen eines dreifach substituierten Hydrazins mittels Bleidioxyds oder Kalium-eisen-III-cyanids:

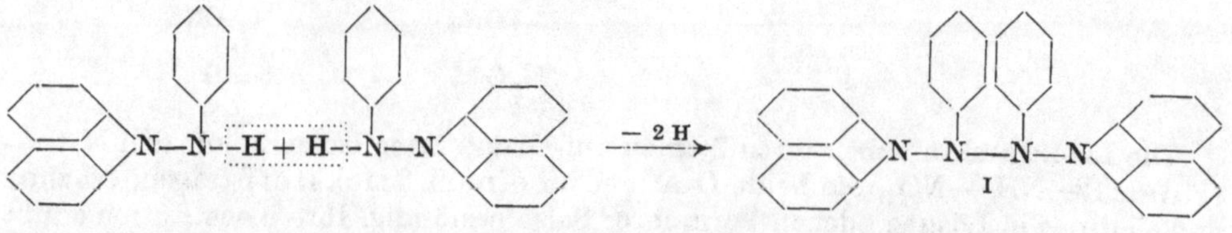

I

Während jedoch die aus den Triarylhydrazinen hervorgehenden *Hexaaryltetrazane* (I) eine derart starke Radikalspaltungstendenz aufweisen, daß ihre Bildung nur in Lösung im Rahmen einer Gleichgewichtsreaktion nachweisbar ist, sind die aus den α,α-Diaryl-β-acyl-hydrazinen entstehenden Tetrazanderivate wesentlich beständiger und auch in kristallisiertem Zustand zu er-

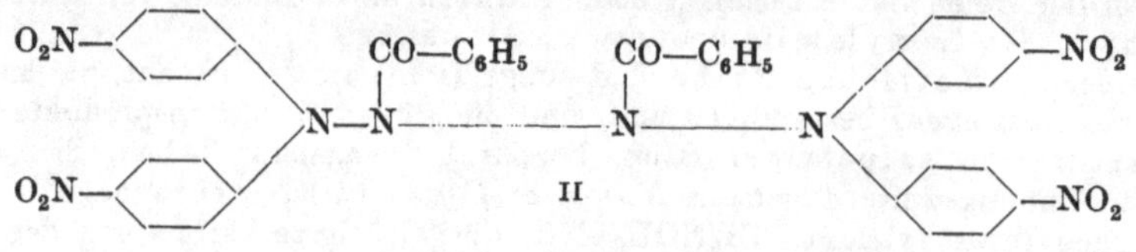

II

halten. Ihre Dissoziationskonstanten liegen bei der Mehrzahl der Verbindungen nur zwischen 10^{-7} und 10^{-3}, so daß das vorstehend formulierte *α,α,α′,α′-Tetra-p-nitrophenyl-β,β′-dibenzoyl-tetrazan* (II) selbst in 0,002 normaler Lösung nur zu etwa 2% in die freien Radikale dissoziiert ist. Hier liegen also auch in Lösung im wesentlichen nur die undissoziierten Tetrazane vor.

In ähnlicher Weise glaubten Pechmann und einige andere Forscher durch Zusammenoxydation der Phenylhydrazone von Oxoverbindungen mittels Alkylnitriten, Quecksilberoxyd oder Jod zu nicht dissoziierenden Tetrazanderivaten der Konstitution III zu gelangen (Reaktion a), doch tritt hier nach Stollé (1926) und neuerdings auch Grammaticakis (1948) ausschließlich die Neubildung einer C—N-Bindung zu dem Azofarbstoff IV auf (Reaktion b), wofür insbesondere die Farbe und auch die Einzelheiten der Absorptionsspektren sprechen. Nur die aus einigen Benzoylosazonen vom Typus V (die also an dem zu dehydrierenden N-Atom wie in II einen Acylrest tragen) gebildeten cyclischen Osotetrazine (VI) scheinen tatsächlich ein Tetrazangerüst zu enthalten (Näheres vgl. S. 857):

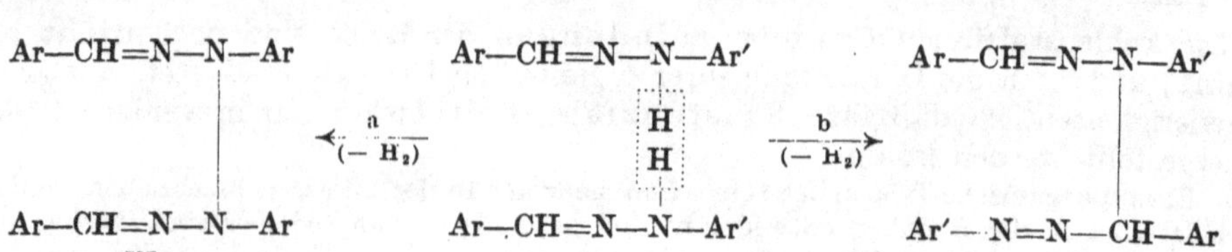

III IV

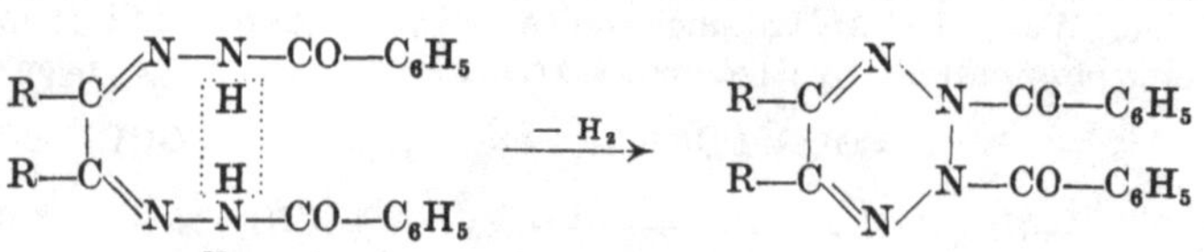

V VI

III. Verbindungen mit einer ungesättigten Kette von Stickstoffatomen

Während Kohlenstoffketten durch die Einführung von C=C-Doppel- und C≡C-Dreifachbindungen labilisiert werden, beobachtet man bei Verbindungen mit aneinandergereihten N-Atomen bei der Einführung von N=N-Doppelbindungen umgekehrt eine eindeutige Stabilisierung der Stickstoffkette, was insbesondere auf die in **II**, Kap. 3, II, 2e näher erörterte, im Verhältnis zur einfachen N—N-Bindung ungewöhnlich hohe Bildungsenergie der N=N-Doppelbindung zurückzuführen ist. Wir kennen infolgedessen eine relativ große Anzahl von Verbindungen mit einer ungesättigten Kette von N-Atomen, denen auch technisch wichtige Stoffe, insbesondere die große Gruppe der Diazoverbindungen und Azofarbstoffe angehören.

Eine Ausnahme macht lediglich die Grundverbindung der Reihe, das Diimin selbst, das jedoch offensichtlich nur wegen der Tendenz der N=N-Doppelbindung, in die noch stabilere N≡N-Dreifachbindung des Stickstoffmoleküls überzugehen, nicht existenzfähig ist:

$$HN{=}NH \longrightarrow {}^{2}/_{3}NH_3 + {}^{2}/_{3}N{\equiv}N$$

Denn das Bindungssystem des Diimins zeichnet sich in einigen organischen Derivaten, die keinen Wasserstoff am Stickstoff mehr enthalten und daher nicht mehr zur N_2-Abspaltung neigen, durch eine ungewöhnliche Stabilität aus (vgl. S. 627).

1. Die Diazoverbindungen

Definition. Unter dem Begriff der *Diazoverbindungen* versteht man eine Gruppe von fünf verschiedenen Verbindungstypen, die als gemeinsames Charakteristikum einerseits die Bildung aus primären Aminen und salpetriger Säure, andererseits den Aufbau der Diazogruppe aus zwei aneinander geketteten N-Atomen, von denen nur eines mit dem organischen Molekülteil verbunden ist, aufweisen:

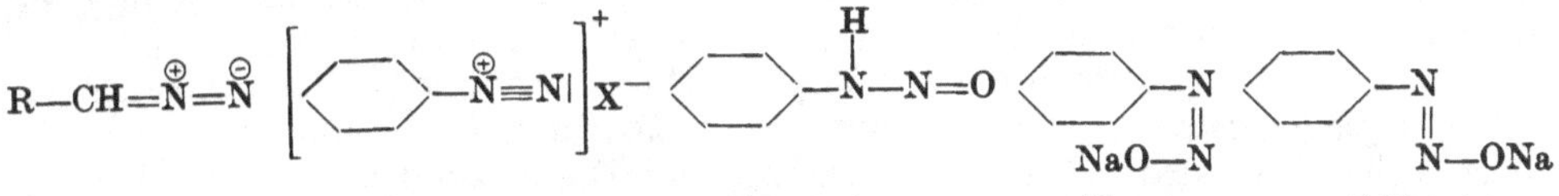

aliphatische Diazoverbindung — Diazoniumsalz — Nitrosamin — syn-Diazotat — anti-Diazotat
verschiedene Formen der aromatischen Diazoverbindungen

Diese verschiedenartigen Diazoverbindungen können z. T. ineinander umgelagert werden, stehen aber nicht im Verhältnis der Tautomerie zueinander und müssen daher als voneinander unabhängige Verbindungstypen betrachtet werden. Wir begegnen hier dem eigenartigen und in der organischen Chemie auch einzigartigen Fall, daß der gleiche Gruppenname *Diazoverbindungen* für mehrere, strukturell voneinander verschiedene Verbindungsarten verwandt wird.

Diese eigenartigen **Nomenklaturverhältnisse** sind historisch bedingt und auf die mangelnde Kenntnis der wahren Konstitution dieser Stoffe zur Zeit ihrer Entdeckung zurückzuführen. Man bezeichnete damals kurzerhand alle bei der Einwirkung von salpetriger Säure auf primäre Amine entstehenden Verbindungen, die zwei N-Atome an den organischen Rest gebunden enthalten, als *Diazoverbindungen*, und zwar unabhängig davon, welche Heteroatome sonst noch am Stickstoff stehen. Zur Benennung der einzelnen Verbindungstypen mußte man daher die Gruppenbezeichnung *Diazo-* mehr oder weniger variieren. Der Ausdruck *Diazo-* allein wird nur in der aliphatischen Reihe angewandt und im Sinne eines normalen Paraffinsubstituenten vor den Namen der substituierten Verbindung gestellt (z. B. *Diazomethan, Diazoessigester* usw.). In der aromatischen Reihe enthält die Diazogruppe dagegen noch andere Atome. Hier spricht man daher von *Diazoniumsalzen, Diazotaten, Diazocyaniden* usw. und setzt diese Gruppenbezeichnungen in Analogie zur Benennung der Carbonsäuren (z. B. Cyclohexan-carbonsäure) und auch der Sulfonsäuren (z. B. Benzolsulfonsäure) an das Ende des Namens des zugrundeliegenden Kohlenwasserstoffs (z.B. *Benzol-diazoniumchlorid, Kalium-benzol-diazotat* usw.). Zuweilen geschieht die Benennung der Kohlenwasserstoffreste aber auch (nicht ganz exakt) durch die Radikalnamen (z. B. *Phenyldiazoniumsalz, Phenyl-diazo-cyanid* usw.).

a) Die aliphatischen Diazoverbindungen

Die aliphatischen Diazoverbindungen sind nur in einer Form bekannt. In ihnen substituiert der Stickstoff im Gegensatz zu den aromatischen Diazoverbindungen zwei H-Atome des gleichen C-Atoms, so daß sie sich in ihrer Summenformel von einem hypothetischen Molekül, das statt der zweiwertigen aliphatischen Diazogruppe eine einwertige aromatische Diazogruppe und ein H-Atom am gleichen Alkylidenrest enthalten würde, um den Mindergehalt dieses H-Atoms und einer negativen Gruppe X (= OH, ONa, oder das Anion einer Säure) unterscheiden. Man kann sie sich also aus letzteren durch Abspalten der Verbindung H—X entstanden denken:

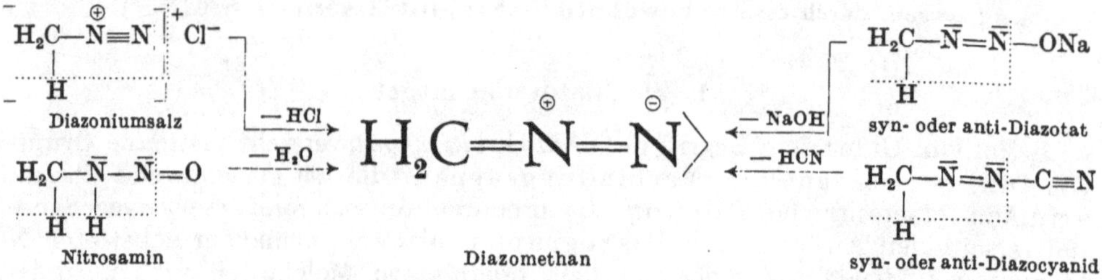

Danach ist der Unterschied zwischen beiden Verbindungsreihen durch die tertiäre Natur des aromatischen Kohlenstoffs bedingt, der die Bildung der zweiwertigen aliphatischen Diazogruppe unmöglich macht.

Die **Konstitutionsaufklärung** der aliphatischen Diazogruppe hat große Schwierigkeiten bereitet und soll wegen ihrer grundsätzlichen Bedeutung etwas ausführlicher behandelt werden. Auf Grund chemischer Daten können mit Sicherheit nur die folgenden beiden Angaben gemacht werden:

1. Die aliphatische Diazogruppe ist zweiwertig und muß durch eine Doppelbindung an nur ein C-Atom des organischen Restes gebunden sein. Dies geht insbesondere aus der Summenformel des Diazomethans CH_2N_2 hervor, auf Grund derer die N_2-Gruppe mindestens zwei Valenzen des Methankohlenstoffs beansprucht. Daß es aber auch nicht mehr als zwei Valenzen sein können, zeigt die Möglichkeit der Darstellung von Diazoverbindungen, in denen die Diazogruppe an einem sekundären C-Atom steht ($R_2C{=}\overset{\oplus}{N}{=}\overset{\ominus}{N}$, vgl. S. 609).

2. Die beiden Stickstoffatome müssen aneinander gebunden sein, da sich die Diazoverbindungen zu Hydrazinderivaten reduzieren lassen.

Dagegen konnten mit Hilfe der klassischen chemischen Methoden der Konstitutionsermittlung die folgenden beiden Fragen nicht gelöst werden:

3. Sind die beiden N-Atome durch eine Doppel- oder durch eine dreifache Bindung miteinander verknüpft? und

4. Steht der Kohlenstoff mit allen beiden oder nur mit einem N-Atom in direkter Bindung, d. h. enthalten die Diazoparaffine ein Ring- oder ein Kettenmolekül.

Hier herrschte infolgedessen lange Zeit eine gewisse Unsicherheit, die erst in neuerer Zeit mit Hilfe der modernen physikalischen und auch chemischen Untersuchungsmethoden völlig beseitigt werden konnte. Im einzelnen nahm die Entwicklung etwa den folgenden Verlauf:

Am einfachsten schien die Frage, ob Ring- oder Kettenstruktur vorliegt, mit chemischen Mitteln lösbar zu sein, und zwar folgerte Th. Curtius auf Grund der allgemeinen Bildungsweise der Diazoverbindungen aus primären Aminen und salpetriger Säure, daß ein Dreiring (I) vorliegen müsse, eine Auffassung, die später in der Diazomethansynthese von Staudinger aus Chloroform und Hydrazin (vgl. S. 612) eine gewisse Stütze fand:

Diese Auffassung herrscht daher in der älteren Literatur vor. Demgegenüber vertraten jedoch Angeli und Thiele den Standpunkt, daß ein derartiger, eine Doppelbindung enthaltender Dreiring wegen zu starker Ringspannung unbeständig sei, daß also der Ringschluß nicht zustande komme, und daß sich das nach Abspaltung des Wassers zurückbleibende Molekülbruchstück II zu dem Kettenmolekül III stabilisiere:

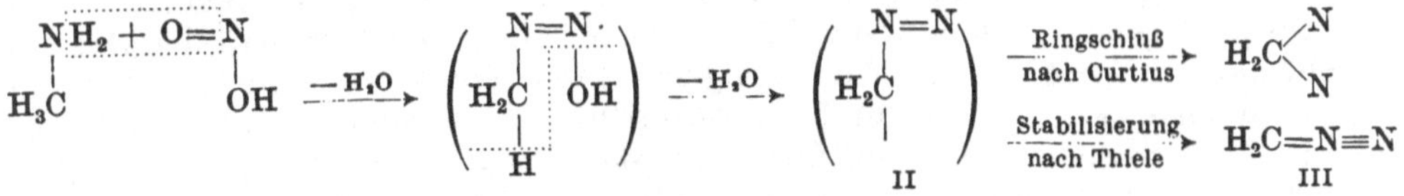

Damit schied aber die Voraussetzung für einen eindeutigen Konstitutionsbeweis, der übersichtliche Verlauf der zugrunde gelegten Reaktion, aus, und das Problem schien unlösbar zu sein. Es hat infolgesessen über dreißig Jahre gedauert, bis die an sich wahrscheinlichere gestreckte Molekülform durch genaue Vermessung des Moleküls mittels Elektronenstrahlenbeugung auch experimentell bestätigt werden konnte, und erst nochmals zwei Jahrzehnte später ist es K. Clusius (1952) gelungen, mit Hilfe des schweren Stickstoffisotops ^{15}N (Näheres vgl. S. 767) auch den früher vergeblich versuchten chemischen Strukturbeweis zu führen.

Lediglich die alte Wertigkeitsformel III von Thiele mit fünfwertigem Stickstoff mußte auf Grund der Elektronentheorie durch eine Formel mit vierbindigem Stickstoff ersetzt werden, wofür insbesondere die beiden Formeln IV und V in Betracht kommen. Zwischen beiden herrscht die in **II**, Kap. 3, III, 6a eingehend diskutierte Mesomerie, so daß man einen mittleren Bindungszustand annehmen muß, und die oben zur Diskussion gestellte Frage 3 nur ein Scheinproblem darstellt. Für die folgenden Ausführungen soll die direkt aus der Thieleschen Formel abgeleitete Formel IV (nach Vereinfachung durch Fortlassen der beiden einsamen Elektronenpaare am äußeren N-Atom als einfachste Schreibformel gewählt werden:

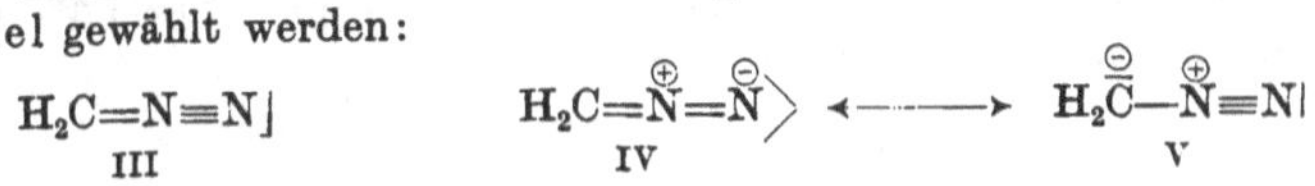

Für die **Gewinnung** der aliphatischen Diazoverbindungen kommen drei grundsätzlich verschiedene Methoden in Betracht: 1. die Synthese der Diazogruppe durch Nitrosierung einer primären Aminogruppe, 2. die Umwandlung einer anderen, zwei miteinander verbundene N-Atome enthaltenden Stickstoff-Funktion in die Diazogruppe und 3. die Verlängerung des Alkylidenrestes im Diazomethan.

Zu 1. Die direkte **Synthese von Diazoverbindungen** durch Einwirkung von salpetriger Säure auf primäre Amine ist in der aliphatischen Reihe nicht allgemein durchführbar, da die Diazoverbindungen unter den Bildungsbedingungen bereits wieder zerfallen. Lediglich in einigen Spezialfällen, insbesondere wenn die Aminogruppe in α-Stellung zu einer Carbonylgruppe steht, wie z. B. im Aminoessigester, kann man nach CURTIUS auf diesem Wege zum Ziel gelangen. Der Reaktionsmechanismus ist noch nicht in allen Einzelheiten geklärt, dürfte aber wahrscheinlich, wie in der aromatischen Reihe (s. u.), primär zu den Diazoniumsalzen (VI) führen, die dann sekundär in dem oben angegebenen Sinne die Säure H—X abspalten:

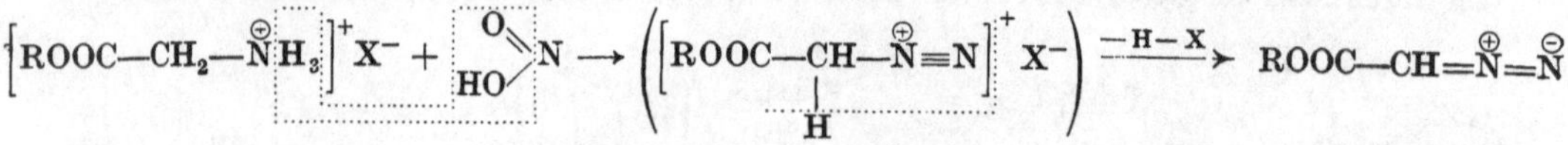

VI

In der Instabilität aliphatischer Diazoniumsalze (Näheres vgl. **II**, Kap. 3, III, 6a) ist wahrscheinlich der Hauptgrund des Versagens der Methode für die Darstellung einfacher Diazoparaffine zu suchen.

Zu 2. In allen anderen Fällen ist man auf die **Umwandlung anderer Stickstoff-Funktionen** angewiesen. Am besten baut man zunächst eine Zwischenverbindung auf, die die beiden N-Atome bereits in Bindung enthält, und die dann sekundär in die eigentliche Diazoverbindung übergeführt wird. Für den speziellen Fall der Diazomethansynthese haben sich als geeignete Zwischenverbindungen das **Nitrosomethyl-urethan** (VII) (S. 399) und der **Nitrosomethyl-harnstoff** (VIIa) (S. 403) erwiesen, die als Nitrosamine sekundärer Stickstoffverbindungen leicht dargestellt werden können und bei der Behandlung mit konzentrierten Alkalien den Kohlensäurerest abspalten. Hierbei gehen sie über die Nitrosamine (VIII) oder vielleicht auch die Diazotate als Zwischenprodukte, direkt in Diazomethan über:

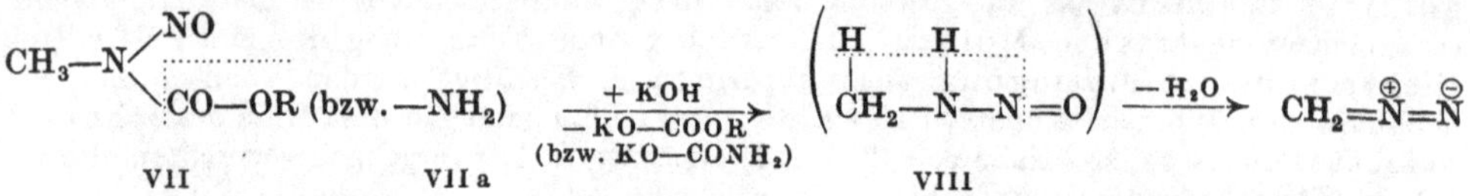

VII VIIa VIII

Das Verfahren ist in dieser Form allenfalls noch für die Darstellung von Diazoäthan geeignet, versagt jedoch bei allen höheren Diazoparaffinen, die daher lange Zeit kaum zugänglich waren. Hier haben in neuerer Zeit ADAMSON und KENNER (1937) eine sehr brauchbare Methode gefunden, die auf dem gleichen Prinzip beruht: Man lagert das zu diazotierende primäre Amin an Mesityloxyd (IX), Pulegon oder ähnliche ungesättigte Ketone zum β-Monoalkylamino-keton X mit einer nunmehr sekundären Aminogruppe an (vgl. S. 579), führt dieses in das Nitrosamin XI über und spaltet anschließend den Mesityloxydrest durch thermische Zersetzung in Gegenwart von Natriumbenzylat oder Cyclohexanolat wieder heraus, woraufhin die Umwandlung des primären Nitrosamins in die Diazoverbindung ebenfalls spontan erfolgt:

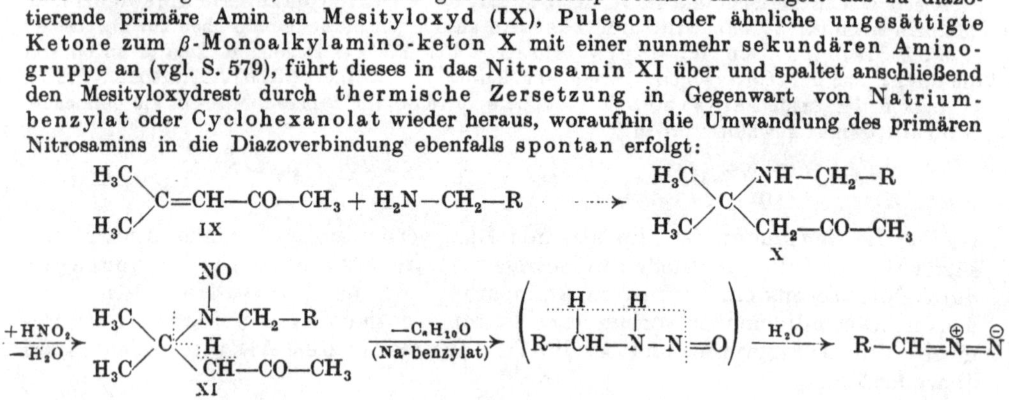

Ein weiteres, speziell für die Darstellung sekundärer Diazoverbindungen geeignetes Verfahren beruht auf der Dehydrierung von Keton-hydrazonen mit Quecksilberoxyd:

$$\begin{matrix}R\\R'\end{matrix}\!>C=N-NH_2 + OHg \longrightarrow \begin{matrix}R\\R'\end{matrix}\!>C=\overset{\oplus}{N}=\overset{\ominus}{N} + Hg + H_2O$$

Zu 3. Eine **Verlängerung des Alkylidenrestes** einer Diazoverbindung findet bei der auf S. 610 beschriebenen Einwirkung von Säurechloriden auf Diazomethan statt. Das Verfahren findet praktische Anwendung zur Synthese von Diazoketonen.

Die niederen aliphatischen Diazoverbindungen sind leicht zersetzliche, in unverdünntem Zustand auch explosible, gelbe Gase, die meistens in ätherischer Lösung bereitet und verarbeitet werden. Sie sind infolge ihrer außerordentlichen Reaktionsfähigkeit aber auch dort nur kurze Zeit haltbar und werden daher zweckmäßig für jeden Versuch neu dargestellt. Ihre **chemischen Umsetzungen** sind sehr vielseitig und lassen sich in drei größere Gruppen einteilen:

1. die unter Abspaltung von Stickstoff verlaufenden Reaktionen, 2. die Anlagerungsreaktionen und 3. die Umwandlung der Diazogruppe in andere stickstoffhaltige Funktionen.

Zu 1. In den aliphatischen Diazoverbindungen ist das Stickstoffmolekül bereits vorgebildet. Bei dessen großer Bildungstendenz zeigen sie infolgedessen das Bestreben, elementaren Stickstoff unter Stabilisierung des Restmoleküls abzuspalten. Dies ist auf vier verschiedenen Wegen möglich:

a) bei der **Einwirkung von Säuren** als wichtigster Reaktion tritt sowohl das die Reaktion auslösende Proton als auch das Anion der Säure an den Alkylidenkohlenstoff, d. h. es wird eine Alkylgruppe synthetisiert und die Diazoparaffine wirken als Alkylierungsmittel (Näheres über den Mechanismus vgl. **II**, Kap. 4, III, 3a):

$$R-CH=\overset{\oplus}{N}=\overset{\ominus}{N} \longleftrightarrow R-\overset{\ominus}{C}H-\overset{\oplus}{N}\equiv N + H-X \longrightarrow R-C\begin{matrix}H\\H\\X\end{matrix} + N\equiv N$$

Im Gegensatz zu allen bisher beschriebenen Spaltungs- (z. B. der Hydrolyse) und auch Anlagerungsreaktionen (z. B. an Doppelbindungen), bei denen die Spaltstücke der Reagentien unter Lösung einer Bindung jeweils an benachbarte Atome treten, findet hier eine Lösung der C—N-Bindung unter Anlagerung beider Spaltstücke der Verbindung H—X an das gleiche Atom statt, und das N_2-Bruchstück des ursprünglichen Diazoparaffinmoleküls stabilisiert sich innermolekular. Wir werden später bei den Aziden (S. 636) und insbesondere bei den Derivaten des Kohlenoxyds (S. 739) noch mehreren derartigen anomalen Spaltungs- und auch Anlagerungsreaktionen begegnen.

Die Geschwindigkeit der Alkylierungsreaktion läuft mit der Acidität der zu alkylierenden Verbindung parallel. Sie ist bei allen Säuren und Phenolen genügend groß, um die Diazoverbindung auch bei Zimmertemperatur innerhalb weniger Minuten oder gar Sekunden quantitativ umzusetzen. Wasser und Alkohole reagieren bereits erheblich langsamer und werden auch nach Tagen nicht vollständig veräthert, so daß man Carbonsäuren oder Phenole unter Umständen in Alkoholen als Reaktionsmedium verestern kann[1]). Amine und Alkalien bleiben schließlich ohne jede Einwirkung, wie u. a. die allgemein übliche Trocknung ätherischer Diazomethanlösungen mit festem Natriumhydroxyd zeigt.

---

[1]) Bei starken Säuren, insbesondere den bei der Einwirkung von Zinkchlorid und anderen Komplexbildnern auf Alkohole entstehenden starken komplexen Säuren, ist dies jedoch nicht möglich, da diese vollständig in Ionen dissoziieren und infolgedessen

b) bei der Einwirkung der **elementaren Halogene** findet, wiederum unter Anlagerung beider Halogenatome an das gleiche C-Atom, die Bildung geminaler Dihalogenverbindungen statt:

$$R—CH{=}\overset{\oplus}{N}{=}\overset{\ominus}{N} + Hal_2 \longrightarrow R—CH(Hal)_2 + N{\equiv}N$$

c) Bei der **thermischen Zersetzung** sättigen sich die nach Abspaltung des Stickstoffs verbleibenden Rumpfmoleküle paarweise unter Ausbildung einer olefinischen Doppelbindung ab. So entsteht z. B. aus zwei Molekülen Diazoessigester oberhalb 100° unter der katalytischen Einwirkung von metallischem Kupfer Fumarsäureester:

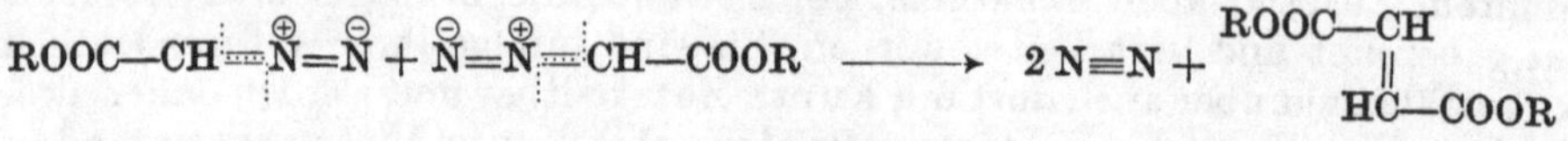

d) Am kompliziertesten liegen die Verhältnisse schließlich bei der **Einwirkung von Oxoverbindungen,** die mit Diazomethan (andere Diazoverbindungen wurden bisher noch nicht untersucht) ein instabiles Zwitterion (I) als Zwischenverbindung bilden, das sich nach Abspaltung des Stickstoffs in zwei Richtungen zu stabilisieren vermag (vgl. auch **II**, Kap. 4, III, 3a):

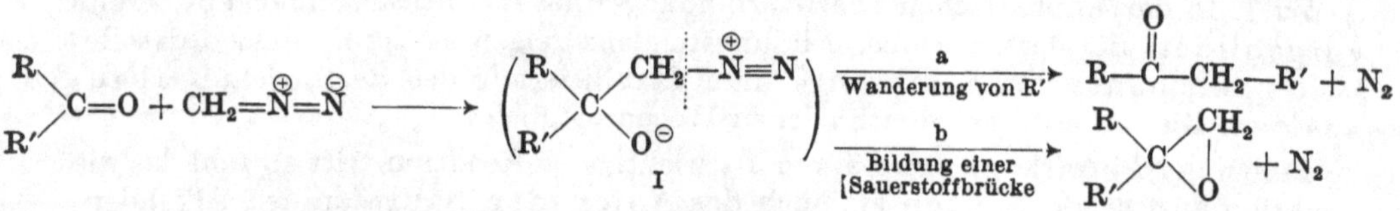

Bei Reaktion a) kann im Falle der Umsetzung eines Aldehyds (R'=H) sowohl der Wasserstoff im Sinne einer formalen Methylierung (formulieren!) als auch einer der beiden Alkylreste (R') an den Methylenkohlenstoff wandern.

Ist R' schließlich ein Halogen, d.h. geht man von einem Säurehalogenid aus, so wird zunächst kein Stickstoff abgespalten, sondern das hypothetische Zwischenprodukt Ia stabilisiert sich unter HCl-Abspaltung zum Diazoketon II:

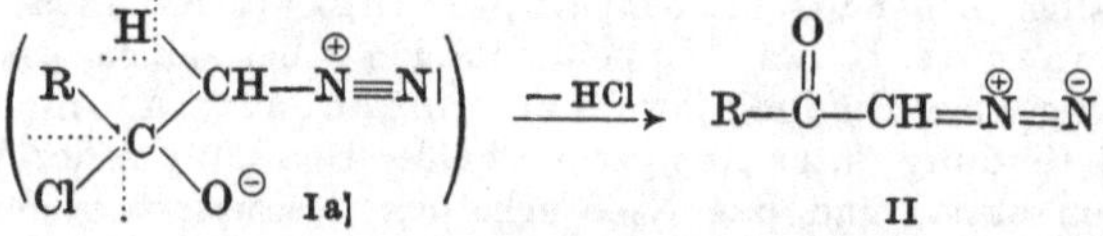

Die Reaktion haben wir auf S. 308 bereits als Teilreaktion der Verlängerung des organischen Restes einer Carbonsäure um eine Methylengruppe kennengelernt.

Zu 2. Anlagerungsreaktionen. Ungesättigten Verbindungen gegenüber verhalten sich die Diazoparaffine ähnlich wie ein Polyen und vermögen sie in Analogie zur Diensynthese (S. 947 f.) an den Enden des ungesättigten Systems (d.h. hier in 1,3-Stellung) unter Ringbildung anzulagern. Insbesondere die Synthese von

---

statt ihrer die $R—\overset{\oplus}{O}H_2$-Ionen alkyliert werden. Sie werden daher nicht in ihre Ester übergeführt, sondern katalysieren lediglich die Alkylierung des Reaktionsmediums:

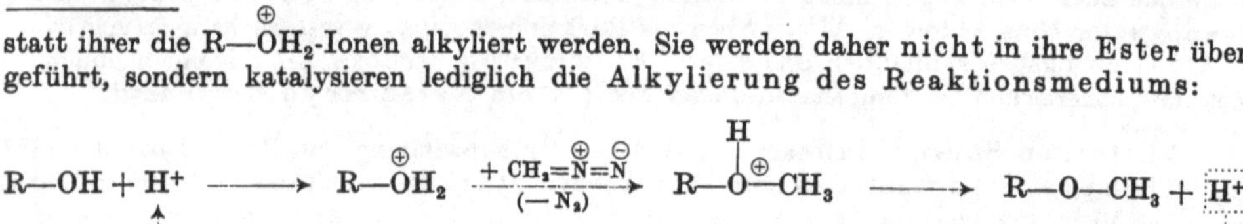

Pyrazol- (III) und 1,2,3-Triazol-derivaten (IV) durch Anlagerung von Acetylen und Blausäure an Diazomethan oder auch an Diazoessigester hat Bedeutung für die Gewinnung dieser Verbindungen erlangt (vgl. S. 879, 882 u. a.):

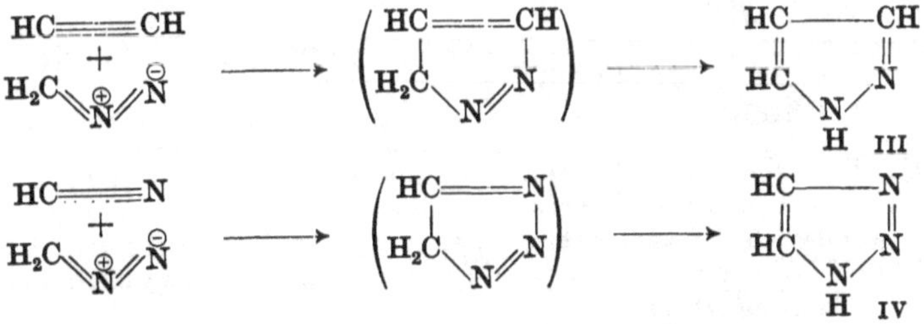

Bei der Einwirkung von Olefinen auf Diazoessigester entstehen nach Buchner und Curtius einfach ungesättigte Pyrazolinderivate (V), die wesentlich unbeständiger sind und beim Erhitzen unter Stickstoffabspaltung in Cyclopropanverbindungen (VI) übergehen:

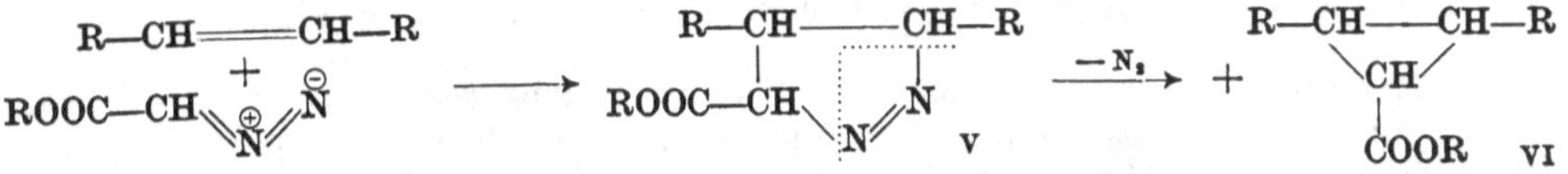

Das Verfahren ist von Bedeutung für Synthesen in der Cyclopropanreihe (S. 782).

Ein interessanter Spezialfall dieser Reaktion liegt in der Bildung des Pseudophenylessigsäureesters (VIII) (S. 128, 804) aus Benzol und Diazoessigester vor. Hier kann der primär zu erwartende Pyrazolinkörper (VII) nicht isoliert werden, weil die reaktionsträge aromatische Doppelbindung erst bei höherer Temperatur angegriffen wird, bei der der Pyrrolidinring nicht mehr beständig ist:

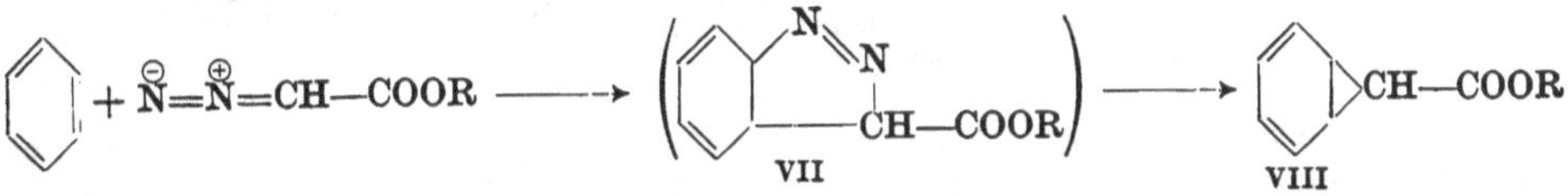

Einen weiteren speziellen Fall beobachtet man bei der Einwirkung von Diazoessigester auf Malonester, der in der Enolform (IX) reagiert und zunächst ebenfalls zum Pyrazolinderivat X angelagert wird. Doch vermag sich letzteres hier unter Abspaltung von Alkohol zum Pyrazolderivat XI zu stabilisieren, so daß in diesem Falle die Cyclopropanbildung unterbleibt:

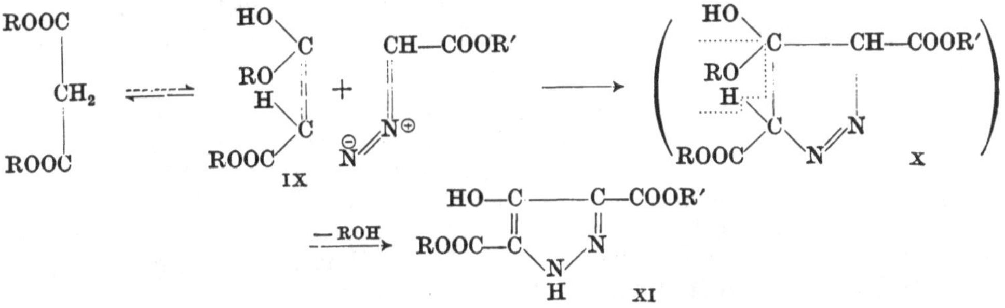

Sind keine Addenden da, so kann schließlich auch eine gegenseitige 1,3-Addition zweier Moleküle der Diazoverbindung unter Bildung eines sechsgliedrigen Ringes erfolgen. So entsteht z. B. aus Diazoessigester unter der katalytischen Einwirkung von starkem Alkali bei gleichzeitiger Verseifung der Estergruppen die sich vom Dihydro-tetrazin (S. 857) ableitende *Bis-diazo-essigsäure* (XII):

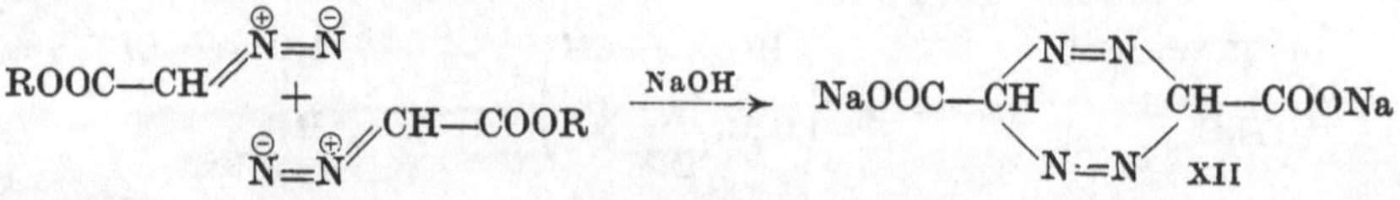

Zu 3. Sieht man von den Anlagerungsreaktionen ab, so ist eine **Umwandlung der aliphatischen Diazogruppe** in andere stickstoffhaltige Funktionen nur auf dem Wege der Reduktion möglich. Beispielsweise kann man Diazoessigester in Abwesenheit von Säuren mit Eisen-II-oxydhydrat in das Hydrazon des Glyoxylsäureesters, also in ein Hydrazinderivat überführen:

$$ROOC{-}CH{=}\overset{\oplus}{N}{=}\overset{\ominus}{N} + H_2 \longrightarrow ROOC{-}CH{=}N{-}NH_2$$

Weiterhin entsteht bei energischer Reduktion direkt Glycin (bzw. Glycinester) und Ammoniak (Gleichung formulieren!), während eine Reduktion zur Hydrazinoessigsäure unter Schonung der N—N-Bindung bisher nicht gelungen ist.

Diazomethan $\overset{\ominus}{N}{=}\overset{\oplus}{N}{=}CH_2$, das einfachste und wichtigste Diazoparaffin, wurde von Pechmann bei der alkalischen Zersetzung von Nitrosomethylurethan (S. 608) entdeckt, wird heute jedoch meistens aus dem leichter zugänglichen Nitrosomethylharnstoff gewonnen. Eine dritte Bildungsweise, die jedoch nur von theoretischem Interesse ist, stammt von Staudinger, der die Verbindung bei der Einwirkung von Chloroform auf Hydrazin in alkoholischer Kalilauge erhielt (vgl. S. 607).

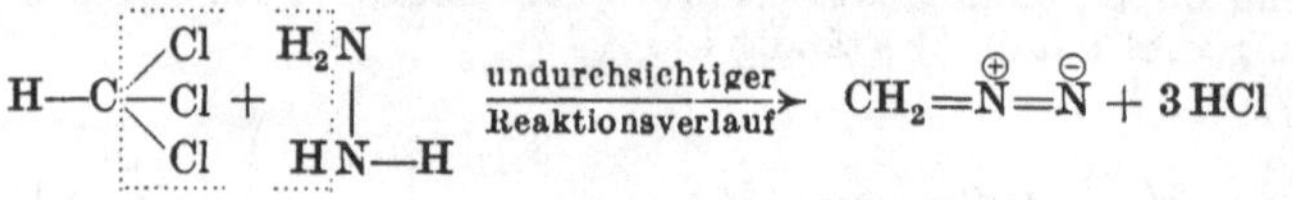

Diazomethan ist ein sich bei -24^0 kondensierendes, stark endothermes gelbes Gas von großer Giftigkeit, das beim Erhitzen unter Explosion zerfällt. Es zeigt eine starke Löslichkeit in Äther, ist aber mit Ätherdämpfen flüchtig (Vorsicht beim Einatmen der Dämpfe!) und findet in der präparativen Chemie eine vielseitige Anwendung als mildes Methylierungsmittel.

Diazoäthan $\overset{\ominus}{N}{=}\overset{\oplus}{N}{=}CH{-}CH_3$ entsteht nach der Methode von Pechmann nur noch in geringer Ausbeute und hat daher nicht entfernt die Bedeutung des Diazomethans erlangt. Seine Gewinnung ist neuerdings durch das auf S. 608 beschriebene Mesityloxydverfahren etwas vereinfacht worden.

Diazoessigester $\overset{\ominus}{N}{=}\overset{\oplus}{N}{=}CH{-}COOC_2H_5$ ist die am längsten bekannte aliphatische Diazoverbindung. Er wurde von Curtius bei der Umsetzung von Glycin-ester mit salpetriger Säure entdeckt und wird auch heute noch ausschließlich auf diesem Wege gewonnen. Er ist ebenfalls gelb und wesentlich beständiger als Diazomethan, so daß er auch in reinem Zustand aufbewahrt und im Vakuum unzersetzt destilliert werden kann. Erst beim Überhitzen der flüssigen Phase auf Temperaturen oberhalb 100^0 tritt die Explosionsneigung zutage.

Im übrigen ist Diazoessigester zu den gleichen Reaktionen (die infolge seiner größeren Stabilität häufig sogar leichter durchführbar sind) befähigt wie Diazomethan. Insbesondere die oben beschriebenen Anlagerungsreaktionen wurden überwiegend am Diazoessigester untersucht. Bei der Reaktion mit Säuren wirkt er ebenfalls als „Alkylierungsmittel" und geht in die Verätherungs- bzw. Veresterungsprodukte der alkoholischen Hydroxylgruppe des Glykolsäureesters über:

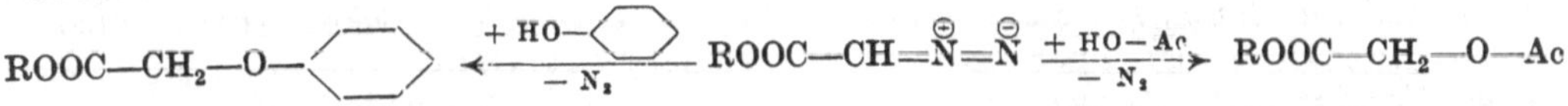

Die Reaktionsgeschwindigkeit verläuft auch hier der Acidität des reagierenden Wasserstoffs streng proportional, so daß man die Geschwindigkeit der Stickstoffentwicklung aus Diazoessigester nach Brönstedt als Maß für die Acidität einer Säure verwenden kann. Allerdings muß man in vollkommen indifferenten Lösungsmitteln arbeiten, die nicht zur Aufnahme eines Protons befähigt sind. Z. B. würde man bei sehr starken Säuren in Äther als Lösungsmittel nur die Acidität der $R_2\overset{\oplus}{O}H$-Ionen messen.

Auch andere Derivate der Aminoessigsäure, wie z. B. das Amid oder das Nitril, lassen sich nach den Verfahren von Curtius in die Diazoverbindungen überführen (Gleichungen formulieren!). Dagegen sind die freie Diazoessigsäure und ihr Chlorid nicht existenzfähig, da in ihnen beide Funktionen sofort miteinander reagieren würden.

Die bei der Einwirkung von Säurechloriden auf Diazomethan entstehenden **Diazoketone** werden nicht nur durch Säuren im Sinne der beschriebenen Alkylierungsreaktion angegriffen, sondern reagieren auch in schwach alkalischer Lösung mit neutralen Wasserstoffverbindungen, speziell mit Wasser oder Alkoholen, die sich zunächst an die Ketogruppe zum Hydrat bzw. Halbacetal (XIII) anlagern. Dieses spaltet dann — etwa in der tautomeren Zwitterionenform XIIIa, die den auf S. 610, Formel I angeführten Anlagerungsprodukten des Diazomethans an Oxoverbindungen analog konstituiert ist — in der dort in Reaktion a beschriebenen Weise elementaren Stickstoff mit anschließender Wanderung des Alkylrestes R′ an die CH_2-Gruppe ab, so daß eine Carbonsäure bzw. ein Carbonsäureester (XIV) entsteht:

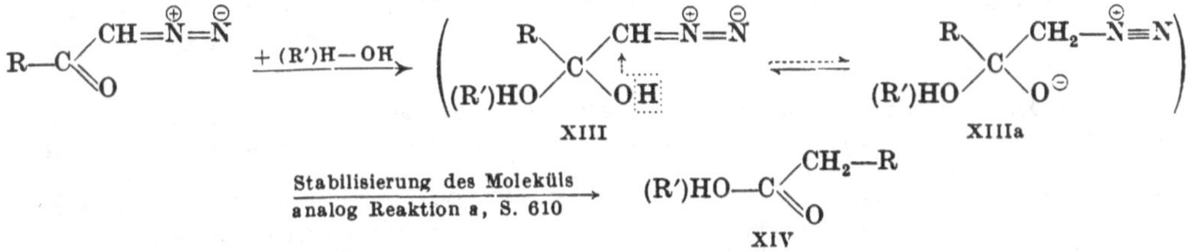

Wir haben die Reaktion mit Wasser als zweite Teilreaktion der Verlängerung des Alkylrestes einer Carbonsäure ebenfalls bereits kennengelernt (S. 308).

b) Die aromatischen Diazoverbindungen

In der aromatischen Reihe liegen die Verhältnisse wesentlich komplizierter, da hier die oben angeführten vier verschiedenen Formen der Diazogruppe existieren, zwischen denen die folgenden Beziehungen bestehen:

Bei der Darstellung der Diazoverbindungen geht man meistens von den Salzen der primären Amine aus und setzt sie mit salpetriger Säure unter Abspaltung von zwei Molekülen Wasser zu den in saurer Lösung allein beständigen, am Stickstoff wasserstofffreien (jedoch nicht quartären) Diazoniumsalzen um. Diese sind in gleicher Weise wie die tertiären Imoniumsalze der Schiffschen Basen (vgl. S. 549) gegen Alkalien instabil und lagern beim Zusatz von Natronlauge im Rahmen einer „Kupplungsreaktion“ (Näheres vgl. S. 622f.) ein Hydroxylion an das äußere N-Atom an. Hierbei entsteht primär das saure, nicht isolierbare syn-Diazo-hydroxyd, das sofort ein zweites Mol Natronlauge unter Bildung des syn-Diazotats neutralisiert. Aber auch dieses syn-Diazotat ist noch kein stabiles Endprodukt, sondern geht, namentlich in Gegenwart von überschüssiger Natronlauge, leicht in das stereoisomere anti-Diazotat als das eigentliche alkalistabile Reaktionsprodukt über. Säuert man schließlich wieder an, so erhält man nach Zusatz von genau einem Mol der Säure zuweilen das farblose, noch sauer reagierende anti-Diazo-hydroxyd, das sich aber sehr leicht in die stabile desmotrope Form, das schwach gelbe und nahezu neutral reagierende Nitrosamin umlagert. Letzteres bildet schließlich mit einem zweiten Mol der Säure das Diazoniumsalz, mit Alkalien die anti-Diazotate zurück:

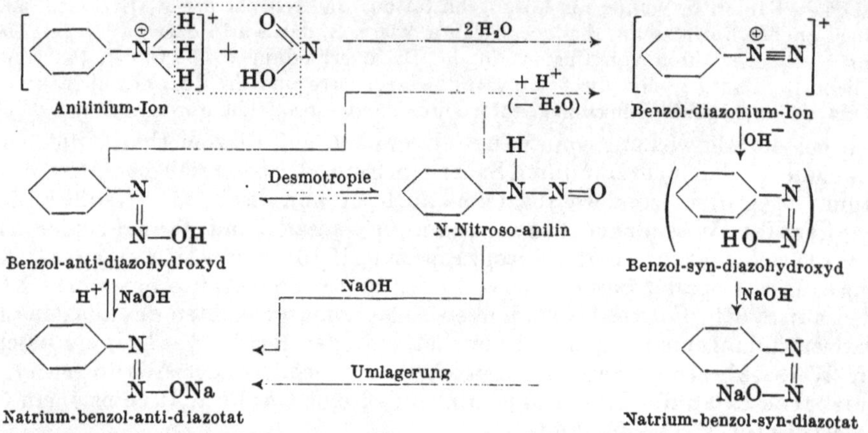

Der **Konstitutionsbeweis** der aromatischen Diazoverbindungen hat ebenfalls große Schwierigkeiten bereitet, denn auch hier konnte nur ein Teil der Fragen mit Sicherheit beantwortet werden.

Die mit Hilfe chemischer Methoden nachweisbaren Tatsachen sind: 1. Die aromatische Diazogruppe kann nur durch eine Valenz, und zwar über ein Stickstoffatom an den organischen Rest gebunden sein, denn sie ersetzt nur ein H-Atom und geht bei der Reduktion in eine Amino- oder Hydrazinogruppe (S. 625) über. 2. Aus der Reduzierbarkeit zu einem Hydrazinderivat sowie aus den auf S. 618 angeführten Bildungsweisen folgt in ähnlicher Weise wie bei den aliphatischen Diazoverbindungen, daß die beiden N-Atome miteinander verbunden sein müssen. 3. Die aromatische Diazogruppe enthält außer den beiden N-Atomen noch einen negativen Rest (covalent gebundene ONa-Gruppe in den Diazotaten oder ionogen gebundenes Anion in den Diazoniumsalzen), der auf Grund von Punkt 1 nur an Stickstoff gebunden sein kann. 4. In den Nitrosaminen und anti-Diazotaten muß der Sauerstoff am äußeren N-Atom stehen, denn die Nitrosaminform läßt sich zu den Nitrosaminen der sekundären Amine methylieren (S. 619), und die anti-Diazotate können zu der Imidoform der Nitranilide oxydiert werden (S. 626).

Mit Hilfe dieser vier Argumente läßt sich nur die Konstitution der *Diazonium-Ionen* eindeutig festlegen, da sie als typische Oniumionen aus einem einwertigen organischen Rest, einem dreibindigen neutralen und einem vierbindigen Ammoniumstickstoff nur in der angegebenen Weise aufgebaut sein können. Auch die Konstitution der *anti-Diazotat*-Ionen ist weitgehend gesichert, denn es lassen sich zwar zwei verschiedene Strukturformeln für sie aufstellen. Doch stehen diese zueinander im Verhältnis der Mesomerie: $Ar{-}\overset{\ominus}{N}{-}N{=}O \leftrightarrow Ar{-}N{=}N{-}\overset{\ominus}{O}$, so daß sie beide gemeinsam die Elektronenstruktur erschöpfend wiedergeben. Sehr wahrscheinlich ist schließlich auch die angeführte Konstitution der *Nitrosamine*, und zwar einerseits auf Grund des auf S. 619 angeführten chemischen Konstitutionsbeweises, andererseits wegen der mit anderen Nitrosaminen gemeinsamen gelblichen Farbe.

Dagegen kann ein eindeutiger Beweis für die angeführten Beziehungen zwischen den syn- und anti-Diazotaten mit chemischen Mitteln nicht erbracht dweren, und es stehen seit nahezu 50 Jahren zwei grundsätzlich verschiedene Theorien zur Diskussion, nach denen die Unterschiede zwischen beiden Diazotaten entweder auf eine Stereoisomerie oder auf eine Strukturisomerie zurückzuführen sind:

primär gebildete „normale“ Form

durch Umlagerung gebildete „Iso“-Form

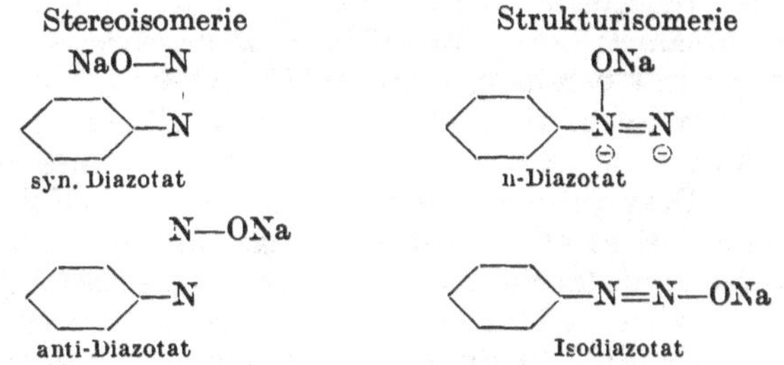

Die erste Theorie wurde von Hantzsch im Jahre 1900 aufgestellt. Danach liegen die Diazotate, ähnlich wie die Oxime (vgl. S. 290), in einer syn- und einer anti-Form vor, von denen die syn-Konfiguration in Analogie zu dem Verhalten anderer geometrisch isomerer Verbindungen mehr oder weniger willkürlich den instabileren Primärprodukten und die anti-Konfiguration den stabileren Sekundärprodukten zugeordnet wurde.

Für diese Theorie konnten in neuerer Zeit einige interessante Argumente beigebracht werden. So stimmen insbesondere die elektrischen Dipolmomente der syn- und anti-Diazocyanide (S. 622) sehr gut mit den für die angenommene Stereoisomerie berechneten Werten überein, und bei der Anlagerung von Benzolsulfinsäure an die N=N-Doppelbindung erhält man aus beiden p-Chlorbenzol-diazocyaniden infolge der Aufhebung der Doppelbindung (und damit des Stereoisomeriezentrums) das gleiche α-Chlorphenyl-β-cyan-benzolsulfhydrazid (I):

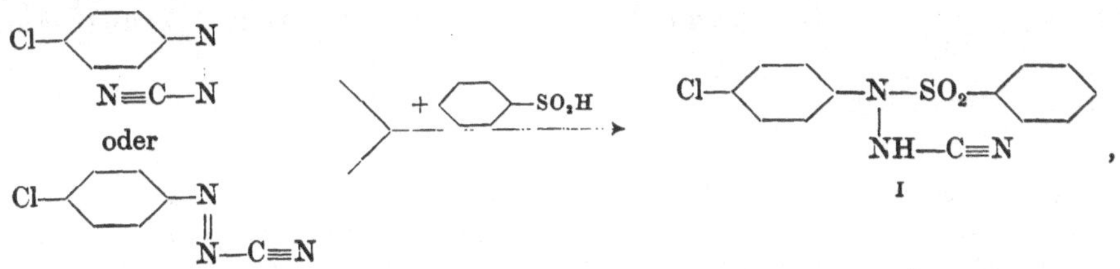

während bei Annahme der angeführten n-Diazotatstruktur für die Primärverbindung verschiedenartige Produkte entstehen sollten.

Die zweite Auffassung stammt von Bamberger und wurde später hauptsächlich von Angeli, sowie neuerdings auch von Eugen Müller vertreten. Sie führt als Hauptargument an, daß zwischen beiden Verbindungsreihen einige tiefer greifende chemische Unterschiede bestehen (Näheres vgl. S. 619), die durch eine Stereoisomerie allein nur schwer erklärbar sind.

Eine absolut sichere Entscheidung zwischen beiden Theorien ist noch nicht möglich, da auch die Bambergersche Formulierung unterschiedliche Dipolmomente für beide Molekülarten erwarten läßt und grundsätzlich die Möglichkeit besteht, daß vor der angeführten Anlagerung von Benzolsulfinsäure an die Diazocyanide eine Isomerierung der labilen n- in die stabile Isodiazoverbindung stattgefunden hat. Doch neigt heute die Mehrzahl der Forscher der HANTZSCHschen Formulierung zu, die daher auch den folgenden Ausführungen zugrunde gelegt werden soll.

Die **Darstellung** der aromatischen Diazoverbindungen geschieht 1. (praktisch ausschließlich) durch Umsetzung der Salze der primären Amine mit salpetriger Säure, sowie 2. durch Umwandlung anderer Stickstoff-Funktionen in die Diazogruppe.

Zu 1. Die als **Diazotierung** bezeichnete Bildung der Diazoverbindungen bei der Einwirkung von salpetriger Säure auf die Salze primärer aromatischer Amine in stark saurer Lösung wurde bereits im Jahre 1858 von PETER GRIESS entdeckt und ist auch heute noch das einzige praktisch brauchbare Darstellungsverfahren. Es kommt in vielen Varianten zur Anwendung, um die bei der außerordentlichen Reaktionsfähigkeit der Diazoverbindungen leicht eintretenden Nebenreaktionen auszuschließen. So muß man z. B. sämtliche Diazotierungsreaktionen bei tiefer Temperatur (0^0 bis $+5^0$) durchführen, da sonst leicht die auf S. 620 beschriebene Abspaltung des Stickstoffs unter Phenolbildung eintritt. Aber auch unter diesen Bedingungen sind nicht alle Diazoverbindungen existenzfähig, und man erhält zuweilen trotz aller Vorsichtsmaßregeln die entsprechenden Phenole. Als Beispiel sei die Bildung von p-Oxy-chinolin (II) aus p-Amino-chinolin (I) unter den Bedingungen der Diazotierungsreaktion angeführt:

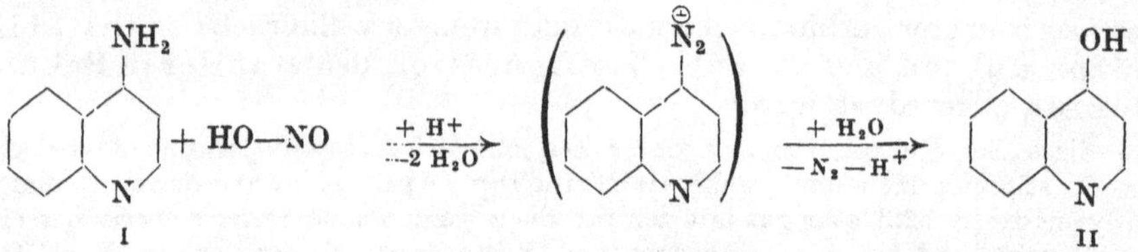

Eine weitere störende Nebenreaktion ist die „Kupplung" der gebildeten Diazoverbindungen mit noch nicht umgesetztem Amin, das sich mit der bereits entstandenen Diazoverbindung schneller zur Diazoaminoverbindung (III) umsetzt („kuppelt", vgl. S.623) als mit der salpetrigen Säure zum Diazoniumsalz:

Man kann daher die Diazotierungsreaktion nur in stark saurer Lösung durchführen und muß, da auch die im Rahmen der Hydrolyse der Salze in geringer Menge auftretende Anilinbase störend eingreift (vgl. S. 623), stets einen großen Überschuß starker Mineralsäuren (mindestens $^1/_2$—1 Mol pro Mol Base) verwenden.

Im Falle der Diazotierung der leicht hydrolysierenden Salze des nur sehr schwach basischen o-Nitranilins (S. 658) läßt sich die Salzhydrolyse in wäßriger Lösung auch durch einen großen Säureüberschuß nicht mehr genügend zurückdrängen, so daß man in konzentrierter Schwefelsäure als Reaktionsmedium unter Verwendung von Nitrosylschwefelsäure als Diazotierungsmittel arbeiten muß:

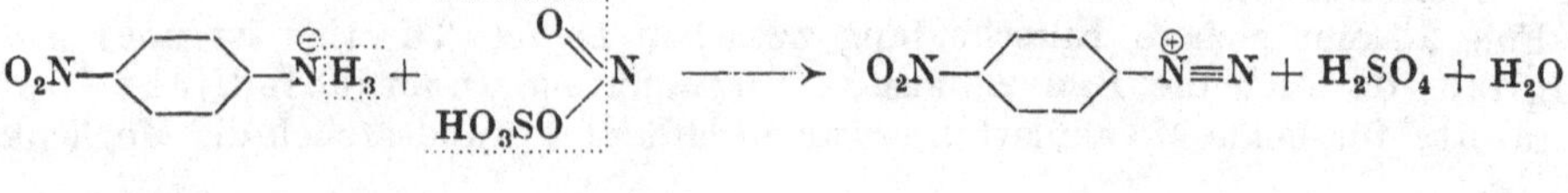

Auch die Verwendung von konzentrierter Salpetersäure als Reaktionsmedium, aus der man die zum Diazotieren erforderliche salpetrige Säure durch Zusatz eines Reduktionsmittels (z. B. von Kaliumdisulfit[1])) während der Reaktion herstellt, wurde vorgeschlagen.

In dem weiteren Spezialfall, daß in o-Stellung der zu diazotierenden Aminogruppe ein Substituent steht, der mit der Diazogruppe unter Ringschluß zu „kuppeln" (vgl. S. 623) vermag, konnte diese Kupplungsreaktion bisher überhaupt nicht ausgeschlossen werden. Einige charakteristische Beispiele, die gleichzeitig die Bedeutung dieser Nebenreaktion für die Synthese heterocyclischer Verbindungen erkennen lassen, sind in den folgenden Formeln wiedergegeben:

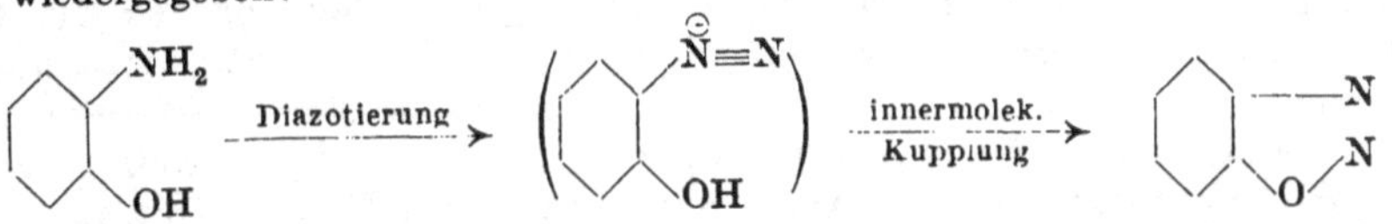

Diazo-oxyd
(4,5-Benzox-diazol)

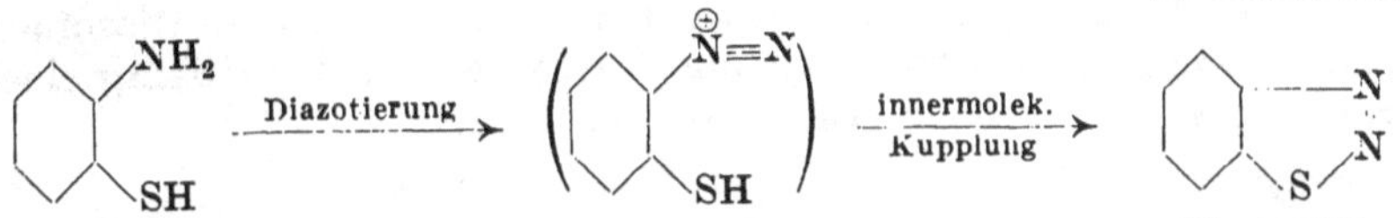

Diazo-sulfid

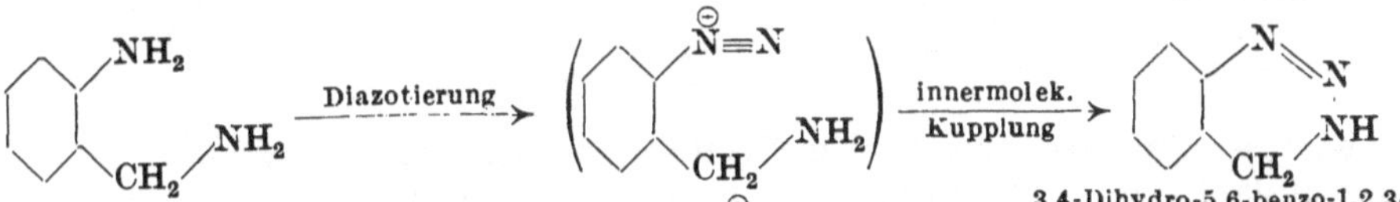

3,4-Dihydro-5,6-benzo-1,2,3-triazin

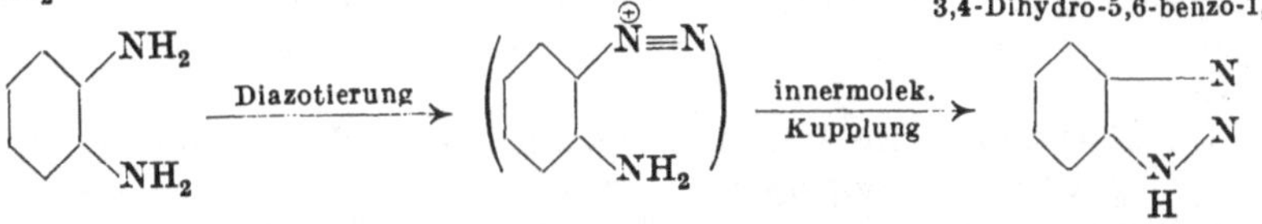

Azimidobenzol
(4,5-Benzo-1,2,3-triazol)

Eine letzte störende Nebenreaktion beobachtet man schließlich bei den Diazoniumsalzen (V) des Pikramids (IV) und ähnlicher hochnitrierter Aminoverbindungen. Hier bewirkt die Diazoniumgruppe eigenartigerweise die hydrolytische Abspaltung einer der o-ständigen Nitrogruppen als salpetrige Säure, so daß man bei der normalen Diazotierung stets ein o-Oxy-diazoniumsalz (VI) erhält:

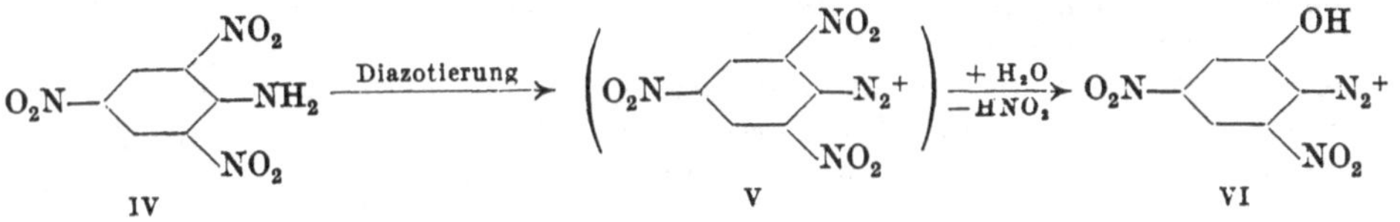

IV V VI

Diese Schwierigkeit kann durch Verwendung von Eisessig als Reaktionsmedium umgangen werden.

Von den (wenigen) schwer löslichen Verbindungen abgesehen, fallen die Diazoniumsalze bei allen diesen Verfahren in Form ihrer wässerigen (bzw. schwefelsauren oder essigsauren) Lösungen an, aus denen sie infolge ihrer Zersetzlichkeit nur schwer in Substanz isoliert werden können, so daß man in der Praxis die Lösungen direkt weiter verarbeitet.

---

1) Früher Kaliumpyrosulfit genannt, vgl. anorg. Lehrbücher.

Zur Darstellung der **festen Salze** muß man Lösungsmittel wählen, aus denen sie unlöslich ausgefällt werden können. Z. B. hat sich für die Gewinnung der festen Diazoniumchloride insbesondere das Arbeiten in alkoholischer Lösung unter Verwendung der Salpetrigsäureester als Diazotierungsmittel bewährt, da hierbei als einzige salzartige Verbindung das Diazoniumsalz entsteht (Gleichung formulieren!), das dann mit Äther ausgefällt werden kann. Ähnlich stellt man in konzentrierter Salpetersäure als Reaktionsmedium die Diazoniumnitrate dar, die ebenfalls mit Äther ausgefällt werden.

Zu 2. Die verschiedenen Möglichkeiten der **Umwandlung anderer stickstoffhaltiger Funktionen** in die Diazogruppe haben nur den Charakter von Bildungsweisen erlangt. Sie sind jedoch von theoretischer Bedeutung für die Konstitutionsermittlung der Diazoverbindungen (s. o.). Die wichtigsten dieser Reaktionen sind:

a) die bereits auf S. 599 beschriebene zweifache Dehydrierung von salzsaurem Phenylhydrazin mit Quecksilberoxyd zum Diazoniumsalz und

b) die Kondensation von Nitrosobenzol mit Hydroxylamin in alkalischer Lösung, die als einzige Bildungsreaktion nicht primär zu den Diazoniumsalzen, sondern direkt zum Diazotat führt und formal der Oximbildung eines Aldehyds (vgl. S. 289) an die Seite gestellt werden kann:

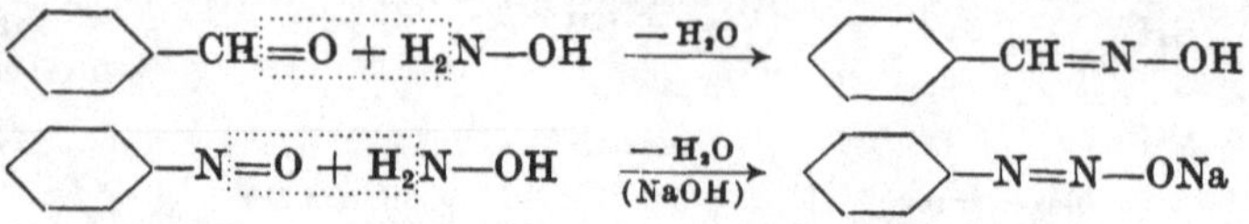

Die **Eigenschaften der aromatischen Diazoverbindungen** müssen wir unterteilen in 1. das physikalische und chemische Verhalten der einzelnen Verbindungstypen und 2. die allen Diazoverbindungen mehr oder weniger gemeinsamen Umsetzungen.

Zu 1. Die **Diazoniumsalze** sind sehr zersetzliche Substanzen, die auch in wäßriger Lösung und bei Temperaturen um 0^0 nur wenige Stunden beständig sind, und infolgedessen gleich weiter verarbeitet werden müssen. Die trockenen Salze zeigen eine außerordentlich starke Explosionsneigung und detonieren zuweilen bereits bei geringster Berührung mit großer Gewalt, so daß sie nur mit großer Vorsicht und in kleinen Mengen gehandhabt werden können. Erst wenn man die Anionen durch Komplexbildung stark vergrößert (innermolekulare Verdünnung!), werden auch die lösungsmittelfreien Salze beständiger, und man kann z. B. die Diazonium-borfluoride oder -perbromide ohne jede Gefahr in trockenem Zustand aufbewahren und weiter verarbeiten.

Die Diazoniumsalze der starken Mineralsäuren reagieren als am Stickstoff wasserstofffreie Imoniumsalze in wäßriger Lösung vollkommen neutral und zeigen keinerlei Neigung zur Hydrolyse. Durch Umsetzung der Chloride mit Silberoxyd lassen sich sogar kurzzeitig die Lösungen der freien Diazoniumbasen $[R{-}\overset{\oplus}{N}{\equiv}N]^+ OH^-$ herstellen, doch erleiden diese, da das Diazoniumion gegen Hydroxylionen nicht beständig ist, ziemlich rasch die auf S. 614 beschriebene Umlagerung in die syn- und anti-Diazotate.

Die Darstellung der **syn-Diazotate** erfolgt nur von den Diazoniumsalzen aus (durch Zusatz von mindestens zwei Mol Natronlauge, S. 614). Sie lagern sich zuweilen derart leicht in die stabileren anti-Diazotate um, daß ihre Isolierung nicht immer möglich ist. Lediglich in wenigen Ausnahmefällen, z. B. beim *p-Methoxy-benzol-diazotat*, sind die syn-Verbindungen stabiler und lassen sich nur schwer in die anti-Diazotate überführen.

Auch in ihrem allgemeinen Verhalten sind die syn-Diazotate wesentlich unbeständiger als die anti-Verbindungen und neigen u. a. beim Erhitzen zum Verpuffen. Ferner zeigen sie eine ganze Reihe von Reaktionen, denen die anti-Diazotate nicht mehr zugänglich sind. So bilden sie mit Säuren nicht die Diazoniumsalze zurück, sondern gehen in die sehr reaktionsfähigen *Diazo-anhydride* über, deren Konstitution noch unbekannt ist. Ferner sind sie im Gegensatz zu den Isodiazotaten zur Kupplung befähigt (s. u.) und vermögen, ähnlich wie die Aminoxyde, den Sauerstoff an Reduktionsmittel abzugeben. Alle diese Reaktionen machen nach ANGELI und EUGEN MÜLLER eine Struktur- und nicht nur eine Stereoisomerie mit den anti-Diazotaten wahrscheinlich.

Die **anti-Diazotate** können, abgesehen von ihrer Bildung aus Nitrosoverbindungen und Hydroxylamin (s. oben), ebenfalls nur über die Diazoniumsalze gewonnen werden und entstehen, wie wir gesehen haben, als stabiles Endprodukt der Einwirkung von Alkalien auf alle anderen Diazoverbindungen. Sie sind beständige, auch in trockenem Zustand längere Zeit haltbare Stoffe, die zuweilen als „*wasserfreie Diazoverbindungen*" in den Handel kommen und keine interessanten Reaktionen mehr zeigen.

Die **Nitrosamine** schließlich, die in Analogie zur Nitrosaminbildung der sekundären Amine durch Einwirkung von salpetriger Säure auf primäre Amine in neutraler Lösung besonders leicht darstellbar sein sollten, können infolge der beschriebenen Nebenreaktionen nur auf dem geschilderten Umweg über die Diazoniumsalze, die syn- und anti-Diazotate sowie gegebenenfalls auch die anti-Diazohydroxyde erhalten werden. Sie fallen im allgemeinen als nicht ionogene Verbindungen beim Zersetzen der anti-Diazotate mit genau einem Mol Säure unlöslich aus und sind ziemlich beständige Substanzen, die jedoch keine praktische Anwendung gefunden haben. Für den Konstitutionsbeweis ist die Beobachtung von Bedeutung, daß sie mit Alkylhalogeniden in Gegenwart von Silberoxyd zu den Nitrosaminen sekundärer Amine alkyliert werden können.

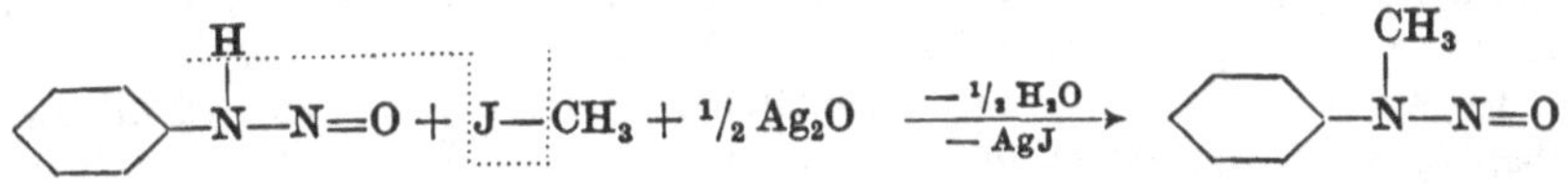

Zu 2. Alle übrigen Reaktionen dieser vier Gruppen von Diazoverbindungen müssen gemeinsam behandelt werden, da sie häufig, je nach den Bedingungen, von den verschiedenen Verbindungsklassen aus durchgeführt werden. Sie sind sehr vielseitig und verlaufen im allgemeinen ziemlich glatt, so daß ihnen bei der leichten Zugänglichkeit der Diazoverbindungen eine große praktische Bedeutung zukommt. Doch ist der Reaktionsverlauf im einzelnen stets kompliziert, zum Teil sogar hypothetisch. Wir wollen uns daher im folgenden zunächst mit einer mehr beschreibenden Wiedergabe der Umsetzungen begnügen, und die eingehende Erörterung des Reaktionsmechanismus auf später (**II**, Kap. 4, III, 3c) verschieben.

Man kann drei große Gruppen von Reaktionen unterscheiden: a) Umsetzungen, die unter Abspaltung von elementarem Stickstoff verlaufen, b) die als Kupplungsreaktion bezeichnete Einführung der Azogruppe (R—N=N—) in andere Moleküle und c) die Umwandlung der Diazogruppe in andere stickstoffhaltige Funktionen.

Zu a) Die **Abspaltung von elementarem Stickstoff** erfolgt besonders leicht bei der thermischen Zersetzung der Diazoniumsalze, in denen das N_2-Molekül bereits vorgebildet ist. Die Reaktion verläuft formal stets in der Weise, daß der nach Herausspaltung des Stickstoffs zurückbleibende positiv geladene organische Rest sich mit dem Anion des ursprünglichen Diazoniumsalzes (oder mit einer anderen anwesenden basischen Substanz unter Abspaltung eines Protons, vgl. z. B. unter β) zu einem Neutralmolekül vereinigt:

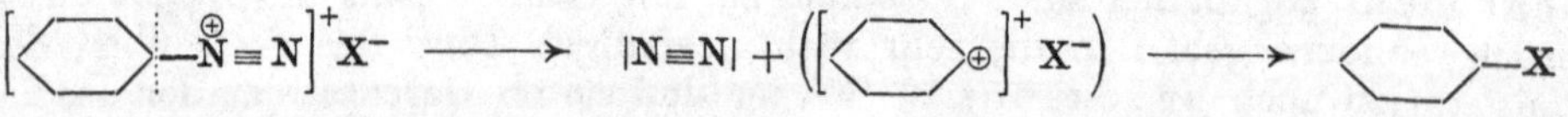

Sie stellt also praktisch eine Arylierung der Verbindung H—X dar und zeigt damit eine gewisse Analogie zu der Alkylierungsreaktion der aliphatischen Diazoverbindungen (S. 609). Doch kommt ihr in Anbetracht der Reaktionsträgheit der üblichen Arylierungsmittel (S. 167) eine weit größere praktische Bedeutung zu, und sie ist die wohl wichtigste allgemein anwendbare Methode zur Einführung negativer Reste in den Benzolkern überhaupt.

Bei der Anwendung dieser Methode muß man beachten, daß der Substituent X in dem zur Einwirkung kommenden Ion X^- stets eine um zwei Einheiten niedrigere Oxydationsstufe aufweist, als in der zur Substitution eines aromatischen Kohlenwasserstoffs benötigten Verbindung X—OH oder X—Cl:

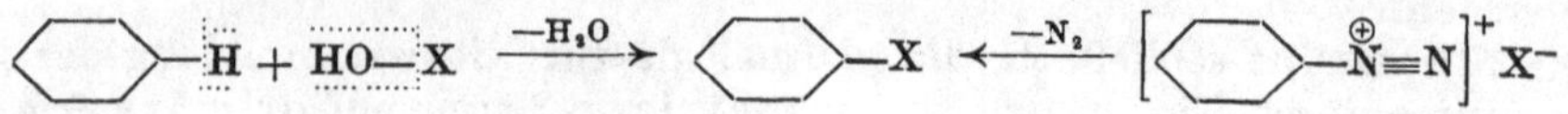

Für die Darstellung der Nitroverbindungen muß man also die Diazoniumnitrite für die der Sulfonsäuren die Sulfite, für die der Arsonsäuren die Arsenite usw. verwenden, während die direkte Substitution des Kohlenwasserstoffs mit Salpetersäure, Schwefelsäure, Arsensäure usw. vorgenommen wird.

Die Reaktion geht je nach den einzuführenden Substituenten unter verschiedenen Bedingungen vor sich, so daß wir fünf verschiedene Untergruppen unterscheiden.

α) Am einfachsten liegen die Verhältnisse bei der Einwirkung der relativ stark basischen Anionen schwacher Säuren wie z. B. dem N_3^-, S^{--}, $RO-CS-S^-$ $AsO(OH)_2^-$ und $SbO(OH)_2^-$-Ion, sowie auch dem infolge seiner hohen Polarisierbarkeit zu dieser Gruppe gehörenden Jodion. Hier findet die Reaktion bereits beim Zusammengeben der Ionen, gegebenenfalls nach kurzem Erhitzen, im Sinn der oben angeführten Gleichung statt.

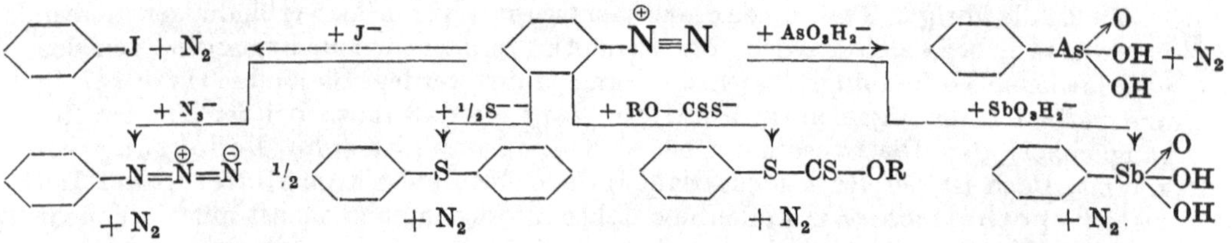

β) Die wesentlich schwächer basischen Anionen der starken Säuren insbesondere SO_4H^-, NO_3^-, Cl^- und Br^-, deren Basizität noch unter der des Wassers liegt, können auf diesem Wege nicht in den Benzolkern eingeführt werden, da statt ihrer das als Lösungsmittel dienende Wasser an den Arylrest tritt, man also die Phenole erhält:

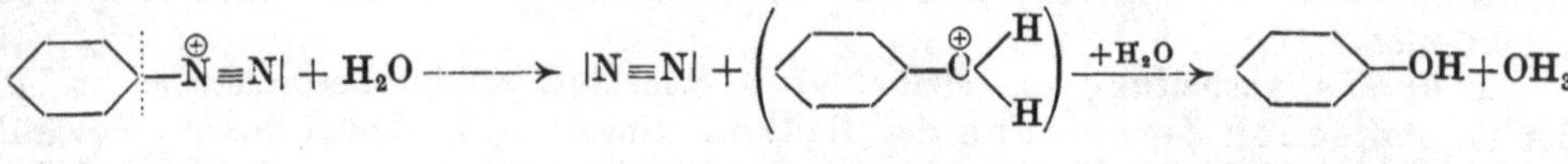

Die Reaktion erfordert bei der relativ geringen Basizität des Wassers etwas erhöhte Temperaturen und wird meistens durch Erhitzen der Diazoniumsalzlösungen auf dem Wasserbad bewirkt („*Phenolverkochung*"). Wir haben sie auf S. 220 bereits als wichtiges Darstellungsverfahren für Phenole kennengelernt.

Verwendet man statt Wasser Alkohole als Lösungsmittel, so entstehen in analoger Weise die Phenoläther:

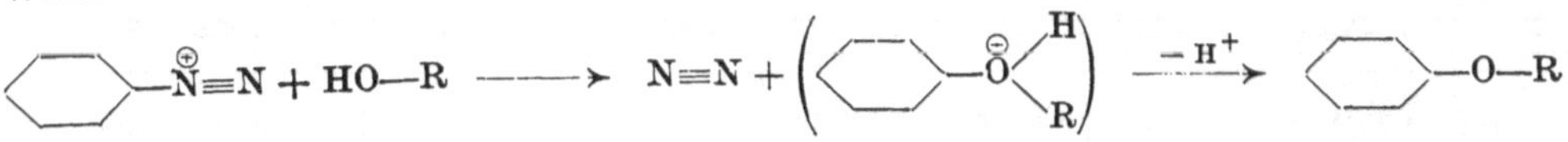

Die Reaktion verläuft aber sehr wenig glatt und kann nur mit Methylalkohol in leidlicher Ausbeute durchgeführt werden. Bei Verwendung höherer Alkohole überwiegt die unter ε) beschriebene Nebenreaktion.

γ) Außer den Anionen der starken Säuren treten auch die Anionen zahlreicher schwacher Säuren, wie z. B. CN^-, SO_3H^-, SO_2H^- und NO_2^-, nicht ohne weiteres in den Benzolkern ein, da sie mit der Diazoverbindung kuppeln (s. u.). Diese Schwierigkeit konnte erst auf Grund der wichtigen Beobachtung von SANDMEYER überwunden werden, daß die Anwesenheit von Kupfer-I-Verbindungen oder von metallischem Kupfer (das wohl intermediär zumindest an der Oberfläche in Kupfer-I-Verbindungen übergeht) die Kernsubstitution gegenüber der Kupplungsreaktion und auch der Phenolbildung begünstigt, und es ist nunmehr möglich, alle unter β) und γ) genannten Ionen in normaler Weise in den Benzolkern einzuführen. So setzt man z. B. zur Arylierung von Chlor-, Brom- und Cyan-Ionen die Lösung eines beliebigen Diazoniumsalzes direkt mit CuCl bzw. CuBr oder CuCN um, während zur Darstellung der Nitroverbindungen und der Sulfonsäuren im allgemeinen der Zusatz von Kupferpulver zu der Lösung der betreffenden Ionen genügt. Ebenso kann man den Sulfinsäurerest mit Hilfe von SO_2H^--Ionen in Gegenwart von Kupferpulver einführen:

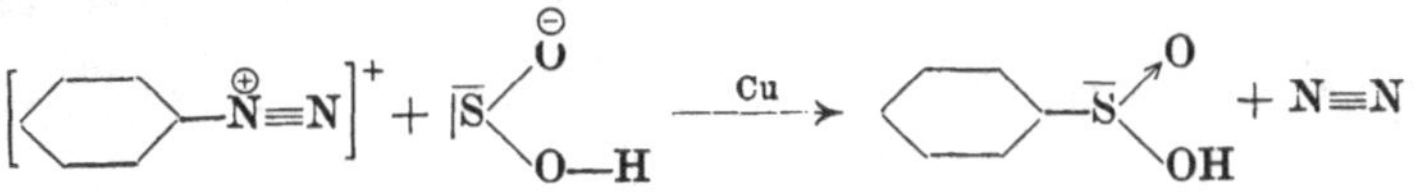

Doch arbeitet man hier besser mit SO_2, das durch Kupferpulver oder durch zugesetzten Alkohol intermediär zum SO_2H^--Ion reduziert wird.

Die einzigen der wichtigeren Substituenten, deren Einführung auf diese Weise bisher nicht gelungen ist, sind der Phosphorsäurerest und das Fluorion.

δ) Die Diazoniumfluoride verhalten sich wie die Salze starker Säuren, d. h. sie gehen bei der Verkochung in Phenole über, und selbst dann, wenn man zur Zurückdrängung der Phenolbildung in 70%iger Fluorwasserstoffsäure arbeitet, sind die Ausbeuten an Arylfluoriden noch sehr klein. Da diese auch nach dem Verfahren von SANDMEYER nicht erhalten werden können, galten sie lange Zeit als schwer zugänglich. Erst im Jahre 1934 gelang SCHIEMANN die Überwindung dieser Schwierigkeiten nach einem grundsätzlich neuartigen Verfahren: durch thermische Zersetzung der trockenen Diazoniumborfluoride:

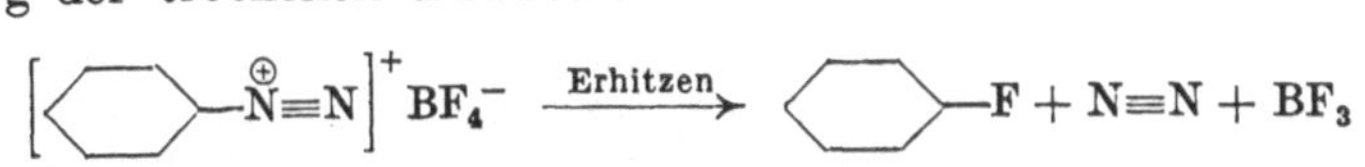

Das Prinzip der Methode beruht darauf, daß einerseits durch Verwendung der wasserfreien Salze die Phenolbildung vermieden wird, andererseits die Stabilität der Diazoniumfluoride durch Überführung des Fluorions in den voluminöseren Borfluoridkomplex derart gesteigert wird, daß sie, namentlich in Mischung mit Sand, ohne jede Explosionsgefahr thermisch zersetzt werden können.

ε) Schließlich läßt sich die Diazogruppe auch durch Wasserstoff ersetzen. Die Reaktion verläuft nach einem ganz anderen Mechanismus als die bisher beschriebenen Substitutionsreaktionen, da der Stickstoff nicht direkt, sondern erst nach Umwandlung der Diazo- in die schon mehrfach erwähnte Diiminogruppe (vgl. S. 626) abgespalten wird:

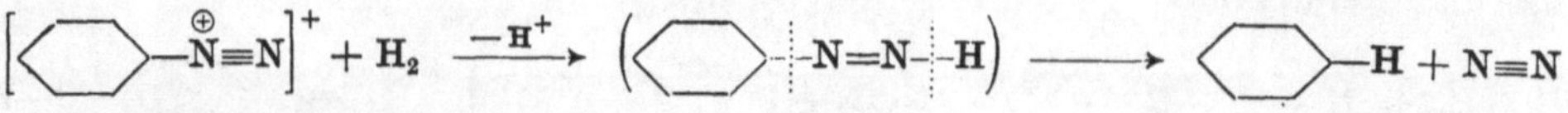

Als Reduktionsmittel wählt man meistens eine stark alkalische Stannitlösung. Doch kann die Reduktion auch in saurem Medium mit Alkoholen, die hierbei in Aldehyde übergehen, durchgeführt werden (Gleichung formulieren!). Letztere Möglichkeit ist vor allem als störende Nebenreaktion bei der unter β beschriebenen Phenolätherbildung von Interesse.

Zu b) Die einfachste Kupplungsreaktion haben wir auf S. 614 in der Umwandlung der Diazoniumsalze in die syn- und anti-Diazotate bereits kennen gelernt. Bei ihr ist der für die Kupplungsreaktion wesentliche Vorgang die Anlagerung des basischen Hydroxylions an das äußere N-Atom (also nicht an den Oniumstickstoff!) des Diazoniumions, wobei unter gegenseitiger Entladung beider Ionen das Neutralmolekül des Diazohydroxyds entsteht (Reaktion a, Näheres über den Mechanismus vgl. II, Kap. 4, III, 3c). In ähnlicher Weise kann man (in Abwesenheit von Kupfer, um die Sandmeyersche Reaktion auszuschalten) auch andere basische Anionen an das Diazoniumion anlagern, wie u. a. die Bildung der undissoziierten Diazocyanide (Reaktion b) und Diazosulfonate (Reaktion c) beim Zusammengeben der entsprechenden Ionen zeigt:

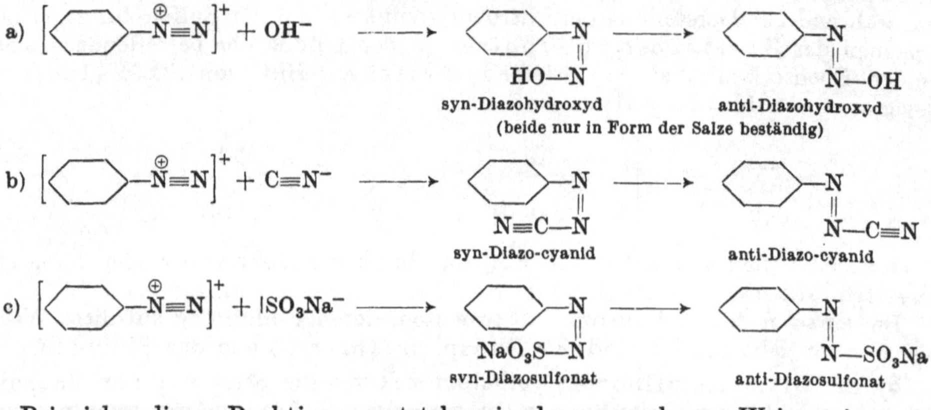

Bei vielen dieser Reaktionen entstehen in der angegebenen Weise primär die syn-Verbindungen, die sich dann sekundär mehr oder weniger leicht in die stabileren anti-Verbindungen umlagern. Diese stellen stets die Endstufe der Kupplungsreaktion dar und werden in den meisten Fällen unter Überspringung der Stufe der syn-Verbindungen als alleiniges Kupplungsprodukt erhalten. Man läßt die syn-Verbindungen daher vielfach überhaupt aus der Reaktionsgleichung fort und definiert als Kupplungsreaktion schlechthin die bei der Anlagerung basischer Verbindungen jeder Art an Diazoniumionen (und zuweilen auch an andere Diazoverbindungen) eintretende Bildung von Derivaten des Diimins ohne Rücksicht auf den sterischen Aufbau des Reaktionsproduktes.

Als basische Reaktionspartner können hierbei fungieren:

α) Anionen, die in der angegebenen Weise stets unter Bildung einer neutralen Diazoverbindung angelagert werden. Danach kann man die Kupplung als Umkehrreaktion einer elektrolytischen Dissoziation auffassen, d. h. die Kupplungsprodukte stellen die undissoziierte und die Diazoniumsalze die dissoziierte Form der aromatischen Diazoverbindungen dar:

Die Lage des Dissoziationsgleichgewichtes — das sich im Gegensatz zu anorganischen Dissoziationsreaktionen allerdings nur im Rahmen einer Zeitreaktion einstellt, so daß z. B. die freien Diazoniumhydroxyd-Basen in Lösung kurzzeitig beständig sind (S. 618) — hängt naturgemäß einerseits von den elektrischen Eigenschaften des Lösungsmittels, andererseits von der Basizität der Anionen ab. So wird sich das Gleichgewicht z.B. in Wasser und ähnlichen Lösungsmitteln, die infolge ihrer hohen Dielektrizitätskonstanten die elektrolytische Dissoziation begünstigen, stärker zu den Diazoniumsalzen und in rein organischen Lösungsmitteln mit ihren geringen Dielektrizitätskonstanten mehr zu den neutralen Diazoverbindungen hin verschieben. Die Abhängigkeit der Dissoziations- bzw. Kupplungsneigung von der Basizität der Anionen kann man nach Dimroth sehr schön an Hand einiger Phenolderivate verfolgen. Während Diazoniumpikrat (I) infolge der geringen Basizität des Anions (Pikrinsäure ist eine starke Säure, vgl. Tabelle 31, S. 654) in ähnlicher Weise stets vollkommen dissoziiert ist wie die Diazoniumchloride, -sulfate und -nitrate, beobachtet man bei den Diazoniumsalzen des bereits wesentlich schwächer sauren p-Nitrophenols (II) einen deutlichen Rückgang der Leitfähigkeit gegenüber dem aus der Summe der Ionenleitfähigkeiten berechneten Wert. Hier liegt also bereits ein echtes Dissoziationsgleichgewicht mit dem undissoziierten Diazoäther III vor, und der Dissoziationsgrad beträgt nur noch wenige Prozent. Das Pentamethylphenolat-Ion schließlich wird, ähnlich wie das Cyan- und Sulfit-Ion, quantitativ zu dem nicht mehr ionisierbaren Diazoäther IV angelagert:

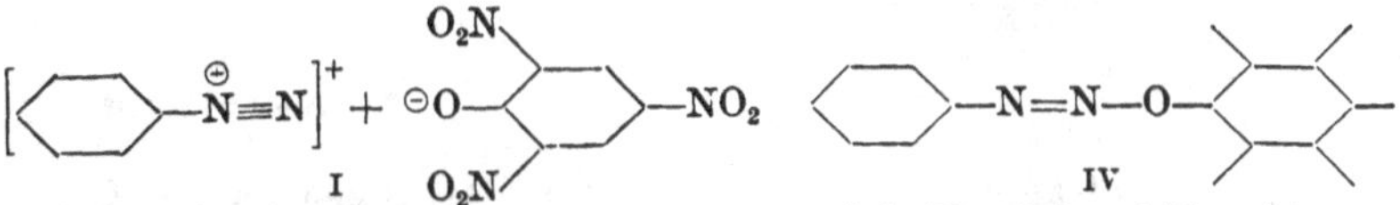

kein Assoziationsgleichgewicht — kein Dissoziationsgleichgewicht

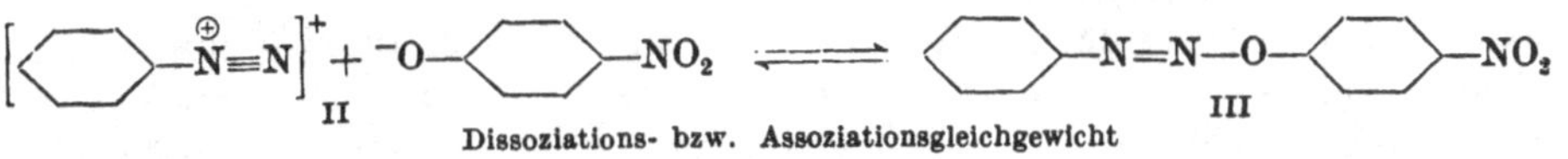

Dissoziations- bzw. Assoziationsgleichgewicht

Durch starke Säuren werden alle diese Kupplungsreaktionen wieder rückgängig gemacht, da die starken Säuren einerseits die Anionen der schwachen Säuren abfangen und dadurch das Gleichgewicht in der entgegengesetzten Richtung verschieben, andererseits durch Bildung von Oniumionen (z. B. von V) die Ablösung des Substituenten am äußeren Stickstoff erleichtern:

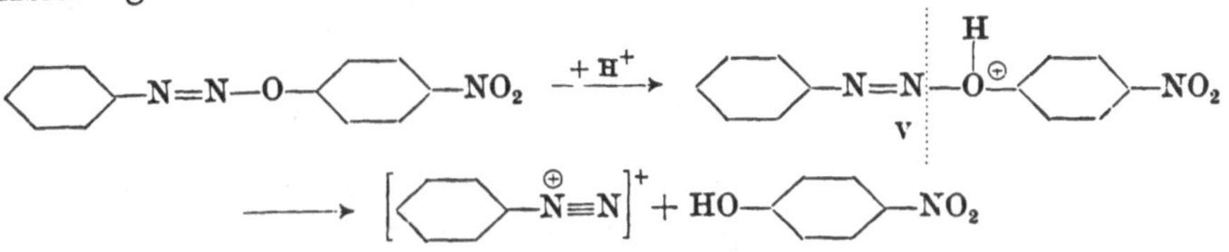

β) basische Neutralverbindungen, insbesondere Anilinbasen, die primär zu den Diazoaminoverbindungen (VI) angelagert werden:

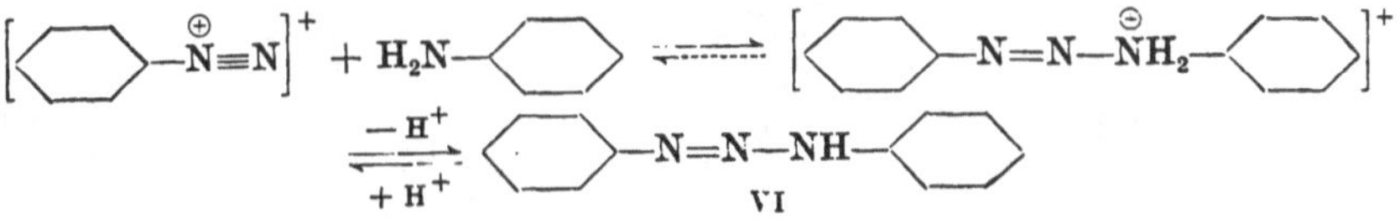

Die Reaktion unterscheidet sich von der vorhergehenden lediglich dadurch, daß primär ein Kation entsteht, das erst in der Sekundärreaktion durch Abgabe eines Protons entladen wird. Sie ist bis zu einem gewissen Grade reversibel, so daß man durch starke Säuren, die das auf der linken Seite der Gleichung stehende Anilin abfangen, eine vollständige Reaktionsumkehr erzwingen und die Diazoaminoverbindungen unter Regeneration der Diazoniumsalze wieder aufspalten kann.

γ) aktivierte olefinische und **aromatische Verbindungen,** die, wie wir auf S. 90 und 130 gesehen haben, primär ammoniakanalog reagieren und sich daher ebenfalls an das äußere Diazonium-N-Atom anzulagern vermögen. Auch hier muß das zunächst entstehende Kation in der Sekundärreaktion durch Abgabe eines Protons (unter gleichzeitiger Regeneration der Doppelbindung) stabilisiert werden (Näheres über den Reaktionsmechanismus vgl. **II,** Kap. 4, III, 3c). Die Reaktion kommt also praktisch auf eine Substitution des Olefin- bzw. Benzolwasserstoffs durch die Diazogruppe hinaus, erfordert aber einerseits besonders anlagerungsfreudige Diazoniumsalze (z. B. 2,4-Dinitrobenzol-diazoniumchlorid), andererseits besonders aktive Kohlenwasserstoffe wie Butadien und eigenartigerweise auch Mesitylen:

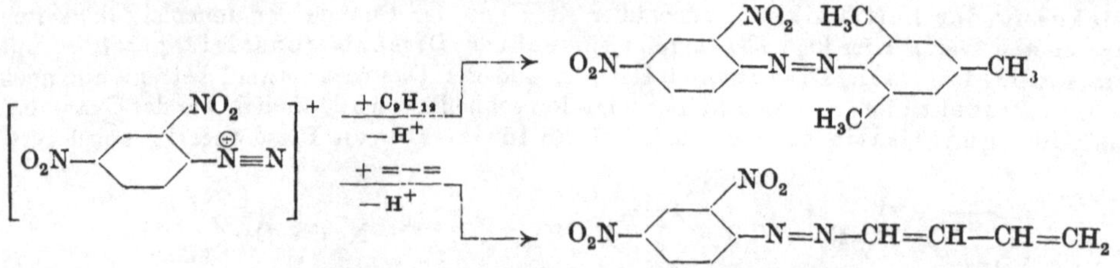

Hier ist eine nachträgliche Wiederabspaltung der angelagerten Kohlenwasserstoffreste durch Säuren nicht mehr möglich.

Noch leichter als mit den reinen Kohlenwasserstoffen geht die Kupplungsreaktion mit den aktivierten aromatischen Systemen des Anilins und des Phenolat-Ions vor sich, die, wie auch bei anderen Substitutionsreaktionen, fast ebenso leicht im Kern (und zwar bevorzugt in p-Stellung zum Heteroatom) wie am Stickstoff bzw. Sauerstoff substituiert werden. Insbesondere das Phenolat-Ion kuppelt normalerweise ausschließlich im Kern und kann nur bei Besetzung der p-Stellung in die Diazoäther (VII) übergeführt werden:

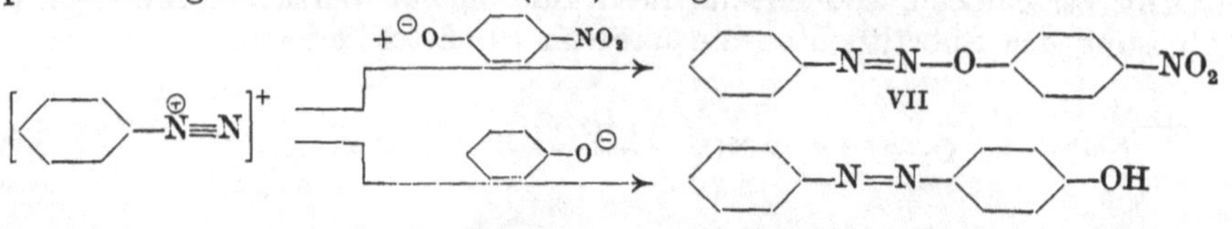

Bei den Anilinbasen beobachtet man umgekehrt normalerweise primär die Bildung der auf S. 623 beschriebenen Diazoaminoverbindungen (VIII) und nur bei vollständiger Besetzung des Stickstoffs mit Alkylresten (z. B. beim Dimethylanilin) eine direkte Kernsubstitution zur p-Amino-azo-Verbindung IX:

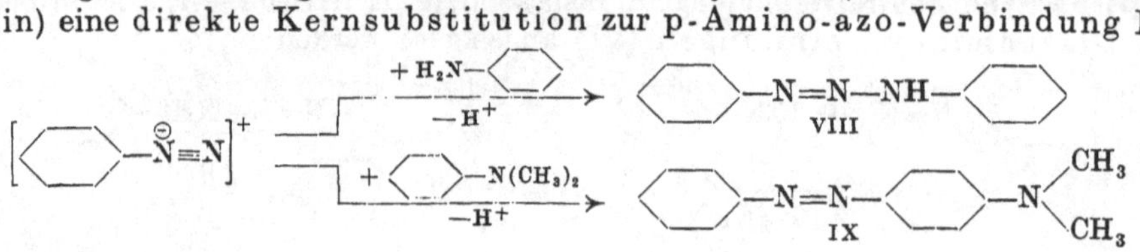

Doch kann man bei den Diazoaminoverbindungen durch nachträgliche Behandlung mit schwachen Säuren eine Kernwanderung des am Stickstoff befindlichen Substituenten, d. h. eine Umlagerung in die p-Amino-azo-Verbindungen erzielen (S. 634), so daß man im Endeffekt sowohl die Phenole als auch die Anilinbasen ohne Schwierigkeit in die kernsubstituierten Kupplungsprodukte überführen kann, wovon bei der Synthese der Azofarbstoffe technisch in großem Maßstab Gebrauch gemacht wird.

Auch die Enolate der 1,3-Dicarbonylverbindungen lagern sich bei der Kupplung mit einem C-Atom, und zwar mit dem zum Enolsauerstoff β-ständigen Kohlenstoff („Orthostellung"), an die Diazogruppe an. Man erhält infolgedessen als Kupplungsprodukt primär die Azoverbindung X, die jedoch instabil ist und sich sofort in das Aryl-hydrazon einer Tricarbonylverbindung (XI) umlagert:

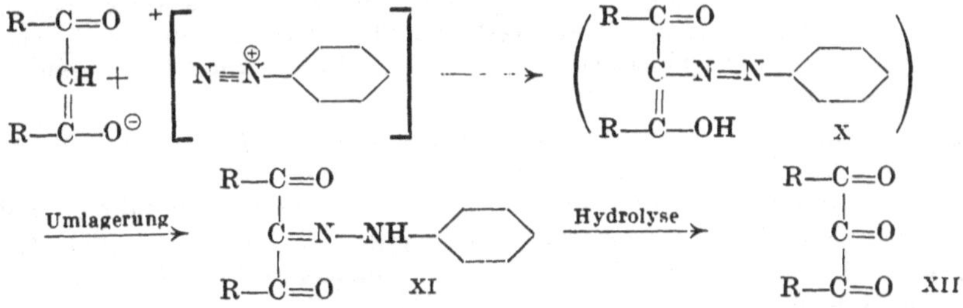

Da man schließlich dieses Arylhydrazon zum Triketon (XII) selbst verseifen kann, ist die ganze Reaktionsfolge gleichbedeutend mit einer partiellen Reduktion der Diazoverbindung bis zur Stufe des Arylhydrazins unter gleichzeitiger Oxydation einer aktiven Methylen- zur Carbonylgruppe (vgl. auch S. 925).

Außer den Diazoniumionen vermögen auch die syn-Diazotate mit den genannten Verbindungen, insbesondere mit Phenolaten und Anilinbasen im Kern, zu kuppeln. Die Reaktion ist hier natürlich keine Anlagerungsreaktion mehr, sondern eine Substitution der labileren, in cis-Stellung zum Benzolkern befindlichen ONa-Gruppe durch den in trans-Stellung eintretenden Rest der Kupplungskomponente, die wahrscheinlich im Sinne der in **II,** Kap. 4, II, 2a beschriebenen S_N2-Reaktion verläuft:

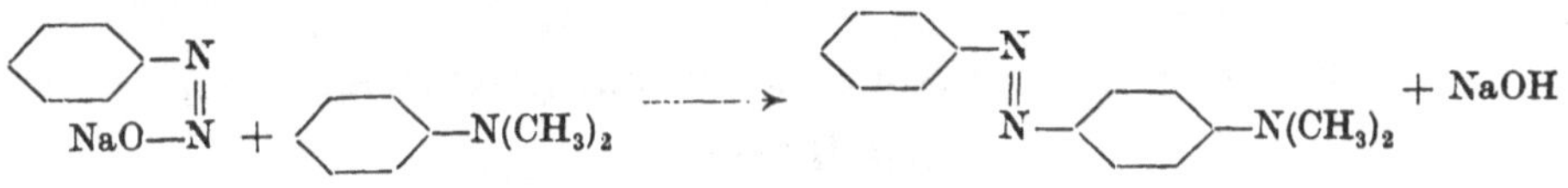

Zu c) Von den verschiedenen **Umwandlungsmöglichkeiten der Diazogruppe** in andere stickstoffhaltige Substituenten ist bei weitem am wichtigsten die Reduktion zur Hydrazinogruppe, die wir auf S. 598 bereits kurz gestreift haben. Sie wird, abgesehen von der soeben beschriebenen Hydrazonbildung bei der Kupplungsreaktion der Enolate, entweder nach E. Fischer mit Natriumsulfit oder nach V. Meyer mit Zinn-II-chlorid in stark saurer Lösung als Reduktionsmittel durchgeführt. Das wichtigere und auch elegantere Verfahren von E. Fischer beruht nicht auf einer Reduktion im üblichen Sinn, sondern auf einer zweimaligen Anlagerung und Wiederabspaltung des Schwefels in verschiedenen Oxydationsstufen. In der ersten Phase entsteht durch Kupplung der Diazoverbindung mit dem Sulfit-Ion das oben beschriebene anti-Diazosulfonat, das an die N=N-Doppelbindung noch ein zweites Mol schweflige Säure (in Form des Bisulfit-Ions) zur N,N'-Arylhydrazin-Disulfonsäure anlagert. Diese spaltet dann beim Erhitzen mit Salzsäure die beiden Sulfogruppen in Form von Schwefelsäure, also unter Austausch der Oxydationsstufen des Stickstoffs und des Schwefels (vgl. auch S. 925), wieder ab, so daß einerseits ein Überschreiten der Reduktionsstufe des Hydrazins, andererseits aber auch die intermediäre Bildung des sofort unter Stickstoffabspaltung zerfallenden Mono-aryldiimins (S. 622) als primären Reduktionsproduktes unmöglich gemacht wird:

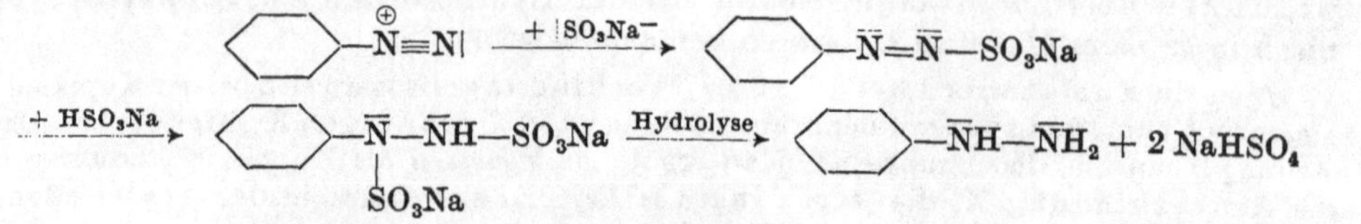

Das Verfahren von V. Meyer hat demgegenüber nur theoretische Bedeutung erlangt im Hinblick auf das unterschiedliche Verhalten der Diazoverbindungen gegenüber zweiwertigem Zinn in saurer und alkalischer Lösung. Der genaue Reaktionsmechanismus ist hier nicht bekannt.

Weiterhin kann man die stabile anti-Diazotatgruppe auch oxydativ unter Erhaltung der N=N-Doppelbindung verändern, indem man in der üblichen Weise durch Einwirkung von Hydroperoxyd semipolar gebundenen Sauerstoff an das einsame Elektronenpaar eines der beiden N-Atome anlagert. Hierbei entstehen nebeneinander die Alkalisalze des Nitramids und des Isonitramids (bzw. Cupferrons, S. 603):

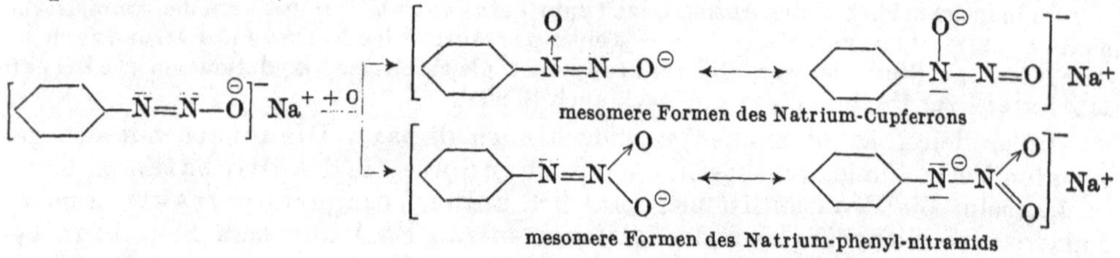

Schließlich ist es auch möglich, die Diazogruppe durch Kondensation von Aryldiazoniumperpromiden mit Ammoniak in die Azidogruppe überzuführen (Näheres vgl. S. 636).

2. Die organischen Derivate des Diimins (Azoverbindungen)

a) Allgemeines

Von den verschiedenen Hydrierungsstufen des elementaren Stickstoffs:

N≡N	H—N=N—H	$H_2N—NH_2$ und	H_3N NH_3 ,
Stickstoff	Diimin (Azowasserstoff)	Hydrazin	Ammoniak

ist nur das *Diimin* nicht bekannt, weil es unter Wasserstoffabspaltung sofort in Ammoniak und den wesentlich stabileren elementaren Stickstoff übergeht (vgl. anorg. Lehrbücher). In ähnlicher Weise zerfallen auch die *Monoalkyl-* und *Monoaryl-diimine* im Augenblick ihre Bildung in elementaren Stickstoff und einen Kohlenwasserstoff:

$$R—\bar{N}=\bar{N}—H \longrightarrow R—H + |N≡N|$$

eine Reaktion, die wir bereits in drei verschiedenen Fällen als die Ursache der auffallend leicht erfolgenden Substitution stickstoffhaltiger Reste durch Wasserstoff kennen gelernt haben:

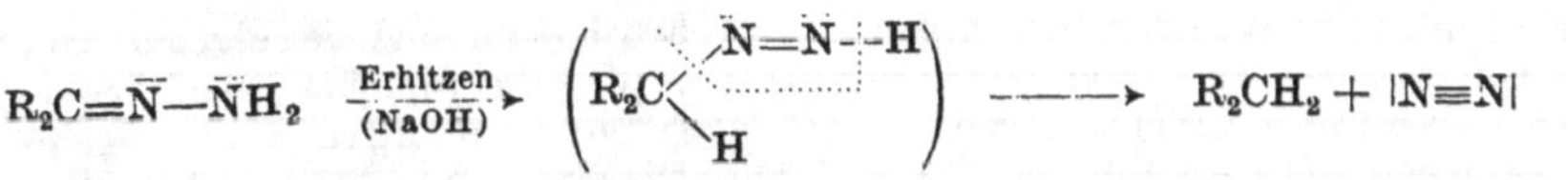

Reaktion von KISHNER und WOLFF (S. 265)

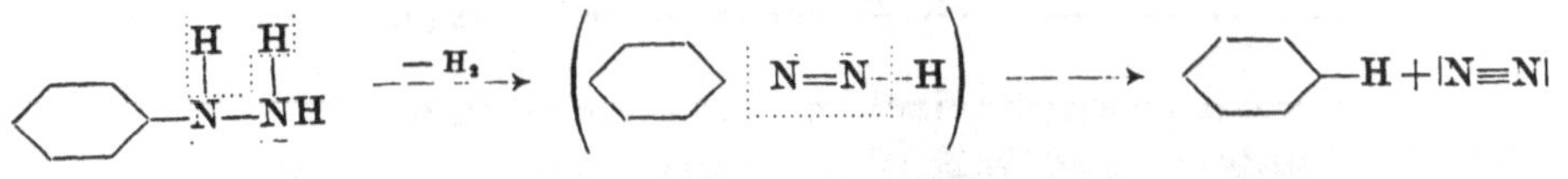

Dehydrierung von Mono-aryl-hydrazinen (S. 599)

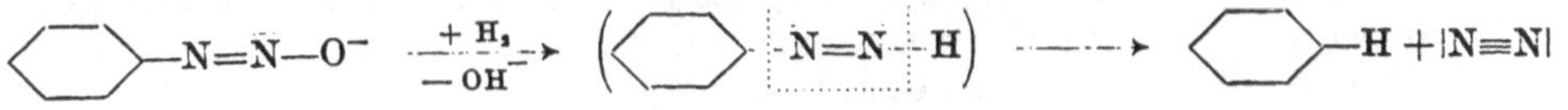

partielle Reduktion von Diazoverbindungen (S. 626).

Erst wenn man an beiden Seiten des Diiminmoleküls den Wasserstoff substituiert, wird die N=N-Gruppe beständiger, wie die Existenzfähigkeit der untersalpetrigen Säure, sowie die der im vorigen Abschnitt beschriebenen Isodiazotate, Isodiazocyanide usw. zeigt, und sie erreicht schließlich in den allgemein als *Azoverbindungen* bezeichneten *Diaryl-diiminen* eine derartige Stabilität, daß man z. B. Azobenzol bei 293° unter Atmosphärendruck unzersetzt destillieren kann.

Die **Benennung** der organischen Derivate des Diimins beruht auf einem historischen Irrtum und weicht daher nicht unerheblich von den üblichen Nomenklaturprinzipien der organischen Chemie ab. Man glaubte nämlich früher, daß das Diphenyldiimin (C_6H_5—N=N—C_6H_5) als eines der Reduktionsprodukte des Nitrobenzols monomolekular sei, in seiner Zusammensetzung (C_6H_5—N) also dem Chlorbenzol (C_6H_5—Cl) entspreche, und nannte es daher in analoger Weise *Azobenzol* (= *Stickstoffbenzol*). Diese Bezeichnungsart wurde auch später, als man die wahre Natur der Azoverbindungen erkannte, beibehalten, so daß die *Azogruppe* (—N=N—) und einige verwandte Gruppierungen heute die einzigen zweiwertigen organischen Funktionen sind, deren Namen im Sinne eines einwertigen Substituenten Anwendung finden. Unter *Azobenzol*, *Azomethan* usw. versteht man also Verbindungen, in denen die H-Atome von zwei Benzol- bzw. zwei Methanmolekülen durch die zweiwertige Azogruppe substituiert sind.

Der Nachteil dieser Benennungsart tritt insbesondere dann in Erscheinung, wenn auf beiden Seiten der Azogruppe verschiedene Reste stehen. So müßte man z. B. die Verbindung C_6H_5—N=N—CH_3 folgerichtig „*Azobenzolmethan*" benennen, doch sind derartige gemischt aliphatisch-aromatische Azoverbindungen ohne jede Bedeutung geblieben. In dem praktisch wichtigeren Fall der Azofarbstoffe, die meistens Diaryl-azoverbindungen mit verschiedenartigen Arylresten darstellen, hilft man sich häufig in der Weise, daß man vom Azobenzol als Grundverbindung ausgeht und die zu benennende Substanz als unsymmetrisch substituiertes Azobenzol auffaßt. So führt z. B. der einfachste basische Azofarbstoff, das Anilingelb C_6H_5—N=N—C_6H_4—NH_2, den rationellen Namen *p-Amino-azobenzol*.

Den gleichen unglücklichen Nomenklaturverhältnissen begegnen wir auch bei einigen nahe verwandten Verbindungsklassen. So enthalten z. B. die auf S. 632 f. beschriebenen Azoxykörper als oxydierte Azoverbindungen ebenfalls eine zweiwertige Stickstoff-Funktion und zwei Benzolkerne im Molekül. Insbesondere aber werden die symmetrisch disubstituierten Hydrazine (S. 596, 600) auf Grund ihrer wichtigsten Darstellungsweise nicht als Hydrazinderivate, sondern als *Hydrazokörper*, d. h. als hydrierte Azoverbindungen, bezeichnet. Der Ausdruck „*Hydrazo*" hat also überhaupt nichts mit dem Hydrazinsystem zu tun.

Schließlich findet in dem erwähnten historischen Irrtum auch der eigenartige Unterschied der Benennung der Azo- und Diazoverbindungen, die ja beide jeweils zwei zusammenhängende N-Atome enthalten, also derselben Verbindungsklasse angehören sollten (z. B. kann man die Diazotate Ar—N=N—ONa, Diazosulfonate Ar—N=N—SO_3Na und Diazocyanide Ar—N=N—C≡N, [vgl. S. 622] ebensogut als Azoverbindungen auffassen), seine befriedigende Erklärung: Die *Azokörper* sind Verbindungen, die ein N-Atom und die *Diazokörper* Verbindungen, die zwei N-Atome pro Arylrest enthalten.

b) Die aliphatischen Azoverbindungen

Die „*Azoparaffine*" sind wesentlich unbeständiger als die aromatischen Azoverbindungen und haben daher nur geringe Bedeutung erlangt. Ihr einfachster Vertreter, das **Azomethan** $CH_3—N=N—CH_3$, wurde im Jahre 1909 von THIELE entdeckt und kann wie alle Azoverbindungen durch vorsichtige Dehydrierung des entsprechenden Hydrazokörpers mit Quecksilberoxyd dargestellt werden:

$$CH_3—\overset{H}{\underset{|}{N}}—\overset{H}{\underset{|}{N}}—CH_3 \xrightarrow{-H_2} CH_3—N=N—CH_3$$

Azomethan ist ein farbloses, sich bei 2° zu einer gelben Flüssigkeit kondensierendes Gas. Es besitzt also bereits die für alle Azoverbindungen charakteristischen Farbeigenschaften, die somit der Azogruppe selbst zugeordnet werden müssen. Von seinen chemischen Umsetzungen interessiert vor allem die leichte Überführbarkeit in das Methylhydrazon des Formaldehyds, die häufig, insbesondere in flüssigem Zustand, bereits spontan eintritt:

$$H_3C—N=N—CH_3 \longrightarrow H_2C=N—NH—CH_3$$

Der gleichen Reaktion sind wir bereits bei der Stabilisierung der Kupplungsprodukte der Enolate (S. 625) begegnet. Sie stellt die eigentliche Ursache der Instabilität der aliphatischen Azoverbindungen dar und kann ihrer ganzen Natur nach etwa mit der auf S. 663 beschriebenen Umlagerung der aliphatischen Nitrosoverbindungen in Oxime verglichen werden. Insbesondere scheint genau wie dort die im Rahmen eines Tautomeriegleichgewichtes zu erwartende Rückreaktion selbst bei höherer Temperatur nur in Spuren zu erfolgen. Denn normalerweise kann man die Azo- neben der Hydrazonform nicht nachweisen, und nur der langsame Abbau der Ketonhydrazone nach KISHNER-WOLFF (S. 265), bei dem eine derartige Rückreaktion zur Bildung des intermediär auftretenden monosubstituierten Diimins erforderlich ist, spricht für die Möglichkeit der Ausbildung einer Tautomerie.

Der ungesättigte Charakter der N=N-Doppelbindung ist in Übereinstimmung mit den Ausführungen auf S. 605 erheblich schwächer ausgeprägt als der der olefinischen Doppelbindung. Ferner weist sie aus den in **II,** Kap. 3, II, 2e diskutierten Gründen einen gänzlich anderen Reaktionstypus auf, da das erste N-Atom nicht ammoniakanalog mit seinem einsamen Elektronenpaar sondern säurenanalog („*kationoid*", vgl. **II,** Kap. 4, II, 1) mit einer Elektronenlücke in Reaktion tritt. Sie reagiert daher nicht mehr mit den üblichen Olefinreagentien (Brom, Ozon, Kaliumpermanganat usw.), sondern muß mit der C=O-Doppelbindung oder der kationoid reagierenden C=C-Doppelbindung des as-Diphenyl-äthylens (S. 141) verglichen werden, mit denen sie die Fähigkeit zur Anlagerung von Alkalimetallen, metallorganischen Verbindungen und nascierendem Wasserstoff gemeinsam hat:

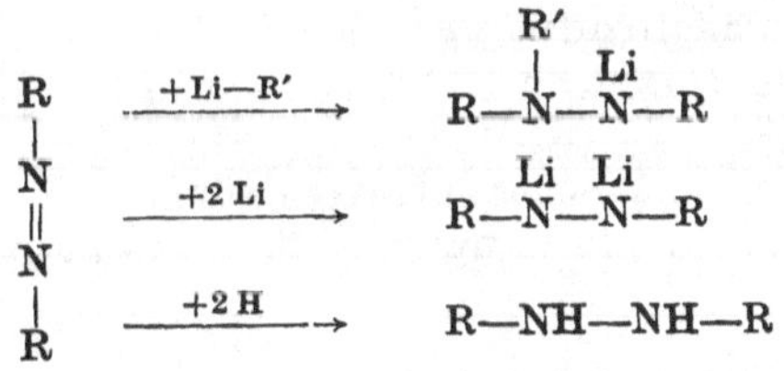

Etwas beständiger als die reinen **Azoparaffine** sind einige **Diacylderivate** des **Diimins**, die nicht mehr in die Hydrazonform umgewandelt werden können. Hier muß vor allem der interessante **Azodicarbonsäureester** hervorgehoben werden, der als Kohlensäurederivat des Diimins aus Hydrazin und Chlorkohlensäureester über den Hydrazodicarbonsäureester (vgl. anorg. Lehrbücher) gewonnen wird:

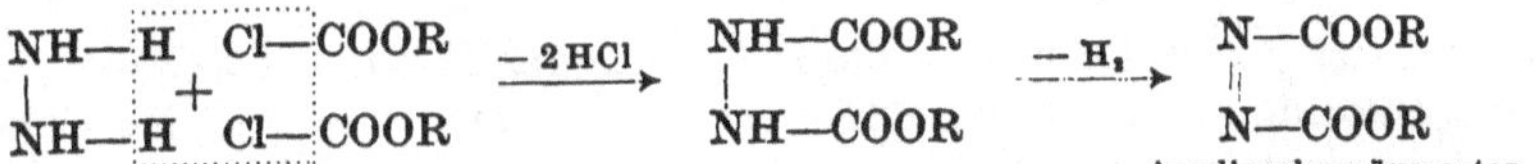

Azodicarbonsäureester

Er stellt eine orangerote Flüssigkeit dar, die erst oberhalb 150° Zersetzung erleidet und im Vakuum unzersetzt destilliert werden kann. Die N=N-Doppelbindung ist infolge der Aktivierung durch die Carboxylgruppen etwas reaktionsfähiger als bei den Azoparaffinen und läßt infolgedessen, abgesehen von der auch hier möglichen Metallanlagerung und Hydrierung zur Hydrazoverbindung, sehr schön die auf Grund des Grimmschen Hydridverschiebungssatzes (vgl. anorg. Lehrbücher) geforderte Mittelstellung zwischen der O=O- und C=C-Doppelbindung erkennen. So vermag z. B. Azodicarbonsäureester einerseits Olefine in Allylstellung unter Bildung einer Hydrazoverbindung zu substituieren, eine Reaktion, die als Modellreaktion der Autoxydation der Olefine (S. 99) angesehen werden kann:

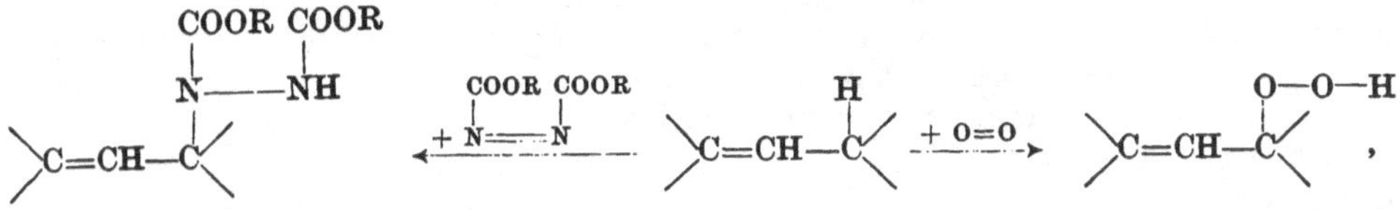

andererseits in Analogie zum Maleinsäureanhydrid als philodiene Komponente bei der Diels-Aldersschen Diensynthese (S. 947 f.) zu fungieren:

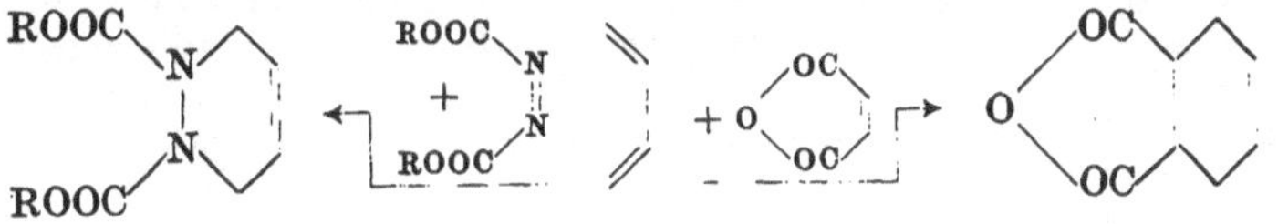

Eine letzte interessante Reaktion der N=N-Doppelbindung, die weder in der Olefinreihe noch beim elementaren Sauerstoff ihr Analogon findet, beobachtet man bei der Einwirkung von Alkali, durch das die Doppelbindung in glatter Reaktion unter Bildung eines Urethans und einer Nitrosoverbindung hydrolysiert wird:

$$\text{ROOC—N=N—ROOR} + H_2O \xrightarrow{(NaOH)} \text{ROOC—NO} + H_2N\text{—COOR}$$

c) Die aromatischen Azoverbindungen

Die einfachen aromatischen Azoverbindungen sind als Muttersubstanzen der Azofarbstoffe (III, Kap. 2, VI) von erheblich größerer Bedeutung als die aliphatischen Glieder der Reihe. Ihre **Darstellung** geschieht nach drei verschiedenen Verfahren: 1. durch alkalische Reduktion von Nitroverbindungen, 2. durch

Kupplung von Diazoverbindungen mit Aminen und Phenolen und 3. durch Kondensation von aromatischen Nitrosoverbindungen mit primären aromatischen Aminen.

Zu 1. Die **Reduktion aromatischer Nitroverbindungen** in alkalischer Lösung führt über die Nitroso-, Hydroxylamino- und Azoxy- zu den Azoverbindungen (vgl. S. 651 f.):

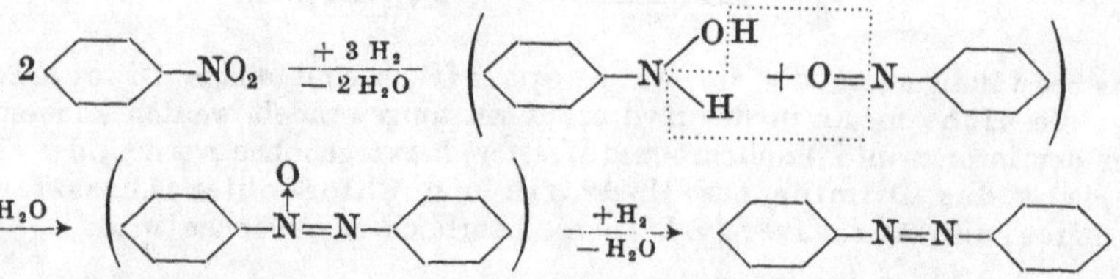

Sie geht jedoch meistens weiter bis zur Stufe der Hydrazokörper, so daß man die Azoverbindungen im allgemeinen erst in einer zweiten Reaktionsphase durch Dehydrierung der Hydrazoverbindungen gewinnt.

Das Verfahren dient nur zur Darstellung der einfachen symmetrischen Azoverbindungen, da bei dem Versuch zur Synthese unsymmetrischer Azokörper durch gemeinsame Reduktion zweier organischer Nitroverbindungen neben diesen stets die beiden symmetrischen Verbindungen als Nebenprodukte entstehen (Gleichungen formulieren!).

Zu 2. Die **Kupplungsreaktion** wurde bereits bei den Diazoverbindungen beschrieben (S. 624). Sie eignet sich, da fast nur die C—H-Bindungen der Phenole und aromatischen Amine mit den Diazoverbindungen in Reaktion treten, ausschließlich zur Darstellung oxy- und aminosubstituierter Azokörper, hat aber in diesem speziellen Fall wegen ihrer leichten Durchführbarkeit eine außerordentliche Bedeutung zur Gewinnung der Azofarbstoffe (**II**, Kap. 2, VI) erlangt.

Zu 3. Die **Kondensation** eines primären Amins mit einer Nitrosoverbindung verläuft der Bildung einer SCHIFFschen Base analog (vgl. S. 662) und erfolgt bei Zusammengeben der Komponenten häufig bereits in der Kälte:

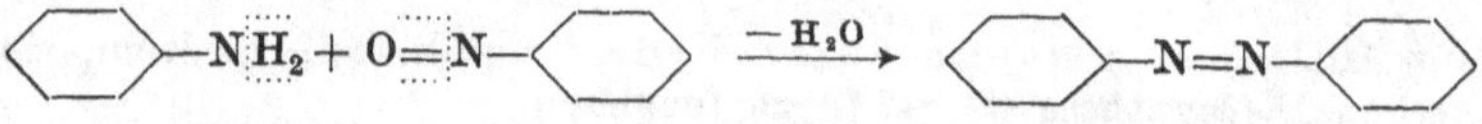

Die Reaktion stellt die Umkehrung der bei den Azodicarbonsäureestern beschriebenen Hydrolyse der Azogruppe dar und hat spezielle Bedeutung zur Synthese unsymmetrisch substituierter Azoverbindungen erlangt. Ihr nahe verwandt ist die in alkalischer Lösung vor sich gehende Kondensation von zwei Molekülen eines aromatischen Hydroxylamins (vgl. S. 595).

Eigenschaften. Die aromatischen Azoverbindungen können sich infolge der tertiären Natur der Arylreste nicht mehr in Hydrazone umlagern. Sie sind daher wesentlich beständiger als die aliphatischen Glieder der Reihe und erleiden im allgemeinen erst oberhalb 300° Zersetzung. Insbesondere zeichnen sie sich durch eine sehr intensive, bei den einfachen Verbindungen meistens gelb bis rote Farbe aus, die sie, namentlich in Anbetracht ihrer allgemeinen Beständigkeit, hervorragend zu Farbstoffen geeignet macht.

Weiterhin kann man an ihnen sehr schön die große physikalische Ähnlichkeit der *Azo-* und *Äthylen*gruppierung erkennen, die insbesondere in einer weitgehenden Analogie zwischen *Azobenzol* und *Stilben* zum Ausdruck kommt. So konnte HARTLEY im Jahre 1937 nachweisen, daß das normale Azobenzol in gleicher Weise wie das normale Stilben trans-Konfiguration besitzt, und daß es in Analogie zum Stilben möglich ist, das stabile trans-Azobenzol durch U.V.-Bestrahlung (teilweise) in die labilere cis-Verbindung umzulagern:

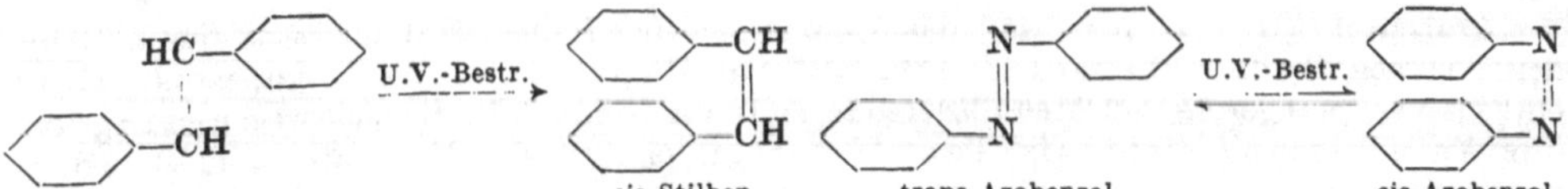

trans-Stilben cis-Stilben trans-Azobenzol cis-Azobenzol

Die Ähnlichkeit zwischen beiden Verbindungsreihen ist so groß, daß trans-Azobenzol und trans-Stilben eine lückenlose Reihe von Mischkristallen bilden (vgl. **II**, Kap. 6, II, 4), während die beiden cis-Verbindungen nicht kristallisierende Öle darstellen.

Hinsichtlich ihrer **chemischen Reaktionsfähigkeit** stellen die aromatischen Azoverbindungen dagegen eine sehr wenig interessante Verbindungsklasse dar, da die beiderseits an Arylreste gebundene Azogruppe außerordentlich reaktionsträge ist. Im einzelnen können wir drei Gruppen von Reaktionen unterscheiden: 1. die Anlagerungsreaktionen an die N=N-Doppelbindung, 2. die Reaktionen der ungebundenen Elektronenpaare der N-Atome und 3. die Reaktionen des aromatischen Kerns.

Zu 1. Die **Azodoppelbindung** reagiert ähnlich wie die der aliphatischen Azoverbindungen, d. h. sie wird ebenfalls durch Alkalimetalle (speziell durch Lithium), metallorganische Verbindungen und nascierenden oder katalytischen Wasserstoff angegriffen:

$$\mathrm{Ar{-}N{=}N{-}Ar} \xrightarrow{+H_2} \mathrm{Ar{-}NH{-}NH{-}Ar} \xrightarrow{+H_2} \mathrm{Ar{-}NH_2 + H_2N{-}Ar}$$

Als erstes Reaktionsprodukt entstehen hierbei stets die Hydrazoverbindungen (bzw. ihre Metallderivate), doch kann die Reduktion unter energischen Bedingungen auch zur Spaltung des Moleküls unter Bildung zweier Aminogruppen führen. Diese zweite Möglichkeit entspricht in ihrer Bedeutung etwa der Ozonspaltung der Olefine (S. 953), d. h. sie dient in Analogie zu dieser zur Konstitutionsbestimmung unbekannter Azoverbindungen.

Zu 2. Beide **N-Atome der Azoverbindungen** besitzen noch ein ungebundenes Elektronenpaar, reagieren also grundsätzlich noch basisch. Die Azoverbindungen sind jedoch in Gegenwart von Wasser nicht mehr zur Salzbildung mit Säuren befähigt, sondern vermögen nur noch mit den trockenen Halogenwasserstoffen salzartige Additionsverbindungen zu bilden, deren Halogenwasserstofftension bereits bei etwa 60° Atmosphärendruck erreicht (Ephraim 1915). Ferner leiten sich von ihnen tertiäre Imoniumsalze ab, die in der üblichen Weise bei der Einwirkung von Alkylierungsmitteln entstehen, und in denen maximal ein N-Atom in Reaktion getreten ist:

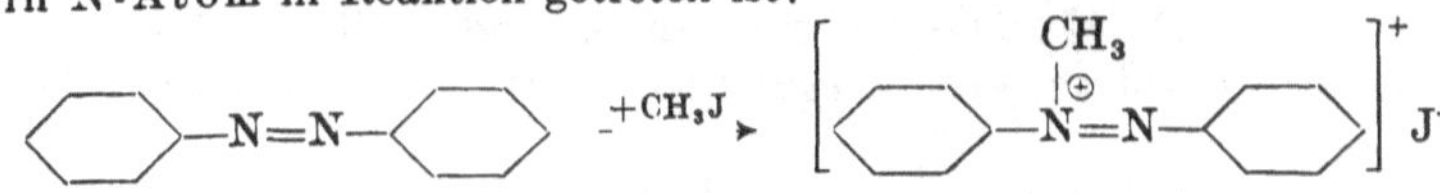

Wesentlich wichtiger ist die Absättigung der einsamen Elektronenpaare des Stickstoffs durch semipolar gebundenen Sauerstoff, die man auch hier durch Behandeln mit Hydroperoxyd vornehmen kann. Hierbei tritt ebenfalls maximal ein N-Atom in Reaktion, und es entstehen die unten beschriebenen Azoxyverbindungen:

Zu 3. Die Azogruppe aktiviert auf Grund der ungebundenen Elektronenpaare der N-Atome beide **aromatischen Kerne** in ähnlicher Weise wie die Aminogruppe. Azoverbindungen werden daher sehr leicht und ausnahmslos in p- (bzw. nur bei deren Besetzung in o-) Stellung substituiert.

Azobenzol $C_6H_5—N=N—C_6H_5$, das Anfangsglied der Reihe, wird meistens durch Dehydrierung von Hydrazobenzol (S. 600), z. B. mit Hypohalogeniten, dargestellt. Es ist eine intensiv orangerote, gut kristallisierende Substanz (Smp. 68°), die sich wegen mangelnder Faserhaftung nicht als Textilfarbstoff eignet (vgl. III, Kap. 2, I, 4), jedoch anderweitig, insbesondere wenn sie sich in dem anzufärbenden Gut auflösen kann, zuweilen als Farbstoff Verwendung findet.

d) Die Azoxy-Verbindungen

Die wichtigsten Derivate der Azoverbindungen sind die *Azoxykörper*, in denen das ungebundene Elektronenpaar eines der beiden N-Atome mit semipolar gebundenem Sauerstoff abgesättigt ist. Sie wurden bisher nur in der aromatischen Reihe dargestellt und stehen zu den Azoverbindungen in dem gleichen Verhältnis wie die Aminoxyde (S. 592) zu den tertiären Aminen. Der Name *Azoxyverbindungen* ist also insofern irreführend, als er das Vorhandensein einer Oxygruppe am Stickstoff vortäuscht und sollte daher besser durch den Ausdruck *Azoxyd-Verbindungen* ersetzt werden (bezüglich weiterer Nomenklaturfragen, vgl. auch S. 627).

Die **Konstitution** der Azoxy-Verbindungen war ebenfalls längere Zeit umstritten. So glaubte man früher, sie symmetrisch mit einem Dreiring (I) formulieren zu müssen, doch konnte ANGELI diese Theorie eindeutig widerlegen, indem er nachwies, daß bei der Oxydation unsymmetrischer Azoverbindungen, z. B. von p-Brom-azobenzol, ein Gemisch von zwei isomeren Azoxyverbindungen entsteht, die als α- und *β-Brom-azoxybenzol* bezeichnet werden, und deren Auftreten sich nur durch die unsymmetrischen Konstitutionsformeln II und III erklären läßt:

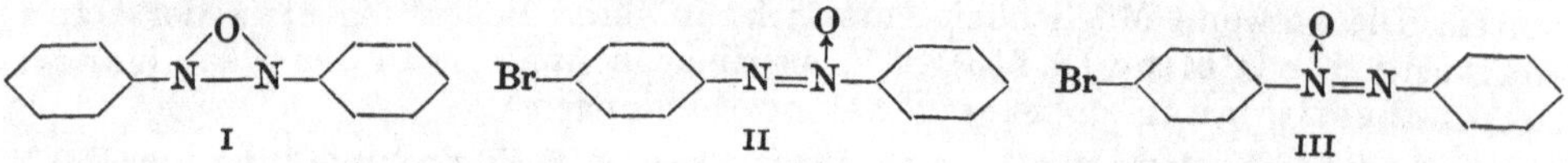

I II III

Ja selbst die Frage, an welchem der beiden Stickstoffatome jeweils der Sauerstoff steht, wurde bereits von ANGELI gelöst, indem er nachwies, daß sich nur die β-Verbindung (III) weiter bromieren läßt, daß also nur in ihr noch die im Azobenzol enthaltene, leicht substituierbare Gruppierung $=N—C_6H_5$ vorhanden ist (vgl. S. 631).

Für die **Darstellung** der Azoxyverbindungen kommen vor allem zwei Methoden in Betracht, die wir bereits kennen gelernt haben: 1. die Oxydation von Azoverbindungen mit Hydroperoxyd (s. o.) und 2. die in alkalischem Medium erfolgende Kondensation von Nitrosobenzol und Phenylhydroxylamin (S. 595).

Die zweite Reaktion hat insbesondere als Teilreaktion der alkalischen Reduktion der Nitroverbindungen (S. 651 f.) praktische Bedeutung erlangt und wird auch zur Darstellung der Azoxykörper meistens mit der Reduktion der Nitroverbindungen kombiniert. So erhält man z. B. beim Kochen von Nitrobenzol mit methylalkoholischem Kali in glatter Reaktion Azoxybenzol:

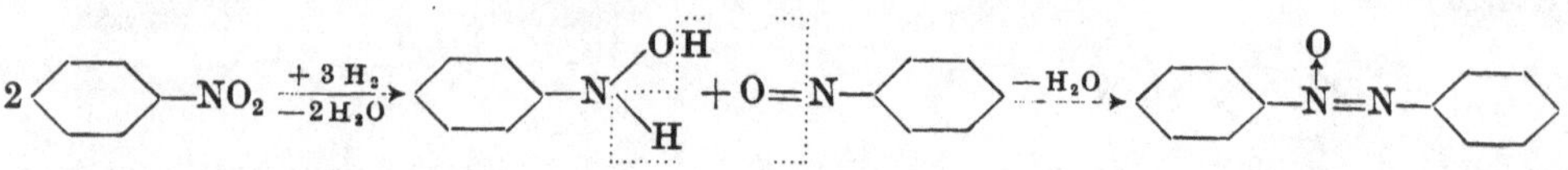

In ihren **physikalischen Eigenschaften** sind die Azoxyverbindungen den Azokörpern sehr ähnlich. Insbesondere können sie nach EUGEN MÜLLER (1932) ebenfalls in geometrisch isomere Formen aufgespalten werden und zeigen eine den Azoverbindungen ähnliche, doch bedeutend weniger intensive Farbe. Ferner vermögen ihre Derivate wie die der Azoverbindungen kristalline Flüssigkeiten zu bilden.

Chemisch zeichnen sie sich gegenüber den Azoverbindungen vor allem durch ihre Oxydationswirkung aus. Sie sind wie die Aminoxyde befähigt, aus Jodionen Jod in Freiheit zu setzen, und werden durch stärkere Reduktionsmittel über die Stufe der Azoverbindungen hinaus zu den Hydrazoverbindungen reduziert:

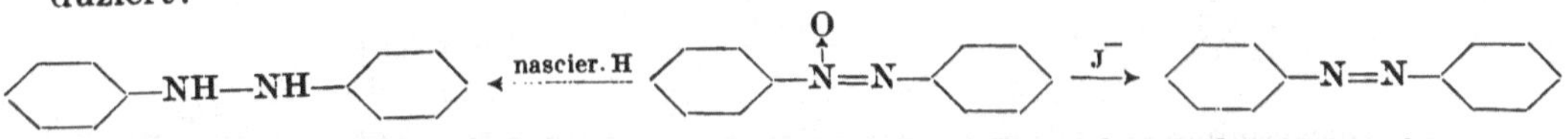

Weiterhin vermag der Sauerstoff unter der Einwirkung konzentrierter Schwefelsäure vom Stickstoff in den aromatischen Kern zu wandern, eine Reaktion die der Umlagerung des Phenylhydroylamins in p-Aminophenol (S. 594) an die Seite gestellt werden kann:

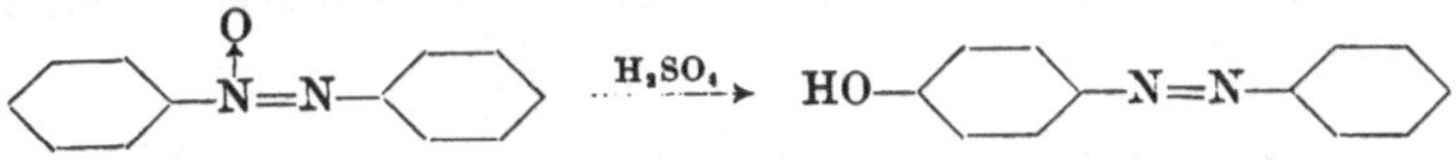

Von theoretischem Interesse ist schließlich noch das Verhalten der Azoxyverbindungen gegenüber Reagentien, die den aromatischen Kern substituieren. Da der Aminoxydstickstoff kein ungebundenes Elektronenpaar mehr enthält, vermag er, ähnlich wie der Stickstoff der quartären Ammoniumsalze (S. 570), die Kernsubstitution nicht mehr zu aktivieren, so daß nur der am nicht oxydierten Stickstoff befindliche Benzolring leicht substituierbar ist. Auf die Verwendung dieser unterschiedlichen Reaktionsfähigkeit der Arylreste zur Konstitutionsermittlung der Azoxykörper wurde bereits hingewiesen.

3. Die organischen Derivate des Triazens und der Stickstoffwasserstoffsäure

Auch das Triazanmolekül wird durch den Einbau von Doppelbindungen stabilisiert. So sind von der in Analogie zu den Olefinen als *Triazen* bezeichneten einfach ungesättigten Base $NH{=}N{-}NH_2$ bereits eine Reihe organischer Derivate bekannt, und das zweifach ungesättigte *Triaz-dien*, die *Stickstoffwasserstoffsäure* $H{-}N{=}\overset{\oplus}{N}{=}\overset{\ominus}{N}$, ist sogar als reine Wasserstoffverbindung existenzfähig. Alles in allem ist die Stabilität dieser Verbindungen jedoch bereits wesentlich geringer als die der Hydrazino- und Azoverbindungen, so daß sie an allgemeiner Bedeutung hinter diesen zurücktreten.

a) Monosubstituierte Aryl-triazene

Das Kupplungsprodukt des Benzol-diazonium-Ions mit Ammoniak, das **Diazobenzolamid** (I), hat die Struktur eines an der Azogruppe arylsubstituierten Triazens. Seine Darstellung kann wegen seiner außerordentlichen Unbeständigkeit allerdings nicht durch direkte Kupplung der Diazoniumsalze mit Ammoniak erfolgen, sondern ist bisher ausschließlich durch vorsichtige Reduktion von Phenylazid mit Zinn-II-chlorid in ätherischer Salzsäure gelungen (Dimroth 1907):

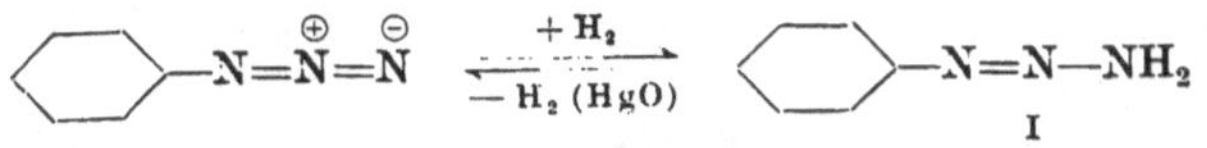

I

Diazobenzolamid ist eine sehr zersetzliche, bei unvorsichtigem Erhitzen auch explosible Substanz, die noch sehr wenig erforscht ist. Sie kann durch Dehydrierung mit Quecksilberoxyd wieder in Phenylazid zurückverwandelt werden.

b) Di- und trisubstituierte Aryltriazene

Von den Disubstitutionsprodukten des Triazens haben insbesondere die als **Diazo-amino-Verbindungen** bezeichneten *1,3-Diaryltriazene* (I) eine gewisse Bedeutung erlangt, da sie als erstes Produkt bei der Kupplungsreaktion auftreten, bzw. sie es in erster Linie sind, die beim Diazotieren von Anilinbasen in schwach saurer (z. B. essigsaurer) Lösung als störendes Nebenprodukt unlöslich ausfallen (vgl. S. 616):

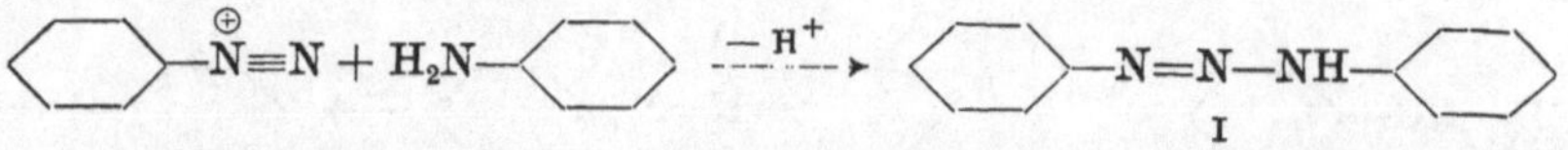

I

Die Diazoaminoverbindungen sind gut kristallisierende, infolge der in ihnen enthaltenen Azogruppierung gelbe Verbindungen, die erst oberhalb 100° Zersetzung erleiden. Der am Stickstoff befindliche Wasserstoff und damit auch die N=N-Doppelbindung kann im Rahmen eines der Dreikohlenstofftautomerie (II, Kap. 5, II, 4) ähnlichen Tautomeriegleichgewichtes zwischen dem ersten und dritten N-Atom wandern:

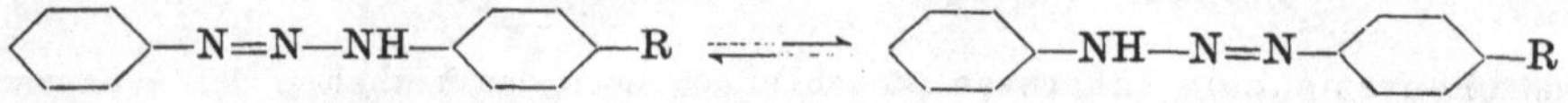

Infolgedessen ist auch bei unsymmetrischer Substitution des Triazens nur eine Diazoaminoverbindung bekannt.

Der den Wasserstoff tragende Stickstoff reagiert im Gegensatz zum Azostickstoff noch basisch, so daß die Diazoaminoverbindungen zur Bildung mäßig stabiler Salze mit Säuren befähigt sind, die zuweilen, ähnlich wie die Diazoniumsalze, bei der thermischen Zersetzung unter Abspaltung von elementarem Stickstoff und Eintritt des Säure-Anions in einen der Benzolkerne zerfallen:

Die Reaktion verläuft wesentlich ruhiger als die Zersetzung der wasserfreien Diazoniumsalze und hat daher zuweilen an ihrer Stelle zum Einführen negativer Reste in den Benzolkern gedient, wenn die Reaktion von Sandmeyer nicht zum Ziele führt. Insbesondere die Fluorierung aromatischer Verbindungen ist vor der Auffindung des Verfahrens von Schiemann (S. 621) hauptsächlich auf diesem Wege erfolgt.

Die praktisch wichtigste Reaktion der Diazoaminokörper ist ihre häufig bereits im Rahmen der Kupplungsreaktion erfolgende Umlagerung in die p-Aminoazoverbindungen (S. 624). Sie wird, wie jede p-Wanderung eines am Stickstoff befindlichen Substituenten, durch Säuren katalysiert. Doch muß man sich vorsehen, daß nicht die ebenfalls durch Säuren bewirkte und der Umwandlung der Diazotate in die Diazoniumsalze analoge Abspaltung der Anilinogruppe unter Rückbildung der Diazoniumsalze eintritt. Man führt die Kernwanderung daher meistens durch Einwirkung schwacher Säuren bei hoher Temperatur, z. B. durch Erhitzen mit Anilinhydrochlorid durch:

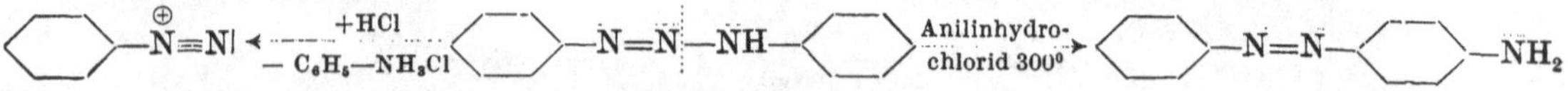

Auch für die noch wenig untersuchte Verbindungsklasse der **gemischt-aromatisch-aliphatischen Triazene** ist die Kupplung aromatischer Diazoniumsalze mit den entsprechenden primären oder sekundären aliphatischen Aminen (in soda-alkalischer Lösung) die bequemste Darstellungsmethode:

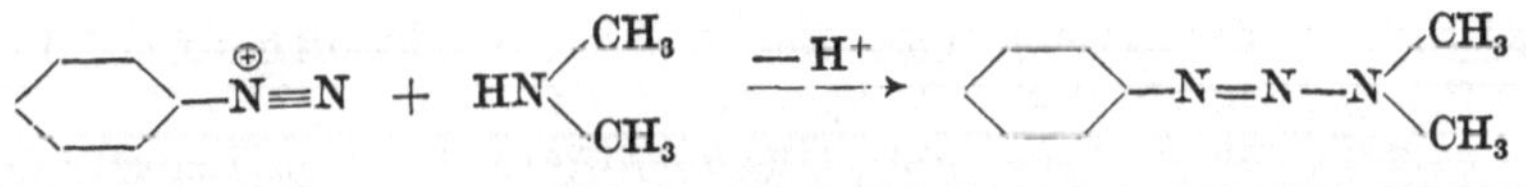

Insbesondere das als Beispiel angeführte *1-Phenyl-3,3-dimethyltriazen* erwies sich infolge der Substitution sämtlicher H-Atome des Triazenmoleküls als recht beständige Substanz, die u. a. bei 230⁰ ohne Zersetzung destilliert werden kann. Lediglich Säuren gegenüber ist es unbeständig und daher nur in wenigen Fällen zur Salzbildung (z. B. eines Pikrats) befähigt.

Für die disubstituierten Verbindungen der Reihe besteht nach Dimroth (1903) eine weitere interessante Bildungsweise in der Einwirkung von Grignardverbindungen auf Arylazide:

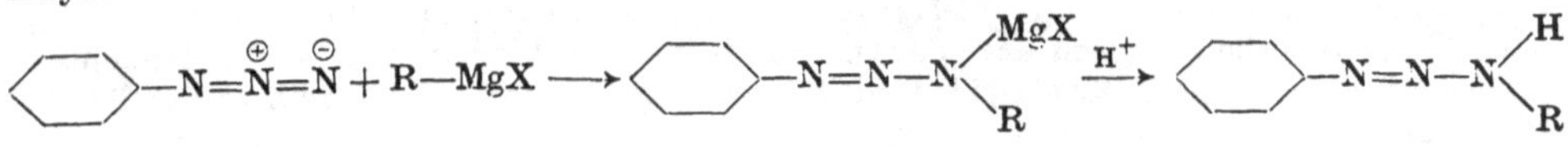

c) Die Azide

Die organischen Derivate der Stickstoffwasserstoffsäure, formal ihre Ester, werden in Analogie zu den ihnen sehr ähnlichen Halogeniden allgemein als *Alkyl-* bzw. *Arylazide* bezeichnet. Die Deutung ihrer **Konstitution** ist im wesentlichen ein anorganisches Problem und fällt mit der Konstitutionsermittlung der Stickstoffwasserstoffsäure zusammen, denn aus ihrer Reduzierbarkeit zu primären Aminen, sowie ihrer Synthese durch Alkylierung bzw. Arylierung von Stickstoffwasserstoffsäure folgt eindeutig, daß der organische Rest durch eine einfache C—N-Bindung mit der N_3-Gruppe der Stickstoffwasserstoffsäure verbunden sein muß.

Die Struktur der Stickstoffwasserstoffsäure ergibt sich u. a. auf Grund ihrer nahen Verwandtschaft mit dem Diazomethan. Beide Verbindungen zeigen hinsichtlich ihrer Darstellung und den meisten Umsetzungen eine derartig weitgehende Analogie (s. u.), daß man ihnen seit jeher die gleiche Struktur zugeordnet, d. h. die Stickstoffwasserstoffsäure als ein „*Aza-diazomethan*" betrachtet hat. Infolgedessen herrscht in der älteren Literatur für die Azidogruppe ebenfalls eine von Curtius vorgeschlagene cyclische Formel (I) vor, die später von Angeli und Thiele durch die gestreckte Wertigkeitsformel II und neuerdings durch die ihr gleichwertige Elektronenformel III (im folgenden meistens vereinfacht ohne einsame Elektronenpaare geschrieben) ersetzt wurde (vgl. auch S. 606 f. u. **II**, Kap. 3, III, 6):

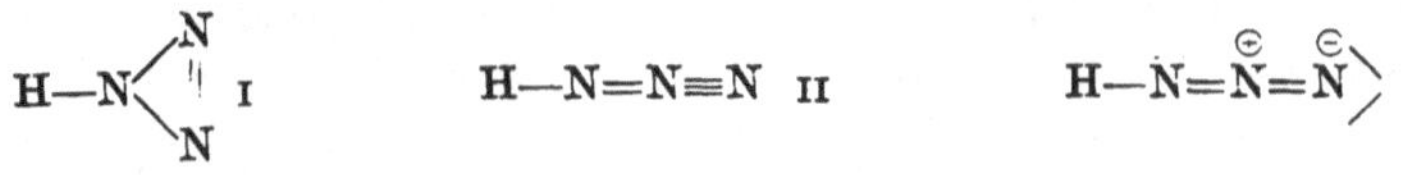
I II III

Auch hier konnte die lineare Anordnung der N-Atome mit Hilfe physikalischer Methoden bestätigt werden.

Für die **Darstellung** der organischen Azide kommen zwei grundsätzlich verschiedene Verfahren in Betracht:

1. die **Einführung der fertigen Azidogruppe** in das organische Molekül, die man mit Hilfe milder Alkylierungs- oder Arylierungsreaktionen durchführen kann, z. B. durch Umsetzung von Metallaziden mit Alkylhalogeniden oder durch Abspaltung von Stickstoff aus den Aryl-diazonium-aziden (S. 620):

2. die **Synthese der Azidogruppe** aus anderen stickstoffhaltigen Funktionen. Sie kann auf zwei verschiedenen Wegen erfolgen:

a) in Analogie zur Bildung von Diazoessigester durch Umsetzung monosubstituierter Hydrazine mit salpetriger Säure:

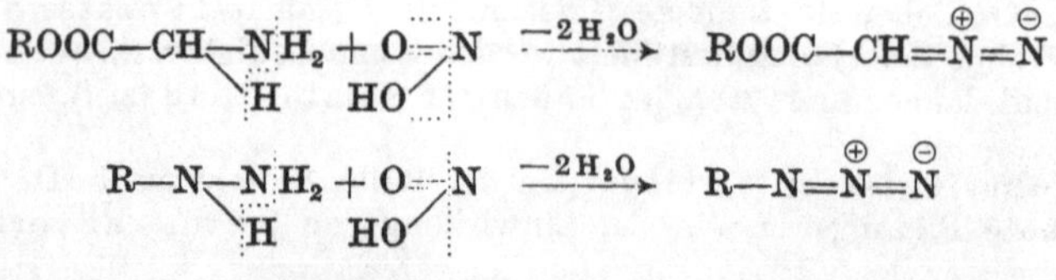

b) durch Umsetzung von Aryldiazonium-perbromiden mit Ammoniak. Es ist anzunehmen, daß die Reaktion über das im allgemeinen auf diesem Wege nicht darstellbare Aryltriazen (bzw. Diazobenzolamid, I) als Zwischenprodukt verläuft, das durch das Br_3-Ion sofort zum Arylazid dehydriert wird:

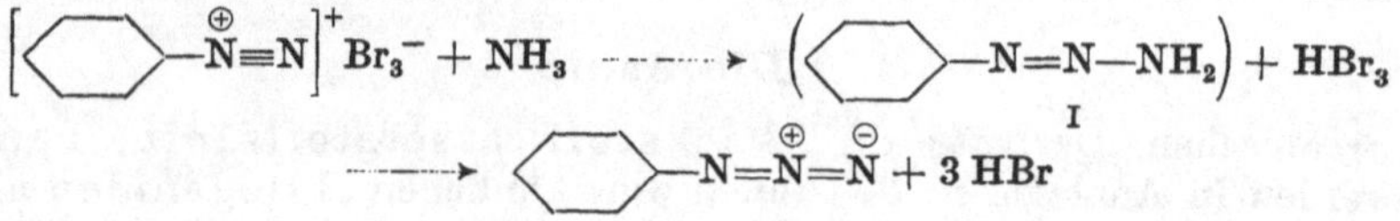

Die zweite Teilreaktion läßt sich auch mit Quecksilberoxyd als Oxydationsmittel durchführen und stellt eine weitere Bildungsmöglichkeit der Azidogruppe dar (vgl. S. 633).

Die niederen Azide sind tief siedende Flüssigkeiten (z. B. *Methylazid* Sdp. 21°, *Äthylazid* Sdp. 48°), die eine starke Explosionsneigung aufweisen und daher nur unter großer Vorsicht gehandhabt werden können. Sie werden jedoch mit wachsender Molekülgröße (innermolekulare Verdünnung der Azidogruppe) stabiler, so daß z. B. Phenylazid bereits bis 100° explosionsbeständig ist und ohne Gefahr mit Wasserdampf oder im Vakuum (Sdp. 59°/14 mm) destilliert werden kann. In ihrem **physikalischen Verhalten** zeigen sie eine gewisse Ähnlichkeit mit den Halogenverbindungen (die Azidogruppe rechnet zu den Pseudohalogenen, vgl. anorg. Lehrbücher), die sich auch auf optische Eigenschaften erstreckt. Einige aliphatische Azidokörper, insbesondere die α-Azido-carbonsäuren, haben daher bei der Konfigurationsermittlung der optisch aktiven Halogen- und Aminocarbonsäuren eine wichtige Rolle gespielt (vgl. **II**, Kap. 7, II, 2 d).

Die **chemischen Umsetzungen** der Azide wurden meistens an den etwas stabileren Arylaziden, speziell dem *Phenylazid*, untersucht und spielen sich ausschließlich an der N_3-Gruppe ab, da die Bindung des organischen Restes durch eine einfache C—N-Bindung erfolgt und damit hydrolysenbeständig ist sowie innerhalb der engen Stabilitätsgrenzen der Azidogruppe auch auf andere Weise nicht gespalten werden kann (vgl. S. 543). Sieht man einmal von der unübersichtlich verlaufenden Zersetzung durch Explosion ab, so können wir drei Gruppen von Reaktionen unterscheiden, die den Umsetzungen aliphatischer Diazoverbindungen weitgehend analog verlaufen:

1. Die organischen Azide sind zwar Säuren gegenüber wesentlich beständiger als die aliphatischen Diazoverbindungen (S. 609), vermögen aber prinzipiell in analoger Weise mit ihnen zu reagieren. So findet z. B. bei der Einwirkung konzentrierter Mineralsäuren ebenfalls Abspaltung von elementarem Stickstoff unter Anlagerung beider Säure-Ionen an das gleiche Atom des Rumpfmoleküls, d. h. in diesem Fall an das innere N-Atom der ursprünglichen Azidogruppe, statt. Allerdings können die N-substituierten Reaktionsprodukte im allgemeinen nicht isoliert werden, da die am Stickstoff befindliche Gruppe in dem sauren Reaktionsmedium sofort in den Kern wandert. Man erhält infolgedessen beim Behandeln von Phenylazid mit konzentrierter Salzsäure direkt p-Chloranilin, bzw. mit mäßig konzentrierter Schwefelsäure p-Aminophenol:

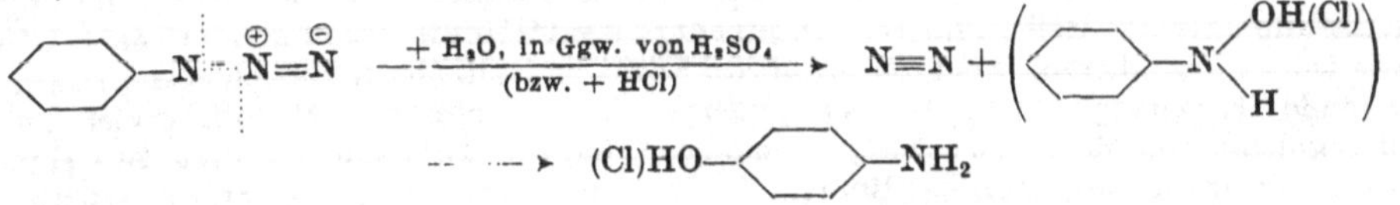

2. Ebenfalls in Analogie zu den Diazoverbindungen (S. 610 f.) findet bei der Einwirkung einiger Olefin- oder Acetylenkohlenwasserstoffe, sowie auch von Blausäure, eine der Diensynthese ähnliche Anlagerung unter Bildung cyclischer Reaktionsprodukte statt, wobei hier die um jeweils ein N-Atom reicheren 1,2,3-Triazolin- (I), 1,2,3-Triazol- (II) und Tetrazolderivate (III) entstehen:

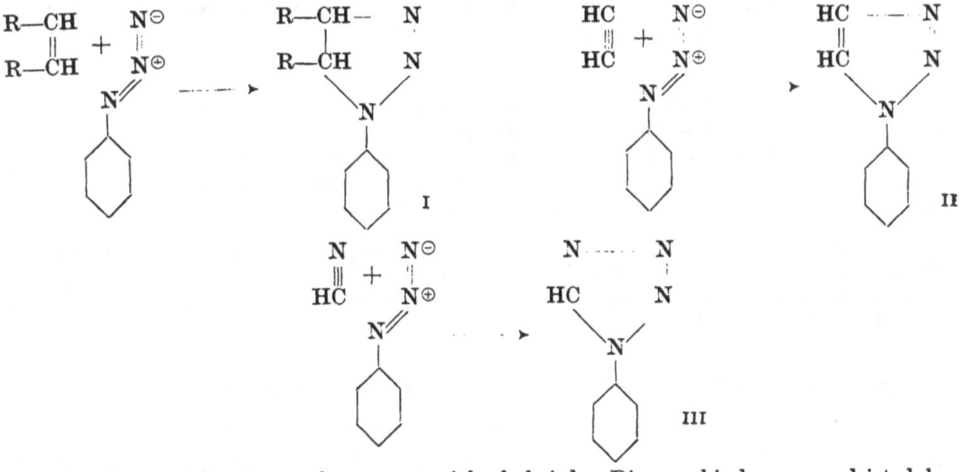

Die Reaktion geht etwas schwerer vor sich als bei den Diazoverbindungen und ist daher nicht allgemein durchführbar.

3. Durch vorsichtige Reduktion von Phenylazid kann Diazobenzolamid (S. 633), durch energische Reduktion das primäre Amin erhalten werden:

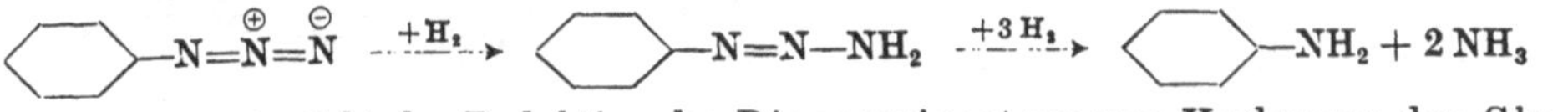

Die Reaktion entspricht der Reduktion des Diazoessigesters zum Hydrazon der Glyoxylsäure bzw. zu Glycin und Ammoniak (S. 612).

In ähnlicher Weise wie Wasserstoff lassen sich auch metallorganische Verbindungen zu den gemischt aromatisch-aliphatischen 1,3-disubstituierten Triazenen anlagern (vgl. S. 635).

4. Die organischen Derivate des Tetrazens, Hexazens usw.

Verbindungen mit vier aneinander geketteten N-Atomen werden durch Einführung einer Doppelbindung womöglich in noch stärkerem Maße als die Triazene stabilisiert. Am wichtigsten sind die symmetrischen **Tetraalkyl-** und **-aryltetrazene**, für die H. Wieland eine allgemeine Darstellungsweise in der auf S. 597 beschriebenen Dehydrierung asymmetrischer Dialkyl- bzw. Diarylhydrazine mittels Quecksilberoxyds aufgefunden hat:

$$2\ R_2N{-}NH_2 + 2\ OHg \xrightarrow[-2\,Hg]{-2\,H_2O} R_2N{-}N{=}N{-}NR_2$$

Sie sind bis 100° durchaus beständige, schwach basische, säurelabile Verbindungen, die in der aliphatischen Reihe zum Teil unzersetzt destilliert werden können, beim Überhitzen jedoch explodieren. Ihre interessanteste Reaktion ist die beim vorsichtigen Erwärmen eintretende Herausspaltung der Azogruppe als elementarer Stickstoff, wobei die beiden zurückbleibenden Molekülbruchstücke entweder sich zum tetrasubstituierten Hydrazin zusammenlagern (aromatische Reihe, S. 602) oder aber Disproportionierung in ein sekundäres Amin und die SCHIFFsche Base eines primären Amins (aliphatische Reihe) erleiden:

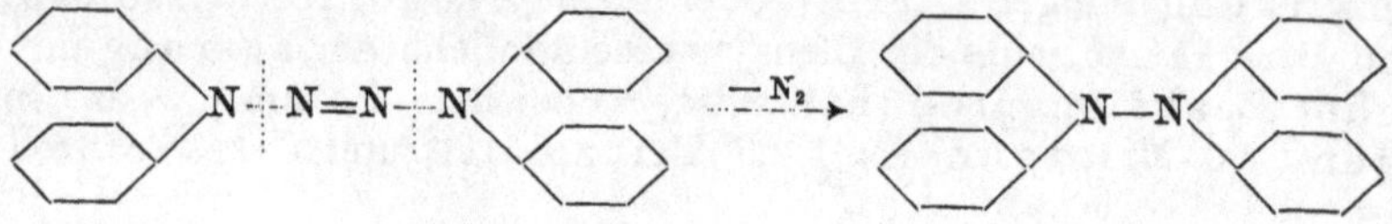

$$(R{-}CH_2)_2N{-}N{=}N{-}N(CH_2{-}R)_2 \xrightarrow{-N_2} R{-}CH_2{-}NH{-}CH_2{-}R + R{-}CH{=}N{-}CH_2{-}R$$

Ein asymmetrisch disubstituiertes Tetrazen mit asymmetrischer Lage der Doppelbindung, das **1,3-Diphenyl-tetrazen** (I), gewinnt man nach WOHL (1900) mit Hilfe der (unten formulierten) Kupplung von Benzol-diazonium-Ionen mit Phenylhydrazin, bei der — wie bei der auf S. 599 beschriebenen Nitrosierung — das sekundäre N-Atom des Hydrazinsystems angegriffen wird.

Zu einer sechsgliedrigen Stickstoffkette mit zwei Doppelbindungen, einem **Hexaza-dien,** gelangt man durch Einwirkung von Diazoniumsalzen auf freies Hydrazin, also durch eine Verdoppelung der zu den Diazo-amino-Verbindungen führenden Kupplungs-Reaktion (S. 632, 634):

$$Ar{-}\overset{\oplus}{N}{\equiv}N + H_2N{-}NH_2 + N{\equiv}\overset{\oplus}{N}{-}Ar \xrightarrow{-2\,H^+} Ar{-}N{=}N{-}NH{-}NH{-}N{=}N{-}Ar$$

Ein Octaza-trien-Derivat mit acht N-Atomen in ununterbrochener Kette, das **1,3,6,8-Tetraphenyl-octaza-trien-1,4,7 (II),** konnte WOHL (1900) schließlich aus dem oben beschriebenen asymmetrischen Tetrazenderivat I durch Zusammenoxydation der Aminogruppen mittels Quecksilberoxyds (in Analogie zur angeführten Tetrazensynthese) aufbauen:

$$C_6H_5{-}\overset{\oplus}{N}{\equiv}N + \underset{}{N}(C_6H_5)H{-}NH_2 \longrightarrow \underset{\text{I}}{C_6H_5{-}N{=}N{-}N(C_6H_5){-}NH_2} \xrightarrow[(HgO)]{-H_2} {}^1/_2\ \underset{\text{II}}{\begin{matrix} C_6H_5{-}N{=}N{-}N(C_6H_5){-}N \\ \| \\ C_6H_5{-}N{=}N{-}N(C_6H_5){-}N \end{matrix}}$$

Verbindungen mit einer noch längeren offenen Stickstoffkette konnten bisher nicht synthetisiert werden. Erst wenn man die N-Atome teilweise in heterocyclische Ringsysteme einbaut, die infolge der hierbei frei werdenden Aromatisierungsenergie (vgl. S. 879) noch stärker stabilisierend wirken als die Einführung von Doppelbindungen, werden die Verbindungen wieder beständiger. Man hat auf diese Weise in dem auf S. 888 beschriebenen *1,1'-Azotetrazol* eine ununterbrochene Kette von zehn Stickstoffatomen aufbauen können:

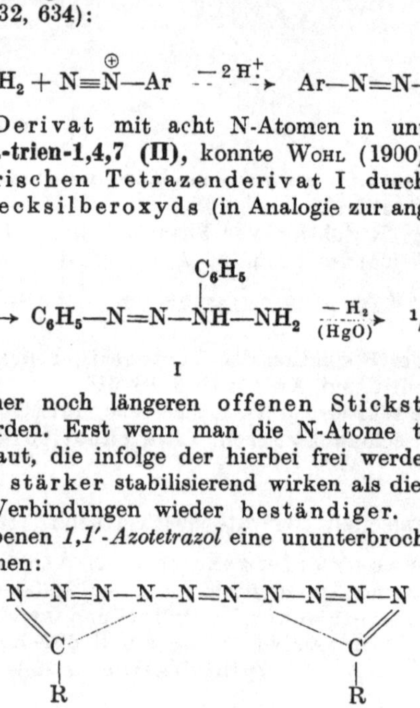

IV. Die Nitroverbindungen

1. Darstellung und allgemeine Eigenschaften

In den Nitroverbindungen begegnen wir erstmals einer Reihe von organischen Stickstoffderivaten, die sich von den Sauerstoffverbindungen des Stickstoffs ableiten. Sie kommen nicht natürlich vor und enthalten die gleiche Gruppe NO_2 wie die auf S. 203 beschriebenen Salpetrigsäureester der Struktur R—O—N=O. Nur haftet diese Gruppe bei den Nitroverbindungen mit dem Stickstoff am organischen Rest (R—N(→O)=O), so daß beide Verbindungsklassen im Verhältnis der Isomerie zueinander stehen.

Die Nitroverbindungen weisen infolge dieser Zusammensetzung eine Doppelnatur auf: Von der Salpetersäure leiten sie sich durch Substitution der OH-Gruppe durch einen organischen Rest ab — ein Vorgang, der z. B. in der Nitrierungsreaktion verwirklicht werden kann — und teilen mit ihr insbesondere die Struktur des N-Atoms, das in ihnen ebenfalls ein doppelt und ein semipolar gebundenes O-Atom sowie einen einfach gebundenen Rest enthält. Mit der salpetrigen Säure stimmt dagegen die Oxydationsstufe des Stickstoffs überein, denn der organische Rest ersetzt seiner ganzen Natur nach viel eher ein H-Atom als eine Hydroxylgruppe (vgl. S. 5). Nach dieser Auffassung stellen die Nitroverbindungen die „Ester" der tautomeren Form der salpetrigen Säure mit vierbindigem Stickstoff (vgl. anorg. Lehrbücher) dar und entstehen bei einigen Veresterungsreaktionen, z. B. bei der Umsetzung von Silbernitrit mit Alkylierungsmitteln (S. 643) auch tatsächlich neben den normalen Salpetrigsäureestern.

Zwischen den Nitroverbindungen, der Salpetersäure, der salpetrigen Säure und den Salpetrigsäureestern bestehen also die folgenden Beziehungen:

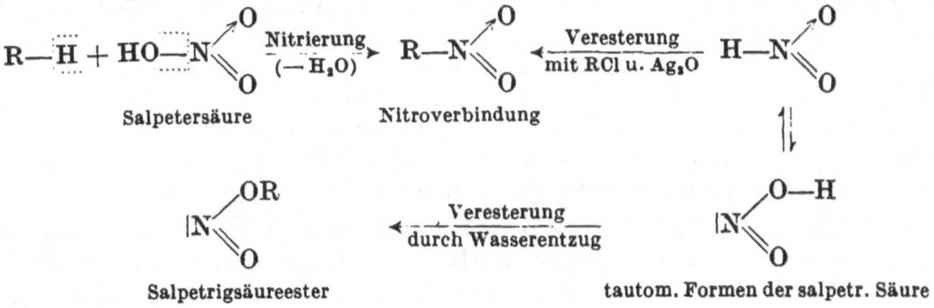

Die **Konstitutionsbestimmung** der Nitroverbindungen bereitet keine Schwierigkeiten, denn einerseits wird durch ihre Synthese aus Silbernitrit und Alkylhalogeniden bewiesen, daß die Nitrogruppe nur durch eine Valenz mit dem organischen Rest verbunden ist, andererseits folgt aus ihrer Reduzierbarkeit zu den Aminen, daß diese Valenz eine C—N-Bindung darstellt. Die Bindung des Sauerstoffs an den Stickstoff hat man stets in gleicher Weise wie in der Salpetersäure formuliert, also in der älteren Literatur mit fünfwertigem Stickstoff und zwei Doppelbindungen (R—N(=O)=O), heute mit einem semipolar gebundenen O-Atom (s. oben), um die Oktettzahl des Stickstoffs nicht zu überschreiten. Wir werden später sehen, daß diese, ursprünglich nur durch die Oktett-Theorie erzwungene Formulierung mit vierbindigem Stickstoff dem tatsächlichen Verhalten der Nitroverbindungen viel besser gerecht wird, als die ältere Doppelbindungsformel.

Die **Benennung** der Nitroverbindungen erfolgt im Gegensatz zu der der meisten Stickstoffderivate ausschließlich von den Kohlenwasserstoffen als Grundverbindungen aus (z. B. *Nitro-methan, Nitro-benzol* usw.), während eine Bezeichnung als alkylsubstituierte Stickstoffverbindungen, etwa den *Alkylaminen* oder *-hydrazinen* entsprechend, nicht gebräuchlich ist. Dieser Umstand führt zuweilen zu Benennungsschwierigkeiten. So ist es z. B. nicht möglich, das *Phenylnitromethan* $C_6H_5—CH_2—NO_2$ oder das *2-Nitro-isobutan* $(CH_3)_3C—NO_2$ bereits in ihren Namen als Derivate des Benzyl- bzw. des tert.Butylradikals zu charakterisieren.

Die **Darstellung** der Nitroverbindungen geschieht im wesentlichen nur nach zwei Verfahren: 1. der Nitrierung von CH-Verbindungen mittels Salpetersäure oder ihren Derivaten und 2. der Alkylierung oder Arylierung der salpetrigen Säure. Ihnen schließen sich als weitere Bildungsweisen ohne größere Bedeutung an: 3. die Einführung der Nitrogruppe durch Anlagerungsreaktionen und 4. die Umwandlungen anderer Stickstoff-Funktionen in die Nitrogruppe.

Zu 1. Unter **Nitrierung** im weitesten Sinn versteht man jede Einführung von Nitrogruppen in eine organische Verbindung. Im praktischen Gebrauch wird der Begriff jedoch wesentlich enger gefaßt, und man bezeichnet als *Nitrierung* schlechthin lediglich die Substitution organisch gebundenen Wasserstoffs (und einiger anderer Substituenten, vgl. S. 643) durch die Nitrogruppe mittels Salpetersäure, ihren Derivaten und neuerdings auch N_2O_4:

$$\begin{matrix} R—H + HO—NO_2 \xrightarrow{-H_2O} \\ R—H + RO—NO_2 \xrightarrow{-ROH} \end{matrix} \quad R—NO_2 \quad \begin{matrix} \xleftarrow{-HNO_2} R—H + O_2N—NO_2 \\ \xleftarrow{-AcOH} R—H + Ac—O—NO_2 \end{matrix}$$

Bzgl. des Mechanismus vgl. **II**, Kap. 4 II, 3b.

Da unter den Bedingungen der Nitrierungsreaktion auch Hydroxyl- und Amino- (bzw. Amid-)Wasserstoff substituiert wird, d. h. Alkohole verestert und Amine (bzw. Säureamide) in die Nitramide übergeführt werden (Gleichungen formulieren!), spricht man in diesen Fällen häufig ebenfalls von „*Nitrierungen*" — z. B. der Nitrierung von Cellulose (**III**, Kap. 4, IV, 2a) oder der Nitrierung des Harnstoffs (S. 403) — und bezeichnet die Reaktionsprodukte als „*Nitroverbindungen*". Man muß sich jedoch stets vor Augen halten, daß nur eine formale Analogie vorliegt, und daß es sich in Wirklichkeit um einen grundsätzlich anderen Reaktionstypus handelt.

Die Nitrierung zählt zu den Grundreaktionen der organischen Chemie, da sie es in erster Linie ermöglicht, die im Steinkohlenteer enthaltenen aromatischen und neuerdings auch die in den Erd- und Crackgasen auftretenden aliphatischen Kohlenwasserstoffe in andere organische Verbindungen überzuführen. Sie ist daher in unzähligen Varianten bekannt, von denen wir uns insbesondere a) mit den verschiedenen Anwendungsformen der Salpetersäure und ihren Derivaten, b) mit den Möglichkeiten der katalytischen Beeinflussung und c) dem verschiedenartigen Verhalten des zu substituierenden Wasserstoffs vertraut machen müssen.

Zu a) Eine besondere Beachtung der verschiedenen **Anwendungsformen der Salpetersäure** ist vor allem aus dem Grunde erforderlich, weil die Salpetersäure nicht nur nitrierend sondern auch oxydierend auf organische Verbindungen einwirkt (vgl. S. 907), so daß die Nitrierung häufig von störenden Oxydationsreaktionen begleitet wird. Im allgemeinen gilt für die Vermeidung derartiger Nebenreaktionen die folgende Regel: Mit steigender Salpetersäurekonzentration nimmt die Geschwindigkeit der Nitrierung sehr viel rascher zu und mit sinkender Temperatur wesentlich langsamer ab als die der Oxydationsreaktionen. Bei hoher Salpetersäurekonzentration und tiefer Reaktionstemperatur erzielt man daher die besten Ergebnisse. Dies geht insbesondere aus dem Verhalten des Benzaldehyds hervor, der bei 0° mit einer wasserfreien Salpetersäure-Schwefelsäure-Mischung (Nitriersäure, s. u.) unter Schonung der Aldehydgruppe nitriert werden kann. Im einzelnen ergibt sich etwa die folgende Abstufung der Nitrierwirkung.

α) **Verdünnte Salpetersäure** der Dichte 1,0 bis 1,4 wirkt, von der Reaktion mit den äußerst leicht substituierbaren Phenolen (S. 223, 643) abgesehen, erst bei Temperaturen oberhalb 100° nitrierend auf organische Verbindungen ein, also unter Bedingungen, unter denen im allgemeinen bereits die Oxydationsreaktionen überwiegen. Sie hat daher nur eine beschränkte Anwendung für die Paraffin-nitrierung (S. 643) gefunden.

β) **Konzentrierte** oder **rauchende Salpetersäure** der Dichte 1,4 bis 1,53 zeigt bereits eine erheblich stärkere Nitrierwirkung und tritt häufig schon bei tiefer Temperatur in Reaktion. Doch wird die Säure durch das im Verlaufe der Reaktion entstehende Wasser wieder verdünnt, so daß man zur Aufrechterhaltung der Konzentration einen unverhältnismäßig großen Säureüberschuß verwenden muß. Sie hat daher ebenfalls nur eine beschränkte Anwendung gefunden.

γ) Eine fast vollständige Zurückdrängung des Verdünnungseffektes kann man durch Verwendung der allgemein als **Nitriersäure** bezeichneten Salpetersäure-Schwefelsäure-Mischungen erreichen, deren Wirkung in erster Linie darauf beruht, daß die konzentrierte Schwefelsäure das bei der Reaktion entstehende und gegebenenfalls auch das in der Salpetersäure noch enthaltene Wasser derart fest zum Monohydrat bindet, daß die Salpetersäure bis zuletzt ihre volle Nitrierwirkung beibehält. Infolgedessen läßt sich z. B. Benzol mit einer einen nur 5% Salpetersäureüberschuß enthaltenden Nitriersäure zu 95% in Nitrobenzol überführen.

Eine nochmalige Steigerung der Nitrierwirkung erreicht man durch Verwendung eines Gemisches von rauchender Salpetersäure und konzentrierter Schwefelsäure oder gar von rauchender Salpeter- und rauchender Schwefelsäure. Hier ist es ohne Zweifel nicht mehr die Salpetersäure selbst, sondern irgendeine Anhydroverbindung (N_2O_5 oder $O_2N—O—SO_3H$), die als eigentliches Nitrierungsmittel fungiert (Gleichungen formulieren!).

δ) Weiterhin hat auch eine Mischung von **Salpetersäure und Essigsäureanhydrid** eine gewisse Bedeutung als Nitrierungsmittel erlangt, da Essigsäureanhydrid einerseits ein gutes Lösungsmittel für organische Verbindungen darstellt, andererseits in dem stark sauren Reaktionsmedium sehr rasch hydrolysiert (S. 334) und daher scharf entwässernd wirkt. Allerdings kann man Essigsäureanhydrid nur bei niedriger Temperatur als Lösungsmittel verwenden, da es oberhalb 50° selbst von Salpetersäure angegriffen wird (S. 648/49).

ε) Die stärkste Nitrierwirkung erzielt man schließlich mit **gemischten Salpetersäure-carbonsäure-anhydriden,** speziell mit *Benzoyl-* oder *Acetylnitrat* ($R—CO—ONO_2$, bezüglich der Reaktionsgleichung vgl. S. 640), die bereits bei Temperaturen unter 0° die Reaktion ermöglichen und, da kein Wasser entsteht, auch in organischen Lösungsmitteln zur Anwendung kommen können. Bei höherer Temperatur besteht Explosionsgefahr, so daß dieses Verfahren speziell zur Nitrierung bei tiefen Temperaturen Verwendung findet.

ς) Einen etwas anderen Verlauf nimmt die Nitrierungsreaktion bei Verwendung von **Salpetersäureestern** als Nitrierungsmittel, die sich nicht mehr spontan mit den Kohlenwasserstoffen umsetzen, sondern hierzu der Katalyse bedürfen. Sie gestatten die Einführung der Nitrogruppe einerseits in aktivierte Methylengruppen im Verlaufe einer CLAISEN-Kondensation, also in alkalischem Reaktionsmedium, andererseits in den Benzolkern in Gegenwart von Aluminiumchlorid nach FRIEDEL-CRAFTS, also wiederum unter Bedingungen, die die Verwendung von Salpetersäure selbst ausschließen:

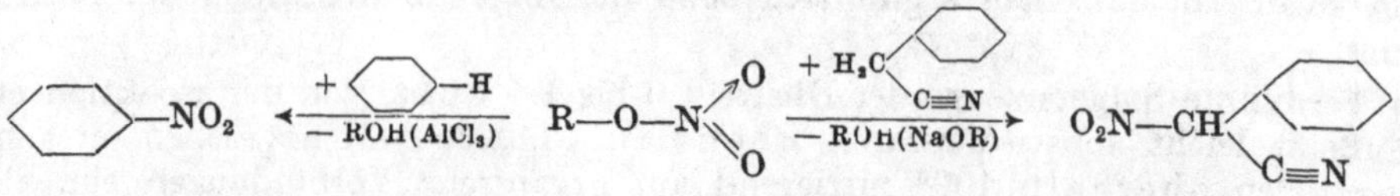

In ähnlicher Weise wie die Alkylnitrate kann man auch *Tetranitromethan* (S. 649) als Nitrierungsmittel verwenden, das ebenfalls in alkalischem Medium (z. B. in Pyridin) zur Anwendung kommt und speziell zur Kern-Nitrierung aromatischer Amine geeignet ist:

$$(O_2N)_3C{-}NO_2 + H_2N{-}C_6H_4{-}H \xrightarrow{+\,Py} H_2N{-}C_6H_4{-}NO_2 + (O_2N)_3CH \cdot Py$$

η) Stickoxyde, speziell N_2O_4, treten nach H. WIELAND (1912) bereits beim Einleiten von nitrosen Gasen in die zu nitrierende Verbindung in Reaktion (bezüglich der Reaktionsgleichung vgl. S. 640). Sie bieten infolge der Vermeidung der Bildung von Wasser gegenüber der Nitriersäure den Vorteil der Umgehung der kostspieligen Gewinnung der konzentrierten Säuren, dem jedoch der Nachteil des zuweilen weniger glatten Reaktionsverlaufes gegenübersteht. Das Verfahren findet hauptsächlich technische Anwendung.

Zuweilen ist N_2O_4 auch das eigentliche aktive Agens bei der Salpetersäurenitrierung, vor allem bei der Verwendung von verdünnter Säure bei höherer Temperatur. Hier kann nach TITOW (1938) bereits eine geringfügige Verunreinigung der Salpetersäure mit nitrosen Gasen, die bei ihrer Oxydationswirkung unvermeidlich ist, die Reaktion im Sinne der folgenden Gleichung katalytisch beschleunigen:

$$R{-}H + O_2N{-}NO_2 \longrightarrow R{-}NO_2 + HNO_2 \xrightarrow{+\,HNO_3} O_2N{-}NO_2 + H_2O$$

Zu b) Eine allgemeine **katalytische Beschleunigung** der Nitrierungsreaktion ist dagegen nur in wenigen Fällen gelungen und hat lediglich spezielles Interesse gefunden. Doch kann man die Richtung des Reaktionsverlaufes durch Zusatz von Katalysatoren stark beeinflussen. Z. B. läßt sich häufig der Ort des Eintritts der Nitrogruppe katalytisch beeinflussen. Besonders in die Augen fallend ist die Nitrierung von Alizarin, die bei Verwendung von Arsensäure als Katalysator in α- und von Borsäure als Katalysator in β-Stellung erfolgt:

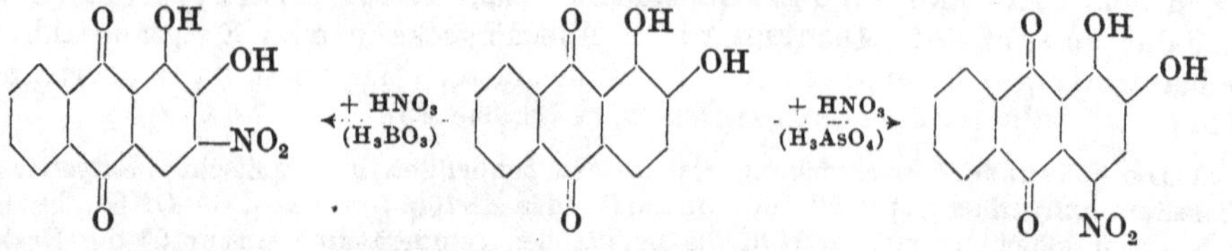

Ähnlich bewirkt ein stark saures Reaktionsmedium eine m-Nitrierung des Anilins (vgl. S. 570) gegenüber der normalen o- oder p-Substitution, und schließlich dirigieren Substituenten erster Ordnung eintretende Nitrogruppen bei tiefer Temperatur (z. B. bei Verwendung von Acetyl- oder Benzoylnitrat als Nitrierungsmittel) meistens bevorzugt in o-Stellung, während bei höherer Temperatur überwiegend p-Substitution eintritt.

Schließlich übt die Nitriersäure in Gegenwart von Quecksilber oder Quecksilbersalzen neben der nitrierenden auch eine oxydierende Wirkung auf den Benzolkern aus, so daß es möglich ist, Benzol durch Zusatz von Quecksilbernitrat in einem Reaktionsgang in Pikrinsäure überzuführen:

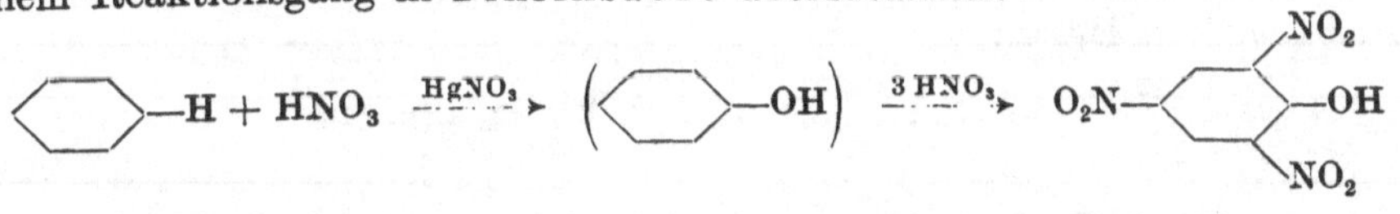

Es ist anzunehmen, daß dieser eigenartige Reaktionsverlauf auf einer intermediären Bildung quecksilberorganischer Verbindungen beruht.

Zu c) Die verschiedenen Arten des organisch gebundenen Wasserstoffs zeigen eine ähnliche Abstufung der Reaktionsfähigkeit, wie wir sie bereits bei der Halogenierungsreaktion (S. 145) kennengelernt haben. Am schwierigsten läßt sich auch hier der normale Paraffinwasserstoff substituieren, der am besten mit verdünnter Salpetersäure bei etwa 150° im Einschlußrohr, in der Technik auch bei Temperaturen zwischen 400 und 500° in der Gasphase, durch die Nitrogruppe ersetzt wird. Doch können Oxydationsreaktionen hierbei nicht völlig vermieden werden.

Besonders die letzte Reaktion hat in neuerer Zeit in Amerika praktische Bedeutung erlangt, um die großen Mengen der in den Erd- und Erdölgasen enthaltenen Paraffine einer nutzbringenden Verwertung zuzuführen. Hierdurch gewinnt die Nitrierungsreaktion in der aliphatischen Reihe eine ähnlich wichtige Grundstellung, wie sie sie in der aromatischen Reihe seit jeher innegehabt hat.

Mit der Aktivität des Wasserstoffs nimmt die Nitrierbarkeit der Kohlenwasserstoffe rasch zu. So können normale aromatische Kohlenwasserstoffe durch Nitriersäure bereits bei Temperaturen zwischen 0 und 50° nitriert werden, und nur die besonders schwer zu substituierenden Verbindungen, die ein oder zwei Substituenten zweiter Ordnung im Molekül enthalten, erfordern schärfere Reaktionsbedingungen. Auch der Seitenkettenwasserstoff des Toluols wird durch verdünnte Salpetersäure bereits bei mäßig erhöhter Temperatur angegriffen, doch ist es im Gegensatz zur Halogenierung (S. 147) nicht möglich, scharf zwischen Seitenketten- und Kernnitrierung zu trennen. Am leichtesten, und zwar bereits durch verdünnte Salpetersäure bei Temperaturen unter 100°, kann schließlich aktiver aliphatischer Wasserstoff in α-Stellung zu Carbonyl-, Cyan-, Nitrogruppen usw., sowie aktiver aromatischer Wasserstoff in o- und p-Stellung zu Oxy- und Aminogruppen, nitriert werden. Man verwendet aber auch hier häufig konzentrierte Salpeter- oder gar Nitriersäure, um die gerade bei diesen Verbindungen besonders leicht eintretenden Oxydationsreaktionen zurückzudrängen.

Außer Wasserstoff werden bei der Einwirkung von Nitriersäure auch aromatisch gebundene Sulfo-gruppen (S. 684) sowie zuweilen Nitroso- und Carboxylgruppen durch die Nitrogruppe substituiert. Insbesondere der Ersatz der Sulfonsäuregruppe hat für die Darstellung der nitrierten Phenole praktische Bedeutung erlangt, da er gegenüber der direkten Nitrierung von Phenol weniger von Nebenreaktionen begleitet ist.

Zu 2. Wie bereits erwähnt, entstehen bei der **Alkylierung von Metallnitriten** die *Nitroverbindungen* und *Salpetrigsäureester* nebeneinander (S. 203, 639). Man muß daher geeignete Reaktionsbedingungen ausfindig machen, um die meistens bevorzugte Bildung der Alkylnitrite zurückzudrängen. Dies gelingt a) durch Variation des Metall-Ions, b) durch Variation der Säurekomponente und c) durch Variation der Alkylkomponente des Halogenierungsmittels.

Zu a) Während die Alkylhalogenide auf Alkalinitrite fast nur veresternd einwirken, entstehen nach V. Meyer bei Verwendung von Silbernitrit in mehr oder weniger guter Ausbeute daneben auch die Nitroverbindungen, die sich auf Grund ihres wesentlich höheren Siedepunktes (S. 645) leicht von den Salpetrigsäureestern abtrennen lassen:

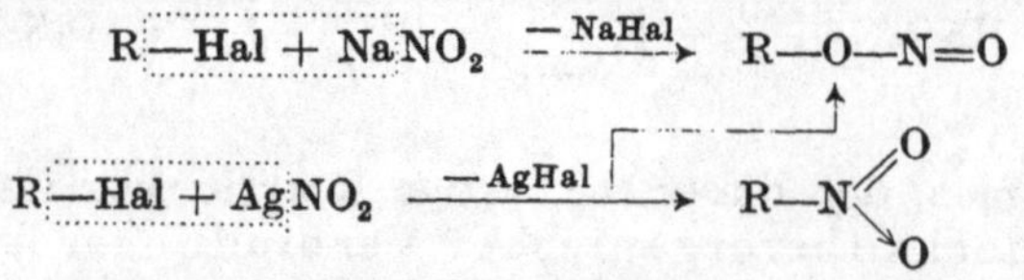

Zu b) Verwendet man statt der Alkylhalogenide die Mono- oder Dialkylsulfate als Alkylierungsmittel, so lassen sich zuweilen auch die Alkalinitrite in Nitroverbindungen überführen.

Zu c) Beim Übergang von den nullären über die primären zu den sekundären und tertiären Alkylhalogeniden beobachtet man beim Verfahren von V. Meyer eine Zunahme der unerwünschten Bildung von Salpetrigsäureestern. Einen entgegengesetzten Effekt bewirkt die Einführung einer Carboxylgruppe in den Alkylrest in α-Stellung zum Halogenatom, d. h. die Verwendung der α-Halogenfettsäuren als Alkylierungsmittel nach Kolbe. Speziell im Falle der Chloressigsäure kann man hier sogar die Alkalinitrite als Reaktionskomponente verwenden und erhält, da die primär entstehende Nitroessigsäure sofort CO_2 abspaltet (S. 648), ebenfalls ein nicht substituiertes Nitroparaffin als Reaktionsprodukt:

$$O_2N\,Na + Cl{-}CH_2{-}COOH \longrightarrow (O_2N{-}CH_2{-}COOH) \xrightarrow{-CO_2} \underset{\text{Nitromethan}}{CH_3{-}NO_2}$$

Die höheren α-Halogenfettsäuren reagieren weniger glatt und neigen z.T. bereits wieder zur Bildung von Salpetrigsäureestern.

Eine Arylierung der salpetrigen Säure ist nur durch Zersetzung von Diazoniumnitriten nach Sandmeyer (S. 620, 21) möglich und führt stets ausschließlich zu den Nitroverbindungen. Die Methode dient insbesondere zur Nitrierung des Benzolkerns entgegen den Substitutionsregeln von Holleman, z. B. zur Darstellung von o- und p-Dinitrobenzol:

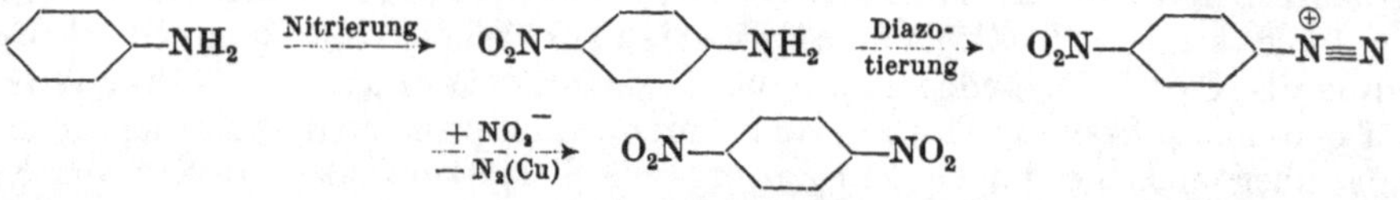

Zu 3. Auch durch **Anlagerung von Stickoxyden an Olefine** kann man Nitrogruppen in organische Moleküle einführen. Doch entstehen hierbei niemals einfache Nitrokörper, sondern stets die zwei Stickstoff-Funktionen im Molekül enthaltenden Pseudonitrosite und Dinitroverbindungen (vgl. S. 90, Gleichungen formulieren!). Eine weitere unter Bildung einer Nitrogruppe erfolgende Anlagerungsreaktion haben wir in der Addition von konzentrierter Salpetersäure an Äthylen zum Nitroäthylalkohol (bzw. dessen Salpetersäureester) bereits kennengelernt (S. 95). Alle diese Möglichkeiten haben jedoch nur theoretisches Interesse gefunden, insbesondere als Modellreaktion der aromatischen Nitrierung (vgl. auch **II**, Kap. 4, II, 3b).

Zu 4. Die **Überführung anderer Stickstoff-Funktionen** in die Nitrogruppe ist ebenfalls nur von theoretischem Interesse. Sie gelingt am einfachsten durch Anlagerung von Sauerstoffatomen an Nitrosoverbindungen mittels Hydroperoxyds, ist also direkt mit der Aminoxydbildung (S. 592) vergleichbar:

Auch die direkte Oxydation primärer Amine zu den entsprechenden Nitroverbindungen kann zuweilen mittels Peroxyverbindungen bewerkstelligt werden. Doch wird hierbei im allgemeinen leichter der organische Rest als der Stickstoff angegriffen.

Physikalische Eigenschaften. Die Nitroverbindungen zeigen infolge ihres hohen Dipolmomentes einen auffallend hohen Siedepunkt, der in der aliphatischen Reihe den der isomeren Salpetrigsäureester um etwa 100° übersteigt. Dagegen liegen ihre Schmelzpunkte ziemlich tief, so daß die einfachen aliphatischen und aromatischen Nitroverbindungen flüssig sind. Im übrigen lassen die aromatischen Glieder der Reihe die gleichen Schmelz- und Siedepunktsregeln erkennen, die wir bei anderen aromatischen Substanzen schon mehrfach beschrieben haben (vgl. z. B. Tab. 4, S. 126 u. Tab. 9, S. 166).

Tabelle 30

Die physikalischen Eigenschaften einiger Nitroverbindungen

	Sdp.	Smp.	D/T.		Sdp.	Smp.
Nitromethan	101°	—29°	1,322/25°	m-Dinitrobenzol	297°	90°
Nitroäthan	114°	—	1,053/20°	sym-Trinitrobenzol	Zers.	123°
Phenylnitromethan	225°	—	1,154/25°	2,4,6-Trinitrotoluol	Zers.	81°
Dinitromethan	Zers.	<—15°	—	o-Nitrophenol	214°	45°
Trinitromethan	46°/22 mm	22°	1,597/24°	m-Nitrophenol	194°/70 mm	97°
Tetranitromethan	126°	13°	1,643/17°	p-Nitrophenol	280° [1]	114°
Nitrobenzol	211°	6°	1,223/0°	Pikrinsäure	subl.	123°
o-Nitrotoluol	222°	—4°	1,167/16°	Styphninsäure	—	175°
m-Nitrotoluol	231°	16°	1,160/18°	o-Nitranilin	—	72°
p-Nitrotoluol	238°	51°	1,375/55°	m-Nitranilin	>285°	114°
				p-Nitranilin	—	148°

Trotz ihres hohen Dipolmomentes zeigen die Nitroverbindungen einen ausgesprochen lipophilen und hydrophoben Charakter. Sie sind infolgedessen bei allgemeiner Mischbarkeit mit organischen Lösungsmitteln fast vollständig wasserunlöslich.

Von ihren sonstigen physikalischen Eigenschaften sind vor allem ihre Farbeigenschaften von Interesse. Während die aliphatischen Glieder der Reihe noch nahezu farblos erscheinen, sind die einfachen aromatischen Nitroverbindungen schwach und komplizierte Nitrokörper, wie etwa die Nitraniline, intensiv gelb. Geht man schließlich zu den Alkalisalzen der Nitrophenole und Nitraniline über, so tritt eine nochmalige Farbvertiefung nach gelb bzw. orange ein (vgl. auch S. 657/59).

Hinsichtlich ihrer chemischen Reaktionsfähigkeit zeigen die aliphatischen und aromatischen Nitroverbindungen tiefgreifende Unterschiede, so daß wir die beiden Verbindungsklassen getrennt behandeln müssen.

---

[1]) Aus den Siedezahlen berechnet, da p-Nitrophenol nicht ohne Zersetzung destillierbar ist.

2. Die aliphatischen Nitroverbindungen

Die Reaktionen der aliphatischen Nitroverbindungen lassen sich unterteilen in 1. die Umsetzungen der Nitrogruppe und 2. die Umsetzungen des organischen Restmoleküls.

Zu 1. Die **Nitrogruppe** zeichnet sich trotz ihrer starken Oxydationswirkung bei normaler Temperatur durch eine ziemliche Beständigkeit und Reaktionsträgheit aus, so daß sie, abgesehen von den verschiedenen Reduktionsreaktionen, kaum irgendwelchen Umsetzungen zugänglich ist. Auch die Reduktion (vgl. S. 537), die man praktisch meistens mit nascierendem Wasserstoff vornimmt, verläuft schwieriger als die aller anderen Stickstoffverbindungen, und man erhält daher meistens, ohne daß irgendwelche Zwischenprodukte faßbar sind, direkt die primären Amine als Reaktionsprodukt (Gleichung formulieren!). Lediglich die Hydroxylaminoverbindungen können in Analogie zur Bildung der Arylhydroxylamine (S. 594) durch Reduktion mit Zink in salmiakneutraler Lösung gewonnen werden (Gleichung formulieren!).

Bei höherer Temperatur geht die Reduktion der Nitrogruppe auch innermolekular vor sich, d. h. der Sauerstoff wandert vom negativen Stickstoff zum positiven Kohlenstoff oder Wasserstoff. Reicht hierbei die Zahl der Nitrogruppen aus, um den gesamten organischen Molekülteil zu „verbrennen“, so verläuft die Reaktion bei der starken gegenseitigen Annäherung der „Reaktionspartner“ sehr rasch und geht in eine Explosion oder gar Detonation über. Polynitroverbindungen zeigen daher stets eine gewisse Explosionsneigung und dienen, soweit sie gegen Lagerung, Stoß und auch mäßige Temperaturerhöhung stabil sind, was namentlich bei den aromatischen Polynitroverbindungen der Fall ist, in der Technik als wichtige Sprengstoffe.

Neben den Reduktionsreaktionen sollte man insbesondere Anlagerungs- oder Kondensationsreaktionen der N=O-Doppelbindung erwarten. Diese zeigt jedoch in den Nitroverbindungen aus den in **II**, Kap. 3, III, 2 näher erörterten Gründen einen nur sehr schwach ausgeprägten ungesättigten Charakter, so daß die Nitrogruppe als solche gegenüber den üblichen Reagentien auf polare Doppelbindungen, wie etwa Natronlauge, Aminen, aktiven Methylengruppen und auch Säuren, absolut stabil ist. Lediglich mit metallorganischen Verbindungen vermag sie in Reaktion zu treten. (Näheres vgl. S. 723).

Auch eine hydrolytische oder anderweitige Abspaltung der aliphatisch gebundenen Nitrogruppe ist bisher nicht (bzw. nur beim Tetranitromethan; vgl. S. 649) gelungen.

Zu 2. Der **Einfluß der Nitrogruppe** auf den **Alkylrest** ist dem der Carbonyl- und Carboxylgruppe sehr ähnlich, jedoch wesentlich stärker, so daß die zum Nitrostickstoff α-ständige Methylengruppe hinsichtlich ihrer Aktivität etwa in die Mitte zwischen die einer Mono- und einer 1,3-Dicarbonylverbindung eingereiht werden muß. Im einzelnen beobachtet man die folgenden Reaktionen:

a) Die Nitro-Acinitro-Tautomerie. Der α-ständige Methylenwasserstoff der aliphatischen Nitroverbindungen ist stark aktiviert und zeigt deutlich saure Eigenschaften (z. B. weist Nitromethan mit einem p_K-Wert von 11 eine ähnliche Säurestärke auf wie Phenol). Die Nitroparaffine lösen sich daher, ähnlich wie die 1,3-Dicarbonylverbindungen, in Natronlauge unter Salzbildung auf. Das Anion der hierbei entstehenden Salze ist zwischen den Strukturen II und III mesomer, so daß sich von ihm außer der normalen Nitroverbindung I auch die „Acinitroverbindung“ IV als zugehörige Säure ableitet:

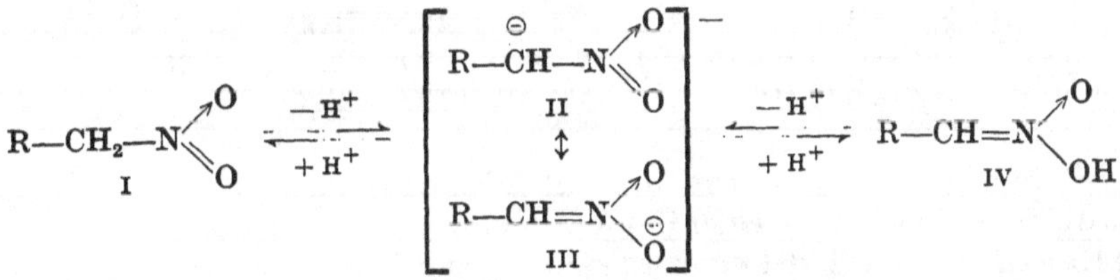

Zwischen den Nitro- und Acinitroverbindungen besteht infolge dieser leichten gegenseitigen Umwandelbarkeit ein ähnliches Tautomerieverhältnis wie zwischen Oxoverbindungen und Enolen, und man spricht daher allgemein von einer *Nitro-Acinitro-Tautomerie* sowie von der *Nitro-Form* und der *Acinitro-Form* eines Nitroparaffins. Doch ist die Lage des Tautomeriegleichgewichtes noch wesentlich stärker zuungunsten der „Enolform", d. h. hier der Acinitroform, verschoben als bei den Oxoverbindungen, so daß die Aciformen nur in den seltensten Fällen experimentell nachweisbar sind, und die meisten Nitroparaffine ausschließlich in Form der einheitlichen Nitroverbindungen vorliegen. Man kann bei den einfachen Nitroparaffinen daher ebensowenig von einer wirklichen Tautomerie sprechen wie bei den Aldehyden und Ketonen, sondern lediglich von dem Verschwinden einer Isomeriemöglichkeit (vgl. auch **II**, Kap. 5, II, 3).

b) Der **Wasserstoff der α-ständigen Methylengruppe** kann ähnlich leicht substituiert werden wie der der Aldehyde und Ketone. So erhält man z. B. bei der Einwirkung von Halogenen sofort die α-Halogen-nitroparaffine (Gleichung formulieren!).

Von besonderer Bedeutung sind die mit salpetriger Säure entstehenden Verbindungen, da die Reaktion in ähnlicher Weise wie bei den Aminen in Abhängigkeit von der Zahl der substituierbaren H-Atome einen verschiedenartigen Verlauf nimmt und dadurch eine Unterscheidung der primären, sekundären und tertiären Nitroverbindungen gestattet:

Primäre Nitroverbindungen gehen in Analogie zu den Aldehyden und Ketonen (S. 289) in die Oxime von α-Oxonitrokörpern über, die intensiv rot sind und wegen ihrer stark sauren Reaktion als **Nitrolsäuren** bezeichnet werden:

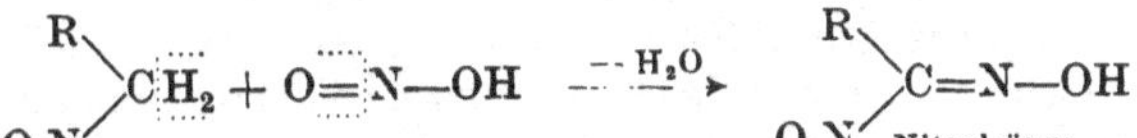

Nitrolsäure

Die *sekundären Nitroverbindungen* können keine Oxime mehr bilden, sondern kondensieren mit der salpetrigen Säure zu echten Nitrosoverbindungen, die als solche an ihrer intensiv blauen Farbe (S. 661) zu erkennen sind und wegen ihrer neutralen Reaktion im Gegensatz zu den Nitrolsäuren den Namen **Pseudonitrole** erhalten haben:

Pseudonitrol

Die *tertiären Nitroverbindungen* sind schließlich gegenüber salpetriger Säure indifferent.

c) Die aktive Methylengruppe der Nitrokörper ist in gleicher Weise zu **Kondensationsreaktionen** befähigt wie die der Aldehyde und Ketone. Z. B. erleidet Nitromethan bei der Einwirkung von Formaldehyd und Alkali eine ähnliche dreifache Aldolkondensation bis zur Substitution sämtlicher aktiver H-Atome, wie Acetaldehyd (S. 252):

Trioxymethyl-nitromethan

Ferner tritt in alkalischem Medium mit Diazoniumsalzen in ähnlicher Weise Kupplung unter Ausbildung einer C—N-Bindung ein wie bei den Enolaten (S. 625), und mit Benzaldehyd findet eine der Bildung von Zimtaldehyd (S. 258) analoge Kondensation unter Wasserabspaltung zum Phenylnitro-äthylen statt:

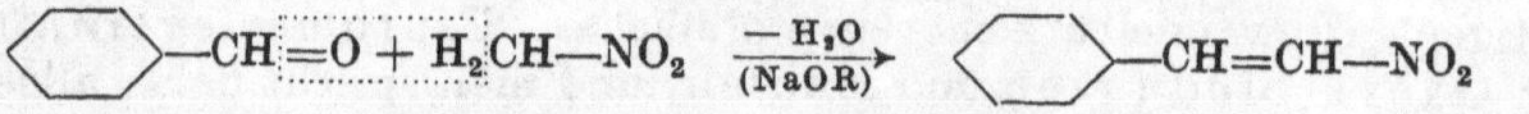

d) Die Nitrogruppe bewirkt eine noch stärkere **Labilisierung** der am α-ständigen C-Atom befindlichen **Acylreste** und **Carboxylgruppen** wie die Carbonylgruppe in den 1,3-Diketonen, 1,3-Ketocarbonsäuren und der Malonsäure. Dies geht besonders deutlich aus dem folgenden Vergleich der Stabilitätsverhältnisse α-substituierter Carbonsäuren hervor:

HOOC—CH_2—COOH	CH_3—CO—CH_2—COOH	O_2N—CH_2—COOH
Malonsäure (S. 460) bis 134° beständig	Acetessigsäure (S. 499) nur bei tiefer Temp. isolierbar	Nitroessigsäure nicht existenzfähig

Ebenso erfolgt die hydrolytische Abspaltung der Ketogruppe bei Anwesenheit mehrerer Nitrogruppen an einem α-ständigen C-Atom außerordentlich leicht, so daß man unter energischen Nitrierungsbedingungen aus Aceton oder Essigsäureanhydrid in einem Reaktionsgang Di-, Tri- und Tetranitromethan erhält (vgl. S. 246, 334):

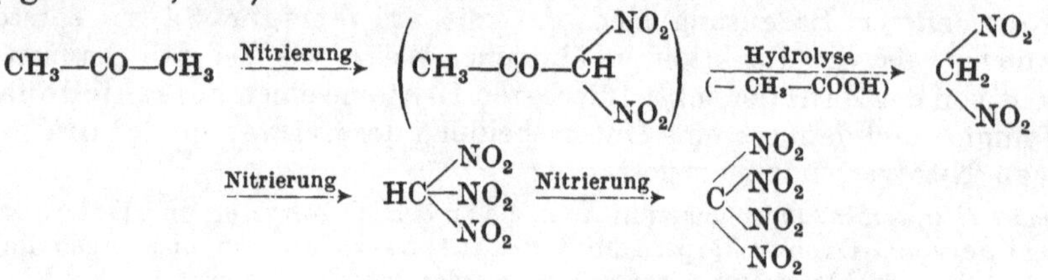

Einzelverbindungen: Nitromethan CH_3—NO_2 wird präparativ nach der Methode von Kolbe aus Chloressigsäure und Natriumnitrit (S. 644; Gleichung formulieren!), technisch durch Nitrierung von Methan mittels Salpetersäure bei 400—500° gewonnen. Es nimmt als Anfangsglied der Reihe zuweilen eine Sonderstellung ein. Z. B. erleidet es bei der Einwirkung von starker Kalilauge eine eigenartige Kondensation zur *Methazonsäure* (Nitro-acetaldoxim), bei der unter Verknüpfung der C-Atome zweier Nitromethanmoleküle — bei einem der Aldolkondensation analogen Verlauf sollte man die Verknüpfung eines C-Atoms mit dem Stickstoff des zweiten Nitromethanmoleküls erwarten — eine Nitrogruppe zum Oxim reduziert wird:

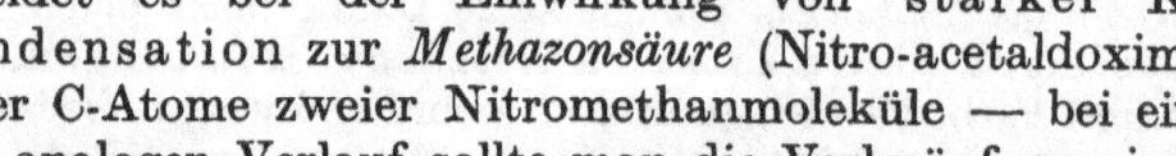

Methazonsäure

Ferner ist die bei der Einwirkung von salpetriger Säure entstehende *Methylnitrolsäure* ein wichtiges Zwischenprodukt bei der technischen Knallsäuresynthese (S. 745).

Technisch findet Nitromethan neuerdings in der Sprengstoffindustrie Anwendung zur Herstellung des oben beschriebenen Trioxymethyl-nitromethans, dessen Salpetersäureester ($(O_2N$—O—CH_2—$)_3C$—NO_2), das *Trioxymethyl-nitromethan-trinitrat*, eine dem Tetranitro-pentaerythrit (S. 422) ähnliche Konstitution und auch Sprengwirkung aufweist.

Di-, Tri- (in Analogie zum Chloroform auch *Nitroform* genannt) und **Tetranitromethan** erhält man durch Einwirkung von Nitriersäure auf Aceton oder Essigsäureanhydrid (s. o.). Von ihnen hat lediglich das Tetranitromethan einiges Interesse erlangt, da es außerordentlich leicht eine Nitrogruppe hydrolytisch (oder auch anderweitig, vgl. z. B. die auf S. 642 beschriebene Nitrierung mit Tetranitromethan) abspaltet. CLAISEN glaubte daher, ihm die Struktur III eines Salpetersäureesters des Aci-trinitromethans zuerteilen zu müssen. Seine Bildung wäre dann etwa in der Weise zu erklären, daß das Nitroform (I), ähnlich wie einige Triacylmethane (S. 449), bereits überwiegend in der Aci-nitroform (II) auftritt und daher bei Eintritt der vierten Nitrogruppe am Sauerstoff und nicht mehr am Kohlenstoff nitriert wird:

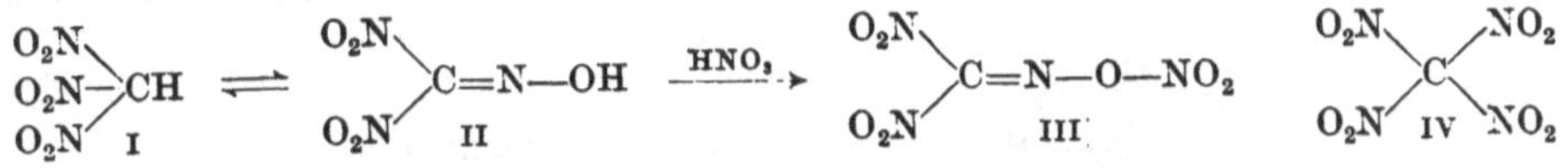

Nach Elektronenbeugungsaufnahmen von STOSICK (1939) liegt im Tetranitromethan jedoch eine echte Tetranitroverbindung des Kohlenstoffs (IV) vor, deren starke Nitrierwirkung lediglich darauf beruht, daß das Nitroform infolge der Aktivierung durch drei Nitrogruppen auch am Kohlenstoff ein bereits ziemlich stark saures Wasserstoff-Atom besitzt, das Tetranitromethan also als gemischtes Anhydrid dieser „Säure" mit Salpetersäure ähnlich reagiert wie Benzoylnitrat, N_2O_5 usw.

Das in reinem Zustand nahezu farblose Tetranitromethan gibt mit Olefinen und aromatischen Verbindungen eine intensive Gelbfärbung, deren Ursache noch ungeklärt ist. Sie dient zuweilen zum qualitativen Nachweis von olefinischen und aromatischen Substanzen.

Ein letztes wichtiges Nitroderivat des Methans ist das *Nitro-chloroform* oder **Chlorpikrin** $Cl_3C—NO_2$, das seinen eigenartigen Namen auf Grund seiner Bildung aus Pikrinsäure und Chlorkalk (vgl. S. 658) erhalten hat und im ersten Weltkrieg zeitweilig als Kampfstoff der Phosgengruppe diente. Es zeigt neben der Giftwirkung auf die Atmungsorgane auch eine starke Reizwirkung, die wieder auf die β-Stellung der Halogenatome zu einer Doppelbindung (vgl. S. 153, 260, 272, 380 u. 650) zurückzuführen ist.

Phenylnitromethan (*ω-Nitrotoluol*) $C_6H_5—CH_2—NO_2$, der einfachste Vertreter eines in der Seitenkette nitrierten aromatischen Kohlenwasserstoffs, entsteht bei der Nitrierung von Toluol mit verdünnter Salpetersäure neben den kernnitrierten Verbindungen und wird in einheitlicher Form entweder nach V. MEYER aus Benzylchlorid und Silbernitrit oder nach WISLICENUS auf dem Wege einer Esterkondensation aus Benzylcyanid und Äthylnitrat gewonnen:

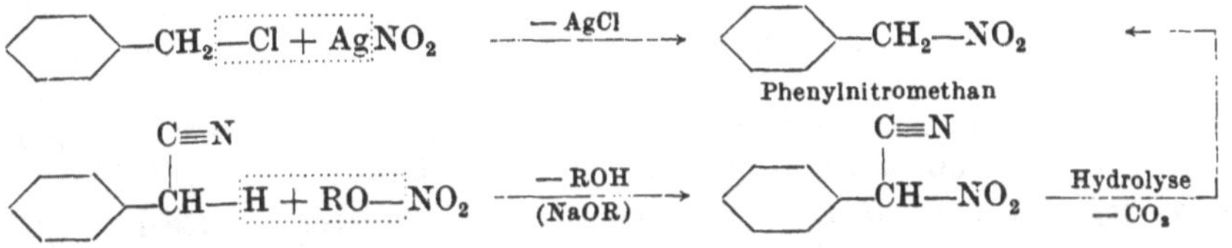

Es zeichnet sich insbesondere durch die Fähigkeit zur Ausbildung der (im folgenden Absatz beschriebenen) freien Acinitro-Verbindung aus, deren Bildungstendenz durch die Konjugation der entstehenden C=C-Doppelbindung mit dem aromatischen Kern gegenüber der der Nitroparaffine wesentlich erhöht wird.

Aci-phenylnitromethan $C_6H_5—CH{=}NOOH$ gewinnt man durch Ansäuern der Lösung von normalem Phenylnitromethan in Natronlauge. Es ist eine metastabile, schön kristallisierende Substanz vom Smp. 84°, die ihre Natur als Aciverbindung in der stark sauren Reaktion und der elektrischen Leitfähigkeit ihrer wässerigen Lösungen, sowie in Analogie zu den Enolen (S. 217) auch in einer Farbreaktion mit Eisen-III-chlorid und der Fähigkeit zur unmeßbar raschen Anlagerung von Brom, zu erkennen gibt. Im Verlaufe mehrerer Stunden verwandelt sie sich unter Verflüssigung in das stabile normale Phenylnitromethan zurück, das zu allen diesen Reaktionen nicht befähigt ist.

Nitroäthylen $CH_2{=}CH—NO_2$ als Beispiel eines ungesättigten Nitrokörpers zeigt ebenfalls eine nahe Verwandtschaft zur entsprechenden Carbonylverbindung, dem Acrolein (S. 255). So kann es nach H. Wieland in Analogie zu diesem durch vorsichtige Wasserabspaltung aus Nitroäthylalkohol gewonnen werden, da auch die Nitrogruppe die Abspaltbarkeit einer β-ständigen Hydroxylgruppe erhöht:

$$\underset{\displaystyle CH_2}{\overset{OH}{|}}—\underset{\displaystyle CH}{\overset{H}{|}}—NO_2 \xrightarrow{-H_2O} CH_2{=}CH—NO_2$$

Ferner zeichnet es sich in gleicher Weise durch eine starke Polymerisationsneigung und eine Reizwirkung auf die Augen aus.

Die bei der Anlagerung von N_2O_3 und N_2O_4 an Olefine entstehende **Pseudonitrosite** und **Dinitroverbindungen** (S. 90) weisen als neuartige Reaktion eine auffallend leichte Abspaltbarkeit der (einen) Nitrogruppe als salpetrige Säure auf:

$$\underset{\displaystyle CH_2}{\overset{NO}{|}}—\underset{\displaystyle CH_2}{\overset{NO_2}{|}} \xrightarrow[-HNO_2]{+H_2O} \underset{\displaystyle CH_2}{\overset{NO}{|}}—\underset{\displaystyle CH_2}{\overset{OH}{|}} \qquad \underset{\displaystyle CH_2}{\overset{NO_2}{|}}—\underset{\displaystyle CH_2}{\overset{NO_2}{|}} \xrightarrow[-HNO_2]{+H_2O} \underset{\displaystyle CH_2}{\overset{NO_2}{|}}—\underset{\displaystyle CH_2}{\overset{OH}{|}}$$

Sie sind infolgedessen sehr unbeständige Substanzen, die keinerlei praktische Bedeutung erlangt haben. Die Abspaltungsreaktion erfolgt insbesondere auch bei den meisten Versuchen, die Nitro- zur Aminogruppe zu reduzieren, worauf die auf S. 92 beschriebenen Schwierigkeiten bei der Konstitutionsermittlung in erster Linie zurückzuführen sind.

3. Die aromatischen Nitroverbindungen

Die aromatischen und aliphatischen Nitroverbindungen unterscheiden sich im wesentlichen darin, daß die aromatischen Glieder der Reihe infolge der tertiären Natur des Arylrestes nicht zur Nitro-Acinitro-Tautomerie und zu anderen durch die aktive Methylengruppe bedingten Reaktionen befähigt sind. Dagegen beobachtet man eine sehr starke Beeinflussung der Reaktionsfähigkeit des aromatischen Kerns und der an diesem Kern befindlichen Substituenten durch die Nitrogruppe, so daß man zu folgender Unterteilung der Reaktionen gelangt: 1. die Umsetzungen der Nitrogruppe, 2. das Verhalten des aromatischen Kerns, 3. das Verhalten der in o- und p-Stellung zur Nitrogruppe befindlichen Substituenten. Ihnen schließt sich 4. die Bildung zwischenmolekularer Additionsverbindungen, insbesondere mit aromatischen Kohlenwasserstoffen, an, auf die jedoch erst in II, Kap. 6, III, 1b näher eingegangen werden kann.

Zu 1. Die **Nitrogruppe** zeigt im wesentlichen die gleiche Reaktionsfähigkeit wie in der aliphatischen Reihe, doch sind die Reaktionsmöglichkeiten infolge der teilweisen Mitbeteiligung des aromatischen Kerns an den Umsetzungen mannigfaltiger und haben auch eine größere praktische Bedeutung erlangt. Bei weitem an erster Stelle stehen wiederum die **Reduktionsreaktionen,** die in Abhängigkeit vom Reaktionsmedium verschiedenartig verlaufen und insbesondere von HABER, GATTERMANN und ELBS aufgeklärt wurden. Danach spielen sich etwa die folgenden Vorgänge ab:

Als primäre Reduktionsprodukte einer aromatischen Nitroverbindung erhält man stets die Nitrosoverbindung und das Arylhydroxylamin, die jedoch beide wesentlich rascher weiter reagieren, als die Nitroverbindung reduziert wird, so daß sie im allgemeinen nicht isolierbar sind[1]). Vor allem das reaktionsfähige Arylhydroxylamin erleidet in Abhängigkeit vom p_H des Reaktionsmediums verschiedene sekundäre Umwandlungen, so daß wir die folgenden vier Reaktionsmöglichkeiten unterscheiden müssen:

a) In **stark saurer Lösung** erfolgt die auf S. 569, 594 beschriebene p-Wanderung der Hydroxylgruppe sehr viel rascher als die weitere Reduktion des Arylhydroxylamins, so daß ausschließlich p-Aminophenole (S. 578) entstehen (Gleichung formulieren!).

Verwendet man Zinn-II-chlorid-Salzsäure als Reduktionsmittel, so beobachtet man zuweilen auch den Eintritt eines Chloratoms statt der Hydroxylgruppe in den aromatischen Kern:

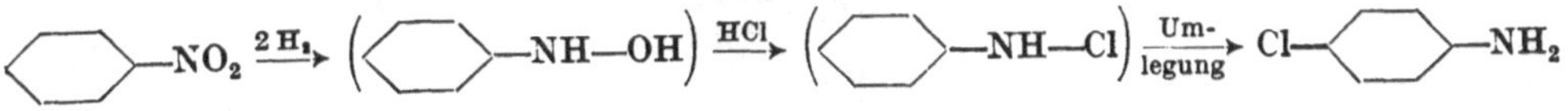

b) In **schwach saurer Lösung** überwiegt die weitere Reduktion des Arylhydroxylamins zur Aminogruppe (vgl. S. 563).

c) In neutraler Lösung in **Gegenwart von Salmiak** bleibt die Reduktion auf der Stufe des Arylhydroxylamins stehen (vgl. S. 594).

d) In **alkalischer Lösung** geht die Reduktion ebenfalls nicht über die Stufe des Arylhydroxylamins hinaus, und dieses fängt in der auf S. 595 beschriebenen Weise aus einer zweiten Reduktionskette die Nitrosoverbindung unter Kondensation zur Azoxyverbindung (S. 632) ab. Letztere kann dann je nach den Reaktionsbedingungen entweder direkt isoliert oder gleich weiter zur Hydrazoverbindung, bzw. unter sehr energischen Bedingungen auch bis zur Aminoverbindung, reduziert werden.

Neben diesen Hauptreaktionen können sich in alkalischem Medium grundsätzlich auch die folgenden Nebenreaktionen abspielen: 1. die Kondensation von zwei Molekülen des Arylhydroxylamins zur Azoverbindung (S. 595), 2. die Kondensation der u. U. gebildeten Aminoverbindung mit dem Nitrosokörper zur Azoverbindung (S. 630) und 3. die Konproportionierung der Nitroverbindung mit dem Hydrazokörper zur mittleren Oxydationsstufe der Azoxyverbindung (Gleichungen formulieren!).

Alle diese Reaktionen sind in dem folgenden Schema nochmals übersichtlich zusammengestellt, wobei die im Rahmen der Hauptreaktionen in einem Reaktionsgang isolierbaren Verbindungen durch Fettdruck, die Hauptreaktionen durch ausgezogene und die möglichen Nebenreaktionen durch punktierte Pfeile gekennzeichnet sind:

---

[1]) Sie können jedoch durch rascher verlaufende Kondensationsreaktion abgefangen und nachgewiesen werden. So eignet sich z. B. zum Nachweis der Nitrosoverbindung die auf S. 618 beschriebene Kondensation mit Hydroxylamin zum Diazokörper, der seinerseits an der Bildung von Azofarbstoffen bei der Einwirkung von Phenolaten leicht zu erkennen ist. Zum Abfangen des Arylhydroxylamins verwendet man insbesondere Benzaldehyd, der, wie wir auf S. 595 gesehen haben, mit Arylhydroxylaminen zu einen Nitron zusammentritt.

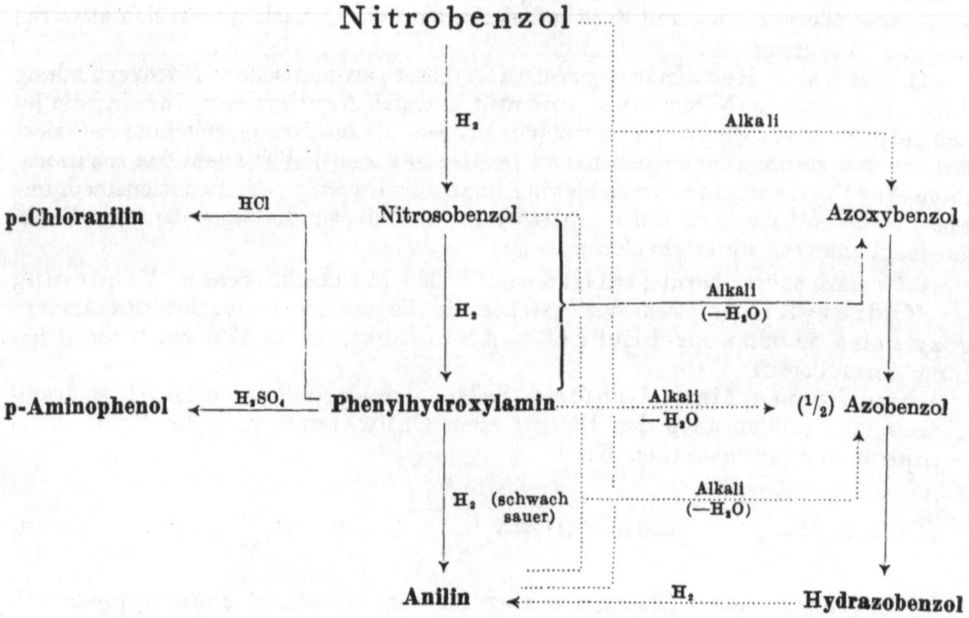

Die **innermolekulare Reduktion** der Nitrogruppe (vgl. S. 646) kann in der aromatischen Reihe nicht nur **ungeregelt** im Verlaufe einer **Explosion**, sondern auch in **übersichtlich verlaufender Reaktion** durchgeführt werden. Ein derartiges Beispiel haben wir bereits auf S. 589 in der unter der Einwirkung von Alkalien erfolgenden Umlagerung von **o-Nitrotoluol** (I) in **Anthranilsäure** (II) kennengelernt. In ähnlicher Weise kann man **o-Nitrobenzaldehyd** (III) unter Wanderung **nur eines O-Atoms** in **o-Nitrosobenzoesäure** (IV) überführen:

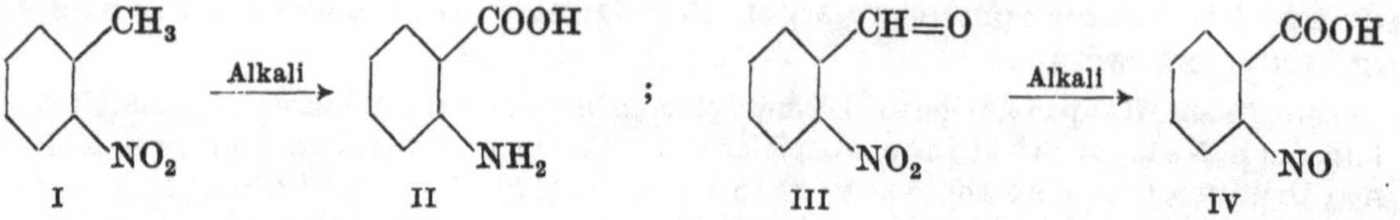

I II III IV

Die übrigen Umsetzungen der Nitrogruppe haben auch in der aromatischen Reihe nur **geringe Bedeutung** erlangt. Neuartig ist vor allem die bei der Einwirkung von **Thionylchlorid** bei 150⁰ oder von **elementarem Brom** bei 200⁰ erfolgende **Substitution der Nitrogruppe** durch Halogen:

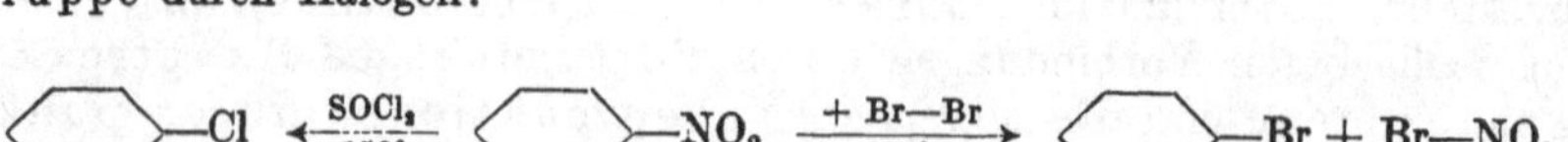

Ferner zeigt die Nitrogruppe infolge ihrer **Aminoxydgruppierung** schwach **basische** Eigenschaften und vermag mit **starken Mineralsäuren** *salzartige Additionsverbindungen* zu bilden, die jedoch durch Wasser sofort wieder hydrolisiert werden:

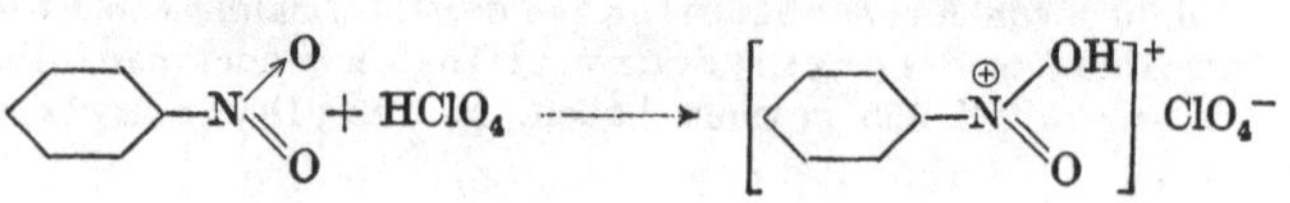

Auch die Löslichkeit aromatischer Nitroverbindungen in konzentrierter Schwefelsäure und die bei der Herstellung dieser Lösungen beobachtete Leitfähigkeitserhöhung sind auf eine derartige Salzbildung zurückzuführen.

Zu 2. Der Einfluß der Nitrogruppe auf die **Reaktionsfähigkeit des aromatischen Kerns** ist der der Alkyl-, Halogen-, Oxy- und Aminogruppe vielfach gerade entgegengesetzt, da die Nitrogruppe als typischer Substituent zweiter Ordnung (S. 130) einerseits die weitere Substitution des Benzolkerns erschwert, andererseits jeden neu eintretenden Substituenten in m-Stellung lenkt. Aber auch die o- und p-Stellung wird durch die Nitrogruppe stark aktiviert, jedoch für einen der normalen anionoiden Substitution (vgl. S. 130) direkt entgegengesetzten Reaktionstypus, der als *kationoide Substitution* des Benzolkerns bezeichnet wird, weil hier das in Reaktion tretende C-Atom des Benzolkerns mit einer Elektronenlücke, d. h. als Carbenium-Kation, zu dem Reaktionspartner übertritt. (Näheres vgl. **II**, Kap. 4, II, 3b). So kann man z. B. im m-Di- oder im sym-Trinitrobenzol, bei denen sich die aktivierende Wirkung der Nitrogruppen verstärkt, mit Hilfe von Hydroxylamin und Natriumäthylat eine „*Aminierung*" des Benzolkerns in o- bzw. p-Stellung zu den Nitrogruppen durchführen:

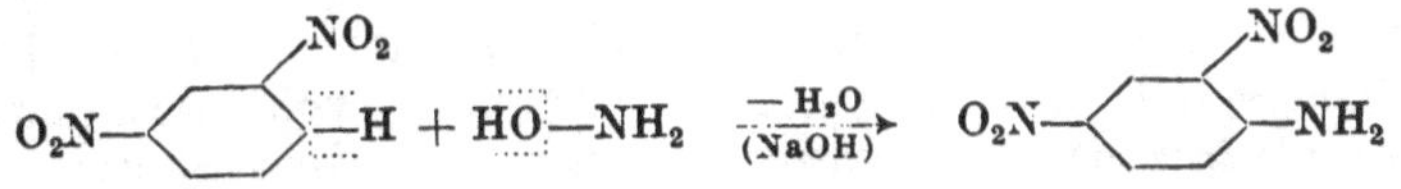

Ähnlich werden Polynitroverbindungen in alkalischem Medium auffallend leicht unter Einführung einer Oxygruppe in o- oder p-Stellung zu den Nitrogruppen oxydiert:

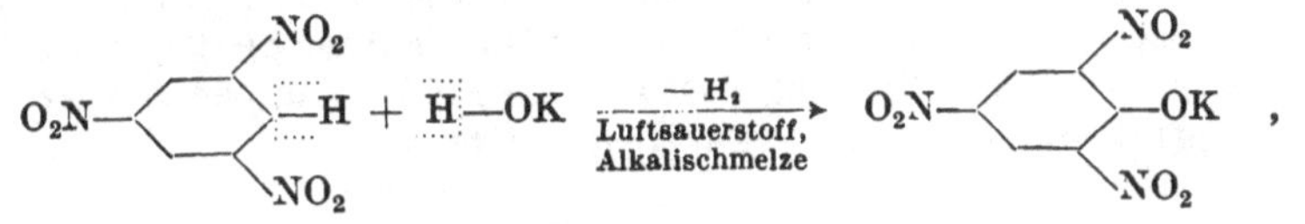

und schließlich beobachtet man bei den Polynitroverbindungen zuweilen auch eine Addition des Alkoholat-Ions in p-Stellung zu einer der Nitrogruppen, wobei unter Aufhebung des aromatischen Bindungssystems das Alkalisalz einer chinolätherartigen Acinitroverbindung (V), die auch als *Nitronsäure* bezeichnet wird, entsteht:

Zu 3. Noch stärker als der o- und p-ständige Wasserstoff werden naturgemäß alle sich in o- oder p-Stellung zur Nitrogruppe befindlichen negativen Substituenten aktiviert, sich als Anionen vom kationoid reagierenden Benzolkern abzulösen, so daß sie wesentlich leichter hydrolytisch abgespalten werden können als vom normalen Benzolkern (Regel von Angeli, vgl. **II**, Kap. 3, III, 2). Die Reaktionsfähigkeit dieser Substituenten nimmt infolgedessen mit der Zahl der zu ihnen o- und p-ständigen Nitrogruppen zu und erreicht in den Derivaten des sym-Trinitrobenzols ein derartiges Ausmaß, daß die normale Reaktionsträgheit der Benzolsubstitutionsprodukte vollständig verschwindet und die Substanzen sich ähnlich leicht wie Säurederivate ineinander umwandeln lassen:

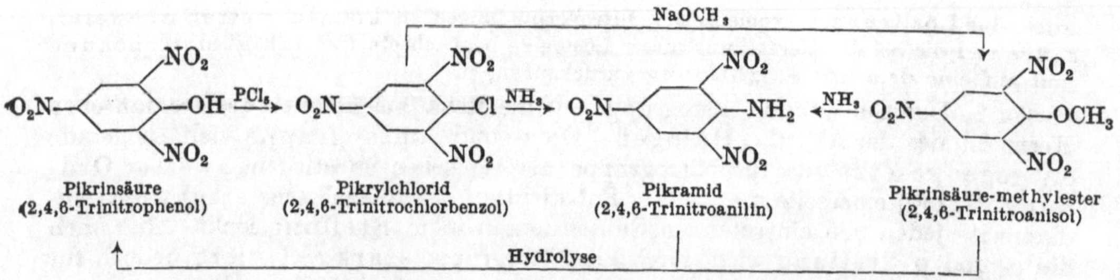

Die wichtigsten hierher gehörenden Reaktionen sind:

a) o- und p-Nitrohalogenbenzole tauschen das Halogenatom bei der Einwirkung basischer Reagentien ähnlich leicht aus wie die Alkylhalogenide. Sie können also im Gegensatz zu den normalen Arylhalogeniden und auch zu den m-Nitrohalogenbenzolen, bei denen diese Aktivierung nicht stattfindet, bereits bei normaler Temperatur als Arylierungsmittel Verwendung finden. Die Aktivität des Halogens steigert sich dann beim Übergang zum 2,4-Dinitrochlorbenzol und insbesondere zum Pikrylchlorid (s. o.) bis zu der der Carbonsäurechloride.

b) Zur Nitrogruppe **o- und p-ständige Hydroxylgruppen** können nicht nur substituiert werden (vgl. z. B. die angeführte Überführung von Pikrinsäure in Pikrylchlorid), sondern zeigen wie die Hydroxylgruppen der Salpetersäuren und der Carbonsäuren eine starke Aciditätserhöhung gegenüber der nicht nitrierten bzw. acylierten Grundverbindung. Wie im einzelnen aus Tabelle 31 zu entnehmen ist, überschreitet der p_K-Wert des 2,4-Dinitrophenols bereits den der Essigsäure, und die Pikrinsäure ist etwa gleich stark sauer wie Benzolsulfonsäure (S. 680), so daß sie bereits zu den starken Säuren zählt. Ferner geht aus den Werten sehr schön die besonders große Wirkung o-ständiger Nitrogruppen sowie der wesentlich geringere Einfluß der m-ständigen Gruppen hervor.

Tabelle 31

Die p_K-Werte einiger Nitrophenole

	p_K		p_K
Phenol (z. Vergleich)	9,89	2,5-Dinitrophenol	5,16
m-Nitrophenol	8,28	3,4-Dinitrophenol	5,43
o-Nitrophenol	7,17	2,4-Dinitrophenol	3,96
p-Nitrophenol	7,16	2,6-Dinitrophenol	3,58
3,5-Dinitrophenol	6,68	2,4,6-Trinitrophenol	0,75

c) Von **sonstigen Substitutionsreaktionen** haben insbesondere die in den Formeln bereits angedeutete saure und alkalische Hydrolyse der Amino- (vgl. auch S. 659) und Alkoxygruppe praktische Bedeutung erlangt. Die Reaktionen gehen bei den Pikrinsäurederivaten wieder besonders glatt vor sich, so daß man hier z. B. auch derart labile Substituenten wie die Azidogruppe durch Erwärmen mit Natronlauge abspalten kann.

d) Während m-Dinitrobenzol gegenüber den Mononitroverbindungen keine wesentliche Stabilitätsverminderung erkennen läßt, aktivieren sich **zwei Nitrogruppen** in p- oder gar o-Stellung gegenseitig, so daß alle o- und p-Dinitroverbindungen sehr unbeständige, leicht zersetzliche Substanzen sind. Insbesondere im 1,2,3,5-Tetranitrobenzol (S. 656) kann man eine der beiden Nitrogruppen ziemlich glatt mittels basischer Reagentien gegen die OH- oder NH_2-Gruppe austauschen, wobei sie als Nitrit-Ion herausgespalten wird:

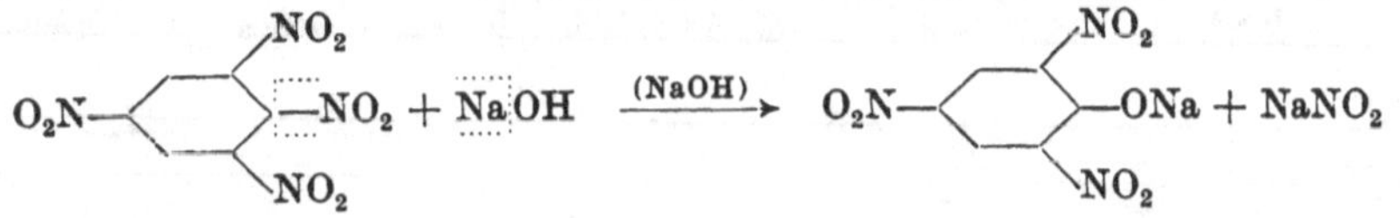

Auffallenderweise ist auch sym-Trinitrobenzol trotz der m-Stellung der Nitrogruppen gegen kochende Alkoholatlösung unbeständig.

e) Auch anderweitige **Aktivierungen der o- und p-ständigen Substituenten** finden zuweilen statt. Z. B. werden die in o- oder p-Stellung zur Nitrogruppe befindlichen **Alkylgruppen** in gleicher Weise aktiviert wie durch eine α-ständige Nitro- oder Carbonylgruppe. 2,4-Dinitro-toluol kann daher mit Benzaldehyd zu einem Stilbenderivat kondensieren:

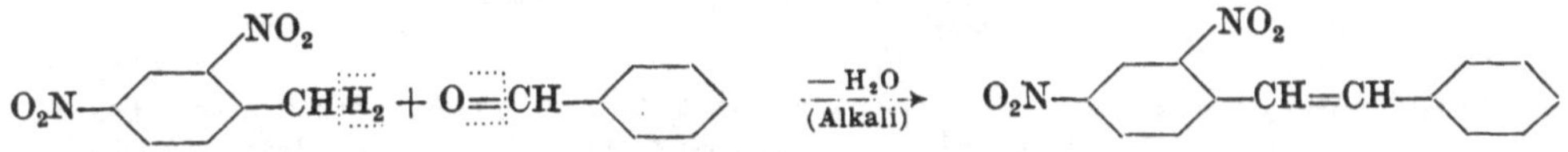

Einzelverbindungen. Nitrobenzol C_6H_5—NO_2 gewinnt man durch Behandeln von Benzol mit Nitriersäure bei Temperaturen unterhalb 50°. Es dient in der Technik als wichtige Zwischenverbindung für die Herstellung von Anilin, Benzidin, p-Aminophenol usw., die wiederum als Ausgangsmaterialien für Farbstoffsynthesen benötigt werden. Ferner findet es eine beschränkte Anwendung als Oxydationsmittel (vgl. z. B. S. 846) sowie wegen seines angenehmen Geruchs zur Parfümierung von Seifen *(Mirbanöl)*. Seine Dämpfe wirken bei längerem Einatmen giftig.

Zur Darstellung von **m-Dinitrobenzol** benötigt man bereits ein Gemisch von rauchender Salpeter- und konzentrierter Schwefelsäure, sowie Reaktionstemperaturen um 100°. Es dient ebenfalls in der Technik als Zwischenprodukt. Insbesondere erhält man durch partielle Reduktion (vgl. S. 563) m-Nitranilin, das sich in zahlreiche weitere m-nitrierte aromatische Substanzen überführen läßt.

Wendet man noch energischere Bedingungen an (Erhitzen mit einer Mischung von rauchender Schwefel- und rauchender Salpetersäure im Einschlußrohr auf 200°), so erhält man als Endprodukt der direkten Nitrierung von Benzol das **sym-Trinitrobenzol.** Es ist eine bei normaler Temperatur sehr beständige, nur bei Initialzündung detonierende Verbindung, die jedoch wegen ihrer kostspieligen Darstellung keine Verwendung als Sprengstoff gefunden hat.

Die Nitrierung von Toluol geht infolge des die Substitution des Benzolkerns erleichternden Einflusses der Methylgruppe (Substituent 1. Ordnung!) wesentlich leichter vor sich als die des Benzols, so daß im **2, 4, 6-Trinitro-Toluol** *(Trotyl, TNT* u. a. Decknamen) eine leicht zugängliche aromatische Trinitroverbindung vorliegt. Es ist ähnlich beständig wie Trinitrobenzol und kann ebenfalls nur durch Initialzündung zur Detonation gebracht werden, so daß es sich hervorragend als Sprengstoff eignet.

Eine weitere Gruppe von symmetrischen Trinitroverbindungen, die neben den Nitrogruppen u. a. auch eine tert.-Butylgruppe im Ring enthalten, zeichnet sich durch einen moschusartigen Geruch aus. Die wichtigsten dieser Substanzen sind der **Toluol-** (I) und der **Xylol-moschus** (II), die durch Nitrieren der auf S. 136 beschriebenen Kohlenwasserstoffe m-tert-Butyl-toluol und sym-tert-Butylxylol gewonnen werden, und von denen der Xylolmoschus einen vollständig substituierten Benzolkern besitzt:

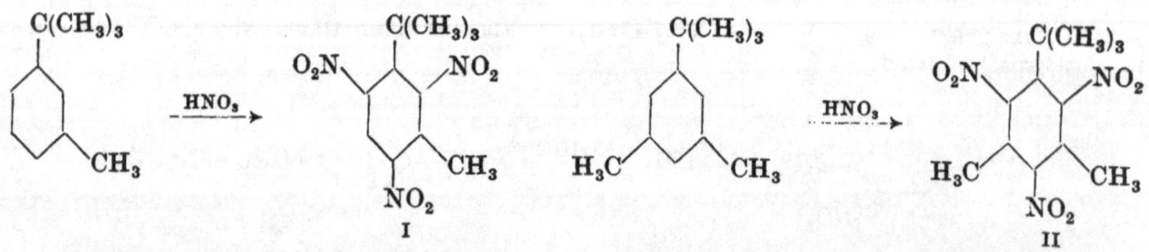

Die höchste bekannte Nitrierungsstufe des Benzols liegt im **1,2,3,5-Tetranitrobenzol** vor. Es kann nicht mehr durch direkte Nitrierung von Benzol, sondern nur auf einem Umweg — durch Oxydation von Pikramid mit Perschwefelsäure — erhalten werden:

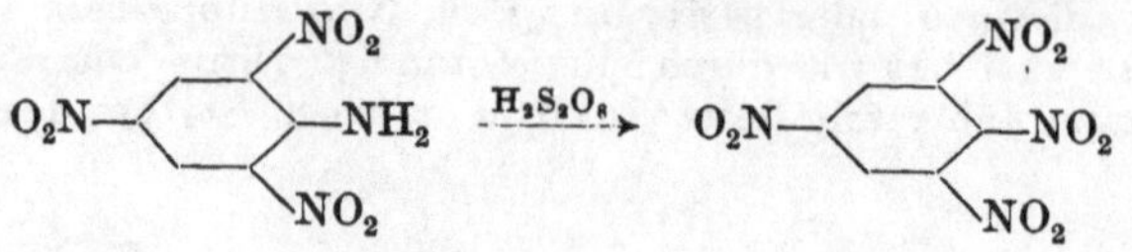

Tetranitrobenzol ist wegen der o-Stellung von drei Nitrogruppen ziemlich unbeständig. Insbesondere tritt bereits beim Kochen mit Wasser Zersetzung ein. Es detoniert ebenfalls bei Initialzündung, findet aber wegen seiner Instabilität keine Verwendung als Sprengstoff.

Die **Halogen-nitrobenzole** kann man sowohl durch Nitrierung von Halogenbenzolen als auch durch Halogenierung von Nitrobenzolen erhalten, wobei in ersterem Falle die o- und p-, in letzterem Falle die m-Verbindungen entstehen (Gleichungen formulieren!). Auf ihr chemisches Verhalten wurde bereits hingewiesen (S. 654).

Die drei isomeren **Nitrobenzoesäuren** werden entweder durch Nitrierung von Benzoesäure (m-Substitution) oder durch Oxydation des bei der Nitrierung von Toluol (o- bzw. p-Substitution) erhaltenen o- und p-Nitrotoluols gewonnen. Sie zeichnen sich gegenüber Benzoesäure durch eine Steigerung der Acidität aus, die insbesonders bei der o-Verbindung wieder ungewöhnlich groß ist:

	p_K		p_K
Benzoesäure (zum Vergleich)	4,19	m-Nitrobenzoesäure	3,47
o-Nitrobenzoesäure	2,16	p-Nitrobenzoesäure	3,41

o- und **p-Nitrophenol** entstehen nebeneinander bei der Nitrierung von Phenol mit mäßig verdünnter Salpetersäure bei Raumtemperatur, doch ist die Ausbeute infolge des Eintretens von Oxydationsreaktionen nicht groß, so daß man zweckmäßiger mit N_2O_4 in nicht wässerigen Lösungsmitteln arbeitet, oder von den Phenolsulfonsäuren ausgeht und in diesen die Sulfogruppe durch den NO_2-Rest ersetzt (Gleichung formulieren! vgl. S. 684).

o- und p-Nitrophenol zeigen ähnliche Schmelz- und Siedepunktsdifferenzen (vgl. Tab. 30 S. 645) wie o- und p-Oxybenzaldehyd (S. 439) oder o- und p-Oxybenzoesäureester (S. 490) (vgl. auch **II**, Kap. 6, III, 1cγ) und vermögen im Gegensatz zu den bisher beschriebenen aromatischen Nitroverbindungen unter Ausbildung eines chinoiden Bindungssystems eine tautomere Acinitro- bzw. Nitronsäureform (III) zu bilden, die in einigen Fällen in Form ihres Methylderivates (IV) (aus dem Silbersalz und Methyljodid) stabilisiert werden konnte:

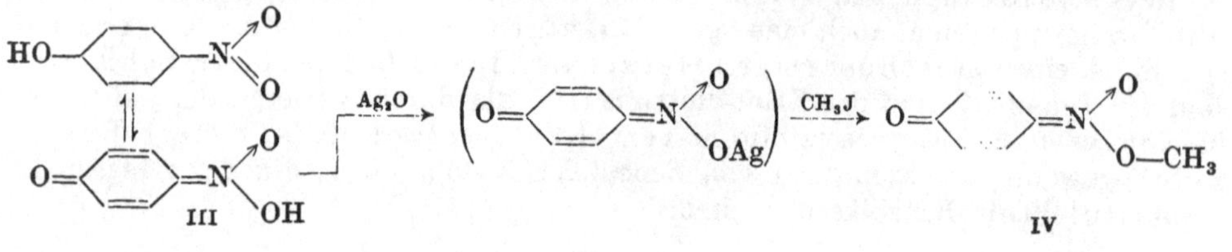

Da p-Nitrophenol farblos ist, besteht es praktisch vollständig aus der normalen Nitro-Form, und auch das nicht sehr intensiv gelbe o-Nitrophenol, bei dem die Tautomerie durch die in **II**, Kap. 6, III, 1 c γ beschriebene Möglichkeit der Ausbildung einer Wasserstoffbrücke zwischen dem Hydroxylwasserstoff und dem Nitro-Sauerstoff erleichtert wird:

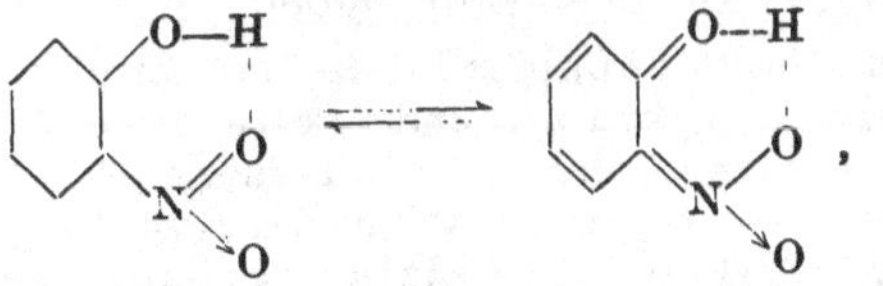

dürfte keine größeren Anteile der chinoiden Form enthalten. Erst bei der Salzbildung in alkalischer Lösung, die jeweils unter starker Farbvertiefung vor sich geht (p-Nitrophenol ist z. B. ein bekannter Indikatorfarbstoff), wird die Nitronsäureform in stärkerem Ausmaß ausgebildet. Doch liegt hier (wie auch bei der verwandten Keto-Enol-Tautomerie) keine Tautomerie mehr vor, sondern infolge der Abdissoziation des wandernden Wasserstoffs bereits Mesomerie, so daß man nicht mehr von einer eindeutigen Konstitution im Sinne einer der beiden folgenden Formeln sprechen kann[1]):

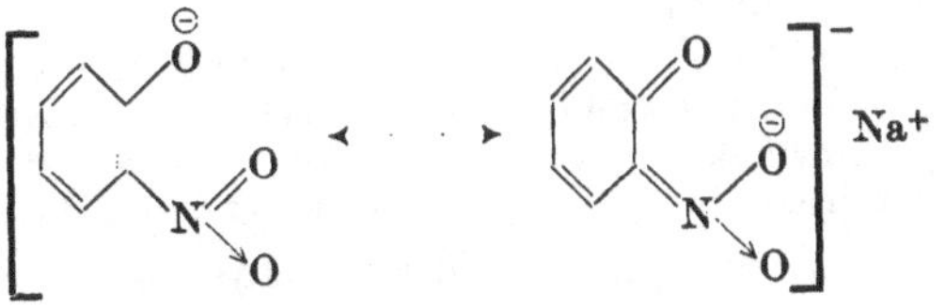

m-Nitrophenol kann nicht durch direkte Nitrierung von Phenol gewonnen werden, sondern man stellt es durch Phenolverkochung des Diazoniumsalzes des m-Nitranilins (s. u.) dar. Es dient in der Technik als Zwischenverbindung zur Herstellung von m-Aminophenol (S. 578).

Das wichtigste Nitrophenol ist ohne Zweifel das als **Pikrinsäure** bezeichnete *2,4,6-Trinitrophenol*, das infolge der großen Reaktionsfähigkeit des Phenols das am leichtesten zugängliche Trinitroderivat der Benzolreihe darstellt. Seine Gewinnung erfolgt entweder durch Nitrierung von Phenol, die man zur Vermeidung von Oxydationsreaktionen über die 2,4-Disulfonsäure (S. 686) als Zwischenverbindung vornimmt, oder neuerdings auch durch die auf S. 643 beschriebene oxydative Nitrierung von Benzol in Gegenwart von Quecksilbernitrat. Ferner entsteht Pikrinsäure bei der Behandlung zahlreicher organischer Materialien, insbesondere von Haut, Leder, Wolle usw., mit konzentrierter Salpetersäure und wurde auf diesem Wege auch von Woulfe als Abbauprodukt des Indigos entdeckt (1771).

Pikrinsäure ist eine hellgelbe, vorzüglich kristallisierende Substanz, von großer Giftigkeit und intensiv bitterem Geschmack (Name! von griechisch πικρός = bitter). Sie bildet als starke Säure (Tab. 31, S. 654) auch mit schwach basischen

[1]) Selbst die viel erörterte Annahme, daß die bei der Salzbildung der Nitrophenole beobachtete Farbvertiefung auf eine überwiegende Ausbildung der Elektronenstruktur der Nitronsäureform in diesem mesomeren Anion schließen läßt, trifft nicht zu, da (wie in **III**, Kap. 2, I, 2 näher begründet) eine Farbvertiefung im allgemeinen nur für die Intensivierung der Mesomerie zwischen mehreren möglichen Grenzstrukturen, nicht aber für das Überwiegen einer dieser Strukturen spricht. Bei den Nitranilinen (S. 658 f.) werden wir ähnlichen Erscheinungen begegnen.

Aminen stabile, intensiv gelbe Salze, die besonders aus organischen Lösungsmitteln leicht gefällt werden können und daher zur Identifizierung der Basen Verwendung finden. Ferner tritt sie mit zahlreichen höheren aromatischen Kohlenwasserstoffen zu charakteristischen Additionsverbindungen zusammen (vgl. II, Kap. 6, III, 1b), die sich ebenfalls zu deren Identifizierung und Isolierung aus Substanzgemischen eignen.

Von den speziellen Reaktionen der Pikrinsäure sei nochmals auf ihre leichte Überführbarkeit in Pikrylchlorid, Pikramid und Pikrinsäureester hingewiesen (S. 654), bei der sie sich den Carbonsäuren analog verhält. Ferner erleidet sie bei der Einwirkung von Chlorkalk einen eigenartigen oxydativen Abbau des Benzolringes, der in glatter Reaktion zu je drei Molekülen Chlorpikrin und Calziumcarbonat aufgespalten wird:

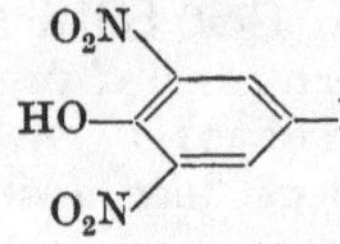

$$+ 11\ Cl{-}Oca \longrightarrow 3\ Cl_3C{-}NO_2 + 3\ CaCO_3 + CaCl_2 + 1{,}5\ Ca(OH)_2$$

Pikrinsäure ist der älteste künstliche Farbstoff, liefert jedoch sehr wenig echte Färbungen, so daß sie heute keine Verwendung mehr als solcher findet. Die Hauptmenge der technisch hergestellten Säure dient in Form des Ammoniumsalzes als hoch brisanter Sprengstoff (*Melinit, Lyddit*). Ferner dient sie in beschränktem Umfang in der chemischen Industrie als Zwischenprodukt.

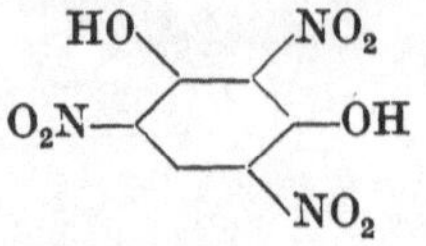

Styphninsäure

Im *Trinitroresorcin* **(Styphninsäure)** liegt ein der Pikrinsäure ähnliches Trinitrophenol vor, das durch Nitrierung von Resorcin gewonnen werden kann und ebenfalls als Sprengstoff sowie zur Identifikation von organischen Aminen Verwendung findet.

Die drei isomeren **Mono-nitro-aniline** (zum Unterschied von den auf S. 571 beschriebenen isomeren Nitraniliden meistens kurz *Nitraniline* genannt) können prinzipiell durch Nitrierung von Anilin gewonnen werden, doch muß man zur Vermeidung von Oxydationsreaktionen entweder in sehr stark schwefelsaurer Lösung arbeiten oder von den acylierten Anilinbasen ausgehen (vgl. S. 568). Im ersteren Falle enthält man ein Gemisch der m- und p-Verbindung (vgl. S. 570), in letzterem Falle bei Verwendung von Acetanilid bei mäßig erhöhter Temperatur fast ausschließlich die p-, bei der Nitrierung von Benzanilid mit Acetylnitrat unterhalb 0° überwiegend die o-Verbindung.

Die Nitraniline zeigen eine gewisse Ähnlichkeit mit den Nitrophenolen (Tab. 30, S. 645). Insbesondere entspricht der Aciditätserhöhung der Phenole auch hier eine Basizitätsverminderung der Amine (vgl. Tab. 27, S. 540), die wieder bei den o-Verbindungen am größten und bei den m-Verbindungen am geringsten ist. o-Nitranilin kann daher nur noch in sehr starken Säuren unter Salzbildung gelöst werden und fällt beim Zusatz von Wasser zu diesen Lösungen sofort wieder unlöslich aus. p-Nitranilin wird unter diesen Bedingungen zwar noch nicht gefällt, doch färbt sich die Lösung nach dem Wasserzusatz infolge geringfügiger Hydrolyse des Salzes bereits gelb, während m-Nitranilin schließlich in saurer Lösung stets farblos ist. Weiterhin vermögen die o- und p-Nitraniline in Analogie zu den Nitrophenolen ebenfalls eine tautomere *Nitronsäure-* oder *Acinitro-Form* (III) auszubilden, die sich in diesem Fall jedoch infolge der gleichzeitigen Anwesenheit einer sauren und einer basischen Gruppe im Molekül zum überwiegenden Teil in die *Zwitterionenform* (II) umwandelt. Diese Zwitterionen weisen nun aber die gleiche Atomanordnung auf wie die neutrale Nitroverbindung (I), so daß die Tautomerie hier in eine Mesomerie übergeht:

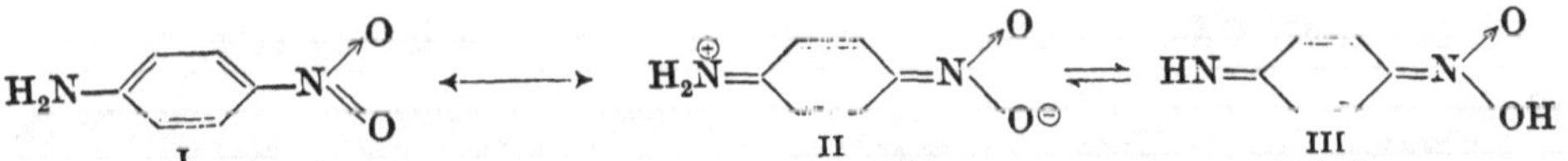

I neutrale Nitro-Form

II Zwitterionen-Form der chinoiden Nitronsäure

III neutrale Form der chinoiden Nitronsäure

Infolge dieser Mesomerie, die auch beim m-Nitranilin nicht völlig ausgeschlossen werden kann (vgl. **II**, Kap. 3, III, 5), sind alle Nitraniline gelb (wie o-Nitrophenol) und können nur in Form ihrer Oniumsalze, die nicht mehr zur Mesomerie befähigt sind, in dem farblosen Zustand der reinen Nitro-Struktur (wie m- und p-Nitrophenol) erhalten werden. Der der Oniumsalzbildung entgegengesetzte Weg, die Abspaltung eines Protons zu den Anionen der Nitraniline, den man z. B. durch Fällung der Natriumsalze mit Natriumalkoholat aus den alkoholischen Lösungen der Nitraniline beschreiten kann, bewirkt dagegen — infolge des stärkeren Mesomerieeffektes (+*E-Effekt*, vgl. **II**, Kap. 3, III, 2) der anionoiden $H\bar{N}^{\ominus}$-Gruppe gegenüber der neutralen $H_2\bar{N}$-Gruppe — eine Intensivierung der Mesomerie und damit eine nochmalige Farbvertiefung nach Orange:

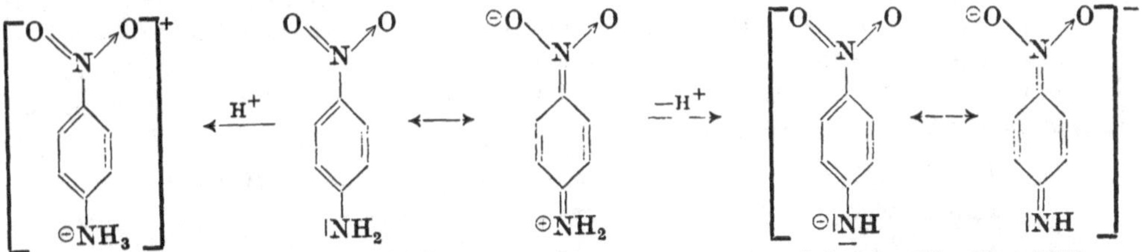

Oniumion der Nitro-Form, nicht mesomeriefähig, daher farblos

neutrales Nitralininmolekül, wenig intensive Mesomerie Farbvertiefung nur nach Gelb

Anion des Nitranilinmoleküls, intensive Mesomerie daher weitere Farbvertiefung nach Rot

Eine weitere Reaktion, der nur die o- und p-Verbindungen zugänglich sind, haben wir auf S. 654 in der hydrolytischen Abspaltung der Aminogruppe kenhengelernt. Sie geht insbesondere beim Kochen mit starken Alkalien leicht vor sich.

Alle drei Nitraniline finden in der Technik Verwendung zur Herstellung von Farbstoffen.

Einige Nitroderivate des o-Toluidins zeigen eigenartigerweise Süßstoffcharakter. Z. B. ist **p-Nitro-o-toluidin** (*2-Amino-4-nitro-toluol*) bereits mehr als 1000 mal so süß wie Rohrzucker, und **4,5-Dinitro-o-toluidin** (*2-Amino-4,5-dinitro-toluol*) weist sogar eine etwa 3000fache Süßkraft auf.

Das bei der vollständigen Nitrierung von Anilin (vgl. S. 570) entstehende **Pentanitranilin** ist wegen seines hohen Gehalts an Nitrogruppen ein sehr brisanter Sprengstoff.

Hexanitro-diphenylamin entsteht als Endprodukt der Nitrierung von Diphenylamin. Es zeichnet sich infolge der Aktivierung der Aminogruppe durch sechs o- bzw. p-ständige Nitrogruppen durch eine besondere Reaktionsfähigkeit aus und ist bereits ziemlich stark sauer.

Im einzelnen muß man zwei Arten von Salzen unterscheiden: In den roten Alkalimetallsalzen (einschließlich Ammoniumsalz) liegt ohne Zweifel eine ähnliche Struktur vor wie in den oben angeführten Alkalimetallsalzen des p-Nitranilins, d. h. das Anion ist mesomer zwischen der normalen Nitrostruktur und im ganzen sechs chinoiden Acinitrostrukturen (formulieren!). Doch werden sie in der Literatur meistens vereinfacht als reine Nitronsäuresalze (I) wiedergegeben. Im Silbersalz und einigen weiteren Schwermetallsalzen ist das Metall dagegen durch eine Atombindung an den Aminostickstoff gebunden. Sie weisen daher wie das neutrale Hexanitro-diphenylamin überwiegend die Nitrostruktur (II) auf und sind gelb:

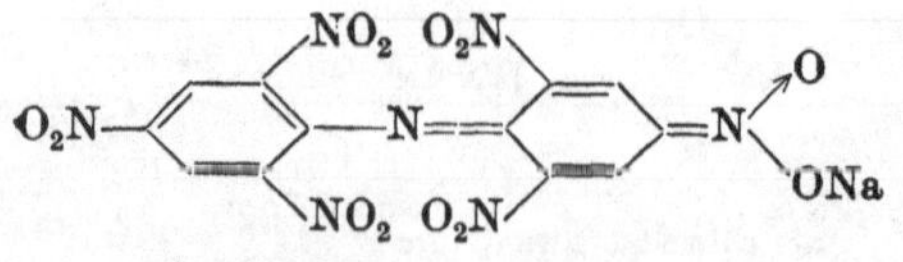

I (rotes Natriumsalz)

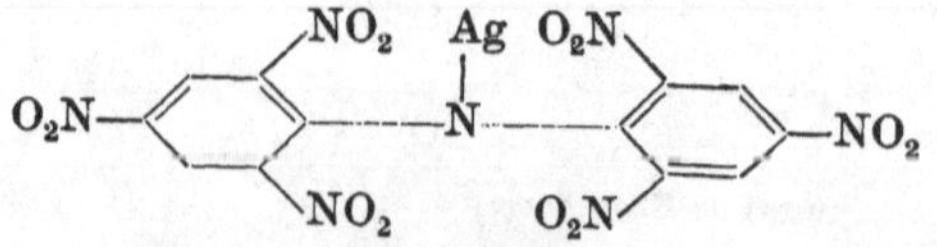

II (gelbes Silbersalz)

Hexa-Nitro-diphenylamin dient ebenfalls als hoch brisanter Sprengstoff. Ferner haben das Natrium- und das Ammoniumsalz unter der Bezeichnung *Aurantia* Verwendung als Leder- und Seidenfarbstoff sowie für die Herstellung von photographischen Lichtfiltern gefunden.

V. Die Nitrosoverbindungen

1. Darstellung und allgemeine Eigenschaften

Unter Nitrosoverbindungen versteht man eine Reihe stickstoffhaltiger organischer Substanzen, die die der Nitrogruppe sehr ähnliche *Nitrosogruppe* ($-\overline{N}=O$) an einem organischen Rest gebunden enthalten. Sie weisen wie die Nitroverbindungen eine Doppelnatur auf und können sowohl als Derivate der salpetrigen Säure als auch als Derivate des in Form der Wasserstoffverbindung nicht existenzfähigen Nitroxyls aufgefaßt werden:

HO—N=O	R—N=O	H—N=O
salpetrige Säure	Nitroso-Verbindung	Nitroxyl

Ihre Konstitutionsbestimmung und auch Benennung erfolgt der der Nitroverbindungen analog (S. 639f.).

Für die **Darstellung** der Nitrosoverbindungen kommen im wesentlichen nur zwei Methoden in Betracht, die den entsprechenden Bildungsreaktionen der Nitroverbindungen sehr ähnlich sind. 1. die Nitrosierung von Wasserstoffverbindungen und 2. die Umwandlung anderer stickstoffhaltiger Funktionen in die Nitrosogruppe. Ferner beobachtet man 3. die Bildung einer Nitrosogruppe bei der Anlagerung von N_2O_3 an Olefine zu den Pseudonitrositen (S. 90).

Zu 1. Die **Nitrosierung** organischer Wasserstoffverbindungen verläuft der Nitrierungsreaktion analog:

$$R{-}H + HO{-}N{=}O \xrightarrow{-H_2O} R{-}N{=}O \quad ,$$

zeigt dieser gegenüber jedoch den Nachteil, daß man infolge der Instabilität der salpetrigen Säure keine verschärften Reaktionsbedingungen (etwa der Verwendung von Salpeter-Schwefelsäure oder höheren Temperaturen bei der Nitrierung entsprechend) anwenden kann. Die Methode eignet sich daher nur zum Ersatz leicht substituierbaren Wasserstoffs, also in der aliphatischen Reihe zur Nitrosierung der aktiven Methylengruppe in α-Stellung zu Oxo-, Nitro- oder mindesten zwei Carboxylgruppen sowie in der aromatischen Reihe zur Nitrosierung von Phenolen, tertiären Aminen und — über die Umlagerung von O. Fischer und Hepp (S. 568) — auch von sekundären Aminen. Primäre Amine werden dagegen bereits schneller diazotiert als im Kern substituiert. Die aromatische Nitrosierung erfolgt meistens in p-Stellung zur Oxy- oder Aminogruppe, und nur bei deren Blockierung tritt o-Substitution ein. Als Nitrosierungsmittel verwendet man neben der salpetrigen Säure selbst häufig auch N_2O_3 und in der aliphatischen Reihe die Salpetrigsäureester (vgl. S. 246, 289).

Zu 2. Für die Gewinnung der Nitrosoverbindungen durch **Umwandlung anderer Stickstoff-Funktionen** kommen neben der vorsichtigen partiellen Reduktion von Nitroverbindungen (z. B. mittels Zinkstaubs und Wasser), die jedoch nur sehr schwer auf der Stufe der Nitrosokörper unterbrochen werden kann und daher keine praktische Anwendung gefunden hat, hauptsächlich zwei Verfahren in Betracht:

a) die Oxydation von Aminoverbindungen mit Sulfomonopersäure:

$$R{-}NH_2 + H{-}O{-}O{-}SO_3H \xrightarrow{-H_2SO_4} (R{-}NH{-}OH) \xrightarrow{-H_2} R{-}N{=}O$$

Die Reaktion verläuft über das entsprechende Hydroxylamin als Zwischenprodukt (S. 542) und dient hauptsächlich zur Gewinnung der Nitrosoderivate aliphatischer Substanzen, die keine aktive Methylengruppe im Molekül enthalten.

b) die Oxydation von Hydroxylaminoverbindungen (vgl. S. 594), die als Dehydrierungsreaktion mit jedem Oxydationsmittel durchgeführt werden kann und bei der leichten Zugänglichkeit der aromatischen Hydroxylamine hauptsächlich in der Benzolreihe Anwendung findet.

Physikalische Eigenschaften. Die Nitrosoverbindungen sieden etwas tiefer als die Nitroverbindungen gleicher Kohlenstoffzahl, können jedoch wegen ihrer Zersetzlichkeit nur in wenigen Fällen bei normalem Druck destilliert werden. Ihre Schmelzpunkte liegen infolge der unten beschriebenen Neigung zur Bildung von Doppelmolekülen im kristallisierten Zustand wesentlich höher als die der Nitrokörper, so daß zahlreiche Nitrosoverbindungen, insbesondere in der aromatischen Reihe, bei normaler Temperatur fest sind.

Das wichtigste physikalische Charakteristikum der Nitrosogruppe ist ohne Zweifel ihre intensive Farbigkeit, die sie zu dem stärksten Chromophor (bzgl. der Definition vgl. **III**, Kap. 2, I, 2a) unter den der einfachen organischen Funktionen macht. Schon die aliphatischen Nitrosokörper sind tief blau, und beim Übergang zu den aromatischen Verbindungen vertieft sich die Farbe weiterhin nach grün. Die kristallisierte dimolekulare Form ist dagegen farblos und kann auf diese Weise leicht von den monomeren eigentlichen Nitrosoverbindungen unterschieden werden.

Chemisches Verhalten. Die Nitrosoverbindungen sind infolge der Anwesenheit der stark ungesättigten N=O-Doppelbindung sehr reaktionsfähige, häufig sogar unbeständige Substanzen, deren wichtigste Umsetzungen man in drei größere Gruppen unterteilen kann. 1. die Reaktionen der N=O-Doppelbindung, 2. die sonstigen Reaktionen der N=O-Gruppe und 3. die unter Beteiligung des organischen Restes verlaufenden Reaktionen.

Zu 1. Die **N=O-Doppelbindung** der Nitrosogruppe ist wesentlich stärker ungesättigt als die der Nitroverbindungen (Näheres vgl. **II**, Kap. 3, III, 2) und weist infolge ihrer polaren Natur eine große Ähnlichkeit mit der Carbonylgruppe der Oxoverbindungen, speziell der Aldehyde, auf. Insbesondere ist sie in gleicher Weise wie diese zu zahlreichen Additions- und Kondensationsreaktionen befähigt, die wir zum Teil bereits kennen gelernt haben. So entstehen z. B. mit primären Aminen (in Analogie zur Bildung der Schiffschen Basen) die Azoverbindungen (S. 630), mit Hydroxylamin (in Analogie zur Bildung der Oxime) die Diazoverbindungen (S. 618), mit Arylhydroxylaminen (in Analogie zur Bildung der Nitrone) die Azoxyverbindungen (S. 595), mit aktiven Methylengruppen (in Analogie zur Crotonaldehyd-Kondensation; S. 248) Schiffsche Basen und schließlich mit metallorganischen Verbindungen (in Analogie zur Bildung der sekundären Alkohole) die sekundären Hydroxylaminoverbindungen (S. 595):

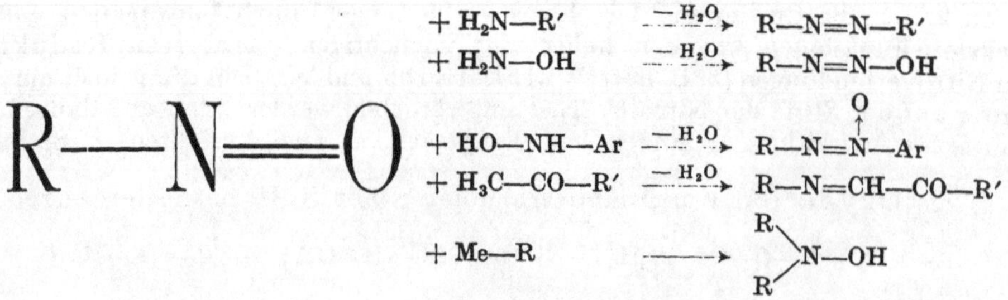

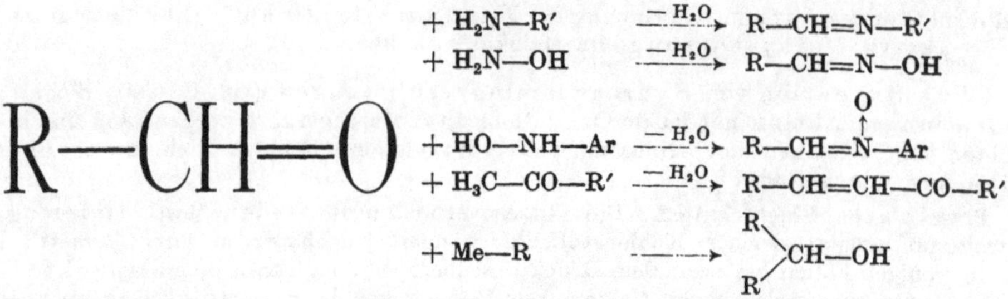

Die Reaktionen haben, abgesehen von der Bildung der Azoxyverbindungen als Teilreaktion der alkalischen Reduktion von Nitrokörpern, bisher nur spezielle Bedeutung zur gelegentlichen Darstellung unsymmetrischer Azoverbindungen (S. 630) oder von Polycarbonylverbindungen (S. 834) gefunden.

Eine weitere interessante Reaktion, die sowohl mit der Nitrosierung als auch mit der Kondensation von Aldehyden mit dem Benzolkern aromatischer Amine (vgl. S. 567) eine gewisse Ähnlichkeit aufweist, tritt bei der Kondensation der N = O-Gruppe des Nitrosobenzols mit dem Benzolkern eines zweiten Nitrosobenzolmoleküls zum p-Nitroso-diphenylhydroxylamin ein:

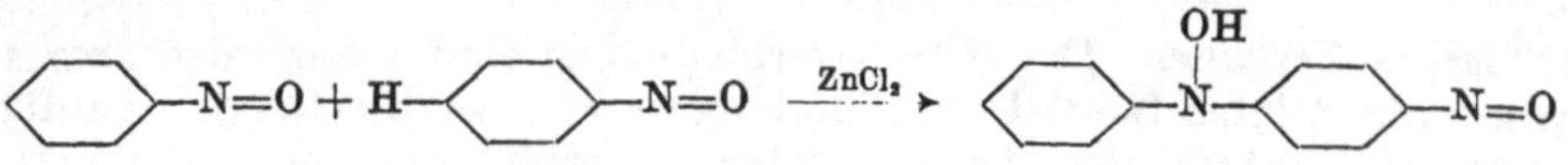

Auf diesem Wege ist H. WIELAND im Jahre 1912 erstmals die Synthese einer Diarylhydroxylaminogruppe gelungen.

Zu 2. Von den sonstigen **Reaktionen der Nitrosogruppe** ist insbesondere ihre Reduzierbarkeit zur Aminogruppe hervorzuheben, die in gleicher Weise wie die der Nitrogruppe vorgenommen wird und für die Konstitutionsermittlung der Nitrosoverbindungen, sowie als Teilreaktion der Reduktion von Nitroverbindungen, von Bedeutung ist.

Weniger glatt läßt sich dagegen die **Oxydation** der Nitroso- zur Nitrogruppe durchführen. Sie verläuft der Oxydation der tertiären Amine zu den Aminoxyden (S. 556, 592) analog und findet daher ebenfalls bei der Einwirkung von Peroxyverbindungen statt:

$$R{-}\bar{N}{=}O \xrightarrow{+O} R{-}N\begin{matrix}\nearrow O\\ \searrow O\end{matrix}$$

Doch ist sie infolge der Labilität der Nitrosoverbindungen häufig von unerwünschten Nebenreaktionen begleitet.

Eine letzte interessante Reaktion der Nitrosogruppe liegt in der oben beschriebenen Bildung farbloser **Dimerisierungsprodukte** vor. Sie wird insbesondere in kristallisiertem Zustand beobachtet, aus welchem Grund die festen Nitrosoverbindungen mit wenigen Ausnahmen farblos sind. In flüssiger Phase bildet sich dagegen ein Gleichgewicht zwischen der monomeren und der dimeren Form aus, das in verdünnter Lösung und vor allem in der Gasphase fast völlig zugunsten der monomeren Verbindung verschoben ist. Die Konstitution der dimeren Nitrosokörper ist noch zweifelhaft. Lediglich die Molekülgröße scheint nach ebullioskopischen Messungen von Piloty in Blausäure gesichert zu sein. Der auffallend leichte Zerfall deutet zunächst auf eine Art Assoziationsverbindung hin, doch spricht dagegen vor allem das Verschwinden der Farbe bei der Dimerisierung, das nur bei tiefer greifenden Änderungen der Elektronenkonfiguration möglich ist. Zur Diskussion stehen die folgenden vier Formeln, von denen die wegen des viergliedrigen Ringes an sich unwahrscheinliche Formel I in Analogie zu den polymeren Aldehyden, II in Analogie zu der ebenfalls unter Farbaufhellung erfolgenden Dimerisierung von NO_2, aufgestellt wurde. Die alte Hauptvalenzformel II steht jedoch — nach Berücksichtigung der früher nicht beachteten einsamen Elektronenpaare an beiden N-Atomen — im Widerspruch zur Oktett-Theorie und muß daher durch die nicht mehr mit dem N_2O_4 vergleichbare Zwitterionenformel III oder noch besser durch die Azodioxydformel IV ersetzt werden, die die Dissoziation in zwei Moleküle Nitrosobenzol infolge der gegenseitigen Abstoßung der positiv geladenen N-Atome verständlich macht, und der daher die größte Wahrscheinlichkeit zukommt:

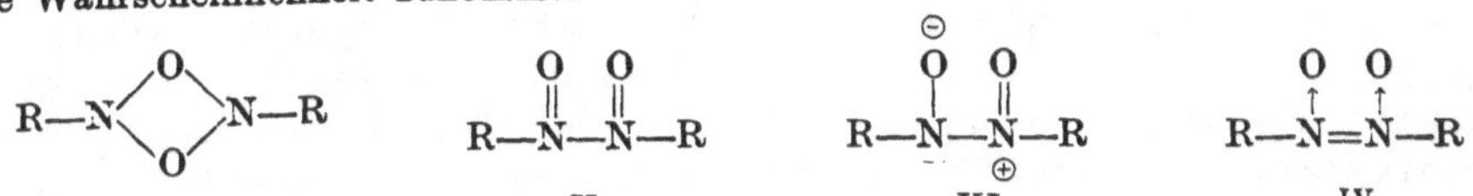

I II III IV

Danach wären die dimeren Nitrosoverbindungen die lange gesuchten, den Azoxyverbindungen als Monoxyden entsprechenden Dioxyde der Azoverbindungen.

Zu 3. **Die Beeinflussung des organischen Molekülteils** durch die Nitrosogruppe ist in der aliphatischen und aromatischen Reihe verschiedenartig. In der **aliphatischen Reihe** zeigen die Nitrosoverbindungen ein den Azoverbindungen (S. 628) ähnliches Verhalten und lagern sich unter Verschiebung der Doppelbindung in Oxime um:

$$R—CH_2—N{=}O \longrightarrow R—CH{=}N—OH$$

Die Reaktion kann auch mit der Nitro-Acinitro-Tautomerie verglichen werden. Doch ist im Gegensatz zu dieser das Tautomeriegleichgewicht praktisch vollständig zugunsten der „Aciform", d. h. hier der Oximform verschoben, so daß sich die Nitrosoverbindungen zwar stets im Augenblick ihrer Bildung in die Oxime umlagern, diese aber nicht im geringsten die Tendenz zur Rückumwandlung in die Nitrosokörper zeigen. Dies geht insbesondere aus der völligen Farblosigkeit der Lösungen der Oxime auch bei höherer Temperatur sowie aus der Stabilität ihrer syn- und anti-Formen hervor; denn im Falle einer nachweisbaren Tautomerie sollten sich die syn- und anti-Oxime über die den beiden stereoisomeren Formen gemeinsame Nitroso-Form dauernd gegenseitig ineinander umlagern:

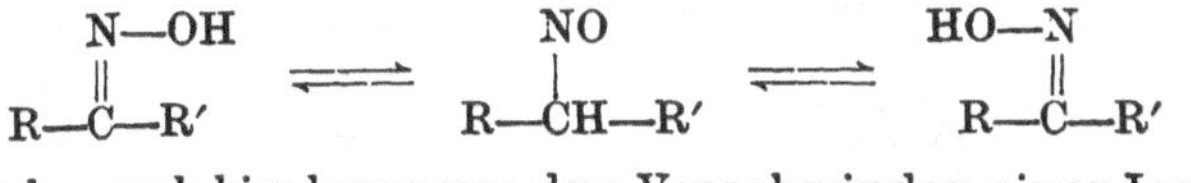

Man spricht daher auch hier besser von dem Verschwinden einer Isomeriemöglichkeit als von einer wirklichen Tautomerie.

Erst wenn die Bildungstendenz der Nitrosoverbindung durch einen exothermen Mesomerieeffekt unterstützt wird, z. B. durch den gleichzeitig erfolgenden Aufbau eines aromatischen Bindungssystems in den unten beschriebenen Nitrosophenolen, kann von einer wirklichen Tautomerie die Rede sein, und hier treten auch keine stereoisomeren Formen der Oximform mehr auf.

Infolge dieser Verhältnisse ist die Nitrosogruppe normalerweise an primären und sekundären C-Atomen nicht existenzfähig, und wir erhalten bei allen Versuchen zur Darstellung primärer und sekundärer aliphatischer Nitrosoverbindungen ausschließlich Oxime, die auf Grund dieser Bildungsweise auch *Isonitrosoverbindungen* genannt werden (vgl. S. 289). Lediglich in wenigen Ausnahmefällen ist es bisher gelungen, einige primäre und sekundäre aliphatische Nitrosoverbindungen als metastabile Substanzen zu isolieren. Sie sind an ihrer tief blauen Farbe eindeutig zu erkennen, lagern sich aber sehr rasch in die stabileren Oxime um. Steht die Nitrosogruppe dagegen an einem tertiären Alkylrest oder an einem Acylrest, so ist sie durchaus beständig, und man beobachtet dann die normalen Reaktionen der Nitrosogruppe, ohne daß nunmehr die geringste Beeinflussung des organischen Molekülrestes zu erkennen ist.

Aromatische Nitrosoverbindungen lagern sich infolge der tertiären Natur des Arylrestes nicht in die Oxime um. Dagegen beobachtet man hier eine ziemlich starke Aktivierung des Benzolkerns, die teilweise der Wirkung der Aminogruppe, teilweise aber auch der der Nitrogruppe ähnlich ist. So wirkt z. B. die Nitrosogruppe einerseits als Substituent erster Ordnung, da das N-Atom noch ein ungebundenes Elektronenpaar enthält (vgl. **II**, Kap. 4, III, 1), und lenkt infolgedessen neu eintretende Substituenten überwiegend in p-Stellung, andererseits vermag sie aber auch als positivierender Rest in Analogie zur Nitrogruppe (S. 653f.) o- und p-ständige negative Substituenten zu labilisieren, so daß diese beim Kochen mit Alkalien anionoid abgespalten werden. Insbesondere die Abspaltung der Dialkylaminogruppe ist von präparativem Interesse sowohl für die Darstellung der Dialkylamine (S. 554) als auch für die der Nitrosophenole (s. u.).

Die Tendenz zur Ausbildung einer Oximform tritt erst bei den Nitrosophenolen und Nitroso-anilinen in Erscheinung, die in ähnlicher Weise wie die Nitrophenole und Nitraniline in chinoide Verbindungen übergehen können. Da in diesem Fall die Bildung der Nitrosoform durch die zusätzlich freiwerdende Aromatisierungsenergie begünstigt wird, beobachtet man im Gegensatz zur aliphatischen Reihe eine echte Tautomerie, d. h. die beiden tautomeren Substanzen sind nebeneinander im Gleichgewichtsgemisch vorhanden, und die Verbindung reagiert nach beiden Formeln:

p-Nitrosophenol — Chinonmonoxim

p-Nitroso-N-methylanilin — N-Methyl-chinon-oxim-imin

Im Falle einiger Nitrosohalogenphenole ist es Hodgson (1923) gelungen, die beiden reinen tautomeren Formen in kristallisiertem Zustand zu isolieren.

2. Einzelne Nitrosoverbindungen

Nitrosomethan CH_3—NO ist aus den erwähnten Gründen nur eine metastabile Substanz und konnte daher von Doumani und Coe (1948) nur auf einem Umweg, durch photochemische Zersetzung von tert. Butylnitrit mittels Ultraviolettbestrahlung, gewonnen werden, wobei es in undurchsichtiger Reaktion auf Grund der folgenden Gleichung gebildet wird:

Es fällt hierbei in der dimeren, bei 122° schmelzenden, farblosen Form an, die oberhalb des Schmelzpunktes zu einem blauen Dampf dissoziiert, der wahrscheinlich im wesentlichen aus dem monomeren Nitrosomethan besteht und sich bei längerem Erwärmen in das trimere Formoxim umlagert:

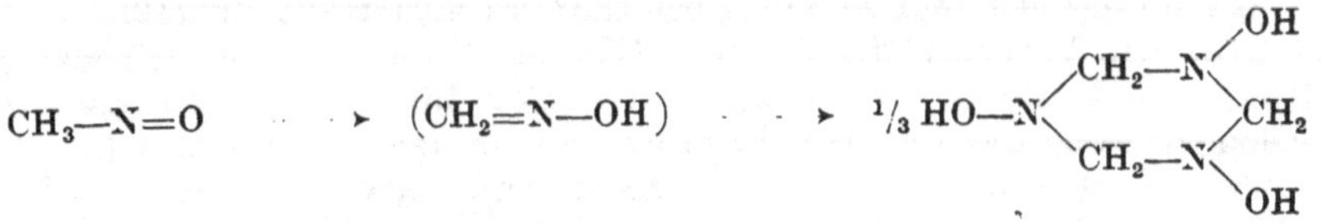

2-Nitroso-iso-Butan $(CH_3)_3C—NO$, die einfachste beständige aliphatische Nitrosoverbindung, wird durch Oxydation von tert. Butylamin mit Caroscher Säure gewonnen (Gleichung formulieren!). Es liegt normalerweise ebenfalls in der kristallisierten dimeren und farblosen Form vor, die bereits unterhalb des Schmelzpunktes bei Atmosphärendruck sublimiert und daher nur in zugeschmolzenen Kapillaren bei 76,5° zu einer tief blauen Flüssigkeit geschmolzen werden kann.

Eine weitere Gruppe leicht zugänglicher aliphatischer Nitrokörper haben wir in den aus sekundären Nitroverbindungen und salpetriger Säure entstehenden *Pseudonitrolen* (S. 647) kennengelernt. Sie sind ebenfalls tief blau und zeigen die normalen Reaktionen der Nitrosogruppe, lagern sich jedoch nicht mehr zu Doppelmolekülen zusammen.

Als **Nitrosol-Säuren** bezeichnet H. Wieland (1905) eine den Nitrolsäuren (S. 647) analog konstituierte Gruppe von Verbindungen, in denen die Nitrosogruppe den am aldehydischen C-Atom befindlichen Wasserstoff der Aldoxime substituiert. Sie können durch Umsetzung von Carbonsäure-oxyamid-oximen der Struktur I mit Natronlauge über die intermediär entstehenden Azokörper II, die in Gegenwart von Natronlauge (oder noch besser von Ammoniak) leicht Hydrolyse der Azogruppe zu den Nitrosolsäuren III und den Carbonsäureamid-oximen IV erleiden, gewonnen werden:

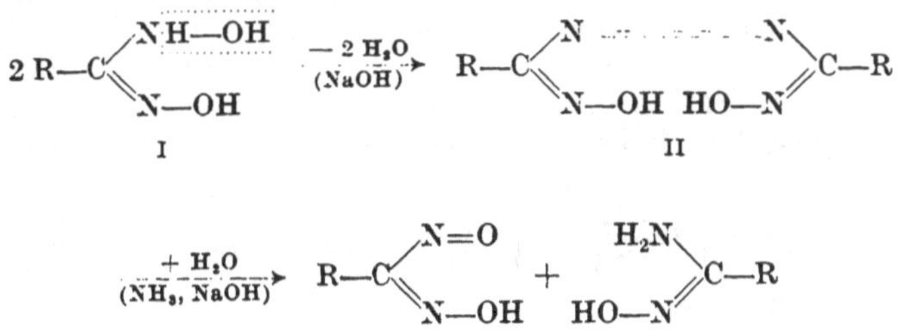

I II III IV

Methylnitrosolsäure ON—CH=NOH, ebenfalls eine der wenigen Substanzen, in der die NO-Gruppe neben einem H-Atom am gleichen C-Atom beständig ist, und die sich von der Kohlensäure ableitende *Amido-methylnitrosolsäure* $ON—C(NH_2)=NOH$ sind als Ausgangsmaterialien für die Synthese der Knallsäure (S. 744) von Interesse.

Nitrosobenzol $C_6H_5—NO$, der einfachste aromatische Nitrosokörper, ist bei normaler Temperatur eine farblose kristallisierte Substanz von charakteristischem stechenden Geruch, die bei 68° zu einer grünen Flüssigkeit schmilzt, in Äther mit grüner Farbe in Lösung geht und mit Wasserdampf unter Entwicklung grüner Dämpfe destilliert werden kann. Es ist in reinem Zustand längere Zeit haltbar.

p-Nitrosophenol ist tautomer mit *Chinonmonoxim* (s. o.) und kann daher sowohl durch Nitrosierung von Phenol als auch durch partielle Oximierung von Chinon gewonnen werden:

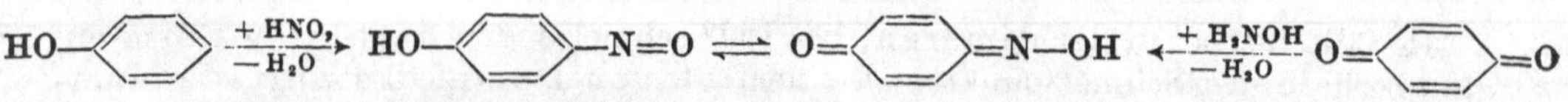

Seine Darstellung geschieht jedoch meistens durch die auf S. 664 beschriebene alkalische Spaltung von p-Nitroso-dimethylanilin (s. u.). Es ist in kristallisiertem Zustand farblos und schmilzt bei 133°, woraus Hodgson (1937 u. frühere Arbeiten) auf das Vorliegen der dimeren Nitrosoform schließt. Ebenso scheint in wäßriger, alkoholischer und ätherischer Lösung die Nitrosoform vorzuherrschen, wie aus der grünen Färbung dieser Lösungen, sowie insbesondere der relativ hohen sauren Dissoziationskonstanten in wäßriger Lösung (p_K=6,48, die Verbindung ist also stärker sauer als p-Nitrophenol), die die der Oxime weit übertrifft, geschlossen werden kann. Nur in den gelblich gefärbten Benzollösungen dürfte die chinoide Form überwiegen. Die Lösungen der Alkalisalze sind schließlich braunrot gefärbt. Ihnen kann man, ähnlich wie den Enolaten der 1,3-Dicarbonylverbindungen (S. 446), keine eindeutige Konstitution zuerteilen, da sie zwischen den beiden möglichen Strukturen:

mesomer sind.

Über o-Nitrosophenol vgl. **III**, Kap. 2, VIII, 1.

p-Nitroso-methylanilin ON—C_6H_4—NH—CH_3 entsteht aus dem N-Nitrosamin des Methylanilins bei der Umlagerung nach O. Fischer und Hepp (vgl. S. 568, Gleichung formulieren!), hat aber keine praktische Bedeutung erlangt.

p-Nitroso-dimethylanilin ON—C_6H_4—$N(CH_3)_2$ ist die wichtigste Nitrosoverbindung und wird im großen durch Nitrosierung von Dimethylanilin mit salpetriger Säure gewonnen (S. 567 ,574). Es zeigt bei der Salzbildung recht interessante Tautomerieerscheinungen: Während nämlich die freie Base noch keine Tautomeriemöglichkeit besitzt und daher ausschließlich in der (ausnahmsweise auch im kristallisierten Zustand) intensiv grünen Nitroso-Form (V) vorliegt, findet bei der Salzbildung sofort eine quantitative Umwandlung in das intensiv orangerote chinoide Ion VII statt, das nicht mehr in erkennbarem Umfang ein Tautomeriegleichgewicht mit der Nitroso-Form VI ausbildet:

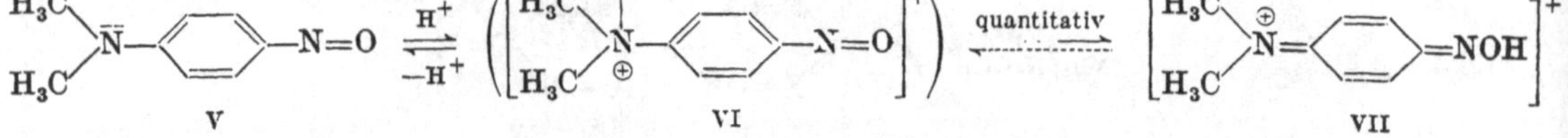

V VI VII

Die Salze und die zugehörige freie Base besitzen also eine verschiedenartige Konstitution!

p-Nitroso-dimethylanilin wird in der Farbenindustrie als wichtiges Zwischenprodukt für die Darstellung von as-Dimethyl-p-phenylendiamin (S. 557) verwandt. Präparativ dient es ferner als Ausgangsmaterial für die Gewinnung von Dimethylamin und p-Nitrosophenol (S. 664).

7. Kapitel

Die organischen Schwefelverbindungen

Im Schwefel begegnen wir dem ersten Heteroelement der höheren Perioden und auch dem ersten Element, das in seinen Verbindungen überwiegend positiv auftritt. Von ihm leiten sich daher einige neuartige Verbindungsklassen ab. Da weiterhin eine Reihe organischer Schwefelverbindungen in der Biochemie eine bedeutende Rolle spielt, zählt der Schwefel, wenn auch seine Derivate an Zahl und allgemeiner Bedeutung bereits merklich hinter denen der vorbesprochenen Elemente zurücktreten, durchaus noch zu den wichtigeren organischen Heteroelementen.

Der allgemeine Charakter der organischen Schwefelverbindungen ähnelt in mancher Beziehung dem der Stickstoffverbindungen. Insbesondere leiten sich in analoger Weise von allen Oxydationsstufen des Schwefels organische Derivate ab, deren Umsetzungen sich infolge der Reaktionsträgheit der C—S-Bindung fast ausschließlich am Schwefelatom abspielen, und auch hier sind eine Reihe von Verbindungen bekannt, die in Form der Wasserstoffderivate nicht existenzfähig sind. Alles in allem hat aber die Schwefelchemie durch den stabilisierenden Einfluß der organischen Reste bei weitem nicht eine derartige Ausweitung erfahren wie die Chemie des Stickstoffs.

I. Die organischen Derivate des oxydativ zweiwertigen Schwefels

Die organischen Verbindungen mit oxydativ zweiwertigem Schwefel sind Schwefelwasserstoffderivate, entsprechen also formal den Sauerstoffverbindungen. Wir begegnen daher im wesentlichen den gleichen Verbindungstypen wie im 4. Kapitel, und zwar entsprechen im einzelnen:

den Alkoholen (R—O—H)	die Thio-alkohole oder Mercaptane (R—S—H)
den Phenolen (Ar—O—H)	die Thiophenole (Ar—S—H)
den Äthern (R—O—R')	die Thioäther (R—S—R')
den Trialkyloxoniumsalzen ($R_3O^+X^-$)	die Trialkylsulfoniumsalze ($R_3S^+X^-$)
den Dialkylperoxyden R—O—O—R'	die Dialkyldisulfide R—S—S—R'

sowie den höheren Sauerstoff-Funktionen die bereits früher beschriebenen Schwefelderivate der Oxoverbindungen (S. 282), der Carbonsäuren (S. 355) und der Kohlensäure (S. 406f.). Doch beschränkt sich diese Analogie bei den hier ausschließlich interessierenden einwertigen Schwefelfunktionen im wesentlichen auf die gleiche formale Zusammensetzung, während man sowohl hinsichtlich der Darstellung als auch hinsichtlich der physikalischen und chemischen Eigenschaften größere Unterschiede beobachtet.

1. Die Mercaptane und Thiophenole

Nomenklatur. Die den Oxyverbindungen entsprechenden Sulfhydrylverbindungen der allgemeinen Zusammensetzung R—S—H heißen in der aliphatischen Reihe *Mercaptane* (z. B. *Methylmercaptan*) (vgl. auch S. 670), während man in der aromatischen Reihe meistens von *Thiophenolen* spricht. Doch ist die Trennung der Begriffe nicht sehr scharf, und man nennt die Mercaptane häufig auch *Thioalkohole* oder bezeichnet umgekehrt die Thiophenole als *Arylmercaptane*.

Ihre **Darstellung** geschieht nach drei grundsätzlich verschiedenen Methoden: 1. durch Alkylierung bzw. Arylierung von Schwefelwasserstoff, 2. durch Sulfurierung von Kohlenwasserstoffen oder metallorganischen Verbindungen und 3. durch Umwandlung anderer Schwefel-Funktionen in die SH-Gruppe.

Zu 1. Will man nur einen organischen Rest in das Schwefelwasserstoffmolekül einführen, so muß man das Alkylierungs- bzw. Arylierungsmittel mit den Alkalihydrosulfiden umsetzen:

$$R—Hal + NaS—H \longrightarrow R—S—H + NaHal$$

Dieses einfache Verfahren zeigt jedoch — ähnlich wie die Ammoniakalkylierung (S. 537) — den Nachteil, daß das Metall zwischen dem nicht umgesetzten Schwefelwasserstoff und dem bereits gebildeten Mercaptan ausgetauscht wird, so daß auch die Mercaptane alkyliert werden und man neben ihnen in mehr oder weniger großer Ausbeute die Thioäther erhält (Gleichung formulieren!). Diese Schwierigkeit läßt sich jedoch dadurch umgehen, daß man in Analogie zur Methode von Gabriel (S. 551) das zweite H-Atom im Schwefelwasserstoff durch leicht wieder abspaltbare Reste ersetzt. Zur Anwendung kommen insbesondere Natriumthiosulfat, Thioharnstoff (bzw. Pseudothioharnstoff), Xanthogenate sowie auch Natriumdisulfid, deren Alkylierungsprodukte auf Grund der folgenden Reaktionsgleichungen leicht zu den Mercaptanen aufgespalten werden können:

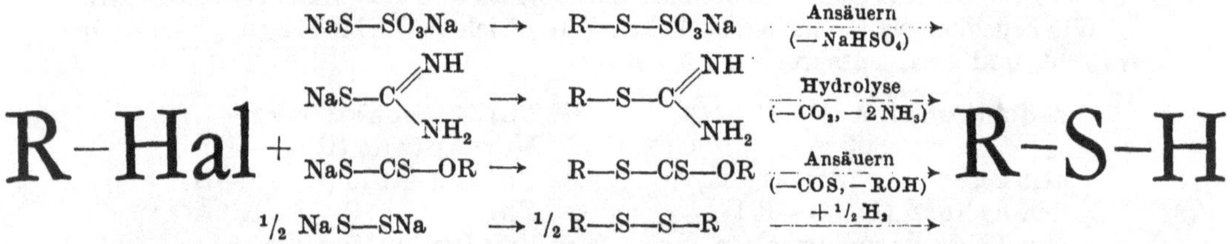

Statt der Alkylhalogenide oder Dimethylsulfat kann man auch die Alkohole selbst als Alkylierungsmittel verwenden, indem man sie entweder mit Phosphorpentasulfid zu den Mercaptanen umsetzt — eine Reaktion, die jedoch nur in sehr schlechter Ausbeute vor sich geht:

$$2\,R—OH + P_2S_5 \longrightarrow 2\,R—SH + P_2S_3O_2$$

— oder aber nach Zusatz von konzentrierter Schwefelsäure und anschließender Neutralisation in Form der alkylschwefelsauren Salze mit Alkalihydrosulfiden zur Reaktion bringt. Ferner lassen sich einige Alkohole über Dehvdratisierungskatalysatoren oder

Aluminiumsulfid bei 300—500° mit Schwefelwasserstoff in die Mercaptane überführen. Doch überwiegt bei der hier erforderlichen hohen Reaktionstemperatur meistens bereits die Olefinbildung (S. 86):

$$R—CH_2—CH_2—OH + H—S—H \xrightarrow[300—500^0]{Al_2O_3 \text{ (bzw. } Al_2S_3)} H_2O + \begin{matrix} R—CH_2—CH_2—SH \\ (\text{bzw. } R—CH{=}CH_2 + H_2S) \end{matrix}$$

Die Arylierung der Alkalihydrosulfide erfordert wie alle Arylierungen mit aromatischen Halogenverbindungen (S. 167) Reaktionstemperaturen um 200° und Kupferpulver als Katalysator. Sie führt ebenfalls zu den Thioäthern als Nebenprodukten. Ferner steht als wesentlich milderes indirektes Arylierungsverfahren wiederum die Zersetzung von Diazoniumsalzen (S. 620) zur Verfügung, die man zur Vermeidung der Thioätherbildung zweckmäßig wie oben mit den Xanthogenaten oder Alkalidisulfiden durchführt (Gleichungen formulieren!).

Von theoretischem Interesse als Bildungsreaktion ist schließlich noch der Ersatz der Sulfonsäure- durch die SH-Gruppe, der beim Verschmelzen der Alkalisalze der Arylsulfonsäuren mit Alkalihydrosulfiden vor sich geht (vgl. S. 684):

$$Ar—SO_3Na + NaS—H \xrightarrow{-Na_2SO_3} Ar—S—H$$

Zu 2. Analog der Halogenierung kann man auch eine Schwefelung oder „*Sulfurierung*" organischer Wasserstoffverbindungen mit elementarem Schwefel durchführen:

$$Ar—H + S \longrightarrow Ar—S—H$$

Die Reaktion ist nur in der aromatischen Reihe möglich und führt ebenfalls häufig zur Bildung von Thioäthern. Sie scheint nach einem ähnlichen Mechanismus wie die Halogenierung zu verlaufen, denn sie muß bei den reaktionsträgen aromatischen Kohlenwasserstoffen ebenfalls durch Aluminiumchlorid oder verwandte Stoffe beschleunigt werden, während sie bei den reaktionsfähigeren Anilinbasen bereits beim Zusammenschmelzen mit Schwefel oder schwefelabgebenden Stoffen (z. B. Thiosulfat oder Alkalipolysulfiden) stattfindet und in dieser Form auch zu Farbstoffsynthesen (vgl. **III**, Kap. 2, III, 4f., u. VIII, 2) Verwendung findet. In der aliphatischen Reihe ist der Wasserstoff für die direkte Sulfurierung bereits zu reaktionsträge, doch kommt die Bildung von Metallmercaptiden bei der Einwirkung von elementaren Schwefel auf metallorganische Verbindungen im Prinzip auf das gleiche Verfahren hinaus:

$$R—Me + S \longrightarrow R—S—Me$$

Zu 3. Die Mercaptane und Thiophenole entstehen als Reduktionsprodukte aller anderen nur einen organischen Rest pro S-Atom enthaltenden Schwefelverbindungen. Praktische Bedeutung erlangt haben insbesondere die hydrierende Spaltung der Disulfide, die wir als Teilreaktion der Mercaptandarstellung durch Alkylierung und Arylierung der Alkalidisulfide bereits kennengelernt haben, und die (praktisch nur in der aromatischen Reihe gebräuchliche) Reduktion von Sulfonsäurechloriden:

$$R—SO_2—Cl \xrightarrow[-2\,H_2O,\,-HCl]{+3\,H_2} R—S—H$$

Beide Verfahren bieten den Vorteil des völligen Ausschlusses der Bildung von Thioäthern.

Physikalische Eigenschaften. Die Wasserstoffverbindungen der Elemente der höheren Perioden zeigen keine besondere Assoziationsneigung mehr (vgl. **II**, Kap. 6, I, 4). Infolgedessen sieden die Mercaptane — im Gegensatz zu den Alkoholen (oder primären Aminen), deren Siedepunkte wesentlich über denen der Äther (bzw. der tertiären Amine) gleicher Kohlenstoffzahl liegen — ziemlich tief und nahezu gleich hoch wie die Thioäther gleicher Molekülgröße. Verglichen mit den Alkylderivaten der anderen Heteroelemente der zweiten Periode liegen die Siedepunkte dagegen relativ hoch, (vgl. Tab. 33, S. 695). Hinsichtlich der Schmelzpunkte ergeben sich keine wesentlichen Unterschiede gegenüber den Alkoholen, so daß die einfachen Mercaptane meistens als Flüssigkeiten vorliegen.

Tabelle 32

Die physikalischen Eigenschaften einiger Mercaptane und Thioäther

Mercaptane	Sdp.	Smp.	D/T.	Thioäther gleicher Kohlenstoffzahl	Sdp.	Smp.	D/T.
Methylmercaptan	6°	—121°	0,896/0°	—	—	—	—
Äthylmercaptan	35	—147	0,845/26	Dimethylsulfid	38°	— 83°	0,846/21°
Propylmercaptan	68	—112	—	Methyläthylsulfid	67	—105	0,837/20
Butylmercaptan	98	—	0,858/0	Diäthylsulfid	92	—102	0,836/21
Thiophenol	168	—	1,078/24	—	—	—	—
o-Thiokresol	194	15	—	Thioanisol	188	—	1,104

Die Mercaptane sind ausgesprochen lipophile Substanzen, die trotz der SH-Gruppe einen nur schwach ausgeprägten hydrophilen Charakter zeigen. Infolgedessen sind bei allgemeiner Mischbarkeit mit organischen Lösungsmitteln lediglich die niedrigsten Glieder der Reihe etwas wasserlöslich. Vom Methylmercaptan ist außerdem ein kristallisiertes Hydrat bekannt.

Schließlich zeichnen sich sämtliche Mercaptane und Thiophenole durch einen äußerst intensiven und widerwärtigen Geruch aus. Sie gehören zu den stärksten Duftstoffen überhaupt, und man kann z. B. noch $2 \cdot 10^{-12}$ g (bzw. $3 \cdot 10^{-14}$ Mol) Äthylmercaptan am Geruch erkennen! Trotzdem ist man noch weit von der Wahrnehmung einzelner Moleküle entfernt, denn hierzu wäre eine weitere Aufteilung auf das 500 millionenfache erforderlich!

Die **chemischen Umsetzungen** der Mercaptane und Thiophenole spielen sich überwiegend an der SH-Gruppe ab und werden zweckmäßig unterteilt in: 1. die Reaktionen der SH-Gruppe als Säure, 2. die Substitutionsreaktionen des am Schwefel befindlichen Wasserstoffs, 3. die Oxydationsreaktionen und 4. die unter Beteiligung des organischen Molekülteils verlaufenden Reaktionen.

Zu 1. Die Mercaptane und Thiophenole zeigen als Derivate des schwach sauren Schwefelwasserstoffs eine stärkere **Säurenatur** als die entsprechenden Sauerstoffverbindungen. Schon die Mercaptane lösen sich daher im Gegensatz zu den Alkoholen in Natronlauge unter Bildung beständiger, jedoch durch Kohlendioxyd wieder zerlegbarer Salze (*Mercaptide*) auf, und die noch stärker sauren Thiophenole setzen sogar CO_2 in Freiheit, bzw. können mit Phenolphthalein scharf titriert werden.

Wesentlich wichtiger als diese einfachen Alkalisalze sind die Schwermetallderivate, die wie die Schwermetallsulfide und die oben beschriebenen Schwermetallsalze der Thiocarbonsäuren (S. 355) und Thiokohlensäurederivate (S. 406f.) infolge der Ausbildung stabiler Metall-Schwefel-Bindungen unlöslich ausfallen. Insbesondere die meist gelben Blei- und die farblosen Quecksilbersalze sind sehr charakteristisch. Letztere haben der ganzen Gruppe den Namen gegeben. (Von lat. *mer*curium *cap*tans = das Quecksilber einfangend; bzw. nach anderen Angaben *mer*curio *ap*tum = zum Quecksilber passend.)

Zu 2. Der am Schwefel befindliche **Wasserstoff** entspricht in seiner Reaktionsfähigkeit etwa dem Aminowasserstoff oder dem Wasserstoff der alkoholischen Hydroxylgruppe und kann, eventuell über die Alkalimercaptide, im Sinn des folgenden Formelbildes durch organische Reste substituiert werden:

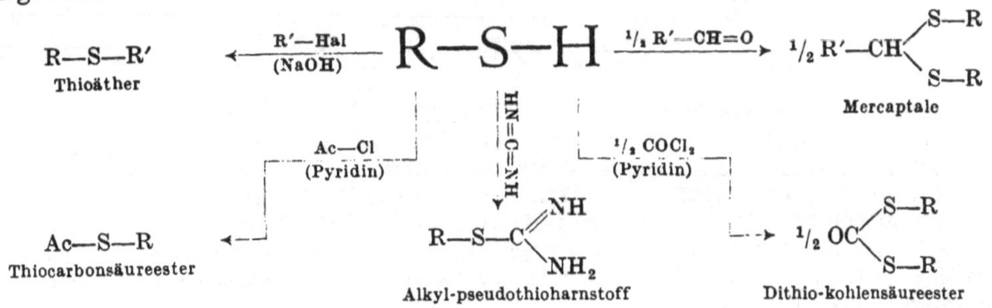

Auf die hierbei entstehenden Thioderivate der höheren Sauerstoff-Funktionen wurde bereits früher eingegangen.

Zu 3. Oxydationsreaktionen. Milde Oxydationsmittel wirken dehydrierend auf Mercaptane und Thiophenole ein und führen sie in ähnlicher Weise, wie wir es bereits bei den Thiokohlensäurederivaten (S. 409, 412, 413) gesehen haben, in die Disulfide über:

$$R{-}S{-}H + H{-}S{-}R \xrightarrow{-H_2} R{-}S{-}S{-}R$$

Die Reaktion geht bereits beim Stehen an der Luft vor sich und wird meistens mit den freien Halogenen als Dehydrierungsmittel durchgeführt. Sie ist nicht nur von präparativem Interesse, sondern spielt auch eine wichtige Rolle bei biochemischen Redoxvorgängen (vgl. **III**, Kap. 8, III).

Als ein Spezialfall dieser Reaktion muß die Bildung von Disulfiden beim Erhitzen von Quecksilbermercaptiden angesehen werden. Der Vorgang kann mit der Abscheidung von elementarem Jod oder der Dicyanbildung aus den entsprechenden Quecksilberverbindungen (S. 459) verglichen werden:

Mit starken Oxydationsmitteln entstehen schließlich unter Einführung von Sauerstoff direkt die Sulfonsäuren (S. 680), ohne daß man weitere Zwischenprodukte fassen kann.

Zu 4. Die **Lösung der C—S-Bindung** stößt im allgemeinen auf große Schwierigkeiten und läßt sich mit den normalen hydrolytischen Mitteln nicht durchführen. So werden z. B. Mercaptane durch Natronlauge erst bei 260° und in wenig glatter Reaktion (Bildung von Olefinen und Thioäthern als Nebenprodukten) zu den Alkoholen hydrolysiert (Gleichungen formulieren!), und Thiophenole sind auf diesem Wege überhaupt nicht mehr spaltbar. Auch Säuren gegenüber ist die C—S-Bindung sehr widerstandsfähig. Lediglich durch längeres Kochen mit konzentrierter Jodwasserstoffsäure läßt sie sich in Analogie zur ZEISELschen Reaktion (S. 211) acidolytisch aufspalten:

$$R{-}SH + H{-}J \longrightarrow R{-}J + H_2S$$

Die Reaktion erfordert etwas schärfere Bedingungen als die Lösung der R—O-Bindung, ist aber nach POLLAK und SPITZER (1922) trotzdem zur analytischen Bestimmung der CH_3—S-Gruppe geeignet.

Erst bei höheren Temperaturen über entsprechenden Kontaktsubstanzen geht die Abspaltung des Schwefels etwas leichter vor sich. So kann man z. B. Mercaptane in Gegenwart von Cadmiumsulfid zwischen 300 und 400° überwiegend in Schwefelwasserstoff und Thioäther bzw. oberhalb 400° überwiegend in Schwefelwasserstoff und Olefine zerlegen:

$$R{-}CH{=}CH_2 \xleftarrow[(>400^\circ, CdS)]{-H_2S} R{-}CH_2{-}CH_2{-}SH \xrightarrow[(3-400^\circ, CdS)]{-\frac{1}{2}H_2S} \tfrac{1}{2}(R{-}CH_2{-}CH_2{-})_2S$$

Ferner findet unter den Bedingungen der Kohlehydrierung (III, Kap. 1, I, 5a) eine hydrierende Spaltung der C—S-Bindung statt. Ihr nahe verwandt ist die präparativ gebräuchliche Substitution des Schwefels durch Wasserstoff mit Hilfe eines wasserstoffhaltigen Raney-Nickels nach Bougault (1939) und Mozingo (1943). Doch handelt es sich hier streng genommen nicht mehr um eine Hydrierung der C—S-Bindung, da der Schwefel irreversibel vom Metall unter Bildung einer Ni—S-Bindung aufgenommen wird, sondern um eine Reduktion durch ein — allerdings nur in Form einer Oberflächenverbindung vorliegendes — Nickelhydrid:

$$R{-}SH + NiH \longrightarrow R{-}H + Ni{-}SH$$

Man benötigt daher das Raney-Nickel (bzw. sein Hydrid) nicht wie bei normalen Hydrierungen in katalytischer, sondern in stöchiometrischer Menge[1]).

Eine merkliche Beeinflussung der Reaktionsfähigkeit des organischen Molekülteiles durch die SH-Gruppe wurde bisher nicht beobachtet. Dem Benzolkern gegenüber wirkt sie als Substituent erster Ordnung und dirigiert neu eintretende Gruppen überwiegend in p-Stellung.

Einzelverbindungen. Äthylmercaptan C_2H_5—SH hat als einziges Mercaptan eine gewisse praktische Bedeutung gefunden. Es dient als Ausgangsmaterial für die Herstellung von Schlafmitteln der Sulfonalreihe (S. 689). Seine technische Gewinnung geschieht nach dem oben beschriebenen Verfahren aus Alkohol, Schwefelsäure und Kaliumhydrosulfid.

Thiophenol C_6H_5—SH (*Phenylmercaptan*), das Anfangsglied der Thiophenolreihe, wird meistens durch Reduktion von Benzolsulfochlorid gewonnen (S. 681) und hat eine beschränkte Anwendung in der Farbenindustrie gefunden.

Verbindungen, die neben der SH-Gruppe noch andere Funktionen im Molekül enthalten, sind nur von untergeordneter Bedeutung, so daß wir uns auf die Anführung einiger weniger Beispiele beschränken können:

Monothioglykol HO—CH_2—CH_2—SH kann durch Anlagerung von Schwefelwasserstoff an Äthylenoxyd sowie durch direkte Umsetzung von Äthylenchlorhydrin mit Alkalihydrosulfiden gewonnen werden (Gleichungen formulieren!). Es ist wegen seiner Beziehungen zur Isäthionsäure (S. 685) von Interesse.

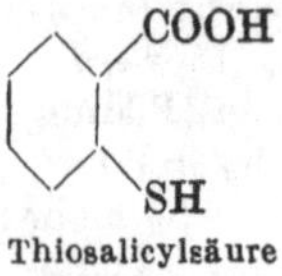

Thiosalicylsäure

Thiosalicylsäure erhält man am besten aus Anthranilsäure über das Diazoniumsalz nach Sandmeyer (Gleichung formulieren!). Sie dient als technisches Zwischenprodukt für die Herstellung von Thioindigo und verwandter Farbstoffe (III, Kap. 2, V, 2).

Einer natürlich vorkommenden Verbindung mit einer Mercaptogruppe werden wir später in der Eiweißaminosäure *Cystein* HS—CH_2—CH(NH_2)—COOH (III, Kap. 7, I, 1) begegnen.

---

[1]) Auf einer ähnlichen Bildung von nicht mehr durch Wasserstoff zerlegbaren Metall-Schwefel-Bindungen beruht die bekannte Vergiftung von Hydrierungskatalysatoren durch Schwefelverbindungen. Es ist also durchaus möglich, die sonst so störende Affinität der metallischen Hydrierungskatalysatoren zum Schwefel auch nutzbringend zu verwerten, wenn man nur auf das Prinzip der katalytischen Durchführung der Reaktion verzichtet.

2. Die Thioäther

Die Thioäther werden in Analogie zu den Halogenverbindungen als *Sulfide* bezeichnet (z. B. *Dimethyl-sulfid, Methyl-phenyl-sulfid* usw.). Ihre **Gewinnung** geschieht nach ähnlichen Methoden wie die der Mercaptane und Thiophenole, bereitet aber weniger Schwierigkeiten, da die Thioäther die normale Endstufe der Alkylierung bzw. Arylierung des Schwefelwasserstoffs darstellen. Infolgedessen genügt es im allgemeinen, die Alkylierungs- bzw. Arylierungsmittel direkt auf die neutralen Alkalisulfide einwirken zu lassen (bzw. die neutralen Diazoniumsulfide nach SANDMEYER zu zersetzen [formulieren!]), um in einem Reaktionsgang zu den symmetrischen Thioäthern zu gelangen. In ähnlicher Weise führt die Alkylierung oder Arylierung von Metallmercaptiden zu den unsymmetrischen Thioäthern:

$$R\text{—}Hal + NaSNa + Hal\text{—}R \xrightarrow{-2\,NaHal} R\text{—}S\text{—}R \quad \text{bzw.} \quad R\text{—}SNa + Hal\text{—}R' \xrightarrow{-NaHal} R\text{—}S\text{—}R'$$

Auch bei einer Reihe von Kontaktverfahren, wie z. B. der Umsetzung von Äthern mit Schwefelwasserstoff über Dehydratisierungskatalysatoren (Gleichung formulieren!) oder der auf S. 672 beschriebenen Disproportionierung der Mercaptane zu Schwefelwasserstoff und Thioäthern über Cadmiumsulfid, werden Thioäther in mehr oder weniger guter Ausbeute erhalten.

Hinsichtlich der **physikalischen Eigenschaften** bestehen keine wesentlichen Unterschiede zwischen den Mercaptanen und Thioäthern (vgl. Tabelle 32 S. 670). Lediglich ihr Geruch ist meistens weniger intensiv und auch etwas weniger unangenehm als der der Mercaptane.

Chemische Eigenschaften. Die Thioäther sind (ähnlich wie die normalen Äther gegenüber den Alkoholen und Phenolen) infolge des Fortfalls der Reaktionen des aktiven Wasserstoffs wesentlich reaktionsträger als die Mercaptane und Thiophenole, zeigen aber gegenüber den Sauerstoffäthern bei annähernd gleich schwer erfolgender Spaltung der C—S- und C—O-Bindung eine deutlich gesteigerte Aktivität der ungebundenen Elektronenpaare am Heteroatom, die sie zu den folgenden Reaktionen befähigt:

1. der unten beschriebenen Anlagerung von Alkylhalogeniden zu den Trialkylsulfoniumsalzen.

2. der Bildung von Komplexverbindungen mit Schwermetallsalzen, die wahrscheinlich ebenfalls eine feste Metall-Schwefel-Bindung enthalten. Als wichtigste Beispiele seien angeführt:

$$(CH_3)_2S \cdot 2\,CuCl; \quad (CH_3)_2S \cdot HgCl_2; \quad [(CH_3)_2S]_2 \cdot SnCl_4; \quad [(CH_3)_2S]_2 \cdot PtCl_4 \text{ usw.}$$

3. der Anlagerung von elementaren Halogenen unter Bildung von Dialkylsulfidhalogeniden (Näheres vgl. S. 692).

4. der Anlagerung von Sauerstoff zu den semipolaren S→O-Gruppen der Sulfoxyde (S. 691) und Sulfone (S. 693):

$$R\text{—}S\text{—}R' \xrightarrow{+O} R\text{—}\overset{\overset{O}{\uparrow}}{S}\text{—}R' \xrightarrow{+O} R\text{—}\underset{\underset{O}{\downarrow}}{\overset{\overset{O}{\uparrow}}{S}}\text{—}R'$$

die man wie bei den tertiären Aminen (S. 555) und Azoverbindungen (S. 631) mit Hydroperoxyd sowie bei der Sulfondarstellung auch mit zahlreichen anderen Oxydationsmitteln durchführen kann.

Einzelverbindungen. Die einfachen Thioäther sind ohne allgemeines Interesse geblieben. Dagegen haben einige komplizierte Verbindungen der Reihe, die noch andere Funktionen im Molekül enthalten, praktische Bedeutung erlangt und werden auch technisch hergestellt.

β,β'-Dioxy-diäthylsulfid kann über das auf S. 672 beschriebene Monothioglykol aus Schwefelwasserstoff und zwei Molekülen Äthylenoxyd (bzw. Äthylenchlorhydrin und Natriumsulfid) gewonnen werden:

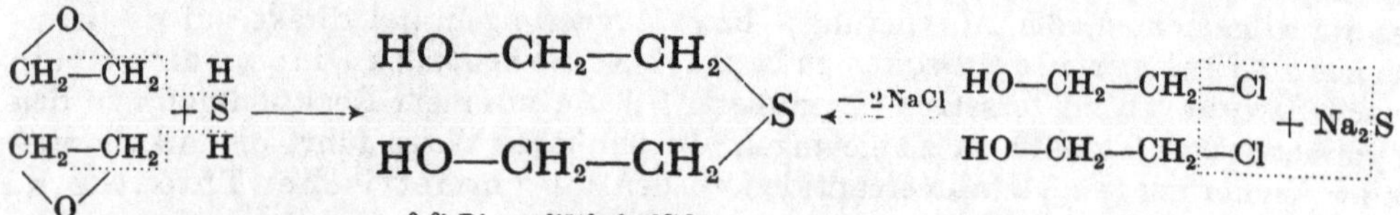

β,β'-Dioxy-diäthylsulfid

Es dient als Zwischenprodukt für die Herstellung von

β,β'-Dichlor-diäthylsulfid $Cl—CH_2—CH_2—S—CH_2—CH_2—Cl$, in das es durch Behandeln mit Salzsäure übergeführt wird. Dichlordiäthylsulfid wirkt auf der Haut blasenziehend und ruft bei längerer Berührung sehr unangenehme, nur langsam verheilende eitrige Wunden hervor. Es diente daher im ersten Weltkriege unter den Decknamen *Lost* (aus den Namen der ersten technischen Bearbeiter: *Lo*mmel und *St*einkopf gebildet), *Senfgas* (nach dem engl. *mustard gas* benannt) oder *Gelbkreuz* als wichtigster Kampfstoff.

o-Carboxyphenyl-thioglykolsäure (I), $HOOC—C_6H_4—S—CH_2—COOH$ wird durch Umsetzung des Diazoniumsalzes der Anthranilsäure mit Thioglykolsäure nach SANDMEYER oder aus thiosalicylsaurem Natrium und Chloressigsäure gewonnen:

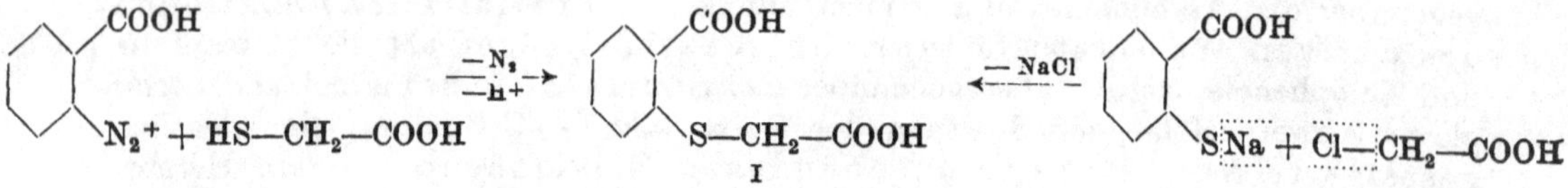

Sie dient als Zwischenprodukt für die Herstellung von Thioindigo (vgl. **III**, Kap. 2, V, 2).

Im **Methionin** $CH_3—S—CH_2—CH_2—CH(NH_2)—COOH$ liegt eine natürliche Eiweißaminosäure mit einer Thioäthergruppe vor (Näheres vgl. **III**, Kap. 7, I, 1).

3. Die Trialkyl-sulfoniumsalze

Während die Basizität des zweiwertigen Schwefels nur noch äußerst gering ist, so daß weder der Schwefelwasserstoff noch die Mercaptane und Thioäther zur Oniumsalzbildung mit Säuren (formulieren!) befähigt sind, bereitet die Anlagerung von Alkylhalogeniden zu den Trialkylsulfoniumsalzen:

$$R—\underline{\ddot{S}}—R + R—Hal \longrightarrow \left[R—\overset{\overset{R}{|}}{\underline{S}}{}^{\oplus}—R \right]^{+} Hal^{-}$$

eigenartigerweise keinerlei Schwierigkeiten, so daß man letztere allgemein auf diesem Wege darstellen kann.

Auch die **Stabilität der Trialkylsulfoniumsalze** ist größer, als man auf Grund der geringen Basizität des Schwefelwasserstoffs erwarten sollte. Sie übertrifft die der sich von dem wesentlich stärker basischen Wasser ableitenden Trialkyloxoniumsalze (S. 214) bei weitem und nähert sich bereits der der quartären

Ammoniumsalze. So sind z. B. die Trialkylsulfonium-Ionen nicht nur gegen Wasser, sondern in Lösung auch gegen Hydroxylionen beständig, so daß man die freien Sulfoniumbasen ($[R_3S]^+OH^-$) ohne Schwierigkeit in verdünnter Lösung, z.B. aus den Halogeniden mittels Silberoxyd (Gleichung formulieren!), gewinnen kann. Sie zeigen als vollständig dissoziierte Hydroxylbasen naturgemäß die gleiche Basizität wie die quartären Ammoniumbasen, die Diaryljodoniumbasen oder die Alkalimetallhydroxyde, und ihre gegenüber den Tetraalkylammoniumbasen verminderte Beständigkeit macht sich lediglich in dem etwas leichter erfolgenden „HOFMANNschen Abbau" bemerkbar, der bereits beim Kochen ihrer wäßrigen Lösungen bzw. beim Versuch zur Isolierung der festen Hydrate eintritt:

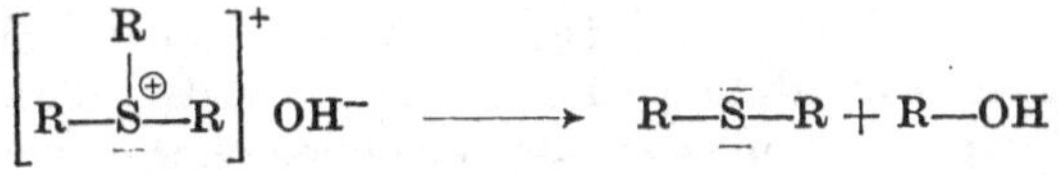

Von den Salzen der Trialkylsulfoniumbasen weisen vor allem die Mercaptide (I) und Sulfide (II) eine eigenartige Struktur auf, da sie die gleiche Verhältnisformel wie die Thioäther aufweisen und zwei verschiedenartig gebundene, nicht untereinander austauschbare S-Atome enthalten, von denen das eine im elektrischen Feld zur Kathode, das andere zur Anode wandert. Sie zeigen in dieser Beziehung eine gewisse Ähnlichkeit mit den Diaryljodoniumjodiden (S. 135) und zerfallen in Analogie zu diesen beim Erhitzen unter innermolekularer Alkylierung des Anions in zwei bzw. drei Moleküle Thioäther:

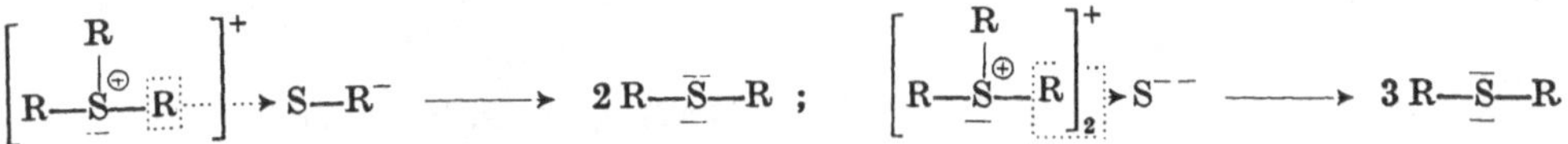

I ; II

4. Die Disulfide

Von den organischen Derivaten des Dischwefelwasserstoffs sind nur die symmetrisch disubstituierten Verbindungen von Interesse, die meistens als Alkyl- oder Aryldisulfide (exakter Dialkyl- bzw. Diaryldisulfide) bezeichnet werden. Für ihre **Darstellung** kommen insbesondere die folgenden beiden Verfahren in Betracht:

1. die Alkylierung oder Arylierung von Alkalidisulfiden. Sie läßt sich in Analogie zur Gewinnung der Thioäther in der aliphatischen Reihe durch Umsetzung von Natriumdisulfid mit den üblichen Alkylierungsmitteln, in der aromatischen Reihe durch Zersetzung der Diazonium-disulfide nach SANDMEYER, bewerkstelligen:

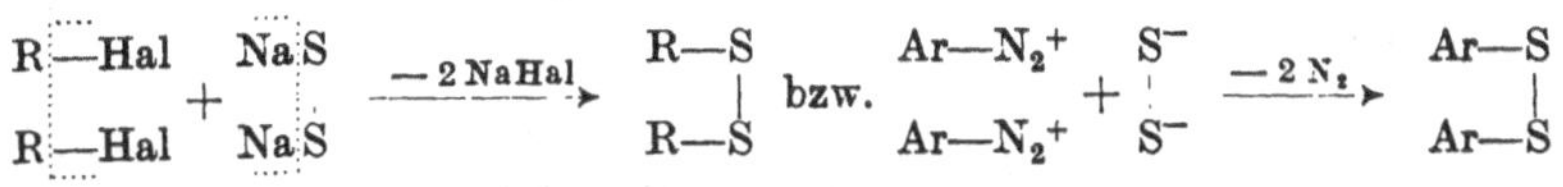

2. die bereits auf S. 671 beschriebene vorsichtige Dehydrierung von Mercaptanen:

$$R—S—H + H—S—R \xrightarrow{-H_2} R—S—S—R$$

Die organischen Disulfide sind in ihren **physikalischen Eigenschaften** den Thioäthern ähnliche, jedoch wesentlich höher siedende Flüssigkeiten (Dimethyldisulfid: Sdp. 117°; Diäthyldisulfid: Sdp. 153°), die in keiner Weise mehr die Labilität der Peroxyde erkennen lassen. Von ihren **chemischen Reaktionen** ist lediglich ihre leichte Hydrierbarkeit zu den Mercaptanen von Interesse, auf deren Bedeutung für die Mercaptangewinnung (auf S. 668f.) und für die biochemischen Redoxvorgänge bereits hingewiesen wurde.

Diallyldisulfid $CH_2{=}CH{-}CH_2{-}S{-}S{-}CH_2{-}CH{=}CH_2$ ist ein natürlich vorkommendes Disulfid, das unter anderem im Knoblauchöl auftritt. Einer anderen natürlichen Disulfidverbindung werden wir später in der Eiweißaminosäure Cystin (**III**, Kap. 7, I, 1) begegnen.

II. Die organischen Derivate der höheren Wertigkeitsstufen des Schwefels

Die organischen Derivate der höheren Wertigkeitsstufen des Schwefels stellen (mit wenigen Ausnahmen) die Oxydationsprodukte der Mercaptane und Thioäther dar und umfassen die folgenden vier Verbindungsklassen:

1. die Sulfonsäuren und ihre Derivate

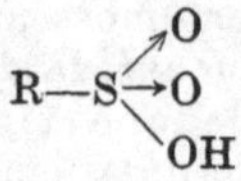

2. die Sulfone

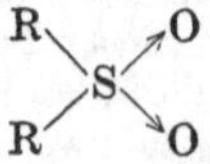

mit vierbindigem bzw. sechswertigem Schwefel

3. die Sulfinsäuren und ihre Derivate

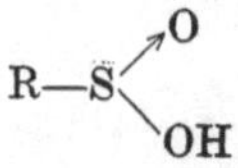

4. die Sulfoxyde und ihre Derivate

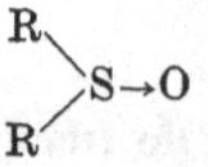

mit dreibindigem bzw. vierwertigem Schwefel

1. Die Sulfonsäuren und ihre Derivate

Die Sulfonsäuren zeigen in mancher Beziehung ein ähnliches Verhalten wie die Nitroverbindungen. Insbesondere stehen sie zur Schwefelsäure einerseits und zur schwefligen Säure andererseits in einer ähnlichen Beziehung wie die Nitroverbindungen zur Salpeter- und salpetrigen Säure (vgl. S. 639): Sie stimmen mit der Schwefelsäure hinsichtlich der Besetzung des S-Atoms mit zwei semipolar und zwei einfach gebundenen Substituenten und mit der schwefligen Säure, von deren tautomerer Form mit vierbindigem Schwefel (vgl. anorg. Lehrbücher) sie sich ableiten, hinsichtlich der Oxydationsstufe des Schwefels überein:

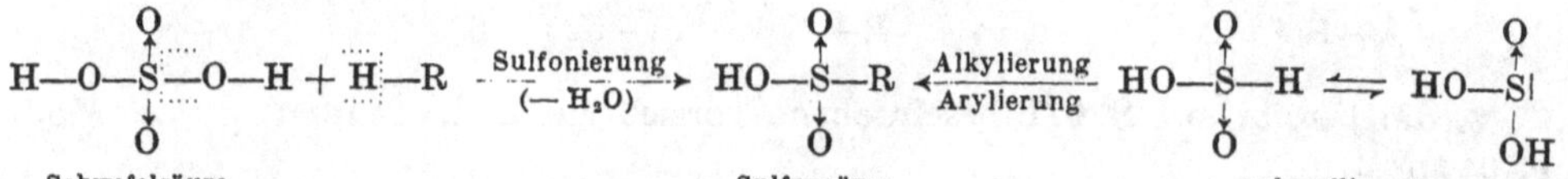

Schwefelsäure Sulfonsäure schweflige Säure

Die **Konstitutionsbestimmung** der Sulfonsäuren bereitet, ähnlich wie die der Nitroverbindungen (S. 639), nur geringe Schwierigkeiten. Aus der Reduzierbarkeit der Sulfonsäurechloride zu den Mercaptanen folgt die direkte Bindung des Schwefels an den organischen Rest, und zwar muß die C···S-Bindung, da die Sulfogruppe auch an einem tertiären C-Atom (z. B. in den aromatischen Sulfonsäuren) stehen kann, einfach sein. Die drei O-Atome und das restliche H-Atom, die man auf Grund der ausgesprochen sauren Natur des Wasserstoffs zu zwei einzelnen O-Atomen und einer Hydroxylgruppe zusammenfassen kann, müssen ferner am Schwefel gebunden sein, wofür in Anbetracht der nahen Beziehungen zur Schwefelsäure nur die angenommene Struktur in Betracht kommt. Lediglich die semipolare Formulierung der Sauerstoffbindungen wurde erst ziemlich spät vorgenommen, da man früher in Übereinstimmung mit der alten Hauptvalenzformel der Schwefelsäure echte S=O-Doppelbindungen annahm 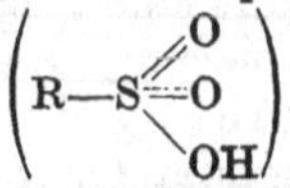. Auch hier erfolgte die Einführung der semipolaren Schreibweise zunächst nur aus formalen Gründen, um die Oktettzahl des Schwefels nicht zu überschreiten. Sie hat sich jedoch auch in anderer Beziehung hervorragend bewährt und gibt erstmals eine befriedigende Deutungsmöglichkeit für die zahlreichen Unterschiede zwischen der Carbonsäure- und Sulfonsäurereihe.

Die **Benennung** der Sulfonsäuren (auch der Ausdruck *Sulfosäuren* ist gebräuchlich) erfolgt in Analogie zu der der Carbonsäuren (S. 305) als *Sulfonsäuren* derjenigen Kohlenwasserstoffe, in denen die Sulfogruppe ein H-Atom ersetzt (z. B. *Benzol-sulfonsäure, Methan-disulfonsäure* usw.). Bei komplizierten Verbindungen, die mehrere Funktionen im Molekül enthalten, ist daneben auch die abgekürzte Bezeichnung *Sulfo-* für die SO_3H-Gruppe gebräuchlich (z. B. *Sulfo-benzoesäure*). Doch ist man nach Möglichkeit bestrebt, die Verbindung so zu benennen, daß die Gruppenbezeichnung *-sulfonsäure* an das Wortende kommt (z. B. *Anilinsulfonsäure* statt *Sulfo-anilin*).

Für die **Darstellung** der Sulfonsäuren stehen in Analogie zur Gewinnung der Nitroverbindungen insbesondere drei Verfahren zur Verfügung: 1. die „Sulfonierung" von Kohlenwasserstoffen mittels Schwefelsäure und ihren Derivaten, 2. die Alkylierung oder Arylierung der schwefligen Säure und 3. die Umwandlung anderer Schwefelfunktionen in die SO_3H-Gruppe.

Zu 1. Die **Sulfonierung**[1]) von Kohlenwasserstoffen haben wir als eine der Grundreaktionen der organischen Chemie schon mehrfach kurz gestreift. Sie verläuft formal der Nitrierungsreaktion analog und beruht ebenfalls auf der Substitution eines organisch gebundenen H-Atoms durch den Acylrest einer starken Mineralsäure:

$$R{-}H + HO{-}SO_3H \xrightarrow{-H_2O} R{-}SO_3H$$

Die Reaktion ist infolge ihrer großen praktischen Bedeutung in zahlreichen Ausführungsformen bekannt, die sich, ähnlich wie die verschiedenen Nitrierungsverfahren, in a) den Sulfonierungsmitteln, b) den Möglichkeiten der katalytischen Beeinflussung und c) dem Verhalten der verschiedenen Arten des organisch gebundenen Wasserstoffs unterscheiden.

Zu a) Als einfachstes **Sulfonierungsmittel** dient gewöhnliche konzentrierte Schwefelsäure, die jedoch den Kohlenwasserstoff im allgemeinen erst unter wesentlich energischeren Bedingungen angreift als Salpetersäure, wie u. a. aus ihrer Verwendbarkeit als Entwässerungsmittel bei der Nitrierungsreaktion hervorgeht. So läßt sich z. B. selbst das reaktionsfähige Toluol mit konzentrierter Schwefelsäure erst bei etwa 100° umsetzen, und man erhält nur dann eine befriedigende Sulfonsäure-Ausbeute, wenn man das gebildete Wasser laufend mit den Toluoldämpfen abdestilliert, um die Verwässerung der Schwefelsäure (vgl. auch S. 688)

[1]) Früher häufig auch als *Sulfurierung* bezeichnet. Doch hat es sich als zweckmäßig erwiesen, scharf zwischen der *Sulfurierung* (wörtlich = *Schwefelung*) als der Einführung von zweiwertigem Schwefel mittels elementaren Schwefels, Schwefelwasserstoffs oder Phosphorpentasulfids einerseits und der *Sulfonierung* sowie auch der *Sulfinierung* als der Einführung der Sulfon- bzw. Sulfinsäuregruppe andererseits zu unterscheiden.

hintan zu halten. Auch **Naphthalin** wird durch normale konzentrierte Schwefelsäure erst ab etwa 80° angegriffen.

Zur Erhöhung der Sulfonierwirkung hat man im Gegensatz zur Nitrierungsreaktion lediglich die Möglichkeiten der Verwendung von rauchender Schwefelsäure (evtl. mit einem Zusatz von Phosphorpentoxyd) als Sulfonierungsmittel, die die Sulfonierung des Benzols bereits bei Zimmertemperatur gestattet, und der Erhöhung der Reaktionstemperatur. Letztere kann in Anbetracht der viel geringeren Oxydationswirkung der Schwefelsäure ohne jedes Bedenken bis auf etwa 300° gesteigert werden.

Neben der Schwefelsäure selbst werden auch zahlreiche Schwefelsäurederivate als Sulfonierungsmittel verwandt. So kann man z. B. mit SO_3 oder Chlorsulfonsäure bereits in der Kälte arbeiten und hat dazu den weiteren Vorteil der Vermeidung des Auftretens von Reaktionswasser:

$$R{-}SO_3H \xleftarrow{SO_3} R{-}H \xrightarrow{+2\,Cl-SO_3H} R{-}SO_2{-}Cl + HCl + H_2SO_4$$

Über den Mechanismus der Sulfonierung mit Chlorsulfonsäure ist noch nichts bekannt. Insbesondere weiß man nicht, ob die eigentliche Sulfonierung direkt zum Sulfochlorid führt unter Abspaltung von Wasser, das dann sekundär ein zweites Chlorsulfonsäuremolekül zersetzt, oder ob zunächst unter HCl-Abspaltung die freie Sulfonsäure entsteht, die dann anschließend durch die überschüssige Chlorsulfonsäure chloriert wird (Gleichungen formulieren!).

Andere interessante Sulfonierungsmittel sind die Additionsprodukte des Schwefeltrioxyds an Pyridin (S. 842) oder Dioxan, die als betainartige innere Oniumsalze aufgefaßt werden müssen und sehr leicht das Schwefeltrioxyd auf die zu sulfonierende Verbindung übertragen:

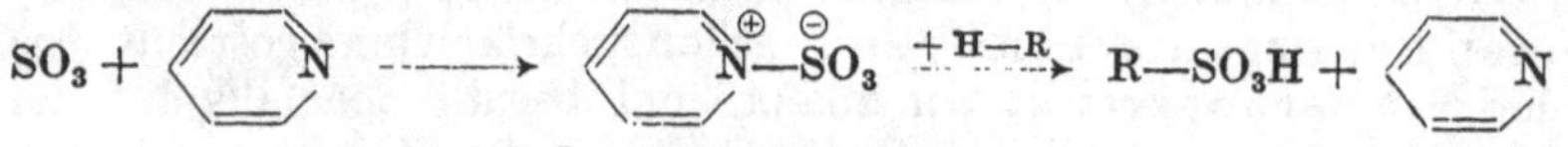

Anhydro-pyridin-schwefelsäure

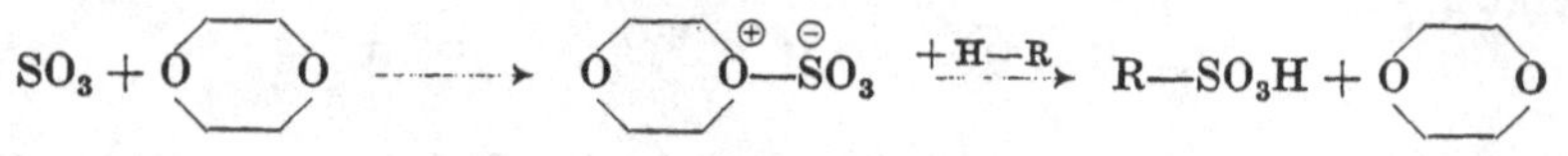

Sie gestatten die Sulfonierung in indifferenten organischen Lösungsmitteln. Besonders die Pyridinverbindung in überschüssigem Pyridin als Lösungsmittel wird häufig angewandt, da sie infolge des basischen Reaktionsmediums die schonende Sulfonierung empfindlicher Substanzen ermöglicht.

Das modernste Sulfonierungsmittel ist ohne Zweifel ein Gemisch von Schwefeldioxyd und elementarem Sauerstoff (*Sulfoxydation*, vgl. S. 76) oder von Schwefeldioxyd und elementarem Chlor (*Sulfochlorierung* [nach Reed, 1936]; vgl. S. 76), die beide, ohne sich vorher zu SO_3 oder SO_2Cl_2 zu vereinigen, die Substitution von Paraffinwasserstoff durch die SO_3H- bzw. die SO_2Cl-Gruppe bewirken:

$$H{-}R + SO_2 + Cl{-}Cl \xrightarrow{-HCl} R{-}SO_2{-}Cl \text{ bzw. } R{-}H + SO_2 + O \longrightarrow R{-}SO_2{-}OH$$

Beide Reaktionen werden durch Ultraviolett-Bestrahlung ausgelöst und verlaufen im Sinne einer Kettenreaktion (Näheres vgl. II, Kap. 4, I, 1). Im Dunkeln oder nach der Vereinigung des Chlors mit dem Schwefeldioxyd zum Sulfurylchlorid wird unter Umständen ein ganz anderer Reaktionsverlauf beobachtet, wie z. B. die ebenfalls mögliche Verwendung von Sulfurylchlorid als Chlorierungsmittel (vgl. S. 145) zeigt.

Zu b) Eine **katalytische Beschleunigung** der Sulfonierungsreaktion ist in viel höherem Maße als bei der Nitrierung gelungen. Als wichtigste Katalysatoren werden genannt: Alkalibisulfat bei höherer Temperatur, Vanadinpentoxyd, Jod, Borfluorid und Fluorwasserstoffsäure (letztere wahrscheinlich über die Fluorsulfonsäure als aktive Zwischenverbindung; Gleichung formulieren!).

Ferner ist eine weitgehende katalytische Lenkung der eintretenden Sulfonsäuregruppe möglich, die insbesondere in Gegenwart von Quecksilbersalzen oft entgegen den HOLLEMANschen Substitutionsregeln in den Benzolkern eingeführt werden kann (wahrscheinlich über die intermediäre Bildung von organischen Quecksilberverbindungen, S. 731). Im übrigen lenken, ähnlich wie bei der Nitrierung (S. 642), Substituenten 1. Ordnung die eintretende Sulfogruppe bei tiefer Temperatur hauptsächlich in o- und bei höherer Temperatur in p-Stellung. Auch die Sulfonierung des Naphthalins nimmt in Abhängigkeit von der Reaktionstemperatur einen verschiedenartigen Verlauf (S. 817).

Zu c). Die **Reaktionsfähigkeit** des organisch gebundenen **Wasserstoffs** zeigt eine ähnliche Abstufung wie bei der Nitrierung und Halogenierung. Am schwierigsten substituierbar ist Paraffinwasserstoff, der auch durch rauchende Schwefelsäure erst bei Temperaturen oberhalb 100° angegriffen wird, so daß man aromatische und aliphatische Kohlenwasserstoffe im allgemeinen mittels der Sulfonierungsreaktion trennen kann (vgl. auch S. 684). Ihm folgt der normale aromatisch gebundene Wasserstoff und schließlich als reaktionsfähigste Wasserstoffart wiederum der außerordentlich leicht substituierbare Wasserstoff der aktiven Methylengruppen und der Phenole. Dagegen erfordern die aromatischen Amine infolge der zunächst erfolgenden Neutralisierung der Aminogruppe etwas schärfere Reaktionsbedingungen (vgl. S. 570).

Diese Reihenfolge der Wasserstoffaktivität gilt für alle Sulfonierungsverfahren mit Ausnahme der Sulfochlorierung und Sulfoxydation, bei denen infolge des speziellen Reaktionsmechanismus ausschließlich Paraffinwasserstoff substituiert wird. Trotzdem sind diese Methoden nicht zur Seitenkettensulfonierung aromatischer Kohlenwasserstoffe unter Schonung des Benzolkerns geeignet, weil dieser unter den Reaktionsbedingungen anderweitig reagiert.

Zu 2. Die Sulfonsäuregewinnung durch **Alkylierung** oder **Arylierung von schwefliger Säure** entspricht der Darstellung der Nitroverbindungen nach V. MEYER (S. 644). Sie erfordert aber viel weniger Vorsichtsmaßregeln, da das Sulfition den organischen Rest ausschließlich an das ungebundene Elektronenpaar des Schwefels anlagert, auf diese Weise also die normalen Ester der schwefligen Säure überhaupt nicht dargestellt werden können. Infolgedessen genügt für die Bildung der aliphatischen Sulfonsäuren die Behandlung der neutralen Alkalisulfite mit den üblichen Alkylierungsmitteln und für die der aromatischen Säuren die Zersetzung der Diazonium-bisulfite nach SANDMEYER in Gegenwart von Kupferpulver:

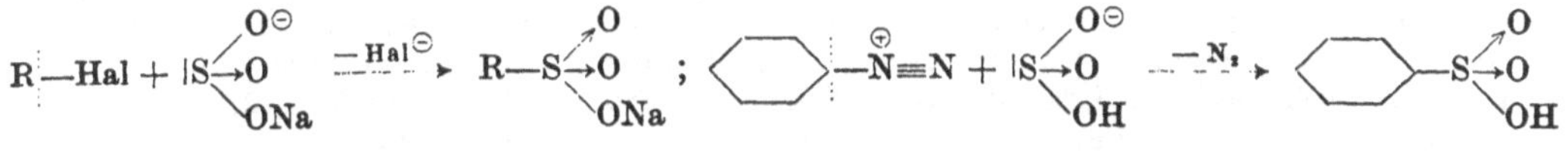

Bei Überschuß des Alkylierungsmittels können auch in einem Reaktionsgang die Ester der Sulfonsäuren erhalten werden (Gleichung formulieren!).

Die wesentlich größere Bildungstendenz der Sulfonsäuren gegenüber der der Schwefligsäure-halbester geht auch aus der auf S. 202 beschriebenen Umlagerung der neutralen Dialkylsulfite in die isomeren Sulfonsäureester hervor, die wir dort als eine innermolekulare Alkylierung des Schwefelatoms kennengelernt haben.

Zu 3. Die Sulfonsäuren stellen das Endprodukt der **Oxydation** aller nur einen organischen Rest am S-Atom enthaltenden Schwefelverbindungen dar und können daher ohne Schwierigkeit durch Oxydation der Mercaptane oder Sulfinsäuren gewonnen werden:

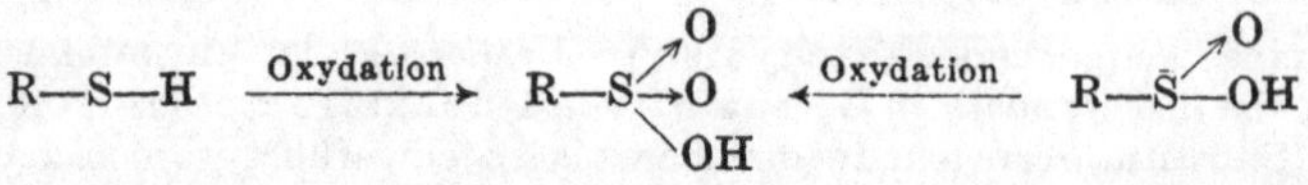

Eine praktische Bedeutung für die Sulfonsäuregewinnung hat lediglich die Oxydation der häufig leichter als die Sulfonsäuren selbst zugänglichen aliphatischen Sulfinsäuren (S. 690) erlangt.

Eigenschaften. Die niederen aliphatischen Sulfonsäuren sind nur unter Schwierigkeiten im Vakuum destillierbare, schlecht kristallisierende Verbindungen, die meistens von der Herstellung her noch mit Schwefelsäure verunreinigt sind und daher im allgemeinen nicht in Substanz dargestellt werden. Erst die aromatischen Sulfonsäuren, insbesondere bei Besetzung der p-Stellung des Benzolkerns (z. B. p-Toluolsulfonsäure), kristallisieren besser und lassen sich leicht rein gewinnen. Als Derivate der Schwefelsäure sind die Sulfonsäuren ausgesprochen hydrophil und lipophob. Sie zeigen daher meistens in Wasser eine gute und in organischen Lösungsmitteln eine schlechte Löslichkeit.

Chemisches Verhalten. Die Sulfonsäuren sind sehr reaktionsfähige Substanzen, die zu den folgenden vier Gruppen von Umsetzungen befähigt sind, an denen jedesmal ein anderer Molekülteil beteiligt ist: 1. der Reaktion als Säuren, 2. der Substitution der Hydroxylgruppe unter Bildung von Säurederivaten, 3. den Reaktionen des organischen Molekülteils und 4. den Spaltungsreaktionen der C—S-Bindung. Lediglich die semipolar gebundenen O-Atome sind so reaktionsträge, daß sie ohne Mitbeteiligung der anderen Gruppen nicht zur Reaktion gebracht werden können.

Zu 1. Die Sulfonsäuren sind wesentlich stärker sauer als die Carbonsäuren und weisen von den einfachen organischen Funktionen bei weitem die stärkste **Acidität** auf. Da sie auch in Gegenwart ihrer Salze Kongopapier blau färben, zählt man sie allgemein bereits zu den starken Säuren, obgleich sie mit p_K-Werten von etwa 0,7 (Benzolsulfonsäure) immer noch deutlich hinter den starken Mineralsäuren (HNO_3: $p_K = 0{,}1$; H_2SO_4, HCl, $HClO_4$: p_K unmeßbar klein) zurückstehen.

Die Alkali- und Erdalkalisalze dienen wegen ihrer guten Kristallisierbarkeit häufig zur Reinigung und Aufbewahrung der Säuren. Bemerkenswert ist die Wasserlöslichkeit der meisten Bariumsulfonate, durch die eine Abtrennung der von der Darstellung her noch anhaftenden Schwefelsäure als Bariumsulfat ermöglicht wird. Die Alkalisalze der höheren aliphatischen Sulfonsäuren zeigen aus den gleichen Gründen wie die Alkalisalze der Carbonsäuren seifenähnliche Eigenschaften (vgl. **II**, Kap. 6, II, 2), reagieren diesen gegenüber aber neutral. Sie dienen daher vielfach als neutrale Wasch- und Emulgiermittel.

Zu 2. Die **Hydroxylgruppe** der Sulfonsäuren zeigt eine ähnliche, wenn auch deutlich geringere Beweglichkeit wie die der Carbonsäuren und kann daher in gleicher Weise (allerdings meistens besser auf dem Umweg über die Sulfochloride) durch andere negative Reste ersetzt werden. Die verschiedenen Möglichkeiten sind in dem folgenden Reaktionsbild zusammengestellt:

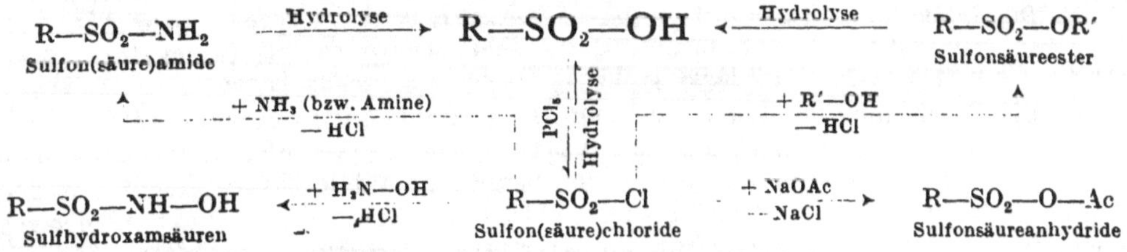

Über die verschiedenen Sulfonsäurederivate ist folgendes nachzutragen:

a) Die **Sulfonsäurechloride** (auch *Sulfochloride* genannt) werden — neben der allgemein durchführbaren Umsetzung der Sulfonsäuren oder ihrer Salze mit Phosphorpentachlorid — in der aliphatischen Reihe neuerdings auch direkt mit Hilfe der oben beschriebenen Sulfochlorierungsreaktion gewonnen. Sie sind sehr beständige, destillierbare Verbindungen von nicht unangenehmem Geruch und haben eine ähnliche Bedeutung als Acylierungsmittel in der Sulfonsäurereihe erlangt wie die Carbonsäurechloride in der Carbonsäurereihe. Doch ist ihre Reaktionsfähigkeit wesentlich geringer, da die Ablösung des Chlors nicht wie bei letzteren über eine intermediär gebildete Additionsverbindung an eine S=O-Doppelbindung erfolgen kann, sondern, ähnlich wie bei den Alkylhalogeniden, durch unmittelbare Substitution am quartären Zentralatom vor sich geht:

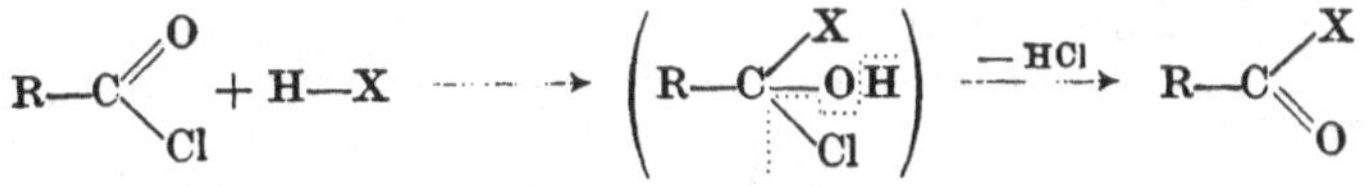

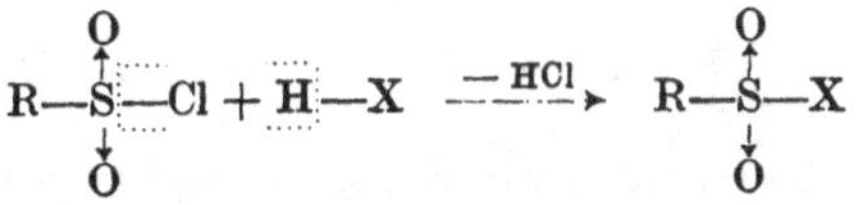

Die Sulfochloride sind daher im Gegensatz zu den Carbonsäurechloriden (S. 321) ziemlich wasserbeständig und werden selbst bei der Wasserdampfdestillation nur teilweise zersetzt. Auch mit Alkoholen setzen sie sich in der Kälte erst nach Tagen vollständig zu den Estern um, und schließlich werden metallorganische Verbindungen infolge des Fehlens von S=O-Doppelbindungen nicht, wie in Analogie zu den Carbonsäurechloriden zu erwarten wäre, unter Neubildung einer C—S-Bindung angelagert, sondern wirken reduzierend auf Sulfonsäurechloride ein:

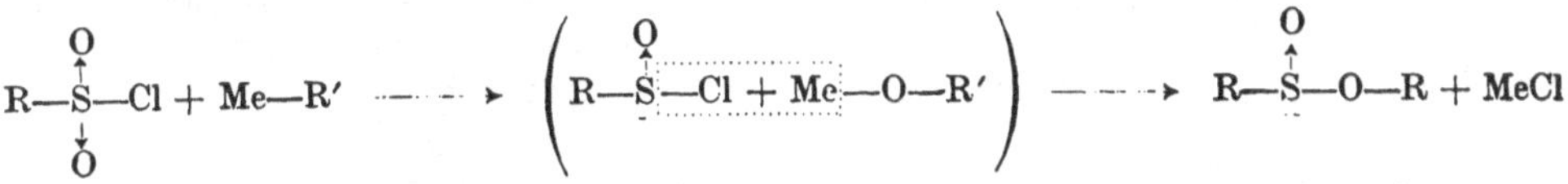

Abgesehen von dieser Reduktion durch metallorganische Verbindungen können die Sulfochloride als einzige Derivate der Sulfonsäuren auch anderweitig reduziert werden, wobei unter energischen Bedingungen, z. B. mit Zinn und Salzsäure, die Mercaptane und Thiophenole, bei vorsichtigem Arbeiten, wie etwa bei der Einwirkung von metallischem Zink und Wasser, die Sulfinsäuren (bzw. deren Salze) entstehen:

$$R{-}SO_2H \xleftarrow{Zn,\,H_2O} R{-}SO_2{-}Cl \xrightarrow{Sn,\,HCl} R{-}S{-}H$$

b) Die Sulfochloride lassen sich in der angegebenen Weise in **symmetrische Anhydride** (zwischen zwei Sulfonsäuremolekülen) und **gemischte Anhydride mit Carbonsäuren** überführen, die jedoch beide bisher keine praktische Bedeutung erlangt haben.

c) Die Gewinnung der **Ester** geschieht fast ausschließlich durch Umsetzung von Sulfochloriden mit Alkoholen in der Kälte, da bei der direkten Veresterung der Sulfonsäuren mit den Alkoholen der bereits gebildete Ester leicht auf den überschüssigen Alkohol unter Ätherbildung alkylierend einwirkt (Gleichung formulieren!), wodurch die Ausbeute an Ester vermindert wird. Die Sulfonsäureester sind im Vakuum unzersetzt destillierbare Flüssigkeiten (bzw. niedrig schmelzende feste Körper), die infolge des Fehlens von S=O-Doppelbindungen eine alkylierende Spaltung erleiden (S. 197f.) und bei ihrer leichten Zugänglichkeit als Ester starker Säuren wichtige präparative Alkylierungsmittel darstellen.

d) Die Sulfonsäureamide (*Sulfonamide*) sind vorzüglich kristallisierende, sehr beständige Substanzen, die, soweit sie noch Wasserstoff am N-Atom enthalten, als Amide starker Säuren schwach sauer reagieren und daher in Alkalien löslich sind. Auf die Verwendung dieser Reaktion zur Trennung primärer und sekundärer Amine wurde bereits hingewiesen (S. 541). Im übrigen können die Sulfonamide in ähnlicher Weise wie die Carbonsäureamide durch Kochen mit starken Säuren oder Alkalien rückwärts gespalten werden. Sie eignen sich infolgedessen hervorragend zur Identifizierung und Reinigung der Sulfonsäuren und auch der Amine.

Eine eigenartige „anomale Spaltung" erleiden die N-Alkylsulfonamide bei der Einwirkung von starken Alkalien. Hierbei wird nicht die Sulfonsäure zurückgebildet, sondern es entsteht unter Austausch der Oxydationsstufen des Kohlenstoffs und Schwefels die Sulfinsäure und ein Aldimin (über den Mechanismus, vgl. **II**, Kap. 4, II, 2b):

$$R{-}SO_2{-}NH{-}CH_2{-}R' \xrightarrow[-H_2O]{+NaOH} R{-}SO_2Na + HN{=}CH{-}R'$$

Schließlich sind auch die *sekundären Sulfonsäureamide* $R{-}SO_2{-}NH{-}SO_2{-}R$ bekannt, die fälschlicherweise allgemein als **Sulf(on)imide** bezeichnet werden. Sie sind als sekundäre Amide starker Säuren stark sauer und bilden neutral reagierende Salze, die wegen ihrer seifenähnlichen Eigenschaften als Wasch- und Emulgiermittel dienen. Echte Sulf(on)imide des Typus $R{-}SO(NH){-}OH$, die eine doppelt bzw. semipolar gebundene NH-Gruppe enthalten, existieren dagegen nicht.

e) Die **Sulfhydroxamsäuren** zeichnen sich gegenüber den Hydroxamsäuren der Carbonsäurereihe vor allem durch ihre bei der Einwirkung von Alkali erfolgende anomale Spaltung aus, die der oben beschriebenen anomalen Spaltung der N-Alkylsulfamide analog verläuft und ebenfalls unter Austausch der Oxydationsstufen des Kohlenstoffs und Schwefels vor sich geht. Hierbei wird neben der Sulfinsäure das an sich unbeständige Nitroxyl (HN=O) in Freiheit gesetzt, das durch zugesetzte Aldehyde unter Bildung von Acylhydroxamsäuren abgefangen und nachgewiesen werden kann:

$$R{-}SO_2{-}NH{-}OH \xrightarrow[-H_2O]{+NaOH} R{-}SO_2Na + HN{=}O \xrightarrow{+R'{-}CH{=}O} R'{-}C\begin{matrix}{=}N{-}OH\\ {-}OH\end{matrix}$$

Auf dieser Reaktion beruht der Aldehydnachweis von Angeli und Rimini (S. 249).

Zu 3. Die Beeinflussung der Reaktionsfähigkeit des **organischen Molekülteils** durch die Sulfogruppe ist der Wirkung der Nitro- und Carboxylgruppe insofern ähnlich, als sie ebenfalls stark acidifizierend wirkt. Infolgedessen sind z. B. die Ester der Methan-disulfonsäure (I), ähnlich wie die der Methantricarbonsäure (S. 465), ausgesprochene Säuren und als solche einerseits in Natronlauge unter Salzbildung löslich, andererseits mit Diazomethan methylierbar:

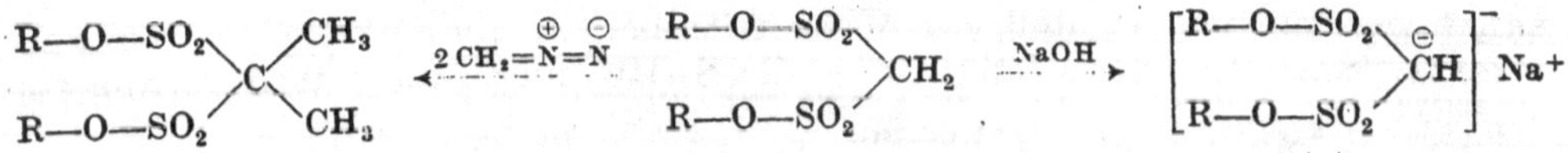

I

Besonders die letztere Reaktion ist von einem gewissen *theoretischen Interesse*, weil bei ihr die Methylgruppen an den *Kohlenstoff* treten, wodurch bewiesen wird, daß tatsächlich der am *Kohlenstoff* befindliche Wasserstoff *sauer* ist (vgl. **II**, Kap. V 5, II, 3).

Dagegen zeigen die Methan-disulfonsäureester (III) im Gegensatz zu den analog konstituierten 1,3-Dicarbonylverbindungen (II) *keinerlei Enolisationsvermögen*. Dieser vom Standpunkt der *klassischen Theorie* auffallende Befund wird von der *Elektronentheorie* direkt *gefordert* und kann als Beweis für deren Richtigkeit angesehen werden. Denn die Bildung einer *enolartigen Molekülform* setzt das Vorhandensein von *doppelt gebundenem Sauerstoff* voraus, wie er in den *Carbonyl-*, *Nitroso-* und auch *Nitroverbindungen*, nicht aber in den *Schwefelsauerstoffverbindungen*, vorliegt:

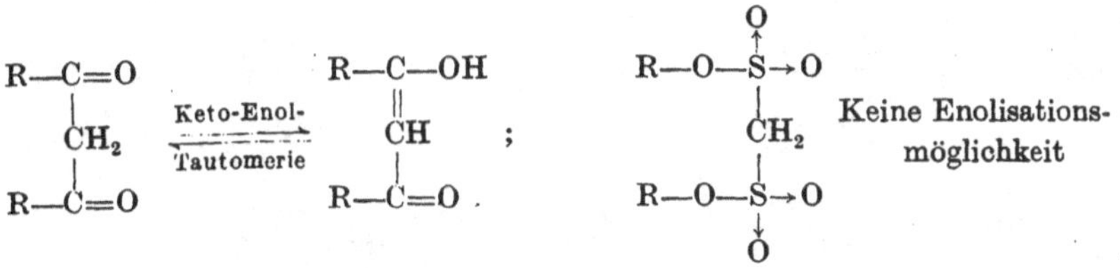

II III

Die aliphatischen Sulfonsäuren und auch ihre Derivate vermögen daher keine mit der Enolisation zusammenhängenden Reaktionen, wie z.B. die Claisenkondensation (S. 943), mehr *einzugehen*. Auch die Labilisierung einer am gleichen Kohlenstoff befindlichen Carboxylgruppe durch die Sulfogruppe ist *wesentlich schwächer* als bei den entsprechenden *Oxo-* und *Nitrocarbonsäuren*, so daß die *Sulfo-essigsäure* (s. u.) sich im Gegensatz zur labilen *Acetessigsäure* (S. 499) oder gar der nicht mehr existenzfähigen *Nitroessigsäure* (S. 648) erst bei 250° zu zersetzen beginnt.

In der *aromatischen Reihe* tritt der Unterschied der aktivierenden Wirkung der Sulfo- und der Nitrogruppe in *ähnlicher Weise* in Erscheinung. Zwar lenkt die Sulfogruppe als Substituent *zweiter Ordnung* den neu eintretenden Substituenten ebenfalls in *m-Stellung* und erschwert die weitere Substitution des Benzolkerns, doch fällt auch hier die Möglichkeit der Ausbildung *tautomerer Formen* mit *doppelt gebundenem* Schwefel (insbesondere bei den den Nitrophenolen und Nitroanilinen entsprechenden *Phenol-* und *Anilinsulfonsäuren*) fort und damit auch die *Aktivierung* der in o- und *p-Stellung* zur Sulfogruppe befindlichen Substituenten.

Zu 4. Spaltungsreaktionen. Abgesehen von dem speziellen Fall der *Aldehyd-* und *Ketonbisulfitadditionsverbindungen* (S. 283), in denen die Sulfogruppe in α-Stellung zu einer *Oxygruppe* steht, ist eine Abspaltung der *aliphatisch gebundenen Sulfogruppe* bisher weder hydrolytisch noch auf einem anderen Wege gelungen. Dagegen lassen sich *aromatische Sulfonsäuren* durch Erhitzen mit *Wasser* auf 180° unter Druck in *Umkehrung der Sulfonierungsreaktion* wieder in den ursprünglichen *Kohlenwasserstoff* und *Schwefel-*

säure zerlegen, und in ähnlicher Weise tritt bei der Einwirkung von konzentrierter Salpetersäure Substitution der Sulfo- durch die Nitrogruppe ein:

$$Ar{-}NO_2 + H_2SO_4 \xleftarrow{+HO-NO_2} Ar{-}SO_3H \xrightarrow[(180^0)]{+HO-H} Ar{-}H + H_2SO_4$$

Noch wichtiger ist eine andere Spaltungsmöglichkeit, die unter Vertauschung der Oxydationsstufen von Kohlenstoff und Schwefel vor sich geht, bei der also die Sulfogruppe als schweflige Säure herausgespalten wird, und ein negativer Rest an den Benzolkern tritt. Sie erfolgt allgemein beim Verschmelzen der Natriumsulfonate mit den Natriumverbindungen des einzuführenden Substituenten bei Temperaturen um 300⁰.

$$R{-}SO_3Na + NaX \longrightarrow R{-}X + Na_2SO_3$$

Beide Spaltungsmöglichkeiten gestatten es, in ähnlicher Weise wie mit Hilfe der Sandmeyerschen Reaktion (jedoch ohne den kostspieligen Umweg über die Diazoverbindungen) eine Reihe von Substituenten in den Benzolkern einzuführen. Die wichtigsten Anwendungsmöglichkeiten sind in dem folgenden Schema kurz zusammengestellt:

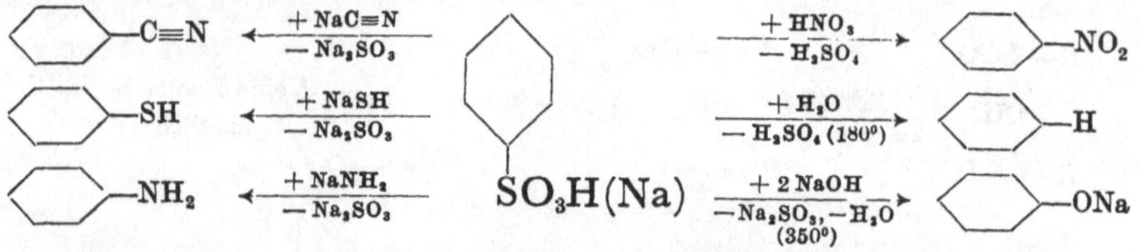

Eine größere praktische Bedeutung haben insbesondere die Phenol- (S. 220) und die Cyanidschmelze (S. 307) erlangt. Ferner findet die saure Hydrolyse zuweilen Anwendung bei der Reinigung oder Abtrennung aromatischer Kohlenwasserstoffe aus Gemischen mit Paraffinen über die Sulfonsäuren, und auch die Einführung der Nitrogruppe auf diesem Wege wird häufig der direkten Nitrierung vorgezogen (vgl. z. B. S. 657).

Weniger glatt verläuft dagegen die Amin- und Thiophenolbildung. Letztere stellt neben der Reduktion der Sulfochloride eine zweite Möglichkeit dar, um von den Sulfonsäuren aus zu den Thiophenolen zu gelangen, bei der im Gegensatz zur Sulfochloridreduktion jedoch die Schwefelatome ausgetauscht werden.

Durch diese Substitutionsreaktionen nehmen die Sulfonsäuren eine ähnliche Zentralstellung als „Arylierungsmittel" ein wie die Diazoniumsalze. Die Sulfonsäuremethode bietet den Vorteil der Billigkeit, dem der Nachteil der hohen Reaktionstemperaturen gegenübersteht. Das Diazoverfahren arbeitet dagegen teuer (z. B. sind zur Darstellung von Benzonitril aus Benzol fünf Reaktionsstufen erforderlich, und es muß zweimal Stickstoff eingeführt werden, der später als wertloser elementarer Stickstoff entweicht), kann aber unter sehr milden Reaktionsbedingungen durchgeführt werden. Die erstere Methode eignet sich daher insbesondere zur Gewinnung einfach gebauter Massenprodukte, die letztere zur Darstellung empfindlicher und wertvoller Substanzen.

Einzelverbindungen. Von den einfachen aliphatischen Sulfonsäuren hat lediglich die als **Methionsäure** bezeichnete *Methan-disulfonsäure* $HO_3S{-}CH_2{-}SO_3H$ eine gewisse Bedeutung erlangt. Sie wird durch Sulfonierung von Essigsäure oder Essigsäureanhydrid mit rauchender Schwefelsäure gewonnen, wobei die intermediär gebildete Disulfo-essigsäure sofort unter CO_2-Abspaltung zerfällt (Gleichung vgl. S. 334), und ist eine starke zweibasige Säure. Auf die saure Natur ihrer Ester wurde bereits hingewiesen (S. 682).

Isäthionsäure $HO—CH_2—CH_2—SO_3H$ ist eine aliphatische Sulfonsäure, die gleichzeitig eine alkoholische Hydroxylgruppe enthält. Sie entsteht über ihr cyclisches Schwefelsäureanhydrid, das *Carbylsulfat* (I), bei der Anlagerung von rauchender Schwefelsäure an Äthylen (vgl. S. 95), sowie bei der Einwirkung von Natriumnitrit auf das natürlich vorkommende Taurin (II, s. unten), und wird am besten durch Oxydation von Thioglykol (III) gewonnen:

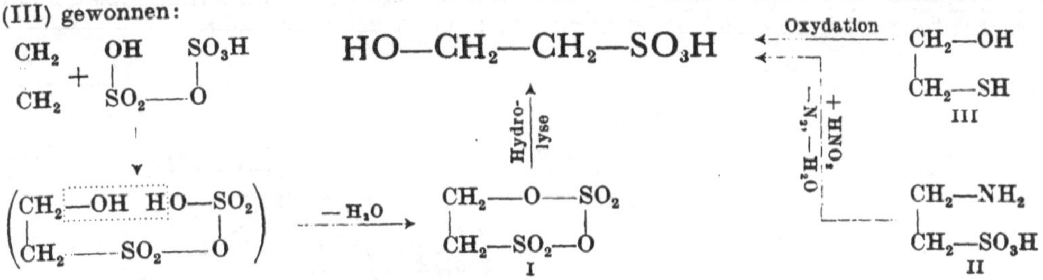

Taurin $H_2N—CH_2—CH_2—SO_3H$, die einfachste Amino-sulfonsäure, kommt als einzige Verbindung dieser Reihe natürlich vor und tritt, an Cholsäure (**III**, Kap. 5, III, 3) gebunden, als *Taurocholsäure* in der Ochsengalle auf. Seine biochemische Bildung erfolgt wahrscheinlich durch oxydativen Abbau von Cystein (**III**, Kap. 7, I, 1):

$$H\,OOC—CH(NH_2)—CH_2—SH \xrightarrow{-CO_2,\ Oxydation} H_2N—CH_2—CH_2—SO_3H$$

Taurin liegt infolge der gleichzeitigen Anwesenheit einer basischen und einer sauren Gruppe im Molekül in ähnlicher Weise wie die Aminocarbonsäuren ausschließlich in Form von Zwitterionen vor.

Sulfo-essigsäure $HO_3S—CH_2—COOH$ entsteht bei der Einwirkung von normaler konzentrierter Schwefelsäure auf Essigsäureanhydrid oberhalb 50° und tritt daher bei unvorsichtigem Arbeiten zuweilen als unerwünschtes Nebenprodukt bei der Katalyse von Acetylierungsreaktionen mit Schwefelsäure auf (vgl. S. 334). Sie ist eine durchaus beständige, bei 85° schmelzende Verbindung, die jedoch infolge ihrer gegenüber Schwefelsäure wesentlich geringeren Acidität die Acetylierung mit Essigsäureanhydrid nicht mehr zu katalysieren vermag.

Benzolsulfonsäure $C_6H_5—SO_3H$, die einfachste aromatische Sulfonsäure, wird durch Sulfonierung von Benzol mit rauchender Schwefelsäure bei Zimmertemperatur gewonnen und galt mit ihren Derivaten lange Zeit als Typus der aromatischen Sulfonsäure schlechthin. Sie wird in der Praxis jedoch immer mehr verdrängt von der

p-Toluolsulfonsäure $CH_3—C_6H_5—SO_3H$, die einerseits bei der Saccharinfabrikation (s. u.) als Nebenprodukt anfällt, andererseits infolge der gestreckten Molekülgestalt viel bessere Kristallisationseigenschaften aufweist als die Benzolsulfonsäure und daher viel leichter rein dargestellt werden kann. Sie findet an Stelle von Schwefelsäure Verwendung als milder Katalysator für Verätherungs- und Veresterungsreaktionen und ist als solcher auch der Hauptbestandteil von Twitchells Reagens (S. 418). Ferner dienen ihre Ester vielfach als Alkylierungsmittel (S. 198).

o-Toluolsulfonsäure ist wesentlich unbeständiger als die p-Verbindung und lagert sich bereits bei 140—150° in diese um. Sie dient als Ausgangsmaterial für die Saccharingewinnung, doch bereitete ihre Darstellung früher einige Schwierigkeiten, da sie bei der normalen Sulfonierung von Toluol mit konzentrierter Schwefelsäure neben der p-Verbindung nur in geringer Menge entsteht. Erst bei Verwendung von Chlorsulfonsäure als Sulfonierungsmittel, die das Arbeiten bei —10 bis —20° gestattet, wird das Verhältnis von o- zu p-Substitution derart zugunsten der o-Verbindung verschoben (vgl. S. 679), daß die o-Toluolsulfonsäure nunmehr auch bei direkter Sulfonierung von Toluol in über 70%iger Ausbeute erhalten werden kann.

Im **Saccharin** (III), dem ältesten und wichtigsten künstlichen Süßstoff, liegt das cyclische sekundäre Amid der *o-Sulfo-benzoesäure* vor. Es besitzt etwa die 400 fache Süßkraft des Rohrzuckers (vgl. **III**, Kap. 4, I, 2) und hat auf Grund dieser Beziehung seinen Namen erhalten (von *Saccharose* = Rohrzucker). Seine Entdeckung von Remsen und Fahlberg im Jahre 1879 geschah durch einen Zufall. Technisch wird es aus Toluol auf dem folgenden Wege hergestellt:

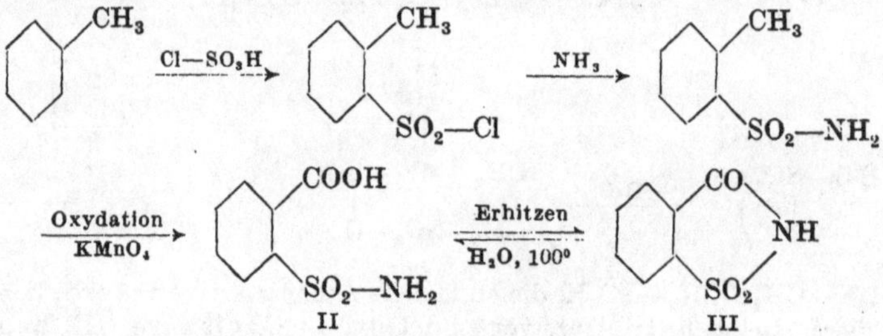

II III

Bei höherer Temperatur wird der Säureamidring leicht wieder hydrolytisch aufgespalten unter Rückbildung der nicht mehr süß schmeckenden o-Sulfamido-benzoesäure (II). Mit Saccharin gesüßte Speisen dürfen daher nicht gekocht werden.

o- und **p-Phenolsulfonsäure** erhält man bei der vorsichtigen Sulfonierung von Phenol. Hierbei entstehen in der üblichen Weise die o-Verbindung überwiegend in der Kälte und die p-Verbindung bei höherer Temperatur. Stärkere Sulfonierungsmittel führen zur *Phenol-2,4-disulfonsäure* und schließlich zur *Phenol-2,4,6-trisulfonsäure*. Alle diese Verbindungen haben keine große Bedeutung erlangt. Phenol-2,4-disulfonsäure dient in der Technik als Zwischenprodukt für die Pikrinsäuregewinnung (S. 657).

Wesentlich wichtiger sind dagegen die *Anilinsulfonsäuren*, vor allem die als **Sulfanilsäure** bezeichnete *p-Anilinsulfonsäure*. Sie entsteht bei der Sulfonierung von Anilin, die man durch trockenes Erhitzen von Anilinium-bisulfat (IV) vornimmt (Backprozeß). Die Reaktion geht erst bei etwa 180° vor sich, da das an sich leicht substituierbare Anilin durch die Schwefelsäure sofort neutralisiert wird (zu IV) und erst nach Bildung der nicht mehr zur Ammoniumsalzbildung befähigten Phenylsulfamidsäure (V), die in Analogie zur Carbonsäureamidbildung aus den Ammoniumsalzen (S. 341) ebenfalls nur bei höherer Temperatur stattfindet, unter p-Wanderung der Sulfogruppe in die Sulfanilsäure übergehen kann (vgl. S. 570):

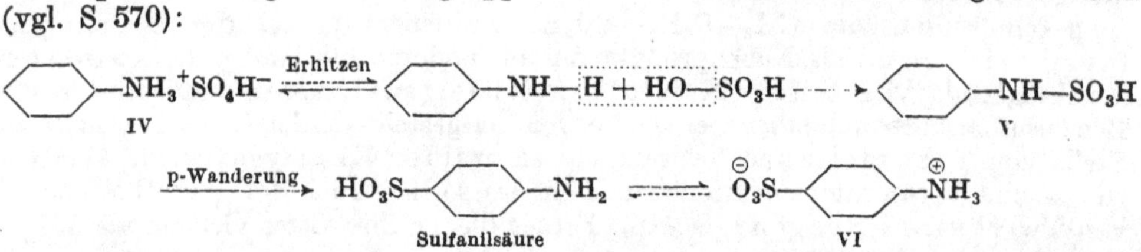

Die Sulfanilsäure liegt als Aminosulfonsäure ebenfalls ausschließlich in der Zwitterionenform (VI) vor. Sie zeigt daher vorwiegend salzartigen Charakter, ist in Wasser schwer löslich und bis zur beginnenden Zersetzung bei 300° noch nicht geschmolzen.

Von ihren Derivaten sind vor allem die Diazoniumsalze von Interesse, die als Zwitterionen ($\overset{\ominus}{O}_3S—C_6H_4—\overset{\oplus}{N}\equiv N$) ebenfalls unlöslich ausfallen und in angefeuchtetem Zustand (im Gegensatz zu anderen Diazoniumsalzen) gefahrlos gehandhabt, ja sogar in den Handel gebracht werden können. Erst nach völliger

Trocknung tritt ihre Explosionsneigung zutage. Sulfanilsäure dient als Ausgangsmaterial für die Gewinnung von Azofarbstoffen, z. B. für den bekannten Indikatorfarbstoff Methylrot (**III**, Kap. 2, VI, 2).

Eine weitere wichtige Gruppe von Derivaten der Sulfanilsäure und auch anderer aromatischer p-Aminosulfonsäuren leitet sich von ihren Amiden ab, enthält also die Sulfonamidgruppe. Sie sind physiologisch aktiv und dienen auf Grund ihrer bakterientötenden Wirkung in der Pharmazie als wertvolle Mittel gegen Infektionskrankheiten (**Sulfonamidtherapie**). So findet z. B. bereits das Amid der Sulfanilsäure $H_2N—C_6H_4—SO_2—NH_2$ selbst unter dem Decknamen *Prontosil album* (*Prontalbin*) Verwendung gegen Streptokokken-Infektionen. Ein etwas komplizierteres Sulfanilsäurederivat, das zwei Sulfanilsäurereste in „peptidartiger" Bindung enthält, ist das gegen Gonokokken wirksame *Uliron* $H_2N—C_6H_4—SO_2—NH—C_6H_4—SO_2—N(CH_3)_2$. Weiteren therapeutisch wichtigen Sulfamidpräparaten werden wir später im Prontosil (**III**, Kap. 2, VI, 2), Germanin, (S. 821), Sulfapyridin (S. 845), Sulfapyrimidin (S. 853) und Sulfathiazol (S. 901) begegnen.

Metanilsäure (*m-Aminobenzolsulfonsäure*) wird durch Sulfonierung von Nitrobenzol und anschließende Reduktion der Nitrogruppe gewonnen (Gleichung formulieren!). Sie dient ebenfalls als Kupplungskomponente für die Gewinnung von Azofarbstoffen.

o-Aminobenzolsulfonsäure kann nur auf Umwegen erhalten werden und hat keine praktische Bedeutung erlangt.

2. Die Sulfone

Ersetzt man in der Schwefelsäure auch die zweite Hydroxylgruppe durch einen organischen Rest, so gelangt man zu den Sulfonen, die die zweiwertige Gruppe $>SO_2$ enthalten und, ähnlich wie die Äther oder Ketone, als *Dialkyl-* bzw. *Diaryl-sulfone* (z. B. *Dimethyl-sulfon*, *Methyläthyl-sulfon* usw.) bezeichnet werden. Ihre **Konstitution** ergibt sich eindeutig aus ihren Beziehungen zu den Thioäthern:

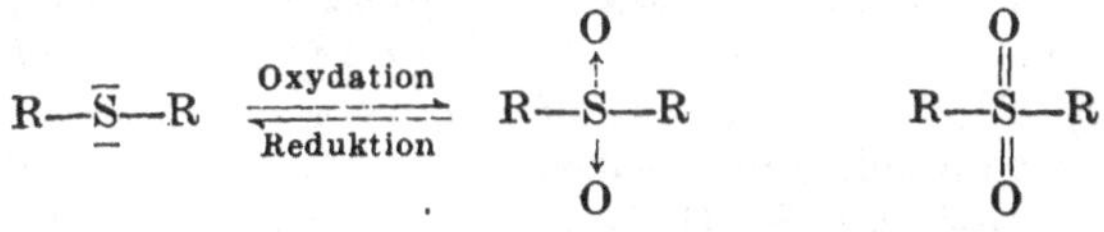

I II

Lediglich hinsichtlich der Formulierung der Schwefel-Sauerstoff-Bindungen herrschte lange Zeit die gleiche Unklarheit wie bei den Sulfonsäuren und der Schwefelsäure selbst. Man trifft daher neben der heute üblichen Formel I mit semipolar gebundenem Sauerstoff im älteren Schrifttum allgemein die ursprüngliche Doppelbindungsformel II an, die wie bei den Sulfonsäuren zunächst nur aus Gründen der Oktett-Theorie aufgegeben wurde. Doch wird auch hier die neue Formel dem tatsächlichen Verhalten der Sulfone besser gerecht als die ältere Formulierung.

Die **Darstellung** der Sulfone erfolgt nach drei verschiedenen Verfahren:

1. in Analogie zur Sulfonierungsreaktion durch Umsetzung von Kohlenwasserstoffen mit Sulfonsäuren:

$$R—H + HO—SO_2—R' \xrightarrow{-H_2O} R—SO_2—R'$$

Die Reaktion erfordert infolge der gegenüber Schwefelsäure verminderten Acidität der Sulfonsäuren etwas schärfere Reaktionsbedingungen als die Sulfonierung und findet daher nur in der aromatischen Reihe statt. Hier tritt sie aber zuweilen als unerwünschte Nebenreaktion neben letzterer ein, da ausschließlich die Schwefelsäure das Reaktionswasser zum Hydrat bindet, so daß sie bei zu starker Hydratisierung langsamer reagiert als die als Primärprodukt entstehende Sulfonsäure.

2. in Analogie zur Sulfonsäuredarstellung durch Alkylierung von Alkalisulfiten (S. 679) auf dem Wege der Alkylierung von sulfinsauren Salzen, wobei ebenfalls die Alkylgruppe ausschließlich an den Schwefel tritt:

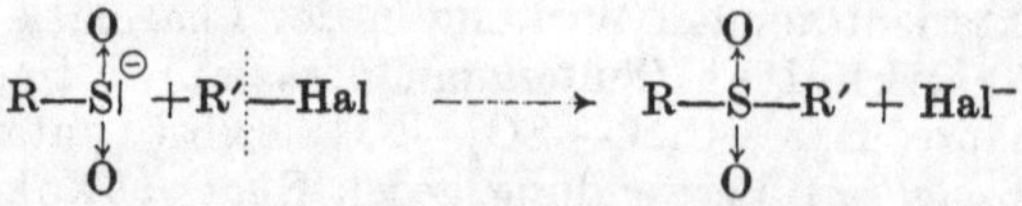

Das vollständige Ausbleiben der Bildung der normalen Sulfinsäureester (R—SO—O—R') bei dieser Reaktion deutet bereits auf deren gegenüber den Sulfonen verminderte Stabilität hin. Letztere kommt u. a. auch darin zum Ausdruck, daß man die anderweitig hergestellten Sulfinsäureester mit Hilfe von Alkalijodiden oder -rhodaniden — also in voller Analogie zu der auf S. 202 beschriebenen Umlagerung der Schwefligsäureester in Alkylsulfonsäureester — unter Wanderung der Alkylgruppe vom Sauerstoff zum Schwefel in die Sulfone umlagern kann:

3. Bei weitem am wichtigsten ist die Oxydation von Thioäthern oder Mercaptalen, die bei der Verwendung starker Oxydationsmittel, wie etwa von Kaliumpermanganat oder konzentrierter Salpetersäure, unter Überspringung der Stufe der Sulfoxyde direkt zu den Sulfonen führt und namentlich in der aliphatischen Reihe fast ausschließlich zu deren Darstellung Anwendung findet:

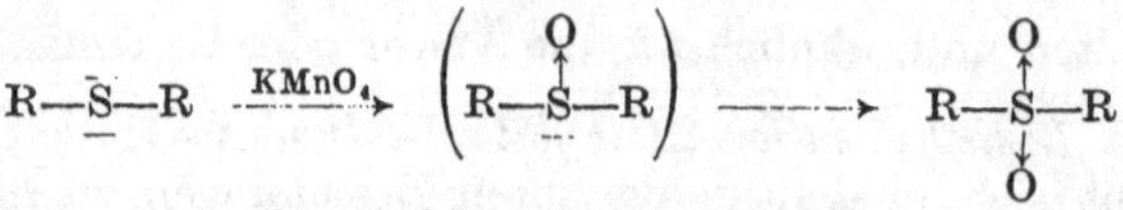

Die Sulfone sind neutrale, infolge des hohen Dipolmomentes der semipolaren Bindungen gut kristallisierende und sehr hoch siedende Substanzen (Diäthylsulfon: Sdp. 248°), die sich durch eine außerordentliche Beständigkeit und Reaktionsträgheit auszeichnen. Insbesondere kann man die SO_2-Gruppe infolge des Fehlens reaktionsfähiger S=O-Doppelbindungen fast überhaupt nicht zur Reaktion bringen, und selbst die Reduktion zu den Thioäthern bereitet große Schwierigkeiten. Dagegen wirkt die Sulfongruppierung auf benachbarte Methylengruppen in ähnlicher Weise aktivierend ein wie die Sulfonestergruppe (S. 682), so daß bereits die bei der Oxydation von Aldehyd-mercaptalen entstehenden *Alkyliden-disulfone* deutlich sauer reagieren. So sind sie z. B. in Alkalien löslich und werden mit Diazomethan, sowie in Form der Alkalisalze auch mit normalen Alkylierungsmitteln, am Kohlenstoff alkyliert, wie am Beispiel der Darstellung der unten beschriebenen Schlafmittel Trional ($R=CH_3$) und Tetronal ($R=C_2H_5$) gezeigt sei:

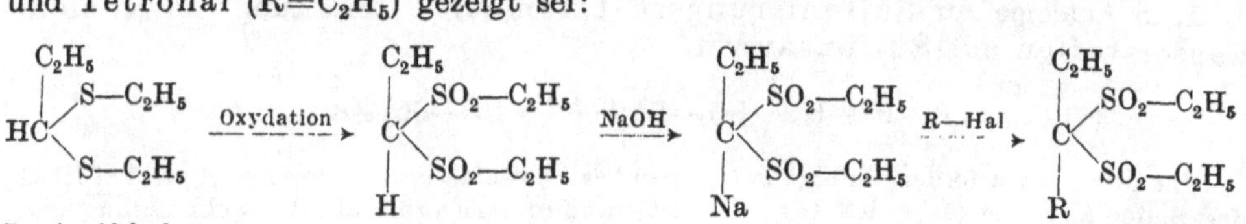

Propionaldehyd-diäthylmercaptal

Trional ($R=CH_3$)
Tetronal ($R=C_2H_5$)

Diese Acidität des C—H-Wasserstoffs wird bei Einführung eines dritten Sulfonylrestes in das Methanmolekül nochmals wesentlich gesteigert, so daß die *Trisulfonylmethane* bereits starke Säuren darstellen (vgl. **II**, Kap. 5, II, 3).

Zahlreiche Sulfone besitzen hypnotische Eigenschaften und dienen daher als Schlafmittel. Am bekanntesten ist das **Sulfonal**:

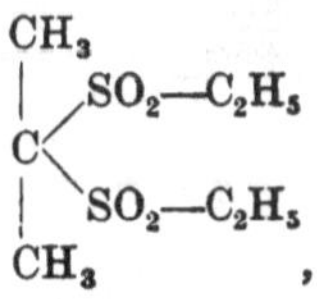

Sulfonal

das in der oben unter 3 angeführten Weise durch Oxydation von Acetondiäthylmercaptal (Gleichung formulieren!) gewonnen wird. Durch Einführung weiterer Äthylgruppen in das Molekül kann die hypnotische Wirkung gesteigert werden und man hat daher als wirksamste Mittel dieser Reihe das *Trional* und das *Tetronal* entwickelt, die insgesamt drei bzw. vier Äthylgruppen im Molekül enthalten und in der angegebenen Weise gewonnen werden.

3. Die Sulfinsäuren und ihre Derivate

Die Sulfinsäuren enthalten die Gruppe $-\overset{O}{\overset{\uparrow}{S}}-OH$. In ihnen trägt der Schwefel nur noch ein semipolar gebundenes O-Atom, und sie stehen demnach zu der schwefligen und unterschwefligen Säure in einer ähnlichen Beziehung wie die Sulfonsäuren zur Schwefelsäure und schwefligen Säure:

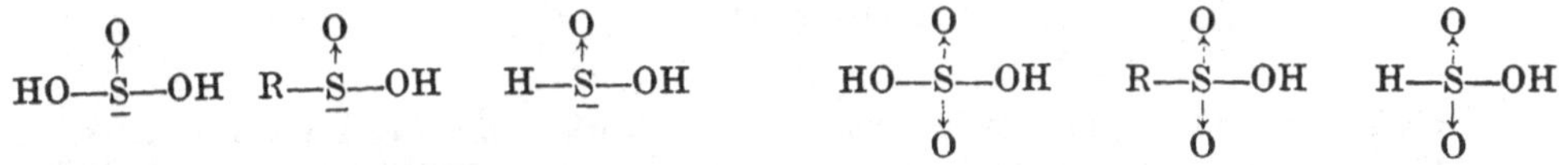

schweflige Säure — Sulfinsäure — unterschweflige Säure — Schwefelsäure — Sulfonsäure — schweflige Säure

Ihre **Nomenklatur** und **Konstitutionsermittlung** lehnen sich eng an die der Sulfonsäuren an. Insbesondere findet man im älteren Schrifttum in gleicher Weise ausschließlich die Doppelbindungsformel $R-\overset{O}{\overset{\|}{S}}-OH$ vor, die auch hier erst durch die Oktett-Theorie verdrängt wurde. Ferner erfolgt die **Darstellung** in beiden Verbindungsreihen nach grundsätzlich gleichartigen Methoden, doch weichen die Verfahren im einzelnen, sowie hinsichtlich ihrer allgemeinen Bedeutung häufig weitgehend voneinander ab. Die wichtigsten Bildungsreaktionen sind: 1. die der Sulfonierung entsprechende Sulfinierung von Kohlenwasserstoffen, 2. die Arylierung der unterschwefligen Säure und 3. die Umwandlung anderer Schwefelfunktionen in die Sulfinsäuregruppe.

Zu 1. Die **Sulfinierung** von Kohlenwasserstoffen wird mit SO_2 durchgeführt, verläuft also formal der Sulfonierung mit SO_3 analog:

$$R{-}H + SO_2 \longrightarrow R{-}SO_2H$$

Doch ist Schwefeldioxyd zu reaktionsträge, um bereits als solches in Reaktion zu treten. Es muß vielmehr durch Zusatz von Aluminiumchlorid (aromatische Reihe) oder Borfluorid (aliphatische Reihe) aktiviert werden. Als zusätzlicher Aktivator ist in der aromatischen Reihe eine geringe Menge von Chlorwasserstoff erforderlich, der wahrscheinlich intermediär mit dem Schwefeldioxyd das an sich unbeständige Halbchlorid der schwefligen Säure (I) — das (in Analogie zum Ameisensäurechlorid bei der Synthese von Gattermann-Koch; S. 257) ohne Zweifel ebenfalls durch die Komplexbildung mit dem Aluminiumchlorid stabilisiert wird — als das eigentlich aktive Agens bildet:

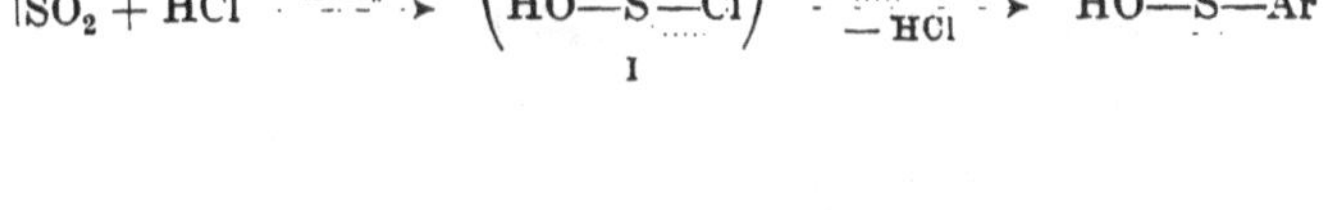

I

Die Reaktion ist danach etwa mit der Aldehydsynthese von GATTERMANN-KOCH (S. 257) vergleichbar.

Eine wichtige Abart des Verfahrens besteht in der Aktivierung der Kohlenwasserstoffkomponente durch Verwendung metallorganischer Verbindungen, die sich spontan mit Schwefeldioxyd zu den Salzen der Sulfinsäuren umsetzen (vgl. S. 721):

$$R\text{—}Me + \overset{\displaystyle O}{\overset{\uparrow}{S}}\text{=}O \longrightarrow R\text{—}\overset{\displaystyle O}{\overset{\uparrow}{S}}\text{—}OMe$$

Die Reaktion findet vor allem in der aliphatischen Reihe Anwendung und verläuft so glatt, daß es zuweilen vorteilhaft ist, die aliphatischen Sulfonsäuren über die Sulfinsäuren darzustellen (S. 680).

Zu 2. Eine normale Alkylierung oder Arylierung der unterschwefligen Säure ist bei ihrer schweren Zugänglichkeit bisher noch nicht durchgeführt worden. Dagegen ist anzunehmen, daß die Sulfinsäurebildung bei der Zersetzung von Diazoniumsalzen in Gegenwart von überschüssigem SO_2 und Kupferpulver (bei Verwendung der neutralen Diazoniumsulfite entstehen bekanntlich die Sulfonsäuren, S. 620) auf einer intermediären Reduktion des Schwefeldioxyds zur unterschwefligen Säure beruht:

$$SO_2 + 2\,H \longrightarrow H\text{—}\overset{\displaystyle O}{\overset{\uparrow}{S}}\text{—}OH \xrightarrow[-N_2,\,-H^+]{+\,Ar\text{—}N_2^+} Ar\text{—}\overset{\displaystyle O}{\overset{\uparrow}{S}}\text{—}OH$$

Auch mit Kupfer-II-Salzen als Katalysator und Alkoholen als Reduktionsmittel erhält man aus Diazoniumsalzen und Schwefeldioxyd die Sulfinsäuren (vgl. auch S. 621).

Zu 3. Die **Überführung anderer Schwefelfunktionen** in die Sulfinsäuregruppe erfordert wegen deren mittlerer Oxydationsstufe ähnliche Vorsichtsmaßregeln wie die Darstellung der Aldehyde aus den Alkoholen oder Carbonsäuren. Am besten gelingt sie durch vorsichtige Reduktion von Sulfochloriden, z. B. mit Zinkstaub und Wasser (S. 681). Das Verfahren findet namentlich in der aromatischen Reihe Anwendung.

Eine weitere von den Sulfochloriden ausgehende Bildungsweise liegt in der auf S. 681, 723 erwähnten Reaktion mit metallorganischen Verbindungen vor. Ebenso haben wir in den oben beschriebenen anomalen Spaltungen der Sulfhydroxamsäuren und der N-Alkylsulfonamide (S. 682), die unter Austausch der Oxydationsstufen des Schwefels einerseits und des Stickstoffs bzw. Kohlenstoffs andererseits vor sich gehen, interessante Möglichkeiten zur Überführung der Sulfon- in die Sulfinsäuregruppe kennengelernt.

Die Sulfinsäuren sind in ihrem **physikalischen Verhalten** den Sulfonsäuren ähnlich, schmelzen jedoch etwas höher und zeigen eine geringere Wasserlöslichkeit. Hinsichtlich der **chemischen Eigenschaften** sind die Unterschiede zwischen beiden Verbindungsreihen größer. Insbesondere stellen die Sulfinsäuren infolge ihrer mittleren Oxydationsstufe eine ziemlich labile Körperklasse dar, die etwa mit den Aldehyden oder Nitrosoverbindungen verglichen werden kann. Ihre Reaktionen beschränken sich ausschließlich auf die Umsetzungen der —SO_2H-Gruppe und können unterteilt werden in: 1. die Säurereaktionen, 2. die Tautomerieerscheinungen und 3. die Reduktions- und Oxydationsreaktionen.

Zu 1. Die Sulfinsäuren sind wesentlich schwächer sauer als die Sulfonsäuren und stehen hinsichtlich ihrer Acidität den Carbonsäuren nahe. Von ihren Salzen sind nur die meist schwer löslichen Bleisalze charakteristisch, die häufig zu ihrer Isolierung dienen. Die Ester stellt man am besten durch direkte Veresterung der Sulfinsäuren mit Alkoholen ohne Zusatz eines Katalysators dar. Sie erleiden bei Spaltungsreaktionen infolge des Fehlens von S=O-Doppelbindungen eine alkylierende Spaltung, wie das spezielle Beispiel der bereits erwähnten Umlagerung in die Sulfone zeigt (S. 688). Bezüglich der Stereochemie der Sulfinsäureester vgl. II, Kap. 7, V, 3.

Zu 2. Das Sulfinat-Ion enthält sowohl am Sauerstoff als auch am Schwefel ungebundene Elektronenpaare. Infolgedessen leiten sich von ihm in ähnlicher Weise wie von der schwefligen Säure zwei tautomere Säuren ab:

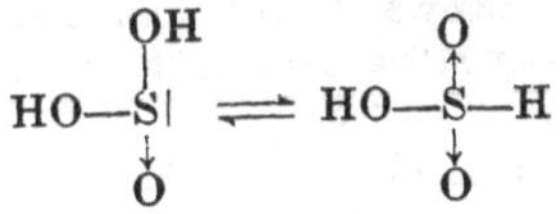

Schweflige Säure

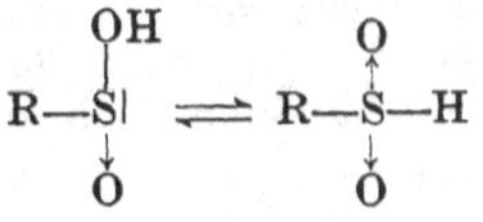

Sulfinsäuren

Über die Lage des Tautomeriegleichgewichts in den freien Sulfinsäuren ist nichts bekannt, doch kann man von beiden tautomeren Formen Alkylderivate darstellen, die wir bereits kennengelernt haben. Die am Sauerstoff alkylierten Verbindungen werden als die eigentlichen Sulfinsäureester bezeichnet, während die „Ester" der Isoform die Sulfone sind, die — in Analogie zur Bildung der Sulfonsäuren bei der Alkylierung der Alkalisulfite — als alleinige Alkylierungsprodukte der Alkalisulfinate entstehen (S. 688).

Zu 3. Die Sulfinsäuren sind in Analogie zu den Aldehyden starke Reduktionsmittel und werden vielfach bereits durch Luftsauerstoff zu den Sulfonsäuren oxydiert (Gleichung formulieren!). Andererseits werden sie durch starke Reduktionsmittel in Mercaptane übergeführt, ohne daß irgendwelche Zwischenprodukte isoliert werden können. Auch Disproportionierungsreaktionen sind bekannt. So erhält man z. B. bei der trockenen Destillation von Benzolsulfinsäure oberhalb 100° die Benzolsulfonsäure und Diphenyl-disulfoxyd, ein Sulfoxyd der Disulfidreihe:

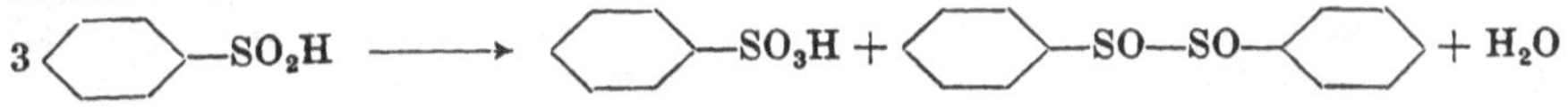

4. Die Sulfoxyde und ihre Derivate

Die *Sulfoxyde* (auch *Sulfinoxyde* genannt) enthalten die zweiwertige —S(→O)—-Gruppe und stehen damit einerseits zu den Sulfinsäuren in der gleichen Beziehung wie die Sulfone zu den Sulfonsäuren, andererseits zu den Thioäthern in einem ähnlichen Verhältnis wie die Aminoxyde (S. 592) zu den tertiären Aminen:

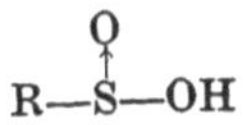

Sulfinsäure

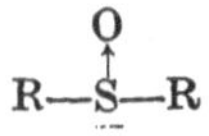

Sulfoxyd

Thioäther

Ihre **Nomenklatur** und **Konstitutionsermittlung** schließen sich an die der Sulfone an. Insbesondere hat man auch hier längere Zeit an der alten Formulierung mit doppelt gebundenem Sauerstoff 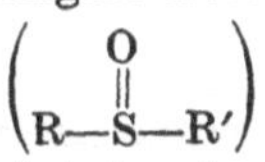 festgehalten.

Die **Darstellung** der Sulfoxyde erfolgt in Analogie zur Aminoxydbildung am besten durch Oxydation von Thioäthern, d. h. durch Anlagerung eines Sauerstoffatoms an eines der ungebundenen Elektronenpaare des Schwefels, wozu neben verdünnter Salpetersäure auch hier Hydroperoxyd geeignet ist:

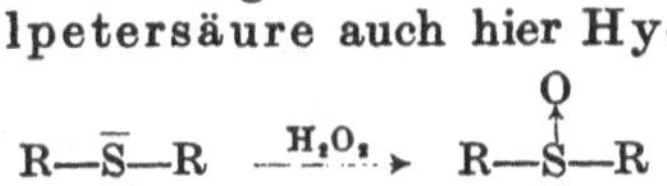

Die Sulfoxyde sind gut kristallisierende, bei normaler Temperatur durchaus beständige Verbindungen, die oberhalb 200° unter Wiederabspaltung des Sauerstoffs die Thioäther zurückbilden und durch starke Oxydationsmittel leicht zu den Sulfonen oxydiert werden können (Gleichung formulieren!).

Ihre sonstigen physikalischen und chemischen **Eigenschaften** lassen in besonders schöner Weise den Vorteil erkennen, den die Einführung des Begriffs der semipolaren Bindung für die Beschreibung der Sauerstoffverbindungen des Schwefels gebracht hat. Sie stellen daher ein wichtiges Argument für die Berechtigung der Elektronentheorie der Valenz dar. Besonders charakteristisch sind die folgenden vier Punkte:

1. Die Sulfoxyde zeigen ein sehr hohes Dipolmoment. Sie sieden infolgedessen um 150—200° höher als die sauerstofffreien Thioäther, so daß sie nur in wenigen Fällen und im Vakuum ohne Zersetzung destilliert werden können.

2. Die Sulfoxyde sind wie die Aminoxyde schwach basisch und bilden mit starken Säuren Salze, in denen das Proton an den Sauerstoff gebunden ist, die also den Trialkylsulfoniumsalzen nahe stehen:

3. Die S→O-Bindung ist, ähnlich wie die der Sulfonsäuren und die N→O-Bindung der Aminoxyde, sehr reaktionsträge und, abgesehen von der Reduzierbarkeit zu den Thioäthern, zu keiner Umsetzung befähigt. Insbesondere tritt nicht die für doppelt gebundenen Sauerstoff charakteristische Anlagerung von metallorganischen Verbindungen (S. 723) ein.

4. Unsymmetrisch substituierte Sulfoxyde lassen sich in optische Antipoden aufspalten (vgl. **II**, Kap. 7, V, 3). Dies ist nur möglich, wenn die drei vom Schwefel ausgehenden Bindungen nicht in einer Ebene liegen, was nur bei der semipolaren Formulierung, nicht aber bei einer „Ketonstruktur" wahrscheinlich ist.

Läge dagegen eine echte S=O-Doppelbindung vor, so sollte man ein den Nitrosoverbindungen oder den Ketonen ähnliches Verhalten erwarten, also einen relativ niedrigen Siedepunkt, das Auftreten von Enol- bzw. Aciformen, keine Salzbildung (sondern die Anlagerung von Chlorwasserstoff oder zumindest von metallorganischen Verbindungen an die S=O-Doppelbindung) sowie schließlich das Verschwinden der optischen Aktivität.

Als Derivate der Sulfoxyde kann man die bei der Anlagerung von elementarem Chlor an Thioäther entstehenden **Dialkylsulfidchloride** (I) (auch *Dialkylschwefelchloride* genannt) ansehen:

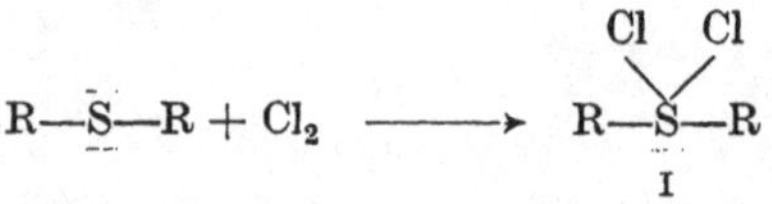

Sie gehören neben den Aryl-jodidchloriden (S. 169) und den im nächsten Kapitel beschriebenen Trialkyl-phosphinchloriden (S. 698), Trialkyl-arsinchloriden (S. 702) usw. zu den wenigen organischen Verbindungen, die durch „Einelektronenbindungen" (S. 29) gebundenes Halogen enthalten, und können auch in ihren Eigenschaften am ehesten mit den Aryljodidchloriden verglichen werden. Insbesondere neigen sie wie diese zum Austausch des Halogens gegen andere negative Gruppen:

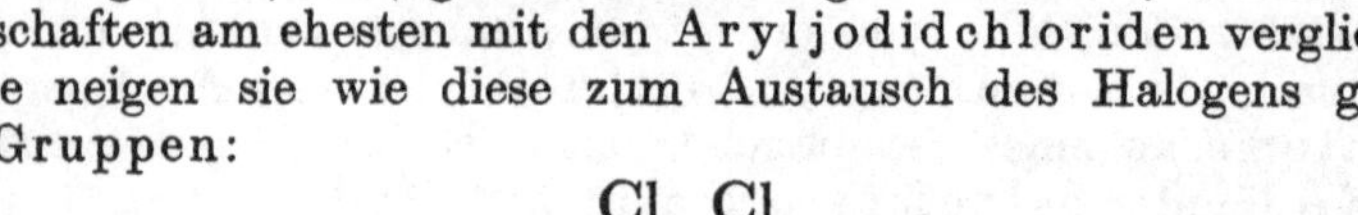

Schließlich muß man auch den von WITTIG (1952) entdeckten **Tetraphenylschwefel** zu den Derivaten des vierwertigen Schwefels rechnen. Er entsteht in Analogie zum Triphenyljod (S. 170) bei der Umsetzung von Triphenyl-sulfoniumchlorid mit Phenyllithium bei tiefer Temperatur:

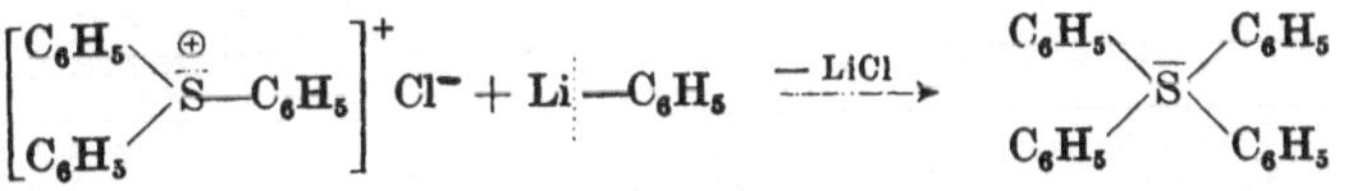

Tetraphenylschwefel erweist sich mit einer Zersetzungstemperatur von —60° als noch labiler als Triphenyljod, mit dem er auch hinsichtlich seiner Bindungsverhältnisse — er enthält ebenfalls ein Elektronendezett — verglichen werden kann. Eine weitere interessante Analogie zu den organischen Verbindungen mit mehrwertigem Jod besteht darin, daß auch hier der (experimentell noch nicht verwirklichte) schrittweise Ersatz der Chloratome des (mit dem Phenyljodidchlorid vergleichbaren) Diphenylsulfidchlorids durch weitere Phenylreste infolge des Auftretens des salzartigen Triphenyl-sulfoniumchlorids als Zwischenstufe mit einem zweimaligen Wechsel des Bindungstypus verbunden ist.

8. Kapitel

Die organischen Verbindungen der übrigen Nichtmetalle

I. Allgemeines

Die Kohlenstoffderivate der übrigen Nichtmetalle sind für den Organiker gegenüber den bisher besprochenen Verbindungen nur mehr von geringem Interesse, denn einerseits kommen sie nicht natürlich vor, und es gehören ihnen, abgesehen von einigen Arsenverbindungen, keine Stoffe von praktischer Bedeutung an, andererseits bieten sie auch theoretisch nicht viel Neues, da sich stets die gleichen (bzw. analoge) Verbindungsklassen wiederholen. Insbesondere ist es wie beim Stickstoff und Schwefel fast immer möglich, von allen bekannten Oxydationsstufen der Elemente organische Derivate herzustellen, die dann in voller Analogie zu den bisher beschriebenen Stoffen als Säuren, neutrale Substanzen oder in selteneren Fällen auch als Basen fungieren. Wir können uns daher mit einem kurzen Überblick über die wichtigsten Verbindungsklassen begnügen.

Der **chemische Charakter** aller hierher gehörenden Stoffe wird in noch höherem Maße als bei den Stickstoff- und Schwefelverbindungen durch die Reaktionen des Heteroatoms bestimmt, neben denen die des organischen Molekülteils fast völlig zurücktreten. Vom allgemein chemischen Standpunkt aus müßten diese Verbindungen also in erster Linie als Derivate der Heteroelemente und nicht als typische Kohlenstoffverbindungen angesehen werden. Ihre Eigenschaften ändern sich von Element zu Element nur noch wenig, entfernen sich jedoch mit wachsendem Atomgewicht des Heteroelements immer mehr von denen der vorbesprochenen Verbindungen und gehen über die der Derivate der Übergangselemente allmählich in die typischen Eigenschaften der metallorganischen Verbindungen über, bei denen wieder die Reaktionen des Kohlenstoffs vorherrschen. Eine scharfe Grenze zwischen den nichtmetall- und den metallorganischen Verbindungen läßt sich daher nicht ziehen, und es wurden im folgenden mehr oder weniger willkürlich die Wismutverbindungen, die bereits die typische Hydrolyse der Organometallverbindungen zeigen, sowie die Zinn- und Bleiverbindungen, bei denen das Heteroatom auch in den sauerstofffreien Verbindungen in mehreren Wertigkeitsstufen auftritt, zur metallorganischen Reihe gerechnet.

In ihren **physikalischen Eigenschaften** zeigen die sauerstofffreien Alkylderivate aller Nichtmetalle und auch zahlreicher Metalle eine bemerkenswerte Ähnlichkeit. Insbesondere sieden und schmelzen sie auffallend tief und lassen interessante Siedepunktsregelmäßigkeiten erkennen, die im einzelnen aus Tabelle 33 zu entnehmen sind:

Tabelle 33

Die physikalischen Konstanten der organischen Derivate der Elemente 1—6 Stellen vor einem Edelgas

Verbindungs-Typus	1. Periode Sdp.	1. Periode Smp.	2. Periode Sdp.	2. Periode Smp.	3. Periode Sdp.	3. Periode Smp.	4. Periode Sdp.	4. Periode Smp.	5. Periode Sdp.	5. Periode Smp.
X =	Fluor		Chlor		Brom		Jod			
CH_3X	—79°	—142°	—24°	— 98°	4°	— 43°	42°	— 66°		
C_2H_5X	—38°	—143°	12°	—139°	38°	—119°	72°	—109°		
X =	Sauerstoff		Schwefel		Selen		Tellur			
CH_3XH	65°	— 97°	6°	—121°	—	—	57°	—		
$(CH_3)_2X$	—24°	—139°	38°	— 83°	58°	—	82°	—		
C_2H_5XH	78°	—115°	35°	—147°	54°	—	90°	—		
$(C_2H_5)_2X$	35°	—116°	92°	—102°	108°	—	138°	—		
X =	Stickstoff		Phosphor		Arsen		Antimon		Wismut	
CH_3XH_2	— 7°	— 92°	—14°	—	2°	—	—	—	—	—
$(CH_3)_3X$	4°	—124°	38°	—85°	52°	—	81°	—	110°	—
$C_2H_5XH_2$	17°	— 81°	25°	—	36°	—	—	—	—	—
$(C_2H_5)_3X$	90°	—115°	127°	—	142°	—	160°	—	107°/ 79 mm	—
X =	Kohlenstoff		Silicium		Germanium		Zinn		Blei	
CH_3XH_3	—89°	—172°	—57°	—157°	—	—	—	—	—	—
$(CH_3)_4X$	10°	— 20°	26°	—	43°	—88°	77°	—	110°	—28°
$C_2H_5XH_3$	—45°	—190°	—	—	—	—	—	—	—	—
$(C_2H_5)_4X$	139°	— 41°	154°	—	164°	—90°	181°	—112°	>200°	—
X =	Bor		Aluminium		Gallium		Indium		Thallium	
$(CH_3)_3X$	—22°	—160°	125°	15°	56°	—16°	136°	88°	—	—
$(C_2H_5)_3X$	95°	— 93°	207°	—	143[1])	—85°	—	—	—	—
X =	Beryllium		Magnesium		Zink		Cadmium		Quecksilber	
$(CH_3)_2X$	—	—	subli-mier-bar	—	46°	—40°	106°	— 5°	95°	—
$(C_2H_5)_2X$	110°/ 15 Torr	— 12°		—	118°	—28°	64°/ 19 Torr	— 21°	159°	—

[1]) extrapoliert.

Danach beobachtet man in den (hier waagerecht angeordneten) Gruppen des Periodensystems das erwartete Ansteigen der Siedepunkte gleichkonstituierter Verbindungen mit dem Atomgewicht des Heteroatoms. Eine Ausnahme machen nur die Alkohole und das Monomethylamin, die infolge des assoziierenden Wasserstoffs ungewöhnlich hoch sieden. Weiterhin beobachtet man in den (hier untereinander angeordneten) einzelnen Perioden ein ausgesprochenes Siedepunktsmaximum bei den Alkylverbindungen der Elemente der sechsten Gruppe, das insbesondere beim Vergleich der Verbindungen gleicher Kohlenstoffzahl deutlich hervortritt. Der auffallend niedrige Siedepunkt der Verbindungen der Elemente der fünften und besonders der vierten Gruppe ist anscheinend auf die geringen Dipolmomente dieser Stoffe sowie bei den persubstituierten Verbindungen auch auf die Abschirmung des Einflusses des Zentralatoms durch die allseitig stehenden Alkylreste zurückzuführen. Dagegen kann man die relativ niedrigen Siedepunkte der Alkylhalogenide nicht so einfach erklären. Schließlich sei noch auf die ungewöhnlich hohen Siedepunkte der Aluminiumtrialkyle hingewiesen, die auf ihre doppelte Molekülgröße (vgl. S. 729) zurückzuführen sind.

II. Die organischen Derivate des Selens und Tellurs

Vom Selen und Tellur sind nur wenige organische Derivate bekannt, deren Zusammensetzung und Eigenschaften sich eng an die der analog konstituierten Schwefelverbindungen anlehnen. So entsprechen z. B. den Thioäthern die *Dialkylselenide* R_2Se und *-telluride* R_2Te, die durch Alkylierung von Selen- bzw. Tellurwasserstoff mit Alkylhalogeniden oder Dialkylsulfaten und Alkali gewonnen werden:

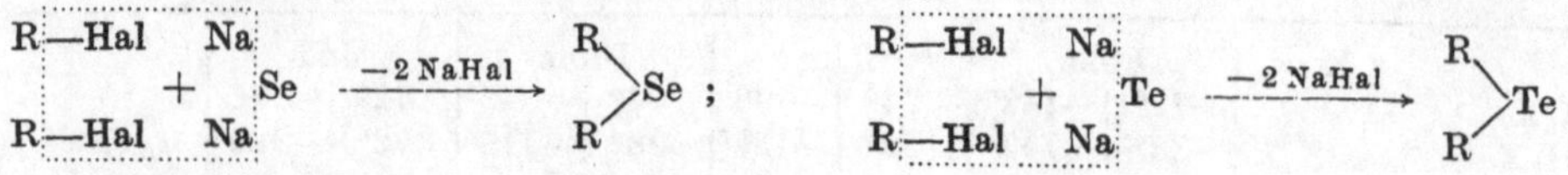

Auch das *Äthylselen-mercaptan* C_2H_5—Se—H und *Äthyltellur-mercaptan* C_2H_5—Te—H sowie die den tertiären Sulfoniumsalzen entsprechenden *Trialkyl-* (bzw. *aryl-*)*selenonium-* und *-telluroniumsalze* (z.B. I) sind bekannt. Besonders interessant sind die von Wittig (1952) dargestellten Tetraphenylverbindungen des Selens und Tellurs, die in jeder Beziehung mit dem auf S. 693 beschriebenen Tetraphenylschwefel verglichen werden können, jedoch infolge des Übergangs zu Derivaten der Elemente höherer Perioden bereits wesentlich beständiger sind als dieser. Z. B. liegt der Zersetzungspunkt des **Tetraphenylselens** bei $+8^0$ und der des **Tetraphenyltellurs** bei $+60^0$. Infolge dieser größeren Stabilität kann man diese Verbindungen auch auf einem einfacheren Wege, durch direkten Austausch der Chloratome des Diphenylselenid- bzw. -telluridchlorids gegen den Phenylrest mittels Phenyllithiums, gewinnen, wobei die sonst als Ausgangsmaterial für die Gewinnung derartiger Polyphenylverbindungen gebräuchlichen phenylierten Oniumsalze der Zentralatome als Zwischenverbindungen auftreten:

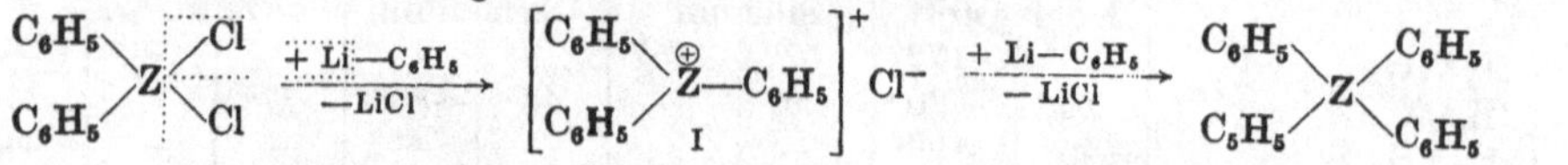

(Z = Se oder Te)

Diese hier erstmals experimentell verwirklichte Substitution ist wieder mit einem zweimaligen Wechsel des Bindungstypus verbunden (vgl. S. 169, 693).

Derivate der Sauerstoffverbindungen sind nur vom sechswertigen Selen bekannt. Hier entsprechen den Sulfonsäuren die *Selenonsäuren* R—SeO_3H, die in analoger Weise durch „*Selenonierung*", d. h. durch Einwirkung der der Schwefelsäure sehr ähnlichen Selensäure auf aromatische Kohlenwasserstoffe entstehen:

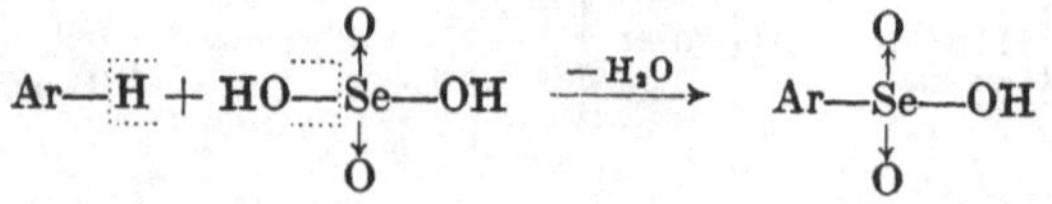

Sie sind in ihrem äußeren Habitus den Sulfonsäuren sehr ähnlich und haben ebensowenig eine praktische Bedeutung erlangt wie die den Sulfonen entsprechenden *Selenone*, die man ebenfalls in analoger Weise durch Oxydation der Dialkylselenide als schön kristallisierende neutrale Substanzen erhält:

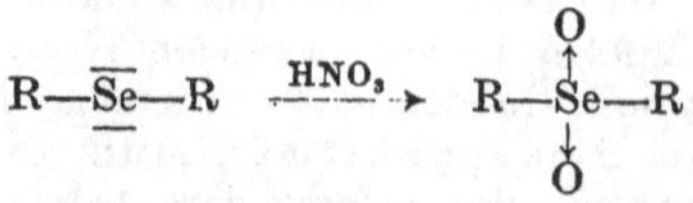

III. Die organischen Derivate des Phosphors, Arsens und Antimons

Die organischen Derivate der höheren Elemente der fünften Gruppe zeigen vielfach die gleiche Zusammensetzung wie die Stickstoffverbindungen. Doch beschränkt sich diese Analogie, ähnlich wie die zwischen Sauerstoff- und Schwefelverbindungen, im allgemeinen auf die formale Zusammensetzung, während bei den chemischen Reaktionen tiefer greifende Unterschiede beobachtet werden.

Sie sind insbesondere auf die positivere Natur dieser Elemente und die dadurch bedingte Empfindlichkeit gegenüber Oxydationsmitteln, sowie auf die verminderte Befähigung zur Ausbildung von Doppelbindungen, zurückzuführen.

Die Verbindungen aller drei Elemente lassen sich auf Grund der Oxydationsstufe des Heteroatoms unterteilen in 1. die organischen Derivate der dreiwertig negativen Elemente, die nur organische Reste bzw. neben diesen nur noch Wasserstoff am Zentralatom gebunden enthalten, 2. die organischen Derivate der dreiwertig positiven Elemente, die neben den organischen Resten ausschließlich negative Substituenten am Zentralatom enthalten, und schließlich 3. die organischen Derivate der fünfwertigen Elemente, in denen das ursprünglich ungebundene Elektronenpaar des Zentralatoms mit semipolar gebundenem Sauerstoff abgesättigt ist.

1. Die organischen Phosphorverbindungen

a) Die organischen Derivate des dreiwertig negativen Phosphors.

Die den Aminen und quartären Ammoniumsalzen entsprechenden organischen Derivate des Phosphorwasserstoffs werden *Phosphine* und *quartäre Phosphoniumsalze* genannt. Für ihre **Darstellung** stehen drei Methoden zur Verfügung:

1. die der Aminbildung analoge Umsetzung des Phosphorwasserstoffs mit Alkylierungsmitteln, die man jedoch wegen seiner geringen Basizität in Gegenwart von Zinkoxyd vornehmen muß, um die entstehende Säure zu binden, und bei der ebenfalls alle vier Alkylierungsstufen nebeneinander entstehen:

$$PH_3 + CH_3{-}J \dashrightarrow \left[CH_3{-}\overset{\oplus}{P}H_3\right]^+ J^- \xrightarrow[-\frac{1}{2}H_2O,\,-\frac{1}{2}ZnJ_2]{+\frac{1}{2}ZnO} CH_3{-}PH_2$$

$$CH_3{-}PH_2 + CH_3{-}J \dashrightarrow \left[(CH_3)_2\overset{\oplus}{P}H_2\right]^+ J^- \xrightarrow[-\frac{1}{2}H_2O,\,-\frac{1}{2}ZnJ_2]{+\frac{1}{2}ZnO} (CH_3)_2PH$$

$$(CH_3)_2PH + CH_3{-}J \dashrightarrow \left[(CH_3)_3\overset{\oplus}{P}H\right]^+ J^- \xrightarrow[-\frac{1}{2}H_2O,\,-\frac{1}{2}ZnJ_2]{+\frac{1}{2}ZnO} P(CH_3)_3$$

$$P(CH_3)_3 + CH_3{-}J \dashrightarrow \left[\overset{\oplus}{P}(CH_3)_4\right]^+ J^-$$

Das Verfahren eignet sich nur für die Darstellung der aliphatischen Phosphine. Eine interessante Abart, die lediglich zur Bildung der primären und sekundären Phosphine führt, besteht in der thermischen Zersetzung von Phosphoniumjodid mit Alkoholen, die intermediär mit dem abgespaltenen Jodwasserstoff das als Alkylierungsmittel erforderliche Alkyljodid bilden:

$$PH_4J \rightleftharpoons PH_3 + HJ \xrightarrow[-H_2O]{+R{-}OH} PH_3 + R{-}J \xrightarrow[-\frac{1}{2}H_2O,\,-\frac{1}{2}ZnJ_2]{+\frac{1}{2}ZnO} R{-}PH_2$$

2. die Umsetzung metallorganischer Verbindungen mit Phosphortrihalogeniden:

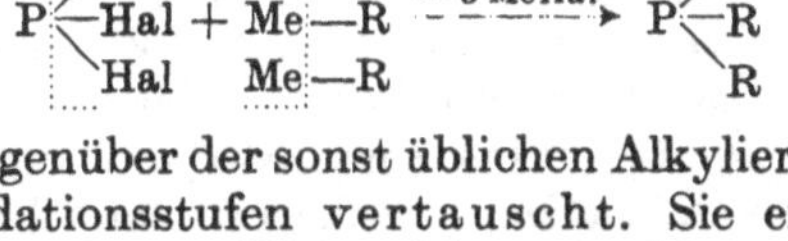

Bei dieser Reaktion sind gegenüber der sonst üblichen Alkylierung von Wasserstoffverbindungen die Oxydationsstufen vertauscht. Sie eignet sich naturgemäß nur zur Darstellung der tertiären Phosphine, ist hier aber infolge des einheitlichen Reaktionsverlaufes dem ersten Verfahren überlegen. Wir begegnen in ihr erstmals einer für die Darstellung der organischen Derivate aller schweren Elemente einschließlich der metallorganischen Verbindungen allgemein anwendbaren Methode.

3. die Reduktion der unten beschriebenen Aryl-phosphin-dichloride, deren aliphatische Analoga noch nicht bekannt sind. Die Methode diente daher bisher ausschließlich zur Darstellung der primären aromatischen Phosphine:

$$Ar{-}PCl_2 + 2\,H_2 \longrightarrow Ar{-}PH_2 + 2\,HCl$$

Die **Phosphine** sind niedrig siedende und schmelzende Substanzen von unangenehmem Geruch und großer Giftigkeit, die in Wasser schwer und in organischen Lösungsmitteln unbegrenzt löslich sind. Ihre Basizität ist zwar geringer als die des Ammoniaks, doch sind sie (insbesondere bei höherem Alkylierungsgrad) wesentlich stärker basisch als Phosphorwasserstoff, so daß die Salze der sekundären und tertiären Phosphine in Gegenwart überschüssiger Mineralsäuren durch Wasser nicht mehr zersetzt werden.

Im übrigen zeigen die Phosphine einen von den Aminen völlig abweichenden Charakter, da das ungebundene Elektronenpaar des Phosphors in ihnen — in Übereinstimmung mit seinem Verhalten in anderen Verbindungen mit dreibindigem Phosphor, insbesondere im elementaren Phosphor selbst, und im Gegensatz zu seiner geringen Basizität — eine auffallend große Tendenz zur Absättigung mit Sauerstoff oder anderen negativen Resten aufweist. Die Phosphine sind daher stark autoxydable Substanzen, die den Sauerstoff der Luft so begierig anziehen, daß häufig Selbstentzündung eintritt und auch bei vorsichtig geleiteter Reaktion stets die Oxydationsendprodukte, d. h. die unten beschriebenen Verbindungen mit fünfwertigem Phosphor, entstehen.

Die verschiedenen Anlagerungsreaktionen lassen sich am besten an den tertiären Phosphinen untersuchen, die keinen störenden Wasserstoff mehr am Phosphor enthalten. Sie führen zu den folgenden Reaktionsprodukten:

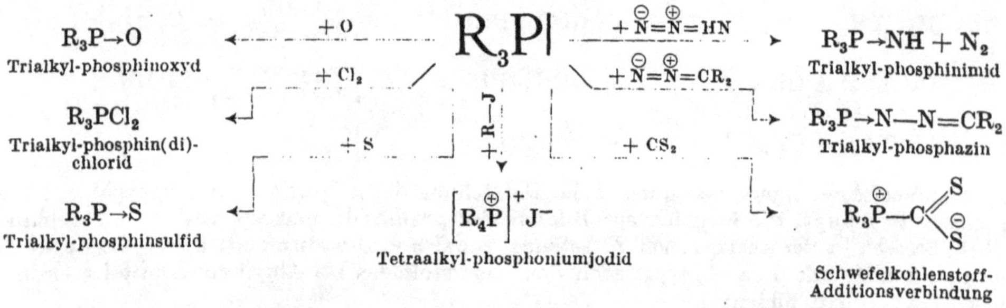

Während die Struktur der *Trialkylphosphinoxyde, -sulfide* und *-chloride* in Analogie zu der der Sulfoxyde (S. 691 f.), der Polyschwefelwasserstoffe (vgl. anorg. Lehrbücher), der Jodidchloride (S. 159) und der Sulfidchloride (S. 692) ohne Schwierigkeit durch Annahme einer semipolaren oder „Einelektronenbindung" (S. 29) gedeutet werden kann, sind für die angeführten stickstoffhaltigen Verbindungen und das rote — also unter weitgehender Beteiligung der Bindungselektronen entstehende — Additionsprodukt des Schwefelkohlenstoffs keine Analogiefälle bekannt. Die angeführte Konstitution ist daher in diesen Fällen mit einer gewissen Unsicherheit belastet.

Die **quartären Phosphoniumbasen** sind, wie alle am Zentralatom wasserstofffreien Oniumbasen, den Alkalihydroxyden ähnliche, stark basische Verbindungen, die jedoch bereits merklich labiler sind als die Tetraalkyl-ammoniumbasen. Ihre thermische Zersetzung erfolgt erstmals nicht mehr im Sinne des Hofmannschen Abbaus, sondern unter Bildung eines Trialkylphosphinoxyds und eines Kohlenwasserstoffs (bez. des Reaktionsmechanismus vgl. II, Kap. 4, II, 2 a α).

$$[R_3\overset{\oplus}{P}—R]^{+}HO^{-} \longrightarrow R_3P\rightarrow O + R—H$$

Auch bei dieser Reaktion tritt also die außerordentlich große Affinität des Phosphors zum Sauerstoff in Erscheinung.

Ein weiterer Unterschied gegenüber den quartären Ammoniumsalzen ist darin zu erblicken, daß vom Phosphor auch Tetraarylphosphoniumsalze bekannt sind, die eine gewisse Analogie zu den Diaryljodonium- (S. 169) und Triphenylsulfoniumsalzen (S. 693) aufweisen. Danach scheint bei den Elementen der höheren Perioden die vollständige Arylierung der Oniumatome geringere Schwierigkeiten zu bereiten als beim Stickstoff und Sauerstoff.

Eine weitere Verbindungsklasse mit dreiwertigem Phosphor liegt in den **Phosphoverbindungen** vor, deren Namen dem der analog zusammengesetzten Azoverbindungen nachgebildet wurde. Sie sind nur in der aromatischen Reihe bekannt und werden — in Analogie zur Bildung der Azokörper aus Anilin und Nitrosoverbindungen — durch Kondensation der primären aromatischen Phosphine mit den Arylphosphindichloriden (s. unten) erhalten:

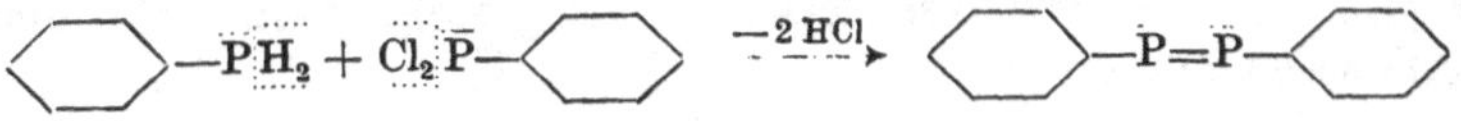

Phosphobenzol

Die Phosphoverbindungen sind im Gegensatz zu den Azoverbindungen farblose Substanzen, denen allgemein die angeführte Struktur mit einer echten Doppelbindung zwischen den Phosphoratomen zuerteilt wird. Doch steht der exakte Konstitutionsbeweis noch aus.

b) Die organischen Derivate des positiv dreiwertigen Phosphors

Von den organischen Derivaten des positiv dreiwertigen Phosphors sind bisher nur einige primäre Verbindungen der aromatischen Reihe bekannt geworden:

1. Die den Alkyl-dichloraminen (S. 551) entsprechenden **Arylphosphindichloride** sind organische Derivate des Phosphortrichlorids und werden auch aus diesem und Benzol beim Durchleiten der Dämpfe durch ein glühendes Rohr oder in Gegenwart von Aluminiumchlorid dargestellt:

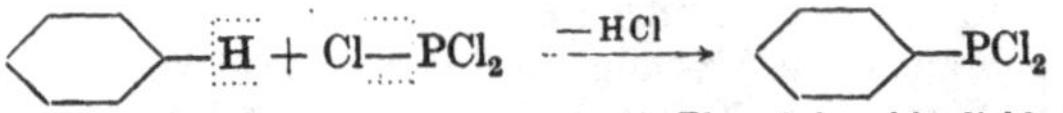

Phenylphosphin-dichlorid

Phenylphosphin-dichlorid ist eine bei etwa 180° siedende, beständige Flüssigkeit mit einem zum Husten reizenden Geruch. Es kann infolge der Reaktionsfähigkeit des Halogens in zahlreiche andere Phosphorverbindungen übergeführt werden, wie die erwähnte Reduzierbarkeit zum primären Phosphin und die ebenfalls bereits beschriebene Kondensation mit diesem Phosphin zur Phosphoverbindung zeigen. Auch die Darstellung der anschließend beschriebenen Arylphosphin-säuren geht von den Arylphosphindihalogeniden aus.

2. Unter **Arylphosphinsäuren** (früher *arylphosphinige Säuren*[1])) versteht man eine Reihe von Säuren, die die einwertige Gruppe $—P\begin{smallmatrix}\nearrow H\\ \rightarrow O\\ \searrow OH\end{smallmatrix}$ enthalten, also zur phosphorigen und unterphosphorigen Säure in der gleichen Beziehung stehen, wie die Sulfinsäuren (S. 689) zur schwefligen und unterschwefligen Säure (formulieren!). Sie werden aus-

[1]) Die **Benennung** der organischen Sauerstoffsäuren des Phosphors (sowie auch die der analog konstituierten Arsen- und Antimonverbindungen) erfolgt sehr wenig einheitlich. Z. B. findet man im Beilstein selbst für die Bezeichnung der gleichartig konstituierten

schließlich durch Hydrolyse von Arylphosphindichloriden gewonnen und lassen sich ähnlich leicht wie die Phosphine (und in Analogie zu den Sulfinsäuren) zu den Phosphonsäuren oxydieren:

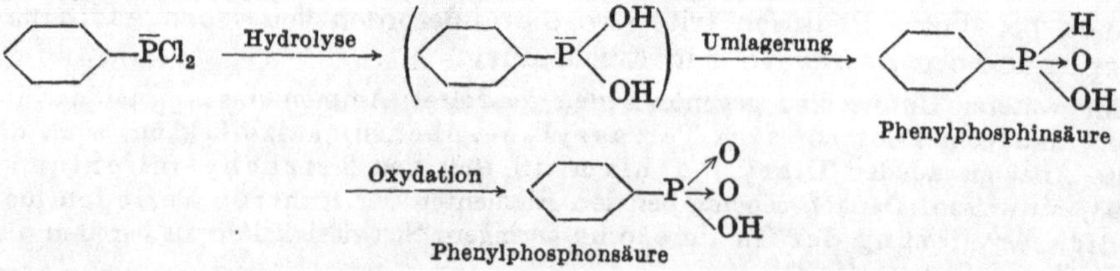

Phenylphosphinsäure

Phenylphosphonsäure

Die Arylphosphinsäuren entsprechen hinsichtlich der Oxydationsstufe des Phosphors den Nitrosoverbindungen, können aber nicht zu analogen Phosphosoverbindungen entwässert werden, da die P=O-Doppelbindung nicht existenzfähig ist.

c) Die organischen Derivate des fünfwertigen Phosphors

Die Verbindungen mit fünfwertigem Phosphor werden ausschließlich durch Oxydation der primären bis tertiären Phosphine dargestellt, wobei die folgenden drei Verbindungsklassen entstehen:

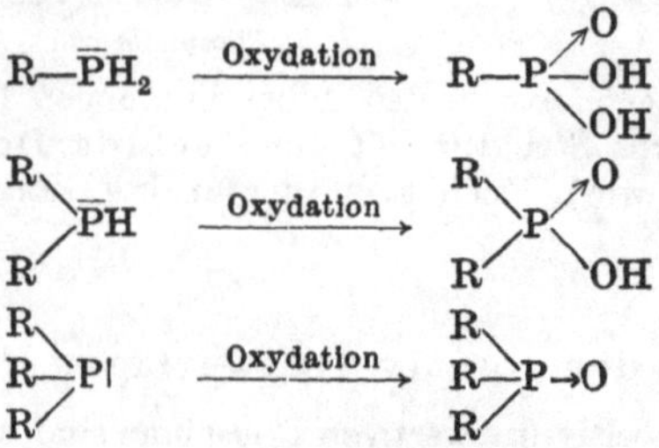

(Mono)alkyl(aryl)-phosphonsäuren

Dialkyl(aryl)-phosphonsäuren

Trialkyl(aryl)-phosphinoxyde

Die **Monoalkyl-** bzw. **-arylphosphonsäuren** entsprechen hinsichtlich der Oxydationsstufe des Phosphors den Nitroverbindungen, liegen jedoch infolge des Nichtauftretens von P=O-Doppelbindungen ausschließlich in hydratisierter Form vor, ähnlich wie auch die Phosphorsäure gegenüber der Salpetersäure nur

---

Säuren des Typus RZO_3H_2 (Z = P, As oder Sb) neben der häufigeren Endung *-onsäuren* z. T. auch noch die früher gebräuchliche Endung *-insäuren*. Ferner werden die zweifach alkylierten (bzw. arylierten Säuren des Typus R_2ZO_2H in der Mehrzahl der Fälle noch durch die Endung *-insäuren* gekennzeichnet, obgleich diese Endung vielfach auch zur Benennung der früher als *-inige Säuren* bezeichneten Derivate der dreiwertigen Elemente dient. Im folgenden sollen in Übereinstimmung mit den modernen Nomenklaturbestrebungen alle Säuren der oxydativ fünfwertigen Elemente (mit semipolar gebundenem Sauerstoff) in Analogie zu den Sulfonsäuren einheitlich durch die Endung *-onsäuren* gekennzeichnet werden, während die Hydroxylverbindungen der oxydativ dreiwertigen Elemente (mit einsamem Elektronenpaar am Zentralatom) — soweit sie Säuren sind — in Analogie zu den Sulfinsäuren die Endung *-insäuren* erhalten, bzw. — soweit sie neutrale Verbindungen darstellen — mit der Endung *-hydroxyde* benannt werden, so daß sich das folgende einfache Nomenklaturschema ergibt:

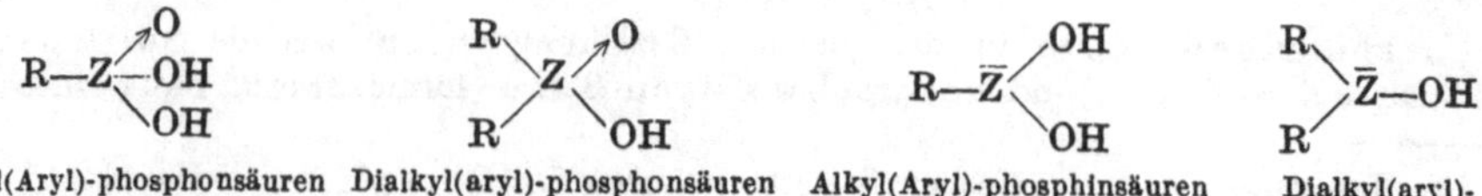

Alkyl(Aryl)-phosphonsäuren bzw. -arsonsäuren bzw. -stibonsäuren	Dialkyl(aryl)-phosphonsäuren bzw. -arsonsäuren bzw. -stibonsäuren	Alkyl(Aryl)-phosphinsäuren bzw. -arsinsäuren bzw. -stibinsäuren	Dialkyl(aryl)-phosphor-hydroxyde bzw. -arsenhydroxyde bzw. -antimonhydroxyde

in der Orthoform auftritt. Sie müssen daher strukturell eher mit den Sulfonsäuren verglichen werden, sind jedoch nur mittelstarke Säuren. Eine Reduktion zu den Phosphinen ist bisher nicht gelungen.

Man hat auch versucht, die aromatischen Phosphonsäuren in Analogie zur Sulfonierung oder Nitrierung durch „*Phosphonierung*" aromatischer Kohlenwasserstoffe mit konzentrierter Phosphorsäure oder durch Zersetzung von Diazoniumphosphiten nach SANDMEYER (Gleichungen formulieren!) zu gewinnen, doch wurden bisher keine brauchbaren Ergebnisse erzielt.

In den **Dialkyl-phosphonsäuren** sind zwei Hydroxylgruppen der Phosphorsäure durch organische Reste ersetzt, ohne daß damit eine wesentliche Verminderung der Acidität verbunden ist. Sie besitzen in der Stickstoffchemie kein Analogon.

Die **Trialkyl-phosphinoxyde** reagieren wegen des Ersatzes aller drei Hydroxylgruppen der Phosphorsäure durch organische Reste nicht mehr sauer und entsprechen formal den Aminoxyden, mit denen sie auch den schwach basischen Charakter des O-Atoms gemeinsam haben. Sie sind aber infolge der positiveren Natur des Phosphors viel beständiger als diese und können in ihren allgemeinen Eigenschaften am ehesten mit den Sulfonen verglichen werden.

Auch die auf S. 698 beschriebenen Anlagerungsverbindungen der Trialkylphosphine gehören bereits zu den Derivaten des fünfwertigen Phosphors. Ihnen schließt sich als weitere interessante Verbindung der von WITTIG (1949) aus Tetraphenylphosphoniumjodid und Lithiumphenyl erhaltene **Pentaphenylphosphor** an.

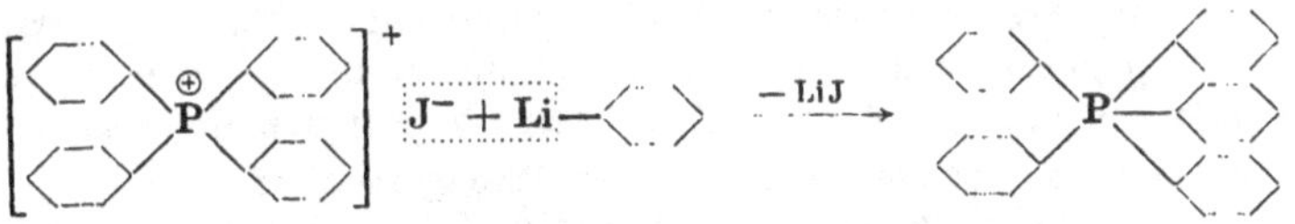

Er weist keinen Salzcharakter mehr auf, so daß ihm wahrscheinlich eine ähnliche unpolare Struktur mit einem Elektronendezett am Zentralatom zukommt, wie dem Triphenyljod (S. 171) und den Tetraphenylderivaten der Elemente der sechsten Gruppe des Periodensystems (S. 693, 696). Doch ist er mit einem Zersetzungspunkt von 121° die beständigste der bisher beschriebenen Polyphenylverbindungen.

2. Die organischen Arsenverbindungen

Die organischen Arsenverbindungen sind von erheblich größerer Bedeutung als die Phosphorverbindungen, da sie, abgesehen von der allen Arsenverbindungen gemeinsamen Giftigkeit, interessante physiologische Wirkungen auf den Organismus ausüben, die mitunter die Giftwirkung weit übertreffen und sie zu wichtigen Heil- oder auch Reizstoffen machen.

a) Die organischen Derivate des negativ dreiwertigen Arsens

Die den primären, sekundären und tertiären Phosphinen entsprechenden primären, sekundären und tertiären **Arsine** kann man nicht mehr durch Alkylierung von Arsenwasserstoff gewinnen, da dieser keine basischen Eigenschaften mehr zeigt. Sie werden in Analogie zu der zweiten und dritten der bei den Phosphinen beschriebenen Methoden gewonnen; und zwar die primären Arsine (II) durch Reduktion der unter b) beschriebenen Alkyl- bzw. Arylarsin-dichloride (I), die sekundären Arsine (IV) durch Reduktion der ebenfalls unter b) beschriebenen Dialkyl- bzw. Diaryl-arsinchloride (III) und die tertiären Arsine (V) schließlich direkt aus Arsentrichlorid und metallorganischen Verbindungen:

$$\underset{\text{I}}{R\overline{As}Cl_2} \xrightarrow[-2\,HCl]{+2\,H_2} \underset{\text{II}}{R\overline{As}H_2} \qquad \underset{\text{III}}{R_2\overline{As}Cl} \xrightarrow[-HCl]{+H_2} \underset{\text{IV}}{R_2\overline{As}H}$$

$$|AsCl_3 + 3\,MeR \xrightarrow{-3\,MeCl} \underset{\text{V}}{|AsR_3}$$

Die Arsine sind wie die Phosphine leicht flüchtige, in Wasser unlösliche Flüssigkeiten von unangenehmem Geruch und großer Giftigkeit, die sich in gleicher Weise durch eine starke Reduktionswirkung auszeichnen und ähnlich begierig den Sauerstoff der Luft absorbieren. Doch sind sie nicht mehr selbstentzündlich. Ferner erstreckt sich diese Analogie auf zahlreiche Anlagerungsreaktionen der tertiären Arsine, die ebenfalls zur Bildung von *Arsinoxyden* und *Sulfiden* mit semipolar gebundenen Heteroatomen, sowie von *Dihalogeniden* und *quartären Arsoniumsalzen*, befähigt sind:

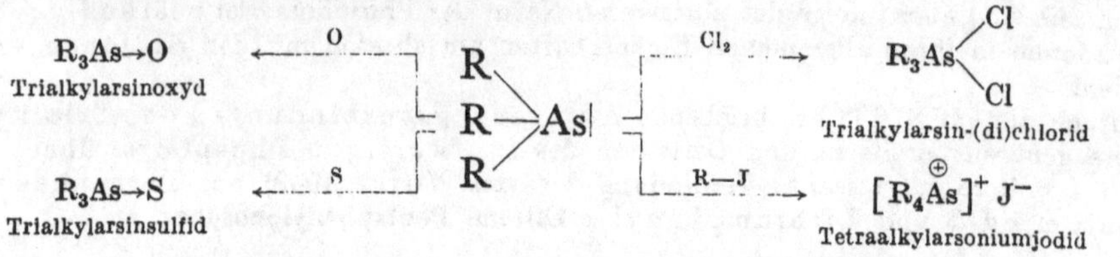

Dagegen zeigen die Arsine trotz der Befähigung zur Bildung quartärer Arsoniumsalze Säuren gegenüber keine Basizität mehr, und es werden selbst mit starken Mineralsäuren und in Abwesenheit von Wasser keine Salze gebildet.

Die **quartären Arsoniumsalze** sind den quartären Phosphoniumsalzen sehr ähnlich, insbesondere erleiden die freien Basen bei der thermischen Zersetzung in gleicher Weise Zerfall unter Bildung von Trialkylarsinoxyden und einem Kohlenwasserstoff:

$$[R_3\overset{\oplus}{As}—R]^+ H—O^- \longrightarrow R_3As\rightarrow O + R—H$$

Eine den Tetraalkylhydrazinen analoge Verbindungsklasse mit zwei aneinander geketteten Arsenatomen erhält man bei der vorsichtigen Reduktion der Dialkylarsinchloride mit metallischem Zink oder Quecksilber:

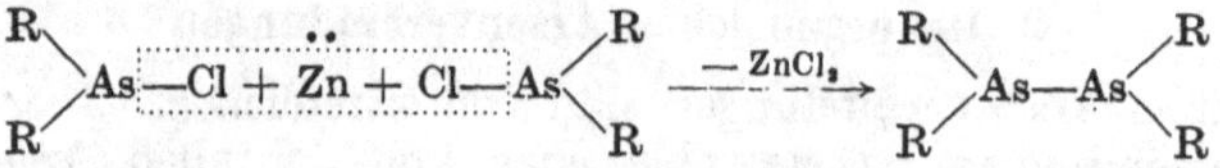

Die Verbindungen werden *Tetraalkyl-diarsine* genannt und sind von Interesse im Zusammenhang mit den unten beschriebenen Kakodylverbindungen.

Schließlich kennt man in der aromatischen Reihe auch die den Azo- und Phosphoverbindungen entsprechenden **Arsenoverbindungen.** Sie entstehen in Analogie zu den aromatischen Azoverbindungen durch alkalische Reduktion von Arylarsonsäuren (s. u.) mit phosphoriger Säure oder Natriumhypodisulfit ($Na_2S_2O_4$):

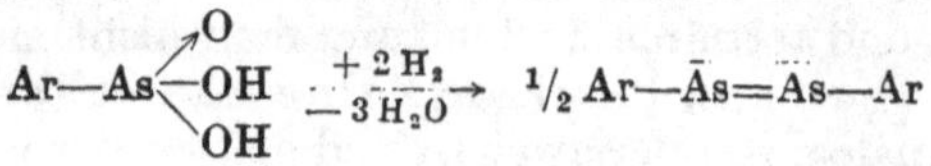

und sind wie die Phosphoverbindungen von theoretischem Interesse im Hinblick auf die Frage, ob in ihnen tatsächlich die allgemein angenommene As=As-Doppelbindung enthalten ist. Eine praktische Bedeutung haben insbesondere die auf S. 706 beschriebenen Heilmittel der Salvarsanreihe erlangt, die kompliziertere Derivate des Arsenobenzols darstellen.

b) Die organischen Derivate des positiv dreiwertigen Arsens

Die organischen Verbindungen mit positiv dreiwertigem Arsen leitet man am besten von den Chlorverbindungen ab, die bei den meisten Darstellungsweisen als Primärprodukte entstehen und auch die größte praktische Bedeutung erlangt haben. Man kann sie allgemein durch Umsetzung von Arsentrichlorid mit einem oder zwei Molen einer metallorganischen Verbindung gewinnen:

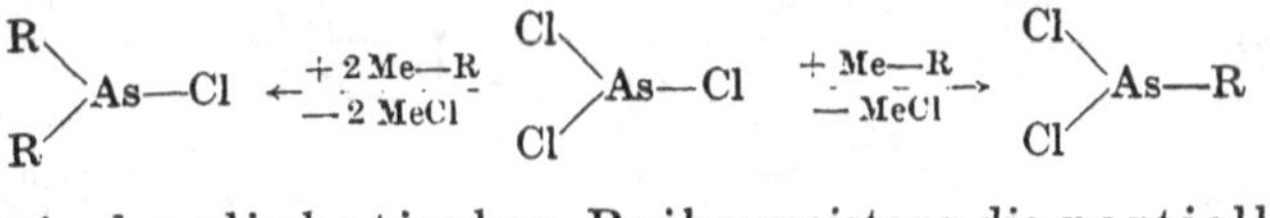

Doch zieht man in der aliphatischen Reihe meistens die partielle Reduktion der Arsonsäuren, in der aromatischen Reihe die direkte Einwirkung von Arsentrichlorid auf Kohlenwasserstoffe in Gegenwart von Aluminiumchlorid vor.

$$R{-}AsO_3H_2 \xrightarrow[-2\,H_2O]{+H_2} R{-}AsO \xrightarrow[-H_2O]{+2\,HCl} R{-}AsCl_2$$

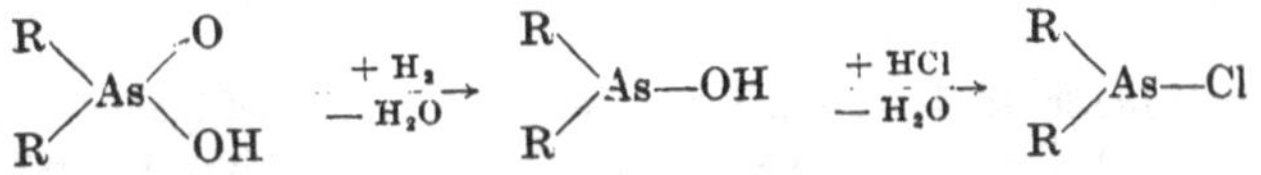

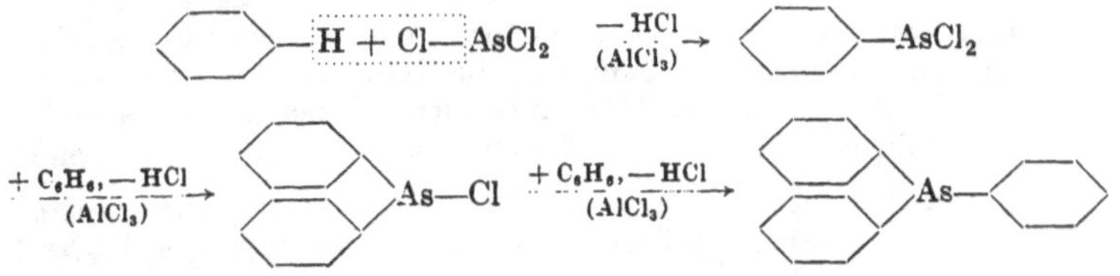

Sämtliche Verbindungen der Reihe üben bereits in sehr geringen Konzentrationen eine unerträgliche Reizwirkung auf die Atmungsorgane aus und dienten daher vielfach im ersten Weltkrieg als Kampfstoffe. Chemisch zeichnen sie sich insbesondere durch die leichte Ersetzbarkeit des Halogens durch andere negative Reste aus. So gehen z. B. die Monoalkylarsindichloride durch Hydrolyse in die Monoalkylarsinoxyde über und können aus diesen durch Einwirkung von konzentrierter Salzsäure zurückgewonnen werden:

$$R{-}AsCl_2 \underset{HCl}{\overset{H_2O}{\rightleftharpoons}} R{-}AsO$$

In den **Monoalkyl-arsinoxyden** begegnen wir einem völlig neuen Verbindungstyp, denn sie können weder durch Hydratisierung in die den Phosphinsäuren analogen „*Arsinsäuren*" übergehen, noch zeigen sie irgendwelche Verwandtschaft mit dem Nitrosobenzol. Wahrscheinlich liegen sie, da die As=O-Doppelbindung nicht existenzfähig ist, in Form trimerer Ringmoleküle vor. In ihren chemischen Eigenschaften sind sie am ehesten mit dem ebenfalls polymeren Arsentrioxyd zu vergleichen, das in gleicher Weise bei der Einwirkung starker Salzsäure reversibel in die Halogenverbindung übergeht (vgl. anorg. Lehrbücher).

Noch interessanter sind die Austauschreaktionen des Halogens in der sekundären Reihe, die z. T. bereits im Jahre 1839 von Bunsen an den als *Kakodylverbindungen* bezeichneten **Dimethylarsinkörpern** aufgeklärt werden konnten, und die seinerzeit als ein wichtiges Argument für die damals gerade in Blüte stehende Radikaltheorie galten:

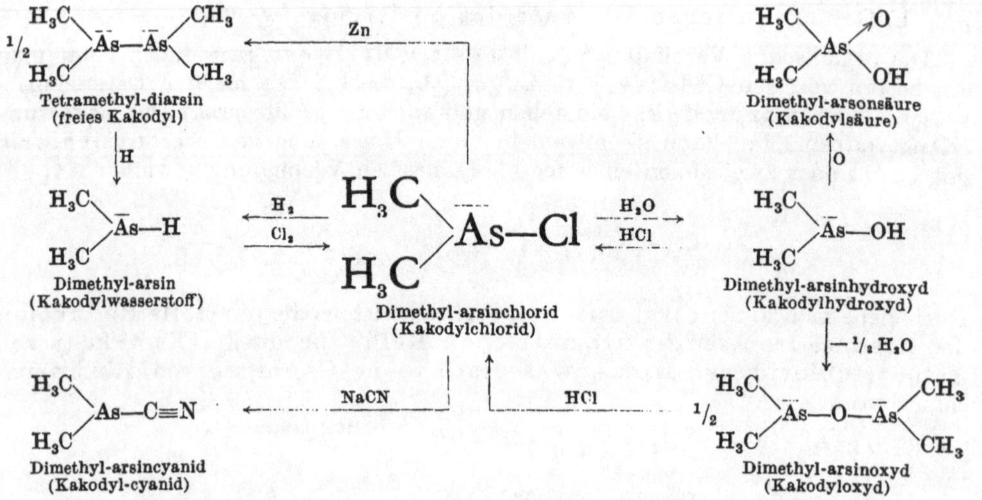

Einzelverbindungen: Methyl- und Äthyl-arsindichlorid R—$AsCl_2$ zeichnen sich durch eine starke Reizwirkung auf die Atmungsorgane aus und dienten im ersten Weltkrieg auf deutscher Seite als Kampfstoffe, während das durch Anlagerung von Arsentrichlorid an Acetylen in Gegenwart von Aluminiumchlorid entstehende **Chlorvinyl-arsindichlorid** Cl—CH=CH—$AsCl_2$ eine ähnliche Wirkung auf die Haut ausübt wie Dichlordiäthylsulfid (vgl. S. 674) und daher von den USA unter dem Namen *Lewisit* als Kampfstoff der Gelbkreuzreihe (Berührungsgift) entwickelt wurde, jedoch nicht mehr zum Einsatz kam.

Dimethyl-arsinoxyd $(CH_3)_2As—O—As(CH_3)_2$ hat wegen seines unangenehmen Geruchs den Namen *Kakodyloxyd* erhalten und damit der ganzen Gruppe der Kakodylverbindungen den Namen gegeben. Es ist die am längsten bekannte organische Arsenverbindung und wurde bereits im Jahre 1760 von CADET bei der thermischen Destillation von Kaliumacetat mit Arsentrioxyd entdeckt, auf welchem Wege es auch heute noch dargestellt wird. Der Reaktionsverlauf im einzelnen ist noch undurchsichtig:

$$As_2O_3 + 4\,CH_3—COOK \longrightarrow (CH_3)_2As—O—As(CH_3)_2 + 2\,K_2CO_3 + 2\,CO_2$$

Die physiologisch interessantesten Verbindungen der Reihe sind die **Diarylarsin-chloride** und **-cyanide**:

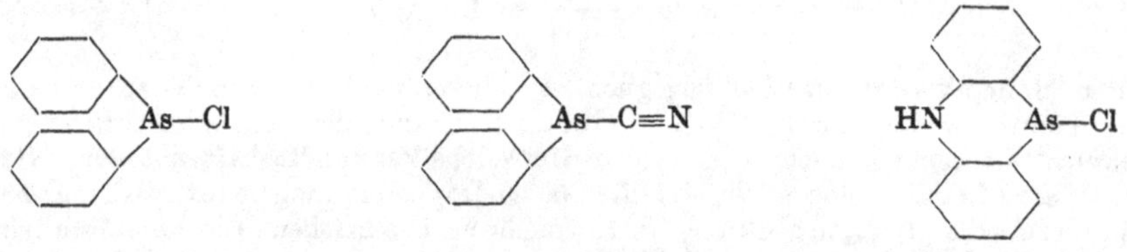

Diphenylarsinchlorid Clark I — Diphenylarsincyanid Clark II — Diphenylaminarsinchlorid Adamsit

Sie üben in Form feiner Nebel eine ungewöhnlich große Reizwirkung auf die Atmungsorgane aus, so daß sie bereits in einer Konzentration von 0,01 mg im cbm Luft störend wirken und den Aufenthalt in einer Atmosphäre, die nur 1 mg pro cbm Luft enthält, unmöglich machen. Trotzdem ist man auch hier von der Wahrnehmung einzelner Moleküle noch weit entfernt. Alle drei Verbindungen dienten unter den angeführten Decknamen im ersten Weltkrieg als Kampfstoffe der *Blaukreuzgruppe*.

c) Die organischen Derivate des fünfwertigen Arsens

Die organischen Derivate des fünfwertigen Arsens entsprechen in jeder Beziehung den auf S. 700f. beschriebenen Phosphonsäuren und Phosphinoxyden und können auch in analoger Weise durch Oxydation der Arsine dargestellt werden:

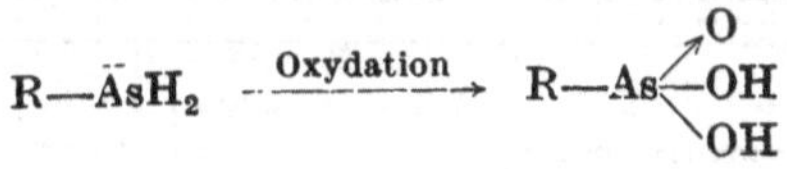

Alkyl- bzw. Aryl-arsonsäuren[1])

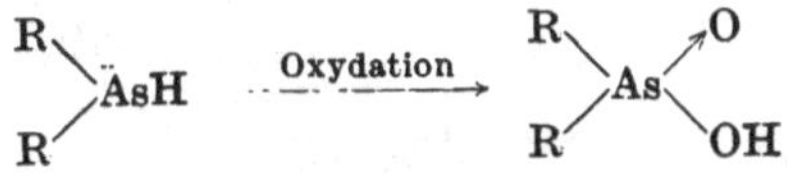

Dialkyl- bzw. Diaryl-arsonsäuren

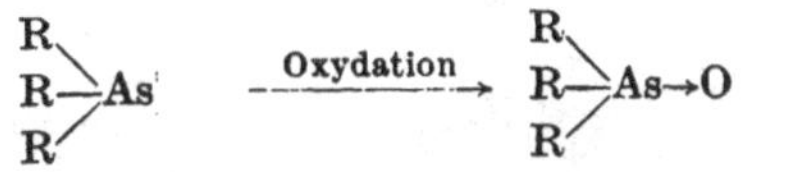

Trialkyl- bzw. Triaryl-arsinoxyde

Bei weitem am wichtigsten sind die **Arsonsäuren**, die man — in Analogie zur Darstellung der entsprechenden Sulfonsäuren von der schwefligen Säure aus (vgl. S. 679) — präparativ fast ausschließlich durch Alkylierung bzw. Arylierung (mittels des Diazoverfahrens, S. 620) von arseniger Säure gewinnt. Auch hier tritt der organische Rest ausschließlich an das Zentralatom, so daß eine Esterbildung auf diesem Wege nicht möglich ist:

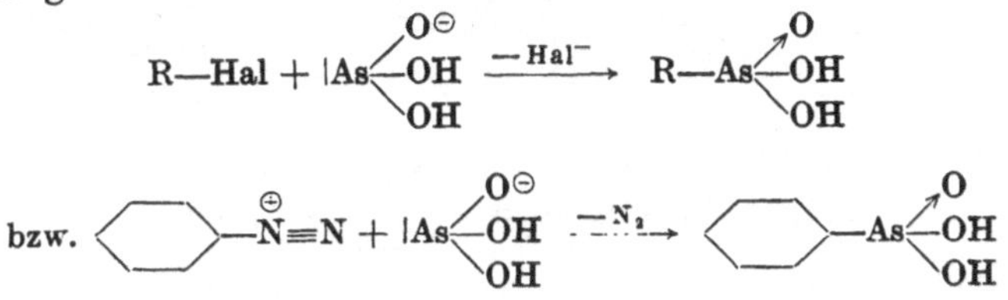

Daneben ist in der Phenol- und Anilinreihe auch eine der Sulfonierung analog verlaufende „*Arsonierung*" des Benzolkerns möglich, die man z. B. durch Verschmelzen der Phenole und Amine mit Arsensäure erreichen kann, und die zumindest bei der Arsanilsäuregewinnung ebenfalls über das N-Substitutionsprodukt als Zwischenverbindung verläuft:

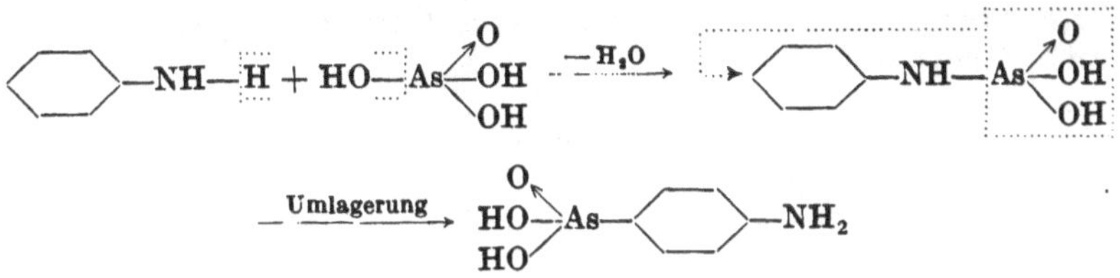

Die **Arsonsäuren** sind wasserlösliche mittelstarke Säuren, die je nach den angewandten Reduktionsmitteln zu den Monoalkyl-arsinoxyden, den Arsenoverbindungen und auch den primären Arsinen reduziert werden können. Alle drei Reaktionen stellen bei der leichten Zugänglichkeit der Arsonsäuren zugleich die gebräuchlichsten Darstellungsweisen für diese Verbindungsklassen dar (s. o.).

---

[1]) Der Name ist dem der Sulfonsäuren und Carbonsäuren nachgebildet (vgl. S. 699, Anm.) und man spricht daher zuweilen auch von einer *Benzol-* und *Methan-arsonsäure* (statt *Phenyl-* und *Methyl-arsonsäure*).

Wie alle Derivate des fünfwertigen Arsens sind auch die Arsonsäuren für den menschlichen Organismus weniger giftig als die Verbindungen des dreiwertigen Arsens. Ihnen gehören daher pharmazeutisch wichtige Arsenpräparate an. So dient z.B. bereits die einfachste Verbindung der Reihe, die **Methylarsonsäure**, als Mittel gegen Hautkrankheiten. Von erheblich größerer Bedeutung sind einige Derivate der *p-Amino-phenylarsonsäure*, die in Analogie zur Sulfanilsäure allgemein als **Arsanilsäure** bezeichnet und heute meistens vom p-Nitranilin ausgehend auf dem folgenden Wege dargestellt wird:

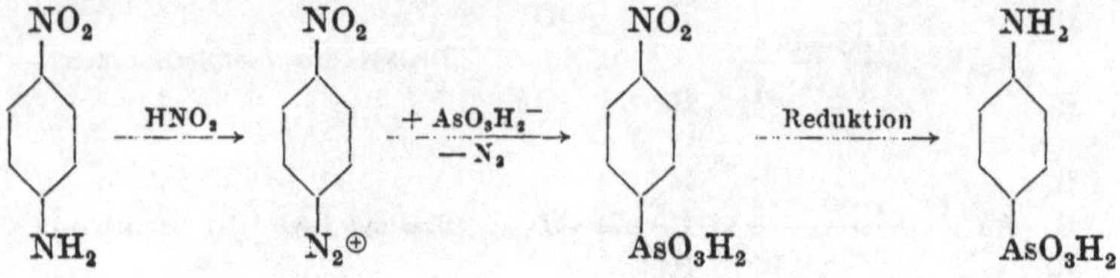

Arsanilsäure

Arsanilsaures Natrium dient unter der Bezeichnung **Atoxyl** als Mittel gegen die Schlafkrankheit, wird aber neuerdings vielfach durch seine weniger giftigen Derivate, wie z.B. das N-Acetyl-Derivat (*Arsacetin*) und das sich vom Glycinamid ableitende *Tryparsamid* ersetzt:

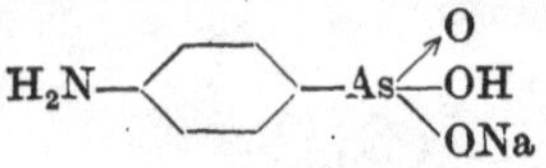

Atoxyl

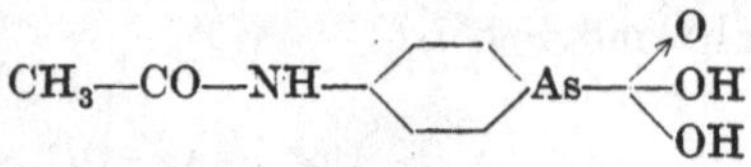

Arsacetin

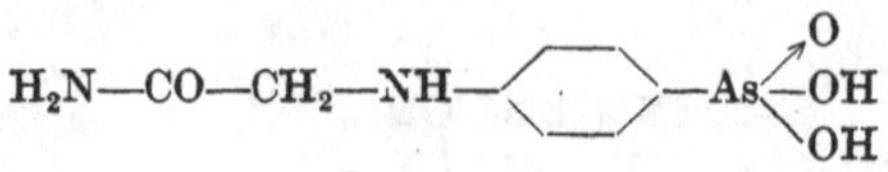

Tryparsamid

Eine dritte Gruppe von pharmazeutisch wichtigen Arsenpräparaten liegt im **Salvarsan** und seinen Derivaten vor, die von P. EHRLICH als Mittel gegen Plasmodien, Spirillen, Spirochäten und Trypanosomen eingeführt wurde. Salvarsan gehört nicht mehr der Arsonsäurereihe selbst an, sondern stellt eine komplizierte Arsenoverbindung dar, deren Gewinnung jedoch ebenfalls über die Arsanilsäure erfolgt:

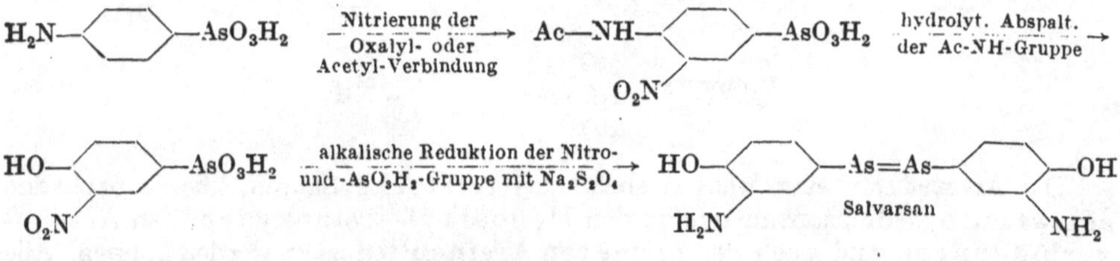

Es ist eine hellgelbe, nur in heißem Wasser lösliche amphotere Verbindung, die sowohl mit Säuren als auch mit Basen Salze bildet und entweder als Hydrochlorid oder als komplexes Silbersalz (*Silbersalvarsan*) in den Handel kommt. Ein wichtiges Salvarsanderivat ist das *Neosalvarsan*, das bei der Kondensation von Salvarsan mit Rongalit (S. 284) gebildet wird und aus einem Gemisch der folgenden beiden Verbindungen besteht:

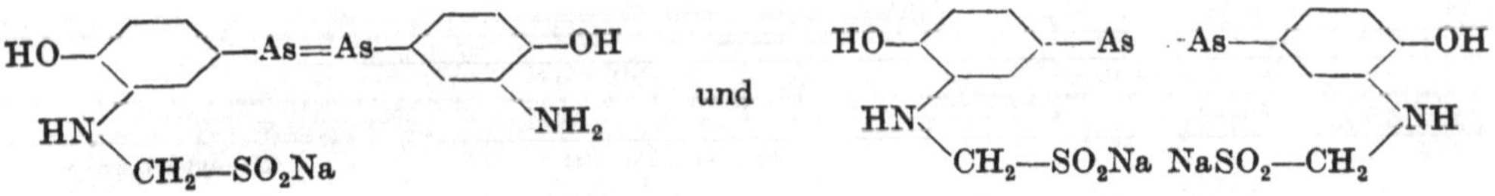

Die an sich unwirksamen Arsenoverbindungen erleiden im Organismus einen oxydativen Abbau, der zunächst zum Salvarsanoxyd (mit einer Ar-AsO-Gruppe) als dem eigentlichen die Spirochäten schädigenden Agens und über dieses hinaus schließlich zur wieder unwirksamen und auch ungiftigen Arsonsäure führt. Die letztere Reaktion ist insbesondere aus dem Grunde von Bedeutung, weil sie eine den Wirtsorganismus nicht schädigende Abscheidung des Arsens durch die Nieren ermöglicht.

Die **Dialkylarsonsäuren** sind wesentlich schwerer zugänglich und spielen daher nur eine untergeordnete Rolle. *Kakodylsäure* (I) (= *Dimethylarsonsäure*) erhält man durch Oxydation verschiedener Kakodylderivate. Sie ist nur noch schwach sauer und vermag über das semipolar gebundene O-Atom auch mit Säuren salzartige Verbindungen (II) zu bilden:

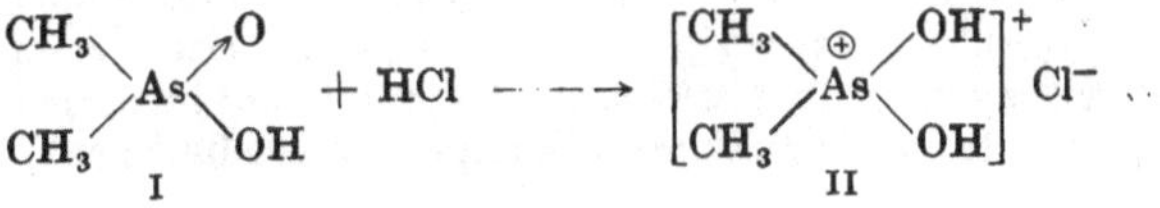

Ihr Natriumsalz dient ebenfalls als Mittel gegen Hautkrankheiten.

Die **Trialkylarsinoxyde** zeigen gegenüber den Phosphinoxyden keine wesentlichen Unterschiede und haben keine praktische Anwendung gefunden.

Als letztes Derivat des fünfwertigen Arsens sei schließlich das von WITTIG (1952) dargestellte **Pentaphenylarsen** $(C_6H_5)_5As$ angeführt, das als Derivat eines Elementes der vierten Periode mit einem Zersetzungspunkt von 150° eine noch größere Stabilität als der Pentaphenylphosphor aufweist und (in Analogie zu den entsprechenden Selen- und Tellurverbindungen; S. 696) am besten aus dem Triphenylarsin-dichlorid und Phenyllithium über das Tetraphenylarsoniumchlorid als Zwischenverbindung (ebenfalls unter zweimaligem Wechsel des Bindungstypus) dargestellt wird (Gleichung formulieren!).

3. Die organischen Antimonverbindungen

Die den Phosphinen und Arsinen entsprechenden Alkylierungsprodukte des Antimonwasserstoffs werden *Stibine* genannt. Von ihnen haben nur die vollständig substituierten Verbindungen Interesse gefunden, die aus Antimontrichlorid und metallorganischen Verbindungen in der üblichen Weise gewonnen werden können (Gleichungen formulieren!). Sie stellen ähnlich unbeständige und autoxydable Substanzen dar wie die Trialkylphosphine und -arsine und sind auch im wesentlichen zu den gleichen Additionsreaktionen befähigt:

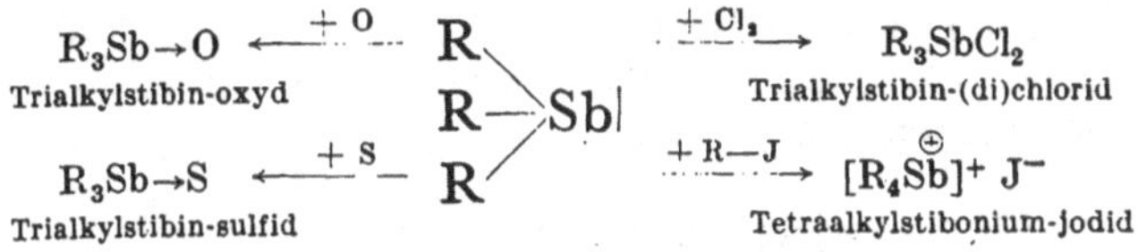

Die Tendenz zur Bildung dieser Anlagerungsverbindungen ist so groß, daß mit Luftsauerstoff Selbstentzündung eintritt und Chlorwasserstoff unter Entwicklung von elementarem Wasserstoff (!) zersetzt wird.

Die **quartären Salze** entstehen in Anbetracht der vollständig fehlenden Basizität der Stibine auffallend leicht, und auch die freien *Tetraalkylstiboniumbasen* sind leidlich beständig. Bei höherer Temperatur erleiden sie den analogen Zerfall wie die Phosphonium- und Arsoniumbasen (Gleichungen formulieren!).

Die organischen Derivate der höheren Oxydationsstufen des Antimons sind nur in der aromatischen Reihe bekannt und werden, ähnlich wie die entsprechenden Arsenverbindungen, über die Antimonite dargestellt:

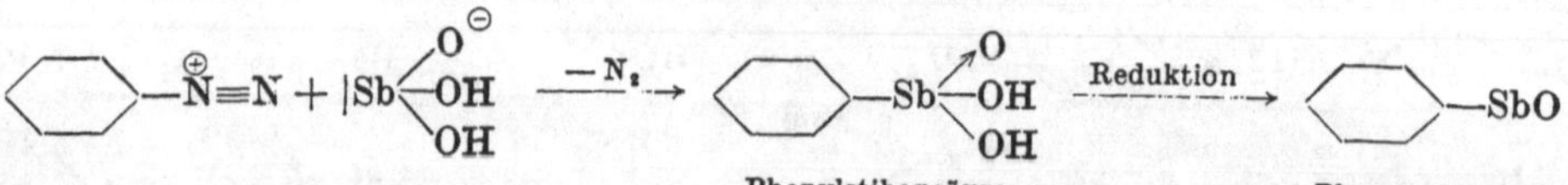

Phenylstibonsäure Phenylstibinoxyd

Die **Stibonsäuren** sind wie die Arson säurenphysiologisch aktiv, finden aber eine wesentlich geringere pharmazeutische Anwendung. Bei der Reduktion gehen sie in Analogie zur Arsenreihe in Stibinoxyde über. Als praktisch wichtigstes Beispiel sei das **Neostibosan** $H_2N—C_6H_4—SbO_3H_2 \cdot (C_2H_5)_2NH$ genannt, durch dessen Einführung die Mortalität der berüchtigten indischen Krankheit *Kala Azar* von 90 auf 2% sank.

Das dem Pentaphenylphosphor und -arsen entsprechende **Pentaphenyl-antimon** konnte ebenfalls von Wittig (1952) dargestellt werden (aus Triphenylstibinchlorid und zwei Mol Phenyllithium, Gleichung formulieren!) und ist mit einem Zersetzungspunkt von 200° die stabilste bisher bekannte Polyphenylverbindung. Während beim Phosphor und Schwefel die Überschreitung des Oktetts noch zu sehr unbeständigen Substanzen führt, ist beim Antimon als einem Element der fünften Periode auch mit dem Dezett die äußere Schale noch nicht vollständig abgesättigt. Es besitzt vielmehr noch eine Elektronenlücke und vermag in voller Analogie zu dem auf S. 713 beschriebenen Triphenylbor noch ein weiteres Mol Phenyllithium zum komplexen **Lithium-hexaphenylo-antimonat** (I) anzulagern:

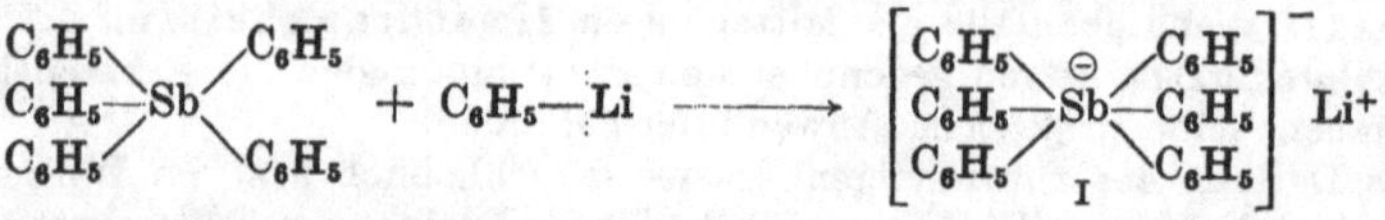

Lithium-hexaphenylo-antimonat wird bereits durch Wasser wieder zersetzt und ist als einzige bisher bekannte Verbindung, die sechs organische Reste an einem Zentralatom gebunden enthält, von einem gewissen theoretischen Interesse.

IV. Die organischen Derivate der Nichtmetalle der vierten und dritten Gruppe des Periodensystems

Die organischen Silicium-, Germanium- und Borverbindungen zeigen eine etwas geringere Mannigfaltigkeit der Verbindungsklassen als die bisher beschriebenen Derivate der Elemente der höheren Gruppen des Periodensystems, da sie sich nur von einer Wertigkeitsstufe des Fremdelementes ableiten. Sie sind mit Ausnahme der Silikone ohne praktische Bedeutung geblieben, besitzen jedoch infolge der Nachbarstellung dieser Elemente zum Kohlenstoff erhebliches theoretisches Interesse im Hinblick auf die Frage, inwieweit der Kohlenstoff ohne grundsätzliche Änderung der Eigenschaften der entstehenden Verbindungen durch andere Elemente ersetzbar ist.

1. Die organischen Siliciumverbindungen

Die am leichtesten zugänglichen Organosiliciumverbindungen sind die **Tetraalkylmonosilane** (meist kurz *Tetraalkyl-silane* genannt), die man allgemein durch Umsetzen von Siliciumtetrachlorid mit metallorganischen Verbindungen, oder auch in Analogie zur Wurtzschen Synthese mit Alkylhalogeniden und Natrium, gewinnt:

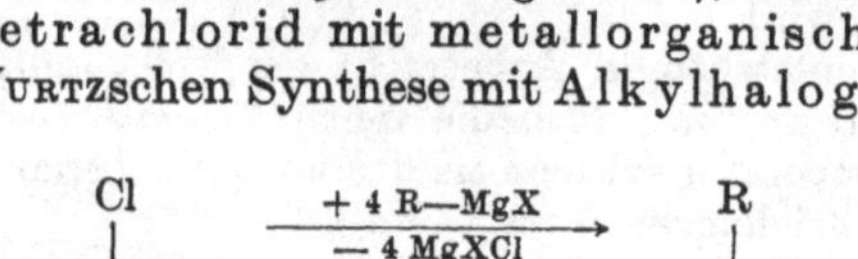

Die Tetraalkylsilane sind paraffinähnliche farblose Verbindungen, die gegenüber den gleich konstituierten Kohlenwasserstoffen keine wesentlichen Siedepunktserhöhungen zeigen (vgl. Tab. 33 S. 695). Auch in ihren chemischen Eigenschaften ähneln sie den Paraffinen und sind nicht nur gegen Luftsauerstoff und kochendes Wasser, sondern selbst gegen rauchende Salpeter- und Schwefelsäure beständig. Andere Reagentien, wie z. B. Chlor in Gegenwart von Aluminiumchlorid, substituieren sie nach FRIEDEL-CRAFTS ausschließlich am Kohlenstoff zu einem Gemisch verschiedener Monochlorverbindungen, in denen man, wie das folgende Beispiel zeigt, das Chlor in der üblichen Weise durch andere Substituenten ersetzen kann:

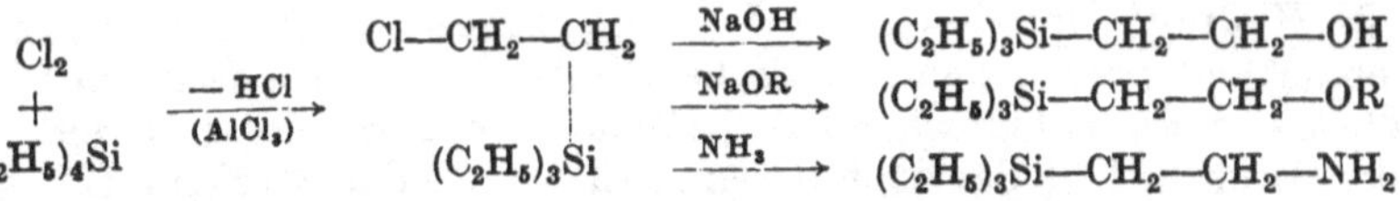

Danach ist die für das Siliciumtetrachlorid und besonders für die unsubstituierten Silane charakteristische ungesättigte Natur des koordinativ vierwertigen Siliciums (vgl. anorg. Lehrbücher) infolge der Abschirmung des Zentralatoms durch die vier Alkylreste vollkommen verschwunden, und das Silicium vermag in diesen Verbindungen den Kohlenstoff in einer Weise zu ersetzen, wie es bei keinem anderen Heteroelement der Fall ist.

Auch komplizierte Tetraalkylsilane, die Carboxyl- und Oxogruppen im organischen Molekülteil enthalten, sind verschiedentlich dargestellt worden, zeigen jedoch ebenfalls keine neuartigen Reaktionen, und selbst das *asymmetrische Si-Atom* vermag vollwertig ein asymmetrisches C-Atom zu ersetzen (vgl. **II**, Kap. 7, V, 4).

Eine andere Gruppe organischer Siliciumverbindungen erhält man bei unvollständigem Umsatz des Siliciumtetrachlorids mit metallorganischen Verbindungen:

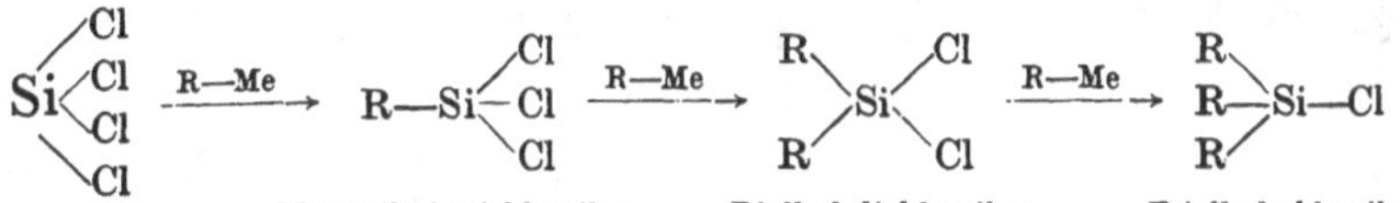

Monoalkyl-trichlorsilan Dialkyl-dichlorsilan Trialkyl-chlorsilan

Eine interessante technische Darstellungsmethode für die Dialkyldichlorsilane (als Hauptprodukt) besteht in dem Umsatz von freiem Silicium mit den entsprechenden Alkylchloriden in Gegenwart von Kupfer als Katalysator bei 3—400° (ROCHOW 1945). Die Reaktion verläuft jedoch nicht einheitlich im Sinne der Gleichung a, sondern ist stets in mehr oder weniger großem Umfang auch von einer disproportionierenden Umsetzung zu einem äquimolekularen Gemisch der Monoalkyl-trichlor- und Trialkyl-monochlor-Verbindungen begleitet (Reaktion b):

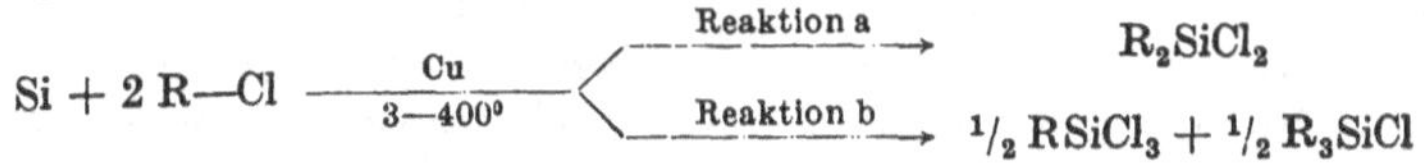

Die Reaktion entspricht formal der auf S. 716 unter 1a beschriebenen Darstellungsmethode für metallorganische Verbindungen, erfordert aber wegen der Reaktionsträgheit des elementaren Siliciums gänzlich andere Reaktionsbedingungen.

In diesen chlorhaltigen Verbindungen zeigt das Halogen eine etwas größere Reaktionsfähigkeit als in den Alkylhalogeniden und wird bei der Einwirkung von Wasser, Alkoholen, Aminoverbindungen oder anderen basischen Reagentien sehr rasch substituiert. Den reinen Kohlenstoffverbindungen am ähnlichsten sind die Substitutionsprodukte der Trialkyl-monochlorsilane, von denen insbesondere die mit Wasser entstehenden **Trialkylsilanole** (I) den Alkoholen nahestehen. Sie können z. B. ebenfalls unzersetzt destilliert werden, gehen mit Natrium unter Wasserstoffentwicklung in alkoholatähnliche Verbindungen über und lassen sich in normaler Weise veräthern oder verestern. Auch hier erweist sich also die C—Si-Bindung als gegen hydrolytische und oxydative Einflüsse sehr stabil:

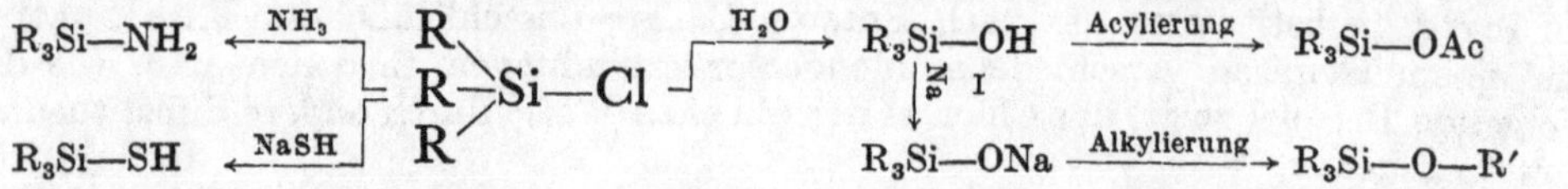

Erst die Hydrolysenprodukte der Di- und Trichlorverbindungen weichen stärker von den entsprechenden organischen Verbindungen ab, da die den Ketonen und Carbonsäuren entsprechenden „*Silanone*" der Struktur II und „*Silanonsäuren*" der Struktur IV (oder auch deren Anhydride der Struktur III) wegen des Nichtauftretens von Si=O-Doppelbindungen nicht existenzfähig sind. Es tritt daher im Augenblick ihrer Bildung sofort Polymerisation unter Ausbildung von Si—O—Si-Brücken ein, und man erhält hochmolekulare Produkte vom Typus V und VI, die unter dem Namen **Silicone** eine vielseitige Verwendung als Kunststoffe gefunden haben (E. G. Rochow 1941):

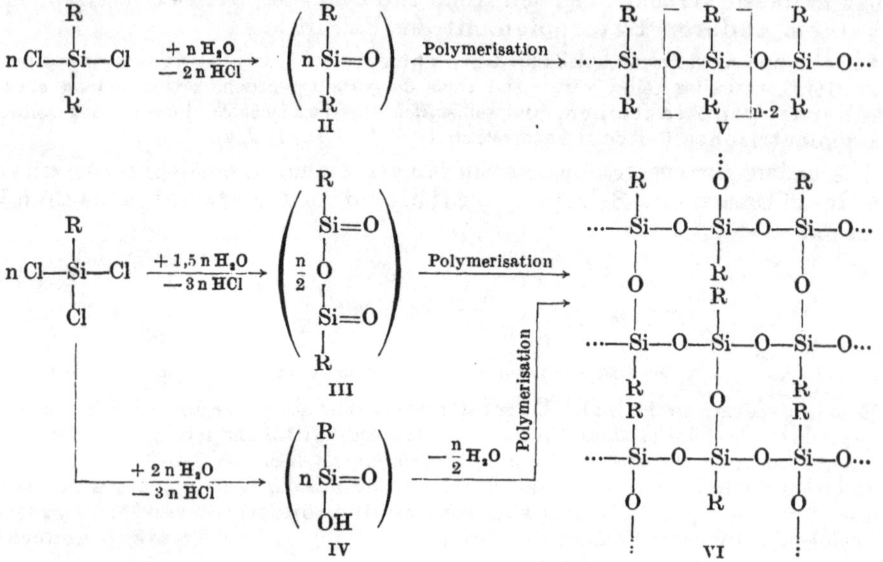

Die wertvollen Eigenschaften der Silicone sind auf zwei Ursachen zurückzuführen: Einerseits vereinen sie infolge des gleichzeitigen Auftretens von organischen Alkylresten und anorganischen Si—O—Si-Brücken die Vorteile der organischen Kunststoffe (hohe Geschmeidigkeit) und der anorganischen Werkstoffe (Temperaturstabilität, bei den Siliconen bis etwa 400°) miteinander, andererseits können ihre mechanischen Eigenschaften durch Wechsel des Ausgangsmaterials weitgehend variiert werden.

Beispielsweise erhält man bei der Hydrolyse von reinen Dialkyldichlorsilanen thermoplastische und unter gewissen Umständen auch kautschukelastische Kunststoffe mit sehr langen Fadenmolekülen (vgl. **III**, Kap. 3). Die Länge dieser Fadenmoleküle kann jedoch durch Zusatz von Trialkyl-monochlorsilanen — deren Hydrolysenprodukte nur nach einer Seite eine Si—O—Si-Brücke ausbilden können und die daher immer am Kettenende stehen — mehr oder weniger stark herabgesetzt werden, so daß es auf diesem Wege möglich ist, auch Stoffe mittleren Molekulargewichts herzustellen, die als hitzebeständige Schmieröle Verwendung finden. Eine Beimengung von Monoalkyl-trichlorsilanen, dessen Hydrolysenprodukte die stark „vernetzten" Polymerisate vom Typus VI liefern, führt schließlich zu einer mehr oder weniger starken „Vernetzung" (bzgl. der Definition vgl. **III**, Kap. 3, I) der Fadenmoleküle und damit zum Aufbau nicht mehr thermoplastischer, mechanisch außerordentlich fester Kunststoffe.

Durch Reduktion der Mono-, Di- und Trialkylchlorsilane gelangt man schließlich zu den partiell alkylierten *Silanen:*

$$\underset{\text{Monoalkylsilan}}{R{-}SiCl_3 \xrightarrow[-3\,HCl]{+3\,H_2} R{-}SiH_3} \;;\; \underset{\text{Dialkylsilan}}{R_2SiCl_2 \xrightarrow[-2\,HCl]{+2\,H_2} R_2SiH_2} \;;\; \underset{\text{Trialkylsilan}}{R_3Si{-}Cl \xrightarrow[-HCl]{+H_2} R_3SiH}$$

Sie zeigen im Gegensatz zu den Tetraalkylsilanen die gleiche Reaktionsfähigkeit und Unbeständigkeit wie das nicht substituierte Silan. Insbesondere absorbieren sie ebenfalls sehr heftig Luftsauerstoff, mit dem sie zum Teil unter Feuererscheinung reagieren, und zersetzen Wasser unter Wasserstoffentwicklung. In beiden Fällen gelangt man bei vorsichtig geleiteter Reaktion zu den gleichen Silanolen, Polysilanonen und Polysilanonsäuren wie bei der Hydrolyse der Halogenverbindungen:

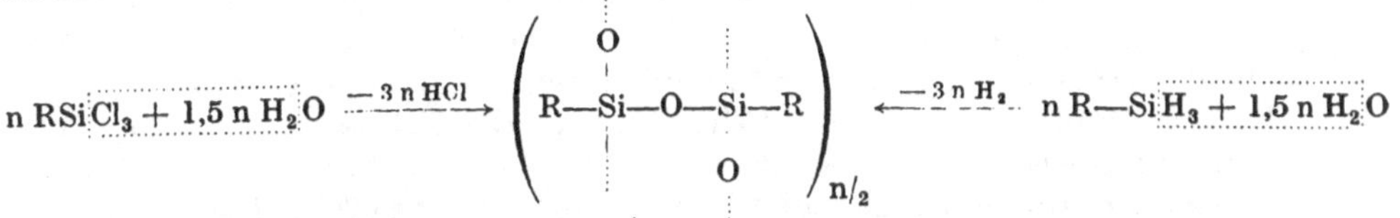

$$n\,R_2SiCl_2 + n\,H_2O \xrightarrow{-2\,n\,HCl} (R_2SiO)_n \xleftarrow{-2\,n\,H_2} n\,R_2SiH_2 + n\,H_2O$$

$$R_3SiCl + H{-}OH \xrightarrow{-HCl} R_3Si{-}OH \xleftarrow{-H_2} R_3SiH + H{-}OH$$

Der am Si-Atom befindliche Wasserstoff ist also im Gegensatz zum Paraffinwasserstoff ein negativer Substituent, der bei der Hydrolyse wie ein Halogen reagiert (vgl. auch anorgan. Lehrbücher).

Eine letzte interessante Verbindungsklasse erhält man schließlich bei der Umsetzung von Si_2Cl_6 mit metallorganischen Verbindungen:

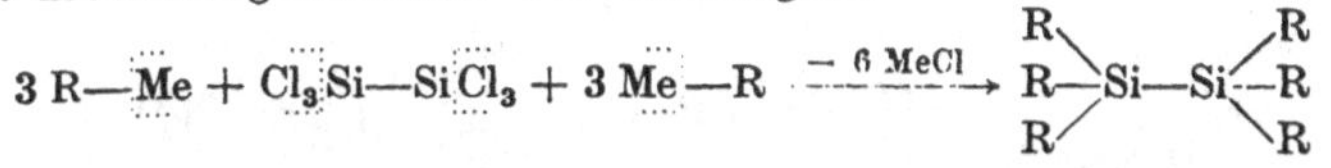

Hexaalkyl-disilan

Die hierbei entstehenden **Hexaalkyl-disilane** zeigen vielfach ebenfalls paraffinähnlichen Charakter und sind gegen Luftsauerstoff oder Wasser noch durchaus beständig. Stärkeren Reagentien, insbesondere heißen Mineralsäuren oder Chlor gegenüber, weisen sie jedoch bereits eine gewisse Labilität auf und werden an der Si—Si-Bindung gespalten:

$$\begin{array}{c} R_3Si{-}Cl \\ + \\ R_3Si{-}Cl \end{array} \xleftarrow{+Cl_2} \begin{array}{c} R_3Si \\ | \\ R_3Si \end{array} \xrightarrow[\text{Hydrolyse}]{\text{saure}} \begin{array}{c} (R_3Si{-}H) \xrightarrow[-H_2]{+H_2O} R_3Si{-}OH \\ + \\ R_3Si{-}OH \end{array}$$

2. Die organischen Germaniumverbindungen

Die Chemie der organischen Germaniumverbindungen ist noch sehr wenig ausgebaut, scheint sich aber eng an die der Siliciumverbindungen anzuschließen. So kann man z. B. Germaniumtetrachlorid in analoger Weise durch Einwirkung metallorganischer Verbindungen in die **Tetraalkyl-germanane** überführen:

$$GeCl_4 + 4\,MeR \longrightarrow GeR_4 + 4\,MeCl \quad ,$$

die nur unwesentlich höher sieden als die entsprechenden Siliciumverbindungen (Tabelle 33, S. 695) und ebenfalls paraffinähnliche Eigenschaften zeigen. Insbesondere sind sie in gleicher Weise gegenüber Luftsauerstoff, Wasser und selbst Mineralsäuren beständig.

Partiell alkylierte organische Germaniumverbindungen sind noch nicht dargestellt worden.

3. Die organischen Borverbindungen

Die wichtigsten organischen Borverbindungen sind die **Bortrialkyle**, die bei der Einwirkung von Zinkdialkylen auf Borchlorid oder Borsäureester, sowie auch aus Grignardverbindungen und Borfluorid, gewonnen werden:

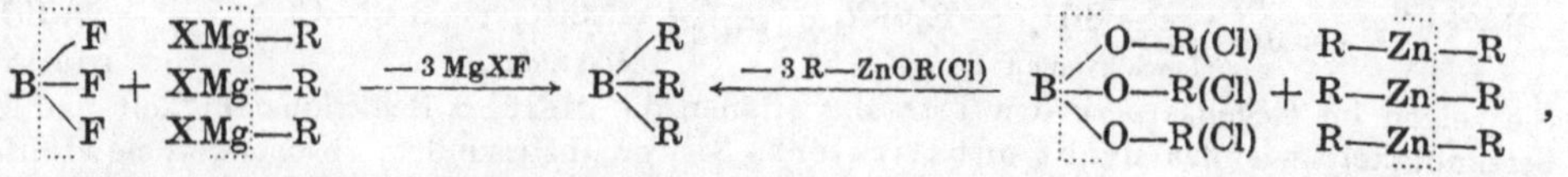

während bei der Einwirkung von Grignardverbindungen auf Borsäureester nur partiell substituierte Verbindungen entstehen:

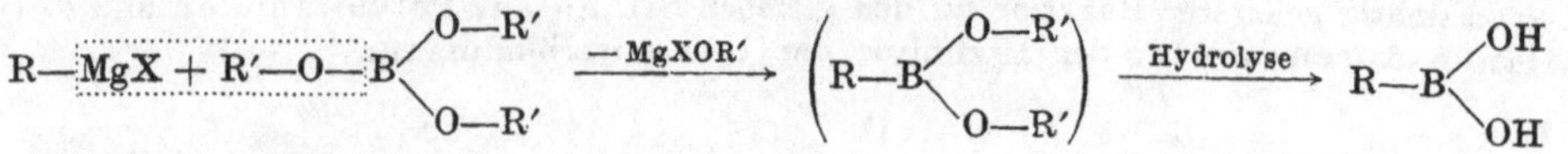

Die Bortrialkyle sind im Gegensatz zum Borwasserstoff monomer und zeigen eine erheblich größere Reaktionsfähigkeit als die Tetraalkylsilane und -germanane. Insbesondere reagieren sie sehr energisch mit Luftsauerstoff (z. T. unter Feuererscheinung), durch den sie unter Abspaltung von zwei Alkylresten zu den Alkylboroxyden (I) oxydiert werden:

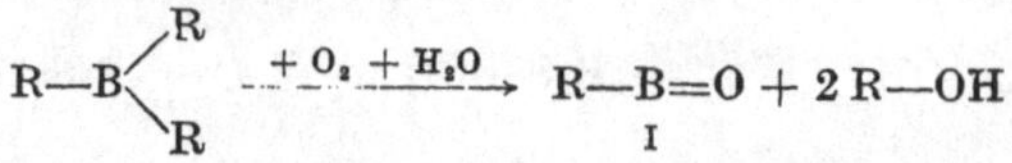

Gegen Wasser sind sie etwas beständiger, und es tritt erst bei längerem Kochen eine hydrolytische Abspaltung von zwei Paraffinmolekülen zu den Alkylborsäuren (II) ein. Dagegen vermag konzentrierte Salzsäure alle drei Alkylreste abzuspalten:

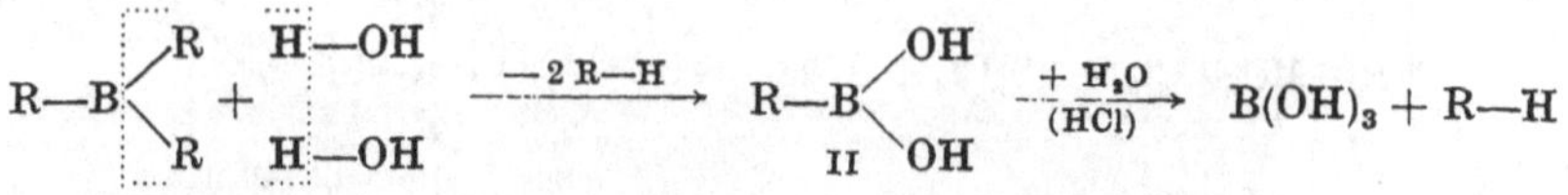

Bei dieser hydrolytischen Spaltungsreaktion fungiert der Alkylrest (wie der Wasserstoff der Borhydride) als negativer Substituent, tritt also wie ein Halogen mit dem Wasserstoff als Kohlenwasserstoff aus.

Die gegenüber den Tetraalkylsilanen und allen anderen nichtmetallorganischen Verbindungen auffallend leichte Spaltbarkeit der B—C-Bindung findet ihre befriedigende Erklärung in der Elektronentheorie der Valenz, die für das dreibindige Boratom eine Oktettlücke und damit eine erhöhte Reaktionsfähigkeit fordert.

Die Alkyl-boroxyde und -borsäuren sind sehr beständige Substanzen, die durch Wasseranlagerung bzw. -abspaltung ineinander übergeführt werden können:

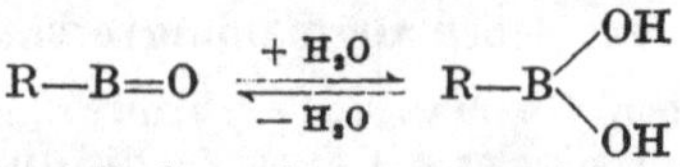

Ihre im Gegensatz zu den Bortrialkylen relativ große Stabilität wird sofort verständlich wenn man berücksichtigt, daß in ihnen die Oktettlücke des Boratoms im Rahmen einer Mesomerie durch eines der ungebundenen Elektronenpaare des Sauerstoffs abgesättigt werden kann. Die bei dieser Mesomerie auftretenden Zwitterionenstrukturen III und IV weisen einen ähnlichen Aufbau auf wie die auf S. 337f. beschriebenen Carboxoniumionen und Acidiumionen der Carbonsäuren:

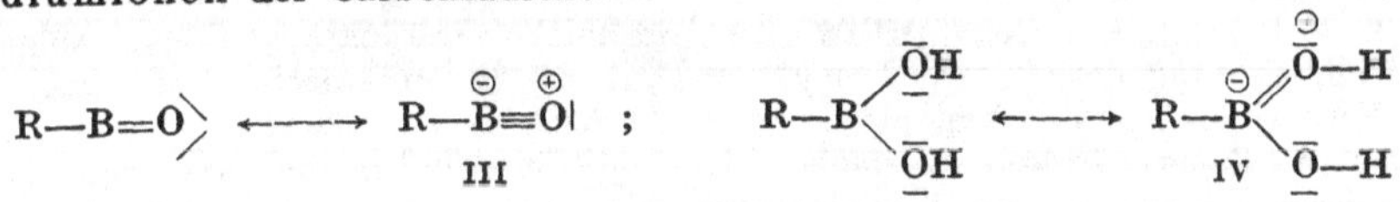

Im Gegensatz zu den Bortrialkylen vermögen die *Mono-* und *Dialkylborane*, in denen noch Wasserstoff am Boratom steht, in gleicher Weise wie der Borwasserstoff zu dimerisieren. Man kann sie nach E. Wiberg[1]) entweder durch Einwirkung elektrischer Entladungen auf ein Gemisch von Bortrialkylen und elementarem Wasserstoff oder durch direkten, bereits bei Zimmertemperatur spontan erfolgenden Umsatz von B_2H_6 mit Bortrialkylen gewinnen. In beiden Fällen findet eine statistische Verteilung der Alkylreste auf sämtliche anwesenden Boratome statt, und anschließend lagern sich, ebenfalls auf Grund statistischer Gesetze, jeweils zwei Moleküle beliebiger, mindestens noch eine B—H-Bindung enthaltender Verbindungen zu einem Dimerisationsprodukt zusammen, so daß man als Endprodukt ein Gemisch aller möglichen Kombinationen partiell alkylierter Borane erhält:

$$BrR_3 + B_2H_6 \longrightarrow (\text{Gemisch von } BH_3,\ BH_2R,\ BHR_2 \text{ und } BR_3)$$

$$\xrightarrow{\text{Dimerisierung}} \text{Gemisch von} \left\{ \begin{array}{l} H_2B\cdots H_2\cdots BH_2,\ H_2B\cdots H_2\cdots BHR,\ H_2B\cdots H_2\cdots BR_2 \\ RHB\cdots H_2\cdots BHR,\ RHB\cdots H_2\cdots BR_2,\ R_2B\cdots H_2\cdots BR_2 \end{array} \right. \text{und } BR_3$$

Die partiell alkylierten Diborane sind ähnlich unbeständige Verbindungen wie das Diboran selbst und im wesentlichen zu den gleichen Reaktionen befähigt. Insbesondere beobachtet man auch bei ihnen sämtliche durch die Sonderstellung von zwei H-Atomen bedingten Umsetzungen, wie z. B. die Anlagerung von zwei Molekülen Ammoniak (vgl. anorg. Lehrbücher), so daß an einer analogen Konstitution kein Zweifel besteht.

Im **Triphenylbor** (auch *Bortriphenyl* genannt) $(C_6H_5)_3B$ liegt ein aromatisches Borderivat vor. Es ist gegen Luftsauerstoff und Wasser wesentlich beständiger als die aliphatischen Glieder der Reihe und vermag Alkalimetalle unter Bildung farbiger salzartiger Produkte anzulagern, die als anorganische Analoga der Triarylmethylradikale von Interesse sind (Näheres vgl. S. 760):

Eine weitere interessante, sich vom Triphenylbor ableitende Verbindungsklasse hat Wittig im Jahre 1949 in den ebenfalls salzartigen **Tetraphenyl-bor-metallen** (I) entdeckt, die bei der Anlagerung von Alkalimetallphenylen an Triphenylbor entstehen:

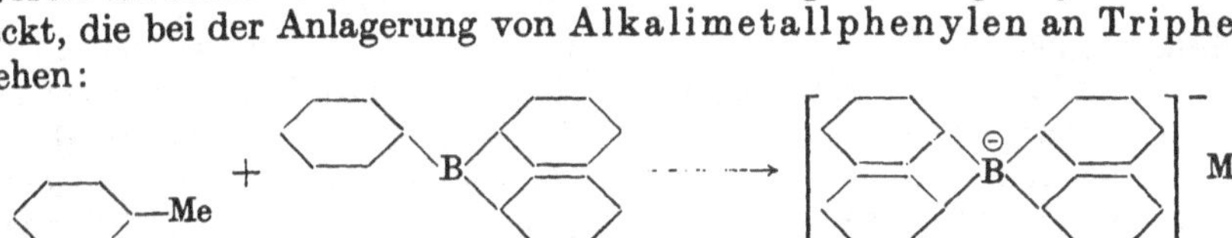

I

Die in ihnen enthaltenen komplexen Tetraphenylbor-Anionen mit vier organischen Resten am Boratom stellen das vollkommene Gegenstück zu den Tetraalkylammonium-Kationen dar, wie aus folgendem Vergleich beider Verbindungsreihen hervorgeht:

---

[1]) nach einer Privatmitteilung.

1. Während man zum Aufbau der Tetramethylammonium-Kationen an das einsame Elektronenpaar des Zentralatoms einen positiv geladenen Methylrest (d. h. das auf S. 35 beschriebene Carbenium-Kation mit einer Elektronenlücke) anlagern muß, wird bei der Bildung des Tetraphenylbor-Anions der organische Rest umgekehrt mit einem Elektronenpaar (d. h. als Carbeniat-Anion) an das eine Elektronenlücke aufweisende Zentralatom angelagert. Hier muß man daher eine organische Verbindung zur Anlagerung bringen, die den Kohlenstoffrest als Anion mit Elektronenpaar abspaltet, d. h. eine metallorganische Verbindung:

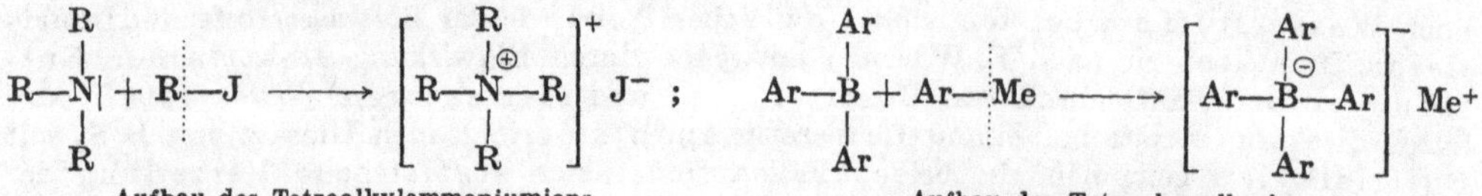

Aufbau des Tetraalkylammoniumions Aufbau des Tetraphenylborions

2. Sowohl die Salze des Tetramethylammonium-Kations als auch die des Tetraphenylbor-Anions können nur in der dissoziierten Form existieren, da beide Ionen infolge der vollständigen Valenzabsättigung sämtlicher Atome keine Möglichkeit besitzen, eine Atombindung zum entgegengesetzt geladenen Ion auszubilden. In gleicher Weise wie also das Tetramethylammoniumhydroxyd eine „unendlich" starke (weil vollständig dissoziierte; vgl. S. 547) Base ist, muß demnach der „Tetraphenylborwasserstoff" die Struktur einer „unendlich starken" Säure aufweisen, für die (im Gegensatz zu allen anderen bisher bekannten Säuren) überhaupt keine undissoziierte Form formuliert werden kann:

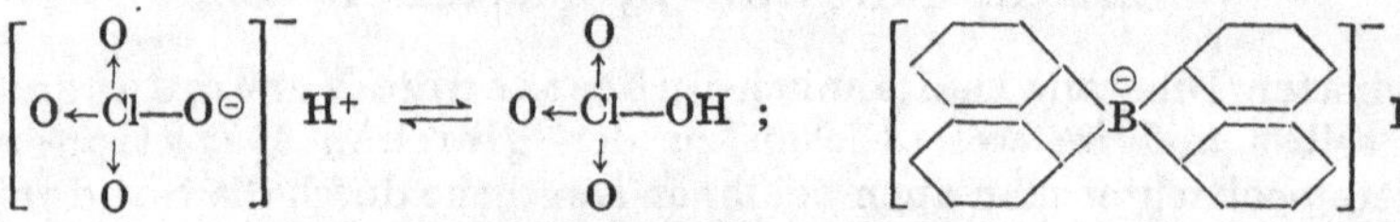

Keine Assoziation möglich

Man kann den Tetraphenylborwasserstoff daher nicht mehr durch stärkere Säuren aus seinen Salzen verdrängen, sondern nur mittels Fällungsreaktionen (z. B. aus den Silbersalzen mittels HCl) in Freiheit setzen.

3. Ähnlich wie das Tetramethylammonium-Ion gegen wasserfreie Hydroxylionen nicht beständig ist, sondern mit ihnen im Sinne des Hofmannschen Abbaus reagiert, ist auch das Tetraphenylbor-Ion gegenüber freien Protonen nicht beständig und setzt sich mit ihnen in einer dem Hofmannschen Abbau analogen Reaktion um, bei der das Proton mit einem der sich als Anion vom Zentralatom ablösenden Phenylreste als neutrales Benzol austritt:

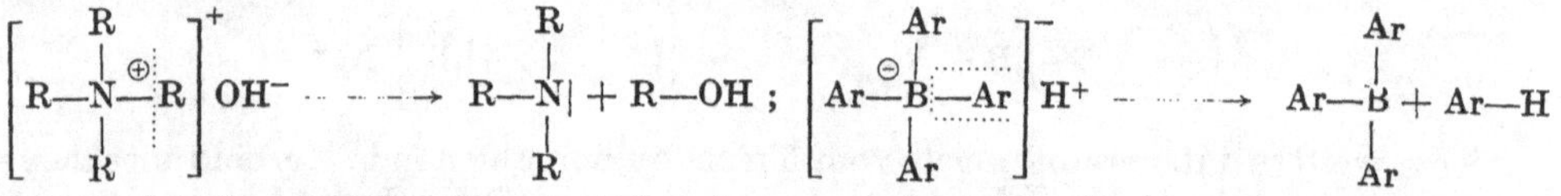

Hofmannscher Abbau quartärer Ammoniumhydroxyde analoger Abbau des „Tetraphenyl-bor-wasserstoffs"

Die **Beständigkeit des Tetraphenylbor-Anions** gegen Protonen ist etwas geringer als die der Tetraalkylammonium-Kationen gegen Hydroxylionen. Der „*Tetraphenylborwasserstoff*" kann daher nur in der Kälte in Form seiner verdünnten wäßrigen Lösungen, d. h. seines Hydroniumsalzes (formulieren!) gewonnen werden und erleidet bereits beim Erhitzen dieser Lösungen auf 80° vollständige Zersetzung. Der Komplex ist danach hinsichtlich seiner Beständigkeit etwa mit den Trialkylsulfonium-Ionen (S. 675) vergleichbar.

Von den sonstigen Eigenschaften der Tetraphenylbormetalle ist insbesondere die Schwerlöslichkeit der Kalium-, Rubidium- und Cäsiumsalze hervorzuheben, die die der Perchlorate dieser Metalle noch übertrifft. Bei dem hohen Molekulargewicht des Tetraphenylbor-Anions (319) kann man seine Salze daher vorteilhaft zur gravimetrischen Bestimmung dieser Metalle verwenden.

9. Kapitel

Die metallorganischen Verbindungen

I. Darstellung und allgemeine Eigenschaften

Die *metallorganischen* oder *Organometall*-Verbindungen haben für den Organiker wieder eine größere Bedeutung erlangt. Sie kommen zwar ebenfalls nicht natürlich vor, zeigen jedoch infolge der direkten Bindung des Metalls an den Kohlenstoff eine ungewöhnliche Reaktionsfähigkeit und sind daher zu zahlreichen, auf anderem Wege nicht durchführbaren Synthesen befähigt.

Im Gegensatz zu den bisher besprochenen Verbindungsklassen sind die organischen Derivate der meisten Metalle untereinander sehr ähnlich und zeigen zumindest prinzipiell eine gleichartige Reaktionsfähigkeit, so daß ihre wichtigsten Eigenschaften gemeinsam behandelt werden können. Man beobachtet jedoch eine starke graduelle Abstufung der Reaktionsfähigkeit, die bei den sehr unbeständigen Alkalimetallverbindungen am größten und bei den Derivaten der Schwer- und Übergangsmetalle kaum noch nachweisbar ist. Man unterteilt die metallorganischen Verbindungen daher zweckmäßig in die wasserunbeständigen Derivate der Alkali-, Erdalkali- und Erdmetalle sowie des Zinks und Cadmiums einerseits und die wasserbeständigen organischen Verbindungen der Schwer- und Übergangsmetalle andererseits.

Ihnen schließen sich als dritte Gruppe von Metall-Kohlenstoff-Verbindungen die *Metallcarbide* an, in denen das Metall ebenfalls direkt an Kohlenstoff gebunden ist, die aber allgemein bereits zu den anorganischen Verbindungen gerechnet werden, da sie eine typische Eigenschaft organischer Verbindungen vermissen lassen: die Beschränkung der Reaktionen auf bestimmte Stellen des Moleküls. Lediglich die Carbide der Acetylenreihe (S. 115) stellen einen Übergang zwischen den rein anorganischen Verbindungen vom Aluminiumcarbidtypus, bei deren Umsetzung sämtliche Valenzen des Kohlenstoffs in Reaktion treten (S. 68), und den echten metallorganischen Verbindungen dar.

Die **Konstitution** der metallorganischen Verbindungen war nie zweifelhaft, da sie einerseits Alkylgruppen auf andere Moleküle zu übertragen vermögen, also als Ganzes enthalten müssen, andererseits die Zahl dieser Alkylgruppen mit der normalen Wertigkeit der Metalle übereinstimmt, so daß auf das Vorliegen einfacher Metall-Kohlenstoff-Bindungen geschlossen werden kann. Lediglich über die Natur dieser Bindungen war man sich früher vielfach nicht recht im klaren, da man — der allgemeinen Vorstellung entsprechend, daß Metalle nur ionogen gebunden sein können — annahm, daß zumindest die kristallisierten alkali- und erdalkalimetallorganischen Verbindungen salzartig aufgebaut seien. Die Löslichkeit der metallorganischen Verbindungen in organischen Lösungsmitteln, die mangelnde elektrolytische Leitfähigkeit dieser Lösungen und die Sublimierbarkeit zahlreicher Verbindungen zeigt aber, daß, von wenigen Ausnahmen (vgl. z. B. S. 726) abgesehen, die Metall-Kohlenstoff-Bindung nicht ionogen ist, sondern daß nur eine polare Atombindung vorliegt, in der jedoch der Kohlenstoff im Gegensatz zur C—Hal-, C—O-, C—N- und C—S-Bindung den negativen Bindungspartner darstellt. Diese anomale Polarisation des Kohlenstoffs wird in diesem Ausmaß nur bei den metallorganischen Verbindungen beobachtet, und auf sie ist in erster Linie deren große praktische Bedeutung zurückzuführen.

Die rationelle **Benennung** der metallorganischen Verbindungen erfolgt etwas abweichend von der der übrigen organischen Substanzen, indem man sie nicht als Substitutionsprodukte eines Kohlenwasserstoffs oder auch einer Metallverbindung auffaßt, sondern in Anlehnung an die Nomenklatur der binären Verbindungen (vgl. anorg. Lehrbücher) nur die Namen der miteinander verbundenen Gruppen bzw. Atome anführt, sie also kurz als *Metallalkyle* (z. B. *Natrium-methyl, Quecksilber-diphenyl*) oder seltener auch umgekehrt als *Alkylmetalle* (*Diphenyl-quecksilber, Trityl-natrium*) bezeichnet. Letzteres ist insbesondere bei den partiellen organischen Derivaten der mehrwertigen Metalle der Fall, in denen das Metall neben dem organischen Rest auch eine ionogen gebundene Gruppe trägt, und die allgemein *Alkylmagnesiumhalogenide* R—MgX, *Aryl-quecksilberacetate* Ar—HgOAc usw. genannt werden.

Die **Darstellung** der metallorganischen Verbindungen geschieht nach zwei grundsätzlich verschiedenen Verfahren: 1. durch Neuherstellung einer metallorganischen Verbindung und 2. durch Einführung des Metalls mit Hilfe anderer metallorganischer Verbindungen.

Zu 1. Die Neuherstellung einer metallorganischen Verbindung ist auf viererlei Weise möglich.

a) Die bei weitem wichtigste Methode beruht auf der Umsetzung von Halogenverbindungen mit den freien Metallen, die stets unter Bindung von zwei Metalläquivalenten im Sinne der folgenden Gleichung vor sich geht:

$$\text{R—Hal} + 2\,\text{Me} \longrightarrow \text{R—Me} + \text{MeHal}$$

Die Reaktion ist in gleicher Weise für die Einführung aliphatischer und aromatischer Reste geeignet und stellt letzten Endes die Grundlage für die Gewinnung aller metallorganischen Verbindungen dar, da die unter 2. genannten Verfahren stets das Vorhandensein einer (anderweitig dargestellten) metallorganischen Verbindung erfordern.

Die Bildung der metallorganischen Verbindungen ist bei diesem Verfahren stets eng mit der des Salzes gekoppelt, denn die Neubildung der R—Me-Bindung unter Lösung einer R—Hal-Bindung ist ein stark endothermer Vorgang, der durch die große Bildungstendenz des Salzes MeHal überhaupt erst ermöglicht wird. Infolgedessen können mehrwertige Metalle[1]) im allgemeinen nicht direkt in die vollständig alkylierten Verbindungen übergehen, sondern es spielen sich zunächst beide Teilvorgänge am gleichen Atom unter Bildung der partiell alkylierten Verbindungen (I—III) ab, die sich dann erst in einer zweiten Reaktionsphase, z. B. durch trockenes Erhitzen, zu den reinen Metallalkylen und den neutralen Salzen disproportionieren lassen:

$$\text{R—Hal} + \text{Me}_{\text{II}} \longrightarrow \underset{\text{I}}{\text{R—Me}_{\text{II}}\text{Hal}} \xrightarrow{\text{Erhitzen}} {}^1/_2\,\text{R}_2\text{Me}_{\text{II}} + {}^1/_2\,\text{Me}_{\text{II}}\text{Hal}_2$$

$$3\,\text{R—Hal} + 2\,\text{Me}_{\text{III}} \longrightarrow \underset{\text{II}}{\text{R—Me}_{\text{III}}\text{Hal}_2} + \underset{\text{III}}{\text{R}_2\text{Me}_{\text{III}}\text{Hal}} \xrightarrow{\text{Erhitzen}} \text{R}_3\text{Me}_{\text{III}} + \text{Me}_{\text{III}}\text{Hal}_3$$

Immerhin ist es bei der Verwendung von Legierungen möglich, die beiden Teilreaktionen mit verschiedenen Metallen durchzuführen und dadurch auch die Metallalkyle mehrwertiger Metalle in einem Reaktionsgang zu gewinnen. So zeigt z. B. bei der Einwirkung von Alkylhalogeniden auf Natriumamalgam das Natrium die größere Affinität

---

[1]) In den folgenden Formeln kurz als Me_{II} (= Mg, Zn, Hg usw.) und Me_{III} (= Al, Ga usw.) symbolisiert.

zum Halogen und das Quecksilber die größere Affinität zum organischen Rest, so daß Natriumhalogenid und ein Quecksilberdialkyl entstehen. Ähnlich kann man aus Äthylchlorid und Bleiamalgam in einem Reaktionsgang das technisch wichtige Bleitetraäthyl gewinnen:

$$\begin{matrix} R\text{—}Hal \\ R\text{—}Hal \end{matrix} + \begin{matrix} Na \\ Na \end{matrix} Hg \longrightarrow \begin{matrix} R \\ R \end{matrix} \!\!> Hg + 2\,NaHal$$

$$4\,C_2H_5\text{—}Cl + Hg_2Pb \longrightarrow Pb(C_2H_5)_4 + 2\,HgCl_2$$

Bezüglich weiterer Beispiele vgl. S. 729 und 731.

b) Eine zweite Möglichkeit zur Einführung des Metalls in organische Verbindungen, der allerdings mehr der Charakter einer Bildungsreaktion zukommt, liegt in der auf S. 104 und 141 beschriebenen Anlagerung von Alkalimetallen an gewisse olefinische Doppelbindungen vor. Auch an Carbonyldoppelbindungen lagern sich Alkalimetalle an, doch dient diese Reaktion weniger zur Gewinnung metallorganischer Verbindungen, sondern ist lediglich von Interesse als mögliche Zwischenreaktion bei der Reduktion mit nascierendem Wasserstoff (vgl. S. 919f.).

c) Ähnlich wie die Metalle selbst lassen sich auch die Metallhydride an C=C-Doppelbindungen anlagern. Besonders interessant ist die von Ziegler (1952) durchgeführte Addition von Aluminiumhydrid an Äthylen, mit deren Hilfe man bereits bei 70° in glatter Reaktion Aluminiumtriäthyl gewinnen kann:

$$AlH_3 + 3\,C_2H_4 \xrightarrow{70^0} Al(C_2H_5)_3$$

Doch sind in grundsätzlich ähnlicher Weise auch Lithium- und Magnesiumhydrid zu einer derartigen Anlagerungsreaktion befähigt.

d) Schließlich kann man zuweilen auch direkt den an Kohlenstoff gebundenen Wasserstoff durch Metall ersetzen, wie wir am Beispiel der Einwirkung von Acetylen auf metallisches Natrium (S. 113) gesehen haben.

Zu 2. Für die Einführung des Metalls mit Hilfe **anderer metallorganischer Verbindungen** sind ebenfalls vier verschiedene Möglichkeiten bekannt.

a) Wie unten näher erörtert wird, vermag jede Art von aktivem Wasserstoff metallorganische Verbindungen unter Substitution des Metallatoms zu zersetzen. Steht hierbei der aktive Wasserstoff an einem C-Atom, so entstehen neue metallorganische Verbindungen. Als Beispiel sei die präparativ wichtige Darstellung der Magnesiumderivate des Fluorens (I) und Acetylens (II) angeführt, die allgemein durch Einwirkung der Kohlenwasserstoffe auf andere Alkylmagnesiumverbindungen bei etwa 100° gewonnen werden:

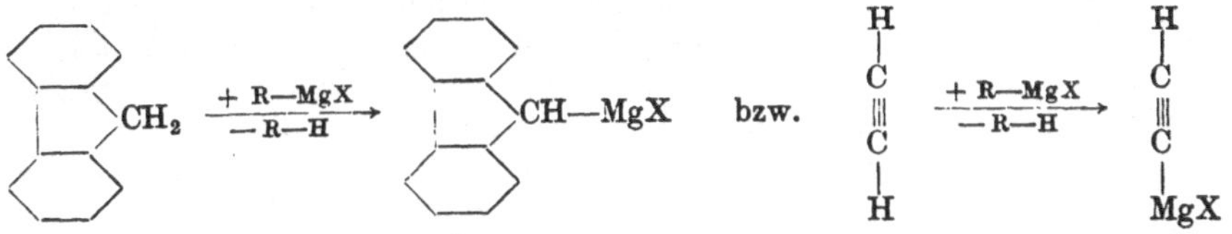

I II

Bei Verwendung von Lithiumalkylen oder -arylen kann auch der wesentlich reaktionsträgere aromatische Wasserstoff in o-Stellung zu Halogenatomen (S. 167) und Alkoxyresten substituiert werden:

Diese Wanderungsmöglichkeit des Lithiumatoms zwischen zwei organischen Resten kann u. U. die Durchführung von WURTZ-FITTIGschen Synthesen, in deren Verlauf stets gleichzeitig metallorganische Verbindungen und Arylhalogenide auftreten, empfindlich stören.

b) Auch die bereits beschriebene (S. 697, 701 u.a.) Umsetzung metallorganischer Verbindungen mit den Halogeniden anderer Elemente führt zur Bildung neuer Organometallderivate, wenn man von den reaktionsfähigen alkalimetall-, magnesium- oder auch zinkorganischen Verbindungen ausgeht und diese mit den Halogeniden anderer Metalle umsetzt. Das Verfahren dient insbesondere zur Darstellung von organischen Schwermetallderivaten:

$$HgCl_2 + 2\,NaR \longrightarrow HgR_2 + 2\,NaCl$$

c) Umgekehrt erhält man die Leichtmetallverbindungen häufig durch Verdrängung eines wenig elektropositiven Schwermetalls (meistens von Quecksilber) aus seinen organischen Verbindungen durch das elektropositivere Leichtmetall:

$$HgR_2 + 2\,Na \longrightarrow Hg + 2\,NaR$$

d) Schließlich kann man zuweilen auch die reaktionsfähigen alkalimetallorganischen Verbindungen an olefinische Doppelbindungen unter Bildung neuer metallorganischer Verbindungen anlagern. Die Bedeutung der Reaktion liegt weniger in der Darstellung der metallorganischen Verbindungen selbst, als in der Möglichkeit über sie als Zwischenstufen höhermolekulare Kohlenwasserstoffe aufzubauen. Als Beispiele seien einerseits die auf S. 104 beschriebene Natriumpolymerisation der 1,3-Diene, andererseits die auf S. 723 beschriebene Synthese der n-Paraffine aus Aluminiumtriäthyl (bzw. -propyl) und Äthylen angeführt.

Physikalische Eigenschaften. Je nach dem Polarisationsgrad der Metall-Kohlenstoff-Bindung zeigen die metallorganischen Verbindungen einen sehr verschiedenartigen Charakter. Während die stark polaren Alkalimetallverbindungen wegen ihrer zu niedrigen Zersetzungstemperatur weder geschmolzen noch destilliert werden können und sich in indifferenten Lösungsmitteln vielfach nicht mehr auflösen, sind die magnesiumorganischen Verbindungen bereits sublimierbar, und die Alkylderivate des Aluminiums (und aller mehrwertigen Schwermetalle) stellen leicht flüchtige Flüssigkeiten dar (vgl. Tab. 33, S. 695).

Die **chemische Reaktionsfähigkeit** der Organometalle beruht in erster Linie auf den Umsetzungen der polaren Metall-Kohlenstoff-Bindung, die infolge der ungewohnten Richtung der Polarisation (der Kohlenstoff fungiert als negativer Bindungspartner!) zu einer Reihe von Reaktionen befähigt ist, die der der Alkylhalogenide gerade entgegengesetzt verlaufen. Die speziellen Reaktionen des Metallatoms spielen daneben im allgemeinen nur eine untergeordnete Rolle, gehen jedoch vielfach ebenfalls unter Mitbeteiligung des organischen Molekülteils vor sich. Im ganzen unterscheiden wir sechs verschiedene Reaktionsgruppen: 1. die Substitution des Metalls durch aktivierten Wasserstoff, 2. die Substitution des Metalls durch andere organische und auch anorganische Reste, 3. die Anlagerung der metallorganischen Verbindungen an polare Doppelbindungen, 4. die Anlagerung an olefinische Doppelbindungen, 5. die Abspaltung eines Metallhydrids zum Olefin, 6. die Oxydationsreaktionen und 7. die Bildung von Komplexverbindungen.

Zu 1. Während bei der Alkylierung von **aktiven Wasserstoffverbindungen** mit den normalen Alkylierungsmitteln stets der Kohlenstoff (als positiver Bindungspartner) an den negativen Molekülteil der zu alkylierenden Verbindung und das (negative) Halogen an den (positiven) Wasserstoff tritt, ist es bei der Einwirkung einer metallorganischen Verbindung gerade umgekehrt: der negative Kohlenstoff verbindet sich mit dem positiven Wasserstoff und das positive Metall mit dem negativen Heteroatom der zu alkylierenden Verbindung:

$$R—O—H + J—CH_3 \longrightarrow R—O—CH_3 + H—J$$

$$R—O—H + H_3C—Me \longrightarrow R—OMe + H—CH_3$$

Die aktiven Wasserstoffverbindungen reagieren danach mit den metallorganischen Verbindungen in der gleichen Weise, wie eine starke Säure mit den Salzen einer schwachen Säure, d. h. sie setzen den Kohlenwasserstoff als die „schwächste Säure" des Systems in Freiheit. Auf metallorganische Verbindungen müssen infolgedessen alle Wasserstoffverbindungen zersetzend einwirken, die stärker sauer sind als die Kohlenwasserstoffe. Dieses sind außer den eigentlichen Säuren auch Wasser, die Alkohole und selbst Ammoniak (bzw. Amine), die gegenüber Wasser bereits keine sauren Eigenschaften mehr zeigen. Aber auch darüber hinaus vermögen, wie wir oben gesehen haben, zahlreiche Kohlenwasserstoffe das Metall aus anderen metallorganischen Verbindungen zu verdrängen, so daß sich, wenn man diese Fähigkeit zur Zersetzung von Metallderivaten anderer Wasserstoffverbindungen als Maß für die Acidität einer Verbindung ansieht, etwa die folgende Abstufung der Säurestärken ergibt:

$$H—O—SO_3H > HO—CO—R > HO—C_6H_5 > H—OH \approx H—OR > H—NH_2 > H—C{\equiv}C—H$$

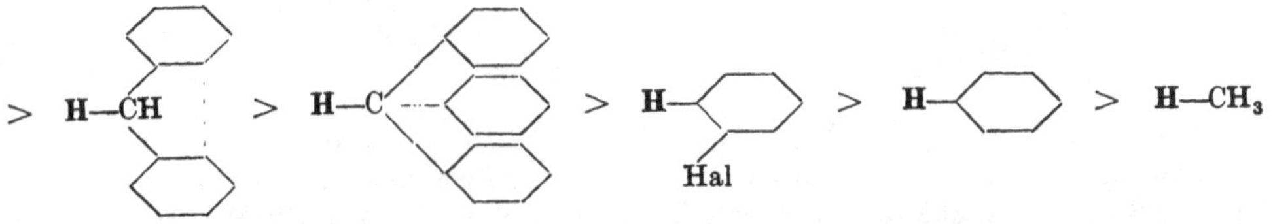

Von diesen „Säuren" vermögen Acetylen und alle links von ihm stehenden Verbindungen normale GRIGNARDverbindungen bereits bei Zimmertemperatur zu zersetzen. Fluoren reagiert dagegen mit GRIGNARDverbindungen erst bei 100°, und die rechts von ihm stehenden Stoffe bis zum Chlorbenzol können nur noch mit alkalimetallorganischen Verbindungen umgesetzt werden. Beim Benzol und Methan ist die Acidität des Wasserstoffs schließlich so gering, daß sie metallorganischen Verbindungen gegenüber überhaupt nicht mehr in Erscheinung tritt und nur noch auf indirektem Wege nachgewiesen werden kann.

Die Bedeutung der Reaktion liegt einerseits in der Möglichkeit der Darstellung sonst schwer zugänglicher Metallverbindungen, wie z. B. zahlreicher Alkoholate (S. 192), der Metallderivate von organischen Aminen (S. 545) sowie schließlich auch von metallorganischen Verbindungen selbst (s. o.), andererseits in der Möglichkeit zur quantitativen Bestimmung von „*aktivem*", d. h. „*saurem*" Wasserstoff, die man nach ZEREWITINOFF durch Zersetzung von Methylmagnesiumjodid und volumetrische Messung des entwickelten Methans (Gleichung formulieren!) vornimmt. Schließlich ist die Reaktion auch von einer gewissen „negativen Bedeutung", da infolge der Labilität gegenüber aktiven Wasserstoffverbindungen sämtliche Umsetzungen metallorganischer Verbindungen unter strengem Feuchtigkeitsausschluß und in indifferenten Lösungsmitteln (meistens Äthern oder tertiären Aminen, vgl. auch unter 5) durchgeführt werden müssen.

Erst der nur noch schwach „saure" Wasserstoff der sogenannten „aktiven Methylengruppen" reagiert mit GRIGNARDverbindungen so langsam, daß hier die unter 3. beschriebene Anlagerung an die Carbonylgruppe leichter erfolgt. Doch ist es durch Verwendung stark raumbeanspruchender Metallalkyle (meistens von Tritylnatrium), deren Anlagerung an die Carbonylgruppe sterisch behindert wird (vgl. **II**, Kap. 7, IV, 2), mehrfach gelungen, auch den Wasserstoff der $CO-CH_2$-Gruppe durch Metall zu ersetzen. Z. B. konnte K. Ziegler (1942) auf diesem Wege kompliziertere Carbonsäureester unter Intaktlassen der Carbonylgruppe in α-Stellung metallieren und über die hierbei entstehende metallorganische Verbindung alkylieren, eine Reaktion, die sonst nur über die Keto-carbonsäureester oder Malonsäureester (vgl. S. 497f) möglich ist:

$$R{-}CH_2{-}COOR \xrightarrow[-(C_6H_5)_3CH]{+(C_6H_5)_3CNa} R{-}CHNa{-}COOR \xrightarrow[-NaJ]{+CH_3J} R{-}\overset{\displaystyle CH_3\atop|}{C}H{-}COOR$$

Auch bei der auf S. 942 beschriebenen Verwendung von Tritylnatrium als Kondensationsmittel für die Claisenkondensation von Isobuttersäureester macht man von dieser Reaktion Gebrauch.

Zu 2. Erst wenn kein aktiver Wasserstoff mehr vorhanden ist, der infolge seiner Beweglichkeit immer bevorzugt in Reaktion tritt, vermögen metallorganische Verbindungen auch mit anderen (gesättigten) polaren Verbindungen, insbesondere mit Halogenverbindungen, im Sinn einer normalen **doppelten Umsetzung** zu reagieren. Hierbei tritt der Kohlenstoff wieder an den positiven Molekülteil, so daß gänzlich andere Reaktionsprodukte entstehen als bei der Alkylierung mit Alkylhalogeniden:

$$\begin{matrix} R{-}J \\ R{-}J \end{matrix} + Hg\begin{matrix} F \\ F \end{matrix} \xrightarrow{-HgJ_2} \begin{matrix} R{-}F \\ + \\ R{-}F \end{matrix} \;; \quad \begin{matrix} R{-}Me \\ R{-}Me \end{matrix} + \begin{matrix} Cl \\ Cl \end{matrix}Hg \xrightarrow{-2\,MeCl} \begin{matrix} R \\ R \end{matrix}Hg$$

Die Reaktion ist praktisch ebenfalls von großer Bedeutung und dient: 1. bei der Einwirkung von Metallhalogeniden zur Darstellung anderer metallorganischer Verbindungen (s. oben), 2. bei der Einwirkung von Nichtmetallhalogeniden zur Darstellung der organischen Derivate zahlreicher Nichtmetalle (vgl. S. 697, 701 u.a.), sowie schließlich 3., wenn man Alkylhalogenide auf die metallorganischen Verbindungen einwirken läßt, zur Synthese von Kohlenwasserstoffen. In diesem letzteren Falle findet eine gegenseitige Alkylierung von positiv und negativ geladenen Kohlenwasserstoffresten statt:

$$R{-}Na + Hal{-}R' \longrightarrow R{-}R' + NaHal$$

Diese gegenseitige Alkylierung von Alkylhalogeniden und Metallalkylen ist mit der zweiten Teilreaktion der auf S. 69 beschriebenen Wurtzschen Synthese — bei der der eigentliche Aufbau der Kohlenstoffkette stattfindet — identisch und stellt daher in gewissem Sinne eine andere Ausführungsform dieser Synthese dar. Sie wird daher oft auch direkt als Wurtzsche Synthese bezeichnet.

Wesentlich schwieriger als organisch gebundenes Halogen lassen sich bereits einwertige Sauerstoffreste mittels metallorganischer Verbindungen substituieren. Insbesondere die aliphatische Äthergruppe ist gegen metallorganische Verbindungen weitgehend stabil, wie u. a. aus der Möglichkeit der Verwendung von Äthern als Reaktionsmedium für Grignardreaktionen hervorgeht. Erst die wesentlich aktiveren, als Alkylierungsmittel wirkenden Ester starker Säuren (wie z. B. Dimethylsulfat) sowie auch die relativ leicht spaltbaren Orthocarbonsäure- und Orthokohlensäureester vermögen unter Lösung einer C—O-Bindung den organischen Rest auf das Alkylradikal von metallorganischen Verbindungen zu übertragen:

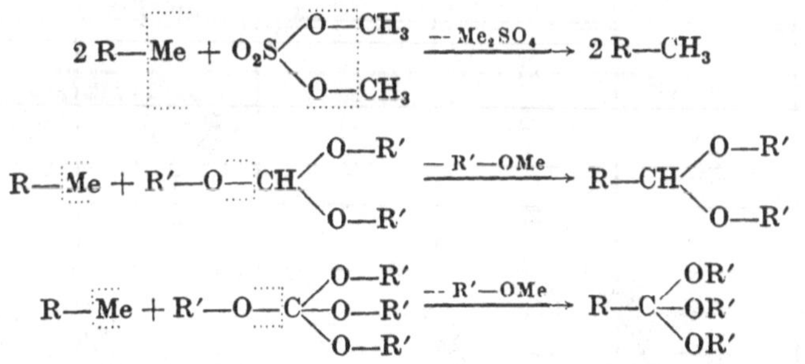

Insbesondere die letzten beiden Reaktionen haben wir als Bildungsmöglichkeiten für Acetale (S. 235, 261) und Orthocarbonsäureester (S. 336) bereits kennengelernt.

Zu 3. In der **Addition an polare,** speziell an **Carbonyldoppelbindungen,** liegt ohne Zweifel die präparativ wichtigste Reaktion der metallorganischen Verbindungen vor. Sie verläuft stets in dem Sinne, daß das negative C-Atom der Organometalle an den positiven Carbonylkohlenstoff und das positive Metallatom an den negativen Sauerstoff tritt (bez. des Mechanismus vgl. auch S. 724 u. **II**, Kap. 3, II, 2b):

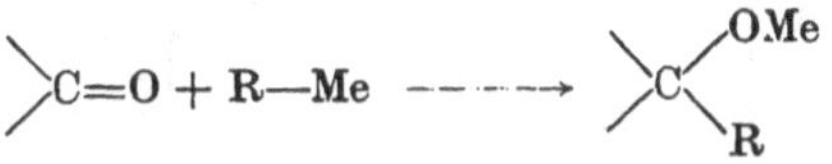

Die Reaktion erfolgt bei der großen Reaktionsfähigkeit beider Komponenten im allgemeinen bereits beim Zusammengeben der Reaktionspartner bei Zimmertemperatur und gestattet daher eine große Anzahl von Synthesen unter schonenden Bedingungen. Sie ist prinzipiell bei allen Carbonylverbindungen (mit Ausnahme der aktiven Wasserstoff enthaltenden Carbonsäuren und Carbonsäureamide) möglich und führt stets, wie aus der Reaktionsgleichung hervorgeht, zu einer Erhöhung der Carburierungs- und Erniedrigung der Oxydationsstufe des Carbonyl-C-Atoms. Man spricht daher vielfach von einer „*aufbauenden Reduktion*" oder „*aufbauender Hydrierung*". Die einzelnen Möglichkeiten haben wir bereits im 4. Kapitel kennengelernt, so daß wir uns an dieser Stelle mit einem kurzen schematischen Überblick über den außerordentlich großen Anwendungsbereich dieser Reaktion begnügen können (s. S. 722).

Danach kann man mit Ausnahme der rechtsstehenden Methanderivate sämtliche Verbindungen, die eine einfache Sauerstoff-Funktion im Molekül enthalten, mit Hilfe einer derartigen Anlagerungsreaktion (ausgezogene Pfeile) darstellen und, wenn man die unter 2. beschriebene Wurtzsche Synthese (gestrichelte Pfeile) dazu nimmt, auch die sauerstofffreien Kohlenwasserstoffe. Jede derartige „Grignard-Reaktion" führt dabei von der Ausgangsverbindung zu der links über ihr angeordneten Substanz.

In gleicher Weise wie die Carbonyldoppelbindung treten auch andere polare Mehrfachbindungen mit metallorganischen Verbindungen in Reaktion. So erhält man z. B. aus Nitrilen die Ketimine und durch deren Hydrolyse die Ketone (S. 261), sowie aus den kohlenstofffreien Doppelbindungen in den Nitrosoverbindungen und im Schwefeldioxyd die sekundären Hydroxylamine (595) und die Sulfinsäuren (S. 690):

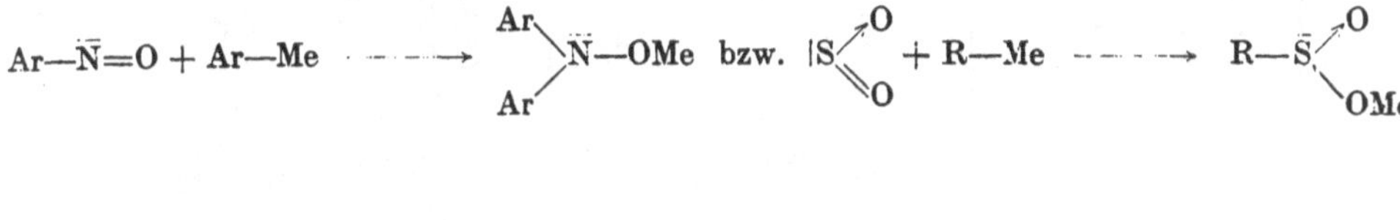

Oxydationsstufe	Carburierungsstufe				
	IV (quartär)	III (tertiär)	II (sekundär)	I (primär)	O (Methanderivate)
O Kohlenwasserstoff	R_4C	R_3CH	R_2CH_2	R—CH_3	CH_4
I Alkohol (bzw. Alkylhalogenid)	—	R_3C—OH(Hal)	R_2CH—OH(Hal)	R—CH_2—OH(Hal)	H_3C—OH(Hal)
II Oxo-Verbindung (bzw. Derivat)	—	—	$R_2C{=}O$	R—CH=O	$H_2C{=}O$
III Carbonsäure (bzw. Derivat)	—	—	—	R—C(=O)—OH(OR)	H—C(=O)—OR
IV Kohlendioxyd (bzw. Derivat)	—	—	—	—	O=C=O

Zu 4. Olefinischen Doppelbindungen gegenüber verhalten sich die metallorganischen Verbindungen dagegen bei Zimmertemperatur im allgemeinen indifferent, und nur die besonders aktiven Alkalimetallderivate lagern sich an bestimmte Olefine, wie z. B. an asymmetrische Diarylolefine (S. 141) oder an 1,3-Diene (S. 104), an.

Erst bei Temperaturen um 100° vermögen eine Reihe von metallorganischen Verbindungen auch mit normalen Olefinen zu reagieren. Bemerkenswert ist vor allem die von K. ZIEGLER (1952) beobachtete Addition von Aluminiumtriäthyl an Äthylen, die nicht beim Aluminiumtributyl halt macht, sondern unter erneuter Anlagerung der Butylreste — sowie der aus diesen entstehenden Hexylreste usw. — an weitere Äthylenmoleküle im Sinne einer Äthylenpolymerisation weitergeführt werden kann. (Im folgenden nur für ein Äquivalent formuliert):

$$\text{al—}C_2H_5 \xrightarrow{+C_2H_4} \text{al—}CH_2\text{—}CH_2\text{—}C_2H_5 \xrightarrow{+C_2H_4} \text{al—}CH_2\text{—}CH_2\text{—}CH_2\text{—}CH_2\text{—}C_2H_5 \xrightarrow{+C_2H_4} \text{usw.}$$

Da die entstehenden Aluminiumtrialkyle sich durch nachträgliche Hydrolyse der Al—C-Bindung leicht in die zugehörigen Kohlenwasserstoffe überführen lassen (Gleichung formulieren!), kann man auf diese Weise ohne Schwierigkeit die ganze Reihe der geradzahligen (bzw. bei Verwendung von Aluminiumtripropyl als Ausgangsverbindung auch der ungeradzahligen) n-Paraffine mit Molekulargewichten bis zu 5000 darstellen.

Zu 5. Oxydationsreaktionen. Ähnlich wie die Phosphine, Stibine, Borane usw. zeigen auch zahlreiche metallorganische Verbindungen eine derartige Affinität zum Sauerstoff, daß sie bereits an der Luft unter Selbstentzündung reagieren. Als Oxydationsprodukte entstehen bei vorsichtig geleiteter Reaktion die Alkoholate, die formal unter Einschiebung eines O-Atoms zwischen das Metallatom und den organischen Rest entstehen:

$$\text{R—Me} + \text{O} \longrightarrow \text{R—O—Me}$$

In analoger Weise wirken elementarer Schwefel und die Halogene unter Bildung von Mercaptiden bzw. Alkylhalogeniden spaltend auf die C—Me-Bindung ein:

$$\text{R—Cl} + \text{MeCl} \xleftarrow{+Cl_2} \text{R—Me} \xrightarrow{+S} \text{R—S—Me}$$

Zuweilen tritt auch bei anderen Umsetzungen statt der erwarteten normalen Anlagerungs- oder Substitutionsreaktionen eine Oxydation der metallorganischen Verbindung ein. Dies ist insbesondere bei den Substanzen der Fall, die semipolar gebundenen Sauerstoff enthalten, der leicht oxydativ abgespalten wird. So geht z. B., wie bereits auf S. 681 ausgeführt, bei der Einwirkung von Sulfonsäurechloriden auf GRIGNARDverbindungen eines der semipolar gebundenen O-Atome zur metallorganischen Verbindung über, und man erhält nicht das erwartete Sulfon, sondern den Sulfinsäureester. Auch Substanzen mit nicht sehr aktiven Doppelbindungen, wie z. B. die Nitroverbindungen, wirken oxydierend auf metallorganische Verbindungen ein, wenn sie gleichzeitig semipolar gebundenen Sauerstoff enthalten. Aus diesem Grunde ist z. B. die so einfach erscheinende Darstellung der noch unbekannten Verbindungsklasse der *Dialkylnitronsäuren*

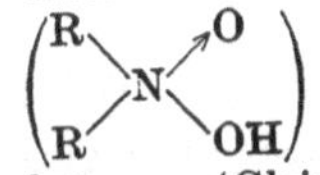

durch Einwirkung von metallorganischen Verbindungen auf Nitrokörper (Gleichung formulieren!) bisher nicht gelungen.

Schließlich findet auch bei normalen Additionsreaktionen zuweilen eine Oxydation der metallorganischen Verbindung als Nebenreaktion statt. Insbesondere die auf S. 721 beschriebene Bildung der Dialkylhydroxylamine aus Nitrosoverbindungen verläuft aus diesem Grunde nur wenig glatt. Ferner beobachtet man in den Fällen, in denen eine sterische Behinderung der Anlagerung, z.B. an Ketone mit stark raumbeanspruchenden Alkylresten, zu erwarten ist (vgl. z.B. II, Kap. 7, IV, 2), häufig eine Reduktion des Ketons unter gleichzeitiger Olefinbildung als Ausweichreaktion:

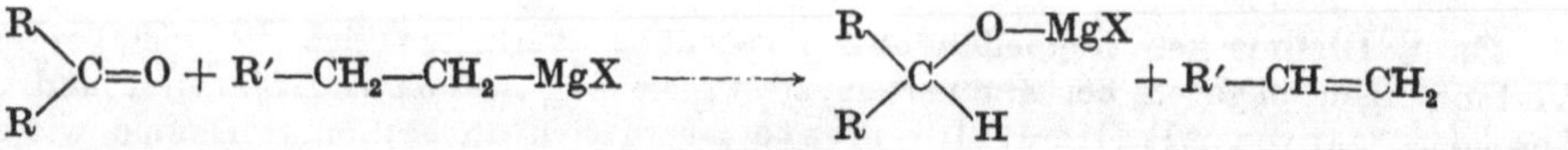

Zu 6. Eine Reaktion, bei der ausschließlich die Metallatome in Reaktion treten, und die daher von Metall zu Metall einen verschiedenartigen Verlauf nimmt, liegt in der Bildung von **Komplexverbindungen** mit dem Lösungsmittel vor. Hier ist das Metallatom jeweils bestrebt, seine Elektronenschale zum Oktett zu vervollständigen. Es werden daher von den lithiumorganischen Verbindungen jeweils drei, von den zink- und magnesiumorganischen Verbindungen zwei Lösungsmittelmoleküle und von den aluminiumorganischen Verbindungen nur noch eines komplex gebunden, während die organischen Derivate der Metalle der vierten Gruppe des Periodensystems schließlich überhaupt nicht mehr zur Komplexbildung befähigt sind, weil in ihnen das Zentralatom bereits ein vollständiges Oktett enthält:

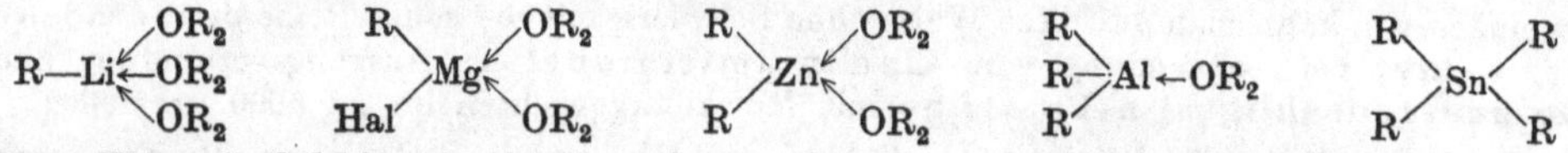

Diese Komplexbildung ist von großer praktischer Bedeutung, da durch sie zahlreiche metallorganische Verbindungen überhaupt erst in Lösung gebracht werden können.

Die Bindung des Lösungsmittels in diesen Komplexen ist meist ziemlich fest. So kann man z. B. die Ätheraddukte der GRIGNARDverbindungen selbst durch Erhitzen im Vakuum auf 100° noch nicht zerlegen. Dagegen findet ein Austausch verschiedener Äthermoleküle statt, so daß man nach Zusatz eines höher siedenden Lösungsmittels den Diäthyläther leicht abdestillieren kann. Eine ähnliche Thermostabilität bei gleichzeitiger Austauschmöglichkeit der komplex gebundenen Lösungsmittelmoleküle beobachtet man auch bei den Additionsverbindungen der Aluminiumtrialkyle.

Außer den Äthern können auch andere Sauerstoffverbindungen komplex an das Metallatom angelagert werden. So hat z. B. P. PFEIFFER (1939) beobachtet, daß Ketone mit GRIGNARDverbindungen nicht unmittelbar die oben beschriebene Anlagerungsreaktion eingehen, sondern daß sie zunächst eine (zuweilen isolierbare) Komplexverbindung des Typus $R_2C{=}O \rightarrow Mg(R)X$ bilden, die bei der Hydrolyse das noch unveränderte Keton zurückliefert. Erst in dieser Komplexverbindung besitzt dann anscheinend die durch die Komplexbindung aktivierte Carbonylgruppe (vgl. **II**, Kap. 3, II, 2b) eine genügende Reaktionsfähigkeit, um nunmehr mit überschüssiger GRIGNARDverbindung die eigentliche Additionsreaktion zu erleiden.

Zu 7. Lithium-, Magnesium-, und Aluminium-alkyl-Verbindungen erleiden bei Temperaturen zwischen 100 und 200° eine Abspaltung des betreffenden Metallhydrids zum Olefin:

$$Me{-}CH_2{-}CH_2{-}R \xrightarrow{100-200°} Me{-}H + CH_2{=}CH{-}R$$

Zusammen mit der auf S. 717 beschriebenen Anlagerung der gleichen Metallhydride an Olefine und der auf S. 723 beschriebenen Anlagerung aluminiumorganischer Verbindungen an Olefine kann man nach K. ZIEGLER (1952) diese Reaktion im Sinne einer durch Aluminiumhydrid (bzw. wahrscheinlicher durch ein Dialkylaluminiumhydrid des Typus $R_2Al{-}H$) katalysierten Olefindimerisation auswerten:

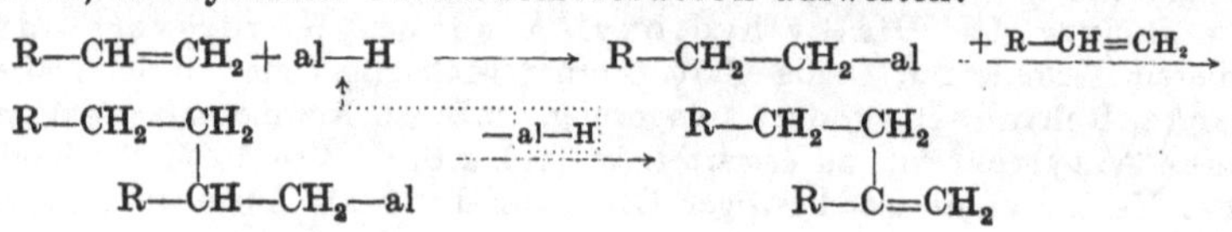

II. Die wasserunbeständigen metallorganischen Verbindungen

1. Die organischen Derivate der Alkalimetalle

Von den alkalimetallorganischen Verbindungen sind bisher nur die Derivate des Lithiums, Natriums und Kaliums dargestellt worden. Ihre Reaktionsfähigkeit und auch ihre Labilität nimmt in der genannten Reihenfolge derart zu, daß lediglich die von ZIEGLER (1930) in die chemische Praxis eingeführten **Lithiumverbindungen** eine größere präparative Bedeutung erlangt haben. Ihre Darstellung erfolgt allgemein durch Umsetzen von metallischem Lithium mit Alkyl- oder Arylhalogeniden, wobei die einzige Schwierigkeit, die teilweise Zerstörung des bereits gebildeten Lithiumalkyls durch noch nicht umgesetzte Halogenverbindung im Rahmen einer normalen WURTZschen Reaktion:

$$2\,\mathrm{Li} \xrightarrow[-\,\mathrm{LiHal}]{+\,\mathrm{Hal{-}R}} \mathrm{R{-}Li} \xrightarrow[-\,\mathrm{LiHal}]{+\,\mathrm{Hal{-}R}} \mathrm{R{-}R}\,,$$

durch Verwendung geeigneter Lösungsmittel umgangen werden kann.

Weiterhin gewinnt man zahlreiche organische Lithiumverbindungen mit Hilfe der auf S. 717 unter 2a beschriebenen Verdrängung des Metallatoms aus anderen lithiumorganischen Verbindungen sowie durch Anlagerung von metallischem Lithium oder lithiumorganischen Verbindungen an arylsubstituierte olefinische Doppelbindungen (S. 141).

Die lithiumorganischen Verbindungen sind amorphe, nicht ohne Zersetzung schmelzende Pulver, die mit Ausnahme des Lithiummethyls auch in Kohlenwasserstoffen löslich sind und in Lösung den elektrischen Strom nicht leiten. Sie gehören also nicht zu den Salzen. Chemisch zeichnen sie sich durch eine außerordentliche Luft- und Wasserempfindlichkeit aus und werden daher im allgemeinen gleich in Lösung weiter verarbeitet. Sie sind prinzipiell zu allen oben angeführten Umsetzungen befähigt, doch verwendet man sie in Anbetracht ihres teuren Preises praktisch nur zu Reaktionen, denen die billigeren magnesiumorganischen Verbindungen noch nicht zugänglich sind. Als Beispiel einer derartigen, nur mit den Lithium- (und anderen Alkalimetall-)alkylen durchführbaren Reaktion sei die Anlagerung eines Lithiumalkyls an Pyridin angeführt, die für die Synthese der α-substituierten Pyridine und Dihydropyridine von praktischer Bedeutung ist (S. 842):

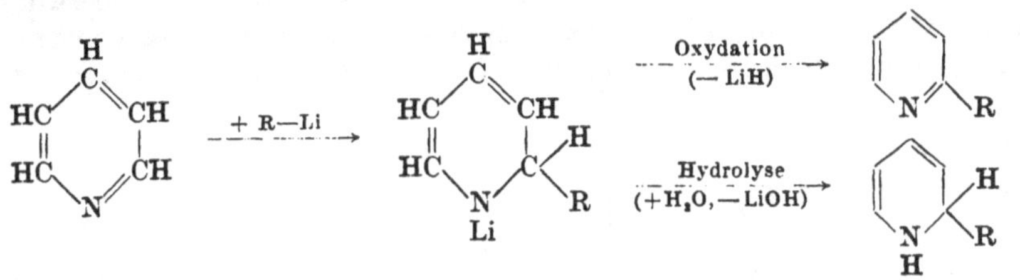

Ferner vermögen nur die lithiumorganischen und andere alkalimetallorganische Verbindungen sich an konjungierte olefinische Doppelbindungen anzulagern und auf diese Weise die Polymerisation der 1,3-Diene zu katalysieren (vgl. S. 104).

Die **Kalium-** und **Natriumalkyle** können nicht mehr nach dem Alkylhalogenidverfahren dargestellt werden, da sich hier in jedem Fall das gesamte Alkylhalogenid ausschließlich im Sinne der bei der Bildung der lithiumorganischen Verbindungen nur als Nebenreaktion in Erscheinung tretenden WURTZschen Synthese (s. oben) umsetzt. Sie sind infolgedessen ziemlich schwer zugängliche Substanzen und werden nach W. SCHLENK (1917) am besten aus Quecksilberdialkylen und den freien Alkalimetallen gewonnen:

$$HgR_2 + 2\,Na(K) \longrightarrow Hg + 2\,R{-}Na(K)$$

Die niederen Natrium- und Kaliumalkyle fallen ebenfalls in Form amorpher Pulver an, die in indifferenten Lösungsmitteln bereits unlöslich sind und sich mit Luftsauerstoff und Feuchtigkeit nahezu explosionsartig umsetzen. Sie haben infolge ihrer schwierigen Handhabung keine praktische Anwendung gefunden. Doch dürften sie bei der Natriumpolymerisation des Butadiens und Isoprens — sowie bei der normalen WURTZschen Synthese bei Verwendung von Natrium oder Kalium als Kondensationsmittel — als nicht faßbare Zwischenprodukte auftreten.

Die interessantesten Natriumalkyle sind ohne Zweifel die intensiv roten aromatisch-aliphatischen Verbindungen **Benzylnatrium** und **Tritylnatrium**, die beide in Schwefeldioxyd als Lösungsmittel den elektrischen Strom leiten, also als einzige bisher bekannte Verbindungen den Alkylrest als Carbeniat-Ion abzudissoziieren vermögen:

Daß es sich bei diesen stark farbigen Verbindungen tatsächlich um echte Salze mit (im wesentlichen) freien Carbeniat-Anionen handelt, geht insbesondere auch daraus hervor, daß man die Alkalimetall-Ionen ohne wesentliche Änderung des Bindungscharakters durch das Tetramethylammonium-Ion ersetzen kann, das grundsätzlich nicht mehr zur Ausbildung einer Atombindung zwischen dem Stickstoff und dem Anion befähigt ist. Die Darstellung dieser eigenartigen „metallorganischen" Verbindungen geschieht nach SCHLENK (1917) durch doppelte Umsetzung der natrium-organischen Verbindungen mit Tetramethyl-ammoniumchlorid in ätherischer Lösung:

$$[(C_6H_5)_3\overset{\ominus}{C}|]^- Na^+ + Cl^-[(CH_3)_4\overset{\oplus}{N}]^+ \xrightarrow{-NaCl} [(C_6H_5)_3\overset{\ominus}{C}|]^-[(CH_3)_4\overset{\oplus}{N}]^+$$

Das angeführte **Tetramethyl-ammonium-tritylat** fällt hierbei als intensiv rotes Pulver aus, das in Pyridin gelöst den elektrischen Strom leitet. Auch in seinen übrigen Eigenschaften zeigt es das erwartete Verhalten einer metallorganischen Verbindung. Z. B. tritt mit Wasser sofort Hydrolyse ein, und Kohlendioxyd wird unter Bildung von Triphenylessigsäure (bzw. deren Tetramethylammoniumsalz) angelagert:

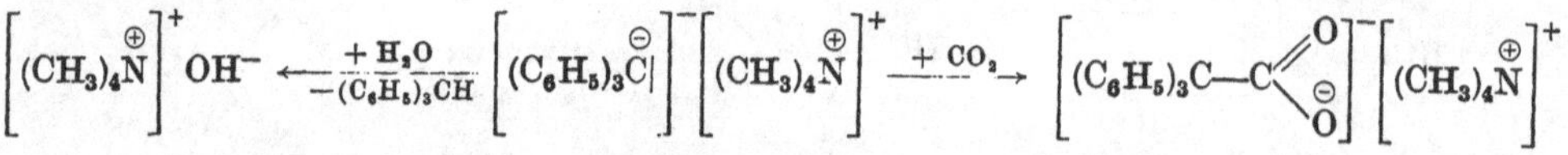

Dagegen ist die Darstellung eines salzartigen „Pentamethyl-stickstoffs" oder von Tetramethylammoniumsalzen mit anderen einfachen organischen Resten als Anionen (z. B. von I) bisher nicht gelungen, da derartige Anionen wesentlich reaktionsfähiger sind als das Tritylat-Ion, und einer der am Stickstoff befindlichen Alkylgruppen ein Proton unter Bildung des **Trimethyl-ammonium-methylids** (II) entreißen:

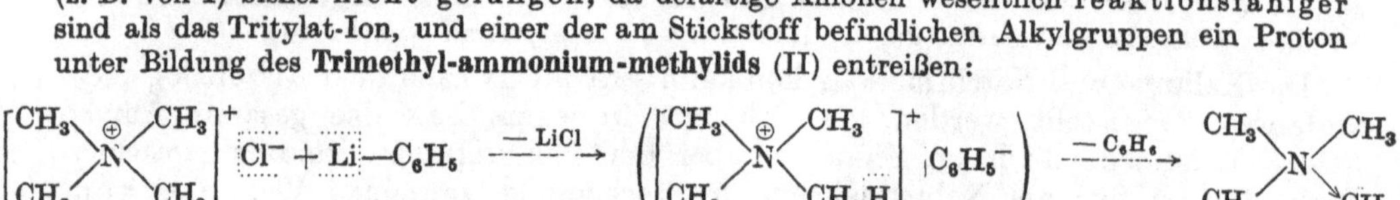

I II

Das Trimethylammonium-methylid gehört der völlig neuartigen Verbindungsklasse der **Trialkylammonium-alkylide** an. Sie entsprechen in ihrer Struktur den Trialkylaminoxyden (S. 592), von denen sie sich lediglich durch Ersatz des semipolar gebundenen Sauerstoffs durch eine semipolar gebundene Methylen- (in III, bzw. allgemein Alkylen-)gruppe unterscheiden (GRIMMscher Hydridverschiebungssatz!). Sie sind jedoch wesentlich reaktionsfähiger. Insbesondere weist das ungebundene Elektronenpaar an der Alkylidgruppe grundsätzlich noch die gleiche Reaktionsfähigkeit auf wie in den metallorganischen Verbindungen, wie die folgenden Reaktionen zeigen:

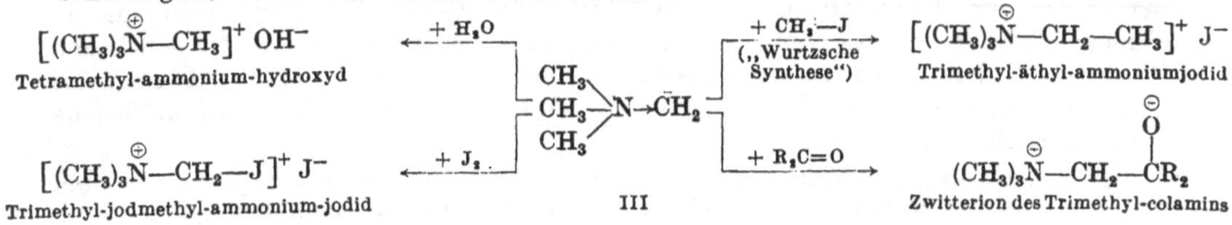

2. Die magnesiumorganischen Verbindungen

Von den organischen Derivaten der Erdalkalimetalle haben nur die nach ihrem ersten Bearbeiter allgemein als GRIGNARDverbindungen bezeichneten Alkyl- bzw. Arylmagnesiumhalogenide eine größere Bedeutung erlangt. Sie stellen infolge ihrer leichten Darstellbarkeit und Handhabung die wichtigsten metallorganischen Verbindungen überhaupt dar, und an ihnen sind auch die meisten der auf S. 718f beschriebenen Reaktionen untersucht worden. Diese Ausnahmestellung verdanken die GRIGNARDverbindungen hauptsächlich dem Umstand, daß sie einerseits bei billigerer Darstellungsmöglichkeit kaum reaktionsträger als die alkalimetallorganischen Verbindungen sind, und daß ihre Beständigkeit andererseits gegenüber Luftsauerstoff bereits derart zugenommen hat, daß sie in Lösung in normalen Gefäßen (lediglich unter Feuchtigkeitsausschluß) verarbeitet werden können. Sie weisen also ein Optimum der wichtigsten Gebrauchseigenschaften auf.

Ihre **Darstellung** erfolgt nach GRIGNARD ausschließlich durch Umsetzung der Alkyl- bzw. Arylhalogenide mit Magnesiumpulver oder -spänen in ätherischer Lösung, wobei stets die oben beschriebenen Ätherkomplexe entstehen:

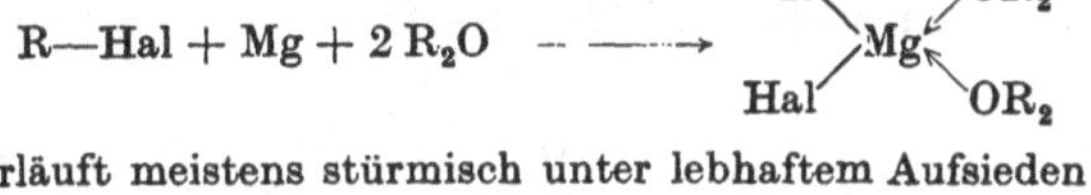

Die Reaktion verläuft meistens stürmisch unter lebhaftem Aufsieden des Äthers, kommt jedoch bei den reaktionsträgen Chlor- und Bromverbindungen häufig nur schwer in Gang und muß in diesem Falle durch Zusatz von einem Körnchen Jod oder etwas Methylmagnesiumjodidlösung, sowie auch durch Aktivierung des Magnesiums durch vorheriges Erhitzen mit wenig Jod, zum Anlaufen gebracht werden. Alkylfluoride reagieren schließlich überhaupt nicht mehr mit Magnesium.

Auch bei der Darstellung der GRIGNARDverbindungen tritt die WURTZsche Synthese zuweilen als Nebenreaktion auf (formulieren!), kann hier aber stets durch Senkung der Temperatur zurückgedrängt werden. Es empfiehlt sich daher, den Ansatz bei der Bereitung der GRIGNARD-Lösungen nicht allzu stürmisch aufsieden zu lassen.

Auf Grund ihrer Bildungsweise glaubte man lange Zeit, die GRIGNARDverbindungen als wirkliche gemischte Alkylmagnesiumhalogenide der Formel R—MgX ansehen zu müssen. Wie jedoch SCHLENK (1929) zeigen konnte, liegt in der ätherischen Lösung stets ein Gemisch der drei Verbindungen R—Mg—R,

R—MgX und MgX_2 vor, das durch Zusatz von Dioxan in die unlöslich ausfallenden Verbindungen R—MgX und MgX_2 einerseits und das in Lösung verbleibende Magnesiumdialkyl R—Mg—R andererseits zerlegt werden kann. Dieser Befund ist für die praktische Anwendbarkeit der GRIGNARDverbindungen zu synthetischen Reaktionen belanglos, da es in diesem Fall nur auf die Zahl der in Lösung vorhandenen Mg—R-Bindungen, nicht aber auf den sonstigen Bindungszustand des Metalls ankommt. Er ist jedoch von theoretischem Interesse als wichtiges Argument für die nicht-ionogene Natur der C—Mg-Bindung, denn nur in diesem Falle ist die Abscheidung der Alkylmagnesiumhalogenide neben den Magnesiumhalogeniden zu erwarten, da beim Vorliegen von freien Ionen nur die schwerst lösliche Komponente, also das in Dioxan vollkommen unlösliche MgX_2 ausfallen sollte.

Die GRIGNARDverbindungen sind in Form ihrer in der Praxis ausschließlich verwandten ätherischen Lösungen hinreichend oxydationsbeständig, reagieren jedoch beim Durchleiten von Luft auch in Lösung (oder gar in lösungsmittelfreiem Zustand) sehr heftig mit Luftsauerstoff. Zur Darstellung der ätherfreien Verbindungen muß man die Alkylhalogenide daher in Xylol oder Toluol als Reaktionsmedium mit Magnesium umsetzen. Sie gehen hier nicht mehr in Lösung und fallen als graue Pulver an.

Reine **Magnesiumdialkyle** R—Mg—R gewinnt man nach GILMAN (1927) durch Umsetzen von Quecksilberdialkylen mit metallischem Magnesium (Gleichung formulieren!) oder nach E. WIBERG (1952) durch Eindunsten ihrer beim Fällen von normalen GRIGNARDlösungen mit Dioxan (s. oben) entstehenden Lösungen im Hochvakuum bei Zimmertemperatur. Sie sind ebenfalls graue, amorphe Pulver, die sich bereits vor Erreichen des Schmelz- oder Sublimationspunktes (im Hochvakuum) bei 175° unter Abspaltung von Olefinen und Hinterlassung des nicht flüchtigen Magnesiumwasserstoffs zersetzen (vgl. S. 724).

3. Die organischen Zink- und Cadmiumverbindungen

Zink und Cadmium stehen wie das Magnesium sechs Stellen vor einem Edelgas und bilden ebenfalls sehr reaktionsfähige organische Derivate, die aber bereits flüssig sind und leicht destilliert werden können (vgl. Tab. 33, S. 695).

Die wichtigeren **Zinkverbindungen** werden im Gegensatz zu den GRIGNARDverbindungen ohne Lösungsmittel direkt aus Zinkstaub und den Alkylhalogeniden gewonnen, wobei zunächst in ähnlicher Weise die Alkyl-zinkhalogenide entstehen, die sich jedoch leicht durch thermische Zersetzung zu den abdestillierenden *Zinkdialkylen* und den neutralen Zinkdihalogeniden disproportionieren lassen:

$$\text{R—Hal} + \text{Zn} \longrightarrow \text{R—ZnHal} \xrightarrow{\text{Erhitzen}} {}^1/_2\,\text{ZnR}_2 + {}^1/_2\,\text{ZnHal}_2$$

Ein anderes wichtiges Verfahren geht von den Quecksilberdialkylen aus und setzt diese in der üblichen Weise mit Zinkstaub um (Gleichungen formulieren!).

Die Zinkdialkyle sind infolge ihrer Flüchtigkeit und ihrer allgemeinen Anwendung in lösungsmittelfreiem Zustand bei etwa gleicher Reaktionsfähigkeit in der Handhabung viel empfindlicher als die GRIGNARDverbindungen. So reagieren sie z. B. mit Luftsauerstoff sofort unter Selbstentzündung und können nur in geschlossenen Gefäßen aufbewahrt werden. Sie dienten vor Einführung der Alkylmagnesiumsalze als wichtigste metallorganische Verbindungen in der präparativen organischen Chemie.

Die bei der Darstellung der Zinkdialkyle primär entstehenden *Alkylzinkhalogenide* sind bereits deutlich reaktionsträger als die entsprechenden Magnesiumverbindungen und finden infolgedessen zuweilen Verwendung als milde Reagentien. So verwendet man sie z. B. statt GRIGNARDverbindungen, wenn Säurehalogenide zu Ketonen umgesetzt werden sollen, ohne daß Weiterreaktion zum tertiären Alkohol eintritt (vgl. S. 261). Auch bei der Methode von REFORMATZKY (vgl. S. 928) ist ein intermediär auftretendes Alkylzinkhalogenid das eigentlich wirksame Agens.

Die **Organo-cadmiumverbindungen** sind hinsichtlich ihrer Darstellung, Zusammensetzung und auch hinsichtlich ihrer allgemeinen Eigenschaften (vgl. Tab. 33, S. 695) den Zinkverbindungen sehr ähnlich, so daß auf ihre nähere Besprechung hier verzichtet werden kann. Ihre chemische Reaktionsfähigkeit ist gegenüber der der Zinkdialkyle bereits wesentlich abgeschwächt und nähert sich der der reaktionsträgen Quecksilberverbindungen. Immerhin rauchen sie noch an der Luft und scheiden mit Feuchtigkeit einen Niederschlag aus.

4. Die organischen Derivate des Aluminiums, Galliums und Indiums

Die **Aluminiumtrialkyle** stellt man entweder durch Umsetzung von Aluminiumchlorid mit GRIGNARDverbindungen in ätherischer Lösung dar oder durch Einwirkung von Alkylhalogeniden auf eine Aluminium-Magnesium-Legierung der Zusammensetzung Al_2Mg_3 ohne Lösungsmittel, wobei im Sinne der Ausführungen auf S. 716 die Halogenatome ausschließlich an das elektronegativere Magnesium treten (Gleichungen formulieren!). Die Aluminiumtrialkyle sind im Gegensatz zu den magnesium- und alkalimetallorganischen Verbindungen leicht flüchtige, an der Luft selbstentzündliche Flüssigkeiten, die eigenartigerweise im flüssigen Zustand — sowie dicht oberhalb der Siedetemperatur auch im Dampfzustand — in Form von Doppelmolekülen vorliegen. Im übrigen sind sie nicht mehr zu allen oben beschriebenen Umsetzungen befähigt. Insbesondere mit Carbonylverbindungen tritt normalerweise keine Reaktion mehr ein. Dagegen bilden sie wie die GRIGNARDverbindungen sehr beständige Ätherate und Aminate und reagieren, wie schon erwähnt (S. 723), oberhalb 100° mit Olefinen.

Weitere interessante organische Aluminiumverbindungen, in denen sich als erste Annäherung an die nichtmetallorganischen Verbindungen, und zwar speziell an die Alkylborane, neben dem organischen Rest noch Wasserstoff am Aluminium befindet, kann man nach E. WIBERG (1942) beim Durchleiten von Aluminiumtrialkyl-Dämpfen im Wasserstoffstrom durch eine Glimmentladungsröhre erhalten:

$$AlR_3 + n\,H_2 \longrightarrow AlR_{3-n}H_n + n\,R{-}H \qquad (n = 1, 2, 3)$$

Sie zeigen als Übergangsverbindungen zum hochmolekularen Aluminiumwasserstoff (vgl. anorg. Lehrbücher) mit steigendem Wasserstoffgehalt eine zunehmende Polymerisationsneigung. Näher untersucht wurde bisher lediglich der **Diäthyl-aluminium-wasserstoff** $(C_2H_5)_2Al{-}H$, den man nach K. ZIEGLER (1952) präparativ am besten durch Reduktion von Diäthyl-aluminiumchlorid mit Lithiumaluminiumhydrid in ätherischer Lösung gewinnt (Gleichung formulieren!). Er liegt bei Zimmertemperatur in der dimeren Form vor und ist, insbesondere in ätherischer Lösung, relativ beständig, so daß er als mildes Reduktionsmittel vom Metallhydridtypus präparative Verwendung finden kann.

Auch vom **Indium** und **Gallium** sind flüssige, destillierbare Trimethylverbindungen bekannt, die nach E. WIBERG (1943) am besten aus den freien Erdmetallen und Quecksilberdimethyl nach dem auf S. 718 beschriebenen Verfahren (Gleichungen formulieren!) gewonnen werden. Sie sind im Gegensatz zu den Aluminiumtrialkylen monomolekular.

Die Galliumverbindungen können ebenfalls in der Glimmentladungsröhre mit elementarem Wasserstoff zu dimeren *Galliumalkylwasserstoff-Verbindungen* umgesetzt werden.

III. Die wasserbeständigen metallorganischen Verbindungen

Die Organoverbindungen der übrigen Schwermetalle und Übergangselemente sind viel beständiger und werden bei normaler Temperatur nicht mehr durch Wasser zersetzt. Sie sind für den Organiker vielfach ohne Bedeutung, da ihre Reaktionen lediglich im Zusammenhang mit den sonstigen Eigenschaften des betreffenden Elementes (vgl. anorg. Lehrbücher) interessieren, so daß wir uns, obwohl von fast jedem Schwermetall organische Derivate dargestellt worden sind, an dieser Stelle auf einige wenige Beispiele beschränken können.

1. Die organischen Quecksilberverbindungen

Wie die nicht-ionogene Natur des Quecksilber-II-cyanids und auch die Unlöslichkeit aller Quecksilber-Schwefel-Verbindungen zeigt, ist das Quecksilber gegenüber den meisten anderen Metallen durch eine eigenartige Neigung zur Bildung stabiler Atombindungen mit den verschiedenartigsten Elementen, insbesondere mit Schwefel, Stickstoff und Kohlenstoff, ausgezeichnet. Diese Ausnahmestellung des Quecksilbers macht sich auch in einer erhöhten Stabilität seiner organischen Derivate bemerkbar, die einem ganz anderen Verbindungstypus als die bisher besprochenen metallorganischen Verbindungen angehören.

Für ihre **Darstellung** sind eine große Anzahl von Methoden entwickelt worden. So erhält man die *Alkyl-* und auch *Arylquecksilberhalogenide* in Analogie zu den entsprechenden Aluminiumverbindungen sowohl durch Behandlung von Quecksilber mit Alkylhalogeniden als auch bei der Einwirkung von Quecksilberhalogeniden auf ein Mol einer GRIGNARD-verbindung. Ferner entstehen sie bei der Abspaltung nur eines Alkylrestes aus Quecksilberdialkylen mittels Jods. Auch für die Darstellung der *Quecksilber-dialkyle* gibt es mehrere Möglichkeiten: Man kann sie entweder direkt in einem Reaktionsgang durch Einwirkung von Natriumamalgam auf Alkylhalogenide (vgl. S. 717) bzw. Dialkylsulfate — sowie auch durch Umsetzung der Quecksilberdihalogenide mit zwei Molen einer GRIGNARDverbindung — gewinnen, oder aber man stellt sie in einer Zweistufenreaktion über die Alkylquecksilberhalogenide dar, die sowohl beim Erhitzen unter Disproportionierung als auch bei der Einwirkung eines zweiten Mols einer GRIGNARDverbindung in die Dialkylverbindungen übergehen. In letzterem Fall kann man durch Variation der Alkylreste auch *gemischte Quecksilberdialkyle* aufbauen. Alle diese Möglichkeiten sind in dem folgenden Schema nochmals übersichtlich zusammengestellt:

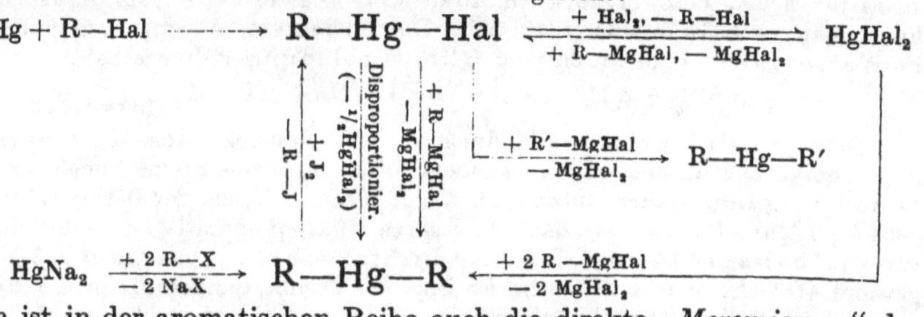

Schließlich ist in der aromatischen Reihe auch die direkte „*Mercurierung*" des Benzolkerns mittels Quecksilberacetats möglich. Hierbei entstehen unter Abspaltung von einem Mol Essigsäure die *Arylquecksilberacetate* (I), die bei der Reduktion mit alkalischer Zinn-II-chloridlösung in Quecksilber und die *Quecksilberdiaryle* (II) zerfallen:

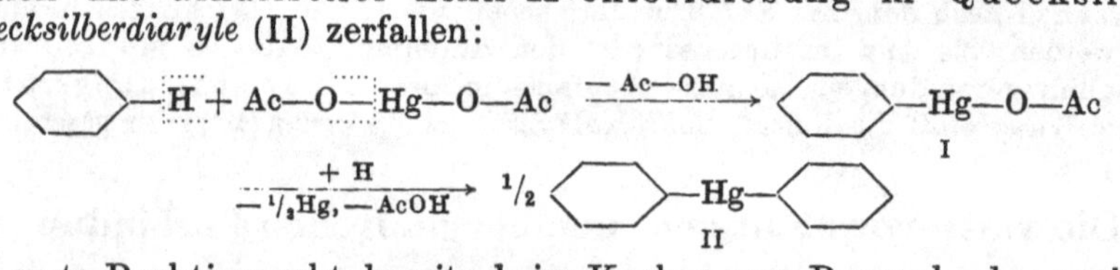

Die erste Reaktion geht bereits beim Kochen von Benzol oder noch leichter von Phenolen (S. 224) mit alkoholischer Quecksilberacetatlösung vor sich und stellt die einzige bisher bekannte direkte Substitution von aromatisch gebundenem Wasserstoff durch Metall dar.

Die Quecksilberdialkyle sind wie die entsprechenden Zink- und Cadmiumverbindungen farblose, leicht flüchtige (Tabelle 33, S. 695) Flüssigkeiten, die in Anbetracht ihrer Geruchlosigkeit sehr gefährliche Atemgifte darstellen. Sie sind gegen Wasser auffallend beständig, so daß sie ohne Schwierigkeit mit Wasserdampf destilliert oder durch Ausschütteln mit Kalilauge von Verunreinigungen befreit werden können. Erst durch Säuren werden sie in der üblichen Weise unter Entwicklung von Kohlenwasserstoffen (Gleichung formulieren!) zersetzt. Ferner sind sie in stark abgeschwächtem Maße auch zu einigen der oben beschriebenen synthetischen Reaktionen befähigt.

Die organischen Quecksilberverbindungen vermögen die Alkylreste leicht auf andere Metalle (und auch Nichtmetalle) zu übertragen. Sie finden daher vor allem Anwendung zur Synthese anderer Organometalle, sowie in der aromatischen Reihe auch zur Einführung von Jod in bestimmte Stellen des Benzolkerns (S. 165). Ferner stellen einige mercurierte Phenole pharmazeutisch wichtige und zur Schädlingsbekämpfung geeignete Quecksilberpräparate dar, und schließlich macht man bei der katalytischen Beeinflussung der Nitrierungs- und Sulfonierungsreaktion durch zugesetztes Quecksilber auch indirekt von ihrer Bildung Gebrauch (vgl. S. 643, 679).

2. Die organischen Zinnverbindungen

Zinn ist bereits ein typisches Übergangselement, und seine organischen Derivate ähneln den Silicium- und Germaniumverbindungen. Insbesondere die **Tetraalkylstannane**, die man nicht nur in Analogie zu den Tetraalkylsilanen durch Umsetzung von Zinntetrachlorid mit GRIGNARDverbindungen, sondern auch wie andere metallorganische Verbindungen durch Einwirkung von Alkylhalogeniden auf Zinnpulver (oder besser eine Zinn-Natrium-Legierung; vgl. S. 717) erhalten kann:

$$4\,R{-}Hal + Na_4Sn \xrightarrow{-4\,NaHal} R_4Sn \xleftarrow{-4\,MgXCl} 4\,XMg{-}R + SnCl_4\ ,$$

sind den entsprechenden Tetraalkylsilanen sehr ähnlich (vgl. Tab. 33, S. 695) und erweisen sich ebenfalls als gegen Luft und Wasser außerordentlich beständig.

Interessanter sind die **partiell alkylierten Zinnhalogenide**, die bei beiden Darstellungsverfahren in mehr oder weniger guter Ausbeute neben den Tetraalkylstannanen erhalten werden und bei der Einwirkung von Alkalien in die folgenden sauerstoffhaltigen Derivate übergehen:

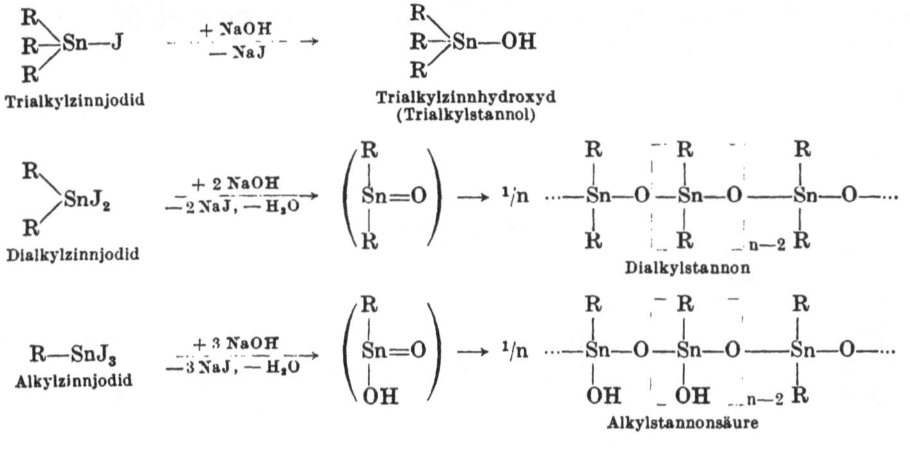

Alle drei Sauerstoffverbindungen sind gegen weitere hydrolytische Einflüsse sehr beständig und zeigen in interessanter Weise, daß die Säuren- oder Basennatur eines Metalls weniger von seiner allgemeinen Wertigkeit, wie es häufig formuliert wird, sondern ausschließlich von der Zahl der mit ihm verbundenen O-Atome abhängt. So sind bei gleicher Wertigkeit des Zinns die Trialkylstannole ausgesprochene Basen, die die Hydroxylgruppe als Anion abzudissoziieren vermögen, die Stannone annähernd neutrale (jedoch noch zur Salzbildung mit starken Säuren befähigte) Substanzen und die Stannonsäuren schließlich schwache Säuren, die in Alkalien gelöst werden können. Im übrigen sind auch hier, wie beim Silicium, nur die Stannole monomolekulare, destillierbare Verbindungen, während die Stannone und Stannonsäuren wegen der Nichtexistenz von Sn$=$O-Doppelbindungen in hochmolekularer, unschmelzbarer Form vorliegen und nur unter Salzbildung gelöst werden können.

Weiterhin erhält man aus den Trialkylzinnhalogeniden durch eine Art Wurtzscher Synthese die **Hexaalkyl-distannane**:

$$R_3Sn{-}J + 2\,\ddot{N}a + J{-}SnR_3 \xrightarrow{-2\,NaJ} R_3Sn{-}SnR_3$$

Sie sind den Hexaalkyl-disilanen sehr ähnlich und werden in gleicher Weise durch Säuren oder elementare Halogene aufgespalten (vgl. S. 711).

Abweichend vom Silicium kennt man auch organische **Derivate des zweiwertigen Zinns.** Sie entstehen in analoger Weise bei der Einwirkung von Grignardverbindungen auf Zinn-II-chlorid:

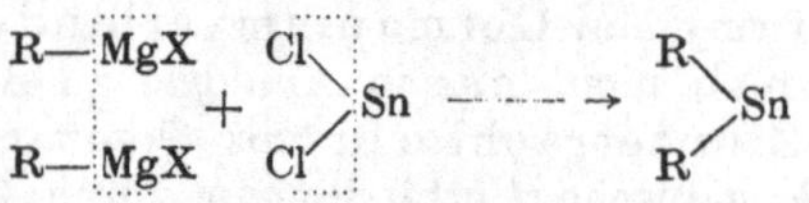

Die Zinndialkyle sind gelbe, noch wenig untersuchte Flüssigkeiten, die wesentlich leichter durch Luftsauerstoff und von Wasser angegriffen werden als die tetraalkylierten Verbindungen. Auch die festen und ebenfalls gelben *Zinndiaryle* sind autoxydabel.

3. Die organischen Bleiverbindungen

Vom Blei sind bereits drei Reihen organischer Derivate bekannt, die sich vom zwei-, drei- und vierwertigen Blei ableiten. Am wichtigsten sind die **Bleitetraalkyl-Verbindungen** mit vierwertigem Blei, die entweder aus Bleiamalgam und Alkylhalogeniden (S. 717) oder aus Blei-II-chlorid und Grignardverbindungen dargestellt werden. In letzterem Falle ist anzunehmen, daß zunächst eine Bleidialkyl-Verbindung entsteht, die sich dann sekundär in die Tetraalkyl-Verbindung und metallisches Blei disproportioniert:

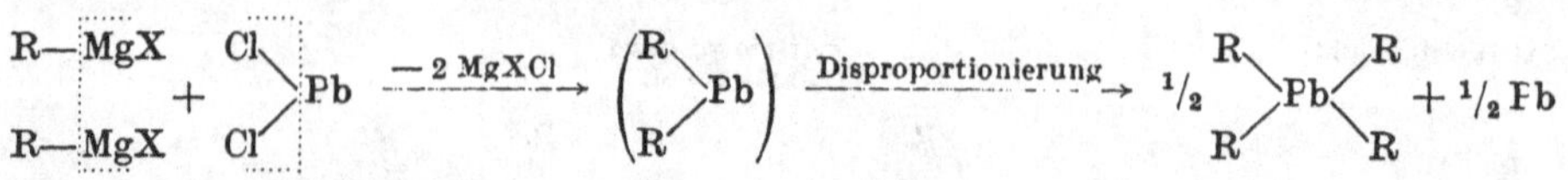

Bei größeren, insbesondere sekundären und tertiären Alkylresten bleibt die Disproportionierungsreaktion — offenbar infolge sterischer Hinderung — leicht auf der Stufe der Bleitrialkyl-Verbindung I mit dreiwertigem Blei (s.u.) stehen, doch kann man diese meistens zu den Trialkylblei-chloriden II nachchlorieren und dann durch erneute Reaktion mit einer Grignardverbindung den vierten Alkylrest einführen:

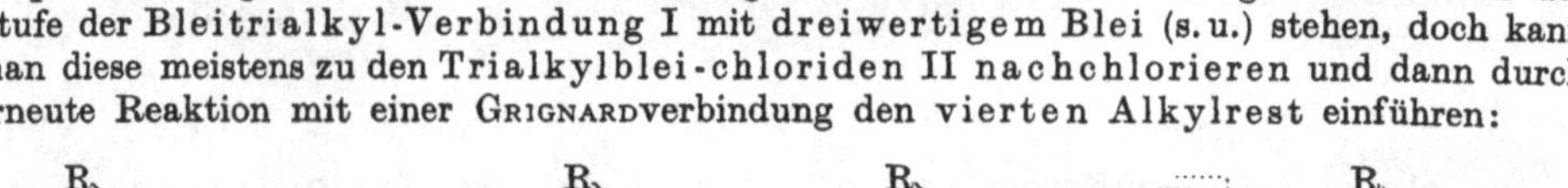

I II

Die Bleitetraalkyle sind wie die Quecksilberdialkyle sehr giftige, farblose Flüssigkeiten, die in ihrem physikalischen Verhalten (Tab. 33, S. 695), sowie in ihrer Beständigkeit gegenüber Wasser und Luftsauerstoff, den Tetraalkylsilanen und -stannanen noch nahe stehen. Doch zeigen sie bereits einige neuartige Reaktionen, von denen insbesondere die leichte thermische Abspaltbarkeit der Alkylreste unter Bildung freier Alkylradikale hervorgehoben werden muß (Näheres vgl. S. 755):

$$Pb(CH_3)_4 \xrightarrow{300^0} \cdot\dot{\underset{\cdot}{Pb}}\cdot + 4\,H_3C\cdot$$

Das hierbei entstehende metallische Blei wird in Form eines Metallspiegels an den Gefäßwänden — oder bei Zersetzung im Rahmen einer Explosion als feiner Metallstaub — abgeschieden. Da dieser Metallstaub die Entwicklung einer detonierenden Verbrennung in Ottomotoren verhindert (Näheres vgl. **III**, Kap. 1, II 3), dient **Bleitetraäthyl** als wichtiges Antiklopfmittel für Treibstoffe.

Weiterhin sind die Tetraalkylblei-Verbindungen bereits bei —75⁰ gegen die elementaren Halogene und bei Zimmertemperatur gegen die Halogenwasserstoffe unbeständig. Von beiden Reagentien werden sie unter Abspaltung eines der Alkylreste (bei Verwendung der freien Halogene des kleinsten) als Alkylhalogenid bzw. Paraffin in die bereits kurz gestreiften **Trialkylblei-halogenide** übergeführt. Da sich in diesen, wie wir gesehen haben, das Halogen bei erneuter Einwirkung einer Grignardverbindung wieder durch einen Alkylrest ersetzen läßt, kann man die Reaktion nach Grüttner (1917) — gegebenenfalls unter mehrfacher Wiederholung der Operationsfolge — zur Darstellung gemischter Bleitetraalkyle, z. B. des *Methyl-äthyl-propyl-butyl-bleis*, verwenden:

$$(CH_3)_4Pb \xrightarrow[-\,CH_3Br]{+\,Br_2} (CH_3)_3PbBr \xrightarrow[-\,MgXBr]{+\,C_2H_5-MgX} (CH_3)_3(C_2H_5)Pb$$

$$\xrightarrow[-\,CH_3Br]{+\,Br_2} (CH_3)_2(C_2H_5)PbBr \xrightarrow[-\,MgXBr]{+\,C_3H_7-MgX} (CH_3)_2(C_2H_5)(C_3H_7)Pb$$

$$\xrightarrow[-\,CH_3Br]{+\,Br_2} (CH_3)(C_2H_5)(C_3H_7)PbBr \xrightarrow[-\,MgXBr]{+\,C_4H_9-MgX} (CH_3)(C_2H_5)(C_3H_7)(C_4H_9)Pb$$

Durch Alkalien werden die Trialkylblei-halogenide in Analogie zu den entsprechenden Silicium- und Zinnverbindungen in die *Trialkylblei-hydroxyde* übergeführt:

$$R_3PbHal \xrightarrow[-\,NaHal]{+\,NaOH} R_3PbOH$$

Sie entfernen sich in ihren Eigenschaften noch weiter von den Alkoholen und Silanolen als die Stannole und sind bereits stark basische Verbindungen.

Die **Bleitrialkyle** mit dreiwertigem Blei wurden anfangs ausschließlich auf dem oben beschriebenen Wege durch Umsetzung von Blei-II-chlorid mit raumbeanspruchenden Alkylmagnesiumhalogeniden gewonnen und waren daher nicht allgemein zugänglich. Ein anderes, auch für die niederen Glieder der Reihe durchführbares Darstellungsverfahren beruht nach F. Hein (1939) auf der Reduktion der Trialkylbleihalogenide mittels anderer Metalle (Reaktion a) oder auf elektrolytischem Wege (Reaktion b):

$$R_3Pb\!\vdots\!-Hal \xrightarrow[b)\ +\ \ominus,\ -\,Hal^-]{a)\ +\ al\cdot,\ -\,alHal} R_3Pb\cdot$$

Bleitrimethyl und *Bleitriäthyl* sind gelbe Flüssigkeiten, deren Farbigkeit wahrscheinlich auf die ungerade Elektronenzahl und die damit verbundene Radikalnatur des Bleis zurückzuführen ist.

Verbindungen mit **zweiwertigem Blei** sind nur in der aromatischen Reihe bekannt und entstehen direkt bei der Einwirkung von Arylmagnesiumverbindungen auf Blei-II-chlorid, da in diesem Falle die Disproportionierung zu den tetrasubstituierten Verbindungen unterbleibt:

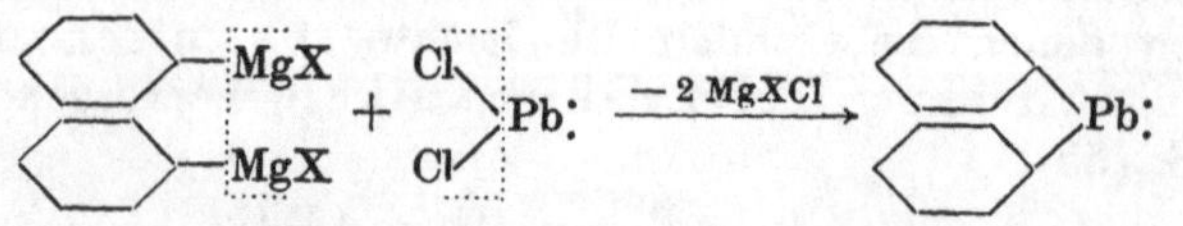

Sie sind rote amorphe Substanzen, die, ähnlich wie die entsprechenden Zinnverbindungen, bereits durch Luftsauerstoff entfärbt werden und auch gegenüber anderen Oxydationsmitteln, wie z. B. Silbernitrat, eine starke Reduktionswirkung zeigen.

4. Die organischen Wismutverbindungen

Während die organischen Phosphor-, Arsen- und Antimonverbindungen untereinander sehr ähnlich sind, beobachten wir beim Übergang zu den Wismutverbindungen einen deutlichen Sprung. So kennt man z. B. keine Verbindungen mehr, in denen neben den organischen Resten Sauerstoff am Bi-Atom steht, und die unten beschriebenen quartären Bismutoniumsalze sind wesentlich labiler als die entsprechenden Phosphonium-, Arsonium- und Stiboniumsalze, so daß sie erst in neuester Zeit entdeckt wurden.

Die wichtigsten organischen Wismutverbindungen sind die **Trialkylbismutine** (bzw. *Wismut-trialkyle*). Sie können zwar noch in Analogie zu den entsprechenden Arsen- und Antimonverbindungen aus Wismutchlorid und GRIGNARDverbindungen dargestellt werden und lagern Chlor zu analogen Dichloriden an:

$$Cl_3Bi \xrightarrow[-\,3\,MgXCl]{+\,3\,R{-}MgX} \underset{\text{Trialkylbismutin}}{R_3Bi} \xrightarrow{+\,Cl_2} \underset{\text{Trialkylbismutin-dichlorid}}{R_3BiCl_2}\;,$$

aber auch sie zeigen insofern bereits ein von den Phosphinen, Arsinen und Stibinen abweichendes Verhalten, als sie wie andere metallorganische Verbindungen durch Säuren zu Kohlenwasserstoffen und $Bi(OH)_3$ hydrolysiert werden, die Alkylgruppen in ihnen also als negative Substituenten fungieren. Ferner zerfallen sie wie die Bleiverbindungen bei höherer Temperatur in die freien Alkylradikale und metallisches Wismut.

Auch das von WITTIG (1952) in Analogie zum farblosen Pentaphenylarsen und -antimon (S. 707, 708) aus Triphenylbismutin-dichlorid (I) und zwei Molen Phenyllithium dargestellte **Pentaphenyl-wismut** (III) weicht in einigen Punkten — wie z. B. seiner violetten Farbe und seiner trotz des schwereren Zentralatoms niedrigeren Zersetzungstemperatur (105°) — deutlich von den genannten Verbindungen ab. Interessant ist sein mit ätherischer Salzsäure bei —70° erfolgender Abbau zum Tetraphenylbismutonium-chlorid (II), das in kristallisiertem Zustand bereits bei Zimmertemperatur zerfällt, in wäßriger Lösung unter 0° jedoch leidlich beständig ist. Es bildet mit Phenyllithium das Pentaphenylwismut zurück, so daß anzunehmen ist, daß es auch bei der Überführung von Triphenylbismutin-dichlorid in letzteres als Zwischenprodukt auftritt:

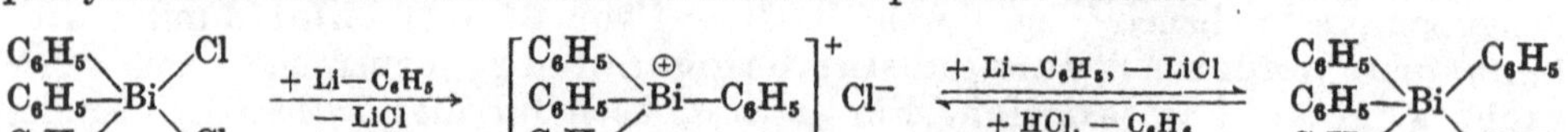

I II III

In analoger Weise kann man Pentaphenyl-wismut mit elementarem Brom in Äther bei —70° in Tetraphenylbismutonium-bromid und Brombenzol aufspalten (Gleichung formulieren!).

5. Die organischen Chromverbindungen

Von den übrigen schwermetallorganischen Verbindungen sind nur noch die von F. HEIN (1919) beschriebenen **Polyphenyl-chrom-halogenide** von Interesse, weil einige von ihnen mehr als vier C-Atome an einem Zentralatom gebunden enthalten. Sie entstehen nebeneinander bei der Einwirkung von GRIGNARDverbindungen auf Chrom-III-chlorid unter Disproportionierung des Chroms hinsichtlich seiner Wertigkeitsstufe:

$$9\,CrCl_3 + 12\,C_6H_5{-}MgBr \longrightarrow (C_6H_5)_5CrCl + (C_6H_5)_4CrCl + (C_6H_5)_3CrCl + 6\,CrCl_2 + 12\,MgClBr$$

In diesen Polyphenylchrom-halogeniden läßt sich das Halogen leicht durch die Hydroxylgruppe unter Bildung der stark basischen *Polyphenylchrom-hydroxyde* ersetzen, die in wäßriger Lösung alkalisch reagieren und mit Säuren beständige Salze bilden:

$$(C_6H_5)_nCrCl \underset{HCl}{\overset{NaOH}{\rightleftharpoons}} (C_6H_5)_nCrOH$$

Pentaphenylchromchlorid unterscheidet sich nicht wesentlich von der Tri- und Tetraphenylverbindung. Es muß daraus geschlossen werden, daß in ihm die fünf organischen Reste gleichartig und auch in gleicher Weise wie in den anderen beiden Verbindungen an das Chrom gebunden sind. Seine Elektronenstruktur dürfte mit der des Lithium-hexaphenylo-antimonats (S.708) vergleichbar sein.

10. Kapitel

Verbindungen mit anomalen Funktionen

Neben den bisher besprochenen Verbindungen mit „normalen“ Funktionen gibt es eine Reihe weiterer Substanzen, die sich aus verschiedenen Gründen nicht in das allgemeine System der organischen Verbindungen einordnen lassen und daher gesondert behandelt werden müssen. Es sind dies 1. die Kohlenoxydderivate mit sog. „zweiwertigem“ Kohlenstoff, 2. die freien Radikale mit dreiwertigem Kohlenstoff, zweiwertigem Stickstoff usw. und 3. die organischen Derivate des schweren Wasserstoffs und anderer künstlicher Isotopengemische.

I. Das Kohlenoxyd und seine Derivate

1. Allgemeines

Die Kohlenoxydderivate nehmen seit jeher eine gewisse **Sonderstellung** in der organischen Chemie ein, weil sie infolge ihrer eigenartigen Struktur nur durch wenige Übergangsreaktionen mit den übrigen organischen Verbindungen verknüpft sind und sich zu keiner der zahlreichen Verbindungsklassen in eine nähere Beziehung bringen lassen. Man nahm infolge dieser Sonderstellung früher allgemein an, daß sie tatsächlich zweiwertigen Kohlenstoff enthalten, eine Vorstellung, die man heute etwa durch die Diradikalformel I für das Kohlenoxyd mit zwei nicht gekoppelten, auf verschiedenen Elektronenbahnen befindlichen Einzelelektronen (vgl. S. 22) wiedergeben würde:

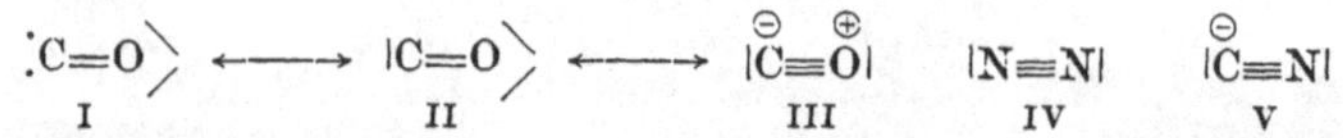

I ⟷ II ⟷ III IV V

Das Kohlenoxyd zeigt aber in keiner Weise die Reaktionsfähigkeit der auf S. 746f. beschriebenen freien Radikale, sondern ist außerordentlich reaktionsträge. Es tauchten daher schon frühzeitig Zweifel auf, ob in ihm wirklich zweiwertiger Kohlenstoff enthalten ist. Doch gelang erst mit Hilfe der Elektronentheorie die Aufstellung einer allen Tatsachen gerecht werdenden neuen Konstitutionsformel mit einer dreifachen C≡O-Bindung (III), die man sich aus I lediglich durch Elektronenverschiebung — Zusammenschluß der beiden Einzelelektronen zu einem Elektronenpaar (II) mit anschließender Auffüllung der hierbei auftretenden Elektronenlücke am Kohlenstoff durch eines der ungebundenen Elektronenpaare des Sauerstoffs — entstanden denken kann. III muß also zu I und II im Verhältnis der Mesomerie stehen[1]). Insbesondere die mesomere

[1]) Wie wir im **II**, Kap. 3, II, 2d erörtern werden, ist die Struktur III an dieser Mesomerie bei weitem überwiegend beteiligt, so daß man in ihr mit Recht die praktisch ausschließliche Grundstruktur des Moleküls ansehen muß. II spielt daneben nur die Rolle einer energiereichen aktiven Grenzstruktur, über die die meisten Reaktionen des Kohlenoxyds verlaufen, und auch I dürfte gegenüber III sehr energiereich sein.

Elektronenverschiebung von II nach III erscheint durchaus plausibel und findet in der früher beschriebenen Bildungsreaktion der Carboxonium- (S. 338) und Nitrilium-Ionen (S. 348) eine anschauliche Parallele. Denn auch dort stabilisieren sich die zunächst entstehenden Carbenium-Ionen (IIa und IIb) durch eine analoge Auffüllung der Oktettlücke am Kohlenstoff durch ein bisher ungebundenes Elektronenpaar des Heteroatoms, wobei ebenfalls eine dreifache Bindung (IIIa und IIIb) entsteht:

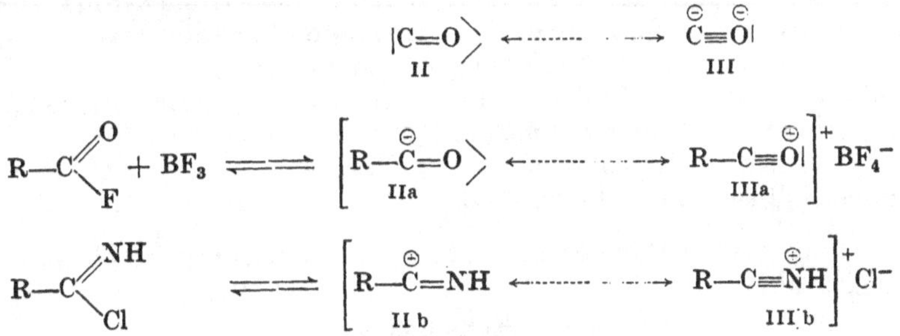

Nach Formel III sind im Kohlenoxyd sowohl der Kohlenstoff als auch der Sauerstoff dreibindig[1]), und wir erhalten das gleiche Elektronengerüst wie in den Molekülen des elementaren Stickstoffs (IV) und des Cyanions (V), von denen sich das Kohlenoxydmolekül nur in der Ladung und der Masse der Atomkerne unterscheidet, d. h. mit denen es isoster ist (vgl. auch S. 363). Danach liegt im Kohlenoxyd ein ganz anderes Bindungssystem vor, als man ursprünglich vermutete, und es sollte viel eher mit dem elementaren Stickstoff und dem Cyanion als mit den freien Radikalen vergleichbar sein.

Diese zunächst nur theoretisch aufgefundene Analogie hat sich in der Praxis vollauf bestätigt und gibt erstmals eine befriedigende Deutung einerseits der auffallenden Stabilität und Reaktionsträgheit des Kohlenoxyds (als einer „Modellsubstanz" des elementaren Stickstoffs), andererseits seiner Tendenz zur Bildung komplexer Schwermetallverbindungen (als einer „Modellsubstanz" des Cyanions).

Weitere wichtige **experimentelle Argumente** für die neue Formulierung des Kohlenoxyds sind: 1. die sehr große physikalische Ähnlichkeit von Kohlenoxyd und Stickstoff, die sich nicht nur auf die Schmelz- und Siedepunkte sowie die Möglichkeit der Bildung einer lückenlosen Reihe von Mischkristallen, sondern auch auf eine Reihe von anderen Eigenschaften, wie z. B. den für eine dreifache Bindung charakteristischen Atomabstand, erstreckt, 2. das Ramanspektrum (**II**, Kap. 2, II, 2) und der Parachor (**II**, Kap. 2, I, 3), die beide eindeutig für eine dreifache C≡O-Bindung sprechen, und 3. das vollständige Fehlen jeglicher Carbonylreaktionen. Insbesondere ist es trotz zahlreicher Versuche niemals gelungen,

---

[1]) Dagegen muß man beiden Elementen infolge des Auftretens von je einer Elektrovalenz neben den drei Atombindungen die Gesamtwertigkeit vier zuordnen (vgl. S. 30). Diese zunächst etwas fremdartig anmutende Vierwertigkeit des Kohlenstoffs in Formel III geht sehr anschaulich auch aus dem folgenden Gedankenexperiment hervor, nach dem wir die Blausäure mit unzweifelhaft vierwertigem Kohlenstoff durch Abdissoziation des Protons und saure Hydrolyse, also Reaktionen, die stets unter Erhaltung der Wertigkeitsstufe verlaufen, in Kohlenoxyd überführen können:

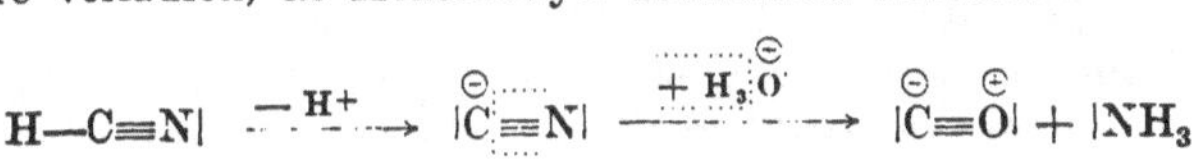

Kohlenoxydderivate vom Acetaltypus 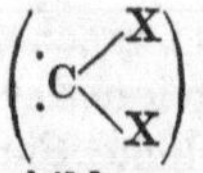 darzustellen[1]), sondern der Sauerstoff kann immer nur durch ein einziges, zur Ausbildung einer dreifachen Bindung zum Kohlenstoff befähigtes Atom, also nur durch Stickstoff ersetzt werden.

Auf Grund all dieser Argumente rechnet man das Kohlenoxyd und seine Derivate heute ebenfalls zu den Verbindungen mit vierwertigem Kohlenstoff. Sie lassen sich auf Grund der Oxydationsstufe des Kohlenstoffs (bzw. der dreifachen C≡O-Bindung) formal bei den Ameisensäurederivaten einreihen, zu denen auch tatsächlich einige Beziehungen bestehen (vgl. S. 359f.).

Im wesentlichen stellen die Kohlenoxydderivate jedoch eine durchaus selbständige Verbindungsklasse dar, und die übliche Abgrenzung von der übrigen organischen Chemie besteht sachlich durchaus zu Recht. Nur ist sie nicht auf die Zweiwertigkeit des Kohlenstoffs, sondern auf die eigenartige, von der aller übrigen organischen Verbindungen abweichenden Elektronenstruktur der $\overset{\ominus}{C}\equiv\overset{\oplus}{O}$- bzw. $\overset{\ominus}{C}\equiv\overset{\oplus}{N}$-Gruppe zurückzuführen.

2. Das Kohlenoxyd

Kohlenoxyd ist, ähnlich wie Kohlendioxyd, im wesentlichen eine anorganische Verbindung, so daß wir uns an dieser Stelle nur mit seinen Beziehungen zur organischen Chemie zu befassen brauchen. Seine Bildung aus organischen Substanzen geht immer dann leicht vor sich, wenn eine Carbonylgruppe mit zwei entgegengesetzt polarisierten Substituenten besetzt ist, die eine gewisse Tendenz aufweisen, sich miteinander zu verbinden:

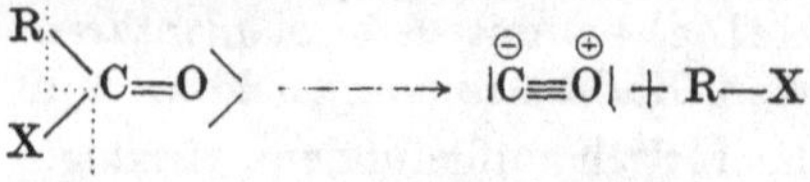

Wie im einzelnen bereits angeführt (S. 359f.), werden vor allem die Substituenten H und X der Ameisensäurederivate sehr leicht herausgespalten, und zwar geht die Reaktion um so leichter vor sich, je stärker sauer die entstehende Verbindung H—X ist. Aber auch der oxydierte Alkylrest der α-Oxy- (S. 474) und α-Oxocarbonsäuren (S. 492) ist leicht abspaltbar, und bei U.V.-Bestrahlung tritt sogar ein (allerdings nicht mehr „kryptoionogen" verlaufender) Zerfall des Phosgenmoleküls ein:

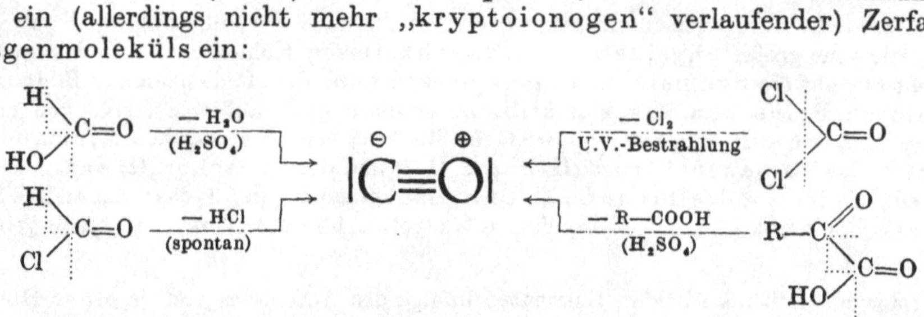

Im Gegensatz zu den normalen Abspaltungsreaktionen befinden sich in allen diesen Fällen die beiden austretenden Substituenten an dem gleichen Atom. Die Neubildung der dritten Bindung zwischen Kohlenstoff und Sauerstoff ist daher mit einer entgegengesetzten Aufladung beider Elemente im Sinne der Formel III (S. 736) verknüpft.

[1]) Z. B. wurde von SCHEIBLER (1926) ein Kohlenoxydacetal beschrieben, dessen Darstellung jedoch nicht reproduziert werden konnte (ADICKES 1927/30).

Die für den Organiker wichtigsten Umsetzungen des Kohlenoxyds haben wir im Verlaufe dieses Buches zum großen Teil bereits kennengelernt. Danach müssen wir die folgenden vier größeren Gruppen von Reaktionen unterscheiden:

1. die **Addition von Verbindungen des Typus H—X oder MeY—H** zu Ameisensäurederivaten (S. 360), die in Umkehrung der Bildungsreaktionen des Kohlenoxyds unter Anlagerung beider Addenden an das gleiche C-Atom und Aufhebung des Ladungsunterschiedes zwischen Kohlenstoff und Sauerstoff erfolgt:

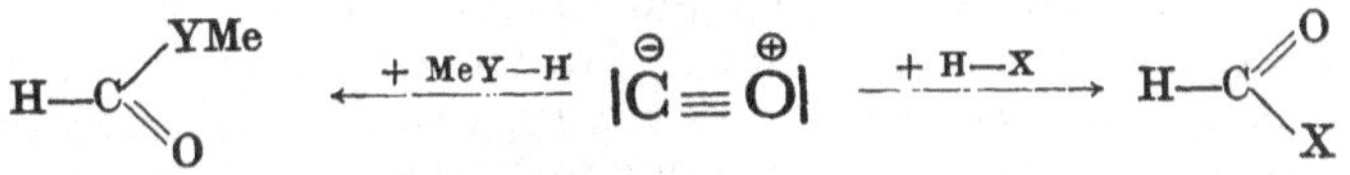

Die Reaktion geht um so leichter vor sich, je stärker basisch die Verbindung H—X (bzw. das YH^--Ion) ist und kann in mancher Beziehung mit der auf S. 609 beschriebenen Spaltung der C—N-Bindung des Diazomethans durch Säuren verglichen werden, bei der ebenfalls beide Spaltstücke der Säure an das gleiche Atom treten unter Aufhebung einer Bindung und des Ladungsunterschiedes zwischen Kohlenstoff und Stickstoff.

2. die verschiedenen Möglichkeiten der **Hydrierung**, die je nach den Reaktionstemperaturen und den verwandten Katalysatoren zum Methanol (S. 182), zu benzinartigen Paraffinkohlenwasserstoffen (S. 70 u. III, Kap. 1, I, 5b) und zu höheren Alkoholen (S. 178) führt.

3. die (im wesentlichen „anorganische“) **Anlagerung von Sauerstoff, Schwefel, Halogen** usw. zu Kohlensäurederivaten, und schließlich

4. die **Carbonylierungsreaktionen**, die nicht mehr mit dem freien Kohlenoxyd selbst, sondern nur mit den aktiveren komplex gebundenen C≡O-Gruppen der Metallcarbonyle durchgeführt werden können. Auch die Verwendung von freiem Kohlenoxyd in Gegenwart von Metallcarbonylen, die die eigentlichen aktiven Reagentien bilden und nach Abgabe ihrer Kohlenoxydreste durch das Kohlenoxyd wieder regeniert werden, so daß sie lediglich katalytisch wirken, ist zuweilen möglich. Im einzelnen unterscheidet man die folgenden Formen der Carbonylierungsreaktion:

a) die auf S. 95 beschriebene gleichzeitige **Anlagerung von Kohlenoxyd und Verbindungen vom Typus H—X an Olefine** zu gesättigten Carbonsäuren oder ihren Derivaten;

b) die auf S. 111 beschriebene gleichzeitige **Anlagerung von Kohlenoxyd und Verbindungen vom Typus H—X an Acetylen** zu Acrylsäure und ihren Derivaten.

c) die auf S. 235 unter der Bezeichnung **Oxosynthese** beschriebene gleichzeitige Anlagerung von Kohlenoxyd und Wasserstoff an Olefine zu Aldehyden und (in selteneren Fällen auch) Ketonen.

d) die Anlagerung von **Kohlenoxyd an Alkohole** oder an **Äther + Wasser** zu gesättigten Carbonsäuren:

$$\text{R—OH} + \text{CO} \xrightarrow[\text{Ni + CuJ}]{\text{200—300 Atm., 250—300°}} \text{R—COOH}$$

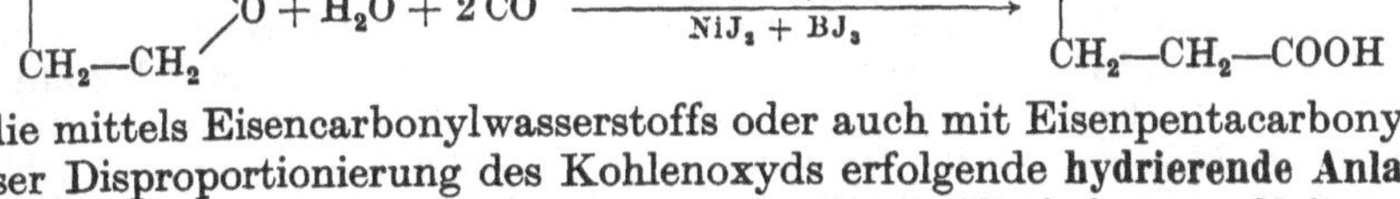

e) die mittels Eisencarbonylwasserstoffs oder auch mit Eisenpentacarbonyl unter teilweiser Disproportionierung des Kohlenoxyds erfolgende **hydrierende Anlagerung des Kohlenoxyds an Olefine + Wasser** zu gesättigten Alkoholen, an **Olefine + Ammoniak** zu Amingemischen, an **Acetylen + Wasser** zu Hydrochinon usw.:

$$CH_2{=}CH_2 + 3\,CO + H_2O(NH_3) \xrightarrow{+H_2O} CH_3{-}CH_2{-}CH_2{-}OH({-}NH_2) + 2\,CO_2$$

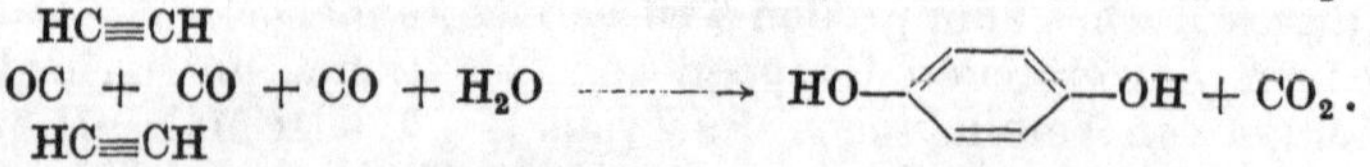

Alle unter 1—4 genannten Reaktionen sind von großer praktischer Bedeutung, da die entstehenden Verbindungen wichtige Zwischenprodukte für die Synthese anderer aliphatischer Substanzen darstellen. Das Kohlenoxyd hat infolgedessen im Laufe der letzten drei Jahrzehnte eine ähnliche überragende Verwendung als Ausgangsverbindung für die Gewinnung aliphatischer Verbindungen gefunden wie das Acetylen und ist wegen seines wesentlich niedrigeren Preises diesem gegenüber noch dauernd im Vordringen. Zum besseren Vergleich der von beiden Stoffen aus zugänglichen aliphatischen Verbindungen sind in Taf. II (nebenstehend) die vom Kohlenoxyd aus möglichen Synthesen dem „Acetylenstammbaum" (Taf. I, S. 128) gegenübergestellt. Wie man sieht, überschneiden sich beide Möglichkeiten bei den durch Anlagerung von Formaldehyd an Acetylen erhaltenen Verbindungen und ihren Folgeprodukten (z. B. Acrylsäurederivate, Butandiol, Butadien usw.).

3. Die Isonitrile oder Isocyanide[1]

Das einfachste Derivat des Kohlenoxyds ist das Cyanion, in dem der positiv geladene Oxoniumsauerstoff durch den neutralen Aminstickstoff ersetzt ist, und das infolgedessen am Kohlenstoff (nicht etwa am Stickstoff!) die negative Ladung trägt:

$$\left[|\overset{\ominus}{C}{\equiv}N|\right]^-$$

Von ihm leiten sich zwei Reihen von organischen Derivaten ab, die den beiden tautomeren Formen der Blausäure entsprechen, und in denen jeweils eines der ungebundenen Elektronenpaare des Cyanions mit einem organischen Rest besetzt ist. Sie werden *Nitrile* ($R{-}C{\equiv}N|$) und *Isonitrile* ($R{-}\overset{\oplus}{N}{\equiv}\overset{\ominus}{C}|$) genannt. Während nun aber die Alkylierung des Cyanions zu den Nitrilen, die mit der Übertragung des Alkylrestes als Carbenium-Kation vom Alkylierungsmittel auf den negativ geladenen Cyankohlenstoff verbunden ist, zu einer Entladung sämtlicher Atome führt, kann der Stickstoff bei der Isonitrilbildung nur unter Aufnahme einer positiven Ladung und Übergang in den Oniumzustand alkyliert werden:

$$CH_3{-}C{\equiv}N| \xleftarrow[\text{Alkylierung des Kohlenstoffs}]{+\,CH_3^+} \left[|\overset{\ominus}{C}{\equiv}N|\right]^- \xrightarrow[\text{Alkylierung des Stickstoffs}]{+\,CH_3^+} |\overset{\ominus}{C}{\equiv}\overset{\oplus}{N}{-}CH_3$$

Die Isonitrile weisen infolgedessen zwischen dem C- und dem N-Atom einen ähnlichen Ladungsunterschied auf, wie er zwischen Kohlenstoff und Sauerstoff im Kohlenoxyd besteht, und müssen daher im Gegensatz zu den Nitrilen, die normale Carbonsäurederivate darstellen (vgl. S. 346f.), als die eigentlichen organischen Derivate des Kohlenoxyds angesehen werden.

Ihre **Konstitution** ergibt sich insbesondere auf Grund zahlreicher physikalischer Daten, die, wie z. B. der Ramaneffekt und auch der Parachorwert, stets eindeutig für eine echte dreifache Bindung zwischen Kohlenstoff und Stickstoff sprechen. Die alte Formel mit zweiwertigem Kohlenstoff ($R{-}N{=}C$) wurde daher allgemein fallen gelassen. Mit chemischen Mitteln läßt sich dagegen die dreifache C≡N-Bindung nicht beweisen, da sämtliche Reaktionen von beiden Formeln aus gleich gut erklärt werden können. Auf chemischem

[1]) Im älteren Schrifttum auch *Carbylamine* genannt.

Tafel II

Die wichtigsten vom Kohlenoxyd ausgehenden synthetischen Reaktionen

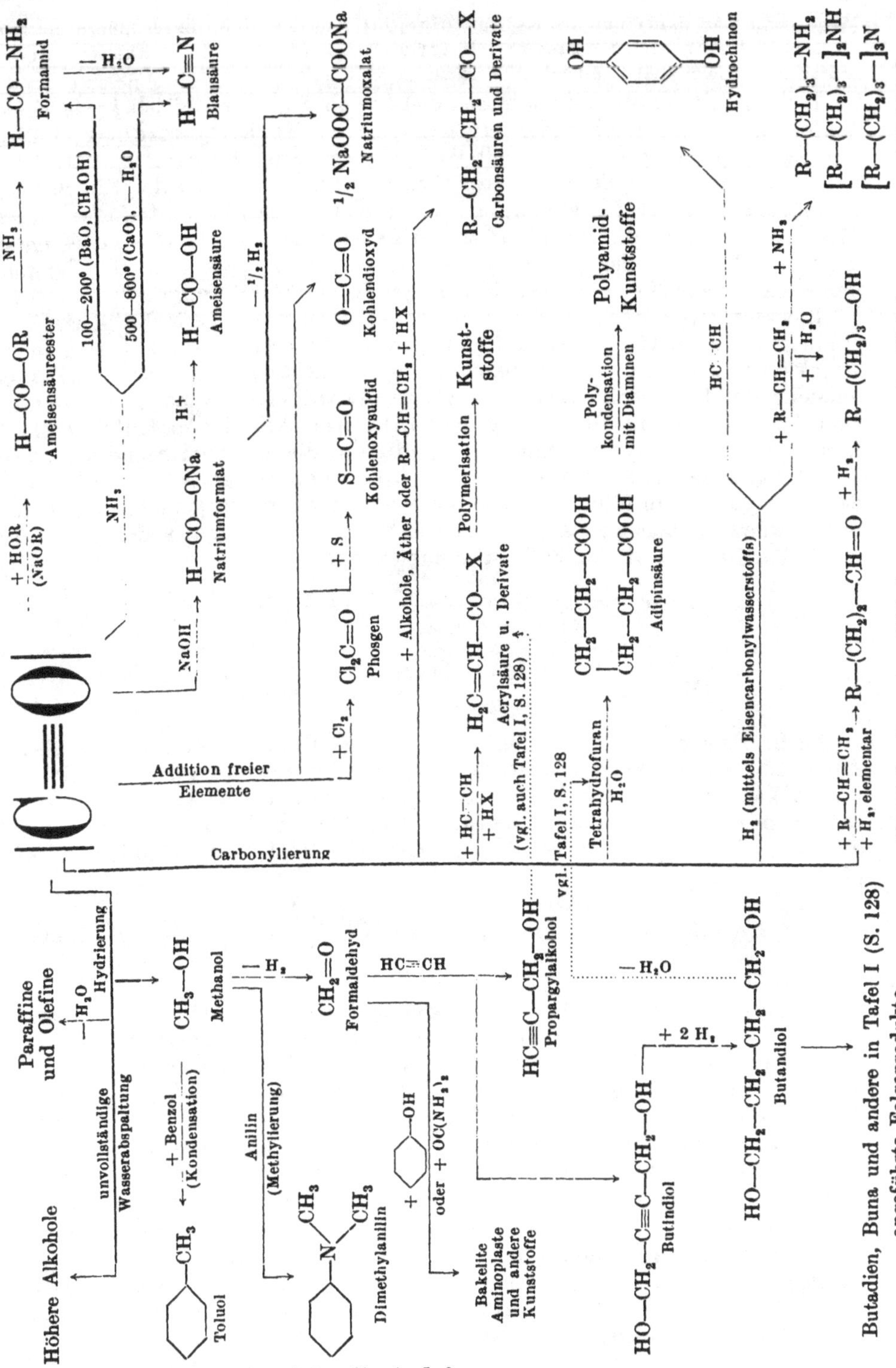

Wege kann man daher nur die Reihenfolge der Atome, d. h. insbesondere die konstitutionellen Unterschiede zwischen Nitrilen und Isonitrilen aufklären, worauf wir weiter unten noch näher eingehen werden.

Die **Darstellung** der Isonitrile geschieht nach zwei grundsätzlich verschiedenen Verfahren: 1. durch Alkylierung geeigneter Metallcyanide, und 2. durch Umsetzung primärer Amine mit Chloroform und Alkali.

Zu 1. Bei der Alkylierung freier Cyanionen, wie sie bei der Einwirkung von Alkylierungsmitteln auf die Alkalimetallcyanide stattfindet, wird der Kohlenstoff wesentlich leichter angegriffen als der Stickstoff, und es entstehen daher in überwiegender Menge die normalen Nitrile, wie u. a. die Verwendung der Reaktion zur Kolbeschen Nitrilsynthese (S. 307) zeigt.

Blockiert man dagegen das einsame Elektronenpaar am Kohlenstoff durch Bildung eines nicht-ionogenen Schwermetallcyanids, so läßt sich auch der Stickstoff alkylieren, und man kann durch nachträgliche Zersetzung des hierbei entstehenden Isonitrilkomplexes zu den Isonitrilen selbst gelangen. Am gebräuchlichsten für die Darstellung der einfachen Alkylisonitrile ist die Alkylierung von Silbercyanid mit Alkyljodiden, die, etwa im Sinne der folgenden Gleichung, zunächst über das Komplexsalz I zum neutralen Isonitrilkomplex II des Silbercyanids führt, das sich als eigentliches Ausgangsmaterial für die Isonitrilgewinnung beliebig lange aufbewahren läßt, und aus dem das Isonitril durch Kaliumcyanid in Freiheit gesetzt wird:

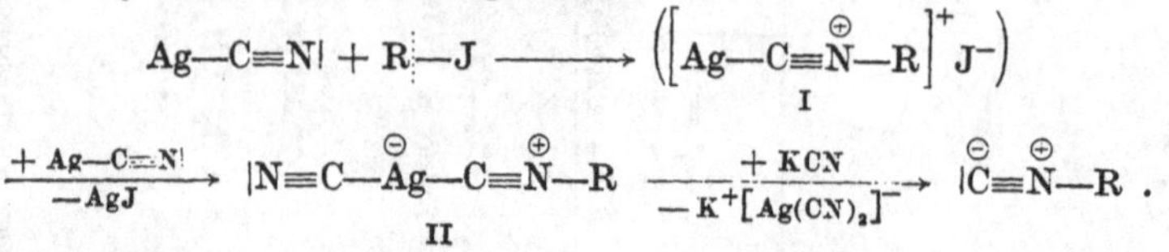

Zu 2. Eine der Kohlenoxydbildung analoge Bildung von Isonitril über eine Abspaltungsreaktion beobachtet man bei der Einwirkung von Chloroform und Alkali auf primäre Amine (S. 552). Hier ist das wahrscheinlich intermediär entstehende N-Alkyl-ameisensäure-imidchlorid (I) als die Muttersubstanz der Isonitrile anzusehen. Doch ist der eigentliche Reaktionsmechanismus noch ungeklärt:

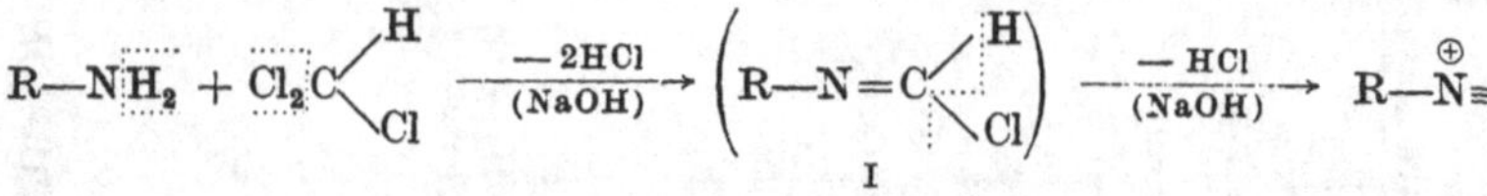

Die Isonitrile sind farblose, im Durchschnitt etwa 20° tiefer als die normalen Nitrile siedende Flüssigkeiten, die sich wie die Thiophenole durch einen äußerst widerwärtigen und intensiven Geruch auszeichnen und eine ähnliche Giftwirkung zeigen wie Kohlenoxyd und Blausäure. Da sie infolge der Besetzung des ungebundenen Elektronenpaares am Stickstoff nicht mehr genau die Elektronenstruktur des N_2-Moleküls kopieren, sind sie wesentlich reaktionsfähiger als Kohlenoxyd und so instabil, daß sie (mit wenigen Ausnahmen) selbst in reinem Zustand bereits nach wenigen Stunden unter Bildung stark farbiger Produkte zu polymerisieren beginnen und beim Überhitzen auch explodieren können.

Ihr **chemisches Verhalten** ist in erster Linie durch ihre Tendenz zur Anlagerung saurer Verbindungen gekennzeichnet, bei der (wie beim Kohlenoxyd) stets beide Addenden an das Kohlenstoffatom treten, so daß unter Aufhebung des Ladungsunterschiedes Derivate des Formimids entstehen:

Diese Säureempfindlichkeit ist so groß, daß selbst schwach saure Substanzen langsam angelagert werden. So führt z. B. die Anlagerung von Aniliniumsalzen zu den Salzen der entsprechend substituierten Formamidine (Gleichung formulieren!).

Etwas weniger leicht lagern sich basische Verbindungen an die dreifache Bindung an. Insbesondere sind Isonitrile bei Zimmertemperatur gegen Alkalien vollständig beständig, und die Anlagerung von freiem Anilin zum Formamidin erfolgt (im Gegensatz zu der der Aniliniumsalze) erst bei Temperaturen um 200°:

$$\mathrm{R{-}\overset{\oplus}{N}{\equiv}\overset{\ominus}{C}| + H_2N{-}Ar \dashrightarrow R{-}N{=}CH{-}NH{-}Ar}$$

Schließlich wird (ebenfalls wie beim Kohlenoxyd) auch eine Reihe von freien Elementen addiert, die, soweit es sich um negative Elemente handelt, in analoger Weise ausschließlich an den Kohlenstoff unter Bildung von Kohlensäurederivaten treten:

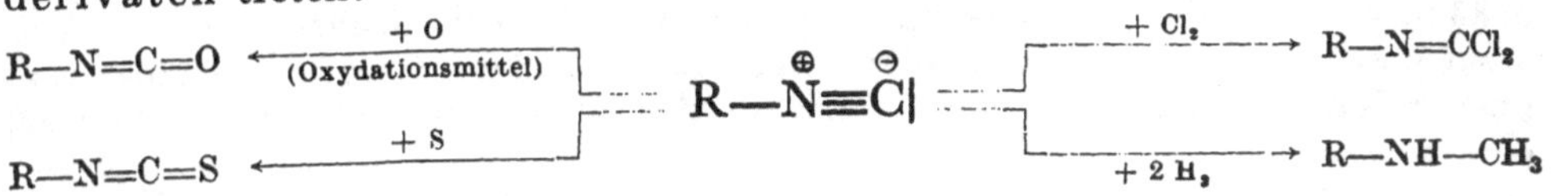

Die mit der Kohlenoxydhydrierung vergleichbare Anlagerung von zwei Molekülen H_2 zum sekundären Amin hat eine gewisse präparative Bedeutung erlangt, da sie den einfachsten Weg darstellt, um sekundäre Amine, die eine Methylgruppe enthalten, aufzubauen.

Alle diese Reaktionen können gleichzeitig als **Strukturbeweis** für die Isonitrile angesehen werden, da sie eindeutige Argumente dafür liefern, daß der organische Rest am Stickstoff steht, dieser also den organischen Rest vom typischen Isonitril-C-Atom trennt. Dagegen sind, wie wir oben gesehen haben, Aussagen über den Bindungszustand der Atome innerhalb des Isonitrilmoleküls auf Grund chemischer Reaktionen nicht möglich.

Abgesehen von diesen normalen Anlagerungsreaktionen vermögen die Isonitrile auf Grund ihres sehr aktiven ungebundenen Elektronenpaares am dreifach gebundenen C-Atom auch eine Reihe von **Komplexverbindungen** zu bilden, von denen wir die Silber-isonitril-jodide (I) und -cyanide (II) als Zwischenprodukte der unter 1 beschriebenen Darstellungsreaktion bereits kennengelernt haben. Noch interessanter sind die dem Nickeltetracarbonyl entsprechenden **Nickel-tetraisonitrile** mit oxydativ 0-wertigem Nickel, die man nach W. Hieber (1950) und F. Klages (1950) auf Grund der größeren Reaktionsfähigkeit der Isonitrile glatt durch Verdrängung des Kohlenoxyds aus Nickeltetracarbonyl mittels der einzuführenden Isonitrile darstellen kann:

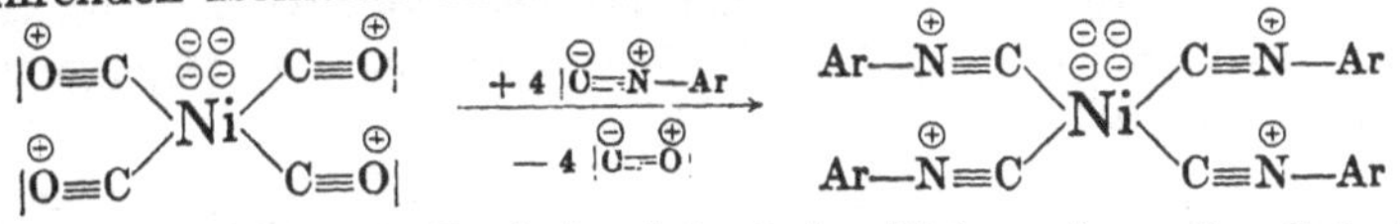

Die *Nickel-tetraaryl-isonitrile* sind schön kristallisierende gelbe Substanzen, die in Lösung autoxydabel sind und zu Ni-II-Ionen und Kohlensäurederivaten abgebaut werden.

Zuweilen zeigen die Isonitrilmoleküle in derartigen Komplexen eine auffallende Reaktionsfähigkeit. Als Beispiel sei die von F. Klages (1952) beobachtete, bereits bei Zimmertemperatur spontan eintretende Hydrolyse von an Kupfer-I-phenylacetylenid komplex gebundenen Arylisonitrilen erwähnt. Sie führt, da gleichzeitig eine Anlagerung der als

Hydrolysenprodukt zu erwartenden Anilinbase an ein zweites Isonitrilmolekül erfolgt, zur Bildung von je einem Molekül Kohlenoxyd und Diarylformamidin aus zwei Molekülen Isonitril:

$$\text{Ar—}\overset{\oplus}{\text{N}}\equiv\overset{\ominus}{\text{C}}| \xrightarrow[-\,|\overset{\ominus}{\text{C}}\equiv\overset{\oplus}{\text{O}}|]{+\,H_2O} (\text{Ar—NH}_2) \xrightarrow{+|\overset{\ominus}{\text{C}}\equiv\overset{\oplus}{\text{N}}\text{—Ar}} \text{Ar—NH—CH=N—Ar}$$

4. Die Knallsäure

Das interessanteste Kohlenoxydderivat ist ohne Zweifel die Knallsäure, in der die Elektronenstruktur des N_2- bzw. CO-Moleküls am stärksten aufgelockert ist, und die infolgedessen sehr vielseitig reagiert. Sie trägt am Isonitrilstickstoff eine Oxygruppe, so daß sie früher als Oxim des Kohlenoxyds (Formel I) aufgefaßt wurde (Nef 1894). Doch kommt ihr ohne Zweifel ebenfalls die normale Isonitrilstruktur (II) zu, und wir müssen den Sauerstoff infolge der Oniumnatur des Stickstoffs eher mit dem Aminoxyd-, speziell dem Nitriloxyd-Sauerstoff (S. 350), als mit dem Oximsauerstoff vergleichen. Dies geht insbesondere aus den unten beschriebenen Polymerisationsreaktionen hervor, die von einer tautomeren Nitriloxyd-Form der Knallsäure, dem *Blausäureoxyd* (III), auszugehen scheinen:

$$\underset{\text{I}}{\text{C=N—OH}} \qquad \underset{\text{II}}{|\overset{\ominus}{\text{C}}\equiv\overset{\oplus}{\text{N}}\text{—OH}} \rightleftharpoons \underset{\text{III}}{\text{H—C}\equiv\text{N}\rightarrow\text{O}}$$

Abgesehen von dieser Tautomerie mit dem als Einzelverbindung unbekannten Blausäureoxyd ist die Knallsäure auch isomer mit der Cyansäure HO—C≡N. Diese Isomerie ist vor allem von historischem Interesse, da sie den ersten eindeutig nachgewiesenen Isomeriefall darstellt, dessen Aufklärung wir Liebig und Wöhler verdanken. Beide Forscher kamen bei der Analyse der Silbersalze der Knallsäure (Liebig 1823) und der Cyansäure (Wöhler 1822) zu der gleichen Summenformel AgCON und fanden, nachdem sie sich nach anfänglichen Zweifeln von der Richtigkeit ihrer Analysen überzeugt hatten, auch sofort die richtige Erklärung, daß nämlich die Atome in beiden Verbindungen verschiedenartig angeordnet sind. Von Liebig stammt ferner die für die Strukturaufklärung der Knallsäure wichtige Beobachtung, daß sie bei der Hydrolyse mit Salzsäure über das von ihm allerdings noch nicht aufgefundene Form-hydroxamsäurechlorid (IV, auch Formylchlorid-oxim genannt) in Hydroxylamin und Ameisensäure zerfällt:

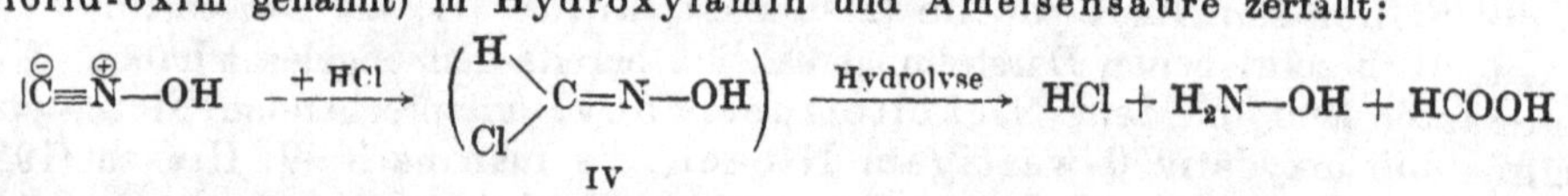

Die **Darstellung** der Knallsäure kann nach verschiedenen Methoden erfolgen, die sämtlich auf dem bei der Kohlenoxydbildung beschriebenen Prinzip der Abspaltung zweier entgegengesetzt polarisierter Substituenten von einem, in diesem Fall oximierten, Carbonyl-C-Atom beruhen und in dem folgenden Formelschema zusammengestellt sind:

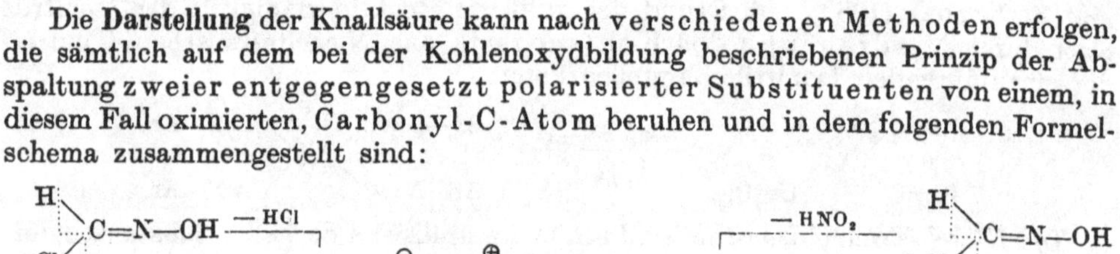

Von allen diesen Bildungsweisen hat nur die Spaltung der Methylnitrolsäure praktische Bedeutung erlangt, über die letzten Endes die bereits im Jahre 1800 von dem englischen Chemiker HOWARD aufgefundene und auch heute noch allgemein gebräuchliche Darstellung von *Knallquecksilber* durch Kochen von Alkohol mit konzentrierter Salpetersäure in Gegenwart von metallischem Quecksilber vor sich geht. Der im einzelnen sehr komplizierte Reaktionsverlauf wurde von H. WIELAND (1910) eingehend untersucht und konnte in allen Teilreaktionen sichergestellt werden. Danach erfolgt in voller Analogie zur Chloroformbildung (S. 160) primär eine Dehydrierung des Alkohols zum Acetaldehyd (V), der dann in α-Stellung zur Carbonylgruppe nitrosiert wird (zur „Isonitrosoverbindung" VI) und schließlich durch Decarboxylierung des bei erneuter Dehydrierung (zu VII) und Nitrierung entstehenden Nitrolsäurederivates der Essigsäure (VIII) in die *Methylnitrolsäure* (IX) als die eigentliche Muttersubstanz der Knallsäure (II) übergeht:

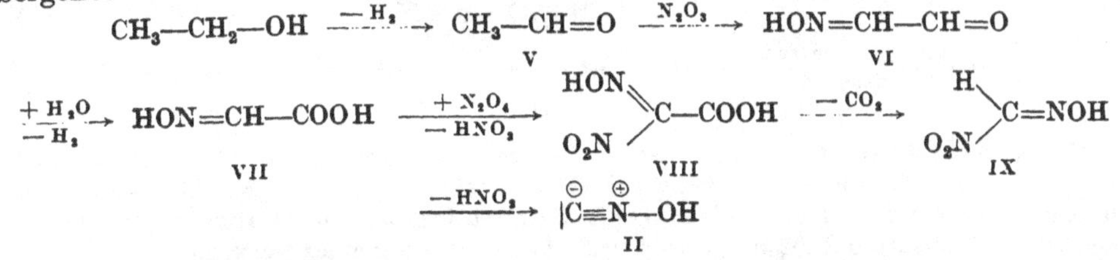

Die freie Knallsäure ist eine äußerst unbeständige Verbindung, die nur in ätherischer Lösung für kurze Zeit in freiem Zustand gewonnen werden kann und sich als eine blausäureähnlich riechende, mit Ätherdämpfen flüchtige Substanz erweist. Sie wird infolge ihrer Unbeständigkeit ausschließlich in Form ihrer Salze dargestellt und zur Reaktion gebracht. Ihre **chemischen Umsetzungen** lassen sich in zwei Gruppen unterteilen: 1. die Anlagerungsreaktionen und 2. die (z. T. bereits von LIEBIG untersuchten) Polymerisationsreaktionen.

Zu 1. Die **Anlagerung** erfolgt stets in prinzipiell gleicher Weise wie beim Kohlenoxyd und den Isonitrilen, läßt sich jedoch infolge der großen Polymerisationsneigung der Knallsäure nur in wenigen Fällen einwandfrei verwirklichen. Die einzigen ohne Nebenreaktionen durchführbaren Umsetzungen sind: 1. die Anlagerung von Chlorwasserstoff bei der Einwirkung von konzentrierter Salzsäure zum Formyl-chlorid-oxim, und 2. die Anlagerung von salpetriger Säure zur Methylnitrolsäure, die beide in Umkehrung der oben beschriebenen Bildungsreaktionen verlaufen (Gleichungen formulieren!). Die Reaktion mit Wasser führt dagegen über die zunächst zu erwartende Anlagerung zur Formhydroxamsäure (formulieren!) hinaus zur Ameisensäure, und bei der Einwirkung der elementaren Halogene (sowie auch von Tritylchlorid) auf Knallquecksilber entstehen unter sekundärer Abspaltung der Quecksilberhalogenide die substituierten Nitriloxyde (bzw. deren Stabilisierungsprodukte):

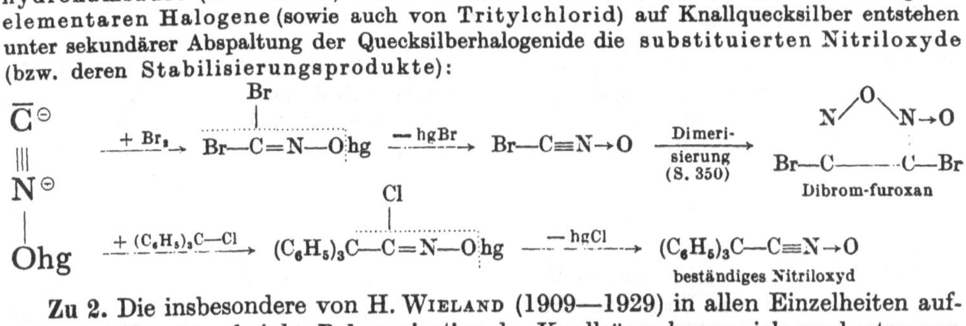

Zu 2. Die insbesondere von H. WIELAND (1909—1929) in allen Einzelheiten aufgeklärten Vorgänge bei der **Polymerisation** der Knallsäure lassen sich am besten von der auf S. 744 beschriebenen Blausäureoxyd-Form (III) aus erklären. Danach er-

leidet das Blausäureoxyd zunächst eine lineare Polymerisation zu der dimeren Verbindung X und der trimeren Verbindung XI, die sich beide als instabile Nitriloxydverbindungen sofort sekundär zur *Isocyanilsäure* XII und *Metafulminursäure* XIII als den ersten faßbaren Polymerisationsprodukten der Knallsäure stabilisieren:

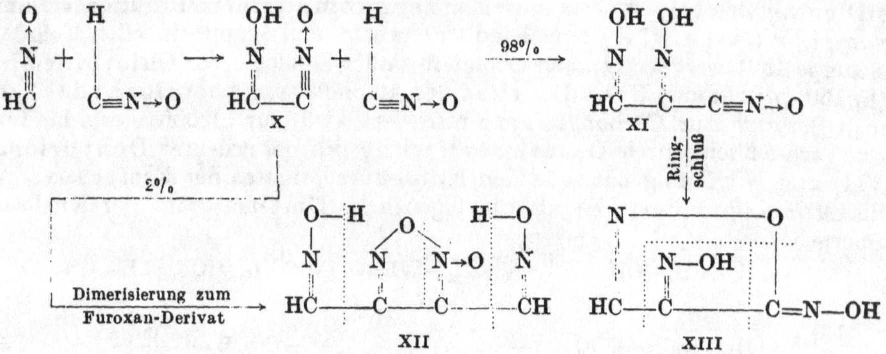

Hierbei entsteht die tetramere Isocyanilsäure nicht etwa durch schrittweise Polymerisation, sondern durch nachträgliche Dimerisierung des dimeren Blausäureoxyds X auf dem Wege einer normalen Nitriloxyd-Dimerisierung zum Furoxanderivat (S. 350). Doch ist die Ausbeute mit 2% nur gering, weil die Anlagerung eines weiteren Blausäureoxydmoleküls zum trimeren Blausäureoxyd XI sehr viel rascher erfolgt. Dagegen geht dessen Stabilisierung zu der als Hauptprodukt entstehenden Metafulminursäure (XIII) als innermolekulare Ringschlußreaktion so schnell vor sich, daß man weder das Auftreten eines normalen Tetramerisierungsproduktes, noch das eines der Isocyanilsäure entsprechenden Furoxanderivates aus sechs Knallsäuremolekülen beobachtet. Beide Reaktionsprodukte lassen noch die Struktur der an ihrem Aufbau beteiligten Knallsäuremoleküle erkennen (in den Formeln durch die dünnpunktierten Linien angedeutet). Sie sind immer noch sehr labile Verbindungen und zu einer Reihe sekundärer Umlagerungsreaktionen befähigt.

Die wichtigsten Derivate der Knallsäure sind ihre **Salze** (*Fulminate*) von denen wir das **Knallquecksilber** bereits als Endprodukt der technischen Knallsäuregewinnung kennengelernt haben. Es wird, ebenso wie das in analoger Weise aus Salpetersäure, Äthylalkohol und metallischem Silber entstehende **Knallsilber**, bereits durch Hitze oder Schlag zur Detonation gebracht (Name!) und diente daher lange Zeit in der Technik als Initialzünder. In neuerer Zeit wird es zunehmend durch das etwas beständigere Bleiazid verdrängt.

Diese Schwermetallfulminate besitzen mit großer Wahrscheinlichkeit die Struktur XIV mit einer Metall-Kohlenstoff-Bindung, d. h. sie leiten sich von der oben beschriebenen Blausäureoxydform (III) der Knallsäure ab. Hierfür spricht u. a. auch ihre Befähigung zum Aufbau von ähnlichen Komplexen, wie wir sie von den Schwermetallcyaniden her kennen. Beispielsweise entspricht dem bekannten Natrium-eisen-II-cyanid $Na_2Fe(CN)_6$ das Natrium-eisen-II-fulminat $Na_2Fe(CNO)_6$.

$$\underset{\text{XIV}}{Me{-}C{\equiv}N{\rightarrow}O}$$

II. Die freien Radikale

Bei allen bisher besprochenen Verbindungen hatten wir es mit vierwertigem Kohlenstoff zu tun. Daneben gibt es aber auch eine Reihe von Verbindungen, in denen der Kohlenstoff nur drei Valenzen betätigt, während das vierte Außenelektron als nicht gebundenes Einzelelektron am Zentralatom verbleibt und diesem damit in bezug auf diese eine Valenz den Charakter eines freien Atoms verleiht. Diese Verbindungen nennt man *freie Radikale*. Sie stehen im Gegensatz sowohl zu den normalen Radikalen der chemischen Nomenklatur, die einen in Bindung befindlichen Molekülteil darstellen (vgl. S. 18), als auch zu den als Carbenium-Kationen und Carbeniat-Anionen (vgl. S. 35) bezeichneten radikalartigen Atomgruppen, die ohne Auflösung des Bindungselektronenpaares während einer Reaktion ihren Platz wechseln.

Die freien Radikale haben eine sehr interessante **Entdeckungsgeschichte.** Nach der Einführung des Radikalbegriffes in die organische Chemie in den dreißiger Jahren des vorigen Jahrhunderts (**II**, Kap. 1, II, 2) glaubte man zunächst, daß ihre Darstellung keine Schwierigkeiten bereitet und sie insbesondere bei den verschiedenen Formen der Wurtzschen Synthese entstehen:

$$R—Hal + Me\cdot \longrightarrow R\cdot + MeHal$$

Die exakte Fassung des Molekülbegriffes und vor allem die zahlreichen Möglichkeiten der Molekulargewichtsbestimmung zeigten jedoch bald, daß in keinem dieser Fälle wirklich freie Radikale auftreten, sondern daß sich diese stets gegenseitig unter Bildung der dimeren Verbindungen absättigen. Diese Erkenntnis gipfelte in dem nahezu zum Dogma erhobenen Postulat der ausschließlichen Vierwertigkeit des Kohlenstoffs, von dessen Allgemeingültigkeit man so fest überzeugt war, daß die tatsächliche Entdeckung der ersten freien Radikale durch den amerikanischen Forscher Gomberg im Jahre 1900 — die eigenartigerweise mit Hilfe der früher vergeblich in dieser Richtung untersuchten Reaktion von Wurtz gewonnen wurden — zunächst allseitigem Mißtrauen begegnete und erst nach Jahren ihre allgemeine Anerkennung fand.

Beständigkeitsverhältnisse. Die relativ schwierige Darstellbarkeit und die außerordentliche Labilität der freien Radikale werden sofort verständlich, wenn man bedenkt, daß jede von einem C-Atom ausgehende Bindung im Durchschnitt etwa 80 kcal/Mol zu ihrer Auflösung benötigt. Die freien Radikale sind infolgedessen sehr stark endotherme Verbindungen, deren Reaktionsfähigkeit noch dadurch erhöht wird, daß sie wegen des Vorliegens eines nicht in Bindung befindlichen Einzelelektrons zu ihren Umsetzungen eine nur sehr geringe Aktivierungsenergie erfordern (vgl. S. 38). Sie sind daher nicht allgemein sondern nur beim Vorliegen besonderer Bindungssysteme, auf die wir im zweiten Teil dieses Buches näher eingehen werden (**II**, Kap. 3, III, 7), längere Zeit existenzfähig, und auch dann ist es nur in ganz wenigen Fällen gelungen, sie in Substanz zu isolieren. Im allgemeinen muß man sich mit ihrem Nachweis in Lösung oder in hochverdünnten Gasen begnügen.

Der exakte **Nachweis** des tatsächlichen Vorliegens freier Radikale bereitete anfangs große Schwierigkeiten, da sie meistens mit den dimeren Verbindungen im Gleichgewicht stehen und sich ihre Reaktionen im allgemeinen auch von diesen aus durch Annahme einer sehr reaktionsfähigen Bindung erklären lassen. Die wichtigsten der für das Auftreten wirklicher freier Radikale sprechenden Argumente sind:

1. das Vorliegen eines echten **Dissoziationsgleichgewichtes** in Lösung, das dem Ostwaldschen Verdünnungsgesetz gehorcht und sowohl osmotisch als auch durch kolorimetrische Bestimmung[1]) der sehr intensiv farbigen freien Radikale bestätigt werden konnte.

---

[1]) Besonders charakteristisch ist die Nichterfüllung des Beerschen Gesetzes, das besagt, daß die Gesamtfarbintensität eines gelösten Farbstoffes unabhängig von seiner Konzentration ist. Verdünnt man infolgedessen die Lösung des Farbstoffs ohne Änderung des Lösungsquerschnittes in der Blickrichtung — z. B. in einem Reagens-

2. der **Paramagnetismus,** denn auf Grund der Elektronentheorie ist der Spin des Einzelelektrons des Radikalatoms nicht kompensiert, und das Molekül muß daher paramagnetisch sein (vgl. S. 23). Die erwartete paramagnetische Susceptibilität (bez. der Definition vgl. **II,** Kap. 2, I, 5) wurde auch tatsächlich in allen Fällen, in denen mit dem Auftreten freier Radikale gerechnet werden kann, in der erwarteten Größenordnung gefunden und dient heute qualitativ und quantitativ als wichtigster Nachweis für das Vorliegen wirklicher freier Radikale.

Die bisher dargestellten freien Radikale können in die folgenden sechs Untergruppen eingeteilt werden: 1. die Triarylmethylradikale, 2. die sonstigen Polyarylalkylradikale, 3. die freien Alkylradikale, 4. die Radikale mit zweibindigem Stickstoff, 5. die Radikale mit dreibindigem Stickstoff und 6. die Radikale anderer Heteroelemente.

1. Die Triarylmethylradikale

In den Hexaaryläthanen (S. 140) ist aus den in **II**, Kap. 3, III, 7 erörterten Gründen die Äthan-C—C-Bindung derart labilisiert, daß sie in Lösung im Rahmen eines Gleichgewichtes unter Bildung der freien *Triarylmethylradikale* aufgespalten wird:

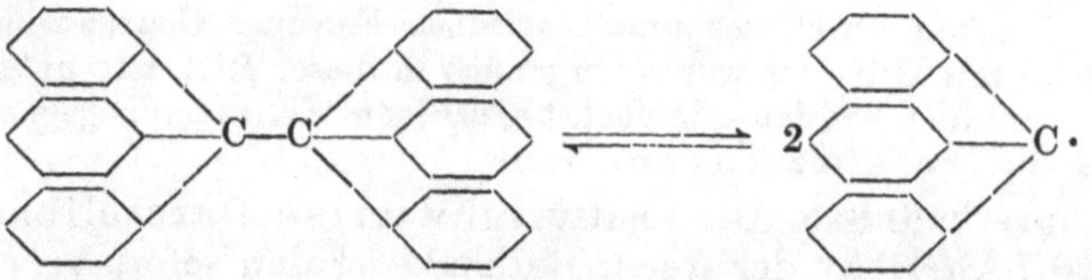

Die Triarylmethylradikale sind infolgedessen in den Lösungen der Hexaaryläthanverbindungen stets enthalten, so daß man ihre Darstellung meistens mit der der dimeren Verbindungen verknüpft. Dies geschieht im allgemeinen in der Weise, daß man die bei der Einwirkung von Metallen (meist Zink, Silber oder Quecksilber) auf Lösungen der Triarylmethylhalogenide in indifferenten organischen Lösungsmitteln nach Wurtz (Gleichung formulieren!) entstehenden Lösungen der Hexaaryläthane direkt zur Untersuchung der **Radikaleigenschaften** verwendet. Hierzu sind insbesondere die folgenden fünf Reaktionen geeignet:

1. Die freien Triarylmethylradikale sind stets stark farbig und können auf Grund dieser Farbigkeit qualitativ und quantitativ nachgewiesen werden (s. o.).

2. Sie absorbieren Luftsauerstoff unmeßbar rasch unter Bildung von Triarylmethylperoxyden:

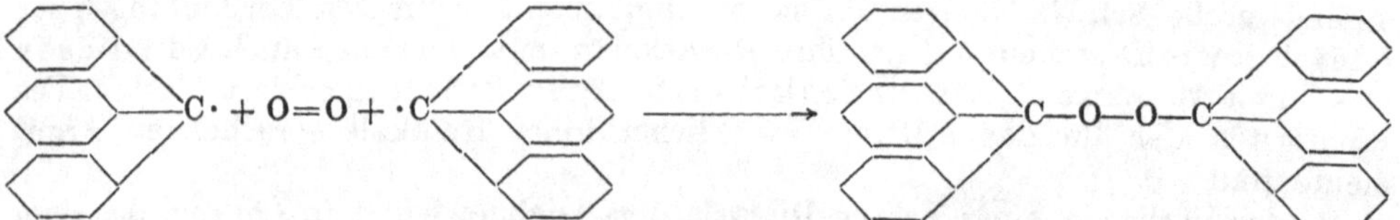

Die teilweise dissoziierte Lösung von Hexaphenyläthan in Benzol wird daher beim Schütteln mit Luft entfärbt. Doch erscheint die Farbe nach einiger Zeit wieder, kann durch nochmaliges Schütteln mit Luft erneut zum Verschwinden gebracht werden,

glas, das man von oben betrachtet —, so kann man keinerlei Änderung der Farbintensität beobachten. Bei der Lösung eines in freie Radikale dissoziierenden Stoffes tritt jedoch infolge der Zunahme des Dissoziationsgrades mit der Verdünnung eine reversible Erhöhung der Farbintensität ein, und ebenso kann man beim Erwärmen eine reversible Intensitätserhöhung beobachten.

erscheint ein drittes Mal usw., bis alles Hexaphenyläthan in das Triphenylmethyl-peroxyd übergeführt ist. Diese als SCHMIDLINsches Phänomen bezeichnete Reaktionsfolge ist sehr charakteristisch für die freien Triarylmethylradikale und beruht darauf, daß die Dissoziation des Hexaphenyläthans im Gegensatz zur Sauerstoffaufnahme der freien Radikale ziemlich langsam erfolgt, so daß sich letztere immer erst nach einiger Zeit nachbilden. Die Sauerstoffaufnahme der Triarylmethyle ist auch vom Standpunkt der Reaktionskinetik von Interesse und eignet sich auf Grund ihres eigenartigen Reaktionsmechanismus als katalytischer Effekt für andere Oxydationsreaktionen (Näheres vgl. **II**, Kap. 4, I, 1).

3. Ähnlich wie Sauerstoff werden fast momentan die elementaren Halogene, Alkalimetalle (bzw. nascierender Wasserstoff) und andere freien Radikale angelagert:

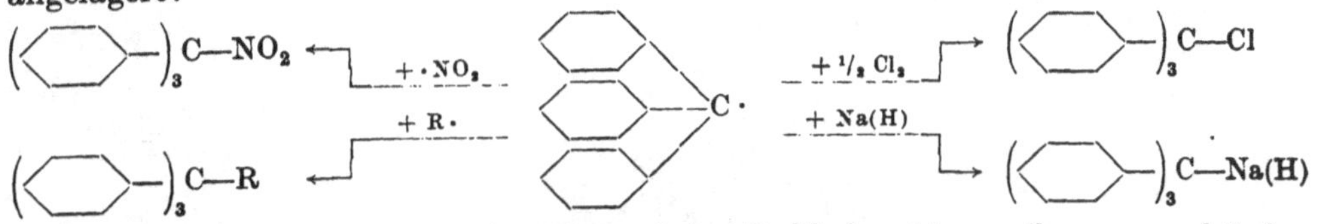

Vor allem die Absättigung mit anderen freien Radikalen ist zuweilen von praktischer Bedeutung für den Nachweis des Auftretens freier Radikale, da vielfach die entstehenden gemischten Verbindungen eine geringere Dissoziationstendenz aufweisen als die symmetrischen Dimerisierungsprodukte beider Radikale und daher beim gleichzeitigen Auflösen von zwei verschiedenen dissoziierenden Stoffen irreversibel entstehen:

$$Ar_3C—CAr_3 + Ar_2N—NAr_2 \rightleftharpoons 2\,Ar_3C\cdot + 2\,Ar_2N\cdot \xrightarrow{\text{irreversibel}} 2\,Ar_3C—NAr_2$$

Besonders stabil und daher zum Nachweis geeignet sind die in obiger Reaktionsgleichung angeführten Anlagerungsprodukte der Diarylstickstoffradikale (S. 757) sowie auch die durch Anlagerung des ebenfalls radikalartigen NO_2 entstehenden Nitroverbindungen.

4. Weiterhin vermögen die freien Triarylmethylradikale mit 1,3-Dienen in Reaktion zu treten, die entweder an beiden Enden, also in 1,4-Stellung, abgesättigt werden, oder durch einseitige Addition neue Radikale bilden, die sich an weitere Dienmoleküle anlagern und auf diese Weise eine Polymerisation des Diens auslösen:

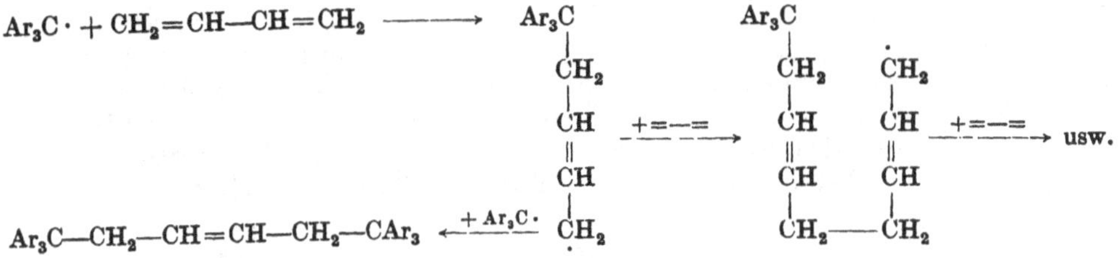

Auch andere polyungesättigte Systeme mit konjugierten Doppelbindungen lagern zuweilen Triarylmethylradikale an. So verhält sich z. B. Chinon dem O_2-Molekül (S. 748) analog und bildet unter 1,6-Addition die den Di-triarylmethyl-peroxyden entsprechenden Hydrochinon-ditriarylmethyl-äther:

5. Eine letzte für Radikale typische Reaktion, die bei den Triarylmethylradikalen allerdings erst bei höherer Temperatur eintritt, ist die Disproportionierung zweier Radikale unter Übertritt eines neutralen Wasserstoffatoms, wobei beide Reaktionspartner wieder in Verbindungen mit einer geraden Elektronenzahl übergehen. Im allgemeinen wandert hierbei der zum Radikalkohlenstoff o-ständige

Wasserstoff, da nur in diesem Falle eine Stabilisierung des bei der Wasserstoffabspaltung entstehenden Diradikals (I) unter Dimerisierung zum Ringmolekül II möglich ist:

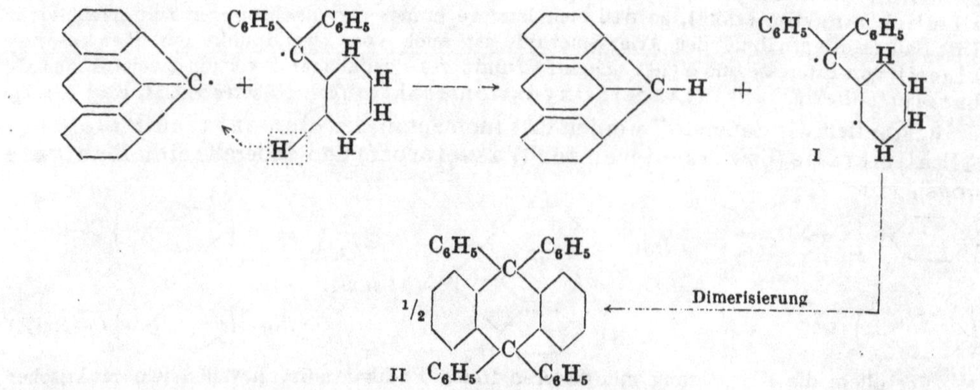

Triphenylmethyl ist in einprozentiger benzolischer Lösung bei Zimmertemperatur nur zu 2—3, bei 80⁰ zu 25—30% im Gleichgewichtsgemisch enthalten. Man erhält daher bei Versuchen zu seiner Isolierung stets die farblose dimere Verbindung. Durch entsprechende Substitution der Benzolkerne ist es jedoch möglich, die Dissoziationsneigung der Hexaaryläthane stark zu erhöhen, so daß in einigen wenigen Ausnahmefällen umgekehrt nicht mehr die gesättigten dimeren Verbindungen, sondern ausschließlich die freien Radikale in Form tief farbiger, an der Luft äußerst unbeständiger Kristalle zur Abscheidung kommen. Von den einfachen Triarylmethylradikalen ist dies insbesondere beim **Tri-p-biphenyl-methyl**

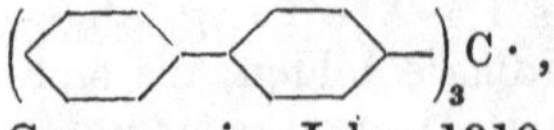, häufig auch kurz *Trixenyl-methyl* genannt, der Fall, das SCHLENK im Jahre 1910 als erstes freies Radikal in Substanz herstellen konnte. Es läßt keine nachweisbare Assoziationsneigung mehr erkennen, so daß seine Lösungen weder das SCHMIDLINsche Phänomen (S. 749) noch die beschriebene Nichterfüllung des BEERschen Gesetzes (S. 747 Anm.) zeigen. Ihm extrem gegenüber steht das **Pentaphenyläthan** (III), dessen Zerfall in freie Radikale nur dadurch nachweisbar ist, daß es bei höherer Temperatur in Hexaphenyläthan und das nicht mehr dissoziierende und sich daher an dem Dissoziationsgleichgewicht nicht mehr beteiligende **Tetraphenyläthan** (IV) disproportioniert:

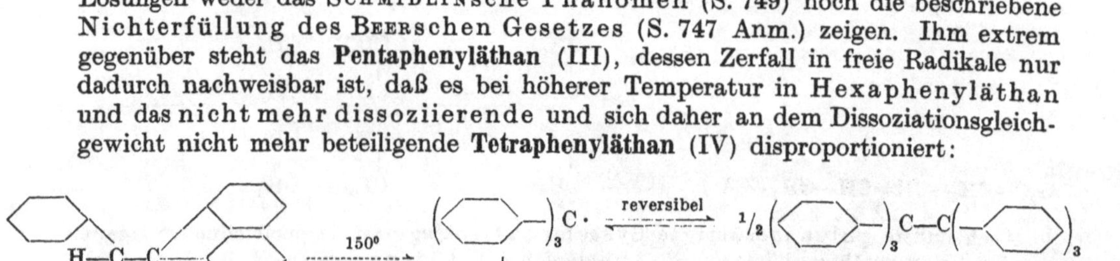

In Tabelle 34 sind die Dissoziationskonstanten und der prozentuale Spaltungsgrad in 0,1 molarer benzolischer Lösung bei Zimmertemperatur für eine Reihe weiterer Hexaaryl-äthane zusammengestellt. Die insbesondere von MARVEL und Mitarbeitern (ab 1937) bestimmten Werte lassen erkennen, daß praktisch jede Substitution des Benzolkerns, insbesondere, wenn sie in o-Stellung erfolgt, zu einer Erhöhung der Dissoziationsneigung führt (vgl. auch **II**, Kap. 3, III, 7).

Tabelle 34

Die Dissoziationskonstanten der Radikalspaltung (K) und die zugehörigen prozentualen Spaltungsgrade in 0,1 molarer benzolischer Lösung bei Zimmertemperatur (α) für einige Polyaryl-äthane

	α	K · 10³		α	K · 10³
sym-Tetraphenyl-äthan	keine Spaltung		Hexa-p-äthylphenyl-äthan	17,0%	14,0
Pentaphenyl-äthan	Spaltung bei höherer Temperatur nachweisbar		Di-o-anisyl-tetraphenyl-äthan	3,8%	0,6
			Tetra-o-anisyl-diphenyl-äthan	7,3%	2,3
			Hexa-o-anisyl-äthan	42,5%	125,0
Hexa-phenyl-äthan	~2,5%	~0,26	Di-m-biphenyl-tetraphenyl-äthan, Hexa-m-biphenyl-äthan	40,0%	100,0
Di-o-toluyl-tetraphenyl-äth.	25,0%	33,0			
Di-p-toluyl-tetraphenyl-äth.	5,0%	1,0	Di-p-biphenyl-tetraphenyl-äthan	10,0%	4,4
Hexa-p-toluyl-äthan	40,0%	100,0	Hexa-p-biphenyl-äthan	100,0%	∞

In neuerer Zeit hat man weiterhin versucht, die aromatischen Reste unter Erhaltung der Radikalbildungstendenz mehr oder weniger vollständig durch aliphatische Reste zu ersetzen. Dies ist insbesondere in zwei Richtungen gelungen:

1. Führt man nach ZIEGLER (1923) eine Diarylvinylgruppe statt eines Phenylrestes in das Triphenylmethylradikal ein, so kommt man zu den **Tetraaryl-allylradikalen**, in denen die beiden neu eingeführten Arylreste immer noch durch ein konjugiertes Doppelbindungssystem mit dem Radikalkohlenstoff verbunden sind, und die daher ebenfalls als freie Radikale existenzfähig sind:

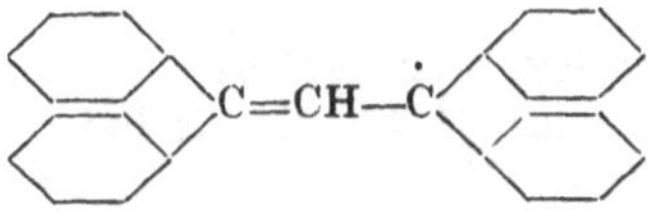

Tetraphenyl-allyl

Sie zeigen infolge der (in II, Kap. 3, III, 7 an anderen Beispielen erörterten) erweiterten Mesomeriemöglichkeit sogar eine wesentlich geringere Assoziationsneigung als das Triphenylmethylradikal selbst und liegen daher in Lösung in fast vollständig dissoziierter Form vor.

2. Grundsätzlich anders verhält sich der ebenfalls von ZIEGLER (1942) untersuchte zweite Verbindungstypus, bei dem die Arylreste mehr oder weniger weitgehend durch gesättigte Alkylgruppen, insbesondere durch die stark raumbeanspruchenden Cyclohexylreste, ersetzt werden können, ohne daß eine wesentliche Abschwächung der Radikalbildungstendenz erkennbar ist. So benötigt z. B. das nebenstehend formulierte **Tetracyclohexyl-diphenyl-äthan** als bisheriges Endglied der Reihe mit 21 kcal/Mol eine

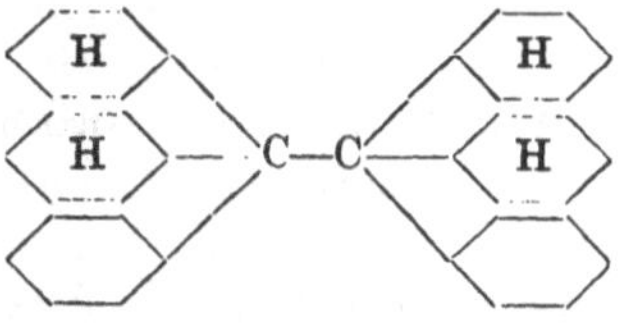

geringere Aktivierungsenergie zur Radikalspaltung als das stärker aromatisierte Dicyclohexyl-tetraphenyl-äthan (25 kcal) und steht dem Hexaphenyl-äthan (19 kcal) hinsichtlich seiner Radikalbildungstendenz kaum nach.

Schließlich hat man auch versucht, Verbindungen mit zwei Radikal-C-Atomen in einem Molekül darzustellen. Hierbei wurde die Beobachtung gemacht, daß die Tendenz zur Vereinigung der beiden Einzelelektronen zu einem Elektronenpaar so groß ist, daß in allen Fällen, in denen dieses durch mesomere Elektronenverschiebung — z. B. in V unter Ausbildung des chinoiden Bindungssystems VI — auch über eine große Entfernung der

C-Atome hinweg möglich ist, keine Radikale nachweisbar sind. Dagegen können bei m-Stellung der Radialatome am Benzolkern infolge der Unmöglichkeit der Ausbildung einer Chinonstruktur **Diradikale** (z. B. VII) erhalten werden:

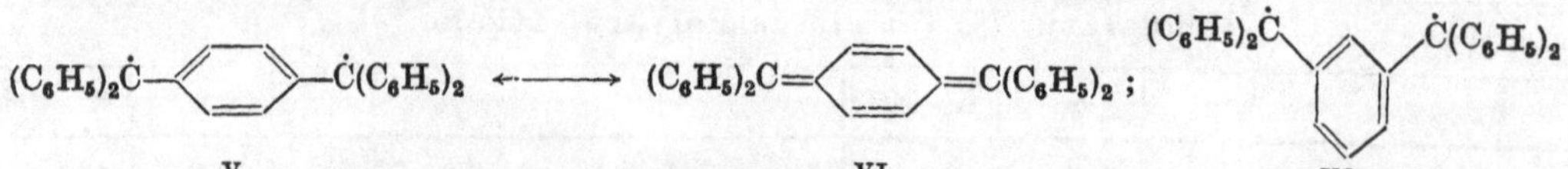

V keine Radikalbildung nachweisbar VI

VII beständiges Diradikal

Bez. weiterer Möglichkeiten der Ausbildung von Diradikalen vgl. **II**, Kap. 3, III, 7.

2. Sonstige Polyarylalkylradikale

Außer den Hexaaryläthanen zeigen auch zahlreiche andere polyarylierte Verbindungen die Tendenz zum Zerfall in freie Radikale. So erhält man z. B. aus den Dekaarylbutanen in analoger Weise die **Pentaaryläthylradikale** (I), wobei auffällt, daß die Radikalspaltung nur in der Mitte des Moleküls, nicht aber daneben auch, wie durch den dünnpunktierten Pfeil angedeutet, asymmetrisch zu einem Triphenylmethyl- und einem Heptaphenylpropyl-radikal erfolgt:

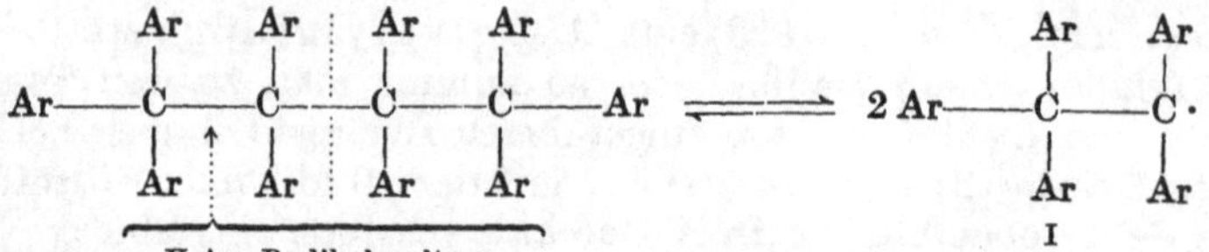

Keine Radikalspaltung I

Einem ganz anderen Radikaltypus gehört das von Ziegler im Jahre 1925 dargestellte **Pentaphenyl-cyclopentadienyl** (III) an, das bei vorsichtiger Dehydrierung von *Pentaphenyl-cyclopentadien* (II) entsteht und nur einen Phenylrest pro C-Atom enthält:

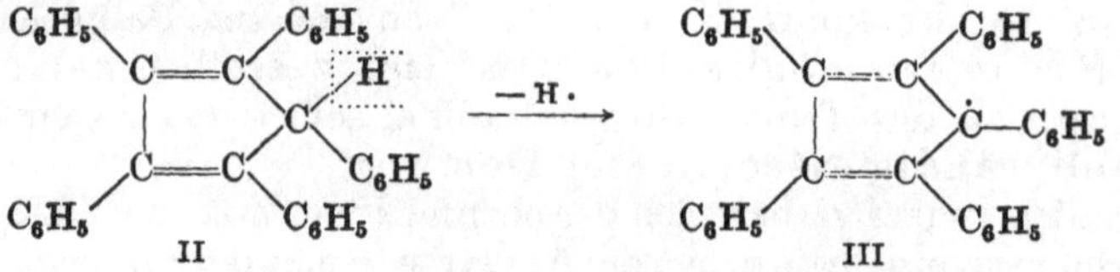

II III

Trotzdem ist aus den in **II**, Kap. 3, III, 7 erörterten Gründen die Radikalbildungstendenz so groß, daß es wie das Trixenylmethyl bisher ausschließlich in Form des monomeren freien Radikals dargestellt werden konnte.

Eine Gruppe sauerstoffhaltiger Radikale hat W. Schlenk (1911—13) in den bei der Anlagerung von Alkalimetallen an aromatische Ketone entstehenden **Metallketylen** (IV) aufgefunden, die wir auf S. 265 bereits als Zwischenverbindungen bei der Pinakonbildung kennengelernt haben:

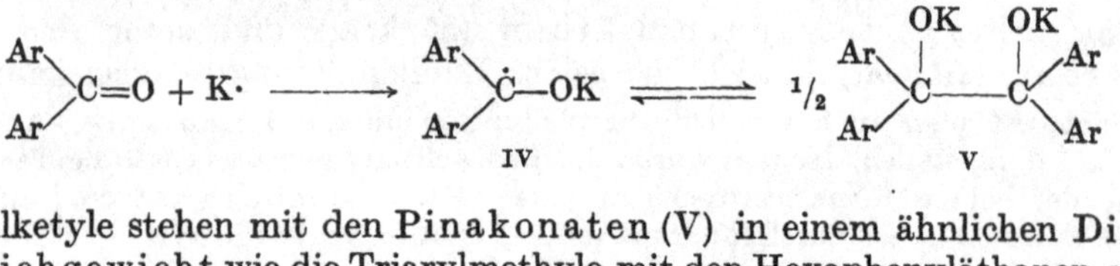

IV V

Die Metallketyle stehen mit den Pinakonaten (V) in einem ähnlichen Dissoziationsgleichgewicht wie die Triarylmethyle mit den Hexaphenyläthanen, und man beobachtet eine ähnliche Abhängigkeit der Dissoziationstendenz von den Substituenten der Benzolkerne. Eine besonders starke Dissoziationsneigung zeigen die dunkelblauen Kaliumverbindungen von Benzophenon und MICHLERS Keton (S. 579), die selbst im festem Zustand bei Zimmertemperatur zu 77 bzw. 96% in der Radikalform vorliegen, während auf der anderen Seite die gelb-roten Kaliumverbindungen des Fluorenons (S. 836) und Chromons (S. 864), die SCHLENK ebenfalls als freie Radikale angesprochen hatte, nur in Form der dimeren Pinakonate auftreten. Auch durch Wechsel des Metallatoms kann man die Dissoziationstendenz der Pinakonate stark verändern. Im allgemeinen sind die Lithiumverbindungen am wenigsten und die Kaliumverbindungen am stärksten in die freien Radikale aufgespalten.

Für das strukturell den Metallketylen nahestehende *Monobenzilkalium* (VII) liegt eine interessante Bildungsweise in der Abgabe von einem Kaliumatom des Stilben-diol-kaliums (VI, vgl. S. 427) an Benzil vor, bei der die aliphatischen C-Atome beider Moleküle jeweils in die gleiche Oxydationsstufe übergehen. Die Reaktion stellt also die Umkehr einer Disproportionierungsreaktion dar und wird daher auch *Konproportionierung* genannt:

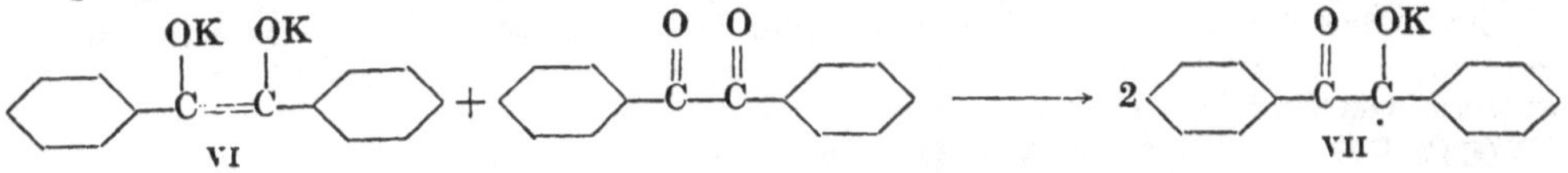

VI VII

Die Radikale vom Typus des Monobenzilkaliums sind sehr nahe mit den nachstehend beschriebenen Semichinonen verwandt, von denen sie sich lediglich dadurch unterscheiden, daß die beiden CO-Gruppen direkt und nicht über ein System konjugierter Doppelbindungen miteinander verbunden sind. Sie neigen daher ebensowenig wie die Semichinone zur Dimerisation und zerfallen in saurem Medium sofort unter Disproportionierung, d. h. unter Umkehr der angegebenen Bildungsreaktion, in je ein Molekül Benzil und Benzoin (Gleichung formulieren!).

Die von WEITZ (ab 1925) entdeckten und später auch von MICHAELIS untersuchten **Semichinone** (vgl. auch S. 302) entstehen aus je einem Molekül eines Chinons und des zugehörigen Hydrochinons (bzw. dessen Dinatriumverbindung) in stark alkalischer Lösung in ähnlicher Weise durch Konproportionierung wie das oben beschriebene Monobenzilkalium:

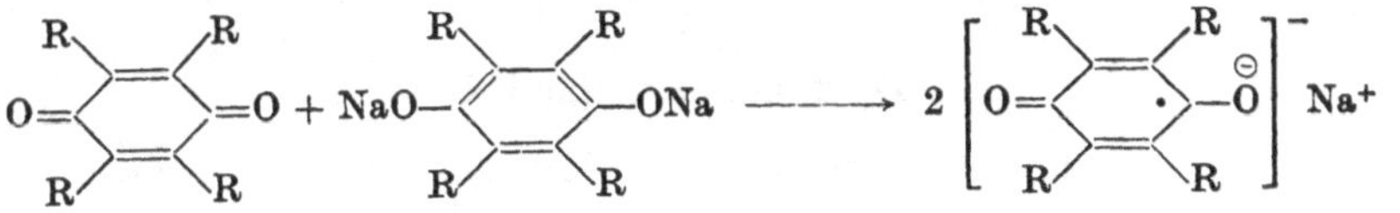

Chinon Dinatrium-hydrochinon Semichinon

Die Semichinone sind typische Ionenradikale und zeigen als solche keine Dimerisierungstendenz, da die starken elektrostatischen Abstoßungskräfte der gleichnamig geladenen Ionen ihre gegenseitige Annäherung erschweren (vgl. z. B. die ebenfalls nur in Form der freien Radikale bekannten Ammeniumsalze [S. 758] und das Triphenylbor-natrium [S. 760]). Sie sind daher nur in der monomeren Form bekannt, deren Radikalnatur durch magnetische Messungen eindeutig bestätigt werden konnte. Ihre Existenz ist aus den in II, Kap. 3, III, 7 erörterten Gründen eng mit ihrer Ionennatur verknüpft. Sie zerfallen daher beim Ansäuern, d. h. der Entladung durch Protonenaufnahme, sofort in Umkehr ihrer Bildung in je ein Molekül Chinon und Hydrochinon, die ihrerseits wieder zum Chinhydron zusammentreten können, so daß sich in Abhängigkeit vom p_H des Lösungsmittels recht komplizierte Gleichgewichtsverhältnnisse ergeben:

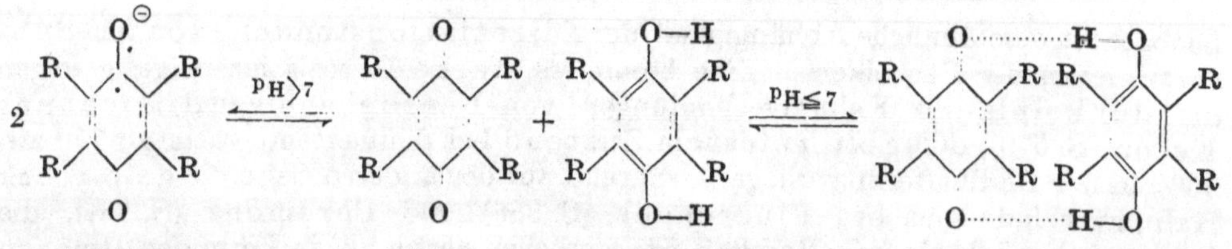

Semichinon Chinon Hydrochinon Chinhydron

Chinhydrone und Semichinone sind demnach verschiedene Verbindungsklassen der gleichen mittleren Oxydationsstufe, die aus je einem Chinonmolekül und Hydrochinonmolekül entstehen. Erstere sind im allgemeinen in saurem, letztere in alkalischem Medium beständig. Doch ist nicht jedes Chinon sowohl zur Semichinon- als auch zur Chinhydronbildung befähigt. So kennt man z. B. vom alkali-unbeständigen p-Benzochinon (R = H) selbst kein Semichinon sondern nur das Chinhydron, während Durochinon ($R = CH_3$) umgekehrt nur ein Semichinon und kein Chinhydron zu bilden vermag.

Auch von den basischen Chinon-iminen leiten sich semichinoide Derivate ab, die jedoch im Gegensatz zu den eigentlichen Semichinonen in saurem Medium, d. h. wieder nur in Form von Radikal-Ionen, beständig sind. Das bekannteste Beispiel ist der Farbstoff **Wursters Rot** (X), der beim Zusammengeben von je einem Mol salzsaurem p-Amino-dimethylanilin (VIII) und seinem Dehydrierungsprodukt (IX) momentan entsteht:

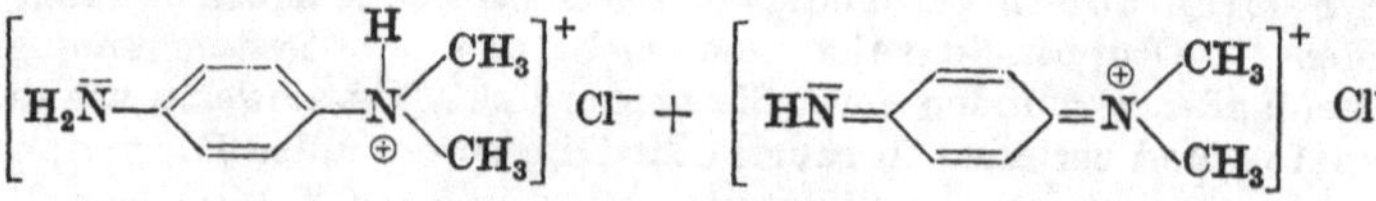

VIII IX

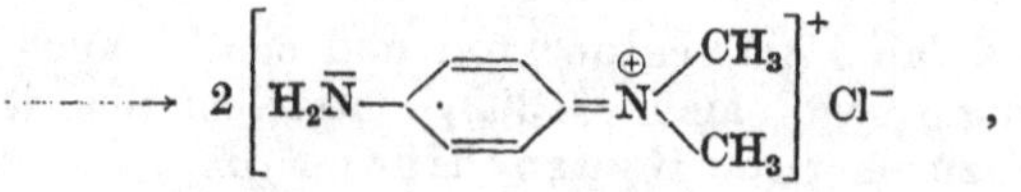

X

und dessen Radikalnatur durch den auftretenden Paramagnetismus einwandfrei nachgewiesen werden konnte.

3. Die freien Alkylradikale

Während die bisher besprochenen freien Radikale infolge des stabilisierenden Einflusses der Arylgruppen noch relativ beständige Verbindungen sind, liegen in den *freien Alkylradikalen* Substanzen vor, die aus ihren Dimerisierungsprodukten nur durch Spaltung einer ungeschwächten C—C-Bindung hervorgehen, diesen gegenüber also mit etwa 40 kcal pro Radikal endotherm sind. Man glaubte daher lange Zeit, daß sie nur innerhalb des Molekülbereiches im Verlaufe von chemischen Reaktionen existenzfähig seien und sich bei Versuchen zu ihrer Darstellung stets momentan anderweitig stabilisieren. Das ist jedoch nicht der Fall, und genau wie die Rekombination der freien Wasserstoffatome eine Aktivierung erfordert und daher nur im Rahmen einer Zeitreaktion erfolgt, geht auch die Rekombination oder anderweitige Stabilisierung der freien Alkylradikale nicht momentan vor sich, sondern benötigt eine gewisse Zeit. Infolgedessen sind die freien Alkylradikale kurze Zeit existenzfähig und können bei geeigneter Versuchsanordnung in einer gewissen Entfernung vom Ort ihrer Entstehung nachgewiesen werden.

Freie Alkylradikale entstehen an sich bereits bei der thermischen Zersetzung von Paraffinen (S. 76). Doch sind für die Paraffinvercrackung bereits derart hohe Temperaturen erforderlich, daß sofort Sekundärreaktionen eintreten, und der Radikalnachweis auf diesem Wege nicht mehr möglich ist. Man muß daher zu ihrer Darstellung Verbindungen wählen, die leichter spaltbar sind. Hierfür haben sich nach PANETH (1929) insbesondere die Blei-tetraalkyle (S. 733) und die Wismut-trialkyle (S. 734) als brauchbar erwiesen, die beim Leiten ihrer Dämpfe im Vakuum (in Mischung mit Wasserstoff als Trägergas) durch ein auf etwa 300° erhitztes Rohr unter Abscheidung eines Metallspiegels die freien Alkylradikale abspalten:

$$PbR_4 \xrightarrow{300^\circ} Pb + 4\,R\cdot \qquad BiR_3 \xrightarrow{300^\circ} Bi + 3\,R\cdot$$

Die Alkylradikale sind bei der starken Strömung der hochverdünnten Gase trotz ihrer kurzen Lebensdauer (die Halbwertszeit beträgt etwa 1/100 bis 1/1000 Sekunden) noch einige Dezimeter hinter der Erhitzungsstelle nachweisbar und können an der Auflösung von Metallspiegeln (z. B. von Blei, Wismut oder Quecksilber) unter Rückbildung flüchtiger Organometallverbindungen erkannt werden. Insbesondere die Auflösung eines Quecksilberspiegels ist zu ihrem Nachweis sehr geeignet, da die Quecksilberdialkyle unter den Versuchsbedingungen nur aus den freien Radikalen und metallischem Quecksilber entstehen können und sich durch Überführung in die kristallisierten Alkylquecksilberhalogenide leicht identifizieren lassen.

Das Prinzip einer derartigen Versuchsanordnung ist in Abb. 14 wiedergegeben:

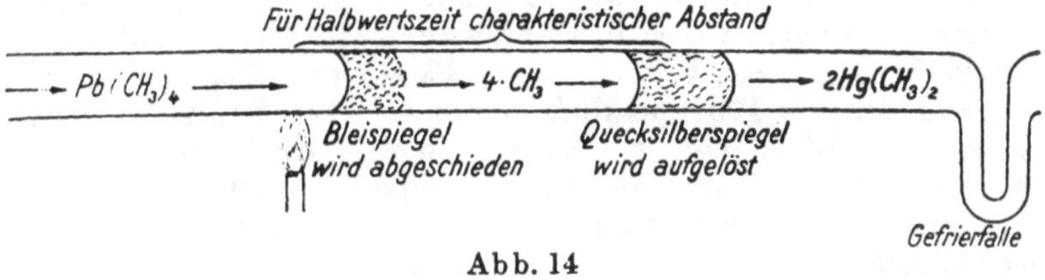

Abb. 14

Sie gestattet, aus der Entfernung des aufzulösenden Metallspiegels von der Erhitzungsstelle und aus der Auflösungsgeschwindigkeit Rückschlüsse auf die Lebensdauer der Radikale zu ziehen.

Ist kein zweiter Metallspiegel vorhanden oder der Abstand zwischen den beiden Metallspiegeln zu groß, so stabilisieren sich die Radikale innerhalb der angegebenen Lebensdauer in gleicher Weise wie die Triarylmethylradikale durch Dimerisierung (Reaktion a) oder durch Disproportionierung unter Wanderung eines neutralen Wasserstoffatoms (Reaktion b):

$$2\,CH_3{-}\dot{C}H_2 \begin{cases} \xrightarrow{a} CH_3{-}CH_2{-}CH_2{-}CH_3 \\ \xrightarrow{b} CH_3{-}CH_2{-}H + H_2\dot{C}{-}\dot{C}H_2 \longleftrightarrow H_2C{=}CH_2 \end{cases}$$

Mit Sicherheit konnten bisher als selbständige, auch in einer gewissen Entfernung vom Ort ihrer Bildung existenzfähige Substanzen die Radikale *Methyl*, *Äthyl*, *n-Propyl* und *n-Butyl* nachgewiesen werden, während die Existenzfähigkeit des *freien Methylens* $H{-}\dot{C}{-}H$ noch zweifelhaft ist. Alle diese Radikale sind als freie Verbindungen bisher ohne praktische Bedeutung geblieben.

Wesentlich wichtiger ist dagegen die Bildung und unmittelbar anschließende weitere Umsetzung derartiger freier Radikale am Ort ihrer Entstehung, d. h. das Auftreten freier Radikale als Zwischenprodukte bei chemischen Reaktionen. Doch haben wir es hier nicht mehr mit selbständigen Verbindungen im Sinne der systematischen organischen Chemie zu tun. Ihre eingehende Behandlung erfolgt daher erst später im Zusammenhang mit der Beschreibung der chemischen Reaktionen in **II**, Kap. 4, II, sowie in **III**, Kap. 3, III.

4. Die Radikale mit zweibindigem Stickstoff

Die Auffindung der freien Triarylmethylradikale legt die Frage nach der Existenz ähnlicher Radikale in der Stickstoffreihe nahe, zumal vom Stickstoff bereits zwei anorganische Radikalverbindungen, das $\cdot NO$ und das $\cdot NO_2$[1]), bekannt sind, die ebenfalls eine ungerade Elektronenzahl aufweisen. Es ist das Verdienst von H. WIELAND (1911—22), diesen Gedankengang verfolgt und die den Triarylmethylradikalen analogen **Diarylstickstoffradikale** aufgefunden zu haben. Sie entstehen in ähnlicher Weise durch Dissoziation der Tetraarylhydrazine (S. 602), so daß ihre Gewinnung praktisch auch hier mit der der Dimerisierungsprodukte (vgl. S. 748) zusammenfällt:

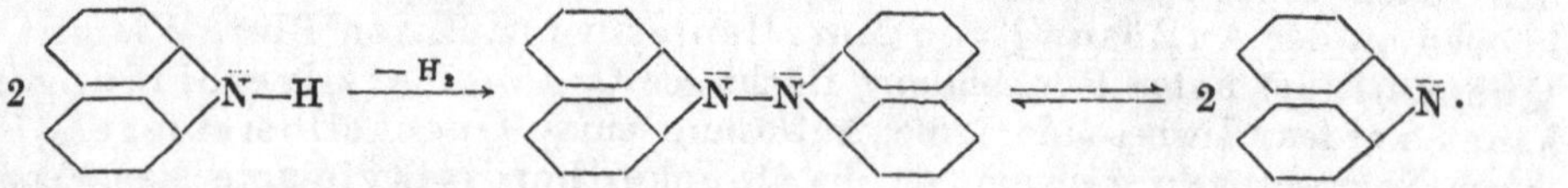

Die Diarylstickstoffradikale sind in ihrem **physikalischen** und **chemischen Verhalten** den freien Triarylmethylradikalen sehr ähnliche, stark farbige Verbindungen, die ebenfalls nur in Lösung untersucht werden können. Ihre wichtigsten Eigenschaften lassen sich zu den folgenden drei Punkten zusammenfassen:

1. Die Diarylstickstoffradikale weisen einerseits eine größere Assoziationstendenz, andererseits eine wesentlich geringere Stabilität auf als die Triarylmethylradikale. Infolgedessen beginnt die Radikaldissoziation im allgemeinen erst bei Temperaturen um 100° merklich zu werden, bei denen die freien Radikale nicht mehr beständig sind, so daß man nur ihre Disproportionierungsprodukte erhält, die in Analogie zur Disproportionierung der Triarylmethylradikale (S. 750) unter Wanderung eines H-Atoms und Dimerisierung des sich hierbei bildenden Diradikals (I) entstehen:

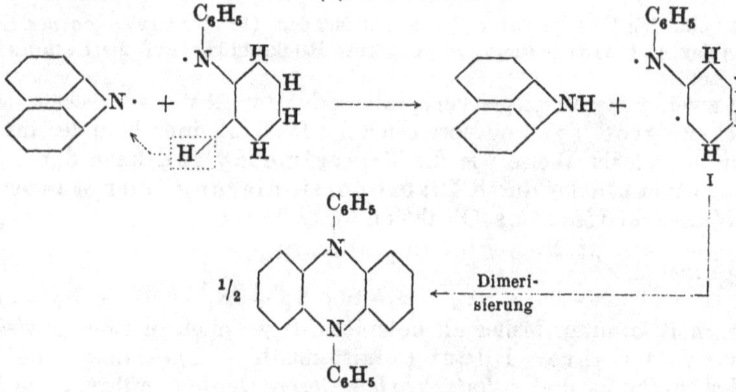

N,N'-Diphenyl-phenazin

[1]) Insbesondere das Radikal NO_2 zeigt ein den Triarylmethylradikalen sehr ähnliches Verhalten. Es ist ebenfalls stark farbig und steht zwischen 0° (vollständige Assoziation) und 150° (vollständige Dissoziation) mit dem in jeder Beziehung den Hexaaryläthanen entsprechenden, nahezu farblosen N_2O_4 in einem reversiblen Dissoziationsgleichgewicht.

Die charakteristischen Farbreaktionen der freien Radikale (S. 747 f.), insbesondere die Nichterfüllung des BEERschen Gesetzes, können daher hier nicht beobachtet werden, sondern der Radikalnachweis ist nur indirekt über die beschriebenen Umwandlungsprodukte möglich.

2. Außer durch Disproportionierung können die Diarylstickstoffradikale auch durch eine Reihe von **Anlagerungsreaktionen** abgefangen werden. Zwar erweisen sie sich im Gegensatz zu den Kohlenstoffradikalen als gegen elementaren Sauerstoff stabil, sie absorbieren statt dessen aber sehr energisch das Radikal ·NO unter Bildung der Nitrosamine sekundärer Diarylamine (III). Weitere charakteristische Anlagerungsprodukte sind die oben bereits erwähnten, nicht mehr dissoziierenden gemischten Additionsverbindungen der Triarylmethyl- und Diarylstickstoffradikale (V). Schließlich werden in gleicher Weise wie bei den Triarylmethylradikalen nascierender Wasserstoff und Alkalimetalle unter Bildung von Diarylaminen (IV) bzw. deren Metallamiden (II) angelagert:

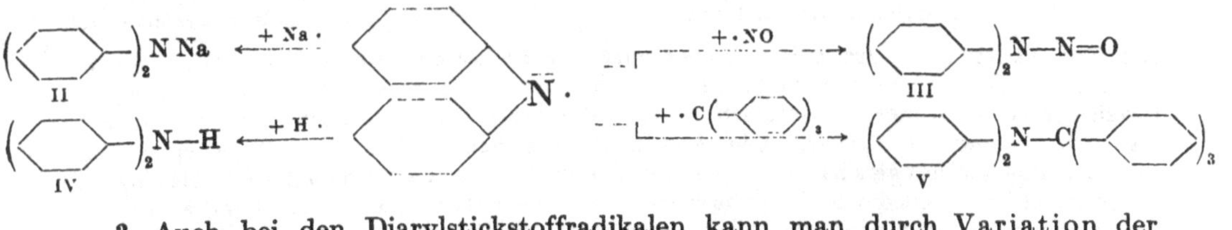

3. Auch bei den Diarylstickstoffradikalen kann man durch Variation der Substituenten an den Benzolkernen die Dissoziationstendenz der zugehörigen Tetraarylhydrazine stark verändern. Eine Herabsetzung des Spaltungsgrades beobachtet man insbesondere bei der Einführung von Nitrogruppen, während die Methoxyl- und die Dimethylaminogruppe die Radikalbildung begünstigen.

Die stärkste Dissoziationstendenz weist nach bisherigen Beobachtungen das *Tetra-p-dimethylamino-tetraphenyl-hydrazin* $[(CH_3)_2N—C_6H_4—]_2N—N[—C_6H_4—N(CH_3)_2]_2$ auf, das in Nitrobenzol als Lösungsmittel bereits bei Zimmertemperatur bis zu 21% in die freien Radikale dissoziiert ist, so daß man an ihm auch in der Stickstoffreihe die typischen Farbreaktionen der freien Radikale (Nichterfüllung des BEERschen Gesetzes, reversible Erhöhung der Farbintensität bei mäßigem Erwärmen) beobachten kann.

Eine weitere interessante Gruppe von Stickstoffradikalen hat ST. GOLDSCHMIDT (1922) in den den Pentaaryläthyl-Radikalen entsprechenden trisubstituierten Radikalen des Hydrazins aufgefunden. Diese sog. **Hydrazyle** entstehen durch Dissoziation der auf S. 604 beschriebenen persubstituierten Tetrazane:

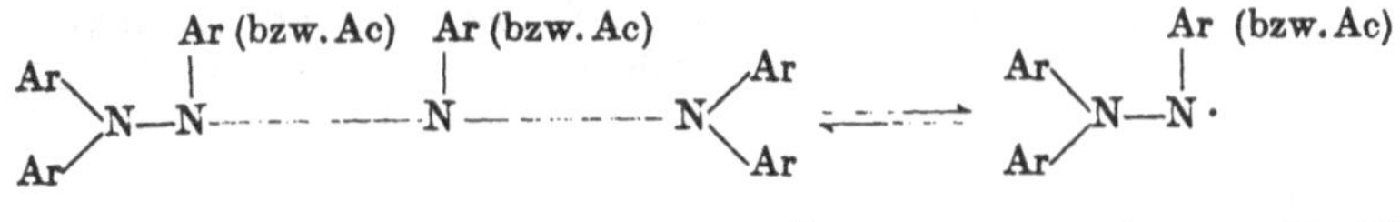

Die Radikalbildungstendenz nimmt beim Übergang von den am Radikalstickstoff benzoylierten Verbindungen, die eine Dissoziationskonstante von maximal etwa 10^{-3} aufweisen, zu den Hexaaryltetrazanen stark zu. Insbesondere das am Radikalstickstoff einen Pikrylrest enthaltende, nebenstehend formulierte **N-Trinitrophenyl-N.N'-diphenyl-hydrazyl** zeigt, ähnlich wie das Trixenylmethyl (S. 750), keine Assoziationsneigung mehr und liegt auch in festem Zustand ausschließlich in Form der stark farbigen freien Radikale vor.

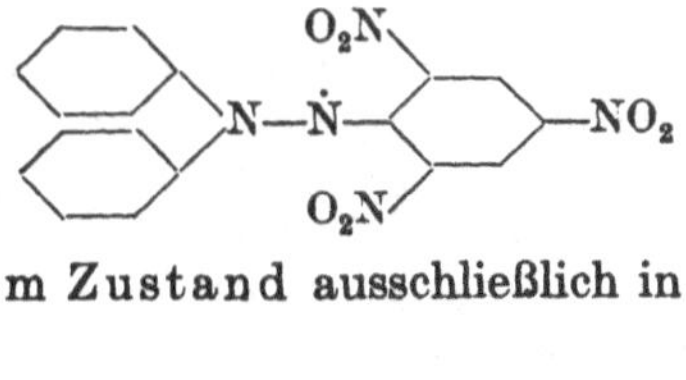

5. Die Radikale mit dreibindigem Stickstoff

In den Diarylstickstoffradikalen besitzt der Stickstoff noch ein ungebundenes Elektronenpaar, das man unter Erhaltung des Radikalcharakters in der üblichen Weise sowohl durch Oniumsalzbildung als auch durch Anlagerung eines Sauerstoffatoms absättigen kann.

Im ersten Falle kommt man zu den von Weitz (1926—27) entdeckten salzartigen **Ammeniumradikalen.** Sie entstehen aus den Triarylaminen und auch den Tetraarylhydrazinen durch Einwirkung von Chlortetroxyd (in statu nascendi), das infolge der außerordentlichen starken Bildungstendenz des Perchlorat-Ions den Stickstoffverbindungen ein Elektron entreißt und auf diese Weise die Radikalbildung bewirkt:

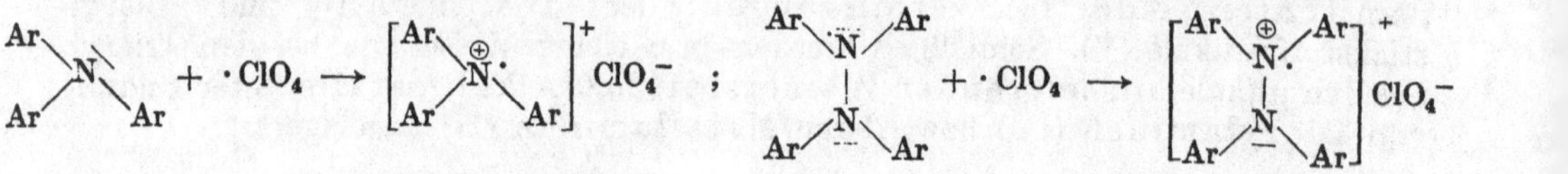

Triarylammenium-perchlorat

Tetraarylhydrazenium-perchlorat

Die Triarylammeniumsalze haben insbesondere theoretisches Interesse als Modellsubstanzen der Triarylmethylradikale gefunden. Genau wie in den Tetraalkylammoniumsalzen vermag auch hier der Oniumstickstoff vollwertig ein C-Atom zu ersetzen, und man beobachtet daher eine weitgehende Analogie zwischen beiden Verbindungsreihen, die sich u. a. auch auf das gleichartig aufgebaute Absorptionsspektrum erstreckt. Als einziger wesentlicher Unterschied muß die völlig mangelnde Assoziationsneigung der Ammeniumradikale angeführt werden, die aber einerseits in der geringeren Bildungstendenz der N—N-Bindung, andererseits in der starken gegenseitigen Abstoßung der positiv geladenen N-Atome ihre befriedigende Erklärung findet. Da sich am Stickstoff kein Wasserstoff mehr befindet, zeigen die Ammeniumsalze im Gegensatz zu den Salzen der Triarylamine selbst eine auffallende Beständigkeit gegen hydrolytische Einflüsse. Die mangelnde Neigung des dreifach arylierten Stickstoffs zur Salzbildung macht sich hier jedoch in anderer Weise, und zwar in einer starken Oxydationswirkung bemerkbar, d. h. die Triarylammonium-Ionen sind bestrebt, Anionen unter Rückbildung der Triarylamine zu entladen:

Lagert man an das ungebundene Elektronenpaar des Stickstoffs in den Diarylstickstoffradikalen ein O-Atom an, so kommt man zu den **Diarylstickstoffoxyd-Radikalen** (II). Ihre Darstellung gelingt nach H. Wieland (1914—22) am besten durch vorsichtige Dehydrierung von Diarylhydroxylaminen, geht also primär über ein *Sauerstoffradikal* (I) vor sich, das sich erst nachträglich im Rahmen einer Mesomerie durch Elektronenverschiebung in das Stickstoffradikal umlagert:

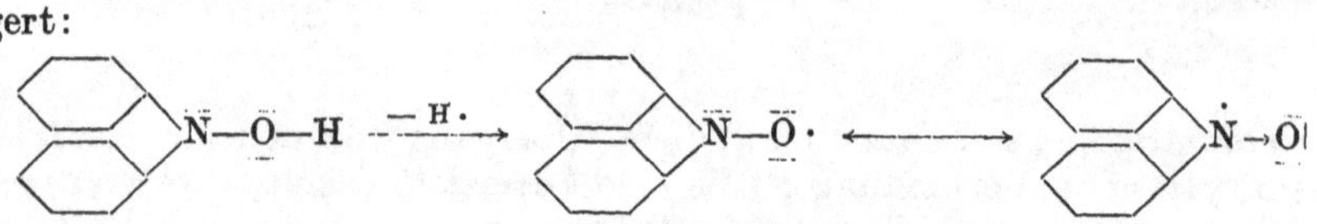

I II

Die Diarylstickstoffoxydradikale sind vollständig dissoziierte, stark farbige Verbindungen, die sich (abgesehen von der mangelnden Assoziationsneigung) ihrem anorganischen Analogon, dem $\cdot NO_2$, sehr ähnlich verhalten. Insbesondere zeigen sie nahezu das gleiche Absorptionsspektrum und sind zu analogen Anlagerungsreaktionen befähigt, die allerdings meistens von sekundären Umsetzungen begleitet sind.

Als Beispiel sei die Anlagerung von ·NO angeführt. Dieses bildet mit $\cdot NO_2$ Distickstofftrioxyd (N_2O_3), das seinerseits durch die Nitrosaminbildung bei der Einwirkung von sekundären Aminen nachgewiesen werden kann. In analoger Weise entsteht aus ·NO und einem Diarylstickstoffoxydradikal das dem N_2O_3 entsprechende N-Oxyd des Diarylnitrosamins (III), dessen Bildung ebenfalls durch seine Tendenz zur Überführung sekundärer Amine in Nitrosamine nachweisbar ist, das aber normalerweise sofort unter Austausch der Oxydationsstufen der Stickstoffatome in ein Diarylnitramid (IV) übergeht:

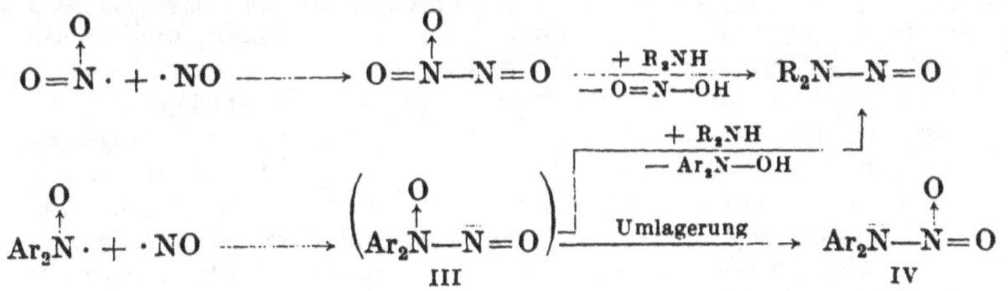

Auch in der oben erwähnten mesomeren Form des *Sauerstoffradikals* (I) vermögen die Diarylstickstoffoxydradikale zu reagieren. So werden z. B. Triarylmethylradikale zu den Sauerstoffäthern der Diarylhydroxylamine (V) angelagert:

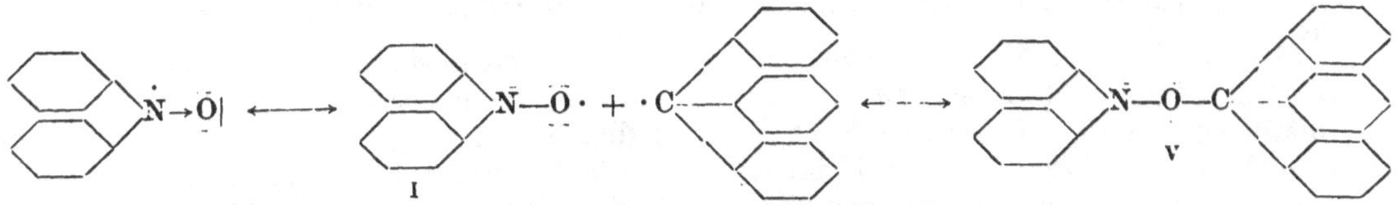

6. Radikale anderer Heteroelemente

Auch von anderen Elementen sind verschiedentlich radikalartige Verbindungen dargestellt worden. So haben wir z. B. eben in den Triarylstickstoffoxyden Substanzen kennengelernt, die im Rahmen einer Mesomerie auch in Sauerstoffradikale überzugehen vermögen. Eine Gruppe von ausschließlich in Form der **Sauerstoffradikale** reagierenden Verbindungen hat St. Goldschmidt (1922) in den Phenanthroxylen (II) aufgefunden, die mit den dimeren Peroxyden (I) im Gleichgewicht stehen (X = OR oder Hal):

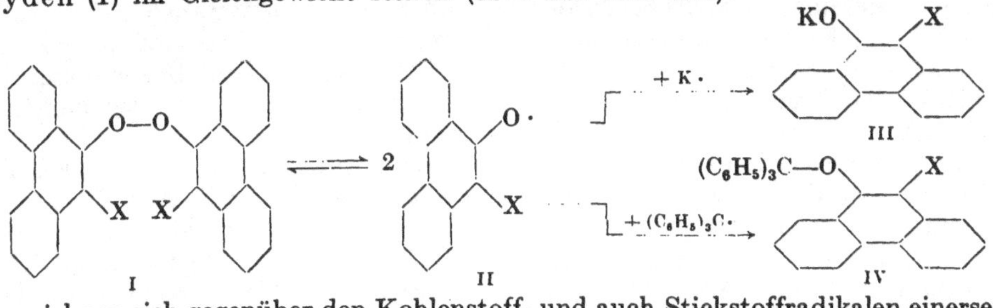

Sie zeichnen sich gegenüber den Kohlenstoff- und auch Stickstoffradikalen einerseits durch eine außerordentlich langsame Einstellung des Dissoziationsgleichgewichtes (mehrere Stunden), andererseits durch ihre Indifferenz gegenüber Luftsauerstoff (Beweis, daß keine deutlich ausgeprägte Mesomerie mit C-Radikalen vorliegt) und NO aus. Im übrigen sind sie zu ähnlichen Reaktionen wie alle bisher besprochenen Radikale befähigt. Z.B. lagern sie Alkalimetalle zu Phenolaten (III) und Triarylmethylradikale zu sehr stabilen Äthern (IV) an, so daß ihre Konstitution gesichert erscheint.

Eine interessante Gruppe von **Radikalverbindungen des Bors** entsteht bei der Anlagerung von Alkalimetallen an Bortriaryle (vgl. S. 760):

$$\begin{matrix}Ar\diagdown \\ Ar-B \\ Ar\diagup\end{matrix} + Na\cdot \longrightarrow \left[\begin{matrix}Ar\diagdown\ominus \\ Ar-B\cdot \\ Ar\diagup\end{matrix}\right]^{-} Na^{+}$$

Sie stellen in analoger Weise wie die Ammeniumsalze (S. 758) „Modelle" der Triarylmethylradikale dar, nur daß das Bor im Gegensatz zum Stickstoff eine negative Ladung aufnehmen muß um ein C-Atom ersetzen zu können. Aus der intensiven Farbe dieser Salze kann geschlossen werden, daß die Anionen nicht assoziieren, sondern auch in festem Zustand vollständig in Form der freien Radikale vorliegen, was aus den gleichen Gründen wie bei den Triarylammeniumverbindungen (s. o.) verständlich erscheint.

Ferner liegen in den *Bleitrialkylverbindungen* (S. 733) und im *Tetraphenylchromchlorid* (S. 735) Substanzen mit einer ungeraden Elektronenzahl vor, die in gewissem Sinne ebenfalls als freie Radikale angesprochen werden müssen. Hier ist es jedoch noch unsicher, inwieweit diese Verbindungen infolge der Möglichkeit, das Einzelelektron in einer der inneren Elektronenschalen des Zentralatoms unterzubringen, direkt mit den freien Radikalen der Kohlenstoffchemie verglichen werden können.

III. Künstliche Isotopengemische in der organischen Chemie

Infolge der neuerdings in technischem Maßstab durchführbaren Anreicherung oder gar Reindarstellung einzelner Isotope der wichtigsten organischen Elemente (vgl. anorg. Lehrbücher) ist es grundsätzlich möglich, alle bisher beschriebenen Verbindungen auch mit künstlichen Isotopengemischen dieser Elemente aufzubauen. Diese zunächst nur als Spielerei erscheinende Möglichkeit hat sich sehr rasch zu einer der wichtigsten modernen Methoden zur Aufklärung der Mechanismen organisch-chemischer Reaktionen entwickelt, so daß man bereits von einer organischen Chemie künstlicher Isotopengemische sprechen kann.

Im wesentlichen handelt es sich bei allen diesen Verfahren immer um das gleiche Prinzip: Die Verbindungen verschiedener Isotope eines Elementes zeigen bei einem gewissen Unterschied ihrer physikalischen Eigenschaften praktisch die gleiche chemische Reaktionsfähigkeit. Man kann infolgedessen durch Einführung eines künstlichen Isotopengemisches an Stelle eines natürlichen Elementes bestimmte Atome in einem Molekül „markieren", ohne daß ihre Reaktionsfähigkeit merklich verändert wird, und anschließend durch Bestimmung der physikalischen Eigenschaften der Umsetzungsprodukte feststellen, ob der markierte Molekülteil in Reaktion getreten ist oder nicht.

Das erste dieser „künstlichen Elemente", das eine größere praktische Bedeutung erlangt hat, ist der als *Deuterium* bezeichnete und durch das Symbol D charakterisierte schwere Wasserstoff ^{2}H (vgl. anorg. Lehrbücher). Doch haben daneben in neuerer Zeit auch der schwere Sauerstoff ^{18}O, der schwere Stickstoff ^{15}N und eine große Anzahl von Elementen mit künstlicher Radioaktivität, darunter insbesondere der radioaktive Kohlenstoff ^{14}C, in steigendem Maße Anwendung gefunden.

1. Die organischen Deuteriumverbindungen

Zur **Benennung** der Deuteriumverbindungen wird der schwere Wasserstoff allgemein als normaler Substituent aufgefaßt. So sind z. B. für die verschiedenen „deuterierten" Methane die folgenden Bezeichnungen gebräuchlich.

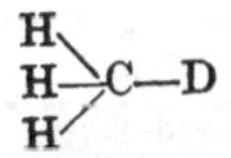

Monodeutero-methan

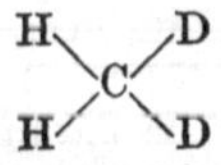

Dideutero-methan

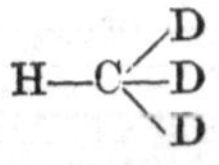

Trideutero-methan

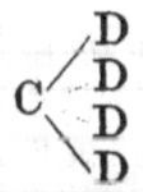

(Tetra)deutero-methan

Die **Einführung des Deuteriums** in organische Verbindungen geschieht nach vier verschiedenen Methoden: 1. durch direkten Austausch von Wasserstoff gegen Deuterium, 2. durch katalytische „Deuterierung“ von olefinischen Doppelbindungen, 3. durch Hydrolyse von Organometallverbindungen mit schwerem Wasser und schließlich 4. durch Decarboxylierung von —COOD-Gruppen.

Zu 1. Im Rahmen der Säuren-Basen-Beziehung (vgl. anorg. Lehrbücher) findet bekanntlich zwischen Wasser als Lösungsmittel einerseits und sowohl sauren als auch basischen Verbindungen andererseits ein dauernder Protonenaustausch unter Einstellung eines „Dissoziationsgleichgewichtes“ statt. Löst man nun die sauren bzw. basischen Substanzen in schweremWasser auf, so erfolgt ein analoger Austausch zwischen Protonen und Deuteronen, so daß man im Endeffekt eine gleichmäßige Verteilung der Deuteronen und Protonen auf alle anwesenden austauschfähigen Gruppen erhält:

$$\text{X—H} + D_2O \rightleftharpoons [H\overset{\ominus}{O}D_2]^+X^- \rightleftharpoons \text{X—D} + HOD$$

$$\text{X—H} + DOH \rightleftharpoons [H_2\overset{\oplus}{O}D]^+X^- \rightleftharpoons \text{X—D} + H_2O$$

$$R_2NH + D_2O \rightleftharpoons [R_2\overset{\oplus}{N}DH]^+OD^- \rightleftharpoons R_2ND + HOD$$

$$R_2NH + DOH \rightleftharpoons [R_2\overset{\oplus}{N}DH]^+OH^- \rightleftharpoons R_2ND + H_2O$$

Mit Hilfe dieser Methode ist es möglich, sämtliche an Sauerstoff, Stickstoff und Schwefel gebundenen H-Atome unmeßbar rasch bis zu einem durch die Konzentrationsverhältnisse bedingten, exakt definierten Prozentsatz durch Deuterium zu ersetzen und damit gleichzeitig das tatsächliche Vorliegen eines derartigen — bisher nur theoretisch angenommenen — Protonenaustausches zwischen aktiven Wasserstoffverbindungen nachzuweisen.

Im allgemeinen sind aber gerade diese an den Heteroatomen deuterierten Verbindungen für den Organiker weniger wertvoll, denn ihn interessieren in erster Linie die Vorgänge am Kohlenstoffatom. Auch spalten sie bei Berührung mit normalem Wasser ihre Deuteriumatome genau so rasch wieder ab, wie die Einführung erfolgte, so daß sie sehr unbeständig sind.

Die am Kohlenstoff deuterierten Verbindungen sind demgegenüber zwar wesentlich stabiler, aber auf dem genannten Wege nicht mehr allgemein darstellbar, da der C—H-Wasserstoff normalerweise nicht mehr sauer reagiert und damit nicht substituierbar ist. Erst wenn man ihn in den sog. **aktiven Methylengruppen** durch Carbonyl-, Cyan-, Nitro- oder Sulfogruppen aktiviert, wird er „beweglich“ (d. h. hier sauer) und kann nunmehr durch Deuterium ersetzt werden, wobei sich der weitere Vorteil ergibt, daß das Deuterium nur in ganz bestimmte Stellen des organischen Moleküls eintritt. Allerdings geht der Ersatz des Wasserstoffs bei Aktivierung der Methylengruppe durch nur eine der genannten Atomgruppen nicht mehr unmeßbar rasch vor sich, sondern erfolgt — dem geringen Säuregrad der C—H-Verbindungen entsprechend — nur unter günstigen Reaktionsbedingungen im Rahmen einer Zeitreaktion.

So muß man z. B. die Deuterierung des Acetons in alkalischem Medium vornehmen, das die Abspaltung des Protons begünstigt. Noch schwieriger gelingt die Deuterierung von Fettsäuren in α-Stellung zur Carboxylgruppe, da das in alkalischem Medium entstehende Carboxylat-Ion den Wasserstoff nicht mehr aktiviert (S. 325). Hier hilft eine Katalyse durch konzentrierte Schwefelsäure, die wahrscheinlich auf der intermediären Bildung von Carboxonium-Ionen (S. 337f) beruht, da diese eine wesentlich stärker aktivierte α-ständige Methylengruppe enthalten. Ferner kann man infolge der unterschiedlichen Aktivität der am Sauerstoff und der am Kohlenstoff befindlichen H-Atome die Fettsäuren an verschiedenen Stellen des Moleküls deuterieren:

$$R\text{—}CH_2\text{—}COOD \xleftarrow{D_2O} R\text{—}CH_2\text{—}COOH \xrightarrow{D_2SO_4} R\text{—}CD_2\text{—}COOD \xrightarrow{H_2O} R\text{—}CD_2\text{—}COOH$$

Erst bei den zweifach am Methankohlenstoff substituierten Verbindungen, wie z. B. bei der Malonsäure oder der Methionsäure (S. 684), geht die Substitution des Methylenwasserstoffs rascher vor sich und erfolgt auch bei Einwirkung von schwerem Wasser allein.

Zu 2. Die „Deuterierung" olefinischer Doppelbindungen verläuft der Hydrierung analog und wird unter den gleichen Bedingungen durchgeführt:

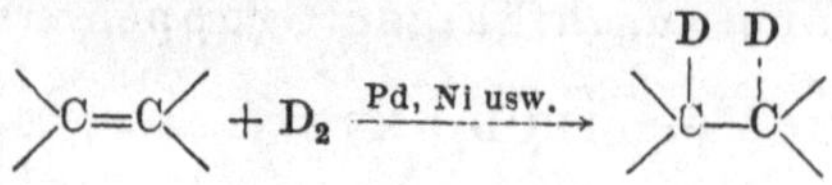

Sie eignet sich insbesondere zur Darstellung partiell deuterierter Verbindungen.

Zu 3. Die Zersetzung von metallorganischen Verbindungen mit schwerem Wasser dient insbesondere zur Einführung einzelner D-Atome in Kohlenwasserstoffe:

$$CH_3\text{—}MgX + D_2O \longrightarrow H_3C\text{—}D + XMgOD$$

Verwendet man statt der Organometallverbindungen hydrolysierbare Carbide, so kann man auch zu den vollständig deuterierten Kohlenwasserstoffen gelangen, z. B. vom Al_4C_3 aus zum *Tetradeuteromethan* (Gleichung formulieren!) oder vom Calciumcarbid aus zum *Dideuteroacetylen* und durch dessen weitere Deuterierung zum *Hexadeuteroäthan*:

$$CaC_2 + 2\,D_2O \longrightarrow Ca(OD)_2 + D\text{—}C{\equiv}C\text{—}D \xrightarrow{+\,2\,D_2} D_3C\text{—}CD_3$$

Zu 4. Die Decarboxylierungsmethode findet hauptsächlich Anwendung in der aromatischen Reihe sowie zur Darstellung einer partiell deuterierten Essigsäure aus Malonsäure:

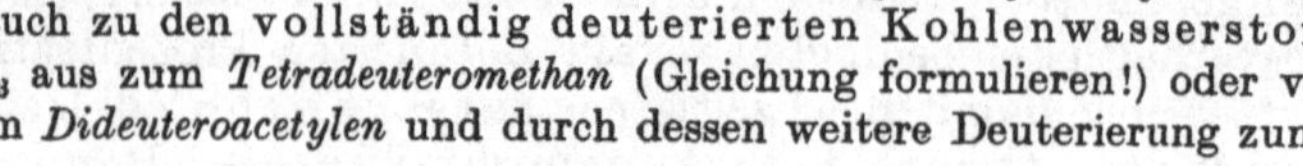

$$DOOC\text{—}CH_2\text{—}COOD \xrightarrow{-\,CO_2} D\text{—}CH_2\text{—}COOD$$

Durch geschickte Kombination all dieser Verfahren ist es im allgemeinen ohne Schwierigkeit möglich, die einfachen organischen Verbindungen an jeder gewünschten Stelle zu deuterieren. Als Beispiel sei in dem folgenden Formelbild die Darstellung zweier verschieden deuterierter Propionsäuren angeführt, die für die auf S. 765 beschriebene Untersuchung benötigt wurden:

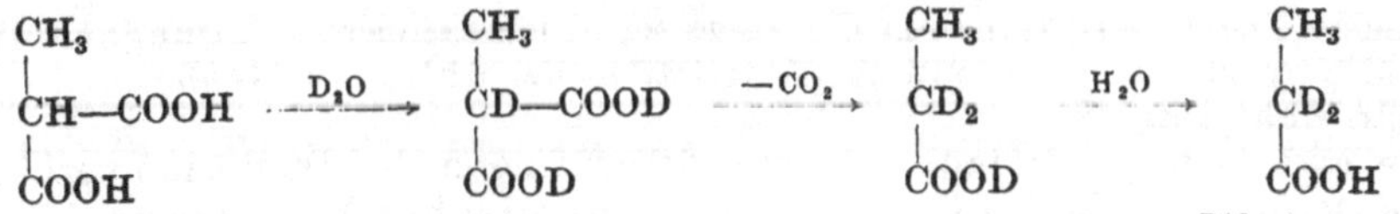

Methylmalonsäure — α,α-Dideutero-propionsäure

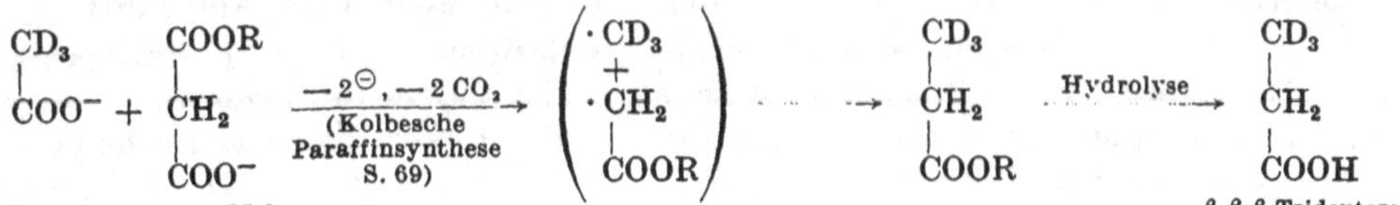

Trideutero-acetation — Ion des Malonhalbesters — β,β,β-Trideutero-propionsäure

Wie Tab. 35 zeigt, weichen die **physikalischen Eigenschaften** der Deuteriumverbindungen nicht wesentlich, aber doch merklich von denen der normalen Wasserstoffverbindungen ab. Über die Größenordnung und selbst das Vorzeichen der Siede- und Schmelzpunktsdifferenzen lassen sich keine Voraussagen machen. Dagegen entspricht der Dichteunterschied stets ziemlich genau dem aus der Molekulargewichtsänderung berechneten Wert, d. h. die Raumerfüllung des H- und des D-Atoms ist nahezu gleich groß.

Tabelle 35

Vergleich der physikalischen Konstanten einiger Wasserstoff- und Deuteriumverbindungen

Wasserstoffverbindung				Deuteriumverbindung			
	Sdp.	Smp.	D/T.		Sdp.	Smp.	D/T.
CH_4	—184°	—163,3°	—	CD_4		164,2	—
				CH_3D	183,5°	163,7°	—
C_6H_6	80,12°	5,5°	0,8784/20	C_6D_6	79,4°	6,8°	0,9465/20
				C_6H_5D	—	6,5°	0,8899/20
$HCCl_3$	61,0°	—	1,4888/20	$DCCl_3$	61,5°	—	1,5004/20
$Cl_2CH—CHCl_2$	145,2°	—	1,5943/20	$Cl_2CD—CDCl_2$	145,7°	—	1,6118/20

Infolge des gegenüber dem normalen Wasserstoff verdoppelten Atomgewichts stimmen die **chemischen Eigenschaften** der Deuteriumverbindungen nicht mehr völlig mit denen der Wasserstoffverbindungen überein. So sinkt z. B. die Dissoziationskonstante der Essigsäure beim Übergang von einer Lösung der leichten Säure in leichtem Wasser zu einer Lösung der schweren Säure in schwerem Wasser auf weniger als ein Drittel ab (G. Lewis 1934). Es ist gut denkbar, daß die bekannte Giftwirkung des schweren Wassers auf einer ähnlichen Änderung der Dissoziationskonstanten der in der Zelle befindlichen Elektrolyte und damit auch des p_H-Wertes beruht.

Dagegen beobachtet man bei den am Kohlenstoff deuterierten Verbindungen keine merkliche Änderung der chemischen Reaktionsfähigkeit.

Von einem gewissen stereochemischen Interesse ist die Frage, ob bei Verbindungen des Typus 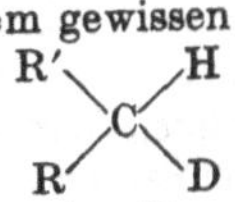 oder 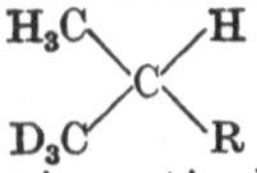 die zweifellos vorhandene Molekülasymmetrie ausreicht, um eine Trennung in optische Antipoden zu ermöglichen und diese an ihrer optischen Aktivität zu erkennen. Trotz zahlreicher Versuche in dieser Richtung konnte bisher kein positives Ergebnis erzielt werden, doch sind die auch im günstigsten Falle zu erwartenden Effekte zu klein, um die Frage schon jetzt eindeutig im negativen Sinne entscheiden zu können. Eine optische Aktivität in der üblichen Größenordnung tritt jedenfalls nicht auf.

Ihre wichtigste praktische Anwendung finden die Deuteriumverbindungen zur Aufklärung des Verlaufes organisch chemischer Reaktionen[1]). Als charakteristische Beispiele seien die folgenden drei Untersuchungen angeführt:

1. Die oben beschriebene Möglichkeit der **Deuterierung aktiver Methylengruppen** durch Behandlung mit schwerem Wasser, insbesondere in Gegenwart von Alkalien, kann gleichzeitig als Beweis für die Richtigkeit der Theorie angesehen werden, daß die Aktivität dieses Wasserstoffs auf einer Aciditätssteigerung beruht. Denn nur ein als Proton abspaltbarer Wasserstoff zeigt in alkalischem Medium eine erhöhte Ablösungstendenz. Man kann daher die Geschwindigkeit der Deuterierung einer Methylengruppe in schwerem Wasser direkt als Maß für die Aktivität des Methylenwasserstoffs betrachten, wie die folgende Abstufung der Deuterierbarkeit der verschiedenen Typen von aktiven Methylengruppen zeigt:

a) **Natriumacetat** wird bei Zimmertemperatur weder in Wasser noch in Natronlauge deuteriert. Eine Aktivierung der Methylgruppe durch die Carbonylgruppe ist hier noch nicht zu erkennen.

b) **Essigsäure** wird noch nicht in Wasser, wohl aber in konzentrierter Schwefelsäure an der Methylgruppe deuteriert. Die Wirkung der Carboxylgruppe muß also durch Überführung in die aktivere Acidium-Ion- $\left(\text{—}C\overset{\oplus}{\genfrac{}{}{0pt}{}{\diagup OH}{\diagdown OH}}\right)$ oder Carboxonium-Ion-Gruppe $(\text{—}\overset{\oplus}{C}\equiv O)$ gesteigert werden.

c) **Aceton** tauscht in Wasser bereits langsam seinen Methylwasserstoff gegen Deuterium aus. Die Reaktion wird durch Alkalien stark und durch Säuren schwach beschleunigt.

d) **Acetylaceton, Malonester** und verwandte Verbindungen tauschen ihren Methylenwasserstoff auch in reinem Wasser schon rasch gegen Deuterium aus.

Dagegen sagt diese Austauschbarkeit nichts über die Enolisierbarkeit der Carbonylverbindungen aus, da der Methylenwasserstoff direkt vom Kohlenstoff abdissoziiert, also die Enolform nicht als Zwischenstufe zum Austausch benötigt wird (vgl. **II**, Kap. 5, II, 3). Umgekehrt jedoch, wenn ein Enol zum Austausch von α-ständigem Wasserstoff befähigt ist, sollte man annehmen, daß dies nur über die Oxoform möglich ist. Dementsprechend beobachtet man nur in den zur Tautomerie neigenden m-ständigen Polyphenolen Phloroglucin und Resorcin (S. 429, 430) einen leicht erfolgenden Ersatz aller zu den Oxygruppen o- und p-ständigen Kern-H-Atome (Gleichungen formulieren!), während Phenol und Hydrochinon, die nahezu keine Neigung zur Tautomerie mit einer Ketoform mehr zeigen, nur noch äußerst langsam mit schwerem Wasser reagieren. 2,4,6-Tribromphenol schließlich, dessen Kern-H-Atome sich in m-Stellung zur Hydroxylgruppe befinden, tauscht diesen Wasserstoff überhaupt nicht mehr aus. In Übereinstimmung mit der Theorie ist also in den zur Keto-Enol-Tautomerie befähigten Verbindungen nur die Ketoform, nicht aber die Enolform zur Abdissoziation des Wasserstoffs vom α-ständigen Kohlenstoff befähigt.

---

[1]) Hierzu ist es allerdings erforderlich, den Deuteriumgehalt einer organischen Verbindung eindeutig und scharf nachweisen zu können. Seine quantitative Bestimmung erfolgt stets durch vollständige Verbrennung der Substanz und Messung der Dichte des hierbei entstehenden Wassers. Bei der sehr großen Genauigkeit derartiger Dichtebestimmungen (auf etwa den 10^6-ten Teil) ist es durchaus nicht immer erforderlich, von vollkommen deuterierten Verbindungen auszugehen, sondern man begnügt sich häufig mit einem Deuteriumgehalt des schweren Wassers bzw. der aus ihm dargestellten Verbindungen von nur wenigen Prozenten.

2. Die **Reaktion von Cannizzaro** (S. 244) sollte nach einer früheren Theorie in der Weise vor sich gehen, daß ein Aldehydhydratmolekül eine normale Dehydrierung erleidet und der hierbei entstehende Wasserstoff sich an die Doppelbindung eines nicht hydratisierten Aldehydmoleküls anlagert. Dann sollte die Reaktion aber, wenn man die Hydratisierung des Aldehyds mit schwerem Wasser vornimmt, unter Einbau von einem D-Atom in die Methylengruppe des Benzylalkohols erfolgen:

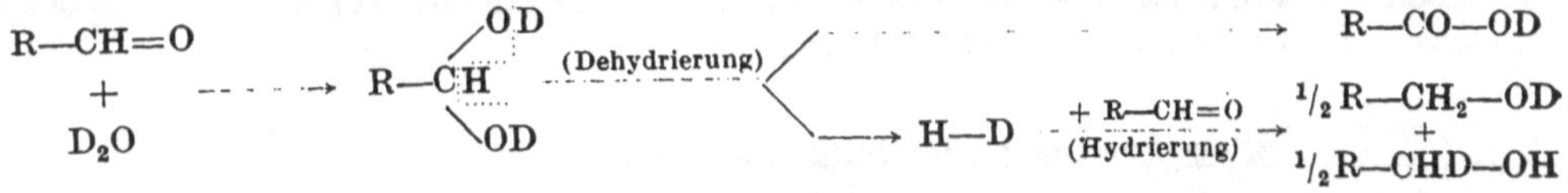

Das ist aber nicht der Fall, sondern der entstehende Benzylalkohol enthält nach Bonhoeffer und Fredenhagen (1937) am Kohlenstoff nur leichten Wasserstoff. Es muß also ein Mechanismus vorliegen, bei dem der Übergang des am Kohlenstoff befindlichen Aldehydwasserstoffs unmittelbar von einem Aldehydmolekül zum anderen stattfindet. Dies scheint am einfachsten auf dem bereits auf S. 244 formulierten Wege über das Additionsprodukt des Aldehydhydrates an ein nicht hydratisiertes Benzaldehydmolekül möglich zu sein.

3. Bei der **Elektrolyse der Propionsäure nach Kolbe** (vgl. S. 69) findet zum überwiegenden Teil weder eine Butansynthese noch eine Disproportionierung der entstehenden Äthylradikale in Äthan und Äthylen statt, sondern man beobachtet im wesentlichen lediglich die Bildung von Wasserstoff und Äthylen:

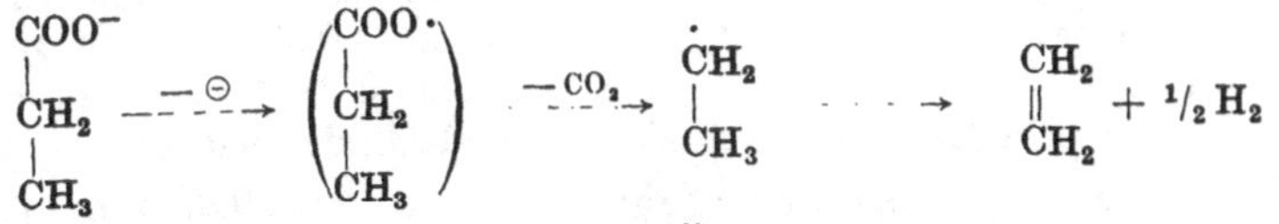

Für die Bildung des Äthylens aus dem Äthylradikal kommen zwei verschiedene Mechanismen in Betracht:

a) Der vom Äthylradikal abgespaltene Wasserstoff stammt vom Radikal-C-Atom, und das entstehende Rumpfmolekül (I) stabilisiert sich unter Wanderung eines H-Atoms (Reaktion a).

b) Der Wasserstoff spaltet sich von dem dem Radikalatom benachbarten C-Atom zu dem Diradikal II ab, dessen Radikalelektronen dann unmittelbar die Äthylendoppelbindung bilden (Reaktion b):

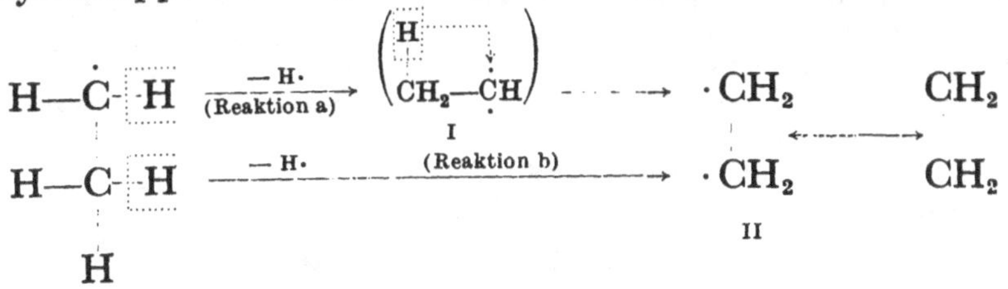

Eine Entscheidung zwischen diesen beiden Reaktionsmechanismen erscheint nun möglich, wenn man die Elektrolyse einmal mit der α,α-Dideuteropropionsäure $CH_3—CD_2—COOH$ und ein zweites Mal mit der β,β,β-Trideutero-propionsäure $CD_3—CH_2—COOH$ (vgl. S. 763) durchführt, denn dann sollte man im Falle des Mechanismus a) verschiedene Reaktionsprodukte (und zwar aus der α,α-Säure $CH_2{=}CHD$ und aus der β,β,β-Säure $CD_2{=}CHD$), im Falle des Mechanismus b) dagegen beide Male das gleiche as-Dideuteroäthylen ($CH_2{=}CD_2$) erwarten (Gleichungen formulieren!). Da ausschließlich diese zweite Möglichkeit eintritt, kann somit der Mechanismus a) als eindeutig widerlegt gelten.

Diese Beispiele zeigen gleichzeitig, daß es mit Hilfe der Deuteriumverbindungen lediglich möglich ist, einen in Frage kommenden Reaktionsmechanismus eindeutig zu widerlegen, niemals aber die Richtigkeit eines anderen Mechanismus ebenso eindeutig zu beweisen, denn prinzipiell besteht immer die Möglichkeit, daß noch ein weiterer, bisher nicht berücksichtigter Reaktionstypus zu den gleichen Reaktionsprodukten führt.

2. Organische Verbindungen mit schwerem Sauerstoff

Auch beim Sauerstoff ist es gelungen, eines seiner natürlich vorkommenden Isotope, und zwar das meistens als *schwerer Sauerstoff* schlechthin bezeichnete Sauerstoffisotop ^{18}O, bis zu einen gewissen Grade anzureichern und in größerer Menge herzustellen. Seine organischen Derivate werden daher ebenfalls häufig zur Aufklärung von Reaktionsmechanismen verwandt. Da sein Nachweis wie der des Deuteriums durch Dichtebestimmung des bei der Verbrennung der organischen Substanz entstehenden Wassers erfolgt, ist es natürlich nicht möglich, schweren Wasserstoff und schweren Sauerstoff gleichzeitig zu bestimmen. Versuche mit schwerem Wasserstoff und solche mit schwerem Sauerstoff müssen daher getrennt durchgeführt werden.

Die Darstellung des reinen ^{18}O-Isotops ist noch nicht möglich, sondern man begnügt sich, ähnlich wie bei den meisten Untersuchungen mit deuterierten Verbindungen, mit seiner Anreicherung auf etwa 0,3—0,5% des Gesamtsauerstoffs, die für den Nachweis vollkommen ausreichen. Im übrigen geschieht seine **Einführung in organische Moleküle** nach ähnlichen Methoden wie die des Deuteriums:

1. durch Austauschreaktionen, denen — wieder in Übereinstimmung mit unseren theoretischen Vorstellungen — in erster Linie der Carbonylsauerstoff über die Hydrate zugänglich ist:

$$>C{=}^{16}O + {}^{18}OH_2 \rightleftharpoons >C\begin{matrix}^{16}OH \\ ^{18}OH\end{matrix} \rightleftharpoons >C{=}^{18}O + {}^{16}OH_2$$

Auch hier beobachtet man eine graduelle Abstufung der Reaktionsgeschwindigkeit in Abhängigkeit von der Aktivität der Carbonylverbindungen. So setzt sich z. B. Benzaldehyd bereits bei 25° innerhalb weniger Stunden quantitativ um, während Carbonsäuren bei etwa 75° und die fast ausschließlich in der Cycloacetal-Form vorliegenden Kohlenhydrate sogar erst bei 100° mit merkbarer Geschwindigkeit in Reaktion treten. Überhaupt nicht ausgetauscht werden kann schließlich Alkohol- und Phenolsauerstoff, da der einfach gebundene Sauerstoff, wie die Stabilität der Äther zeigt, außerordentlich fest am Kohlenstoff haftet.

2. durch Alkylierung von ^{18}O-haltigem Wasser (bzw. Natriumhydroxyd) oder Alkohol (bzw. Alkoholat):

$$R{-}Hal + Na{}^{18}O{-}H \xrightarrow{-NaHal} R{-}^{18}O{-}H$$

$$R{-}Hal + Na{}^{18}O{-}R' \xrightarrow{-NaHal} R{-}^{18}O{-}R' \text{ usw.}$$

Die organischen Verbindungen mit schwerem Sauerstoff sind noch wenig bekannt und haben bisher bei weitem nicht die Bedeutung der Deuteriumverbindungen erlangt. Sie eignen sich insbesondere zur Aufklärung von hydrolytischen Vorgängen. So gewährt z. B. bereits die unter 1. angeführte Darstellungsweise einen interessanten Einblick in die sonst nur schwer nachzuweisende Haftfestigkeit des Sauerstoffs am Kohlenstoff in den verschiedenen organischen Verbindungen. Auch die wichtige Hypothese, daß die Veresterungsreaktion und die Esterhydrolyse bei den Carbonsäuren einen acylierenden Verlauf nehmen (S. 198f.), ist ohne weitere Hilfsmittel experimentell nicht nachzuprüfen. Führt man diese Reaktionen dagegen mit einem an ^{18}O angereicherten Alkohol bzw. Ester durch, so erhält man — dieser Annahme entsprechend — im ersten Falle auch bei Verwendung einer leichten Carbonsäure stets den schweren Ester, im zweiten Falle auch bei Verwendung von leichtem Wasser stets den schweren Alkohol:

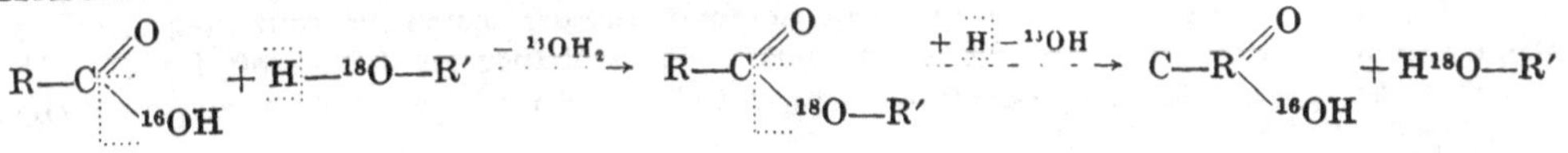

Es läßt sich also einwandfrei nachweisen, daß stets die Ac-O-Bindung gespalten wird.

3. Die organischen Verbindungen mit schwerem Stickstoff und Kohlenstoff

Auch die Anreicherung des Stickstoffisotops ^{15}N (vgl. anorg. Lehrbücher) hat für die organische Chemie praktische Bedeutung erlangt, da es mit Hilfe der im 6. Kapitel beschriebenen Reaktionen ohne Schwierigkeiten gelingt, den „schweren Stickstoff" mit Hilfe von „schwerem Ammoniak" oder „schwerem Natriumnitrit" in organische Moleküle einzubauen.

Eine interessante Anwendungsmöglichkeit dieses schweren Stickstoffisotops zu einem **chemischen Konstitutionsbeweis der aliphatischen Diazogruppe** (vgl. S. 607) wurde von K. Clusius (1952) aufgefunden: Stellt man Diazoessigester in der bekannten Weise aus Glycinester mit Hilfe von schwerem Natriumnitrit her, so lassen die beiden zur Diskussion stehenden Konstitutionsformeln I und II die folgende Verteilung der N-Atome erwarten:

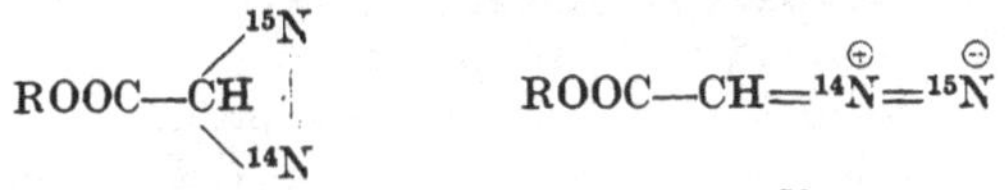

I II

In I sind die beiden N-Atome strukturell gleichwertig. Hier sollte daher bei der hydrierenden Spaltung des Diazoessigesters in Glycinester und Ammoniak (S. 612) eine gleichmäßige Verteilung der ^{15}N- und der ^{14}N-Atome auf beide Spaltstücke, d. h. die Bildung eines „halbschweren" Ammoniaks und eines „halbschweren" Glycinesters, erfolgen. Aus einer Verbindung der Struktur II kann dagegen nur das äußere N-Atom als Ammoniak abgespalten werden, so daß man hier bei der hydrierenden Spaltung einen reinen ^{14}N-Glycinester und einen reinen ^{15}N-Ammoniak erwarten sollte. Das Experiment sprach — in Übereinstimmung mit den schon früher diskutierten physikalischen Strukturbeweisen — eindeutig für die zweite Möglichkeit.

Ihr Hauptanwendungsgebiet haben die Verbindungen mit schwerem Stickstoff jedoch in der **Biochemie** gefunden, da sie in gleicher Weise wie die natürlichen Verbindungen vom Organismus verarbeitet werden, und es anschließend durch eine einfache Dichtebestimmung des aus den verschiedenen Stoffwechselprodukten gewonnenen Ammoniaks möglich ist, Näheres über das Schicksal der verfütterten Verbindungen im Organismus zu erfahren.

Noch wichtiger erscheint eine andere, von Rittenberg (1940) eingeführte Anwendungsmöglichkeit zu werden. Wie in **III**, Kap. 7, I, 3 gezeigt wird, bereitet die quantitative Trennung des bei der Spaltung von Eiweißsubstanzen auftretenden

Aminosäurengemisches oft unüberwindliche Schwierigkeiten. Setzt man jedoch dem zu spaltenden Eiweiß von vornherein einen gewissen Prozentsatz der zu bestimmenden Aminosäure in Form der ^{15}N-haltigen Verbindung zu, so erhält man bei der Hydrolyse ein Gemisch der normalen und der schweren Aminosäure und kann aus dem Durchschnittsatomgewicht des Stickstoffs einer kleinen Probe dieser Mischsäure auch ohne ihre vollständige Isolierung quantitativ auf das Verhältnis der beiden Aminosäuren und damit auf die ursprüngliche Menge der natürlichen Aminosäure schließen.

Will man z. B. in 20 g einer Eiweiß-Substanz den Leucingehalt bestimmen und setzt vielleicht $^1/_2$ g eines (synthetisch gewonnenen) schweren Leucins mit einem ^{15}N-Gehalt von 0,4% des Gesamtstickstoffs hinzu, so folgt aus der Tatsache, daß man nach der Hydrolyse ein Misch-Leucin mit einem 0,05% ^{15}N enthaltenden Stickstoff findet, eindeutig, daß (unter der Voraussetzung einer totalen Hydrolyse) in dem ursprünglichen Eiweißkörper $x = 0{,}5\left(\frac{0{,}4}{0{,}05} - 1\right) = 3{,}5\ g = 17{,}5\%$ Leucin enthalten waren.

Als letztes der einfachen organischen Elemente kann auch der **Kohlenstoff** in verschiedene Isotope aufgespalten werden. Insbesondere ist eine merkliche Anreicherung des ^{13}C-Isotops in einem „schweren Methan" gelungen, das jedoch wegen seines schwierigen Einbaues in andere organische Verbindungen bisher noch keine Anwendung zur Lösung organisch chemischer Probleme gefunden hat und heute von den unten beschriebenen Derivaten des radioaktiven ^{14}C völlig in den Hintergrund gedrängt worden ist.

4. Organische Verbindungen mit künstlich radioaktiven Elementen

Neben der Anreicherung bestimmter Isotope der natürlichen Elemente hat in neuerer Zeit auch die Gewinnung künstlich radioaktiver Elemente eine steigende Bedeutung für die organische Chemie erlangt, insbesondere, nachdem es mit Hilfe der Uranspaltung möglich geworden ist, fast von jedem Element eines oder mehrere radioaktive Isotope in ausreichender Menge herzustellen. Allerdings werden die radioaktiven Isotope den natürlichen Elementen stets nur in unwägbar kleinen Mengen beigemischt, so daß sie mit Hilfe der üblichen physikalischen Methoden (z. B. durch Dichtemessung oder mit Hilfe des Ramaneffekts) nicht mehr erkannt werden können. Doch sind sie auf Grund ihrer Radioaktivität ebenso sicher und häufig sogar viel bequemer nachweisbar als der schwere Wasserstoff oder Sauerstoff, und man kann daher mit ihrer Hilfe in gleicher Weise den Verlauf chemischer Reaktionen verfolgen, wie mit Hilfe der oben beschriebenen Isotopengemische.

Bei weitem die größte Bedeutung für die organische Chemie hat der **radioaktive Kohlenstoff der Masse 14** (^{14}C) erlangt, der im Verlauf der Uranspaltung durch Neutronenbeschuß von Stickstoffatomen auf Grund der folgenden Kernreaktion entsteht:

$$^{14}_{7}N + n \longrightarrow\ ^{14}_{6}C + p$$

und sich mit einer Halbwertszeit von 5800 Jahren unter Aussendung einer sehr weichen β-Strahlung in Stickstoff zurückverwandelt. Die lange Lebensdauer bietet den großen Vorteil, daß er nach der Herstellung über weite Strecken transportiert und beliebig lange gelagert werden kann, ohne daß ein merklicher Aktivitätsverlust eintritt. Ferner kann man auch bei sehr langwierigen Versuchen mit einer konstanten Aktivität rechnen.

^{14}C entsteht in geringem Ausmaß auch unter natürlichen Bedingungen aus atmosphärischem Stickstoff im Rahmen der durch die Höhenstrahlung ausgelösten Kernprozesse. Das Kohlendioxyd der Atmosphäre und infolge der Assimilation auch die Kohlenstoffverbindungen aller Lebewesen sind daher ^{14}C-haltig und zeigen eine zwar äußerst geringe, jedoch einwandfrei nachzuweisende Radioaktivität. Diese Radioaktivität klingt bei allen organischen Stoffen, die nicht mehr mit der Atmosphäre im Gleichgewicht stehen, langsam ab und ist nach etwa 60000 Jahren (= 10 Halbwertszeiten) praktisch verschwunden. Der Kohlenstoff unserer Stein- und Braunkohlen ist daher vollständig inaktiv. Innerhalb des erwähnten Zeitraums von 60000 Jahren kann man das Abklingen der Aktivität in der bekannten Weise zur Altersbestimmung fossiler organischer Materialien verwenden.

Das künstliche ^{14}C kommt meistens in Form von Carbonaten in den Handel und läßt sich von diesen aus mit Hilfe der bekannten synthetischen Methoden — z. B. durch Umsetzen von $^{14}CO_2$ mit Grignardverbindungen — in beliebige organische Verbindungen an beliebigen Stellen einbauen. Als praktisches Anwendungsbeispiel für eine mit Hilfe von ^{14}C durchgeführte Aufklärung eines Reaktionsmechanismus sei die von H. A. Barker (1944/45) untersuchte Buttersäuregärung des *Bazillus Retgeri* angeführt, bei der im Sinne der folgenden summarischen Reaktionsgleichung aus fünf Molekülen Milchsäure drei Moleküle Buttersäure und drei Moleküle CO_2 entstehen:

$$5\,CH_3{-}CHOH{-}COOH \longrightarrow 3\,CH_3{-}CH_2{-}CH_2{-}COOH + 3\,CO_2 + 3\,H_2O$$

Danach entweichen nur drei der Carboxyl-C-Atome der Milchsäure in Form von CO_2, und die restlichen beiden C-Atome müssen in irgendeiner Form in die entstehende Buttersäure eingebaut werden. Hierfür gibt es nun zwei Möglichkeiten: 1. Es tritt im Rahmen des normalen biochemischen Milchsäureabbaues zunächst ein vollständiger Zerfall der Milchsäure in Essigsäure und CO_2 ein, und die Buttersäure wird erst nachträglich aus diesen Spaltstücken mit Hilfe der freiwerdenden Reduktionsäquivalente synthetisiert. 2. Die Kohlenstoffkette der Milchsäure bleibt bei drei der fünf eingesetzten Moleküle erhalten, und die Milchsäure wird auf einem anderen Wege durch Angliederung eines C_1—Bruchstückes in die Buttersäure übergeführt.

Setzt man nun dem Gärungsversuch a) eine Essigsäure zu, deren Carboxyl-C-Atom mit ^{14}C markiert ist und b) eine Essigsäure, deren CH_3-Gruppe ^{14}C-haltig ist, sowie schließlich c) ^{14}C-haltiges Kohlendioxyd, so beobachtet man die folgenden Reaktionsprodukte: Im ersten Fall entsteht eine Buttersäure, deren C_1- und C_3-Atom, und im zweiten Fall eine Buttersäure, deren C_2- und C_4-Atom radioaktiv sind, während man beim Versuch c) eine Buttersäure erhält, deren sämtliche C-Atome ^{14}C-haltig sind.

Aus den Versuchen a) und b) folgt eindeutig, daß die Buttersäure nur im Sinne einer normalen biochemischen Fettsäuresynthese aus zwei Molekülen freier Essigsäure aufgebaut wird, da andernfalls der Einbau der zugesetzten freien ^{14}C-haltigen Essigsäuren in das Reaktionsprodukt unmöglich wäre. Versuch c) zeigt weiterhin, daß die Bakterien imstande sind, das Buttersäuremolekül aus vier Molekülen Kohlendioxyd (wahrscheinlich ebenfalls über Essigsäure als Zwischenprodukt) aufzubauen, und daß eine anderweitige Synthese — etwa aus Milchsäure und CO_2, bei der nur eines der vier C-Atome der Buttersäure radioaktiv sein dürfte — nicht stattfindet. Wir müssen infolgedessen die oben gegebene summarische Reaktionsgleichung folgendermaßen auflösen:

$$5\,CH_3\text{—}CHOH\text{—}COOH + 5\,H_2O \longrightarrow 5\,CH_3\text{—}COOH + 5\,CO_2 + 20\,H$$
$$2\,CO_2 + 8\,H \longrightarrow CH_3\text{—}COOH + 2\,H_2O$$
$$6\,CH_3\text{—}COOH + 12\,H \longrightarrow 3\,CH_3\text{—}CH_2\text{—}CH_2\text{—}COOH + 6\,H_2O$$

in summa

$$5\,CH_3\text{—}CHOH\text{—}COOH \longrightarrow 3\,CH_3\text{—}CH_2\text{—}CH_2\text{—}COOH + 3CO_2 + 3\,H_2O$$

Ein weiteres wichtiges Anwendungsbeispiel des radioaktiven Kohlenstoffs ^{14}C werden wir in **III**, Kap. 2, VII, 1 in der Aufklärung des Verlaufs der Biosynthese des Blutfarbstoffs kennenlernen.

Von den zahlreichen sonstigen in der organischen Chemie gebräuchlichen künstlich radioaktiven Elementen seien insbesondere der relativ langlebige **radioaktive Phosphor** ^{32}**P** mit einer Halbwertszeit von 14 Tagen und der **radioaktive Schwefel** ^{35}**S** mit einer Halbwertszeit von 87 Tagen angeführt, die in der Biochemie häufig zum Nachweis des Verbleibs phosphor- und schwefelhaltiger Verbindungen im Verlauf von Lebensprozessen Anwendung finden. Eine interessante Anwendung des **radioaktiven Jods** ^{128}**J** (heute würde man für ähnliche Zwecke das bei der Uranabspaltung entstehende ^{131}**J** mit einer Halbwertszeit von 8 Tagen verwenden) zur Aufklärung des Mechanismus von Racemisierungsvorgängen werden wir in **II**, Kap. 7, III, 1 kennenlernen.

11. Kapitel

Die cyclischen Verbindungen

Die Eigenschaften der meisten der bisher beschriebenen Verbindungen werden durch das Verhalten der jeweiligen charakteristischen Funktionen bedingt, und die Struktur des Kohlenstoffgerüstes spielt nur eine untergeordnete Rolle. Daneben gibt es aber auch eine Reihe von Substanzen, denen gerade das Kohlenstoffgerüst ihr charakteristisches Gepräge verleiht. Es sind dies in erster Linie die cyclischen Verbindungen, mit denen wir uns nunmehr etwas näher beschäftigen wollen.

Einteilung. Man unterteilt die cyclischen Verbindungen allgemein in die *carbo-* oder *isocyclischen* Verbindungen einerseits und die *heterocyclischen* Verbindungen andererseits in Abhängigkeit davon, ob der Ring nur aus Kohlenstoffatomen besteht, oder neben C-Atomen auch ein oder mehrere Heteroatome enthält. Diese Einteilung lediglich auf Grund der formalen Zusammensetzung läßt jedoch die wirklichen Zusammenhänge nur schwer erkennen, denn die charakteristischen Eigenschaften der cyclischen Verbindungen hängen in erster Linie davon ab, ob in ihnen ein geschlossen konjugiertes π-Elektronensystem enthalten ist oder nicht, und sind in derartig hohem Maße unabhängig von der Natur der Atome, die das Ringsystem aufbauen, daß z. B. das schwefelhaltige Thiophen dem isocyclischen Benzol viel ähnlicher ist als das ebenfalls isocyclische Naphthalin oder Anthracen. Ferner werden die typischen Reaktionen der Heteroelemente durch den Einbau in das konjugierte Bindungssystem häufig weitgehend verändert, wobei man ebenfalls eine starke Abhängigkeit von dem jeweiligen ungesättigten Bindungssystem beobachtet. Es soll daher in diesem Buche von der üblichen Unterteilung in carbo- und heterocyclische Verbindungen abgesehen werden, und die Einteilung der cyclischen Verbindungen lediglich auf Grund der in ihnen enthaltenen ungesättigten Bindungssysteme zu den folgenden drei Gruppen von Verbindungen erfolgen:

1. den allgemein als **alicyclische Verbindungen** bezeichneten Substanzen, deren Ring kein geschlossen konjugiertes Doppelbindungssystem enthält. Hierher gehören in erster Linie die bereits auf S. 63 kurz gestreiften Cycloparaffine und ihre Derivate mit einem gesättigten oder olefinisch ungesättigten isocyclischen Ringsystem. Ferner zählen zu dieser Verbindungsgruppe die einfachen gesättigten heterocyclischen Verbindungen, die wir im einzelnen in den cyclischen Äthern (S. 422) und Aminen (S. 558 f.) — sowie deren Oxoderivaten, den Lactonen (S. 478), Lactamen (S. 587), cyclischen Säureanhydriden (S. 322, 462 u. a.) und cyclischen sekundären Säureamiden (S. 345) — bereits kennengelernt haben. Alle diese Verbindungen weichen in ihren Eigenschaften noch nicht grundsätzlich von den Substanzen mit kettenförmigem Molekülaufbau ab.

2. cyclischen Verbindungen, die einen oder mehrere Sechsringe mit einem geschlossen konjugierten System von Doppelbindungen enthalten. Hierher gehören in allererster Linie das **Benzol** und seine Derivate, die wegen ihrer grundsätzlichen Bedeutung bereits allgemein behandelt wurden. Weiterhin müssen zu dieser Gruppe das **Naphthalin** und ähnlich gebaute Verbindungen mit mehreren **„kondensierten" Benzolringen** gerechnet werden, die jeweils ein gemeinsames System geschlossen konjugierter Doppelbindungen enthalten, sowie von der heterocyclischen Reihe die **Pyridin-, Pyrylium-, Pyron-** und **Thiopyron-**Derivate.

3. einer Gruppe von heterocyclischen Fünfringen mit zwei, zum Heteroatom α, β-ständigen konjugierten Doppelbindungen, in denen, wie später (S. 869 u. a.) ausführlich dargelegt wird, das Heteroatom mit Hilfe eines ungebundenen Elektronenpaares ebenfalls die beiden Doppelbindungen zu einem geschlossen konjugierten System zu verknüpfen vermag. Das Heteroatom ersetzt also funktionell eine —CH=CH—-Gruppe des Benzolkerns:

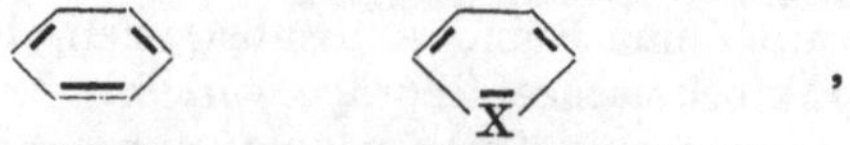

Benzol „aromatischer" Fünfring

so daß wiederum ein „aromatisches" Ringsystem entsteht. Zu dieser Gruppe gehören insbesondere das **Pyrrol,** das **Furan** und das **Thiophen,** sowie die sekundär von diesen Ringsystemen abgeleiteten **„Azole".**

Nomenklatur. Die einfachen Ringsysteme haben, von den wenigen Cycloparaffinen abgesehen, ausschließlich Trivialnamen erhalten, und nur ihre Derivate werden rationell benannt. Dies geschieht in prinzipiell gleicher Weise wie bei den Benzolverbindungen (S. 122), indem man jeweils die gesättigten oder auch aromatischen Wasserstoffverbindungen als Grundverbindungen wählt und die Stellung der Seitenketten oder sonstigen Funktionen durch Zahlen festlegt. Die Zählung beginnt nach Möglichkeit bei einem ausgezeichneten Atom — z.B. bei den heterocyclischen Verbindungen beim Heteroatom — und erfolgt auch hier stets in der Richtung, daß die jeweiligen Substituenten (bzw. weitere Heteroatome) eine möglichst niedrige Zahl erhalten. Außer durch Zahlen ist vielfach auch die Benennung der Stellung der Substituenten mit griechischen Buchstaben üblich, ohne daß sich hier jedoch allgemeine Regeln angeben lassen.

Schließlich verwendet man zur Unterscheidung von seitenketten- und kernständigen Substituenten oder Doppelbindungen, zuweilen auch die Ausdrücke *endocyclisch* und *exocyclisch.* So ist z.B. I ein endocyclischer, II ein exocyclischer Alkohol des Cyclobutans, während III eine endocyclische und zwei exocyclische Doppelbindungen enthält, von denen die vom Ring ausgehende häufig auch als *semicyclische* Doppelbindung bezeichnet wird:

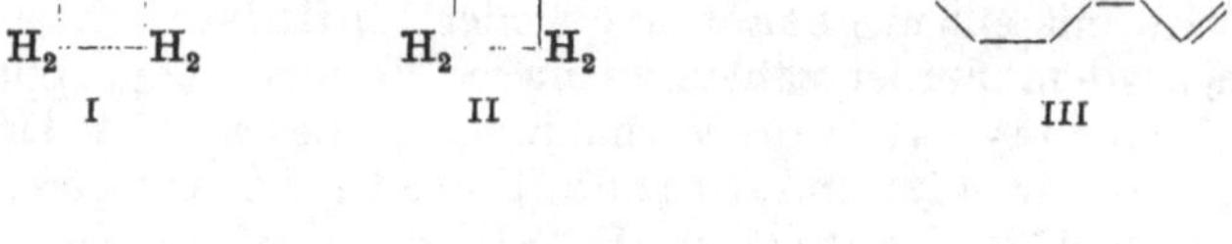

I II III

I. Die alicyclischen Verbindungen

1. Allgemeines über die Cycloparaffine und ihre Derivate

Die wichtigsten alicyclischen Verbindungen gehören der carbocyclischen Reihe an und leiten sich in gleicher Weise von den Cycloparaffinen ab wie die normalen aliphatischen Verbindungen von den kettenförmigen Paraffinen. Ihre **Benennung** erfolgt der der Paraffinderivate analog, indem man die Grundkohlenwasserstoffe in leicht ersichtlicher Weise als *Cyclopropan*, *Cyclobutan* usw. bezeichnet. Die Zahl der Ringglieder beträgt mindestens drei[1]) und ist nach oben theoretisch unbegrenzt. Doch ist man über eine Ringgliederzahl von 35 in einheitlichen Verbindungen noch nicht hinausgekommen.

Die **Isomerieverhältnisse** der substituierten Cycloparaffine sind ziemlich kompliziert. Z. B. unterscheiden sich die Cyclohexanderivate von den entsprechenden Benzolderivaten dadurch, daß einerseits an jedem C-Atom zwei Substituenten stehen können, andererseits die Substituenten infolge der Tetraederstruktur des Kohlenstoffs nicht mehr in der Ringebene liegen, so daß geometrische Isomerie auftritt. Man muß daher gegenüber den drei Disubstitutionsprodukten des Benzols bereits vier strukturisomere disubstituierte Cyclohexane unterscheiden, von denen die den Benzolderivaten entsprechenden o-, m- und p-Verbindungen wiederum in je einer cis- (beide Substituenten auf der gleichen Seite der Ringebene) und einer trans-Form (die Substituenten stehen auf verschiedenen Seiten der Ringebene) auftreten können, wie im folgenden am Beispiel der sieben strukturisomeren und geometrisch isomeren Cyclohexandicarbonsäuren gezeigt sei:

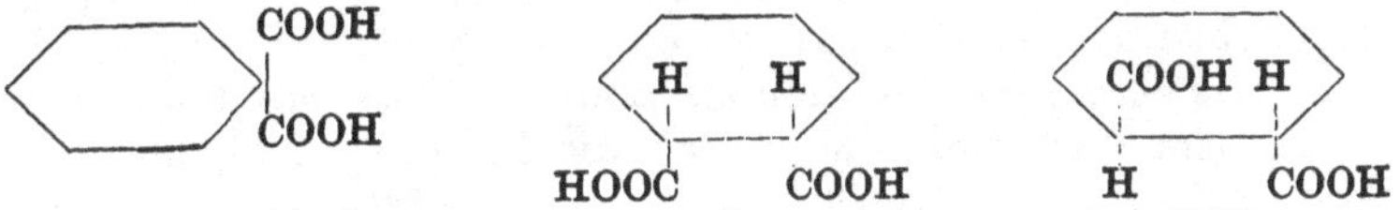

Cyclohexan-1,1-dicarbonsäure — cis- / trans- o-Cyclohexan-dicarbonsäure

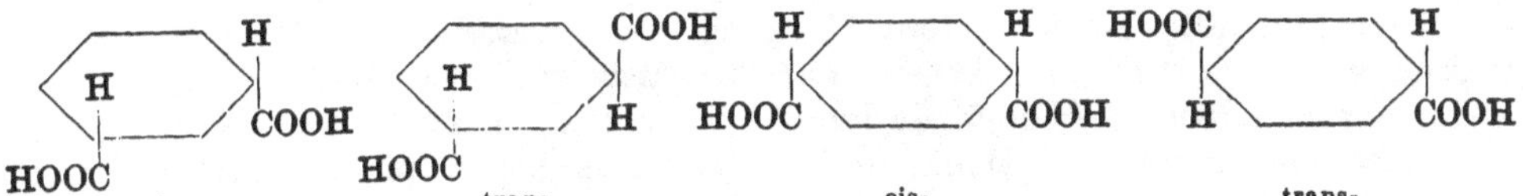

cis- / trans- m-Cyclohexan-dicarbonsäure — cis- / trans- p-Cyclohexan-dicarbonsäure

Eine weitere Steigerung der Isomerenzahlen wird durch die räumliche Asymmetrie einiger dieser isomeren Verbindungen bedingt. Bei zwei gleichartigen Substituenten, wie sie z. B. in den angeführten Cyclohexandicarbonsäuren vorliegen, sind nur die trans-Formen der o- und m-Reihe asymmetrisch, so daß sich die Isomerenzahl nochmals um zwei auf neun erhöht. Sind dagegen zwei verschiedenartige Substituenten vorhanden, wie z. B. in den Oxycarbonsäuren, so werden auch die zugehörigen cis-Verbindungen asymmetrisch, und wir müssen im ganzen elf verschiedene Isomere unterscheiden (formulieren!).

Trotz dieser Komplizierung der Isomerieverhältnisse gegenüber der Benzolreihe liegt die Zahl der möglichen Isomeren immer noch weit unter der der ketten-

[1]) Zwischen zwei Atomen ist kein Ring, sondern nur eine Doppelbindung möglich, wie in **II**, Kap. 3, II, 1 näher abgeleitet wird.

förmigen Verbindungen, da infolge des Fehlens von Molekülenden alle CH_2-Gruppen der Cycloparaffine gleichwertig sind. Infolgedessen liefern alle Cycloparaffine nur ein Monosubstitutionsprodukt, während man bei den kettenförmigen Paraffinen auch bei Monosubstitution bereits vom Propan ab Isomerengemische erhält[1]). Man untersucht insbesondere aus diesem Grunde den Verlauf von Paraffinreaktionen häufig am Cyclohexan.

Vorkommen. Die Cycloparaffine und ihre Derivate treten in zahlreichen Vertretern natürlich auf: Die gesättigten Kohlenwasserstoffe stellen einen wesentlichen Bestandteil des kaukasischen Erdöls (Naphtha) dar und führen als solche zusammenfassend den Trivialnamen *Naphthene*. Ferner begegnet man zahlreichen komplizierter gebauten ungesättigten Kohlenwasserstoffen, den sogenannten „*Terpenen*“, in den als Terpentinöl bezeichneten flüchtigen Harzölen der Nadelhölzer. Eine noch größere Bedeutung haben die sauerstoffhaltigen Derivate dieser Terpene (insbesondere die *Campher*) erlangt, die die hauptsächlichen Duftstoffe der pflanzlichen ätherischen Öle darstellen. Ihnen schließen sich als biochemisch wichtigste Substanzgruppen schließlich die unter dem Namen *Steroide* zusammengefaßten Gallensäuren, Sterine und Sexualhormone an, die sämtlich ein kompliziertes tetracyclisches Ringsystem der alicyclischen Reihe enthalten. Es liegen hier also außerordentlich wichtige Verbindungen vor, auf deren einzelne Vertreter allerdings erst in **III**, Kap. 5 näher eingegangen werden kann, während wir uns an dieser Stelle mit einem kurzen Überblick über die Grundverbindungen der Reihe begnügen wollen.

Für die **Darstellung** der Cycloparaffine und ihrer Derivate stehen, soweit man bereits von anderen alicyclischen Verbindungen ausgehen kann, prinzipiell alle früher beschriebenen Verfahren der gegenseitigen Umwandlung der verschiedenen Funktionen zur Verfügung. Dazu kommen an neuartigen Reaktionen die verschiedenen Möglichkeiten der Synthese des Cycloparaffinringes. Hierzu sind ebenfalls alle bereits beschriebenen Methoden zum Aufbau von C—C-Bindungen geeignet mit der einen Einschränkung, daß die beiden miteinander in Reaktion tretenden Gruppen an die gleiche Kohlenstoffkette gebunden sein müssen. Dies ist z. B. bei der Wurtzschen Synthese oder der Kalksalzdestillation (s. u.), nicht aber bei der Cyanhydrinsynthese (S. 238) oder sonstigen Nitrilsynthesen (S. 307) möglich. Weiterhin hängt der Verlauf der Reaktion in gleicher Weise wie bei den cyclischen Äthern, Lactonen usw. in hohem Maße von der Ringweite der zu synthetisierenden Verbindungen ab (vgl. S. 422). Insbesondere erfolgt auch hier die Bildung des Drei- und Vierringes wegen der erheblichen Ringspannung etwas schwieriger als die des Fünf- und Sechsringes, doch ist sie weniger von Ausweichreaktionen, wie z. B. der bimolekularen Synthese eines Sechsringes aus zwei C_3-Bausteinen (in Analogie zur Dioxan- [S. 418] oder Lactolidbildung [S. 435]; formulieren!), begleitet. Bei den größeren Ringweiten begegnet man erst vom Cyclo-octanring ab ernsteren Schwierigkeiten, auf die wir auf S. 797 f. näher eingehen werden. Die wichtigsten der für die Synthese von Cycloparaffinen gebräuchlichen Methoden sind:

---

[1]) Z. B. liefert n-Hexan gegenüber Cyclohexan bereits drei strukturisomere Monosubstitutionsprodukte, von denen die in C_2- und C_3-Stellung substituierten Verbindungen asymmetrisch sind und sich in zwei optische Antipoden zerlegen lassen, so daß die Gesamtzahl der Isomeren auf fünf (formulieren!) ansteigt. Ähnlich groß ist der Unterschied der Zahl der Disubstitutionsprodukte, denn hier stehen den oben abgeleiteten elf struktur- und stereoisomeren Cyclohexanderivaten mit zwei verschiedenartigen Substituenten im ganzen 46 isomere n-Hexanderivate gegenüber (formulieren!).

1. die **Wurtzsche Synthese** (S. 68), die man von den ω, ω'-Dihalogenparaffinen aus sowohl durch Umsetzen mit Metallen als auch indirekt über eine zweifache Alkylierung von Dinatrium-malonester durchführen kann:

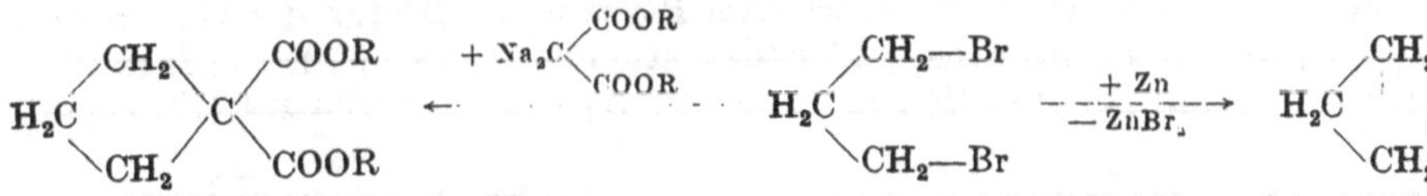

Bei Verwendung von Mononatrium-malonester findet dagegen kein Ringschluß, sondern nur eine Kettenverlängerung statt. Doch lassen sich auch in diesem Falle auf dem Wege einer mehrstufigen Reaktion kompliziertere Ringverbindungen aufbauen:

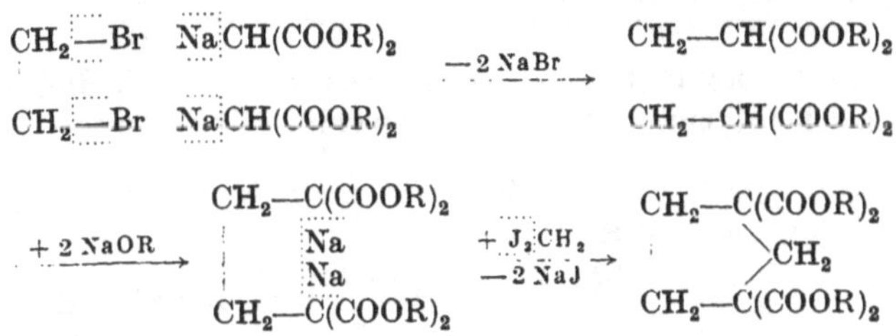

Die Wurtzsche Synthese eignet sich insbesondere zum Aufbau des Cyclopropan- und Cyclobutanringes, da hier die anderen Methoden häufig versagen. Für die Synthese von Ringen mit mehr als sechs Gliedern ist sie wegen des Überwiegens der linearen Kondensation zu Kettenmolekülen (formulieren!) ungeeignet.

2. die trockene **Destillation** der **Calcium-** und häufig auch der **Thoriumsalze** von Dicarbonsäuren:

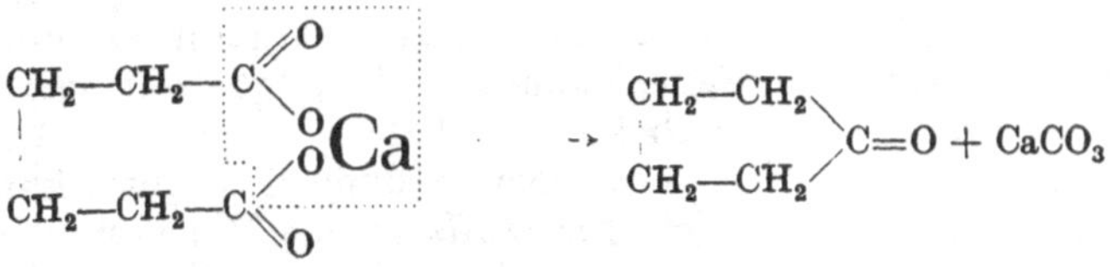

Sie führt stets zu Cycloketonen und hat sich insbesondere zur Synthese des Cyclopentan-, Cyclohexan- und Cycloheptanringes als brauchbar erwiesen. Sie kann aber nach Ruzicka (ab 1926) — allerdings nur mit geringer Ausbeute, — auch zum Aufbau höhergliedriger Ringe (S. 797) verwandt werden.

In dem speziellen Fall der Cyclisierung von Adipinsäure oder anderer 1,4-Paraffindicarbonsäuren tritt die Ketonbildung bereits bei der Einwirkung von Essigsäureanhydrid ein. Auf die Bedeutung dieser Reaktion zur Konstitutionsbestimmung von Dicarbonsäuren (Blancsche Regel) wurde bereits auf S. 455 hingewiesen.

3. die **cyclische Esterkondensation** von Dicarbonsäureestern. Sie führt zu cyclischen 1,3-Ketocarbonsäureestern und von diesen aus durch Ketonspaltung (S. 497) ebenfalls zu cyclischen Ketonen:

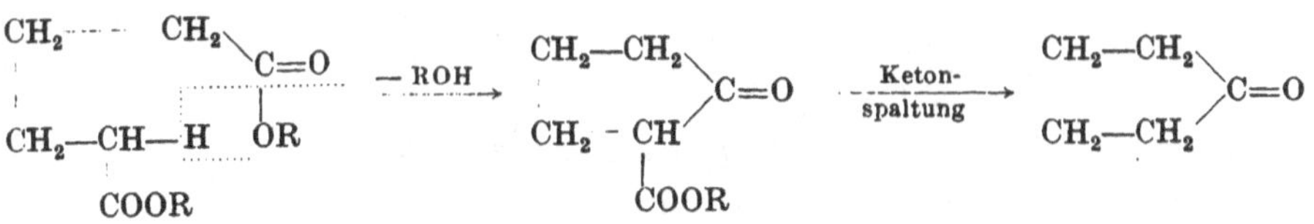

Die Reaktion findet in ihrer einfachsten Form neben der billigeren Kalksalzdestillation eine nur geringe Anwendung für den Aufbau empfindlicher Substanzen. Dagegen hat sich die doppelte Esterkondensation zuweilen zur Synthese cyclischer Naturstoffe bewährt. Als Beispiel sei die für die Camphersynthese (**III**, Kap. 5, II, 2d) wichtige Kondensation von Oxalsäureester mit 3,3-Dimethylglutarsäureester (I) zum Ester der Apocamphersäure (II) angeführt:

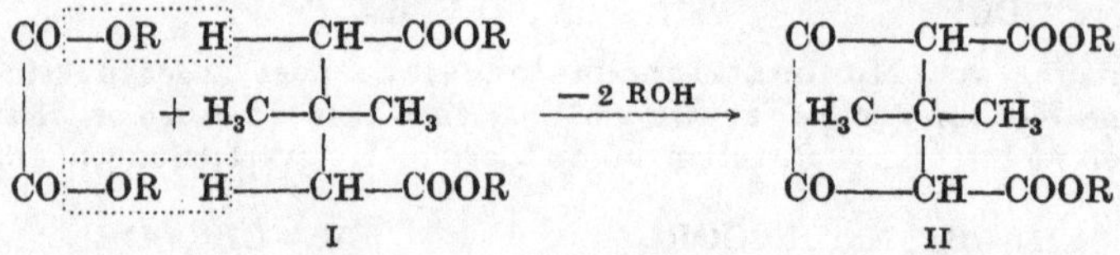

Selbst eine dreifache Esterkondensation ist möglich und führt z. B. vom Malonester ausgehend zum Phloroglucintricarbonsäureester (III):

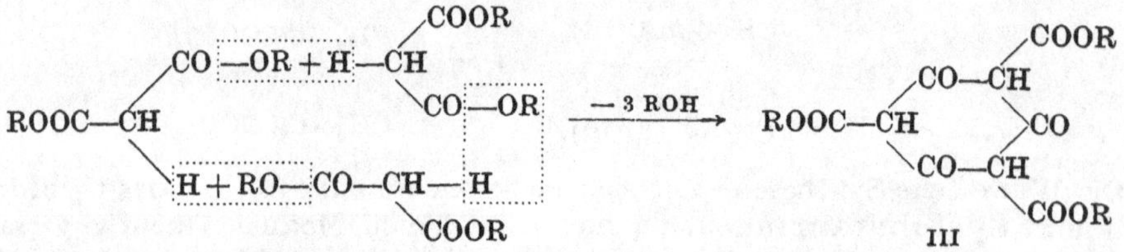

Als eine Variation dieser Methode muß die cyclische Kondensation von Dicarbonsäuredinitrilen angesehen werden, die von Ziegler insbesondere für den Aufbau hochgliedriger Ringe entwickelt wurde (Näheres vgl. S. 797 f.).

4. Auch die **Crotonaldehydkondensation** (S. 939) findet nur bei mehrfacher Kondensation praktische Anwendung zur Synthese von Ringverbindungen. Sie führt normalerweise direkt zu den mehrfach ungesättigten Oxoverbindungen (oder auch Kohlenwasserstoffen), kann aber in Gegenwart von Ammoniak oder primären Aminen — wahrscheinlich auf dem Wege einer Anlagerung des Amins an das zunächst ebenfalls entstehende doppelt ungesättigte Cycloketon (z. B. VI) — auch unter Einbau des Stickstoffs in das Ringsystem verlaufen, so daß sie zur Synthese von Alkaloiden geeignet ist. Als Beispiel für den ersten Fall sei auf die Synthese von Mesitylen aus drei Molekülen Aceton (S. 123) verwiesen, während eine Reaktion des zweiten Typus in der für die Tropinsynthese (**III**, Kap. 7, III, 4) wichtigen Kondensation von Bernsteinsäuredialdehyd (IV) mit Acetondicarbonsäureester (V) und Methylamin zum Tropinondicarbonsäureester (VII) vorliegt:

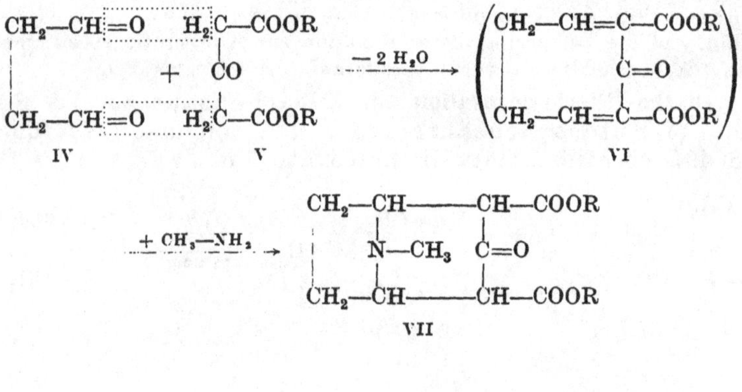

5. Von den sonstigen synthetischen Reaktionen hat allenfalls noch die **Pinakonreduktion** (S. 265) von Diketonen Anwendung zum Aufbau cyclischer Verbindungen gefunden:

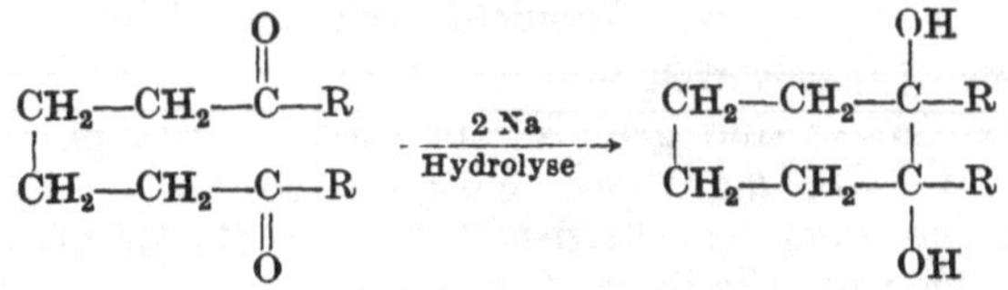

Neben diesen allgemein anwendbaren Methoden gibt es noch einige **spezielle Verfahren**, die nur zum Aufbau bestimmter Ringsysteme geeignet sind. Als wichtigste Beispiele seien die Diensynthese (S. 789, 947), die zu einfach ungesättigten Cyclohexanderivaten führt und insbesondere zum Aufbau polycyclischer Verbindungen (S. 806) Anwendung findet, die Dimerisation der Olefine zu Verbindungen der Cyclobutanreihe (S. 784) und die Cyclopropansynthese aus aliphatischen Diazoverbindungen und Olefinen (S. 782) angeführt (Gleichungen formulieren!).

Im **physikalischen Verhalten** schließen sich die alicyclischen Verbindungen eng an die analogen Substanzen mit offener Kette an. Doch liegen infolge der regelmäßigeren Molekülgestalt, der meist höheren Dipolmomente und auch des Fortfalles der raumbeanspruchenden Molekülenden die Schmelzpunkte um etwa 30—100°, die Siedepunkte um 10—30° und die Dichtewerte um 10—20% über denen der normalen aliphatischen Verbindungen gleicher Kohlenstoffzahl, wie im einzelnen aus Tab. 36 zu entnehmen ist (vgl. auch Tabelle 4, S. 126):

Tabelle 36

Vergleich der physikalischen Konstanten von Ring- und Kettenverbindungen gleicher Kohlenstoffzahl

Cyclische Verbindung	Sdp.	Smp.	D/T. flüssig	Kettenverbindung analoger Struktur	Sdp.	Smp.	D/T. flüssig
Cyclopropan	—34°	—127°	0,720/-79°	Propan	—45°	—190°	0,584/45°
Cyclobutan	12°	— 80°	0,703/0°	n-Butan	1°	—135°	0,600/0°
Cyclopentan	50°	— 93°	0,754/20°	n-Pentan	36°	—131°	0,634/150°
Cyclohexan	81°	6,4°	0,779/20°	n-Hexan	69°	— 94°	0,660/20°
Cycloheptan	118°	— 12°	0,810/20°	n-Heptan	98°	— 90°	0,684/20°
Methylcyclopentan	72°	—141°	0,746/20°	2-Methylpentan	60°	—	0,658/15°
Methylcyclohexan	100°	—127°	0,772/17°	2-Methylhexan	90°	—119°	0,684/15°
Cyclopentanol	140°	—	0,940/21°	n-Amylalkohol	138°	— 79°	0,887/15°
Cyclohexanol	161°	24°	0,937/34°	n-Hexylalkohol	156°	— 52°	0,818/20°
Cyclopentanon	131°	— 53°	0,942/22°	n-Pentanon-2	102°	— 84°	0,811/15°
Cyclohexanon	155°	— 26°	0,947/20°	n-Hexanon-2	127°	— 57°	0,830/0°
Cyclopropancarbonsäure	185°	18°	1,088/20°	Iso-buttersäure	154°	— 47°	0,968/0°
Cyclopentancarbonsäure	215°	— 3°	1,051/20°	Diäthylessigsäure	194°	— 15°	0,920/18°
Cyclohexancarbonsäure	232°	31°	1,025/34°	α-Äthylvaleriansäure	209°	—	—

Auch im **chemischen Verhalten** besteht eine weitgehende Analogie zwischen beiden Verbindungsreihen, so daß man — von dem speziellen Fall der stark gespannten und daher besonders reaktionsfähigen Cyclopropan- und Cyclobutanverbindungen abgesehen — alle bei den normalen aliphatischen Stoffen beschriebenen Reaktionen grundsätzlich auch bei den alicyclischen Verbindungen beobachtet. Wir brauchen daher an dieser Stelle nur auf die neuartigen Reaktionen einzugehen, von denen insbesondere 1. die Ringöffnungsreaktionen und 2. die verschiedenen Möglichkeiten zur Veränderung der Ringweite von allgemeinem Interesse sind.

Zu 1. Zur Ringöffnung sind grundsätzlich alle bereits beschriebenen Abbaureaktionen von C—C-Bindungen geeignet, sofern sie nicht (wie z. B. die Decarboxylierung) auf dem Angriff der Kette von ihrem Ende her beruhen. Im einzelnen unterscheiden wir die folgenden Möglichkeiten:

a) die **oxydative Spaltung cyclischer Ketone** bzw. der in diese leicht überführbaren cyclischen Alkohole:

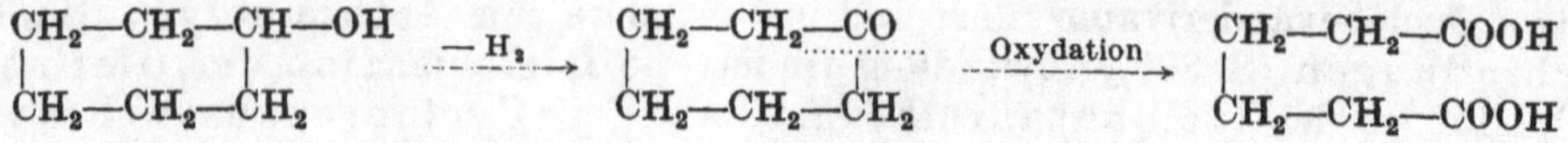

Die Reaktion hat große praktische Bedeutung, insbesondere zur Konstitutionsermittlung cyclischer Naturstoffe, erlangt, da man aus dem Verhalten der entstehenden Dicarbonsäuren gegen Essigsäureanhydrid Rückschlüsse auf die Ringweite des ursprünglichen Cycloketons ziehen kann (Blancsche Regel, vgl. S. 455). Sie dient aber auch zur technischen Gewinnung von Dicarbonsäuren, wie die Darstellung der Adipinsäure aus Phenol über das Cyclohexanon (S. 463) zeigt.

b) Unter erheblich milderen Bedingungen verläuft der **Ozonabbau** (S. 953) einfach ungesättigter Cycloolefine und die **Bleitetraacetat-** (S. 911) bzw. **Perjodsäurespaltung** (S. 912) cyclischer 1,2-Glykole, bei denen jeweils Dioxoverbindungen entstehen:

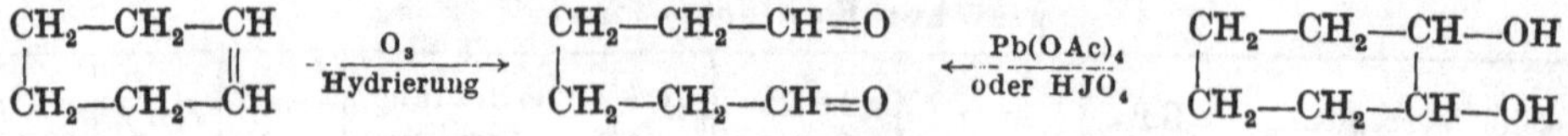

Die Reaktionen dienen ebenfalls hauptsächlich zur Konstitutionsermittlung und können im Falle der Bleitetraacetatspaltung auch zur Konfigurationsbestimmung, d. h. zur Entscheidung der Frage, ob die beiden Hydroxylgruppen in cis- oder in trans-Stellung stehen, mit herangezogen werden (Näheres vgl. S. 912).

c) In dem relativ seltenen Fall des Vorliegens von cyclischen 1,3-Diketonen oder 1,3-Ketocarbonsäureestern kann man auch die auf S. 498 beschriebene **Säurespaltung** zur Ringöffnung verwenden:

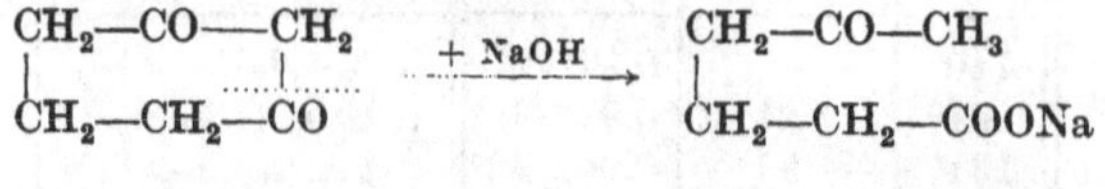

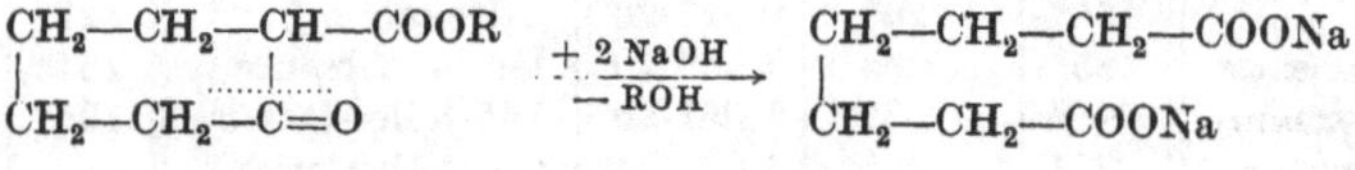

Praktische Beispiele dieser Art haben wir bereits beim Phloroglucin (S. 431) sowie in der Überführung von Salicylsäure in Pimelinsäure (S. 489) kennengelernt.

d) Einige weitere spezielle Abbaureaktionen beobachtet man zuweilen bei Cyclobutan- und Cyclohexanderivaten, die u. U. bei hoher Temperatur in Umkehr der Olefindimerisation bzw. der Diensynthese zerfallen:

e) Eine interessante Möglichkeit zur indirekten Ringöffnung besteht in der (allerdings nur in Einzelfällen durchführbaren) **Umlagerung** carbocyclischer in heterocyclische Verbindungen, deren Ring dann hydrolytisch aufgespalten werden kann. Als Beispiele seien die BECKMANNsche Umlagerung (S. 290) der Oxime cyclischer Ketone und die auf S. 480 beschriebene Überführung cyclischer Ketone in Lactone mittels Sulfomonopersäure angeführt:

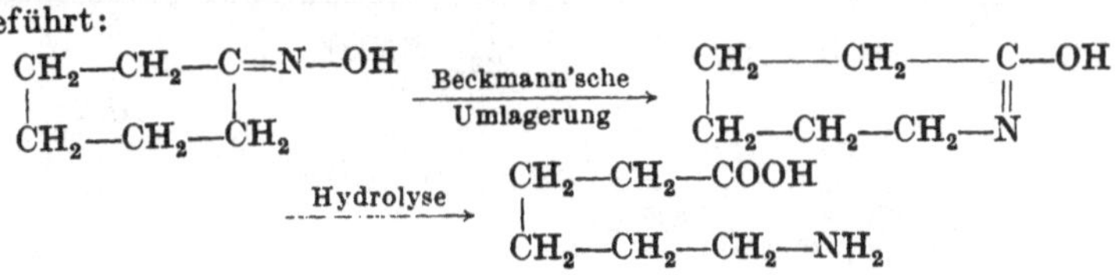

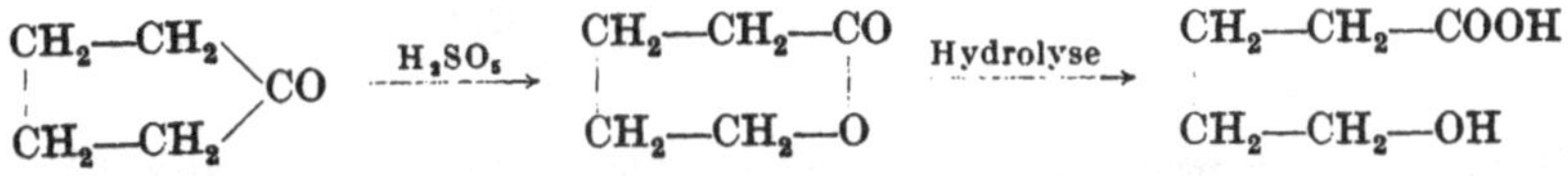

f) Schließlich kann man die alicyclische C—C-Bindung auch **hydrierend aufspalten.** Die Reaktion zeigt eine interessante Abstufung der Spaltungsgeschwindigkeit in Abhängigkeit vom Spannungszustand des Ringsystems, geht aber auch beim ungespannten Cyclopentanring noch wesentlich leichter vor sich als die Spaltung kettenförmiger Paraffine bei der Hydrierung von Schwer- zu Leichtbenzin (vgl. **III,** Kap. 1, I, 5a), wie die folgende Zusammenstellung der günstigsten Reaktionsbedingungen zeigt:

Tabelle 37

Die Hydrierungsbedingungen der C—C-Bindung in Abhängigkeit vom Spannungszustand

	Katalysator	Temperatur	Druck (in Atmosphären)
Äthylen (z. Vergleich)	Nickel	40°	1
Cyclopropan	Nickel	80°	1
Cyclobutan	Nickel	180°	1
Cyclopentan	Platin	300°	1
Paraffine (bei Kohlehydrierung)	Molybdänsulfid	450°	200—300

Zu 2. In der Möglichkeit der **Änderung der Ringweite** alicyclischer Verbindungen begegnen wir einer eigenartigen Gruppe von Reaktionen, deren Verlauf zum Teil noch etwas undurchsichtig ist. Die Zahl der Ringglieder ändert sich jeweils nur um ein C-Atom, und man kann die meisten der unten beschriebenen Reaktionen je nach der Stellung der Substituenten sowohl zur Ringerweiterung als auch zur Ringverengerung verwenden. Am besten untersucht und auch in ihrem Verlauf am leichtesten zu überblicken ist die Ringweitenänderung mit Hilfe der bekannten Umlagerungsreaktionen. So führt z. B. die **Pinakolinumlagerung** (S. 419) cyclischer Pinakone mit zwei endocyclischen Hydroxylgruppen zu einer Ringverengerung, während umgekehrt bei exocyclischer Stellung einer oder beider Hydroxylgruppen eine Ringerweiterung beobachtet wird:

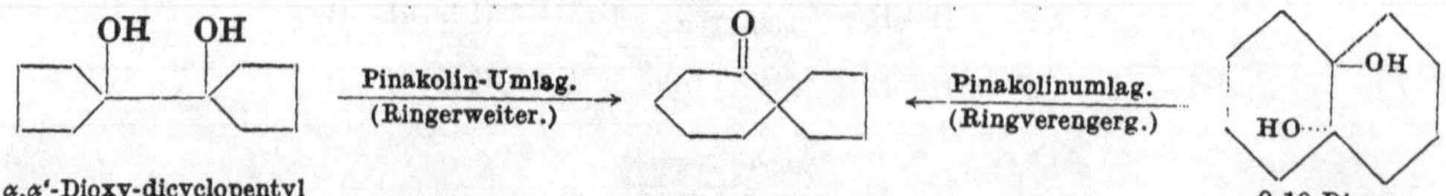

α,α'-Dioxy-dicyclopentyl

9,10-Dioxy-trans-decalin

Ebenso können die **Retropinakolin-Umlagerung** (II, Kap. 4, III, 4 b, ε) und die Umlagerung **ditertiärer Olefinoxyde** in Ketone je nach der Lage der ursprünglichen Substituenten sowohl zu einer Ringverengerung als auch zu einer Ringerweiterung verwandt werden:

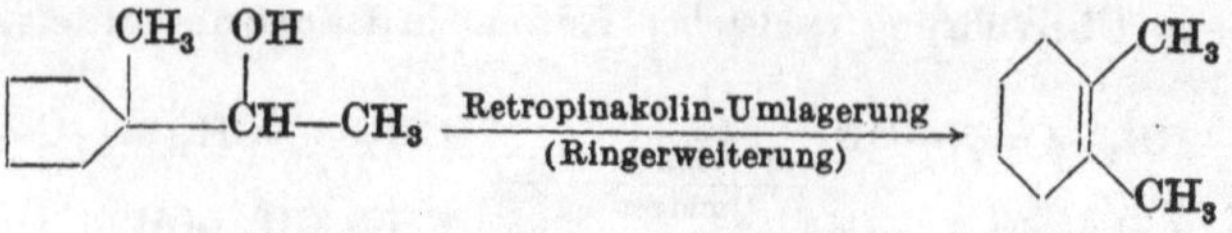

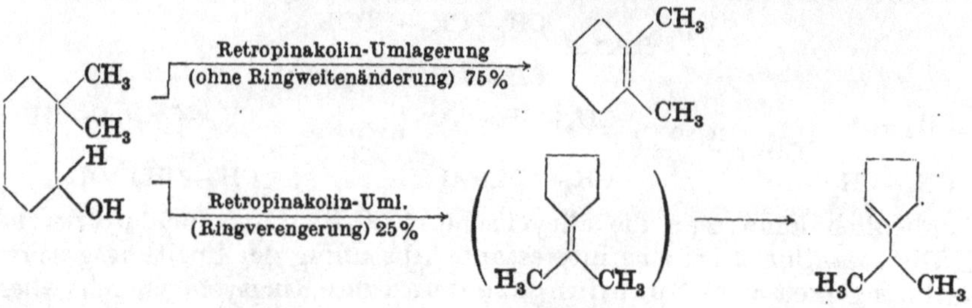

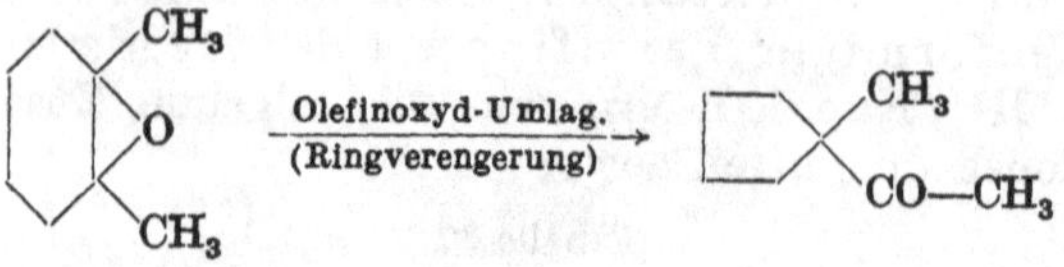

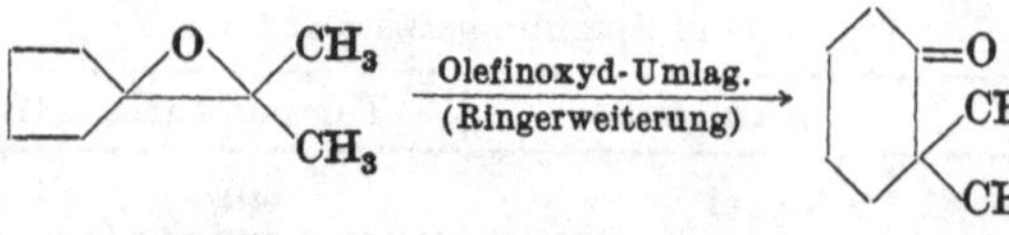

Dagegen lassen sich mit Hilfe der **Benzilsäure-Umlagerung** nur Ringverengerungen ausführen, da von den an der Reaktion beteiligten Carbonyl-C-Atomen nicht gleichzeitig eine Seitenkette abzweigen kann, wie es für eine Ringerweiterung erforderlich wäre:

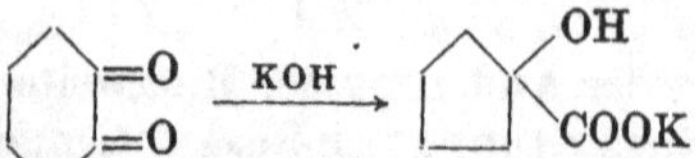

Eine andere Reaktion, die umgekehrt nur zur Ringerweiterung geeignet ist, liegt in der auf S. 610 beschriebenen Einschiebung einer Methylengruppe zwischen das Carbonyl-C-Atom und einen der Alkylreste eines Ketons bei der Einwirkung von Diazomethan vor:

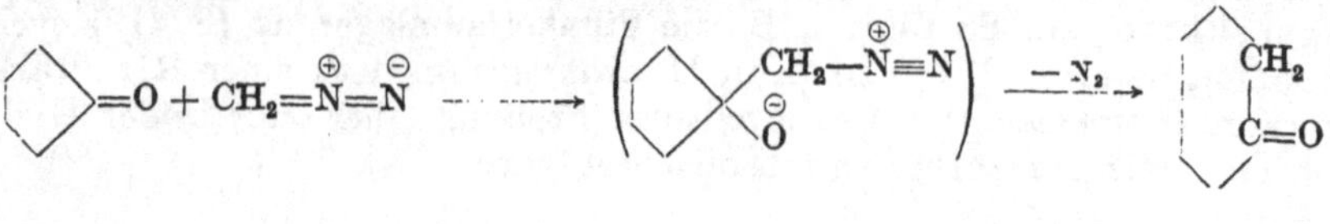

In dem speziellen Fall der Einwirkung von Diazomethan auf Isatin (S. 877) findet dieser Einbau der Methylengruppe nicht nur in der erwarteten Weise zwischen dem Benzolkern und der β-ständigen Carbonylgruppe zum 2,3-Dioxychinolin, sondern auch zwischen dem Benzolkern und dem Indolstickstoff zum 3,4-Isochinolin statt:

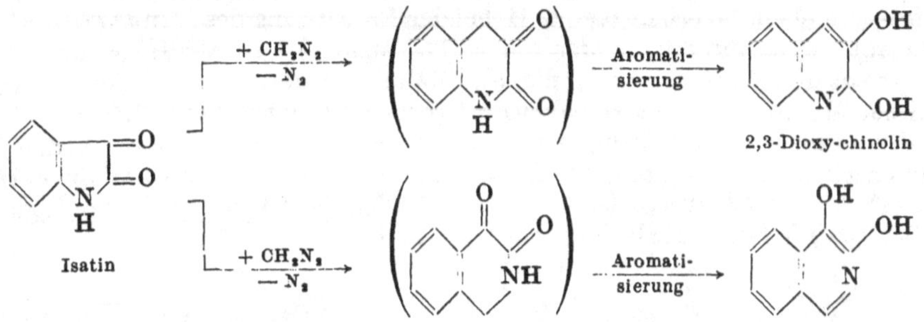

Ferner werden auch bei so einfach erscheinenden Reaktionen wie der Abspaltung der alkoholischen Hydroxylgruppe zu Olefinen, der Einführung der Nitrogruppe nach V. Meyer oder der Überführung der Amino- in die alkoholische Hydroxylgruppe mittels salpetriger Säure neben den normalen Umsetzungen (a) häufig unerwartete Änderungen der Ringweite als Nebenreaktionen (b) beobachtet, wie aus den folgenden Beispielen hervorgeht (vgl. auch II, Kap. 4, III, 4b):

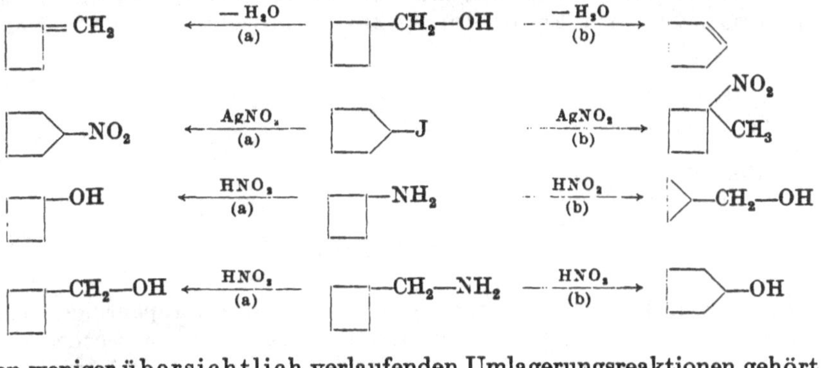

Zu den weniger übersichtlich verlaufenden Umlagerungsreaktionen gehört insbesondere die bereits auf S. 77 beschriebene reversible Umwandlung von Cyclohexan in Methylcyclopentan bei der Einwirkung von feuchtem Aluminiumchlorid (Nenitzesku 1933).

Man muß wegen dieser Möglichkeiten bei der Konstitutionsermittlung cyclischer Verbindungen stets besonders sorgfältig vorgehen.

2. Die Cycloparaffine und ihre Derivate

a) Das Cyclopropan und seine Derivate

Das Ringsystem des Cyclopropans hat vor allem theoretisches Interesse gefunden, da es infolge der starken Ringspannung eine ungewöhnliche Reaktionsfähigkeit aufweist. Ferner treten in den Terpenen und Camphern der Thujan- und Carangruppe (III, Kap. 5, II, 2a u. b) einige kompliziertere Cyclopropanderivate natürlich auf.

Für die **Synthese der Kohlenwasserstoffe** der Cyclopropanreihe eignet sich in erster Linie die oben beschriebene innermolekulare WURTZsche Synthese, d. h. der Umsatz von 1,3-Dihalogenparaffinen mit metallischem Natrium oder Zink (Gleichungen formulieren!), da bei allen anderen Reaktionen zunächst die Derivate entstehen. So erhält man z. B. bei der Einwirkung des Dinatriummalonesters auf Äthylenbromid in der auf S. 775 angegebenen Weise primär die 1,1-Cyclopropandicarbonsäure, die als Malonsäurederivat zwar leicht Kohlendioxyd zur Monocarbonsäure abspaltet (Gleichung formulieren!), jedoch bei der Instabilität des Cyclopropanringes nicht vollständig decarboxyliert werden kann. Ebenso erhält man aus Keten und Diazomethan Cyclopropanon (in Form des Hydrates), aber auch dieses ist so unbeständig (s. u.), daß an eine Reduktion zum Kohlenwasserstoff nicht gedacht werden kann:

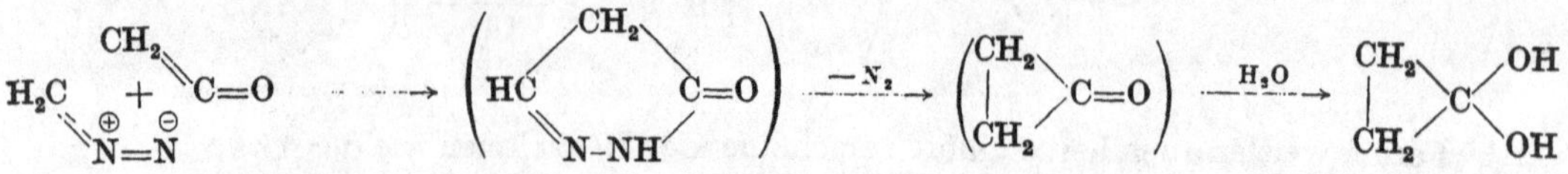

Die **Darstellung der Cyclopropanderivate** geschieht hauptsächlich auf dem auf S. 611 (vgl. auch S. 882) beschriebenen Wege durch thermische Zersetzung der durch Addition von aliphatischen Diazoverbindungen an Olefine leicht zugänglichen Pyrazolinderivate. Diesem Reaktionstypus gehört z. B. die soeben angeführte Cyclopropanonsynthese an. Als weiteres Beispiel sei die Synthese der Cyclopropan-1,2,3-tricarbonsäure aus Diazoessigester und Maleinsäureanhydrid angeführt:

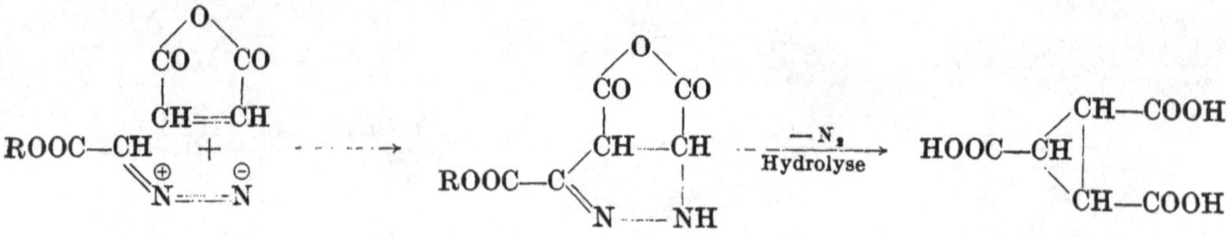

Eigenschaften. Die starke Ringspannung des Cyclopropanringes macht sich insbesondere in einem gegenüber den normalen Paraffinen wesentlich erhöhten Energiegehalt bemerkbar. Die Energiedifferenz beträgt 10,5 kcal pro C—C-Bindung, also 31,5 kcal für das gesamte Molekül, so daß sich gegenüber der olefinischen Doppelbindung (Energiedifferenz zwischen C=C-Doppelbindung und zwei C—C-Einfachbindungen im Mittel 24 kcal pro Mol) sogar noch eine Steigerung des ungesättigten Charakters ergibt. Diese molekulare Energiedifferenz von 31,5 kcal wird nun bei allen Ringöffnungsreaktionen bereits in der ersten Reaktionsstufe frei, da sofort die beiden anderen C—C-Bindungen in den ungespannten Normalzustand zurückkehren. Jede Spaltungsreaktion des Cyclopropanringes ist daher gegenüber der analogen Spaltung einer normalen Paraffinkette energetisch um etwa 31 kcal begünstigt, und wir beobachten infolgedessen vielfach ein den ungesättigten Verbindungen ähnliches Verhalten, das u. a. in den folgenden Umsetzungen zum Ausdruck kommt:

1. Ähnlich wie die Olefine sind auch die Cyclopropanverbindungen zu zahlreichen **Additionsreaktionen** befähigt, die hier unter Ringöffnung und Anlagerung der Addenden in 1,3-Stellung verlaufen:

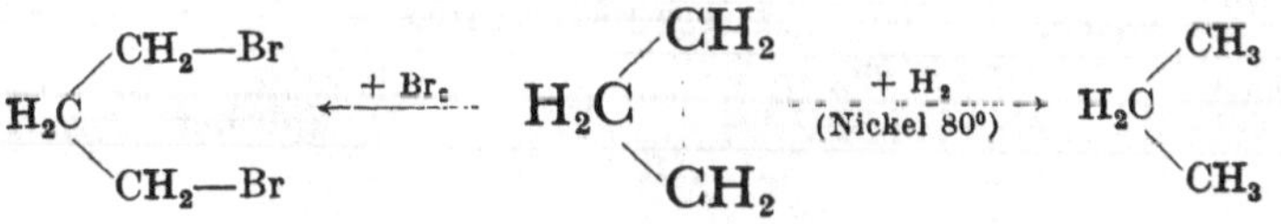

Alles in allem ist diese Anlagerungsneigung aber trotz der größeren Wärmetönung wesentlich geringer als in der Olefinreihe. Z. B. erfordert die katalytische Hydrierung eine um 40° höhere Temperatur (vgl. Tab. 37, S. 779) und die Anlagerung von Brom oder Jod die Aktivierung durch Sonnenlicht. Ferner wirkt Chlor nicht mehr spaltend, sondern nur noch substituierend auf den Cyclopropanring ein, und gegenüber dem typischen Olefinreagens Kaliumpermanganat sowie auch gegenüber konzentrierten Mineralsäuren verhält er sich völlig indifferent.

2. Infolge des gegenüber der olefinischen Doppelbindung gesteigerten Energiegehaltes zeigen sämtliche Cyclopropanderivate die Tendenz zur **Umlagerung in Olefine** mit offener Kette. So kann man z. B. Cyclopropan beim Leiten des Gases durch ein glühendes Rohr in glatter Reaktion in Propylen verwandeln, eine Reaktion, die in Gegenwart von Platin oder anderen Metallkatalysatoren bereits unter 100° vor sich geht:

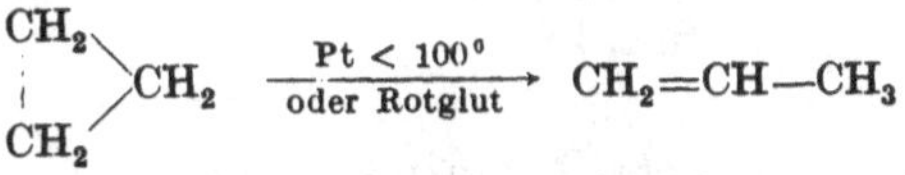

Auch wenn andere Doppelbindungen entstehen können, findet zuweilen eine derartige Umlagerung statt, wie aus der außerordentlich leicht erfolgenden Isomerisierung des Cyclopropanonhydrates zur Propionsäure hervorgeht:

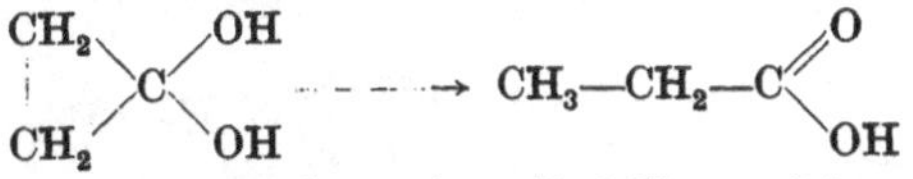

3. Der Cyclopropanring ist infolge seiner Labilität nicht mehr zur Bildung aller bei den kettenförmigen Verbindungen und den höhergliedrigen Ringen beschriebenen Derivate befähigt. Vor allem ist es nicht möglich, eine Doppelbindung in den Ring zu legen, also ein *Cyclopropen* darzustellen, und selbst Verbindungen, in denen vom Cyclopropanring eine semicyclische Doppelbindung ausgeht, wie z. B. *Methencyclopropan* 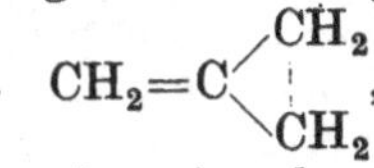, konnten bisher nicht (oder nur unter Schwierigkeiten) dargestellt werden. Aus dem gleichen Grunde ist es bisher nicht gelungen, das oben erwähnte sehr labile Cyclopropanonhydrat zum Cyclopropanon zu entwässern.

b) Das Cyclobutan und seine Derivate

Auch die Cyclobutanverbindungen sind in erster Linie von theoretischem Interesse als Übergangsverbindungen von den stark gespannten Cyclopropanderivaten zu den sich bereits normal verhaltenden Verbindungen des Cyclopentans und Cyclohexans. Einige kompliziertere Derivate treten ebenfalls in der belebten Natur auf (vgl. z. B. **III**, Kap. 5, II, 2c).

Die **Darstellung** der Kohlenwasserstoffe durch direkte Wurtzsche Synthese aus 1,4-Alkylenbromiden (Gleichungen formulieren!) stößt im Gegensatz zur Cyclopropansynthese eigenartigerweise auf Schwierigkeiten. Sie läßt sich nach Willstätter mit erträglicher Ausbeute nur nach dem Dinatrium-malonesterverfahren durchführen:

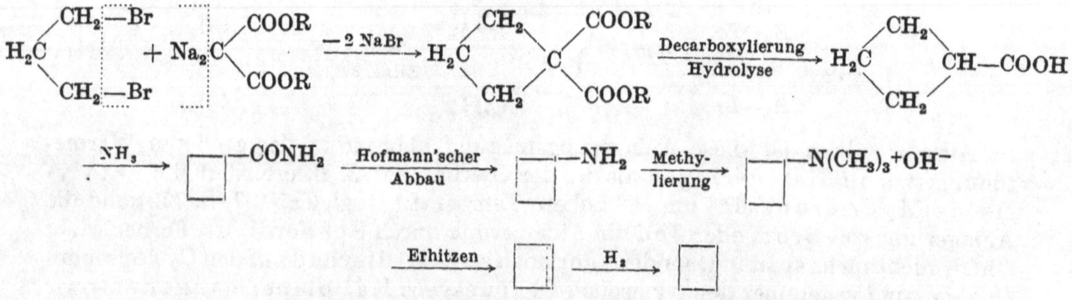

Die scheinbar recht umständliche Eliminierung der zweiten Carboxylgruppe verläuft trotz der zahlreichen Reaktionsstufen *recht glatt* und ist typisch für eine Reihe ähnlicher Reaktionen bei anderen cyclischen Verbindungen (vgl. z. B. S. 793, 794).

Unter diesen Umständen hat die *Olefindimerisierung* eine erhöhte praktische Bedeutung als *Einfallstor in die Cyclobutanreihe* gefunden. Allerdings ist die Reaktion nur auf Verbindungen mit *aktivierter Doppelbindung*, wie sie z. B. in der *Zimtsäure* (S. 378) oder in den symmetrischen *diarylierten Olefinen* (S. 141) vorliegen, beschränkt:

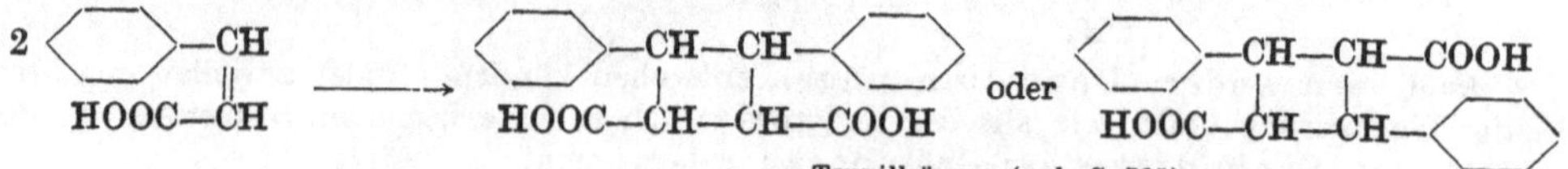

Truxillsäuren (vgl. S. 785)

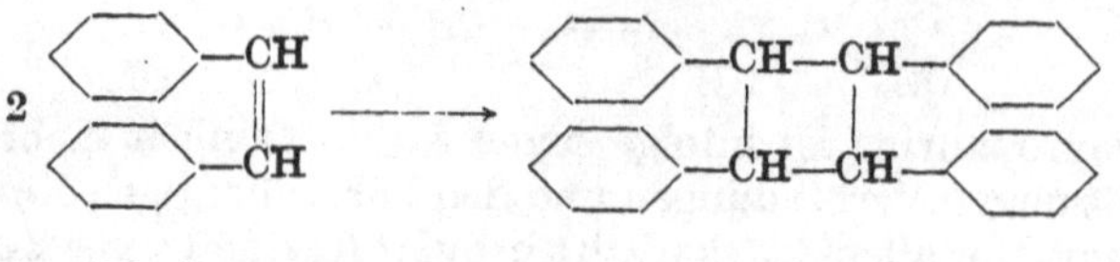

Rein aliphatische Olefine können nur in Ausnahmefällen [z. B. $(CH_3)_2C{=}CH_2$] zu Cyclobutanderivaten dimerisiert werden.

Eigenschaften. Auch der Cyclobutanring weist gegenüber den normalen Paraffinen noch eine gewisse *Instabilität* auf, die einerseits in der bereits bei 180° erfolgenden *hydrierenden Ringspaltung* durch katalytischen Wasserstoff (vgl. Tab. 37, S. 779), andererseits in der in Umkehrung zur Olefindimerisation erfolgenden *thermischen Zersetzung in zwei Olefinmoleküle* zum Ausdruck kommt:

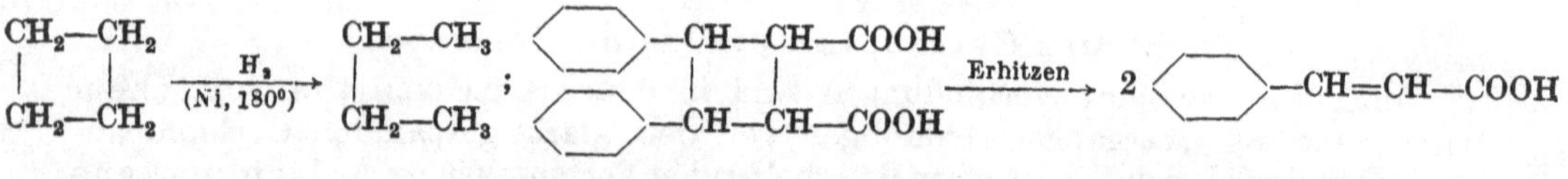

Dagegen bereitet es hier keine Schwierigkeiten mehr, eine *Doppelbindung* in den Ring einzuführen und das *Cyclobuten* darzustellen, das sich, wie aus der Willstätterschen Cyclobutansynthese hervorgeht, wie ein *normales Olefin* verhält. Auch die Gewinnung des wasserfreien *Cyclobutanons* ist grundsätzlich möglich, muß jedoch auf dem folgenden Umweg durch Hofmannschen Abbau der *α-Brom-cyclobutan-carbonsäure* durchgeführt werden, da beim Versuch der direkten Dehydrierung des Cyclobutanols *Ausweichreaktionen* erfolgen:

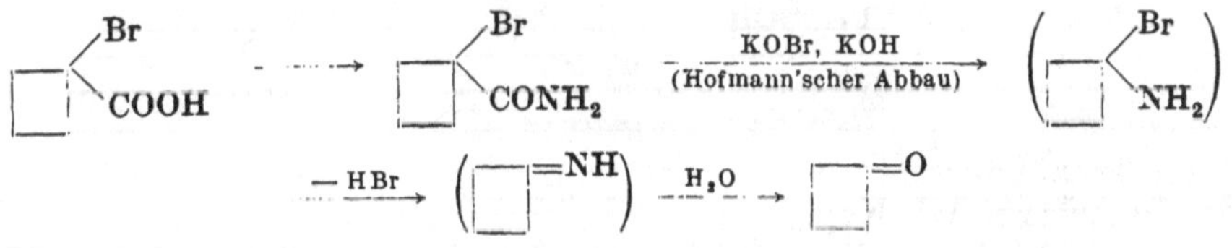

Erst, wenn man versucht, zwei Doppelbindungen in den Cyclobutanring einzuführen und das als Benzolanalogon interessierende Cyclobutadien mit zwei geschlossen konjugierten Doppelbindungen (formulieren!) herzustellen, macht sich wieder die Instabilität des Cyclobutanringes bemerkbar, und man beobachtet Ausweichreaktionen:

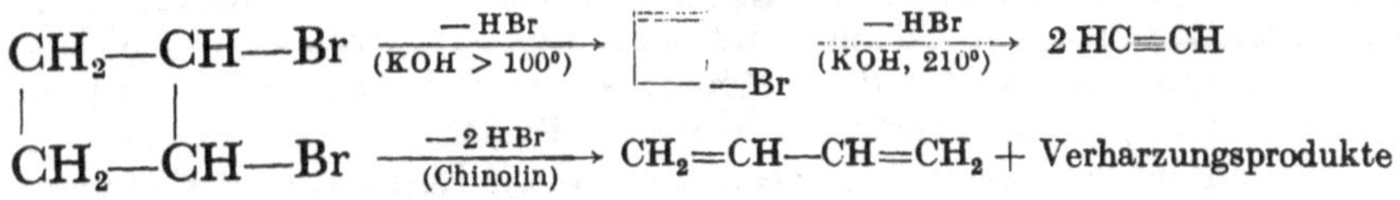

Von den **Einzelverbindungen** der Cyclobutanreihe haben lediglich die **Truxillsäuren,** denen wir als Dimerisationsprodukte der Zimtsäuren (s. o.) bereits begegnet sind, ein gewisses Interesse erlangt. Sie treten in zwei strukturisomeren Formen auf, die *α-Truxillsäure* oder Truxillsäure schlechthin und *β-* oder *Isotruxillsäure* genannt werden, und von denen erstere die folgenden fünf:

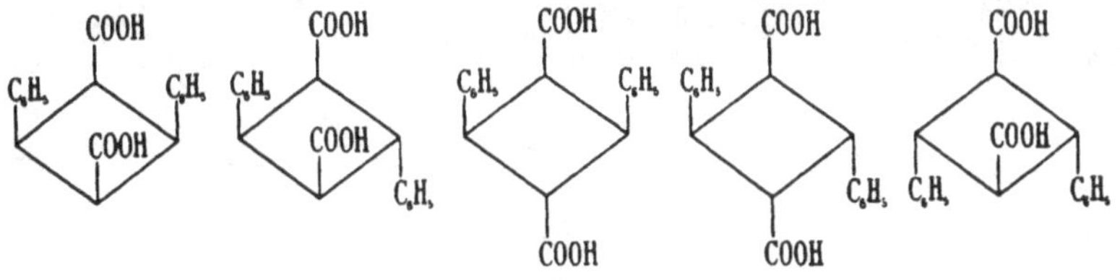

peri- γ- epi- α- ε-

Truxillsäure

und letztere sogar sechs geometrisch isomere Formen erwarten läßt:

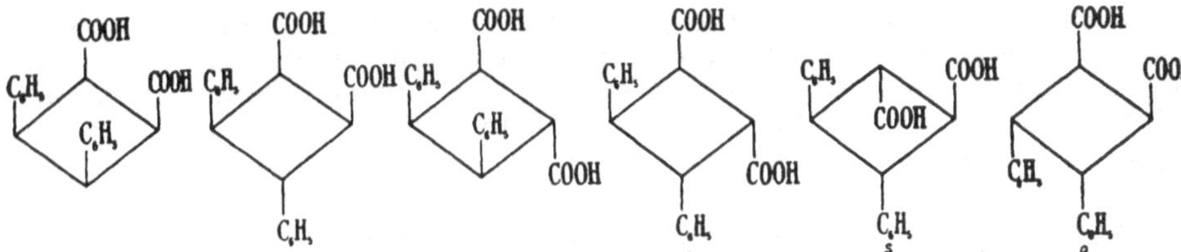

μ- ζ- neo- ω- δ- β-

Truxillsäure

Aber auch damit sind die Isomeriemöglichkeiten noch nicht erschöpft, denn einige dieser 11 Verbindungen sind räumlich asymmetrisch und lassen sich in optische Antipoden aufspalten (vgl. **II**, Kap. 7, I, 1a u. c). Alle theoretisch erwarteten Truxillsäuren sind tatsächlich aufgefunden worden und bestätigen damit die Richtigkeit unserer Vorstellungen vom räumlichen Bau der Moleküle. Ihre Konstitution ergibt sich einerseits aus der (bei höherer Temperatur reversiblen) Bildung aus Zimtsäure, andererseits aus dem oxydativen Abbau der Isoverbindungen zu Benzil, der für die 1,2-Stellung der Phenyl- und damit auch der Carboxylgruppen in dieser Reihe beweisend ist:

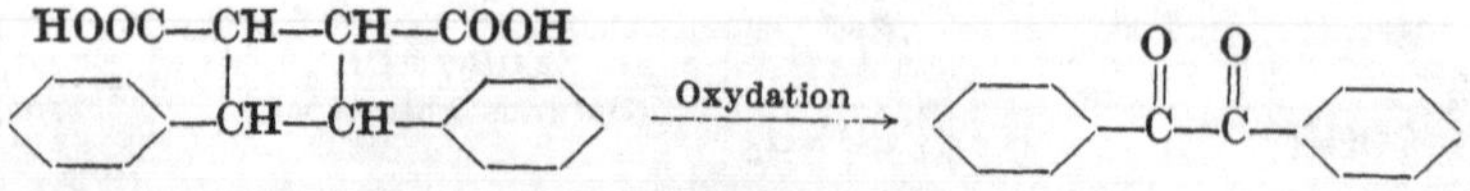

Einige Truxillsäuren treten natürlich als saure Komponente der Ecgoninalkaloide auf (vgl. **III**, Kap. 7, III, 4b).

c) Das Cyclopentan und seine Derivate

Im Cyclopentanring haben wir den ersten wirklich beständigen carbocyclischen Ring vor uns, dessen Umsetzungen sich nur noch in wenigen Punkten, wie z.B. den beschriebenen Ringerweiterungs- und -verengerungsreaktionen, von denen der normalen aliphatischen Paraffinketten unterscheiden. Seine **Synthese** kann durch eine innermolekulare Wurtzsche Synthese aus den Pentamethylendihalogeniden erfolgen (Gleichung formulieren!), doch wählt man als Einfallstor in die Cyclopentanreihe meistens das Cyclopentanon, das durch Kalksalzdestillation der Adipinsäure leicht zugänglich ist und sich etwa auf dem folgenden Wege in die wichtigsten anderen Cyclopentanderivate überführen läßt:

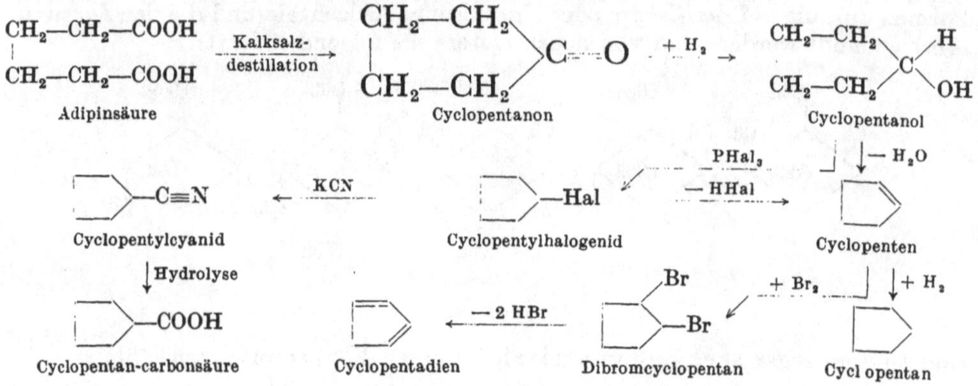

Die gesättigten Kohlenwasserstoffe der Cyclopentanreihe bieten nur geringes Interesse. **Cyclopentan** selbst kommt im kaukasischen und in geringer Menge auch im amerikanischen Erdöl vor und zeigt alle Eigenschaften eines normalen Paraffins. Ähnlich verhält sich das einfach ungesättigte **Cyclopenten** wie ein normales Olefin.

Erst im **Cyclopentadien** begegnen wir einer interessanteren Substanz. Es entsteht in der angegebenen Weise durch Addition von Brom an Cyclopenten und anschließende Abspaltung von zwei Molekülen Bromwasserstoff und zeigt eine gegenüber den normalen 1,3-Dienen nochmals gesteigerte Reaktionsfähigkeit. Insbesondere vermag es trotz des Fehlens einer endständigen Doppelbindung zu polymerisieren und ist zur Diels-Alderschen Diensynthese (S. 947) befähigt. Ferner besitzt es eine für einen Kohlenwasserstoff außerordentlich stark aktivierte Methylengruppe, die mit metallischem Kalium unter Wasserstoffentwicklung reagiert (vgl. **II**, Kap. 4, III, 4b):

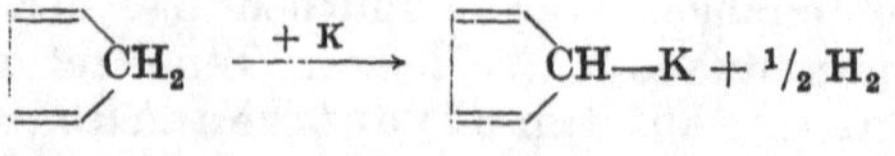

Auch gegenüber Oxoverbindungen zeigt die CH_2-Gruppe eine erhöhte Reaktionsfähigkeit und ist zu ähnlichen Kondensationsreaktionen befähigt wie die durch Carbonyl- oder Nitrogruppen aktivierten Methylengruppen. Hierbei entstehen sehr interessante ungesättigte Verbindungen mit „verzweigt" konjugierten Doppelbindungen, die **Fulvene** genannt werden:

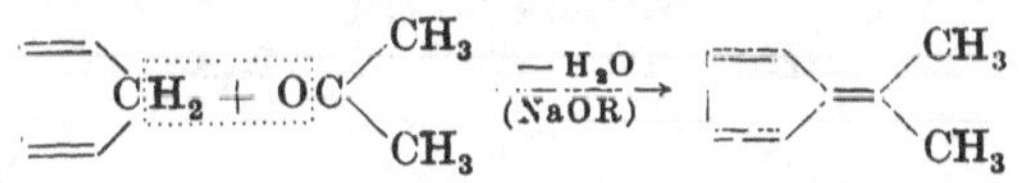

Dimethyl-fulven

Die auffallendste Eigenschaft der Fulvene ist ihre Farbigkeit, die bei keiner anderen Verbindungsklasse mit nur drei konjugierten olefinischen Doppelbindungen beobachtet wird und ohne Zweifel auf die eigenartigen Bindungsverhältnisse des Cyclopentadienringes zurückzuführen ist. Die Farbe schlägt bei Vergrößerung des konjugierten Systems, insbesondere bei paarweiser Substitution der Methylgruppen durch Diphenylenreste, von Gelb über Orange nach Rot um (vgl. S. 836). Im übrigen sind die Fulvene, namentlich das einfache nicht substituierte Fulven selbst, sehr unbeständige und reaktionsfähige Substanzen.

Von den Ketonen der Cyclopentanreihe haben wir das **Cyclopentanon** als Ausgangsverbindung für die Gewinnung der meisten anderen Cyclopentanderivate bereits kennengelernt. Es zeigt — abgesehen von seinem (durch ein relativ hohes elektrisches Dipolmoment bedingten) unerwartet hohen Siedepunkt (vgl. Tab 36, S. 777) — keine besonderen Eigenschaften. Dagegen liegt ein sehr interessantes Polyketon in dem (nur in Form seines Tetrahydrates existenzfähigen) **Cyclopenta-penta-on** vor. Es entsteht bei der alkalischen Oxydation von Hexaoxybenzol (S. 432) über das in alkalischem Medium nicht faßbare Trichinoyl (S. 791) und die daraus durch Ringverengerung im Rahmen einer Benzilsäureumlagerung (mit anschließender Decarboxylierung) hervorgehende Krokonsäure:

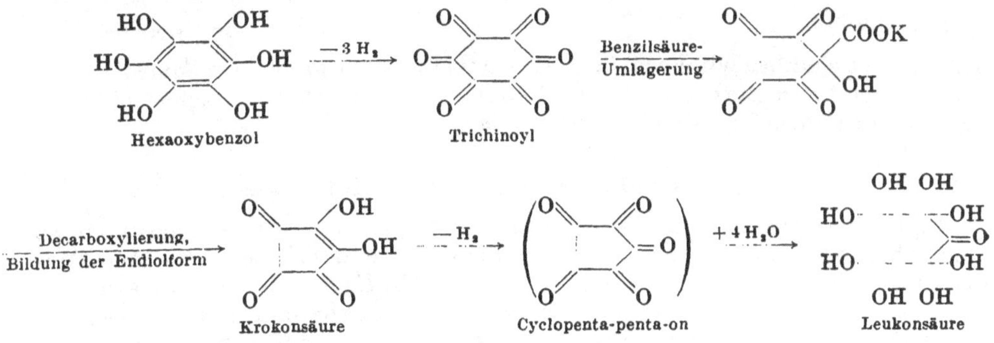

Das Cyclopenta-penta-on zeigt, in Analogie zur Mesoxalsäure und ihren Derivaten (S. 494), infolge der Nachbarstellung aller Carbonylgruppen eine starke Tendenz zur Hydratisierung und ist nur in Form des Tetrahydrates beständig, das infolge der Anhäufung negativer Gruppen sauer ragiert und den Namen **Leukonsäure** erhalten hat. Da der Kohlenstoff in ihr keinen Wasserstoff mehr gebunden enthält, kann man die Leukonsäure — ähnlich wie die Mellithsäure (S. 472) — als eine Art „Unterkohlensäure" auffassen.

Leukonsäure ist eine relativ beständige Substanz und zeigt im wesentlichen die der angegebenen Konstitution entsprechenden Reaktionen eines Pentaketonhydrates. Z. B. entsteht mit Hydroxylamin ein Pentoxim und mit o-Phenylendiamin (S. 574) ein Dichinoxalinderivat (I), dessen letzte freie Carbonylgruppe ebenfalls noch zu Carbonylreaktionen (z. B. zur Bildung des Oxims II) befähigt ist:

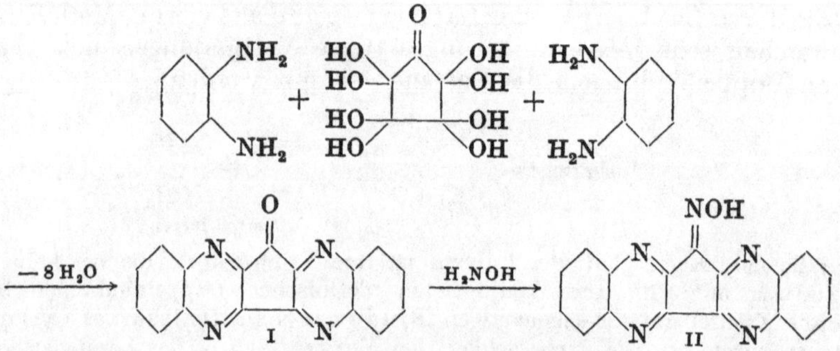

Beim Versuch der Entwässerung zum Cyclopenta-penta-on zerfällt die Leukonsäure in fünf Moleküle Kohlenoxyd, was bei der großen Bildungstendenz dieses Gases verständlich erscheint.

Die bei der Leukonsäurebildung als Zwischenprodukt auftretende **Krokonsäure** liegt praktisch ausschließlich in der angeführten Endiolform vor, deren Bildung durch die Konjugation der olefinischen mit drei Carbonyldoppelbindungen begünstigt wird. Sie reagiert als Endiol stark sauer und ist außerordentlich leicht oxydierbar.

Auch vom Cyclopentan leiten sich zahlreiche **Carbonsäuren** ab, die mit Hilfe der bekannten synthetischen Verfahren leicht gewonnen werden können und, soweit der Cyclopentanring mehrere Substituenten enthält, ebenfalls in mehreren raumisomeren Formen auftreten. Sie haben zum Teil als Abbauprodukte komplizierter Naturstoffe für deren Konstitutionsaufklärung spezielle Bedeutung erlangt. Als Beispiele zweier natürlich vorkommender Cyclopentencarbonsäuren seien die

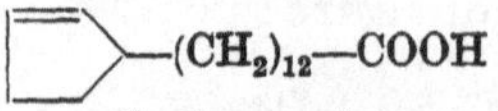

Chaulmoograsäure

und die um 2 C-Atome ärmere

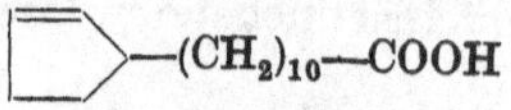

Hydnocarpussäure

genannt. Sie sind beide in Form ihrer Ester im Chaulmoograöl, dem Samenöl einiger Hydnocarpusarten, enthalten und stellten lange Zeit die einzigen bisher mit Erfolg gegen Lepra angewandten Therapeutika dar.

d) Das Cyclohexan und seine Derivate

Im Cyclohexanring liegt das bei weitem wichtigste alicyclische Ringsystem vor. Denn abgesehen davon, daß sich von ihm die wichtige natürliche Verbindungsklasse der cyclischen Terpene und Campher (vgl. **III**, Kap. 5, II) ableitet, stellen die Cyclohexanderivate die gesättigten Muttersubstanzen der Gesamtheit der aromatischen Verbindungen dar und werden daher häufig auch *hydroaromatische Verbindungen* genannt.

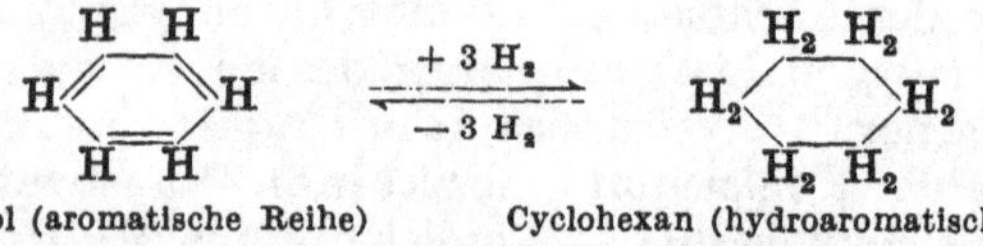

Benzol (aromatische Reihe) Cyclohexan (hydroaromatische Reihe)

Infolge dieser nahen Beziehungen zwischen beiden Reihen leitet sich die **Nomenklatur** der Cyclohexanverbindungen vielfach direkt von der der Benzolderivate ab. So bezeichnet man z. B. die Disubstitutionsprodukte, in denen die Substituenten an verschiedenen C-Atomen stehen, ebenfalls als *o*-, *m*- und *p*-, sowie die Trisubstitutionsprodukte als *sym*-, *as*- und *vic-Verbindungen.* Ferner werden vielfach die Trivialnamen der aromatischen Reihe beibehalten, und man spricht von *Hexahydro-toluol, Hexahydro-benzoesäure, Hexahydro-phthalsäure* usw., statt umgekehrt die Namen der „ungesättigten“ aromatischen Verbindungen von denen der gesättigten Cyclohexanderivate abzuleiten.

Eine gewisse Schwierigkeit bereitet lediglich die Unterscheidung der beiden Verbindungsreihen in der abgekürzten Schreibweise, da das für den Benzolring allgemein gebräuchliche einfache Sechseck gleichzeitig das Symbol für den alicyclischen Cyclohexanring darstellt. Hier hilft man sich in der Weise, daß man bei den Cyclohexanderivaten entweder alle H-Atome mitschreibt, oder den hydrierten Zustand durch ein großes H in der Mitte des Ringes andeutet, während der Benzolring meistens ohne Angabe der H-Atome, gegebenenfalls unter Einzeichnung der Doppelbindungen, wiedergegeben wird:

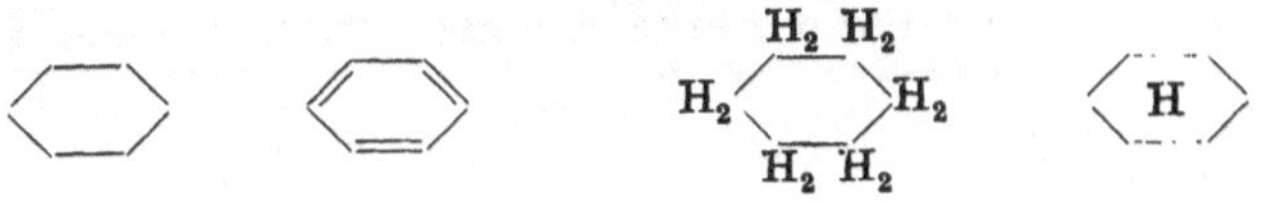

Schreibweisen des Benzolringes — Schreibweisen des Cyclohexanringes

Für den Cyclohexanring sind eine große Anzahl von **Synthesen** bekannt, von denen hier nur kurz auf die innermolekulare WURTZsche Synthese aus Hexamethylendibromid, die Kalksalzdestillation von Pimelinsäure (Gleichungen formulieren!) sowie die auf S. 123 bereits angeführten Synthesen des Benzolringes (mit anschließender Hydrierung) hingewiesen sei. Eine praktische Bedeutung kommt allen diesen Reaktionen nicht zu, da die hydroaromatischen Verbindungen allgemein sehr bequem durch Hydrierung aromatischer Substanzen (vgl. S. 128) gewonnen werden können.

Von speziellen Reaktionen hat lediglich die DIELS-ALDERsche Diensynthese ein größeres Anwendungsgebiet zur Synthese komplizierterer Cyclohexenderivate gefunden (vgl. auch S. 806):

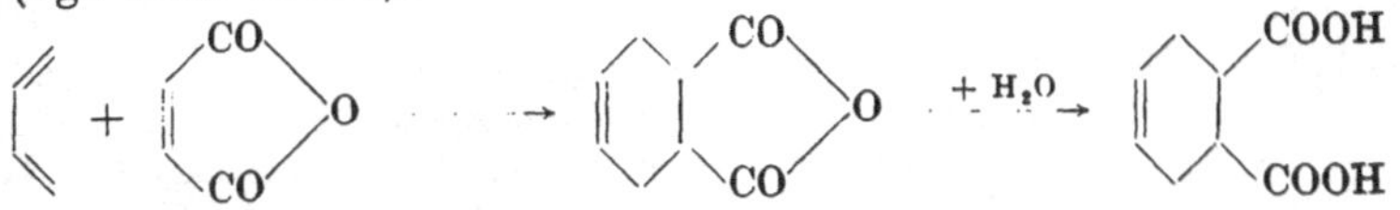

Die Cyclohexanderivate zeigen — von dem interessanten sterischen Aufbau des Cyclohexanringes abgesehen (vgl. **II**, Kap. 7, IV, 1) — weder in ihren physikalischen noch in ihren chemischen Eigenschaften nennenswerte Unterschiede gegenüber den normalen aliphatischen Verbindungen. Als einzige speziell für die Cyclohexanreihe charakteristische Reaktion muß die dreifache Dehydrierung zu Benzolderivaten hervorgehoben werden, die infolge der großen Bildungstendenz des Benzolsystems — namentlich bei mittleren Temperaturen (vgl. S. 134) — wesentlich leichter erfolgt als die Dehydrierung der normalen Paraffine zu Olefinen (S. 88) und insbesondere in Form der von DIELS eingeführten Selendehydrierung (Näheres vgl. S. 916) ein großes praktisches Anwendungsgebiet gefunden hat.

Die Aromatisierungstendenz bei diesen Dehydrierungsreaktionen ist so groß, daß häufig auch Alkylreste an quartären Ring-C-Atomen (z. B. an den Verzweigungs-C-Atomen mehrgliedriger Ringsysteme), die die Aromatisierung verhindern würden, abgespalten werden oder an ein Nachbaratom wandern. Beide Möglichkeiten treten nach LINSTEAD bei der Dehydrierung des 9-Methyldekalins (III), (vgl. auch S. 803) nebeneinander auf:

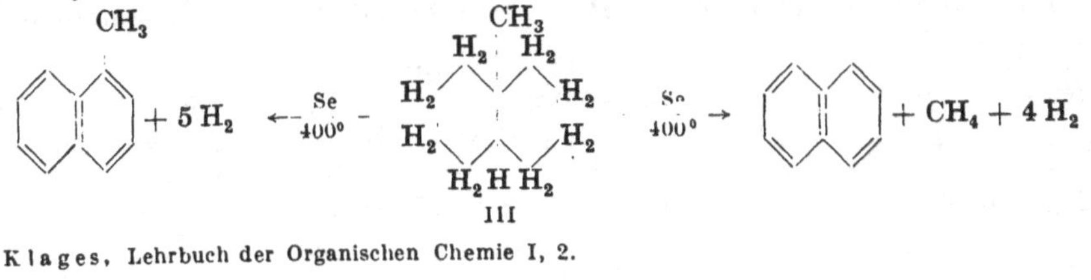

III

Auch in der leicht erfolgenden Isomerisierung dreifach ungesättigter Cyclohexanverbindungen mit einer exo- oder semicyclischen Doppelbindung zu Benzolderivaten, wofür ein Beispiel aus der Terpenreihe angeführt sei (A. KLAGES 1906):

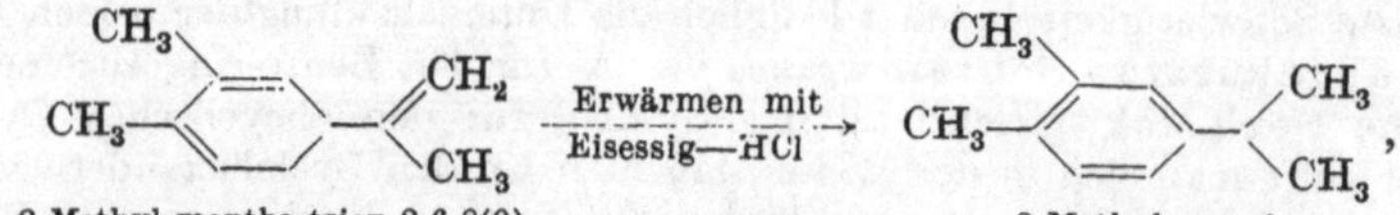

2-Methyl-mentha-trien-2,6,8(9) 2-Methyl-cymol

oder in der in Gegenwart von Hydrierungskatalysatoren bereits bei 35° vor sich gehenden Disproportionierung des Cyclohexadiens und Cyclohexens zu Cyclohexan und Benzol kommt diese starke Aromatisierungstendenz zum Ausdruck:

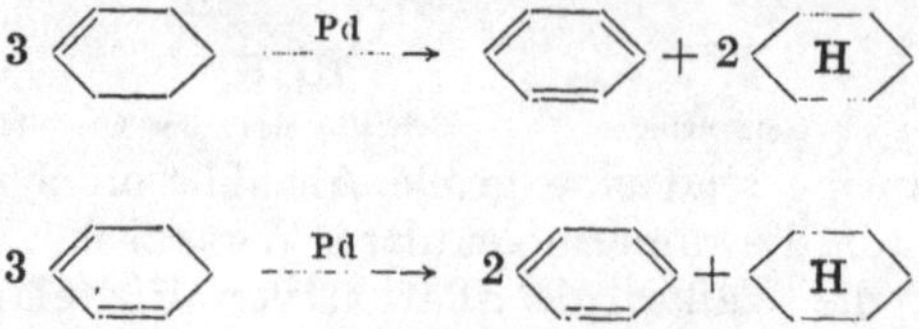

Einzelverbindungen: Die Grundverbindung der Reihe, das **Cyclohexan** selbst, wird durch Hydrierung von Benzol im großen gewonnen und gilt als Prototyp eines Cycloparaffins. Es dient wegen seiner Einheitlichkeit (im Gegensatz zu den meistens in Form von Gemischen vorliegenden kettenförmigen Paraffinen) häufig als benzinartiges Lösungsmittel und wird auch vielfach als Ausgangssubstanz zum Studium von Substitutionsreaktionen in der Paraffinreihe verwandt, da es infolge der Gleichwertigkeit aller C-Atome nur ein Monosubstitutionsprodukt liefert (vgl. S. 774).

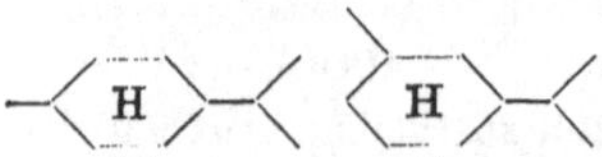

IV V

Von den höheren Homologen des Cyclohexans haben vor allem das als Menthan schlechthin bezeichnete **p-Menthan** (IV) und das weniger wichtige **m-Menthan** (V) eine gewisse Bedeutung als Muttersubstanzen zahlreicher Campher und Terpene erlangt. Beide Kohlenwasserstoffe entstehen als Endprodukte der Reduktion bzw. Hydrierung der natürlichen Terpene und Campher, kommen aber selbst nicht in der Natur vor.

Das einfach ungesättigte **Cyclohexen** stellt man am besten durch Wasserabspaltung aus Cyclohexanol dar (Gleichung formulieren!). Es verhält sich wie ein normales Olefin und dient als Ausgangsmaterial für die Gewinnung des **1,3-Cyclohexadiens:**

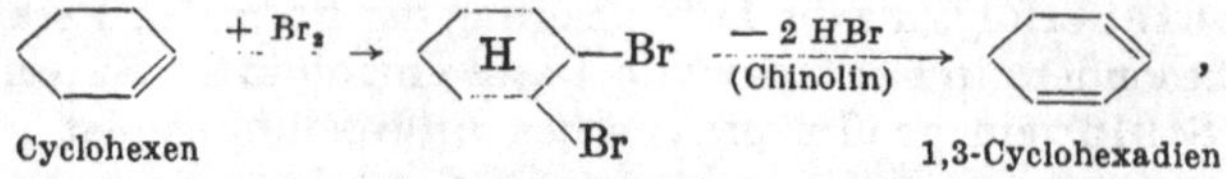

Cyclohexen 1,3-Cyclohexadien

das ebenfalls in jeder Beziehung mit einem normalen 1,3-Dien verglichen werden kann. So ist es z. B. zur DIELS-ALDERschen Diensynthese befähigt (vgl. S. 806) und zeigt im Gegensatz zum Cyclopentadien keine besondere Aktivität der Methylengruppen. Erst nach Einführung der dritten Doppelbindung in der auf S. 118 gezeigten Weise verschwindet der olefinische Charakter, und wir kommen zum aromatischen Benzol.

Außer dem 1,3- ist auch ein **1,4-Cyclohexadien**  mit zwei isolierten Doppelbindungen bekannt, das zuweilen neben der häufigeren 1,3-Verbindung als Nebenprodukt entsteht. Es zeigt keine besondere Reaktionsfreudigkeit mehr und lagert sich leicht in das energetisch begünstigte 1,3-Dien um. Hinsichtlich seiner Konstitution konnte es durch Ozonisierung oder anderweitigen oxydativen Abbau (zu zwei Molekülen Malonsäure, formulieren!) eindeutig aufgeklärt werden.

Weitere ungesättigte Kohlenwasserstoffe der Cyclohexanreihe werden wir später in den cyclischen Terpenen kennenlernen (**III**, Kap. 5. II).

Von den **Halogenderivaten** des Cyclohexans muß vor allem das bei der Anlagerung von Chlor an Benzol entstehende **Hexachlor-cyclohexan** erwähnt werden. Es tritt wie der Inosit (s. u.) in sieben diastereomeren Formen (Näheres vgl. **II**, Kap. 7, I, 1c) auf, von denen die γ-Form unter den Decknamen *Gammexan, 666, HCH* usw. als wichtiges Kontaktinsekticid Verwendung findet (ähnlich dem DDT, S. 168). Auch die δ-Verbindung (*Dexan*) ist für Kleinlebewesen toxisch, zeigt jedoch eine mehr baktericide Wirkung.

Cyclohexanol (*Cyclohexylalkohol*) —OH ist als Endprodukt der Hydrierung von Phenol der am leichtesten zugängliche cyclische Alkohol. Es ist eine ziemlich dickflüssige, campherartig riechende Substanz, die bereits bei 25⁰ erstarrt, jedoch aus den beim Glycerin angeführten Gründen (S. 420 Anm.), sowie auf Grund ihrer ungewöhnlich hohen kryoskopischen Konstanten (vgl. Tab. 38, S. 807), bei normaler Temperatur meistens in flüssiger Form vorliegt.

Ein zweiwertiger Alkohol des Cyclohexans ist der **Chinit**, der durch Hydrierung von Hydrochinon oder Chinon (daher der Name!) gewonnen wird und in einer cis- und einer trans-Form auftritt (vgl. **II**, Kap. 7, I, 1, c):

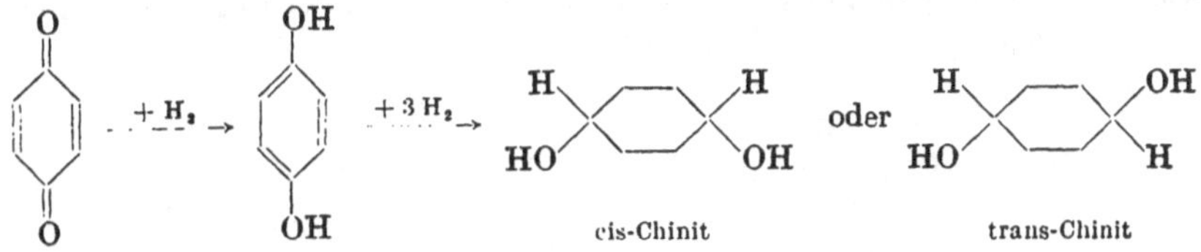

cis-Chinit trans-Chinit

Ebenso kann man die auf S. 427f. beschriebenen Polyphenole durch Hydrierung in cyclische Polyalkohole überführen, die sehr komplizierte Stereoisomerie-Erscheinungen (vgl. **II**, Kap. 7, I, 1c) zeigen. Eine größere Bedeutung haben nur die bereits den Kohlenhydraten nahestehenden und auch dort beschriebenen (**III**, Kap. 4, II, 5) Inosite und Quercite erlangt.

Cyclohexanon =O, das einfachste Keton der Cyclohexanreihe, entsteht als schwer faßbares Zwischenprodukt bei der Reduktion von Phenol zu Cyclohexanol und wird daher meistens rückwärts durch Oxydation von Cyclohexanol dargestellt (Gleichung formulieren!). Es ähnelt in seinen Eigenschaften dem Cyclopentanon und zeigt ebenfalls einen unerwartet hohen Siedepunkt (vgl. Tab. 36, S. 777), hat aber bei der leichten Hydrierbarkeit der aromatischen Verbindungen keine analoge Bedeutung als Einfallstor in die Cyclohexanreihe erlangt.

Auch in der Cyclohexanreihe sind einige Polyketone von allgemeinem Interesse. So sind wir dem **symmetrischen Triketon** als Ketoform des Phloroglucins (S. 430) bereits früher begegnet. In ähnlicher Weise ist das **3,5-Diketocyclohexen** tautomer mit Resorcin (S. 429) und schließlich liegt im **Trichinoyl** (der Name leitet sich von der dreifachen Chinongruppierung in einem Ring ab) das der (wasserfreien) Leukonsäure entsprechende *Cyclohexahexa-on* vor, das aber ebenfalls nur in Form eines Tetrahydrates existenzfähig ist. Es wird durch saure Oxydation (z. B. mit Salpetersäure) von Hexaoxybenzol oder dem leichter zugänglichen 1,2,4,5-Tetraoxy-3,6-diaminobenzol gewonnen, da in saurem Medium die oben beschriebene Ringverengerung zu Krokonsäure nicht möglich ist:

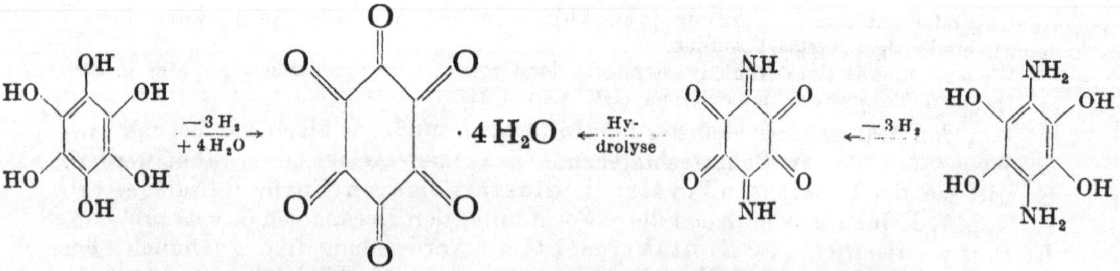

Trichinoyltetrahydrat zerfällt wie die Leukonsäure beim Versuch der Entwässerung quantitativ in Kohlenoxyd und Wasser. Auch Alkalien gegenüber ist es sehr unbeständig, da diese sofort die beschriebene Benzilsäureumlagerung zur Krokonsäure (vgl. S. 787) bewirken.

Cyclohexancarbonsäuren sind in großer Zahl bekannt. Sie treten mit Ausnahme der einfachen Hexahydrobenzoesäure ebenfalls in mehreren raumisomeren Formen auf, haben aber nur geringes Interesse gefunden.

Eine komplizierte Tetraoxy-hexahydrobenzoesäure liegt in der **Chinasäure** (V) vor, die auf Grund ihres Vorkommens in der Chinarinde ihren Namen erhalten hat. Ihre Konstitution ergibt sich nach H. O. Fischer (1932) in sehr eleganter Weise aus der Tatsache, daß das beim (hier vereinfacht wiedergegebenen) Curtiusschen Abbau des Chinasäure-azids entstehende Trioxycyclohexanon (VI) mit Phenylhydrazin kein Osazon liefert, sich also in Orthostellung zur Carboxylgruppe keine Oxygruppe befinden kann. Dies ist nur bei der angenommenen Konstitution eines 3,4,5-Trioxycylohexanons möglich:

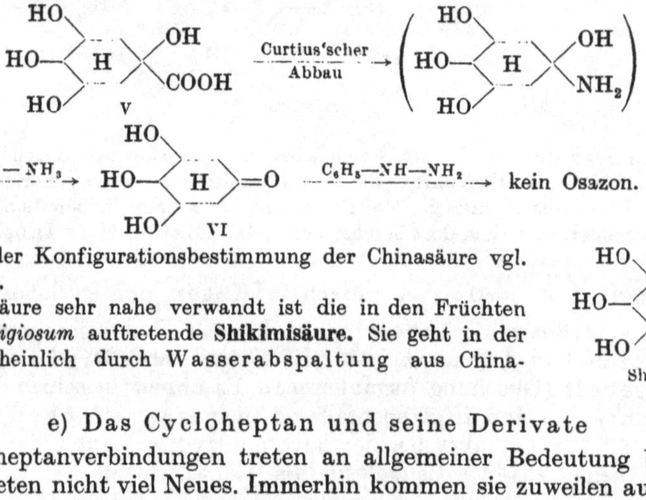

Bezüglich der Konfigurationsbestimmung der Chinasäure vgl. **II**, Kap. 7, II, 3.

Der Chinasäure sehr nahe verwandt ist die in den Früchten von *Illicium religiosum* auftretende **Shikimisäure.** Sie geht in der Pflanze wahrscheinlich durch Wasserabspaltung aus Chinasäure hervor.

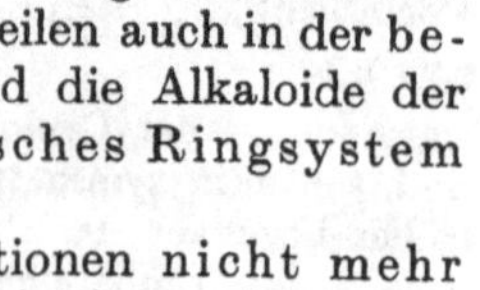

Shikimisäure

e) Das Cycloheptan und seine Derivate

Die Cycloheptanverbindungen treten an allgemeiner Bedeutung bereits etwas zurück und bieten nicht viel Neues. Immerhin kommen sie zuweilen auch in der belebten Natur vor. Z. B. enthalten die Azulene (S. 804) und die Alkaloide der Tropinreihe (**III**, Kap. 7, III, 4a u. b) einen in ein bicyclisches Ringsystem eingebauten siebengliedrigen Ring.

Der Cycloheptanring ist den meisten synthetischen Reaktionen nicht mehr zugänglich, da bei seiner Ringgröße die zwischenmolekulare Atomverknüpfung bereits leichter als der innermolekulare Ringschluß erfolgt. Nur die trockene Destillation von korksaurem Kalk *(Calciumsuberat)* führt in geringer Ausbeute zum *Cycloheptanon*, das auf Grund dieser Bildungsweise den Namen **Suberon** erhalten hat:

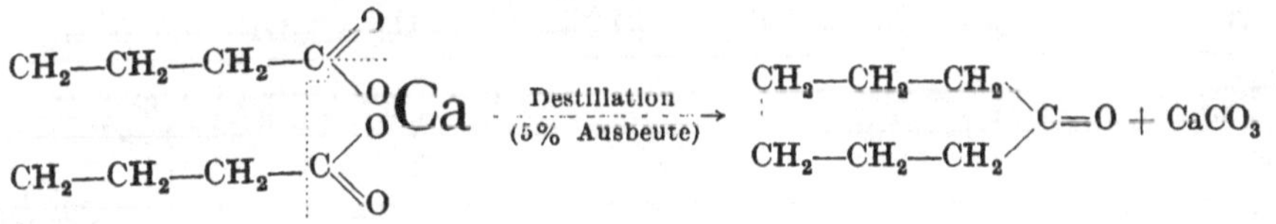

Um so wichtiger als spezielle Bildungsweise eines siebengliedrigen Ringsystems ist die beim Erwärmen auf 160° spontan eintretende Umlagerung des durch Anlagerung von Diazoessigester an Benzol leicht erhältlichen Pseudophenylessigesters (I; vgl. S. 128, 804) in den **Cycloheptatrien-carbonsäureester** (II):

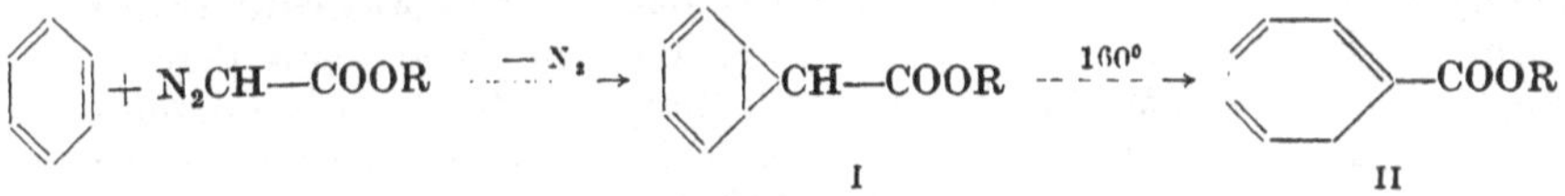

I II

Ferner gelangt man vom Tropin aus durch Elimination des Stickstoffs auf dem Wege der zweimaligen erschöpfenden Methylierung nach A. W. HOFMANN zum Cycloheptatrien:

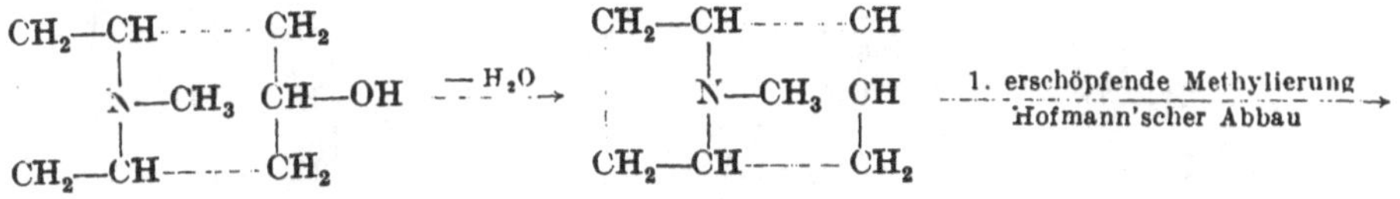

Tropin Tropidin

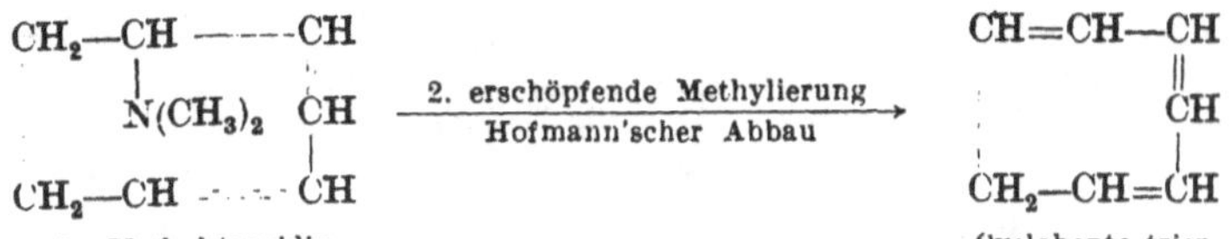

des-Methyl-tropidin Cyclohepta-trien

Der Cycloheptanring steht trotz seiner wesentlich schwierigeren Bildung hinsichtlich der Beständigkeit dem Cyclopentan- und Cyclohexanring nicht nach, da die geringere Bildungstendenz in diesem Fall nicht energetisch, sondern sterisch, d. h. durch das schwierige Sichfinden der Molekülenden beim Schließen des Ringes bedingt ist. Von seinen Derivaten muß vor allem das interessante **Cycloheptatrien** hervorgehoben werden, das neben Benzol die erste cyclische Verbindung mit drei konjugierten Ringdoppelbindungen darstellt, der wir begegnen. Es verhält sich im Gegensatz zum Benzol wie ein normales aliphatisches Polyen (z. B. verharzt es schnell an der Luft), weil hier infolge der ungeraden Gliederzahl die Bildung eines geschlossen konjugierten Doppelbindungssystems unmöglich ist.

Das interessanteste Cycloheptatrienderivat ist ohne Zweifel das **Tropolon** genannte *1-Oxy-cycloheptatrien-on-2*, das auf Grund der eigenartigen Mesomerieverhältnisse (insbesondere seines Anions) das einzige Cycloheptanderivat mit aromatischem Charakter darstellt. Seine Existenz und Eigenschaften wurden 1945 von M. J. S. DEWAR auf Grund theoretischer Überlegungen vorausgesagt, worauf in **II,** Kap. 3, III, 2 näher eingegangen wird. Seine Synthese aus Suberon gelingt nach J. W. COOK (1951) verhältnismäßig einfach auf dem folgenden Wege:

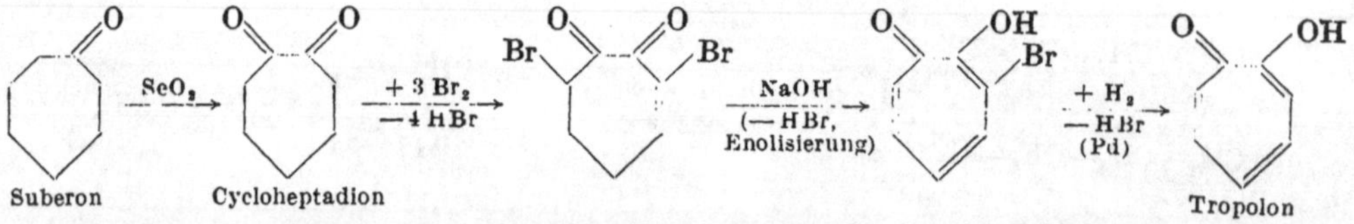

Das Tropolonsystem tritt verschiedentlich auch **natürlich** auf, z. B. im **Colchicin** (**III**, Kap. 7, III, 6d).

f) Das Cyclo-octan und seine Derivate

Das Cyclo-octan gehörte früher bereits zu den **schwer zugänglichen Verbindungen**, da die Bildungstendenz des achtgliedrigen Ringes nur mehr sehr gering ist. Als Ausgangsmaterial für seine Herstellung diente damals ausschließlich das Alkaloid **Pseudo-pelletierin** (**III**, Kap. 7, III, 4c), das bereits ein Cyclo-octangerüst enthält und sich nach WILLSTÄTTER (1912) auf dem folgenden umständlichen — dem Tropinabbau zum Cycloheptatrien analogen — Wege in **Cyclo-octa-tetraen** (und von diesem ausgehend in verschiedene andere Cyclo-octanderivate) überführen läßt:

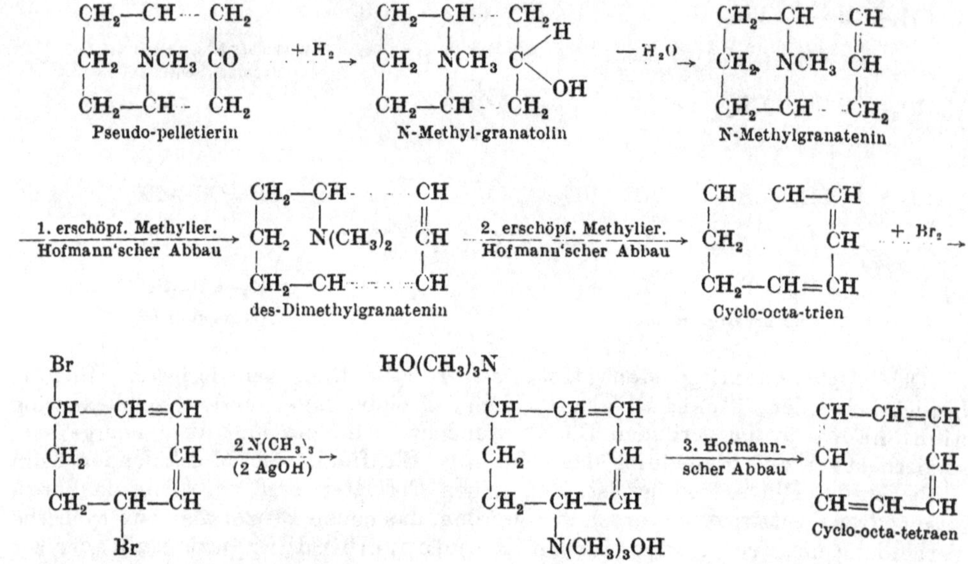

Heute dient als wichtigstes Einfallstor in die Chemie des Cylo-octans das **Cyclo-octa-tetraen**, das man nach REPPE (1945) durch **Tetramerisierung** von **Acetylen unter Druck an Nickelcyanid- oder -rhodanid-katalysatoren** bei mäßig erhöhten Temperaturen in bis zu 70%iger Ausbeute erhält:

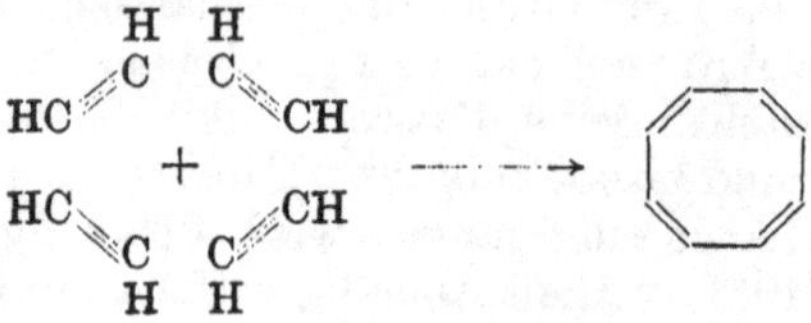

Aber auch auf anderem Wege — z. B. mit Hilfe der auf S. 797 beschriebenen cyclischen Kondensation von Dicarbonsäure-dinitrilen in großer Verdünnung (ZIEGLER 1933) oder durch Dimerisierung von Butadien bei erhöhter Temperatur (ZIEGLER 1947) — kann man heute bereits auf synthetischem Wege in die Cyclo-octanreihe eindringen:

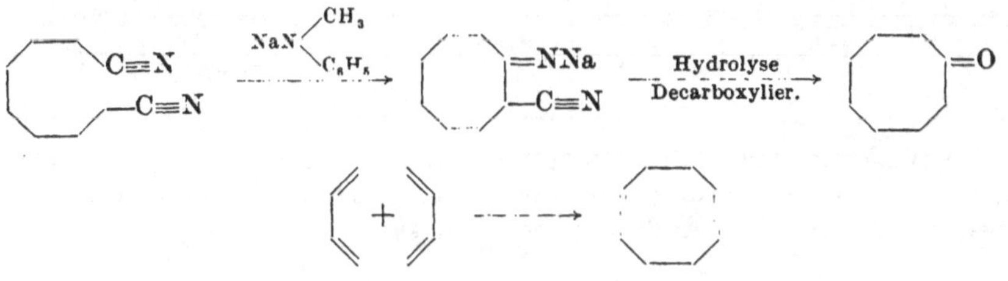

Trotz der relativ schwierigen Bildung des Cyclo-octanringes zeigen auch die Cyclo-octanderivate die gleiche Beständigkeit wie die analogen Verbindungen des Cyclopentans, Cyclohexans oder Cycloheptans. Wir können uns daher hier auf die Beschreibung des wichtigsten Cyclo-octanderivates, des Cyclo-octa-tetraens beschränken.

Cyclo-octa-tetraen beansprucht als höheres Vinylen-homologes des Benzols mit einem geschlossen konjugierten System von vier C=C-Doppelbindungen in erster Linie theoretisches Interesse. Doch wurden, wie wir in **II**, **Kap. 3**, **III** noch eingehend erörtern werden, die seinerzeit an seine Darstellung geknüpften Erwartungen nicht erfüllt, denn es erwies sich im Gegensatz zum sehr stabilen und farblosen aromatischen Benzol als eine unbeständige gelbe Flüssigkeit, die das typische Verhalten eines aliphatischen Polyens zeigt, z. B. in der Hitze sehr rasch (und bei längerem Stehen auch in der Kälte) polymerisiert, an der Luft Autoxydation erleidet usw. Bei den einheitlich verlaufenden Reaktionen beobachtet man weiterhin häufig eine starke Tendenz des Moleküls, unter Umgruppierung der C-Atome ein aromatisches Benzol- oder ein bicyclisches Cyclohexadien-derivat zu bilden. Zwischenstufen bei diesen unter Molekülumlagerung verlaufenden Reaktionen sind nicht bekannt, sondern es hat stets den Anschein, als ob das Cyclo-octa-tetraen von vornherein in mehreren „tautomeren" Grenzformen reagieren kann.

Man muß die **Reaktionen des Cyclo-octa-tetraens** daher in drei grundsätzlich verschiedene Gruppen unterteilen: 1. Reaktionen, die ohne Strukturänderungen des Kohlenstoffgerüstes verlaufen, 2. Reaktionen, bei denen Derivate des p-Xylols entstehen, und 3. Reaktionen, bei denen intermediär eine Isomerisierung des Cyclo-octa-tetraens zum Bicyclo-[0,2,4]-octa-trien-2,5,7[1]) (I) mit aneinander kondensiertem Cyclohexadien- und Cyclobutenring stattfindet:

(nur im Rahmen anderer Reaktionen möglich)

I

Zu 1. Ohne Veränderung des Ringskeletts verlaufen insbesondere alle Hydrierungsreaktionen, die in einem Reaktionsgang sowohl vollständig bis zum Cyclo-octan als auch (z. B. in nicht sauren Lösungsmitteln) nur bis zur Stufe des Cyclo-octens durchgeführt werden können. Von letzterem aus sind dann ohne Schwierigkeiten eine Reihe weiterer Cyclo-octan-Derivate zugänglich:

[1]) Bezgl. der Nomenklatur der bicyclischen Verbindungen vgl. S. 800

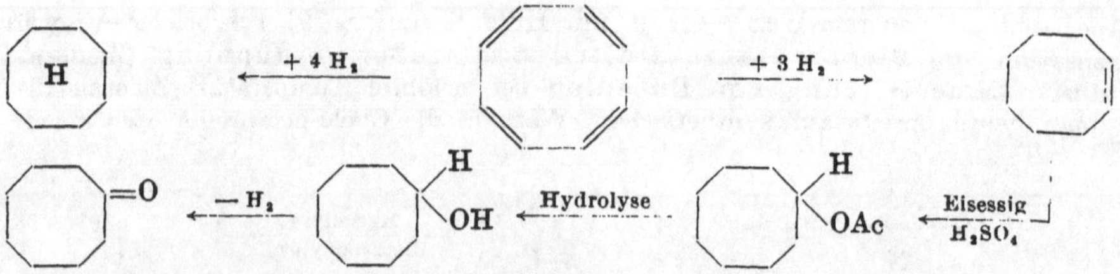

Auch die Reaktion des Cyclo-octa-tetraens mit Benzopersäure zum Monoolefinoxyd und die Anlagerung von zwei Lithiumatomen, die in 1,4-Stellung addiert werden, gehen ohne Änderung des Ringskeletts vor sich:

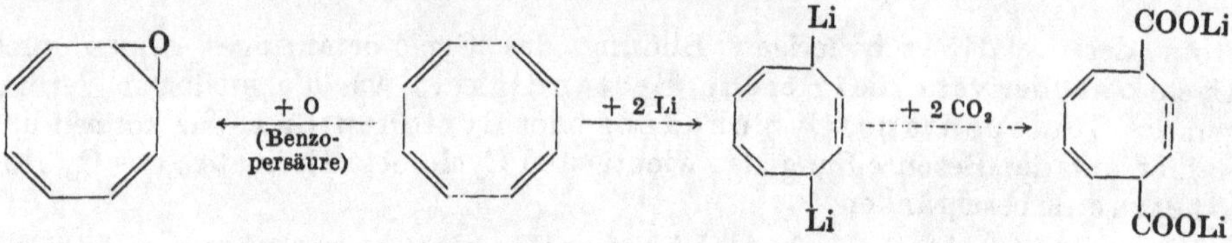

Zu 2. Bei allen anderen Oxydationsreaktionen tritt bereits die erwähnte Isomerisierung des Cyclo-octa-tetraen-Ringes zu **p-Xylolderivaten** ein. So entsteht z. B. bei der Einwirkung von alkalischer Hypochloritlösung zum überwiegenden Teil Terephthalaldehyd (III) (neben Benzaldehyd und Benzoesäure) und bei der Oxydation mit Eisessig-Chromtrioxyd Terephthalsäure (II):

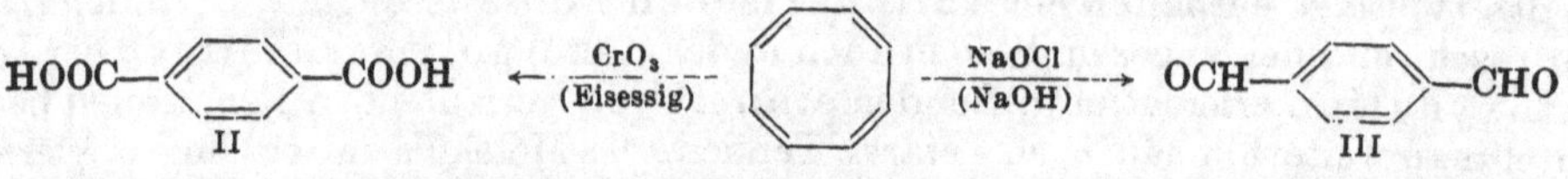

Auch unter den Bedingungen der Selendehydrierung geht Cyclo-octa-tetraen in undurchsichtiger Reaktion z. Teil in p-Xylol über.

Zu 3. Derivate des **Bicyclo-[0,2,4]-octa-triens-2,5,7** erhält man insbesondere bei der Einwirkung von Halogenierungsmitteln. Z. B. entsteht bei der Addition von zwei Chloratomen mittels Sulfurylchlorids die Verbindung IV, die ein noch intaktes 1,3-Diensystem enthält und daher zur Diensynthese befähigt ist. Von Interesse ist vor allem die Addition von Naphthochinon zur Verbindung V, da diese bei 180° in Anthrachinon und Dichlor-cyclobuten zerfällt (Konstitutionsbeweis):

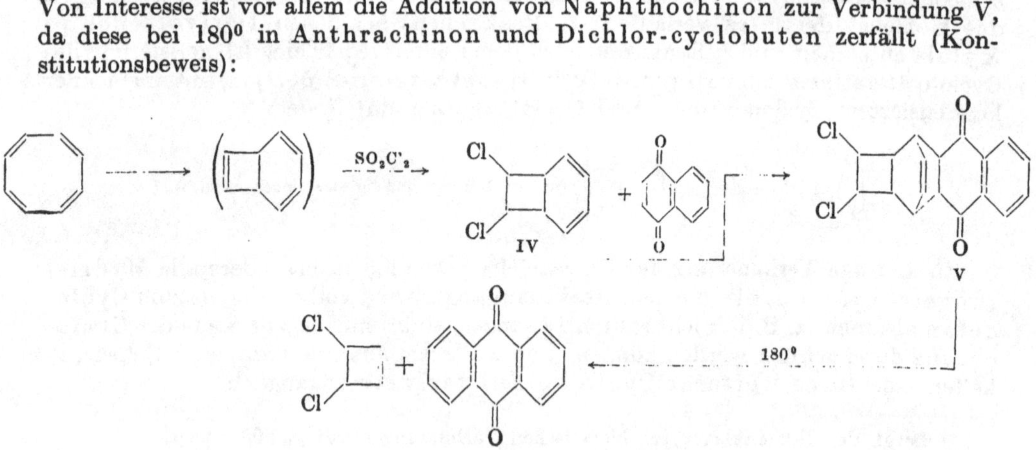

Auch das Cyclo-octa-tetraen selbst ist bereits zur Diensynthese befähigt, wobei es ebenfalls nur in Form des isomeren Bicyclo-[0,2,4]-octa-triens in Reaktion tritt:

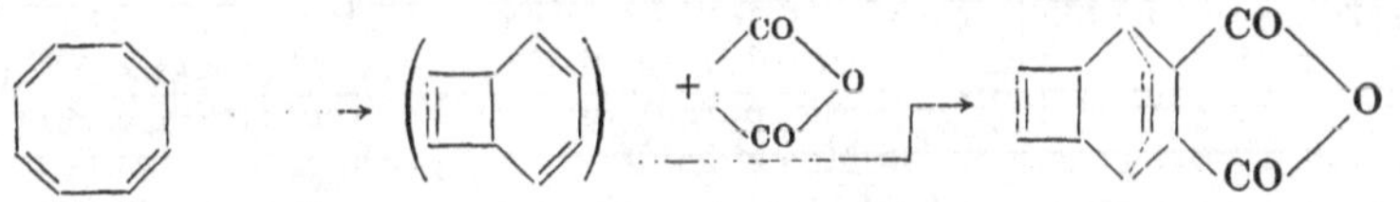

Schließlich muß man zuweilen auch mit einer intermediären Bildung des bicyclischen Ringsystems rechnen. Dies ist insbesondere bei zahlreichen Oxydationsreaktionen mit Quecksilber-II-salzen der Fall, die stets unter Öffnung des Cyclobutanringes und Aromatisierung des Cyclohexanringes zum Phenylacetaldehyd oder seinen Derivaten führen:

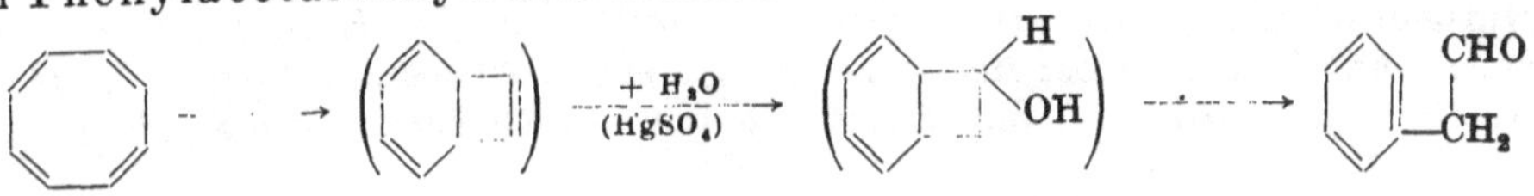

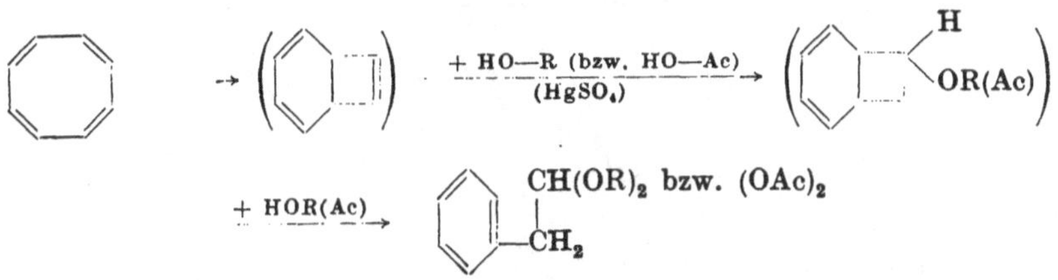

g) Cycloparaffine größerer Ringweite

Darstellung. Die bewährte Methode der Kalksalzdestillation versagt beim Versuch der Herstellung cyclischer Ketone mit neun und zehn Ringgliedern praktisch vollkommen, so daß, da auch keine Naturprodukte dieser Ringgröße bekannt waren, die Bildung höhergliedriger Cycloparaffine lange Zeit als unmöglich galt. Diese Anschauung konnte jedoch Ruzicka (ab 1926) widerlegen, indem er zeigte, daß — nach einem Bildungsminimum bei einer Gliederzahl von zehn Ringatomen — die Ausbeute an Ringketonen bei der Kalk- (oder Thorium-)salzdestillation noch höhergliedriger Dicarbonsäuren wieder zunimmt. So kann man z. B. auf diese Weise, wenn auch in maximal nur etwa 5%iger Ausbeute, cyclische Ketone mit 12—25 Ringgliedern ohne Schwierigkeit synthetisieren. Aber erst bei dem von Ziegler (1933) eingeführten Verfahren der innermolekularen Kondensation von Dicarbonsäure-dinitrilen in Gegenwart von ätherlöslichen Metall-alkylaniliden (vgl. S. 349) wurden die Ausbeuteverhältnisse derart verbessert, daß die höhermolekularen Cycloketone heute zu den verhältnismäßig leicht zugänglichen Verbindungen gehören:

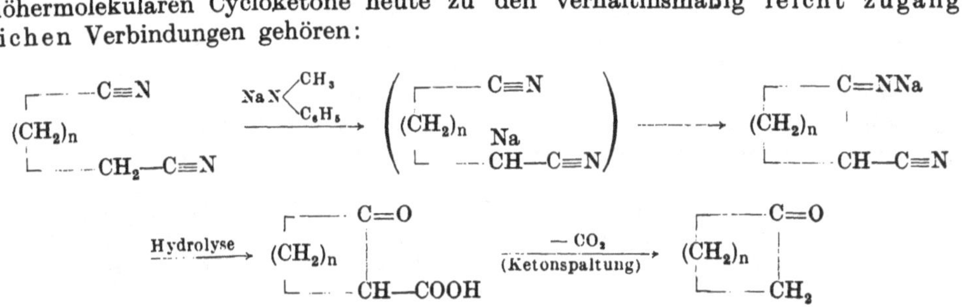

Der Vorteil der ZIEGLERschen Methode beruht auf dem Arbeiten in homogener ätherischer Lösung, wodurch eine Beeinflussung des Reaktionsverlaufes durch Änderung der Konzentrationsverhältnisse ermöglicht wird. Die Kondensation zwischen den beiden aktiven Gruppen kann nämlich sowohl innerhalb des gleichen Moleküls unter Ringschluß als auch zwischen zwei verschiedenen Molekülen unter Kettenbildung (formulieren!) erfolgen. Es kommt infolgedessen darauf an, die Konzentrationsverhältnisse so zu verschieben, daß überwiegend nur die Molekülenden des gleichen Moleküls bei der Reaktion zusammentreffen. Dies ist in leicht ersichtlicher Weise nur bei starker Verdünnung der Fall, denn hier wird nur die Konzentration der Nachbarmoleküle, nicht aber die Wahrscheinlichkeit der Anwesenheit des anderen Molekülendes des gleichen Moleküls herabgesetzt (vgl. auch **II**, Kap. 4, I, 1). ZIEGLER hat durch systematische Anwendung dieses von dem Schweizer Chemiker RUGGLI bereits 1913 entdeckten „*Verdünnungsprinzips*" auch hochgliedrige Ketone mit bis zu 80%iger Ausbeute herstellen können[1]).

Hinsichtlich der Abhängigkeit der Ausbeute von der Ringweite gelangten RUZICKA und ZIEGLER trotz der stark differierenden Ausbeutezahlen zu auffallend ähnlichen Ergebnissen, die in Abb. 14 anschaulich zusammengestellt sind:

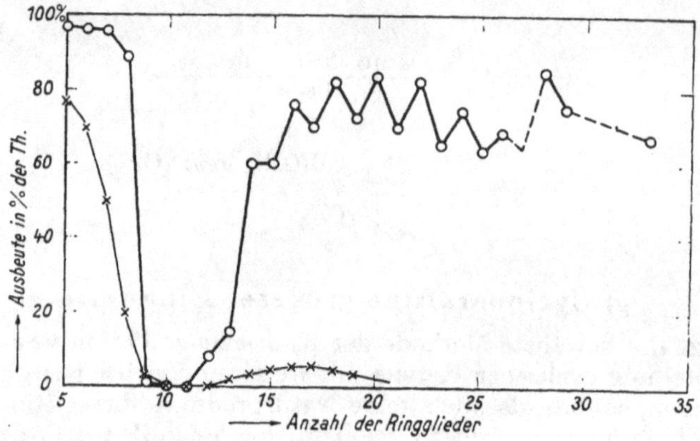

Abb. 15

Abhängigkeit der Ausbeute an cyclischen Ketonen von der Ringweite

×—×—×—× Cyclisierung von Dicarbonsäuren über die Thoriumsalze nach RUZICKA
○—○—○ Cyclisierung von Dicarbonsäure-dinitrilen nach ZIEGLER
– – – – – Schätzungen ohne experimentelle Unterlagen

Danach beobachtet man jeweils nach einem ersten Ringbildungsmaximum beim Cyclopentanring ein sehr scharfes Minimum bei den neun- und zehngliedrigen Ringsystemen, für deren Synthese beide Verfahren praktisch vollkommen versagen. Erst von 13 Ringatomen ab wird die Ausbeute merklich besser und erreicht, wiederum für beide Verfahren gleichartig, bei 17—20 Ringgliedern ein zweites, sehr flaches Maximum, dem anscheinend bei der Nitrilreaktion für 28 Ringglieder ein drittes, ebenfalls sehr flaches und annähernd gleich hohes Maximum folgt. Weiterhin beobachtet man beim Nitril-Verfahren ein Oszillieren der Ausbeutezahlen in der Weise, daß jeweils die geradzahligen Ringverbindungen eine um

[1]) Dieses Verdünnungsprinzip ist inzwischen auch zum Aufbau hochgliedriger Heterocyclen mit Erfolg verwandt worden. Insbesondere die von LÜTTRINGHAUS beschriebenen Polymethylen-äther mehrwertiger Phenole (S. 838) konnten mit seiner Hilfe relativ leicht gewonnen werden.

etwa 10% **größere** Bildungstendenz haben als die ungeradzahligen Ringe. Bzgl. der theoretischen Deutung der beobachteten Gesetzmäßigkeiten vgl. **II**, Kap. 7, IV, 2.

Bei den großen Erfolgen der Verdünnungsmethode erscheint es um so erstaunlicher, daß PRELOG (1947) — sowie gleichzeitig und unabhängig von ihm auch STOLL — höhermolekulare Dicarbonsäureester auch ohne Verdünnung zu hochgliedrigen cyclischen Acyloinen kondensieren konnten. Die in ihrem Verlauf noch etwas undurchsichtige Reaktion geht in siedendem Xylol an der Oberfläche von fein verteiltem, flüssigem Natrium vor sich und führt auch beim Sebacinsäureester (C_{10}) in etwa 85%iger Ausbeute zum Acyloin des Cyclodecans:

$$\begin{array}{l} CH_2{-}CH_2{-}CH_2{-}CH_2{-}COOR \\ | \\ CH_2{-}CH_2{-}CH_2{-}CH_2{-}COOR \end{array} \xrightarrow[\text{Natrium}]{\text{flüssiges}} \begin{array}{l} CH_2{-}CH_2{-}CH_2{-}CH_2{-}C{=}O \\ | \qquad\qquad\qquad\qquad\quad | \\ CH_2{-}CH_2{-}CH_2{-}CH_2{-}CH{-}OH \end{array}$$

Diese Unabhängigkeit des Reaktionsverlaufes von der Konzentration und die Leichtigkeit, mit der auch zehngliedrige Ringe gebildet werden, lassen sich durch die heterogene Reaktion an einer Metalloberfläche befriedigend erklären, denn es ist anzunehmen, daß sich die beiden COOR-Gruppen des Dicarbonsäureesters an die Metalloberfläche anlagern, während die Paraffinkette das Metall nicht benetzt und daher in die Xylolphase hineinragt, so daß sich die Estergruppen ohne Behinderung durch die Paraffinkette (und ohne die Metalloberfläche zu verlassen) einander nähern können.

Neben diesen für mehrere Ringweiten gültigen Synthesen ist lediglich ein von W. HÜCKEL (1933) beschriebenes spezielles Verfahren zur Darstellung von Cyclodecanderivaten von allgemeinem Interesse, weil es die Schwierigkeit der Bildung des Cyclodecanringes auf besonders elegante Weise umgeht. Hier dient als Ausgangsverbindung ein (auf anderem Wege) leicht zugängliches Dekalinderivat, das 9(10)-Octalin (I), dessen äußere zehn Bindungen bereits einen Cyclodecanring umschließen, so daß bei der Aufspaltung der Brückenbindung direkt das Cyclodeca-dion-1,6 (II) entsteht:

I II

Die hochgliedrigen Cycloparaffine und auch ihre Derivate weichen in ihrem physikalischen und chemischen Verhalten kaum mehr von den normalen kettenförmigen Verbindungen ab, so daß sich ihre nähere Beschreibung erübrigt. Eine größere Bedeutung haben lediglich die **cyclischen Monoketone** mit 15 bis 17 Ringgliedern erlangt, denen die wichtigen Duftstoffe der tierischen Moschusarten angehören. Die bekanntesten natürlichen Verbindungen dieser Reihe sind das **Muscon** (III) und der als **Zibeton** (IV) bezeichnete Duftstoff der Zibetkatze, deren Konstitutuion von RUZICKA (1926) im Sinne der folgenden Formeln sichergestellt werden konnte:

III IV

Da die synthetisch leichter zugänglichen gesättigten und keine Seitenketten enthaltenden cyclischen Ketone gleicher Ringweite ähnliche Geruchseigenschaften aufweisen, werden sie nach dem Verfahren von Ziegler im großen hergestellt und spielen in der Riechstoffindustrie eine wichtige Rolle. Der bekannteste dieser synthetischen Moschusduftstoffe ist das **Cyclopentadecanon,** das selbst die natürlichen Riechstoffe noch an Stärke des Geruchs übertrifft und den Namen *Exalton* erhalten hat. Aus ihm geht durch Oxydation mit Sulfomonopersäure das früher bereits beschriebene und den pflanzlichen Moschusstoffen nahestehende cyclische Lacton *Exaltolid* (S. 482) hervor:

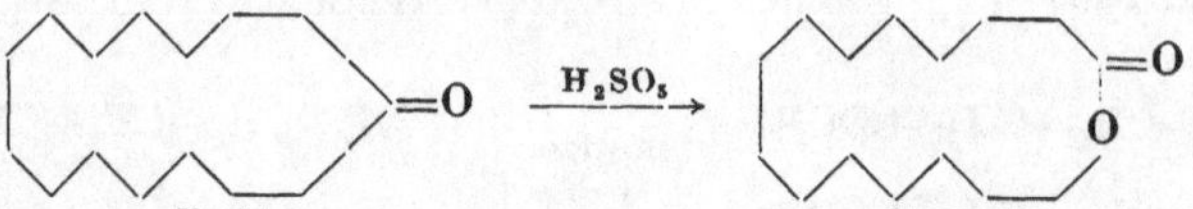

Exalton Exaltolid

Die große Ähnlichkeit der Geruchseigenschaften der hochgliedrigen cyclischen Lactone und Ketone legt die Vermutung nahe, daß es nicht der chemische Charakter dieser Verbindungen, sondern ihr Aufbau aus 15—17gliedrigen Ringmolekülen ist, der das Zustandekommen des Moschusgeruches bedingt. In Verfolg dieser Hypothese haben Carother und Hill eine Reihe anderer hochgliedriger cyclischer Verbindungen synthetisiert und gefunden, daß sich auch cyclische Säureanhydride und Dicarbonsäureester entsprechender Ringweite durch einen moschusähnlichen Geruch auszeichnen, der nunmehr bereits bei den folgenden sechs Verbindungsklassen nachgewiesen werden konnte:

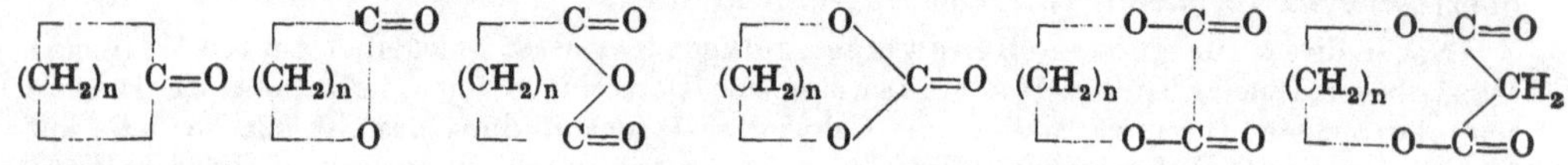

3. Bi- und polycyclische Ringsysteme

Unter *polycyclischen Verbindungen* versteht man Substanzen, die mehrere Ringe im Molekül enthalten. Sie stellen eine in Natur (vgl. z. B. die Terpene und Campher, die Steroide usw.) und Technik (vgl. z. B. die höheren Kohlenwasserstoffe des Steinkohlenteers) weitverbreitete Klasse von Verbindungen dar, die auf Grund ihres räumlichen Aufbaus auch für die theoretische organische Chemie von großem Interesse sind.

Die **Benennung** der Polycyclen erfolgt hauptsächlich durch Trivialnamen (z. B. Dekalin, Campher usw.), doch macht die systematische Durchforschung dieses Gebietes in neuerer Zeit daneben auch die Einführung rationeller Namen erforderlich. Diese wurden zunächst allerdings nur für die bicyclischen Ringsysteme mit mehreren beiden Ringen gemeinsamen Atomen — sowie im Anschluß daran auch für die Spirane (s. u.) — entwickelt und kommen nach einem Vorschlag A. v. Baeyers (1900) folgendermaßen zustande:

1. Als Grundverbindung eines jeden Ringsystems dient auch hier der gesättigte Kohlenwasserstoff ohne jede Seitenkette. Er erhält in gleicher Weise wie bei den gewöhnlichen Cycloparaffinen zunächst einen Grundnamen, in dem die durch den Ausdruck *Bicyclo-* gekennzeichnete Ringzahl[1]) mit dem Grundnamen der

[1]) Die Zahl der Ringe ist nicht immer eindeutig, da sämtliche Bicyclen grundsätzlich auch als tricyclische Verbindungen angesehen werden können. Dies ist insbesondere bei den Verbindungen vom Camphertypus der Fall, bei denen, wenn man sie in der auf S. 801 wiedergegebenen schematischen Form I schreibt, alle drei, die Verzweigungsatome

Paraffine gleicher Kohlenstoffzahl kombiniert ist (z. B. *Bicyclo-octan*, *Bicyclo-decan* usw.), so daß, und zwar ebenfalls wie bei den einfachen Cycloparaffinen, jeder derartige Grundname alle bicyclischen Grundkohlenwasserstoffe der gleichen Brutto-Zusammensetzung umfaßt.

2. Jedes bicyclische Ringsystem mit mindestens zwei beiden Ringen gemeinsamen Atomen besitzt die allgemeine Strukturformel I, d. h. zwei Verzweigungsatome (A und B), die durch drei Ringarme oder „Brücken" miteinander verbunden sind. Zur Beschreibung der Isomerieverhältnisse, in unserm Fall speziell der Ringweiten und der Zahl der beiden Ringen gemeinsamen Atome, genügt daher eine sog. „*Charakteristik*" von drei Zahlen, die die Länge der jeweiligen Ringarme (= Zahl der Brückenatome außer den Verzweigungsatomen) wiedergibt und in eckigen Klammern zwischen den Ausdruck Bicyclo- und den eigentlichen Paraffinnamen gesetzt wird, wie im folgenden an Hand einiger charakteristischer Beispiele erläutert sei:

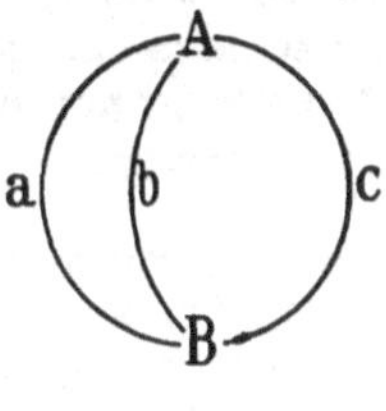

I

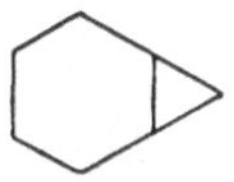

Bicyclo-[0,1,4]-heptan (Norcaran, vgl. **III**, Kap. 5, II, 2b)

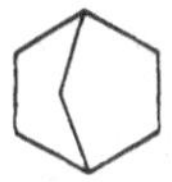

Bicyclo-[1,2,2]-heptan (Norcamphan, vgl. **III**, Kap. 5, II, 2d)

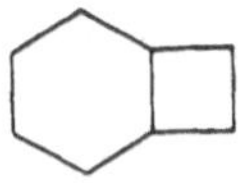

Bicyclo-[0,2,4]-octan

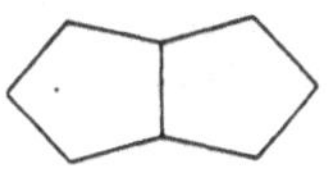

Bicyclo-[0,3,3]-octan

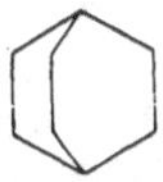

Bicyclo-[2,2,2]-octan

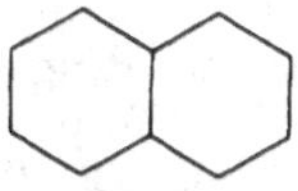

Bicyclo-[0,4,4]-dekan (Dekalin)

Grundsätzlich sind die Ringarme a, b und c gleichwertig, so daß man jeden als mittleren Arm zwischen die beiden anderen setzen darf. So ist z. B. für das Bicyclo-[0,2,4]-octan grundsätzlich auch die Formel II mit sechs beiden Ringen gemeinsamen C-Atomen richtig. Um jedoch gefällige Formeln zu erhalten, wählt man im allgemeinen den kürzesten Ringarm als mittlere Brücke, die die beiden Ringen gemeinsamen Atome enthält. Weiterhin folgt aus der Definition der Charakteristik zwangsläufig, daß ihre Quersumme, d. h. die Gesamtzahl aller Brückenatome, stets um zwei kleiner sein muß als die Gesamtzahl aller Ringatome. Ferner kann die Zahl 0 naturgemäß nur einmal in der Charakteristik vorkommen.

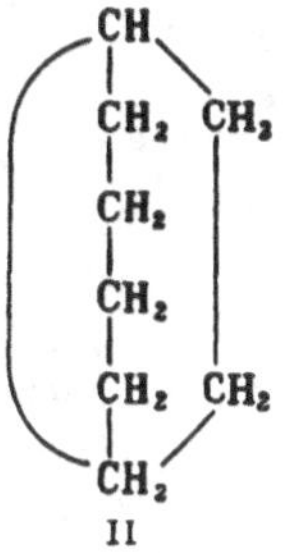

II

---

verbindenden Ringarme mindestens ein C-Atom enthalten und infolgedessen paarweise mit den Verzweigungsatomen A und B zu drei gleichwertigen Ringen (a—b, b—c, a—c) zusammengeschlossen werden können. Um derartige Komplikationen zu vermeiden, definiert man als Ringzahl stets die Mindestringzahl, d. h. die Zahl von Ringschlüssen, die zum Aufbau der betreffenden Verbindungen erforderlich sind. Sie kann aus dem Wasserstoffgehalt der gesättigten Kohlenwasserstoffe ohne Schwierigkeit mit Hilfe des Gesetzes der minimalen Bindungszahl (S. 49) berechnet werden, da jeder Ringschluß mit einer Erhöhung der Zahl der C—C-Bindungen um eins und damit einer Herabsetzung der Wasserstoffzahl um zwei verbunden ist. Gesättigte bicyclische Kohlenwasserstoffe besitzen also stets die Summenformel $C_n H_{2n-2}$.

Die **Einteilung** der polycyclischen Ringsysteme geschieht am besten nach der Zahl der mehreren Ringen gemeinsamen Atome in: a) polycyclische Ringsysteme, deren Ringe keine gemeinsamen Atome enthalten, b) bicyclische Ringsysteme mit einem beiden Ringen gemeinsamen Atom, die den Namen *Spirane* erhalten haben, c) bicyclische Systeme, deren Ringe zwei benachbarte Atome (in „o-Stellung") gemeinsam haben und die daher auch *„orthokondensierte"* Ringsysteme genannt werden, d) bicyclische Verbindungen, deren Ringe mehr als zwei Atome gemeinsam haben, und schließlich e) die eigentlichen polycyclischen Ringsysteme mit drei und mehr Ringen im Molekül.

a) Polycyclische Ringsysteme ohne gemeinsame Ringatome

Die Verbindungen dieser Reihe zeigen keine neuartigen Eigenschaften und sind daher als Verbindungstypus ohne Bedeutung geblieben. Als charakteristische Beispiele seien das bei der Hydrierung von Biphenyl entstehende *Dicyclohexyl* (I) und das wegen seiner Radikalspaltungstendenz bereits früher erwähnte *Diphenyl-tetracyclohexyl-äthan* (II, vgl. S. 751) angeführt:

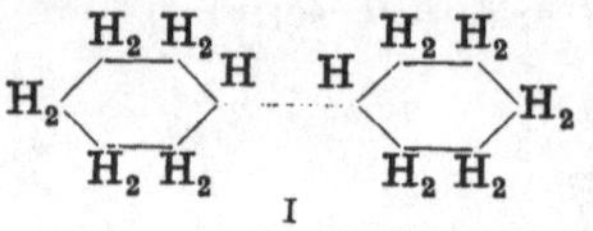

I

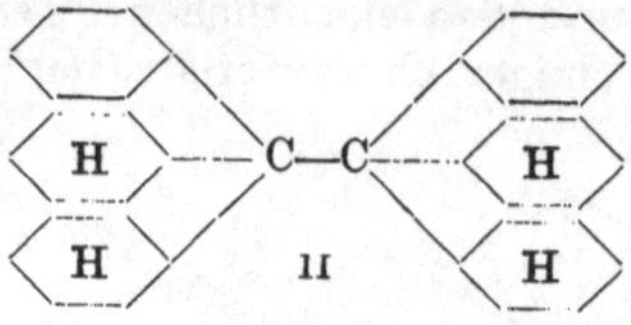

II

b) Die Spirane

Haben zwei Ringe ein Atom gemeinsam, so entstehen eigenartige bicyclische Ringsysteme, die A. v. Baeyer auf Grund ihrer Molekülgestalt *Spirane* (von lat. *spira* = die Brezel) genannt hat. Sie kommen nur in der alicyclischen Reihe vor, da jeder Ring zwei Valenzen des zentralen Atoms beansprucht, von diesem also keine Doppelbindungen ausgehen können.

Ihre **rationelle Benennung** erfolgt in analoger Weise wie die der bicyclischen Verbindungen mit mehreren gemeinsamen Ringatomen durch einen Grundnamen (z. B. *Spiroheptan*) und eine zugehörige Charakteristik, die hier naturgemäß nur zwei Ringarme zu berücksichtigen braucht, von denen keiner weniger als zwei Brückenatome (entsprechend dem Cyclopropanring) enthalten kann:

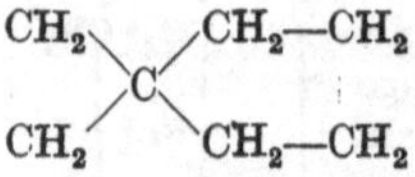

Spiro-[2,4]-heptan

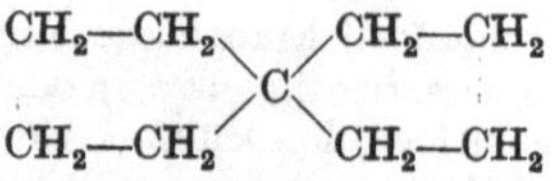

Spiro-[4,4]-nonan

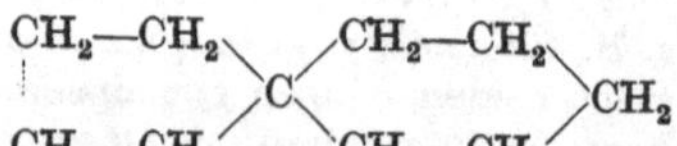

Spiro-[4,5]-decan

Die Spirane haben wegen ihrer sterischen Eigenschaften insbesondere theoretisches Interesse gefunden. Die ihrem Namen zugrunde liegende „Brezelform" steht nämlich buchstäblich nur „auf dem Papier", da die beiden Ringe infolge der Tetraederkonfiguration des zentralen C-Atoms in Wirklichkeit senkrecht zueinander angeordnet sind:

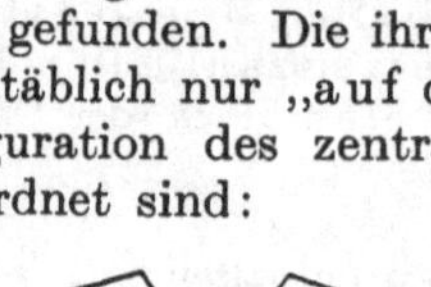

Spiro-[4,4]-nonan (Schreibformel)

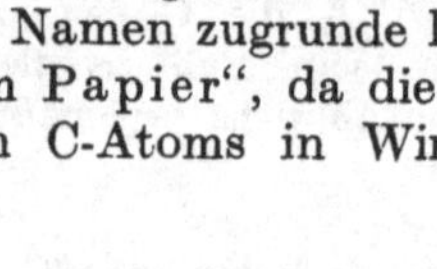

Spiro-[4,4]-nonan (Raumformel)

Die Spirane zeigen infolgedessen bei geeigneter Substitution eine interessante Molekularasymmetrie, auf die wir in anderem Zusammenhang noch näher eingehen werden (**II**, Kap. 7, I, 1dα).

d) Orthokondensierte Ringsysteme

Haben zwei Ringe zwei benachbarte Atome gemeinsam, so spricht man von *ortho-kondensierten Ringsystemen.* Sie kommen in der alicyclischen Reihe nur relativ selten vor und zeigen ebenfalls interessante Stereoisomerieerscheinungen, da der zweite Ring an den ersten sowohl in cis-, als auch in trans-Stellung angegliedert werden kann. Als Beispiel seien die Raumformeln der beiden stereoisomeren, je zwei kondensierte sechsgliedrige Ringe enthaltenden Dekaline (s. u.) angeführt:

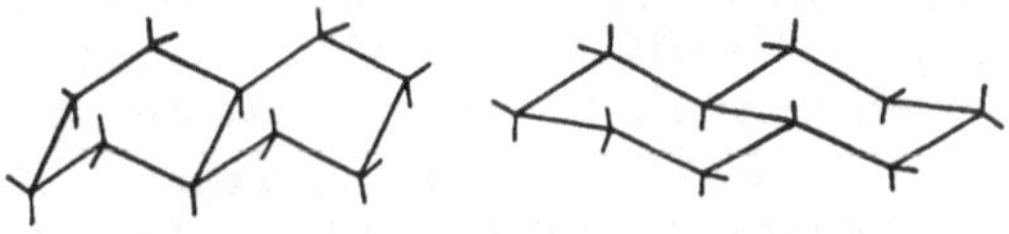

cis-Dekalin trans-Dekalin

Bei kleiner Ringweite, wenn die Atome eines jeden Ringes praktisch in einer Ebene liegen, kann natürlich die Verknüpfung der Ringe nur in cis-Stellung erfolgen, da eine trans-Verknüpfung (z. B. zweier Vierringe) eine zu starke Valenzabbiegung (und als Folge davon eine zu starke Ringspannung) hervorrufen würde (Näheres vgl. **II**, Kap. 7, IV, 1).

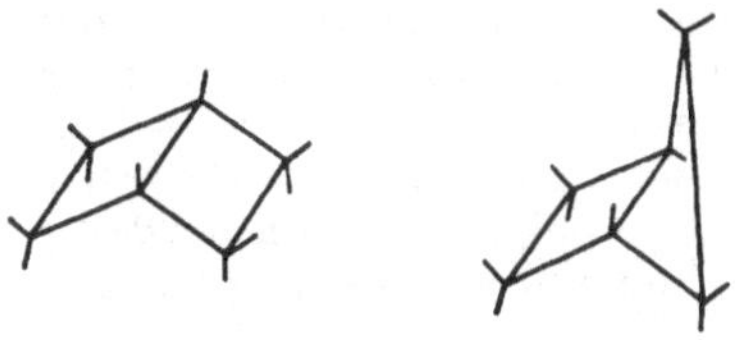

cis-Verknüpfung zweier Vierringe (existenzfähig) trans-Verknüpfung zweier Vierringe (nicht existenzfähig)

Die wichtigste Verbindung der Reihe ist das kurz als **Dek(c)alin** (aus *Deka*hydronaphtha*lin*) bezeichnete vollständig hydrierte Naphthalin, das sowohl in der cis- als auch in der trans-Form völlig spannungsfrei ist, so daß beide Formen nahezu den gleichen Energieinhalt besitzen (vgl. **II**, Kap. 7, IV 1) und bei der Darstellung in annähernd gleichen Mengen nebeneinander entstehen. Das Gemisch beider Formen wird technisch im großen durch Hydrierung von Naphthalin gewonnen und findet ähnlich wie Cyclohexan Anwendung als hochsiedendes einheitliches Lösungsmittel der Paraffinreihe. Es wurde erstmals von W. Hückel (1923) als Gemisch zweier geometrisch isomerer Formen erkannt.

Von den Derivaten des Dekalins sind wir dem **9(10)-Octalin** (= *Octa*hydronaphtha*lin*) als Ausgangsmaterial für die Darstellung von Verbindungen der Cyclodecanreihe (S. 799) sowie dem **9-Methyl-dekalin** auf Grund seines interessanten Verhaltens bei der Selendehydrierung (S. 789) bereits begegnet. Die letztere Verbindung kann nicht mehr durch Hydrierung von Naphthalinderivaten, sondern nur synthetisch auf dem folgenden Wege gewonnen werden:

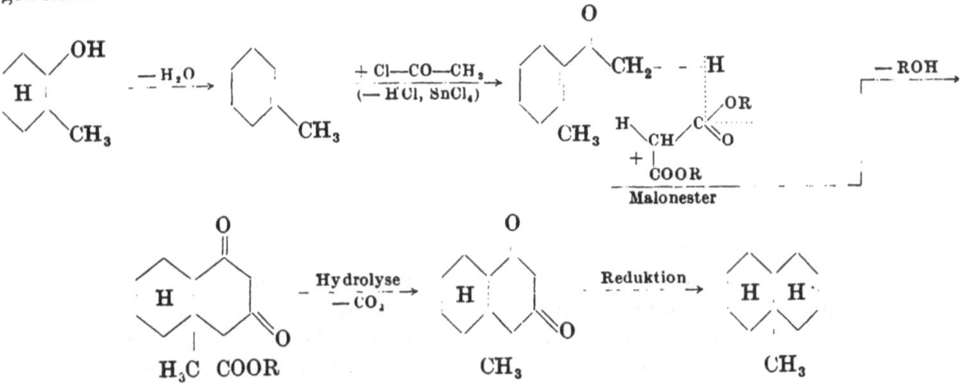

Ein weiteres kondensiertes Ringsystem dieses Typus, das wir ebenfalls bereits früher kennengelernt haben, ist in dem aus Benzol und Diazoessigester entstehenden **Pseudophenylessigester** (S. 128) enthalten. Hier ist ein Cyclopropanring mit einem Cyclohexadienring kondensiert:

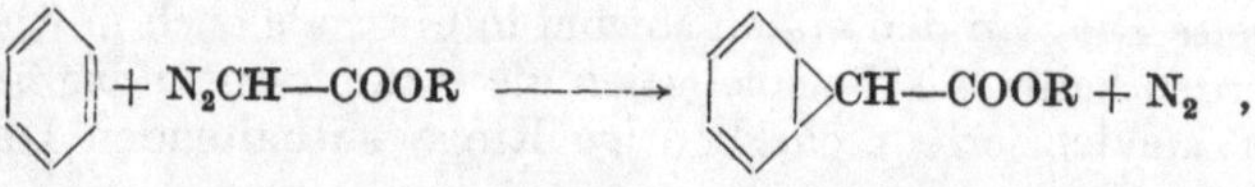

d. h. es liegt, von den Doppelbindungen abgesehen, das gleiche Ringgerüst wie in den Terpenen der Caranreihe (**III**, Kap. 5, II, 2) vor. Man bezeichnet die Verbindung daher zuweilen auch als *nor-Caradien-carbonsäureester*.

Wir begegnen hier erstmals der Vorsilbe „*nor*"- in der rationellen organischen **Nomenklatur.** Sie ist eine Abkürzung für den Ausdruck normal und wird immer dann angewandt, wenn sich der Name einer Verbindung nicht von dem einfachen Grundkohlenwasserstoff ableitet, sondern umgekehrt der Name des Grundkohlenwasserstoffes von dem des (meistens als Naturstoff) bekannteren Derivates. Hierbei versteht man unter der *nor*-Verbindung immer den einfachsten gesättigten oder zuweilen auch aromatischen Kohlenwasserstoff (bzw. die einfachste heterocyclische Verbindung), die das gleiche Ringsystem ohne jede Seitenkette oder sonstige funktionelle Gruppe enthält. In unserem speziellen Fall liegt der Benennung das natürliche Terpen Caren (I) (Näheres vgl. **III**, Kap. 5, II, 2) zugrunde, dem der gesättigte Kohlenwasserstoff Caran (II) entspricht. Von diesem leiten sich dann sekundär der seitenkettenfreie Kohlenwasserstoff nor-Caran (III), das zwei Doppelbindungen im Ring enthaltende nor-Cara-dien (IV) und schließlich der nor-Cara-dien-carbonsäureester (V) ab:

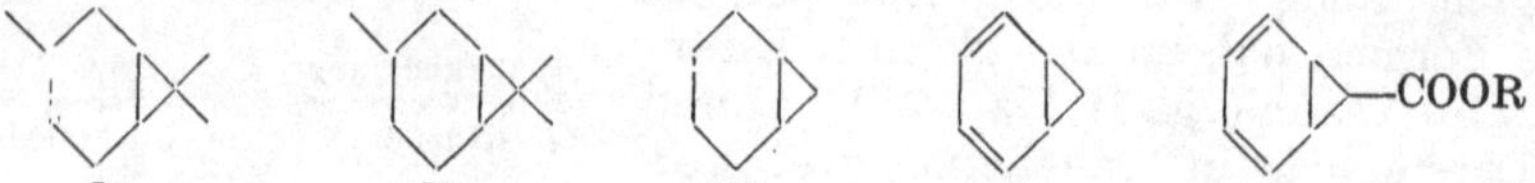

I II III IV V

Weiterhin gehören auch die eigenartigen **Azulene** diesem Verbindungstypus an. In ihnen ist ein Cyclopentadien- mit einem Cycloheptatrienring in der Weise kondensiert, daß die fünf Doppelbindungen in dem äußeren Ring in fortlaufender Konjugation angeordnet sind. Die Darstellung des Grundkörpers der Reihe geschieht am besten vom Inden (VI) aus durch Erweiterung des Benzolringes mit Hilfe der Diazoessigesterreaktion (S. 793) und nachträgliche Einführung der fehlenden Doppelbindung nebst Decarboxylierung:

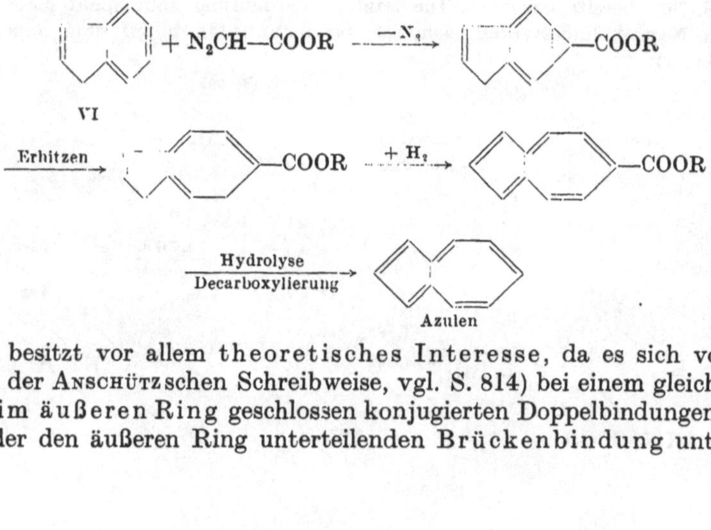

Azulen

Azulen besitzt vor allem theoretisches Interesse, da es sich vom Naphthalin (in der ANSCHÜTZschen Schreibweise, vgl. S. 814) bei einem gleichen System von fünf im äußeren Ring geschlossen konjugierten Doppelbindungen nur durch die Lage der den äußeren Ring unterteilenden Brückenbindung unterscheidet:

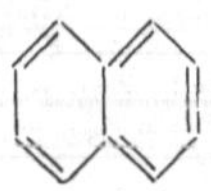
Naphthalin nach Anschütz

Azulen

Es sollte daher als „alicyclisches" Modell des Naphthalins einen aromatischen Charakter zeigen. Das ist aber nicht (bzw. nur in stark abgeschwächtem Maße) der Fall, denn es verhält sich wie ein typisches Polyolefin, wie u. a. aus der tief dunkelblauen Farbe (daher der Name!), dem niedrigen Schmelzpunkt und der Unbeständigkeit gegenüber Luftsauerstoff hervorgeht. Das Azulen ist infolgedessen für die Aufklärung der Konstitutionsprobleme des Naphthalins von ähnlicher Bedeutung gewesen wie das Cyclo-octatetraen für die des Benzols (Näheres vgl. **II**, Kap. 3, III).

Abgesehen von diesen theoretischen Überlegungen sind die Azulene nur von geringem Interesse. Einige Alkylderivate kommen natürlich vor und stehen den Sesquiterpenen (**III**, Kap. 5, II, 3b) nahe, aus denen sie wahrscheinlich durch Wasserabspaltung und Dehydrierung hervorgehen. So stehen z. B. das **Vetivazulen** und das **S-Guajazulen** dem Maiglöckchenduftstoff Farnesol nahe:

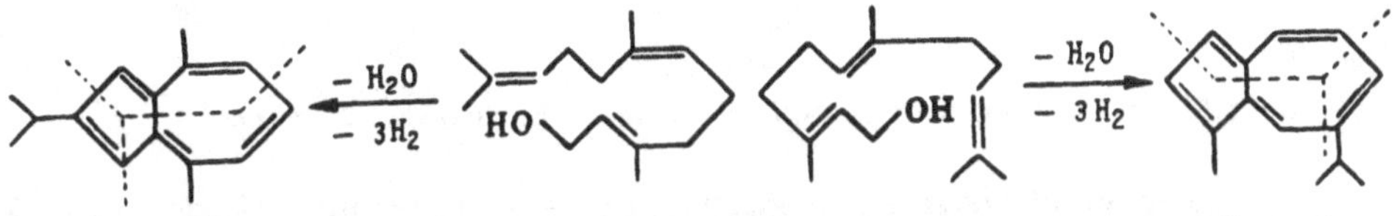

Vetiv-azulen　　Farnesol (verschiedene Schreibweisen)　　S-Guajazulen

Die natürlichen Azulene gehören damit der großen Gruppe der Isoprenabkömmlinge an (vgl. **III**, **Kap.** 5) und lassen auch noch deutlich den Aufbau aus Isoprenresten erkennen (dünnpunktierte Linien). Ihre Konstitutionsaufklärung wurde von Pfau und Plattner (1936) durchgeführt und konnte später von Plattner (1939) durch eine übersichtlich verlaufende Synthese des Vetivazulens, die im Prinzip ebenfalls auf der oben angeführten Einwirkung von Diazoessigester auf Benzolderivate beruht, bestätigt werden.

d) Bicyclische Ringsysteme mit mehr als zwei, beiden Ringen gemeinsamen Atomen

Noch komplizierter werden die Verhältnisse schließlich, wenn die beiden miteinander verknüpften Ringe mehr als zwei Atome gemeinsam haben. In diesem Falle erscheinen die gemeinsamen Atome als eine „brückenartige" Verknüpfung der Atome eines großen äußeren Ringes, und man spricht häufig sogar direkt von einer „*endo-Methylen-*" oder „*endo-Äthylen-brücke*", wie im folgenden an den Beispielen des „*endo-Methylen-cyclohexans*" und des „*endo-Äthylen-cyclohexans*" gezeigt sei:

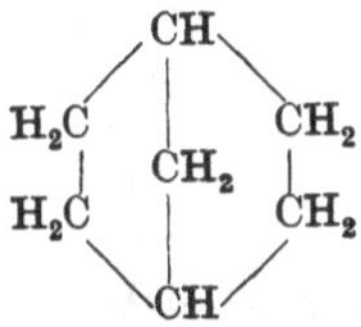

endo-Methylen-cyclohexan
(Bicyclo-[1,2,2]-heptan)

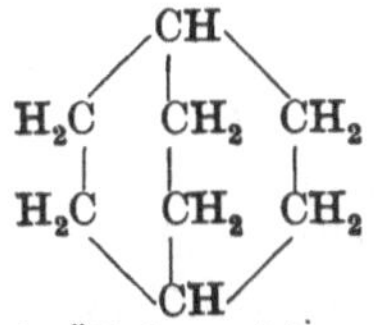

endo-Äthylen-cyclohexan
(Bicyclo-[2,2,2]-octan)

Diese Bezeichnungsart ist jedoch in gewissem Sinne irreführend, da die „Brücke" durchaus nicht versteckt im Inneren des Ringes liegt oder sonstwie eine Sonderstellung gegenüber den beiden anderen Ringarmen einnimmt. Sie stellt vielmehr, wie bereits aus den allgemeinen Ausführungen auf S. 801 hervorgeht, eine den anderen Ringarmen völlig gleichwertige dritte Verbindung zwischen den beiden Verzweigungs-C-Atomen dar, so daß z. B.

das endo-Äthylen-cyclohexan aus **hochsymmetrischen Kugelmolekülen** besteht, in denen die Verzweigungs-C-Atome durch drei, jeweils einen Winkel von 120° einschließende Äthylengruppen miteinander verbunden sind (vgl. Abb. 16):

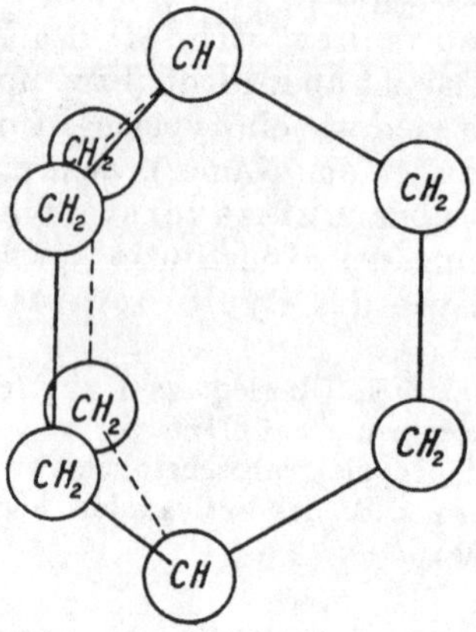

Abb. 16

Raumformel des endo-Äthylen-cyclohexans bzw. Bicyclo-[2,2,2]-octans

Infolge dieser Verhältnisse ist es gleichgültig, welche der drei Alkylengruppen wir als Brücke bezeichnen, und es sind z. B. die folgenden drei Formeln für den Campher identisch:

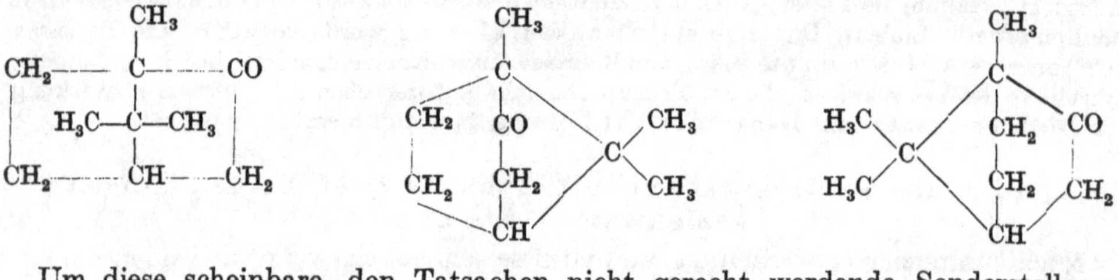

Um diese scheinbare, den Tatsachen nicht gerecht werdende Sonderstellung der endo-Gruppe in der Nomenklatur auszuschalten, hat man die auf S. 800 f. ausführlich beschriebene systematische Nomenklatur entwickelt, auf Grund derer alle drei die Verzweigungs-C-Atome miteinander verbindenden Ringarme gleichwertig erscheinen.

Die **Synthese** der Bicyclen dieses Typus bereitet an sich keine grundsätzlichen Schwierigkeiten, ist jedoch meistens sehr umständlich durchzuführen, so daß sie nur in speziellen Fällen, z. B. bei der Konstitutionsermittlung wichtiger Naturstoffe (vgl. z. B. **III**, Kap. 5, II, 2), zur Anwendung kommt. Erst in neuerer Zeit ist in der Diensynthese von Diels und Alder (ab 1928, vgl. auch S. 947) ein allgemein brauchbares Verfahren aufgefunden worden, das — bei Verwendung cyclischer Diene — die verschiedenen Ringsysteme relativ leicht zugänglich macht:

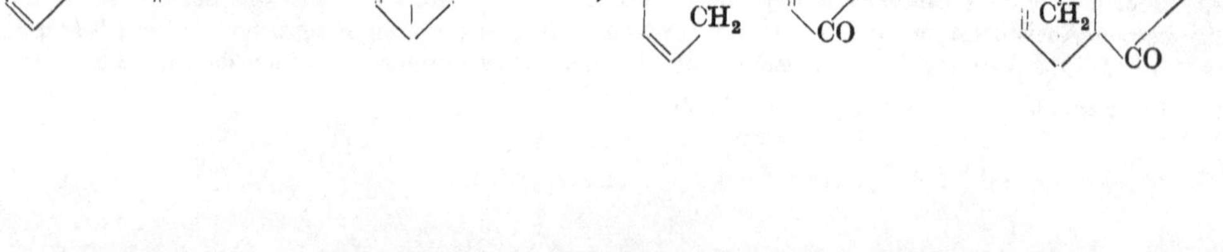

Die Bicycloparaffine dieser Reihe sind trotz ihres komplizierten Aufbaues völlig oder nahezu spannungsfreie Verbindungen (vgl. **II**, Kap. 7, IV, 1), die in ihrem chemischen Verhalten kaum von den normalen Paraffinen abweichen. Dagegen zeigen sie infolge ihrer eigenartigen Molekülgestalt interessante **physikalische Eigenschaften.** Insbesondere bewirkt die stark angenäherte Kugelform (kleine Oberfläche und als Folge davon geringe zwischenmolekulare Kräfte), verbunden mit der durch die enge Atomverknüpfung weitgehend aufgehobenen freien Drehbarkeit der einzelnen Atomgruppen (leichte Einordnung in ein Kristallgitter), daß die Bicycloparaffine bei relativ großer Flüchtigkeit sehr hoch schmelzen und nur wenig zur Unterkühlung neigen. Sie sind daher vorzüglich kristallisierende Verbindungen, die zu den wenigen organischen Stoffen gehören, die erst in der Nähe des Siedepunktes schmelzen, d. h. deren Dampfdruck beim Schmelzpunkt bereits dem Atmosphärendruck nahekommt oder diesen gar übersteigt, so daß sie nur in geschlossenen Gefäßen geschmolzen werden können. Ferner ist ihre Flüchtigkeit bereits bei normaler Temperatur so groß, daß die Kristalle bei längerem Lagern ein kugelförmiges Aussehen erhalten, weil die an den Kristallspitzen und -kanten befindlichen Moleküle besonders leicht absublimieren. Als weitere Besonderheit zeigen sie infolge der geringen zwischenmolekularen Kräfte eine auffallend niedrige Schmelzwärme, und aus der Kombination von niedriger Schmelzwärme und hohem Schmelzpunkt folgt wiederum eine hohe kryoskopische Konstante[1]), die im Durchschnitt etwa den 10 bis 20-fachen Wert der Konstanten normaler organischer Verbindungen annimmt. Die Verbindungen dieser Reihe sind daher in hohem Maße als Lösungsmittel für kryoskopische Molekulargewichtsbestimmungen geeignet, wie im einzelnen aus Tabelle 38 zu entnehmen ist.

Tabelle 38

Vergleich der für das kryoskopische Verhalten wichtigen physikalischen Konstanten[1]) einiger Verbindungen mit ketten- und kugelförmigem Aufbau

Kettenmoleküle und einfache Ringmoleküle					bicyclische Kugelmoleküle				
	Smp.	S_g beob.	$K_{beob.}$	$K_{ber.}$[1])		Smp.	S_g beob.	$K_{beob.}$	$K_{ber.}$[1])
Eisessig	16,65°	43,7	3,9	3,8	Campher	178°	10,7	40,0	38,0
Benzol	5,45°	30,4	5,1	5,04	Bicyclo-[2,2,2]-octanon-3	178°	—	32,9	—
Phenol	40,0°	24,9	7,3	7,85	Dichlorcampher	174°	—	56,2	—
Cyclohexanol	22,45°	4,38	38,3	39,6	Dibromcampher	170°	—	80,9	—

Die wichtigsten **Einzelverbindungen** dieser Gruppe sind die in **III**, Kap. 5, II, 2 beschriebenen Terpene und Campher der Pinan- und Camphanreihe, deren Konstitutionsermittlung wesentlich mit zur Aufklärung des gesamten Gebietes beigetragen hat. Die einfachen Grundverbindungen sind dagegen erst relativ spät dargestellt worden. So wurde z.B. das erwähnte **Bicyclo-[2,2,2]-octan** erstmals im Jahre 1934 von Alder und Stein auf dem folgenden Wege synthetisiert:

[1]) Die kryoskopische Konstante K eines Lösungsmittels errechnet sich aus der absoluten Schmelztemperatur T und der Schmelzenthalpie S_g (= Schmelzwärme in cal/g bei konstantem Druck) zu

$$K = \frac{R \cdot T^2}{1000 \cdot S_g} .$$

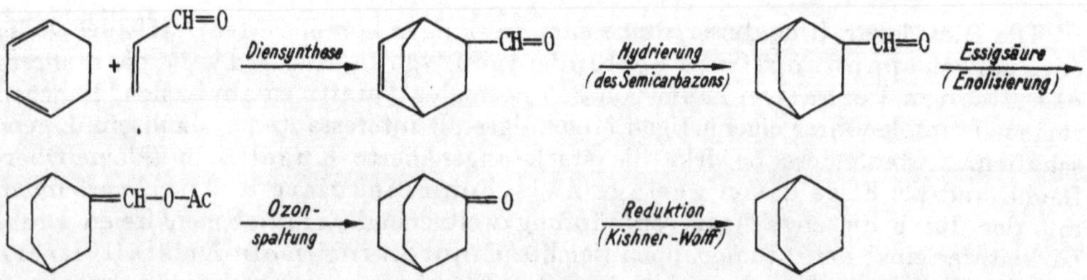

e) Polycyclische Ringsysteme

Von den zahlreichen möglichen polycyclischen Ringsystemen sei hier nur das **Adamantan** als Beispiel eines besonders regelmäßig gebauten tricyclischen Paraffins angeführt, das in einigen Erdölen natürlich vorkommt und von Prelog im Jahre 1941 auf dem folgenden Wege synthetisiert werden konnte:

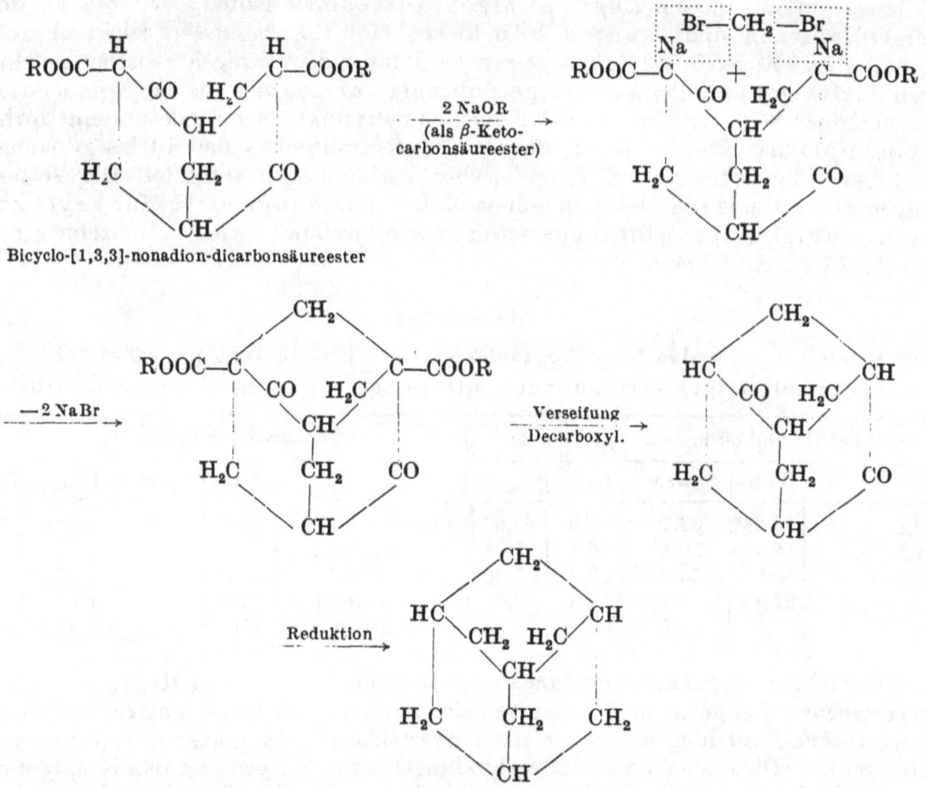

Adamantan

Das Adamantan besitzt die gleiche kugelsymmetrische Atomanordnung wie das Urotropin (S. 287). Seine Moleküle zeigen daher eine optimale Annäherung an die Kugelgestalt, wie insbesondere aus dem in Abb. 17a wiedergegebenen Stuart-Modell hervorgeht, und man beobachtet bei ihm die charakteristischen Eigenschaften der aus Kugelmolekülen aufgebauten Verbindungen in besonders hohem Maße.

Dies ist vor allem bei dem für einen gesättigten Kohlenwasserstoff mit nur 10 C-Atomen ungewöhnlich hohen Schmelzpunkt von 268° der Fall, der den auf etwa 190° geschätzten Sublimationspunkt um nahezu 80° übersteigt! Adamantan kann daher erst unter einem Dampfdruck von 8,3 Atmosphären, dem höchsten bisher überhaupt beobachteten Tripelpunktsdruck, geschmolzen werden.

Weiterhin ist bemerkenswert, daß das Kohlenstoffgerüst des Adamantans völlig spannungsfrei ist und gleichzeitig die engst mögliche Verknüpfung von 10 C-Atomen in tetraedrischer Anordnung aufweist. Es muß infolgedessen innerhalb dieses kleinen Bezirkes von 10 C-Atomen mit dem Diamantgitter vollständig übereinstimmen. Das ist auch tatsächlich der Fall, wie Abb. 17b zeigt, in der das Adamantangerüst als Ausschnitt aus dem Diamantgitter dargestellt ist:

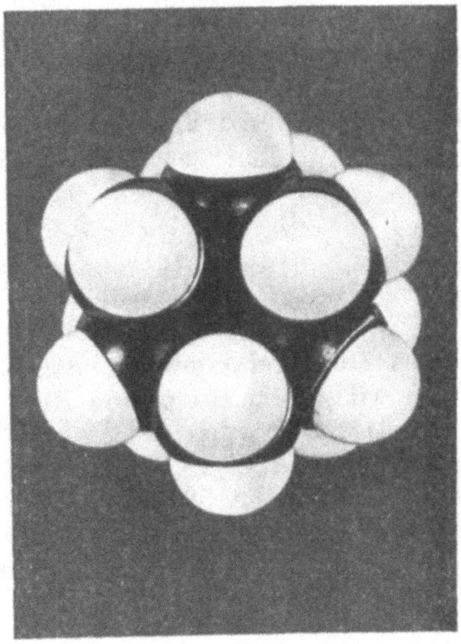

Abb. 17a
Raummodell des Adamantans
(Stuartmodell)

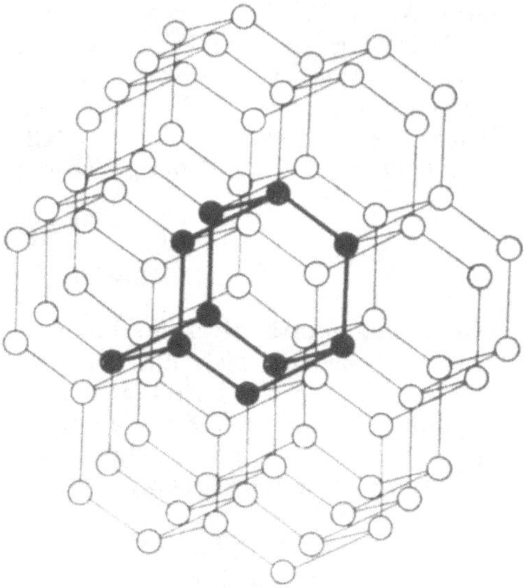

Abb. 17b
Kohlenstoffgerüst des Adamantans als
Ausschnitt aus dem Diamantgitter

Stoffe wie das Adamantan, deren Kohlenstoffgerüst bereits im Diamantgitter vorgebildet ist, nennt man *diamantoide Stoffe*, was auch in dem Namen *Adamantan* zum Ausdruck kommen soll. Zu ihnen gehört außer dem Adamantan insbesondere auch das Tetramethylmethan, das die kleinst mögliche Elementarzelle des Diamants mit vier tetraedrisch um ein C-Atom angeordneten weiteren C-Atomen enthält.

4. Die heterocyclischen Verbindungen der alicyclischen Reihe

Ähnlich wie die C-Atome zeigen auch die Heteroatome beim Einbau in ein alicyclisches Ringsystem keine Änderung ihres chemischen Verhaltens. Ihre Eigenschaften hängen vielmehr — genau wie in den Kettenmolekülen — ausschließlich von der Oxydationsstufe des mit dem Heteroatom verbundenen C-Atoms ab, so daß die Sauerstoffverbindungen als cyclische Äther (S. 422), Acetale (S. 417), Ester (S. 478), Säureanhydride (S. 462, 469 u. a.), sowie schließlich in den Ozoniden (S. 92) auch als cyclische Peroxyverbindungen, erscheinen. Ebenso fungieren die stickstoffhaltigen Verbindungen als cyclische Amine (S. 558 f.) oder als cyclische primäre (S. 587) und sekundäre Säureamide (S. 345). Lediglich wenn nahe Beziehungen zu den Heterocyclen vom aromatischen Typus bestehen, wie z. B. bei der Darstellung des Tetrahydrofurans, Pyrrolidins, Piperidins usw. durch Hydrierung von Furan, Pyrrol und Pyridin, sowie auch in den besonders reaktionsfähigen dreigliedrigen Ringsystemen vom Äthylenoxyd- und Äthylenimintypus, tritt ihre Natur als cyclische Verbindung etwas stärker in Erscheinung.

Wir können uns daher an dieser Stelle auf die Beschreibung einiger komplizierterer bicyclischer Verbindungen dieser Reihe beschränken, die ausschließlich vom Standpunkt der in ihnen enthaltenen Ringsysteme von Interesse sind. Sie lehnen sich in ihren physikalischen Eigenschaften eng an die analog gebauten Verbindungen mit isocyclischen Ringsystemen an, da die Heteroatome jedes C-Atom der letzteren sterisch vollwertig ersetzen können mit der einen Einschränkung, daß die Bindigkeit zur Übernahme der Funktion des zu ersetzenden C-Atoms ausreichen muß.

So kann z. B. der vierbindige Zentralkohlenstoff der Spirane nur durch Elemente ersetzt werden, die ebenfalls vierbindig aufzutreten vermögen, also insbesondere durch Ammoniumstickstoff:

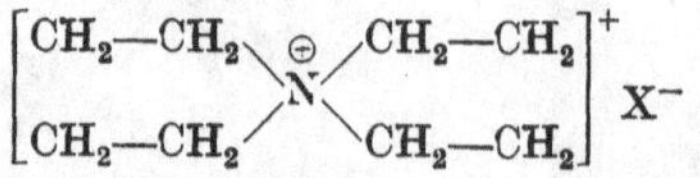

sowie in sauerstoffhaltigen Verbindungen auch durch Bor und komplexbildende Metalle. Einige Beispiele für den letzten Fall haben wir in den komplexen Borsäureestern der zweiwertigen Alkohole (I) (S. 417) und auch des Brenzcatechins (S. 498), den Kupfer-enolaten der 1,3-Dicarbonylverbindungen (II) (S. 446), den Kupfersalzen der Aminosäuren (III) (S. 584) und auch dem Nickel-dimethylglyoxim (IV) (S. 441) bereits kennengelernt:

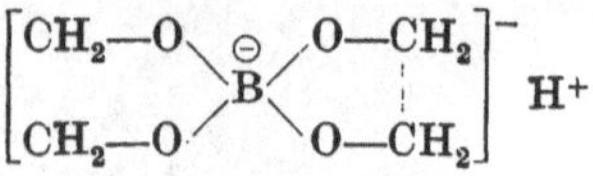

I

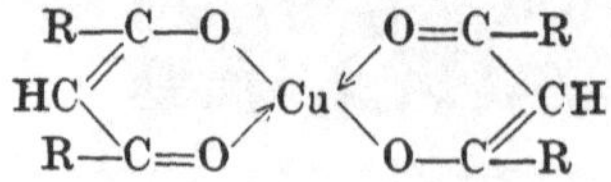

II

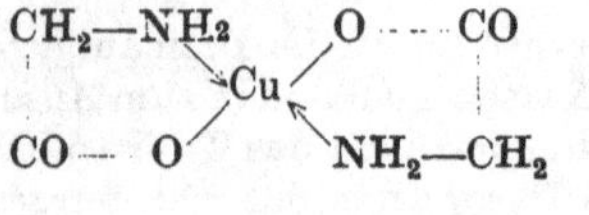

III

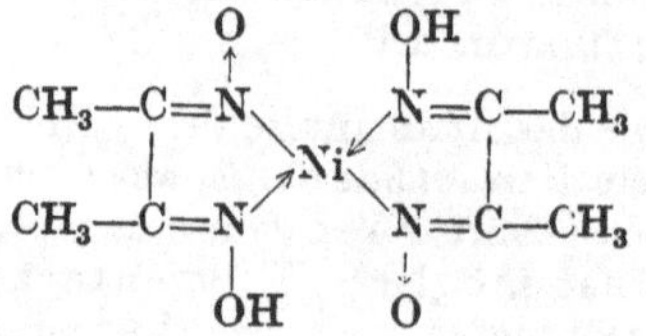

IV

Weitere heterocyclische Spirane sind von Mills in großer Zahl aufgebaut worden und hinsichtlich der Stereochemie der in ihnen enthaltenen Heteroelemente von Interesse (vgl. **II**, Kap. 7, V).

Der dreibindige Aminostickstoff vermag bereits nicht mehr als Spiroatom sondern bestenfalls noch als Verzweigungsatom eines kondensierten bicyclischen Ringsystems zu fungieren. Dies ist z. B. bei dem in den China-alkaloiden enthaltenen bicyclischen Ringsystem des **Chinuclidins** der Fall, das sich vom Bicyclo-[2,2,2]-octan (S. 806) durch Ersatz eines Verzweigungs-C-Atoms durch ein N-Atom ableitet. Die einfache Grundverbindung selbst wurde von Löffler (1909) auf dem folgenden Wege synthetisiert:

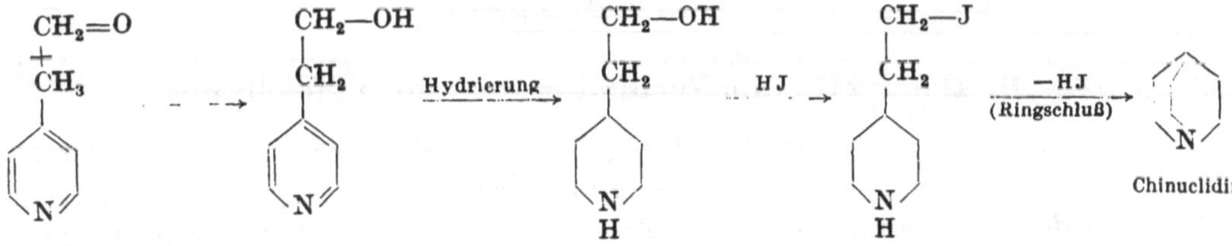

Chinuclidin

Chinuclidin zeigt infolge dieses ähnlichen sterischen Aufbaues ebenfalls die für Verbindungen mit Kugelmolekülen charakteristischen physikalischen Eigenschaften, insbesondere wiederum eine große Flüchtigkeit bei hohem Schmelzpunkt und niedriger Schmelzwärme. Es neigt daher ebenfalls zur Sublimation und weist eine ungewöhnlich hohe kryoskopische Konstante auf.

Auch das auf S. 287 beschriebene Urotropin gehört dieser Verbindungsklasse an. Es leitet sich sterisch vom Adamantan durch Ersatz der vier Verzweigungs-C-Atome durch N-Atome ab, enthält also wie dieses ein tricyclisches Ringsystem.

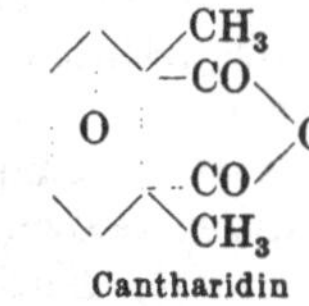

Cantharidin

Sauerstoff kann schließlich infolge seiner Zweibindigkeit auch keine Verzweigungsatome mehr bilden und kommt daher in komplizierteren Ringmolekülen nur in Form von Sauerstoffbrücken vor, denen wir verschiedentlich in Naturstoffen begegnen (vgl. z. B. III, Kap. 5, II). Eine relativ einfach gebaute Verbindung dieser Art ist das **Cantharidin,** der Giftstoff der spanischen Fliege und einiger Laufkäfer. Seine Konstitution wurde von Gadmer (ab 1914) im Sinne der nebenstehenden Formel aufgeklärt und von Ziegler (1942) durch Synthese erhärtet.

II. Die cyclischen Verbindungen vom Benzoltypus

1. Kondensierte aromatische Ringsysteme

a) Allgemeines

Kondensiert man an den Benzolring weitere ungesättigte Sechsringe, deren Doppelbindungen mit denen des ersten Benzolkerns ein geschlossen konjugiertes System bilden, wie es etwa bei den folgenden Kohlenwasserstoffen der Fall ist:

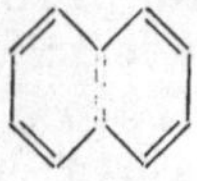
Naphthalin

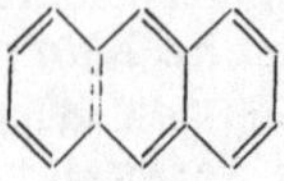
Anthracen

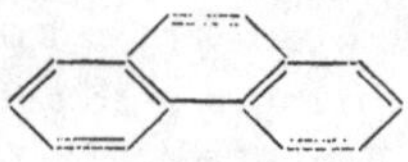
Phenanthren

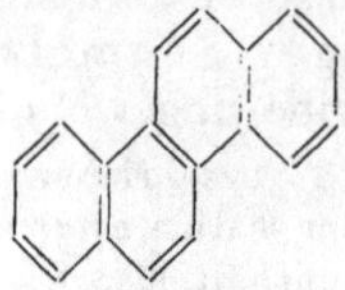
Chrysen

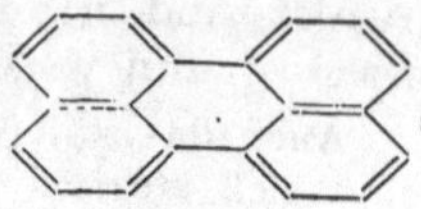
Perylen

so kommt man zu weiteren sich aromatisch verhaltenden Ringsystemen, die als „*Benzologe*" des Benzols bezeichnet werden. Sie unterscheiden sich von den vorbesprochenen alicyclischen Verbindungen insbesondere dadurch, daß von jedem Ring-C-Atom eine Doppelbindung ausgeht. Alle Ringatome müssen infolgedessen eine ebene Substituentenanordnung aufweisen (Näheres vgl. II, Kap. 3, II, 1), und hieraus folgt wiederum zwangsläufig, daß alle Ringatome mit den an ihnen befindlichen Substituenten in einer Ebene liegen. Die diesem Typus angehörenden Ringsysteme sind daher auch bei großer Ausdehnung vollkommen eben gebaut und besitzen infolge der völligen Aufhebung der freien Drehbarkeit eine starre Molekülgestalt. Sie zeigen deshalb allgemein höhere Schmelzpunkte und eine wesentlich größere Kristallisationstendenz als die aus ihnen durch Hydrierung hervorgehenden alicyclischen Verbindungen. Weiterhin ist auch hier wegen der tertiären Natur der aromatischen Ring-C-Atome die Zahl der Isomeriemöglichkeiten wesentlich geringer als in der alicyclischen Reihe, und schließlich können die einzelnen Sechsringe nur in o-Stellung aneinander kondensiert sein, da die Valenzen in m- und p-Stellung räumlich zu sehr auseinanderstreben, um noch durch Propenylen- bzw. Äthenylengruppen zu Sechsringen miteinander verbunden werden zu können.

Ferner besteht auch dem Benzol gegenüber ein grundsätzlicher Unterschied darin, daß es durchaus nicht mehr erforderlich und auch möglich ist, jedem Sechsring drei konjugierte Doppelbindungen zuzuordnen. Die Doppelbindungen bilden vielmehr über alle kondensierten Ringe hinweg ein gemeinsames, geschlossen konjugiertes System, das dadurch gekennzeichnet ist, daß jede Doppelbindung nach beiden Seiten mit mindestens einer anderen Doppelbindung in Konjugation steht, bzw., daß jede einfache Bindung zwei Doppelbindungen miteinander „konjugiert". Hierbei ist es durchaus möglich, daß ein Sechsring nur zwei (z. B. in der oben angeführten Anthracenformel der rechte Ring) oder gar überhaupt keine Doppelbindung enthält (z. B. der mittlere Ring im Perylen). Weiterhin sind, ähnlich wie wir es ja auch schon beim Benzol gesehen haben (S. 119), stets mehrere Anordnungen der Doppelbindungen möglich, die miteinander in Mesomerie stehen. Die Zahl dieser möglichen Anordnungen nimmt — namentlich bei den komplizierteren, bienenwabenartig aufgebauten Flächenmolekülen (S. 831 f.) — mit der Zahl der aneinander kondensierten Sechsringe stark zu, so daß man hier meistens auf die Wiedergabe der Doppelbindungen verzichtet.

Die verschiedenen Ringsysteme führen fast ausnahmslos Trivialnamen, und es sind nur Ansätze einer systematischen **Nomenklatur** zu erkennen. So bezeichnet man z. B. ein Ringsystem, das in irgendeiner Weise durch Angliederung eines weiteren Benzolringes aus einem anderen Ringsystem hervorgegangen ist, als dessen *Benzo*-Derivat. Danach ist Naphthalin ein *Benzo*-benzol, ebenso Anthracen ein 1,2,4,5- und Phenanthren ein 1,2,3,4-*Dibenzo*-benzol. Doch kann man die beiden letzteren Verbindungen ebensogut auch Benzo-naphthaline nennen.

Vorkommen. Die wichtigsten Kohlenwasserstoffe dieser Gruppe kommen in mehr oder weniger großer Menge im Steinkohlenteer vor und werden, soweit sich technisch wichtige Stoffe von ihnen ableiten, auch aus diesem gewonnen. Ihre meistens recht umständliche Synthese hat daher im allgemeinen nur spezielle Bedeutung zur Ergänzung der Konstitutionsermittlung erlangt.

Eigenschaften. Die polycyclischen aromatischen Kohlenwasserstoffe und auch eine große Anzahl ihrer Derivate zeichnen sich durch eine für organische Verbindungen ungewöhnliche Temperaturstabilität aus, der sie u. a. auch ihr Auftreten im Steinkohlenteer verdanken (vgl. **III**, Kap. 1). Man kann daher bei ihnen wesentlich höhere Reaktionstemperaturen verwenden als bei aliphatischen Substanzen und auch den meisten Benzolderivaten, so daß Arbeitstemperaturen von 3—400°, in einigen Fällen sogar 500°, durchaus keine Seltenheit sind.

Eine weitere gemeinsame Eigenschaft, die unter Umständen für ihre Reinigung, Identifizierung und zuweilen auch Isolierung von Bedeutung ist, zeigen alle polycyclischen aromatischen Kohlenwasserstoffe in ihrer Fähigkeit zur Bildung gut kristallisierender, schwer löslicher Additionsverbindungen mit Pikrin- oder Styphninsäure (Näheres vgl. **II**, Kap. 6, III, 7b).

b) Das Naphthalin und seine Derivate

Das einfachste und zugleich wichtigste kondensierte aromatische Ringsystem liegt im Naphthalin vor, dessen Molekül aus zwei kondensierten Benzolkernen besteht. Seine **Struktur** ergibt sich insbesondere aus dem oxydativen Abbau von α-Nitronaphthalin, das bei direkter Einwirkung des Oxydationsmittels an dem reaktionsfähigeren, nicht-substituierten Benzolkern angegriffen wird, so daß man eine Nitrophthalsäure erhält, während nach der Reduktion der Nitro- zur Aminogruppe, der aminierte Benzolkern reaktionsfähiger ist, und die nicht-substituierte Phthalsäure entsteht:

Danach müssen sowohl die substituierte als auch die nicht-substituierte Molekülhälfte einen Benzolring enthalten.

Weitere Strukturbeweise ergeben sich aus zahlreichen Synthesen des Naphthalinringes, von denen hier nur die älteste, von Fittig (1885) durchgeführte und die moderne, besonders elegante, auf einer Diensynthese des Naphthochinons (Diels. Alder 1929) aus p-Benzochinon und Butadien beruhende Totalsynthese des Naphthalins wiedergegeben seien:

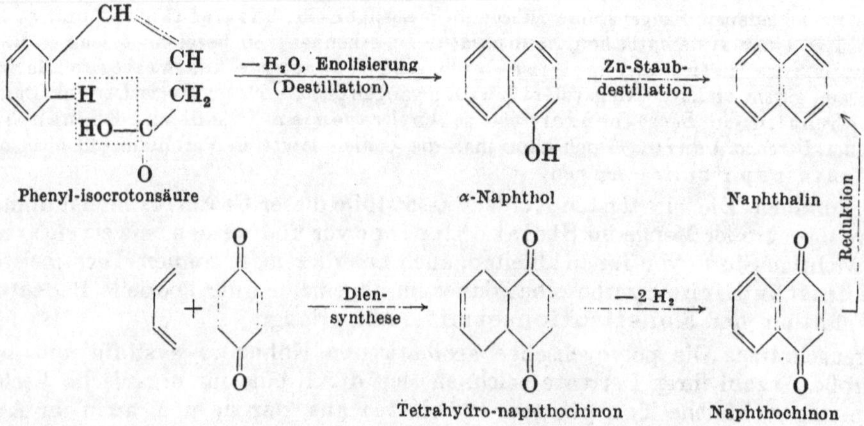

Weniger leicht als die Festlegung der Struktur des Kohlenstoffgerüstes war auch hier die Bestimmung der **Lage der Doppelbindungen.** Von den zahlreichen vorgeschlagenen Formeln haben sich nur zwei als brauchbar erwiesen. Die älteste von ihnen (I) stammt von Erlenmeyer sen. und enthält zwei wirkliche Benzolkerne mit je drei konjugierten Doppelbindungen, während in der Formel von Anschütz (II) mit fünf im äußeren Ring fortlaufend konjugierten Doppelbindungen der eine Sechsring nur zwei Doppelbindungen enthält, also kein normaler „Benzolring" mehr ist:

I II

Wie häufig in der aromatischen Chemie erwies sich auch hier die Diskussion zwischen diesen beiden Formeln als Scheinproblem, da sie sich nur in der Elektronenkonfiguration unterscheiden, also zueinander im Verhältnis der Mesomerie stehen und gemeinsam eine tatsächlich vorliegende mittlere Elektronenkonfiguration umschreiben (Näheres vgl. **II**, Kap. 3, III, 4c).

Die **Isomerieverhältnisse** der Naphthalinderivate sind infolge der geringeren Symmetrie des Moleküls etwas komplizierter als in der Benzolreihe. So gibt es bereits zwei

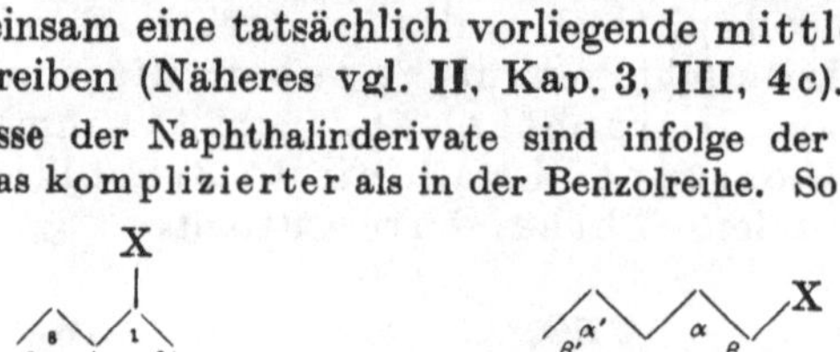

Monosubstitutionsprodukte und bei gleichen Substituenten zehn, bei ungleichen Substituenten sogar 14 Disubstitutionsprodukte (formulieren!). Zu ihrer Benennung ist außer der offiziellen Ortsangabe durch Zählung auch die angeführte Kennzeichnung der C-Atome durch griechische Buchstaben (in Abhängigkeit von ihrem Abstand von den Verzweigungs-C-Atomen) gebräuchlich. Dagegen spielen die in der Benzolreihe üblichen Bezeichnungen o-, m-, p-Stellung usw. in der Naphthalinreihe eine nur untergeordnete Rolle, da sie zum Teil zweideutig sind. (Z. B. kennt man je nach dem Abstand der Substituenten von den Verzweigungsatomen zwei o-Stellungen, nämlich die 1,2- und die 2,3-Stellung). Nur für zwei charakteristische Anordnungen, in denen sich die beiden Substituenten in verschiedenen Benzolkernen befinden, sind abgekürzte Bezeichnungen eingeführt worden. Es sind dies die

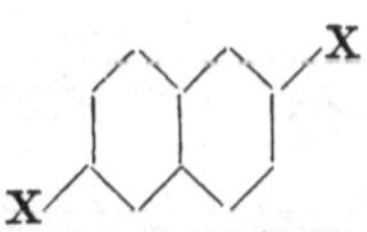

und die

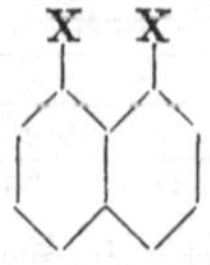

2,6- oder amphi-Stellung 1,8- oder peri-Stellung

Von ihnen ist die der Orthostellung ähnliche peri - Stellung insofern von besonderem Interesse, als auch periständige Substituenten infolge ihrer räumlichen Annäherung miteinander unter Ringschluß reagieren können. Z. B. vermag die unten beschriebene Naphthalsäure (S. 821) ein Anhydrid zu bilden, und auch im Acenaphthylen (S. 836) und Pyren (S. 831) sind an das Naphthalin weitere Ringe in peri-Stellung kondensiert.

Die **Ortsbestimmung** der Substituenten bereitet wegen der zahlreichen Variationsmöglichkeiten größere Schwierigkeiten als in der Benzolreihe. Sie wird meistens durch oxydativen Abbau zu substituierten Phthalsäurederivaten durchgeführt, aus denen man dann rückwärts auf die Stellung der Substituenten im ursprünglichen Naphthalinmolekül schließen kann. Sitzen zwei Substituenten in verschiedenen Kernen, so muß man nach Methoden Ausschau halten, durch die das eine Mal der eine und das andere Mal der andere Benzolkern zur Phthalsäure abgebaut wird, um die Stellung beider Substituenten ermitteln zu können.

Die **physikalischen Eigenschaften** der wichtigsten Naphthalinderivate sind in Tab. 39 wiedergegeben. Danach ist im Verhältnis zur Benzolreihe insbesondere der Schmelzpunkt des unsubstituierten Naphthalins auffallend hoch, da hier die oben beschriebene starre, sich leicht in ein Kristallgitter einordnende Molekülgestalt besonders deutlich zum Ausdruck kommt. Eigenartigerweise sind auch die Siedepunkte der Naphthalinderivate etwas höher als die der alicyclischen Verbindungen gleicher Molekülgröße. Doch können sehr viele Naphthalinderivate bei der Thermostabilität der kondensierten aromatischen Ringsysteme trotzdem unzersetzt destilliert werden.

Tabelle 39

Die physikalischen Eigenschaften einiger Naphthalinderivate

Name	Sdp.	Smp.	D/T.	Name	Smp.
Naphthalin	218°	80°	1,168/22 (fest)	α-Naphthalinsulfonsäure	90°
α-Methylnaphthalin	242°	—22°	1,001/19 (fl.)	β-Naphthalinsulfonsäure	91°
α-Naphthol	279°	96°	1,224 (fest)	α-Naphthoesäure	101°
β-Naphthol	286°	123°	1,217 (fest)	β-Naphthoesäure	185°
α-Naphtholmethyläther	269°	—	1,096 (fl.)	1,4-Naphthochinon	126°
β-Naphtholmethyläther				1,2-Naphthochinon	120°
(Nerolin)	271°	75°	—	α-Nitronaphthalin	62°
α-Naphthylamin	301°	50°	1,108/50 (fl.)	β-Nitronaphthalin	79°
β-Naphthylamin	306°	112°	1,061/98 (fl.)		

Hinsichtlich seiner **chemischen Reaktionsfähigkeit** ist der Naphthalinkern dem Benzolkern sehr ähnlich. Doch kann man nicht mehr von einem Benzolsystem im engeren Sinn sprechen, denn jeder der beiden Kerne beeinflußt den anderen derart, daß ein völlig neues Bindungssystem mit eigenem chemischem Charakter entsteht. Im einzelnen ist Naphthalin selbst infolge seiner geringeren Symmetrie etwas reaktionsfähiger als Benzol und steht hinsichtlich seiner Substituierbarkeit etwa in der Mitte zwischen den Kohlenwasserstoffen und Phenolen der Benzolreihe. Z. B. findet die Bromierung bereits ohne Katalysator statt, und auch die Nitrierung und katalytische Hydrierung erfolgen wesentlich leichter als beim Benzol.

Besonders das Verhalten bei der **katalytischen Hydrierung** läßt sehr schön die charakteristischen Eigenschaften des Naphthalinsystems erkennen Die Aufnahme des ersten H_2-Moleküls erfordert wie beim Benzol (S. 127f.) einen gewissen Energiebetrag, da das Naphthalinsystem zerstört werden muß, und infolgedessen kann die Hydrierung der ersten und zweiten Doppelbindung des zuerst angegriffenen Kerns auch hier nicht getrennt durchgeführt werden. Die drei Doppelbindungen des zweiten Kerns stabilisieren sich dagegen bereits nach Aufnahme des ersten H_2-Moleküls zu einem Benzolsystem, so daß die Anlagerung des dritten H_2-Moleküls infolge der großen Stabilität des Benzolkerns sogar noch schwerer erfolgt als die des ersten. Man kann die Hydrierung des Naphthalins daher ohne Schwierigkeit nach Absättigung des ersten Kerns, also auf der Stufe des Tetralins (S. 837) unterbrechen:

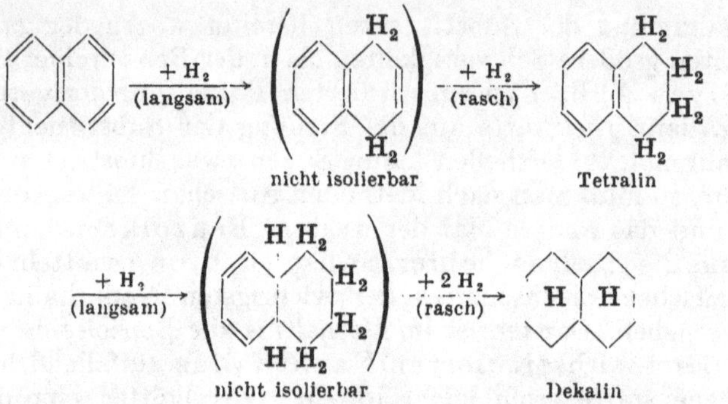

Der etwas schwächer aromatische Charakter des Naphthalins kommt auch darin zum Ausdruck, daß es zuweilen wie ein an einen Benzolkern kondensiertes aliphatisches Diolefin reagiert. Dies ist insbesondere bei der Reduktion mit Natrium und Alkohol der Fall, die unter 1,4-Addition des Wasserstoffes zum **1,4-Dihydronaphthalin** führt (die reagierenden Doppelbindungen sind durch Fettdruck hervorgehoben):

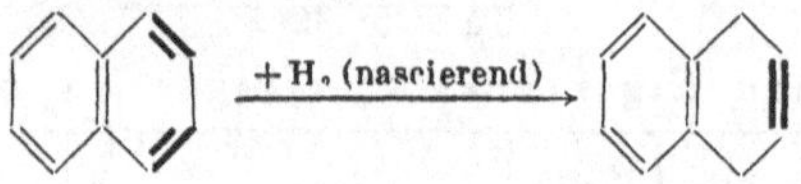

Seine Isolierbarkeit unter diesen Reaktionsbedingungen ist vor allem aus dem Grunde möglich, weil die entstehende isolierte Doppelbindung gegen nascierenden Wasserstoff beständig ist (vgl. S. 96, 920).

Bei den üblichen **Substitutionsreaktionen** wirken die Verknüpfungsatome der Ringe bereits auf den ersten in den Naphthalinkern eintretenden Substituenten dirigierend ein und lenken ihn bevorzugt in die zu ihnen o-ständige α-Stellung. So entsteht z. B. bei direkter Nitrierung von Naphthalin ausschließlich α-Nitronaphthalin, und β-Nitronaphthalin kann, ähnlich wie o- und p-Dinitrobenzol (S. 644), nur auf dem Umweg über β-Naphthylamin und dessen Diazoverbindung gewonnen werden (Gleichung formulieren!). Auch die Sulfonierung erfolgt unterhalb 80° nur in α-Stellung.

Einzelverbindungen. Naphthalin, der Stammkörper der Reihe, ist zu etwa 6% im Steinkohlenteer enthalten und kann auf Grund seiner hervorragenden Kristallisationsfähigkeit ohne Schwierigkeit aus der Mittelölfraktion (vgl. **III**, Kap. 1, I, 2) abgetrennt werden. Es wird auf diesem Wege technisch im großen gewonnen und dient in erster Linie als Zwischenprodukt für die Darstellung sämtlicher Naphthalinderivate und für die Phthalsäuregewinnung (S. 469). Die nicht-substituierte Verbindung selbst findet dagegen nur eine beschränkte Anwendung, z. B. als Mottenbekämpfungsmittel.

Von den beiden möglichen **Mononitro-naphthalinen** entsteht die α-Verbindung bereits bei der Einwirkung von gewöhnlicher konzentrierter Salpetersäure auf Naphthalin bei 80°, doch zieht man technisch im allgemeinen die Nitrierung mit Stickoxyden oder Nitriersäure vor. **α-Nitronaphthalin** dient in ähnlicher Weise wie Nitrobenzol ausschließlich als Zwischenprodukt für die Darstellung α-substituierter Naphthalinderivate.

β-Nitronaphthalin ist infolge der erwähnten Darstellungsschwierigkeiten ohne Bedeutung geblieben. Dagegen finden die verschiedenen, unter schärferen Reaktionsbedingungen entstehenden **Di-** und **Polynitronaphthaline** ebenfalls praktische Anwendung als Zwischenprodukte in der Farbenindustrie.

Weitere wichtige Zwischenprodukte für die Darstellung technisch benötigter Naphthalinverbindungen sind die **Naphthalin-sulfonsäuren**, von denen die α-Verbindung bei der Sulfonierung von Naphthalin mit konzentrierter Schwefelsäure bei Temperaturen unterhalb 80° und die β-Verbindung bei etwa 160—180° (beide ausschließlich) entstehen. Auch ist es möglich, die α-Verbindung durch Erhitzen auf Temperaturen oberhalb 130° in die β-Verbindung umzulagern. Beide Sulfonsäuren können mit Hilfe der auf S. 684 beschriebenen Reaktionen ohne Schwierigkeit in die entsprechenden Naphthole und Naphtho-nitrile übergeführt werden (formulieren!). Vor allem die β-Verbindung ist wichtig, da über sie der einzige praktisch gangbare Weg zur Gewinnung anderer β-Substitutionsprodukte des Naphthalins führt:

In den allgemein als **Naphthole** bezeichneten *Oxynaphthalinen* begegnen wir den ersten technisch wichtigen Naphthalinderivaten. Sie kommen in geringer Menge im Steinkohlenteer vor, werden aber für technische Zwecke meistens synthetisch durch Alkalischmelze aus den entsprechenden Sulfonsäuren, sowie im Falle der α-Verbindung auch aus Nitronaphthalin über das Naphthylamin (s. u.), gewonnen. Sie zeigen in ihrem chemischen Verhalten die typischen Eigenschaften eines Phenols. Z. B. sind sie ebenfalls in Alkalien löslich, geben mit Eisen-III-chloridlösung Farbreaktionen (bzw. farbige Niederschläge) und werden sehr leicht substituiert. Ferner sind sie als Kupplungskomponenten für die Darstellung von Azofarbstoffen (III, Kap. 2, VI) geeignet, worauf auch ihre hauptsächliche technische Verwendung beruht. Im übrigen zeigen sie — ähnlich wie Naphthalin bereits wesentlich reaktionsfähiger ist als Benzol — eine gegenüber den einfachen Phenolen nochmals gesteigerte Auflockerung des aromatischen Systems, so daß ihre Reaktionen in gewissem Sinne an die des Resorcins (S. 429) erinnern. Insbesondere macht sich auch hier die beginnende Tautomerie mit der zugehörigen Ketoform in einem relativ leicht erfolgenden gegenseitigen Austausch der Oxy- und Aminogruppe bemerkbar, der ohne jeden Katalysator bei etwa 200° vor sich geht und nur über die Keto- und Ketiminform als Zwischenstufen gedeutet werden kann:

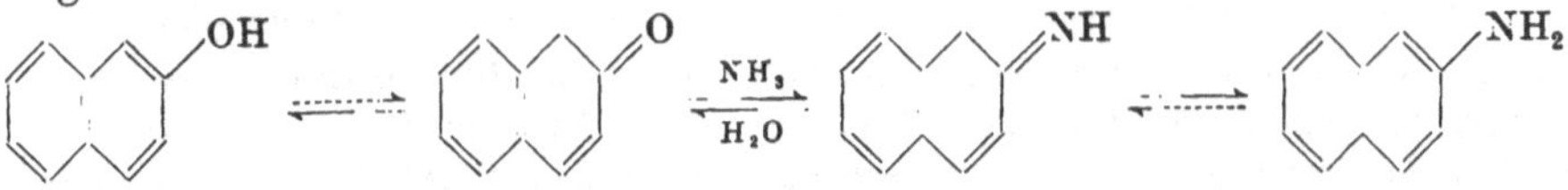

Eine weitere technisch wichtige Möglichkeit zur Überführung der Naphthole in die Naphthylamine liegt nach Bucherer in der Einwirkung von Ammoniumbisulfit vor, das wahrscheinlich über den Naphtholhalbester der schwefligen Säure (I) und die Bisulfitverbindung der Ketoform (II) den Austausch der Substituenten bewirkt:

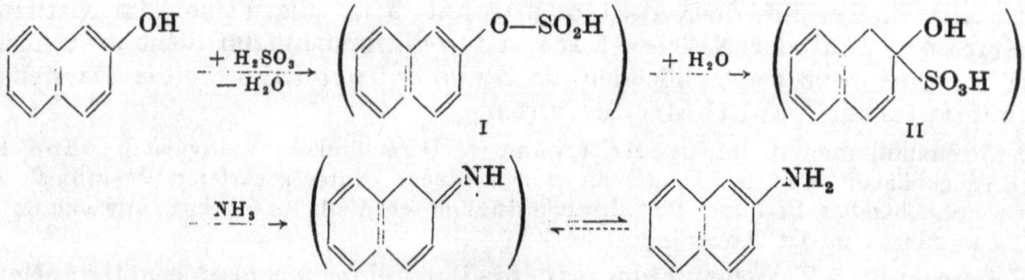

In gewissen Spezialfällen — z. B. bei Verwendung von Naphthionsäure (S. 821) als Ausgangsmaterial — ist die Reaktion auch umkehrbar.

Von den Derivaten der Naphthole haben vor allem die einfachen Alkyläther des β-Naphthols unter den Bezeichnungen **Nerolin** ($C_{10}H_7$—O—CH_3) und **Nerolin neu** ($C_{10}H_7$—O—C_2H_5) Verwendung als künstliche Riechstoffe gefunden. Sie werden durch Alkylierung von β-Naphthol mit Dimethyl- bzw. Diäthylsulfat in Gegenwart von Alkali gewonnen. Weiterhin dienen die Salicylsäureester beider Naphthole in ähnlicher Weise wie Salol (S. 490) in der Medizin als Antiseptika.

Eine letzte wichtige Körperklasse stellen schließlich die zahlreichen bei der Sulfonierung der Naphthole entstehenden **Naphthol-mono-, di-** und auch **-trisulfonsäuren** dar, die für die Gewinnung von Azofarbstoffen noch häufiger Verwendung finden als die Naphthole selbst. Die wichtigsten der durch direkte Sulfonierung der Naphthole zugänglichen Säuren sind mit den gebräuchlichen Trivialnamen in dem folgenden Formelbild (nebenstehend) zusammengestellt:

Von den zehn möglichen **Dioxynaphthalinen** (formulieren!) haben lediglich die 1,4-, 1,8-, 2,3- und 2,7-Verbindungen eine beschränkte Anwendung als Kupplungskomponenten in der Farbstoffindustrie erlangt. Sie werden sämtlich durch Alkalischmelze der entsprechenden Naphtholsulfonsäuren gewonnen. Als Beispiel einer *Sulfonsäure* der Dioxynaphthalinreihe sei die als **Chromotropsäure** bezeichnete *1,8-Dioxynaphthalin-3,6-disulfonsäure* angeführt, die ebenfalls als Kupplungskomponente für Azofarbstoffe Verwendung findet.

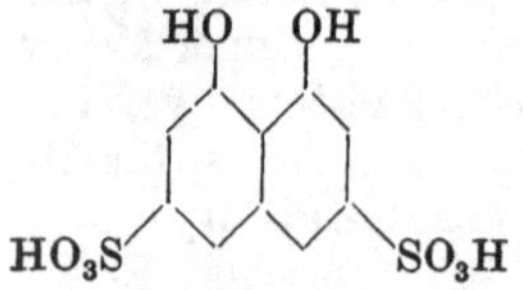

Chromotropsäure

Polyoxynaphthaline treten als Reduktionsprodukte der in **III,** Kap. 2, IV, 1 beschriebenen Naphthochinon-Farbstoffe zuweilen natürlich auf. Als Beispiel sei das neben dem Farbstoff Juglon in Walnußschalen enthaltene *1,4,5-Trioxynaphthalin* (Hydrojuglon) angeführt.

Vom Naphthalin leiten sich drei Chinone ab, die in Analogie zu den drei Benzochinonen **Naphthochinone** genannt werden:

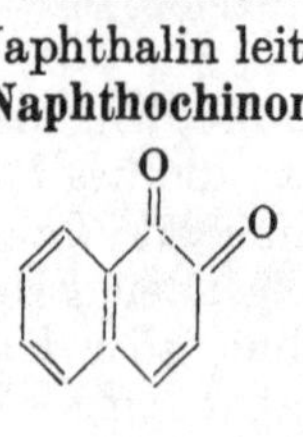

1,2- oder o-Naphthochinon

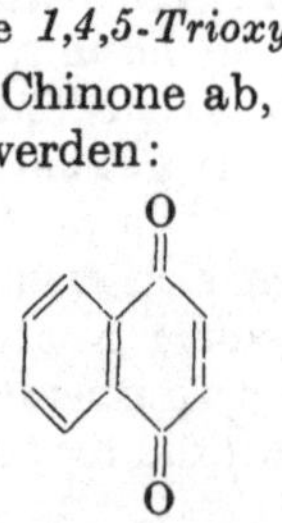

1,4- oder p-Naphthochinon

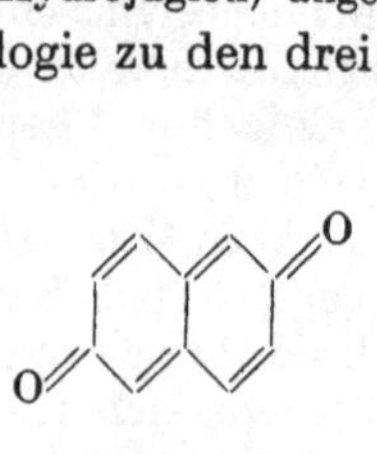

2,6- oder amphi-Naphthochinon

Die Darstellung aller drei Verbindungen erfolgt am besten durch Dehydrierung der entsprechenden Dioxynaphthaline oder Oxyaminoverbindungen (in diesem Fall mit anschließender Hydrolyse des zunächst entstehenden Chinonimins; Gleichung formulieren!). Die auch hier an erster Stelle stehende p-Verbindung kann daneben auch durch direkte Oxydation von Naphthalin mit Luftsauer-

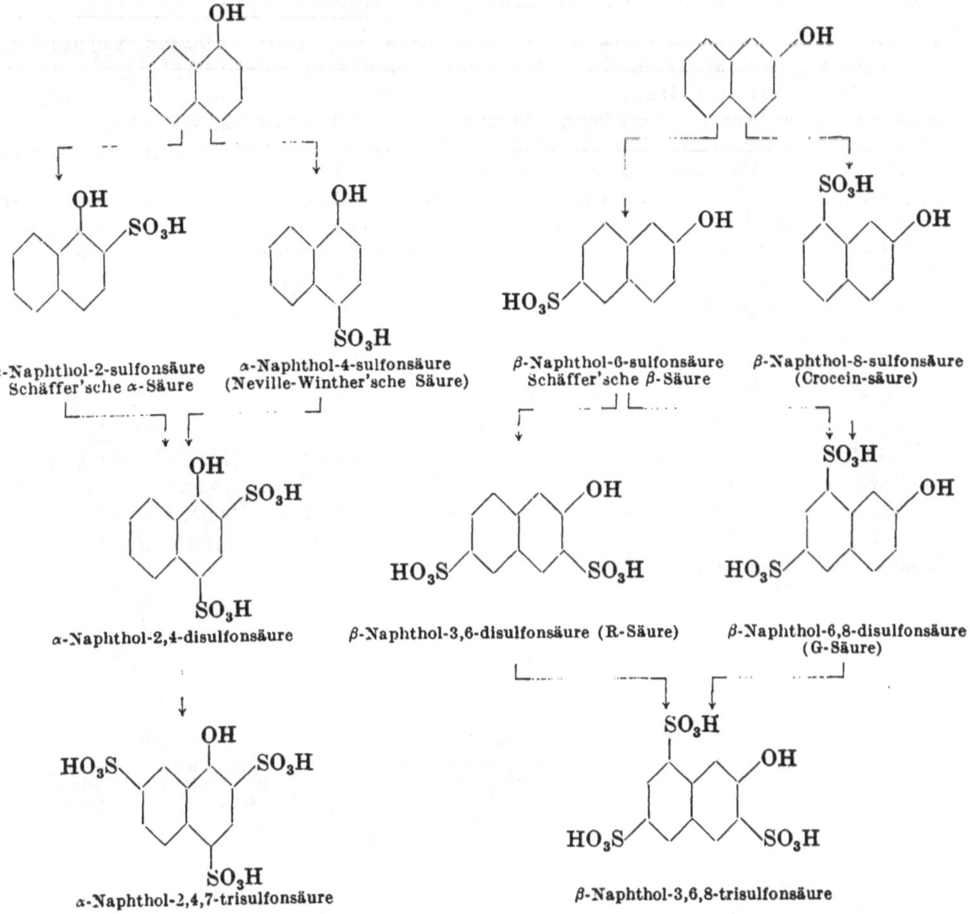

stoff (bei höherer Temperatur über Kontaktsubstanzen) oder mit Hilfe der Diensynthese aus Benzochinon und Butadien (S. 814) gewonnen werden. Die o- und die p-Verbindung entsprechen in jeder Beziehung den Benzochinonen (S. 295f.), von denen sie sich lediglich durch Angliederung eines zweiten Benzolringes ableiten. Im amphi-Naphthochinon sind dagegen beide Benzolkerne chinoid, wobei wiederum auffällt, daß der Übergang beider Ringe vom hydrochinoiden in den chinoiden Zustand durch Abspaltung von nur zwei H-Atomen bewirkt wird (Gleichung formulieren!). Die Naphthochinone selbst haben keine praktische Bedeutung erlangt. Dagegen werden wir später verschiedenen Oxyderivaten als natürlichen Farbstoffen begegnen (**III**, Kap. 2, IV, 1).

In den **Naphthylaminen** liegen die dem Anilin entsprechenden Monoaminoverbindungen des Naphthalins vor. Von ihnen ist infolge der schwierigen Darstellbarkeit des β-Nitronaphthalins nur die α-Verbindung durch Reduktion des Nitrokörpers zugänglich, während das β-Naphthylamin meistens vom β-Naphthol aus mit Hilfe des auf S. 818 beschriebenen Ammoniumsulfitverfahrens gewonnen wird. Chemisch verhalten sich die Naphthylamine wie typische Anilinbasen. Insbesondere lassen sie sich wie diese über die Diazoverbindungen in zahlreiche **Naphthalinderivate** überführen und mit anderen Diazokörpern zu **Azoverbindungen** kuppeln. Auf beiden Reaktionen beruht ihre wichtigste technische Anwendung zur Darstellung von **Farbstoffen**.

Von den **speziellen Reaktionen** als Naphthalinderivate wurde auf die nahen Beziehungen zu den **Naphtholen** bereits hingewiesen. Von Interesse ist weiterhin das unterschiedliche Verhalten beider Naphthylamine bei der **partiellen Hydrierung** zum Tetralinderivat. In der β-**Verbindung** wird zunächst der **nicht-substituierte** Ring hydriert, und es entsteht das sich wie ein **aromatisches Amin** verhaltende **2-Aminotetralin** (I), während das α-**Aminonaphthalin** zunächst an dem die Aminogruppe enthaltenden Ring angegriffen wird, so daß das **alicyclische** und **stark basische** **1'-Aminotetralin** (II) entsteht:

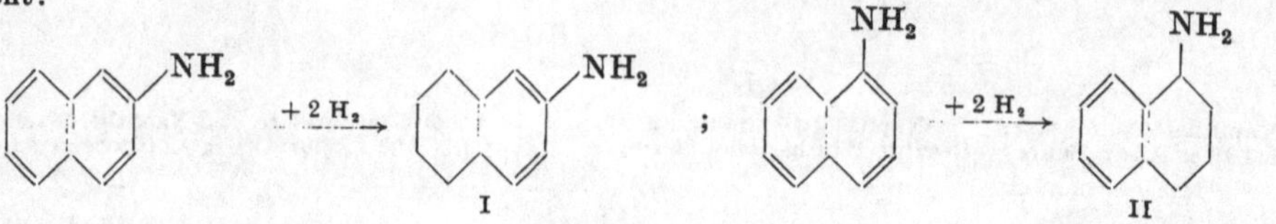

Von den **Derivaten** der **Naphthylamine** haben wiederum zahlreiche, unter verschiedenen Sulfonierungsbedingungen entstehende **Sulfonsäuren** praktische Bedeutung als Kupplungskomponenten für **Azofarbstoffe** erlangt. Die wichtigsten von ihnen sind mit den in der Technik gebräuchlichen Trivialnamen in der folgenden Übersicht zusammengestellt:

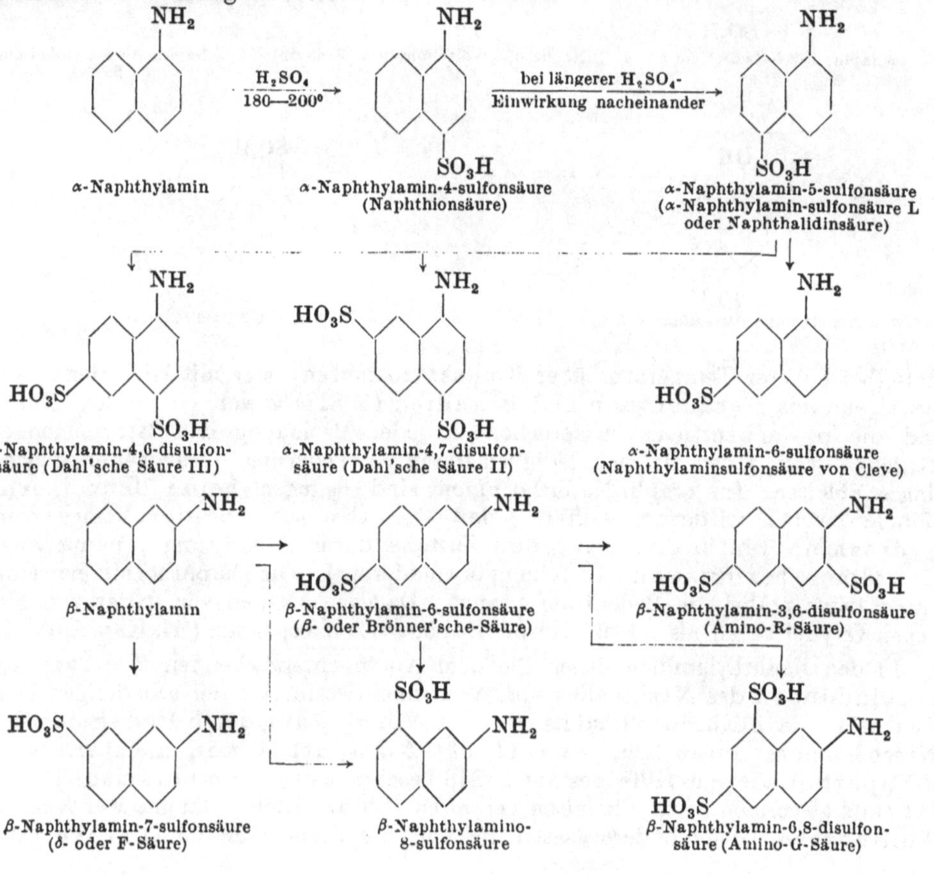

α-Naphthylamin — α-Naphthylamin-4-sulfonsäure (Naphthionsäure) — α-Naphthylamin-5-sulfonsäure (α-Naphthylamin-sulfonsäure L oder Naphthalidinsäure)

α-Naphthylamin-4,6-disulfonsäure (Dahl'sche Säure III) — α-Naphthylamin-4,7-disulfonsäure (Dahl'sche Säure II) — α-Naphthylamin-6-sulfonsäure (Naphthylaminsulfonsäure von Cleve)

β-Naphthylamin — β-Naphthylamin-6-sulfonsäure (β- oder Brönner'sche-Säure) — β-Naphthylamin-3,6-disulfonsäure (Amino-R-Säure)

β-Naphthylamin-7-sulfonsäure (δ- oder F-Säure) — β-Naphthylamino-8-sulfonsäure — β-Naphthylamin-6,8-disulfonsäure (Amino-G-Säure)

Ein spezielles Interesse über die Farbstoffsynthesen hinaus hat lediglich die der Sulfanilsäure analog konstituierte **Naphthionsäure** gefunden, da sich von ihr wegen der p-Stellung der Amino- und Sulfogruppe ebenfalls pharmazeutisch wichtige Sulfonamide (vgl. S. 687) ableiten. Das Bekannteste von ihnen ist das gegen den Erreger der Schlafkrankheit wirksame **Germanin,** das ein kompliziertes Harnstoffderivat einer disulfonierten Naphthionsäure darstellt:

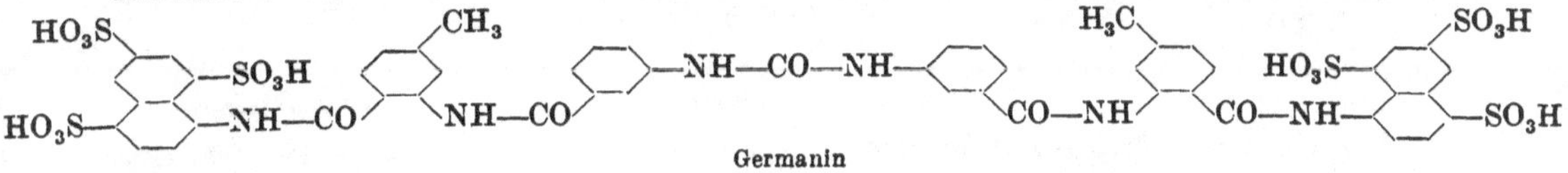

Germanin

Auch einige **Aminonaphthol-sulfonsäuren** finden in der Farbstoffindustrie Anwendung. Insbesondere die

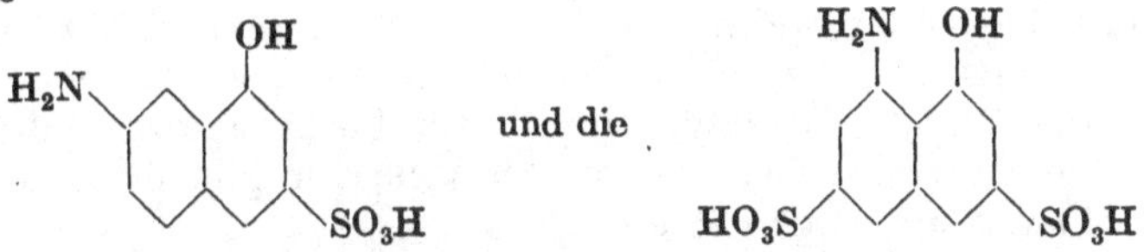

7-Amino-α-naphthol-3-sulfonsäure (γ-Säure) — 8-Amino-α-naphthol-3,6-disulfonsäure (H-Säure)

dienen häufig als Kupplungskomponenten für Azofarbstoffe.

Die Naphthalinmonocarbonsäuren führen in Analogie zur Benzoesäure den Trivialnamen **Naphthoesäuren** und können entweder durch Oxydation der entsprechenden Methylnaphthaline oder in Form der Nitrile aus den Naphthylaminen über die Diazoniumsalze nach Sandmeyer, bzw. aus den Sulfonsäuren mit Hilfe der Cyanidschmelze, gewonnen werden (Gleichungen formulieren!). Sie zeigen keine neuartigen Reaktionen. Ebenso hat von den zehn möglichen Dicarbonsäuren lediglich die der Phthalsäure ähnliche und auch nach ihr benannte **Naphthalsäure**, deren beide Carboxylgruppen in peri-Stellung stehen, wegen der Möglichkeit der Anhydridbildung größeres Interesse gefunden. Sie wird durch Oxydation des ebenfalls im Steinkohlenteer enthaltenen Acenaphthylens gewonnen:

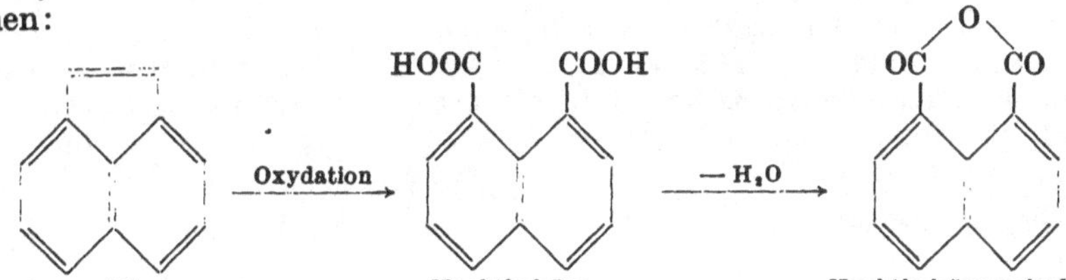

Acenaphthylen — Naphthalsäure — Naphthalsäureanhydrid

Die Reaktion ist gleichzeitig für die Konstitution dieses Kohlenwasserstoffes beweisend (vgl. S. 837).

c) Das Anthracen und seine Derivate

Das nächst höhere Benzologe des Benzols, das 1,2,4,5-*Dibenzobenzol*, hat den Trivialnamen *Anthracen* erhalten. Seine **Konstitution** ergibt sich insbesondere aus einer Reihe übersichtlich verlaufender Synthesen des Anthracens selbst oder des durch Zinkstaubdestillation leicht in Anthracen überführbaren Anthrachinons. Von ihnen muß vor allem auf die folgenden drei Beispiele eingegangen werden:

1. die in Gegenwart von Aluminiumchlorid nach Friedel-Crafts in zwei Stufen erfolgende Kondensation von Phthalsäureanhydrid mit Benzol zu Anthrachinon:

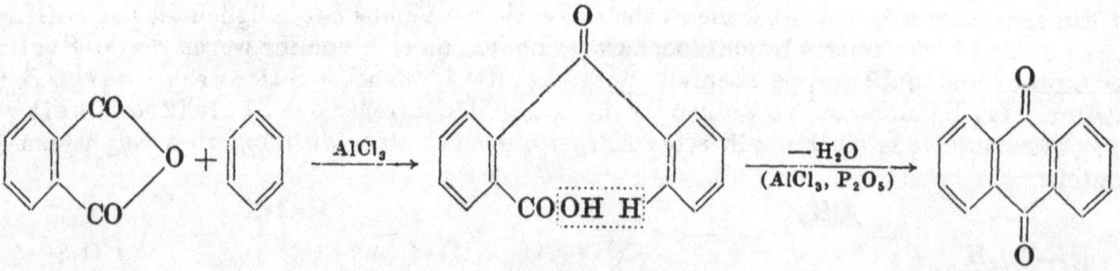

o-Benzoyl-benzoesäure Anthrachinon

Die Reaktion ist absolut beweisend für den Aufbau des Anthracens aus drei aneinander kondensierten Ringen, von denen die beiden äußeren Benzolkerne sind. Dagegen ergibt sich die Ringweite des mittleren Kernes nur auf Grund der (allerdings sehr wahrscheinlichen, vgl. S. 838) zusätzlichen Annahme, daß ein Ring mittlerer Größe an einen Benzolkern nur in o-Stellung angeschlossen werden kann, die beiden Carbonylgruppen des Phthalsäureanhydrids also in o-Stellung in den Benzolkern eingreifen. Auch hierfür gibt es mehrere absolute Beweise, von denen am elegantesten

2. die Diensynthese des Anthrachinons aus 1,4-Naphthochinon und Butadien nach Diels und Alder (1929) ist:

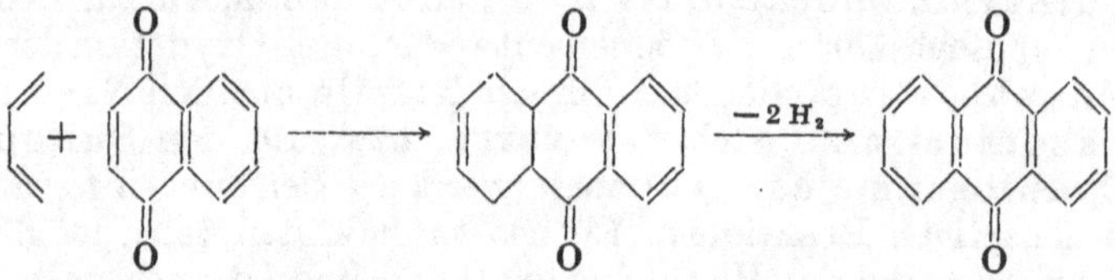

Tetrahydro-anthrachinon Anthrachinon

Denn hier steht gerade die Größe des mittleren Ringes von vorneherein fest, während die äußeren Ringe neu aufgebaut werden.

3. Nicht ganz so übersichtlich verläuft schließlich die Anschützsche Synthese des Anthracens aus Acetylen-tetrabromid und zwei Molekülen Benzol unter den Bedingungen der Friedel-Craftsschen Reaktion, bei der völlig unerwartet die Äthanbindung gesprengt wird:

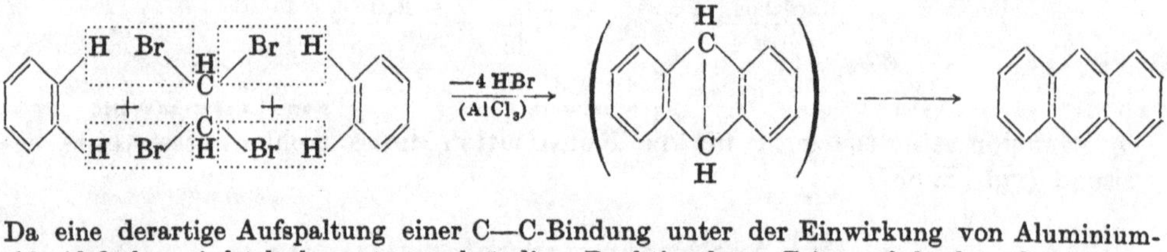

Da eine derartige Aufspaltung einer C—C-Bindung unter der Einwirkung von Aluminiumchlorid früher nicht bekannt war, hat diese Reaktion lange Zeit zu falschen Schlüssen hinsichtlich der Konstitution des Anthracens geführt (s. u.).

Die genaue Festlegung der **Lage der Doppelbindungen** begegnet den gleichen Schwierigkeiten wie beim Naphthalin und Benzol. Die allgemein übliche Formulierung I stammt von Hinsberg. Sie steht zu der gleichwertigen Formel II, in der in Analogie zur Naphthalinformel von Anschütz (S. 814) sämtliche Doppelbindungen in fortlaufender Konjugation im äußeren Ring enthalten sind, im Verhältnis der Mesomerie, so daß keine von ihnen die Anthracenstruktur erschöpfend wiedergibt:

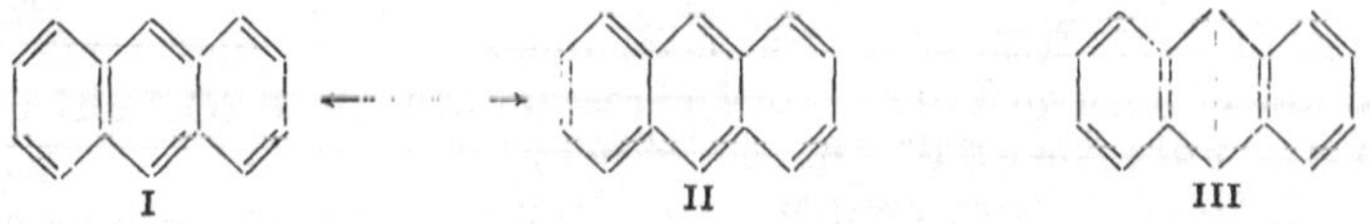

I II III

Von einem gewissen historischen Interesse ist schließlich noch die von ANSCHÜTZ aufgestellte Formel III mit einer Brückenbindung quer durch den mittleren Ring. Sie kommt wegen des röntgenografisch nachgewiesenen großen Abstandes der Atome 9 und 10 zwar ernstlich nicht mehr in Betracht, zeigt aber sehr schön, wie leicht man bei Konstitutionsermittlungen zu Fehlschlüssen verleitet werden kann. Die wichtigsten der für sie angeführten Argumente waren einerseits die oben unter 3 angeführte Synthese, andererseits die besonders leicht in 9,10-Stellung erfolgenden Additionsreaktionen (s. u.).

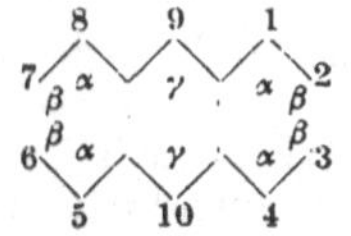

Die **Isomerieverhältnisse** der Anthracenderivate sind naturgemäß noch komplizierter als die der Naphthalinverbindungen, da zu den beiden äußeren, hinsichtlich der Substitutionsmöglichkeiten den Naphthalinringen gleichwertigen Kernen noch der mittlere Ring hinzukommt, so daß man bereits drei Monosubstitutionsprodukte unterscheiden muß, die als α-, β- (in Analogie zum Naphthalin) und γ-Verbindungen bezeichnet werden. Für die Benennung der Di- und Polysubstitutionsprodukte ist ausschließlich die Abzählung der C-Atome üblich, die jedoch nicht in der natürlichen Reihenfolge geschieht, sondern bei der man, um ähnliche Verhältnisse wie beim Naphthalin zu haben, und um beim wichtigsten Anthracenderivat, dem Anthrachinon, durchlaufend zählen zu können, zunächst die Atome der beiden äußeren Ringe und erst zum Schluß die des mittleren abzählt.

In seinem **chemischen Verhalten** weicht das Anthracensystem in noch stärkerem Maße von dem rein aromatischen Charakter des Benzolringes ab als das Naphthalinsystem. Hier ist es insbesondere der mittlere Ring, der einen nur noch geringen aromatischen Charakter aufweist und wie ein aliphatisches Dien zur 1,4-Addition an die C-Atome 9 und 10 des Anthracenkerns befähigt ist, wie aus den folgenden, sonst nur in der aliphatischen Reihe möglichen Additionsreaktionen hervorgeht. (Das reagierende Teildoppelbindungssystem ist wieder durch Fettdruck hervorgehoben):

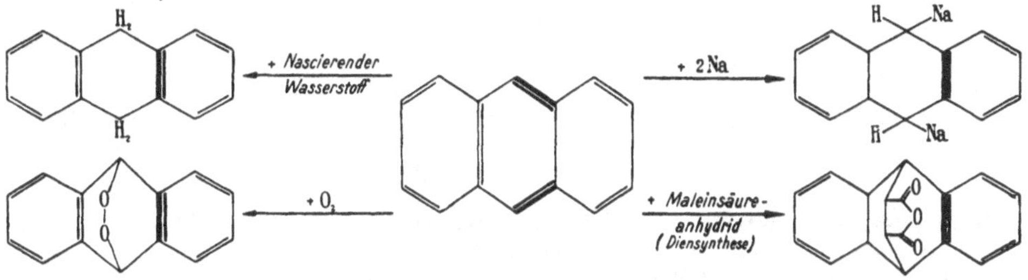

Auf die Ursache dieser eigenartigen Labilität des mittleren Ringes werden wir später (**II**, Kap. 3, III, 4c) noch zurückkommen.

Einzelverbindungen. Anthracen ist zu 0,5—2% im Steinkohlenteer enthalten und kann auf Grund seiner hervorragenden Kristallisationsfähigkeit leicht aus der Anthracenölfraktion (**III**, Kap. 1, I, 2) abgeschieden werden. Doch ist das im Handel erhältliche Rohanthracen meistens in beträchtlichem Umfange (bis zu 40%) durch Phenanthren und andere Kohlenwasserstoffe gleicher Molekülgröße verunreinigt. Der reine Kohlenwasserstoff ist farblos, zeigt aber eine intensive blaue Fluorescenz. Sein sehr hoher Schmelz- (217°) und auch Siedepunkt[1]) (351°) — das kettenförmige Tetradekan mit der gleichen Anzahl von C-Atomen schmilzt demgegenüber bei 5,5° und siedet bei 253° — ist durch die Starrheit des Ringmoleküls bedingt. Anthracen dient wie Naphthalin in der Technik ausschließlich als Zwischenprodukt zur Darstellung anderer Anthracenderivate, speziell von Anthrachinon.

Von den **Oxyanthracenen** oder *Anthranolen* sind vor allem das 9-Oxy- und das 9,10-Dioxyanthracen erwähnenswert, da sie interessante Tautomerieerscheinungen zeigen, die den Verhältnissen beim Phloroglucin (S. 430) und Resorcin (S. 429) ähnlich sind. Doch ist es hier möglich, die einzelnen desmotropen Formen in reinem Zustand zu isolieren.

So liegt z. B. das **9-Oxyanthracen** (*9-Anthranol*) infolge der beschriebenen Tendenz zur Aufhebung des aromatischen Zustandes des mittleren Benzolringes normalerweise in der Ketoform (I), also als *9-Oxo-9,10-dihydroanthracen* (kurz *Anthron* genannt) vor und vermag als solches ein Oxim und ein Phenylhydrazon zu bilden, sowie mit der in 10-Stellung befindlichen, durch zwei Benzolkerne aktivierten Methylengruppe Kondensationsreaktionen einzugehen. Ferner ist I als Keton in Natronlauge unlöslich und wird daher von dieser nur langsam — unter Enolatbildung durch Abdissoziation eines Protons vom C_{10}-Atom im Rahmen einer Zeitreaktion (vgl. **II**, Kap. 5, II, 3) — aufgenommen. Die Enolform II (meistens kurz *Anthranol* genannt) ist gegenüber I nur metastabil und entsteht beim Ansäuern der alkalischen Lösungen von I in Form von gelbroten, blau fluorescierenden Blättchen (Smp. 120°), die sich bei längerem Aufbewahren sowie in Lösung bereits spontan in die Ketoform zurückverwandeln. Typische Reaktionen der Enolform sind die sehr rasch erfolgende Auflösung in Natronlauge und die mit Acylierungsmitteln in Pyridin (bzw. mit Diazomethan) erfolgende O-Acylierung (und O-Methylierung):

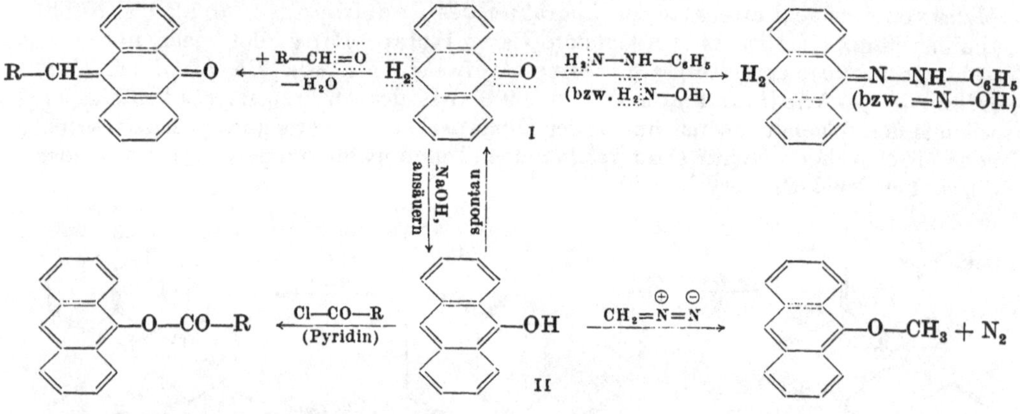

I

II

Beim **9,10-Dioxyanthracen** oder *Anthrahydrochinon* liegen die Verhältnisse gerade umgekehrt. Hier ist auch in saurer Lösung die Hydrochinonform zu 97% im Gleichgewicht enthalten, während die Darstellung der Ketoform (*Oxanthron*) Schwierigkeiten bereitet. Die normalerweise anfallende Anthrahydrochinonform ist braunrot (in alkalischer Lösung

[1]) Zwischen den Schmelz- und Siedepunkten der drei „benzologen" Kohlenwasserstoffe Benzol, Naphthalin und Anthracen besteht die eigenartige und leicht zu merkende Beziehung, daß jeweils die Siedepunkte der niedrigeren Kohlenwasserstoffe mit den Schmelzpunkten der nächst höheren Glieder der Reihe zusammenfallen:

Benzol	Smp. 5,5°	Sdp. 80,1°		
Naphthalin		Smp. 80,4°	Sdp. 218°	
Anthracen			Smp. 217°	Sdp. 351°

tief rot) und wird als echtes Polyphenol in stark alkalischem Medium durch Luftsauerstoff sofort zum nahezu farblosen Anthrachinon oxydiert[1]). Die Tendenz zur Sauerstoffaufnahme ist insbesondere in Gegenwart von Natriumdithionit sehr groß. Eine derartige alkalische Lösung von Anthrahydrochinon und Natriumdithionit findet daher unter der Bezeichnung FIESERsche Lösung in der Gasanalyse Verwendung als Absorbens für molekularen Sauerstoff.

Die Oxanthronform (III) kann nur durch Hydrolyse der zugehörigen Bromverbindung in neutraler Lösung in reiner Form gewonnen werden:

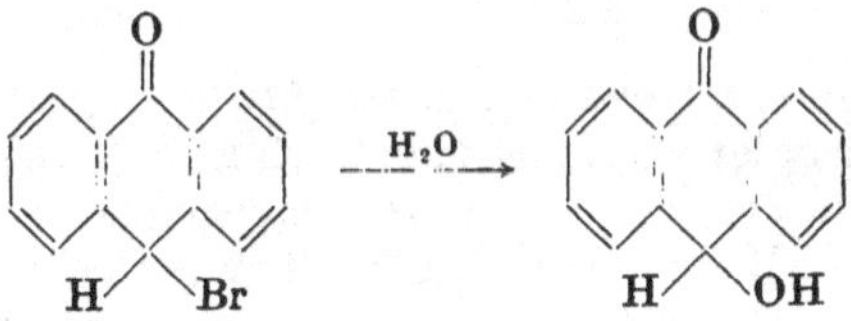

III

Sie ist farblos und zeigt in reinem Zustand eine nur geringe Tendenz zur Umwandlung in die stabilere Anthrahydrochinonform, so daß sie z. B. bei 167° ohne Zersetzung scharf schmilzt. Erst in Gegenwart von Alkalien oder Säuren stellt sich das oben beschriebene Gleichgewicht ein.

Von den Chinonen des Anthracens hat lediglich die als **Anthrachinon** schlechthin bezeichnete 9,10-Dioxoverbindung praktische Bedeutung erlangt. Anthrachinon ist das wichtigste Anthracenderivat überhaupt und wird technisch im großen durch Oxydation von Anthracen gewonnen. Als Oxydationsmittel dienten früher Salpeter- oder Chromsäure, während heute ausschließlich Luftsauerstoff bei 280° über Silbervanadat-Kontakten zur Anwendung kommt:

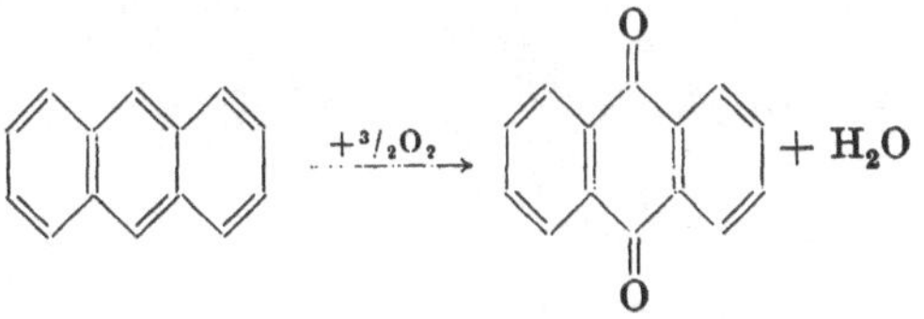

Anthrachinon

Anthrachinon zeigt infolge der mangelnden Aromatisierungsneigung des mittleren Benzolkerns nur noch wenig Chinoneigenschaften und kann in mancher Beziehung mit einem normalen Diketon verglichen werden. Insbesondere läßt es sich nur schwer zum (oben bereits erwähnten) Hydrochinon reduzieren, bildet kein Chinhydron und ist in reinem Zustand nahezu farblos. Von ihm leiten sich eine Reihe von Substitutionsprodukten ab, die eine große praktische Bedeutung als Farbstoffe (vgl. **III**, Kap. 2, IV, 9) oder als Zwischenprodukte für Farbstoffsynthesen erlangt haben. Sie werden fast ausschließlich vom Anthrachinon ausgehend gewonnen und zeigen infolge des Fortfalles der Substitutionsmöglichkeit in 9- und 10-Stellung die gleichen Isomerieverhältnisse wie die Verbindungen der Naphthalinreihe:

---

[1]) Im Gegensatz zu den farblosen einfachen Polyphenolen (S. 427f.), bei denen die Oxydation unter starker Verfärbung über die Chinonstufe hinausgeht, ist hier die Phenolstufe farbig und das Anthrachinon als Oxydationsendprodukt farblos, so daß das Auftreten einer Farbaufhellung bei der Einwirkung von Luftsauerstoff auf eine Phenolatlösung als Nachweis für Anthrahydrochinon verwandt werden kann.

Benennung der substituierbaren C-Atome des

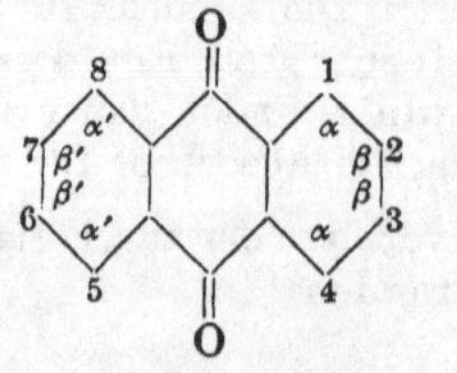

Anthrachinonringes

und des

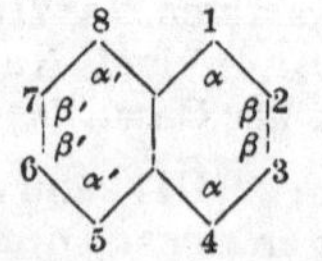

Naphthalinringes

Das Haupteinfallstor zur Gewinnung der Anthrachinonderivate stellt die Sulfonierung dar, die normalerweise ausschließlich in β- (bzw. m-) Stellung zur Carbonylgruppe, in Gegenwart von Quecksilber dagegen in α-Stellung erfolgt. Man kann infolgedessen durch Variation der Sulfonierungsbedingungen zu einer großen Zahl von Mono-, Di- und auch Trisulfonsäuren des Anthrachinons gelangen, deren wichtigste Vertreter in dem folgenden Formelschema zusammengestellt sind:

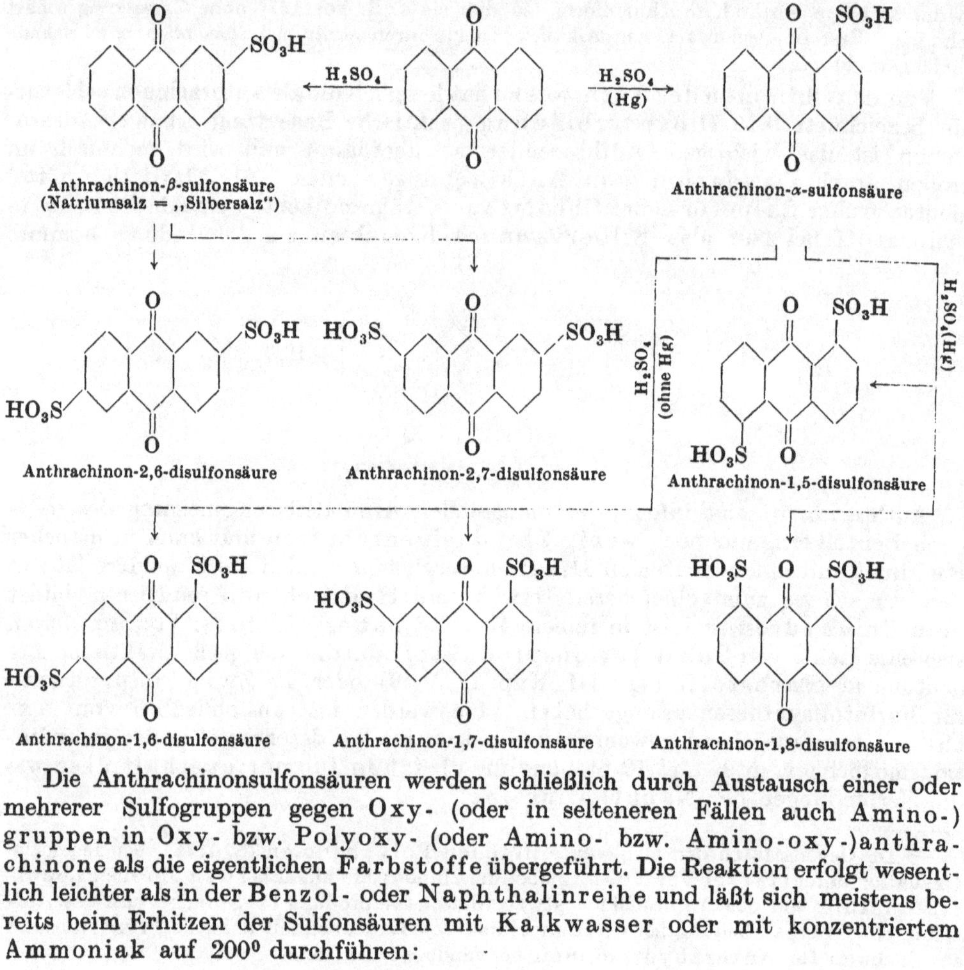

Die Anthrachinonsulfonsäuren werden schließlich durch Austausch einer oder mehrerer Sulfogruppen gegen Oxy- (oder in selteneren Fällen auch Amino-) gruppen in Oxy- bzw. Polyoxy- (oder Amino- bzw. Amino-oxy-)anthrachinone als die eigentlichen Farbstoffe übergeführt. Die Reaktion erfolgt wesentlich leichter als in der Benzol- oder Naphthalinreihe und läßt sich meistens bereits beim Erhitzen der Sulfonsäuren mit Kalkwasser oder mit konzentriertem Ammoniak auf 200° durchführen:

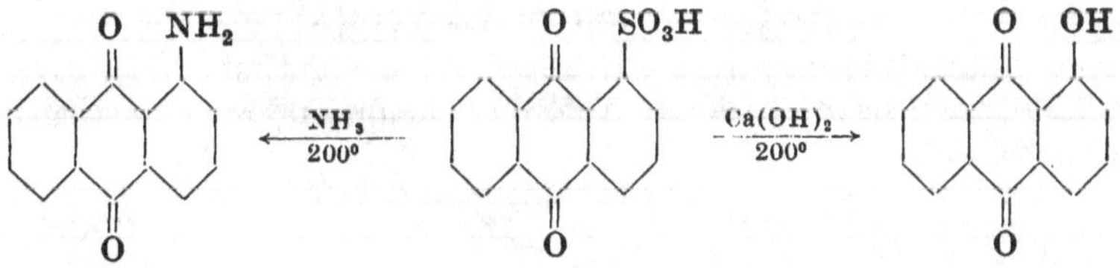

Auch die Alkalischmelze ist prinzipiell möglich, führt jedoch meistens unter Mitbeteiligung des Luftsauerstoffs zur Einführung mehrerer Oxygruppen. Diese Nebenreaktion ist häufig sogar erwünscht und wird in diesem Falle durch Zugabe von Oxydationsmitteln unterstützt. Als technisch wichtigstes Beispiel sei die Alizarinsynthese von Graebe und Liebermann angeführt, die bei der Alkalischmelze von β-Anthrachinonsulfonsäure in Gegenwart von Kaliumchlorat oder -nitrat unter Einführung von zwei Oxygruppen vor sich geht (Näheres vgl. **III**, Kap. 2, IV, 2).

Die Nitroverbindungen des Anthrachinons werden ebenfalls zuweilen zur Darstellung von Amino- und auch Oxyderivaten verwandt. Besonders interessant ist der bei der Reduktion von α-Nitroanthrachinon (IV) mit elementarem Schwefel in heißer Schwefelsäure eintretende Ersatz der Nitrogruppe durch im ganzen drei Oxygruppen. Die Reaktion geht wahrscheinlich in drei Stufen vor sich: 1. Reduktion der Nitro- zur (hydratisierten) Nitrosoverbindung (V), 2. Wanderung der beiden OH-Gruppen in dem sauren Reaktionsmedium in o- und p-Stellung zum Stickstoff (analog der Umlagerung von Phenylhydroxylamin in p-Aminophenol, vgl. S. 594), und 3. Hydrolyse des hierbei entstehenden Amino-dioxy-anthrachinons (VI) zum 1,2,4-Trioxy-anthrachinon (VII):

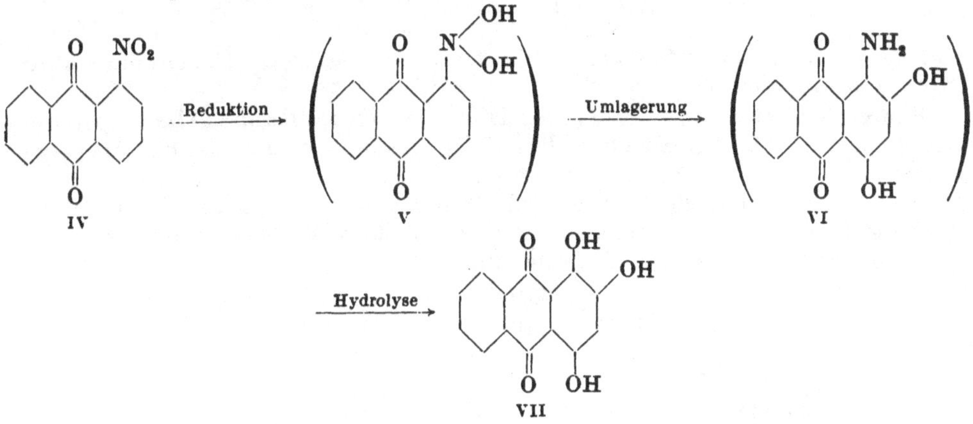

Auf Einzelverbindungen der Oxy- und Aminoanthrachinonreihe wird erst im Zusammenhang mit den Farbstoffen dieser Gruppe (vgl. **III**, Kap. 2, IV, 2) näher eingegangen.

d) Das Phenanthren und seine Derivate

Außer in 1,2,4,5-Stellung können die zwei äußeren Benzolkerne eines Dibenzobenzols auch in 1,2,3,4-Stellung an den mittleren Ring kondensiert sein. In diesem Falle spricht man — im Gegensatz zu der *linearen Kondensation* der Benzolkerne (nach Hinsberg auch *lineare Anellierung* genannt) im Anthracen — von einer *gewinkelten* oder *angularen Kondensation* (bzw. *Anellierung*) und kommt zum Phenanthren als dem Grundkohlenwasserstoff dieses Typus. Seine **Konstitution** konnte sowohl durch Abbau als auch durch Synthese eindeutig bewiesen werden.

Die wichtigste Abbaureaktion besteht in der oxydativen Öffnung des mittleren Ringes unter Bildung der noch alle C-Atome enthaltenden Diphensäure (Diphenyl-2,2′-dicarbonsäure), deren Auftreten keine andere Konstitution für das Phenanthren zuläßt:

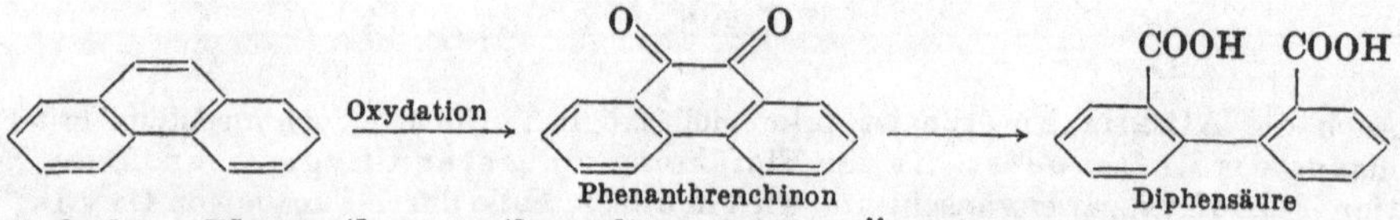

Die einfachste **Phenanthrensynthese** liegt in der Übertragung der auf S. 138 beschriebenen Diphenylsynthese — durch Leiten von Benzoldämpfen durch ein glühendes Rohr — auf Stilben als Ausgangsmaterial vor. In diesem Falle entsteht, da die beiden Benzolkerne bereits durch eine Äthylenylbrücke miteinander verbunden sind, direkt Phenanthren:

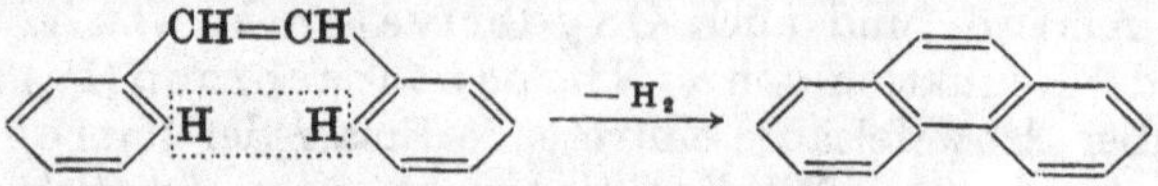

Die Reaktion kann auch in der Weise durchgeführt werden, daß man vom Diphenyl ausgeht und an dieses die Äthylenylbrücke kondensiert:

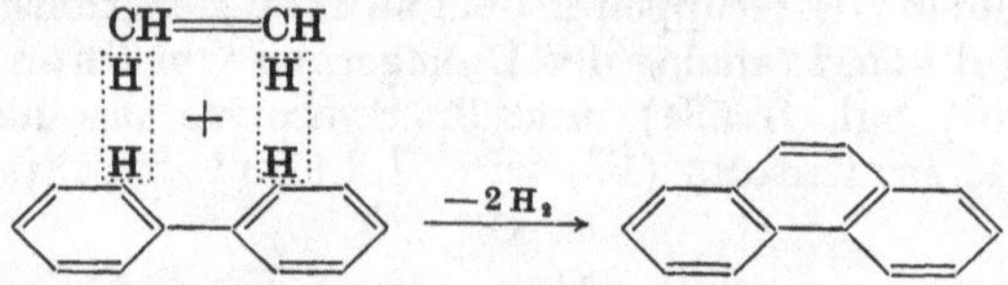

Doch kommt ihr in diesem Falle wegen der nicht absolut sicheren Bestimmung des Eintrittsortes der Äthylenylbrücke nicht die gleiche Beweiskraft zu.

Von großer präparativer Bedeutung ist schließlich die Phenanthrensynthese von Pschorr, die im Prinzip ebenfalls auf der Ausbildung einer diphenylartigen Brücke in einem Stilbenderivat beruht. Sie kann jedoch bereits bei niedriger Temperatur durchgeführt werden und schließt wegen der gleichzeitig erfolgenden Synthese des Stilbenkörpers auch die Möglichkeit des Aufbaues unsymmetrisch substituierter Phenanthrenderivate ein:

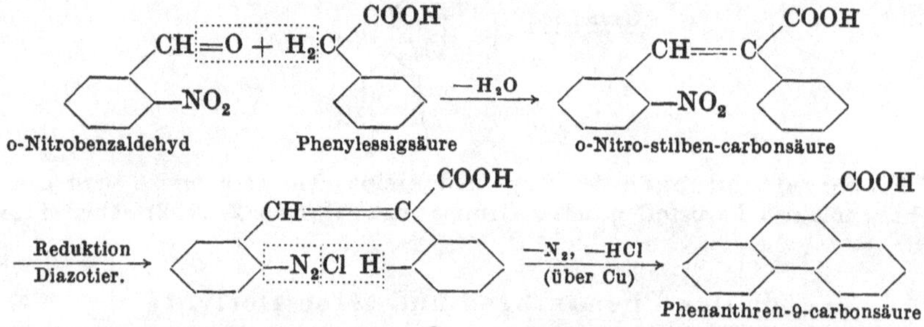

Phenanthren weist eine noch geringere Symmetrie auf als Anthracen, und man kennt infolgedessen bereits fünf Monosubstitutionsprodukte (1-, 2-, 3-, 4- oder 9-Stellung) sowie 25 Disubstitutionsprodukte mit gleichen und 45 Disubstitutionsprodukte mit verschiedenen Substituenten (formulieren!). Sie werden ausschließlich durch Bezifferung der Ringatome benannt, wobei man wie beim Anthracen zunächst die Atome der beiden äußeren Ringe und dann die des mittleren abzählt.

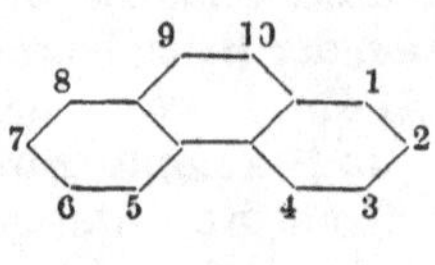

Phenanthren kommt ebenfalls im Anthracenöl des Steinkohlenteers vor und kann daraus im großen gewonnen werden. Es hat jedoch bei weitem nicht die Bedeutung des Anthracens erlangt, da sich keine technisch wichtigen Stoffe von ihm ableiten. Wie beim Anthracen ist auch in ihm der aromatische Charakter des Ringsystems stark geschwächt und eine deutliche Tendenz zur „Benzolisierung" der beiden äußeren Ringe unter Aufhebung der aromatischen Natur des mittleren Ringes erkennbar. Phenanthren verhält sich daher ebenfalls nicht mehr wie eine rein aromatische Substanz, sondern wie ein durch eine aliphatische Äthenylenbrücke in o,o'-Stellung verknüpftes Diphenyl. So kann es z. B. auffallend leicht in 9,10-Stellung hydriert werden und Brom an die (wieder durch Fettdruck hervorgehobenen) Doppelbindungen anlagern. Auch Oxydationsmittel (z. B. Chromtrioxyd) greifen nur in 9,10-Stellung an und führen Phenanthren in die als Phenanthrenchinon schlechthin bezeichnete 9,10-Dioxoverbindung über:

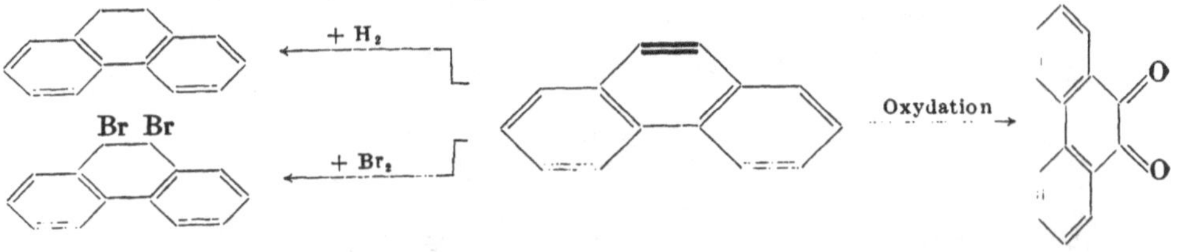

Phenanthrenchinon

Phenanthrenchinon zeigt in noch stärkerem Maße als Anthrachinon die Eigenschaften eines normalen Diketons und kann am ehesten mit Benzil (S. 443), von dem es sich lediglich durch den Einbau der Diphenylbrücke unterscheidet, verglichen werden. Man beobachtet infolgedessen beim Übergang von Benzil zu Phenanthrenchinon eine nur geringe Farbverschiebung von gelb nach orange und in einigen Fällen völlig gleichartige Reaktionen:

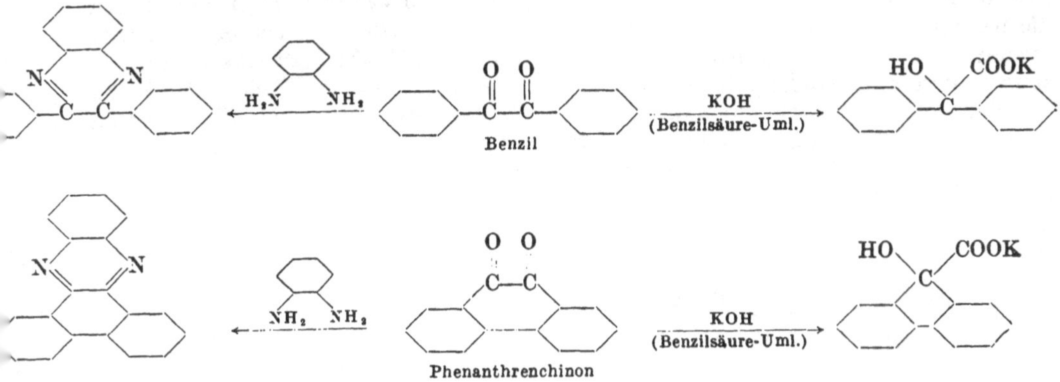

Einigen natürlich vorkommenden, mehr oder weniger weitgehend hydrierten Phenanthrenderivaten werden wir später in den Opiumalkaloiden (**III**, Kap. 7, III, 6 c) und in verschiedenen Stereoiden (**III**, Kap. 5, III) begegnen. Als ein Abbauprodukt der letzteren ist wahrscheinlich das in faulendem Fichtenholz und im Torf enthaltene, voll aromatisierte **Reten** anzusehen:

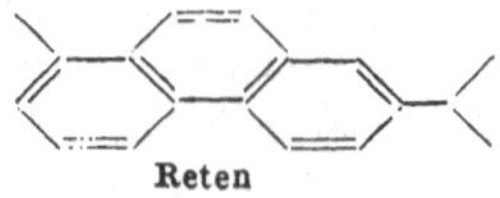
Reten

e) Höher kondensierte, rein aromatische Ringsysteme

Die höher kondensierten aromatischen Ringsysteme haben mit wenigen Ausnahmen nur geringe praktische Bedeutung erlangt, und es sind im wesentlichen nur mehr die Stammkohlenwasserstoffe selbst von Interesse, so daß wir uns an dieser Stelle mit einem kurzen Überblick begnügen können.

Eine erste Gruppe von Kohlenwasserstoffen mit **linear anellierten** Benzolringen, die also höhere Benzologe des Anthracens darstellen, wurde von E. Clar (ab 1931) und später auch von Marschalk (ab 1938) synthetisiert. Sie werden nach der Zahl der in ihnen in linearer Anordnung enthaltenen Benzolkerne *Tetracen* (bzw. *Naphthacen*), *Pentacen, Hexacen* usw. (formulieren!) genannt und sind als voll aromatisierte Kohlenwasserstoffe bis zum *Heptacen* — in Form teilweise hydrierter Derivate sogar bis zum *Octacen* (8 Benzolringe) — bekannt. Ihre Darstellung geschieht mit Hilfe der üblichen Kondensationsreaktionen, wie am Beispiel der von Clar durchgeführten Hexacensynthese erläutert sei:

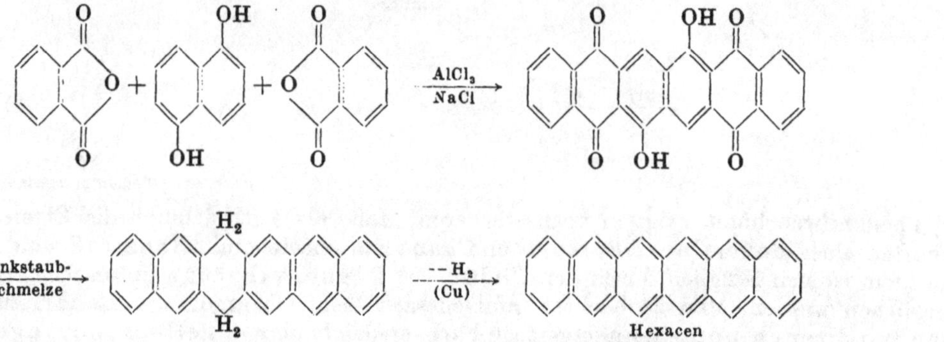

Die Polyacene sind stark farbige Substanzen (z. B. Naphthacen rot, Pentacen blauviolett, Hexacen grün, Heptacen schwarzgrün), in denen sich die bereits beim Anthracen beobachtete Neigung des mittleren Sechsringes, Additionsreaktionen einzugehen, bis zur ausgesprochenen Labilität des Moleküls steigert (vgl. auch II, Kap. 3, III, 4c), so daß man den höheren Gliedern der Reihe anfangs sogar Radikalcharakter zuschrieb. Insbesondere sind alle höheren „Acene" außerordentlich sauerstoffempfindlich und lagern schon Spuren von Luftsauerstoff sofort an einen der mittleren Sechsringe unter Bildung bicyclischer Peroxyde an. In ähnlicher Weise wird Maleinsäureanhydrid praktisch momentan im Sinne einer Dienreaktion aufgenommen:

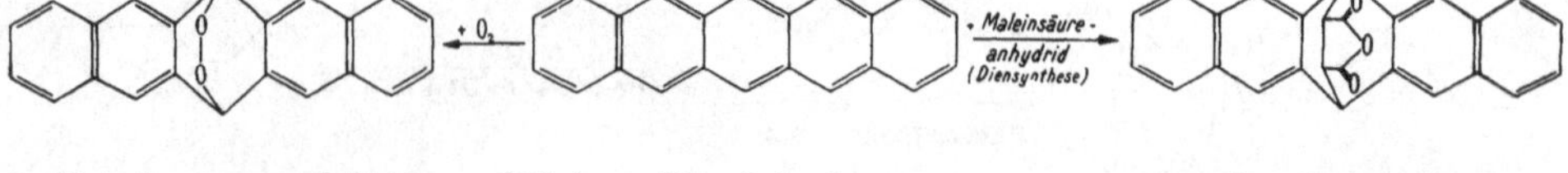

Ist keine additionsfähige Verbindung zugegen, so tritt bei etwa 300° Disproportionierung ein, d. h. ein Teil der Moleküle wird an einem der mittleren Sechsringe hydriert und dadurch stabilisiert, während die restliche Substanz zu einer graphitähnlichen Masse kondensiert.

Ein weiterer Kohlenwasserstoff dieser Reihe liegt in dem 1926 von dem französischen Chemiker Moureu entdeckten Rubren vor. Ihm kommt nach Dufraisse (1936) die Konstitution

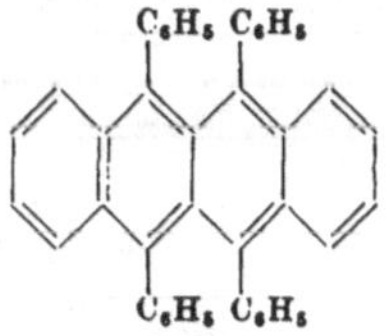

Rubren

eines Tetraphenylnaphthacens — DUFRAISSE bezeichnet die Naphthacenderivate im Gegensatz zum Rubren selbst als *Rubene* und spricht daher von einem *Tetraphenylruben* — nebenstehender Struktur zu, und es zeigt ebenfalls die für ein Naphthacenderivat charakteristische rote Farbe (Name!) und Sauerstoffempfindlichkeit.

Geht man von der linearen zur **angularen Verknüpfung** der Benzolringe über, so werden die Verbindungen wesentlich beständiger, so daß sie sich bei der pyrogenen Zersetzung der Kohlesubstanz bilden können und im Stein- oder auch Braunkohlenteer und -pech anreichern. Die wichtigsten Kohlenwasserstoffe dieser Gruppe sind:

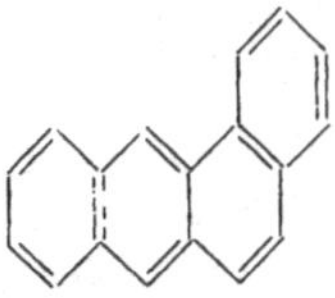
1,2-Benzanthren
Smp. 167°

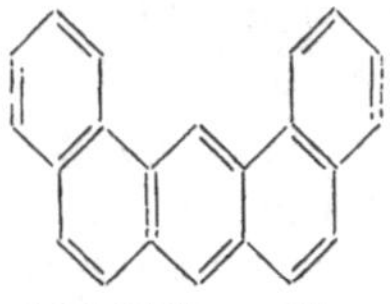
1,2,7,8-Dibenzanthren
Smp. 196°

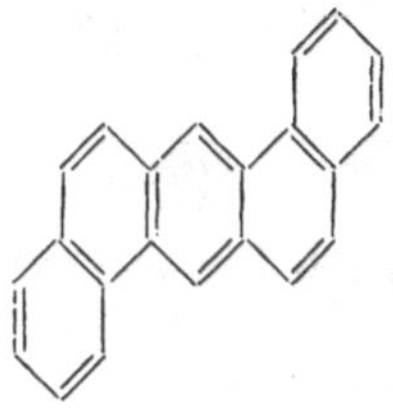
1,2,5,6-Dibenzanthren
Smp. 262°

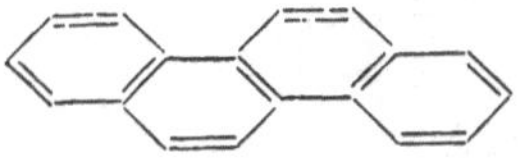
Chrysen
Smp. 251° Sdp. 448°

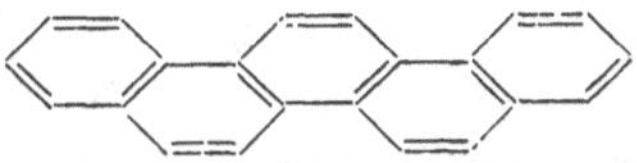
Picen
Smp. 364° Sdp. 519°

Pentaphen
Smp. 257°

Sie sind im Gegensatz zu den linear kondensierten Kohlenwasserstoffen luftbeständig und farblos, zeigen aber eine starke Fluoreszenz.

In einer weiteren Gruppe von Kohlenwasserstoffen sind die Benzolkerne bienenwabenartig zu **Flächenmolekülen** aneinander kondensiert. Sie sind infolge dieser besonders engen Verknüpfung der C-Atome womöglich noch temperaturbeständiger als die angular anellierten Ringsysteme und daher zum großen Teil ebenfalls im Steinkohlenteer und -pech enthalten. Als Beispiele für diesen Verbindungstypus seien die folgenden neun Kohlenwasserstoffe angeführt, deren Struktur in allen Fällen durch Synthese erhärtet werden konnte. Nur die Festlegung bestimmter Doppelbindungen ist infolge der komplizierten Mesomerieverhältnisse wieder unmöglich, und man verzichtet daher auf ihre Wiedergabe in den Formeln häufig ganz. Doch ist die Zahl der stöchiometrisch erforderlichen Doppelbindungen stets exakt definiert (= der Zahl der π-Elektronenpaare), und man kann sie stets so über das ganze Ringsystem verteilen, daß, wie auf S. 812 gefordert, ein geschlossen konjugiertes Doppelbindungssystem entsteht und jedes Ring-Atom an diesem Doppelbindungssystem beteiligt ist:

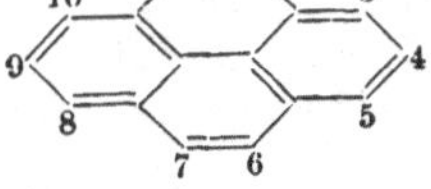

Pyren
Smp. 150° Sdp. 360°

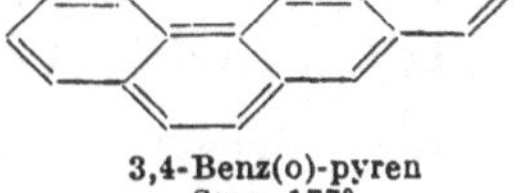
3,4-Benz(o)-pyren
Smp. 177°

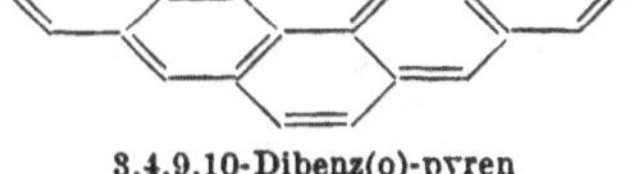
3,4,9,10-Dibenz(o)-pyren
Smp. 282°

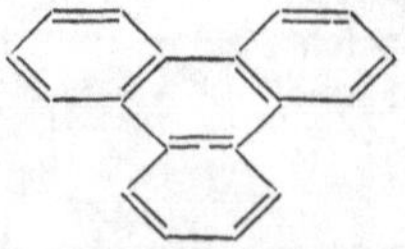

sym-Tribenzo-benzol
Smp. 199° Sdp. 425°

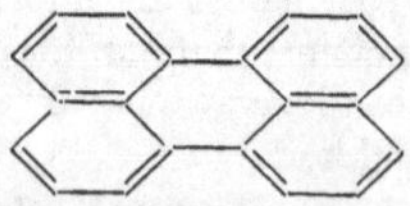

sym-Tetrabenzo-benzol oder Perylen
Smp. 273° Sdp. 350-400°

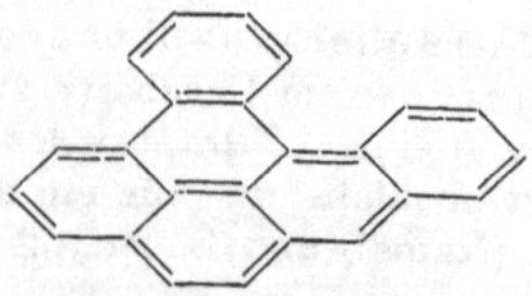

1,2,3,4-Dibenz(o)-pyren
Smp. 227°

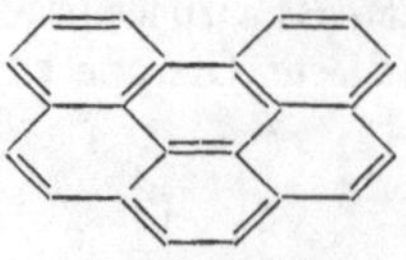

Pentabenzo-benzol oder
Benz(o)-perylen
Smp. 280° Sdp. 534°

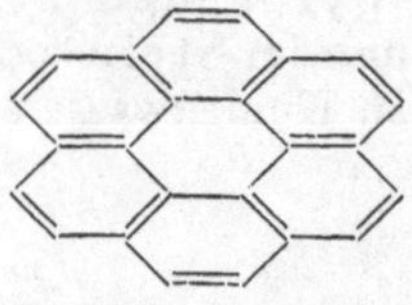

Hexabenzo-benzol oder
Coronen
Smp. 435° Sdp. 550°

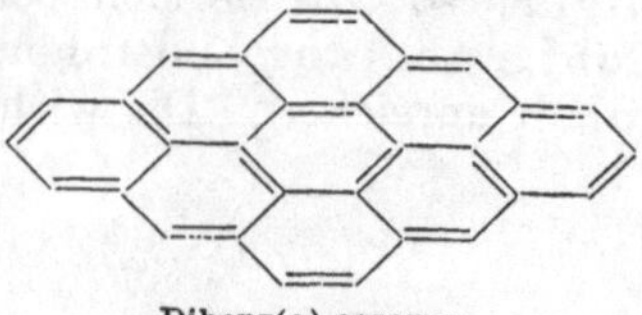

Dibenz(o)-coronen
sublimiert 450-500°/0,5mm

Die Kohlenwasserstoffe dieses Typus sind z. T. bereits stark farbig und lassen sich zuweilen in einfacher Weise synthetisch aus niedermolekularen aromatischen Kohlenwasserstoffen durch Wasserstoffabspaltung bei Rotglut gewinnen. So entsteht z. B. Perylen beim Leiten von Naphthalindämpfen durch ein glühendes Rohr:

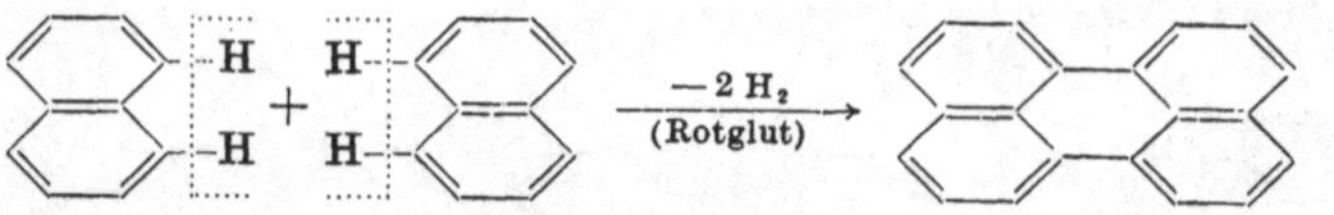

Dieser Reaktion verdankt Perylen seinen Namen (aus *Peri*-di-Naphth*ylen*), und es ist anzunehmen, daß auf ihr auch seine Bildung im Steinkohlenteer beruht.

Eine spezielle Bedeutung hat insbesondere das **3,4-Benzopyren** als krebserregender Faktor des Steinkohlenteers erlangt. Der Nachweis gelang dem englischen Chemiker Cook (1933), der den „*cancerogenen*" Stoff in mühevoller Fraktionierarbeit aus dem wirksamen Anteil des Teers isolierte, als 3,4-Benzopyren identifizierte und schließlich auch mit dem synthetischen Produkt die gleiche krebserregende Wirkung erzielen konnte. Ein weiterer derartiger cancerogener Kohlenwasserstoff, der allerdings nicht im Steinkohlenteer enthalten ist, liegt in dem nebenstehend angeführten, bei der Aromatisierung einiger Steroide entstehenden **Methylcholanthren** vor:

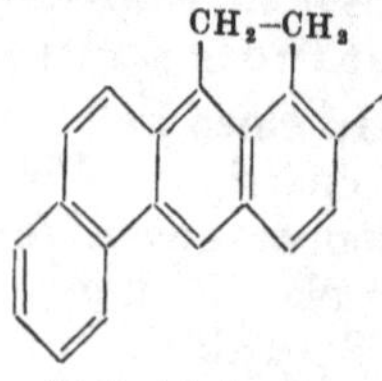

Methylcholanthren

Von einem gewissen theoretischen Interesse als besonders symmetrisch gebautes Glied der Reihe ist schließlich das **Coronen.** Es wurde im Jahre 1932 von Scholl auf synthetischem Wege gewonnen und später von Pier im Destillationsrückstand des Steinkohlenteers entdeckt, in dem es infolge seiner — durch die hohe Symmetrie bedingten — ungewöhnlichen Thermostabilität[1]) in relativ großer Menge enthalten ist. Auch sein auffallend hoher Schmelzpunkt ist (ähnlich wie bei den aus Kugelmolekülen aufgebauten Substanzen; S. 807) durch die hohe Symmetrie des Moleküls bedingt, die den Einbau in das Kristallgitter erleichtert. Gegenüber chemischen Einflüssen ist Coronen, und zwar wiederum infolge seiner hohen Molekülsymmetrie, ähnlich stabil wie Benzol, was sich auch theoretisch begründen läßt (vgl. **II**, Kap. 3, III, 4c). Doch ist diese relative Reaktionsträgheit nur auf das Coronen selbst beschränkt,

[1]) Coronen siedet z. B. als einzige Verbindung dieser Molekülgröße bei 550° völlig unzersetzt.

und zahlreiche strukturell nur wenig von ihm abweichende Kohlenwasserstoffe, wie z. B. Dibenz(o)coronen oder Pyren, zeigen bereits eine wesentlich größere Aktivität, die etwa mit der des Anthracens oder Naphthalins verglichen werden kann.

Schließlich nimmt Coronen eine interessante Mittelstellung zwischen Benzol und Graphit ein, da der mittlere Sechsring des Moleküls vollständig in das Restmolekül eingebaut ist und infolgedessen den gleichen Bindungszustand wie im Graphit aufweist. Wir werden dem Coronen daher bei der Diskussion des Graphitproblems (**II**, Kap. 3, III, 4 c) nochmals begegnen.

Neben den Kohlenwasserstoffen selbst haben auch einige **sauerstoffhaltige Derivate** dieser hoch kondensierten aromatischen Ringsysteme eine gewisse Bedeutung erlangt, da ihnen wichtige Indanthrenfarbstoffe (**III**, Kap. 2, IV, 3) angehören. Sie werden ausnahmslos synthetisch aus Verbindungen niederer Ringzahl (meistens aus Anthracenderivaten) dargestellt, wobei die große Bildungstendenz der hochkondensierten Ringsysteme bei hoher Temperatur die Angliederung weiterer Benzolkerne begünstigt. Besonders die schon mehrfach erwähnte Verknüpfung zweier Benzolringe unter Wasserstoffabspaltung (vgl. S. 138, 949) findet auffallend leicht statt, wenn sie zur Bildung eines neuen Benzolkernes führt, wie aus dem oben angeführten Beispiel der Synthese von Perylen aus zwei Molekülen Naphthalin hervorgeht.

Diese Reaktion wird häufig auch mit der Einführung von Benzoylgruppen nach FRIEDEL-CRAFTS kombiniert und führt dann gleich zur Angliederung von zwei Benzolringen. So erhält man z.B. aus Pyren durch zweifache Benzoylierung mit anschließendem Ringschluß in einem Reaktionsgang das bereits acht Sechsringe enthaltende **Pyranthron**:

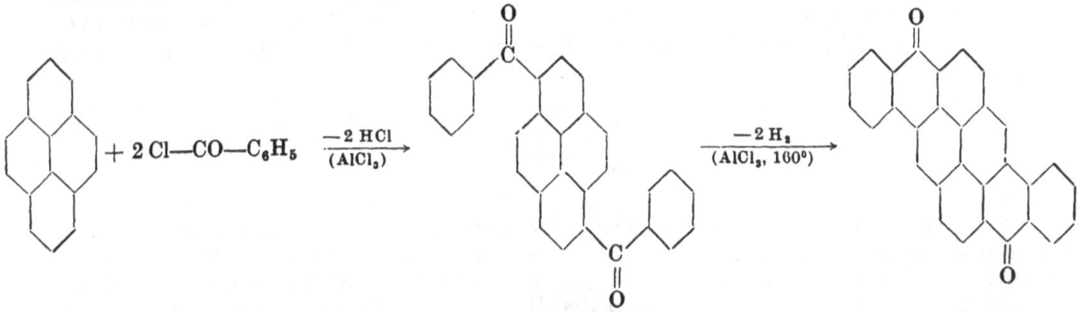

3,8-Dibenzoyl-pyren Pyranthron

Pyranthron ist ein typisches Chinon (I), das trotz des ausgedehnten Doppelbindungssystems zwischen den beiden O-Atomen (in den Formeln durch Fettdruck hervorgehoben) durch Anlagerung von nur zwei H-Atomen an die Enden des konjugierten Systems unter Verschwinden einer Doppelbindung in das zugehörige Hydrochinon (II) übergeführt werden kann:

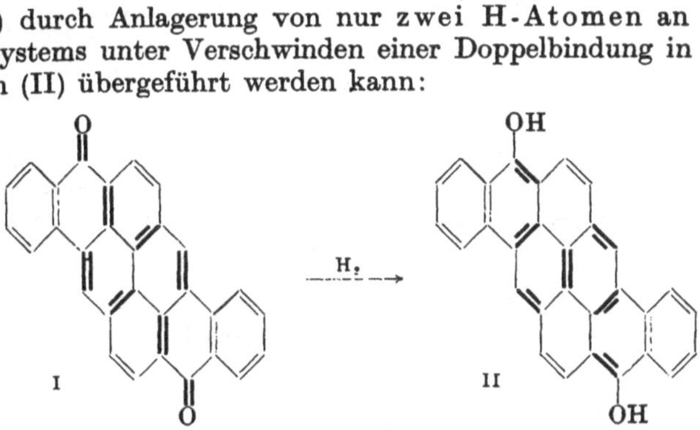

Der leichte Übergang von chinoiden in hydrochinoide Verbindungen auch bei Substanzen dieser Molekülgröße ist von praktischer Bedeutung für ihre Anwendbarkeit als Küpenfarbstoffe (vgl. **III**, Kap. 2, IV, 3).

f) Verbindungen mit kondensierten aromatischen und aliphatischen Ringsystemen

Neben den bisher beschriebenen rein aromatischen Verbindungen mit einem geschlossenen System konjugierter Doppelbindungen sind auch Substanzen bekannt, in denen ein alicyclisches Ringsystem an den Benzolkern kondensiert ist. Dieses muß im Gegensatz zur alicyclischen Reihe mindestens 5 Ringatome enthalten, um die starr auseinanderstrebenden Valenzen der o-ständigen Benzol-C-Atome miteinander verknüpfen zu können. Die einfachste Verbindung der Reihe ist daher das aus einem kondensierten Benzol- und Cyclopentenring bestehende **Indan**, das seinen Namen auf Grund der formalen Ähnlichkeit mit dem Indolring des Indigos (S. 877) erhalten hat und häufig nach seinem wichtigsten Derivat, dem Inden (s. u.) als *Hydrinden* bezeichnet wird:

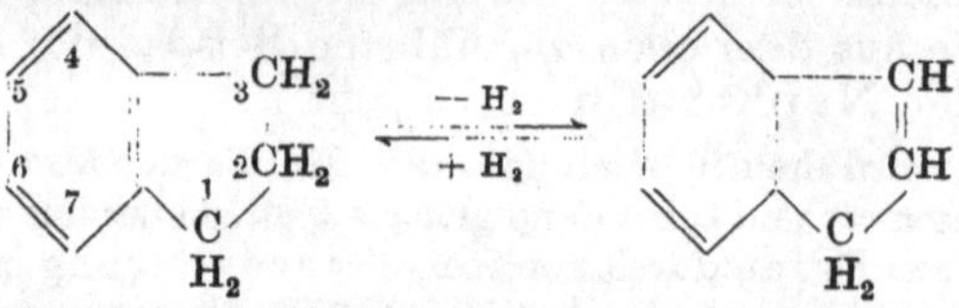

Indan oder Hydrinden — Inden

Seine Darstellung erfolgt meistens durch Hydrierung von Inden oder synthetisch durch innermolekulare Kondensation von ω-Phenylpropyl-chlorid nach FRIEDEL-CRAFTS:

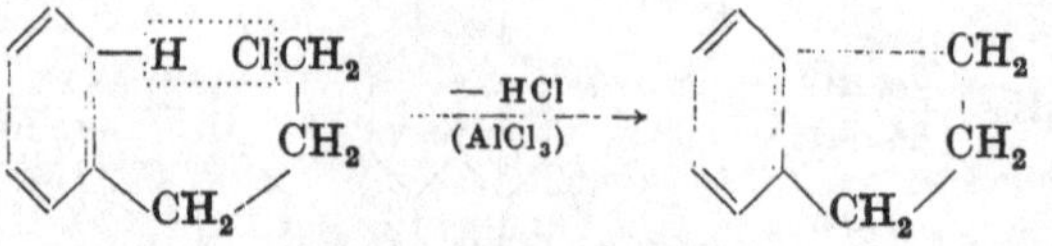

Indan ist die Muttersubstanz einiger interessanter Ketone. So besitzt z. B. das durch innermolekulare Esterkondensation aus o-Acetylbenzoesäureester (I) entstehende **Indandion-1,3** (II) eine sehr aktive Methylengruppe und liegt infolge des sich bei der Enolisierung ausbildenden geschlossen konjugierten Doppelbindungssystems praktisch vollständig in der Enolform (III) vor:

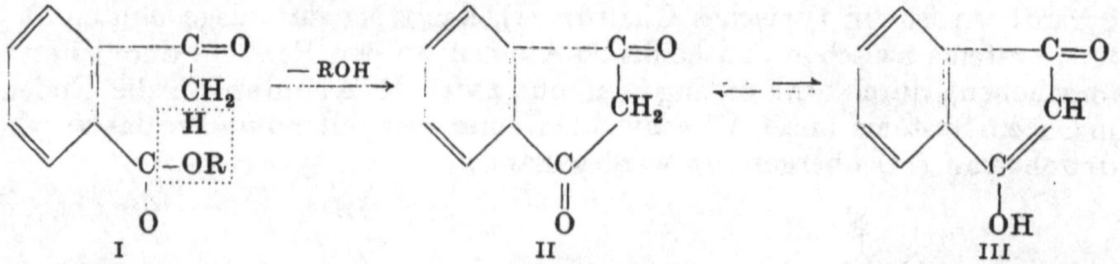

I — II — III

Noch wichtiger ist das allgemein als **Ninhydrin** bezeichnete *Indantrion-1,2,3* (IV), das man aus dem 1,3-Dion durch Kondensation mit Nitrosobenzol oder durch Selendioxyd-Einwirkung erhält:

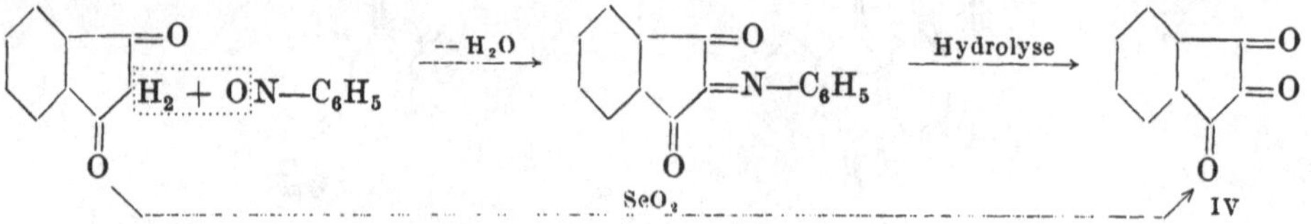

IV

Ninhydrin gibt mit Aminosäuren beim Kochen in wässeriger Lösung eine intensiv blaue Farbreaktion und dient daher zum Eiweißnachweis (*Ninhydrinreaktion*).

Von erheblich größerem Interesse als das Indan selbst ist das oben bereits erwähnte, eine weitere Doppelbindung im Fünfring enthaltende **Inden,** das im Steinkohlenteer vorkommt und aus ihm über ein gut kristallisierendes Pikrat gewonnen werden kann. Es enthält, wenn auch durch die Konjugation mit den benzolischen Doppelbindungen etwas geschwächt, das Bindungssystem des Cyclopentadiens (S. 786) und zeigt daher den Charakter eines unbeständigen Polyolefins. So ist es z. B. trotz des Fehlens einer endständigen Vinylgruppe, zur Polymerisation befähigt und besitzt die gleiche aktive Methylengruppe wie das Cyclopentadien, was z. B. aus der Fähigkeit zur Bildung von Fulvenen (V) und beständigen Metallderivaten (VI) hervorgeht.

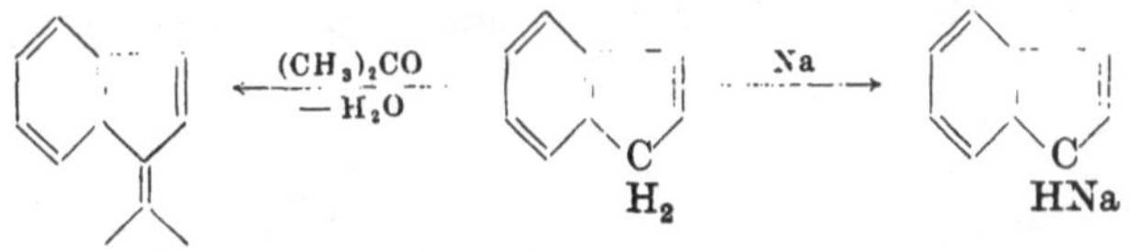

V Inden VI

Das dem Inden als Benzo-cyclopentadien entsprechende *Dibenzo-cyclopentadien* ist die wichtigste Verbindung dieser Reihe und hat den Trivialnamen **Fluoren** erhalten. Es kommt ebenfalls im Steinkohlenteer vor, aus dem es auch technisch gewonnen wird, und verdankt seinen Namen der prachtvollen violetten Fluoreszenz seiner Lösungen. Doch ist es noch zweifelhaft, ob die Fluoreszenz nicht etwa auf eine hartnäckige Verunreinigung zurückzuführen ist.

Da der Fluorenring nur schwierig unter Erhaltung größerer Molekülbruchstücke abgebaut werden kann, ergibt sich seine **Konstitution** hauptsächlich auf Grund übersichtlich verlaufender Synthesen, von denen hier einerseits die der Phenanthrensynthese aus Stilben (S. 828) analoge dehydrierende Kondensation von Diphenylmethan zum Biphenylderivat beim Leiten der Dämpfe durch ein glühendes Rohr, andererseits die bereits auf S. 829 beschriebene Ringverengerung des Phenanthrenchinons durch Benzilsäureumlagerung — oder auch über die Diphensäure — angeführt seien:

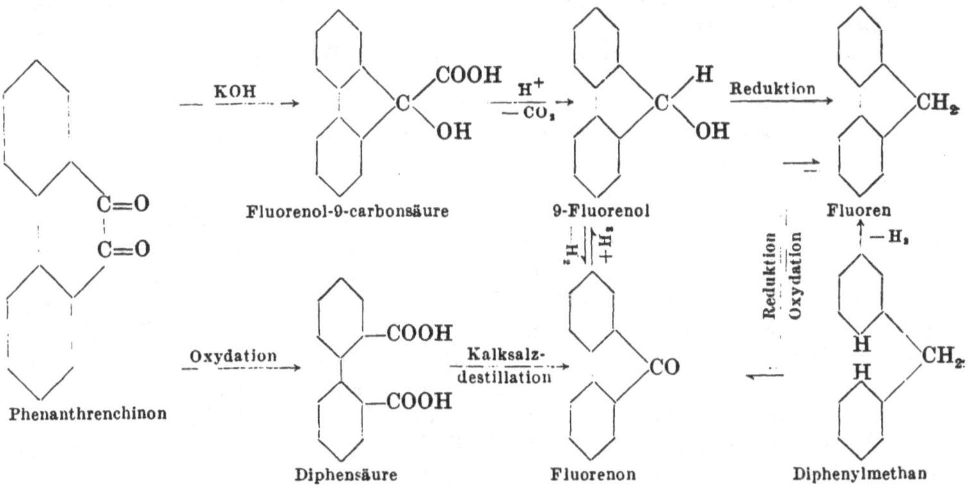

Fluoren enthält keine olefinische Doppelbindung mehr und ist daher wesentlich beständiger als Inden oder gar Cyclopentadien. Dagegen zeigt es noch die ungeschwächte Aktivität der Methylengruppe des Cyclopentadienringes (vgl. S. 786), so daß es sich insbesondere zu deren Studium eignet. Wir begegnen Fluoren daher häufig als Beispiel eines reinen Kohlenwasserstoffs mit aktiver Methylengruppe. So vermag Fluoren z. B. bereits GRIGNARD-Verbindungen unter Bildung von *Fluorenyl-9-magnesiumhalogeniden* (VII) zu zersetzen (vgl. S. 717, 719) und wird durch Oxydationsmittel leicht zum (oben bereits formulierten) **Fluorenon** oxydiert bzw. durch Chlorierungsmittel zum **9,9-Dichlor-fluoren** (VIII) chloriert. Schließlich ist es einer Reihe von Kondensationsreaktionen (vgl. z. B. S. 943) zugänglich, von denen hier als Beispiel die in Gegenwart von Alkali erfolgende Kondensation mit dem soeben bereits kurz gestreiften 9,9-Dichlorfluoren zu dem interessanten **Di-biphenylen-äthylen** (IX) angeführt sei:

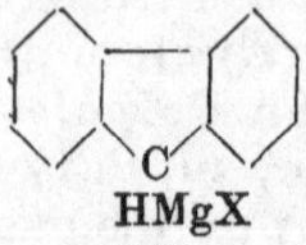

VII

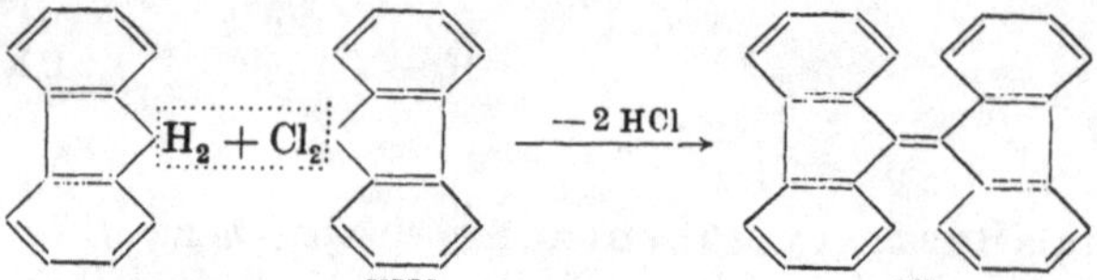

VIII IX

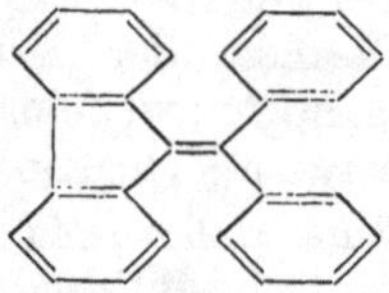

X

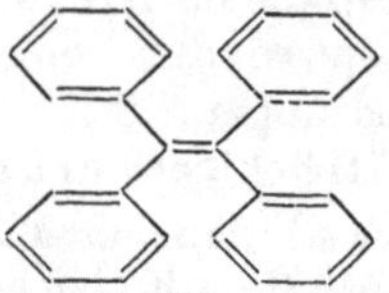

XI

Di-biphenylen-äthylen ist infolge der doppelten Fulvengruppierung (S. 787) intensiv rot. Ersetzt man jedoch eine der beiden Biphenylengruppen durch zwei Phenylreste, so kommt man zum **1,1-Diphenyl-2-biphenylen-äthylen** (X), das trotz gleicher Zahl und Anordnung der Doppelbindungen nur noch die normale gelbe Farbe des einfachen Fulvens aufweist; und das ebenfalls das gleiche Doppelbindungssystem im Molekül enthaltende **Tetraphenyl-äthylen** (XI) ist schließlich sogar völlig farblos. Dieser früher unerklärliche Farbeffekt stellt ein interessantes Beispiel für die in **II**, Kap. 3, III, 1 beschriebene Erscheinung der sterischen Resonanzhinderung dar, denn bekanntlich können zwei Phenylgruppen an einem C-Atom aus sterischen Gründen nicht in eine Ebene gedreht werden (**II**, Kap. 3, III, 7). Infolgedessen liegen nur die Doppelbindungen des Biphenylenrestes mit der zentralen Äthylendoppelbindung in einer Ebene; nur bei dessen Anwesenheit beobachten wir daher den charakteristischen Mesomerie- und damit auch Farbeffekt des einfachen bzw. verdoppelten Fulvensysteme ohne jede Störung.

Verbindet man die beiden peri-ständigen C-Atome des Naphthalins durch eine Äthenylen-Brücke, so gelangt man zum **Acenaphthylen**, das trotz Kondensation eines alicyclischen Fünfringes mit einem aromatischen Ringsystem ein geschlossen konjugiertes Doppelbindungssystem enthält und infolgedessen wesentlich beständiger ist als Inden. Der Kohlenwasserstoff tritt neben seinem Hydrierungsprodukt, dem Acenaphthen (s. u.), im Steinkohlenteer auf und kann in Analogie zur Phenanthrensynthese aus Biphenyl und Äthylen (S. 828) durch dehydrierende Kondensation von Äthylen mit Naphthalin beim Leiten der Dämpfe durch ein glühendes Rohr (bzw. auch aus dem hierbei als Zwischenprodukt auftretenden α-Äthylnaphthalin) synthetisiert werden:

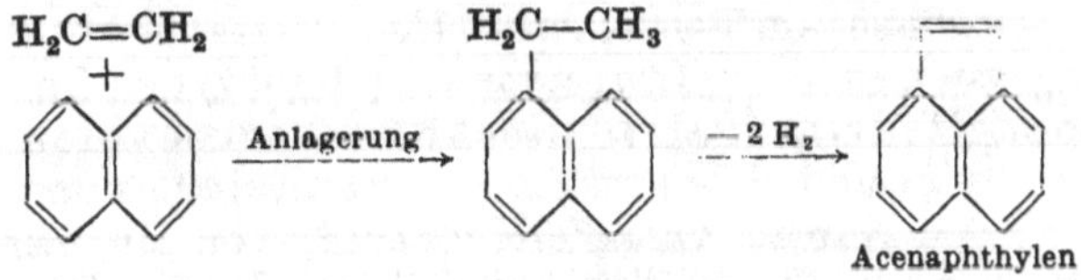

Acenaphthylen

Die Äthenylen-Brücke des Acenaphthylens zeigt auch in ihrem chemischen Verhalten eine große Ähnlichkeit mit der analogen —CH=CH—-Brücke des Phenanthrens, wie aus der Hydrierbarkeit zum **Acenaphthen**, der Oxydation zu dem fälschlicherweise als **Acenaphthenchinon** bezeichneten Diketon sowie der bei stärkerer Oxydation erfolgenden Sprengung des Fünfringes unter Bildung von Naphthalsäure hervorgeht:

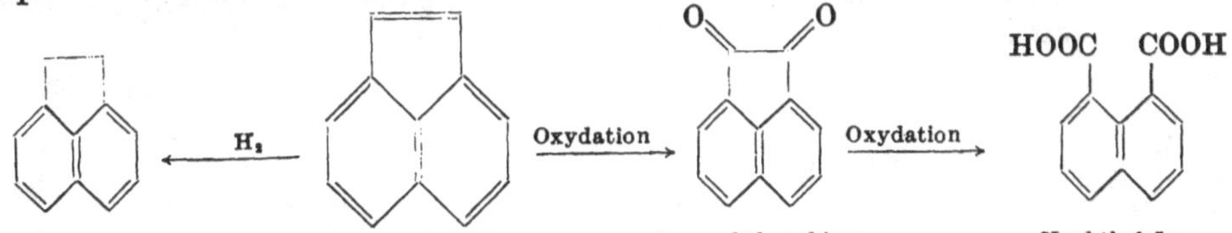

Acenaphthen Acenaphthylen Acenaphthenchinon Naphthalsäure

Eine wesentlich geringere Bedeutung haben die Verbindungen erlangt, in denen der Benzolkern mit einem Cyclohexenring kondensiert ist, da dieser stets eine starke Tendenz zur Aromatisierung aufweist, so daß insbesondere bei hoher Temperatur leicht Naphthalinderivate entstehen. Kohlenwasserstoffe dieses Typus sind daher nicht im Steinkohlenteer enthalten, sondern müssen synthetisch gewonnen werden. Das wichtigste Beispiel stellt das bei der partiellen Hydrierung von Naphthalin (vgl. 816) entstehende *Tetrahydronaphthalin* dar, das den Trivialnamen **Tetralin** erhalten hat und wegen seines gegenüber dem Naphthalin wesentlich niedrigeren Schmelzpunktes (—31°) vor allem Anwendung als einheitliches hoch siedendes Lösungsmittel (Terpentinersatz) findet. Die erwähnte Tendenz zur Wiederabspaltung von zwei Molekülen Wasserstoff unter Rückbildung von Naphthalin kommt u. a. bereits darin zum Ausdruck, daß bei der Einwirkung von elementarem Brom auf siedendes Tetralin der hydroaromatische Wasserstoff quantitativ unter Bromwasserstoffentwicklung wieder abgespalten wird:

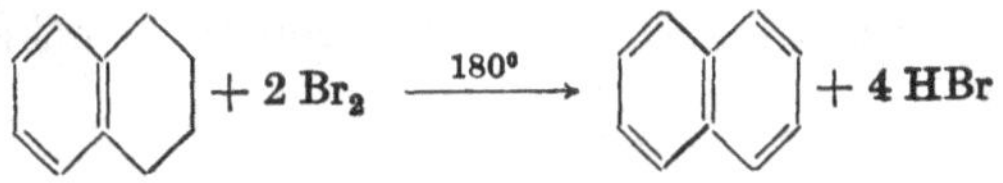

Die Reaktion verläuft derart glatt, daß sie bei der großen Siedepunktsdifferenz der Reaktionspartner zunehmende Bedeutung als präparativ einfachste Darstellungsweise für gasförmigen Bromwasserstoff gefunden hat.

Ein Dibenzo-cyclohexadien liegt in dem oben beschriebenen ersten Hydrierungsprodukt des Anthracens, dem **9,10-Dihydroanthracen** vor. Es zeigt chemisch und auch physikalisch (z. B. im Absorptionsspektrum) keine Anthraceneigenschaften mehr, sondern den typischen Charakter eines Benzolderivates, und ist daher in seinem Verhalten besser mit dem Diphenylmethan zu vergleichen (vgl. z. B. **II**, Kap. 3, III, 1):

Dihydroanthracen Diphenylmethan

m- und p-Ringschlüsse am Benzolkern. Eine letzte Gruppe von alicyclisch-aromatischen Ringsystemen haben Lüttringhaus (ab 1937) und Ziegler (1937) durch Angliederung hochgliedriger alicyclischer Heterocyclen an aromatische Ringsysteme erschlossen und ihnen wegen der henkelartigen Anordnung der alicyclischen Ringe den Namen *ansa-Verbindungen* (von lat. *ansa* = der Henkel) gegeben. Die Bedeutung dieser Synthesen liegt darin, daß man mit Hilfe genügend langer Paraffinketten nicht nur wie üblich die o-ständigen sondern auch die m- und p-ständigen C-Atome eines Benzolringes zum Ring verknüpfen kann. Als geeignetste Methode zur Bildung derartiger ansa-Verbindungen hat sich (unter Verwendung des Ruggli-Zieglerschen Verdünnungsprinzips, S. 798) die cyclische zweifache Verätherung von Diphenolen mit ω,ω'-Alkylendihalogeniden erwiesen, die man am besten in zwei voneinander unabhängigen Reaktionsstufen durchführt:

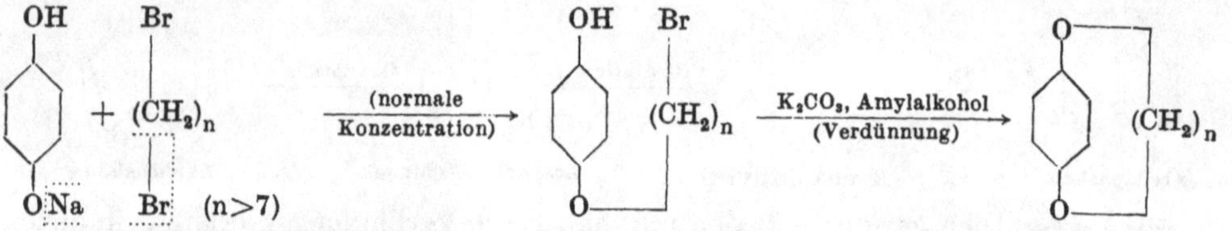

Von einigen weiteren charakteristischen Verbindungen dieses Typus, bei denen noch größere Entfernungen durch die Alkylenkette überbrückt werden, seien nur die Formeln angeführt:

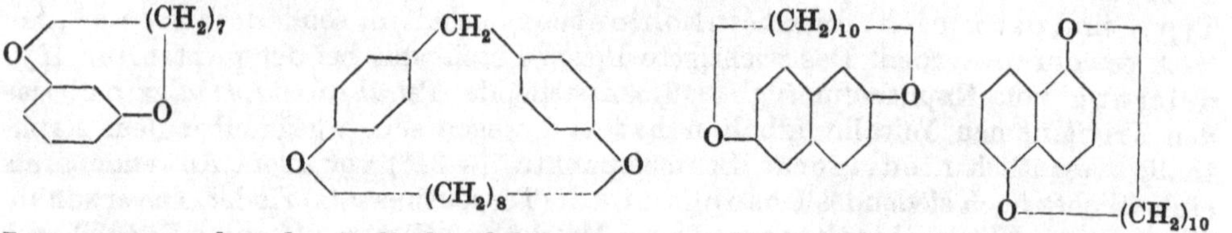

Lüttringhaus hat damit die bis dahin streng gültige Regel, daß ein zweiter Ring an einen Benzolkern nur in o-Stellung kondensiert werden kann, durchbrochen, bzw. den Gültigkeitsbereich dieser Regel auf eine Ringgröße unterhalb des „Ringbildungsminimums" von 10 Ringatomen (vgl. S. 798) beschränkt. Auf die im Zusammenhang mit diesen neuartigen Ringmolekülen auftauchenden stereochemischen Probleme werden wir später noch näher zu sprechen kommen (vgl. **II**, Kap. 7, I, 1d c; IV, 1; VI, 2 u. a.).

2. Die Verbindungen vom Pyridintypus

a) Allgemeines

Ersetzt man im Benzolring eine CH-Gruppe durch ein N-Atom, so kommt man zu der wichtigsten heterocyclischen Verbindung, dem *Pyridin*. Seine Bedeutung liegt einerseits auf dem Gebiete der theoretischen organischen Chemie, da es als Azaderivat des Benzols weitgehend dessen aromatischen Charakter beibehalten hat, andererseits auf dem der Naturstoffe, insbesondere der Alkaloide, da diese vielfach einen Pyridinring enthalten. Schließlich treten Pyridin und einige seiner einfachen Derivate auch im Steinkohlenteer auf.

Die **Struktur** des Pyridinringes ist durch mehrere Synthesen und auch Abbaureaktionen absolut sichergestellt. Am einfachsten ergibt sie sich aus den nahen Beziehungen des Pyridins (III) zu dem auf S. 560 beschriebenen Piperidin (II) und den Pentamethylendihalogeniden (I), aus denen es in reversibler Reaktion gewonnen werden kann. Eine andere Synthese, die die engen Beziehungen zum Benzol besonders deutlich erkennen läßt, haben wir bereits auf S. 112 in der gemeinsamen Trimerisierung von Acetylen und Blausäure kennengelernt:

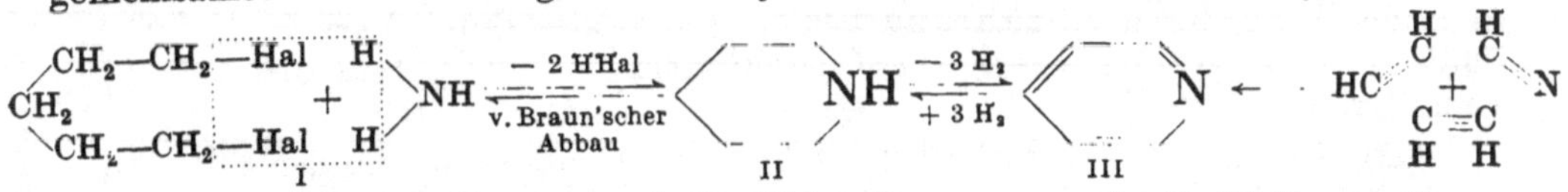

I II III

Schließlich ist auch die etwas umständliche Hantzschsche Collidinsynthese für die Struktur des Pyridinringes beweisend. Sie beruht auf einer Verknüpfung der aktiven Methylengruppen zweier Acetessigestermoleküle durch die Carbonylgruppe eines Acetaldehydmoleküls unter gleichzeitigem Einbau des als Kondensationsmittel dienenden Ammoniaks in den entstehenden Ring. Dieser setzt sich also aus vier einzelnen Teilstücken zusammen:

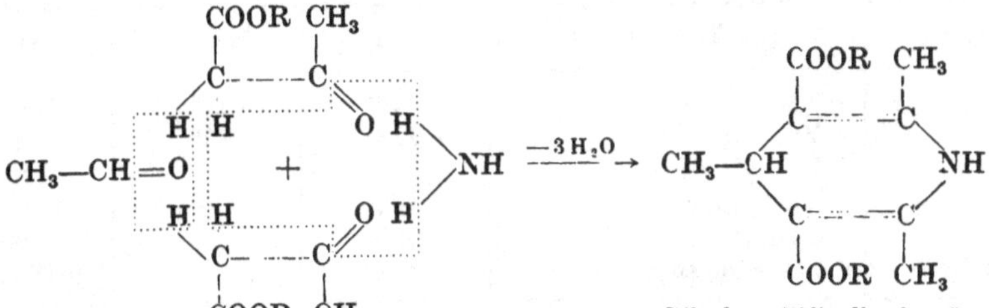

Dihydro-collidin-dicarbonsäureester

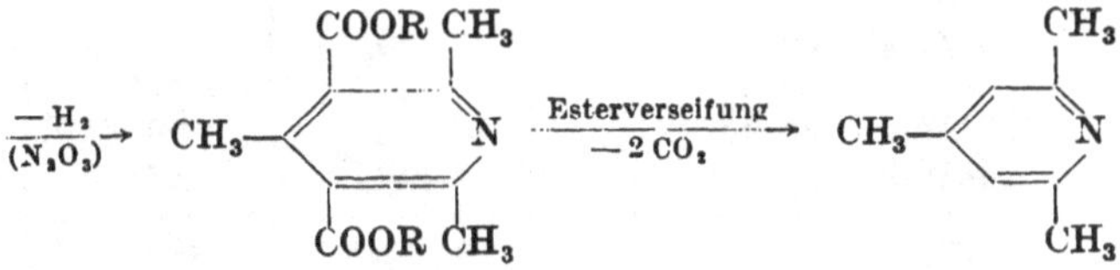

Collidin-di-carbonsäureester Collidin

Die Reaktion ist nur zur Darstellung von Pyridinhomologen geeignet, hat hier aber infolge der zahlreichen Variationsmöglichkeiten eine gewisse präparative Bedeutung erlangt.

Später ist es Tschitschibabin (1924) gelungen, die gleiche Synthese bei hoher Temperatur unter Verwendung von Al_2O_3-Kontakten auch mit den reaktionsträgeren Ketonen (an Stelle der Ketocarbonsäureester) durchzuführen und dadurch kostspielige organische Substanz einzusparen:

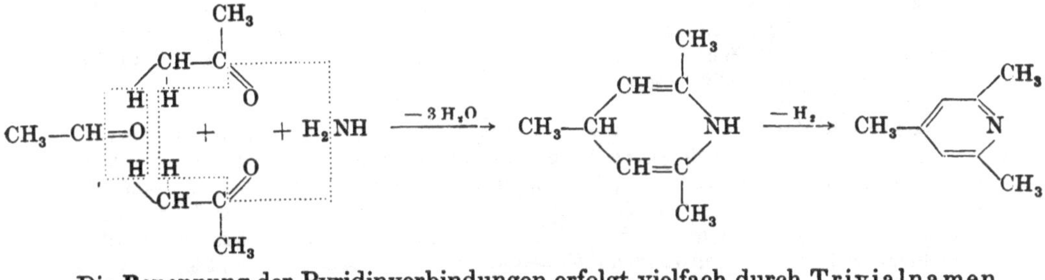

Die **Benennung** der Pyridinverbindungen erfolgt vielfach durch Trivialnamen, die sich von den Namen der jeweiligen Naturstoffe ableiten, die das betreffende

Pyridinderivat enthalten (z. B. ist Piperidin ein Bestandteil des Alkaloids Piperin; **III**, Kap. 7, III 3a) oder beim Abbau liefern (z. B. entsteht Nicotinsäure beim oxydativen Abbau von Nicotin; **III**, Kap. 7, III, 4). Die daneben gebräuchliche rationelle Benennung erfolgt in der üblichen Weise durch Abzählung der C-Atome oder durch Verwendung griech. Buchstaben zur Charakterisierung des Abstandes vom Pyridinstickstoff:

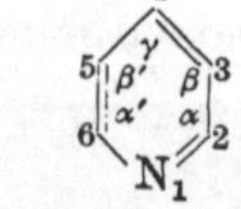

Die **physikalischen Eigenschaften** der Pyridinverbindungen sind denen der Benzolderivate ähnlich, weichen jedoch in einigen Punkten charakteristisch von ihnen ab, wie im einzelnen aus Tab. 40 zu entnehmen ist.

Tabelle 40

Trivialnamen und physikalische Konstanten einiger Pyridin- und Chinolinderivate

Trivialnamen	rat. Benennung	Sdp.	Smp.	D/T. fl.
Pyridin	—	116°	—42°	0,977/20°
α-Picolin	2-Methylpyridin	128°	—70°	0,950/15°
β-Picolin	3-Methylpyridin	143°	—	0,961/15°
γ-Picolin	4-Methylpyridin	143°	—	0,957/15°
α,γ-Lutidin	2,4-Dimethylpyridin	159°	—	0,938/14°
sym-C(K)ollidin	2,4,6-Trimethylpyridin	171°	—	0,917/20°
α-Pyridon	2-Oxypyridin	280°	107°	—
γ-Pyridon	4-Oxypyridin	Zers.	149°	—
—	2-Pyridinaldehyd	181°	—	1,126/25°
—	3-Nitropyridin	216°	41°	—
—	2-Aminopyridin	204°	56°	—
—	3-Aminopyridin	251°	65°	—
Picolinsäure	2-Pyridincarbonsäure	—	137°	—
Nicotinsäure	3-Pyridincarbonsäure	—	237°	—
Nicotinsäureamid	3-Pyridincarbonsäureamid	—	121°	—
Isonicotinsäure	4-Pyridincarbonsäure	—	317°	—
Chinolinsäure	2,3-Pyridindicarbonsäure	—	190—195° (Zers.)	—
Lutidinsäure	2,4-Pyridindicarbonsäure	—	249°	—
Cinchomeronsäure	3,4-Pyridindicarbonsäure	—	258°	—
Chinolin	2,3-Benzopyridin	238°	—15°	1,093/20°
Chinaldin	2-Methylchinolin	247°	— 1°	1,059/20°
Lepidin	4-Methylchinolin	259°	10°	1,086/20°
Isochinolin	3,4-Benzopyridin	241°	25°	1,098/20°
Acridin	2,3,5,6-Dibenzopyridin	346°	110°	—

Danach beobachtet man gegenüber den entsprechenden Benzolabkömmlingen bei den nicht besonders stark assoziierenden Verbindungen einen im Durchschnitt um etwa 30° höheren Siedepunkt, der auf das relativ hohe Dipolmoment des heterocyclischen Ringsystems zurückzuführen ist (S. 423, 558), und eine — offenbar durch die größere Unsymmetrie des Moleküls bedingte — deutliche Schmelzpunktssenkung. Besonders groß werden die Unterschiede zwischen beiden Reihen bei den stark assoziierenden Verbindungen, wie z. B. bei den zur Ausbildung von Zwitterionen neigenden Carbonsäuren und den zur Bildung von Wasserstoffbrücken befähigten Oxy- und Aminoverbindungen, die sämtlich sehr hoch schmelzen und sieden. Hier treten zwischen α- und γ-Derivaten ähnliche Unterschiede auf, wie wir sie beim o- und p-Oxybenzaldehyd (S. 439), dem o- und p-Nitrophenol (S. 656) usw. kennengelernt haben (vgl. auch **II**, Kap. 6, III, 1c).

Sehr interessant sind auch die **Lösungseigenschaften**. Die Pyridinbasen verhalten sich infolge der Anwesenheit des Aminostickstoffs ausgesprochen hydrophil und gehören daher zu den wenigen, keinen aktiven Wasserstoff im Molekül enthaltenden organischen Verbindungen, die bei Mischbarkeit mit allen lipophilen organischen Solventien nicht nur gleichzeitig mit Wasser mischbar sind, sondern sogar ausgesprochen lipophobe Stoffe, wie Salze und konzentrierte Mineralsäuren, zu lösen vermögen. Da sie ferner infolge ihrer unten beschriebenen basischen Natur in Lösung befindliche Säuren unter Salzbildung neutralisieren, spielen Pyridin und auch Chinolin in der präparativen organischen Chemie eine wichtige Rolle als basische Reaktionsmedien, die die Aufgabe haben, bei der Reaktion als Nebenprodukt auftretende Säuren in homogener Phase zu binden. Ein praktisches Anwendungsbeispiel haben wir auf S. 323 in der Acylierung nach Einhorn kennengelernt.

Die **chemischen Reaktionen** des Pyridinkerns lassen sich in drei größere Gruppen unterteilen: 1. die Reaktionen des Stickstoffs, 2. die aromatischen Reaktionen des Pyridinkerns und 3. die sonstigen Reaktionen des Pyridinkerns.

Zu 1. Der **Stickstoff** hat im großen und ganzen den gleichen Bindungszustand wie in den Schiffschen Basen und reagiert daher basisch. Doch ist seine Basizität wesentlich geringer als die des Stickstoffs der aliphatischen Amine und entspricht mit einem p_K-Wert von 8,77 für Pyridin und 9,20 für Chinolin etwa der der Anilinbasen (vgl. Tab. 27, S. 540). Ferner sind sämtliche Pyridinbasen zur Bildung von N-Alkyl-pyridinium-salzen befähigt, von denen wir einen Spezialfall, die bei der Addition von SO_3 entstehende betainartige Anhydro-pyridinschwefelsäure, bereits als Sulfonierungsmittel kennengelernt haben (vgl. S. 678).

Zu 2. Pyridin und seine Derivate sind typisch **aromatische Substanzen**, in denen das N-Atom keinen größeren Einfluß auf das Doppelbindungssystem ausübt als ein normaler Substituent des Benzolkerns. Speziell verhält der Pyridinstickstoff sich wie ein Substituent zweiter Ordnung, d. h. einerseits ist der Pyridinkern schwerer anionoid zu substituieren und im allgemeinen auch oxydationsbeständiger als der Benzolkern, andererseits werden bei anionoider Substitution die neueintretenden Liganden ausschließlich in m-Stellung zum Stickstoff (3- bzw. β-Stellung des Pyridinringes) dirigiert, so daß die Gewinnung der α- und γ-substituierten Derivate zuweilen Schwierigkeiten bereitet.

Auch die am Pyridinkern befindlichen Substituenten reagieren wie typisch aromatische Liganden, wobei wieder die Ähnlichkeit mit einem mit Substituenten zweiter Ordnung besetzten Benzolderivat auffällt. So sind z. B. in Analogie zu den Substitutionsreaktionen der Pikrinsäurederivate in α- und γ-Stellung zum Stickstoff befindliche negative Substituenten wesentlich leichter gegeneinander austauschbar — und z. T. auch zu anderen Reaktionen befähigt; vgl. unten Absatz 3b—d — als normale Benzolsubstituenten. Lediglich die in β-Stellung befindlichen Liganden lassen keinerlei Beeinflussung durch den Pyridinstickstoff erkennen.

Zu 3. Die vom Stickstoff ausgehende Doppelbindung des Pyridinkerns ist durch den Einbau in das aromatische Bindungssystem in ihrer Reaktionsfähigkeit in ähnlicher Weise geschwächt wie die C=C-Doppelbindungen des Benzolkerns, so daß sie normalerweise nicht in Reaktion tritt. Grundsätzlich ist sie aber — und zwar ebenfalls in Analogie zu den olefinischen Doppelbindungen des Benzolkerns —

zu den für sie charakteristischen Reaktionen befähigt, und das Pyridin zeigt daher bei manchen Umsetzungen den Charakter einer SCHIFFschen Base. Die wichtigsten hierher gehörenden Reaktionen sind:

a) die der Anlagerung von metallorganischen Verbindungen an Oxoverbindungen entsprechende **Addition von Natriumamid** (nach TCHITSCHIBABIN, ab 1914) **und von lithiumorganischen Verbindungen** (nach K. ZIEGLER, 1930), die zur Einführung der Aminogruppe und von organischen Resten in α-Stellung dienen:

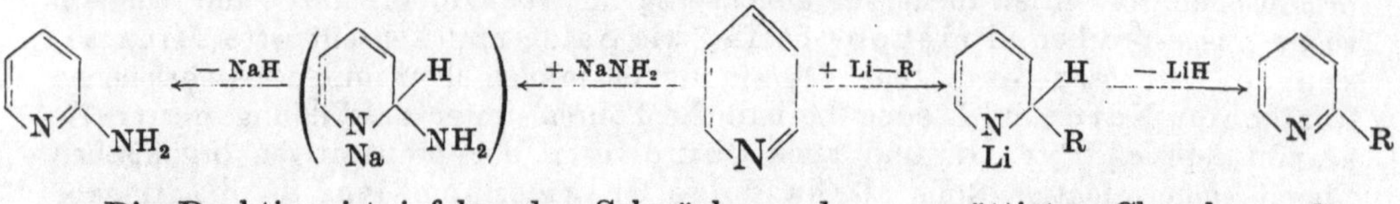

Die Reaktion ist infolge der Schwächung des ungesättigten Charakters der C=N-Doppelbindung nur mit alkalimetallorganischen Verbindungen[1]) und Alkalimetallamiden durchführbar und kann zuweilen auf der Stufe des primär entstehenden Dihydropyridin-Derivates abgestoppt werden (ZIEGLER 1930). Doch ist dessen Rearomatisierungstendenz meistens so groß, daß entweder Abspaltung von elementarem Wasserstoff (bzw. von Metallhydrid) oder aber Dehydrierung auf dem Wege einer Disproportionierung unter Bildung unübersichtlicher Nebenprodukte erfolgt.

b) Die fälschlicherweise häufig als „quartäre" Salze bezeichneten **N-Alkyl-pyridinium-Salze** gehören dem auf S. 549 beschriebenen Typus der tertiären Imoniumsalze an und zeigen infolgedessen eine deutliche Aktivität gegenüber basischen Reagentien. Insbesondere sind die N-Alkyl-pyridiniumionen (I) ebenfalls gegen Hydroxylionen unbeständig und lagern diese zu den Pseudobasen II an. Doch ist deren Bildungstendenz infolge der Aromatisierungstendenz des Sechsrings nicht so groß wie bei den Derivaten der normalen SCHIFFschen Basen, so daß man ihre Anwesenheit im Rahmen des sich einstellenden Tautomerie- (bzw. Dissoziations-)gleichgewichts nur durch Abfangen mittels einer Dehydrierungsreaktion, die zu den stabilen N-Alkylpyridonen (III) führt, nachweisen kann:

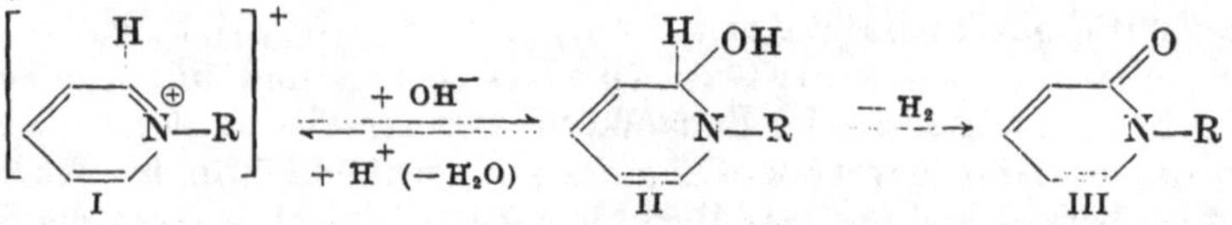

Befindet sich statt des Alkylrestes ein Acylrest am Pyridiniumstickstoff, so führt die Einwirkung basischer Reagentien oft zu einer Ringöffnung und vollständigen Herauslösung des Stickstoffatoms. Beispielsweise kann man die auf S. 678 bereits als Sulfonierungsmittel beschriebene Anhydro-pyridinschwefelsäure (IV) mit konzentrierter Natronlauge unter Ringöffnung zum Natriumenolat (V) des Glutacon-dialdehyds hydrolysieren (BAUMGARTEN 1926):

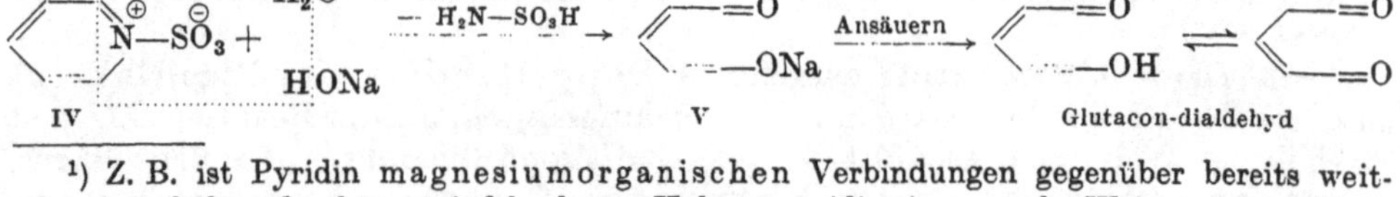

IV V Glutacon-dialdehyd

[1]) Z. B. ist Pyridin magnesiumorganischen Verbindungen gegenüber bereits weitgehend stabil, und es können infolgedessen Halogenpyridine in normaler Weise grignardiert werden (Gleichung formulieren!).

Eine analoge aminolytische Ringöffnung findet nach ZINCKE (1904) bei der Einwirkung von Anilin auf das Anlagerungsprodukt (VI) des sich wie ein Carbonsäurechlorid verhaltenden 2,4-Dinitro-chlorbenzols an Pyridin statt:

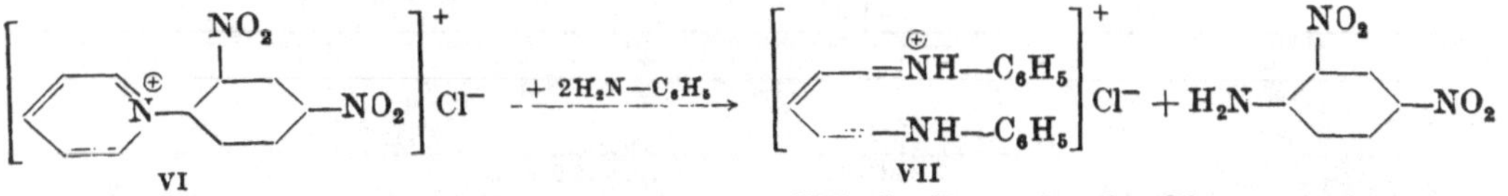

VI VII

Sowohl das hierbei entstehende Oniumion (VII) des Enamins des Glutacon-dialdehyd-dianils als auch das Anion des oben beschriebenen Glutacon-dialdehyd-enolats (V) enthalten das in **III**, Kap. 2, I, 2b beschriebene „ideale Farbsystem" in seiner einfachsten, noch im Sichtbaren absorbierenden Form. Sie zeigen daher annähernd die gleiche rote Farbe und müssen als die einfachsten Polymethinfarbstoffe (vgl. **III**, Kap. 2, II, 2a) angesehen werden. Doch haben sie wegen ihrer Unbeständigkeit keine praktische Anwendung als solche gefunden.

Schließlich muß an dieser Stelle noch auf die zuweilen auffallend leichte Hydrierbarkeit der N-Alkyl-pyridiniumsalze in 1,2-Stellung hingewiesen werden. Die Reaktion ist stets reversibel und im Falle des **N-Methylnicotinsäureamid-Ions** von Bedeutung als Modellreaktion für biochemische Redoxvorgänge (vgl. **III**, Kap. 8, II):

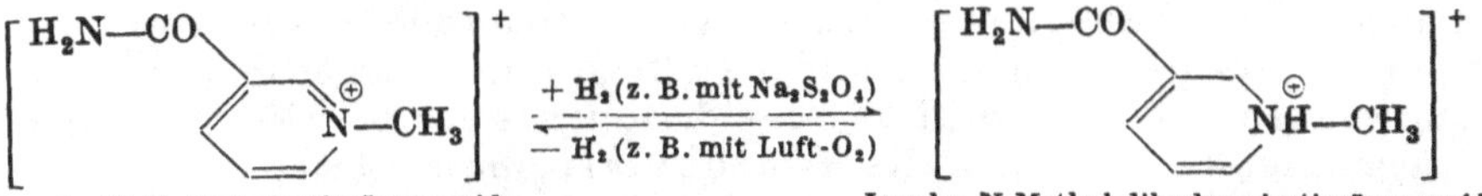

Ion des N-Methyl-nicotinsäure-amids Ion des N-Methyl-dihydro-nicotinsäure-amids

c) Der α-ständige Kohlenstoff des Pyridinringes befindet sich in einem ähnlichen Bindungszustand wie der Carbonylkohlenstoff der Oxoverbindungen. Der **Methylenwasserstoff des α-Picolins** (α-Methylpyridin) und infolge der fortlaufenden Konjugation auch der des **γ-Picolins** sind daher in gleicher Weise wie der des Acetons zur Kondensation mit Aldehyden und Nitrosoverbindungen befähigt:

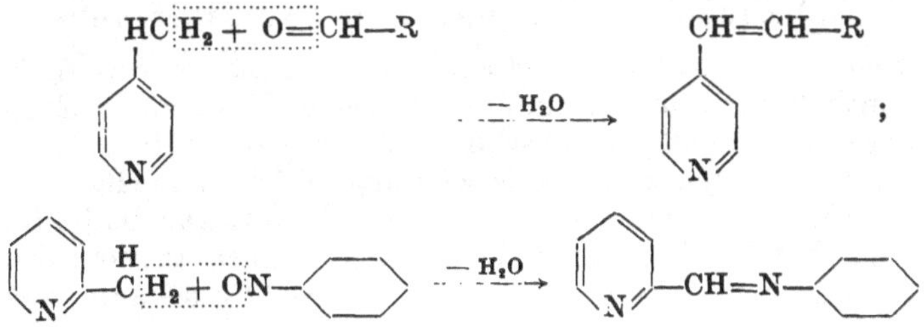

Insbesondere die Kondensation mit Aldehyden hat verschiedentlich zu Synthesen in der Pyridinreihe Anwendung gefunden; vgl. z. B. die auf einer Art Aldolkondensation beruhende Chinuclidinsynthese (S. 810) und die in **III**, Kap. 7, III, 3b beschriebene Coniinsynthese.

Ferner kann man — und zwar ebenfalls in Analogie zum Aceton (S. 267) — den Wasserstoff der aktiven Methylengruppe bereits mittels Natriumamids gegen Metall austauschen:

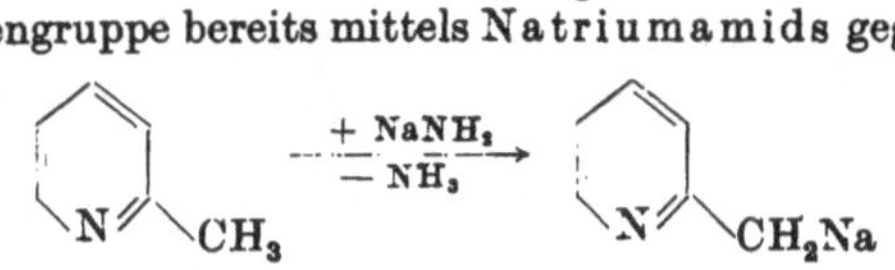

d) Ähnlich wie der α-ständige Kohlenstoff des Pyridins den Bindungszustand eines Oxo-C-Atoms aufweist, besitzt er in den in α-Stellung negativ substituierten Pyridinderivaten den Bindungszustand eines Carbonsäure- und zwar speziell eines Carbonsäureimid-Derivates. So neigt z. B. das **α-Oxypyridin** als „Säureimid" zur Tautomerie mit einer eine Carbonylgruppe enthaltenden „Säureamid"-Form und wird daher allgemein **α-Pyridon** genannt:

α-Oxypyridin (Säureimid-Form) α-Pyridon (Säureamid-Form)

Die gleichen Tautomerieverhältnisse beobachtet man auch bei den entsprechenden γ-substituierten Pyridinderivaten, z. B. zwischen dem unten angeführten **γ-Oxypyridin** und dem **γ-Pyridon.** Nur sind hier die beiden Heteroatome durch ein längeres System konjugierter Doppelbindungen voneinander getrennt, so daß man diese Verbindungen nicht mehr direkt mit den Säurederivaten vergleichen kann.

γ-Oxypyridin γ-Pyridon

In analoger Weise zeigen die α- und γ-Halogenpyridine den Charakter von Carbonsäure-imidchloriden (S. 350), d. h. sie tauschen sehr leicht ihr Halogen gegen andere Substituenten aus. Ferner entsprechen α- oder γ-ständige Aminogruppen den NH_2-Gruppen von Amidinen (S. 351) und werden daher bei der Einwirkung von salpetriger Säure nicht mehr diazotiert sondern (wie auch in den Carbonsäureamiden, S. 344) durch die Hydroxylgruppe ersetzt:

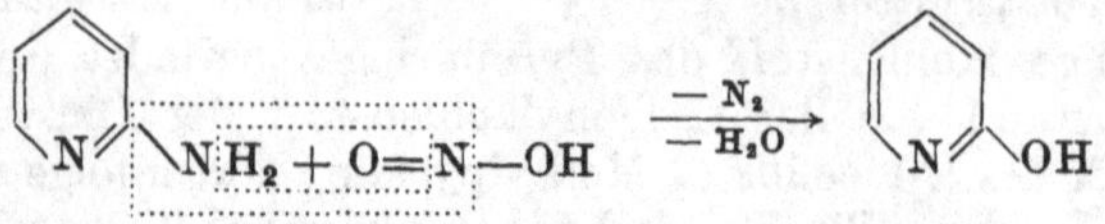

b) Einzelverbindungen der Pyridinreihe

Pyridin ist neben einigen höheren Homologen zwar nur zu etwa 0,1% im Steinkohlenteer enthalten, kann aber auf Grund seiner basischen Eigenschaften leicht mit Säuren abgetrennt und anschließend durch Destillation gereinigt werden, so daß man auf seine synthetische Gewinnung bisher verzichtet hat. Auch im Knochenteer liegt eine brauchbare Pyridinquelle vor. Die freie Base zeichnet sich durch einen charakteristischen widerwärtigen Geruch aus und dient insbesondere in der präparativen organischen Chemie als wichtiges basisches Lösungsmittel und Reaktionsmedium, z. B. für Acylierungen nach Einhorn (S. 323), Nitrierungen mit Tetranitromethan (S. 642), Sulfonierungen mit SO_3 (S. 678) usw. Die rohen Pyridinbasen des Steinkohlenteers verwendet man als Denaturierungsmittel für Brennspiritus (S. 186).

Die **höheren Homologen des Pyridins** sind in großer Zahl bekannt und treten sowohl als Begleitbasen im Steinkohlenteer als auch als Abbauprodukte zahlreicher Naturstoffe auf. Sie führen meistens Trivialnamen. Im einzelnen heißen die Monomethylverbindungen *Picoline*, die Dimethylderivate *Lutidine* und die Trimethylderivate *C(K)ollidine* (vgl. auch Tab. 40, S. 840). Ihre Darstellung erfolgt zum Teil durch Fraktionierung der Rohbasen des Steinkohlenteers, zum Teil aber auch synthetisch, wofür als brauchbare präparative Methode insbesondere die auf S. 839 beschriebene Hantzschsche Collidinsynthese und die Anlagerung lithiumorganischer Verbindungen an Pyridin zur Verfügung stehen. Sie dienen als Ausgangsmaterialien für die Synthesen anderer Pyridinverbindungen und von Naturstoffen.

Von den übrigen Pyridinderivaten sind außer den im allgemeinen Teil bereits beschriebenen Verbindungen nur zahlreiche **Pyridincarbonsäuren** als oxydative Abbauprodukte von Naturstoffen, insbesondere von Alkaloiden, von Interesse. So haben z. B. die

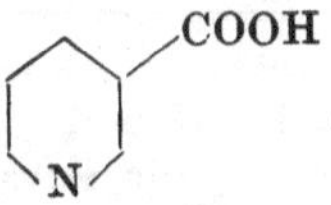

Nicotinsäure

, die

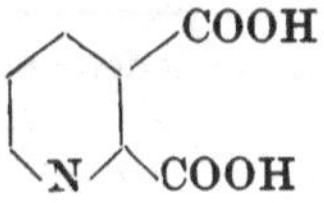

Chinolinsäure

und die

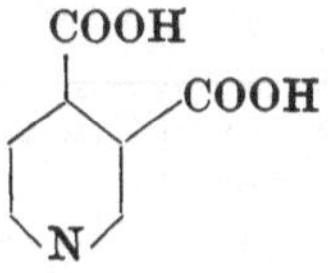

Cinchomeronsäure

(vgl. auch Tab. 40, S. 840) auf Grund derartiger Beziehungen ihren Namen erhalten, und ihre Bildung beim oxydativen Abbau ist für die Konstitution der betreffenden Verbindungen beweisend.

Eine selbständige Bedeutung hat nur die **Nicotinsäure** erlangt, deren Amid Vitamincharakter zeigt (vgl. **III,** Kap. 8, II) und in Form eines komplizierten N-Alkyl-Salzes eine wichtige Rolle in der Biochemie als Coferment zahlreicher Oxydationsvorgänge spielt (vgl. **III,** Kap. 8, II). Einem weiteren natürlichen Nicotinsäurederivat werden wir in **III,** Kap. 7, III, 3a in dem Alkaloid Trigonellin begegnen. Ferner dient *Nicotinsäure-N-diäthylamid* unter dem Namen Coramin als Herzanregungsmittel. Die Darstellung der freien Nicotinsäure erfolgt meistens synthetisch von der β-Pyridinsulfonsäure aus durch Natriumcyanidschmelze und anschließende Verseifung ihres Nitrils (Gleichung formulieren!).

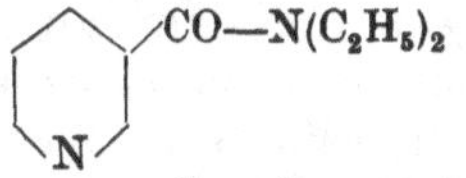

Coramin

Das nebenstehend formulierte **Isonicotinsäurehydrazid** findet unter den Bezeichnungen *Neoteben, Rimifon* oder *Nydrazid* Verwendung als Antituberkulosemittel.

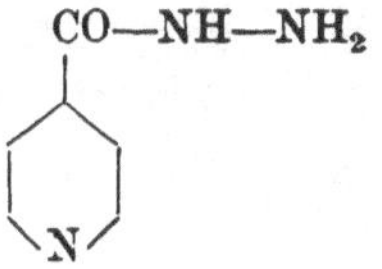

Isonicotinsäure-hydrazid

Auch ein Derivat des α-Aminopyridins, das *2-p-Aminobenzolsulfamid-pyridin* oder **Sulfapyridin** hat pharmazeutische Bedeutung als Mittel gegen Streptokokken erlangt. Seine physiologische Wirkung ist jedoch weniger auf seine Natur als Pyridinderivat, sondern in erster Linie auf die Sulfonamidstruktur (S. 687) zurückzuführen.

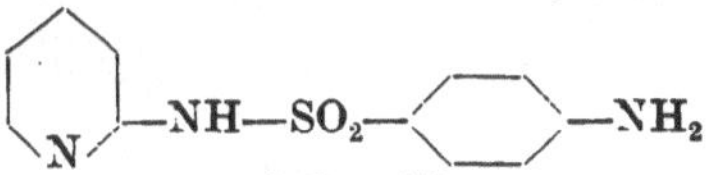

Sulfapyridin

c) Das Chinolin und seine Derivate

Ähnlich wie den Benzolkern kann man auch den Pyridinkern mit anderen Ringsystemen kondensieren. Die wichtigste Verbindung dieser Art ist das naphthalinartige *2,3-Benzopyridin,* das auf Grund seiner Entdeckung als Abbauprodukt der China-alkaloide (**III,** Kap. 7, III, 6a) den Namen **Chinolin** erhalten hat.

Zum **Konstitutionsbeweis** bedient man sich am besten sowohl des Abbaues als auch der Synthese. Beim oxydativen Abbau erweist sich der Benzolring infolge seiner Anilinstruktur als labiler als der Pyridinkern, und man erhält Chinolinsäure. Damit ist das Vorhandensein des Pyridinringes nachgewiesen, und auch die Verknüpfungs-Atome beider Ringe stehen fest. Andererseits gehen sämtliche unten beschriebenen Synthesen von

Benzolderivaten aus und bauen den Pyridinring auf. Aus ihnen ergibt sich also insbesondere die Konstitution der benzolischen Molekülhälfte eindeutig:

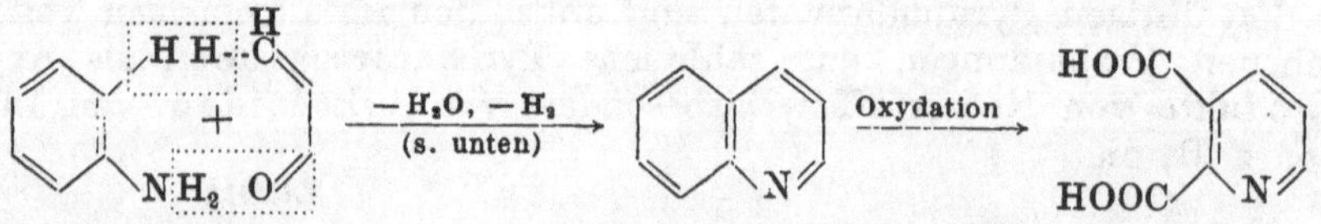

Für die rationelle **Benennung** der Chinolinderivate ist außer der Abzählung der C-Atome ebenfalls die Verwendung von Buchstaben gebräuchlich, und zwar bezeichnet man die C-Atome des Pyridinkerns wie beim Pyridin selbst durch griechische Buchstaben, während die Stellung der Substituenten des Benzolkerns in der üblichen Weise durch die Präfixe o-, m- und p- (zum Stickstoff) festgelegt wird. Lediglich die zweite m-Stellung in C_5 hat einen neuen Namen erhalten und wird „*ana*"-Stellung (abgekürzt a-Stellung) genannt.

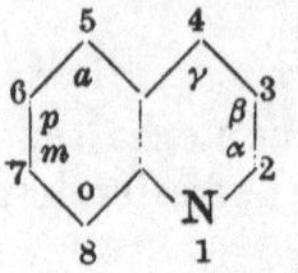

Die **Darstellung** des Chinolins und seiner Homologen geschieht meistens auf synthetischem Wege, wofür vor allem drei Verfahren zur Verfügung stehen:

1. die **Skraupsche Chinolinsynthese.** Sie beruht auf der Kondensation von Anilin mit Glycerin unter der Einwirkung von konzentrierter Schwefelsäure und einem Oxydationsmittel. Als eigentliches aktives Agens entsteht hierbei aus dem Glycerin durch Wasserabspaltung Acrolein (I), das entweder im Sinne der Formulierung a) zunächst ein Anil (II) bildet, das dann einen dehydrierenden Ringschluß zum Chinolin (III) erleidet, oder im Sinne der Formulierung b) — in Analogie zur Reaktion von Döbner und v. Miller (s. u.) — primär Anilin in 1,4-Stellung anlagert (zu IV), so daß der Ringschluß zum Dihydrochinolin (V) über die enolisierte Aldehydgruppe erfolgt:

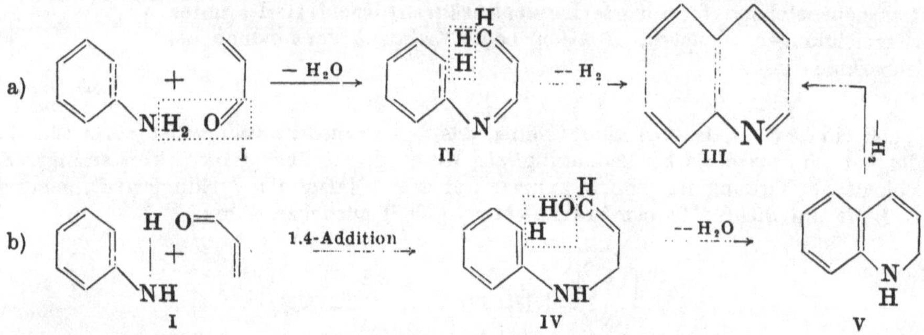

Als Oxydationsmittel dient meistens Nitrobenzol, das zu Anilin reduziert wird und sich dann seinerseits selbst an der Reaktion beteiligt. Man kann daher auf jede Zugabe von Fremdstoffen verzichten, wenn man von vornherein ein Gemisch von $^1/_3$ Mol Nitrobenzol und $^2/_3$ Mol Anilin als Ausgangsmaterial verwendet (Gleichung formulieren!).

2. Im Falle der Gültigkeit von Gleichung b) ist die Skraupsche Chinolinsynthese nur ein Spezialfall der allgemein gültigen **Chinolinsynthese von Döbner und v. Miller,** nach der man die Reaktion auch mit anderen ungesättigten Aldehyden oder Ketonen durchführen kann, und die vor allem die Synthese dieser ungesättigten Carbonylverbindungen im gleichen Reaktionsgang gestattet. Sie ist daher insbesondere zur Darstellung der α- und γ-substituierten Chinolinderivate geeignet. Als Beispiel sei die Chinaldinbildung bei der Einwirkung von zwei Molekülen Acetaldehyd auf Anilin in Gegenwart von konzentrierter Salzsäure angeführt:

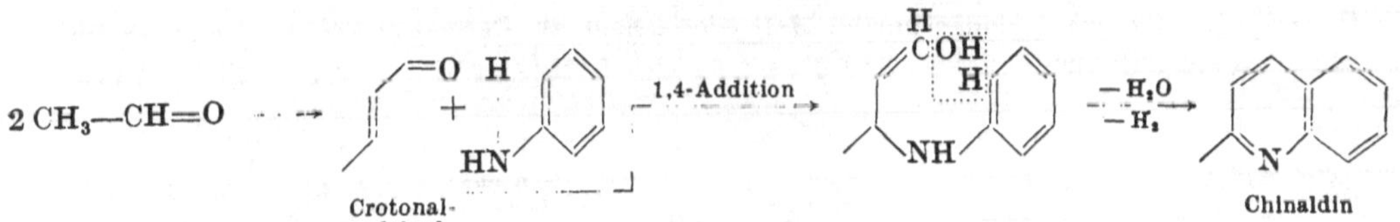

Die Dehydrierung erfolgt hier meistens auf dem Wege einer Disproportionierung unter Bildung unübersichtlicher Nebenprodukte.

3. Eine besonders zur Synthese β-substituierter Chinolinderivate geeignete Reaktion stammt von FRIEDLÄNDER. Sie geht vom o-Aminobenzaldehyd aus, dessen Aldehydgruppe mit der aktiven Methylengruppe, und dessen Aminogruppe mit der Carbonylgruppe einer aliphatischen Oxoverbindung in alkalischem Medium kondensiert:

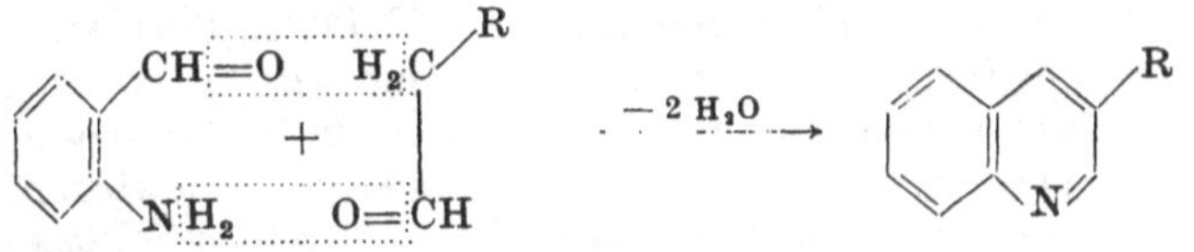

In den **chemischen Reaktionen** des Chinolins kommt die Ausbildung eines gemeinsamen aromatischen Systems weniger deutlich zum Ausdruck als beim Naphthalin, und man beobachtet im allgemeinen die unveränderten Umsetzungen des Pyridin- und des Benzolkerns nebeneinander. Insbesondere der Pyridinkern zeigt nahezu die gleiche Reaktionsfähigkeit wie im Pyridin selbst, wie u. a. aus der sehr ähnlichen Basizität (vgl. Tab. 27, S. 540) und dem analogen Verhalten der N-Alkylsalze hervorgeht. Ferner kann der Pyridinring auch hier nur sehr schwer anionoid substituiert werden, vermag Lithiumalkyle und Natriumamid in α-Stellung anzulagern und bildet reaktionsfähige α- und γ-Halogen-, -Oxy- und -Aminoverbindungen. Schließlich aktiviert er α- und γ-ständige Methylengruppen, so daß sie zu Kondensationsreaktionen befähigt sind, bzw. ihr Wasserstoff durch Metall ersetzt werden kann (Gleichungen formulieren!).

Demgegenüber zeigt der Benzolkern infolge der Anwesenheit eines dreibindigen N-Atoms die erhöhte Reaktionsfähigkeit der Anilinbasen, so daß sämtliche Substitutionsreaktionen und auch der für den Konstitutionsbeweis wichtige oxydative Abbau ausschließlich ihn angreifen. Bei Substitutionsreaktionen dirigiert der Stickstoff den neu eintretenden Substituenten in der erwarteten Weise bevorzugt in p- (sowie bei deren Besetzung in o-) Stellung.

Einzelverbindungen (vgl. auch Tab. 40, S. 840). **Chinolin** ist eine sehr beständige Base von pyridinähnlichem, jedoch weniger intensivem Geruch. Es kommt neben einigen Homologen im Steinkohlenteer vor, wird aber meistens synthetisch gewonnen und dient hauptsächlich als hochsiedendes Lösungsmittel und basisches Reaktionsmedium. **Chinaldin** (*α-Methyl-chinolin*) und **Lepidin** (*γ-Methyl-chinolin*) werden ausschließlich synthetisch dargestellt und dienen als Ausgangsmaterialien für die Gewinnung von Polymethinfarbstoffen (vgl. **III**, Kap. 2, II, 2).

α-Oxychinolin zeigt in noch ausgeprägterem Maße als α-Pyridon den Charakter eines Säureamids. Speziell stellt es das Lactam der o-Aminozimtsäure (VI) dar, aus der es auch am besten durch Wasserabspaltung gewonnen wird. Die Verbindung hat auf Grund dieser Bildungsweise den Namen *Carbostyril* (der Name ist mit Storax, Styrol usw. verwandt) erhalten und reagiert tautomer zwischen einer Lactam- (VIII) und einer Lactim-

Form (VII), wie aus der angeführten Methylierbarkeit zu Derivaten beider Formen hervorgeht. Carbostyril diente daher häufig als Schulbeispiel für derartige Tautomeriefälle:

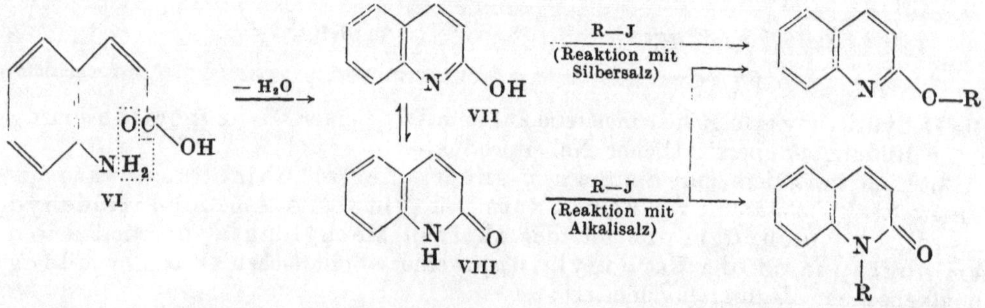

Von den zahlreichen **Chinolincarbonsäuren** und ihren Derivaten dienen insbesondere die *2-Phenyl-chinolin-4-carbonsäure*, sowie ihr Methylester und ihr Äthylester, unter den Decknamen **Atophan**, *Novatophan* und *Atochinol* als Mittel gegen Gicht, da sie eine vermehrte Harnsäureausscheidung bewirken. Die Synthese der freien Säure geschieht entweder nach Döbner und v. Miller aus Anilin, Benzaldehyd und Brenztraubensäure (Gleichung formulieren!) oder nach Friedländer aus Isatin und Acetophenon:

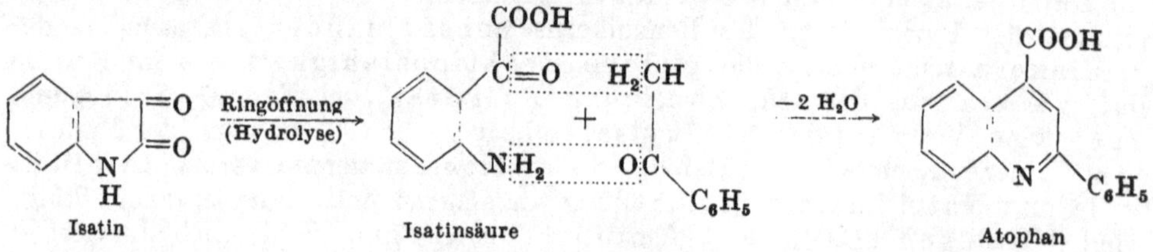

4-Oxychinolin-2-carbonsäure wurde im Harn von Hunden nachgewiesen und hat auf Grund dieser Bildungsweise den Namen **Kynurensäure** erhalten (von griechisch ὁ κύων = der Hund). Sie tritt insbesondere nach Verfütterung von Tryptophan (**III**, Kap. 7, I, 1) auf, muß also ein biologisches Umwandlungsprodukt dieser Aminosäure sein:

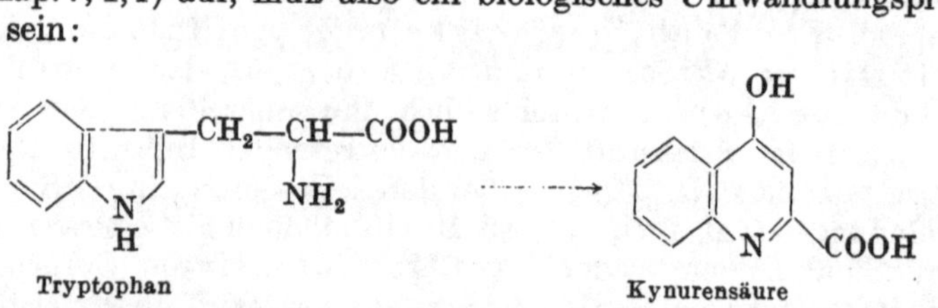

Diese eigenartige, unter „Ringerweiterung" verlaufende Reaktion wird sofort verständlich, wenn man berücksichtigt, daß im Kaninchenharn unter gleichen Bedingungen (Verfütterung von Tryptophan) ein anderes Umwandlungsprodukt des Tryptophans, das unten angeführte **Kynurenin,** entsteht. Danach muß man annehmen, daß bei der Kynurensäurebildung keine Ringerweiterung im üblichen Sinne stattfindet, sondern daß der Indolring zunächst hydrolytisch geöffnet (zu IX) und das α-C-Atom des ursprünglichen Indolrings zur Ketogruppe aboxydiert wird, d. h., daß Kynurenin als Zwischenprodukt entsteht. Dieses kann dann leicht durch einen erneuten Ringschluß der Aminosäurekette des ursprünglichen Tryptophanmoleküls, den man am besten über die ohnehin als biochemisches Abbauprodukt der Aminosäure auftretende α-Ketocarbonsäure (X) formuliert, in Kynurensäure übergehen:

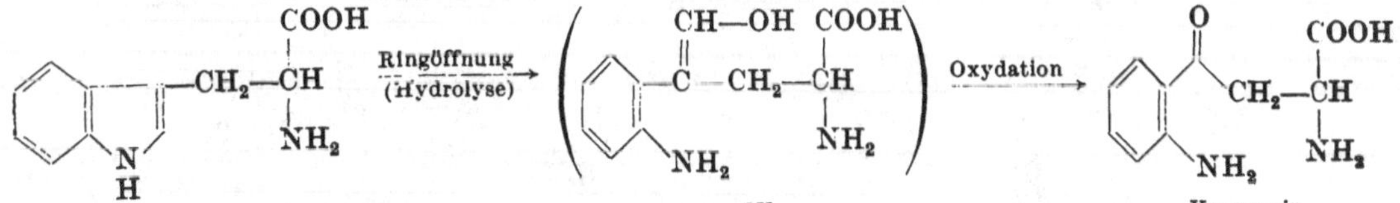

Tryptophan IX Kynurenin

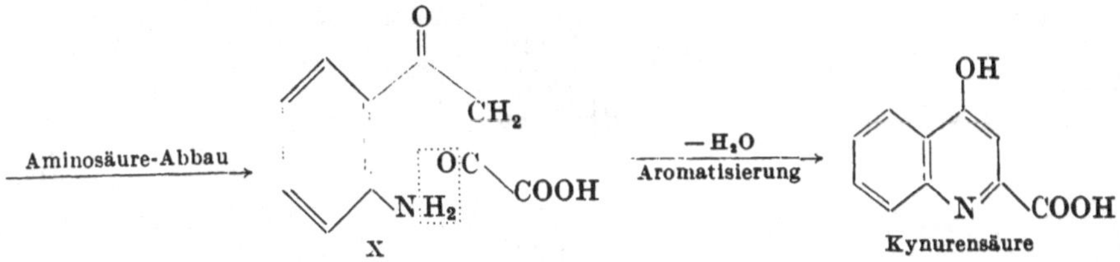

X Kynurensäure

d) Das Isochinolin

Die Verknüpfung je eines Benzol- und Pyridinkerns kann auch in 3,4-Stellung des Pyridinringes zum Isochinolin erfolgen, das ebenfalls dem Naphthalintypus angehört. Die Isochinolinverbindungen stehen an allgemeiner Bedeutung hinter denen des Chinolins und Pyridins zurück. Doch leiten sich einige Naturstoffe von ihnen ab (vgl. z. B. **III**, Kap. 7, III, 6c), und Isochinolin selbst kommt auch im Steinkohlenteer vor. Seine **Konstitution** ergibt sich im Gegensatz zu der des Chinolins bereits aus dem oxydativen Abbau allein, da hierbei Phthalsäure und Cinchomeronsäure nebeneinander entstehen, die Verbindung also sowohl einen vollständigen Benzol- als auch einen vollständigen Pyridinring enthalten muß:

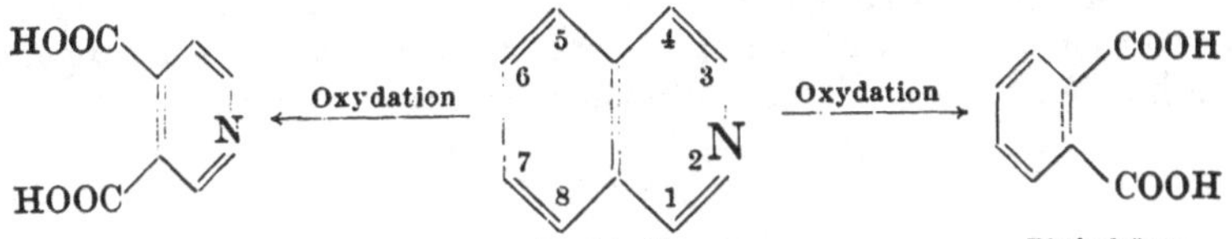

Cinchomeronsäure Isochinolin Phthalsäure

Die **Darstellung** des Isochinolins und seiner einfachen Derivate erfolgt ausschließlich durch Synthese, für die insbesondere zwei Verfahren gebräuchlich sind. Sie beruhen beide auf dem gleichen Prinzip der Bildung einer Kohlenstoffbrücke zwischen dem Aminostickstoff des β-Phenäthylamins und dem zur Seitenkette o-ständigen C-Atom. Nach Pictet (1911) und Decker (1913) verwendet man hierzu einen Aldehyd, der in Form seines Acetals oder noch besser seiner Schiffschen Base mit dem Phenäthylamin (I) zur Anwendung kommt. Von letzterer aus wird dann durch innermolekulare Addition des Benzolkerns an die C=N-Doppelbindung der Tetrahydro-isochinolin-Ring geschlossen. Nach Bischler (1893) und Decker (1913) verwendet man zu demselben Zweck eine Carbonsäure, die zunächst in das Acylderivat des Phenäthylamins übergeführt wird und dann ebenfalls cyclische Kondensation erleidet, wobei, der höheren Oxydationsstufe entsprechend, sofort das Dihydroisochinolinderivat gebildet wird:

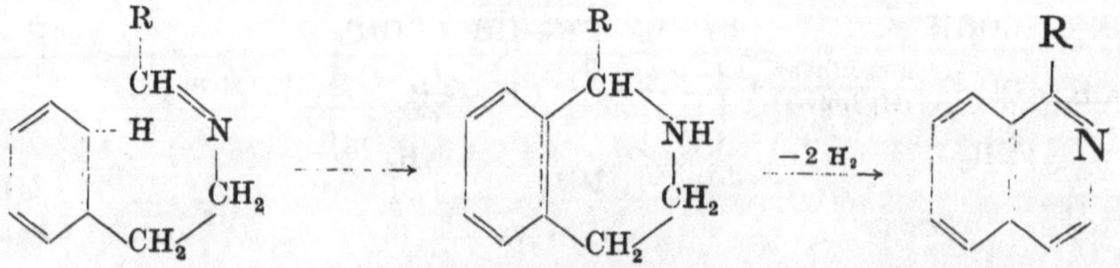

I 1-Alkyl-tetrahydro-isochinolin 1-Alkyl-isochinolin

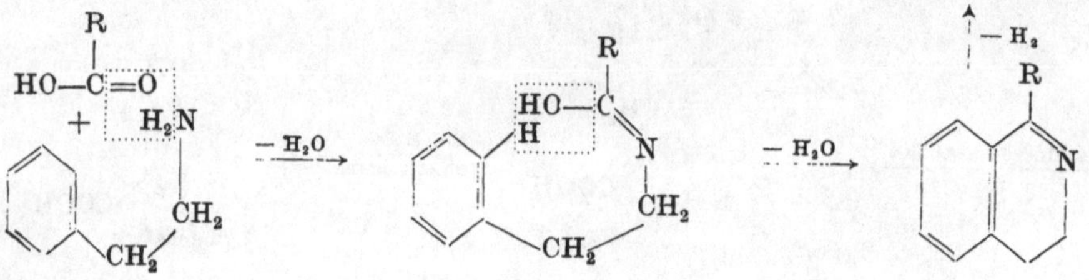

β-Phenäthyl-amin N-Acyl-phenäthylamin 1-Alkyl-dihydro-isochinolin

Isochinolin und seine Derivate sind in ihren physikalischen und den meisten ihrer chemischen Eigenschaften den entsprechenden Pyridin- und Chinolinverbindungen sehr ähnlich. Lediglich der Benzolring ist, da er nicht mehr mit dem N-Atom in direkter Bindung steht, wesentlich stabiler und schwerer substituierbar als im Chinolin, was u. a. auch in dem andersartigen Verhalten des Isochinolins beim oxydativen Abbau (s. o.) zum Ausdruck kommt.

e) Das Acridin und seine Derivate

Das dem Anthracen entsprechende *2,3,6,7-Dibenzopyridin* wird **Acridin** genannt und ist ebenfalls im Steinkohlenteer enthalten. Seine Darstellung erfolgt am besten synthetisch durch Kondensation von Diphenylamin mit Ameisensäure in Gegenwart von Zinkchlorid, eine Reaktion, die gleichzeitig beweisend für die Konstitution ist und sich bei entsprechender Variation der Ausgangsmaterialien auch zur technischen Darstellung zahlreicher Derivate eignet:

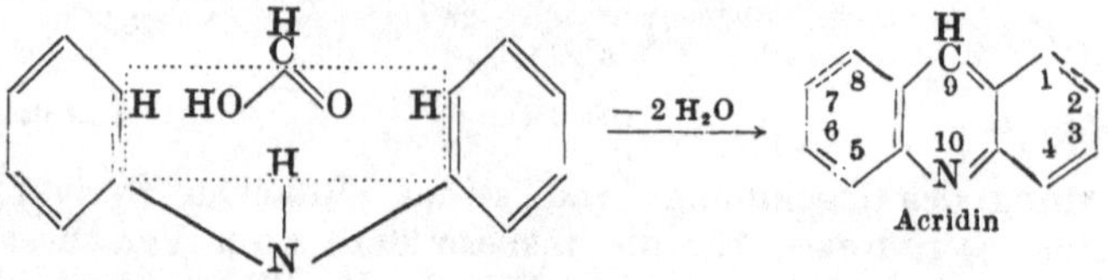

Eine andere interessante Synthese, die im Prinzip an die Anthracensynthese von Anschütz (S. 822) erinnert, findet beim Leiten der Dämpfe von Benzylanilin durch ein glühendes Rohr statt:

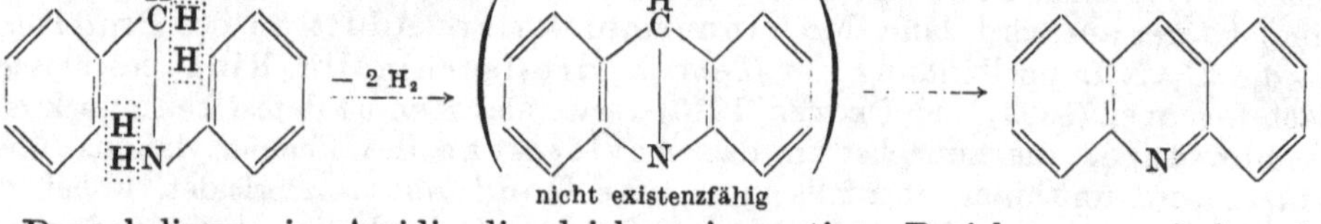

Danach liegen im Acridin die gleichen eigenartigen Beziehungen zwischen den Atomen 9 und 10 vor wie im Anthracen.

Acridin zeigt gegenüber Pyridin und Chinolin keine grundsätzlich neuartigen Reaktionen. Es ist jedoch wesentlich schwächer basisch, so daß sich seine Salze in wäßriger Lösung hydrolytisch zersetzen und nur in Gegenwart eines großen Säureüberschusses gelöst werden können. Die nicht substituierte Base und auch die einfachen Derivate sind ohne Bedeutung geblieben. Dagegen liegen in den Derivaten des 2,7-Diamino-acridins wichtige Farbstoffe und Pharmazeutika vor, auf die wir später noch näher eingehen werden (III, Kap. 2, III, 4b).

Ferner sind einige von den nicht zu den eigentlichen Farbstoffen zählenden Derivaten des **9-Aminoacridins** physiologisch aktiv und eignen sich zur Bekämpfung von Infektionskrankheiten. Als Beispiele seien das bekannte Malariamittel **Atebrin** und das gegen Amöbenruhr wirksame **Rivanol** angeführt:

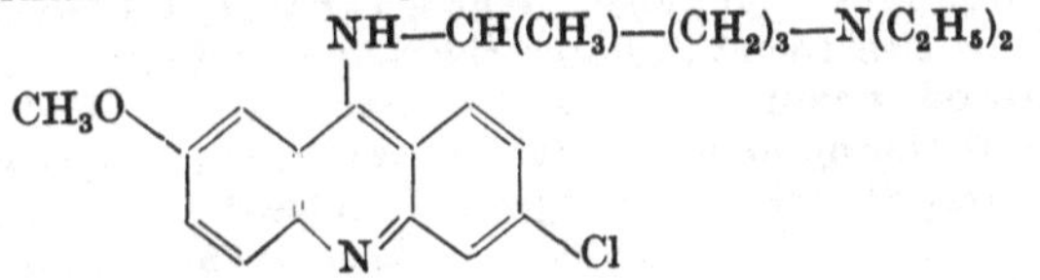

Atebrin

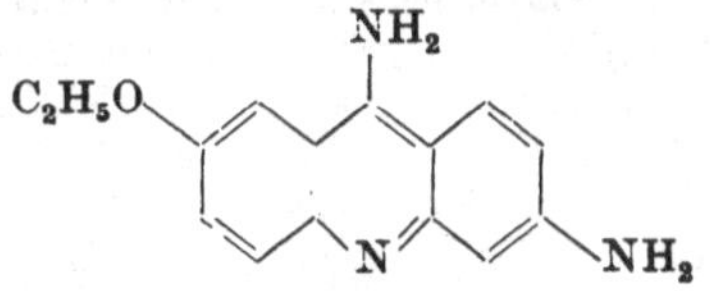

Rivanol

3. Sechsgliedrige Ringsysteme mit mehreren Stickstoffatomen

Ersetzt man im Pyridin weitere CH-Gruppen durch N-Atome, so gelangt man zu einer Reihe von Ringsystemen, die als „Aza-pyridine“ durch die Endung *-azine* gekennzeichnet werden und nach der Zahl der in ihnen enthaltenen N-Atome die Namen *Diazine*, *Triazine* und *Tetrazine* führen. Sie kommen, da die belebte Natur nicht zum Aufbau von N—N-Bindungen befähigt ist (S. 590), mit Ausnahme der wenigen Verbindungen mit isolierten N-Atomen nicht natürlich vor, und auch ihre technische Bedeutung ist nur gering.

a) Die Diazine und ihre Derivate

Je nach der gegenseitigen Stellung der N-Atome im Diazinring sind drei verschiedene Verbindungstypen bekannt, die außer den offiziellen Namen, in denen die N-Atome durch Zählung festgelegt werden, auch die darunter angeführten Trivialnamen erhalten haben:

1,2- oder o-Diazin
Oiazin
Pyridazin

1,3- oder m-Diazin
Miazin
Pyrimidin

1,4- oder p-Diazin
Piazin
Pyrazin

α) Das Pyridazin und seine Derivate

Pyridazin kann mit Hilfe einer einfachen Kondensationsreaktion aus Malein-dialdehyd und Hydrazin gewonnen werden:

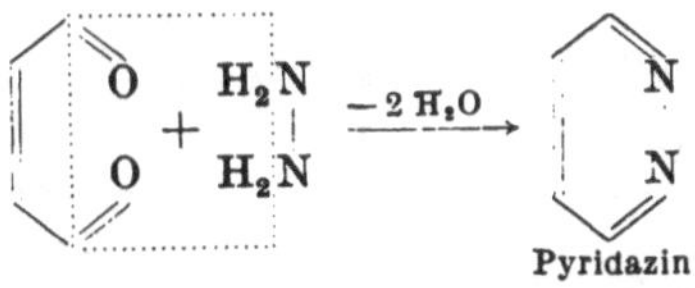

Pyridazin

Noch leichter entsteht das phenanthrenartige 3,4,5,6-Dibenzo-pyridazin (II) aus o,o'-Dinitro-diphenyl (I) mit Hilfe der normalen Bildungsreaktion für aromatische Azoverbindungen (vgl. S. 630). Auch in ihm kann man die durch den Stickstoff labilisierten

Benzolkerne leicht oxydativ abbauen und die hierbei entstehende Tetracarbonsäure (III) decarboxylieren, so daß in dieser Reaktionsfolge ein zweiter Weg zur Gewinnung des Pyridazins selbst gegeben ist:

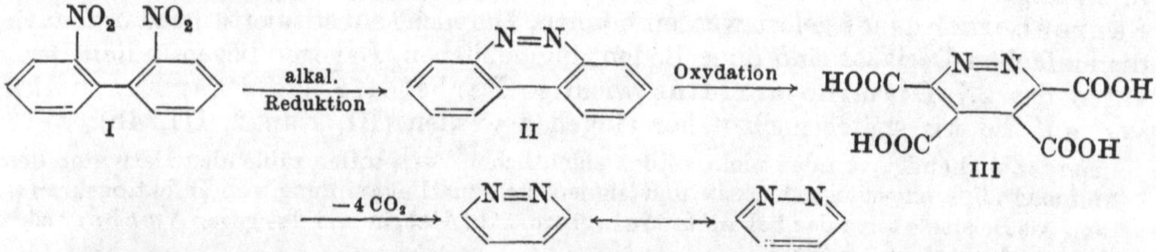

Pyridazin ist eine außerordentlich hoch siedende (208°), sehr leicht wasserlösliche Flüssigkeit von pyridinartigem Geruch, die sich chemisch durch eine ähnliche Beständigkeit auszeichnet wie Pyridin selbst. Insbesondere sind — wie u. a. aus der angeführten Möglichkeit der Aboxydation der an den Pyridazinring kondensierten Benzolkerne, sowie der Decarboxylierbarkeit der Pyridazintetracarbonsäure hervorgeht — infolge der Aromatisierung des Ringsystems die Labilität des Hydrazinsystems gegen Oxydationsmittel und die Säurelabilität der zweifachen Hydrazongruppierung vollkommen verschwunden. Lediglich Reduktionsmitteln (z. B. Natrium und Alkohol) gegenüber, die offensichtlich zunächst das aromatische Bindungssystem hydrieren, macht sich die leichte Aufspaltbarkeit der Hydrazingruppierung bemerkbar, und man erhält in einem Reaktionsgang Tetramethylendiamin:

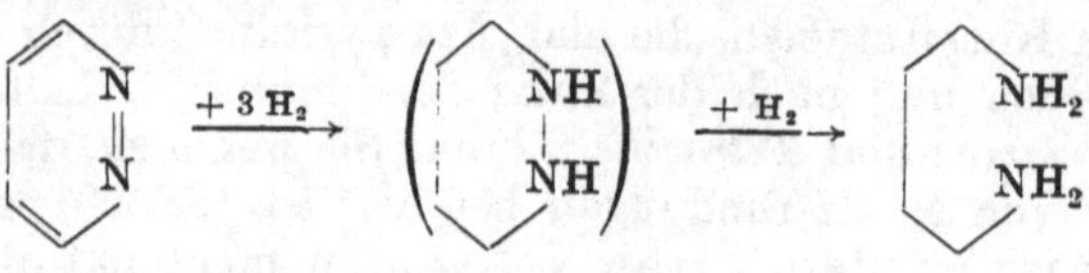

β) Das Pyrimidin und seine Derivate

Im **Miazin** hat der von den N-Atomen eingeschlossene Kohlenstoff den gleichen Bindungszustand wie in den Säureamidinen, und es wird daher allgemein **Pyrimidin** genannt. Auch die Synthese von Pyrimidinderivaten wird meistens von den Säureamidinen aus durchgeführt, und zwar durch Kondensation mit 1,3-Dicarbonylverbindungen:

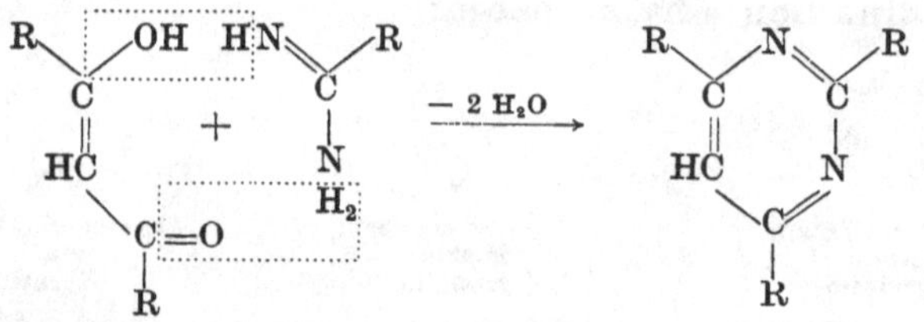

Eine weitere wichtige Bildungsweise haben wir auf S. 349 in der anomal verlaufenden Trimerisierung aliphatischer Säurenitrile unter der Einwirkung von Natriumalkoholat kennengelernt.

Pyrimidin siedet mit 124° wesentlich tiefer als Pyridazin und reagiert nahezu neutral. Der Amidincharakter wird also durch den Einbau in das aromatische Bindungssystem vollständig aufgehoben.

Wesentlich wichtiger als die Grundverbindung der Pyrimidinreihe sind einige natürlich vorkommende Dioxy- und Oxy-amino-Derivate, in denen stets eine Oxygruppe an dem von den N-Atomen eingeschlossenen Kohlenstoff und die zweite Oxy- bzw. die Aminogruppe an einem der beiden übrigen, zum Stickstoff o-ständigen C-Atome steht. Vor allem die vier hinsichtlich ihrer Konstitution nahe verwandten

Verbindungen **Uracil, Thymin, Cytosin** und **5-Methylcytosin** weisen eine große biochemische Bedeutung als integrierende Bestandteile zahlreicher Nucleinsäuren (**III**, Kap. 7, V, 3) und Oxydationsfermente (**III**, Kap. 8, II) auf. Sie sind als cyclische Säureamide (bzw. Ureide) sämtlich zwischen einer alicyclischen Amid- und einer aromatischen Imidform tautomer und hinsichtlich ihrer Konstitution durch mehrfache Synthese, sowie durch Überführung beider Amino- in die entsprechenden Oxyverbindungen mittels salpetriger Säure, eindeutig sichergestellt, wie aus der folgenden schematischen Zusammenstellung ihrer Bildungsweisen hervorgeht:

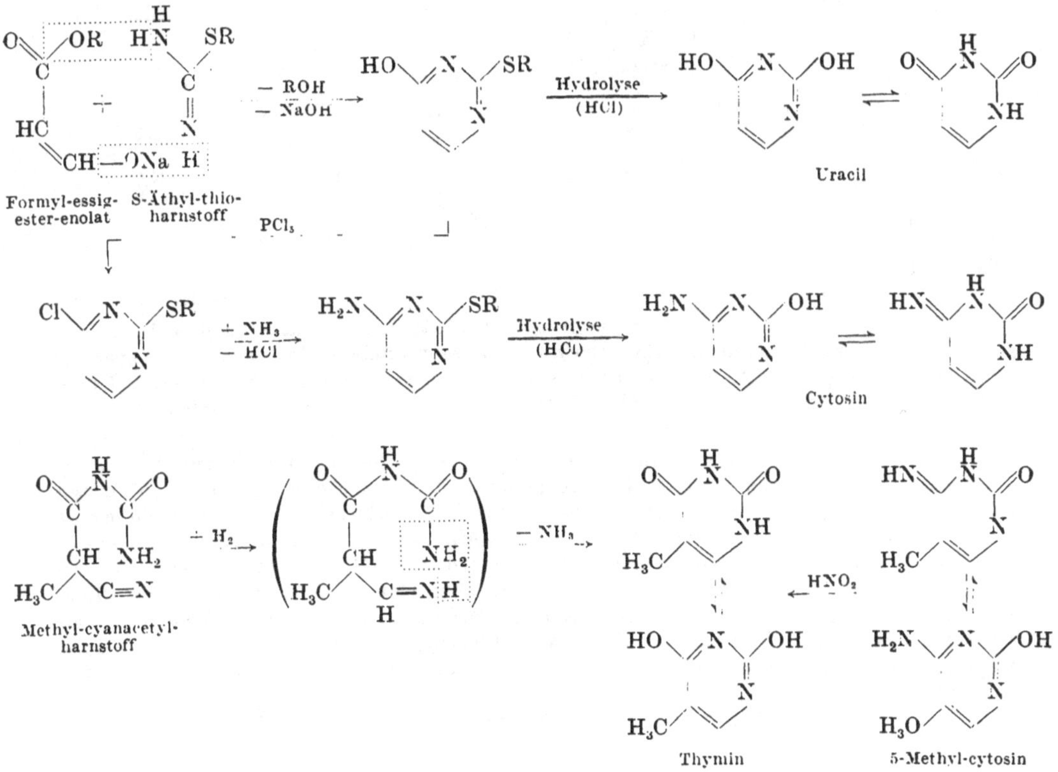

Einigen weiteren, sich von der Malonsäure und der Mesoxalsäure ableitenden, ureidartigen Pyrimidinderivaten sind wir bereits früher in der **Barbitursäure** (S. 461) und im **Alloxan** (S. 494) begegnet. Ferner enthalten die natürlichen Purinderivate (**III**, Kap. 7, II) einen oxydierten Pyrimidinring und gehören damit diesem Verbindungstypus an.

Schließlich leiten sich auch einige wichtige Pharmazeutika vom Pyrimidin ab, von denen an dieser Stelle nur auf das dem Sulfapyridin (S. 845) entsprechende **Sulfapyrimidin** hingewiesen sei, das als *2-p-Aminobenzolsulfamid-pyrimidin* ebenfalls der Sulfonamidreihe (S. 637) angehört und gegen Infektionskrankheiten wirksam ist.

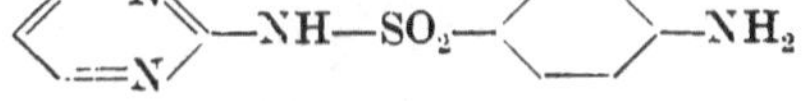

Sulfa-pyrimidin

γ) Das Pyrazin und seine Derivate

Der Pyrazinring ist wieder nur von untergeordneter Bedeutung. Seine Bildung geschieht durch Dehydrierung von Piperazin (S. 560) oder (noch einfacher) durch cyclische Kondensation von zwei Molekülen eines α-Aminoketons (I), da das hierbei als Primärprodukt entstehende Dihydropyrazinderivat II infolge der Aromatisierungstendenz des Ringsystems bereits durch Luftsauerstoff zum eigentlichen Pyrazinderivat dehydriert wird:

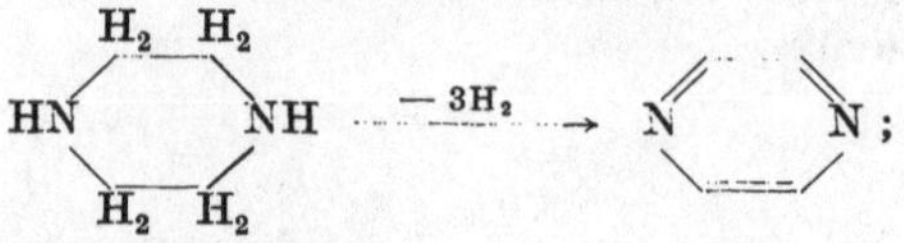

Piperazin Pyrazin

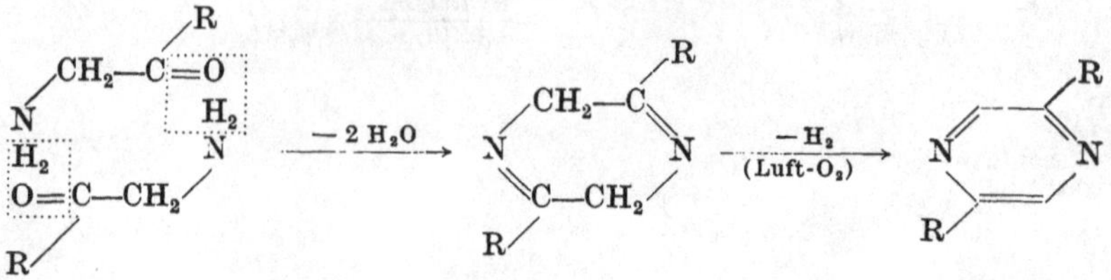

I II Dialkyl-pyrazin

Pyrazin zeigt den gleichen Siedepunkt wie Pyridin (116°) und verhält sich auch in seinen chemischen Umsetzungen den Pyridinbasen sehr ähnlich. Insbesondere reagiert es trotz des relativ großen Abstandes der N-Atome voneinander nur als einsäurige Base, und es kann auch nur eines der beiden N-Atome unter Bildung eines tertiären Imoniumsalzes alkyliert werden.

Von den Derivaten des Pyrazins haben wir die Monobenzoverbindung bereits als Kondensationsprodukt von o-Phenylen-diamin und Glyoxal kennengelernt (S. 575), und sie hat auch auf Grund dieser Beziehung den Namen **Chinoxalin** erhalten. Noch wichtiger ist das dem Acridin strukturell entsprechende Dibenzoderivat, das **Phenazin,** das in analoger Weise bei der Kondensation von o-Phenylendiamin mit o-Chinon (S. 575) entsteht und die Muttersubstanz zahlreicher Farbstoffe darstellt (vgl. **III,** Kap. 2, III, 4d). Schließlich liegt in dem in einigen Schmetterlingsfarbstoffen (**III,** Kap. 2, VIII, 6) und auch einigen Vitaminen (**III,** Kap. 8, I) enthaltenen bicyclischen **Pteridin** ein dem Chinoxalin entsprechendes, aus je einem Pyrimidin- und Pyrazinring zusammengesetztes, kondensiertes Ringsystem vor:

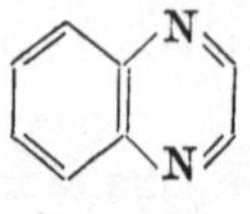

Chinoxalin

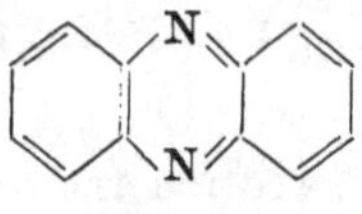

Phenazin

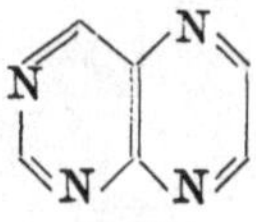

Pteridin

b) Die Triazine und ihre Derivate

Auch die Triazine treten in drei stellungsisomeren Formen auf, die den drei Trisubstitutionsprodukten des Benzols entsprechen und auch nach ihnen benannt werden:

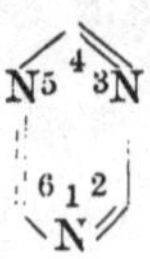

1,3,5- oder sym-Triazin

1,2,3- oder vic-Triazin

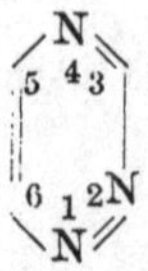

1,2,4- oder as-Triazin

α) Das sym-Triazin und seine Derivate

Bei weitem am wichtigsten ist das **sym-Triazin,** von dem sich insbesondere alle trimeren Nitrile und Cyanderivate ableiten, die wir auf S. 349 und 393f. bereits kennengelernt haben. Ihre Bildung erfolgt ausschließlich durch Trimerisierung von Cyanverbindungen, die in jeder Beziehung der Trimerisierung des Acetylens zum Benzol (S. 111) analog verläuft:

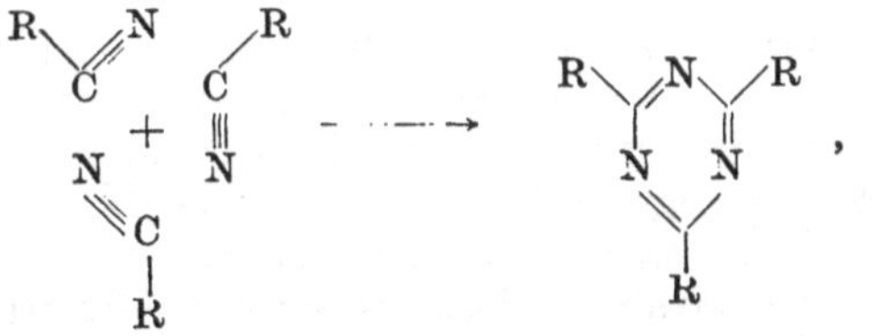

jedoch infolge der Verharzungsneigung der Blausäure mit dieser selbst nicht durchgeführt werden kann. Die wichtigsten dieser Trimerisierungsreaktionen sind:

1. die Trimerisierung aromatischer[1]) Nitrile in Gegenwart von konzentrierter Schwefelsäure. Sie führt zu den 2,4,6-Triaryltriazinen, von denen wir das Kyaphenin auf S. 349 bereits kennengelernt haben,

2. die Trimerisierung von Cyan-ameisensäureestern (Ester des Oxalsäurehalbnitrils) zu 2,4,6-Triazin-tricarbonsäureestern (I), und

3. die auf S. 393 bereits ausführlich beschriebene Trimerisierung der Cyansäure und ihrer Derivate zur Cyanursäure und den Cyanursäurederivaten.

Das unsubstituierte sym-Triazin konnte bisher noch nicht dargestellt werden, und wir kennen von den „Kohlenwasserstoffen" der Reihe daher lediglich die Triaryltriazine vom Kyaphenintypus, die jedoch keine neuartigen Reaktionen zeigen. Etwas interessanter ist das aus dem erwähnten Triazin-tricarbonsäureester (I) über das Triamid (II) durch vorsichtige Entwässerung erhältliche Triazin-tricarbonsäure-trinitril (III), das als Trimerisationsprodukt des Dicyans auch den Namen **Hexacyan** erhalten hat:

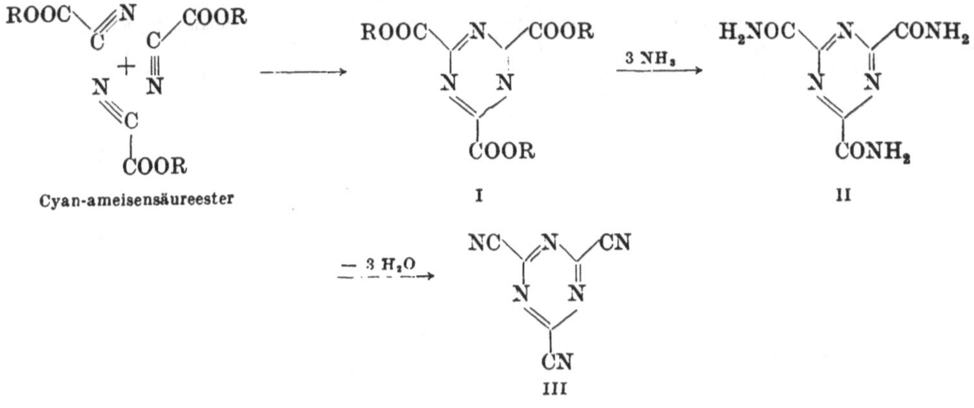

Cyan-ameisensäureester I II III

Es kann infolge der Polymerisationsneigung des Dicyans nicht direkt aus diesem gewonnen werden und zeigt eine noch größere Labilität der C—C-Bin-

[1]) Bezüglich der Trimerisierung aliphatischer Nitrile vgl. S. 349 u. 852.

dungen als das Dicyan selbst. So wird es z. B. bereits durch Wasser zur Cyanursäure verseift:

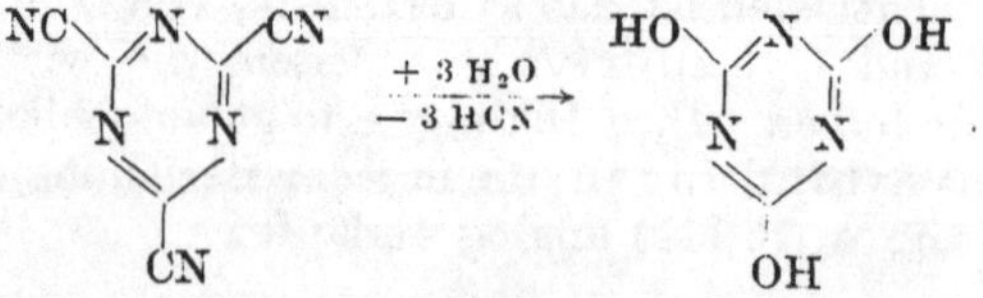

Die wichtigsten Triazinderivate sind schließlich die 2,4,6-Trihalogen-, -Trioxy- und -Tri-aminoverbindungen, in denen die C-Atome die Oxydationsstufe des Kohlendioxyds aufweisen, und die wir daher bereits bei den Kohlensäurederivaten beschrieben und zu der Gruppe der **Cyanursäureverbindungen** zusammengefaßt haben (S. 393). Wie bereits dort erwähnt, zeigen die Oxy- und Aminoverbindungen die gleichen Tautomerieerscheinungen, wie die entsprechenden Verbindungen der Pyrimidinreihe.

β) Das vic- und das as-Triazin

vic- und as-Triazin sind nahezu ohne Bedeutung geblieben. Sie können jedoch ohne Schwierigkeiten synthetisch erhalten werden, wie am Beispiel der Bildungsreaktionen einiger Derivate gezeigt sei:

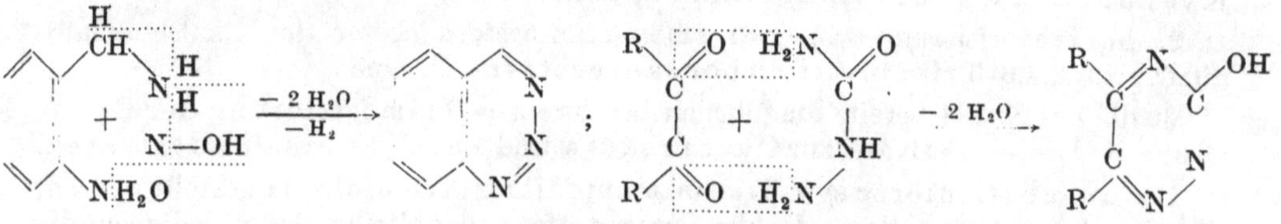

o-Amino-benzylamin — 5,6-Benzo-1,2,3-triazin — α-Diketon — Semicarbazid — 3-Oxy-5,6-dialkyl-1,2,4-triazin

In dem angeführten 3-Oxy-1,2,4-triazinderivat besitzt der zwischen den N-Atomen stehende Kohlenstoff wiederum die Oxydationsstufe der Kohlensäure. Verbindungen dieses Typus sind daher sauer, bilden aber infolge der Anwesenheit des nicht säureamidartig gebundenen Pyridinstickstoffs in Stellung 1 auch mit Säuren Salze, die jedoch als Salze Schiffscher Basen ziemlich leicht hydrolysieren.

Ein weiteres interessantes Derivat des 1,2,4-Triazins ist der Süßstoff **Glucin,** der das Natriumsalz eines Gemisches der Di- und der Trisulfonsäure des bei der Kondensation von Benzaldehyd mit o,p′-Diamino-azobenzol (I) entstehenden 3-Phenyl-2-(p-amino-phenyl)-5,6-benzo-1,2-dihydro-1,2,4-tetrazins (II) darstellt:

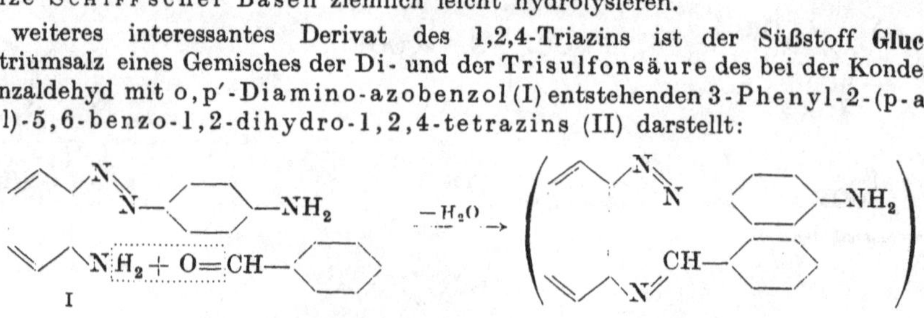

Glucin ist etwa 300mal so süß wie Rohrzucker, hat aber keine praktische Anwendung gefunden.

c) Die Tetrazine und ihre Derivate

Von den drei möglichen Tetrazinen, dem

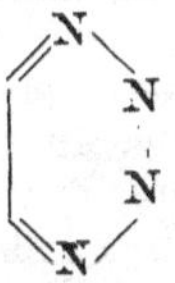
, dem
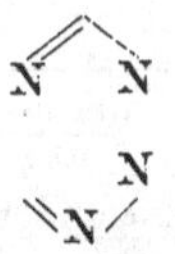
und dem
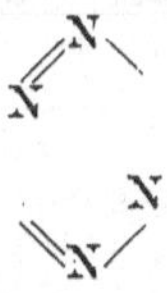
,

1,2,3,4-Tetrazin 1,2,3,5-Tetrazin 1,2,4,5-Tetrazin

sind nur noch von der symmetrischen **1,2,4,5-Verbindung** voll aromatisierte Derivate mit drei Ringdoppelbindungen bekannt. Die wichtigste zu ihrer Bildung führende Reaktion haben wir bereits auf S. 612 in der Umwandlung des Diazoessigesters in **Bisdiazoessigsäure** (I) kennengelernt, die als Dihydrotetrazinderivat leicht zur aromatischen **Tetrazindicarbonsäure** (II) dehydriert wird und sich anschließend auch zum **Tetrazin** selbst (III) decarboxylieren läßt:

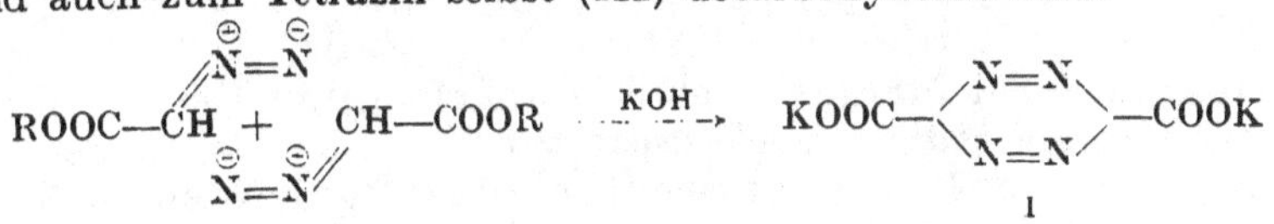

I

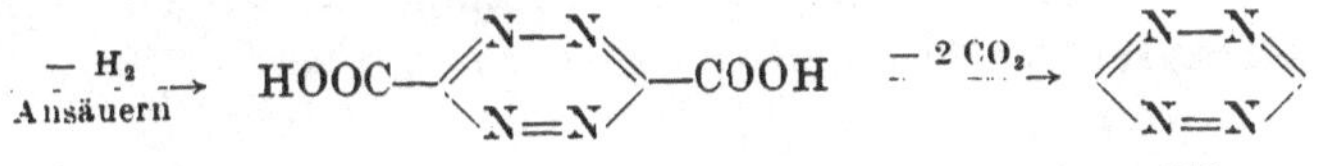

II III

1,2,4,5-Tetrazin ist im Gegensatz zu den meist farblosen Verbindungen dieser Reihe ein dunkelroter, sublimierbarer, fester Körper (Smp. 99°), der sich, wie seine Bildungsreaktion zeigt, durch eine (in Anbetracht des hohen Stickstoffgehaltes) ziemlich große Thermostabilität auszeichnet. Die Dihydroverbindungen sind bereits wesentlich unbeständiger. So lagert sich z. B. Bisdiazoessigsäure beim Kochen mit Alkali unter Ringverengerung in das 4-Amino-1,2,4-triazolderivat IV um, das man ebenfalls zur carboxylfreien Verbindung (V) (vgl. S. 887) decarboxylieren kann:

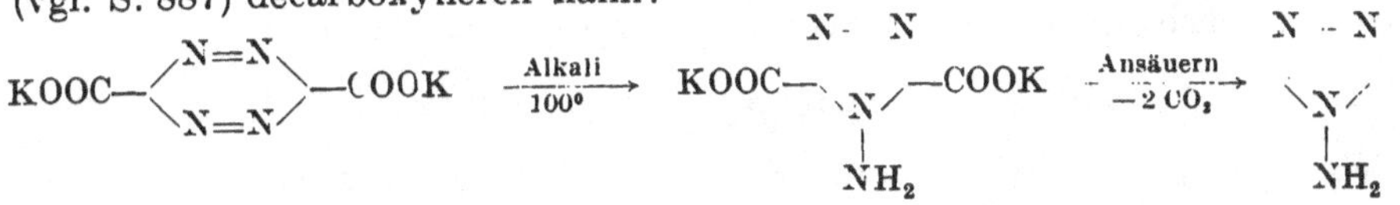

IV V

Vom **1,2,3,4-Tetrazin** kennt man nur noch Derivate der Dihydroverbindung (II). Sie besitzen ein vollständiges, nicht durch Mesomerie stabilisiertes Tetrazangerüst und werden auch in gleicher Weise wie die Tetrazane (vgl. S. 604) durch Zusammenoxydation zweier Hydrazinsysteme unter Ausbildung einer N—N-Bindung synthetisiert:

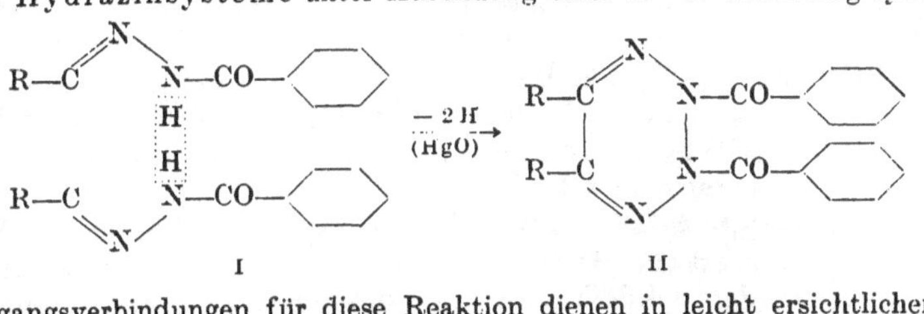

I II

Als Ausgangsverbindungen für diese Reaktion dienen in leicht ersichtlicher Weise die Osazone von 1,2-Dioxoverbindungen (I), die beide Hydrazinreste im gleichen Molekül und auch im richtigen Abstand enthalten. Man nennt auf Grund dieser Bildungsweise die entstehenden Tetrazin-derivate allgemein **Osotetrazine** (II) ohne Rücksicht darauf, daß sie in der Dihydroform des eigentlichen Tetrazins anfallen, also kein aromatisches Doppelbindungssystem besitzen und infolge der Substitution der beiden mittleren N-Atome auch nicht aromatisiert werden können.

Neuerdings hat sich herausgestellt, daß durchaus nicht alle Osazone zur Bildung von Osotetrazinen befähigt sind, sondern nur diejenigen, die an den beiden zu dehydrierenden N-Atomen Acylreste enthalten (z. B. die Benzoyl-osazone des Typus I), da in allen anderen Fällen (z. B. bei den meistens vorliegenden Phenylosazonen des Typus III) die Dehydrierung innerhalb der Kette zu einer Bis-azo-Verbindung (IV) führt, die sich auf Grund ihrer intensiv roten Farbe zu erkennen gibt:

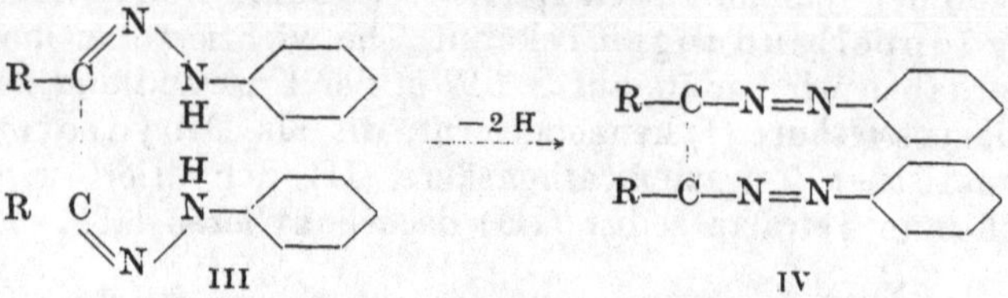

III IV

Die Osotetrazine sind farblose, relativ unbeständige Verbindungen, die durch Reduktionsmittel ziemlich leicht wieder rückwärts zu den Osazonen aufgespalten werden. Dagegen ist eine Hydrolyse der beiden C=N-Doppelbindungen unter Infreiheitsetzung des Tetrazanmoleküls noch nicht gelungen.

Vom **1,2,3,5-Tetrazin** sind bisher keine Derivate bekannt.

4. Die sauerstoffhaltigen sechsgliedrigen Ringsysteme

Das neutrale Sauerstoffatom vermag infolge seiner Zweibindigkeit die CH-Gruppe des Benzolkerns nicht mehr zu ersetzen. Eine dem Pyridin analog konstituierte neutrale Sauerstoffverbindung gibt es daher nicht. Erst wenn man zu den Oxoniumsalzen übergeht, ist die Ausbildung eines aromatischen Sechsringes mit Sauerstoff als Heteratom möglich. Bisher sind zwei Verbindungsklassen bekannt geworden, die einen derartigen sauerstoffhaltigen aromatischen Sechsring enthalten oder unter gewissen Umständen auszubilden vermögen, nämlich a) die Pyryliumsalze und b) die Pyrone.

a) Die Pyryliumsalze

Die *Pyryliumsalze* (früher auch *Pyroxoniumsalze* genannt) sind die eigentlichen Sauerstoffanaloga der Pyridinbasen, von denen sich ihre Kationen durch Ersatz des N-Atoms durch ein dreibindiges Oxonium-O-Atom ableiten. Sie wurden in Form der vom Xanthon (S. 865) aus zugänglichen *Dibenzo-pyrylium-* oder *Xanthylium-Salze* (I) von Werner (1901) entdeckt, doch gelang es erst A. v. Baeyer (1911), das erste einen einfachen Sechsring enthaltende Pyryliumsalz aufzubauen.

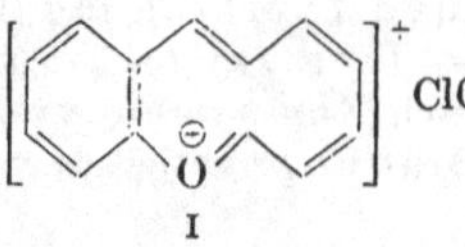

I

Er ging hierzu von dem auf S. 861f. beschriebenen 2,6-Dimethylpyron (II) aus, das sich mit Methylmagnesiumhalogeniden in normaler Weise zum 2,4,6-Trimethylpyranol (III) umsetzt. Dieses stellt bereits eine der beiden möglichen Pseudobasen der Pyryliumsalze (Näheres vgl. S. 860, Anm.) dar und spaltet daher bei der Einwirkung starker Mineralsäuren die Hydroxylgruppe ionogen zu dem strukturell dem Collidin entsprechenden **2,4,6-Trimethyl-pyrylium-Kation** (IV) ab, eine Reaktion, welche ohne Zweifel durch die starke Aromatisierungstendenz des alicyclischen Pyranolringes unterstützt wird:

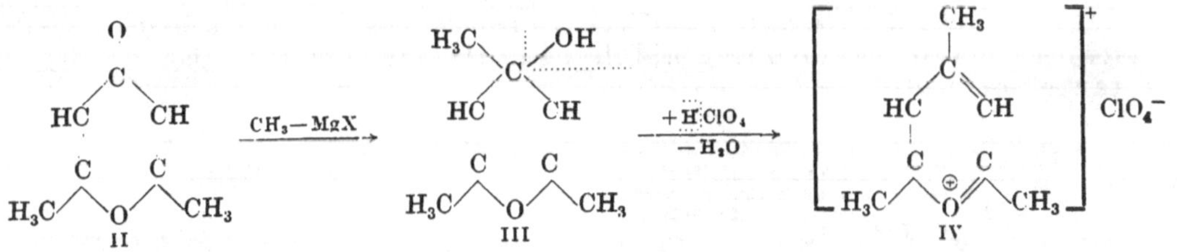

II III IV

Eine andere, von DILTHEY (1916), SCHNEIDER (1921) und später auch DIELS (1927) ausgearbeitete Darstellungsmethode beruht auf einer eigenartigen Kondensation von ungesättigten Ketonen vom Mesityloxydtypus (VI) — die in dem stark sauren Reaktionsmedium in der gleichen Reaktionsphase auch aus einfachen Ketonen (V) aufgebaut werden können — mit den gemischten Anhydriden der Essigsäure mit starken Mineralsäuren (VII), die ebenfalls erst intermediär aus Acetanhydrid und den betreffenden Säuren dargestellt werden:

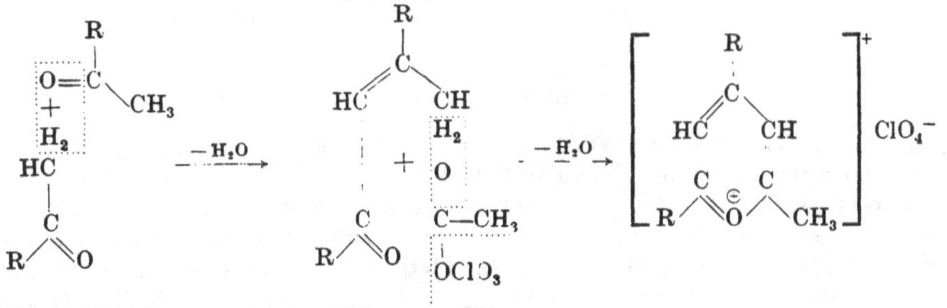

V VI VII

Dagegen ist die scheinbar so einfache Substitution des Pyridinstickstoffs durch Sauerstoff unter Intaktlassung der Kohlenstoffkette und damit die Darstellung der auf den beiden anderen Wegen nicht zugänglichen Grundverbindung der Reihe (X) erst in neuester Zeit durch Behandeln des bei der hydrolytischen Aufspaltung des Pyridinringes (S. 842) entstehenden Natriumenolats des Glutacon-dialdehyds (VIII) mit Perchlorsäure gelungen (F. KLAGES 1952):

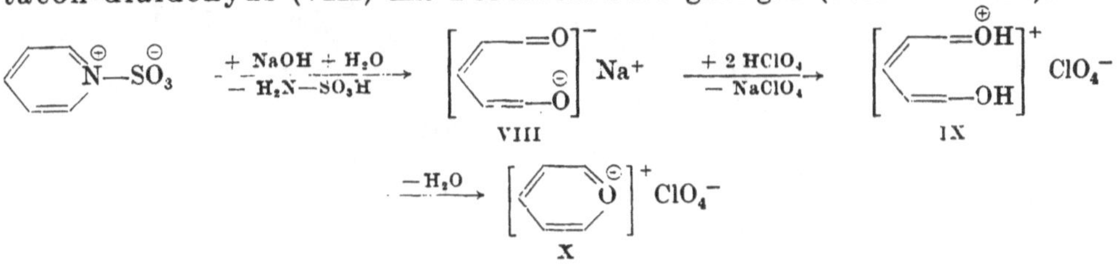

Hierbei tritt das Oxoniumperchlorat des Glutacondialdehyds (IX) als Zwischenprodukt auf.

Die Pyryliumsalze sind strukturell mit den tertiären Imoniumsalzen (S. 549) zu vergleichen, mit denen sie einerseits das Fehlen von Wasserstoff am Oniumatom und damit die Unmöglichkeit der Darstellung einer Neutralbase, andererseits eine vom Oniumatom ausgehende sehr aktive Doppelbindung gemein haben. Sie sind daher, und zwar als Oxoniumsalze in wesentlich stärkerem Maße als die Imoniumsalze, gegen basische Reagentien unbeständig und lagern insbesondere Hydroxylionen sofort zu **Pseudobasen** (XI) an, die einerseits in Gegenwart starker Säuren die Hydroxylgruppe unter Rückbildung der Pyryliumsalze wieder abzudissoziieren vermögen, andererseits den Charakter der Cycloform eines Enolaldehyds (XII) aufweisen und daher mit diesem tautomer sind[1]):

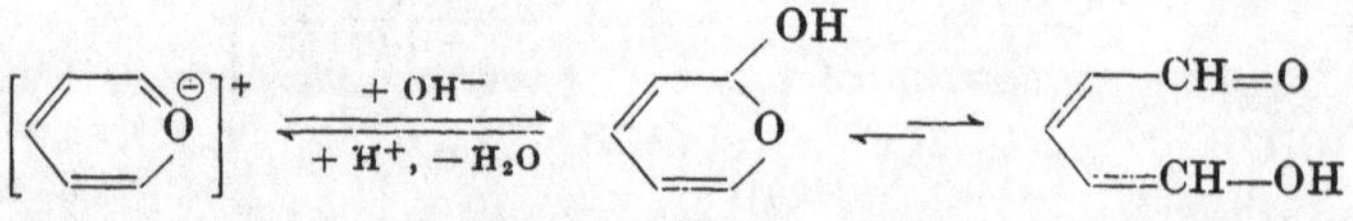

XI XII

Von den sonstigen Reaktionen der Pyryliumsalze ist von allgemeinem Interesse lediglich die bei der Behandlung mit Ammoniak (gegebenenfalls auch in Form von Ammoniumacetat) erfolgende **Substitution des Oxoniumsauerstoffs durch Stickstoff** zur entsprechenden Pyridinbase, die als Konstitutionsbeweis zu bewerten ist und die nahe Verwandtschaft zwischen der Pyryliumsalz- und der Pyridinreihe besonders deutlich erkennen läßt:

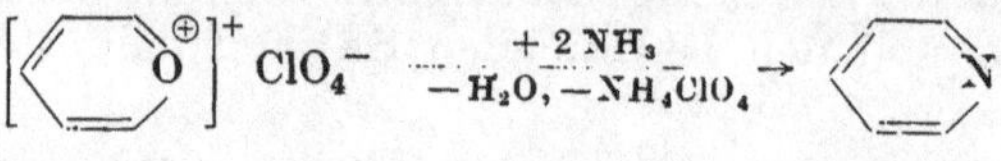

b) Die Pyrone

Die Pyrone sind im Gegensatz zu den Pyryliumsalzen ausschließlich aus neutralen Atomen aufgebaut. Sie enthalten daher zunächst kein benzolaromatisches Doppelbindungssystem, sondern können dieses, wie unten noch näher erörtert wird, nur im Rahmen einer Mesomerie mit einer Zwitterionenstruktur ausbilden und durch Salzbildung stabilisieren. Die Neutralverbindungen müssen strukturell daher eher mit den Chinonen verglichen werden, mit denen sie die Konjugation einer Carbonylgruppe mit zwei C=C-Doppelbindungen gemein haben, und von denen sie sich lediglich darin unterscheiden, daß der Ring (und auch das geschlossen konjugierte π-Elektronensystem) statt durch eine zweite Carbonylgruppe durch ein Äthersauerstoffatom geschlossen wird. Wir unterscheiden daher wie bei den Chinonen *o*- oder, wie man hier allgemein sagt, *α-Pyrone* und *p*- oder *γ-Pyrone*, von denen nur die letzteren zur Bildung benzolaromatischer Oxoniumsalze befähigt sind:

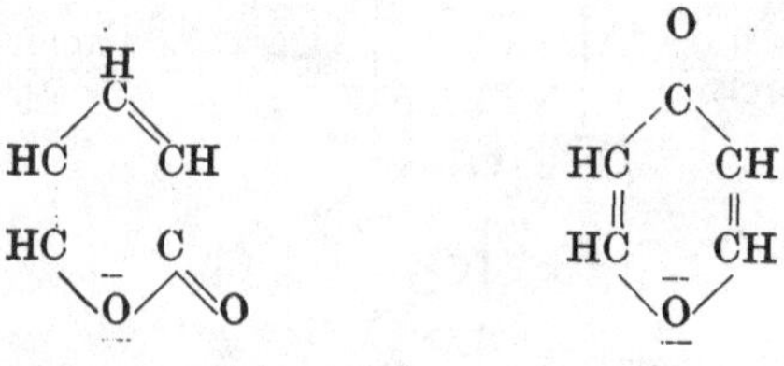

α-Pyron (Cumalin) γ-Pyron

Die **α-Pyrone** sind Enollactone α,β-ungesättigter 1,5-Oxocarbonsäuren. Die Grundverbindung der Reihe, das **Cumalin**, kann man durch Einwirkung von konzentrierter Schwefelsäure auf Äpfelsäure über das Enol des Malonhalbaldehyds (I) und die Cumalinsäure (II) als Zwischenprodukte gewinnen:

[1]) Grundsätzlich ist die Anlagerung auch an einer anderen Stelle des konjugierten Systems möglich. Z. B. würde eine Addition des Hydroxylions in 4-Stellung des Pyryliumkations IV zu dem eben angeführten 4-Pyranol-derivat (Formel III) führen, das, wie seine leichte Rückumwandlung in das Pyryliumion IV zeigt, auch tatsächlich den Charakter einer Pseudobase aufweist.

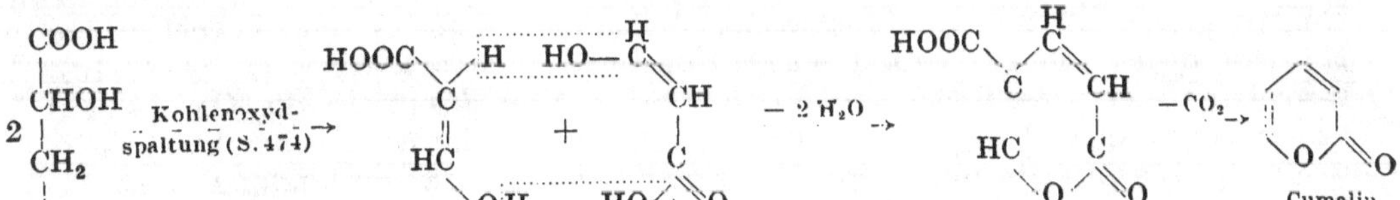

I I II Cumalin

Das Ringsystem des α-Pyrons ist infolge der Lactongruppierung in alkalischem Medium relativ leicht spaltbar und zeigt keine neuartigen Eigenschaften, so daß es in diesem Zusammenhang ohne Interesse ist. Doch sind einige Naturstoffe der α-Pyronreihe bekannt. Am wichtigsten ist das 5,6-Benzo-cumalin, das wir unter dem Namen **Cumarin** bereits als Lacton der o-Oxyzimtsäure kennengelernt haben(S.490), und das als Duftstoff des Waldmeisters von Bedeutung ist. Weiterhin tritt das phenanthrenartige 3,4,5,6-Dibenzo-cumalin, das den Trivialnamen **Diphenylmethylolid** erhalten hat, in Form einiger Oxyderivate natürlich auf, die in Zusammenhang mit den Gerbstoffen (**III**, Kap. 6, II, 3b) von Interesse sind:

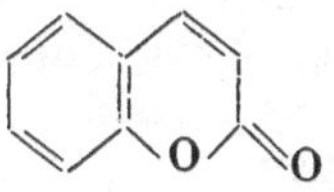

Cumarin

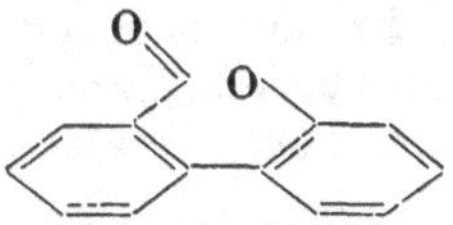

Diphenylmethylolid

In den **γ-Pyronen** ist der Ringsauerstoff beiderseits enolätherartig gebunden. Dadurch wird der Ring alkalibeständig, und es kommen die charakteristischen Eigenschaften des Pyronringes besser zum Ausdruck. Die bestuntersuchte Verbindung der Reihe ist das α,α'-Dimethyl-γ-pyron (kurz **Dimethylpyron** genannt), das wir bereits als Zersetzungsprodukt der Dehydracetsäure kennengelernt haben (S. 502). Zu seiner Darstellung dient meistens die Kondensation von zwei Mol Acetessigester — in Form des Kupfersalzes der Enolform (I) — mit Phosgen zum 3,5-Dicarbäthoxy-heptatrion-2,4,6, das in der Dienolform II unter der Einwirkung von verdünnter Schwefelsäure die Carbäthoxygruppen abspaltet (Ketonspaltung, vgl. S. 497) und gleichzeitig unter Wasserabspaltung in Dimethylpyron (III) übergeht:

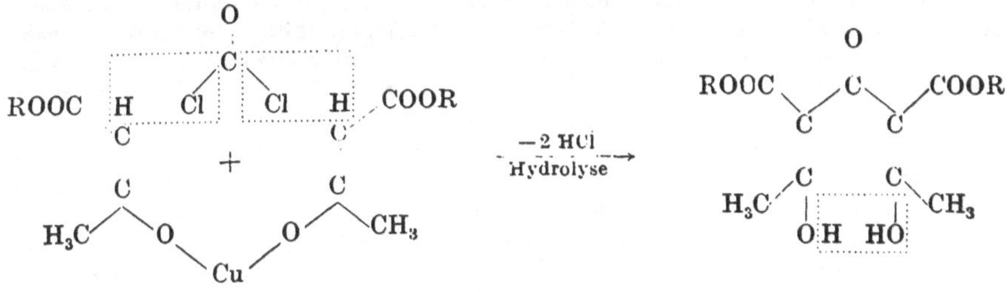

I II

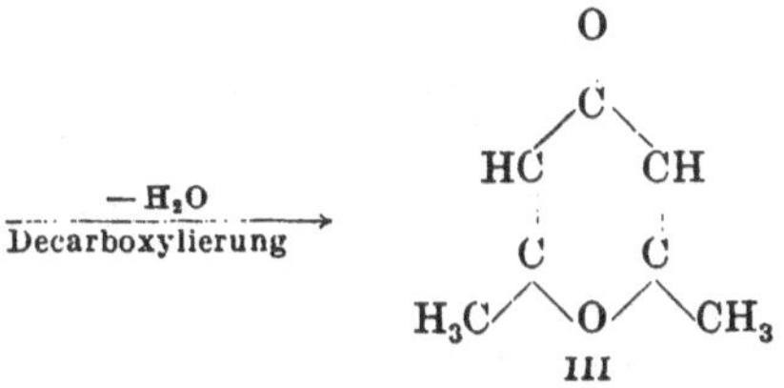

III

Dimethylpyron ist eine sehr interessante Verbindung, denn es zeigt in mehrfacher Hinsicht nicht die auf Grund seiner Konstitution erwarteten Reaktionen. Insbesondere fallen eine Reihe von Ketonreaktionen aus (z. B. die Oxim- und Semicarbazonbildung), und auch die für einen Enoläther charakteristische Säurespaltung tritt nicht ein. Andererseits reagiert die Verbindung trotz des Fehlens von Aminostickstoff ausgesprochen basisch und vermag mit Säuren beständige Salze zu bilden, die beim Dimethylpyron selbst zwar in wäßriger Lösung noch teilweise hydrolysieren[1]), bei einigen Derivaten, wie z. B. den in III, Kap. 2, VIII, 5 beschriebenen Anthocyanen, aber infolge der Aromatisierung von gleichzeitig zwei Sechsringen bereits derart hydrolysenbeständig sind, daß die in diesem Falle mit einem Farbumschlag verbundene Salzbildung bereits in der Nähe des Neutralpunktes erfolgt.

Diese eigenartige Basizität der Pyrone wurde schon frühzeitig durch Annahme einer Oxoniumsalzbildung gedeutet. Doch fand man lange Zeit keine Erklärung für die im Gegensatz zu anderen Sauerstoffverbindungen relativ starke Basizität des Sauerstoffs. Auch die Frage, welches von den beiden O-Atomen in den Oniumzustand übergeht, ließ sich nicht in einfacher Weise entscheiden, denn bei Versuchen, durch Methylierung der Pyrone tertiäre Oxoniumsalze herzustellen, wird unerwarteterweise der in anderen Verbindungen völlig neutrale Carbonylsauerstoff methyliert (s. u.).

Man kommt jedoch sofort zu einem Verständnis dieser Reaktionen, wenn man die starke Aromatisierungstendenz mehrfach ungesättigter Sechsringe berücksichtigt. Eine Aromatisierung des Dimethylpyrons (IV) ist nämlich bereits durch eine mesomere Elektronenverschiebung möglich, indem der Ringsauerstoff durch den Aufbau einer dritten Doppelbindung mit Hilfe eines seiner ungebundenen Elektronenpaare in den Oniumzustand übergeht und dafür der Carbonylsauerstoff unter Aufrichtung der C=O-Doppelbindung die Funktion eines Phenolatsauerstoffs übernimmt:

IV V

An einer derartigen Mesomerie zwischen der aus Neutralatomen aufgebauten Struktur IV und der Zwitterionenstruktur V dürfte die letztere, die infolge der bei ihrer Ausbildung freiwerdenden Aromatisierungsenergie auf einem besonders niedrigen Energieniveau liegt, stärker beteiligt sein, als es normalerweise bei Zwitterionenstrukturen der Fall ist. Sie diktiert daher in erster Linie das chemische Verhalten der Pyrone.

So wird z. B. der Ketoncharakter aus dem Grunde geschwächt, weil die Zwitterionenstruktur V überhaupt keine Carbonylgruppe mehr enthält, diese also nur von der Neutralstruktur IV aus, deren Ausbildung eine Energiezufuhr erfordert, in Reaktion treten kann. Weiterhin fungiert bei der Salzbildung der Phenolatsauerstoff der Zwitterionenstruktur V als stärkst basischer Molekülteil und lagert das Proton oder Alkylkation an:

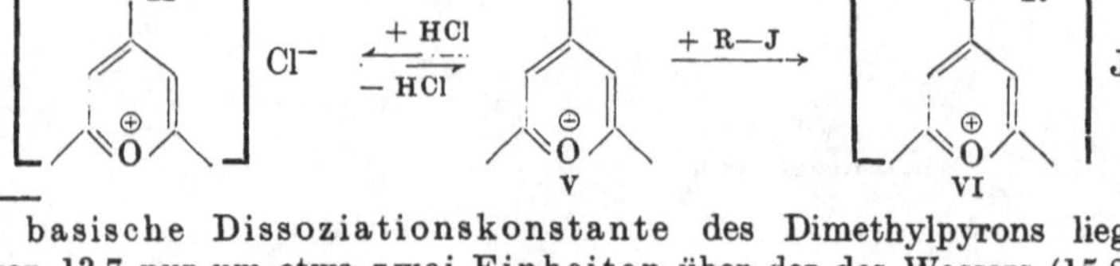

V VI

[1]) Die basische Dissoziationskonstante des Dimethylpyrons liegt mit einem p_K-Wert von 13,7 nur um etwa zwei Einheiten über der des Wassers (15,8).

Im Gegensatz zur normalen Oniumsalzbildung von Neutralbasen ist also nicht der spätere Oxoniumsauerstoff der Träger der Basizität, sondern es sind, ähnlich wie bei der Salzbildung der Aminoxyde (S. 593), verschiedene Atome, die als Acceptoren des Protons (bzw. Alkylkations) und als Träger der positiven Ladung fungieren.

Die bei der Alkylierung entstehenden Salze vom Typus VI sind normale Pyryliumsalze, deren Eigenschaften durch die Alkoxygruppe nicht grundlegend verändert werden. Sie zeigen daher ähnliche Beständigkeitsverhältnisse wie die oben beschriebenen sauerstofffreien Verbindungen. Insbesondere können sie durch Alkalien nicht mehr unter Protonenabgabe in neutrale Pyronderivate zurückverwandelt werden, sondern bilden ebenfalls Pseudobasen. Ferner gehen sie beim Behandeln mit Ammoniak in normaler Weise in die entsprechenden Pyridinderivate über (vgl. S. 860), woraus die Stellung der Alkylgruppe an dem ursprünglichen Carbonyl- bzw. Phenolatsauerstoff des Pyronmoleküls mit Sicherheit folgt:

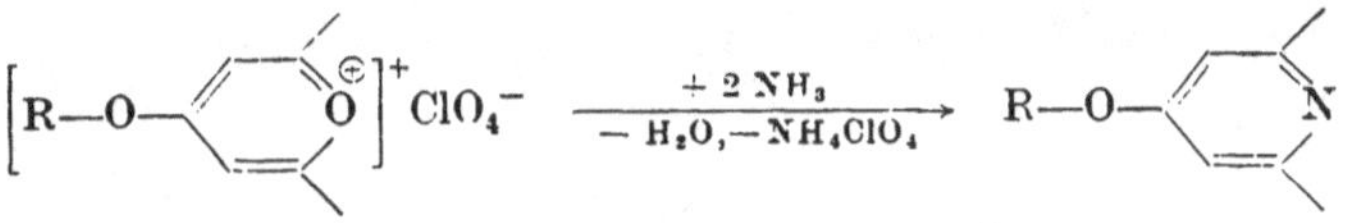

Die unerwartet große Tendenz des Pyronsauerstoffs zum Übergang in den Oniumzustand findet danach ihre befriedigende Erklärung darin, daß der Pyronring bei der Salzbildung einen aromatischen Bindungszustand annehmen kann. Infolgedessen wird die Neutralisationswärme des Pyrons gegenüber der einfacher Sauerstoffverbindungen um die freiwerdende Aromatisierungsenergie des Sechsringes erhöht und das Gleichgewicht entsprechend zugunsten der Oniumsalzbildung verschoben. Wir werden später im Pyrrol (S. 869) eine Verbindung kennenlernen, bei der umgekehrt das aromatische System bei der Salzbildung aufgehoben wird, so daß die Neutralisationswärme gleich der Differenz der bei der normalen Ammoniumsalzbildung auftretenden Wärmetönung und der Aromatisierungsenergie ist, und bei der infolgedessen die Basizität des Stickstoffs nahezu vollständig verschwindet.

Die einfachen Pyrone sind ohne Bedeutung geblieben. Dagegen treten eine Reihe komplizierter Pyronderivate natürlich auf, von denen insbesondere die in Gegenwart einiger Bakterien aus Kohlenhydraten unter Dehydrierung und Abspaltung von zwei Molekülen Wasser entstehende **Kojisäure** von Interesse ist, da sie die ursprüngliche Anordnung der Atome im Glukosemolekül noch gut erkennen läßt. Auch in vitro ist die Überführung der Glucose in Kojisäure gelungen.

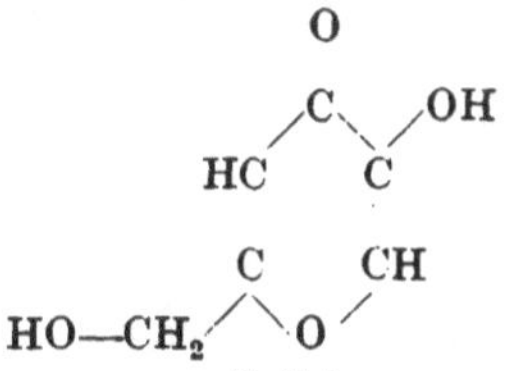

Kojisäure

Ein weiteres natürliches Pyronderivat ist das **Maltol,** das u. a. in Fichtennadeln auftritt und wahrscheinlich ebenfalls aus Kohlenhydraten entstanden ist. Es entsteht ferner beim Brenzen von Malz (Name!) und dient auf Grund seiner violetten Farbreaktion mit Eisen-III-chlorid (als Enol) in der Lebensmittelchemie zur Unterscheidung von Malz- und Kornkaffee. Von den Carbonsäuren des γ-Pyrons treten die **Mekonsäure** und die **Chelidonsäure** als saure Komponenten verschiedener Alkaloide natürlich auf. Mekonsäure geht bei der Brenzung unter Decarboxylierung in Pyromekonsäure über, die man auch als „Normaltol" bezeichnen könnte:

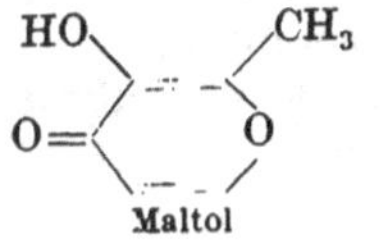

Maltol

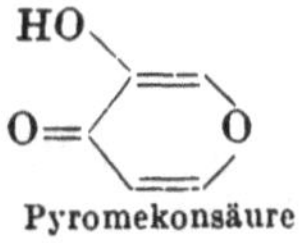

Pyromekonsäure

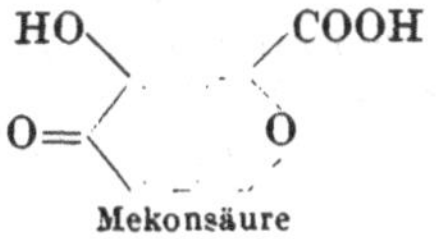

Mekonsäure

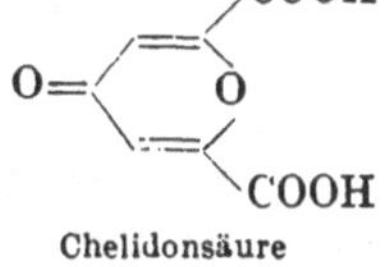

Chelidonsäure

2,3-Benzopyron (III) ist der Grundkörper zahlreicher natürlicher Farbstoffe (Näheres vgl. **III**, Kap. 2, VIII, 4) und hat daher den Namen **Chromon** erhalten. Seine Synthese — und in analoger Weise auch die seiner Derivate — führt man am besten durch Kondensation von o-Oxy-acetophenon (I) mit Carbonsäureestern durch. So entsteht z. B. bei Verwendung von Oxalsäureester über den Chromoncarbonsäureester (II) das Chromon (III) selbst, bei Verwendung von Benzoesäureester sein wichtigstes Derivat, das *Phenylchromon* oder **Flavon** (IV), von dem sich ebenfalls zahlreiche natürliche Farbstoffe ableiten:

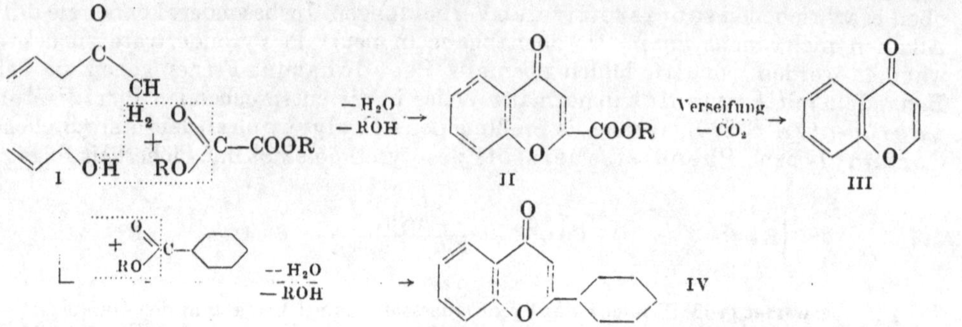

Flavon kann auch in zwei Stufen durch Kondensation von o-Oxyacetophenon mit Benzaldehyd zum o-Oxy-benzal-acetophenon (V), das sich seinerseits beim Kochen mit Säuren zum leicht dehydrierbaren Dihydroflavon (VI) umlagert, gewonnen werden:

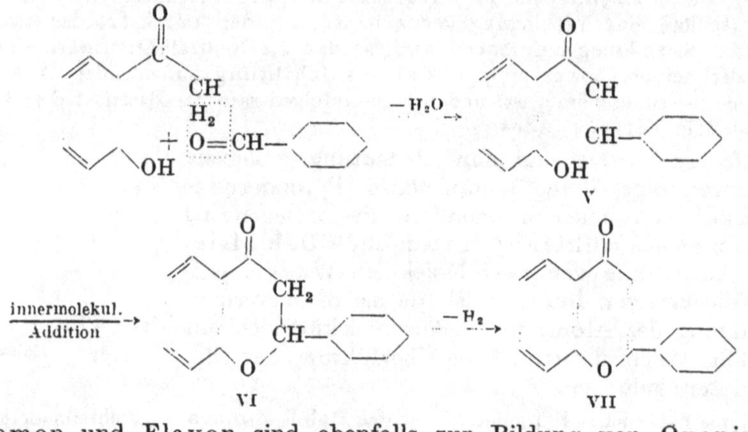

Chromon und Flavon sind ebenfalls zur Bildung von Oxoniumsalzen befähigt, die allerdings leichter hydrolysieren als die Salze des Pyrons und daher nur in wasserfreiem Medium, z. B. in konzentrierter Schwefelsäure, beständig sind.

Während der Chromonring in saurer Lösung durch die Oxoniumsalzbildung und Aromatisierung stabilisiert wird, ist er gegenüber Alkalien unbeständig und wird in Umkehrung der ersten der beschriebenen Synthesen wieder aufgespalten. Hierbei ist es möglich, in alkoholat-alkalischem Medium die bei der Synthese nicht als Zwischenprodukte faßbaren 1,3-Diketone in Form der Enolate (VIII) abzufangen, während bei Verwendung von wäßrigem Alkali anschließend sofort die typische Ketonspaltung der 1,3-Dioxoverbindungen (vgl. S. 448) einsetzt, und das o-Oxyacetophenon direkt entsteht:

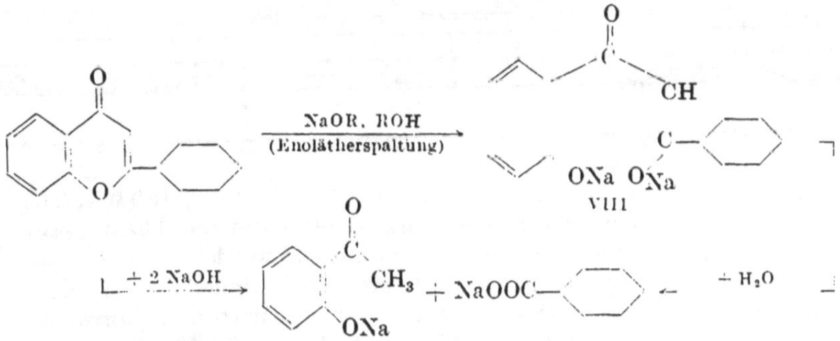

Dibenzopyron hat den Namen **Xanthon** erhalten und ist ebenfalls die Muttersubstanz einer Reihe von Naturfarbstoffen (**III**, Kap. 2, III, 4c). Seine Synthese erfolgt am besten durch Erhitzen von Salicylsäure mit wasserabspaltenden Mitteln, wobei aus zwei Molekülen der Säure durch gleichzeitige Keton- und Ätherbildung der Ringschluß erfolgt:

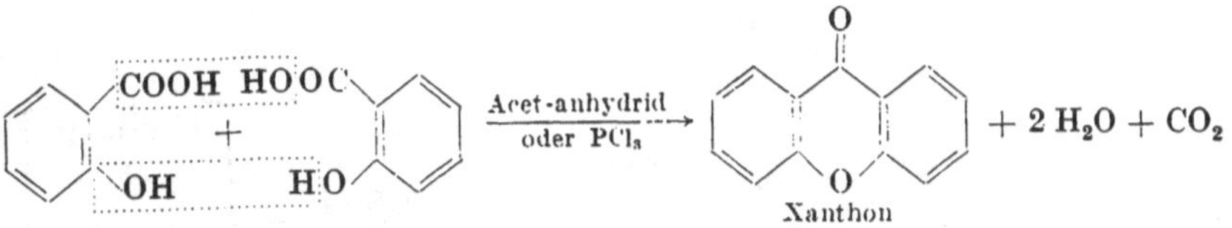

Xanthon ist infolge der relativ geringen Bildungstendenz des anthracenartigen Bindungssystems noch weniger basisch als Chromon oder Flavon und bildet daher nur noch mit Perchlorsäure ein beständiges Oxoniumsalz. Durch Alkalien wird die Sauerstoffbrücke wie beim Chromon aufgespalten, doch bleibt der Abbau hier auf der Stufe des o,o'-Dioxybenzophenons (Gleichung formulieren!) stehen.

Eine letzte Gruppe sauerstoffhaltiger Sechsringe, in denen der heterocyclische Ring gleichzeitig ein N-Atom enthält, liegt schließlich in den verschiedenen **Oxazinen** vor. Von ihnen ist das **1,4-Oxazin** in Form seines anthrachinonartig gebauten Dibenzoderivates, des **Phenoxazins**, als Muttersubstanz einiger Farbstoffe von Interesse (vgl. **III**, Kap. 2, III, 4e):

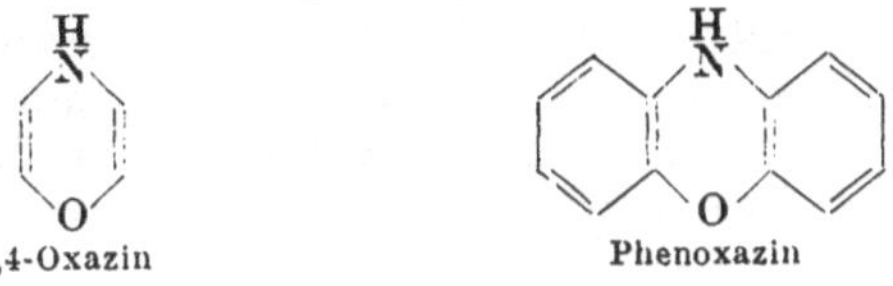

1,4-Oxazin Phenoxazin

5. Die schwefelhaltigen sechsgliedrigen Ringsysteme

Wie so häufig kann man auch in der heterocyclischen Reihe Sauerstoff durch zweiwertigen Schwefel ersetzen, ohne den Verbindungscharakter wesentlich zu verändern. Insbesondere die den γ-Pyronen entsprechenden **γ-Thiopyrone** (allgemein kurz *Thiopyrone* genannt) sind in dieser Beziehung sehr interessant, weil in ihnen der Schwefel nicht nur formal sondern — ähnlich wie bei den Kohlensäurederivaten (S. 406f.) — auch hinsichtlich seiner chemischen Reaktionsfähigkeit den Sauerstoff vollwertig zu vertreten vermag.

Die Gewinnung der wichtigsten Verbindung der Reihe, des **α,α'-Dimethylthiopyrons** (II) erfolgt in Analogie zu der auf S. 861 beschriebenen Dimethylpyronsynthese durch Behandeln von Heptatrion-2,4,6 (I) mit Phosphorpentasulfid:

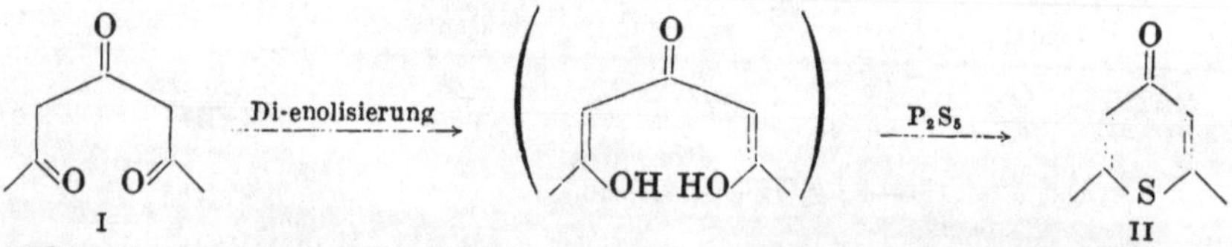

I

II

Die Thiopyrone zeigen wie die Pyrone eine auffallende Schwächung des Ketoncharakters, und im Zusammenhang damit kann die Thioäthergruppe nicht mehr ohne weiteres zur Sulfon-Gruppe oxydiert werden. Ferner beobachtet man, ebenfalls wie bei den Pyronen, das Auftreten einer deutlichen Basizität und die Tendenz zur Bildung von am Sauerstoff substituierten Oniumsalzen. Alle diese Erscheinungen werden auch hier befriedigend durch eine Mesomerie zwischen der aus Neutralatomen aufgebauten Grundstruktur III und der Zwitterionenstruktur IV erklärt, wenn man annimmt, daß in erster Linie die letztere den chemischen Charakter der Verbindung diktiert:

III

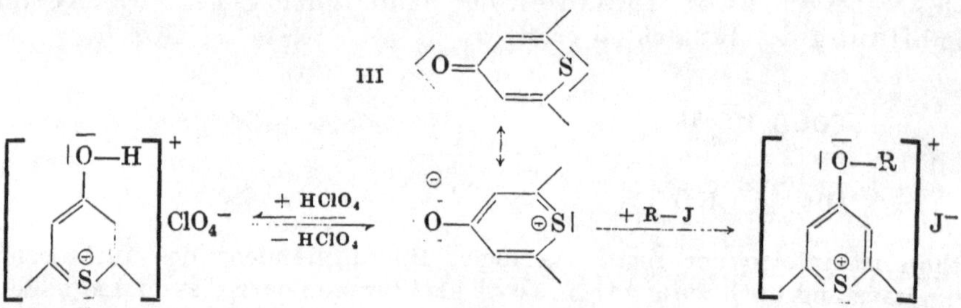

V IV VI

Es fungiert also wiederum der Ketonsauerstoff als Träger der Basizität, während der Schwefel zwar in den Oniumzustand übergeht, aber wie der Ringsauerstoff in den Pyronen den Säurewasserstoff nicht zu binden vermag. Die Bildung von Sulfoniumionen, die eine SH-Gruppe enthalten, findet also auch hier nicht statt (vgl. S. 674).

Während die Stabilität und Bildungstendenz der tertiären Sulfoniumsalze deutlich größer ist als die der Oxoniumsalze (vgl. S. 674), zeigen die Thiopyrone eine wesentlich geringere Basizität als die Pyrone. Sie können daher nur noch mit sehr starken Säuren (z. B. mit Perchlorsäure) beständige Salze (V) bilden, die durch Wasser hydrolytisch zersetzt werden. Erst die am Sauerstoff alkylierten tertiären Thiopyroniumsalze vom Typus VI sind auch gegen Wasser stabil.

Von weiteren schwefelhaltigen sechsgliedrigen Ringsystemen sei kurz auf das **Thiazin** als Muttersubstanz der Thiazinfarbstoffe (**III**, Kap. 2, III, 47) hingewiesen. Einige andere dihydroanthracenartige Ringsysteme mit ein bzw. zwei S-Atomen im mittleren Ring liegen im **Thioxanthren** und **Thianthren** vor:

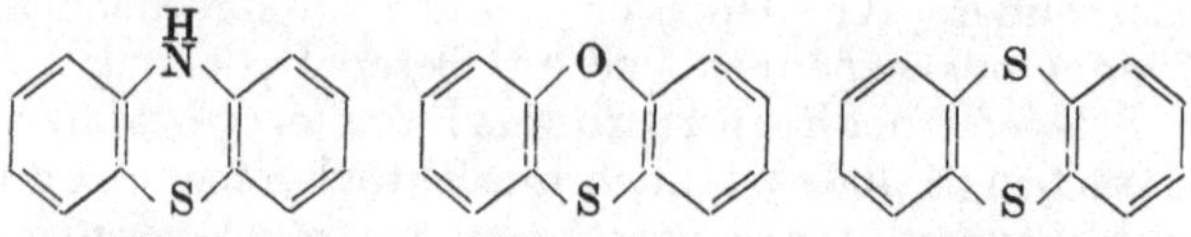

Thiazin Thioxanthren Thianthren

III. Die fünfgliedrigen Ringsysteme mit aromatischem Charakter

Wie bereits auf S. 772 angeführt, leiten sich sämtliche Ringsysteme dieser Gruppe von den drei Grundverbindungen:

ab, die jeweils eines der drei wichtigsten Heteroelemente der organischen Chemie als Ringatom enthalten, und deren Derivate in der angegebenen Weise durch Zahlen oder griechische Buchstaben benannt werden.

1. Die Verbindungen vom Pyrroltypus

Bei weitem die größte Bedeutung kommt den Verbindungen vom Pyrroltypus zu, die in zahlreichen Varianten natürlich auftreten, und von denen sich eine Reihe von technisch wichtigen Stoffen sowie zahlreiche Pharmazeutika ableiten. Man unterteilt sie, ähnlich wie die Verbindungen der Pyridinreihe, in a) die eigentlichen Pyrrolderivate, b) die polycyclischen Verbindungen, in denen der Pyrrolring mit anderen Ringsystemen kondensiert ist, und c) die Azaderivate des Pyrrols, in denen eine oder mehrere der CH-Gruppen durch weitere N-Atome ersetzt sind.

a) Das Pyrrol und seine Derivate

Die **Konstitution** des Pyrrolringes ergibt sich einerseits aus seinen nahen Beziehungen zum Pyrrolidin (II) (S. 560) und Tetramethylen-dichlorid (I), aus denen es in reversibler Reaktion entsteht, andererseits aus mehreren Synthesen, von denen wir die Kondensation von Bernsteinsäure-dialdehyd (III) und Ammoniak, die man bei Variation der Ausgangsmaterialien auch zur Synthese von Pyrrolderivaten verwenden kann, bereits kennengelernt haben (vgl. S. 450):

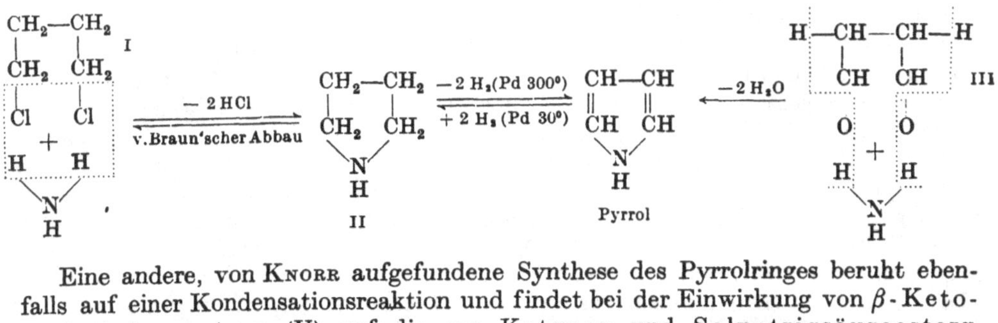

Eine andere, von Knorr aufgefundene Synthese des Pyrrolringes beruht ebenfalls auf einer Kondensationsreaktion und findet bei der Einwirkung von β-Ketocarbonsäureestern (V) auf die aus Ketonen und Salpetrigsäureestern leicht zugänglichen (S. 289) α-Isonitroso-ketone (IV) in Gegenwart von Reduktionsmitteln statt:

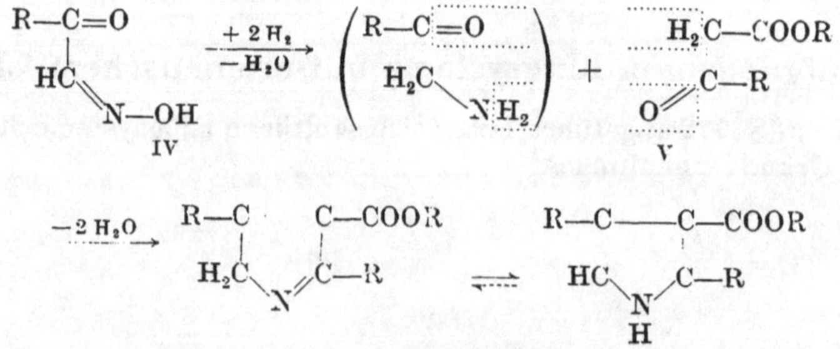

IV V

Pyrrolenin-form Pyrrol-form
eines Pyrrolderivates

Sie ist insbesondere zur Darstellung C-substituierter Pyrrolderivate geeignet, während man für die Gewinnung der N-Substitutionsprodukte und auch des Pyrrols selbst meistens die einfacher durchzuführende Brenzung der schleimsauren Salze primärer Amine, bzw. des Ammoniaks, (VI) vorzieht, die ebenfalls für die Anordnung der Atome beweisend ist:

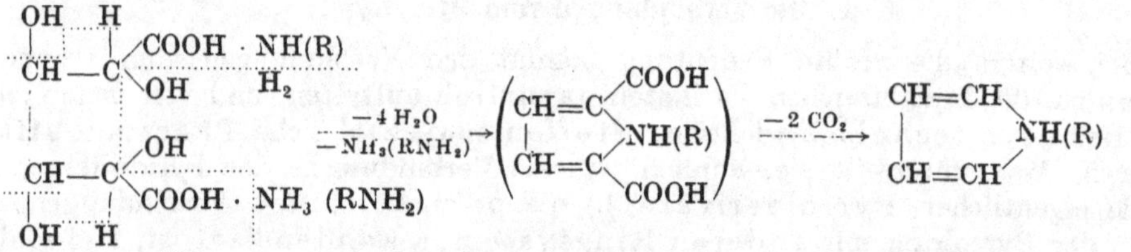

VI

Weniger eindeutig läßt sich dagegen die **Lage der Doppelbindungen** im Pyrrolkern angeben, denn wie bereits die KNORRsche Synthese zeigt, ist neben der normalen *Pyrrolform* (VII) prinzipiell auch die als „*Pyrrolenin*" bezeichnete Form (VIII) möglich:

VII VIII

Zwischen beiden Molekülformen besteht eine Art Ketimin-Enamin-Tautomerie, doch liegt das Gleichgewicht wegen der Mitbeteiligung des ungebundenen Elektronenpaares des Stickstoffs am konjugierten Bindungssystem in VII (S. 772) fast vollständig auf Seiten der normalen Pyrrolform.

Physikalisch zeichnen sich die Pyrrolverbindungen vor allem durch einen auffallend hohen Siedepunkt aus, der beim Pyrrol selbst (Sdp. 130°) um mehr als 40° über dem des gesättigten Pyrrolidins und um 75° über dem des Diäthylamins (gleiche Anzahl von C-Atomen) liegt. Hinsichtlich der Löslichkeitseigenschaften bestehen — abgesehen von der fehlenden Basizität (s. u.) und dem dadurch bedingten Verschwinden der Befähigung zum Abfangen von Säuren — keine wesentlichen Unterschiede gegenüber den Verbindungen der Pyridinreihe. Doch eignen sich die Pyrrolverbindungen nicht zur Verwendung als Lösungsmittel, da sie an der Luft unter Braunfärbung verharzen.

Die **chemischen Umsetzungen** des Pyrrolkerns lassen sich in die folgenden vier Gruppen unterteilen: 1. die Reaktionen der sekundären Aminogruppe, 2. die aromatischen Reaktionen des Pyrrolkerns, 3. die Reaktionen des Pyrrolkerns als Polyolefin und 4. die verschiedenen Ringerweiterungsreaktionen.

Zu 1. Ähnlich wie der Pyronsauerstoff verliert auch der **Pyrrolstickstoff** durch den Einbau in das heterocyclische Bindungssystem weitgehend seine normale Reaktionsfähigkeit. Am auffälligsten ist das fast völlige Verschwinden der Basizität, so daß Pyrrol nicht nur in wässeriger Lösung weitgehend neutral reagiert, sondern auch in wasserfreiem Zustand nicht zur Salzbildung mit Säuren befähigt ist. Lediglich mit sehr starken Säuren, wie z. B. mit Perchlorsäure oder auch Eisen-II-cyanwasserstoffsäure, vermag es salzartige Additionsverbindungen einzugehen, aus denen man aber das Pyrrol nicht mehr unverändert regenerieren kann.

Diese mangelnde Basizität des Pyrrolstickstoffs wird sofort verständlich, wenn man berücksichtigt, daß das ungebundene Elektronenpaar des Stickstoffs zur Bildung des geschlossen konjugierten Bindungssystems des Pyrrolkerns benötigt wird (vgl. II, Kap. 3, III, 4b), also für die Salzbildung nicht mehr ohne weiteres zur Verfügung steht. Beim Übergang in das Oniumion muß daher zunächst der aromatische Bindungszustand aufgehoben und in ein aliphatisches 1,3-Diensystem übergeführt werden, so daß sich die Neutralisationswärme des Pyrrolstickstoffs als die Differenz der Neutralisationsenergie des normalen Aminostickstoffs (ca. 13 kcal) und der Aromatisierungsenergie des Pyrrolkerns (ca. 22 kcal) errechnet:

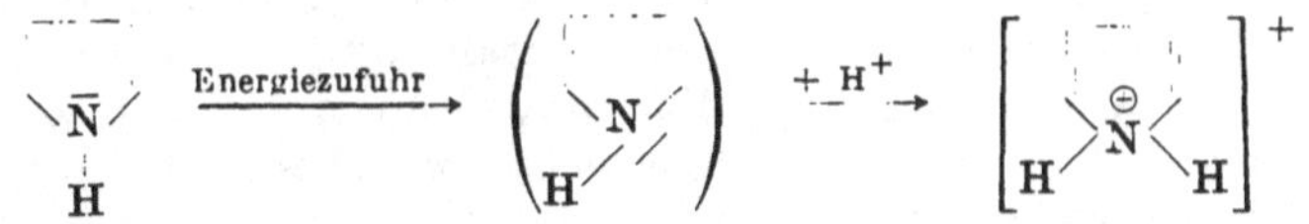

Danach ist die Neutralisation des Pyrrols im Gegensatz zu der des Ammoniaks eine endotherme Reaktion!

Die Verhältnisse liegen also gerade umgekehrt wie bei den Pyronen, bei denen durch die Aromatisierungstendenz des Pyronringes die Neigung des Heteroatoms zur Oniumsalzbildung erhöht wird (vgl. S. 863).

Der verminderten Basizität entspricht eine etwas erhöhte Acidität der Aminogruppe, die etwa die Acidität der alkoholischen Hydroxylgruppe erreicht. Insbesondere vermag Pyrrol mit metallischem Kalium (eigenartigerweise jedoch nicht mit Natrium) unter Wasserstoffentwicklung eine sehr stabile Kaliumverbindung, das **Pyrrolkalium**, zu bilden, das in der üblichen Weise mit Methylierungs- oder Acylierungsmitteln unter Bildung der N-Substitutionsprodukte umgesetzt werden kann (vgl. auch S. 871):

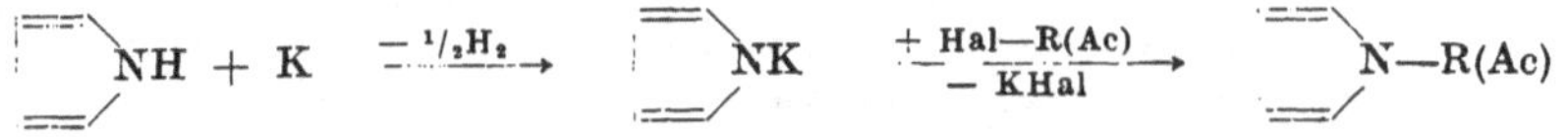

Von den sonstigen Metallderivaten des Pyrrols sind insbesondere die bei der Einwirkung von Grignardverbindungen entstehenden Pyrrolmagnesiumhalogenide C_4H_4NMgX im Hinblick auf die unter 2c beschriebenen Reaktionen von Interesse.

Eine hydrolytische oder anderweitige solvolytische Spaltung der C—N-Bindung erfolgt infolge der Enaminstruktur des Pyrrolstickstoffs etwas leichter als bei den aliphatischen Aminen, läßt sich aber nur in wenigen Fällen in übersichtlicher Reaktion verwirklichen, da mit Säuren, dem eigentlichen Spaltungsmittel für Schiffsche Basen und Enamine, die unter 3 beschriebenen Verharzungen eintreten. Immerhin kann man beim Leiten von Pyrrol- und Wasserdämpfen über Aluminiumoxyd bei 450° die NH-Gruppe in reversibler Reaktion durch Sauerstoff ersetzen (Jurjew 1936):

Pyrrol Furan

Noch auffallender ist das Verhalten des Pyrrolringes gegenüber Hydroxylamin, das trotz der weitgehenden Alkalistabilität der Pyrrolbasen (man kann Pyrrol z. B. über festem Ätznatron trocknen) den Ring in normaler Weise aminolytisch aufspaltet. Hierbei erhält man aus Pyrrol in Umkehr der auf S. 450 beschriebenen Bildungsreaktion Bernsteinsäuredialdehyd, und zwar in Form seines Dioxims, zurück:

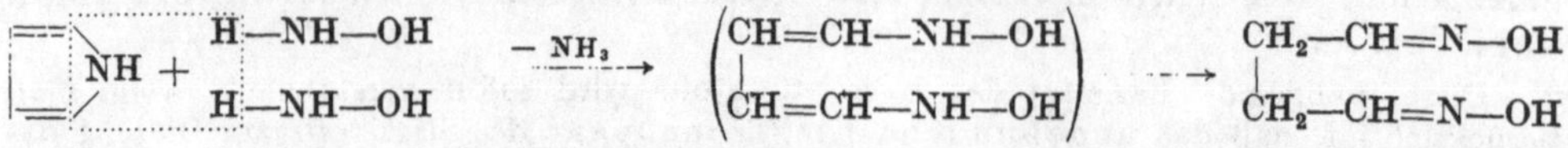

Zu 2. Bei einer Reihe von Reaktionen reagiert das geschlossen konjugierte Bindungssystem des Pyrrolkerns als Ganzes, und wir beobachten ein **phenolaromatisches Verhalten.** Die wichtigsten dieser Umsetzungen sind:

a) die **katalytische Hydrierung,** bei der, ähnlich wie bei der Benzolhydrierung (S. 127), bereits zur Absättigung der ersten Doppelbindung das aromatische Bindungssystem aufgehoben werden muß. Infolgedessen erfordert auch hier die Aufnahme des ersten H_2-Moleküls die Zuführung der gesamten Aromatisierungsenergie und verläuft ziemlich langsam, während die zweite Doppelbindung wie eine normale olefinische Doppelbindung reagiert. Das als Zwischenprodukt zu erwartende Pyrrolin kann daher hier ebensowenig isoliert werden wie Cyclohexen oder Cyclohexadien bei der Benzolhydrierung:

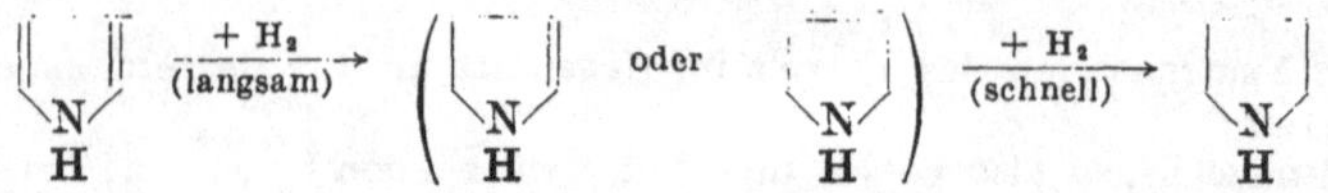

Pyrrol 2-Pyrrolin 3-Pyrrolin Pyrrolidin

Die **Benennung der Hydrierungsprodukte** des Pyrrols und aller von ihm abgeleiteten Heterocyclen geschieht in der Weise, daß die Dihydroverbindungen durch Anhängung der Endung *-in,* und die vollständig hydrierten Tetrahydroverbindungen durch Anhängung der — vom Piperidin (S. 560) als Hexahydropyridin abgeleiteten — Endung *-idin* an den Namen der jeweiligen Pyrrolbase gekennzeichnet werden. Dem *Pyrrolin* und *Pyrrolidin* entsprechen also in der Pyrazolreihe das *Pyrazolin* und *Pyrazolidin* (S. 882), in der Triazolreihe das *Triazolin* und *Triazolidin* (z. B. S. 887) und in der Oxazolreihe das *Oxazolin* und das *Oxazolidin* (z. B. S. 896).

b) eine Reihe von **Substitutionsreaktionen,** die den auf S. 222f. beschriebenen Substitutionsreaktionen des Phenols analog verlaufen, jedoch wegen der unter 3 beschriebenen Verharzungsneigung der Pyrrolbasen in Gegenwart starker Säuren nur auf die in alkalischem oder schwach saurem Medium vor sich gehenden Reaktionen beschränkt sind. Insbesondere läßt sich Pyrrol wie Phenol bereits in Abwesenheit von Katalysatoren halogenieren, mit aromatischen Diazoverbindungen kuppeln, sowie mit Chloroform und Alkali in eine Aldehydoverbindung überführen. Ferner sind die in saurem Medium erfolgende Phenolaldehydbildung mit Hilfe eines Gemisches von HCl und HCN nach Gattermann (S. 438) und die analoge Phenolketonbildung nach Hoesch (S. 438) — sowie in einigen Fällen auch die Substitution nach Friedel-Crafts (S. 932) — bei vorsichtigem Arbeiten auf die Darstellung der entsprechenden Pyrrolderivate übertragbar. Dagegen stieß man bei Versuchen zur Nitrierung und Sulfonierung des Pyrrolkerns bisher auf unüberwindliche Schwierigkeiten. Bei allen Substitutionsreaktionen tritt der neu eintretende Substituent bevorzugt in α- und erst nach deren Besetzung in β-Stellung.

Diese **dirigierende Wirkung** des Pyrrolstickstoffs entspricht vollkommen der Wirkung der außerhalb des Ringes stehenden Aminogruppe auf den Benzolkern des Anilinmoleküls (I), denn das der p-Stellung entsprechende, zum Stickstoff δ-ständige C-Atom ist, wie die etwas verzerrte Formel II für das Pyrrol deutlich erkennen läßt, in dem engeren Pyrrolring auf der andern Seite bereits wieder direkt an den Stickstoff gebunden:

Der Pyrrolstickstoff aktiviert also nicht eigentlich den α-ständigen Kohlenstoff, der als Träger des Heteroatoms auch im Anilin und in den Phenolen nicht aktiviert wird, sondern „um den Ring herum" das α'-ständige C-Atom sowie bei o-Substitution den dem Stickstoff am „nächsten" liegenden β-ständigen Kohlenstoff (in den Formeln durch ein * gekennzeichnet). Es werden also auch hier, wenn man nur in einer Richtung um den Ring herum geht, niemals beide benachbarte C-Atome aktiviert. Dies geht besonders deutlich aus dem auf S. 875 angeführten Beispiel des Indols hervor, in dem die Aktivierung „um den Ring herum" infolge der Anwesenheit des Benzolkerns nicht möglich ist oder zumindest sehr erschwert wird, und das daher nicht mehr in α- sondern nur noch in β-, d. h. in „o-Stellung" zum Stickstoff substituiert werden kann.

Im einfachen Pyrrol erfolgt die Aktivierung jedoch in beiden Richtungen um den Ring herum, und es können daher im Gegensatz zum Anilin sämtliche Kern-C-Atome in „o-" oder „p-Stellung" zum Stickstoff gelangen. Man erhält daher bei der Halogenierung in einem Reaktionsgang die Tetrasubstitutionsprodukte, und auch bei der Kupplungsreaktion ist es ohne Schwierigkeit möglich, beide α-Stellungen gleichzeitig zu besetzen:

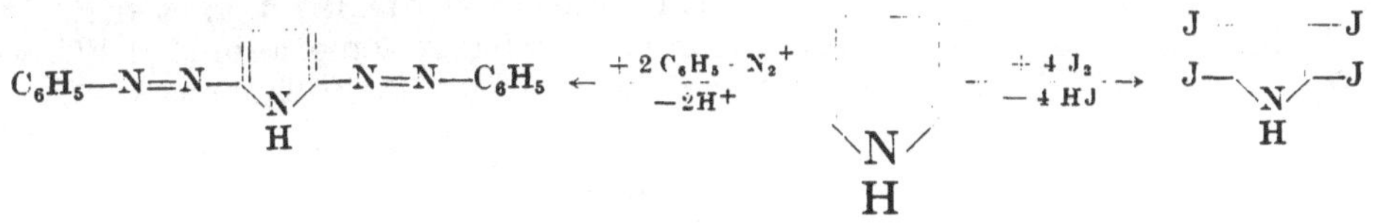

c) Ähnlich wie in der Anilinreihe zeigen auch bei den Pyrrolderivaten die am Stickstoff befindlichen Substituenten die Tendenz zur **Wanderung in den Kern**, wobei wieder die α-Stellung (bzw. genauer um den Kern herum die der p-Stellung entsprechende α'-Stellung) bevorzugt wird. So lagern sich z. B. N-Methylpyrrol bei Rotglut und N-Acetylpyrrol bereits bei einer Temperatur von 250—280° in α-Methyl- bzw. α-Acetylpyrrol um. Diese Wanderungstendenz ist (und zwar ebenfalls wie beim Anilin) besonders stark, wenn sich die N-Substitutionsprodukte in statu nascendi befinden, d. h. man erhält statt der erwarteten N-Substitutionsprodukte häufig direkt die C-Substitutionsprodukte. So kann man z. B. die oben beschriebene Alkylierung und Acylierung des Pyrrolkaliums am Stickstoff nur bei tiefen Temperaturen im gewünschten Sinne durchführen, da sonst der Kern leicht in α-Stellung substituiert wird:

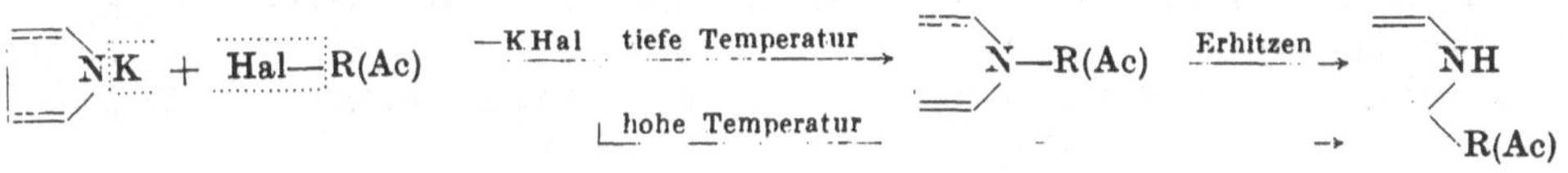

Diese Analogie zu den Verhältnissen beim Anilin geht so weit, daß es u. U. überhaupt nicht mehr gelingt, die N-Substitutionsprodukte darzustellen. Ersetzt man z. B. Pyrrolkalium durch die oben erwähnten Pyrrolmagnesiumhalogenide, so erhält man auch bei den tiefstmöglichen Reaktionstemperaturen ausschließlich die C-Substitutionsprodukte:

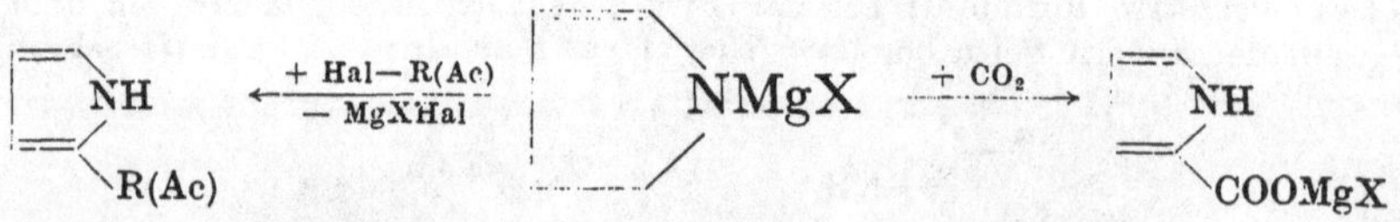

Die angeführte Bildung der Pyrrol-α-carbonsäure kann direkt mit der Kolbeschen Salicylsäuresynthese (S. 488) verglichen werden, bei der man in ähnlicher Weise von dem Salz einer Sauerstoffverbindung ausgeht und ohne erkennbare Zwischenstufe zum C-substituierten Produkt gelangt. Doch ist die Tendenz zur Kernwanderung beim Pyrrol noch etwas größer als in der Phenol- und Anilinreihe, wie aus der Einwirkung von Diazoessigester hervorgeht, der beim Phenol in normaler Weise den Sauerstoff, beim Pyrrol jedoch ebenfalls direkt den α-ständigen Kohlenstoff substituiert:

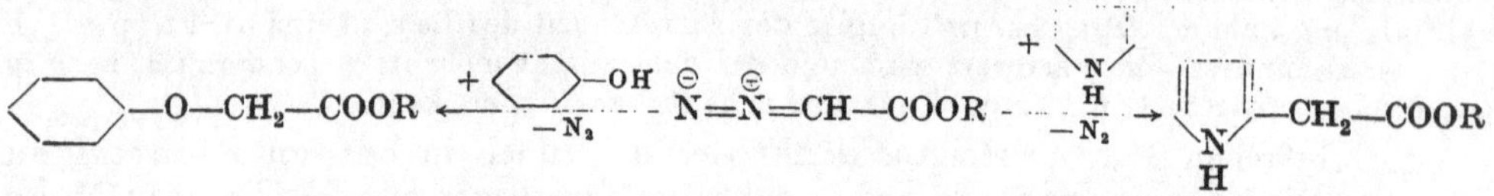

Zu 3. Ähnlich wie beim Pyridin kennt man auch in der Pyrrolreihe eine Anzahl von Umsetzungen, bei denen die **olefinischen Doppelbindungen des Pyrrolkerns** gesondert in Reaktion treten, wenn auch ihre normale Reaktionsfähigkeit wesentlich abgeschwächt ist. So reagiert z. B. der Pyrrolring bei der Einwirkung von nascierendem Wasserstoff wie ein normales Diolefin, d. h. es tritt 1,4-Addition (in diesem Falle Anlagerung in α, α'-Stellung) von einem Mol Wasserstoff unter Bildung eines Pyrrolins mit 3,4-ständiger Doppelbindung[1]) ein:

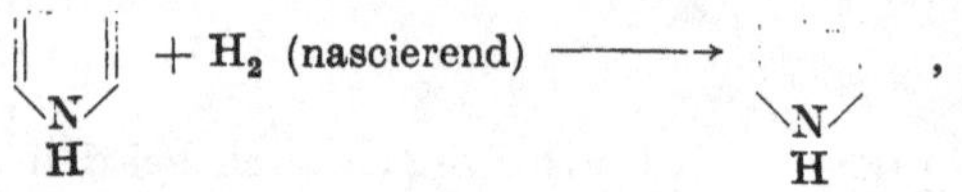

das hier (im Gegensatz zur oben beschriebenen Reduktion mit katalytischem Wasserstoff) als Endprodukt der Hydrierung entsteht, weil die isolierte Doppelbindung durch nascierenden Wasserstoff nicht angegriffen wird. Die Verhältnisse liegen also ähnlich wie bei der Hydrierung des Naphthalins mit katalytischem und nascierendem Wasserstoff (S. 816).

Noch deutlicher tritt der Polyolefincharakter bei der Einwirkung von Säuren zu Tage, da diese das aromatische System durch Salzbildung zerstören (S. 869) und dann eine Polymerisation der empfindlichen 1,3-Diene auslösen. Sämtliche Pyrrolverbindungen sind daher ausgesprochen säurelabil und gehen mit konzentrierten Mineralsäuren in mehr oder weniger stark farbige Verharzungsprodukte über. Infolge dieser Verharzungsneigung ist es auch nicht möglich, aus den oben beschriebenen salzartigen Additionsverbindungen des Pyrrols die Base unverändert zu regenerieren, sowie den Pyrrolkern in normaler Weise zu nitrieren oder zu sulfonieren.

---

[1]) Der Konstitutionsbeweis wurde durch Ozonidspaltung zur Aminodiessigsäure (S. 586) geführt (Gleichung formulieren!).

Eine derartige Bildung farbiger Verharzungsprodukte läßt sich besonders schön beobachten, wenn man einen mit Salzsäure getränkten Fichtenspan in die Dämpfe von Pyrrolbasen hält. Die hierbei auftretende intensive Rotfärbung dient als wichtiger Nachweis für Pyrrolderivate (*Fichtenspanreaktion*).

Zu 4. Der Pyrrolkern zeigt eine eigenartige Neigung, unter Einschiebung eines C-Atoms zwischen die α- und β-ständige Methingruppe eine **Ringerweiterung** zum Pyridinkern zu erleiden. So tritt z. B. bei der Einwirkung von Chloroform und Natriumäthylat auf Pyrrol nur in der Kälte die Aldehydsynthese nach REIMER und TIEMANN (vgl. S. 224) (zu V) ein, während in der Wärme Eingliederung einer C—Cl-Gruppe zum α-Chlorpyridin (IV) erfolgt.

Einen Einblick in den Mechanismus dieser Reaktion gibt die Umlagerung von Benzylpyrrol (I) in β-Phenylpyridin (II), die beim Leiten der Dämpfe durch ein glühendes Rohr vor sich geht. Danach wird bei dieser Ringerweiterung jeweils das erste, in den folgenden Formeln durch Fettdruck hervorgehobene C-Atom einer α-ständigen Seitenkette unter gleichzeitiger Abspaltung von einem Mol Wasserstoff in den Ring eingegliedert. Dies würde im Falle der Einwirkung von Chloroform und Äthylat bedeuten, daß die erste Reaktionsphase noch in gleicher Weise wie bei der Aldehydsynthese vor sich geht, und daß erst das hierbei entstehende, in beiden Fällen als Zwischenprodukt zu erwartende α-Dichlormethyl-pyrrol (III) unter HCl-Abspaltung die Ringerweiterung erleidet:

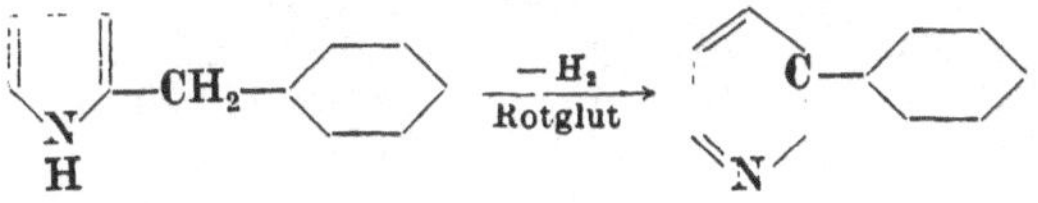

I II

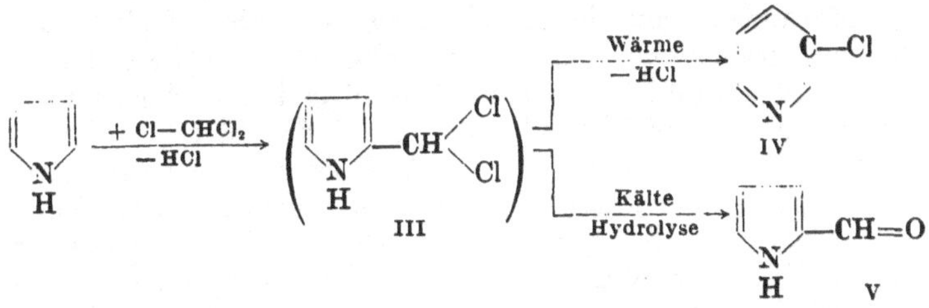

III IV V

Einzelverbindungen. Pyrrol kommt im Steinkohlenteer vor und kann aus der Benzolfraktion durch Behandeln mit metallischem Kalium ausgezogen werden. Doch zieht man zu seiner Darstellung meistens die erwähnte Brenzung von schleimsaurem Ammonium vor. Es kann mit Hilfe der oben beschriebenen Reaktionen in zahlreiche Derivate übergeführt werden, von denen das bei der Jodierung entstehende *Tetrajodpyrrol* (S. 871) unter der Bezeichnung **Jodol** Anwendung als Desinfektionsmittel findet.

Höhere Homologen des Pyrrols sowie Pyrrolcarbonsäuren sind in großer Zahl bekannt und auch synthetisch dargestellt worden. Sie sind jedoch ausschließlich für die Konstitutionsermittlung der Blut- und Blattfarbstoffe von Interesse und werden daher erst im Zusammenhang mit diesen behandelt (vgl. **III**, Kap. 2, VII).

Komplizierteren natürlichen Pyrrolderivaten mit nicht kondensierten, z. T. hydrierten Pyrrolkernen werden wir später in den Blut- und Blattfarbstoffen (**III**, Kap. 2, VII), in der Eiweißaminosäure Prolin (**III**, Kap. 7, I, 1) und in den Alkaloiden der Nicotinreihe (**III**, Kap. 7, III, 4) begegnen.

b) Das Indol und seine Derivate

Von den beiden möglichen Monobenzopyrrolen, dem

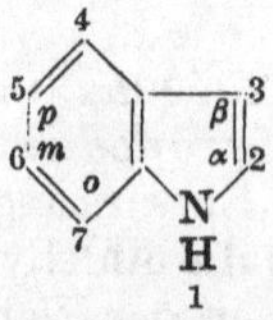

2,3-Benzopyrrol oder Indol

und dem

3,4-Benzopyrrol

hat nur das 2,3-Benzopyrrol praktische Bedeutung erlangt. Es hat als Grundverbindung des Indigos, aus dem es erstmals von A. v. BAEYER im Jahre 1873 dargestellt wurde, den Trivialnamen Indol erhalten und kommt in Form seiner Derivate ziemlich häufig in der Natur vor.

Die **Konstitutionsaufklärung** des Indols erfolgte im Zusammenhang mit der des Indigos (**III**, Kap. 2, V, 1), so daß wir uns an dieser Stelle mit der Anführung der einfachsten der zahlreichen Indolsynthesen begnügen wollen, die jedoch für die Struktur bereits absolut beweisend ist und auch die Möglichkeit der Tautomerie zwischen einer Indolenin- und der normalen Indolform erkennen läßt:

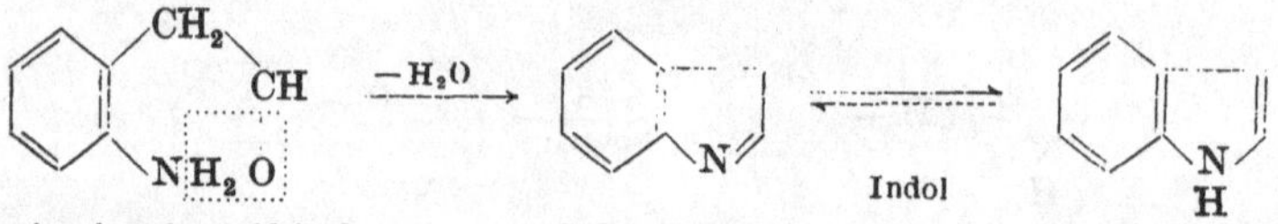

o-Aminophenylacetaldehyd Indoleninform Indol Normalform

Die **Darstellung** des Indols und seiner einfachen Derivate geschieht meistens nach anderen Methoden, von denen vor allem eine von E. FISCHER eingeführte Synthese größere praktische Bedeutung erlangt hat. Sie beruht auf einer eigenartigen, unter Abspaltung von Ammoniak erfolgenden Umlagerung der Phenylhydrazone aliphatischer Oxoverbindungen, die beim Erhitzen mit Zinkchlorid, Kupfer-I-chlorid und anderen Schwermetallhalogeniden vor sich geht. Die Reaktion führt im Sinne der folgenden Gleichungen bei Verwendung von Acetaldehyd-phenylhydrazon (I, R = H) zum Indol selbst, während die Phenylhydrazone höherer Aldehyde (I, R = Alkyl oder Aryl) α-, die Phenylhydrazone von Methylketonen (II, R = H, R′ = Alkyl oder Aryl) β- und die von beiderseits höheren Ketonen (II, R und R′ = Alkyl oder Aryl) α- und β-substituierte Derivate liefern:

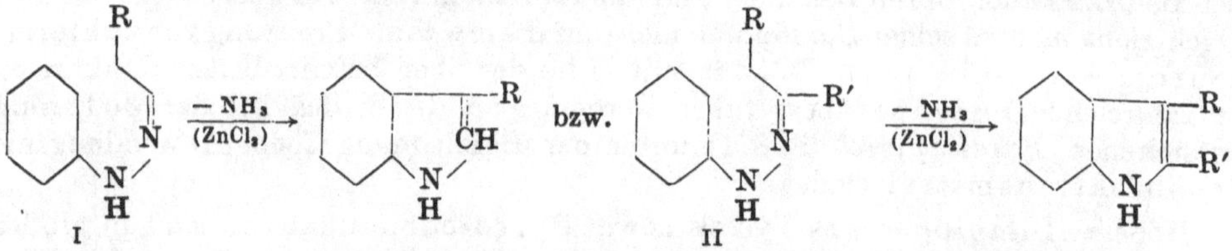

I bzw. II

Der Mechanismus dieser Reaktion ist relativ schwierig zu deuten. Man nimmt im allgemeinen an, daß in der ersten Reaktionsphase eine Art Benzidin- (bzw. genauer Diphenylin-) Umlagerung (S. 601) der Enaminform des Phenylhydrazons (III) stattfindet, bei der unter Spaltung der N—N-Bindung das o-ständige C-Atom des Benzolkerns mit dem „o-", d.h. hier dem zum Stickstoff β-ständigen C-Atom der Oxoverbindung zu dem Diamin IV verbunden wird. Dieses erleidet dann anschließend in der auf S. 557 beschriebenen Weise Ringschluß zum cyclischen sekundären Amin V:

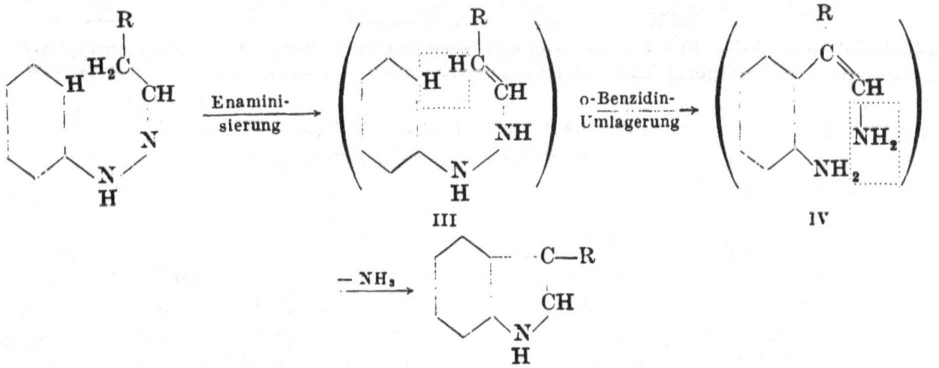

III IV V

Einige weitere, praktisch wichtige Synthesen des Indolringes werden wir später in den verschiedenen Verfahren zur Indigogewinnung kennenlernen (**III**, Kap. 2, V, 1).

Die **chemischen Reaktionen** des Indolsystems können unterteilt werden in 1. die Reaktionen des Pyrrolkerns und 2. die Reaktionen des Benzolkerns:

Zu 1. Die Umsetzungen des **Pyrrolkerns** stimmen im wesentlichen mit den oben beschriebenen Reaktionen des einfachen Pyrrols überein. So kann man in gleicher Weise eine Kaliumverbindung gewinnen, die mit Alkylierungs- oder Acylierungsmitteln in die N-substituierten Verbindungen übergeht, während bei Verwendung von Indol-magnesiumhalogeniden auch hier der Kohlenstoff — und zwar infolge der Anwesenheit des Benzolkerns nur in „o-Stellung" zum Stickstoff, d. h. in β-Stellung des Pyrrolringes (vgl. S. 871) — substituiert wird:

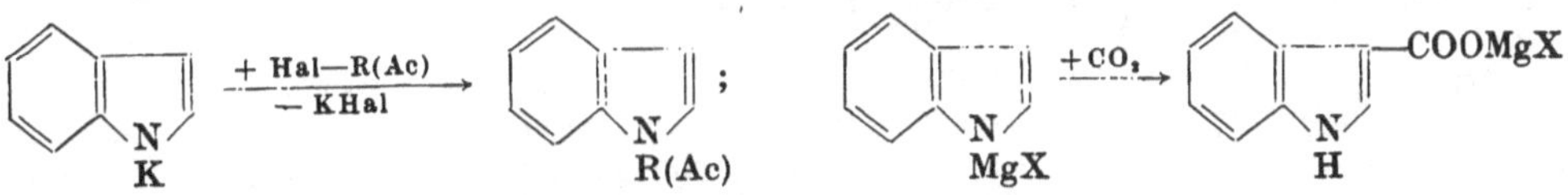

Auch die anderen Substitutionsreaktionen führen nur zu β-substituierten Verbindungen, lassen sich aber im übrigen, ebenso wie die verschiedenen Möglichkeiten der Ringerweiterung, in gleicher Weise wie beim Pyrrol durchführen.

Die Instabilität des Indols gegenüber Säuren ist etwas geringer als die des Pyrrols, so daß erst bei höherer Temperatur Verharzung eintritt. Doch sind — mit Ausnahme eines Pikrates, dem wahrscheinlich jedoch ebenfalls keine Salzstruktur sondern die Konstitution einer zwischenmolekularen Additionsverbindung zukommt (vgl. **II**, Kap. 6, III, 1b) — auch hier keine Salze mit Säuren bekannt.

Abweichend vom Pyrrol ist das Indol zu einigen **Kondensationsreaktionen** befähigt, die sich am besten über die Indoleninform erklären lassen. Diese enthält als Ketimin in β-Stellung zum Stickstoff eine aktive Methylengruppe und setzt sich daher mit Salpetrigsäureestern in alkalischem Medium zu einem Oxim (I) und mit Carbonylverbindungen zu β-Alkyliden-indoleninen (II) um:

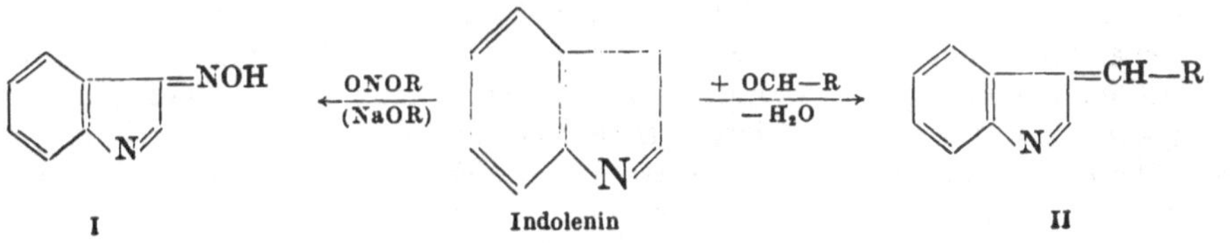

I Indolenin II

Zu 2. Der **Benzolkern** des Indols ist wesentlich reaktionsträger als der Pyrrolring und tritt daher normalerweise bei den Substitutionsreaktionen nicht in Erscheinung, obgleich der Stickstoff als „Anilinstickstoff" prinzipiell die eintretenden Substituenten auch in ihn dirigieren kann. Erst wenn die reaktionsfähigeren Stellen des Pyrrolkerns besetzt sind, wie es z. B. im Indigo der Fall ist, erhält man bei den üblichen Substitutionsreaktionen die im Benzolkern substituierten Derivate, wobei bevorzugt die p-Stellung zum Stickstoff besetzt wird.

Einzelverbindungen. Indol (Smp. 53°, Sdp. 253°) kommt neben Pyrrol im Steinkohlenteer vor und kann aus der Mittelölfraktion durch Behandlung mit metallischem Kalium ausgezogen werden. Praktisch wird es jedoch meistens aus dem für die Indigosynthese benötigten Indoxyl durch Reduktion gewonnen und dient als Ausgangsmaterial für die Synthese anderer Indolderivate, z. B. zur Tryptophansynthese (**III**, Kap. 7, I, 1). Ferner findet es infolge seines in reinem Zustand angenehm blumenartigen Geruches in der Riechstoffindustrie Anwendung.

β-Methylindol führt den Trivialnamen *Skatol.* Es tritt als biochemisches Abbauprodukt des Tryptophans natürlich auf und bildet den Hauptgeruchsträger der Fäzes. Seine Synthese erfolgt am besten aus Propionaldehyd-phenylhydrazon nach E. FISCHER (vgl. die auf S. 874 angeführte Gleichung I für $R=CH_3$).

α-Oxyindol, kurz **Oxindol** genannt, ist tautomer mit dem Lactam der o-Aminophenylessigsäure (IX) und kann daher direkt durch Reduktion der o-Nitrophenylessigsäure (VIII) gewonnen werden:

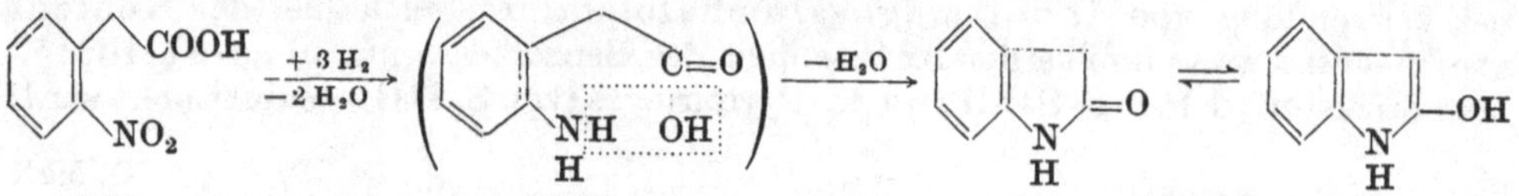

VIII IX Oxindol

Oxindol hat als Zwischenprodukt der Reduktion von Isatin zu Indol eine gewisse Rolle bei der Konstitutionsaufklärung des Indigos gespielt (vgl. **III**, Kap. 2, V, 1), ist aber wegen der ungünstigen Stellung des Sauerstoffs für die Indigogewinnung ohne Bedeutung geblieben.

Wesentlich wichtiger für diesen Zweck ist dagegen *β-Oxindol*, das allgemein **Indoxyl** genannt wird und bei zahlreichen Indigosynthesen als Zwischenprodukt entsteht, so daß wir auf seine wichtigsten Darstellungsmethoden erst später (**III**, Kap. 2, V, 1) eingehen werden. Es tritt ebenfalls in mehreren tautomeren Formen auf, von denen die Oxoform (X) im kristallisierten Indoxyl als einheitliche Verbindung (Smp. 85°) gewonnen werden kann und sich chemisch in zahlreichen Kondensationsreaktionen der aktiven Methylengruppe zu erkennen gibt:

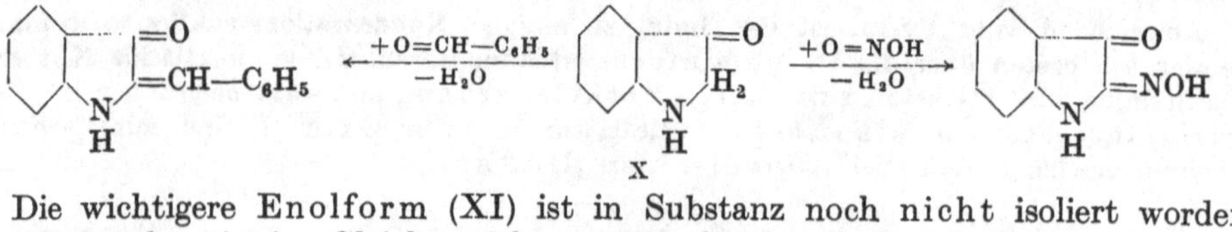

X

Die wichtigere Enolform (XI) ist in Substanz noch nicht isoliert worden. Ihr Vorhandensein im Gleichgewichtsgemisch kann jedoch an der Rotfärbung einer alkoholischen Indoxyllösung mit Eisen-III-chlorid nachgewiesen werden. Ferner kann man sie in Form einiger Derivate stabilisieren, von denen das Glykosid **Indican** sowie die im Harn auftretende **Indoxylschwefelsäure** (*Harn-indican*) als natürliche Vorstufen des Indigos von Interesse sind:

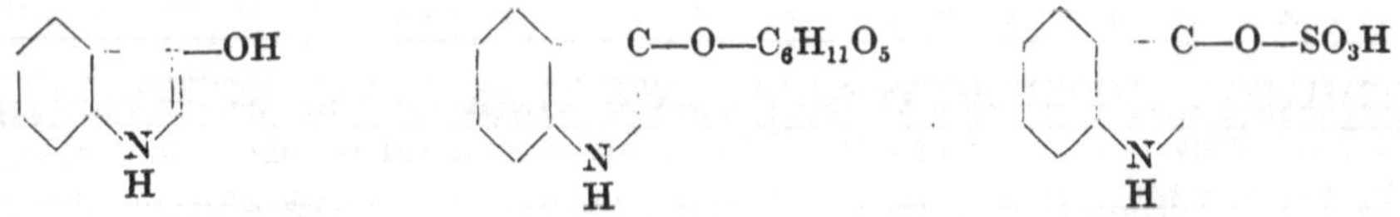

XI Indican Indoxyl-schwefelsäure (Harn-indican)

Die Enolform des Indoxyls (XI) besitzt eine Endiol- (bzw. genauer Enol-amin-)Gruppierung und ist daher insbesondere in alkalischer Lösung außerordentlich leicht oxydierbar. Nur entsteht als Oxydationsprodukt statt des erwarteten Indolenin-ons eine Verbindung von doppeltem Molekulargewicht, der bekannte Farbstoff **Indigo**:

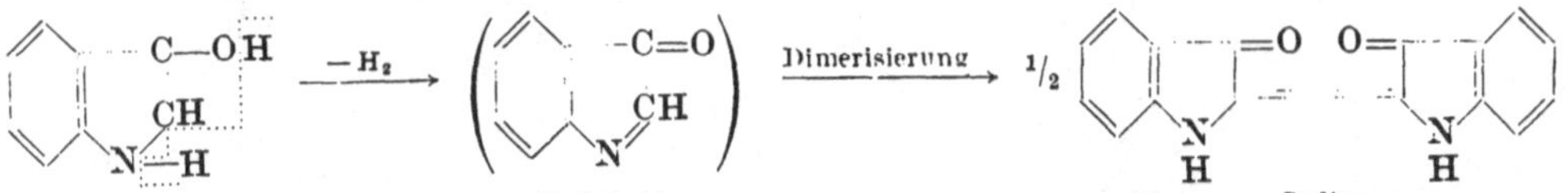

XI Indoleninon Indigo

Auch ein *Dioxyindol* (**Dioxindol**) ist bekannt. Es tritt bei der Reduktion des Isatins mit Zink und Salzsäure noch vor dem Oxindol als erstes Reduktionsprodukt auf, wird aber infolge seiner Endiolstruktur in alkalischer Lösung leicht wieder zum Isatin als dem zugehörigen Diketon zurückoxydiert. Ferner kann es in Analogie zum Oxindol durch Reduktion von o-Nitromandelsäure gewonnen werden:

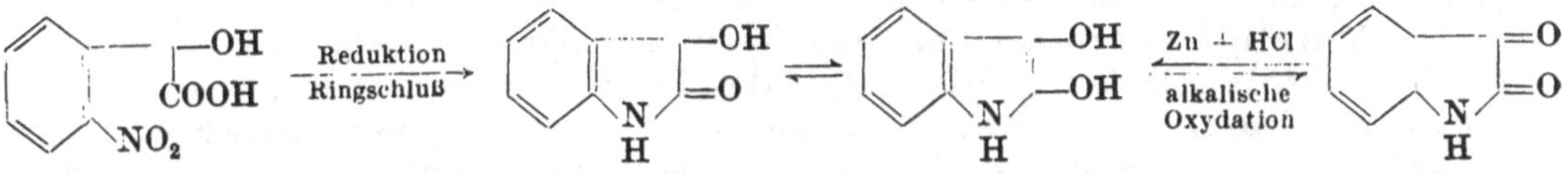

o-Nitromandelsäure Dioxindol Isatin

Isatin, das Oxydationsendprodukt des Indols, entsteht beim oxydativen Abbau des Indigos und anderer natürlicher Indolderivate. Es hat daher eine wichtige Rolle bei der Konstitutionsaufklärung des Indigos gespielt. Seine Konstitution geht einerseits aus der stufenweisen Reduktion über das Dioxindol und Oxindol zum Indol, andererseits aus der den angeführten Synthesen des Oxindols und Dioxindols analogen Synthese aus o-Nitrophenyl-glyoxyl-säure hervor:

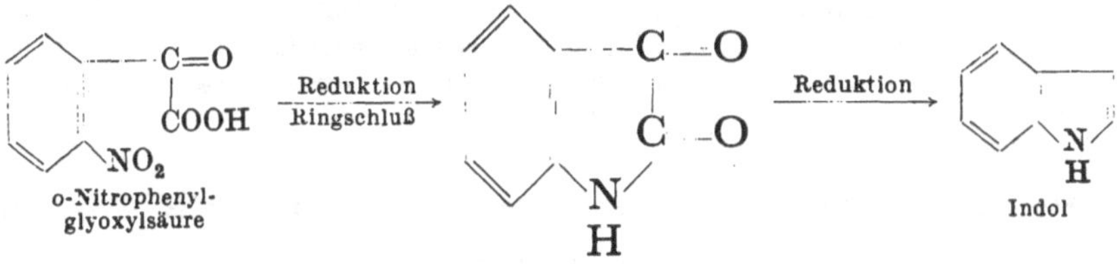

o-Nitrophenyl-glyoxylsäure Isatin Indol

Isatin verhält sich in gewissem Sinne wie ein „Chinon" des Indols. Insbesondere die im Gegensatz zu anderen α-Ketocarbonsäurederivaten intensiv gelbrote Farbe und die nahen Beziehungen zum Dioxindol sind typische Chinoneigenschaften.

Weiteren interessanten Indolderivaten werden wir später in der Eiweißaminosäure Tryptophan (**III**, Kap. 7, I, 1), die ohne Zweifel die Muttersubstanz sämtlicher natürlicher Indolverbindungen darstellt, und im pflanzlichen Wuchsstoff Heteroauxin (**III**, Kap. 8, I) begegnen.

c) Das Carbazol und andere polycyclische Pyrrolderivate

Das Dibenzo-pyrrol wird **Carbazol** genannt und kommt im Steinkohlenteer vor. Es kann aus der Anthracenölfraktion wiederum durch Behandlung mit Kalium abgetrennt werden, läßt sich aber leichter synthetisch herstellen als Pyrrol und Indol. Dies geht insbesondere aus den beiden folgenden, auf bereits früher besprochenen Reaktionen beruhenden Darstellungsweisen hervor, die gleichzeitig beweisend für die Konstitution sind:

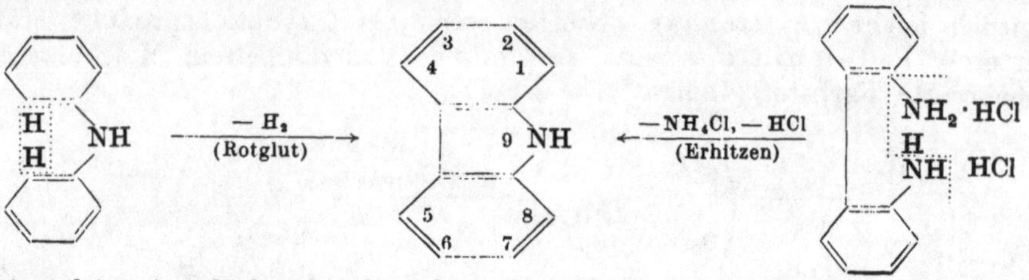

Carbazol ist ein sehr hochschmelzender (238°) und -siedender (355°) Körper, der infolge des Einbaues der Pyrroldoppelbindungen in zwei Benzolkerne auch Säuren gegenüber keine Olefineigenschaften mehr zeigt, so daß man an ihm — in Analogie zu den Verhältnissen beim Fluoren (S. 836) — die eigenartige Reaktionsfähigkeit der NH-Gruppe besser studieren kann. Hierbei ergibt sich, daß der Pyrrolstickstoff sehr starken Säuren gegenüber prinzipiell zur Salzbildung befähigt ist, daß aber die Salze durch Wasser sofort hydrolysiert werden.

Die Metallderivate des Carbazols lassen sich ähnlich leicht darstellen wie die des Pyrrols und des Indols, gehen aber bei der Alkylierung und Acylierung infolge der Blockierung der C-Atome des Pyrrolkerns ausschließlich in die N-Substitutionsprodukte über (Gleichungen formulieren!).

Carbazol findet in der Technik Verwendung zur Herstellung von Farbstoffen.

Auch mit einem Pyridinkern kann der Pyrrolring kondensiert werden, wie die folgenden beiden Beispiele zeigen:

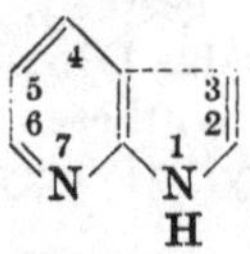

Pyrindol

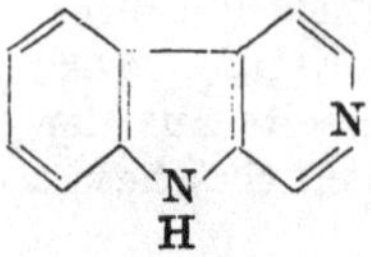

Carbolin

Insbesondere das **Pyrindol** verhält sich dem Indol sehr ähnlich, z. B. kann es in analoger Weise in einen Pyridylindigo (formulieren!) übergeführt werden. Das **Carbolin** ist als Bestandteil einiger Alkaloide (**III,** Kap. 7, III, 7) von Interesse.

d) Die fünfgliedrigen Ringsysteme mit mehreren N-Atomen

α) Allgemeines

Ersetzt man im Pyrrolkern eine oder mehrere Methingruppen durch N-Atome, so kommt man zu einer Reihe weiterer Ringsysteme, die als *Azapyrrole* allgemein durch die Endung *„azol"* gekennzeichnet werden:

Pyrazol

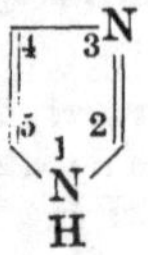

Imidazol

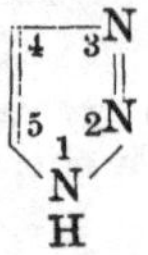

1,2,3-Triazol

1,2,4-Triazol

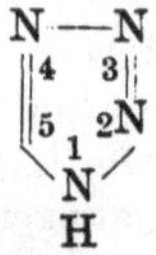

Tetrazol

Sie kommen mit Ausnahme des Imidazols nicht natürlich vor, da sie N—N-Bindungen enthalten (vgl. S. 590), sind aber häufig physiologisch wirksam, so daß sich wichtige Pharmazeutika von ihnen ableiten. Auch in der Farbenindustrie finden einige Verbindungen dieser Reihe technische Anwendung.

Die **Darstellung** der Ringsysteme erfolgt stets auf synthetischem Wege, wofür insbesondere zwei allgemein anwendbare Methoden zur Verfügung stehen, die gleichzeitig für die Konstitution der entstehenden Ringsysteme beweisend sind:

1. die zweifache Kondensation von Diaminoverbindungen mit Carbonyl- oder Nitrosoverbindungen, von der im wesentlichen die folgenden vier Reaktionstypen bekannt sind:

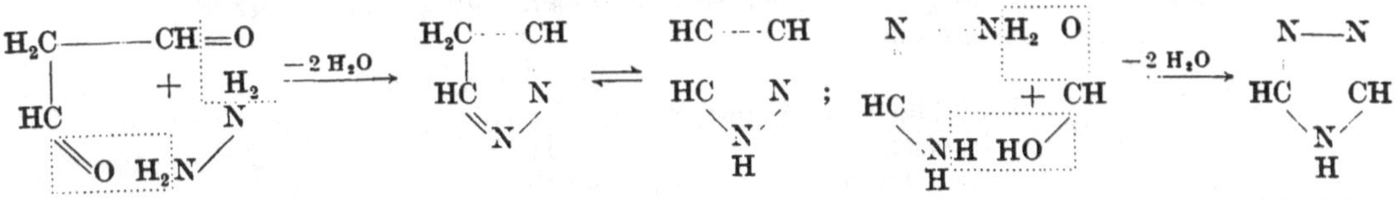

Pyrazol 1,2,4-Triazol

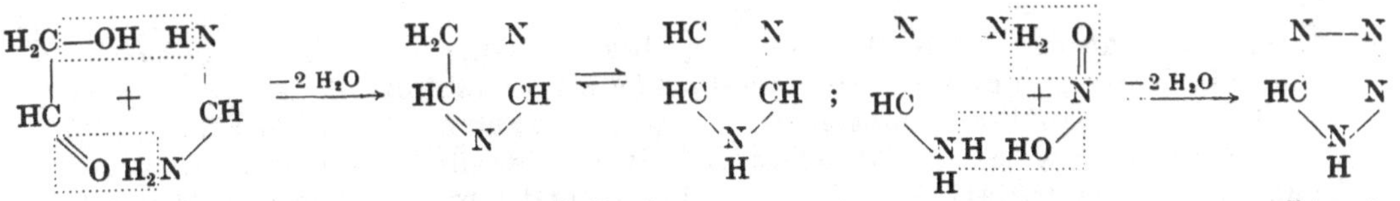

Imidazol Tetrazol

und **2.** die bereits erwähnte Addition von aliphatischen Diazoverbindungen an Acetylene zu Pyrazolderivaten (S. 611), die man nach Ersatz beider Reaktionskomponenten durch ihre „Azaderivate" (Stickstoffwasserstoffsäure und Blausäure) ebenfalls zum Aufbau von Ringen mit mehr als zwei N-Atomen verwenden kann:

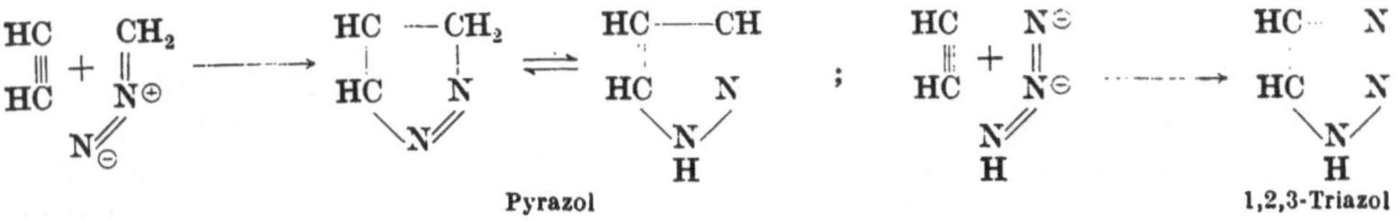

Pyrazol 1,2,3-Triazol

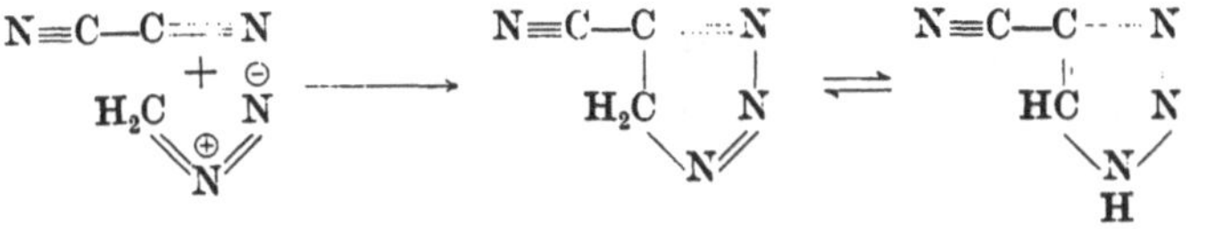

4-Cyan-1,2,3-triazol

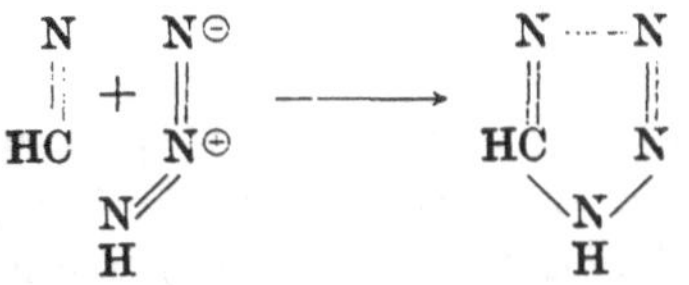

Tetrazol

In allen diesen Ringsystemen übt die Aromatisierung einen derart stabilisierenden Einfluß auf die N—N-Bindungen aus, daß wir in ihren Derivaten die beständigsten Verbindungen mit einer längeren Stickstoffkette vor uns haben, die sogar das Pyrrol selbst an Stabilität weit übertreffen. Die Siede- und auch Schmelzpunkte steigen mit der Zahl der N-Atome stark an.

Hinsichtlich ihres **chemischen Verhaltens** ist vor allem der verschiedenartige Charakter der beiden Arten von N-Atomen bemerkenswert. Der Stickstoff der sekundären Aminogruppe zeigt die gleiche Reaktionsfähigkeit wie im Pyrrol, d. h. er reagiert nicht mehr basisch, und der an ihm befindliche Wasserstoff kann leicht durch Metall ersetzt werden. Demgegenüber ist der Azastickstoff infolge des gleichartigen Bindungszustandes wie im Pyridin ausgesprochen basisch und zur Bildung von Salzen mit Säuren, sowie auch von N-Alkyl-ammoniumsalzen, befähigt. Allerdings sinkt die Basizität infolge der Anhäufung negativer Atome mit steigendem Stickstoffgehalt stark ab, wie aus der folgenden Zusammenstellung der p_K-Werte der Basen mit zusammenhängender Stickstoffkette hervorgeht:

	p_K (basisch)
Pyridin (zum Vergleich)	8,77
Pyrazol	11,53
1,2,3-Triazol	~ 15,0 [1]
Tetrazol	unmeßbar groß

Da die N-Atome durch Wanderung des Protons und Verschiebung der Doppelbindungen ihre Funktionen untereinander austauschen können, beobachtet man bei sämtlichen Verbindungen der Reihe eine **Tautomerie** zwischen einerseits mehreren gleichwertigen *Pyrrolformen*, in denen jeweils eines der N-Atome die Funktion des Pyrrolstickstoffs übernimmt, andererseits mehreren, ebenfalls untereinander gleichwertigen *Pyrroleninformen*, die nur Aza-N-Atome und daneben eine aktive Methylengruppe im Molekül enthalten:

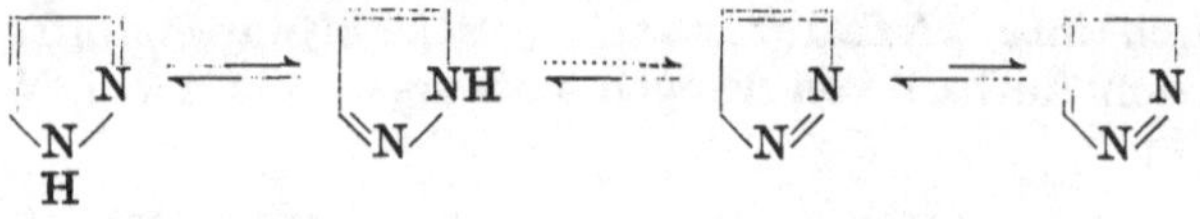

Pyrrolformen des Pyrazols   Pyrroleninformen des Pyrazols

Die beiden Pyrrolformen werden beim Pyrazol und Imidazol infolge der Ringsymmetrie identisch, so daß hier die Tautomerie verschwindet. Sie tritt jedoch bei unsymmetrischer Ringsubstitution sofort wieder in Erscheinung und kommt dann insbesondere darin zum Ausdruck, daß die in 3- und 5-Stellung monosubstituierten Pyrazole sowie die in 4- und 5-Stellung monosubstituierten Imidazole wechselseitig ineinander übergehen und daher jeweils zu einer einzigen Substanz verschmelzen:

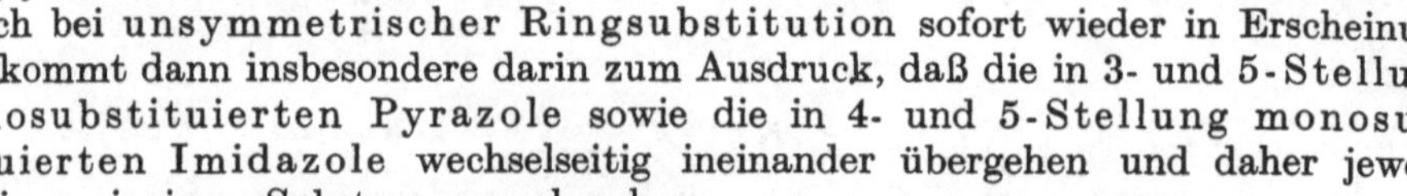

3-Methyl-pyrazol   5-Methyl-pyrazol   4-Methyl-imidazol   5-Methyl-imidazol

Erst bei den Verbindungen mit mehr als zwei N-Atomen beobachtet man auch bei den nicht-substituierten Heterocyclen Tautomerie zwischen verschiedenartigen Pyrrol-Formen, wie am Beispiel des 1,2,3-Triazols gezeigt sei:

[1]) Vom Verfasser auf Grund der Tatsache geschätzt, daß die Base nur in wasserfreiem Medium zur Bildung von Salzen mit starken Mineralsäuren befähigt ist.

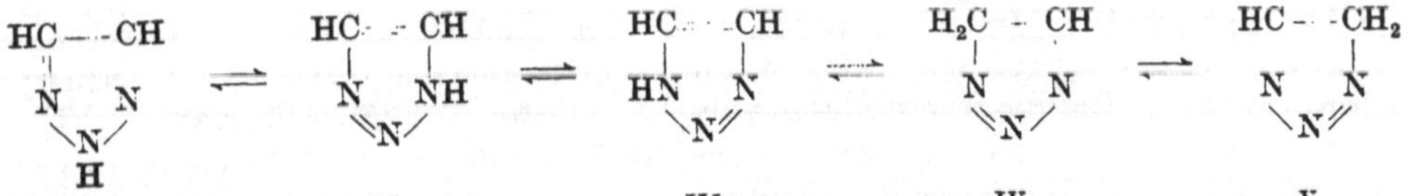

I II III IV V

Danach unterscheidet sich die Pyrrolform I von den Pyrrolformen II und III auch im nicht-substituierten Triazol, während II und III sowie die Pyrroleninformen IV und V identisch sind, so daß ihre C_4- oder C_5-Substitutionsprodukte nicht mehr voneinander getrennt werden können.

Geht man schließlich von den neutralen Verbindungen zu den Ionen über, so sind insbesondere beim Pyrazol und Imidazol sowohl in den durch Anlagerung eines Protons an den pyridinartigen Stickstoff entstehenden Kationen als auch in den durch Abdissoziation des Pyrrolwasserstoffs entstehenden Anionen jeweils beide N-Atome an gleichartige Atomgruppen gebunden und unterscheiden sich nur in der Elektronenanordnung. Die Tautomerie geht hier also in eine Mesomerie über:

mesomere Formen des Pyrazol-Kations

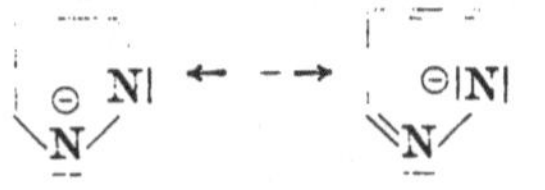

mesomere Formen des Pyrazol-Anions

Abgesehen von diesen Tautomerieverhältnissen reagieren die Azapyrrole dem Pyrrol sehr ähnlich und zeigen insbesondere in gleicher Weise einen phenolaromatischen Charakter. Lediglich Säuren gegenüber sind sie trotz Vorliegens einer Enamingruppierung wesentlich stabiler, was wahrscheinlich auf den stärkeren Mesomerieeffekt in den entstehenden Kationen (vollständiger Valenzausgleich zwischen energiegleichen Grenzstrukturen) zurückzuführen ist.

β) Das Pyrazol und seine Derivate

Die Pyrazolabkömmlinge haben als einzige Verbindungen dieser Reihe eine größere praktische Bedeutung erlangt, da ihnen die wichtigen Pharmazeutika der Antipyrinreihe und einige technische Farbstoffe angehören.

Die Grundverbindung der Reihe, das **Pyrazol** selbst, kann mit Hilfe der oben beschriebenen Reaktionen — z. B. durch zweifache Kondensation von Malonsäuredialdehyd mit Hydrazin oder durch Anlagerung von Acetylen an Diazomethan (Gleichungen s. S. 879) — gewonnen werden. Doch zieht man für seine Darstellung meistens die Umsetzung von Propargyl-aldehydacetal mit Hydrazin vor, die teils im Sinne einer Kondensation, teils im Sinne einer Addition vor sich geht:

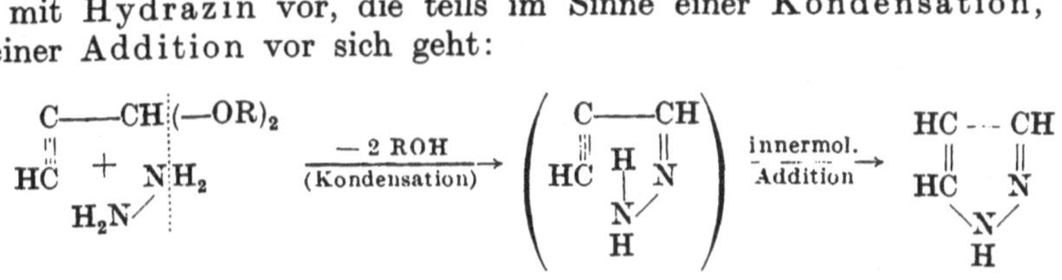

Pyrazol

Pyrazol ist eine ziemlich beständige, schwach basisch reagierende Substanz mit einem für die Molekülgröße ungewöhnlich hohen Schmelz- (70°) und Siedepunkt (187°). Sie unterscheidet sich vom Pyrrol hauptsächlich durch ihre Basizität vgl. S. 880 und die wesentlich größere Säurestabilität (s. o.). Pyrazol und seine Derivate können infolgedessen im Gegensatz zum Pyrrol nitriert und sulfoniert werden. Im übrigen zeigen sie den gleichen phenolaromatischen Charakter wie die Pyrrolverbindungen und dienen in gleicher Weise als Kupplungskomponenten für die Darstellung von Azofarbstoffen (vgl. **III**, Kap. 2, VI).

Die Hydrierungsprodukte des Pyrazols, das **Pyrazolin** und das **Pyrazolidin** (bezüglich Nomenklatur, vgl. S. 870), enthalten im Gegensatz zu dem durch die Aromatisierung stabilisierten Pyrazol ein normales reaktionsfähiges Hydrazinsystem. Sie können daher nicht durch Hydrierung von Pyrazol gewonnen werden, denn die N—N-Bindung des Reaktionsproduktes wird schneller angegriffen als der ursprüngliche Pyrazolkern. Man stellt sie meistens direkt nach dem für die Pyrazolsynthese gebräuchlichen Verfahren durch Verwendung entsprechend hydrierter Ausgangsmaterialien dar:

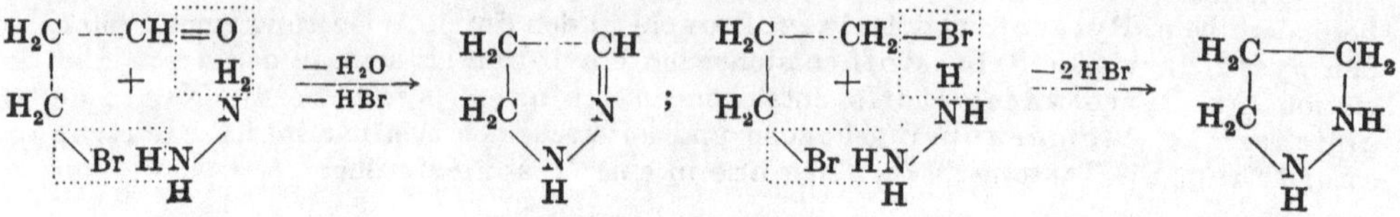

Pyrazolin-2 Pyrazolidin

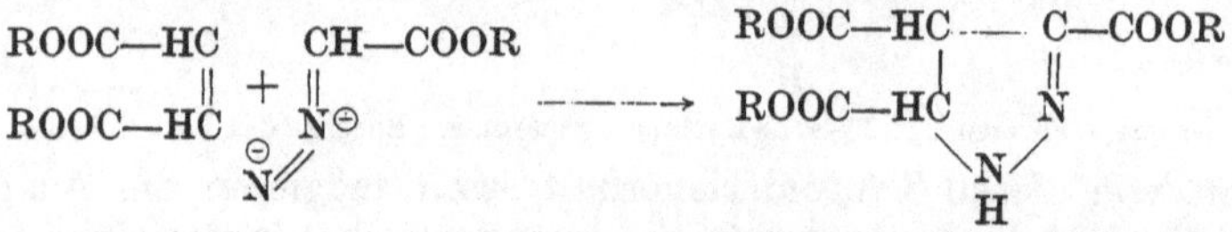

Pyrazolin-tricarbonsäureester

Die wichtigste spezielle Reaktion der Pyrazoline, die beim Erwärmen auf Temperaturen um 100° erfolgende Herausspaltung von elementarem Stickstoff unter Bildung von Cyclopropanderivaten, haben wir bereits früher kennengelernt (vgl. S. 611). Es ist zu vermuten, daß bei dieser Reaktion primär eine Verschiebung der Doppelbindung zur cyclischen Azoverbindung eintritt, die den elementaren Stickstoff bereits vorgebildet enthält und daher besonders leicht zerfällt:

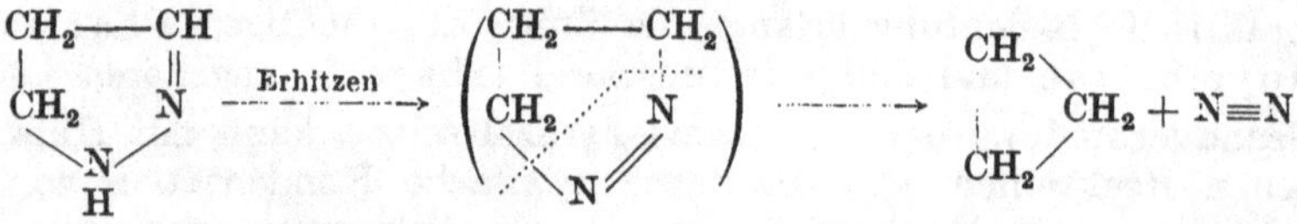

Das bekannteste Derivat des Pyrazols, von dem sich sämtliche pharmazeutisch und technisch wichtigen Pyrazolverbindungen ableiten, ist das bei der Kondensation von Acetessigester mit Phenylhydrazin entstehende **1-Phenyl-3-methyl-5-pyrazolon,** für das man eine Tautomerie zwischen den folgenden drei Formen annehmen muß:

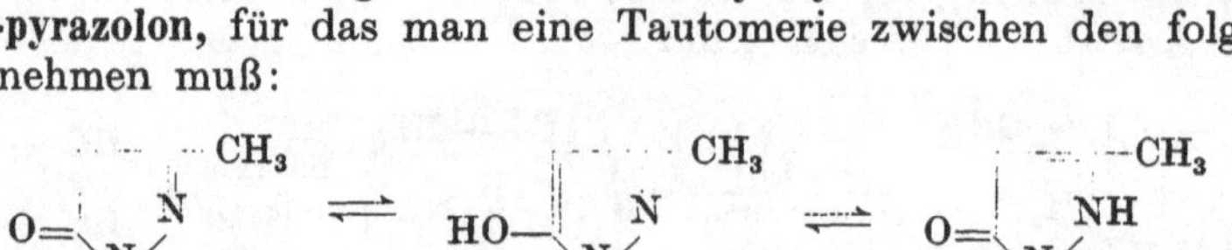

I II III

Die der Benennung als Pyrazolon zugrunde liegende **Ketohydrazon-Form** (I) leitet sich vom Pyrazolin ab und kann in Form eines bei der Einwirkung von salpetriger Säure entstehenden 4-Isonitrosoderivates (IV) sowie einer 4,4-Dimethylverbindung (V), die man bei der Methylierung mit Dimethylsulfat in alkalischem Medium erhält, stabilisiert werden:

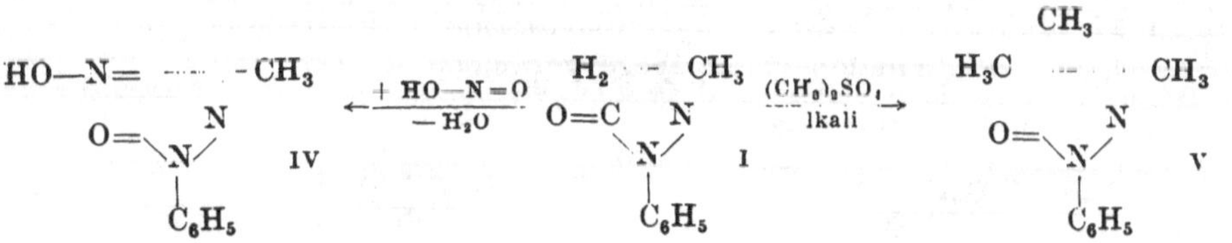

Ferner leiten sich von ihr die technisch wichtigen Farbstoffe der Pyrazolblaureihe ab.

Die einen echten Pyrazolring enthaltende **Phenol-Form** (II) steht zu I im Verhältnis der Keto-Enol-Tautomerie und kann als saures Enol durch Methylierung mit Diazomethan (zu VII) oder auch durch Acylierung mit Säurechloriden in Pyridin als Lösungsmittel stabilisiert werden. Von ihr leiten sich insbesondere die bei der Kupplung mit Diazokörpern entstehenden Azofarbstoffe der Pyrrolreihe vom Typus VI ab:

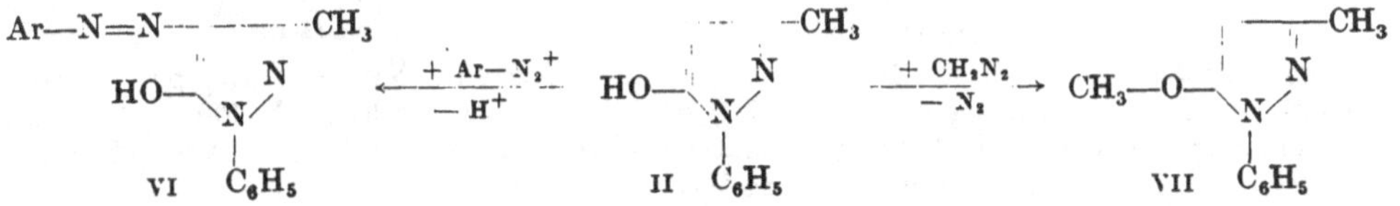

Die sich wiederum vom Pyrazolin ableitende **Ketohydrazin-Form** (III) ist schließlich im Gleichgewicht nicht mehr eindeutig nachweisbar. Doch erhält man ihre Derivate, wenn man versucht, Pyrazolon in Abwesenheit von Alkali zu alkylieren. In diesem Fall wird nämlich der basische Azastickstoff der Phenolform II (als der stärkst basische Molekülteil) angegriffen, und das hierbei gebildete Ammoniumion VIII entlädt sich durch Abspaltung des Protons von der Hydroxylgruppe zum Zwitterion IX, das schließlich durch mesomere Elektronenverschiebung in die völlig aus Neutral-Atomen aufgebaute Molekülstruktur X übergeht, die man als einfachste Grundstruktur allgemein der Schreibformel zugrunde legt. Als Beispiel für diese Reaktionsfolge sei die wichtige Methylierung des 1-Phenyl-3-Methyl-5-pyrazolons zum Antipyrin (IX oder X) angeführt:

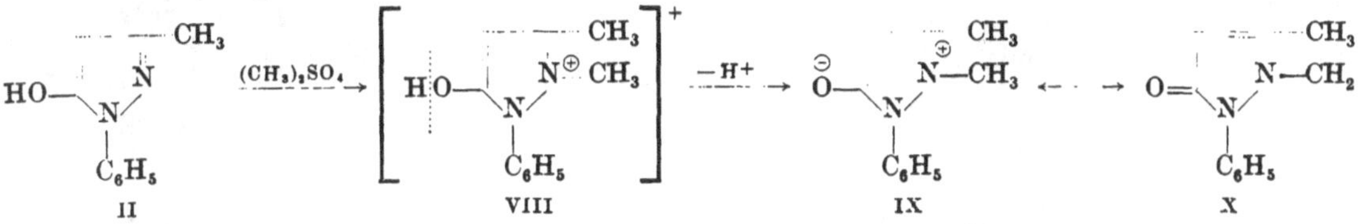

Schon vor Auffindung der Mesomeriebeziehung zwischen den Strukturen IX und X erschien es MICHAELIS (1902) zweifelhaft, ob derartigen 2-Alkyl-pyrazolonen tatsächlich die Formel X zukommt, oder ob man sie nicht besser als Derivate der Phenolform II im Sinne der Zwitterionenform IX auffaßt. Hierfür sprachen u. a. die hohen Schmelzpunkte und die auffallend große Wasserlöslichkeit derartiger Verbindungen. Der Streit zwischen den Formeln IX und X erwies sich jedoch später in gleicher Weise als Scheinproblem wie der zwischen den mesomeren Formeln anderer Verbindungen, und man muß auch hier mit einer mittleren Elektronenanordnung rechnen.

Das praktisch wichtigste Derivat der Form III des Pyrazolons ist das soeben bereits kurz gestreifte *1-Phenyl-2,3-dimethyl-5-pyrazolon*, das im Jahre 1884 von KNORR entdeckt wurde und wegen seiner fiebersenkenden Wirkung den Namen **Antipyrin** erhalten hat. Es findet eine vielseitige pharmazeutische Anwendung, wird aber in neuerer Zeit immer mehr verdrängt durch das stärker und gleichzeitig antineuralgisch wirkende *4-Dimethylamino-antipyrin* **(Pyramidon)**, das technisch aus Antipyrin auf dem folgenden Wege gewonnen wird:

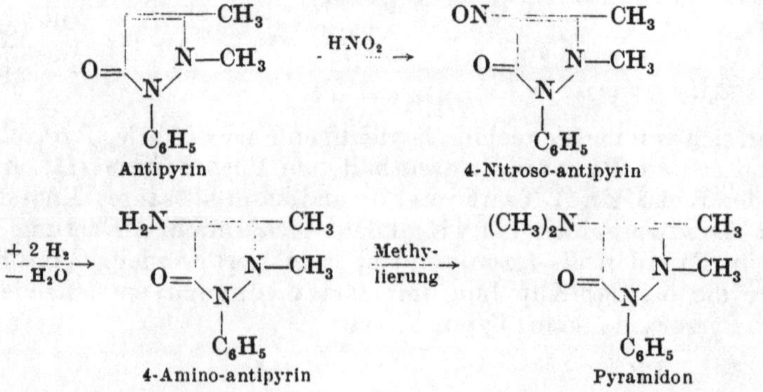

Das bei dieser Reaktion als Zwischenverbindung auftretende Nitroso-antipyrin kann sich infolge der Stabilisierung der Form III des Pyrazolons durch die N-Methylierung nicht mehr in ein der Form I entsprechendes Oxim umlagern und zeigt daher als echte Nitrosoverbindung eine intensiv grüne Farbe.

γ) Das Imidazol und seine Derivate

Im Imidazolring weist das zwischen den N-Atomen eingeschlossene C-Atom die Oxydationsstufe eines Carboxylkohlenstoffs (Name!) auf und steht formal in dem gleichen Bindungszustand wie in den Carbonsäure-amidinen (S. 351), aus denen es auch mit Hilfe der üblichen Kondensationsreaktionen gewonnen werden kann (z. B. Reaktion a). Für seine **Darstellung** geht man allerdings besser nicht vom Amidin selbst aus, sondern setzt den Ring direkt aus vier einzelnen Teilstücken zusammen, indem man Glyoxal mit zwei Molekülen Ammoniak und einem Molekül Formaldehyd kondensiert (Reaktion b):

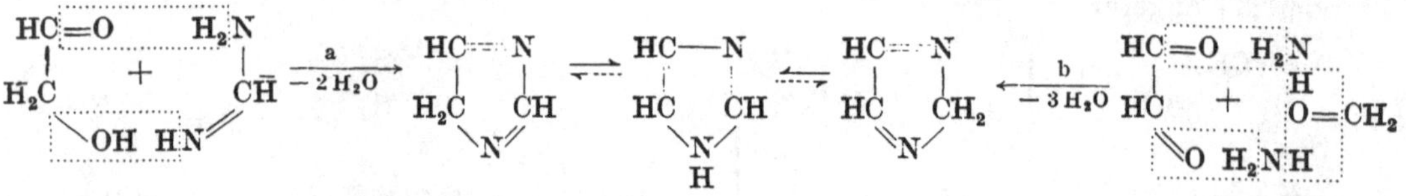

Tautomere Formen des Imidazols

Auf Grund dieser letzteren Reaktion hat das Imidazol auch den Namen **Glyoxalin** erhalten.

Bei Verwendung entsprechend substituierter Derivate eignet sich die Methode auch zur Darstellung der höheren Homologen des Imidazols. Als Beispiel sei die analoge Bildung von **4-Methyl-imidazol** bei der Einwirkung von Formaldehyd und Ammoniak auf Methylglyoxal angeführt (Gleichung formulieren!). Die Reaktion spielt insbesondere bei dem in **III**, Kap. 4, I, 6b beschriebenen Glucoseabbau mit Zinkhydroxyd-ammoniak eine Rolle.

Schließlich ist es auch möglich, den Amidinkohlenstoff mit Hilfe eines Kohlensäurederivates in den Ring einzuführen und die hierbei entstehende, in 2-Stellung oxydierte (bzw. sulfurierte) Verbindung nachträglich wieder zu reduzieren. Das wichtigste, insbesondere zur Darstellung der 4- (bzw. der mit ihnen tautomeren 5-) Substitutionsprodukte geeignete Verfahren bedient sich zu diesem Zweck der Anlagerung von α-Aminoketonen an rhodanwasserstoffsaures Kalium zum

Zwischenprodukt I, das sofort unter Ringschluß in das 2-Mercapto-imidazol-derivat II übergeht, aus welchem schließlich die SH-Gruppe relativ leicht durch Reduktion entfernt werden kann:

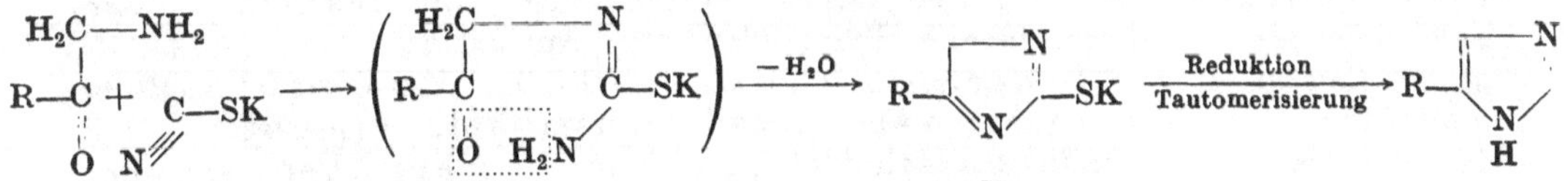

I II

Imidazol schmilzt (90°) und siedet (256°) noch höher als Pyrazol, zeigt aber diesem gegenüber keine grundsätzlich neuen Reaktionen. Es ist — vermutlich auf Grund seiner Amidinstruktur — wesentlich stärker basisch als Pyrazol und übertrifft in dieser Beziehung mit einem p_K-Wert von 6,83 sogar das nur ein N-Atom im Molekül enthaltende Pyridin (p_K=8,77; vgl. auch S. 841). Sonstige Reaktionen als Carbonsäurederivat sind nicht zu erkennen.

Vom Imidazol leiten sich keine technisch wichtigen Stoffe ab. Dagegen kennt man eine Reihe natürlicher Imidazolderivate, von denen wir das Hydantoin (S. 583) und das Kreatinin (S. 586) bereits kennengelernt haben. Weitere wichtige Naturprodukte der Reihe sind die Eiweißaminosäure Histidin (**III**, Kap. 7, I, 1) und die Purinderivate (**III**, Kap. 7, II), in denen der Imidazolring mit einem Pyrimidinring zu dem nebenstehend formulierten Purinsystem kondensiert ist:

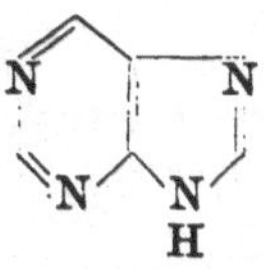

Purin

δ) Die Triazole

Für die synthetische Darstellung des **1,2,3-Triazols** und seiner Derivate besteht insbesondere die Möglichkeit der Addition von Acetylenverbindungen an Stickstoffwasserstoffsäure und ihre Derivate:

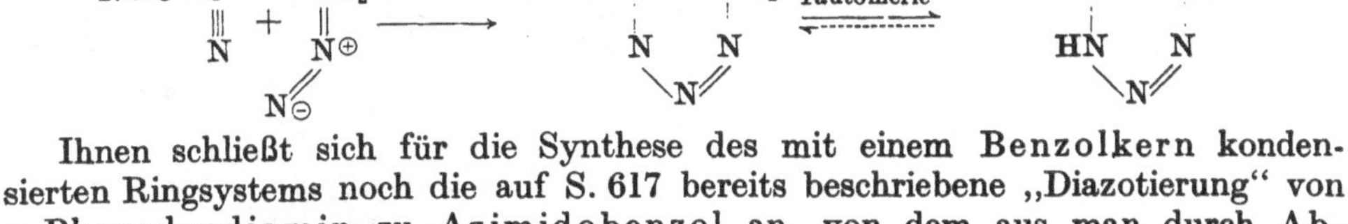

sowie auch der analogen Addition von Blausäurederivaten an Diazomethan:

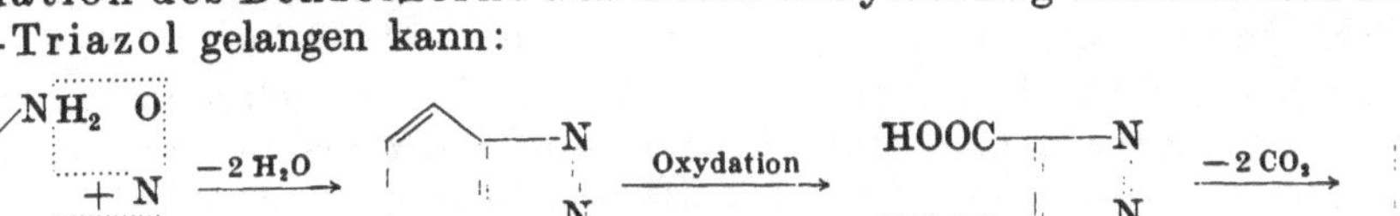

Ihnen schließt sich für die Synthese des mit einem Benzolkern kondensierten Ringsystems noch die auf S. 617 bereits beschriebene „Diazotierung" von o-Phenylendiamin zu Azimidobenzol an, von dem aus man durch Aboxydation des Benzolkerns und Decarboxylierung ebenfalls zum einfachen 1,2,3-Triazol gelangen kann:

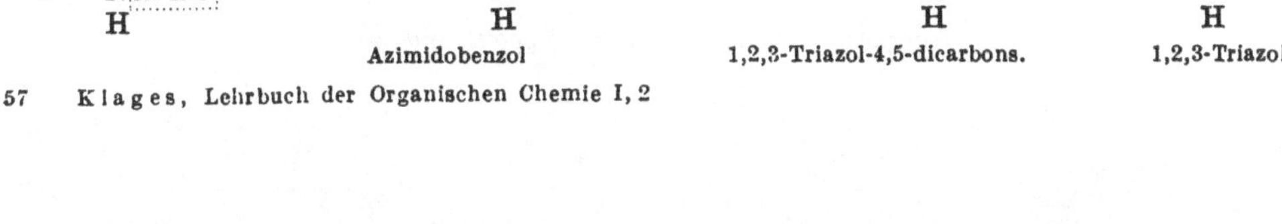

Azimidobenzol 1,2,3-Triazol-4,5-dicarbons. 1,2,3-Triazol

1,2,3-Triazol und seine einfachen Derivate reagieren gegenüber Wasser nicht mehr basisch, unterscheiden sich aber sonst nicht grundlegend von den vorbesprochenen Verbindungen. Doch ist der phenolaromatische Charakter etwas schwächer ausgeprägt, so daß die Verbindungen noch reaktionsträger erscheinen als die entsprechenden Pyrazolderivate. Am auffallendsten ist die Beständigkeit gegenüber Temperaturerhöhung — 1,2,3-Triazol siedet z. B. bei 203°/739 mm ohne Zersetzung[1]) — und Oxydationsmitteln, welch letztere z. B. im oben erwähnten Falle des Azimidobenzols nur den Benzolkern angreifen. Durch Reduktionsmittel wird der Triazolring dagegen relativ leicht aufgespalten.

Infolge der bereits auf S. 881 beschriebenen Tautomerieverhältnisse des 1,2,3-Triazols kennen wir ein am Kohlenstoff und zwei am Stickstoff substituierte Monosubstitutionsprodukte (formulieren!). Auch vom Azimidobenzol sind zwei derartige N-Substitutionsprodukte des Triazolringes bekannt, von denen die in 2-Stellung substituierten Verbindungen hinsichtlich ihrer Formulierung früher einige Schwierigkeiten bereitet haben, da man sie in den alten Valenzformeln bei Annahme eines echten Benzolringes nur mit einer Brückenbindung zwischen N_1 und N_3 schreiben konnte (I). Diese Brückenbindung ist aber aus sterischen Gründen sehr unwahrscheinlich, so daß man heute entweder die Zwitterionenformel II vorzieht oder aber von der Annahme eines echten Benzolkerns überhaupt absieht und die zu II mesomere Formel III annimmt, die der ebenfalls keinen Benzolring enthaltenden Anschützschen Naphthalinformel (S. 814) nachgebildet ist. Ihr stehen keine Bedenken mehr entgegen, wenn man das ungebundene Elektronenpaar des Pyrrolstickstoffs mit in das konjugierte System einbezieht, da dann auch III im äußeren Ring ein fortlaufend konjugiertes Bindungssystem enthält:

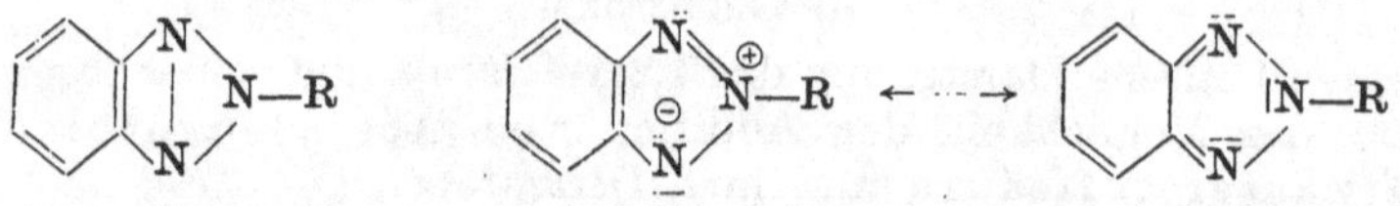

I II III

Die **1,2,4-Triazole** sind dem Imidazol analog konstituiert und enthalten eine Hydrazidingruppierung. Sie können infolgedessen von den Carbonsäurehydrazidinen ausgehend (sowie auch auf anderem Wege) durch Kondensationsreaktionen dargestellt werden:

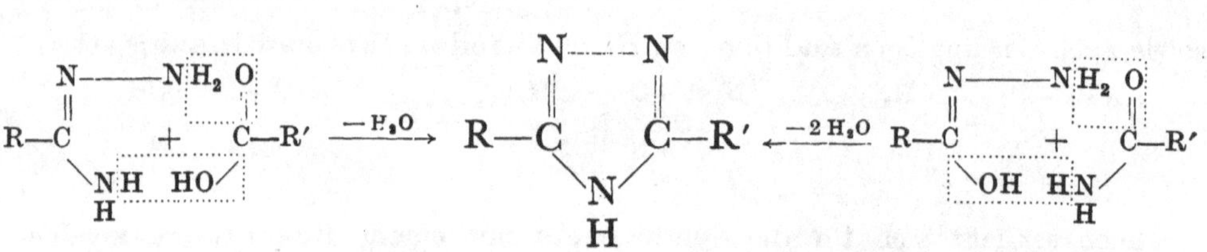

1,2,4-Triazol fällt ebenfalls durch seine außerordentliche Beständigkeit auf. Es siedet unzersetzt bei 260° und ist gegen Oxydationsmittel nahezu unempfindlich. Interessante neuartige Reaktionen sind nicht bekannt.

Wesentlich wichtiger als das unsubstituierte 1,2,4-Triazol selbst ist ein eigenartiges triphenyliertes Aminoderivat (III), das bei der analogen Kondensation von Triphenyl-aminoguanidin I (als Hydrazidinderivat der Carbamidsäure) mit Ameisensäure entsteht und den Trivialnamen **Nitron** erhalten hat:

---

[1]) Bei noch höherer Temperatur tritt allerdings Verpuffung ein.

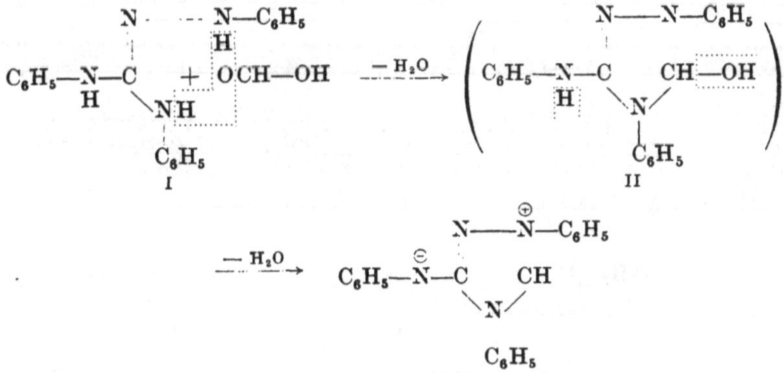

III (Nitron)

Da zwei der Ring-N-Atome phenyliert sind, kann sich bei der Kondensation zunächst zwar nur das Triazolinderivat II bilden, doch spaltet dieses unter Übergang des einen Ring-N-Atoms in den Oniumzustand noch ein weiteres Mol Wasser zu dem Zwitterion III als dem eigentlichen stabilen Endprodukt mit einem normalen Triazolring ab. Da die Bildung eines derartigen Zwitterionenmoleküls früher für unmöglich gehalten wurde, formulierte man das Nitron bis zum Jahre 1938 allgemein als bicyclisches Triazolinderivat mit einer endo-Phenylimino-Brücke zwischen den C-Atomen (IV). Doch verstößt diese Formel gegen die sonst ohne Ausnahme gültige Bredtsche Regel (Näheres vgl. II, Kap. 7, IV, 1) und stimmt auch mit den physikalischen Eigenschaften des Nitrons nicht überein, so daß sie heute allgemein fallengelassen und nach einem Vorschlag von Schönberg (1938) durch die aus ihr durch ionogene Sprengung der Ringbrücke ableitbare Formel III ersetzt wird:

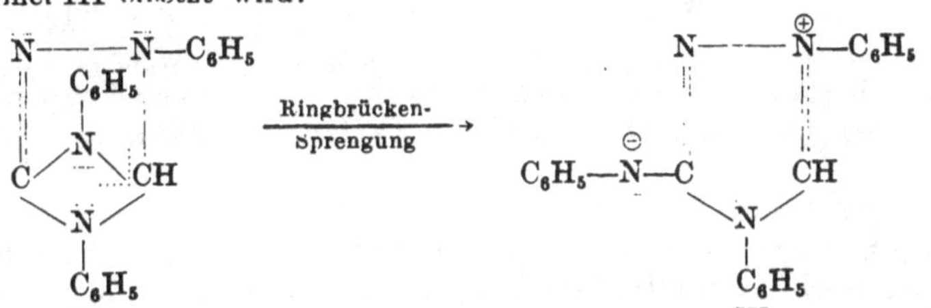

IV III

Nitron ist als Zwitterion in Wasser leicht löslich und reagiert infolge der Anwesenheit des negativ geladenen Amid-Stickstoffs stark basisch, so daß es auch mit schwachen Säuren Salze liefert. Charakteristisch ist insbesondere die Bildung eines schwer löslichen Nitrats, auf Grund deren es zur quantitativen Fällung von Salpetersäure geeignet ist, und der es seinen Namen verdankt. Auch mit Fluoboraten bildet Nitron ein zur quantitativen Bestimmung geeignetes, schwer lösliches Salz.

Ein weiteres Derivat des 1,2,4-Triazols, das sich allerdings von einer tautomeren Form ableitet, die den Pyrrolstickstoff in 4-Stellung enthält, haben wir oben in dem durch Ringverengerung aus Bisdiazoessigsäure hervorgehenden **4-Amino-1,2,4-Triazol** (S. 857, Formel V) kennengelernt. Es wird in der dort üblichen Schreibweise häufig auch 1-Amino-1,3,4-Triazol genannt. Doch bezeichnen beide Namen die gleiche Verbindung:

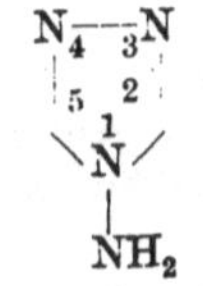

identisch mit

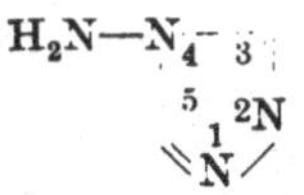

1-Amino-1,3,4-triazol 4-Amino-1,2,4-triazol

ε) Das Tetrazol und seine Derivate

Tetrazol besitzt als stickstoffreichste Verbindung der Reihe wieder größeres Interesse. Seine Synthese erfolgt in voller Analogie zu den Synthesen der vorbesprochenen Verbindungen durch Kondensationsreaktionen oder durch Anlagerung von Blausäure an Stickstoffwasserstoffsäure:

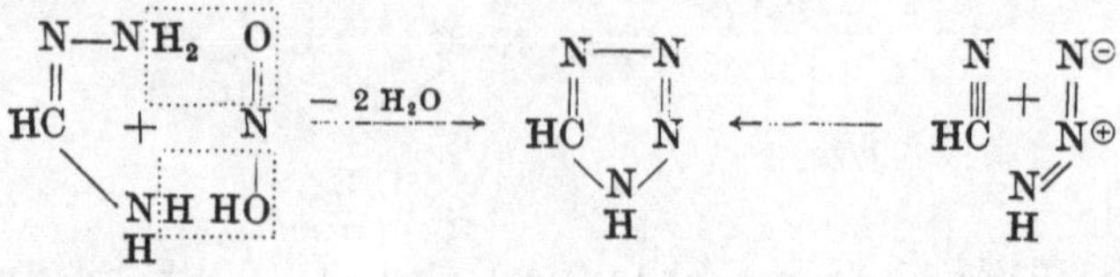

Auch im Tetrazol wirkt die Aromatisierung derartig stabilisierend auf das Gesamtmolekül ein, daß die Labilität der zu seiner Synthese verwandten Stickstoffwasserstoffsäure trotz der Angliederung noch eines vierten N-Atoms vollständig verschwindet und eine bei 156° unzersetzt schmelzende, gegen Oxydationsmittel nahezu indifferente Verbindung entsteht. Gegenüber Pyrazol zeichnet sich Tetrazol insbesondere durch eine weitgehende Schwächung der Basizität der Aza-N-Atome und eine Stärkung der Azidität des Pyrrolwasserstoffs aus. Man kann daher nur einerseits noch mit Perchlorsäure ein in Wasser sofort hydrolysierendes Salz herstellen, während andererseits der am Stickstoff gebundene Wasserstoff ähnlich sauer reagiert wie der der Stickstoffwasserstoffsäure, so daß Tetrazol zur Bildung von auch in wässeriger Lösung beständigen Alkalisalzen befähigt ist. Der aromatische Charakter kommt insbesondere in der unten beschriebenen Diazotierbarkeit der C-Aminoverbindung zum Ausdruck.

Von den **Derivaten des Tetrazols** haben vor allem einige 1-Oxy- und 1-Aminoverbindungen wegen der in ihnen enthaltenen ununterbrochenen Kette von fünf und noch mehr Heteroatomen Interesse gefunden.

So konnte z. B. H. Wieland (1909) durch Kondensation von Benzhydrazid-oxim (I) mit salpetriger Säure ein **1-Oxy-phenyltetrazol** (II) mit einer Kette von 4 N- und einem O-Atom gewinnen:

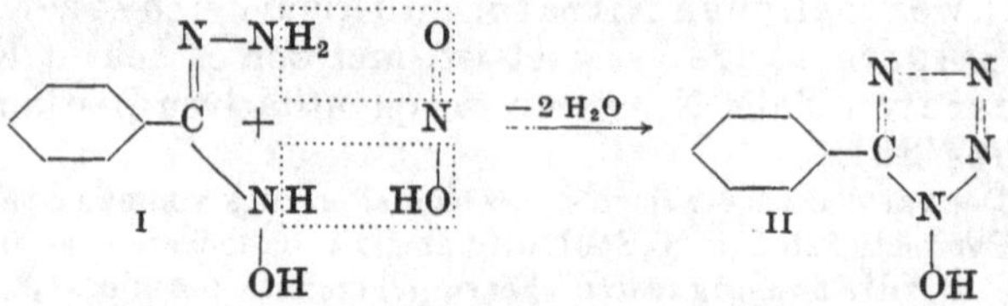

Noch interessanter ist das 1-Aminotetrazol (III) mit fünf aneinanderhängenden N-Atomen. Es kann durch Reduktion von 1-Nitroso-tetrazol gewonnen werden und geht bei der Einwirkung von unterchloriger Säure in die äußerst explosive Dichlorverbindung IV mit sieben aneinanderhängenden Heteroatomen über, aus der man mittels KJ die Chloratome unter Bildung der Azoverbindung V herausspalten kann, die wir als Verbindung mit einer ununterbrochenen Kette von 10 N-Atomen bereits auf S. 638 kurz gestreift haben:

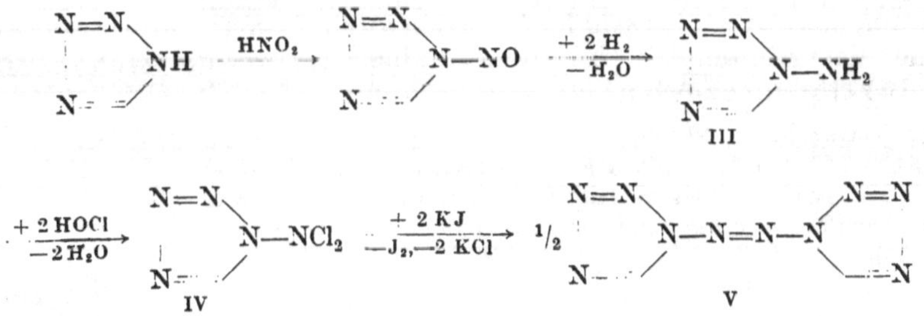

Die zuletzt genannten Verbindungen zeigen in besonders schöner Weise, in welch erstaunlich hohem Grade die Anwesenheit von nur ganz wenigen C-Atomen die Stabilität längerer Stickstoffketten erhöht. Sie sind daher in erster Linie vom Standpunkt der Chemie des Stickstoffs aus von Interesse und legen die Frage nahe, ob es nicht möglich ist, auch das letzte C-Atom des Tetrazols noch durch ein Stickstoffatom zu ersetzen und ein rein anorganisches Pentazol darzustellen. Sämtliche Versuche in dieser Richtung haben jedoch bisher nicht zum Ziele geführt.

Das am leichtesten zugängliche Tetrazolderivat ist das C-Amino-tetrazol (VII), das man in Analogie zur Darstellung des Tretrazols selbst durch Kondensation von Aminoguanidin (VI) mit salpetriger Säure erhält, und das nach der Diazotierung (zu VIII) in der auf S. 638 beschriebenen Weise die Synthese eines Hexaza-dien-Derivates (IX) ermöglicht:

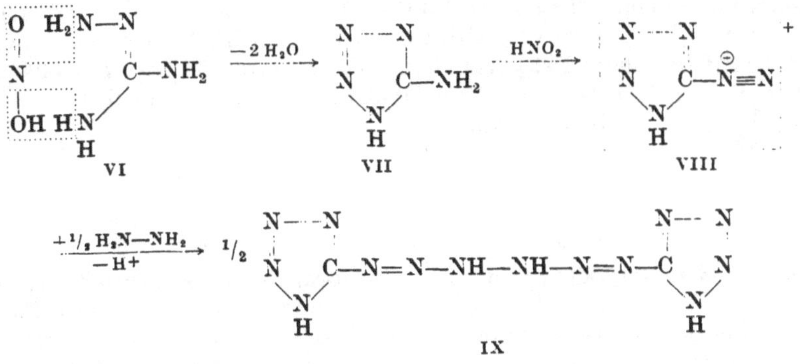

Dieses stellt mit 87,5% Stickstoff und nur 10,7% Kohlenstoff die stickstoffreichste der bisher bekannten organischen Verbindungen dar.

Eine weitere Gruppe von interessanten Tetrazolderivaten wurde von R. Kuhn und D. Jerchel (ab 1941) in den 2,3,5-trisubstituierten **Tetrazoliumsalzen** aufgefunden. Beispielsweise erhält man das **2,3,5-Triphenyl-tetrazolium-chlorid** (XII, abgekürzt auch *TTC* genannt) aus dem als Azoverbindung roten *Triphenylformazan* (XI, früher *Triphenylformazyl*) — das seinerseits nach Pechmann (1894) aus Benzaldehyd-phenylhydrazon (X) und Benzoldiazoniumsalzen leicht zugänglich ist — durch Dehydrierung mittels Bleitetraacetats:

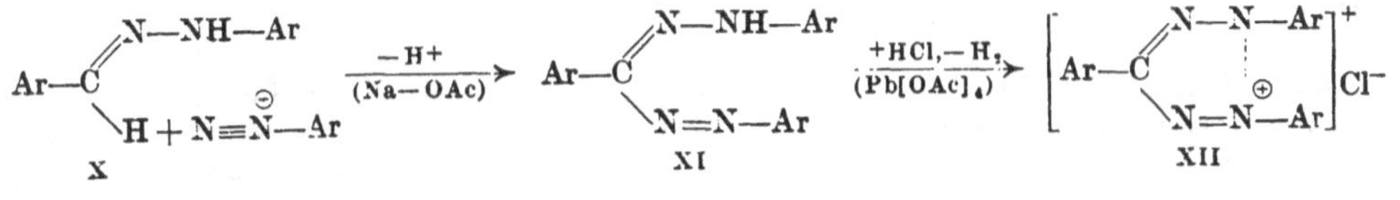

Die Tetrazoliumsalze werden sehr leicht zu den roten Formazanen zurück reduziert und dienen daher in der Biochemie als Indikatoren für die Sichtbarmachung von Reduktionsprozessen.

Einige Tetrazolderivate zeigen eine starke physiologische Aktivität und finden Anwendung als Pharmazeutika. Als Beispiel sei das als Herzanregungsmittel dienende **Cardiazol** angeführt, das einen an den Tetrazolring kondensierten Hexamethylenimin-Ring enthält:

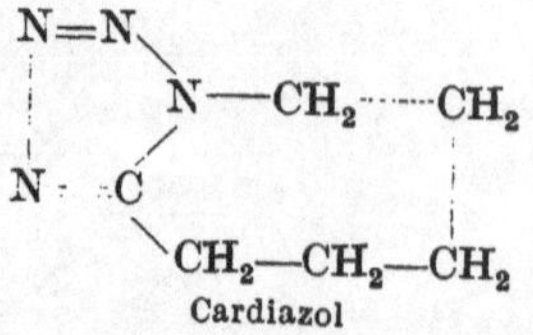
Cardiazol

2. Die Verbindungen vom Furantypus

Die Furanverbindungen treten an allgemeiner Bedeutung hinter denen des Pyrrols zurück. Insbesondere kennt man an natürlichen Furanabkömmlingen mit wenigen Ausnahmen nur kompliziertere Verbindungen, in denen der Furanring in ein polycyclisches Ringsystem eingebaut ist (z. B. Morphin, **III**, Kap. 7, III, 7c). Daneben sind einige Derivate des einfachen Furans als Dehydratisierungsprodukte der Kohlenhydrate von Interesse, und lediglich das Cumaron (Monobenzofuran) hat eine gewisse technische Bedeutung erlangt.

a) Das Furan und seine Derivate

Die **Struktur** des Furans ergibt sich einerseits aus der auf S. 450 angeführten Synthese durch Wasserabspaltung aus Succindialdehyd (formulieren!), andererseits aus seinen nahen Beziehungen zum Pyrrol, aus dem es, wie wir auf S. 869 gesehen haben, in reversibler Reaktion beim Leiten von Pyrrol- und Wasserdämpfen über Dehydratisierungskatalysatoren bei 4—500° entsteht. In gleicher Weise geht es — ebenfalls nach Jurgew (1936) — mit Schwefelwasserstoff reversibel in Thiophen über:

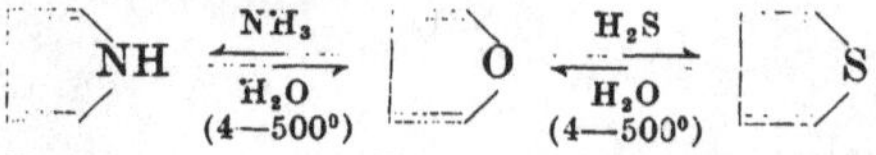

Pyrrol Furan Thiophen

Auch die für die **Darstellung** meistens bevorzugte Wasserabspaltung aus Verbindungen der Kohlenhydratreihe ist für die Konstitution des Furanringes beweisend. Als Beispiele seien angeführt: 1. die der Pyrrolsynthese aus schleimsaurem Ammonium (S. 868) analoge, in mehreren Stufen (vgl. S. 892) erfolgende Brenzung von Schleimsäure (I) und 2. die Furfurolbildung aus Pentosen (II), die bereits beim Kochen mit verdünnten Mineralsäuren vor sich geht (**III**, Kap. 4, I, 2):

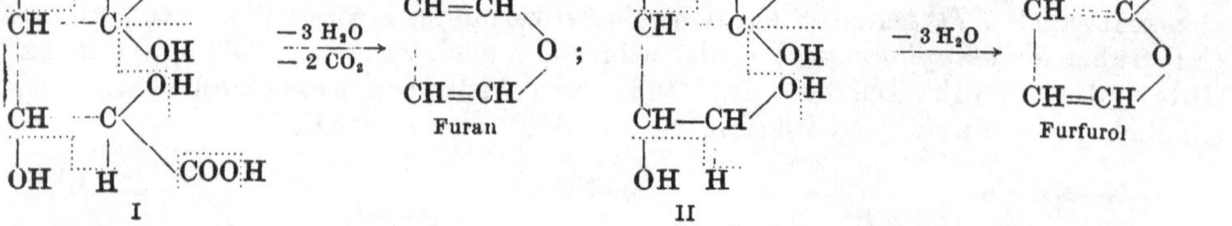

I II

Nomenklatur. Der Name Furan leitet sich von seinem wichtigsten Derivat, dem aus Weizenkleie leicht erhältlichen Furfurol (von lat. *furfur* = die Kleie) ab. Wir müssen demnach zwischen den Ausdrücken *Furan* und *Furyl-* für die einfache Ringverbindung und ihr Radikal einerseits und den Ausdrücken *Furfurol, Furfuryl-, Furfuroyl-* usw. für die Derivate bzw. Radikale des α-Methylfurans andererseits unterscheiden:

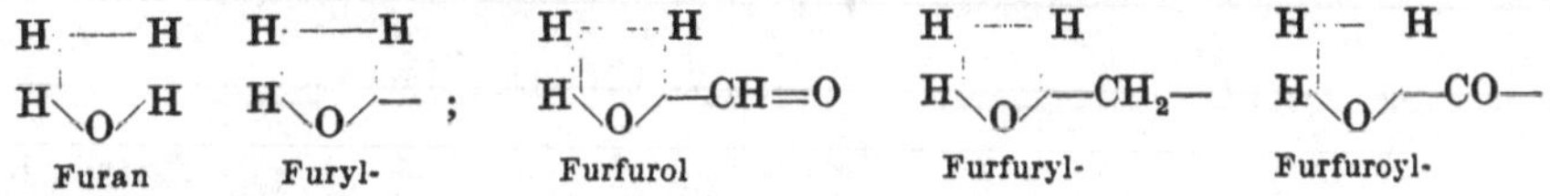

Furan ist eine auffallend niedrig siedende (Sdp. 32°, gegenüber Tetrahydrofuran: 68°, Pyrrol: 130°, Diäthyläther: 34,5°), luft- und alkalibeständige, chloroformartig riechende Flüssigkeit, deren **chemische Reaktionen** wir, ähnlich wie beim Pyrrol, unterteilen können in 1. die aromatischen und 2. die polyolefinartigen Umsetzungen des Furansystems.

Zu 1. In ersterem Falle zeigt der Furankern in gleicher Weise wie der Pyrrolring einen **phenolaromatischen Charakter,** der insbesondere bei der Einwirkung von elementarem Brom zum Ausdruck kommt, da dieses bereits ohne die normalen Halogenierungskatalysatoren substituierend auf Furan und die meisten seiner Derivate einwirkt. Weiterhin ist der Furanring der Reaktion von FRIEDEL-CRAFTS zugänglich, und bei der Hydrierung der ersten Doppelbindung beobachtet man, ähnlich wie in der Benzol- (S. 127) und Pyrrolreihe (S. 870), eine auffallend niedrige Wärmetönung und damit eine verminderte Reaktionsgeschwindigkeit.

Zu 2. Der geringeren Basizität des Sauerstoffs entsprechend ist sein Einbau in das konjugierte Doppelbindungssystem des Furankerns weniger vollkommen als der der NH-Gruppe in das des Pyrrolkerns, und wir können daher auch einige typische **Dienreaktionen** beobachten. Insbesondere vermag Furan im Gegensatz zum Pyrrol mit Maleinsäureanhydrid die Diensynthese von DIELS und ALDER (S. 947) einzugehen:

Ferner werden einige Furanderivate, wie z. B. Brenzschleimsäure (s. u.), durch Brom nicht mehr substituiert, sondern lagern es an die Doppelbindungen an.

In gleicher Weise wie Pyrrol reagiert Furan insbesondere mit Mineralsäuren, die ebenfalls eine Verharzung bewirken. Auch die Fichtenspanreaktion verläuft ähnlich wie in der Pyrrolreihe (S. 873), führt jedoch bei den Furanderivaten meistens zu einer Grünfärbung.

2-Methyl-furan tritt, wahrscheinlich als Reduktionsprodukt des intermediär aus den Pentosen entstehenden Furfurols (s. u.), in Tierölen und in verschiedenen Holzarten auf. Es hat auf Grund des letzteren Vorkommens den Namen *Silvan* erhalten.

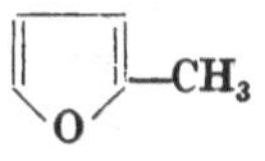

Silvan

Der nicht ganz exakt als **Furfurol** (er müßte als Aldehyd — wie in der angelsächsichen Literatur — besser *Furfural* heißen) bezeichnete α-Aldehyd des Furans ist auf Grund seiner oben bereits formulierten Bildungsweise beim Kochen von Pentosen oder pentosehaltigen Stoffen (z. B. von Kleie) mit verdünnter Schwefelsäure das am leichtesten zugängliche Furanderivat. Er verhält sich wie ein typisch aromatischer Aldehyd und ist als solcher zur Reaktion von CANNIZZARO (S. 244), zur Acyloinkondensation (S. 248) und auch zur Bildung eines hydrobenzamidartigen (S. 286) Kondensationsproduktes mit Ammoniak (IV) befähigt:

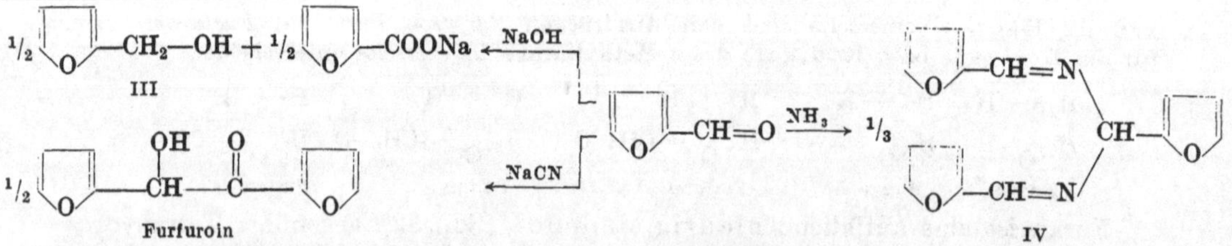

III Furfuroin IV

Ferner sind einige Farbreaktionen des Furfurols von Interesse, die gleichzeitig als Nachweisreaktionen für Pentosen dienen. So beruht z. B. eine quantitative Bestimmungsmöglichkeit für Pentosen auf der Bildung eines dunkelgrünen, hochmolekularen Niederschlages bei der Kondensation von Furfurol mit Phloroglucin. Weiterhin findet beim Erhitzen von Furfurol mit salzsaurem Anilin bereits in wäßriger Lösung Ringaufspaltung unter Bildung des violetten salzsauren Salzes des Dianils des Oxyglutacondialdehyds (V) statt:

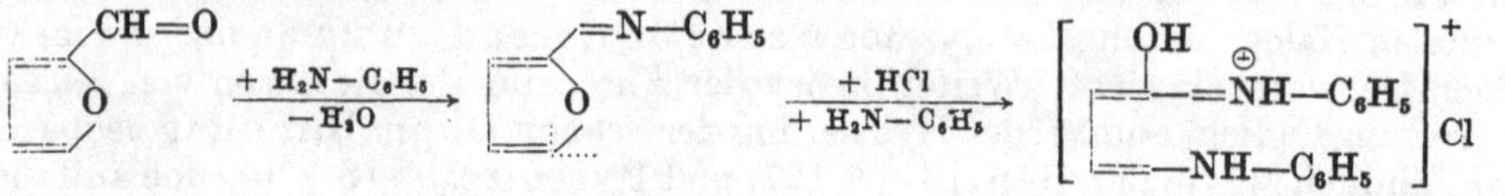

V

Der Vorgang findet in der bereits auf S. 843 beschriebenen Spaltung des Pyridinringes zum (hier allerdings hydroxylfreien) Dianil des Glutacon-dialdehyds eine Parallele.

Furfurylalkohol (III) kann aus Furfurol durch Reduktion oder Disproportionierung nach Cannizzaro (s. o.) gewonnen werden. Er gehört zu den wenigen natürlich vorkommenden einfachen Furanderivaten und ist im Gewürznelkenöl sowie im gebrannten Bohnenkaffee enthalten.

ω- bzw. 5-Oxymethylfurfurol entsteht — in analoger Weise wie Furfurol aus Pentosen — beim Kochen von Hexosen mit verdünnter Schwefelsäure:

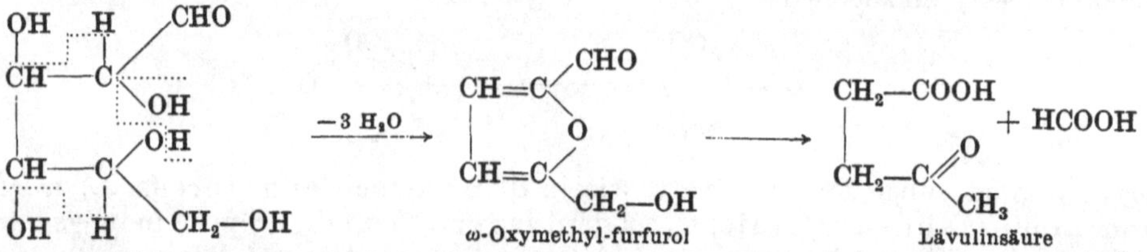

ω-Oxymethyl-furfurol Lävulinsäure

Es ist gegenüber Säuren wesentlich unbeständiger als Furfurol und wird daher unter den Bildungsbedingungen leicht weiter zu Lävulinsäure (S. 501) und Ameisensäure aufgespalten. Im übrigen zeigt es ähnliche charakteristische Farbreaktionen wie Furfurol.

Von den einfachen **Carbonsäuren des Furans** treten die Dehydroschleimsäure und die Brenzschleimsäure als Zwischenprodukte bei der Brenzung von Schleimsäure zum Furan auf:

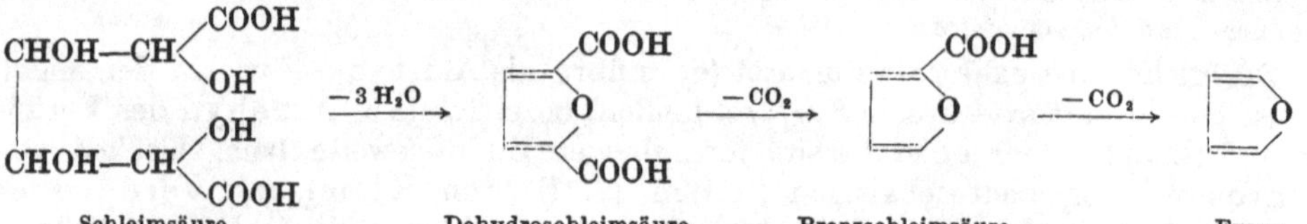

Schleimsäure Dehydroschleimsäure Brenzschleimsäure Furan

Brenzschleimsäure steht als *α-Furancarbonsäure* hinsichtlich ihrer physikalischen Konstanten (Smp. 133,5°, Sdp. 231°) der Benzoesäure nahe. Hinsichtlich ihres chemischen Verhaltens kann sie einerseits mit den Phenolcarbonsäuren, andererseits mit den ungesättigten aliphatischen Carbonsäuren verglichen werden. So tritt z. B. in Analogie zur ersteren oberhalb 275° — bzw. in Gegenwart von Pyridinbasen und Kupferoxyd als Katalysatoren bereits bei 200° — die angeführte weitere Decarboxylierung zu Furan ein, während die Analogie zur letzteren insbesondere darin zum Ausdruck kommt, daß Brom nicht mehr substituierend einwirkt (wie bei den meisten anderen Furanderivaten; vgl. S. 891) sondern an die Doppelbindungen angelagert wird:

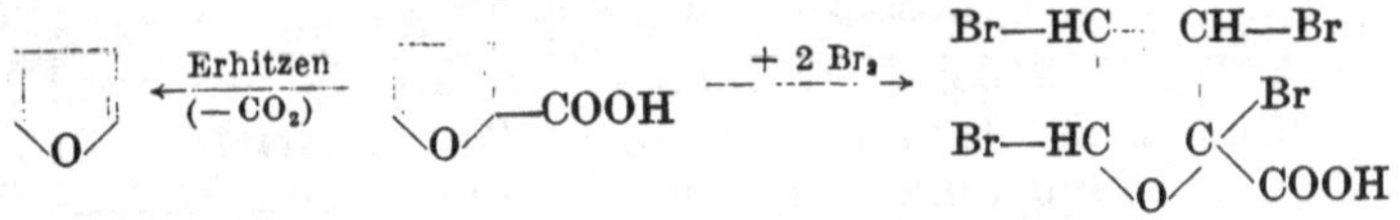

Dehydroschleimsäure[1]) besitzt wegen ihrer der Terephthalsäure (S. 471) ähnlichen Molekülgestalt ebenfalls ein sehr stabiles Kristallgitter und kann daher vor Erreichen der Decarboxylierungstemperatur nicht geschmolzen werden. Doch ist sie im Vakuum sublimierbar.

Die **Hydrierungsprodukte des Furans** und seiner Derivate sind typisch alicyclische Verbindungen, von denen wir das Tetrahydrofuran (S. 426) und seine verschiedenen Oxydationsprodukte (Butyrolacton, S. 482, Bernsteinsäureanhydrid, S. 462) bereits kennengelernt haben. Ferner spielen einige Oxyderivate des Tetrahydrofurans als Furanose-Derivate der Kohlenhydrate (vgl. **III**, Kap. 4, I, 1) eine wichtige Rolle in der Zuckerchemie.

b) Cumaron, Diphenylenoxyd und höhere Benzofurane

Das *Monobenzofuran* hat wegen seiner nahen Beziehungen zum Cumarin (S. 490, 861) den Trivialnamen **Cumaron** erhalten. So wird es z. B. aus Cumarin mit Hilfe einer Ringverengerungsreaktion auf dem folgende Wege dargestellt.

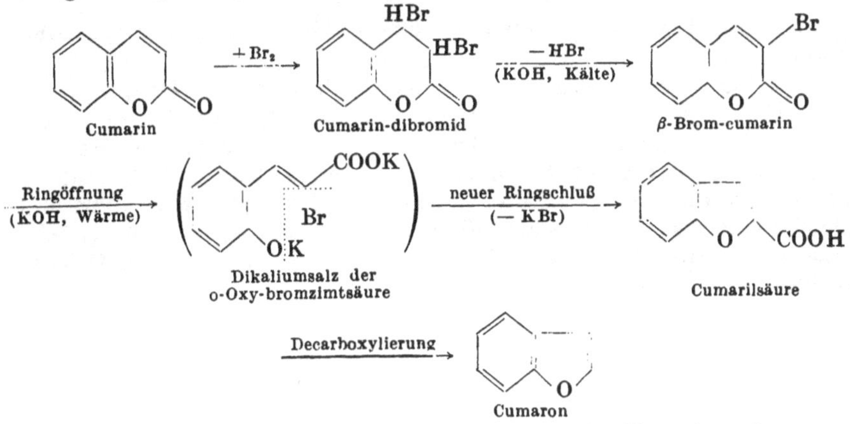

Die bei der Cumarilsäurebildung erfolgende Schließung des Furanringes kann man auch vom o-Oxy-chlor-styrol (I) aus vornehmen und so in einem Reaktionsgang zum Cumaron gelangen (wichtigster Konstitutionsbeweis):

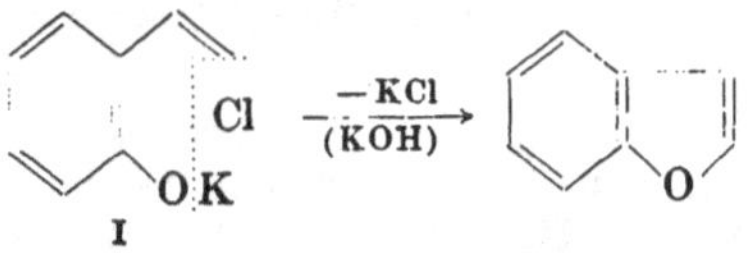

I

[1]) Streng genommen *Dehydratoschleimsäure*, da es sich um ein Wasserabspaltungs- und kein Dehydrierungsprodukt handelt.

Cumaron (Sdp. 174°) ist ein nicht unwesentlicher Bestandteil des Steinkohlenteers und wird technisch im Gemisch mit seinen Homologen aus der zwischen 175 und 178° übergehenden Fraktion gewonnen. Es zeigt einen etwas stärker ungesättigten Charakter als Furan, was u. a. aus der im Gegensatz zur Substitution des Furans erfolgenden Addition von Brom an die Doppelbindung (s. o.) und der Möglichkeit des oxydativen Abbaues des Furanringes mittels Kaliumpermanganats hervorgeht. Die mit Säuren ebenfalls eintretende Verharzung führt im Falle der Einwirkung von Schwefelsäure auf das Cumaron des Steinkohlenteers zu den technisch wichtigen **Cumaronharzen.** In ihnen ist die Struktur des Cumaronsystems noch weitgehend erhalten, wie die Rückbildung von etwa 20% des in ihnen enthaltenen Cumarons bei der trockenen Destillation beweist.

Von den sonstigen Reaktionen des Cumarons ist vor allem die Herausspaltung des Sauerstoffs als Wasser beim Erhitzen mit anderen aromatischen Kohlenwasserstoffen unter Bildung hochkondensierter Ringsysteme von Interesse. So entsteht z. B. beim Leiten eines Gemisches von Benzol- (bzw. Naphthalin-) und Cumarondämpfen durch ein glühendes Rohr in guter Ausbeute Phenanthren (bzw. Chrysen):

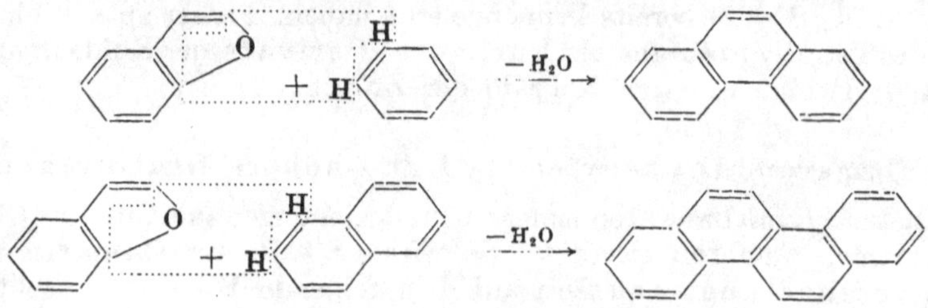

Die Reaktion ist vielleicht auch für die Bildung dieser Verbindungen im Steinkohlenteer von Bedeutung.

Die einfachen Derivate des Cumarons sind uninteressant. Dagegen kennt man zahlreiche Naturstoffe, die einen in ein kompliziertes Ringsystem eingebauten Cumaronring enthalten. Sie gehören der großen Gruppe der natürlichen Phenole an und werden mit diesen zusammen in **III**, Kap. 6, II behandelt.

Dibenzofuran wird allgemein **Bi-** oder auch **Diphenylenoxyd** genannt und kann in Analogie zur Carbazol- (S. 878) und Fluorenbildung (S. 835) aus Diphenyläther beim Leiten seiner Dämpfe durch ein glühendes Rohr sowie auch durch Dehydrierung mittels Bleioxyds gewonnen werden:

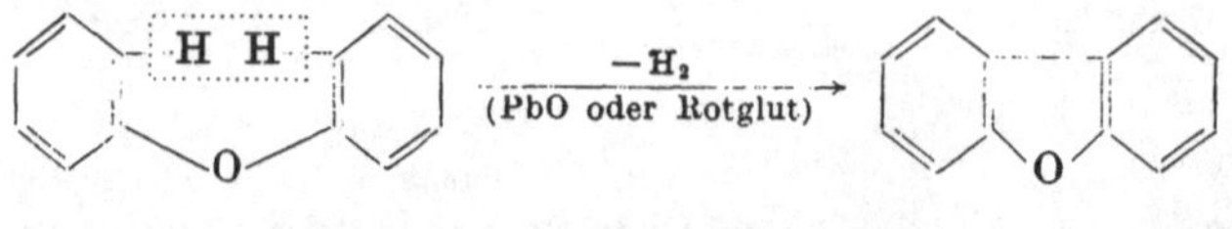

Diphenylenoxyd kommt ebenfalls im Steinkohlenteer vor und besitzt, ähnlich wie Carbazol und Fluoren, infolge der Blockierung der reaktionsfähigen Doppelbindungen einen sehr reaktionsträgen Fünfring.

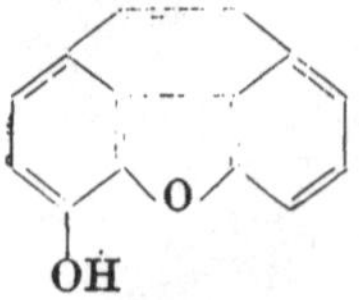

Morphenol

Als Oxyderivat eines *Tribenzofurans,* in dem alle drei Benzolkerne direkt an den Furankern kondensiert sind, kann man das beim Morphinabbau (**III,** Kap. 7, III, 7) auftretende **Morphenol** auffassen. Es hat lediglich im Hinblick auf die Konstitutionsaufklärung der Morphiumalkaloide Beachtung gefunden.

c) Die Oxazole und Furazane

Auch im Furanring kann man eine oder mehrere Methingruppen durch Stickstoff ersetzen. Die entstehenden *Azafurane* werden zum Teil folgerichtig *Furazane*, zum Teil aber auch *Oxazole* genannt, obgleich sie in keiner der tautomeren Formen eine NH-Gruppe enthalten, sich also nicht vom Pyrrol ableiten.

Als **Oxazol** schlechthin bezeichnet man im allgemeinen das dem Imidazol entsprechende *3-Azafuran*. In ihm steht zwischen den Heteroatomen wiederum ein Carboxyl-C-Atom, und man kann die Oxazole daher in gleicher Weise aus sauerstoffhaltigen Carbonsäurederivaten gewinnen wie die Imidazole aus den Carbonsäureamidinen:

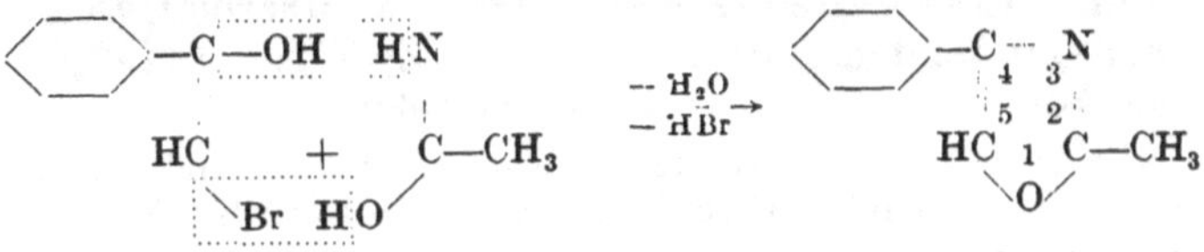

Enol des ω-Bromacetophenons — Acetimid — 2-Methyl-4-phenyl-oxazol

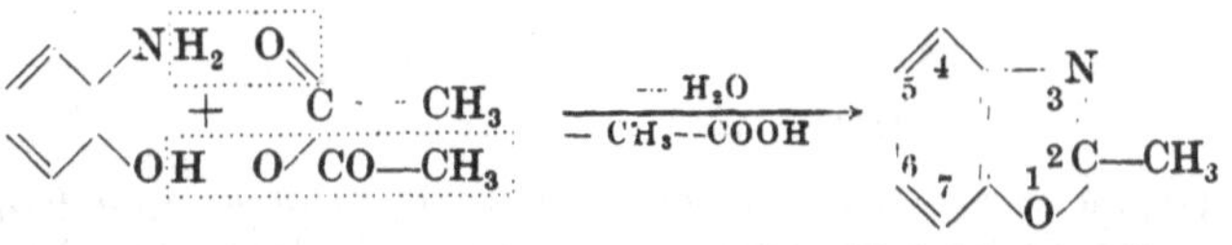

o-Aminophenol — Essigsäureanhydrid — α-Methyl-benzoxazol

Auch die der Furanbildung aus 1,4-Dicarbonylverbindungen (S. 450) analoge Anhydrisierung von α-Acylaminoketonen ist für die Gewinnung von Oxazolderivaten gebräuchlich:

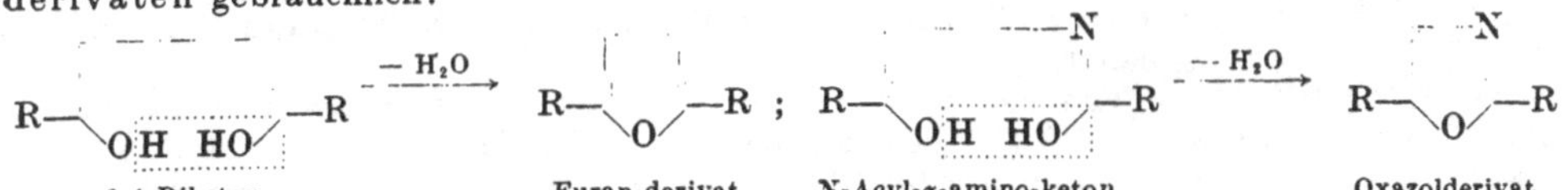

1,4-Diketon (Dienol-Form) — Furan-derivat — N-Acyl-α-amino-keton (Enol-imid-Form) — Oxazolderivat

Oxazol selbst ist nicht bekannt. Die höheren Homologen sind schwache, pyridinartig riechende Basen, in denen das Ringsystem merklich unbeständiger ist als im Imidazol. So wird es z. B. bereits beim Kochen mit Salzsäure aufgespalten. In neutralem und basischem Medium zeigt es, wie alle Verbindungen dieser Reihe, einen phenol-aromatischen Charakter. Hierfür spricht u. a. die Diazotierbarkeit des 4-Aminoderivates und die Fähigkeit einiger Oxazole zur Kupplung mit aromatischen Diazoverbindungen.

In den durch Wasserabspaltung aus N-acylierten Aminosäureestern (I) mittels Phosphorpentachlorids leicht zugänglichen **5-Alkoxy-oxazolen** (II) hat das in 5-Stellung befindliche C-Atom die Oxydationsstufe eines enolisierten Carboxylkohlenstoffs:

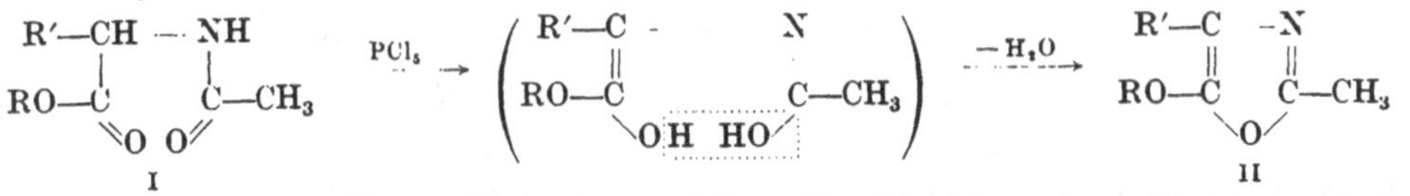

I — II

Verbindungen vom Typus II besitzen daher die Struktur eines Ketenacetals (S. 293) und hydrolysieren besonders leicht. Sie haben in neuerer Zeit spezielles Interesse für die Konstitutionsaufklärung von Eiweißstoffen erlangt. Auch eine andere Gruppe von Oxazolderivaten die aus N- (III) oder auch O-acylierten

α-Amino-β-oxycarbonsäureestern (IV) durch Anhydrisierung leicht zugänglichen **Dihydro-oxazol-** (oder **Oxazolin-)carbonsäureester** (V):

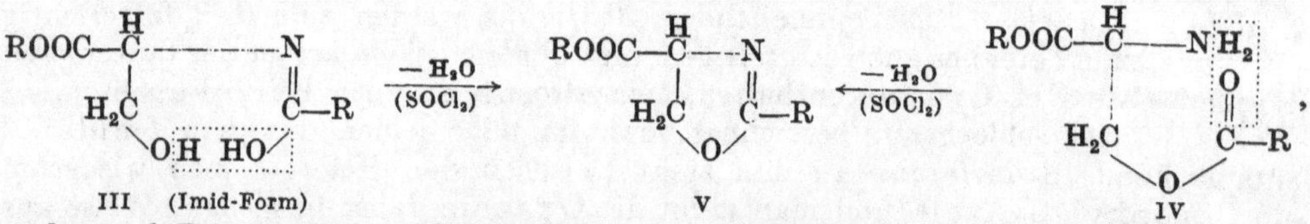

III (Imid-Form) V IV

steht nach BERGMANN in naher Beziehung zur Eiweißchemie (vgl. **III**, Kap. 7, I). Doch ist der Nachweis derartiger Oxazolingruppierungen im natürlichen Eiweiß noch nicht mit Sicherheit erbracht. Ein **Oxazolon**-Derivat haben wir schließlich auf S. 581 unter dem Namen *Azlacton* als Zwischenprodukt bei der Aminosäuresynthese von ERLENMEYER JUN. kennengelernt.

1,2-Oxazole oder **Isoxazole** sind Hydroxylaminderivate und entstehen daher allgemein bei vorsichtigem Wasserentzug aus den Enolen der Monoxime von 1,3-Dicarbonylverbindungen:

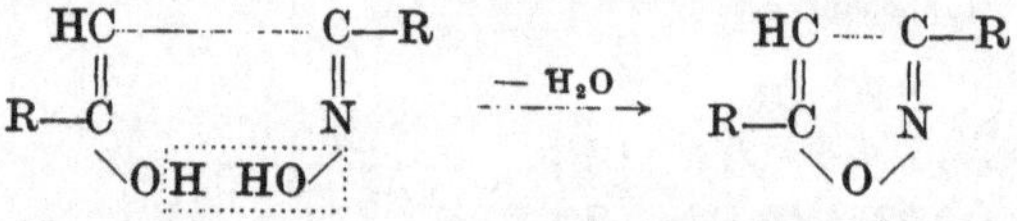

In ihnen ist (ähnlich wie im Pyrazol die Labilität des Hydrazinsystems) infolge der Ausbildung des aromatischen Bindungssystems die Labilität der Hydroxylamingruppierung weitgehend verschwunden. Sie kommen nicht natürlich vor und haben auch keine praktische Bedeutung erlangt. Als Beispiel eines komplizierten Isoxazolinderivates sei die bei der Polymerisation von Knallsäure entstehende **Metafulminursäure** (vgl. S. 746) genannt.

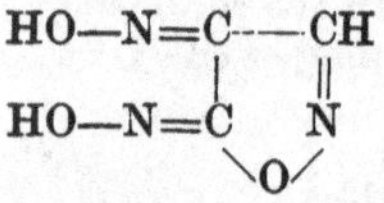

Metafulminursäure

Von den verschiedenen möglichen Diazaderivaten des Furans sind — neben den bereits auf S. 617 als innermolekularen Kupplungsprodukten der o-Aminophenole beschriebenen *Benz-ox-diazolen* (*Diazo-oxyden*) — nur die als Furazane schlechthin bezeichneten α,α'-*Diazafurane* bekannt, die als „ätherartige" Anhydrisierungsprodukte der Dioxime von 1,2-Dioxoverbindungen aus diesen relativ leicht durch Wasserentzug mittels Phosphorpentoxyds dargestellt werden können:

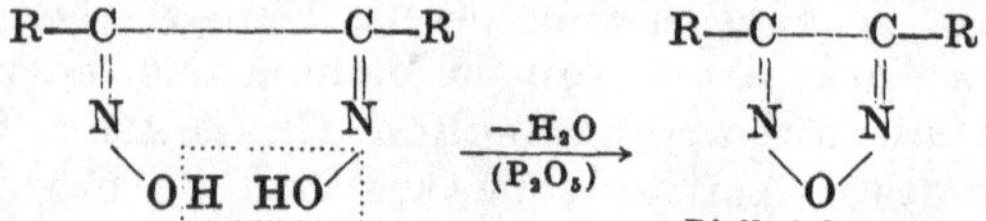

Dialkyl-furazan

Auch in ihnen ist die Labilität der Hydroxylamingruppierung vollkommen verschwunden, so daß das Ringsystem von den Heteroatomen aus kaum angegriffen werden kann. Die an beiden C-Atomen substituierten Furazane sind daher gegen hydrolytische und oxydierende Agentien sehr beständig, und man kann in ihnen z. B. Seitenketten mittels Kaliumpermanganats zu Carboxylgruppen abbauen:

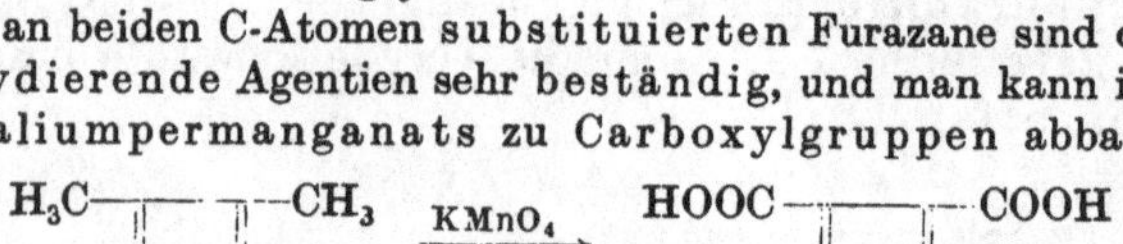

Lediglich in den Verbindungen mit nicht-substituierten Methingruppen zeigen die am Kohlenstoff befindlichen H-Atome eine gewisse Tendenz, in alkalischem Medium unter Ringöffnung und Ausbildung einer Nitrilgruppe zum Sauerstoff zu wandern. So lagert sich z. B. 3-Methylfurazan (VI) in Gegenwart von Alkalien bereits in der Kälte in das Oxim des Brenztraubensäurenitrils (VII) um:

VI VII

Der Furazanring gehört zu den wenigen Heterocyclen, in denen der Aza-Stickstoff zur Anlagerung von Sauerstoff befähigt ist. Die hierbei entstehenden N-oxydderivate der Furazane werden **Furoxane** genannt und durch Wasserabspaltung aus den Pseudonitrositen (IX) (vgl. S. 92) oder durch Dimerisierung von Nitriloxyden (VIII) (vgl. S. 350) gewonnen:

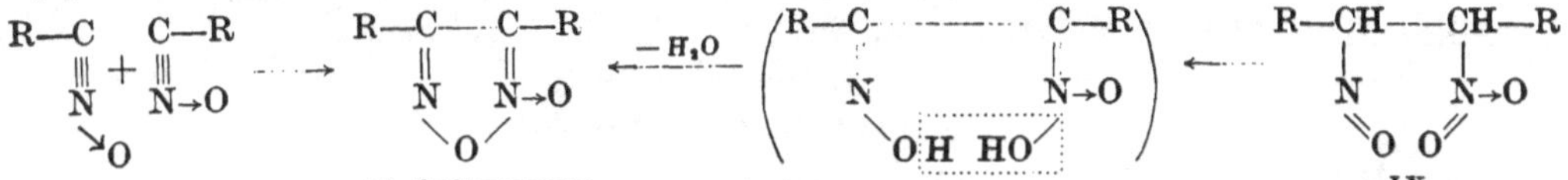

VIII Dialkylfuroxazan IX

Sie sind sehr beständige Verbindungen, deren Konstitution von H. WIELAND (1908) durch Reduktion zu den Furazanen und durch mehrere alkalische Abbaureaktionen sichergestellt werden konnte.

3. Die Verbindungen vom Thiophentypus

a) Allgemeines

In den Verbindungen vom Thiophentypus ersetzt der Schwefel die CH=CH-Brücke des Benzolkerns noch vollkommener, als es der Sauerstoff im Furan- oder die NH-Gruppe im Pyrrolring vermag. Im **Thiophen** liegt infolgedessen das bei weitem beste „Benzolmodell"[1]) vor, das wir kennen. Sämtliche Thiophen-

Tabelle 41

Vergleich der physikalischen Konstanten einiger Thiophen- und Benzolderivate

Thiophenderivat				Benzolderivat			
Substanz	Sdp.	Smp.	D/T.	Substanz	Sdp.	Smp.	D/T.
Thiophen	84°	—40°	1,070/20°	Benzol	80°	5,5°	0,879/20°
α-Thiotolen	113	—	—	Toluol	111	—95	0,872/15
β-Thiotolen	114	<—80	1,025/16	o-Xylol	144	—25	0,881/20
3,4-Thioxen	145	—	1,007/23	m-Xylol	139	—53	0,864/20
2,3-Thioxen	137	—	0,994/21	p-Xylol	138	13	0,861/20
2,4-Thioxen	138	—	0,996/20				
2,5-Thioxen	136	—	0,986/19				
α-Thiophen-aldehyd	198	—	1,215/21	Benzaldehyd	178	—26	1,050/20
α-Thiophen-carbonsäure	260	127	—	Benzoesäure	249	122	1,266/15
α-Nitro-thiophen	224	47	—	Nitrobenzol	211	6	1,223/0
α-Amino-thiophen	78 (11 Torr)	—	—	Anilin	70 (11 Torr)	6	1,022/20
Thionaphthen	221	32	1,149/36	} Naphthalin	218	80,4	1,68/22
Thiophthen	226	<—10	—				
Diphenylensulfid	332	97	—	Anthracen	351	217	1,242/~20
Thiazol	117	—	1,200/18	Pyridin	116	—42	0,977/25

[1]) Diese Benzolähnlichkeit kommt auch im Namen *Thiophen* zum Ausdruck, der die alte LAURENTsche Bezeichnung *Phen* für Benzol (vgl. S. 133) enthält, also wörtlich „Schwefelbenzol" bedeutet.

derivate einschließlich der kondensierten Ringsysteme und Azaverbindungen zeigen daher eine außerordentlich große Ähnlichkeit mit den entsprechenden Benzolderivaten, die insbesondere in den meistens innerhalb weniger Grade übereinstimmenden Siedepunkten (die Schmelzpunkte differieren stärker, vgl. Tabelle 41), dem häufig fast völlig gleichen Geruch sowie den sehr ähnlich verlaufenden Substitutionsreaktionen zum Ausdruck kommt.

Nur in wenigen Fällen kann man neben diesem benzolartigen Verhalten auch einige spezielle Reaktionen des heterocyclischen Ringes beobachten. Das praktisch wichtigste Beispiel werden wir auf S. 900 in der Bildung indigoartiger Farbstoffe kennenlernen.

b) Das Thiophen und seine Derivate

Die **Konstitution** des Thiophenringes ergibt sich einerseits aus zahlreichen Synthesen, von denen wir die Umsetzung von Bernsteinsäuredialdehyd (S. 450) oder bernsteinsaurem Natrium (S. 463) mit P_4S_{10}, die Zusammenlagerung von zwei Molekülen Acetylen und einem Atom Schwefel beim Leiten der Dämpfe durch ein glühendes Rohr (S. 112) und den reversiblen Ersatz des Furansauerstoffs durch Schwefel beim Leiten der Dämpfe von Furan und Schwefelwasserstoff über Aluminiumoxyd bei 450⁰ (S. 890) bereits kennengelernt haben. Auch die Thiophenbildung bei der Anlagerung von elementarem Schwefel an 1,3-Diene (S. 105) ist für die Konstitution beweisend:

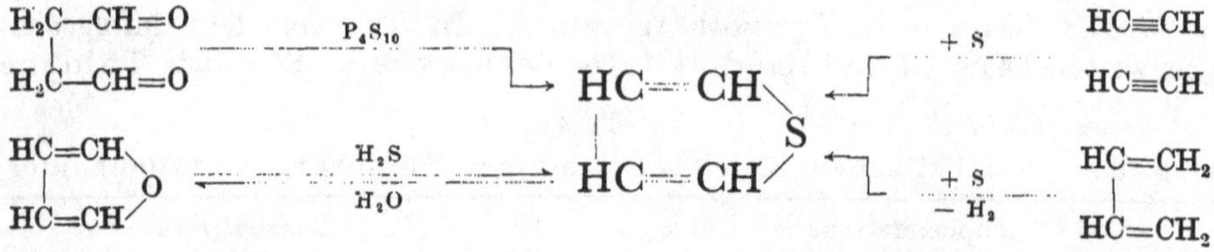

Lediglich die erste und die letzte der genannten Reaktionen haben praktische Bedeutung für die Synthese von Thiophenderivaten erlangt. Ferner ist auf die Zusammenlagerung von Schwefel und Acetylen wahrscheinlich das Auftreten des Thiophens im Steinkohlenteer zurückzuführen.

Thiophen selbst wird praktisch ausschließlich aus Steinkohlenteer gewonnen, bei dessen Aufarbeitung es sich infolge des ähnlichen Siedepunktes (vgl. Tabelle 41) im Rohbenzol anreichert. Dieses enthält daher stets bis zu 0,5% (durchschnittlich 0,15 %) Thiophen, das aus ihm am besten mit Hilfe des unten beschriebenen Mercurierungsverfahrens abgetrennt wird.

Die große physikalische und chemische Ähnlichkeit von Thiophen und Benzol ist die Ursache dafür, daß Thiophen trotz seines nicht unbeträchtlichen Vorkommens im Steinkohlenteer erst relativ spät und nur durch einen Zufall entdeckt wurde. Den ersten Hinweis auf die Anwesenheit eines damals noch unbekannten Begleiters im Teerbenzol erhielt V. Meyer im Jahre 1884 anläßlich eines Vorlesungsversuches, bei dem die seinerzeit dem Benzol selbst zugeschriebene Indopheninreaktion (s. u.) unerwarteterweise ausblieb. Die Nachprüfung ergab, daß er statt Teerbenzol ein besonders gereinigtes, aus Benzoesäure gewonnenes Benzol verwandt hatte. Nun lag natürlich der Schluß nahe, daß das Teerbenzol noch einen unbekannten Begleitstoff als eigentlichen Träger der Indopheninreaktion enthalten müsse, und es gelang V. Meyer dann auch kurze Zeit später, das Thiophen als diesen Begleitstoff zu isolieren.

Chemische Eigenschaften. Der Thiophenring zeigt infolge seiner relativ großen Aromatisierungsenergie (29 kcal, vgl. II, Kap. 3, III, 3) im Gegensatz zu den phenolaromatischen Heterocyclen Furan und Pyrrol einerseits fast keine Reaktionen der einzelnen Strukturelemente mehr — z. B. ist es weder möglich, irgendwelche Dienreaktionen durchzuführen, noch kann man den Schwefel zu Sulfoxyden oder Sulfonen des Thiophens oxydieren — andererseits einen bereits ausgesprochen benzolähnlichen Charakter. Dies geht insbesondere aus dem Verhalten bei den meisten Substitutionsreaktionen hervor, von denen im einzelnen bei etwa gleicher Halogenierungsgeschwindigkeit und Substitutionsmöglichkeit nach FRIEDEL-CRAFTS die Nitrierung etwas schwerer und die Sulfonierung etwas leichter als beim Benzol verläuft, so daß man über die Thiophen-sulfonsäure eine (allerdings recht umständlich durchzuführende) Möglichkeit zur Abtrennung des Thiophens aus dem Teerbenzol besitzt. Bei allen diesen Substitutionsreaktionen übt der Schwefel eine dirigierende Wirkung auf den eintretenden Substituenten aus, und zwar werden wie in der Furan- und Pyrrolreihe zunächst die α- und erst bei deren Besetzung die β-Substitutionsprodukte erhalten.

Interessanter sind eine Reihe von Reaktionen, bei denen der Thiophenring neben dem benzolaromatischen Verhalten eine spezielle, nur ihm eigene Reaktionsfähigkeit zeigt. So ist er z. B. bedeutend leichter mercurierbar als Benzol, und man kann Thiophen daher relativ einfach aus Teerbenzol durch Kochen mit Essigsäure und Quecksilberoxyd als unlösliches Quecksilberoxyacetat (I) abtrennen:

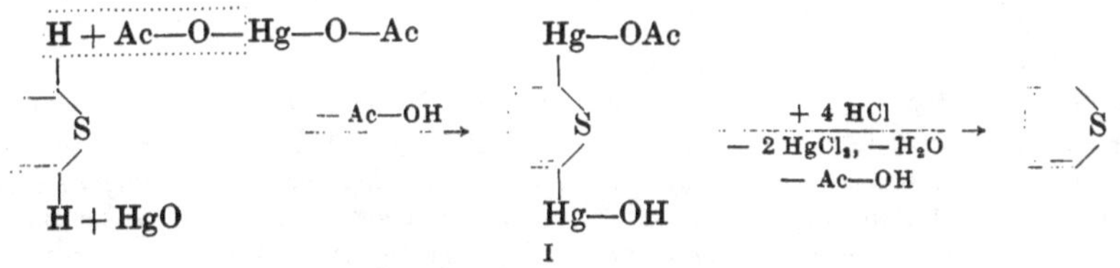

Da die quecksilberorganischen Verbindungen durch Säuren leicht unter Regenerierung der Kohlenwasserstoffe zerlegt werden (S. 731), eignet sich das Verfahren nicht nur zur Reinigung des Teerbenzols, sondern auch zur Thiophengewinnung aus ihm.

Eine weitere interessante Thiophenreaktion stellt die Kondensation mit gewissen Carbonylverbindungen dar, die etwa der Kondensation der Phenole (S. 224) und aromatischen Amine (S. 567f.) mit Oxoverbindungen an die Seite gestellt werden kann. Das bekannteste Beispiel ist die oben erwähnte Indopheninreaktion, die auf der Bildung eines blaugrünen Farbstoffes beim Erwärmen von Thiophen mit Isatin in konzentrierter, etwas salpetersäurehaltiger Schwefelsäure beruht. Der Reaktionsverlauf und auch die Struktur des Indophenins sind noch nicht in allen Einzelheiten geklärt, nachdem die von SCHLENK und HELLER (1924) aufgestellte indigoartige Formel II von STEINKOPF (1930) bestritten und durch die cyclische Formel III, die jedoch den Farbstoffcharakter des Indophenins weniger gut zu erklären vermag, ersetzt wurde:

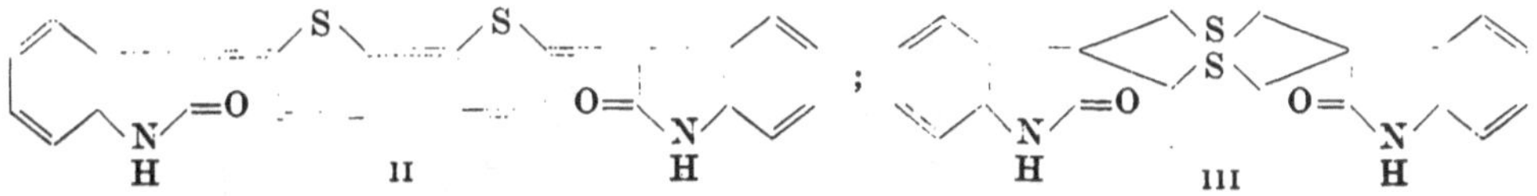

Schließlich beobachtet man bei einigen Derivaten des Thiophens auch ein von den entsprechenden Benzolderivaten abweichendes Verhalten. So ist z. B. das aus der Nitroverbindung durch Reduktion entstehende **α-Aminothiophen** (*α-Thiophenin*) nicht anilinähnlich, sondern eine schnell verharzende, sehr unbeständige Substanz, die nicht diazotiert, wohl aber mit anderen Diazoverbindungen zu Azokörpern umgesetzt werden kann. Erst in Form ihrer Salze mit Mineralsäuren wird sie stabilisiert. Auch **β-Aminothiophen** ist wesentlich unbeständiger als Anilin.

Die verschiedenen **Homologen** und **Benzologen des Thiophens** kommen ebenfalls im Steinkohlenteer vor. Sie verunreinigen wegen des ähnlichen Siedepunktes (vgl. Tabelle 41, S. 897) in gleicher Weise die Fraktionen der entsprechenden Benzolderivate, wie Thiophen die des Benzols selbst, und ihre Namen leiten sich infolgedessen von denen der betreffenden Benzolverbindungen ab, wie die folgende Zusammenstellung zeigt:

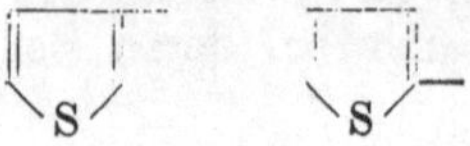

Thiotolene

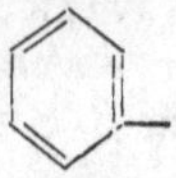

Toluol

Thioxene

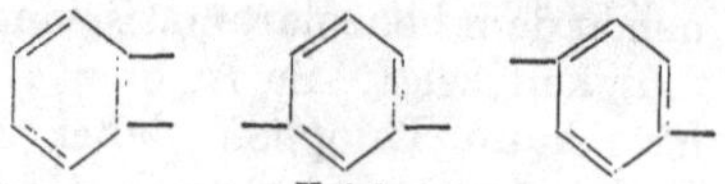

Xylole

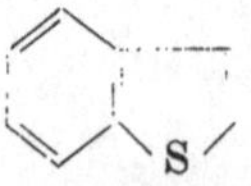

Thionaphthen

Thiophthen

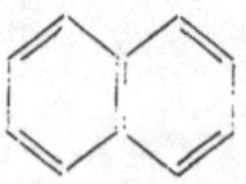

Naphthalin

Lediglich bei den Sauerstoffderivaten der Thionaphthene wird dieses Nomenklaturprinzip durchbrochen, weil sie sich chemisch den entsprechenden Indolverbindungen analog verhalten, und man spricht daher allgemein von *Thio-indolverbindungen.* Insbesondere das **Thio-indoxyl** ist dem Indoxyl sehr ähnlich und zeigt in gleicher Weise die Fähigkeit, tautomer zu reagieren und in alkalischer Lösung zu einem farbigen Doppelmolekül, dem wichtigen Farbstoff **Thioindigo** dehydriert zu werden.

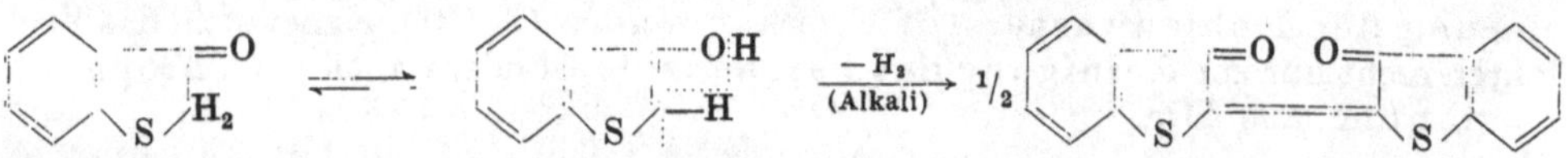

Thioindoxyl Thioindigo

Die Verbindungen dieser Reihe haben daher als einzige Thiophenderivate technisches Interesse erlangt (Näheres vgl. **III**, Kap. 2, V, 2).

c) Die Azaverbindungen der Thiophenreihe

Ersetzt man im Thiophenring eine oder mehrere CH-Gruppen durch Stickstoff, so kommt man zu den *Azathiophenen*, von denen insbesondere die als **Thiazol** schlechthin bezeichnete 3-Azaverbindung größeres Interesse beansprucht. Thiazol besitzt wie Oxazol und Imidazol zwischen den Heteroatomen ein Carboxyl-C-Atom. Man kann die verschiedenen Thiazolderivate und auch das nicht-substituierte Thiazol selbst daher ziemlich leicht durch Kondensation von Thiocarbonsäureamiden mit α-Halogen-oxoverbindungen gewinnen:

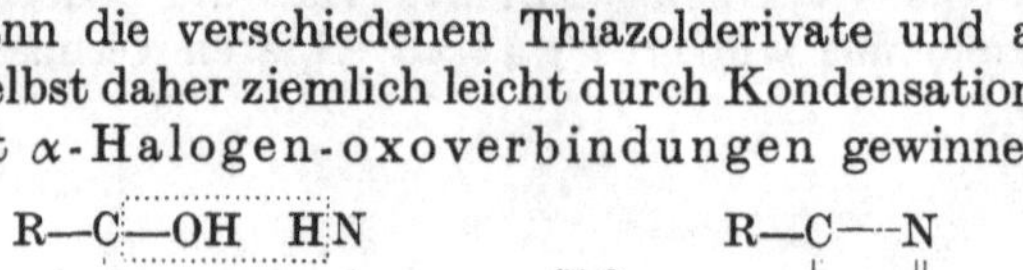

Auch die der Bildung von Thiophenderivaten aus 1,4-Dioxoverbindungen (S. 450, 898) analoge Kondensation von α-Acylamino-ketonen mit P_4S_{10} ist zu ihrer Darstellung geeignet:

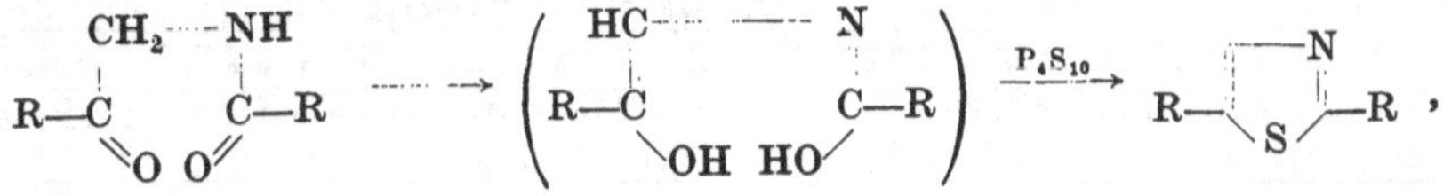

und schließlich werden 2-Amino-benzthiazole zuweilen auch durch Rhodanierung aromatischer Amine mit freiem Rhodan gewonnen:

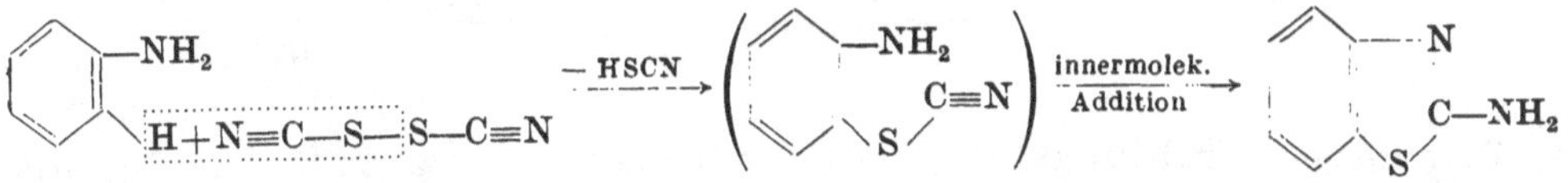

Thiazol ist eine sehr beständige Verbindung, die zum Pyridin in einer ähnlichen Beziehung steht, wie Thiophen zum Benzol. Die Ähnlichkeit erstreckt sich nicht nur auf den nahezu gleichen Siedepunkt (vgl. Tab. 41, S. 897) und Geruch sondern auch auf zahlreiche Reaktionen. Insbesondere ist Thiazol ebenfalls den normalen Substitutionsreaktionen nur sehr schwer zugänglich. Dagegen ist seine Basizität gegenüber der des Pyridins merklich abgeschwächt, so daß es in wäßriger Lösung nahezu neutral reagiert und seine Salze ziemlich stark hydrolysieren.

Während Thiazol selbst ohne Bedeutung geblieben ist, zeigen zahlreiche seiner Derivate eine starke physiologische Aktivität und finden daher vielfach pharmazeutische Anwendung. Nennenswert ist vor allem das zur Sulfonamidreihe (vgl. S. 687) gehörende *2-(p-Aminobenzolsulfamid)-thiazol*, das unter der Bezeichnung **Sulfathiazol** oder *Cibazol* gegen Infektionskrankheiten Verwendung findet. Weiterhin zeigen zahlreiche Benzthiazolderivate insektizide Wirkung und dienen zur Schädlingsbekämpfung. Ihre Gewinnung geschieht vielfach nach dem oben beschriebenen Rhodanierungsverfahren. Schließlich sind im Vitamin B_1 und Penicillin einige natürliche Thiazolderivate aufgefunden worden, auf die jedoch erst im Zusammenhang mit anderen Wirkstoffen näher eingegangen werden kann (vgl. **III**, Kap. 8, I).

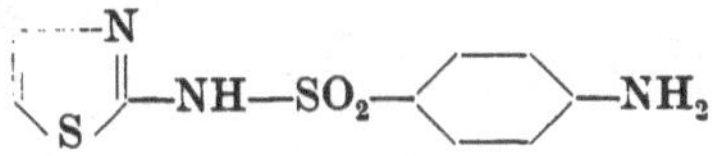

Sulfathiazol

Auch **Diaza-thiophene** (*Thiodiazole*) sind verschiedentlich dargestellt worden. Sie haben jedoch keine praktische Bedeutung erlangt, so daß wir uns hier mit der Anführung des auf S. 617 bereits erwähnten, bei der innermolekularen Kupplung der Diazoverbindung von o-Amino-thiophenol entstehenden **Diazosulfids** begnügen wollen (vgl. S. 617):

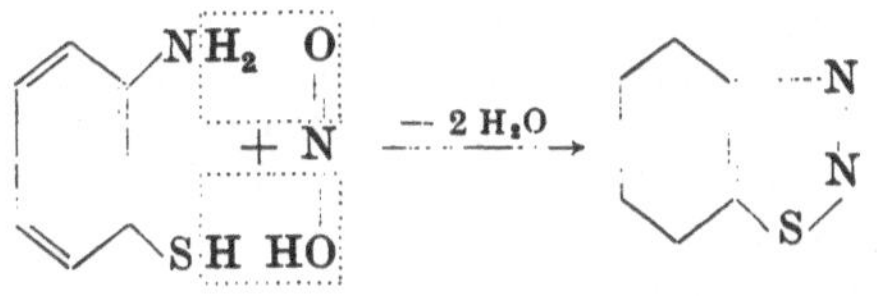

d) Die Trithione

Unter *Trithion* versteht man ein eigenartiges, von Böttger entdecktes und später hauptsächlich von Lüttringhaus (ab 1947) untersuchtes Ringsystem, das sich beim Erhitzen zahlreicher organischer Substanzen mit elementarem Schwefel oder — falls organisch gebundener Sauerstoff durch Schwefel ersetzt werden soll — einem Gemisch von Schwefel und Phosphorpentasulfid auf 175—250° ziemlich leicht bildet. Als Beispiel für einige der wenigen übersichtlich verlaufenden Bildungsweisen sei die Darstellung von **4,5-Dimethyl-trithion** (I) angeführt, die einerseits beim Erhitzen von Isopren mit elementarem Schwefel, andererseits von Methyl-acetessigester, der wahrscheinlich in der Enolform II reagiert, mit einem Gemisch von Schwefel und P_4S_{10} erfolgt:

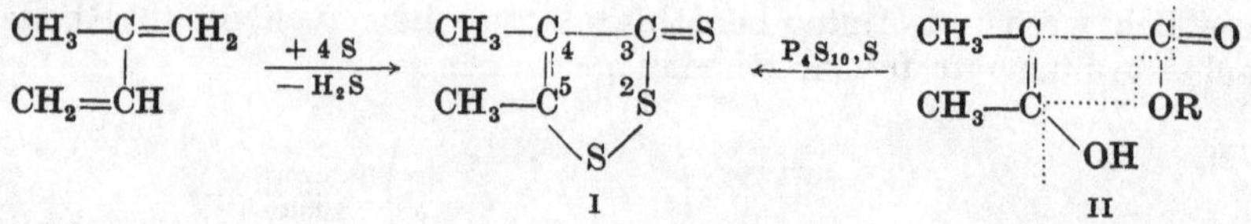

Die auffallende Bildungstendenz der Trithione und ihre große Beständigkeit sind eng mit der angeführten Struktur verknüpft, denn sie gehen bereits bei geringfügigen Molekülveränderungen — z. B. bei der Aufhebung der Ringdoppelbindung oder beim Ersatz der C=S- durch eine C=O-Gruppe — weitgehend wieder verloren. Dies wird sofort verständlich, wenn man berücksichtigt, daß die Grundstruktur I des Trithionmoleküls mit den thiophenartigen, infolge des Aromatisierungseffektes besonders energiearmen Zwitterionenstrukturen III und IV in Mesomerie tritt, was wie beim Benzol und Thiophen mit einer erheblichen Stabilisierung des Moleküls verbunden ist:

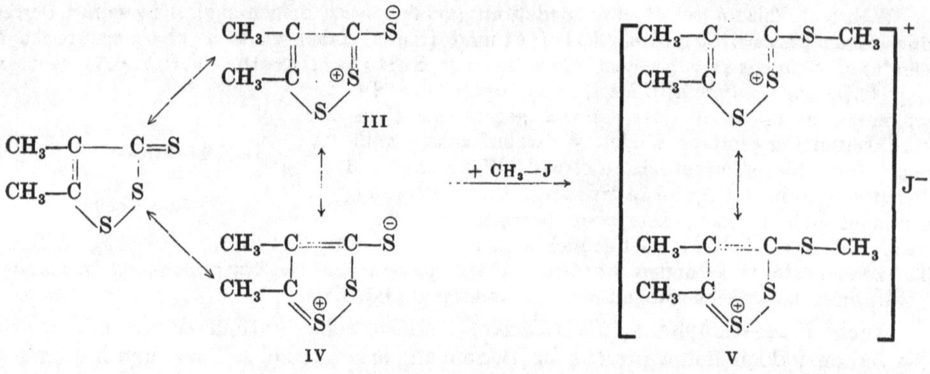

Für die verhältnismäßig starke Beteiligung dieser Zwitterionenstrukturen an der Mesomerie sprechen außer diesen theoretischen Überlegungen vor allem die hohen Moleküldipolmomente sämtlicher Trithione und ihre wichtigste Reaktion, die Alkylierung zu **S-Alkyl-trithionium-Salzen** (V), die nur über die Zwitterionenstrukturen verlaufen kann. Danach bestehen zwischen den Trithionen und den Trithioniumsalzen ähnliche Beziehungen wie zwischen den auf S. 866 beschriebenen Thiopyronen und Thiopyronium-Salzen, denn es tritt die Alkylgruppe bei der Salzbildung in beiden Fällen nicht an das spätere Onium-S-Atom.

In den Trithioniumsalzen ist der exocyclische Schwefel leichter austauschbar als in den Trithionen selbst. Z.B. entstehen auf Grund der folgenden Reaktionsgleichung mit primären Aminen SCHIFFsche Basen:

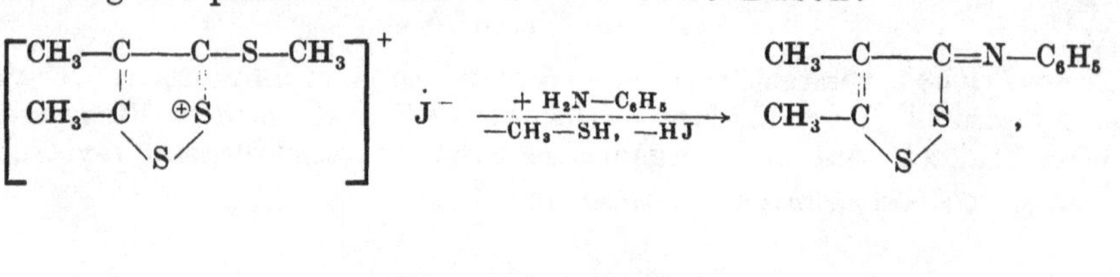

die z. T. von pharmazeutischem Interesse sind. Ferner eignen sich die freien Trithione — wahrscheinlich wegen des günstigen Abstandes der S-Atome — zur Passivierung von Schwermetallen.

e) Das Selenophen

Ersetzt man bei der auf S. 898 beschriebenen Thiophensynthese aus Acetylen und Schwefel den letzteren durch Selen, so ist es möglich, das Selen-analoge des Thiophens, das *Selenophen* darzustellen:

Selenophen siedet mit 110° etwas höher als Thiophen und zeigt ebenfalls einen reaktionsträgen, benzolähnlichen Charakter. Die Substanz ist in erster Linie von theoretischem Interesse als eine der wenigen Verbindungen, in denen auch Elemente der höheren Perioden in ein ungesättigtes bzw. aromatisches Bindungssystem eingebaut werden können. Eine praktische Bedeutung hat sie nicht erlangt.

12. Kapitel

Die Reaktionen am Kohlenstoffgerüst

Wie wir bei der Beschreibung der einzelnen Verbindungsgruppen gesehen haben, wird in zahlreichen organischen Substanzen die Reaktionsträgheit des Kohlenstoffgerüstes durch die jeweiligen Funktionen mehr oder weniger aufgehoben, so daß in unmittelbarer Nachbarschaft zu den aktiven Gruppen auch der Kohlenstoff einer Reihe von Umsetzungen zugänglich ist. Die wichtigsten dieser speziellen Reaktionen des Kohlenstoffgerüstes sind einerseits die Oxydations- und Reduktionsreaktionen, andererseits der Auf- und Abbau von C···C-Bindungen, die beide in diesem Kapitel nochmals zusammenfassend vom Standpunkt des Kohlenstoffs aus betrachtet werden sollen.

I. Die Oxydationsreaktionen

Die Oxydation des Kohlenstoffs in einer organischen Verbindung kann auf drei verschiedenen Wegen vor sich gehen: 1. durch direkte Oxydation, d. h. durch Einführung von Sauerstoff in das organische Molekül mit Hilfe eines Oxydationsmittels, 2. durch indirekte Oxydation, d. h. durch Einführung von Sauerstoff ohne Verwendung eines eigentlichen Oxydationsmittels, und 3. auf dem Wege der Dehydrierung, d. h. durch Abspaltung von Wasserstoff, die grundsätzlich ebenfalls kein Oxydationsmittel benötigt, praktisch aber meistens mit Hilfe eines Oxydationsmittels als wasserstoffbindendem Agens durchgeführt wird.

1. Die direkte Oxydation

Die oxydative Einführung von Sauerstoff in organische Verbindungen erfordert vor allem eine sorgfältige Einhaltung der Reaktionsbedingungen, da die Oxydation leicht weitergeht und zu einer mehr oder weniger vollständigen Verbrennung des Moleküls führt. Insbesondere der Umstand, daß die primären Oxydationsprodukte häufig auf dem Wege der Dehydrierung wesentlich schneller weiter oxydiert werden, als sie bei der direkten Einführung von Sauerstoff entstehen, wirkt sich häufig erschwerend für die Unterbrechung der Reaktion auf einer bestimmten Oxydationsstufe aus. Es sind daher eine große Zahl von verschiedenen Oxydationsmitteln im Gebrauch, die in vielen Fällen nur für ganz bestimmte Reaktionen verwendbar sind, hier aber infolge ihres speziellen Reaktionsmechanismus eine exakte Lenkung der Oxydation in die gewünschte Richtung gestatten. Sie sollen im folgenden mehr oder weniger willkürlich unterteilt werden in: a) die sich vom O_2-Molekül ableitenden Oxydationsmittel, deren Wirkung auf der Anwesenheit von O···O-Bindungen beruht, b) die sog. „klassischen" Oxydationsmittel Kaliumpermanganat, Chromtrioxyd und Salpetersäure, die sich durch eine relativ geringe Spezifität auszeichnen, und c) die „modernen“ Oxydationsmittel vom Typus des Bleitetraacetats, Selendioxyds usw., die ausgesprochen spezifische Oxydationsmittel für ganz bestimmte Strukturelemente darstellen.

a) Elementarer Sauerstoff, Ozon, Peroxyverbindungen

Das einfachste und billigste Oxydationsmittel ist der **elementare Sauerstoff** selbst, der in Form des Luftsauerstoffs in unbegrenzter Menge zur Verfügung steht. Er zeigt jedoch den Nachteil, daß er bei niedriger Temperatur zu reaktionsträge ist (sonst wäre ja die Mehrzahl der organischen Substanzen nicht luftbeständig) und bei hoher Temperatur leicht zu einer vollständigen Verbrennung des Moleküls führt. Man verwendet ihn daher meistens nur bei katalytischen Verfahren, von denen wir die Paraffinoxydation (S. 77), die Äthylenoxydbildung (S. 424), die Oxydation von Toluol zu Benzaldehyd (S. 234) und die Phthalsäureanhydridgewinnung aus Naphthalin (S. 469) als die wichtigsten Beispiele kennengelernt haben. Sie sind sämtlich infolge der meist umständlichen Katalysatorherstellung ausschließlich von technischem Interesse.

Die wenigen bereits bei Raumtemperatur und ohne Katalysator durchführbaren Reaktionen des Luftsauerstoffs werden Autoxydationen (von griech. αὐτός = selbst) genannt. Sie führen meistens zu Peroxyverbindungen, die — abgesehen von der Autoxydation der freien Radikale (S. 748) — formal stets im Sinne einer Einschiebung des O_2-Moleküls zwischen ein C- und ein H-Atom entstehen. Die wichtigsten Beispiele sind die Olefinoxydation in Allylstellung zur Doppelbindung (S. 99), die z. B. bei der Leinölhärtung (**III**, Kap. 6, I, 1) eine Rolle spielt, und die in α-Stellung zum Sauerstoff erfolgende Autoxydation der Äther und Aldehyde zu den Ätherperoxyden (S. 212) und Percarbonsäuren (S. 242):

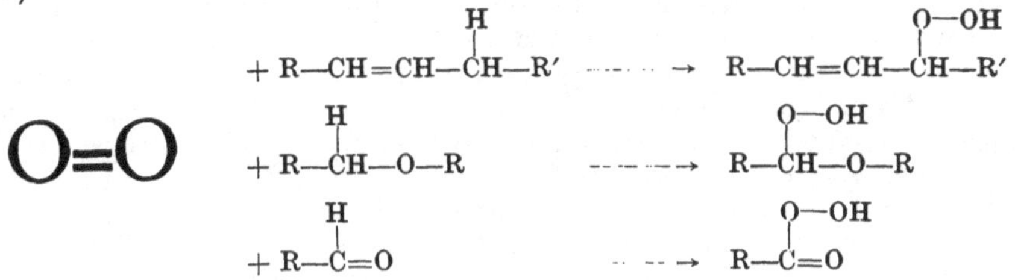

Die zweite Sauerstoffmodifikation, das **Ozon**, ist infolge seiner großen Reaktionsfähigkeit bereits bei tiefer Temperatur zu Oxydationsreaktionen befähigt. Es findet aber gerade wegen seiner starken Oxydationswirkung, die häufig zu einer vollständigen Molekülverbrennung führt, sowie auch wegen seiner umständlichen Handhabung, eine nur geringe Anwendung als Oxydationsmittel, die sich fast ausschließlich auf die Ozonspaltung der Olefine (S. 92) zum Zwecke der Konstitutionsermittlung (S. 953) beschränkt.

Eine letzte Gruppe von Oxydationsmitteln, die sich vom elementaren Sauerstoff ableiten und ebenfalls eine O···O-Bindung enthalten, ist die der **Peroxyverbindungen**. Sie vermögen wie der Sauerstoff selbst im allgemeinen den Kohlenstoff erst bei hoher Temperatur anzugreifen und sind daher beliebte selektive Oxydationsmittel für bestimmte Verbindungstypen. So haben wir z. B. in der **Benzopersäure** und neuerdings auch der **Peressigsäure** die wichtigsten präparativen Oxydationsmittel zur Überführung olefinischer Doppelbindungen in Olefinoxyde kennengelernt (S. 91). Ähnlich verwendet man in der Technik **Hydroperoxyd** zur Glykolgewinnung aus Olefinen. Ferner eignen sich Hydroperoxyd, sowie insbesondere die **Carosche Säure** und die **Perschwefelsäure**, zur Anlagerung von Sauerstoff an die ungebundenen Elektronenpaare von Heteroatomen (S. 556):

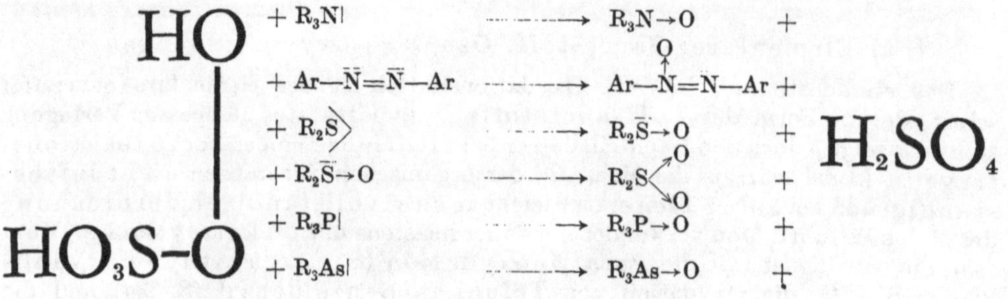

Bzgl. der Anwendung von Hydroperoxyd als Dehydrierungsmittel vgl. S. 914.

b) Kaliumpermanganat, Chromtrioxyd und Salpetersäure

Im Gegensatz zum elementaren Sauerstoff wirken die höheren Sauerstoffverbindungen des Stickstoffs und der Metalle der 6. und 7. Nebengruppe des Periodensystems bereits bei Temperaturen unterhalb 100^0 auf organische Verbindungen oxydierend ein. **Salpetersäure, Kaliumpermanganat** und **Chromtrioxyd** mit seinen Derivaten (insbesondere **Kaliumbichromat** und **Chromylchlorid**) gelten daher seit jeher als die wichtigsten Oxydationsmittel der organischen Chemie, die grundsätzlich fast immer anwendbar sind. Sie zeigen jedoch infolge dieser geringen Spezifität den Nachteil, daß sich die Reaktionen häufig schlecht auf der gewünschten Oxydationsstufe unterbrechen oder auf bestimmte Stellen des Moleküls beschränken lassen, und finden daher insbesondere dann Anwendung, wenn die Reaktion bis zur Oxydationsendstufe (z. B. zur Keto- oder Carboxylgruppe) durchgeführt oder zur Aboxydation von Seitenketten oder Ringsystemen verwandt werden soll. Als weitgehend oxydationsstabil — bzw. nur bei Verbrennung des Gesamtmoleküls oxydierbar — erwiesen sich diesen Oxydationsmitteln gegenüber lediglich eine Reihe von aromatischen Ringsystemen (z. B. der nicht mit Heteroatomen besetzte Benzolring und zahlreiche der im 11. Kap. beschriebenen Heterocyclen vom Pyridintypus, nicht aber Naphthalin, Pyrrol usw.), die n-Paraffine und die Paraffinradikale der Carbonsäuren, Äther und tertiären Amine. Schon die geringfügige Aktivierung der Paraffinradikale durch benachbarte Benzolkerne oder Oxogruppen genügt jedoch, um sie Oxydationsreaktionen zugänglich zu machen.

Bei vorsichtigem Arbeiten kann man diese Oxydationsmittel auch zu selektiven oder partiellen Oxydationsreaktionen verwenden. So zeigt z. B. **Kaliumpermanganat** eine spezielle Oxydationswirkung gegenüber olefinischen Doppelbindungen, die bei vorsichtigem Arbeiten auf Grund des beim Osmiumtetroxyd beschriebenen Mechanismus (S. 908) lediglich bis zur Stufe des Glykols oxydiert werden. Ein charakteristisches Beispiel dieser Art stellt die Oxydation von Acrolein zu Glycerinaldehyd dar, die trotz der Oxydationsempfindlichkeit der entstehenden Glykolgruppierung nach Schützen der Aldehydgruppe durch Acetalisierung in glatter Reaktion mit Kaliumpermanganat als Oxydationsmittel durchgeführt werden kann (Wohl 1900):

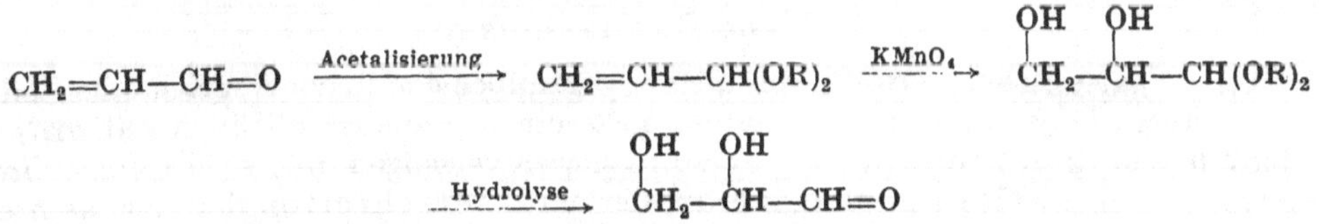

Bei **Salpetersäure** beobachtet man demgegenüber die Tendenz, die Molekülenden unter Schonung sämtlicher mittelständiger Gruppen in Carboxylgruppen umzuwandeln.

Sie findet daher vielfach Anwendung zur Überführung organischer Verbindungen in Carbonsäuren gleicher Kohlenstoffzahl, wie z. B. die praktisch wichtige Adipinsäuregewinnung aus Cyclohexanol (S. 463), sowie die Überführbarkeit der Kohlenhydrate in Zuckersäuren unter Schonung sämtlicher sekundärer alkoholischer Hydroxylgruppen (**III**, Kap. 4, I, 5e), zeigt.

Die Oxydationswirkung der reinen Salpetersäure ist nur relativ gering und tritt vielfach hinter ihrer Nitrierwirkung zurück. Insbesondere aromatische Verbindungen können daher häufig nicht durch Salpetersäure oxydiert werden. Eine Erhöhung der Oxydationswirkung beobachtet man stets bei Anwesenheit von salpetriger Säure (bzw. N_2O_3). die mit Salpetersäure in Distickstofftetroxyd als das eigentliche Oxydationsmittel übergeht und im Sinne der folgenden Gleichung auch in geringer Menge die Oxydationsreaktion katalytisch beschleunigt:

$$2\,HNO_3 + N_2O_3 \xrightarrow{-H_2O} 2\,N_2O_4 \longrightarrow \boxed{N_2O_3} + 2\,NO + 3\,O$$

Will man daher Salpetersäure vornehmlich als Oxydationsmittel verwenden, so wird man die Stickoxyde gelöst enthaltende rote rauchende Säure bevorzugen, während man auf der anderen Seite einer Säure, die ausschließlich Nitrierzwecken dient, häufig etwas Harnstoff zusetzt, der auch die letzten Spuren der evtl. noch vorhandenen salpetrigen Säure im Sinne der Reaktion von Bouveault (S. 344, Gleichung formulieren!) zerstört und daher ihre Oxydationswirkung auf ein Minimum herabsetzt.

Als weitere die Oxydationswirkung der Salpetersäure erhöhende Katalysatoren haben wir auf S. 643 verschiedene Quecksilbersalze, insbesondere Quecksilbernitrat, kennengelernt.

Chromtrioxyd weist schließlich die geringste Neigung zu speziellen Oxydationsreaktionen auf. Erst wenn man zu seinen Derivaten übergeht, kann man mitunter eine abgestufte Oxydationswirkung beobachten. So bleibt z. B. nach Étard (1881) die Oxydation von am Benzolkern befindlichen Methylgruppen bei der Einwirkung von Chromylchlorid leicht auf der Stufe der Alkohole oder Aldehyde stehen:

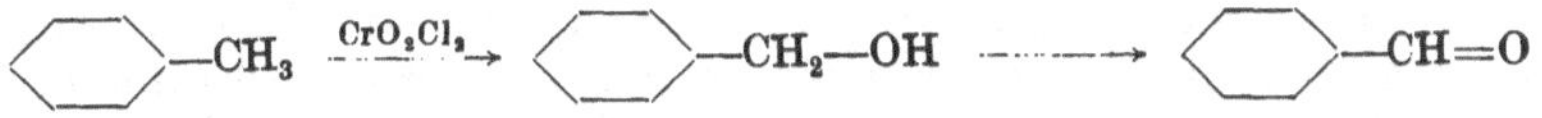

Aufgrund derartiger Spezifitätsunterschiede zwischen den einzelnen Oxydationsmitteln dieser Gruppe ist es häufig möglich, eine organische Substanz nach Belieben an verschiedenen Stellen des Moleküls anzugreifen. Beispielsweise wird, ohne daß sich eine Ursache für dieses unterschiedliche Verhalten zu erkennen gibt, p-Cymol (I) durch Salpetersäure primär an der Isopropyl- und durch Kaliumpermanganat primär an der Methylgruppe angegriffen, so daß man zu verschiedenen Oxydationsprodukten gelangt:

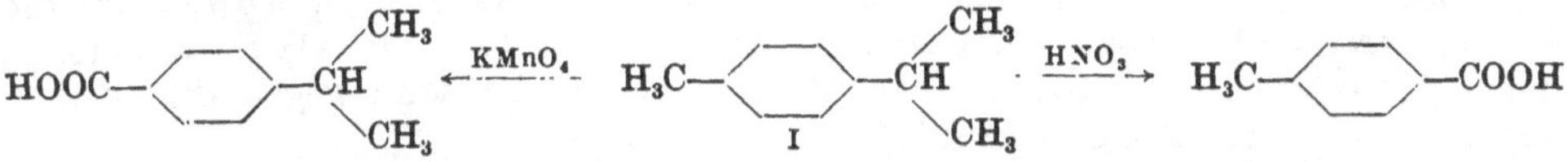

c) Moderne Oxydationsmittel

Diesen „klassischen“ Oxydationsmitteln gegenüber sind in neuerer Zeit eine Reihe von weiteren Oxydantien in Anwendung gekommen, die ausschließlich mit einem oder nur wenigen Bindungstypen zu reagieren vermögen, hier aber infolge ihres speziellen Reaktionsmechanismus, der ein Überschreiten der gewünschten Oxydationsstufe streng ausschließt, eine gewisse Bedeutung erlangt haben. So ist z. B. **Osmiumtetroxyd** eine bis 150° beständige Substanz, die eine nur sehr geringe Tendenz zur Übertragung des Sauerstoffs auf andere Verbindungen aufweist. Lediglich olefinischen Doppelbindungen gegenüber ist es sehr reaktionsfähig und lagert sich an sie mit zwei Sauerstoffatomen unter Bildung eines cyclischen Osmium-VI-säureesters (I) an, der dann bei der anschließenden Hydrolyse in die Osmium-VI-säure (II) selbst und das dem Olefin entsprechende Glykol zerfällt:

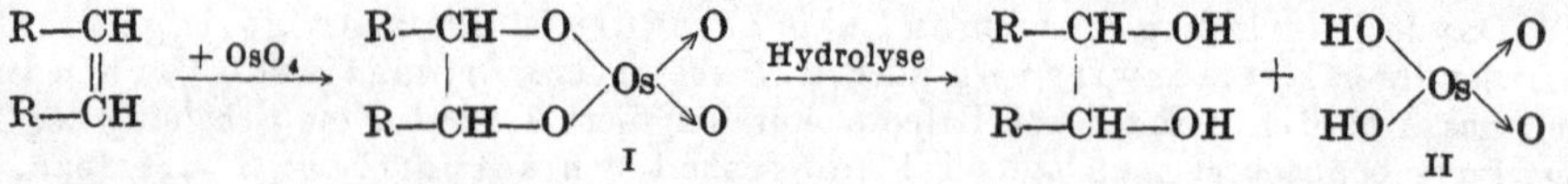

Hier bietet sich also die Möglichkeit die Olefinoxydation auf der Stufe der an sich leicht weiter oxydierbaren 1,2-Glykole zu unterbrechen.

Da das Permanganat-Ion die gleiche Struktur wie das Osmiumtetroxyd aufweist, macht dieser von Criegee (1936) aufgeklärte Reaktionsmechanismus gleichzeitig die oben beschriebene spezifische Oxydationswirkung des Kaliumpermanganates gegenüber Olefinen verständlich. Nur kann man in diesem Falle das als Reduktionsprodukt des Permanganat-Ions zu erwartende Hypomanganat-Ion mit 5-wertigem Mangan (III) nicht isolieren, da es sich unter den Reaktionsbedingungen sofort in MnO_2 und das Permanganat-Ion disproportioniert:

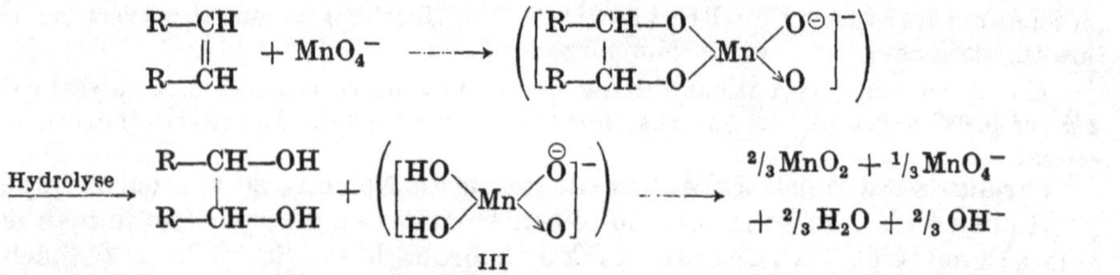

Ferner geht infolge der größeren Instabilität des Permanganat-Ions die Reaktion hier leicht über die Stufe des Glykols hinaus.

Ein anderer Typus von selektiven Oxydationsmitteln leitet sich vom Bleidioxyd ab, das in seinen Eigenschaften den klassischen Oxydationsmitteln noch nahe steht. Schon das Oxyd selbst zeigt eine deutlich erkennbare Tendenz, aktiven Wasserstoff (z. B. in Benzylstellung) abzuoxydieren (vgl. auch S. 910). Doch werden in diesem Fall die primär entstehenden Oxyverbindungen leicht weiter dehydriert, so daß stets ein Gemisch mehrerer Oxydationsprodukte nebeneinander entsteht. Verwendet man jedoch statt des freien Oxyds das sich von ihm ableitende, von Dimroth (1920) — und später ebenfalls von Criegee (1930) — in die organisch-chemische Praxis eingeführte **Bleitetraacetat,** das nicht mehr den Sauerstoff allein sondern jeweils zwei unveränderte Acetoxygruppen auf die zu oxydierende Substanz überträgt, so erhält man statt der Oxyverbindungen deren nicht mehr dehydrierbare Acetylderivate, die dann gegen die Weiteroxydation einigermaßen stabil sind:

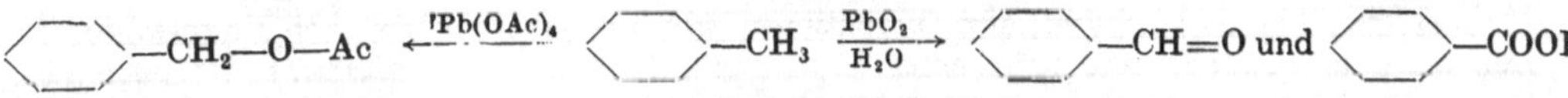

Bleitetraacetat hat sich als präparatives Oxydationsmittel sehr bewährt, da es gegenüber den meisten organischen Verbindungen stabil ist und — abgesehen von der bereits zu den indirekten Oxydationsreaktionen zählenden Glykolspaltung (S. 911f.) — nur auf olefinische Doppelbindungen und aktive Methylengruppen eine spezielle Oxydationswirkung ausübt. Hierbei werden an erstere im Verlauf einer normalen Additionsreaktion beide übertragbare Acetoxygruppen angelagert (S. 91), während bei letzterer nur ein Acetoxyrest an den Kohlenstoff tritt und der zweite zur Bindung des Wasserstoffs benötigt wird:

$$\begin{matrix} C_6H_5—CH_2—O—Ac \\ + \\ H—O—Ac \end{matrix} \xleftarrow[-\,Pb(OAc)_2]{+\,C_6H_5—CH_3} \begin{matrix} Ac—O— \\ Ac—O— \end{matrix} \mathbf{Pb} \begin{matrix} —O—Ac \\ —O—Ac \end{matrix} \xrightarrow[-\,Pb(OAc)_2]{+\,R—CH{=}CH—R} \begin{matrix} R—CH—O—Ac \\ | \\ R—CH—O—Ac \end{matrix}$$

Die Reaktion mit aktiven Methylengruppen eignet sich nicht nur zur Darstellung der Ester von aromatischen Alkoholen, sondern auch zur Einführung von Acetoxygruppen in α-Stellung zu Carbonylgruppen, wie z. B. die Bildung von Diacetyl-dioxyaceton Ac—O—CH_2—CO—CH_2—O—Ac aus Aceton, von Acetyl-tartronsäureester ROOC—CH(OAc)—COOR aus Malonsäureester und von Acetoxy-acetessigester CH_3—CO—CH(OAc)—COOR aus Acetessigester beweist (Gleichungen formulieren!).

In allen diesen Fällen bietet das Verfahren weiterhin den Vorteil, daß die entstehenden acetylierten 1,2-Oxy-oxoverbindungen nicht mehr zur Isomerisierung bzw. Tautomerisierung durch Wanderung der Carbonylgruppe (vgl. S. 436) befähigt sind.

Auch der dem Benzylkohlenstoff sehr ähnliche Allylkohlenstoff wird durch Bleitetraacetat angegriffen, doch konkurriert diese Reaktion bereits mit der Anlagerung an die olefinische Doppelbindung. Eine Verbindung wie Cyclopenten liefert infolgedessen bei der Einwirkung von Bleitetraacetat ein *Mono-*, ein *Di-* und ein *Tri-acetoxyderivat* nebeneinander:

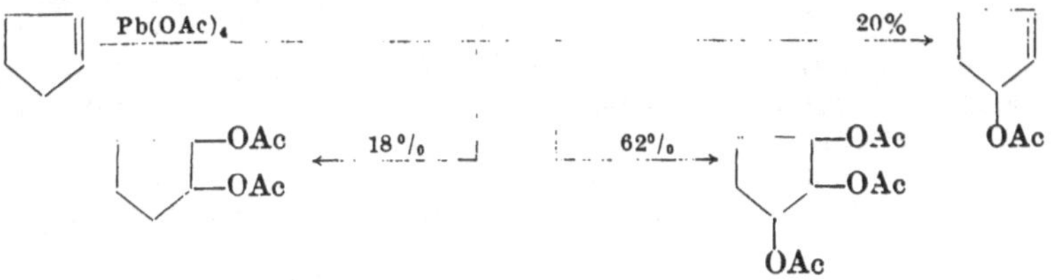

Ähnlich wie Bleitetraacetat vermögen auch andere Diacetoxyverbindungen oxydierend auf organische Verbindungen einzuwirken, sofern sie ein geeignetes Oxydationspotential aufweisen. Insbesondere die **Aryljodidacetate** mit dreiwertigem Jod (vgl. S. 169) zeigen eine bis ins einzelne gleichartige Tendenz zur Übertragung von zwei Acetoxygruppen auf die zu oxydierende Substanz, wie aus den folgenden Beispielen — sowie der auch mit diesen Verbindungen durchführbaren Glykolspaltung (S. 911f.) — hervorgeht:

$$\begin{matrix} Ar—CH_2—O—Ac \\ + \\ H—O—Ac \end{matrix} \xleftarrow[-\,C_6H_5—J]{+\,Ar—CH_3} C_6H_5—J(—O—Ac)_2 \xrightarrow[-\,C_6H_5—J]{+\,R—CH{=}CH—R} \begin{matrix} R—CH—O—Ac \\ \\ R—CH—O—Ac \end{matrix}$$

Das oben bereits kurz gestreifte Oxydationsmittel **Bleidioxyd**, sowie auch **Mangandioxyd**, greifen, wahrscheinlich mit Hilfe eines ähnlichen Reaktionsmechanismus, ebenfalls bevorzugt aktive Methylengruppen an. Doch geht hier die Reaktion aus den angeführten Gründen meistens über die Alkoholstufe hinaus. Immerhin kann man Aldehyde zuweilen in erträglicher Ausbeute erhalten, so daß diese Oxydationsmittel u. a. zur Darstellung von Benzaldehyd aus Toluol (S. 234) geeignet sind.

Ein letztes interessantes selektives Oxydationsmittel liegt schließlich im **Selendioxyd** vor. Es zeigt eine ausgesprochene Affinität zu aktiven Methylengruppen, die unter Schonung aller anderen oxydierbaren Gruppen, insbesondere auch der Aldehydgruppe, maximal bis zur Stufe der Oxoverbindungen oxydiert werden. Man kann infolgedessen mit seiner Hilfe selbst oxydationsempfindliche Stoffe wie Mesoxalsäureester, Diketobuttersäureester oder Phenylglyoxal durch direkte Oxydation der entsprechenden Methylenverbindungen (Malonester, Acetessigester und Acetophenon) gewinnen:

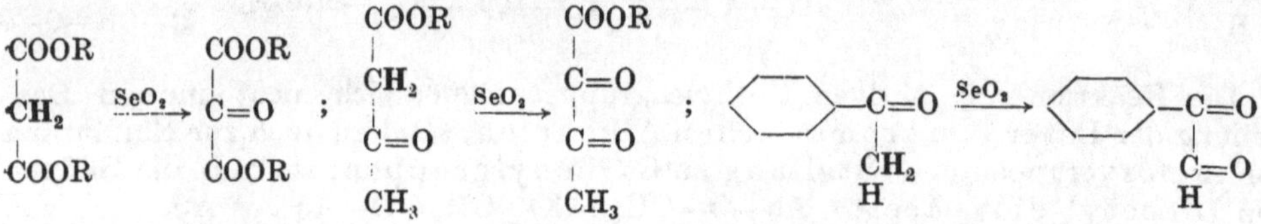

Auch Diphenylmethan läßt sich in analoger Weise in Benzophenon (Gleichung formulieren!) überführen, während Allylkohlenstoff meistens nur noch bis zur Alkoholstufe oxydiert wird. Lediglich bei den niederen Gliedern der Olefinreihe kann unter Umständen auch die Doppelbindung angegriffen werden.

2. Die indirekte Einführung von Sauerstoff

Die indirekte Oxydation einer organischen Verbindung ist häufig von großer praktischer Bedeutung, weil sie infolge des Fehlens eines eigentlichen Oxydationsmittels die Einführung des Sauerstoffs unter den mildesten Bedingungen erlaubt und insbesondere jede weitere Reaktion über die gewünschte Stufe hinaus, sowie die Oxydation anderer empfindlicher Molekülteile, grundsätzlich ausschließt.

Ein erstes Beispiel einer derartigen indirekten Oxydation haben wir in der **Anlagerung polarer Sauerstoffverbindungen** an **Olefine** (S. 93f.) und **Acetylene** (S. 110) kennengelernt. Sie führt von den Olefinen ausgehend stets zu Alkoholen oder ihren Derivaten und vom Acetylen ausgehend entweder zu Oxoverbindungen und ihren Sauerstoffderivaten (Acetalen oder Esteracetalen, S. 280) oder zu Enoläthern und Enolestern (S. 218):

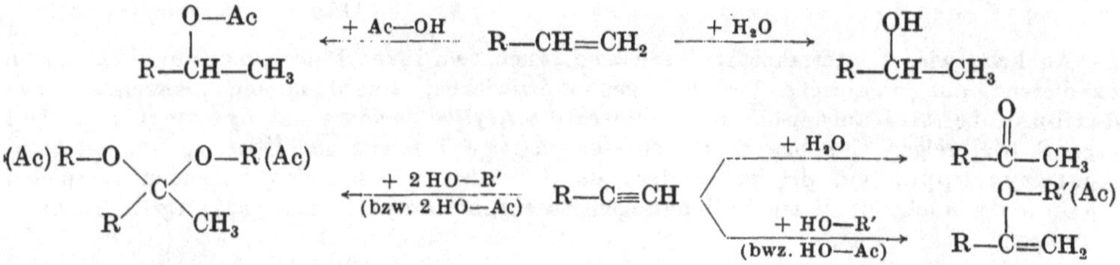

Das Verfahren hat insbesondere technische Anwendung gefunden und dient zur Darstellung von Acetaldehyd und den verschiedenen Vinylderivaten aus Acetylen (S. 110f.), ferner von Isopropylalkohol und tertiärem Butylalkohol aus Propylen bzw.

Isobutylen (S. 180f.), sowie neuerdings auch von Äthanol aus Äthylen. Auch die Darstellung von Amylenhydrat (S. 188), Hydracrylsäure (S. 477) und Äpfelsäure (S. 484) wird zuweilen durch Wasseranlagerung an die entsprechenden ungesättigten Verbindungen vorgenommen (Gleichungen formulieren!). Vor allem aber findet die Einführung von Sauerstoff bei sämtlichen biochemischen Oxydationsreaktionen stets auf dem Wege einer Wasseranlagerung an olefinische Doppelbindungen statt (**III**, Kap. 8, III).

Eine andere Möglichkeit der indirekten Oxydation besteht in der **Kondensation unter Vertauschung der Oxydationsstufen** der zu verknüpfenden C-Atome. Kondensiert man z. B. eine Nitrosogruppe, in der der Stickstoff den positiven Bindungspartner darstellt, mit einer aktiven Methylengruppe, in der der Kohlenstoff als negativer Bindungspartner fungiert, so entsteht eine SCHIFFsche Base, in der unter Vertauschung der Oxydationsstufen nunmehr der Kohlenstoff die Rolle des positiven und der Stickstoff die des negativen Bindungspartners spielt, so daß man bei der Hydrolyse eine Carbonyl- und eine Aminogruppe erhält:

$$\mathrm{R{-}CO{-}\underset{\displaystyle R}{\underset{|}{C}}\mathbf{H_2} + \mathbf{O}{=}N{-}R \xrightarrow{\text{Kondensation}} R{-}CO{-}\underset{\displaystyle R}{\underset{|}{C}}{=}N{-}R \xrightarrow{\text{Hydrolyse}} R{-}CO{-}\underset{\displaystyle R}{\underset{|}{C}}{=}\mathbf{O} + \mathbf{H_2}N{-}R}$$

Diese „Oxydationsreaktion“ kann im Falle der Kondensation einer aktiven Methylgruppe mit salpetriger Säure durch anschließende Wasserabspaltung aus dem primär entstehenden Oxim (S. 290) sogar bis zur Stufe der Carboxylgruppe weitergeführt werden:

$$\mathrm{A{-}CH_3 + O{=}N{-}OH \xrightarrow[\text{sation}]{\text{Konden-}} A{-}CH{=}N{-}OH \xrightarrow[(SOCl_2)]{-H_2O} A{-}C{\equiv}N \xrightarrow[\text{lyse}]{\text{Hydro-}} A{-}COOH}$$

Wie aus den angeführten Beispielen hervorgeht, ist diese Art der indirekten Oxydation auf die Sauerstoffverbindungen der ausgesprochen negativen Elemente beschränkt, die nach der Kondensation gegenüber dem Kohlenstoff als negative Bindungspartner aufzutreten vermögen. Als „Oxydationsmittel“ dienen daher fast ausschließlich Nitrosoverbindungen und Derivate der salpetrigen Säure, die bei der Reaktion zur Stufe des primären Amins bzw. Hydroxylamins „reduziert“ werden. In selteneren Fällen kann man aber auch Schwefelsäure verwenden, die bei der Reaktion in schweflige Säure übergeht. Als praktisch wichtigstes Beispiel hierfür haben wir die Phenolschmelze der aus aromatischen Kohlenwasserstoffen und Schwefelsäure leicht erhältlichen aromatischen Sulfonsäuren kennengelernt (vgl. S. 220), bei der das Benzol indirekt durch die Schwefelsäure zum Phenol „oxydiert“ wird:

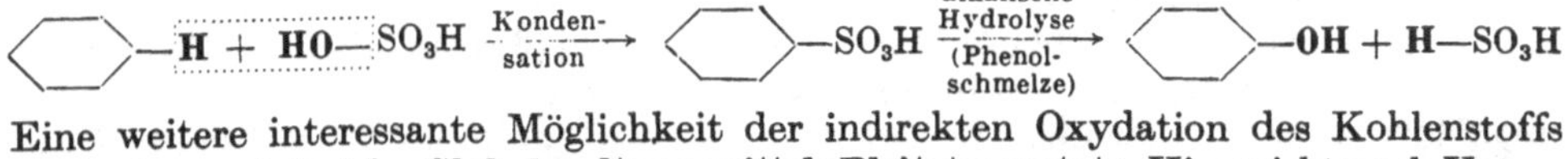

Eine weitere interessante Möglichkeit der indirekten Oxydation des Kohlenstoffs beobachten wir bei der **Glykolspaltung mittels Bleitetraacetats.** Hier wirkt nach Untersuchungen von CRIEGEE (1931) das Glykol zunächst alkoholysierend auf das Bleitetraacetat ein, und es bildet sich das cyclische Alkoholat I mit noch vierwertigem Blei, das dann in einer zweiten Reaktionsstufe unter Abspaltung von Blei-II-acetat in das hypothetische Rumpfmolekül II mit radikalartigem Sauerstoff übergeht. Erst in einer dritten Reaktionsstufe findet dann die Oxydation des Kohlenstoffs statt, indem das Rumpfmolekül — ohne daß aber auch hier eine Neueinführung von Sauerstoff erfolgt — unter oxydativer Spaltung der C—C-Bindung in zwei Moleküle einer (bzw. verschiedener) Oxoverbindung(en) zerfällt:

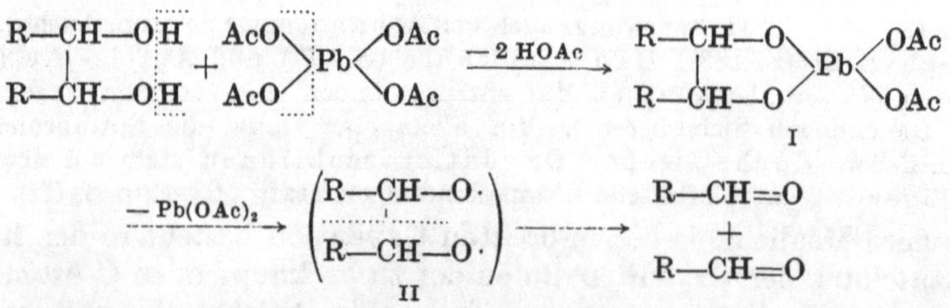

Der Beweis für die intermediäre Bildung der cyclischen Verbindung I ergibt sich indirekt aus der Tatsache, daß im Falle der Verwendung cyclischer Glykole mit weniger als sechs Ringgliedern ausschließlich die cis-Verbindungen durch Bleitetraacetat gespalten werden, was nur in dem angegebenen Sinne der gleichzeitigen Reaktion beider Hydroxylgruppen mit einem Molekül Bleitetraacetat gedeutet werden kann. Umgekehrt darf man aber auch aus der Spaltbarkeit cyclischer Glykole auf die cis-Stellung der Hydroxylgruppen in ihnen schließen. In der Bleitetraacetatreaktion steht uns daher eine wichtige Methode zur Konfigurationsermittlung stereoisomerer Glykole zur Verfügung (Näheres vgl. **II**, Kap. 7, IV, 1).

Neben den Glykolen unterliegen auch andere α-Dioxyverbindungen — wie z. B. Oxyoxoverbindungen (in der Hydratform), Dioxoverbindungen (in der Hydratform) und α-Oxycarbonsäuren — der Bleitetraacetatspaltung. Als Beispiel sei die Reaktion von Weinsäure mit Bleitetraacetat angeführt, bei der sämtliche C—C-Bindungen unter Bildung von zwei Molekülen Kohlendioxyd und zwei Molekülen Ameisensäure gespalten werden.

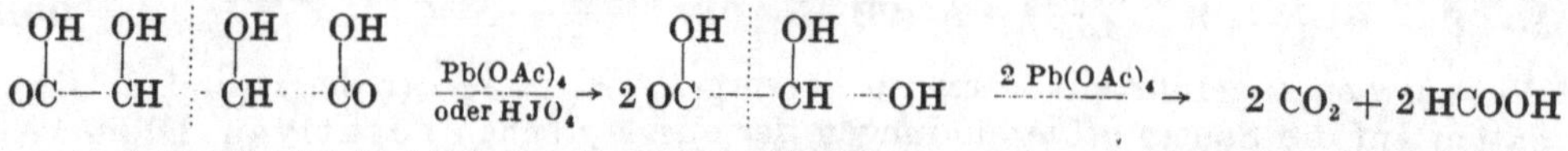

Auch bei der Glykolspaltung kann man Bleitetraacetat durch Aryljodidacetate — sowie durch einige andere Oxydationsmittel, von denen insbesondere die **Überjodsäure** eine gewisse praktische Bedeutung erlangt hat — ersetzen. Der Reaktionsmechanismus der Spaltung mit Überjodsäure muß trotz des Fehlens der Acetylgruppen ein ähnlicher sein, wie der der Spaltung mit Bleitetraacetat, denn auch durch Überjodsäure werden nur solche cyclischen Glykole gespalten, deren Hydroxylgruppen in cis-Stellung stehen. Im einzelnen beobachtet man jedoch einen etwas abweichenden Reaktionsverlauf, so daß sich beide Verfahren zum Teil ergänzen. Z.B. kann man mit Bleitetraacetat nur in wasserfreiem Medium arbeiten, während Überjodsäure umgekehrt nur in wäßriger Lösung beständig ist und zur Anwendung kommt. Ferner greift Perjodsäure im Gegensatz zum Bleitetraacetat Oxycarbonsäuren nicht an, so daß man mit ihrer Hilfe Weinsäure nicht vollständig abbauen, sondern nur im Sinne der ersten der oben angeführten Reaktionsstufen zu zwei Molekülen Glyoxylsäure aufspalten kann. Umgekehrt werden die freien Kohlenhydrate durch Perjodsäure weiter abgebaut als durch Bleitetraacetat.

3. Die Dehydrierung

Auch die **Dehydrierung von Oxyverbindungen** oder anderen hydroxylgruppenhaltigen organischen Substanzen gehört letzten Endes zu den indirekten Oxydationsreaktionen. Denn hier ist es der im Molekül befindliche Sauerstoff selbst, der durch Erhöhung der Zahl der C···O-Bindungen die Oxydation des Kohlenstoffs bewirkt. Man unterscheidet je nach dem Wege, auf dem die für die

Bildung der Carbonylgruppe erforderliche Kohlenstoffvalenz freigelegt wird, drei verschiedene Gruppen von Dehydrierungsreaktionen:

1. die Dehydrierung von **Alkoholen, Aldehydhydraten** und auch von **Ameisensäure,** bei der jeweils neben dem Hydroxylwasserstoff ein H-Atom von dem zu oxydierenden C-Atom abgespalten wird:

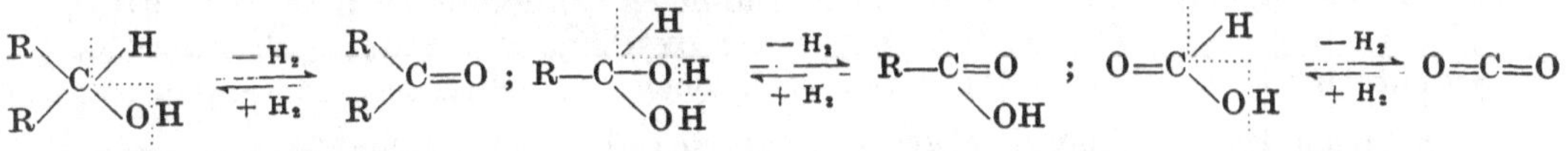

Die Reaktion stellt die Gegenreaktion der Hydrierung von Carbonylverbindungen dar und steht bei Anwesenheit von geeigneten Katalysatoren auch mit ihr im reversiblen Gleichgewicht. Der eigentliche Oxydationsvorgang beruht hier auf dem Ersatz einer C—H- durch eine C—O-Bindung.

2. die Dehydrierung von **Endiolen, Hydrochinonen** usw. Hier werden beide H-Atome von Hydroxyl- (oder auch Amino-)Gruppen abgespalten, und die Oxydation kommt durch Umwandlung einer C=C-Doppelbindung in eine einfache C—C-Bindung unter gleichzeitiger Ausbildung von zwei Carbonylgruppen zustande. Die Reaktion steht in Gegenwart von Katalysatoren ebenfalls im Gleichgewicht mit ihrer Gegenreaktion, der Hydrierung von α-Diketonen oder Chinonen:

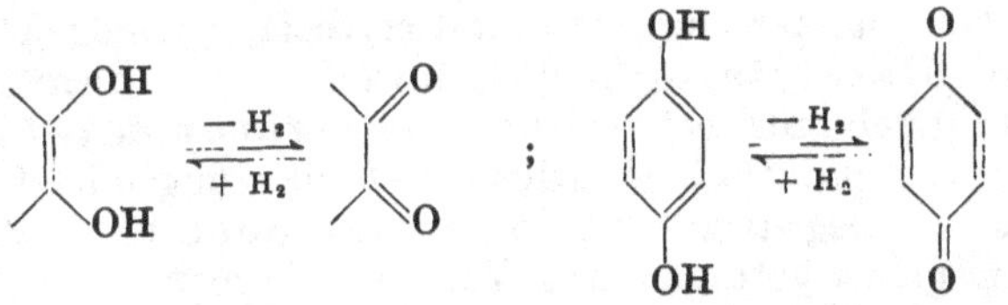

3. die Dehydrierung der **α-Oxycarbonsäuren** und der **Oxalsäure,** sowie der Hydrate der **α-Diketone** und **α-Oxocarbonsäuren:**

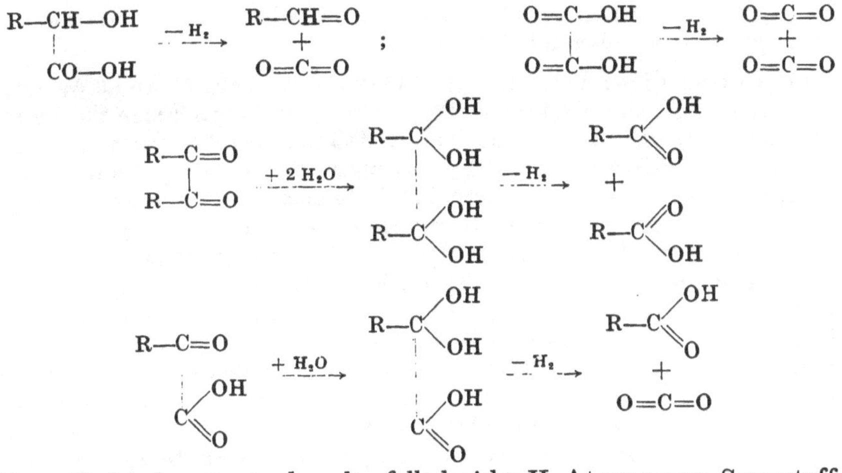

Bei diesen Verbindungen werden ebenfalls beide H-Atome vom Sauerstoff abgespalten und zwei Carbonylgruppen gebildet. Doch tritt hier der Valenzausgleich durch Auflösung einer einfachen C—C-Bindung ein, so daß das Molekül in zwei Teile zerfällt. Die Gegenreaktion ist im allgemeinen nicht durchführbar und steht in dem einzigen bisher bekannten Fall, der Oxalsäurebildung aus Natrium und Kohlendioxyd (S. 456), infolge der gänzlich anderen Reaktionsbedingungen nicht mit der Dehydrierungsreaktion im reversiblen Gleichgewicht.

Die Bedeutung der dehydrierenden Oxydation für die organische Chemie liegt insbesondere darin, daß sie stets sehr viel rascher vor sich geht als die normalen Oxydationsvorgänge. Alle genannten Verbindungen werden daher ausschließlich auf dem Wege der Dehydrierung weiter oxydiert und können als Zwischenprodukte bei anderweitigen Oxydationsreaktionen nur selten isoliert werden.

Die **Lage des Reaktionsgleichgewichtes** ist bei allen reversiblen Dehydrierungsreaktionen weitgehend zu Gunsten der Hydroverbindungen verschoben, so daß es, abgesehen von den auf S. 916 beschriebenen Ausnahmefällen, nicht möglich ist, den zu dehydrierenden Wasserstoff elementar abzuspalten. Im allgemeinen muß man das Reaktionsgleichgewicht vielmehr durch Zugabe eines wasserstoffbindenden Mittels in dem gewünschten Sinne verschieben. Als derartige **Dehydrierungsmittel** kommen insbesondere nahezu alle oben beschriebenen Oxydationsmittel in Betracht, die häufig schon bei niedriger Temperatur zur Aufnahme des Wasserstoffs befähigt sind. Als Beispiel sei die bereits unterhalb 100° und ohne Katalysator durchführbare Aldehydbildung aus Alkoholen mittels Chromschwefelsäure oder Kaliumpermanganats angeführt. Andere Oxydationsmittel, wie z. B. elementarer Sauerstoff, der die nicht hydratisierten Aldehyde schon bei Zimmertemperatur autoxydiert, vermögen dagegen nur in Gegenwart von Katalysatoren und, soweit es sich nicht um enzymatische Vorgänge handelt, auch nur bei hoher Temperatur dehydrierend zu wirken (vgl. z. B. S. 234). Das praktisch wichtigste Dehydrierungsmittel dieser Gruppe ist **Hydroperoxyd,** das in Gegenwart von Eisen-II-Ionen als Katalysator ein sehr breites Anwendungsgebiet gefunden hat. Vor allem begegnen wir ihm als Universalmittel für sämtliche Dehydrierungsreaktionen des dritten Typus, wie z. B. für die oxydative Spaltung der 1,2-Diketone (S. 441), der α-Keto-carbonsäuren (S. 492) und der Oxalsäure (S. 457). Aber auch zur Alkoholdehydrierung ist es befähigt, wie das Beispiel der selektiven Dehydrierung der primären Hydroxylgruppen von Polyalkoholen (S. 433) zeigt.

Daß es sich trotz dieser Verwendung von Oxydationsmitteln als Wasserstoffacceptoren nicht um eine eigentliche Oxydation der organischen Substanz handelt, geht besonders deutlich daraus hervor, daß man bei den gleichen Reaktionen häufig auch Verbindungen als Dehydrierungsmittel verwenden kann, die überhaupt keinen Sauerstoff auf andere Verbindungen zu übertragen vermögen (ja vielfach noch nicht einmal Sauerstoff im Molekül enthalten) und dadurch sonstige Oxydationsreaktionen streng ausschließen. Zu dieser Gruppe von Reagentien gehören die **freien Halogene** und die **Hypohalogenite,** die jedoch wegen ihrer halogenierenden Wirkung nur dann zur Anwendung kommen, wenn die entstehenden Reaktionsprodukte nicht halogenierbar sind (z. B. in der Kohlenhydratreihe; vgl. **III,** Kap. 4, I, 5c) oder wenn die Halogenierung neben der Dehydrierung erwünscht ist (z. B. bei der Gewinnung von Chloroform aus Alkohol, S. 160). Weitere wichtige Dehydrierungsmittel dieser Art sind komplex gebundene Schwermetall-Ionen in alkalischem Medium. Die bekanntesten Beispiele haben wir auf S. 242 in der **ammoniakalischen Silberoxydlösung,** in der **Fehlingschen Lösung** (komplex gebundenes Cu-II-Ion; S. 485) und in der **Eisen-III-cyanwasserstoffsäure** kennengelernt. Ferner gehört **Quecksilberoxyd** dieser Gruppe an, obgleich es prinzipiell auch als Oxydationsmittel wirken kann.

Eine letzte Gruppe von Dehydrierungsmitteln stellen schließlich einige besonders leicht hydrierbare organische Substanzen dar. Vor allem lassen sich zahlreiche Dehydrierungsreaktionen statt mit den üblichen Oxydationsmitteln auch mit **Chinonen** oder **chinoiden Farbstoffen** als Dehydrierungsmitteln durchführen, wie am Beispiel des bekannten Verfahrens der **Methylenblauentfärbung** gezeigt sei:

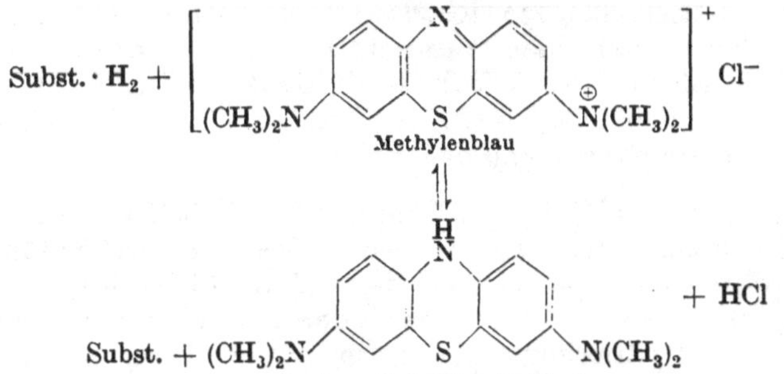

Leukomethylenblau (farblos)

Diese Methode hat vor allem zum Nachweis des dehydrierenden Verlaufes von biochemischen Oxydationsreaktionen eine vielfache Anwendung gefunden, da man mit Hilfe der leicht zu verfolgenden Entfärbung häufig einfacher eine quantitative Bestimmung des Reaktionsverlaufes durchführen kann als durch Messung des Gasverbrauches bei Verwendung von elementarem Sauerstoff als Dehydrierungsmittel.

In der reinen organischen Chemie interessieren vor allem diejenigen Reaktionen, bei denen sich Verbindungen des gleichen Typus miteinander umsetzen, also z. B. Alkohole durch Oxoverbindungen zu den zugehörigen Oxoverbindungen dehydriert werden oder chinoide Verbindungen Hydrochinone zu den zugehörigen Chinonen dehydrieren. Denn diese Reaktionen gehören zu den wenigen organischen Umsetzungen, die umkehrbar sind, so daß sich ähnliche Redoxgleichgewichte ausbilden, wie sie in der anorganischen Chemie die Regel sind. Hier kann man infolgedessen lediglich aus der Stellung eines Alkohols oder eines Hydrochinons in der Potentialreihe ablesen, ob sie durch eine bestimmte Oxoverbindung (bzw. ein bestimmtes Chinon) dehydriert werden können oder nicht (vgl. auch **II**, Kap. 4, I, 3).

Am leichtesten läßt sich diese Gleichgewichtseinstellung bei der Dehydrierung von Hydrochinonen durchführen, da diese in Gegenwart von Platinmetallen ihren Wasserstoff bereits bei Raumtemperatur auf andere chinoide Verbindungen zu übertragen vermögen, wie bereits am Beispiel der Chinhydron-Elektrode (S. 301) gezeigt wurde. Auch Alkohole vermögen in Gegenwart von Metallkatalysatoren, insbesondere von Kupfer und Messing, mit den zugehörigen Oxoverbindungen und Wasserstoff ein Gleichgewicht auszubilden. Doch setzt hier die Reaktion erst bei wesentlich höherer Temperatur mit merklicher Geschwindigkeit ein. Man kann daher aus Isopropylalkohol und Aceton keine der Chinonhydron-Eelektrode analoge Elektrode konstanten Wasserstoffpotentials aufbauen. Dagegen liegt hier in der auf S. 240 beschriebenen Reaktion von Meerwein-Ponndorf (bzw. Oppenauer) eine Möglichkeit vor, mit Hilfe von Aluminiumalkoholaten als Katalysatoren die Einstellung des Gleichgewichtes herbeizuführen und dadurch die Oxoverbindungen als milde[1]) Dehydrierungsmittel der präparativen organischen Chemie zugänglich zu machen.

[1]) Z. B. kann man mit Hilfe der Reaktion von Meerwein-Ponndorf α, β-ungesättigte Aldehyde unter vollständiger Schonung der anderweitig leicht in Reaktion tretenden olefinischen Doppelbindung (S. 213) zu den entsprechenden ungesättigten Alkoholen reduzieren:

$$C_6H_5—CH{=}CH—CH{=}O + CH_3—CHOH—CH_3$$
$$\xrightarrow{(i\text{-}C_3H_7—O)_3Al} C_6H_5—CH{=}CH—CH_2—OH + CH_3—CO—CH_3 \quad .$$

Neben der Dehydrierung mit Oxydations- oder Dehydrierungsmitteln ist es in wenigen Ausnahmefällen auch möglich, den Wasserstoff elementar abzuspalten. Bei gewöhnlicher Temperatur ist allerdings die Ameisensäure die einzige Verbindung, die in Gegenwart von Hydrierungskatalysatoren spontan unter Wasserstoffabgabe zerfällt (vgl. S. 359). Bei allen anderen Verbindungen sind infolge der ungünstigen Gleichgewichtslage Temperaturen von mindestens 250° erforderlich, um den entstehenden Wasserstoff überhaupt nachweisen zu können. Immerhin haben wir bei der Alkoholdehydrierung nach BOUVEAULT (S. 234) gesehen, daß es trotzdem möglich ist, Alkohole auf diesem Wege in präparativem Maßstab zu Oxoverbindungen zu dehydrieren.

Der Dehydrierung von Oxyverbindungen sehr ähnlich verläuft die bereits nicht mehr zu einer Erhöhung der Oxydationsstufe des Kohlenstoffs führende **Dehydrierung von Paraffinen** oder paraffinartigen Molekülteilen zu Olefinen und sonstigen ungesättigten oder aromatischen Verbindungen, denn sie steht ebenfalls mit einer Hydrierungsreaktion in reversiblem Gleichgewicht und wird im wesentlichen durch die gleichen Katalysatoren beschleunigt.

Auch das Reaktionsgleichgewicht ist hier in analoger Weise weitgehend zugunsten der Hydrierungsprodukte verschoben, so daß man z. B. normale Paraffine erst oberhalb 600° in die zugehörigen Olefine überführen kann. Nur wenn die Bildungsenergie des ungesättigten Systems durch Aromatisierung erhöht wird, verschiebt sich das Gleichgewicht soweit, daß bereits bei mittleren Temperaturen eine Wasserstoffabspaltung eintritt. So wird z. B. nach ZELINSKY (1911—1931) Cyclohexan über Platin (sowie Pyrrolidin über Palladium-Asbest) schon bei 300° quantitativ zu Benzol (bzw. Pyrrol) dehydriert. Ähnlich erleidet Piperidin bei 250° eine vollständige Dehydrierung zu Pyridin.

Geht man schließlich von Verbindungen wie Cyclohexadien aus, deren Dehydrierung zu Benzol schwach exotherm verläuft (vgl. S. 127), so sollte man unter geeigneten Bedingungen bereits bei Zimmertemperatur eine Abspaltung von elementarem Wasserstoff erwarten. Diese tritt aber nicht ein, da die gleichen Katalysatoren, die die Dehydrierung beschleunigen, auch eine Hydrierung des Cyclohexadiens bewirken, so daß der entstehende Wasserstoff sofort von einem zweiten Mol des Ausgangsmaterials aufgenommen wird. Man beobachtet daher statt der erwarteten Wasserstoffentwicklung lediglich die auf S. 790 beschriebene Disproportionierung zu Benzol und Cyclohexan.

Eine präparative Bedeutung hat die Kohlenwasserstoff-Dehydrierung lediglich zur Aromatisierung alicyclischer Verbindungen (S. 789) erlangt. Um hierbei zu erträglichen Reaktionstemperaturen zu kommen und um das Arbeiten in geschlossenen Gefäßen zu ermöglichen, verwendet man für derartige Aromatisierungen meistens elementaren Schwefel oder elementares Selen als Dehydrierungsmittel, die mit der zu dehydrierenden Substanz auf etwa 400° im Bombenrohr erhitzt werden. Das Verfahren bietet vor allem den Vorteil, daß jegliche echte Oxydationsreaktion mit Sicherheit vermieden wird. Insbesondere die von DIELS (1928) eingeführte Methode der **Selendehydrierung** hat sich bei der Konstitutionsaufklärung der Steroide hervorragend bewährt. Allerdings wird die absolute Beweiskraft des Verfahrens bei Verbindungen mit quartären Ring-C-Atomen, die ohne Umbau des Kohlenstoffgerüstes nicht aromatisiert werden können, wesentlich eingeschränkt, da hier die auf S. 789 beschriebenen Komplikationen — denen sich als weitere Möglichkeit die zuweilen beobachtete Erweiterung eines Cyclopentanringes zum Benzolring anschließt — eintreten, wie im folgenden an dem (schematischen) Beispiel der Dehydrierung des nicht aromatisierbaren Kohlenwasserstoffs I nochmals zusammenfassend gezeigt sei:

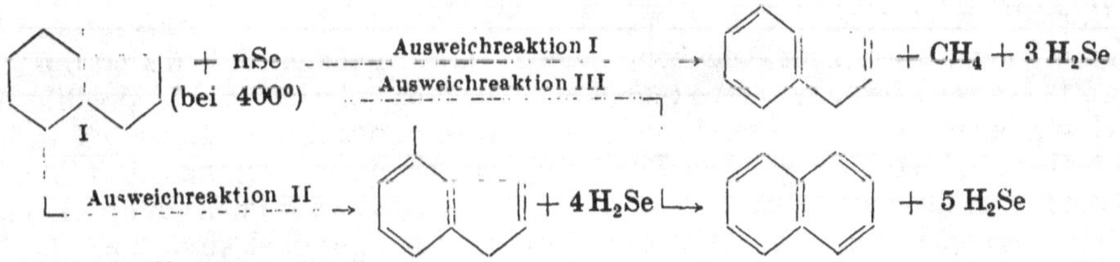

(für n = 3, 4 oder 5)

Bei niedriger Temperatur kann man zuweilen auch Brom als Dehydrierungsmittel verwenden. Das bekannteste Beispiel haben wir in der Dehydrierung von Tetralin zu Naphthalin (S. 837) kennengelernt, die bei der Siedetemperatur des Tetralins vor sich geht, ohne daß eine Bromierung des entstehenden Naphthalins erfolgt. Die Reaktion dient in der Praxis jedoch weniger zur Naphthalingewinnung als zur Darstellung von gasförmigem Bromwasserstoff.

II. Die Reduktionsreaktionen

Die Reduktion einer organischen Verbindung ist fast stets mit der Einführung von Wasserstoff verknüpft, und man verwendet daher in erster Linie den Wasserstoff selbst oder Wasserstoff abgebende Stoffe als Reduktionsmittel, neben denen die freien Metalle, SO_2, $SnCl_2$ und andere in der anorganischen Chemie gebräuchliche Reduktionsmittel nur eine untergeordnete Rolle spielen.

1. Wasserstoff als Reduktionsmittel

a) Der elementare Wasserstoff

Elementarer Wasserstoff ist infolge seiner leichten technischen Darstellbarkeit ohne Zweifel das billigste Reduktionsmittel. Doch steht seiner allgemeinen Anwendbarkeit seine große Reaktionsträgheit entgegen, die ihn ohne Katalysator unterhalb 100° zu nur verschwindend wenig Reaktionen befähigt. Er hat daher erst nach der Entdeckung der **katalytischen Hydrierung** durch Sabatier und Senderens um die Jahrhundertwende Eingang als Reduktionsmittel in die organische Chemie gefunden. Inzwischen ist es durch Variation der Katalysatoren und Reaktionsbedingungen gelungen, den Anwendungsbereich der Methode immer mehr zu erweitern, so daß heute die meisten Reduktionsreaktionen der organischen Chemie bereits mit „*katalytischem Wasserstoff*" durchgeführt werden können und in der Technik auch durchgeführt werden.

Als **Hydrierungskatalysatoren** haben sich in erster Linie die Metalle der 8. Gruppe des Periodensystems bewährt, von denen insbesondere **Platin** und **Palladium** in der präparativen Chemie, sowie **Nickel** in der Technik zur Anwendung kommen. Ihnen haben sich in neuerer Zeit noch eine Reihe weiterer Metalle — z. B. **Kupfer** (und seine Legierungen), **Zink, Blei** und selbst **Calcium** — zugesellt, die jedoch nicht mehr allgemein, sondern nur in Spezialfällen die Hydrierung katalysieren. Eine dritte Gruppe von Hydrierungskatalysatoren wurde schließlich in gemischten **Chromoxyd-Kupferoxyd-** oder **Chromoxyd-Nickeloxyd-Kontakten** gefunden, in denen wahrscheinlich die Chromite dieser Metalle als eigentliche Katalysatoren wirksam sind. Auch einige **Metallsulfide**, wie z. B. Nickel-, Kobalt- und Molybdän-sulfid vermögen als Hydrierungskatalysatoren zu fungieren. Letztere bieten gegenüber allen anderen Katalysatoren der Reihe den Vorteil, daß sie nicht durch Schwefel und schwefelhaltige Stoffe vergiftet werden, und eignen sich daher besonders zur Hydrierung des thiophenhaltigen Teerbenzols sowie zur Kohle- und Erdölhydrierung (vgl. **III**, Kap. 1, I, 5a).

Über die Abstufung der Wirksamkeit der verschiedenen Katalysatoren lassen sich nur wenige allgemeine Angaben machen. In den meisten Fällen sind die Metalle der Platingruppe am aktivsten und hydrieren olefinische Doppelbindungen durchweg bereits unter 100°. Nickel (mit Ausnahme der aktiven RANEY-Kontakte; S. 41) benötigt zu der gleichen Reaktion Temperaturen zwischen 100 und 200°, während metallisches Kupfer und die Chromitkatalysatoren bevorzugt zur Hydrierung von sauerstoffhaltigen Verbindungen geeignet sind, hier aber ebenfalls Reaktionstemperaturen über 100° erfordern.

Hinsichtlich des **Wirkungsmechanismus** der Metallkontakte kann aus der Tatsache, daß speziell diejenigen Metalle als Hydrierungskatalysatoren fungieren, die den Wasserstoff in der metallischen Phase aufzulösen vermögen, geschlossen werden, daß die in der metallischen Phase enthaltenen Protonen die Reaktion auslösen und sich — etwa im Sinne des in **II**, Kap. 4, II, 5 näher diskutierten Reaktionsmechanismus — zusammen mit zwei Elektronen des metallischen Elektronengases an die Doppelbindung anlagern:

$$CH_2{=}CH_2 + 2H^+ + 2\ominus \longrightarrow CH_3{-}CH_3$$

Bei den Nichtmetallkatalysatoren ist der Wirkungsmechanismus dagegen noch zweifelhaft, und auch beim Calcium, das zur Bildung eines salzartigen Hydrides neigt (vgl. anorg. Lehrbücher), ist die naheliegende Annahme, daß es hier die negativen H^--Ionen sind, die die Reaktion einleiten, noch nicht eindeutig bewiesen, da Calciumhydrid selbst keine Katalysatorwirkung zeigt.

Die katalytische Hydrierung diente anfangs nur zur Anlagerung von Wasserstoff an **mehrfache C···C-Bindungen,** die mit fast allen Katalysatoren durchgeführt werden kann. Lediglich zwischen aliphatischen und aromatischen Doppelbindungen ergeben sich graduelle Unterschiede derart, daß die aromatischen Verbindungen aktivere Katalysatoren oder um 50—100° höhere Reaktionstemperaturen benötigen als die Olefine und Acetylene. Auch die N=N- (z. B. im Azobenzol) und die O=O-Doppelbindung lassen sich noch ziemlich leicht katalytisch hydrieren, während polare Mehrfachbindungen, insbesondere die C=C-, C≡N- und N=O-Bindung, lange Zeit als schlecht hydrierbar galten. Bei Temperaturen zwischen 100 und 400°, sowie insbesondere nach Einführung der Kupfer-, Messing- und Chromitkatalysatoren, kann man jedoch nicht nur Aldehyde, Ketone, Nitrile usw. sondern auch schwer reduzierbare Stoffe, wie z. B. Carbonsäuren und Carbonsäureamide, ohne Schwierigkeiten zu den Alkoholen oder Aminen reduzieren, so daß der billige katalytische Wasserstoff heute in der Technik die meisten anderen Reduktionsmittel verdrängt hat.

Wesentlich schwieriger verläuft dagegen die katalytische **Hydrierung einfacher Bindungen,** die als Spaltungsreaktion zahlreicher Moleküle von Interesse ist. Sie kann allgemein nur unter den sehr energischen Bedingungen der Kohlehydrierung (450° und 2—300 Atmosphären Wasserstoffdruck, vgl. **III**, Kap. 1, I, 5a) durchgeführt werden, bei der sämtliche C—O-, C—N-, C—S- und zum Teil auch die C—C-Bindungen der Kohlesubstanz gespalten werden, so daß Paraffine entstehen:

$$\gt C{-}C\lt + H_2 \longrightarrow 2 \gt C{-}H\,; \quad \gt C{-}OH + H_2 \longrightarrow \gt C{-}H + H_2O$$

$$\gt C{-}NH_2 + H_2 \longrightarrow \gt C{-}H + NH_3\,; \quad \gt C{-}SH + H_2 \longrightarrow \gt C{-}H + H_2S$$

Ebenso führt die erwähnte Hydrierung der Carbonsäuren und Carbonsäureamide bei nochmals (um 50—100°) erhöhten Temperaturen zuweilen auch über die Alkohol- bzw. Aminstufe hinaus zu den Kohlenwasserstoffen (Gleichungen formulieren!). Eine präparative Bedeutung haben von all diesen Möglichkeiten der

Molekülspaltung jedoch nur die wenigen Reaktionen erlangt, die bereits bei tiefer Temperatur verlaufen, wie etwa die auf S. 214 beschriebene hydrierende Spaltung der Trityläther und anderer Polyphenylmethanderivate.

b) Der nascierende Wasserstoff

Der Begriff **Wasserstoff in statu nascendi,** kurz *nascierender Wasserstoff* genannt, bedeutet wörtlich: „Wasserstoff im Zustand des Entstehens" und wird meistens für ein Reaktionsmedium verwandt, das zwar in Abwesenheit der zu reduzierenden Substanz Wasserstoff entwickeln würde, in dem nach Hinzufügung des Substrates jedoch die gewünschte Reduktion ohne jede erkennbare Wasserstoffentwicklung erfolgt. Man kann also nicht mit Sicherheit sagen, ob es tatsächlich der sich abscheidende Wasserstoff ist, der die Reduktionswirkung ausübt, hält aber im allgemeinen Sprachgebrauch an der Auffassung des nascierenden Wasserstoffs als des eigentlichen Reduktionsmittels fest. Der nascierende zeigt gegenüber dem elementaren Wasserstoff eine wesentlich gesteigerte Aktivität und ist daher auch ohne Katalysatoren und bei niedriger Temperatur zu den meisten Reduktionsreaktionen befähigt. Andererseits weist er gegenüber dem katalytischen Wasserstoff den Nachteil auf, daß er stets im Verlaufe der Reaktion und zwar meistens aus relativ teuren Metallen und dem als Wasserstoffdonator dienenden Reaktionsmedium (Wasser oder Alkohol) hergestellt werden muß. Man bevorzugt aus diesen Gründen in der Technik den billigeren katalytischen Wasserstoff, während der nascierende Wasserstoff wegen seiner leichteren Handhabung das wichtigste präparative Reduktionsmittel darstellt.

Die Reduktionskraft des nascierenden Wasserstoffs, d. h. das maximal erreichbare **Reduktionspotential** (bzgl. der Definition vgl. anorg. Lehrbücher), ist in leicht verständlicher Weise gleich dem Abscheidungspotential des elementaren Wasserstoffs, da von den beiden miteinander konkurrierenden Reaktionen, der Wasserstoffentwicklung einerseits und der gewünschten Reduktionsreaktion andererseits, stets diejenige mit dem niedrigsten Potential abläuft. Es ist daher in gewissem Umfang möglich, durch Variierung des Abscheidungspotentials die Reduktionskraft des nascierenden Wasserstoffs zu verändern, und man muß infolgedessen bei der Darstellung des nascierenden Wasserstoffs stets auf das erreichbare Abscheidungspotential des Wasserstoffs achten. Dieses ist bekanntlich am größten bei niedriger H-Ionenkonzentration[1]), d. h. in alkalischem Medium. Die stärksten Reduktionsmittel sind daher **Natrium-Alkohol** oder das auch in Wasser anwendbare **Natriumamalgam,** da hier während der Reaktion starke Basen entstehen, die die H^+-Ionenkonzentration herabsetzen:

$$R{-}CH{=}O \xrightarrow[-\,2\,R{-}ONa]{+\,2\,Na\,+\,2\,R{-}OH} R{-}CH_2{-}OH$$

$$R{-}CH{=}O \xrightarrow[-\,2\,NaOH,\;-\,Hg_x]{+\,2\,NaHgx\,+\,2\,H_2O} R{-}CH_2{-}OH$$

In neutralem Medium, — z. B. bei Verwendung von **Aluminiumamalgam** und Alkohol oder Wasser (Gleichungen formulieren!) — ist das Reduktionspotential

[1]) Das Abscheidungspotential dient allgemein als Maß der für die Entladung eines Ions erforderlichen freien Energie und erhöht sich auf Grund der größeren Volumarbeit bei einer Verdünnung des Elektrolyten um eine Zehnerpotenz um 0,13 Volt (Näheres vgl. phys.-chem. Lehrbücher). Man erhält infolgedessen für die Abscheidungsspannung des elementaren Wasserstoffs zwischen einnormalen Alkalien ($p_H = 14$), neutralem Medium ($p_H = 7$) und einnormalen Säuren ($p_H = 0$) jeweils einen Potentialsprung von annähernd einem Volt.

bereits wesentlich niedriger, um in saurem Medium schließlich (z. B. bei Verwendung von **Zink-Eisessig** sowie von **konzentrierter Salzsäure** und **Zink, Zinn** oder **Eisen** als Reduktionsmittel) nochmals um etwa ein Volt abzusinken. Hier kann man infolgedessen zahlreiche Reduktionsreaktionen, wie z. B. den Ersatz des Ketonsauerstoffs oder einer alkoholischen Hydroxylgruppe durch Wasserstoff, nicht mehr durchführen.

Eine sehr interessante Möglichkeit, um in saurem Medium das Abscheidungspotential des Wasserstoffs zu erhöhen, besteht nach Clemmensen (1913) in der Verwendung von Metallen als Reduktionsmittel, an denen der Wasserstoff eine Überspannung (vgl. anorg. Lehrbücher) zeigt. Mit ihrer Hilfe können auch Reduktionsreaktionen, die ein höheres Redoxpotential als die normale Abscheidungsspannung des Wasserstoffs erfordern, noch ohne Wasserstoffentwicklung durchgeführt werden. So lassen sich z. B. aromatische Ketone in starker Salzsäure noch nicht mit Zink allein, wohl aber mit amalgamiertem[1]) Zink zu den entsprechenden Kohlenwasserstoffen reduzieren (vgl. S. 265), und im Benzoin ist unter den gleichen Bedingungen auch der Ersatz der alkoholischen Hydroxylgruppe durch Wasserstoff möglich.

Hinsichtlich des **Wirkungsmechanismus** des nascierenden Wasserstoffs ist die früher allgemein angenommene Hypothese, daß es der beim Entladen der H^+-Ionen entstehende atomare Wasserstoff sei, der die Reduktionswirkung ausübt, schon aus energetischen[2]) Gründen sicher falsch. Auch zeigt der atomare Wasserstoff selbst ein gänzlich anderes Reaktionsbild (vgl. S. 922). Man muß daher nach weiteren aktiven Formen des Wasserstoffs Ausschau halten, worauf in **II**, Kap. 4, II, 5 näher eingegangen wird.

Der **Anwendungsbereich** des nascierenden Wasserstoffs weicht in einigen Punkten von dem des katalytischen Wasserstoffs ab, so daß sich beide Verfahren in glücklicher Weise ergänzen. Während letzterer bei tiefer Temperatur bevorzugt mit C=C-Doppelbindungen in Reaktion tritt und Carbonyl- oder Nitrilgruppen intakt läßt, ist der nascierende Wasserstoff in erster Linie zur Reduktion von polaren Mehrfachbindungen befähigt und vermag mit isolierten olefinischen Doppelbindungen nicht zu reagieren. Von beiden Reduktionsmitteln angegriffen werden dagegen die C=C-Doppelbindungen der 1,3-Diene und der α,β-ungesättigten Oxoverbindungen, weil sie in diesen Fällen infolge des Konjugationseffekts auch „kationoid" reagieren können (Näheres vgl. **II**, Kap. 4, II, 3a) und daher vom nascierenden Wasserstoff angegriffen werden.

Infolge des unterschiedlichen Verhaltens der isolierten C=C-Doppelbindungen gegenüber den beiden Typen von Reduktionsmitteln werden aus der gleichen Verbindung zuweilen verschiedene Reduktionsprodukte erhalten. Als Beispiel sei auf die oben angeführte Hydrierung von Naphthalin (S. 816) oder Pyrrol (S. 872) hingewiesen, die nur bei Verwendung von nascierendem Wasserstoff auf der Stufe der Mono-olefine abgestoppt werden kann, während bei der katalytischen Hydrierung der einmal angegriffene Ring stets vollständig abgesättigt wird.

Die Reduzierbarkeit der Carbonylgruppe durch nascierenden Wasserstoff verläuft ihrer Aktivität parallel. Infolgedessen sind Carbonsäureester und -anhydride bereits schwerer reduzierbar als Oxoverbindungen, während die Carbonsäuren selbst und die Carbonsäureamide durch nascierenden Wasserstoff überhaupt nicht mehr angegriffen werden.

---

[1]) An reinem Quecksilber werden Überspannungen des Wasserstoffs bis zu 1,4 Volt beobachtet.

[2]) Aus der Bildungswärme des Wasserstoffmoleküls von 103 kcal errechnet sich eine Potentialdifferenz zwischen den Abscheidungspotentialen des atomaren und des molekularen Wasserstoffs von 2,25 Volt (vgl. physikal.-chem. Lehrbücher).

Auch die Reduktion der einfachen C—O- oder C—Cl-Bindung wird zuweilen mit nascierendem Wasserstoff vorgenommen (vgl. z. B. S. 67), doch tritt diese Methode hier an Bedeutung hinter anderen Verfahren zurück.

c) Die elektrolytische Reduktion (und Oxydation)

Unter **elektrolytischer Reduktion** im ursprünglichen Sinne versteht man die Entladung von Metall-Kationen an der Kathode, also die Reduktion der Kationen durch den elektrischen Strom. Bei der elektrolytischen Reduktion organischer Verbindungen werden dagegen meistens Neutralverbindungen reduziert, deren Moleküle nicht mehr mit Hilfe des elektrischen Stroms zur Kathode wandern, sondern nur auf dem Wege der Diffusion zu ihr hin gelangen. Sie nehmen dort dann an Stelle der Metallkationen die aus der Kathode austretenden Elektronen auf und werden durch sie mit Hilfe eines ähnlichen Mechanismus reduziert, wie er in **II**, Kap. 4, II, 5 für die Reduktion mit nascierendem Wasserstoff diskutiert wird. Die elektrolytische Reduktion von Neutralverbindungen muß daher als ein Spezialfall der Reduktion mit nascierendem Wasserstoff angesehen werden, der gegenüber sie insbesondere in den folgenden beiden Punkten einige wesentliche praktische Vorteile aufweist:

1. Bei der Reduktion mit nascierendem Wasserstoff müssen die Elektronen des metallischen Elektronengases eine gewisse Tendenz zum Übergang auf andere Moleküle aufweisen, wenn sie die gewünschte Reduktionsreaktion oder auch die Abscheidung von elementarem Wasserstoff auslösen sollen. Nur die Metalle mit hohem Abscheidungspotential eignen sich daher als Reduktionsmittel dieses Typus. Bei der elektrolytischen Reduktion ist man jedoch frei von dieser einschränkenden Bedingung, weil man die Übergangstendenz der metallischen Elektronen durch Anlegung einer äußeren Spannung auch bei edlen Kathodenmetallen beliebig steigern, den edlen Metallen also künstlich das Reduktionspotential eines unedlen Metalls verleihen kann. Man ist daher nicht mehr auf Zink oder Natrium als Reduktionsmittel angewiesen sondern reduziert mit Blei- oder Quecksilberkathoden, um das durch die Überspannung des Wasserstoffs an diesen Metallen bedingte hohe Reduktionspotential (vgl. S. 920 Anm. 1) auszunützen. Ein weiteres wichtiges Kathodenmetall ist Platin, das zwar keine Überspannung zeigt, dafür aber den anderen Vorteil bietet, daß es als Hydrierungskatalysator die Hydrierung der sonst mit nascierendem Wasserstoff nicht reagierenden isolierten olefinischen Doppelbindung ermöglicht. So kann man z. B. bei Verwendung von Platinelektroden Ölsäure elektrolytisch zu Stearinsäure oder Phenol zu Cyclohexanol reduzieren.

2. Bei der Reduktion mit nascierendem Wasserstoff fließt nur dann ein dauernder Elektronenstrom vom Metall zu der zu reduzierenden Substanz, wenn gleichzeitig positiv geladene Metall-Kationen in Lösung gehen. D. h. das Metall wird als Reduktionsmittel verbraucht. Im Falle der elektrolytischen Reduktion werden die aus der Kathode austretenden Elektronen dagegen laufend vom elektrischen Strom nachgeliefert, und das Metall bleibt als solches erhalten. Hier kann man infolgedessen statt der teuren Metalle den billigen elektrischen Strom als Reduktionsmittel verwenden.

Als einzige Schwierigkeit tritt diesen Vorteilen gegenüber die Tatsache in Erscheinung, daß die zu reduzierende Substanz — oder auch der häufig als Lösungsmittel dienende Alkohol — ohne weitere Hilfsmaßnahmen nicht nur mit der Kathode, sondern auch mit der Anode in Berührung kommt und an letzterer oxydiert werden kann. Man trennt daher in der

Praxis den Anoden- und Kathodenraum durch eine halbdurchlässige Wand (*Diaphragma*) und beschickt lediglich den Kathodenraum mit der organischen Substanz, während der Anodenraum nur die zur Leitung des Stromes erforderlichen Elektrolyte enthält. Weiterhin muß man, da, wie bereits erwähnt, die ungeladenen organischen Moleküle nicht durch den Strom zur Kathode geführt werden, durch intensives Rühren für einen möglichst guten Kontakt des Substrates mit der als „Reduktionsmittel" dienenden Kathode sorgen.

Die **elektrolytische Oxydation** verläuft der elektrolytischen Reduktion in jeder Beziehung analog, und es spielen sich lediglich alle oben beschriebenen Vorgänge mit umgekehrten Vorzeichen im Anodenraum ab. Hierbei kann die eigentliche Oxydationswirkung sowohl durch Elektronenabgabe aus den organischen Neutralmolekülen (oder Anionen) an die Anode als auch indirekt durch Einwirkung der beim normalen Stromdurchgang an der Anode erzeugten Oxydantien (z. B. Peroxyverbindungen) erfolgen. Als Beispiel für eine praktisch durchführbare elektrolytische Oxydationsreaktion sei die anodische Überführung von Pyridin in Pyridon genannt:

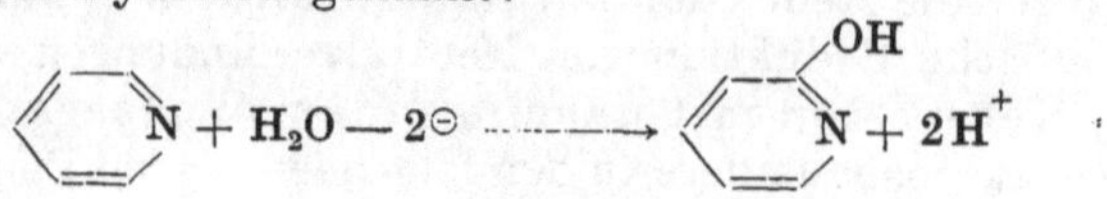

Die elektrolytische Oxydation hat praktisch bei weitem nicht die Bedeutung der elektrolytischen Reduktion erlangt, weil man hier im wesentlichen auf Wasser als Lösungsmittel angewiesen ist. Denn Alkohole und die meisten anderen organischen Lösungsmittel für Elektrolyte (z. B. Pyridin) werden im Anodenraum selbst oxydiert.

d) Der atomare Wasserstoff

Eine letzte aktive Wasserstoffart liegt schließlich im **atomaren Wasserstoff** vor, der einerseits auf Grund seines gegenüber elementarem Wasserstoff um 2,25 Volt höheren Reduktionspotentials (vgl. S. 920, Anm. 2), andererseits auf Grund der großen Reaktionsfähigkeit der freien Atome und Radikale ein besonders wirksames Reduktionsmittel darstellen sollte. Ferner war die Untersuchung seiner reduzierenden Eigenschaften von erheblichem theoretischem Interesse im Hinblick auf die auf S. 920 bereits diskutierte Frage, ob die Reduktionswirkung des nascierenden und eventuell auch des katalytischen Wasserstoffs auf einer intermediären Bildung von freien H-Atomen beruht. Es lag daher nahe, den in neuerer Zeit leicht darstellbaren atomaren Wasserstoff (vgl. anorg. Lehrbücher) auf seine Eignung als Reduktionsmittel in der organischen Chemie zu untersuchen. Die Versuche verliefen jedoch sehr enttäuschend, denn er zeigte nicht nur dem nascierenden und katalytischen Wasserstoff gegenüber keine wesentliche Steigerung der Reaktionsgeschwindigkeit, sondern auch eine erheblich größere Neigung, Nebenreaktionen einzugehen, die insbesondere durch die Tendenz sämtlicher freien Atome und Radikale, Kettenreaktionen auszulösen (vgl. z. B. S. 145), zustande kommen. So wird z. B. bei der Einwirkung freier H-Atome auf Olefine zunächst nur ein H-Atom angelagert, und das radikalartige Reaktionsprodukt I vermag sich ebenso schnell mit anderen Olefinmolekülen unter Bildung polymerer Verbindungen zusammenzulagern, wie die Absättigung der restlichen Valenz durch ein zweites H-Atom erfolgt. Man erhält daher neben dem gewünschten Reduktionsprodukt (II) auch mehr oder weniger hoch polymerisierte Substanzen (z. B. III und IV):

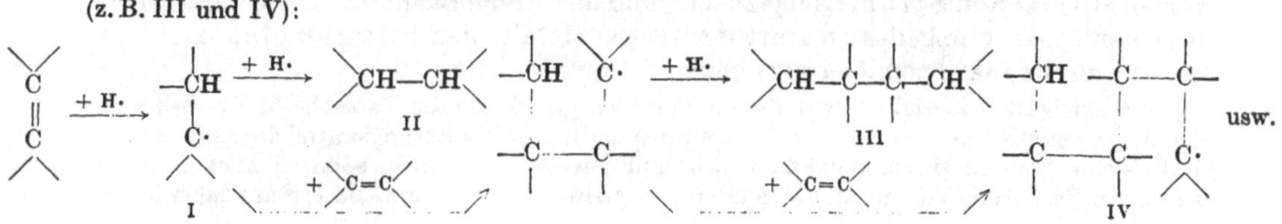

Der atomare Wasserstoff hat infolge dieser Verhältnisse bisher keine Bedeutung als Reduktionsmittel in der organischen Chemie erlangt, und auch sein intermediäres Auftreten bei anderen Reduktionsmethoden kann auf Grund des gänzlich abweichenden Reaktionsmechanismus als ausgeschlossen gelten.

2. Sonstige Reduktionsmittel

Von den übrigen Reduktionsmitteln muß vor allem die **konzentrierte Jodwasserstoffsäure** genannt werden, die infolge ihres hohen Reduktionspotentials und ihrer großen Reaktionsfähigkeit nahezu universal anwendbar ist. Sie vermag über die normalen Reaktionen des nascierenden Wasserstoffs hinaus bereits bei Temperaturen um 150^0 die einfachen C—Hal-, C—O-, C—N- und C—S-Bindungen zu spalten, sowie Olefine zu Paraffinen zu „hydrieren". Alle diese Reaktionen erfolgen, wie bereits auf S. 67 angeführt, im wesentlichen nach dem gleichen Mechanismus: zunächst wird durch eine doppelte Umsetzung oder eine Anlagerungsreaktion das Alkyljodid hergestellt, und dieses erleidet dann in Umkehrung der Halogenierungsreaktion (vgl. S. 144) die eigentliche Reduktion:

$$\left.\begin{array}{l} CH_3\text{—}CH_2\text{—}Hal \\ CH_3\text{—}CH_2\text{—}OH \;\; (\text{bzw. } OR) \\ CH_3\text{—}CH_2\text{—}SH \;\; (\text{bzw. } SR) \\ CH_3\text{—}CH_2\text{—}NH_2 \;\; (\text{bzw. } NR_2) \\ CH_2{=}CH_2 \end{array}\right\} + HJ \longrightarrow CH_3\text{—}CH_2\text{—}J + J\text{—}H \longrightarrow J_2 + C_2H_6$$

Konzentrierte Jodwasserstoffsäure ist auf Grund ihres großen Anwendungsbereiches das „klassische" Reduktionsmittel, insbesondere der älteren organischen Chemie. Heute findet sie wegen ihres hohen Preises nur noch eine beschränkte präparative Anwendung, wenn andere Verfahren versagen.

Unter etwas milderen Arbeitsbedingungen treten die intermediär entstehenden Alkyljodide als Hauptreaktionsprodukte auf. Insbesondere an sekundären C-Atomen wird das Jod nur relativ langsam durch Wasserstoff ersetzt, so daß z. B. bei der Reduktion von Glycerin oder Glukose mit Jodwasserstoffsäure das letzte Jodatom leicht im Molekül verbleibt, und man Isopropyljodid bzw. ein Gemisch der vier isomeren sekundären Hexyljodide erhält (vgl. auch **III**, Kap. 4, I, 8a):

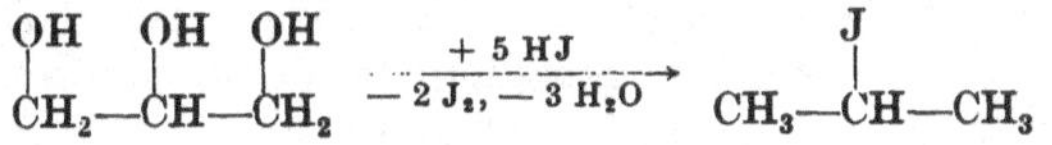

Ein weiteres interessantes Reduktionsverfahren, das sich indirekt ebenfalls der Jodwasserstoffsäure als Reduktionsmittel bedient, haben wir auf S. 67 in der Reduktion mit **rotem Phosphor** in Gegenwart von Jod und Wasser kennengelernt. Hier spielt das Jod nur die Rolle eines Katalysators, da es zwar zunächst zur Bildung von Phosphortrijodid und Jodwasserstoffsäure verbraucht wird, anschließend bei der eigentlichen Reduktionsreaktion jedoch immer wieder neu entsteht:

$$J_2 \xrightarrow[-\,^2/_3\,P(OH)_3]{+\,^2/_3\,P\,+\,2\,H_2O} 2\,HJ \xrightarrow[-\,H_2O]{+\,R\text{—}OH} R\text{—}H + J_2$$

Der Jodwasserstoffsäure in der Reduktionswirkung sehr ähnlich ist der **Schwefelwasserstoff**, der häufig auch in Form von Ammoniumsulfid zur Anwendung kommt. Er dient jedoch nur selten zur Reduktion von C—O-Bindungen sondern findet hauptsächlich in der Stickstoffchemie Anwendung, z. B. zur partiellen Reduktion von Polynitroverbindungen (S. 563).

Eine weitere wichtige Gruppe von Reduktionsmitteln liegt im **Hydrazin, Hydrazobenzol** und ähnlichen Wasserstoffverbindungen vor, die ihren Wasserstoff unter der Einwirkung von Hydrierungskatalysatoren auf andere Verbindungen zu übertragen vermögen. So kann man z.B. mit Hydrazin, das in Gegenwart von Platin spontan in Stickstoff und Wasserstoff zerfällt (vgl. anorg. Lehrbücher), die gleichen Reduktionsreaktionen und Hydrierungen ausführen wie mit katalytischem Wasserstoff (vgl. z. B. die Darstellung der *Polyphenyle,* S. 138), demgegenüber es jedoch den Vorteil des Arbeitens in kondensierter und homogener Phase zeigt.

Weisen bei derartigen Reaktionen die Wasserstoffdonatoren und -acceptoren annähernd das gleiche Potential auf, so bilden sich Redoxgleichgewichte aus. In diesem Fall können wir das gleiche Verfahren je nach den äußeren Bedingungen sowohl zu Oxydations- als auch zu Reduktionsreaktionen verwenden, worauf wir bei der Besprechung der Chinhydronelektrode (S. 301, 915) und der Reaktion von Meerwein-Ponndorf (bzw. Oppenauer) (S. 240, 915) bereits hingewiesen haben.

Die in der anorganischen Chemie vielfach als Reduktionsmittel dienenden **freien Metalle** führen in der organischen Chemie bei gleichzeitiger Anwesenheit von solvolysierenden Lösungsmitteln, die die intermediär entstehenden Metallderivate zersetzen, direkt zu den Wasserstoffverbindungen. Man spricht in diesem Falle daher allgemein von einer Reduktion mit nascierendem Wasserstoff (s. o.). Nur in wenigen Ausnahmefällen, wie z. B. bei der Zinkstaubdestillation der Phenole (S. 225) oder der Reduktion der Carbonsäuren mittels Zinks zu den Aldehyden (S. 234), kann man auch mit Hilfe der Metalle allein echte Reduktionsreaktionen ausführen. Hier ist es jeweils der in den zu eliminierenden Hydroxylgruppen enthaltene Wasserstoff, der an den Kohlenstoff tritt:

Weitere Reduktionsmittel, die in ihrer Wirkungsweise dem nascierenden Wasserstoff nahestehen, sind **Lithiumhydrid** und das wegen seiner Löslichkeit in Äther für organische Reaktionen besonders geeignete **Lithium-aluminium-hydrid** ($LiAlH_4$). Letzteres weist vor allem gegenüber Carbonylverbindungen ein sehr starkes Reduktionsvermögen auf und ist u. a. befähigt, Carbonsäuren, Carbonsäureester und selbst Carbonsäureamide bereits in der Kälte zu Alkoholen bzw. primären Aminen zu reduzieren (S. 263/291).

Eine letzte Gruppe von Reduktionsmitteln liegt schließlich in den Derivaten der **niedrigen Wertigkeitsstufen** zahlreicher **Metalle** ($SnCl_2$, $TiCl_3$, $CrCl_2$ usw.) vor, von denen insbesondere **Zinn-II-chlorid** eine vielfache praktische Anwendung zur schonenden Reduktion stickstoffhaltiger Verbindungen gefunden hat. Zur Reduktion des Kohlenstoffs sind sie jedoch weniger geeignet.

Nicht mehr zu den Reduktionsreaktionen im engeren Sinn rechnet man dagegen die Bildung metallorganischer Verbindungen aus Alkylhalogeniden und freiem Metall, obgleich sie ebenfalls unter Erniedrigung der Oxydationsstufe des Kohlenstoffs vor sich geht, wie insbesondere die Hydrolysierbarkeit metallorganischer Verbindungen zu den Kohlenwasserstoffen beweist.

$$\text{R—Hal} + \text{Mg} \longrightarrow \text{R—MgHal} \xrightarrow{+\,H_2O} \text{R—H} + \text{HOMgHal}$$

3. Die indirekte Reduktion

Eine Reduktion ohne Anwendung eigentlicher Reduktionsmittel läßt sich in ähnlicher Weise durchführen wie die indirekte Oxydation, und sie hat auch eine ähnliche Bedeutung zur schonenden Reduktion empfindlicher Stoffe erlangt.

Als einfachstes Beispiel einer nicht auf dem Wege einer normalen Reduktionsreaktion erfolgenden Lösung einer C—O-Bindung sei die **Dehydratisierung von Alkoholen** zu Olefinen genannt (S. 85f.):

$$R—CH_2—CH_2—OH \xrightarrow{-H_2O} R—CH=CH_2$$

Sie spielt in der Biochemie eine wichtige Rolle beim Aufbau der Paraffinkette der höheren Fettsäuren (**III**, Kap. 8, III) und kann in vitro in analoger Weise auch durch Abspaltung von Säuren aus ihren Estern (S. 86) durchgeführt werden (Gleichung formulieren!). Da die Reaktion jedoch erst nach anschließender Hydrierung der zunächst entstehenden olefinischen Doppelbindung zu einem echten Reduktionsprodukt führt, wird sie allgemein noch nicht zu den Reduktionsreaktionen gerechnet.

Die auf S. 911 beschriebene Methode der **Kondensation unter Vertauschung der Oxydationsstufen** kann prinzipiell in gleicher Weise zu Oxydations- und Reduktionsreaktionen verwandt werden. So stellt die dort als Beispiel einer indirekten Oxydation angeführte Bildung Schiffscher Basen aus Nitrosokörpern und Verbindungen mit aktiven Methylengruppen gleichzeitig eine Möglichkeit dar, die Nitroso- zur Aminogruppe zu reduzieren. Das Verfahren versagt jedoch im allgemeinen beim Versuch zur Reduktion von Kohlenstoffverbindungen, weil hierzu eine Kohlenstoff-Sauerstoff- oder -Halogenverbindung mit der Wasserstoffverbindung eines gegenüber dem Kohlenstoff positiv auftretenden Elementes kondensiert werden muß, damit der Wasserstoff bei der anschließenden Hydrolyse an den Kohlenstoff tritt. Derartige Wasserstoffverbindungen sind aber sehr selten, und es sei als eine der wenigen bekannten Reaktionen dieser Art die Hydrolyse der — u. a. aus Arylhalogeniden und Natriumbisulfit darstellbaren — Arylsulfonsäuren mit überhitztem Wasserdampf angeführt:

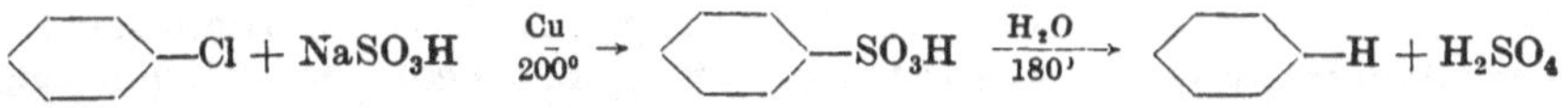

Dagegen sind, wie bereits das soeben angeführte Beispiel der Überführung der Nitroso- in eine Aminogruppe auf dem Umweg über eine Kondensationsreaktion zeigt, die Sauerstoffverbindungen des Stickstoffs auf diesem Wege sehr leicht zu reduzieren. Ein praktisch wichtiges Verfahren dieses Typus haben wir auf S. 625 in der „Reduktion" von Diazoniumsalzen mittels schwefliger Säure zu Phenylhydrazin kennengelernt. Es beruht auf einer zweimaligen Anlagerung des Bisulfit-Ions (mit oxydativ vierwertigem Schwefel) an das Diazonium-Ion mit anschließender hydrolytischer Wiederabspaltung des Schwefels als Schwefelsäure (mit oxydativ sechswertigem Schwefel) und vermeidet es auf diesem Wege, daß die gegen Reduktionsmittel sehr empfindliche Hydrazinbindung angegriffen wird. Außer mit schwefliger Säure kann die gleiche Reaktion auch mit aktiven Methylengruppen als reduzierender Kondensationskomponente durchgeführt werden, wie die auf S. 625 beschriebene Reaktion von Diazoniumsalzen mit 1,3-Dicarbonylverbindungen zeigt:

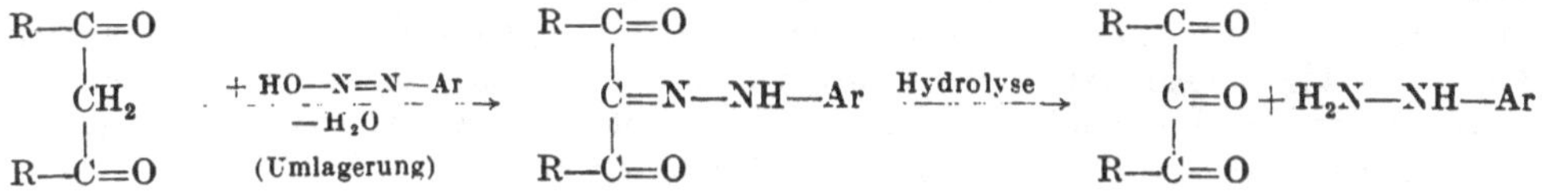

Eine letzte Gruppe von indirekten Reduktionsreaktionen führt über die **Monoaryl-** und auch **Monoalkyl-diimine** als hypothetische Zwischenprodukte, die, wie wir auf S. 626 gesehen haben, nicht existenzfähig sind und schon in statu nascendi unter Wanderung des Wasserstoffs an den Kohlenstoff zerfallen. Man kann daher, sofern die Reaktion nur zu einem Diiminderivat führt, nicht nur mit Reduktionsmitteln (z. B. bei der Überführung von Phenyldiazotat in Benzol mittels stark alkalischer Stannitlösung, S. 626), sondern auch mit oxydativ indifferenten Reagentien (wie z. B. Natriumhydroxyd oder Natriumalkoholat bei der Reaktion von Kishner-Wolff, S. 265) oder gar mit Oxydationsmitteln (wie z. B. Kupfer-II-Ionen bei der Überführung von Phenylhydrazin in Benzol und Stickstoff, S. 599) einen Ersatz des Stickstoffs durch Wasserstoff und damit eine Reduktionsreaktion bewirken, wie im einzelnen aus den auf S. 627 zusammengestellten Gleichungen hervorgeht.

III. Der Aufbau von C⋯C-Bindungen

Überblickt man noch einmal rückschauend die bisher angeführten Methoden zum Aufbau von C⋯C-Bindungen, so ergibt sich, daß in den meisten Fällen die Aktivierung des Kohlenstoffs durch eine entgegengesetzte Polarisierung der zu verknüpfenden C-Atome erfolgt, so daß sie im Sinne normaler Anlagerungsreaktionen oder doppelter Umsetzungen miteinander in Reaktion treten können. Je nach der Art und Weise, wie diese Polarisierung erzielt wird, kann man die folgenden drei Reaktionsgruppen unterscheiden: 1. Reaktionen, bei denen man durch Negativierung des Kohlenstoffs des einen Reaktionspartners diesen den normalen Alkylierungs-, Arylierungs- und Acylierungsreaktionen zugänglich macht, sowie zur Anlagerung an C=O-Doppelbindungen befähigt, 2. Kondensationsreaktionen, die im weitesten Sinn auch zahlreiche der unter 1 beschriebenen Reaktionen mit einschließen, im folgenden aber zweckmäßig auf diejenigen Vorgänge beschränkt werden sollen, bei denen eine Herausspaltung polarer Wasserstoffverbindungen unter der Einwirkung eines Kondensationsmittels erfolgt, und 3. Anlagerungsreaktionen von Kohlenstoffverbindungen an C⋯C-Mehrfachbindungen. Diesen wichtigsten synthetischen Methoden stehen nur einige wenige Reaktionen gegenüber, bei denen die Synthese ohne ausgesprochene Polarisierung des Kohlenstoffs erfolgt. Es sind dies 4. die oxydative (bzw. dehydrierende) und reduzierende Verknüpfung zweier C-Atome und 5. der für präparative und technische Zwecke nur wenig geeignete Zusammenschluß freier Radikale, dessen Besprechung sich daher an dieser Stelle erübrigt.

1. Synthesen mit negativ polarisiertem Kohlenstoff

Die negative Aufladung des Kohlenstoffs geschieht im allgemeinen durch Bildung von Metallderivaten, wobei es für die Durchführbarkeit der Reaktion ohne Bedeutung ist, ob vollständige Ionisation eintritt, oder ob nur die mehr oder weniger stark polarisierten Atombindungen metallorganischer Verbindungen entstehen. Es kann daher in den folgenden Ausführungen auf eine Unterscheidung der salzartigen Metallderivate mit ionogenem Carbeniat-Kohlenstoff (Cyanide, Reaktionsformen der Enolate bei der C-Substitution, usw.) von den eigentlichen metallorganischen Verbindungen verzichtet werden.

a) Die Kolbesche Nitrilsynthese und verwandte Reaktionen

Von den einfachen organischen Verbindungen zeigt die Blausäure die stärkste Neigung zur Abdissoziation des Protons unter negativer Aufladung des Kohlenstoffs. Man hat daher schon frühzeitig gelernt, das Cyanion (in Form der Alkalimetallcyanide) in der üblichen Weise zu alkylieren (Kolbesche Nitrilsynthese, S. 307), nach Sandmeyer (S. 621), über die Sulfonate (S. 684) oder auch durch direkte Umsetzung mit Arylhalogeniden (S. 167) zu arylieren, durch Umsetzung mit Acylhalogeniden zu acylieren (S. 492), sowie schließlich auch (in Form der Blausäure bzw. von Ammoniumcyanid) an Oxoverbindungen anzulagern (Cyanhydrinsynthese und Synthese von α-Aminocarbonsäuren, S. 238):

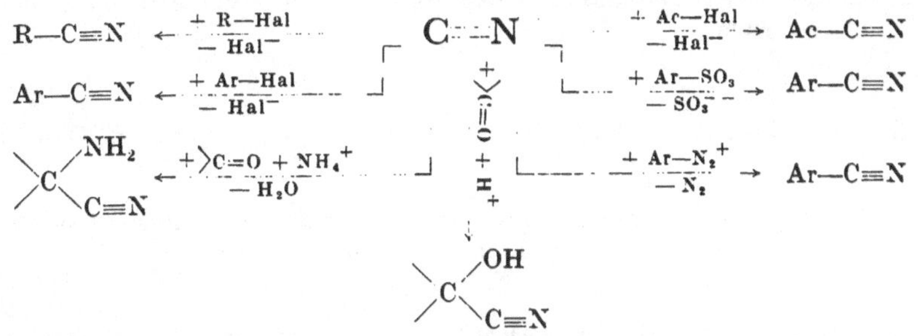

Die Methode leistet infolge dieser zahlreichen Variationsmöglichkeiten wertvolle Dienste zur Synthese von Carbonsäuren, ist aber wegen der Einführungsmöglichkeit von nur einem C-Atom in ihrem Anwendungsbereich beschränkt und insbesondere auch nicht zum Aufbau von cyclischen Verbindungen befähigt (vgl. S. 774).

In gewissem Umfang lassen sich die Reaktionen der Alkalimetallcyanide auch auf die der ihnen sehr ähnlichen Leichtmetallacetylenide (vgl. S. 113 f.) übertragen. Insbesondere werden letztere bei der Einwirkung von Alkylierungsmitteln ebenfalls alkyliert und von Oxoverbindungen in analoger Weise zu Alkinolen angelagert:

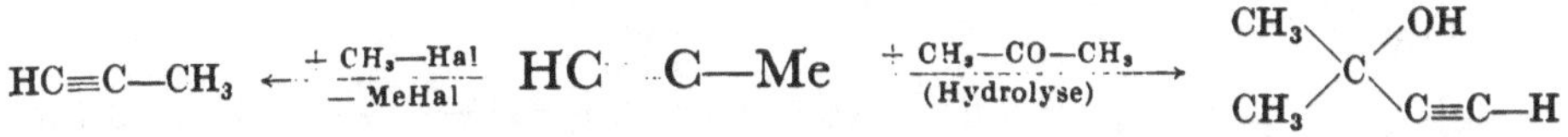

b) Die Synthesen mit metallorganischen Verbindungen

Gehen wir schließlich zu den eigentlichen metallorganischen Verbindungen über, so ist auch hier die Mehrzahl der genannten Reaktionen noch möglich. Im einzelnen haben wir die Alkylierung einer metallorganischen Verbindung bereits als Teilreaktion der Wurtzschen Synthese (S. 68, 720) und ihre Acylierung als Ketonsynthese bei der Einwirkung metallorganischer Verbindungen auf Carbonsäurederivate (S. 722) kennengelernt. Aber auch die Anlagerung an Oxoverbindungen verläuft in analoger Weise wie bei der Blausäure:

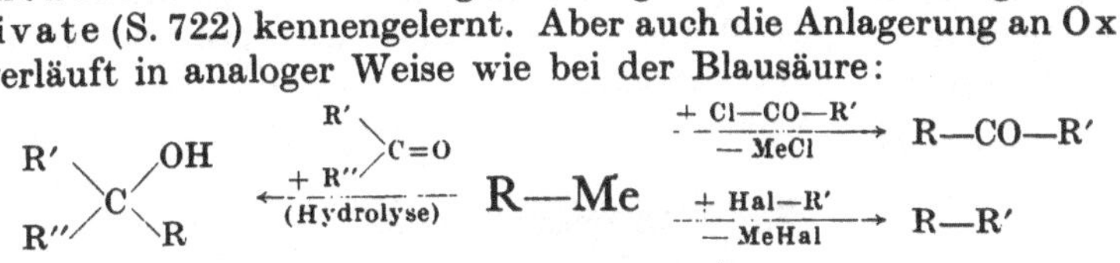

Der Anwendungsbereich der metallorganischen Verbindungen zu synthetischen Reaktionen ist wesentlich größer als der der Blausäure oder des Acetylens, da sich eine große Zahl von Alkyl- und Arylresten metallieren läßt. Er erfährt aber ebenfalls eine starke Einschränkung durch die ungewöhnliche Empfindlichkeit der Kohlenstoff-Metall-Bindung, die praktisch die Anwesenheit anderer Funktionen neben dem Metall in dem gleichen Molekül ausschließt. Man kann daher als metallorganische Komponente im wesentlichen nur die Metallderivate der Kohlenwasserstoffe verwenden. Aber auch die Variationsmöglichkeit der anderen Reaktionskomponente erfährt eine wesentliche Einschränkung dadurch, daß sie außer der reagierenden keine gegenüber metallorganischen Verbindungen aktive Gruppe, insbesondere keinen aktiven Wasserstoff, im Molekül enthalten darf.

Eine Ausnahme macht lediglich die Methode von Reformatsky, bei der man durch Einwirkung von Chloressigester und Zink auf Ketone im Sinne der normalen Umsetzung metallorganischer Verbindungen den Rest der Chloressigsäure in das Ketonmolekül einführen kann:

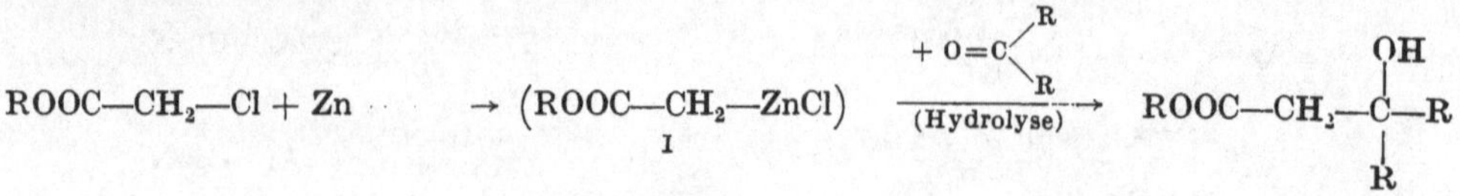

Die bei dieser Reaktion als Zwischenprodukt angenommene zinkorganische Verbindung des Chloressigesters (I) konnte bisher noch nicht isoliert werden.

c) Die von 1,3-Dicarbonylverbindungen ausgehenden Synthesen

Wenn auch die Darstellung von echten C-Metallderivaten organischer Sauerstoffverbindungen nicht möglich ist, so liegen doch in den Alkalimetallenolaten der 1,3-Dicarbonylverbindungen Substanzen vor, die sich infolge der eigenartigen Mesomerieverhältnisse des Enolat-Anions (vgl. S. 447) bei zahlreichen Reaktionen wie metallorganische Verbindungen verhalten und am Methylenkohlenstoff substituiert werden. Dies ist insbesondere bei der Alkylierung und Acylierung (vgl. S. 447) der Fall, so daß wir hier eine weitere wichtige Methode zum Aufbau von C—C-Bindungen vor uns haben:

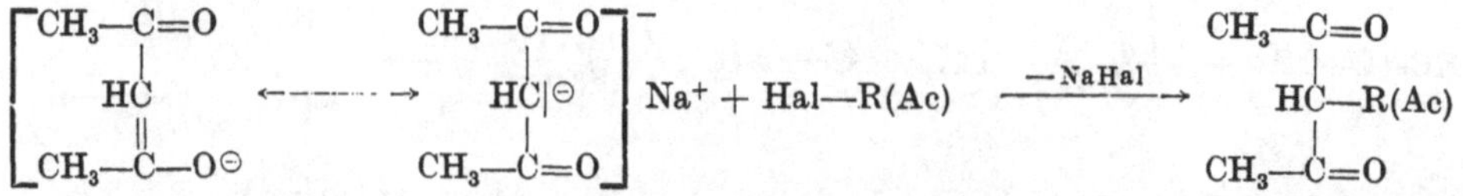

Der Anwendungsbereich der Methode erfährt durch den Zwang zur Verwendung von 1,3-Dicarbonylverbindungen als Ausgangsmaterialien zwar ebenfalls eine gewisse Einschränkung, ergänzt aber den der eigentlichen metallorganischen Verbindungen in ausgezeichneter Weise, zumal man durch anschließende Säure- oder Ketonspaltung (vgl. z. B. das auf S. 498 angeführte Schema) auch einfache Sauerstoffverbindungen darstellen kann. Ein weiterer Vorteil besteht in der Alkoholbeständigkeit der Enolate, die — im Gegensatz zur Verwendung von Grignard-Verbindungen — das Arbeiten in alkoholat-alkalischem Medium gestattet.

2. Die Kondensationsreaktionen

Das Wort *Kondensation* bedeutet wörtlich Verdichtung. Unter *Kondensationsreaktionen* versteht man dementsprechend alle synthetischen organischen Reaktionen, bei denen (im Gegensatz zu den Anlagerungsreaktionen) die Verknüpfung der

C-Atome unter „Verdichtung“ der Materie — d. h. hier unter gleichzeitiger Herausspaltung verhältnismäßig kleiner, meistens nicht-organischer Molekülteile — erfolgt. In diesem weitesten Sinne gehören auch die KOLBEsche Nitrilsynthese und die Biphenylsynthese beim Leiten von Benzoldämpfen durch ein glühendes Rohr (S. 138) zu den Kondensationsreaktionen.

In der Praxis faßt man den Begriff meistens etwas enger, ohne daß sich jedoch eine allgemein anerkannte scharfe Grenze gegenüber verwandten Reaktionen angeben läßt. Wir wollen im folgenden unter Kondensationsreaktionen alle diejenigen synthetischen Reaktionen verstehen, bei denen unter Austritt von polaren Verbindungen vom Typus H—X zwei C-Atome (sowie in selteneren Fällen auch ein C- und ein Heteroatom) miteinander verknüpft werden. Sie stellen infolge der großen Variationsmöglichkeit der Reaktionspartner ohne Zweifel die wichtigsten synthetischen Reaktionen der organischen Chemie dar.

Bereits aus der Tatsache, daß im Verlaufe dieser Kondensationsreaktionen (im engeren Sinne) stets eine polare Verbindung austritt, geht eindeutig hervor, daß auch hier die eigentliche Synthese durch Zusammenschluß eines bisher als negativer und eines bisher als positiver Bindungspartner fungierenden C-Atoms (die entsprechenden Verbindungen werden im folgenden kurz *negativer* und *positiver Reaktionspartner* genannt) erfolgt. Doch ist der polare Charakter des Kohlenstoffs, insbesondere bei den als negativo Reaktionspartner fungierenden C—H-Verbindungen, nicht mehr so deutlich ausgeprägt wie bei den metallorganischen Verbindungen und den Alkalimetallenolaten der 1,3-Dicarbonylverbindungen. Die Kondensationsreaktionen benötigen daher allgemein ein Kondensationsmittel, das entweder den negativen oder den positiven Reaktionspartner aktiviert.

Im ersten Fall spricht man von *alkalischer Kondensation*, die im Prinzip immer darauf beruht, daß primär die als negativer Reaktionspartner fungierende C—H-Verbindung durch Abdissoziation des Wasserstoffs als Proton in ein wesentlich aktiveres Carbeniat-Anion mit negativ geladenem Kohlenstoff übergeht. das dann sekundär wie eine metallorganische Verbindung reagiert. So beruht z. B. die durch Alkali katalysierte Aldolkondensation letzten Endes auf der Anlagerung eines Carbeniat-Ions (bzw. im „klassischen“ Sinne einer C-Natriumverbindung) an die Carbonylgruppe eines zweiten Aldehydmoleküls zu dem Aldolat-Ion I, das schließlich unter Regeneration des als Katalysator dienenden OH^--Ions zum eigentlichen Aldol (II) hydrolysiert:

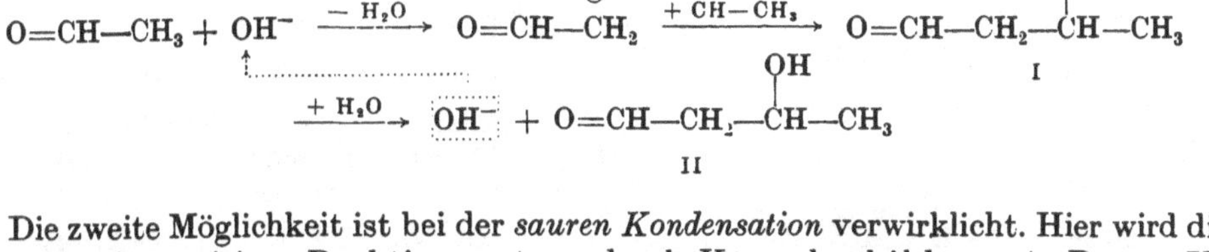

Die zweite Möglichkeit ist bei der *sauren Kondensation* verwirklicht. Hier wird die Aktivität des positiven Reaktionspartners durch Komplexbildung (z. B. von III oder IV) derart gesteigert, daß er über die unter 1 beschriebenen Umsetzungen mit den metallorganischen Verbindungen hinaus auch zur Reaktion mit „aktiven“ C—H-Verbindungen befähigt ist. Dieser Reaktionstyp ist z. B. bei der Reaktion von FRIEDEL-CRAFTS oder der Kondensation von zwei Molekülen Aceton zu Mesityloxyd verwirklicht (Näheres über den Reaktionsmechanismus vgl. **II**, Kap. 4, III, 2):

$$CH_3{-}CO{-}Cl \xrightarrow{+\,AlCl_3} \underset{III}{[CH_3{-}C{\equiv}\overset{\oplus}{O}]^+[AlCl_4]^-} \xrightarrow[-\,AlCl_3-HCl]{+\,C_6H_6} CH_3{-}CO{-}C_6H_5$$

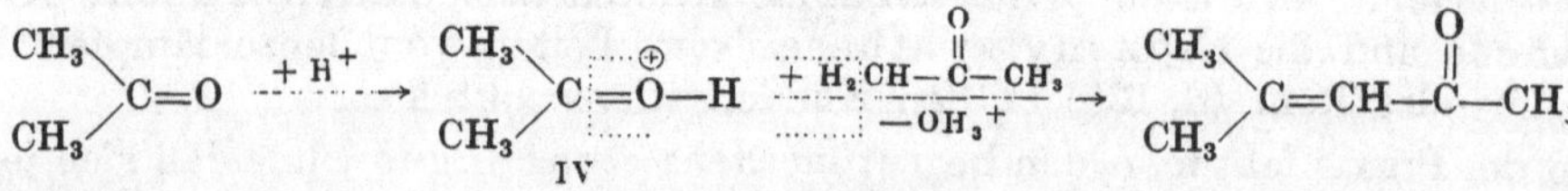

IV

Die umfassendere Reaktion ist ohne Zweifel die saure Kondensation, der mit Ausnahme der Esterkondensation alle im folgenden beschriebenen Kondensationsreaktionen zugänglich sind. Ihr gegenüber ist die alkalische Kondensation im wesentlichen auf die Verwendung von Verbindungen mit polaren Doppelbindungen (Oxo-verbindungen, Carbonsäureestern, Nitrilen usw.) als positiven Reaktionspartnern beschränkt, hat hier aber gegenüber der sauren Kondensation einen größeren Anwendungsbereich gefunden.

Als **negative Reaktionspartner** kommen definitionsgemäß ausschließlich C—H-Verbindungen in Betracht, und zwar in erster Linie solche mit aktiven Methylengruppen aller Art, in denen der Wasserstoff bereits eine gewisse Acidität aufweist. Daneben ist aber auch aromatischer Wasserstoff, insbesondere in o- und p-Stellung zu Oxy- oder Aminogruppen, und in selteneren Fällen sogar Paraffinwasserstoff zu Kondensationsreaktionen befähigt. Ihnen stehen als **positive Reaktionspartner** insbesondere die Halogen-, Sauerstoff- und z. T. auch Stickstoffverbindungen des Kohlenstoffs aller Oxydationsstufen gegenüber, wie die folgende Zusammenstellung der wichtigsten, zu Kondensationsreaktionen befähigten Verbindungsgruppen zeigt:

Als negative Reaktionspartner können fungieren:

1. Aliphatischer Wasserstoff:

a) normaler Paraffinwasserstoff (nur in wenigen Ausnahmefällen)

b) Benzylwasserstoff[1]):

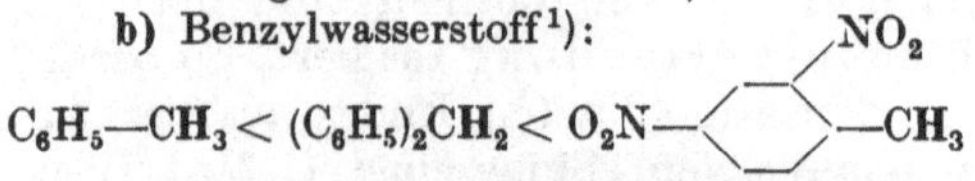

$< \text{Fluoren} < (C_6H_5)_3CH$

c) Sonstige aktive Methylengruppen[1])[2]):

$$N{\equiv}C{-}CH_2 < ROOC{-}CH_2 < R{-}CO{-}CH_2$$

$$< HCO{-}CH_2 < O_2N{-}CH_2 < (ROOC)_2CH_2$$

$$< (R{-}CO)_2CH_2$$

2, Aromatischer Wasserstoff[1]):

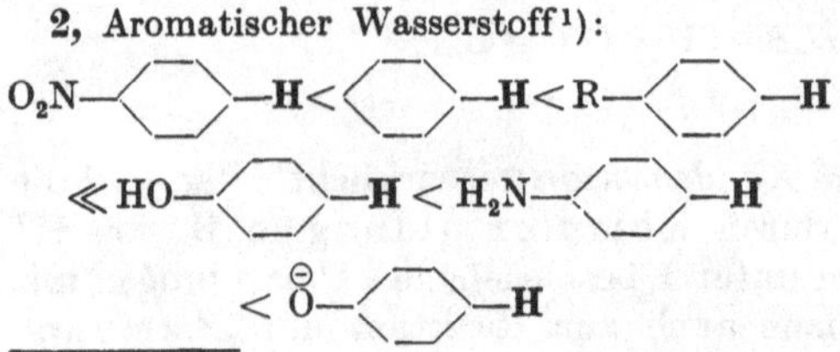

Als positive Reaktionspartner können fungieren:

1. Derivate des oxydativ einwertigen Kohlenstoffs[1]):

$$R{-}OH < R{-}Hal,\ R_2SO_4$$

2. Oxoverbindungen[1]):

$$R_2C{=}O < R{-}CH{=}O < H_2C{=}O$$

3. Carbonsäuren und Derivate[1]):

$$R{-}C{\equiv}N < R{-}COOH,\ R{-}COOR$$

$$< R{-}COOAc < R{-}COCl$$

4. Kohlensäurederivate[1]):

$$CO_2 < H_2N{-}COCl < RO{-}COCl < COCl_2$$

5. Analog reagierende Verbindungen anderer Elemente (führen nicht zum Aufbau von C—C-Bindungen):

$$RO{-}NO_2,\ SO_2Cl_2,\ PCl_3,\ AsCl_3 \text{ usw.}$$

---

[1]) Etwa in der Reihenfolge zunehmender Aktivität.

[2]) Die aktiven Methylengruppen dieses Typus können sowohl hinsichtlich ihrer Aktivität als auch hinsichtlich ihrer Kondensationsreaktionen direkt mit den Amino-

Die Zahl der möglichen **Kondensationsmittel** ist außerordentlich groß und ihre Auswahl häufig schwierig, da verschiedene Kondensationsmittel zuweilen zu verschiedenartigen Reaktionsprodukten führen. Als Beispiel sei die Selbstkondensation von Aceton (S. 267f.) angeführt, die in Gegenwart von Salzsäure zu Mesityloxyd und Phoron, von Schwefelsäure zu Mesitylen und von Natronlauge zu einem Ketol führt. Auch die Wirkungsweise der Kondensationsmittel ist sehr verschiedenartig, und wir beobachten neben rein katalytischen Vorgängen (z. B. bei der Aldolkondensation) auch Reaktionen, bei denen das Kondensationsmittel sich irreversibel an der Reaktion beteiligt (z. B. bei der Esterkondensation S. 941) oder gar in das Kondensationsprodukt mit eingebaut wird (vgl. S. 776, 839). Die Auswahl eines geeigneten Kondensationsmittels ist daher zuweilen von ausschlaggebender Bedeutung für die Einstellung eines günstigen Reaktionsgleichgewichtes (vgl. z. B. die Verwendung von Natriumtrityl zur Kondensation von zwei Molekülen Isobuttersäureester, S. 942). Anschließend sind die wichtigsten basischen und sauren (bzw. „*säureanalogen*“) Kondensationsmittel in der Reihenfolge zunehmender Aktivität zusammengestellt:

Basische Kondensationsmittel	Saure und „säureanaloge“ Kondensationsmittel
Natriumacetat	wäßrige Mineralsäuren
Ammoniumacetat	konz. Schwefelsäure, Chlorwasserstoff
Ammoniak, Amine	Zinkchlorid
Natronlauge, Alkoholatlösung	Zinntetrachlorid
festes Natriumhydroxyd	Eisen-III-chlorid
Natriummetall (vgl. S. 495 Anm. 1)	Aluminiumchlorid, Berylliumchlorid
Natriumamid	Bortrifluorid
metallorganische Verbindungen	Antimonpentachlorid

Einteilung. Im allgemeinen unterteilt man die Kondensationsreaktionen nach dem positiven Reaktionspartner in die folgenden Untergruppen: a) die FRIEDEL-CRAFTSschen Synthesen im weitesten Sinne, bei denen meistens eine Halogenverbindung als positive Kondensationskomponente fungiert, b) die Kondensationsreaktionen der alkoholischen Hydroxylgruppe, c) die Kondensationsreaktionen der Oxoverbindungen (Aldol- und Crotonaldehydkondensation), d) die Esterkondensation und schließlich e) die Kondensationsreaktionen anderer Carbonsäurederivate.

---

gruppen primärer organischer Amine verglichen werden. Z. B. entspricht nicht nur formal sondern auch hinsichtlich ihres Reaktionsmechanismus der Aldolkondensation die Bildung von Aldehydammoniaken, der Crotonaldehydkondensation die Bildung SCHIFFscher Basen und der Esterkondensation die Bildung von Carbonsäureamiden:

$$R{-}NH_2 + O{=}CH{-}R' \xrightarrow{\text{„Aldolkondensation“}} R{-}NH{-}\overset{\overset{\displaystyle OH}{|}}{C}H{-}R'$$

$$R{-}NH_2 + O{=}CH{-}R' \xrightarrow{\text{„Crotonaldehydkondensation“}} R{-}N{=}CH{-}R' + H_2O$$

$$R{-}NH{-}H + RO{-}\overset{\overset{\displaystyle O}{|}}{C}{-}R' \xrightarrow{\text{„Esterkondensation“}} R{-}NH{-}\overset{\overset{\displaystyle O}{\|}}{C}{-}R' + ROH$$

a) Die FRIEDEL-CRAFTSsche Synthese (im weitesten Sinne)

Eine Kondensation unter Herausspaltung von Halogenwasserstoff findet nur bei saurer Katalyse in indifferentem Medium, d. h. unter den Bedingungen der FRIEDEL-CRAFTSschen Reaktion statt. Sie führt stets, auch bei Verbindungen mit mehreren Halogenatomen, zum Aufbau von einfachen C—C-Bindungen, so daß in letzterem Falle eine Verknüpfung mehrerer Moleküle der Wasserstoffkomponente durch ein C-Atom erfolgt:

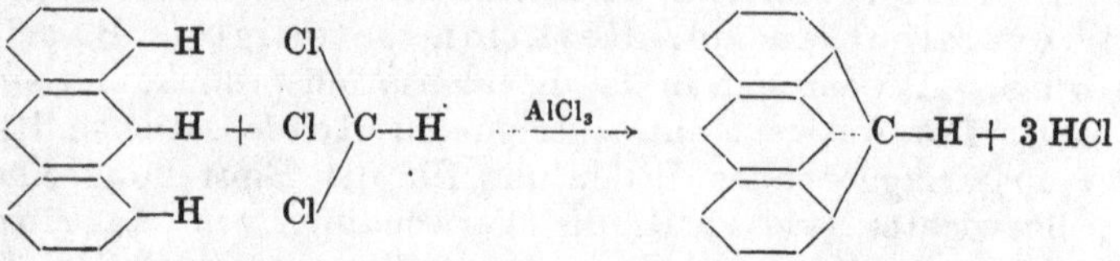

Die Methode hat über die ursprüngliche FRIEDEL-CRAFTSsche Reaktion hinaus ein großes praktisches Anwendungsgebiet gefunden, da sowohl die positive als auch die negative Reaktionskomponente und der Katalysator innerhalb weiter Grenzen variiert werden können. Im einzelnen sind der Reaktion zugänglich:

1. als negative Kondensationskomponente insbesondere aromatische Verbindungen aller Art einschließlich der sich aromatisch verhaltenden Heterocyclen. Auch hier sind Phenole und tertiäre (bzw. durch N-Acylierung geschützte primäre und sekundäre) Anilinbasen in p-Stellung zur aktiven Gruppe besonders leicht substituierbar. Ferner ist in vereinzelten Fällen auch die analoge Substitution von Olefinwasserstoff gelungen, jedoch nur mit Acylhalogeniden als positiven Reaktionspartnern (vgl. S. 97). Nicht in Reaktion treten dagegen aktive Methylengruppen jeder Art, so daß es z. B. nicht möglich ist, Toluol in der Seitenkette zu substituieren. Auch für die Ketonsynthese nach FRIEDEL-CRAFTS (s. u.) ist dieser Umstand von Bedeutung, da eine Mitbeteiligung der aktiven Methylengruppe des Säurechlorids oder auch des fertigen Ketons an der Reaktion den praktischen Wert der Methode sehr herabsetzen würde. Einer weiteren Gruppe von auf diese Weise nicht substituierbaren Verbindungen begegnen wir in aromatischen Nitrokörpern, die das Aluminiumchlorid zu inaktiven Komplexen binden.

Bei der Indifferenz der aktiven Methylengruppen gegenüber Kondensationsreaktionen dieses Typus ist es auffallend, daß es neuerdings verschiedentlich gelungen ist, gewöhnlichen Paraffinwasserstoff unter den Bedingungen der FRIEDEL-CRAFTSschen Reaktion zu substituieren. Hierbei finden gleichzeitig die auf S. 77 und 781 beschriebenen Isomerisierungen des Kohlenstoffgerüstes statt, so daß man meistens ein Gemisch verschiedener Reaktionsprodukte erhält. Als Beispiel einer derartigen, unter Ringverengerung vor sich gehenden Reaktion sei die Einwirkung von Acetylchlorid auf Cyclohexan angeführt, die bei Verwendung von trockenem und feuchtem Aluminiumchlorid einen verschiedenartigen Verlauf nimmt:

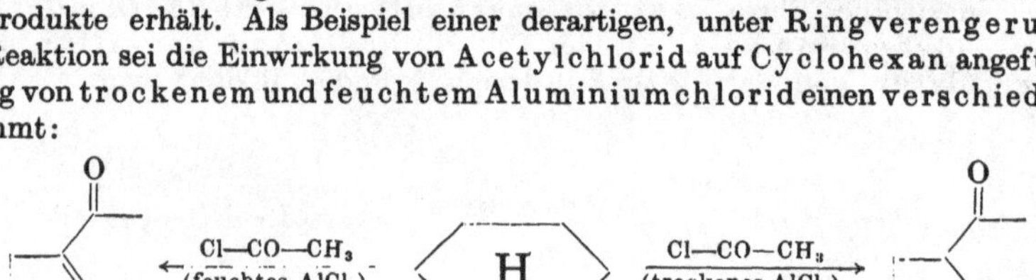

Die Bildung eines Olefinderivates in dem einen Falle deutet auf die Möglichkeit hin, daß auch bei den normalen Reaktionen gesättigter Kohlenwasserstoffe intermediär Dehydrierung zum Olefin eintritt, und daß erst dieses dann auf dem üblichen Wege substituiert wird.

2. als **positive Kondensationskomponente** eine große Anzahl von Halogenverbindungen und von Substanzen, die mit Aluminiumchlorid oder Chlorwasserstoff intermediär in Halogenverbindungen übergehen können. Sie lassen sich in folgende Gruppen unterteilen:

a) **Alkylhalogenide** (einschließlich **Dimethylsulfat**) und **Olefine**[1]), die in der auf S. 124 beschriebenen Weise eine Alkylierung der Wasserstoffverbindung herbeiführen:

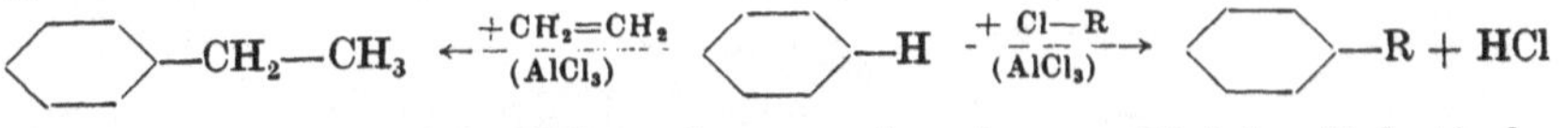

Ihnen analog verhalten sich Chloroform und andere gesättigte aliphatische Polyhalogenverbindungen, die u. a. zur Synthese der Polyphenylmethanverbindungen Verwendung finden (S. 139). Nicht umsetzbar sind dagegen wegen der Reaktionsträgheit des Halogens die Halogenolefine und die aromatischen Halogenverbindungen.

b) **Carbonsäurechloride, -anhydride** und **-nitrile** sowie auch die freien **Carbonsäuren** selbst. Sie wirken als Acylierungsmittel auf die negative Kondensationskomponente ein und führen letzten Endes stets zu Ketonen als Reaktionsprodukten (S. 270, bzgl. des Mechanismus vgl. auch S. 929):

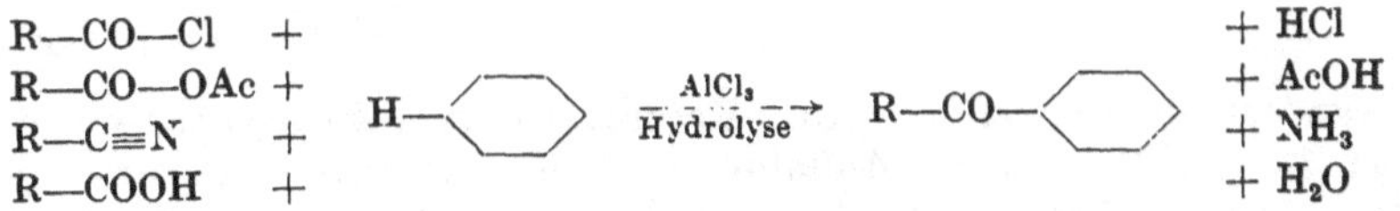

c) **Kohlenoxyd** und **Blausäure**, die als Ameisensäurederivate in Gegenwart von Aluminiumchlorid intermediär Ameisensäure-chlorid (bzw. -imidchlorid) als die eigentlichen Kondensationskomponenten der FRIEDEL-CRAFTSschen Reaktion bilden und dadurch zur Aldehydsynthese befähigt sind (Näheres vgl. S. 257).

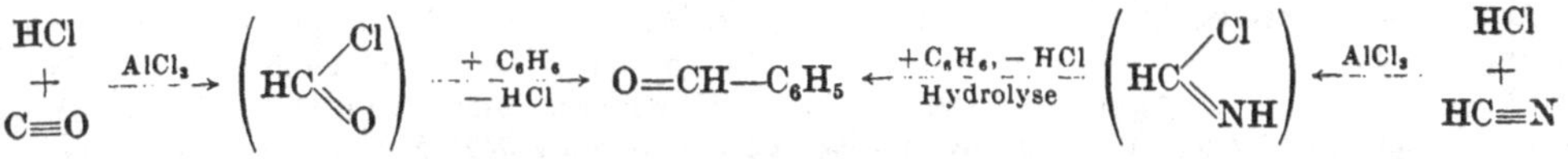

d) **Kohlensäurederivate**, die, der zweibasigen Natur der Kohlensäure entsprechend, sowohl einmal als auch zweimal kondensieren können. Im ersteren Falle erhält man in der auf S. 308 ausführlich beschriebenen Weise Carbonsäurederivate:

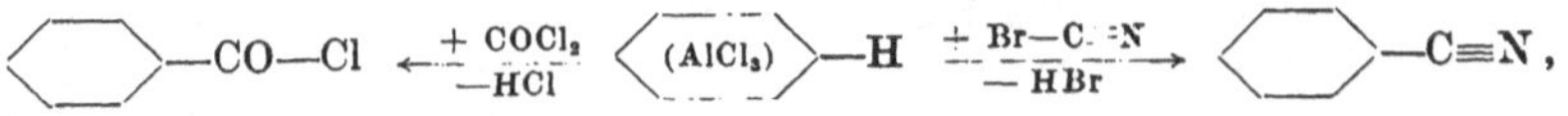

im zweiten Fall direkt symmetrische Diarylketone:

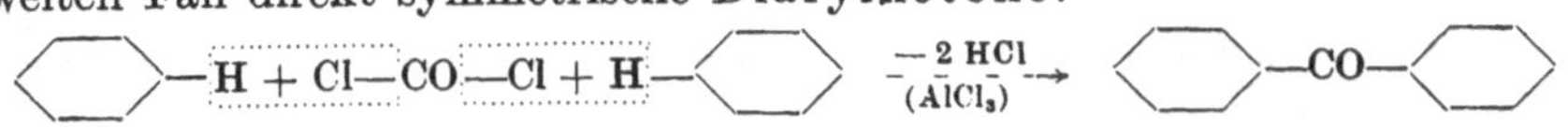

Die aktivierende Wirkung des Aluminiumchlorids ist in diesem Fall so groß, daß es neuerdings sogar gelungen ist, das sonst so reaktionsträge Kohlendioxyd der FRIEDEL-CRAFTSschen Reaktion zugänglich zu machen und mit dem besonders aktiven p-ständigen Wasserstoff des Dimethylanilins zu MICHLERS Keton (S. 579) umzusetzen:

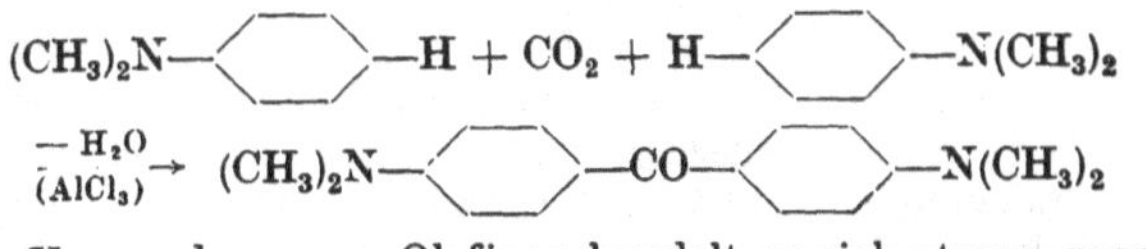

[1]) Im Falle der Verwendung von Olefinen handelt es sich streng genommen nicht mehr um eine Kondensations-, sondern um eine Anlagerungsreaktion (vgl. S. 945).

e) Im gleichen Sinne wie die vorgenannten Kohlenstoffverbindungen vermögen auch die **Halogen-** und, soweit sie intermediär in Halogenverbindungen übergehen können, die **Sauerstoffverbindungen zahlreicher Heteroelemente** sowie **elementarer Schwefel** als positive Reaktionspartner bei der FRIEDEL-CRAFTSschen Reaktion zu fungieren. Wenn man auf diesem Wege auch keine neuen C—C-Bindungen synthetisieren kann, so erfährt die Methode durch diese Variationsmöglichkeit doch eine praktisch wichtige Erweiterung zur Einführung von Heteroatomen in den Benzolkern. Die wichtigsten, z. T. bereits beschriebenen Reaktionen sind in dem folgenden Formelbild nochmals übersichtlich zusammengestellt:

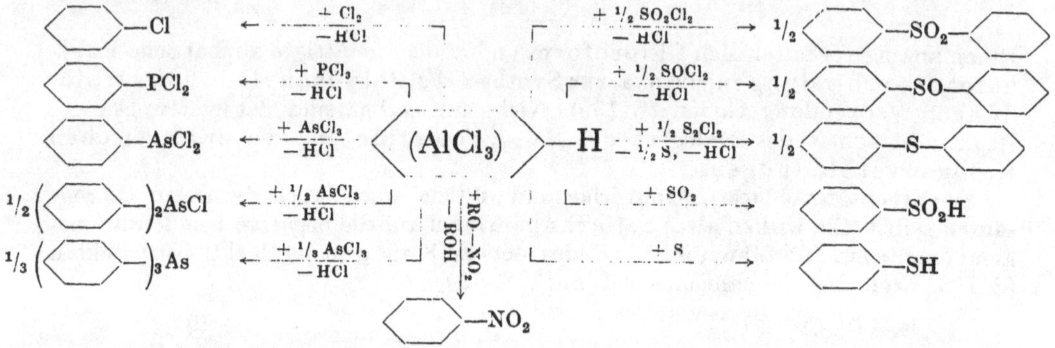

Als **Kondensationsmittel** für die FRIEDEL-CRAFTSsche Synthese verwendet man in der Mehrzahl der Fälle **Aluminiumchlorid,** daneben in neuerer Zeit auch **Borfluorid.** Ferner sind mit *Galliumchlorid, Eisen-III-chlorid* und *Berylliumchlorid* zahlreiche Synthesen durchgeführt worden, während das wesentlich weniger aktive *Zinkchlorid* nur bei den besonders leicht substituierbaren Phenolen und Anilinbasen wirksam ist. Schließlich kann man in Einzelfällen auch CuCl, $SnCl_2$, $TiCl_4$ und ähnliche koordinativ ungesättigte Halogenverbindungen verwenden.

Die **Wirkungsweise** des Aluminiumchlorids ist z. Teil rein katalytisch, während in anderen Fällen eine irreversible Mitbeteiligung am Umsatz beobachtet wird. Man benötigt daher in Abhängigkeit von den Reaktionsteilnehmern eine sehr unterschiedliche Aluminiumchloridmenge und kann im einzelnen drei Gruppen von Reaktionen unterscheiden:

a) Rein katalytisch verlaufen insbesondere alle oben unter 1 beschriebenen Alkylierungsreaktionen. Hier kommt man mit einer sehr kleinen Aluminiumchloridmenge aus.

b) Bei der Ketonsynthese mit Säurechloriden wird das Kondensationsmittel, ehe es zum zweiten Male seine katalytische Funktion ausüben kann, von dem Reaktionsprodukt durch Komplexbildung abgefangen und kann aus diesem Komplex erst in einer zweiten Reaktionsphase durch Zusatz von Wasser wieder verdrängt werden. Das Aluminiumchlorid wird also nicht in seiner ursprünglichen Form regeneriert, sondern in Form seines (katalytisch unwirksamen) Hydrates. Die Reaktionsgleichung muß deshalb exakt folgendermaßen formuliert werden:

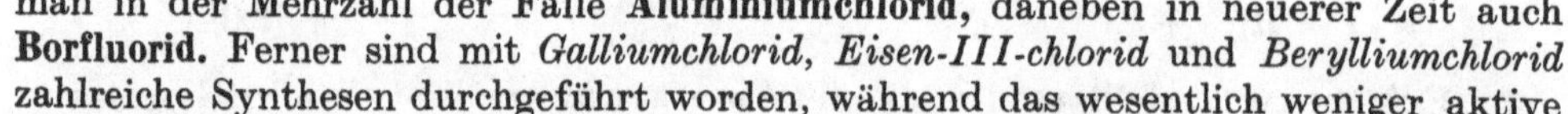

und man benötigt mindestens ein (praktisch etwa 1,5) Mol Aluminiumchlorid.

c) Noch größere Aluminiumchloridmengen sind bei Verwendung von Carbonsäuren oder Carbonsäureanhydriden erforderlich, da diese Verbindungen, etwa den folgenden Reaktionsgleichungen entsprechend, primär in Säurechloride übergeführt werden müssen und hierbei, sowie ebenfalls durch Komplexbildung, mehrere $AlCl_3$-Moleküle unwirksam machen:

$$R\text{—}COOH + AlCl_3 \longrightarrow R\text{—}CO\text{—}Cl + HO\text{—}AlCl_2$$

$$R\text{—}CO\text{—}Cl + C_6H_6 + AlCl_3 \longrightarrow R\text{—}\overset{\overset{\displaystyle O\rightarrow AlCl_3}{\|}}{C}\text{—}C_6H_5 + HCl$$

---

in summa: $$R\text{—}COOH + C_6H_6 + 2\,AlCl_3 \longrightarrow R\text{—}\overset{\overset{\displaystyle O\rightarrow AlCl_3}{\|}}{C}\text{—}C_6H_5 + HO\text{—}AlCl_2 + HCl$$

$$(R\text{—}CO\text{—})_2O + AlCl_3 \longrightarrow R\text{—}CO\text{—}Cl + R\text{—}CO\text{—}O\text{—}AlCl_2$$

$$R\text{—}CO\text{—}Cl + C_6H_6 + AlCl_3 \longrightarrow R\text{—}\overset{\overset{\displaystyle O\rightarrow AlCl_3}{\|}}{C}\text{—}C_6H_5 + HCl$$

$$R\text{—}CO\text{—}O\text{—}AlCl_2 + AlCl_3 \longrightarrow R\text{—}\overset{\overset{\displaystyle O\rightarrow AlCl_3}{\|}}{C}\text{—}O\text{—}AlCl_2$$

---

in summa: $$(R\text{—}CO\text{—})_2O + C_6H_6 + 3\,AlCl_3 \longrightarrow R\text{—}\overset{\overset{\displaystyle O\rightarrow AlCl_3}{\|}}{C}\text{—}C_6H_5 + R\text{—}\overset{\overset{\displaystyle O\rightarrow AlCl_3}{\|}}{C}\text{—}O\text{—}AlCl_2 + HCl$$

Man benötigt daher im Falle der Verwendung von Carbonsäuren mindestens zwei (praktisch 2,5) und von Säureanhydriden mindestens drei (praktisch 3,3) Mol des Kondensationsmittels.

Die genaue Diskussion des Reaktionsmechanismus erfolgt in **II**, Kap. 4, II, 3b.

b) Die Kondensationsreaktionen der Alkohole

Alkohole können in der auf S. 125 beschriebenen Weise mit aromatischen Kohlenwasserstoffen kondensieren:

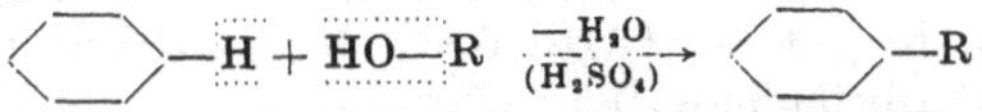

Die Reaktion entspricht weitgehend der Synthese von Friedel-Crafts bei Verwendung von Alkylhalogeniden als positiven Kondensationskomponenten, wie u. a. aus der ebenfalls fast ausschließlichen[1]) Verwendung aromatischer Verbindungen als negativen Kondensationskomponenten hervorgeht. Ferner kann man die Alkohole in gleicher Weise wie die Alkylhalogenide durch die entsprechenden Olefine ersetzen, und es wird auch hier die Reaktion nur durch saure Katalysatoren beschleunigt. Der einzige größere Unterschied zwischen beiden Verfahren besteht darin, daß man im allgemeinen mit mäßig konzentrierten Mineralsäuren als Kondensationsmitteln arbeitet. Aber auch mit Aluminiumchlorid tritt Kondensation ein, die jedoch nicht unbedingt diesem Reaktionstypus angehören muß, da sie ebenso gut über eine primäre Umwandlung des Alkohols in ein Alkylchlorid oder Olefin verlaufen kann, das dann im Sinne einer echten Friedel-Craftsschen Synthese reagiert (Gleichungen formulieren!).

Bezüglich des Reaktionsmechanismus vgl. **II**, Kap. 4, **II** 3b.

[1]) Als nicht verallgemeinerungsfähiger Ausnahmefall, bei dem unter ähnlichen Bedingungen auch aliphatischer Wasserstoff substituiert wird, sei die Isooctensynthese aus tert.Butylalkohol und Isobutylen angeführt, die unter Herausspaltung eines in Allylstellung befindlichen H-Atoms vor sich geht und wahrscheinlich eine Teilreaktion der ersten der auf S. 70 beschriebenen technischen Synthesen darstellt:

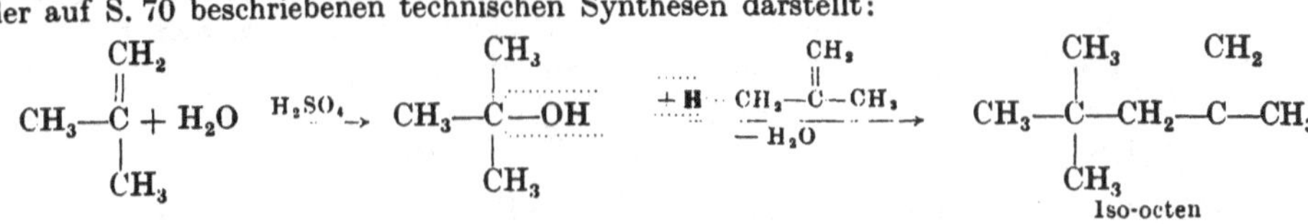

Iso-octen

c) Die Kondensationsreaktionen der Oxoverbindungen

Die Oxoverbindungen sind infolge des Vorhandenseins einer Carbonyldoppelbindung wesentlich reaktionsfähiger als die Alkohole und insbesondere auch zur Kondensation in alkalischem Medium befähigt. Je nachdem, ob bei der Reaktion eine einfache oder eine doppelte C···C-Bindung entsteht, unterscheidet man zwei verschiedene Reaktionstypen, die nach ihren wichtigsten Vertretern Aldolkondensation und Crotonaldehydkondensation genannt werden.

α) Die Aldolkondensation und verwandte Reaktionen

Wie wir bereits auf S. 247 gesehen haben, beruht die Aldolkondensation auf der Anlagerung einer aktiven Wasserstoffverbindung an die Carbonylgruppe einer Oxoverbindung. Sie gehört also noch nicht zu den Kondensationsreaktionen im eigentlichen Sinn, da die für diese charakteristische Abspaltung einer polaren Wasserstoffverbindung gar nicht stattfindet[1]):

$$CH_3{-}\overset{\overset{\displaystyle O}{\|}}{C}H + H{-}CH_2{-}CH{=}O \longrightarrow CH_3{-}\overset{\overset{\displaystyle OH}{|}}{C}H{-}CH_2{-}CH{=}O$$

Die Reaktion geht jedoch durch nachträgliche Wasserabspaltung leicht in eine wirkliche Kondensation über und wird daher allgemein zu den Kondensationsreaktionen gerechnet.

Die Aldolkondensation findet bereits in wäßrig-alkalischer Lösung statt und führt als reversible Reaktion stets zu einem stark temperaturabhängigen Gleichgewicht, dessen Lage in einigen Fällen bestimmt werden konnte. So geht z. B. der Isobutyraldehyd bei 0° zu 90%, bei 100° nur noch zu 10% in das zugehörige Aldol über (formulieren!).

Hinsichtlich der Reaktionsfähigkeit der **Oxo-Komponente** besteht etwa die folgende Abstufung: Am reaktionsfähigsten ist die Carbonylgruppe des Formaldehyds, dann folgt die der normalen Aldehyde und schließlich die der Ketone. Formaldehyd bildet daher mit allen anderen Aldehyden und Ketonen ausschließlich die entsprechenden Oxymethylverbindungen (vgl. S. 251). Ferner tritt überschüssiger Formaldehyd mit aktiven Methylengruppen nicht nur einmal in Reaktion sondern kondensiert mit sämtlichen anwesenden H-Atomen, so daß in dieser Reaktion die einfachste Möglichkeit vorliegt, Verbindungen mit quartären C-Atomen aufzubauen:

$$3\,H_2C{=}O + H_3C{-}CO{-}R \longrightarrow \begin{matrix} HO{-}CH_2 \\ HO{-}CH_2 \\ HO{-}CH_2 \end{matrix}\!\!\!> C{-}CO{-}R$$

Ähnlich wie der Formaldehyd gegenüber den normalen Aldehyden fungieren diese bei der Reaktion zwischen Aldehyden und Ketonen stets als Oxokomponente und lagern die Ketone unter Ketolbildung an die Carbonylgruppe an:

---

[1]) Lediglich wenn man die Aldolkondensation vom Aldehydhydrat aus formuliert, wozu man in Anbetracht des Arbeitens in wäßriger Lösung in gewissem Sinn berechtigt ist, findet formal eine Wasserabspaltung statt und wir kommen zu einer echten Kondensationsreaktion:

$$CH_3{-}\overset{\overset{\displaystyle OH}{|}}{C}H\boxed{{-}OH + H}{-}CH_2{-}CH{=}O \longrightarrow CH_3{-}\overset{\overset{\displaystyle OH}{|}}{C}H{-}CH_2{-}CH{=}O + H_2O$$

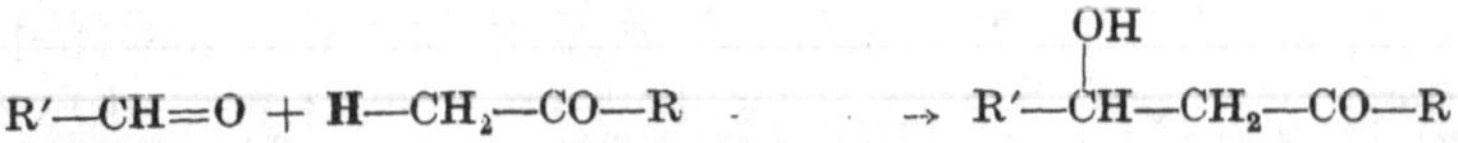

Auch hier ist die Oxokomponente noch aktiv genug, um u. U. mehrfach mit der gleichen Methylengruppe in Reaktion zu treten. So erhält man z. B. als Nebenprodukt der Acetaldolbildung aus Acetaldehyd stets etwas **3-Formyl-pentan-diol-2,4** (I), das in der Technik durch Reduktion zu dem mehrwertigen Alkohol **Hexan-triol** (II) verwertet wird:

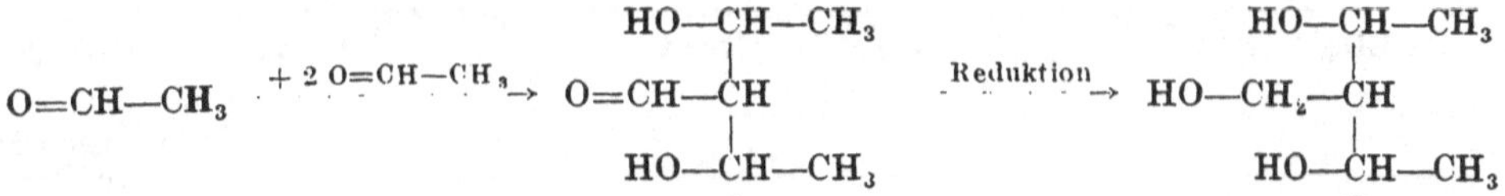

I II

Lediglich bei der Kondensation von zwei Aldehyd- oder zwei Ketonmolekülen lassen sich keine genauen Voraussagen darüber machen, welcher Aldehyd (bzw. Keton) die kondensierende Carbonylgruppe stellt. Doch geht die Aldolbildung aus zwei Aldehydmolekülen infolge der größeren Reaktionsfähigkeit der Aldehydgruppe wesentlich leichter vor sich als die Ketolbildung aus zwei Ketonmolekülen, so daß letztere, da gleichzeitig die β-Oxyaldehyde etwas beständiger sind als die β-Oxyketone, häufig erst unter Bedingungen erfolgt, unter denen bereits eine nachträgliche Wasserabspaltung zum ungesättigten Keton möglich ist. Die Dimerisation der Ketone zu Ketolen tritt daher hinter der eigentlichen Aldolkondensation an Bedeutung zurück.

Als **Kondensationsmittel** für die Aldolkondensation dienen außer wäßriger Natronlauge, die als starkes Alkali häufig unerwünschte Nebenreaktionen (z.B. die Dismutation der Aldehyde nach CANNIZZARO) auslöst, insbesondere auch schwache Alkalien wie Bleihydroxyd, Kaliumcarbonat, Natriumsulfit oder tertiäres Natriumphosphat. Ferner kann man die Reaktion mit sauren Katalysatoren — wie z. B. Salzsäure oder zuweilen auch Aluminiumchlorid — durchführen, und selbst einige Kontaktverfahren sind entwickelt worden. So entsteht z. B. Acetaldol beim Leiten von gasförmigem Acetaldehyd über amphotere Metallhydroxyde ($Al(OH)_3$, $Fe(OH)_3$, $Sb(OH)_3$ usw.) bei Temperaturen unterhalb seiner Zersetzungstemperatur (JAEGER 1933).

Eine letzte interessante Gruppe von Kondensationsmitteln liegt schließlich in GRIGNARD-Verbindungen mit verzweigten Alkylresten (wie z.B. im Isopropylmagnesiumchlorid) vor, die infolge sterischer Hinderung nicht mit der Carbonylgruppe in Reaktion treten. Sie setzen sich daher wie andere basische Reagentien mit dem aktiven Wasserstoff der Methylengruppe um und ermöglichen auf diese Weise den auf S. 929 formulierten Mechanismus. Sie finden insbesondere zur Kondensation sonst nur schwer ketolisierbarer Ketone Anwendung:

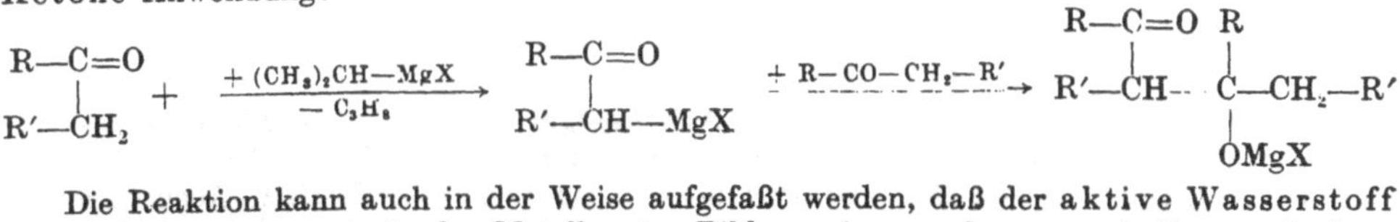

Die Reaktion kann auch in der Weise aufgefaßt werden, daß der aktive Wasserstoff der Methylengruppe primär das Metall unter Bildung einer anderen metallorganischen Verbindung verdrängt (S. 717), und daß diese dann rascher als die ursprüngliche GRIGNARD-Verbindung die auf S. 722 beschriebene Anlagerungsreaktion erleidet.

Als **negative Kondensationskomponente** kommen außer den bisher betrachteten Oxoverbindungen mit α-ständigen Methylengruppen auch andere Verbindungen mit aktivierter Methylengruppe in Betracht. Insbesondere 1,3-Dicarbonylverbindungen, aliphatische Nitrokörper (vgl. S. 647) und die Methylgruppe des α- und γ-Picolins (vgl. S. 811), sowie die sonst weniger hervortretenden Methylengruppen im Glycinester und im Chloressigester (hier unter nachträglicher HCl-Abspaltung zum Glycidsäureester, vgl. S. 483), sind in Gegenwart alkalischer Kondensationsmittel zur Anlagerung an Aldehyde befähigt:

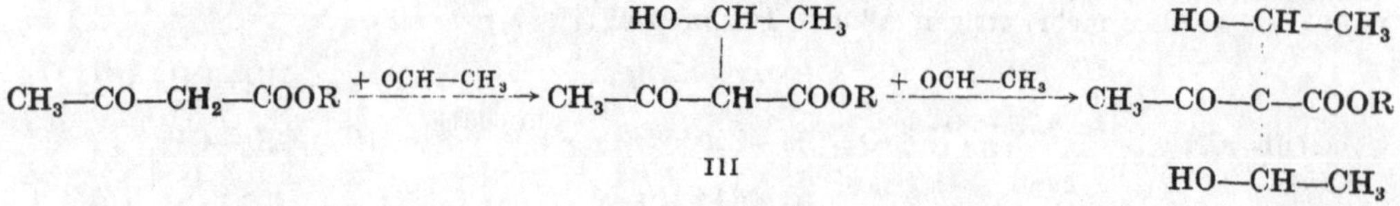

III IV

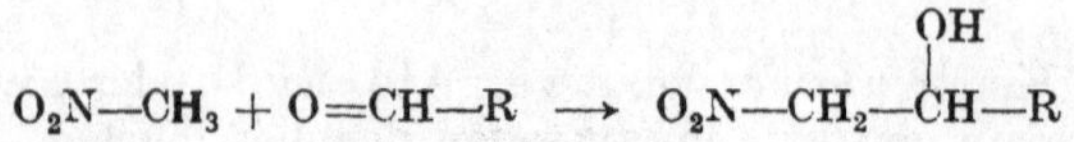

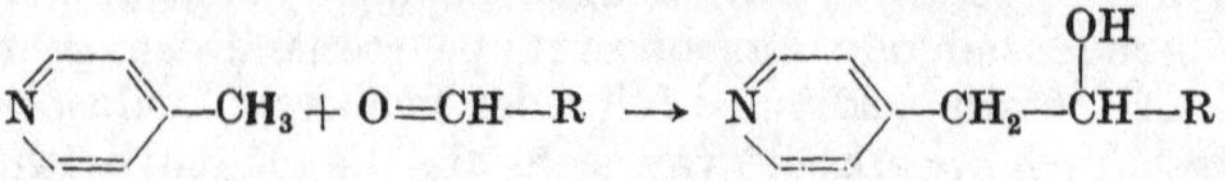

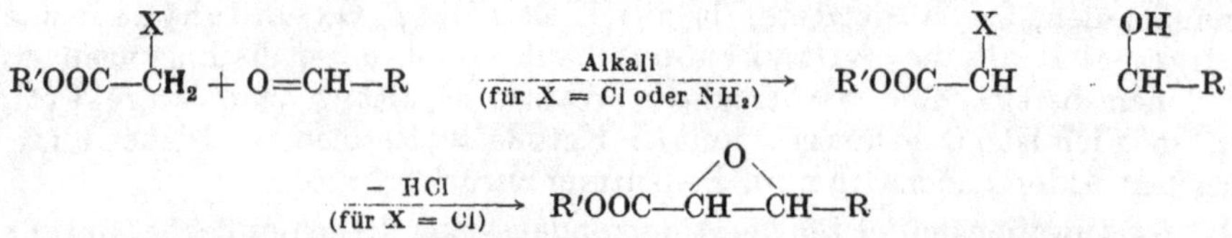

Nicht in Reaktion treten dagegen die Methylengruppen in einfachen Carbonsäureestern und Benzylverbindungen, während Fluoren gleich weiter unter Fulvenbildung reagiert (S. 941).

Bei einigen dieser Verbindungen geht die Kondensation auch über die Bildung der Alkohole hinaus, und es tritt (abgesehen von der unter β beschriebenen Crotonaldehydkondensation) die Carbonylgruppe unter Herausspaltung von Wasser gleich mit zwei Molekülen der Methylenkomponente in Reaktion. Als Beispiel sei die Bildung der Verbindung V als Nebenprodukt neben den oben beschriebenen Verbindungen III und IV bei der Einwirkung von Acetaldehyd auf Acetessigester angeführt:

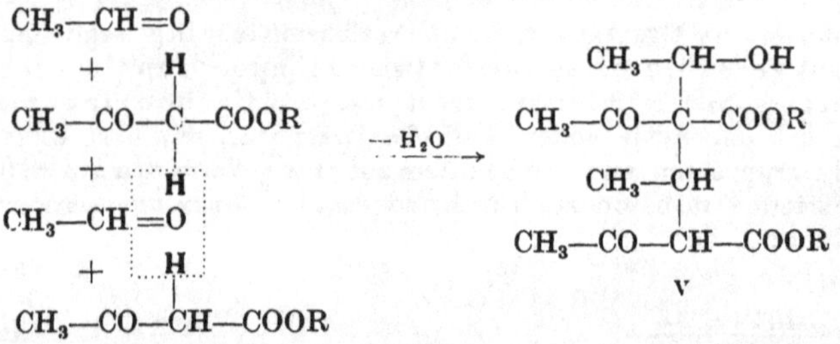

V

Eine weitere derartige Verknüpfung von zwei Acetessigestermolekülen durch ein Acetaldehydmolekül, bei der gleichzeitig das Kondensationsmittel mit in das Reaktionsprodukt eingebaut wird, haben wir auf S. 839 in der Collidinsynthese von HANTZSCH kennengelernt:

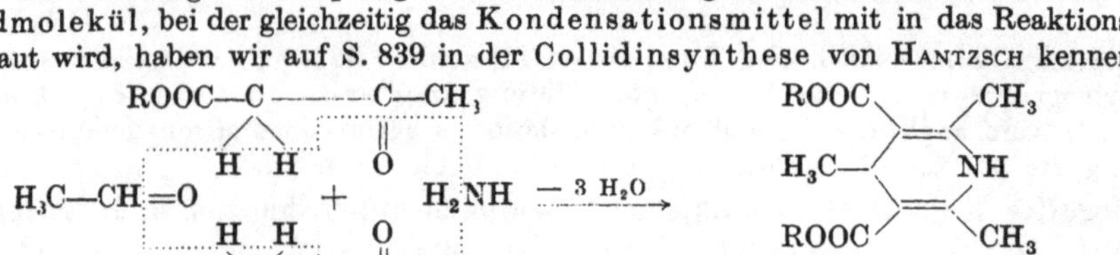

Dihydrocollidin-dicarbonsäureester

Neben den eigentlichen aktiven Methylengruppen ist auch phenolaromatischer Wasserstoff zu einer aldolkondensationsartigen Anlagerung an Aldehyde befähigt. Doch führt hier die Reaktion noch leichter als beim Acetessigester über die Alkoholstufe hinaus zur Verknüpfung von zwei Phenolresten durch das ursprüngliche Carbonyl-C-Atom:

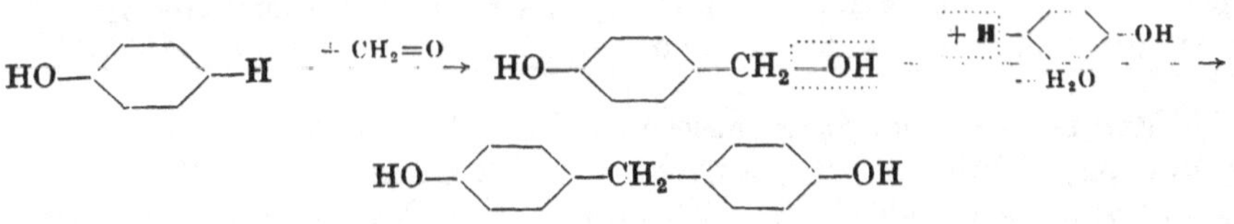

Die erste Reaktionsphase wird durch Anwendung schwach basischer Katalysatoren, wie z. B. von Manganoxyd oder organischen Aminen, begünstigt, während Natronlauge meistens zur Verknüpfung vieler Phenolreste (in o- und p-Stellung) zu hochmolekularen Produkten führt (vgl. S. 225, 252).

Eine gänzlich unerwartete Anlagerungsreaktion einer aliphatischen Wasserstoffverbindung an die C=O-Doppelbindung beobachtet man schließlich bei der auf S. 191 beschriebenen Bildung von Chloreton durch Anlagerung von Chloroform an Aceton in Gegenwart von festem Kaliumhydroxyd:

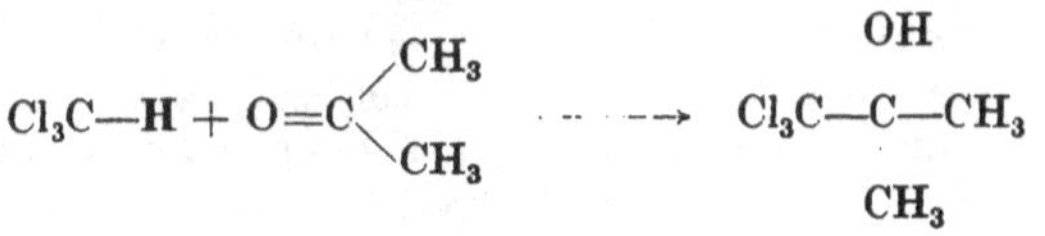

β) Die Crotonaldehydkondensation und verwandte Reaktionen

Durch nachträgliche Wasserabspaltung geht die Aldolkondensation leicht in eine echte Kondensationsreaktion über. Das bekannteste Beispiel haben wir auf S. 248 in der direkten Bildung von Crotonaldehyd aus zwei Molekülen Acetaldehyd unter der Einwirkung von organischen Aminen oder deren Acetaten kennengelernt:

$$O{=}CH{-}HCH_2 + O{=}CH{-}CH_3 \xrightarrow{-H_2O} O{=}CH{-}CH{=}CH{-}CH_3 \ .$$

Weitere Kondensationsmittel sind Natriumacetat, Aluminiumalkoholat, Zinkchlorid sowie Dehydratisierungskatalysatoren bei Temperaturen zwischen 200 und 300°, also oberhalb der Zersetzungstemperatur der Aldole.

Auch diese Kondensationsreaktion ist letzten Endes eine Gleichgewichtsreaktion. Man kann infolgedessen in Gegenwart von 60%iger Schwefelsäure als Katalysator aus Benzal-aceton den Benzal-Rest durch das aktivere Furfurol und aus dem hierbei entstehenden Furfuryliden-aceton (I) den Furfuryliden-Rest durch die noch aktiveren aliphatischen Aldehyde verdrängen (Tschelinzew 1938, u. a.).

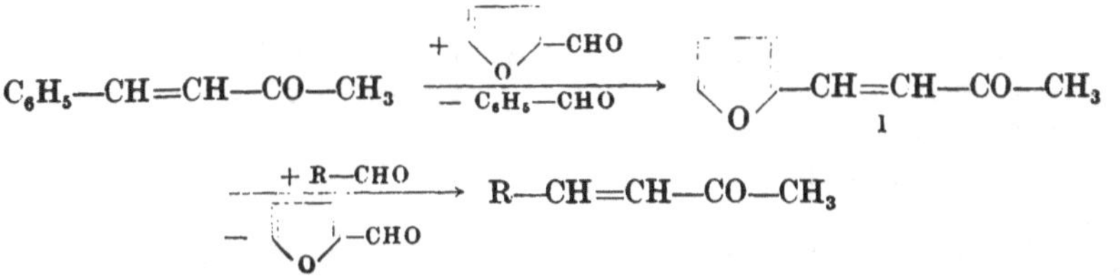

Neben der Kondensation zweier Oxoverbindungen lassen sich auch alle anderen oben beschriebenen Aldolkondensationen, an denen Methylengruppen beteiligt sind, durch entsprechende Auswahl der Katalysatoren in der Richtung beeinflussen, daß unter Überspringung der Aldolstufe direkt die ungesättigten Verbindungen entstehen. Insbesondere wenn die neu entstehende Doppelbindung in ein größeres System konjugierter Doppelbindungen eingebaut wird, ist dies sehr leicht der Fall, wie aus den folgenden wichtigsten Anwendungsbeispielen hervorgeht:

1. der **Perkinschen Zimtsäuresynthese** (S. 370), die auf der Kondensation aromatischer Aldehyde mit der aktiven Methylengruppe eines Carbonsäureanhydrids unter der katalytischen Einwirkung von Natriumacetat beruht:

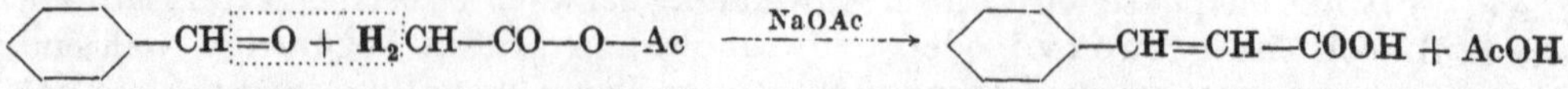

Hier wird die Wasserabspaltung durch die Konjugation der entstehenden Doppelbindung sowohl mit dem Benzolkern als auch mit der Carbonyldoppelbindung der Carboxylgruppe, sowie durch die Bindung des Wassers bei der Säureanhydridhydrolyse, begünstigt. Aber auch mit anderen Methylengruppen tritt zuweilen direkt die Bildung der ungesättigten Verbindung ein, wie der Spezialfall der Aminosäuresynthese von Erlenmeyer jun. (S. 581) beweist.

In Gegenwart von Essigsäureanhydrid können auch mit freien Carbonsäuren analoge Kondensationsreaktionen durchgeführt werden. Ein Beispiel haben wir auf S. 142 in der Diphenyloctatetraen-Synthese von R. Kuhn kennengelernt, bei der zwei Moleküle Zimtaldehyd mit einem Molekül freier Bernsteinsäure in Essigsäureanhydrid als Reaktionsmedium mittels molarer Mengen Bleioxyds unter gleichzeitiger Decarboxylierung kondensiert werden:

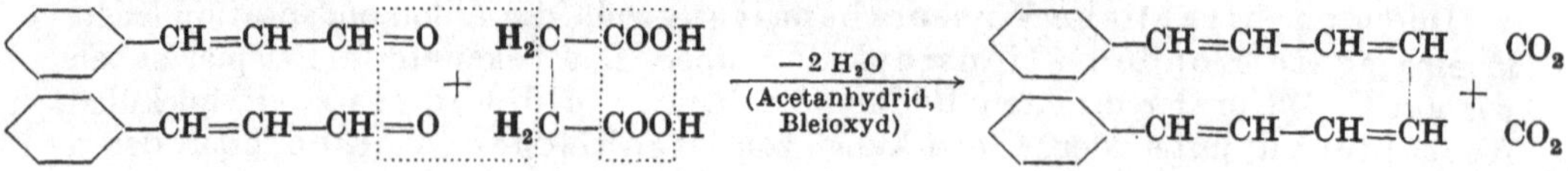

2. der **Knoevenaglschen Zimtsäuresynthese** (S. 370), bei der die gleiche Kondensation zwischen einem aromatischen Aldehyd und Malonester oder auch der freien Malonsäure in Gegenwart organischer Basen durchgeführt wird. In letzterem Falle tritt die Decarboxylierung bereits während der Kondensation ein:

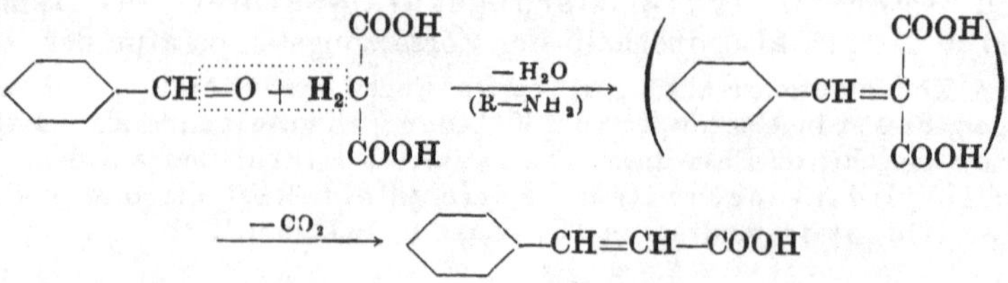

3. der **Claisenschen Zimtsäuresynthese**, bei der unter der Einwirkung von Alkalialkoholaten oder -hydroxyden die auf S. 370 bereits kurz gestreifte Kondensation zwischen aromatischen Aldehyden und Carbonsäureestern ebenfalls sofort zu einer Wasserabspaltung führt:

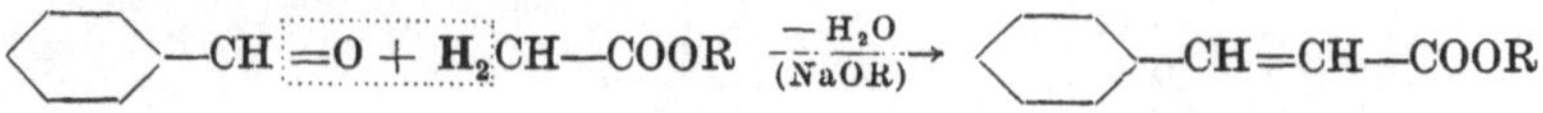

4. der Bildung von **Phenylnitroäthylen** bei der Kondensation aromatischer Aldehyde mit Nitromethan in Gegenwart von Natriumalkoholat als Kondensationsmittel (S. 648):

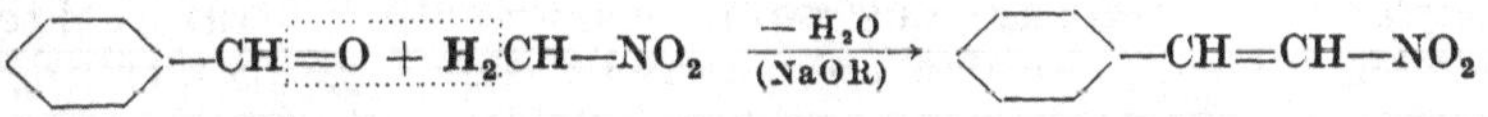

5. der Bildung von **Fulvenen** bei der Kondensation von Cyclopentadien, Inden oder Fluoren mit Oxoverbindungen (S. 787, 835/36), die auch in Gegenwart von sonst nur zu Aldolen führenden Katalysatoren, wie Natronlauge oder Alkoholaten, ohne Zwischenstufe vor sich geht:

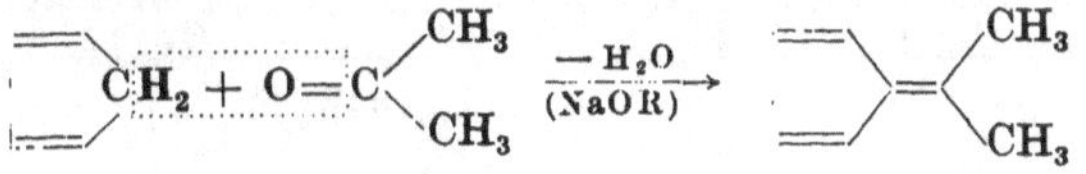

6. der für die **Coniinsynthese** wichtigen Kondensation von Picolinen mit Aldehyden, die zwar bei tiefer Temperatur (**III**, Kap. 7, III, 3b) im Sinne der Aldolkondensation die Oxyverbindung liefert (vgl. z. B. die Chinuclidinsynthese, S. 811), bei höherer Temperatur jedoch direkt zum Aufbau ungesättigter Verbindungen führt:

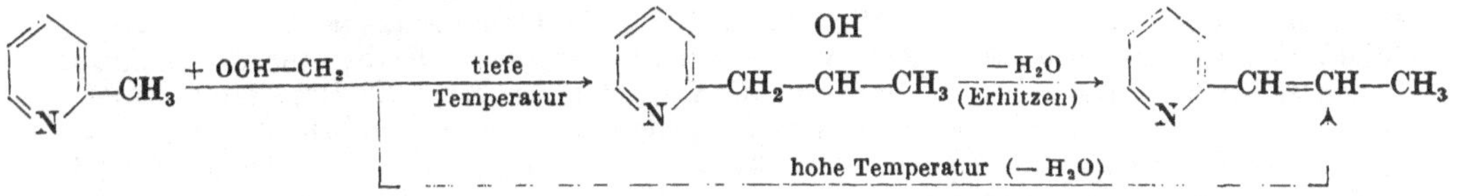

d) Die Ester- oder Claisen-Kondensation

Alle Kondensationen zwischen aktiven Methylengruppen und Estercarbonylgruppen werden *Ester-* oder (nach ihrem ersten Bearbeiter) *Claisen-Kondensationen* genannt. Sie benötigen stets stark alkalische Kondensationsmittel und unterscheiden sich von den vorbesprochenen Kondensationsreaktionen insbesondere dadurch, daß die bei der eigentlichen Kondensation entstehende, relativ stark saure 1,3-Dicarbonylverbindung I in dem stark alkalischen Reaktionsmedium unbeständig ist und sich mit dem Kondensationsmittel zu dem Enolat II umsetzt. Wir kommen daher, wenn man für die Primärreaktion einen ähnlichen Verlauf annimmt, wie er auf S. 929 für die Aldolkondensation formuliert wurde (Näheres über den Mechanismus vgl. **II**, Kap. 4, III, 2), bei Verwendung von Alkoholat-Ionen als Kondensationsmittel zu folgendem (gekürzten) Reaktionsverlauf:

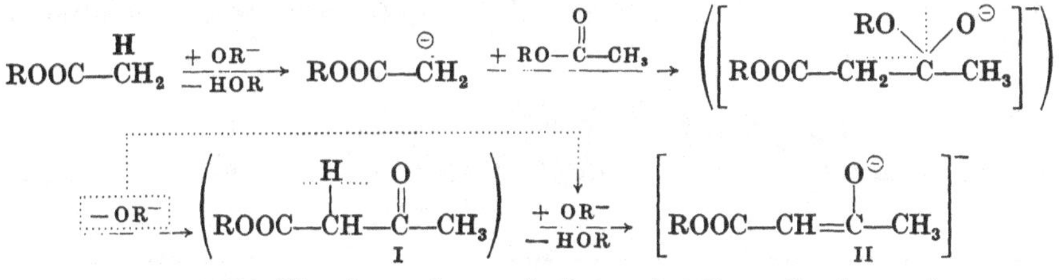

Während also bei den Kondensationsreaktionen der Oxo-Carbonylgruppe das alkalische Kondensationsmittel nur als Katalysator wirkt und immer wieder regeneriert wird, wird es hier im Anschluß an die eigentliche Kondensation bei der Enolatbildung verbraucht. Dieser Vorgang ist für die Einstellung des Reaktionsgleichgewichtes von großer Wichtigkeit. Denn die Esterkondensation ist, wie die Mehrzahl der bisher besprochenen Kondensationsreaktionen, ein reversibler Vorgang, dessen Gleichgewichtslage jedoch infolge der relativ geringen Neigung der Estercarbonylgruppe zu Anlagerungsreaktionen wesentlich ungünstiger liegt als bei der Aldolkondensation, so daß normalerweise die Gegenreaktion, d. h. eine der Säurespaltung des Acetessigesters analoge Alkoholyse oder „Esterspaltung" (formulieren!), überwiegt. Man kann die Reaktion daher nur dann in der gewünschten Richtung durchführen, wenn man das primäre Kondensationsprodukt I durch Enolatbildung aus dem Gleichgewicht entfernt. Die oben angeführte Gleichung kann daher unter Mitberücksichtigung der Gleichgewichtsverhältnisse auch folgendermaßen modifiziert werden:

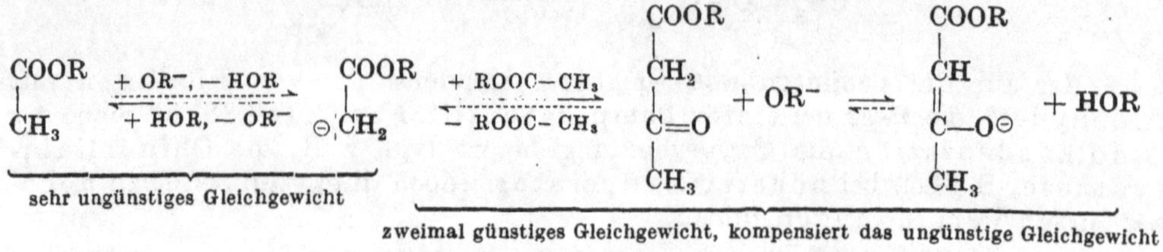

Beim Isobuttersäureester (III) und ähnlichen Verbindungen, die statt der aktiven Methylengruppe lediglich eine Methingruppe enthalten, kann die bei der Esterkondensation entstehende Dicarbonylverbindung IV nicht mehr durch Enolatbildung aus dem Gleichgewicht entfernt werden. Hier tritt infolgedessen unter normalen Bedingungen (z. B. bei Verwendung von Natriumalkoholat oder Natrium als Kondensationsmittel) keine Esterkondensation mehr ein:

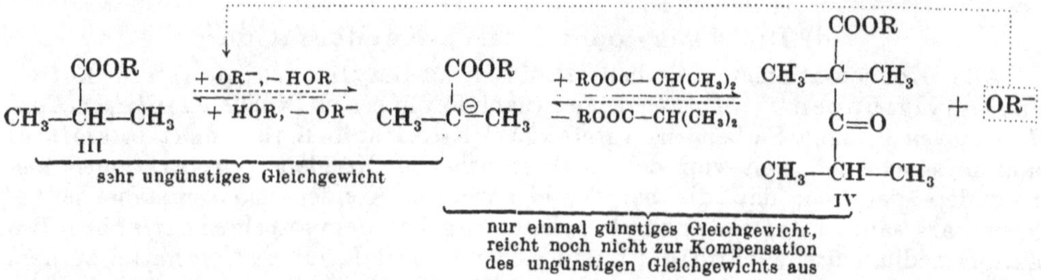

Erst wenn man zu Kondensationsmitteln greift, die bei der Abgabe des Metalls gänzlich inaktive Wasserstoffverbindungen liefern, die nicht mehr reversibel in die Reaktion eingreifen können — wie z. B. Natriumtrityl und andere metallorganische Verbindungen mit stark verzweigtem Alkylrest, die auch hier infolge sterischer Hinderung nicht direkt mit der Estercarbonylgruppe reagieren, vgl. S. 720 — wird die Gegenreaktion unmöglich gemacht, und es findet nunmehr eine Esterkondensation statt:

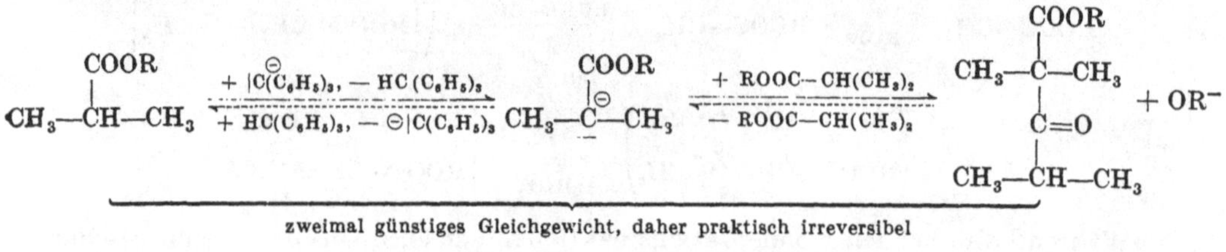

Thermodynamisch kann man diese unterschiedliche Wirkung der verschiedenen Kondensationsmittel auch in der Weise erklären, daß im zweiten Fall die bei der Alkoholyse des Natriumtrityls durch den bei der Kondensation herausgespaltenen Alkohol zusätzlich freiwerdende Alkoholysierungsenergie der metallorganischen Verbindung das Gleichgewicht in dem gewünschten Sinne verschiebt.

Aber auch bei der normalen, unter Enolatbildung verlaufenden Esterkondensation ist es erforderlich, zur Ausbeuteerhöhung die Gegenreaktion durch Arbeiten in möglichst alkoholfreiem Medium zurückzudrängen. Man verwendet daher meistens festes Natriumhydroxyd, Natriumamid oder metallisches Natrium (vgl. S. 495, Anm. 1) als Kondensationsmittel. Ferner ist es häufig zweckmäßig, darüber hinaus den gebildeten Alkohol laufend im Vakuum abzudestillieren.

Als **negative Kondensationskomponenten** der Esterkondensation können nur aktive Methylengruppen, und zwar in erster Linie die in α-Stellung zu Ester- und Ketocarbonylgruppen befindlichen Methylengruppen, fungieren. Doch kann man auch mit den Methyl- bzw. Methylengruppen des Nitromethans, der Nitrile und selbst einiger Kohlenwasserstoffe vom Diphenylmethan- und Fluorentypus eine Kondensation durchführen. Nicht umsetzbar ist dagegen aromatischer Wasserstoff jeder Art, sowie die nicht enolisierbare Methylengruppe in α-Stellung zu Sulfonsäure- oder Sulfon-gruppen (vgl. auch S. 683).

Als **„Carbonylkomponente“** kann man außer den eigentlichen Carbonsäureestern auch Salpetersäure- (unter Bildung von Nitroverbindungen, vgl. S. 642) und Kohlensäureester (unter Bildung von Carbonsäureestern, Gleichungen formulieren!) verwenden, nicht dagegen die keinen doppelt gebundenen Sauerstoff im Molekül enthaltenden Schwefelsäure- und Sulfonsäureester.

c) Die Kondensationsreaktionen anderer Carbonsäurederivate

Neben der FRIEDEL-CRAFTSschen Reaktion, der, wie wir gesehen haben, zahlreiche Carbonsäurederivate zugänglich sind, und der Esterkondensation kennt man noch eine Reihe weiterer Kondensationsreaktionen von Carbonsäurederivaten, die unter Umständen ebenfalls für den Aufbau von C—C-Bindungen von Bedeutung sind.

Z. B. vermag die freie **Carboxylgruppe** bei höherer Temperatur auch ohne Aluminiumchlorid mit einem im gleichen Molekül befindlichen Benzolkern unter Bildung eines cyclischen Ketons zu reagieren. Die wichtigsten Reaktionen dieser Art sind einerseits die auf S. 822 beschriebene Anthrachinonsynthese aus Phthalsäureanhydrid und Benzol, bei der in der zweiten Reaktionsstufe die o-Benzoylbenzoesäure (I) bereits unter der Einwirkung von P_2O_5 als Kondensationsmittel in Anthrachinon übergeht, andererseits die Indoxylschmelze (III, Kap. 2, V, 1), bei der phenylglycinsaures Natrium (II) mit Natriumamid, also einem basischen Katalysator, einen ähnlichen Ringschluß erfährt:

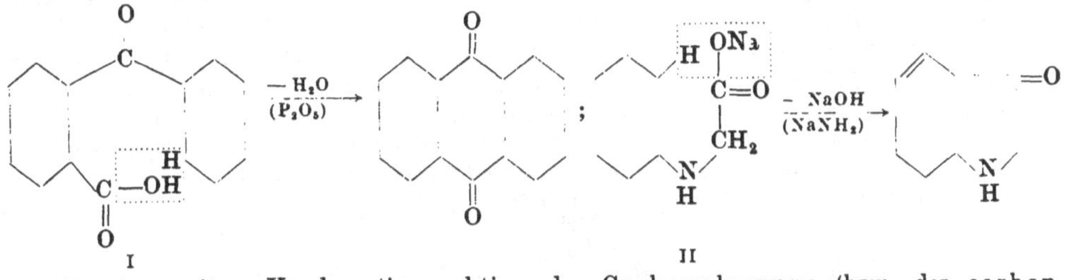

I II

Als eine weitere Kondensationsreaktion der Carboxylgruppe (bzw. der carbonsauren Salze), bei der Kohlensäure (bzw. Calciumcarbonat) herausgespalten wird, kann man die auf S. 262 beschriebene Ketonsynthese beim Leiten der Dämpfe einer Carbonsäure über Thoriumoxydkontakte (bzw. bei der Kalksalzdestillation) auffassen:

$$R{-}CO\boxed{{-}OH + HO{-}}CO{-}R \xrightarrow[\text{Kontakt}]{ThO_2\text{-}} R{-}CO{-}R + H_2CO_3$$

Von den Kondensationsreaktionen der **Säureanhydridgruppe** haben neben der acylierenden Kondensation bei der FRIEDEL-CRAFTSschen Synthese einige Reaktionen praktische Bedeutung erlangt, bei denen eine der beiden Carbonylgruppen wie eine Aldehyd- oder Ketocarbonylgruppe reagiert. Hierbei sind die Säureanhydride in gleicher Weise wie die Aldehyde sowohl zur Verknüpfung mehrerer Benzolkerne (z. B. bei der Phthaleinbildung, **III**; Kap. 2, III, 2a) als auch zur Kondensation mit aktiven Methylengruppen unter Ausbildung einer Doppelbindung befähigt:

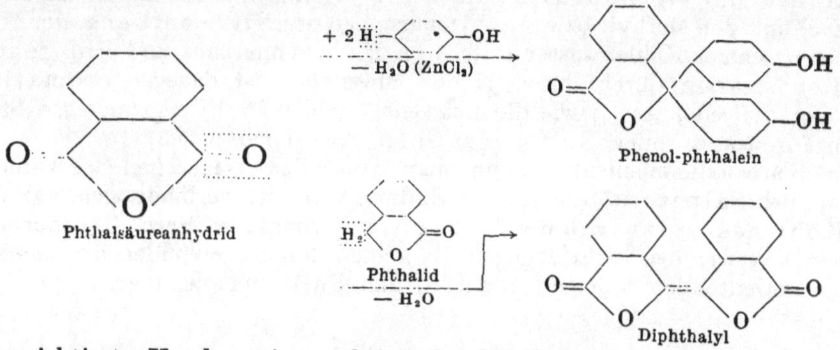

Die wichtigste Kondensationsreaktion der **Nitrilgruppe** ist die auf S. 349 beschriebene Dimerisation von Carbonsäurenitrilen unter der Einwirkung von Alkalimetallamiden, die insbesondere zur Synthese von hochgliedrigen cyclischen Ketonen Anwendung findet (vgl. S. 797).

3. Die auf Anlagerungsreaktionen an C...C-Mehrfachbindungen beruhenden synthetischen Verfahren

Auch die Anlagerungsreaktionen der mehrfachen C...C-Bindungen lassen sich zum Aufbau des Kohlenstoffgerüstes verwenden. Von den zahlreichen Möglichkeiten haben insbesondere die folgenden drei Gruppen von Reaktionen praktische Bedeutung erlangt: 1. die normale Anlagerung von CH-Körpern oder metallorganischen Verbindungen, 2. die gegenseitige Absättigung von olefinischen Doppelbindungen unter Bildung hochmolekularer Produkte (vgl. S. 97), die in erster Linie für die Chemie der makromolekularen Verbindungen von Interesse ist und daher erst später (**III**, Kap. 3, III, 1a) eingehend behandelt wird, und 3. die gegenseitige Absättigung von mehrfachen C...C-Bindungen unter Bildung niedermolekularer, insbesondere cyclischer Verbindungen.

Zu 1. Die isolierten C=C- und C≡C-Bindungen sind normalerweise nicht zur Anlagerung von CH-Körpern oder metallorganischen Verbindungen befähigt.

Lediglich in Einzelfällen ist eine katalytische Anlagerungsreaktion gelungen. Als Beispiele seien angeführt: 1. die Addition der tertiären Methingruppe verzweigter Paraffine an Olefine unter der Einwirkung von konzentrierter Schwefelsäure, die u. a. zur Isooctansynthese (vgl. S. 70) Verwendung findet:

$$CH_3{-}\underset{CH_3}{\overset{CH_3}{C}}{-}H + CH_2{=}\underset{CH_3}{\overset{CH_3}{C}} \longrightarrow CH_3{-}\underset{CH_3}{\overset{CH_3}{C}}{-}CH_2{-}\underset{CH_3}{\overset{CH_3}{C}}H\ ,$$

und 2. die in Gegenwart von Peroxyden erfolgende Anlagerung der HCO-Gruppe von Aldehyden an Olefine zu gesättigten Ketonen:

$$R{-}CH{=}CH_2 + H{-}\overset{\overset{\large O}{\|}}{C}{-}R' \dashrightarrow R{-}CH_2{-}CH_2{-}\overset{\overset{\large O}{\|}}{C}{-}R'$$

Ebenso kommt die in Gegenwart von Aluminiumchlorid nach FRIEDEL-CRAFTS sowie die unter dem Einfluß konzentrierter Mineralsäuren verlaufende Reaktion von Olefinen mit aromatischen Kohlenwasserstoffen (S. 933, 935) formal auf eine Anlagerung der letzteren an die C=C-Doppelbindung hinaus, und schließlich liegt in der über Aktivkohle zwischen 200 und 600° in allerdings schlechter Ausbeute erfolgenden Butadiensynthese aus je einem Mol Acetylen und Äthylen eine Anlagerungsreaktion des Äthylens an die Acetylenbindung vor:

$$H_2C{=}CH{-}H + HC{\equiv}CH \dashrightarrow H_2C{=}CH{-}CH{=}CH_2$$

Erst, wenn man durch Konjugation mit einer zweiten Doppelbindung, insbesondere einer C=O-Doppelbindung, die Neigung der C=C-Doppelbindung zu „kationoiden“ Anlagerungsreaktionen (vgl. **II**, Kap. 3, II, 3a) steigert, zeigt diese eine größere Tendenz zur Anlagerung von Kohlenstoffverbindungen, wie u. a. bereits die auf S. 104 und 141 beschriebene Addition metallorganischer Verbindungen an 1,3-Diene zeigt.

Die bei weitem wichtigste Anlagerungsreaktion dieses Typus ist die von CLAISEN (1883) entdeckte, später hauptsächlich von A. MICHAEL bearbeitete und auch nach diesem Forscher benannte **MICHAEL-Addition** oder (in Anlehnung an die ähnlich verlaufende Aldolkondensation) **MICHAEL-Kondensation.** Sie beruht auf der Anlagerung einer eine aktive CH-Gruppe enthaltenden Verbindung an eine durch Konjugation mit einer polaren Mehrfachbindung aktivierte C=C-Doppelbindung, z. B. eines 1,3-Ketocarbonsäureesters an Methyl-vinylketon:

$$R{-}\overset{\overset{\large O}{\|}}{C}{-}\overset{COOR}{CH}{-}H + CH_2{=}CH{-}\overset{\overset{\large O}{\|}}{C}{-}CH_3 \xrightarrow{\text{Alkali}} \underset{\text{I}}{R{-}\overset{\overset{\large O}{\|}}{C}{-}\overset{COOR}{CH}{-}CH_2{-}CH_2{-}\overset{\overset{\large O}{\|}}{C}{-}CH_3},$$

und wird wie die Aldolkondensation durch basische „Kondensationsmittel“ ausgelöst.

Die CH-Gruppe muß ziemlich stark sauer sein, so daß nur durch zwei C=O- oder C≡N-Gruppen aktivierte Methylen- bzw. Methinverbindungen (z. B. Malonester, 1,3-Dioxoverbindungen, 1,3-Oxocarbonsäureester, Cyanessigester, Malo-dinitril und deren C-Monoalkylderivate) als Anlagerungskomponenten fungieren können. Als olefinische Komponente kommen vor allem α,β-ungesättigte Oxoverbindungen und α,β-ungesättigte Carbonsäurederivate (insbesondere Ester und Nitrile) in Betracht.

Die Hauptbedeutung der Reaktion liegt darin, daß sich in der bei der angeführten Anlagerung eines β-Ketocarbonsäureesters (oder auch einer 1,3-Dioxoverbindung) an Methylvinylketon (oder auch an andere ungesättigte Ketone) entstehenden Verbindung I erneut zwei zu einer Kondensation befähigte Gruppen gegenüberstehen, so daß in alkalischem Medium — häufig unter gleichzeitiger Ketonspaltung der in I immer noch enthaltenen 1,3-Dicarbonylgruppierung — Ringschluß zu einem Cyclohexenderivat stattfindet:

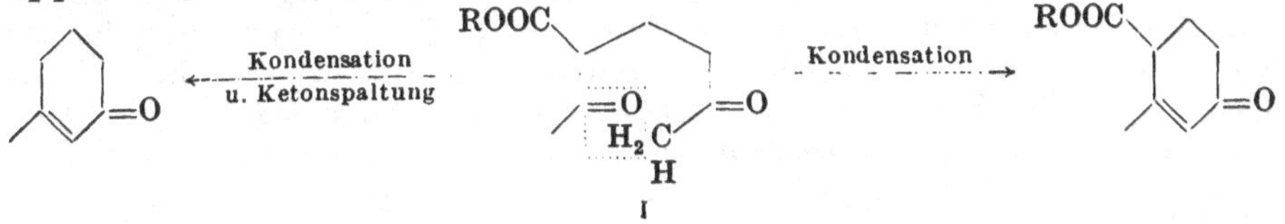

I

Die MICHAEL-Addition mit anschließender Crotonaldehyd- oder auch Aldolkondensation stellt daher neben der unten beschriebenen Diensynthese das wichtigste Verfahren zum Aufbau hydroaromatischer Verbindungen dar. Sie hat in neuerer Zeit bei verschiedenen Naturstoffsynthesen insbesondere zur Angliederung eines weiteren Cyclohexanringes an ein schon vorhandenes Ringsystem gedient (vgl. z. B. die in **III**, Kap. 5, III, 2 angeführte Cholesterinsynthese von WOODWARD).

Eine interessante Variante der MICHAEL-Addition wurde von MANNICH (ab 1937) und ROBINSON (ab 1938) entwickelt, die statt des α,β-ungesättigten Ketons ein in β-Stellung durch eine Trimethyl-ammonium-Gruppe substituiertes Keton (II, sog. MANNICH-Base) als olefinische Reaktionskomponente verwenden. Denn dieses spaltet unter den Reaktionsbedingungen intermediar Trimethylamin ab und liefert die benötigte anlagerungsfähige Doppelbindung in statu nascendi. Letztere wird dadurch stark aktiviert, so daß sie nunmehr in Gegenwart von Natriumamid nicht nur 1,3-Dicarbonylverbindungen sondern auch einfache Ketone anzulagern vermag. Da weiterhin Natriumamid gleichzeitig die zum Ringschluß erforderliche anschließende Crotonaldehydkondensation katalysiert, ist es auf diese Weise möglich, aus der MANNICH-Base und einem einfachen Keton in einem Reaktionsgang ein Cyclohexenderivat zu synthetisieren, wofür der folgende, als Modellreaktion für Steroidsynthesen wichtige Ringschluß als Beispiel angeführt sei:

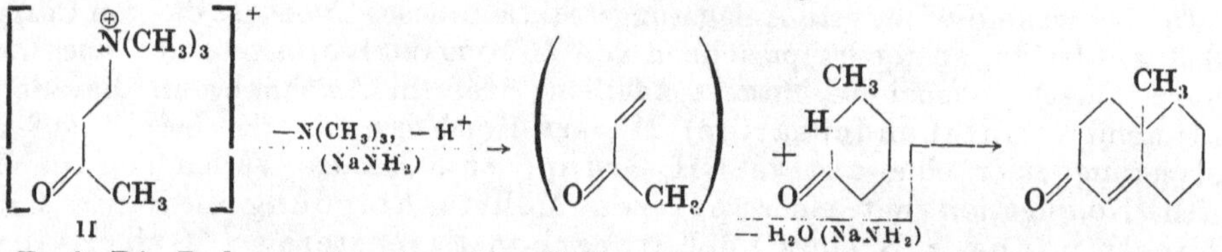

II

Zu 3. Die Polymerisation der Olefine und Acetylene ist nur schwer auf der Stufe der Di- oder Trimerisierungsprodukte zu unterbrechen, da beide als ungesättigte Verbindungen „in statu nascendi" unter den Reaktionsbedingungen leichter weiter reagieren als das Ausgangsmaterial. Eine lineare Di- oder Trimerisierung ungesättigter Verbindungen ist daher nur in Spezialfällen möglich, von denen hier die Dimerisierung von Styrol (I) und Inden (II) unter der Einwirkung von Salzsäure sowie die Di- und Trimerisierung von Acetylen zu Vinyl- (III) und Divinylacetylen (IV) (vgl. S. 112) als Beispiele angeführt seien:

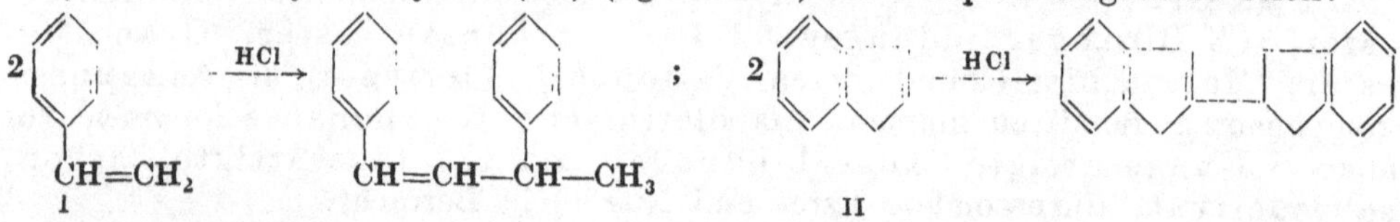

I II

$$HC{\equiv}CH \xrightarrow{+HC\equiv CH} \underset{III}{H_2C{=}CH{-}C{\equiv}CH} \xrightarrow{+HC\equiv CH} \underset{IV}{H_2C{=}CH{-}C{\equiv}C{-}CH{=}CH_2}$$

Erst wenn die Polymerisation unter Ausbildung einer weiteren C—C-Bindung zu cyclischen Verbindungen führt, erhält man gegen die weitere Polymerisation beständige Reaktionsprodukte. Die wichtigsten hierher gehörenden Reaktionen sind:

a) die **Dimerisierung von Olefinen** zu Cyclobutanderivaten (S. 96, 784). Sie findet insbesondere bei Verbindungen statt, die einerseits infolge des Fehlens einer endständigen Vinylgruppe nicht zur Polymerisation neigen, und in denen andererseits (von wenigen Ausnahmen abgesehen, vgl. z. B. S. 784) die olefinische Doppelbindung durch Konjugation mit Arylresten oder Carboxylgruppen aktiviert ist. Die wichtigsten Beispiele haben wir in der Dimerisierung des Stilbens (S. 141) und der Zimtsäure (S. 378) bereits kennengelernt.

b) die **Trimerisierung** und **Tetramerisierung** des **Acetylens** zu Benzol und Cyclooctatetraen, die im einzelnen bereits früher beschrieben wurden (vgl. S. 111f.).

c) die bereits auf S. 105 kurz gestreifte **Diensynthese** von DIELS und ALDER (ab 1928), die sich im Laufe der Zeit zu einer der wichtigsten Methoden zum Aufbau hydroaromatischer Verbindungen entwickelt hat. Sie beruht auf der 1,4-Anlagerung einer allgemein als *philodiene* (oder auch *dienophile*) Komponente bezeichneten Verbindung mit einer einfachen olefinischen Doppelbindung an ein 1,3-Dien (*Dienkomponente*):

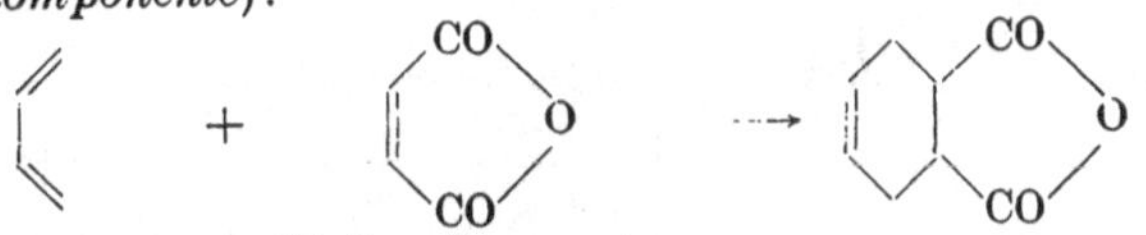

Dien-Komponente philodiene Komponente

Beide Komponenten können innerhalb gewisser Grenzen variieren. So sind z. B. als **Dienkomponente** außer den einfachen 1,3-Dienen auch solche Substanzen verwendbar, in denen eine der beiden Doppelbindungen durch eine C=O- oder C=N-Doppelbindung ersetzt ist. Als Beispiele seien angeführt einerseits die bei höherer Temperatur bereits spontan eintretende Dimerisierung von Vinylmethylketon (V), andererseits das α-Methylen-cyclohexanon (VI), das bereits bei Zimmertemperatur nahezu ausschließlich in der dimeren Form (VII) existiert:

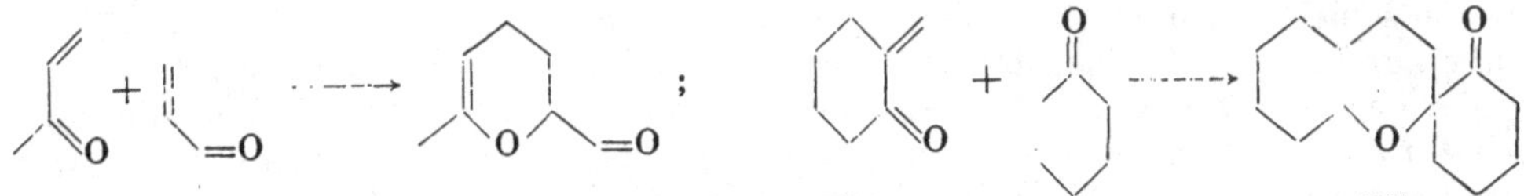

V VI VII

Weiterhin können die Diendoppelbindungen in ein alicyclisches und selbst in ein aufgelockertes aromatisches Bindungssystem (z. B. in Anthracen, S. 823, oder Furan, S. 891; nicht aber in Benzol oder Naphthalin) eingebaut sein, so daß sich die Methode auch zum Aufbau von polycyclischen Verbindungen (S. 806) eignet:

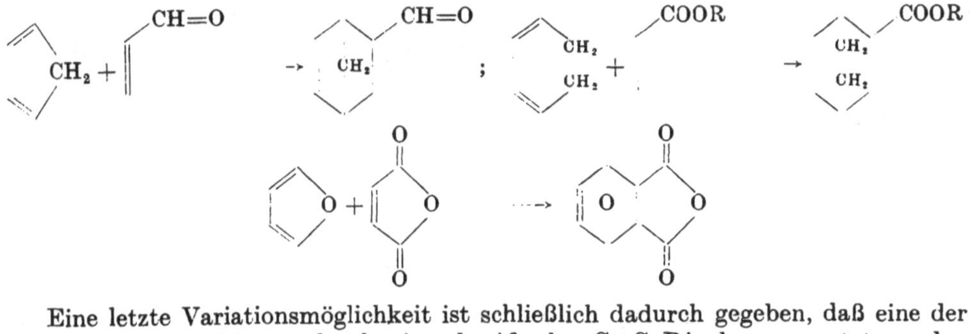

Eine letzte Variationsmöglichkeit ist schließlich dadurch gegeben, daß eine der beiden Doppelbindungen durch eine dreifache C≡C-Bindung ersetzt werden kann. In diesem Falle entstehen naturgemäß doppelt ungesättigte Sechsringe, und in dem Spezialfall, daß auch die philodiene Komponente eine Acetylenbindung enthält, können direkt aromatische Substanzen synthetisiert werden:

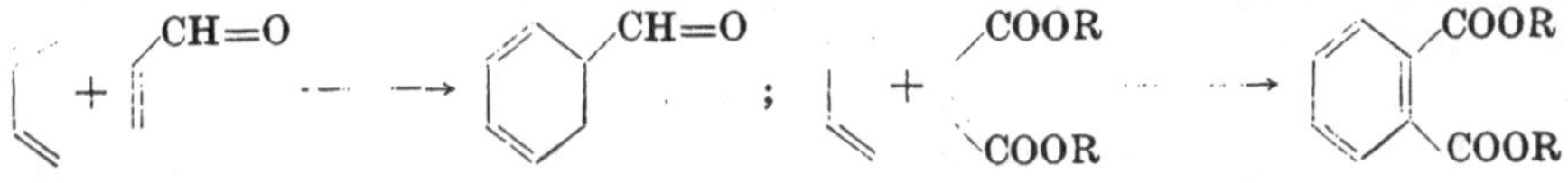

In der **philodienen Komponente** ist die olefinische Doppelbindung im allgemeinen mit einer Carbonylgruppe (oder mit einer anderen polaren Doppelbindung) konjugiert. In diesen Fällen geht die Diensynthese bereits bei niedriger Temperatur vor sich und gehört zu den wenigen katalytisch nicht beeinflußbaren synthetischen Reaktionen der organischen Chemie. Die wichtigsten philodienen Verbindungen dieser Art lassen sich auf die folgenden Verbindungstypen zurückführen:

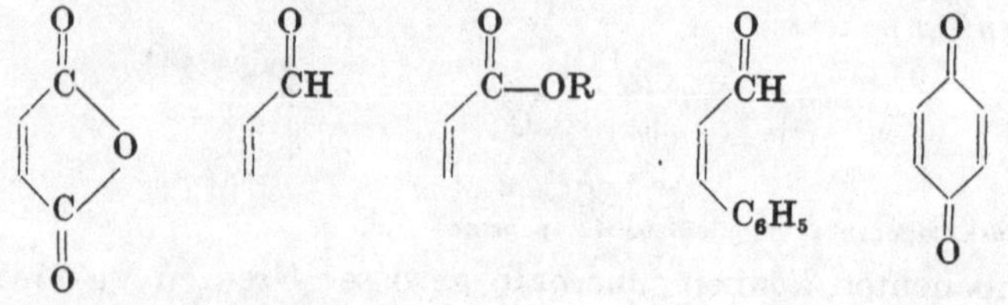

Maleinsäureanhydrid Acrolein Acrylsäureester Zimtaldehyd Chinon

Aber auch andere positivierende Substituenten, die eine Polarisation der Doppelbindung bewirken, aktivieren sie zur Reaktion mit der Dienkomponente. Insbesondere bei Allylhalogeniden ($CH_2{=}CH{-}CH_2{-}Hal$) und Sulfonylverbindungen ($CH_2{=}CH{-}SO_2{-}R$) ist dies der Fall, aber nicht bei Vinylhalogeniden.

Weiterhin vermag auch eine der beiden Doppelbindungen der Dienkomponente selbst als philodiene Gruppe zu fungieren. Die Reaktion führt in diesem Falle naturgemäß zu einer Dimerisierung des Diens, findet aber, wie die relativ große Beständigkeit der 1,3-Diene beweist, nicht mehr spontan bei Zimmertemperatur statt, sondern erst bei höherer Temperatur, gegebenenfalls in Gegenwart eines Katalysators. Als Beispiel sei die Dimerisierung von Isopren angeführt, die die folgenden vier verschiedenen Reaktionsprodukte erwarten läßt in Abhängigkeit davon, welche der beiden Doppelbindungen des Isoprens als philodiene Komponente (durch Fettdruck hervorgehoben) reagiert und in welcher Richtung die Addition verläuft:

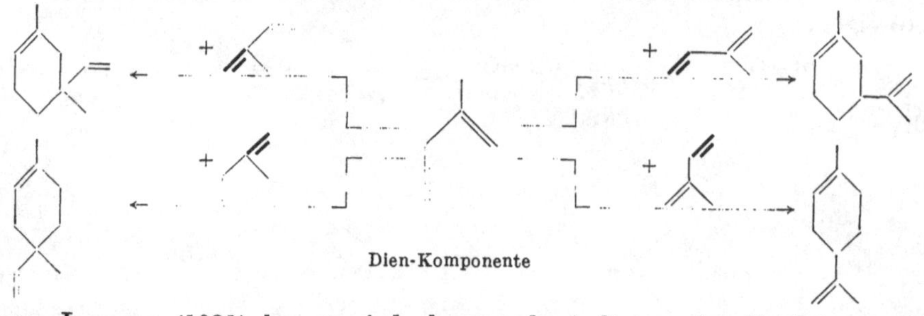

Dien-Komponente

WAGNER-JAUREGG (1931) konnte jedoch nur drei dieser vier Reaktionsmöglichkeiten verwirklichen.

In analoger Weise entsteht bei der Dimerisierung von Butadien **Vinyl-cyclohexen** (Gleichung formulieren!), das daher bei der Bunasynthese als Nebenprodukt anfällt.

Eine letzte Variationsmöglichkeit der philodienen Komponente ist schließlich dadurch gegeben, daß man die C=C-Doppelbindung durch andere unpolare Doppelbindungen, insbesondere durch die N=N-Doppelbindung des Azodicarbonsäureesters (S. 629) ersetzen kann.

Neben der reinen Diensynthese beobachtet man zuweilen auch eine **„substituierende“ Anlagerung**, bei der sich die Dienkomponente mit einer endständigen

C—H-Gruppe an die philodiene Komponente anlagert, so daß die Dienkomponente unter Erhaltung der Dien-Doppelbindungen durch einen gesättigten Rest substituiert erscheint. Die Reaktion findet insbesondere bei der Einwirkung von Maleinsäureanhydrid (als philodiener Komponente) auf Pyrrol, Pyrazol und ähnliche Heterocyclen mit einem aufgelockerten aromatischen Bindungssystem (als Dienkomponente) statt:

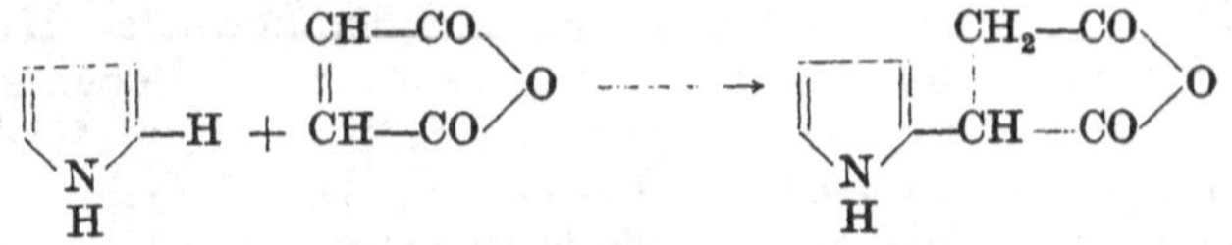

4. Die oxydierende und reduzierende Verknüpfung von C-Atomen

Eine **oxydierende Verknüpfung** zweier C-Atome ist nur auf dem Wege der Dehydrierung im Sinne der folgenden Gleichung möglich:

$$R—H + H—R \longrightarrow R—R + H_2$$

Die Reaktion ist nicht allgemein, sondern nur bei bestimmten Verbindungstypen durchführbar, die es in Anbetracht der Reaktionsträgheit der C—H-Bindung wahrscheinlich machen, daß primär die beiden zu verknüpfenden C-Atome in Wechselwirkung treten und erst nachträglich die Wasserstoffabspaltung stattfindet. Eine praktische Bedeutung haben insbesondere diejenigen Reaktionen erlangt, bei denen der Wasserstoff aus zwei gleichartigen Molekülen an der gleichen Stelle abgespalten wird, so daß praktisch eine Verdoppelung des Moleküls stattfindet. Im einzelnen können wir die folgenden drei Reaktionsgruppen unterscheiden:

1. Reaktionen, bei denen **elementarer Wasserstoff** bei hoher Temperatur herausgespalten wird. Hierher gehören insbesondere die beim Leiten der Dämpfe aromatischer Verbindungen durch glühende Röhren stattfindenden Synthesen von Diphenyl (S. 138), Fluoren (S. 835), Phenanthren (S. 828), Perylen (S. 832), Biphenylenoxyd (S. 894), Carbazol (S. 878), Acridin (S. 850) usw. sowie die Natriumoxalat-Synthese durch Dehydrierung von Natriumformiat (S. 456). Der Zusammenschluß von zwei Benzolkernen kann in Gegenwart von Aluminiumchlorid zuweilen auch schon bei Temperaturen zwischen 100 und 200° durchgeführt werden (vgl. z. B. die Pyranthronsynthese (S. 833). Doch sind die Ausbeuten hier zuweilen schlecht, weil der gebildete Wasserstoff nicht entweicht, sondern unter Bildung unerwünschter Nebenprodukte in die Reaktion eingreift.

2. die dehydrierende **Verknüpfung der Benzolkerne** von Phenolen und aromatischen Aminen unter der Einwirkung von **Oxydationsmitteln**, der wir u. a. bei der Diphenylaminreaktion der Salpetersäure (S. 569) bereits begegnet sind. Technisch wichtige Synthesen dieser Art sind die Bildung von Ellagsäure durch Dehydrierung von Gallussäure (S. 266) und die Indigosynthese durch Dehydrierung von Indoxyl (S. 877), die beide bereits bei tiefer Temperatur und mit milden Oxydationsmitteln, wie Luftsauerstoff, Eisen-III-chlorid usw., durchgeführt werden können. Schließlich findet auch bei der **Benzidin-Umlagerung** (S. 600) eine bereits bei tiefer Temperatur erfolgende dehydrierende Verknüpfung zweier Benzolkerne statt. Nur ist es hier eine im gleichen Molekül befindliche Atomgruppe, und zwar die N—N-Bindung, die als Wasserstoffacceptor wirkt, so daß die „Synthese“ hier im Sinne einer „Umlagerung“ verläuft.

Unter **reduzierender Synthese** im weitesten Sinne versteht man alle Reduktionsreaktionen, bei denen Sauerstoff oder andere negative Elemente nicht durch Wasserstoff, sondern durch Kohlenstoff ersetzt werden. Das ist streng genommen bereits bei den typischen GRIGNARDsynthesen (S. 722) der Fall, die man daher zuweilen auch als *aufbauende Hydrierungen* bezeichnet. Im allgemeinen faßt man jedoch den Begriff der reduzierenden Synthese enger und beschränkt ihn auf Reduktionsreaktionen, bei denen nicht wie bei der normalen Hydrierung zwei H-Atome pro Molekül aufgenommen werden, sondern bei denen sich die bei Aufnahme nur eines Metallatoms entstehenden radikalartigen Molekülbruchstücke durch Dimerisation gegenseitig absättigen. Die einfachste und wichtigste derartige Reaktion stellt die auf S. 265 beschriebene Pinakonreduktion der Ketone dar, der die analog verlaufende Oxalatbildung bei der Einwirkung von Kohlendioxyd auf Alkalimetalle (S. 456) an die Seite gestellt werden kann:

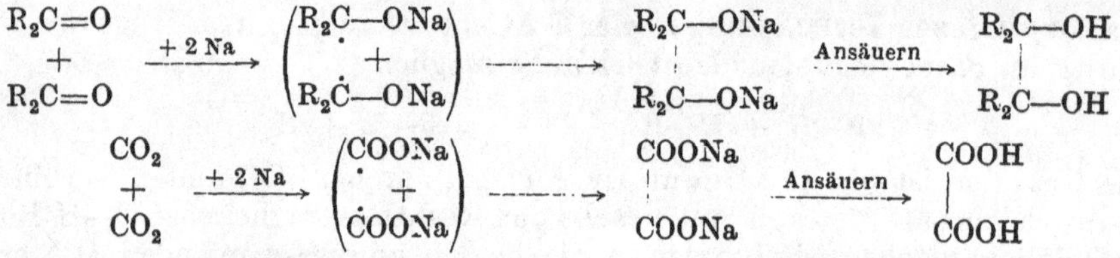

Eine andere interessante Reaktion dieser Art ist BUSCH in der auf S. 138 beschriebenen hydrierenden Verknüpfung von mehreren Dibrombenzolmolekülen mittels Hydrazins als Wasserstoffdonator gelungen:

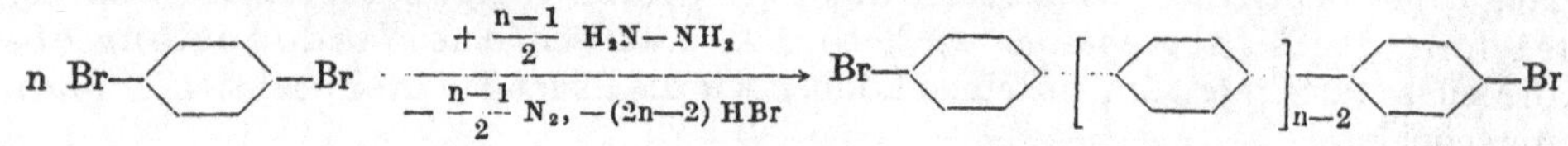

IV. Der Abbau von C…C-Bindungen

Der Abbau von C···C-Bindungen ist im allgemeinen von geringerer präparativer Bedeutung als ihre Synthese, da jeder Abbau des Kohlenstoffgerüstes naturgemäß mit dem Verlust wertvoller organischer Substanz verbunden ist, so daß man die meisten organischen Verbindungen besser aus niedermolekularen Substanzen aufbaut. Nur in den wenigen Fällen, in denen die höhermolekulare Verbindung billig zur Verfügung steht, wie es etwa beim Naphthalin als Ausgangsmaterial für die Phthalsäuregewinnung oder bei zahlreichen Naturstoffen der Fall ist, findet auch der Abbau organischer Verbindungen eine präparative und technische Anwendung.

Dagegen haben sich verschiedene Abbaureaktionen als sehr wichtig für die Konstitutionsaufklärung organischer Verbindungen erwiesen, denn nur auf dem Wege einer Zerlegung des Kohlenstoffgerüstes ist es möglich, unbekannte höhermolekulare Substanzen in bekannte Verbindungen kleiner Molekülgröße überzuführen. Allerdings sind nicht alle Spaltungsreaktionen zu diesem Zweck geeignet, denn in zahlreichen Fällen tritt völlige Molekülzerstörung (z. B. bei der Verbrennung) oder Spaltung von C···C-Bindungen an nicht vorher bestimmbaren Stellen (z. B. bei der Paraffinvercrackung) ein. Die uns hier interessierenden, für Konstitutionsermittlungen brauchbaren Abbaumethoden, beschränken sich daher auf diejenigen Spaltungsreaktionen, die in übersichtlichem Verlauf an einer genau definierten Stelle des Moleküls zur Lösung einer C···C-Bindung führen.

Je nach der Oxydationsstufe der entstehenden Spaltungsprodukte unterscheiden wir: 1. die oxydative Spaltung von C···C-Bindungen und 2. deren Abbau unter Erhaltung der Gesamtoxydationsstufe, während die dritte Möglichkeit, die hydrierende Spaltung von C···C-Bindungen, nur zuweilen in der Technik (z. B. bei der Kohlehydrierung) eine gewisse Rolle spielt, jedoch wegen der mangelnden Beschränkungsmöglichkeit der Reaktion auf bestimmte Bindungen für die Zwecke der Konstitutionsermittlung ohne Bedeutung geblieben ist.

1. Der oxydative Abbau von C···C-Bindungen

Der Abbau von C—C-Einfachbindungen auf dem Wege der Oxydation wird stets in der Weise durchgeführt, daß man die zu trennende Bindung durch Oxydation der beiden an ihr stehenden C-Atome bis zur höchsten ohne Molekülzerstörung erreichbaren Oxydationsstufe derart labilisiert (vgl. S. 266), daß sie nunmehr unter Erhaltung aller übrigen C—C-Bindungen aufgespalten werden kann. Doch ist es vielfach — wie z. B. beim oxydativen Abbau der Ketone (S. 266) oder bei der Ozonspaltung der Olefine (S. 92) — nicht möglich, die sehr labilen, auf beiden Seiten der zu spaltenden Bindung oxydierten Ausgangsverbindungen der eigentlichen Spaltungsreaktion als Zwischenprodukte zu isolieren. In diesen Fällen spricht man daher meistens von der oxydativen Spaltung der minderoxydierten Verbindungen (z. B. der Ketone oder tertiären Alkohole) oder der überhaupt keinen Sauerstoff im Molekül enthaltenden Verbindungen (z. B. der Olefine) schlechthin.

Für den uns in erster Linie interessierenden Zweck der Strukturaufklärung der abzubauenden Verbindung sind besonders wichtig: a) die Verfahren zum stufenweisen Abbau einer Paraffinkette von ihrem Ende her und b) die Verfahren zur Aufspaltung einer längeren Kette in der Mitte.

a) Der stufenweise Abbau einer Paraffinkette von ihrem Ende her

Die Aboxydation der endständigen Methylgruppe einer längeren Paraffinkette ist nicht ohne weiteres möglich, da primäre C-Atome schwerer angegriffen werden als sekundäre oder gar tertiäre. Man kann diesen Abbau daher nur von den Oxydationsprodukten des primären C-Atoms, also den Alkoholen, Aldehyden oder Carbonsäuren aus durchführen, von denen die ersten beiden ebenfalls zunächst zur Carbonsäure als dem eigentlichen Ausgangsprodukt der Abbaureaktionen oxydiert werden müssen.

Aber auch die oxydative Abspaltung der Carboxylgruppe bereitet einige Schwierigkeiten, da die einfachen Carbonsäuren gegen Oxydationsmittel praktisch stabil sind (S. 316). Sie läßt sich, wie wir gesehen haben, nur dann in einfacher Weise durchführen, wenn auch das zur Carboxylgruppe α-ständige C-Atom oxydiert ist, wie es z. B. in der Oxalsäure (S. 457), den α-Oxo- (S. 492) und auch den α-Oxycarbonsäuren (S. 474) der Fall ist. Die in α-Stellung nicht-substituierten Carbonsäuren muß man daher zunächst in leichter angreifbare Verbindungen umwandeln und führt sie zu diesem Zweck entweder durch gemeinsame Destillation ihrer Kalksalze mit Calciumacetat in die um ein C-Atom reicheren Methylketone oder durch GRIGNARDreaktion der Ester in die um zwei C-Atome reicheren tertiären Alkohole über, die beide — infolge der größeren Reaktionsträgheit der Methylgruppen — bei der Oxydation bevorzugt zwischen der längeren Kette und dem ursprünglichen Carboxyl-C-Atom aufgespalten werden (vgl. z. B. S. 266):

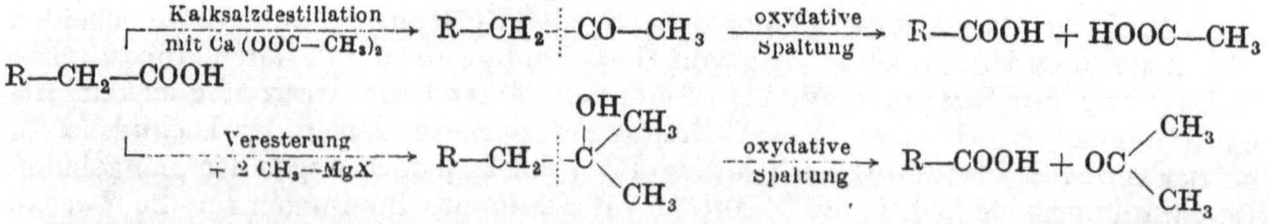

Durch systematische Wiederholung dieser Operationen kann man die Kette Schritt für Schritt um jeweils ein C-Atom abbauen, bis man zu einer bekannten Verbindung kommt oder auf ein Verzweigungs- bzw. Ring-C-Atom stößt (s. u.).

Ein praktisches Beispiel für die Anwendbarkeit der ersten Methode haben wir bereits auf S. 368 in dem von KRAFFT durchgeführten Stearinsäureabbau kennengelernt. Das Verfahren versagt bei höhermolekularen Säuren, die nicht mehr zur Kalksalzdestillation befähigt sind. H. WIELAND (1926) hat daher den Gallensäureabbau nach der zweiten Methode durchgeführt.

Eine weitere, wesentlich mildere Reaktion dieser Art, bei der die Carbonsäuren zu den nächst niederen Aldehyden abgebaut werden, liegt in der auf S. 912 erwähnten Bleitretaacetatspaltung von α-Oxycarbonsäuren vor, in die sich die einfachen Carbonsäuren über die α-Halogencarbonsäuren relativ leicht überführen lassen:

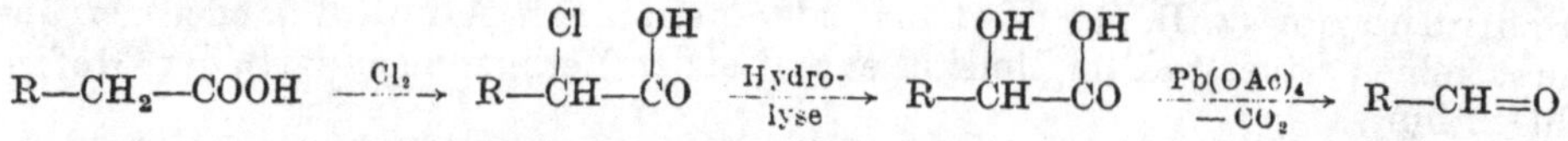

Schließlich gehören auch die Carbonsäure-Abbaumethoden von HOFMANN und CURTIUS (S. 316), bei denen die Carbonsäuren über die Säureamide (bzw. -azide) zu den um ein C-Atom ärmeren primären Aminen abgebaut werden, diesem Reaktionstypus an.

Neben der „α-Spaltung" der Fettsäuren ist auch eine „β-Spaltung", d. h. der gleichzeitige Abbau von jeweils zwei C-Atomen, bekannt. Diese Möglichkeit ist vor allem beim biochemischen Fettsäureabbau (III, Kap. 8, III) verwirklicht, kann allerdings in vitro nur schwer nachgeahmt werden.

Befindet sich eine paraffinartige Kohlenstoffkette schließlich am Benzolkern, so wird sie niemals von ihrem freien Ende sondern ausschließlich von dem am Benzolkern befindlichen Ende her abgebaut, da das Benzyl-C-Atom stets am stärksten aktiviert ist. Man erhält daher unabhängig von der Länge der Seitenkette zunächst immer ein gemischt-aromatisch-aliphatisches Keton und durch dessen weiteren Abbau eine aromatische Carbonsäure:

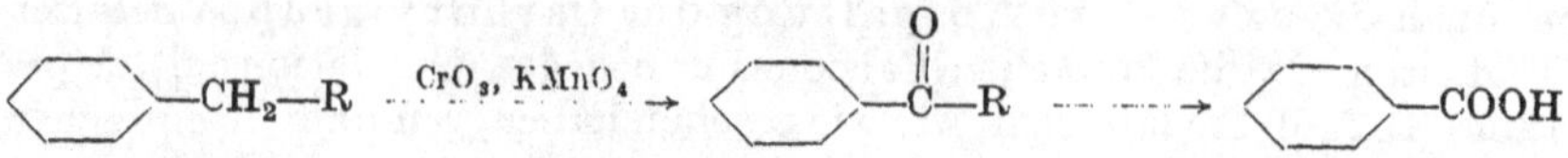

Da das gemischt-aromatisch-aliphatische Keton im allgemeinen leichter weiter oxydiert wird als das Ausgangsmaterial, ist es nur in Ausnahmefällen isolierbar. Als Beispiel sei der Abbau von Naphthalin zu Phthalsäureanhydrid (S. 469) angeführt, der bei vorsichtigem Arbeiten auf der Stufe der Phthalonsäure (I) unterbrochen werden kann:

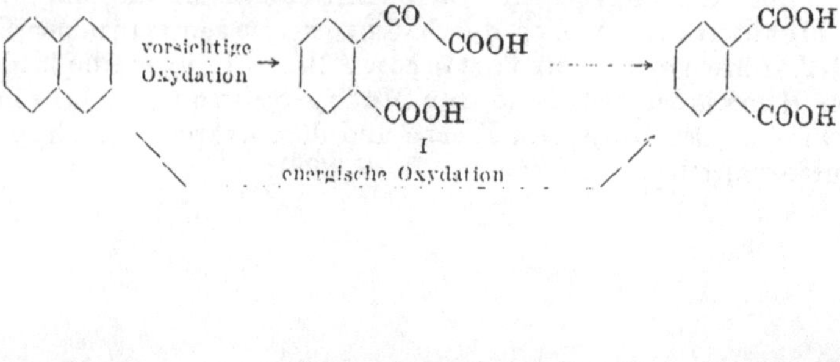

b) Die Spaltung mittelständiger C···C-Bindungen

Besonders wertvoll für Konstitutionsaufklärungen ist die Möglichkeit der Spaltung einer der mittleren C···C-Bindungen längerer Kohlenstoffketten, da hier mit einem Schritt gleich eine wesentliche Molekülverkleinerung unter Bildung zweier definierter Reaktionsprodukte erreicht wird. Die zu derartigen Spaltungsreaktionen geeigneten Funktionen bzw. Verbindungsklassen sind: 1. die olefinische Doppelbindung, 2. die 1,2-Glykole, 3. die Ketone, die mindestens eine C—H-Gruppe in Nachbarstellung zur C=O-Gruppe enthalten, und 4. die 1,2-Dicarbonylverbindungen, die, wie wir auf S. 913 gesehen haben, bereits auf dem Wege der Dehydrierung abgebaut werden.

Zu 1. Die wichtigste Methode zur **Olefinspaltung** stellt die auf S. 92 beschriebene Ozonaddition mit nachträglicher hydrolytischer oder hydrierender Spaltung der primär gebildeten Ozonide dar. Sie bietet vor der früher häufig angewandten Permanganatspaltung (S. 91) den Vorteil, daß eine geringere Tendenz zur Wanderung der Doppelbindungen vor Eintreten der Spaltungsreaktion besteht, so daß sie in besonderem Maße zur Aufklärung von Strukturfragen geeignet ist. Umgekehrt liegt in der auf S. 372 beschriebenen Alkalischmelze ungesättigter Fettsäuren ein Spaltungsverfahren vor, dem wegen der Möglichkeit der Wanderung der Doppelbindung in α,β-Stellung zur Carboxylgruppe keinerlei Beweiskraft für die ursprüngliche Lage der Doppelbindungen zukommt.

Neben diesen direkten Spaltungsreaktionen kann man auch indirekt einen Abbau der C=C-Doppelbindung durchführen, indem man die Olefine mittels Osmiumetroxyds oder Bleitetraacetats, sowie auch über die Olefinoxyde, in Glykole verwandelt und diese dann der im nächsten Abschnitt beschriebenen Glykolspaltung unterwirft.

Zu 2. Auch die verschiedenen Möglichkeiten der **Glykolspaltung** haben wir bereits kennengelernt. Wegen der besonders milden Reaktionsbedingungen dienen vor allem die auf S. 911/12 beschriebenen Methoden der Bleitetraacetat- und der Überjodsäurespaltung, bei denen die Oxydation jeweils auf der Stufe der Oxoverbindungen stehen bleibt, zur Konstitutionsermittlung. Aber auch stärkere Oxydationsmittel wie Kaliumpermanganat führen (über die primär entstehenden 1,2-Dioxoverbindungen) in glatter Reaktion zur Molekülspaltung, bei der in diesem Falle jedoch sofort zwei Carbonsäuremoleküle entstehen (S. 91):

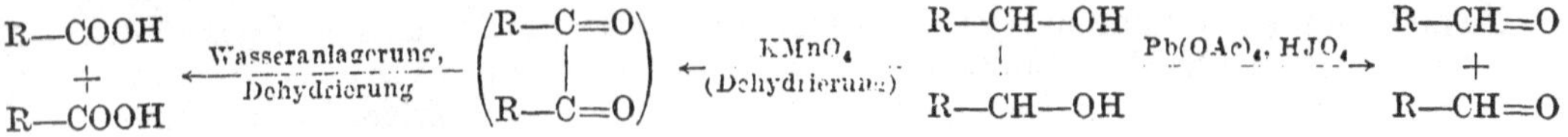

Zu 3. Wie bereits auf S. 266 ausführlich beschrieben, wird der Wert des **oxydativen Ketonabbaus** für die Aufklärung von Strukturfragen dadurch etwas eingeschränkt, daß einerseits die Spaltung auf beiden Seiten der Carbonylgruppe eintreten kann, so daß u. U. ein Gemisch von vier verschiedenen Carbonsäuren entsteht:

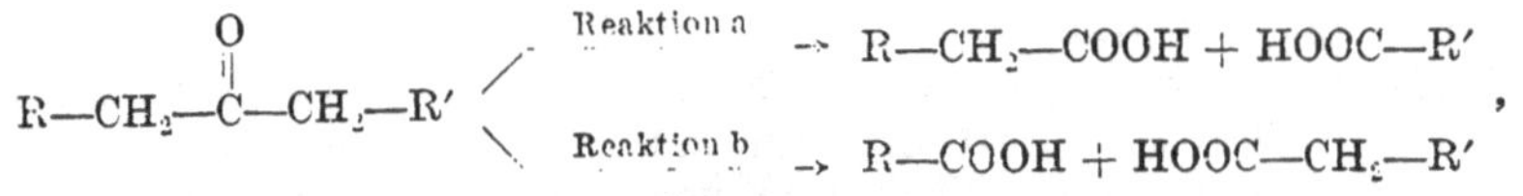

und daß andererseits Ketone mit beiderseits tertiären Resten, wie z. B. Benzophenon, überhaupt nicht aufgespalten werden. Ein eindeutiger Reaktionsverlauf wird dagegen bei gemischt-aromatisch-aliphatischen Ketonen (Bildung aromatischer Carbonsäuren) und bei Methylketonen (Bildung von Essigsäure) beobachtet (Näheres vgl. S. 266). Ferner nimmt die Reaktion bei Ketonen, die in α-Stellung zur Carbonylgruppe verzweigt sind, insofern einen andersartigen Verlauf, als hier nur eine Carbonsäure und daneben ein neues Keton als Spaltprodukte auftreten:

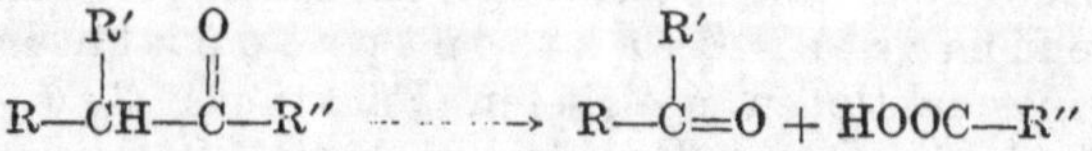

Aus der Natur der Spaltprodukte kann man also auf das Vorhandensein von Molekülverzweigungen in Nachbarstellung zur Carbonylgruppe schließen (vgl. S. 959).

2. Die Spaltung von C···C-Bindungen unter Erhaltung der Gesamtoxydationsstufe

Eine Spaltung der einfachen C—C-Bindung unter Erhaltung der Gesamtoxydationsstufe kann auf den folgenden vier Wegen durchgeführt werden: 1. durch Auflösung der Bindung unter Bildung von zwei freien Radikalen, 2. durch disproportionierende Zersetzung, 3. durch hydrolytische Zersetzung und 4. durch Abspaltungsreaktionen unter Bildung einer Doppelbindung.

Zu 1. Die **Radikalspaltung** der C—C-Bindung hat, abgesehen von der Darstellung der freien Radikale selbst, keine praktische Bedeutung, insbesondere nicht zur Klärung von Strukturfragen, erlangt. Auf eine nicht übersichtlich verlaufende Radikalspaltung ist wahrscheinlich die Vercrackung der Paraffine bei höherer Temperatur (vgl. S. 76) zurückzuführen:

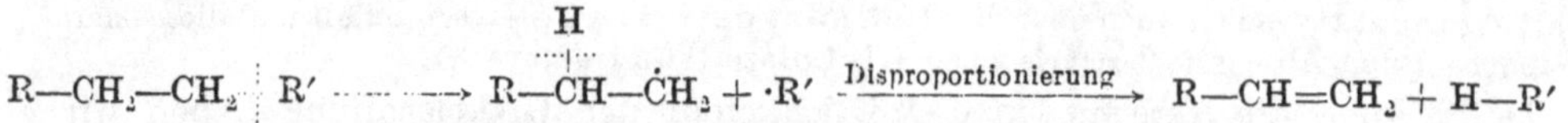

Zu 2. Die wichtigste disproportionierende Spaltungsreaktion liegt in der auf S. 71 und 315 beschriebenen **Decarboxylierung von Carbonsäuren** vor, bei der der Carboxylkohlenstoff zur Stufe des Kohlendioxyds oxydiert und der α-ständige Kohlenstoff reduziert wird. (Bzgl. des Reaktionsmechanismus vgl. **II**, Kap. 4, II, 1a):

$$R—COOH \longrightarrow R—H + CO_2$$

Wie im einzelnen bereits näher ausgeführt wurde, zeigen die verschiedenen Carbonsäuren eine sehr unterschiedliche Neigung zur Abspaltung der Carboxylgruppe, und man kennt neben Säuren, die nur in Form ihrer Derivate existenzfähig sind, auch Carbonsäuren, die ohne Zuhilfenahme von Alkali überhaupt nicht decarboxyliert werden können. Im allgemeinen beobachtet man etwa die folgende Abstufung der Reaktionsfähigkeit: β-Nitro- und β,β-Dicarbonyl-carbonsäuren (z. B. Methan-tricarbonsäure, S. 464) spalten derart leicht CO_2 ab, daß sie auch bei tiefer Temperatur nicht existenzfähig sind. Acetessigsäure und andere β-Ketocarbonsäuren (S. 498f.) können zwar für kurze Zeit isoliert werden, zerfallen aber schon beim Aufbewahren bei Zimmertemperatur. Malonsäure ist dagegen bereits bis zu ihrem Schmelzpunkt (134°) unbegrenzt haltbar und beginnt sich erst bei 140—150° in stärkerem Ausmaß zu zersetzen (vgl. S. 460, 648). Ihr folgen die ebenfalls thermisch noch spaltbaren α-Sulfo- (S. 683) und α-Aminocarbonsäuren (S. 585) sowie die Phenol- (S. 489) und Anilincarbonsäuren (S. 589), während die einfachen aromatischen und, soweit sie nicht Nebenreaktionen eingehen, auch aliphatischen Carbonsäuren nur noch in Form ihrer Alkalisalze mit überschüssigem Alkalihydroxyd decarboxyliert werden können, so daß man hier schon von einer hydrolytischen Spaltung der C—C-Bindung sprechen muß (s. unter 3.).

Eine eigenartige Gruppe von decarboxylierbaren Verbindungen stellen schließlich die α-Ketocarbonsäuren dar, die in reinem Zustand zwar ziemlich temperaturbeständig sind, so daß z. B. die Brenztraubensäure bei Atmosphärendruck unzersetzt destilliert werden kann, deren Decarboxylierung jedoch im Gegensatz zu der aller anderen Carbonsäuren durch gewisse Aminoverbindungen derart beschleunigt wird, (Näheres vgl. S. 492 u. **III**, Kap. 8, II), daß schon bei Zimmertemperatur Zersetzung erfolgt.

Auch bei der **Kohlenoxydspaltung der Carbonsäuren** (S. 315) tritt eine disproportionierende Zersetzung der C—C-Bindung ein, bei der jedoch gegenüber der Decarboxylierung die Oxydationsstufen vertauscht werden, so daß der α-ständige Kohlenstoff in einer höheren und der Carboxylkohlenstoff in einer niedrigeren Oxydationsstufe anfällt:

$$\text{R—COOH} \xrightarrow{H_2SO_4} \text{R—OH} + \text{C}\equiv\text{O}$$

Die Reaktion findet, wie ebenfalls bereits erwähnt, hauptsächlich zur Spaltung von in α-Stellung oxydierten Carbonsäuren Anwendung.

Zu 3. Wesentlich leichter als die ohne Wasser erfolgende Decarboxylierung kann man häufig eine **hydrolytische** oder **alkoholytische Spaltung einfacher C—C-Bindungen** durchführen. Hierbei erfolgt die Disproportionierung der Oxydationsstufen im allgemeinen in gleichem Sinne wie bei der Decarboxylierung, und es sind im wesentlichen auch ähnlich konstituierte Verbindungstypen, die der Spaltung zugänglich sind. Der Anwendungsbereich der Methode ist jedoch gegenüber dem der Decarboxylierung infolge der Spaltbarkeit auch der nicht decarboxylierbaren Oxoverbindungen und Ester wesentlich erweitert. So kann man z. B. nicht nur die (allerdings unter weitgehendem Molekülzerfall) decarboxylierbare Trichloressigsäure (I), sondern auch Chloral (II) und Hexachloraceton (III) hydrolytisch zu Chloroform und Natriumcarbonat (bzw. -formiat) aufspalten. Ebenso entspricht der Decarboxylierung der Acetessigsäure (IV) die hydrolytische Spaltung einer analogen $—CH_2—CO$-Gruppe bei der Säure- und Ketonspaltung des Acetessigesters (V), der Ketonspaltung des Acetylacetons (VI) usw.:

Decarboxylierungsreaktion: Analog verlaufende hydrolytische Spaltungsreaktionen:

$$\underset{\text{I}}{Cl_3C—COOH} \longrightarrow Cl_3CH + CO_2 \quad \left\{ \begin{array}{lll} \underset{\text{I}}{Cl_3C—COOH} + 2\,NaOH & \xrightarrow{-H_2O} & Cl_3CH + Na_2CO_3 \\ \underset{\text{II}}{Cl_3C—CH{=}O} + NaOH & \longrightarrow & Cl_3CH + NaOOCH \\ \underset{\text{III}}{Cl_3C—CO—CCl_3} + 2\,NaOH & \longrightarrow & 2\,Cl_3CH + Na_2CO_3 \end{array} \right.$$

$$\begin{array}{l} \underset{\text{IV}}{CH_3—CO—CH_2—COOH} \\ \longrightarrow CH_3—CO—CH_3 + CO_2 \end{array} \left\{ \begin{array}{lll} \underset{\text{V}}{CH_3—CO—CH_2—COOR} & \xrightarrow[\text{(Ketonspaltung)}]{+\,2\,NaOH} & CH_3—CO—CH_3 + Na_2CO_3 + ROH \\ \underset{\text{V}}{CH_3—CO—CH_2—COOR} & \xrightarrow[\text{(Säurespaltung)}]{+\,2\,NaOH} & 2\,CH_3—COONa + ROH \\ \underset{\text{VI}}{CH_3—CO—CH_2—CO—CH_3} & \xrightarrow[\text{(Ketonspaltung)}]{+\,NaOH} & CH_3—COONa + CH_3—CO—CH_3 \end{array} \right.$$

Als Spaltungsmittel dienen ausschließlich stark basische Reagentien, die sich stets an der Reaktion beteiligen und dadurch zuweilen die Gleichgewichtslage und selbst die Richtung der Reaktion wesentlich beeinflussen. Ein besonders interessantes Beispiel für den letzteren Fall stellt der Acetessigester dar, dessen mittlere C—C-Bindung einerseits bei der Säurespaltung unter dem Einfluß von wäßriger Natronlauge hydrolytisch gespalten wird, andererseits bei der Esterkondensation unter der Einwirkung von Natriumalkoholat in Umkehrung dieser Spaltungsreaktion neu entsteht. Diese entgegengesetzte Wirkung der beiden sonst so ähnlichen Reagentien ist darauf zurückzuführen, daß bei der Säurespaltung die entstehenden Carbonsäuren neutralisiert werden, wodurch das Gleichgewicht zugunsten der Spaltung verschoben wird, während bei der Einwirkung von Natriumalkoholat in alkoholischer Lösung nicht das Spaltungsprodukt — d. h. hier der nicht neutralisierbare Essigester — sondern das Kondensationsprodukt, der Acetessigester, neutralisiert und als schwer lösliches Salz aus dem Gleichgewichtsgemisch entfernt wird. Hier verschiebt sich infolgedessen (bei Einhaltung geeigneter Konzentrationsbedingungen; vgl. S. 943) das Gleichgewicht zugunsten der Kondensationsreaktion:

wäßriges Medium

$$\underbrace{CH_3{-}CO{-}CH_2{-}COOR \underset{-2\,H_2O}{\overset{+2\,H_2O}{\rightleftarrows}} R{-}OH + 2\,CH_3{-}COOH}_{\text{Gleichgewicht}}\;\underbrace{\xrightarrow[-2\,H_2O]{+2\,NaOH} 2\,CH_3{-}COONa}_{\text{irreversibel}}$$

alkohol. Medium

$$\underbrace{CH_3{-}\overset{\overset{\displaystyle ONa}{|}}{C}{=}CH{-}COOR \xleftarrow[-HOR]{+NaOR}}_{\text{praktisch irreversibel}}\;\underbrace{CH_3{-}CO{-}CH_2{-}COOR \underset{-HOR}{\overset{+HOR}{\rightleftarrows}} 2\,CH_3{-}COOR}_{\text{Gleichgewicht}}$$

Man verwendet daher zur Säurespaltung des Acetessigesters bevorzugt wäßrige Alkalien und zur Synthese ein möglichst konzentriertes alkoholisches Reaktionsmedium.

Zu 4. Die Lösung einer einfachen C—C-Bindung auf dem Wege einer Abspaltungsreaktion beobachtet man ziemlich häufig, wenn sie unter gleichzeitiger Ausbildung einer C=O-Doppelbindung erfolgt. Als einfachstes Beispiel sei die von WOHL in Umkehrung der Cyanhydrinsynthese durchgeführte Blausäureabspaltung aus Cyanhydrinen der Kohlenhydratreihe angeführt, die eine wichtige Abbaureaktion für Zucker darstellt (vgl. III, Kap. 4, I, 7c) und bei Verwendung von ammoniakalischer Silbersalzlösung zum Abfangen der in Freiheit gesetzten Blausäure schon bei Raumtemperatur vor sich geht:

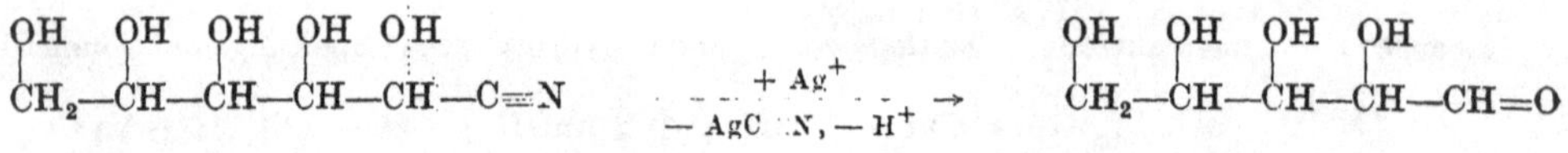

Auch die Umkehrreaktion der Aldolkondensation (S. 779) beruht auf einer derartigen Abspaltung einer C—H-Verbindung unter Ausbildung einer Carbonylgruppe (Gleichung formulieren!) und tritt in alkalischem Medium bereits bei tiefer Temperatur ein.

Wie das Beispiel der Paraffinvercrackung zeigt, erfordert die Lösung einer C—C-Einfachbindung auf dem Wege der Abspaltung einer C—H-Verbindung zum Olefin:

$$R{-}CH{-}\overset{\displaystyle H}{CH_2}\,\vdots\,R' \longrightarrow R{-}CH{=}CH_2 + H{-}R'$$

dagegen im allgemeinen hohe Temperaturen. Außerdem verläuft die Reaktion infolge der meist zahlreichen gleichberechtigten Spaltungsmöglichkeiten wenig einheitlich. Sie kann daher nur in Ausnahmefällen, wenn genau definierte Reaktionsprodukte auftreten, präparativ oder zum Zwecke der Konstitutionsermittlung ausgewertet werden. Die wichtigsten dieser einheitlich verlaufenden Abspaltungsreaktionen sind:

1. die **Ketendarstellung** durch Abspaltung von Methan aus Aceton (S. 294):

$$CH_3-CO-CH_2H \xrightarrow{\text{Rotglut}} CH_4 + O{=}C{=}CH_2$$

2. der **Zerfall von Cyclobutanderivaten** in zwei Olefinmoleküle, d. h. die Gegenreaktion der auf S. 96, 784 beschriebenen Olefindimerisierung:

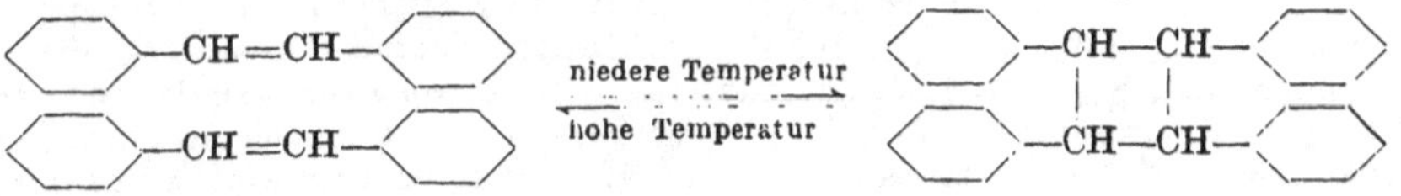

3. die zuweilen bei höherer Temperatur in Umkehrung der Olefinpolymerisation durchführbare **Depolymerisation hochmolekularer Stoffe.** So erhält man z. B. bei der trockenen Destillation des Kautschuks Isopren und Dipenten in bis zu 30%iger Ausbeute (**III**, Kap. 5, I, 3). Ebenso zerfällt das bei der Polymerisation von Cumaron entstehende Cumaronharz bei der thermischen Zersetzung zu etwa 20% der Theorie wieder in Cumaron (S. 894). In beiden Fällen können auf Grund dieser Reaktionen erste Rückschlüsse auf den Aufbau der hochmolekularen Verbindung gezogen werden.

4. die bei höherer Temperatur häufig glatt durchführbare **Gegenreaktion der Diensynthese,** die allerdings ohne praktische Bedeutung geblieben ist. Als Beispiel sei nochmals auf die schon mehrfach angeführte Bildung von Isopren aus Dipenten hingewiesen:

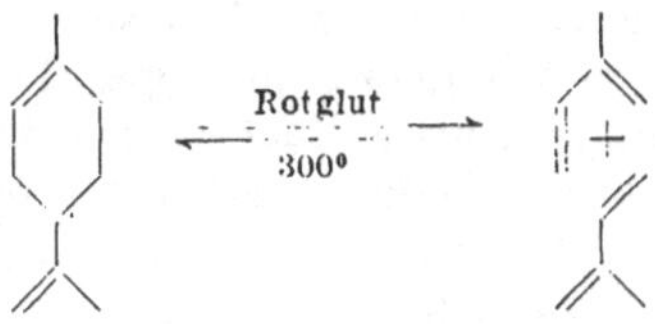

3. Die Verwendung von Abbaureaktionen zur Strukturaufklärung organischer Verbindungen

Wie auf S. 44 bereits betont wurde, ist die Konstitutionsaufklärung natürlich vorkommender organischer Verbindungen eine der dankbarsten, aber auch eine der schwierigsten Forschungsaufgaben unserer Wissenschaft. Sie wird in der Mehrzahl der Fälle durch schrittweisen Abbau des Kohlenstoffgerüstes zu einfacheren Verbindungen durchgeführt und ist hinsichtlich der gebräuchlichen Arbeitsmethoden außerordentlich variationsfähig, so daß sich der Studierende in dieses Teilgebiet der organischen Chemie nur an Hand zahlreicher Einzelbeispiele hineinarbeiten kann, wie sie insbesondere im dritten Band dieses Werkes bei den verschiedenen Naturstoffen in größerem Umfang angeführt sind. Der vorliegende kurze Abschnitt bezweckt lediglich, die Anwendungsmöglichkeiten der vorbesprochenen Abbauverfahren zum Zweck der Konstitutionsermittlung nochmals kurz zusammenzufassen, um das Ziel der später häufig nur gekürzt wiedergegebenen Beweisführungen besser verständlich zu machen.

Ehe man an die eigentliche Aufklärung der Struktur des Kohlenstoffgerüstes herantreten kann, müssen eine Reihe von Voruntersuchungen durchgeführt werden. Insbesondere ist es erforderlich, durch Elementaranalyse und Molekulargewichtsbestimmung zu einer genauen Kenntnis der Summenformel und der Molekülgröße der zu bestimmenden Verbindung (und auch sämtlicher Abbauprodukte) zu gelangen, um eindeutig entscheiden zu können, ob und wieviel C-Atome bei jeder Reaktion von dem ursprünglichen Kohlenstoffgerüst abgebaut werden. Ferner muß man mit Hilfe der bei den einzelnen Funktionen beschriebenen Reaktionen die Bindungsart und die Oxydationsstufe sämtlicher Heteroatome ermitteln, um die Angriffsmöglichkeiten auf das Molekül abschätzen zu können, und schließlich empfiehlt es sich auch, aus der Summenformel mit Hilfe des Gesetzes der minimalen Bindungszahl (S. 49) zu errechnen, ob und wieviele Ringsysteme im Molekül enthalten sind.

Weiterhin kann die eigentliche Strukturaufklärung einer Verbindung oft dadurch wesentlich erleichtert werden, daß man sie durch Eliminierung einzelner Funktionen in einfachere Verbindungen mit dem gleichen Kohlenstoffgerüst überführt, die vielfach bereits bekannt sind. So ergibt z. B. die katalytische Hydrierung der wichtigsten natürlichen ungesättigten Fettsäuren, daß nicht nur die Ölsäure, sondern auch die Linol- und die Linolensäure (S. 375) das gleiche Kohlenstoffgerüst besitzen wie die Stearinsäure. Ähnlich kann man durch Aromatisierung cyclischer Verbindungen häufig zwei Substanzen auf das gleiche Strukturprinzip zurückführen. Beispielsweise gehen die sieben verschiedenen stereoisomeren Inosite (**III**, Kap. 4, II, 6) bei der Dehydrierung in das gleiche Hexaoxybenzol über und lassen auf diese Weise ihre gleichartige Struktur erkennen. Besonders in der Steroidreihe (**III**, Kap. 5, III) wird häufig von der Aromatisierung zur Zurückführung zahlreicher Verbindungen auf den gleichen Strukturtypus Gebrauch gemacht. Eine weitere derartige Möglichkeit bieten schließlich zahlreiche temperaturstabile aromatische Verbindungen in der Zinkstaubdestillation, der Decarboxylierung und ähnlichen Reaktionen, durch die man in einfacher Weise die betreffenden Funktionen durch Wasserstoff ersetzen kann. So hat man z. B. mit Hilfe der Zinkstaubdestillation feststellen können, daß Indigo ein Indol- und Alizarin ein Anthracengerüst enthält.

Erst wenn alle diese Möglichkeiten erschöpft sind und nicht zu einer Strukturaufklärung geführt haben, tritt man an den eigentlichen Abbau heran, der, abgesehen von der Decarboxylierung, fast stets oxydativ geführt wird, und dessen Ergebnisse insbesondere im Sinne der folgenden fünf Punkte Rückschlüsse auf die Konstitution der untersuchten Verbindung gestatten.

1. Die Natur der vor dem eigentlichen Abbau entstehenden **primären Oxydationsprodukte** maximaler Oxydationsstufe, die u. a. daran erkenntlich sind, daß sie noch alle C-Atome des ursprünglichen Kohlenstoffgerüstes enthalten, ermöglicht einen ersten Rückschluß auf die Stellung des angegriffenen Molekülteils innerhalb der Kette. So folgt z. B. aus der Bildung einer Carbonsäure eindeutig, daß ein endständiges C-Atom oxydiert wurde. Führt die Oxydation dagegen zu einem Keton, so muß ein im Innern einer Kette befindliches C-Atom, und geht sie ohne Verlust von C-Atomen nicht über die Alkoholstufe hinaus, so muß ein tertiäres C-Atom, von dem eine Kettenverzweigung ausgeht, angegriffen worden sein.

2. Von den Carbonsäuren aus kann man mit Hilfe des auf S. 951 f. beschriebenen **stufenweisen Abbaus** feststellen, ob und wieviele CH_2-Gruppen sich zwischen der Carboxylgruppe und dem nächsten Verzweigungs- bzw. Ring-C-Atom befinden. In ersterem Falle gibt die Spaltung des bei Erreichung des Verzweigungsatoms entstehenden Ketons Auskunft über die Länge der Seitenkette.

3. Wesentlich günstiger liegen die Verhältnisse, wenn bei der unter 1. beschriebenen primären Oxydation ein Keton entsteht, da dieses eine **oxydative Spaltung im Inneren der Kette** gestattet. Führt diese zu zwei neuen Carbonsäuren, die zusammen die gleiche Anzahl von C-Atomen enthalten wie das ursprüngliche Kohlenstoffgerüst, so hatte sich wenigstens auf der einen Seite der Carbonylgruppe der Ausgangsverbindung eine Methylengruppe befunden. Ähnlich weist, wie

auf S. 954 betont, das Auftreten eines neuen Ketons als Spaltprodukt des ersten auf das Vorliegen einer Molekülverzweigung in Nachbarstellung zur Carbonylgruppe hin. Ferner kann man bei den Carbonsäuren wieder durch systematischen Abbau feststellen, wieweit der nächste Verzweigungspunkt von der Carboxylgruppe entfernt ist.

Auch die Ozonspaltung von Olefinen bewirkt bei geeigneter Lage der Doppelbindung eine Aufspaltung längerer Ketten in der Mitte, die zu ähnlichen Reaktionsprodukten führt wie die Ketonspaltung und daher ähnliche Rückschlüsse gestattet (Gleichungen formulieren!).

4. Führt die soeben beschriebene Aufspaltung einer Kohlenstoffkette in der Mitte nicht zu zwei neuen Carbonsäuren, sondern unter Erhaltung der Kohlenstoffzahl zu einer Dicarbonsäure, d. h. verbleiben die beiden entstehenden Carboxylgruppen im gleichen Molekül, so muß die **Öffnung eines Ringes** stattgefunden haben (Gleichung formulieren!). In analoger Weise deutet die Bildung einer Tricarbonsäure gleicher Kohlenstoffzahl auf die Öffnung eines kondensierten Ringsystems an einem der Verzweigungs-C-Atome hin:

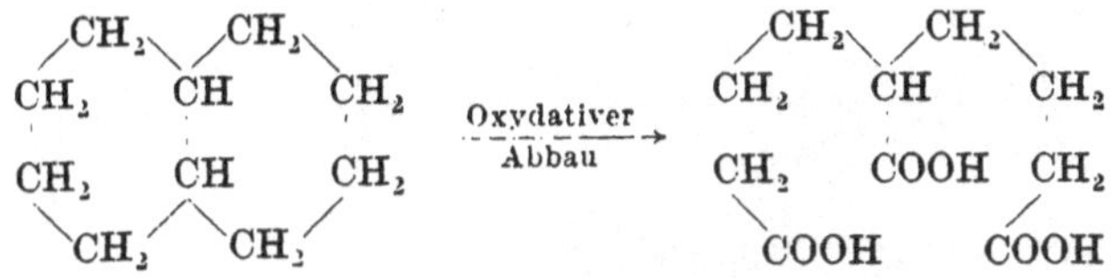

5. Das weitere wichtige Problem der **Bestimmung der Ringweite** kann man in der auf S. 455 beschriebenen Weise durch Behandlung der bei der Ringöffnung entstehenden Dicarbonsäure mit Essigsäureanhydrid (Blancsche Regel) feststellen. Eine andere Möglichkeit besteht in der Kalksalzdestillation der Dicarbonsäure, die zu einem cyclischen Keton führt, das ein Ringatom weniger als der ursprüngliche Ring enthält und sich gegebenenfalls zu einer neuen Dicarbonsäure öffnen läßt, so daß auch hier ein stufenweiser Abbau des Ringgerüstes möglich ist.

Obgleich die meisten der auf einem oxydativen Abbau des Kohlenstoffgerüstes beruhenden Strukturaufklärungen mit Hilfe dieser wenigen Regeln durchgeführt wurden, ist eine allgemeine Angabe darüber, welchen Weg man bei einer bestimmten Verbindung speziell einzuschlagen hat, nicht möglich. Hierzu müßten zu viele unbekannte Faktoren — wie z. B. die Beständigkeit der primären Abbauprodukte gegen die weitere Einwirkung des Oxydationsmittels, ihre Isolierbarkeit aus Substanzgemischen, die Reinigungsmöglichkeit nicht kristallisierender Reaktionsprodukte usw. — berücksichtigt werden. Der Plan zur Zerlegung des Moleküls in kleinere, bereits bekannte Bruchstücke, die gleichzeitig rückwärts den Aufbau der ursprünglichen Verbindung erkennen lassen, ist vielmehr stets ein wesentlicher Teil der Forschungsarbeit, der nicht „erlernt" werden kann, sondern für jede Verbindung individuell gelöst werden muß.

Register

Die Seitenzahlen von Verbindungen, die lediglich in Tabellen oder Formelbildern angeführt sind, wurden durch einen *, die wichtigsten Abhandlungsstellen eines Gegenstandes durch Fettdruck hervorgehoben.

Abbau, v. Aminen, durch erschöpf. Methylier. 544
—, v. Carbonsäure-amiden 552
—, — —-aziden 552
—, v. C···C-Bindungen 950f.
—, —, durch Abspaltungsreaktt. 956
—, —, — CO-Spaltung v. Carbonsäuren 955
—, —, — Decarboxylierung 954
—, —, — Depolymerisation 957
—, —, — Glykolspaltung 953
—, —, — hydrolyt. Spalt. 955
—, —, — Ketenspaltg. 957
—, —, — Ketonspaltg. v. *1,3*-Dicarbonylverbb. 955
—, —, — Olefinspaltung 953
—, —, — oxydat. Ketonspalt. 953
—, —, — Paraffin-Vercrack. 954, 956
—, —, — Radikalspaltung 954
—, —, — Säurespaltg. v. *1,3*-Dicarbonylverbb. 955
—, —, — stufenw. Carbonsäure-— 951
—, —, oxydativer 951f.
—, —, Verw. z. Strukturaufklär. 950, 957f.
s. auch Konstitutionsaufkl.
—, v. Naphthalin 952
—, v. prim. Aminen 543
—, v. quart. Ammoniumbasen 544, 548
—, — — Arsonium-basen 702
—, — — Phosphoniumbasen 698
—, — — Stiboniumbasen 707
—, v. Seitenketten 952
—, v. sek. Aminen 543
—, v. tert. Aminen 544
—, v. Tetraphenyl-bor-Anionen 714
—, v. Trialkylsulfonium-salzen 675
Acenaphthen 837
Acenaphthen-chinon 837
Acenaphthylen 836
—, Abbau 821
Acetaldehyd, Aldolkondensation 929, 937
—-phenylhydrazon, Verw. z. Indolsynth. 874
Acet-amid, p_K-Wert 540*
—-amidin, p_K-Wert 540*
—-anilid 573
Acetessigester, Aldolkondensation 938
—, Ketonspalt. 955
—, Oxydat. m. $Pb(OAc)_4$ 909
—, Säurespaltung 955f.
—, —, Einfl. d. Reakt.-mediums 955
Aceton, Deuterierung 762, 764
—-diäthyl-mercaptal 689
—, Ketonspaltg. 957
Acetoxy-acetessigester 909
Acetursäure 585
Acetylaceton, Deuterierung 764
—, Ketonspalt. 955
—-monimin 561
o-Acetyl-benzoesäure-ester 834
—-cholin 577
Acetylen, Acidität 719
—, Carbonylierung 739, 741*
—, Darst. v. Cyclo-octa-tetraen 794
—, Deuteriumderiv. 762
—, Di- u. Trimerisierung 946
—, Metallierung 717
—-tetrachlorid, Deuteriumderiv. 763*
Acetyl-glycin (= Acetursäure) 585
2-—-methyl-cyclopentan 932*
2-—-—-cyclopenten 932*
—-nitrat, als Nitrierungsmittel 641
—-phenetidin (= Phenacetin) 578
—-pyrrol, α u. *N*- 871
—-tartronsäureester 909
Aci-phenylnitromethan 649, 650
Acridin 840*, 850
—-verbindungen 850
Acrolein, als philodiene Komp. 948
—, Darst. aus Glycerinaldehyd 906
Acrylsäure-derivate, Gew. aus CO 741*
—-ester, als philodiene Komponente 948
Acylamino-carbonsäure(n) 582
—-—-ester, Verw. z. Oxazolsynth. 895
α-—-ketone, Verw. z. Oxazolsynth. 895
—-—, — z. Thiazolsynth. 901
Acylierung, d. Indols 875
—, d. Pyrrolrings 871
—, v. Kohlenstoffverbb. 927, 928
Adamantan 808
Adamsit 704
Äthan, Deuteriumderivv. 762
Äthanolamin (= Colamin) 559, 576
Äther, Carbonylierung 739, 741*
Äthyl (freies Radikal) 755
N-—-acetamid 588*
—-amin 539*
—-—, p_K-Wert 540*
—-arsin 695*
—-—-dichlorid 704
—-azid 636*
Äthylen, Anlager. v. Aluminiumtrialkylen 723
—, Deuterierung 762
—, Deuteriumderivv. 762, 765
—-diamin 556*, 558, 559
—-—-tetraessigsäure 587
—-imin 559
Äthyl-mercaptan 670*, 672
α-—-naphthalin 836
—-phosphin 695*
α-—pyrrolidin 561*
—-selen-mercaptan 695*, 696
—-tellur-mercaptan 695*, 696
S-—-thio-harnstoff 853*

aktive Methylengruppe(n), Best. d. Aktivität 764
— —, Deuterierung 761
— —, i. Chinolin u. Lepidin 847
— —, i. Cyclopentadien 786
— —, i. Fluoren 836
— —, i. Inden 835
— —, i. Picolinen 843
— —, Kondens.-reaktt. 930f.
— —, MICHAEL-Addition 945
— —, Oxydat. m. $Pb(OAc)_4$ 909
— —, — m. SeO_2 910
— —, vgl. m. NH_2-Gruppe 930 Anm.
aktiver Wasserstoff, Bestimmung n. ZEREWITINOFF 719
β-Alanin 587
Aldehyd(e) Gew. aus CO 741*
—-hydrate, Dehydrierung 913
—, Reaktion m. metallorg. Verbb. 722*
Aldolkondensation 936f.
—, als Gleichgew.-Reakt. 936
—, d. Formaldehyds 936
—, Kondensationsmittel 937
—, Kontaktverfahren 937
—, Mechanismus 929
—, negat. Kondens.-Komp. 937f.
—, Oxo-Komponenten 936
—, saure Katalyse 937
—, zwischen Aldehyden u. Ketonen 936
—, — 2 Aldehyden 937
—, — 2 Ketonen 937
alicyclische Verbindungen 773f. s. auch einzelne Ringsysteme
— —, d. Heteroreihe 809
— —, orthokondens. Ringsysteme 803
— —, polycycl. Ringsysteme 800, 808
— —, Ringweitenänderung 779f.
— —, Spirane 802 s. auch einzelne Ringsysteme
aliphatische Amine 536f.
— Azoverbindungen 628f.
— Diazoverbindungen 606f. siehe auch Diazoverbindungen
— Hydroxylamine 590f.
— Nitrosoverbindungen 663 s. auch Nitrosoverbb.
— Nitroverbindungen 646f s. auch Nitroverbb.
Alkaloide, künstliche 579
Alkoholate, Darst. m. metallorg. Verbb. 719
Alkohole, Carbonylierung 739, 741*
Alkohole, Dehydrierung 913, 916
—, Gew. aus CO 741*
β-Alkoxyäthyl-triäthyl-silan 709*
5-Alkoxy-oxazole 895
Alkyl(aryl)-arsonsäuren 705
—(—)-phosphonsäuren 700
—(—)-quecksilberhalogenide 730
—-boroxyde 712
—-borsäuren 712
—-chloramine 551
—-halogenide, Reakt. m. metallorg. Verbb. 722*
—-—, Verw. z. FRIEDEL-CRAFTS-Reaktt. 933
N-—-hydroxylamine (= β-—-—) 591
o-—-— (= α-—-—) 590
Alkylide 726
Alkyliden-disulfone 688
Alkylierung, m. aliphat. Diazoverbb. 609
—, m. Sulfonsäureestern 682
—, v. AgCN 742
—, v. Hydrazin 595
—, v. Indol 875
—, v. Kohlenstoffverbb. 927, 928
—, v. Metallaziden 635
—, v. NH_3 u. Aminen 536
—, v. PH_3 697
—, v. Pyrrolverbb. 871
—, v. Sulfiten 679
—, v. Thioharnstoff 668
—, v. Trithionen 902
—, v. Xanthogenaten 668
Alkyl-pseudothioharnstoff, als Mercaptan-deriv. 671*
2-—-pyrazolone, Mesomerie 883
N-—-pyridiniumsalze 842
N-—-—, Hydrierung 843
N-—-pyridone 842
—-radikale, freie 754
—-stannonsäuren 731*
N-—-sulfonamide, Spaltung 682
S-—-trithionium-salze 902
—-zinkhalogenide 728
—-zinnjodid 731*
Alloxan, als Pyrimidin-deriv. 853
Allylamin 553
—, p_K-Wert 540*
Allyl-disulfid, (= Diallyl-disulfid) 676
—-halogenide, als philodiene Komp. 948
—-kohlenstoff, Oxydat. m. SeO_2 910
Altersbestimmung, m. radioakt. Kohlenst. 769
Aluminiumhydrid, Anlagerung an Äthylen 717
—-organ. Verbb. 729
—-triäthyl 695*
—-—, Anlag. an Äthylen 723
—-trialkyle 729
—-—, Anlag. an Olefine 723, 724
—-trimethyl 695*
Ameisensäure, Dehydrierung 913
—-derivv. Bldg. aus CO 739
—-—, Kohlenoxydspaltung 738
—-ester, Gew. aus CO 741*
—-—, Reakt. m. metallorg. Verbb. 722*
-amid (Endung) 535
Amido-methylnitrosolsäure 665
-amin (Endung) 535
Amine, Abbau durch erschöpf. Methylier. 544
—, aliphatische 536f.
—, —, Ammoniumsalze 545 f.
—, —, Basizität 539
—, —, Darstellung 536f.
—, —, —, durch Alkylier. v. NH_3 536
—, —, —, — Redukt. v. Kohlenstoffverbb. 537f.
—, —, —, — — v. Stickstoffverbb. 537
—, —, Derivate 544 f.
—, —, Eigenschaften 539
—, —, Gew. aus CO 741*
—, —, Komplex-bldg. 540
—, —, Löslichkeit 539
—, —, Metallamide 545
—, —, Oxydation 542
—, —, Reaktionen 539f.
—, —, Salzbildung 540, 546
—, —, Säurederivate 550
—, —, Spaltung 543
—, —, Subst. d. Wasserstoffs 541
—, —, Trennung v. Amingemischen 541
—, —, Vorkommen 536
— aromatische 563f. s. auch Anilinbasen
—, cyclische 558
—, hydrier. Spaltung 543
—, Methylimid-Bestimmung 543
—, Polyamine 556 s. auch Polyamine
—, primäre 551f.
—, —, Abbau 543
—, —, Bdg. v. Isocyansäureestern 552

Amine, primäre, Def. 534, 535
—, —, Isonitrilreaktion 552, 566, 742
—, —, Nitrosamine 619
—, —, Senfölreaktion 552
—, —, Sulfoamidbildung 552
—, quart. Ammoniumsalze 546
s. auch Ammoniumsalze
—, sekundäre 554
—, —, Abbau 543
—, —, Def. 534, 535
—, —, Nitrosamin-bldg. 541, 550, 571
—, tertiäre 555f.
—, —, Abbau 544
—, —, Aminoxyd-bldg. 555
—, —, Def. 534, 535
—, —, Reakt. m. HNO_2 555
β-Amino-acetaldehyd-acetal 579
9-—-acridin, Derivate 851
—-äther 559
β-Aminoäthyl-alkohol (= Colamin) 576
—-triäthyl-silan 709*
Amino-aldehyde 578f.
—-alkohole 576
4-—-antipyrin 884
m-Aminobenzoesäure 589
o-— (=Anthranilsäure) 588
p-— 589
—, Novocain 577
—, Panthesin 577
—, Tutocain 577
2-(*p*-Aminobenzolsulfamid)-pyridin (= Sulfapyridin) 845
2-(—)-pyrimidin (= Sulfapyrimidin) 853
2-(—)-thiazol, (= Sulfathiazol) 901
m-Amino-benzolsulfonsäure (= Metanilsäure) 687
2-—-benzthiazole 901
o-—-benzylamin, Diazotierung 617*, 856*
Aminocarbonsäuren, aromatische 588f.
α-Aminocarbonsäure(n) 580f.
—, Abbau d. NH_2-Gruppe 585
—, Acylamino-carbonsäuren 582
—, Acylierung 582
—, Ampholytnatur 582
—, Betaine 587f.
s. auch Betaine
—, Darstellung 580f.
—, Decarboxylier. 585
—, Diketopiperazine 583
—, Dissoziationsverhältnisse 582
—-ester 581
α-Aminocarbonsäure(n)-ester, Überf. in Diketopiperazine 583
—, Kupferkomplexe 584
—, Peptide 583
—, Reaktion(en) 581f.
—, — v. VAN SLYKE 582
—, Ringschlußreaktt. 583
—, Säurechloride 582
—, Synthese aus Halogenfettsäuren 580
—, — v. ERLENMEYER JUN. 581
—, — v. STRECKER 580
—, Tautomerie 581
—, Wanderung i. elektr. Feld 582
—, Zwitterionenform 581
β-Aminocarbonsäuren 587
γ-— 587
δ-— 587
ε-— 588
ε-Amino-capronsäure 588
γ-—-chinolin, Diazotierung 616
—-di-essigsäure 586
2-—-*4,5*-dinitro-toluol 659
—-essigsäure (= Glycin) 585
—-G-Säure 820*
—-guanidin, Verw. z. —-tetrazol-Darst. 889
Aminoketone 578f.
x-—, Kondens.-reakt. 854
—, N-Acyl-derivv. 895, 901
—, Verw. z. Imidazolsynth. 884
β-— 579
8-Amino-α-naphthol-*3,6*-disulfonsäure 821
7-—-—-*3*-sulfonsäure 821
2-—-*4*-nitro-toluol 659
Aminophenol(e) 577f.
m-— 578
o-— 577
—, Diazotierung 617*
p-— 569, 578, 652*
—, aus Phenylazid 637
—, aus Phenylhydroxylamin 594
—, *N*-Methylderivat 578
o-Aminophenyl-acetaldehyd, Verw. z. Indol-synth. 874*
—-essigsäure 589
—-—, Lactam (= Oxindol) 589, 876
p-—-arsonsäure (= Arsanilsäure) 706
β-Amino-propionsäure (= β-Alanin) 587
—-pyridin, α(*2*)- 840*, 842
—-—, β(*3*) 840*
—-—, γ(*4*)- 844
—-pyridine, Reakt. als Säureamide 844
Amino-R-Säure 820*
—-säuren:
s. Amino-carbonsäuren u. Amino-sulfonsäuren
—-sulfonsäuren 685f.
—-tetralin, *1'*- u. *2*- 820
1-—-tetrazol 888
5-—-tetrazol (= C-—) 889
—-thioäther 559
α-—-thiophen 897*, 900
β-—-— 900
o-—-thiophenol, Diazotierung 617*, 901
4-—-*1,2,4*-triazol, (= *1*-Amino-*1,3,4*-triazol) 887
—-—, Bldg. aus Tetrazin 857
Aminobverbindungen 535f.
s. auch Einzelverbb.
—, Konstitution 536
—, Nomenklatur 535
—, v. Sauerstoffverbb. 576
Aminoxyde 592f.
—, Basizität 593
—, Darst. aus tert. Aminen 555
—, Oxydation 593
—, Reduktion 593
o-Amino-zimtsäure 847
Ammeniumsalze 758
Ammoniumpikrat (Sprengstoff) 658
Ammoniumsalze 545f.
s. auch Amine
—, quartäre 546f.
—, —, Beständ. d. freien Basen 548
—, —, Darst. 546
—, —, Def. 535
—, —, HOFMANNscher Abbau 544, 548
—, —, Reaktionen 547
—, —, v. Anilinbasen 570
amphi- (Vorsilbe) 815
n-Amylamin 539*
ana, (Vorsilbe) 846
Anästhesin 589
Anellierung, angulare 827
—, lineare 827, 830
angulare Annelierung 827
Anhydro-formaldehyd-anilin 573
—-pyridinschwefelsäure 842
—-—, als Sulfonierungsmittel 678
Anilide (Def.) 566
Anilin 565*, 572
—, p_K-Wert 540*
Anilinbasen 563f.
—, Acidität 565
—, *N*-Acylierung 566
—, *N*-Alkylierung 566
—, Arysulfamidsäuren 568, 570

Anilinbasen, Basizität 565
—, Darstellung 563
—, dehydrier. Kondensation 569f.
—, Derivate 570f.
—, Eigenschaften 564
—, *N*-Halogenamine 570
—, Halogenderivate 576
—, Halogenierung 566, 568
—, Kern-acylierung 569
—, —-alkylierung 568
—, —-Nitrosierung 567, **568**, 660
—, —-substitution, Mechanismus 567
—, ——, v. Ammoniumsalzen 570
—, Kondensat. m. C=O-Verbb. 567
—, Kupplung m. Diazoverbb. 567, **623**, 630, 634
—, Metallamide 565
—, Nitranilide 571
—, Nitrierung 568
—, Nitrosamine 571, 619
—, Reaktt. d. NH_2-Gruppe 564, 565
—, — d. Kerns 566f.
—, Rhodanierung 901
—, Spaltung 566
—, Sulfonierung 568, 570
—, Sulfurierung 669
—, Umlagerung v. O. FISCHER u. HEPP 568, 572
Anilin-carbonsäuren 588f.
—, Pentanitro-— 659
p-—-sulfonsäure (= Sulfanilsäure) 686
Anisidin 578
ansa- (Vorsilbe) 838
—-verbindungen 838
ANSCHÜTZ, Anthracenformel 823
—, Naphthalin-formel 814
Anthracen 823, 824 Anm.*
—-Ring, Isomerieverhältnisse 823
——, Konstitution 821
——, Lage der Doppelbindung 822
——, Reaktionen 823
——, Synthesen 822
—-verbindungen 821f.
——, Nomenklatur 823, 826
Anthrachinon 825
—, Amino- u. Oxyderivv. 826
—-*1,5*-disulfonsäure 826*
—-*1,6*-— 826*
—-*1,7*-— 826*
—-*1,8*-— 826*
—-*2,6*-— 826*
—-*2,7*-— 826*
Anthrachinon, Sulfonierung 826
—-sulfonsäuren, Aminierung 826
—-*1*(α)-sulfonsäure 826*
—-*2*(β)-sulfonsäure 826*, 827
——, Alkalischmelze 827
——, Na-Salz (= Silbersalz) 826
—, Synthesen 822
Anthrahydrochinon 824
—, Oxanthroform 825
Anthranilsäure 588, 652
—, aus o-Nitrotoluol 652
—-methylester 589
——, *N*-Methylderivat 589
Anthranol-*9* (= 9-Oxyanthracen) 824
—-Anthron-Tautomerie 824
Antifebrin (= Acetanilid) 573
Antimon-Sauerstoff-Verbindungen, Nomenklatur 699 Anm.
—-verbindungen 707f.
Antipyrin 883
Apocamphersäure, Synth. 776
aromatische Amine 563f.
s. auch Anilinbasen
— Azoverbindungen 629f.
— Diazoverbindungen 613f.
s. auch Diazoverbindungen
— Hydrazine 598f.
s. auch Mono-, Di-, Tri- u. Tetraarylhydrazine
— Hydrazoverbindungen 600f.
— Hydroxylamine 593f.
— Kohlenwasserstoffe, Bldg. v. Pikraten 658
— Nitrosoverbindungen 664
s. auch Nitrosoverbb.
— Nitroverbindungen 650
— Ringsysteme, fünfgliedrige 867f.
— —, sechsgliedrige 812f.
Aromatisierung, v. Cyclohexan-verbb. 789, 916
Arsacetin 706
Arsanil-säure 706
—-saures Natrium (= Atoxyl) 706
Arsenoverbindungen 702, 706
Arsen-Sauerstoff-Verbindungen, Nomenklatur 699 Anm.
Arsenverbindungen 701f.
—, aromatische Darst. n. FRIEDEL-CRAFTS 934
—, d. +3-wert. Arsens 703f.
—, d. —3-wert. Arsens 701f.
—, d. 5-wert. Arsens 705
Arsine 701f.
Arsin-oxyde 703, 707
—-säuren, Def. 699 Anm.
Arsonierung 705
Arsoniumsalze, quartäre 702
Arsonsäuren 705
—, Darst. aus Diazoverbb. 620
—, Def. 699 Anm.
Arylhydroxylamine 593f.
s. auch Hydroxylamine
Arylierung, m. arom. Halogennitroverbindungen 602
—, m. Diazoverbb. 620f.
—, n. SANDMEYER 621f.
—, v. NH_3 z. Anilinbasen 564
—, v. Metallaziden 635
—, v. NaSH 669
—, v. salpetrig. Säure 621, 644
—, v. Sulfiten 679
—, v. unterschwefl. Säure 690
—, v. Xanthogenaten 620
Aryl-phosphindichloride 699
—-phosphinige Säuren (= Arylphosphinsäuren) 699
—-phosphinsäuren 699
—-quecksilber-acetate 730
—-sulfamid(n)säuren 572
—-sulfonamide, Verw. z. Trennung v. Amingemischen 541
s. auch Sulfonamide
Atebrin 851
Atochinol 848
Atophan 848
—-äthylester, (= Atochinol) 848
—-methylester (= Novatophan) 848
Atoxyl 706
Aufbau: s. Synthesen
Aurantia 660
Autoxydation 905
3-Azafuran (= Oxazol) 895
Azapyridine 851f.
Azapyrrole 878f.
s.auch einzelne Ringsysteme
—, Basizität (allgemein) 880
—, Darst. (allgemein) 879
—, Säurestabilität 881
—, Tautomerie (allgemein) 880
Aza-thiophene 900
„Aza-Verbindungen" 603
Azide 635f.
s. auch Carbonsäureazide
—, Anlagerungsreaktionen 637
—, Darstellung 620, 635f.
—, Eigenschaften 636
—, Konstitution 635
—, Reakt. m. metallorgan. Verbb. 637
—, — m. Säuren 636
—, Redukt. z. Aminen 537, 552

Azide Redukt., z.Triazenen 637
—, Schreibformel 635
Azimidobenzol 575*, 617*, 885
—, *2*-Alkylderivv. 886
-*azine* (Endung) 851
Azlactone 581, 896
Azobenzol 632, 652*
—, geom. Isomerie 630
—, Vergleich m. Stilben 630
Azodicarbonsäureester 629
—, als philodiene Komp. 948
—, Anlag. v. Anilin 603
Azo-methan 628
—-paraffine 628f.
—-tetrazol 638, 889
Azoverbindungen 626f.
—, aliphatische 628f.
—, —, Bldg. aus Hydrazoparaffinen 597
—, —, Hydrolyse d. N=N-Doppelb. 629, 665
—, aromatische 629f.
—, —, Basizität 631
—, —, Darstellung 630
—, —, —, aus Nitroverbb. 651
—, —, Dioxyde 663
—, —, Eigenschaften 630
—, —, geom. Isomerie 630
—, —, Kernsubstitution 631
—, —, Oxydat. z. Azoxyverbindungen 631
—, —, Reaktt. d. Doppelbindung 631
—, —, tertiäre Imoniumsalze 631
—, Nomenklatur 627
Azoxy-benzol 632, 652*
Azoxyverbindungen 632f.
—, Darstellung 632
—, —, aus Nitroverbb. 651
—, Eigenschaften 632
—, geom. Isomerie 632
—, Kernsubstitution 633
—, Konstitution 632
—, Nomenklatur 627, 632
—, Reaktionen 633
Azulen(e) 804f.

Barbitursäure, als Pyrimidinderiv. 853
BECKMANNsche Umlagerung, Verw. z. Ringspaltung 779
BEERsches Gesetz 747 Anm.
1,2-Benz(o)-anthren 831*
—-Derivate, Def. 813
Benzedrin 553
Benzidam (= Anilin) 572
Benzidin 565*, 575
—-Umlagerung 569, 575, 600
—-—, als dehydr. Synthese 949
Benzilsäure-Umlagerung, Verw z. Ringverengerung 780
Benzilsäure-Umlagerung, v. Phenanthrenchinon 829
Benzimidazol 575*
Benzo-furan (= Cumaron) 893
Benzol, Deuteriumderivv. 763*
—-diazohydroxyd, *syn*- u. *anti*- 614*
—, kryoskop. Konst. 807*
—-oge Reihe, Def. 812
—-ring, *m*- u. *p*-Ringschluß 838
—-—, Subst., kationoide 653
—-sulfonsäure 685
—-—, p_K-Wert 680
Benz-oxdiazol (= Benz-diazooxyd) 578*, 617*, 896
o-Benzoyl-benzoesäure, Kondens. z. Anthrachinon 822* 943
—-glycin (= Hippursäure) 585
—-nitrat, als Nitrierungsmittel 641
—-osazone 604
Benz(o)-perylen (= Penta-benzo-benzol) 832*
3,4-—-pyren 831*, 832
2,3-—-pyridin (= Chinolin) 847
3,4-—-— (= Isochinolin) 849
2,3-—-pyrrol: s. Indol
3,4-—-— 874*
5,6-—-*1, 2, 3*-triazin 856*
—-triazol 575*
Benzyl-amin 553
—-—, p_K-Wert 540*
—-natrium 726
Beryllium-diäthyl 695*
Betain 586
—, GIRARDS Reagens 586
—, Spalt. z. Trimethylamin 585
Betaine 584f.
—, Umlagerung 584
bicyclische Verbindungen, alicycl. 800f.
s. auch einzelne Ringsysteme
— —, Nomenklatur 800, 802
Bicyclo-[*0,4,4*]-dekan (= Dekalin) 801*
—-[*0,1,4*]-heptan (= Norcaran) 801*
—-[*1,2,2*]-— (= Norcamphan) 801*, 805*
—-[*1,3,3*]-nonadion-dicarbonsäureester 808*
—-[*0,2,4*]-octan 801*
—-[*0,3,3*]-— 801*
—-[*2,2,2*]-— 801*, 806*, 807
—-[—]-—, Synthese 807
—-[—]-—-on-*3*, kryoskop. Konst. 807*
—-[*0,2,4*]-octa-trien-*2,5,7* 795
—-paraffine 800f.
—-—, Eigenschaften 807
Bicyclo-paraffine, Synthese 806
Bindung: s. einzelne Bindungsarten 593
Bis-diazo-essigsäure 612, 857
p,p'-Bis-dimethylamino-benzophenon (= MICHLERS Keton) 579
BLANCsche Regel, Verw. z. Strukturaufkl. 959
Blauanilin 572
Blaukreuz-kampfstoffe 704
Blausäure, Gew. aus CO 741*
—-oxyd, (= Knallsäure) 744, 746
—, Verw. z. FRIEDEL-CRAFTS-Reakt. 933
Blei-dialkyle, als Zwischenverbb. 732
—-diphenyl 734
bleiorganische Verbindungen 732
— —, d. *2*-wert-Bleis 734
— —, Trialkyl-blei-halogenide 733
— —, —-—-hydroxyde 733
Blei-tetra-acetatspaltung 911f. s. auch Glykolspaltung
—-—-äthyl 695*, 733
—-—-—, Darst. 717, 732
—-—-alkyle 732f.
—-—-—, Bldg. v. freien Alkylradikalen 755
—-—-—, gemischte 733
—-—-methyl 695*, 733
—-trialkyle 732, 733
—-—, als freie Radikale 760
—-trimethyl 733
Bor-triäthyl 695*
—-trialkyle 712
—-trimethyl 695*
—-triphenyl 713
Borverbindungen 712f.
—, Alkyl-boroxyde 712
—, —-borsäuren 712
—, Dialkylborane 713
—, Monoalkylborane 713
—, Tetraphenyl-bor-Komplex 713
v. BRAUN, Abbau sek. Amine 543
—, — tert. Amine 544
Brenz-schleimsäure 892
—-traubensäure-nitril, Bldg. aus *3*-Methyl-furazan 896
ω-Brom-acetophenon 895*
—-äthylamin 553
p-—-azobenzol 632
p-—-azoxybenzol, *α* u. *β*- 632
—-cyan, Verw. z. Aminabbau 544
Bromierung, n. SANDMEYER 621

Bromwasserstoff, Darst. aus Tetralin 837
BRÖNNERsche-Säure 820*
Butadien, Dimerisierung z. Cyclooctadien 795
—, — z. Vinyl-cyclohexen 948
—, Kupplung m. Diazoverbb. 624
Butandiol, Gew. aus CO 741*
Butindiol, Gew. aus CO 741*
Buttersäuregärung, Mechanismus 769
n-Butyl (freies Radikal) 755
—-amin 539*
—-mercaptan 670*
tert.-—-nitrit 664
α-—-pyrrolidin 561*
γ-Butyro-lactam, (= Pyrrolidon) 587

Cadaverin 556*, 558
Cadmium-diäthyl 695*
—-dimethyl 695*
—-org. Verbindungen 729
Calciumsuberat, Kalksalzdest. 792
nor-Camphan (= Bicyclo-[*1,2,2*]-heptan) 801*, 805*
Campher (die) als Cycloparaffin-derivv. 774
— (der), kryoskop. Konst. 807*
cancerogene Stoffe 832
Cantharidin 811
CANNIZZARO-Reaktion, Mechanismus 765
nor-Caran 801, 804
nor-Caradien-carbonsäureester, (=Pseudophenylessigester) 804
Carbazol 878
—-kalium 878
—, p_K-Wert 540*
Carbinolbase (Def.) 549
carbocyclische Verbb. (Def.) 771 s. auch einzelne Ringsysteme
Carbolin 878
Carbonsäure-amide, Abbau z. prim. Aminen 552
—-—, Hydrierung 918
—-—, Redukt. m. $LiAlH_4$ 924
—-amid-oxime 665
—-anhydride, Kondens.-Reakt. d. CO-Gruppe 944
—-—, Verw. z. FRIEDEL-CRAFTS-Reakt. 933, 935
—-—, Redukt. m. nasc. H 920
—-azide, Abbau z. prim. Aminen 552
—-chloride, Verw. z. FRIEDEL-CRAFTS-Reakt. 933, 935
Carbonsäure-derivate, Gew. aus CO 741*
—-—, Kondens.-Reaktt. 932f., 941f., 943f.
—-ester, Metallierung 720
—-—, Reakt. m. metallorg. Verbb. 722*
—-—, Redukt. m. $LiAlH_4$ 924
—-—, Redukt. m. nasc. H 920
—-oxyamid-oxime 665
Carbonsäuren, Decarboxylierung 954
—, Hydrierung 918
—, Kohlenoxydspaltung 955
—, Redukt. m. $LiAlH_4$ 924
—, β-Spaltung 952
—, stufenweis. Abbau 951
—, Verw. z. FRIEDEL-CRAFTS-Reakt. 933, 935
Carbonsäurenitrile, als Cyanverbb. 740
—, Darst. aus Sulfonsäuren 684
—, Darst. n. SANDMEYER 621
—, Nitril-Kondensat. 797, 944 u. a.
—, Reakt. m. metallorg. Verbb. 721
—, Redukt. z. prim. Aminen 538, 552
—, Synthesen 927
—, Verw. z. FRIEDEL-CRAFTS-Reakt. 933
Carbonylierung 739, 741*
Carbostyril (= α-Oxychinolin) 847
—, Tautomerie 848
Carboxylgruppe, Kondens.-Reakt. 933f., 943
o-Carboxyphenyl-thioglykolsäure 674
Carbyl-amine, (= Isonitrile) 740f.
—-sulfat 685
Cardiazol 890
C-B-Bindung, Spaltbarkeit 712
C-C-Bindung, Hydrierung 918
—, hydrolytische Spalt. 955
C···C-Bindungen, Abbau 950f.
—, Synthesen 926f.
C=C-Doppelbindung, Hydrierung 918
C-Hal-Bindung, Redukt. m. HJ 923
Chaulmoograsäure 788
Chelidonsäure 863
Chinaldin 840*, 847
Chinasäure 792
Chinhydron(e), Bezieh. z. Semichininen 754
—-Elektrode 915
Chinite 791
Chinolin 840*, 847
—-carbonsäuren 848
—, p_K-Wert 841
—, ring ana-Stellung 846
—-—, Konstitution 845
—-—, Reaktionen 847
—-—, Synthesen 846
—-säure 840*, 845
—-verbindungen 845
—-—, Nomenklatur 846
Chinon(e), als philodiene Komp. 948
—-monoxim (= *p*-Nitrosophenol) 665
—, polycyclische 833
—, Reakt. m. Triarylmethylradikalen 749
Chinoxalin 575*, 854
Chinuclidin 810
Chloräthyl-amin 553
β-—-triäthyl-silan 709*
Chloral, $HCCl_3$-Spalt. 955
p-Chloranilin 568*
—, aus Nitrobenzol 651*, 652*
—, aus Phenylazid 637
Chlorbenzol, Acidität 719
p-—-diazocyanid 615
Chloressigsäure, Darst. v. Nitromethan 644
—-ester, Kondens.-Reaktt. 938
—-—, Synth. v. REFORMATSKY 928
Chloreton 939
Chlorierung, n. SANDMEYER 621
—, v. Anilinbasen 568
Chloroform, Deuteriumderiv. 763*
α-Chlor-phenyl-β-cyan-benzolsulfhydrazid 615
γ-—-propylamin 559
α-—-pyridin, Bldg. aus Pyrrol 873
N-—-*2,4,6*-trichloranilin 571
—-vinyl-arsindichlorid 704
Cholin 577
Chromit-Kontakte 917
Chromon 864
—-carbonsäureester 864
chrom.-organ. Verbindungen 734
Chromotropsäure 818
Chrysen 831*
—, Bldg. aus Cumaron 894
Cibazol 901
Cinchomeronsäure 840*, 845
CLAISENkondensation 941f. s. auch Esterkond.
Clark I u. II 704
C-Me-Bindung, 715 s. auch metallorg. Verbb.
—, nicht-ionog. Natur 728

C-N-Bindung, Hydrierung 918
—, Redukt. m. HJ 923
—, Spaltung 543
C=$\overset{\ominus}{N}$-Doppelbindung, in tert. Imoniumsalzen 549
C≡N-Dreifachbindung, Hydrierung 918
—, Hydrolyse (i. Isonitrilen) 743
—, i. Isonitrilen 740f.
C-O-Bindung, Hydrierung 918
—, Redukt. m. HJ 923
C=O-Doppelbindung, Hydrierung 918
Colamin 576
C(K)ollidin(e) 840*, 844
—-dicarbonsäureester 839*
—, Synthesen **839**, 938
Coramin 845
Coronen 832
Crocein-säure 819*
Crotonaldehydkondensation 939f.
—, als Gleichgewichtsreakt. 939
—, Anwendungsbeispiele 940f.
—, Kondensationsmittel 939
—, Verw. z. Ringschlußreakt. 776
—, Zimtsäuresynthesen 940
C-S-Bindung, Redukt. m. HJ 923
—, Spalt., acidolyt. 671
—, —, hydrier. 672, 918
C-Si-Bindung, Reaktionsträgheit 710
Cumalin 860
Cumarilsäure 893*
Cumarin 861
—, Abbau z. Cumaron 893
Cumaron 893
—-harz 894
—, Kondens.-reakt. 894
Cupferron 603
—, Bldg. aus Diazoverbb. 626
CURTIUSscher Abbau, von Carbonsäurenaziden 552
Cyan-ameisensäure-ester, Trimerisierung 855
—-hydrin(e), HCN-Abspalt. 956
—-—-synthese **580**, 927
—-Ion, vgl. m. CO 737
4-—-*1,2,3*-triazol, Synthese 879*
—-ursäure-Verbindungen, als Triazin-derivv. 856
—-verbindungen, Trimerisierung 855
p-Cymol, oxydat. Abbau 907
cyclische Ketone, Ringspaltung 778
— Verbindungen 771f. s. auch einzelne Ringsysteme
— —, alicyclische Verbb. 773f.
— —, — —, d. Heteroreihe 809f.
— —, ansa-Verbb. 838
— —, Def. 771
— —, Einteilung 771
— —, kondensierte aromat. Ringsysteme 812f.
— —, kryoskop. Konst. 807
— —, Nomenklatur 772
— —, polyalicyclische Verbb. 800f., 808
— —, Pyridin-verbb. 838f.
— —, v. Benzoltypus 812f. s. auch polycycl. Verbb.
Cyclobutan 777*
—-carbonsäure 784*
—, Darstellung 784*
—, Hydrierung 779*
—-on 784
—-verbindungen 783f.
—-—, Darstellung 783f.
—-—, — durch Olefindimerisierung 784, 946
—-—, Eigenschaften 784
—-—, Ringöffnung 784, 957
—-—, Ringweitenänderung 781
—, Truxillsäuren 784, 785
Cyclo-butadien (Nichtexistenz) 785
—-buten 784
—-butylamin 784*
—-deca-dion-*1,6* 799
—-decan-verbindungen, Synthesen 799
—-hepta-dion 794*
Cycloheptan 777*
—-on 792
—-verbindungen 792f.
Cycloheptatrien 793
—-carbonsäure-ester 793
1,3-Cyclohexadien 790
—, Disproportionierung 916
—, Verw. z. Diensynthese 806, 947
1,4-— 790
Cyclohexa-hexaon (= Trichinoyl) 791
Cyclohexan 777*, 790
—-carbonsäure 777*
—-carbonsäuren 792
—, Dehydrierung 916
—-dicarbonsäuren, Isomerie 773*
—, FRIEDEL-CRAFTS-Reaktion 932
—, Isomerisierung 781
Cyclohexan-ol 777*, 791
—-—, kryoskop. konst. 807*
—-on 777*, 791
—-verbindungen 788f.
—-—, Aromatisierung 790, 916
—-—, Nomenklatur 788
—-—, Schreibweise 789
—-—, Selendehydrierung 789
—-—, Synthesen 789
Cyclohexen 790
Cyclohexyl-alkohol (= Cyclohexanol) 777*, 791, 807*
—-diphenyl-methyl (freies Radikal) 751
Cycloocta-dien, Darstellung 795*
Cyclooctanol 796*
—-acetat 796*
Cyclooctanon 795*, 796*
Cyclooctan-verbindungen 794f.
Cyclooctatetraen 794f.
—, Darstellung 794
—, Eigenschaften 795
—, Halogenierung 769
—, Hydrierung 795
—, Li-Addition 796
—, Olefinoxyd-bldg. 796
—, Oxydationsreakt. 796, 797
—, Selendehydrierung 796
—, Verw. z. Diensynth. 797
Cyclooctatrien 794*
—-dicarbon-säure 796*
Cyclo-octen 796*
Cycloparaffine 773f.
—, Darstellung 774f.
—, Eigenschaften 777
—, Einzelverbb. 781f.
—, hochgliedrige 797f.
—, —, als Riechstoffe 800
—, —, Darstellung 797f.
—, —, Verdünnungsprinzip 798
—, hydrier. Spaltung 779
—, Isomerieverhältnisse 773
—, Nomenklatur 773
—, Reaktionen 777f.
—, Ringbildungsminimum u. -maximum 798
—, Vorkommen 774
Cyclopenta-decanon 800
—-dien 786
Cyclopentan 777*, 786
—-carbonsäure 777*, 786*
—-carbonsäuren 788
—, Hydrierung 779*
—-ol 777*, 786*
—-on 777*, 786*, 787
— —, Darstellung 775*
—-verbindungen 786f.
—-—, Darstellung 786
—-—, Fulvene 787

Cyclopentanverbindungen, Ringverengerung 781
Cyclopenta-penta-on (Tetrahydrat) 787
Cyclopenten 786
—, Oxydat. m. $Pb(OAc)_4$ 909
Cyclopentyl-cyanid 786*
—-halogenid 786*
Cyclopropan 777*
—-carbonsäure 777*
—, Hydrierung 779*
—-on-hydrat 783
——, Darst. 782
—— (Nichtexistenz) 783
—, Ringspannung 782
—-*1,2,3*-tricarbonsäure 782
—-verbindungen 781f.
——, Additionsreakt. 782
——, Chlorierung 783
——, Darstellung **782**, 882
——, Eigenschaften 782
—— Isomerisier. durch Ringöffnung 783
——, Vorkommen 781
Cyclopropen, (Nichtexistenz) 783
Cystein 672
Cytosin 853

DAHLsche Säure II u. III 820*
Decarboxylierung 954
Dehydro-schleimsäure 893
dehydrierende Synthesen 949
Dehydrierung 912f.
—, Chinhydron-Elektrode 915
—, durch H_2-Abspaltung 916
—, Gleichgewichtslage 914, 916
—, Katalysatoren 914
—, n. MEERWEIN-PONNDORF 915
—, Redoxgleichgewichte 915
Dehydrierungsmittel 914f.
—, ammoniakal. Silberoxydlös. 914
—, Brom 917
—, Chinone 915
—, Eisen-III-cyanwasserstoffsäure 914
—, FEHLINGsche Lösung 914
—, Halogene 914
—, Hydroperoxyd/Fe^{++} 914
—, Hypohalogenite 914
—, Methylenblau 915
—, Oxoverbindungen 915
—, Quecksilberoxyd 914
Dehydrierung, Verw. z. Konstitutionsaufkl. 958
—, — z. Synth. v. C···C-Bindung 949
—, v. Aldehydraten 913
—, v. Alkoholen 913, 916
Dehydrierung, v. Ameisensäure 913
—, v, Cyclohexan 916
—, v. *1,2*-Diketonen 913
—, v. Endiolen 913
— v. Hydrochinonen 913
—, v. Oxalsäure 913
—, v. α-Oxocarbonsäuren 913
—, v. α-Oxycarbonsäuren 913
—, v. Paraffinen 916
—, v. Piperidin 916
—, v. Pyrrolidin 916
—, v. Sauerstoffverbb. 912f.
Dekaaryl-butane, Radikalspalt. 752
Dekalin, *cis*- u. *trans*- 803
Depolymerisation 957
Des-methyl-tropidin 793*
Deuterierung 761, 762, 764
Deuteriumgehalt, Bestimmung 764
Deuteriumverbindungen 760f.
—, Acidität 763
—, Anwendungsbeispiele 765f.
—, Darst., aus Carbiden 762
—, —, aus metallorg. Verbb. 762
—, —, durch Decarboxylierung 762
—, —, — D_2-Anlagerung 762
—, —, — Protonenaustausch 761
—, Eigenschaften 763
—, ev. Molekülasymmetrie 763
—, Giftwirkung 763
—, Nomenklatur 760
Deutero-chloroform 763*
—-methan (= Tetradeuteromethan 761*, 762, 763*
Dexan (= δ-Hexachlor-cyclohexan) 791
Diacetyl-dioxy-aceton 909
Diäthanolamin 576
Diäthyl-aluminium-chlorid 729
——-wasserstoff 729
—-amin 539*, 555
—-anilin 565*
—-disulfid 675
—-methylamin 539*
—-selenid 695*
—-sulfid 670*
—-sulfon 688*
—-tellurid 695*
Dialkylamino-carbonsäuren, aus Betainen 584
α-—-ketone 579
Dialkyl-arsonsäuren 707
—(aryl)-phosphonsäuren 700, 701
—-borane 713
—-dichlorsilane 709
—-disulfide 675
as-Dialkyl-hydrazine 596
——, Oxydat. z. Tetrazenen 597
sym-—— (= Hydrazoparaffine) 596
β,β-—-hydroxylamine 591
—-nitrosamine 550
—-schwefelchloride, (= Dialkyl-sulfidchloride) 692
—-selenide 696
—-silane 711
—-stannone 731*
—-sulfidchloride 692
—-telluride 696
—-vinylamine 561, 562
—-zinnjodid 731*
Diallyl-disulfid 676
diamantoide Stoffe, Def. 809
β,β-Diamino-äthyläther 576
—-phenazin 575*
Di-*o*-anisyl-tetraphenyl-äthan, Radikalspalt. 751*
Diaryl-amine, Oxyd. z. Tetraaryl-hydrazinen 602
—-arsin-chloride 704
——-cyanide 704
—-disulfide 675
—-hexazadiene 638
—-hydrazine 600f.
as-—— 601
sym-——, (= Hydrazoverbindungen) 600f.
—-hydroxylamine 595, 662
—-nitrosamine 601
N,N'-—-phenazine, aus Tetraarylhydrazinen 602f.
—-stickstoffoxydradikale 758
——, als Sauerstoffradikale 759
—-stickstoffradikale 756
——, Anlagerungsreaktionen 757
——, Disproportionierung 756
——, Reakt. m. Triarylmethylradikalen 749, 757
1,3-—-triazene (= Diazoaminoverbb.) 634
α,α'-Diaza-furane (= Furazane) 896
—-thiophene 901
Diazin(e) 851f.
—, *m*-(*1,3*-) (= Pyrimidin) 852
—, *o*-(*1,2*) (= Pyridazin) 851
—, *p*- (*1,4*) (= Pyrazin) 854
Diazo-acetamid 613
—-acetonitril 613
—-äthan 612
—-äther 623
—-aminoverbindungen 634
——, als Nebenprodd. d. Diazotier. 616
—-benzolamid 633

Diazo-benzolamid, als Zwischenprodukt 636
—-cyanid, *syn-* u. *anti-* 622*
Diazoessigester 612
—, Bldg. v. Cyclopropanderivaten 611
—, Reakt. m. Malonester 611
—, — m. Pyrrol 872
—, Überf. in Bis-diazo-essigsäure 612
—, — in Pseudophenylessigester 611
—, Verw. z. Aciditätsmessung 613
Diazoketone 613
—, Darstellung 609, 610
Diazomethan 612
—, als Methylierungsmittel 609 612
—, Darst., aus Nitrosomethylharnstoff bzw. urethan 608
—, Reaktionen 609f.
—, Verw. z. Ringerweiterung 780
Diazonium-bisulfite, Darst. v. Sulfonsäuren 679
—-borfluoride 618
—-—, als Fluorierungsmittel 621
—-perbromide 618
—-—, Darst. v. Aziden 636
—-salze 618
s. auch Diazoverbb.
Diazo-oxyd 617*, 896
—-sulfid 617*, 901
anti-—-sulfonat 622*, 625
syn-—-sulfonat 622*
anti-Diazotate 619
syn-— 618
syn-—, Kupplung 625
Diazotierung 616f.
—, m. Nitrosylschwefelsäure 616
—, Nebenreaktionen 616f.
Diazoverbindungen 605f.
iso-— (= *anti*-Diazoverbb.) 615
n-— (= *syn*-Diazoverbb.) 615
—, aliphat. 606f.
—, —, als Alkylierungsmittel 609
—, —, Anlagerungsreakt. 610
—, —, Bldg. v. Pyrazolderivv. 611
—, —, — v. Triazolderivaten 611
—, —, Darstellung 607f.
—, —, — aus α-Aminoketonen 608
—, —, — aus Keton-hydrazonen 609
Diazoverbb., aliphat., Darst. aus prim. Aminen 608
—, —, Diazoketone 613
—, —, Def. 614
—, —, Eigenschaften 609
—, —, Konstitition 606f.
—, —, —s-beweis 767, 607
—, —, Mesomerie 607
—, —, Reaktion(en) 609f.
—, —, —, m. Halogenen 610
—, —, —, m. Oxoverbindungen 610
—, —, —, m. Säuren 609
—, —, Reduktion 612
—, —, Schreibformel 607
—, —, therm. Zersetzung 610
—, aromatische 613f.
—, —, Arylierung m. — 620f.
—, —, — n. SANDMEYER 621
—, —, Bldg. v. Phenoläthern 621
—, —, Darstellung 616f.
s. auch Diazotierung
—, —, —, aus and. Stickstoffverbb. 618
—, —, *syn-* u. *anti-* Diazohydroxyd, Bezieh. z. anderen Diazoverbb. 614
—, —, Diazoniumsalze 618
—, —, —, Bezieh. z. anderen Diazoverbb. 614
—, —, —, Dissoziat.-Gleichgew. 623
—, —, —, freie 618
—, —, —, indirekte Redukt. 925
—, —, Diazotate, ev. Strukturisomerie 615
—, —, —, geom. Isomerie 615
—, —, *anti*-Diazotate 619
—, — —, Bezieh. z. anderen Diazoverbb. 614
—, —, *syn*-Diazotate 618
—, —, —, Bezieh. z. anderen Diazoverbb. 614
—, —, —, Kupplung 625
—, —, Halogenierung m. — 620, 621
—, —, Konstitution 614
—, —, Kupplung 622f.
s. auch Kupplung
—, —, Nitrosaminform 571, 619
—, —, —, Bezieh. z. anderen Diazoverbb. 614
—, —, Phenolverkochung 621
—, —, Reduktion 625
—, Definition 605
—, Nomenklatur 605, 628
—, Redukt. z. prim. Aminen 552
—, „wasserfreie“ 619
Diaz-selenol 575*
—-thiol 575*
Dibenz(o)-anthren, *1,2,7,8-* u. *1,2,5,6-* 831*
—-coronen 832*, 833
—-cyclopentadien (= Fluoren) 835
—-furan (= Diphenylenoxyd) 894
—-phenazin 575*
1,2,3,4-—-pyren 832*
3,4,9,10-—-pyren 831*
3,4,5,6-—-pyridazin 851
2,3,6,7-—-pyridin (= Acridin) 850f.
3,8-Dibenzoyl-pyren 833*
Di-biphenylen-äthylen 836
Di-*m*-biphenyl-tetraphenyläthan, Radikalspalt. 751*
Di-*p*-—-—-—, Radikalspalt. 751*
Dibrom-campher, kryoskop. Konst. 807*
—-cycloocta-dien 794*
—-cyclopentan 786*
—-furoxan, aus Knallsäure 745
Dichloramino-tetrazol 888
Dichlor-campher, kryoskop. Konst. 807*
β,β-—-diäthylsulfid 674
9,9-—-fluoren 836
α-—-methyl-pyrrol 873
Dicyclohexyl 802
—-phenyl-methyl (freies Radikal) 751
—-tetraphenyl-äthan 751
Dideutero-acetylen 762
—-—-tetrachlorid 763*
—-methan 761*
α,α—-propionsäure 763*
—-—, Elektrolyse 765
1,3-Diene, als philodiene Komp. 948
—, Polymerisation m. freien Radikalen 749
—, Redukt. m. nasc. H 920
dienophil: s. philodien
Diensynthese 947f.
—, Dienkomponente 947
—, Gegenreaktion 957
—, m. Anthracen 823, 947
—, m. Azodicarbonsäureester 629, 948
—, m. Cyclooctatetraen 797
—, m. Furan 891
—, philodiene Komponente 948
—, substituier. Anlag. 948
—, Verw. z. Ringschlußreakt. 789, 806, 947
Dihydro-anthracen 837

3,4-Dihydro-*5,6*-benzo-*1,2,3*-triazin 617*
—-collidin-dicarbon säureester 839*
—-flavon 864
—-isochinolin-derivv. 850
1,4-—-naphthalin 816
—-oxazol-carbonsäureester 896
—-pyranthron 833
—-pyrrolbasen, Nomenklatur 870
—-*1,2,3,4*-tetrazinderivv. (= Osotetrazine) 857
—-*1,2,4,5*-tetrazin-dicarbonsäure (= Bisdiazo-essigsäure) 857
Diimin, (Nichtexistenz) 533, 605
Diimine, Disubstitut.-produkte (= Azoverbb.) 628f.
—, Monosubstitut.-produkte als Zwischenverbb. 626
1,2-Diketone, Dehydrierung 913
Diketopiperazine 583
Dimethyl-äthylamin 539*
N,N'-—-äthylendiamin 560*
—-amin 539*, 554
—-—, p_K-Wert 540*
4-Dimethylamino-antipyrin (Pyramidon) 884
p-—-benzaldehyd 579
Dimethylanilin 565*, 573
—, p_K-Wert 540*
Dimethylarsin 704*
—-chlorid 704*
—-cyanid 704*
—-hydroxyd 704*
—-oxyd 704
—-verbindungen 703
Dimethylarsonsäure 704*, 707
—, Na-Salz 707
Dimethyl-disulfid 875
—-fulven 787*
N-—-mesidin 569, 574
as-—-*p*-phenylendiamin 565*, 575
—-pyridine (= Lutidine) 840*, 844
—-pyron 861f.
s. auch *γ*-Pyrone
—-—, p_K-Wert 862 Anm.
—-selenid 695*
—-sulfid 670*
—-sulfat, Verw. z. Friedel-Crafts-Reakt. 933
—-tellurid 695*
—-thiopyron 865
4,5-—-trithion 902
—-vinylamin 561
Dinatrium-malonester, Verw. zu Ringschlußreakt. 775
Dinitrobenzol, *m*- 645*, 655
—, *o*- u. *p*- 654
—, —, Darst. n. Sandmeyer 644
2,4-Dinitro-chlorbenzol, Anlag. an Pyridin 843
—-diphenyl, *o, o'*- 851
—-methan 645*, 648, 649
—-naphtahaline 817
2,4-—-phenol, p_K-Wert 654
2,5-—-—, — 654
2,6-—-—, — 654
3,4-—-—, — 654
3,5-—-—, — 654
2,4-—-phenylhydrazin 600
4,5-—-*o*-toluidin 559
2,4-—-toluol 655
—-verbindungen, aliphat. 650
Diox(y)indol 877
1,2-Dioxoverbindungen, Glykolspaltg. 912
1,3-—, Kupplung m. Diazoverbb. 625
—, Säurespalt., Verw. z. Ringöffnung 778
9,10-Dioxy-anthracen (= Anthrahydrochinon) 824
o,o'-—-benzophenon 865
2,3-—-chinolin, Bldg. aus Isatin 781
β,β-—-diäthylsulfid 674
3,4-—-isochinolin, Bldg. aus Isatin 781
—-naphthalin(e) 818
1,8-—-*3,6*-disulfonsäure 818
Dipenten, Depolymerisation 957
Diphensäure 835*
—, Bldg. aus Phenanthrenchinon 828
Diphenylamin 565*, 574
—, p_K-Wert 540*
—-arsinchlorid 704
—, Hexanitro-— 659
—, Reakt. m. Salpeters. 570
Diphenyl-arsin-chlorid 704
—-—-cyanid 704
1,1-—-*2*-biphenylen-äthylen 836
—-carbodiimid 573
—-dihydro-chinoxalin 575*
—-disulfoxyd 691
Diphenylen-oxyd 894
—-sulfid 897*
Diphenylin 600
—-Umlagerung 601
Diphenylmethan, Oxydat. m. SeO_2 910
—, Vgl. m. Dihydro-anthracen 835*
Diphenyl-methylolid 861
Diphenyl-octatetraen, Synthese 940
N,N'-—-phenazin, aus Diarylstickstoffradikalen 756
N,N'-—-—, aus Tetraphenylhydrazin 602
—-selenid-chlorid 696
—-stickstoff 756*
—-—-oxyd 758
—-tellurid-chlorid 696
—-tetracyclohexyl-äthan 751, 802
—-thioharnstoff 573
1,3-—-tetrazen-*1* 638
Diphthalyl 944*
Di-*n*-propylamin 539*
Disilane 711
Disulfide 675f.
Disulfoxyd, Diphenyl-— 691
Di-tetrazolyl-hexaza-dien 889
Dithio-kohlensäureester, als Mercaptan-Derivv. 671*
Di-*o*-tolyl-tetraphenyl-äthan, Radikalspalt. 751*
Di-*p*-tolyl-tetraphenyl-äthan, Radikalspalt. 751*
Dulcin 578

Einelektronenbindung, i. Dialkyl-sulfidchlorid 692
—, i. Trialkyl-phosphinchlorid 698
Enamine 561f.
Endo-äthylen- (u. -methylen) Brücke 805
—-—-cyclohexan (= Bicyclo-[*2,2,2*]-octan) 801*, 806*, 807
—-cyclisch (Def.) 772
—-methylen-cyclohexan (= Bicyclo-[*1,2,2*]-heptan) 801*, 805*
Erlenmeyer jun., Aminosäuresynthese 581
— sen., Naphthalinformel 814
Essigsäure, Deuterierung 764
—, Deuteriumderivv. 762, 763
—, kryoskop. Konst. 807*
Esterkondensation 941f.
—, als Gleichgew.-reakt. 942
—, Carbonylkomp. 943
—, Kondensationsmittel 943
—, —, Wirk.-mechanismus 942
—, negat. Kondens.-Komp. 943
—, Verw. z. Ringschlußreaktionen 775
Exaltolid 800
Exalton 800
exocyclisch (Def.) 772

Farnesol 805*
Fettsäuren, Deuterierung 762
—, β-Spaltung 952
Fichtenspanreaktion, d. Furanverbb. 891
—, d. Pyrrolbasen 873
FIESERsche, Lösung 825
FISCHER E., Indolsynthese 874
Flächenmoleküle, Verbb. m. — 831f.
Flavon 864
Fluoren 835
—, Acidität 719
—, GRIGNARD-verbindungen 836
—, Metallierung 717
9-Fluorenol 835*
—-*9*-carbonsäure 835*
Fluorenon 835*, 836
Fluorierung, m. Diazoaminoverbb. 634
—, m. Diazoniumborfluoriden 621
Formaldehyd, als Methylierungsmittel 539
—, Gew. aus CO 741*
—, Kondensation m. Phenolen 939
—, Reakt. m. metallorg. Verbb. 722*
—, Verw. z. Aldolkondensation 936
—, — z. Trennung v. Amingemischen 542
Form-amid, Gew. aus CO 741*
—-amidine, Bldg. aus Isonitrilen 743
—-oxim 665
3-Formyl-pentan-diol-*2,4* 937
freie Radikale: s. Radikale
FRIEDEL-CRAFTS-Reaktion 932f.
—, d. Cyclohexans 932
—, Kondensationsmittel 934
—, —, ev. Beteilig. an Reakt. 934
—, —, Wirk.-mechanismus 934
—, m. anorg. Verbb. 934
—, negat. Kondens.-Komp. 932
—, posit. Kondens.-Komp. 933
F-Säure 820*
Fulminate, (= knallsaure Salze) 746
Fulvene 787
—, d. Fluorens 836
—, d. Indens 835
Furan 891
—, Bldg. aus Pyrrol u. Thiophen 890
—-carbonsäuren 892
—, Darst. aus Schleimsäure 890
Furan, Diensynthese 891, 947
—, Hydrierungsprod. 893
—, Überf. i. Pyrrol u. Thiophen 890
Furanring, aromat. Verhalten 891
—, Dienreaktionen 891
—, Konstitution 890
—, Nomenklatur 867
—, Reakt. m. Brom 891
—, Säurelabilität 891
—, Spaltung 892
Furanverbindungen 890f.
—, Darstellung 890
—, Fichtenspanreakt. 891
—, Nomenklatur 867, 890
Furazane 896
Furfuroin 892
Furfurol 891
—, Darst. 890
—, Farbreaktionen 892
—, Reakt. m. Phloroglucin 892
Furfuroyl (Radikal) 891
Furfuryl (Radikal) 891
—-alkohol 892
Furfuryliden-aceton 939
Furoxane 897
—, Dibromfuroxan 745
Furyl (Radikal) 891

GABRIEL, Darstell. prim. Amine 551
Gallensäuren, als Cycloparaffinderivv. 774
Gallium-alkylwasserstoffe 729
—-org. Verbindungen 729
—-triäthyl 695*
—-trimethyl 695*, 729
Gammexan (= γ-Hexachlorcyclohexan) 791
Gelbkreuzkampfstoffe 674, 704
Germanin 821
Germanium-tetraäthyl 695*
—-tetramethyl 695*
—-verbindungen 711
Gesetz d. minimal. Bindungszahl, Anwendung 801 Anm.
— — —, Nachw. v. Ringen 958
GIRARDS Reagens 586
Glucin 856
Glutacondialdehyd, Bldg. aus Pyridin 842
—-dianil 843
—, Natriumenolat 842
—, Perchlorat 859
Glycerinaldehyd, Oxydat. z. Acrolein 906
Glycin 585
—-ester, Diazotierung 612
Glykokoll: s. Glycin
Glykol(e), Darst. aus Olefinen 908
Glykolspaltung 911f., 953
—, als Abbaureakt. 953
—, Mechanismus 912
—, m. Aryljodidacetaten 909
—, m. Bleitetraacetat 911
—, m. Überjodsäure 912
—, Verw. z. Konfig.-Best. 912
—, — z. Ringöffnung 778
—, v. *1,2*-Dioxoverbb. 912
—, v. α-Oxycarbonsäuren 912
—, v. Oxyoxoverbb. 912
—, v. Weinsäure 912
Glyoxalin (= Imidazol) 884 s. auch dieses
GRIGNARDverbindungen, s. auch magnesiumorg. Verbb. 727f.
G-Säure 819*
S-Guajazulen 805
Guanidin, p_K-Wert 540*

N-Halogen-amine 551, 553
—-benzole, Metallierung 717
α-—-fettsäuren, Verw. z. Darst. v. Nitroverbb. 644
Halogenierung, als FRIEDEL-CRAFTS-Reakt. 934
—, n. SANDMEYER 621
—, v. Aminen am N 551, 570
—, v. Anilinbasen im Kern 568
—, v. Furan-verbb. 891
—, v. Pyrrolverbb. 870
Halogen-nitrobenzole 654, 656
—-pyridine 844
Harn-indican (= Indoxylschwefelsäure) 876
Harnstoff, p_K-Wert 540*
HCH (= γ-Hexachlor-cyclohexan) 791
Heptacen 830
Heptatrion *2,4,6* 865
heterocyclische Verbindungen, alycyclische 809f.
— —, aromatische 838f. s. auch einzelne Ringsysteme
— —, Definition 771
Hexa-*p*-äthylphenyl-äthan, Radikalspalt. 751*
Hexaalkyl-disilane 711
—-distannane 732
Hexa-*o*-anisyl-äthan, Radikalspalt. 751*
—-äthane, Radikalspalt. 748
—-—, —, Subst.-Einfluß 751
—-tetrazane 604
—-—, Radikalspalt. 757
Hexa-benzo-benzol (= Coronen) 832
—-biphenyl-äthan, *m*- u. *p*- Radikalspalt. 751*

Hexa-cen 830
—-chlor-aceton, $HCCl_3$-Spalt. 955
—-—-cyclohexan, γ- u. δ- 791
—-cyan 855
—-deutero-äthan 762
—-—-benzol 763*
—-hydrobenzoesäure 792
—-methylen-diamin 556*, 558, 561*
n-Hexan-derivv., Isomerenzahl 774 Anm.
—-triol 937
Hexa-nitrodiphenylamin 659
—-oxybenzol, alkalische Oxydation 787
—-—, saure Oxydat. 791
—-phenyl-äthan, Radikalspalt. 751*
—-*p*-tolyl-äthan, Radikalspalt. 751*
Hexaza-diene **638**, 889
Hexazan (Def.) 603
n-Hexylamin 539*
HINSBERG, Anthracenformel 822
Hippursäure 585
Histidin, als Imidazolderivv. 885
hochgliedrige Cycloparaffine 797f., s. auch Cycloparaffine
HOFMANNscher Abbau, v. Carbonsäurenamiden 551, 552
— —, v. quart. Ammoniumsalzen 544, 548
— —, v. Trialkylsulfoniumsalzen 675
H-Säure 821
Hydantoin 584*, 586
—-säure 584*
Hydnocarpussäure 788
Hydrazeniumradikale 758
Hydrazin, Alkylierung 595
Hydrazine, aliphatische 595f.
—, —, *sym*-Dialkylhydrazine 596
—, —, Hydrazoparaffine 596
—, —, Monoalkylhydrazine 596
— —, Spaltung 597
—, —, Tetraalkylhydrazine 596
—, —, Trialkylhydrazine 596
—, —, Vercrackung 597
—, aromatische 598f.
s. auch Mono-, Di-, Tri- u. Tetraarylhydrazine
Hydrazo-benzol 601, 652*
—-dicarbonsäureester 629
—-paraffine 596
—-verbindungen, aliphatische (= —-paraffine) 596
Hydrazo-verbindungen, als Redukt.-mittel 924
—-—, aromatische 600f.
—-—, Nomenklatur 627
Hydrazyle 757
Hydrierung 917f.
—, Anwendungsbereich 918
—, elektrolyt. 921
Hydrierungskatalysatoren 917
—, schwefelfeste 917
—, Vergift. durch Schwefelverbb. 672 Anm.
—, Wirk.-mechanismus 918
Hydrierung, Temperaturen 779 918
—, Vgl. m. nasc. H
—, Verw. z. Konstitut.-aufkl. 958
—, — z. Ringspaltung 779
—, v. einfachen Bindungen 918
—, v. mehrfachen C···C-Bindungen 918
—, v. Naphthalin 816
—, v. Naphthylaminen 820
—, v. polaren Mehrfachbindungen 918
—, v. Polyphenylmethanderivv. 919
—, v. Pyrrol 870
—, v. Trityläthern 919
Hydrinden 834
hydroaromatische Verbindungen, s. Cyclohexan
Hydrochinon(e), Darst. aus Acetylen u. CO 739, 741*
—, Dehydrierung 913
—-ditriarylmethyläther 749
Hydrojuglon 818
Hydroxylamin-*O*-alkyläther 590
—-verbindungen, aliphatische 590f.
—-—, aromatische 593f.
—-—, Darst., aus Nitroverbb. **594**, 646, 651
—-—, Dehydr. zu Nitrosoverbb. **594**, 661
—-— Redukt. z. Aminen 537
-imid (Endung) 535
Imidazol 885
—, *2*-mercapto-derivv. 885
—-ring, Nomenklatur 878
—, Synthesen 879*, 884
—-verbindungen 884f.
—-—, Darst. 884
-imin (Endung) 535
Imino-di-essigsäure 586
Imoniumsalze, tertiäre 549
—, —, v. Azoverbb. 631
Indan (= Hydrinden) 834
—-dion-*1,3* 834
Indan-trion-*1,2,3* (= Ninhydrin) 834
Inden 835
—, Dimerisierung 946
—, Verw. z.Azulensynthese 804
Indican 876
Indigo, als Indoxyl-deriv. 877
indium-org. Verbb. 729
—-trimethyl 695*, 729
Indol 876
β-—-carbonsäure 875*
Indolenin-form 874
Indol-kalium 875
—-magnesiumhalogenide 875
—-pikrat 875
—, p_K-Wert 540*
Indolring, Indolenin-form 874
—, Kondens.-Reaktt. 875
—, Konstitutionsaufklärung 874
—, Nomenklatur 874
—, Reaktt. d. Benzolkerns 876
—, — d. Pyrrolkerns 875
—, — m. Säuren 875
—, Ringerweiterung 875
—, Substitution 875
—, Synthesen 874
—, Tautomerie 874
Indolstickstoff, dirigier. Wirkung 875
—, Basizität 875
Indol-Verbindungen 874f.
Indophenin 899
Indoxyl 589, **876**
—, Enolform 876
—, Kondensreakt. 876
—-schmelze 943
—-schwefelsäure 876
Inosite 791
Isäthionsäure 685
Isatin 877
—, Ringerweiterung 781
—-säure 848
Iso-buttersäureester, Esterkondensation 942
—-butyr-aldehyd, Aldolkondens. 936
Isochinolin 840*, 849
—-verbindungen 849f.
Iso-cyanide 740f.
s. auch Isonitrile
—-cyanilsäure 746
Isocyansäureester, Darst. aus prim. Aminen 552
—, Verseif. z. prim. Aminen 552
isocyclische Verbindungen (Def.) 771
s.auch einzelne Ringsysteme
Isodiazoverbb. (= *anti*-Diazoverbb.) 615

Isomerie, erster —-fall 744
—, Verschwinden einer —-Möglichkeit 592, 628, 647, 663
Isonicotinsäure 840*
—-hydrazid 845
Isonitramide 602
Isonitrile 740f.
—, als CO-Derivate 740
—, Anlag. v. Elementen 743
—, Darstellung 742
—, Eigenschaften 742
—, Hydrierung 743
—, Hydrolyse der C≡N-Bindung 743
—, Komplexbildung 742, 743
—, Konstitution 740, 743
—, Polymerisation 742
—, Reakt. m. Säuren 742
—, Redukt. zu Aminen 538
β-Isonitroso-indolenin 875*
Iso-octan, Synthese 944
—-octen, Synthese 935 Anm.
—-pren, Dimerisierung 948
—-propylmagnesiumchlorid, Verw. als Kondens.-mittel 937
Isotopengemische, künstliche 760f.
Isotruxillsäuren 785
Isoxazole 896

Jodierung, m. Diazoverbb. 620
—, v. Anilinbasen 568
Jodol, (= Tetrajodpyrrol) 871*, 873
Jod, radioaktives 770

Kakodyl, freies (= Tetramethyldiarsin) 704*
—-oxyd (= Dimethyl-arsinoxyd) 704
—-säure (= Dimethylarsonsäure) 704*, 707
—-verbindungen 703
s. auch Dimethyl-arsinverbb.
kalium-org. Verbindungen 725
Kalksalzdestillation, als Kondens.-Reakt. 944
—, Verw. z. Ringschlußreakt. 775, 797
kationoide Reaktionen, d. Benzolkerns 653
— —, d. N=N-Doppelbindung 628
α-Ketocarbonsäure(n), Decarboxylierung 955
—, dehydrier. Spaltung 913
1,3-—-ester, Säurespalt., Verw. z. Ringöffnung 778
Ketone, Reaktion m. metallorg. Verbb. 722*
Ketone, Reaktion v. KISHNER-WOLF, Mechanismus 627, 628
Knallquecksilber 745, 746
Knallsäure 744f.
—, Anlagerungsreaktt. 745
—, Darstellung 744
—, freie 745
—, komplexe Fulminate 746
—, Nitriloxyd-Form 744
—, Polymerisation 745f.
—, Schwermetallfulminate 746
Knallsilber 746
Kohlendioxyd, Reakt. m. metallorg. Verbb. 722*
—, Verw. z. FRIEDEL-CRAFTS-Reakt. 933
Kohlenoxyd 738f.
—-acetale, (Nichtexistenz) 738 Anm.
—, Anlagerungsreaktionen 739
—, Carbonylierungsreakt. 739, 741*
—-derivate 736f.
—, Hydrierung 739, 741*
—, Konstitution 736f.
—, Oxosynthese 739, 741*
—, techn. Synthesen m. — 741
—, Vgl. m. CN u. N_2 737
—, Verw. z. FRIEDEL-CRAFTS-Reakt. 933
—, Wertigkeit des Kohlenstoffes 737 Anm.
Kohlenoxysulfid, Gewinnung aus CO 741*
Kohlensäure-derivate, Verw. z. FRIEDEL-CRAFTS-Reakt. 933
—-ester, Esterkondensation 943
Kohlenstoff, radioaktiver 768f. s. auch radioaktiver ...
—, schwerer 768
Kojisäure 863
Komplexone 587
Kondensation 928f.
—, Aldol-— 936f.
s. auch Aldol...
—, alkalische, Mechanismus 929
—, Crotonaldehyd-— 939f.
s. auch Crotonaldehyd...
—, Definition 929
—, Einteilung 931
—, Ester- (=CLAISEN-)— 941f.
s. auch Ester...
—, FRIEDEL-CRAFTSsche Synthese 932f.
s. auch FRIEDEL...
—, MICHAEL-— 945f.
—, negat. —s-partner, Aufzählung 930
Kondensation, negat., —s-partner, Definition 929
—, Nitril-— 944
—, —-—, Verw. z. Ringschlußreakt. 795, 797
—, Phenol-Formaldehyd-— 939
—, posit. —-spartner, Aufzählung 930
—, — —, Definition 929
—, saure, Mechanismus 929
—, v. Alkoholen 935
—, v. Olefinen 933, 935
—, v. Oxoverbindungen 936f.
Kondensationsmittel, allgemeines 931f.
—, Aufzählung 931
—, basische 931
—, Beteilig. a. d. Reakt. 934f.
—, Einbau i. Reakt.-produkt 776, 839, u. a.
—, Einteilung 931
—, f. Aldolkondens. 937
—, f. Crotonaldehydkondensation 939
—, f. Esterkondensation 943f.
—, f. FRIEDEL-CRAFTS-Reakt. 934
—, saure (bzw. säureanaloge) 931
—, Wirk.-mechanismus 931, 934
Konfigurationsbestimmung, durch Glykolspaltg. 912
Konproportionierung (Def.) 753
Konstitutionsaufklärung, Best. d. Ringweite 959
—, durch Abbau v. C···C-Bindungen 950, 957f.
—, — oxydat. Ketonspaltg. 958
—, — Ozonspaltung 959
—, — stufenw. Carbonsäure-Abbau 952, 958
—, Nachw. v. Kettenverzweig. 954, 959
—, — v. Ringen 958, 959
—, Voruntersuchungen 957
Kreatin 586
—-in 586
—-phosphorsäure 586
Krokonsäure 787
—, Endiolform 788
kryoskopische Konstante, v. cyclischen Verbb. 807
Krystallin (= Anilin) 572
künstliche Alkaloide 579
Kugelmoleküle, Verbb. mit — 806f.
Kupfer-I-phenylacetylenid, Isonitril-Komplex 743

Kupplung 622f.
—, als Gleichgew. Reakt. 623
—, Bldg. v. Azoverbb. 624, 630
—, — v. Diazoaminoverbb. 624, 634
—, Definition 622
—, Mechanismus 622
—, m. Anilinbasen 623, 630, 634
—, m. Butadien 624
—, m. *1,3*-Dicarbonalverbindungen 625
—, m. Enaminen 562
—, m. Mesitylen 624
—, m. Phenolaten 624, 630
—, m. Pyrazolverbb. 882
—, m. Pyrrolbasen 870
—, v. *syn*-Diazotaten 625
Kyanol (= Anilin) 572
Kynurenin 848
Kynurensäure 848
Kyaphenin 855

Lactame 587f.
Lepidin 840*, 847
Leukonsäure 787
—, Pentoxim 787
—, Reakt. m. *o*-Phenylendiamin 787
Lewisit (= Chlorvinyl-arsin-dichlorid) 704
Lithium-alkyle, Reaktion m. Halogenbenzolen 717
—-—, — m. Phenoläthern 717
—-hexaphenylo-antimonat 708
—-methyl 725
—-org. Verbindungen 725
Lost 674
Lutidin(e) 840*, 844
—-säure 840*
Lyddit (= Ammoniumpikrat) 658

Magnesium-dialkyle 728
—-dimethyl 695*
—-hydrid, Anlag. an Äthylen 717
—-organ. Verbindungen 727f.
— —, Darstellung 727
— —, —, Nebenreaktion 727
— —, Konstitution 727
— —, lösungsmittelfrei 728
Malein-dialdehyd, Kondens.-Reaktt. 851
—-säureanhydrid, als philodiene Komp. 948
Malon-ester, Deuterierung 764 Anm.
—-—, Verw. z. Ringschlußreaktt. 775
—-säure, Deuterierung 762
Maltol 863
MANNICH-Basen 946
Mekonsäure 863
Menthan, *m*- und *p*- 790
Mercaptale, als Mercaptan-Derivv. 671*
Mercaptane 668f.
—, Acidität 670
—, aromatische: s. Thiophenole
—, Darst. aus Disulfiden 669
—, — aus metallorganischen Verbb. 669
—, — aus Sulfochloriden 669, 681
—, —, durch Alkylier. v. SH^- 668
—, Dehydr. z. Disulfiden 675
—, Eigenschaften 669
—, Geruch 670
—, Mercaptid-Bldg. 670
—, Nomenklatur 668
—, Oxydation 671
—, Reaktionen 671
—, —, d. SH-Gruppe 671
—, Schwermetallderivate 670
—, Spalt., acidolyt. 671
—, —, hydrier. 672
Mercaptide 670
2-Mercapto-imidazole 885
Mercurierung, d. Benzolkerns 730
—, v. Thiophenverbb. 899
Melinit (= Ammoniumpikrat) 658
Mesidin, Dimethyl-— 568, 574
Mesitylen, Kupplung m. Diazoverbb. 624
Metafulminursäure 746
—, als Isoxazol deriv. 896
Metall-amide, Darst. m. metallorg. Verbb. 719
—-ketyle 752
—-Kohlenstoff-Bindung 715
s. auch metallorg. Verbb.
metallorganische Verbindungen 715f.
— —, Abspaltung v. Olefinen 724
— —, Darstellung 716f.
— —, —, aus Halogenverbb. 716, 727
— —, —, —, Nebenreaktionen 725, 727
— —, —, durch Anlagerungsreaktionen 717
— —, —, durch Ersatz v. H 717, 719
— —, Eigenschaften 718
— —, Komplexbildung 724
— —, Konstitution 715
— —, Lösungsverhältnisse 724
— —, Nomenklatur 716
— —, Oxydation 723
metallorganische Verbindungen, Reaktion(en) 718f.
— —, —, m. aktivem H 719
— —, —, m. Aldehyden 722*
— —, —, m. Alkylhalogeniden 722*
— —, —, m. Ameisensäureestern 722*
— —, —, m. Carbonsäureestern 722*
— —, —, m. Carbonylverbb. 721
— —, —, —, Nebenreaktt. 723
— —, —, m. Formaldehyd 722*
— —, —, m. Halogenverbb. 720
— —, —, m. Ketonen 722*
— —, —, m. Kohlendioxyd 722*
— —, —, m. Nitrilen 721
— —, —, m. Nitroverbb. 723
— —, —, m. Orthocarbonsäureestern 720
— —, —, m. Orthokohlensäureestern 720
— —, —, m. Pyridin 842
— —, —, m. Schwefel 723
— —, —, v. ZEREWITINOFF 719
— —, Verw. als Kondensationsmittel 937, 942 u. a.
— —, wasserbeständige 729
— —, wasserunbeständige 725
— —, WURTZ-FITTIGsche Synthese 720
Metanilsäure 687
Methan, Deuteriumderivv. 761*, 762, 763*
—-disulfonsäure 684, 762
s. auch Methionsäure
Methanol, Gew. aus CO 741*
Methazonsäure, (= Nitro-acetaldoxim) 648
Methen-cyclopropan, (Nichtexistenz) 783
Methionin 674
Methionsäure (= Methandisulfonsäure) 684, 762
—, Deuterierung 762
—-ester, Reakt. m. Diazomethan 683
Methol 578
p-Methoxy-phenyldiazotat 618
Methyl (freies Radikal) 755
Methyläthyl-amin 539*
—-propyl-butyl-blei 733
—-sulfid 670*
Methylamin 539*, 553
—, p_K-Wert 540*
N-Methyl-*m*-aminophenol 578

N-Methyl-*p*-aminophenol 578
—-anilin 565*, 573
N-—-anthranilsäure-methylester 589
—-arsin 695*
—-—-dichlorid 704
—-azid 636*
α-—-benzoxazol 895*
—-*n*-butylamin 539*
α-—-chinolin (= Chinaldin) 840*, 847
γ-—-— (= Lepidin) 840*, 847
N-—-chinon-oxim-imin 664*
—-cholanthren 832
—-cyanacetyl-harnstoff 853*
—-cyclohexan 777*
—-cyclopentan 777*
—-—, Isomerisierung 781
2-—-cymol 790*
5-—-cytosin 853
9-—-dekalin 803
9-—-—, Dehydrierung 789
N-—-dihydro-nicotinsäureamid (Ion) 843
Methylen (freies Radikal) 755
—-blau-Entfärbung, Verfahren 915
α-—-cyclohexanon, Dimerisierung 947
—-di-isonitramid 603
2-Methyl-furan 891
3-—-furazan, Ringspaltung 896
N-—-glycin (= Sarkosin) 586
N-—-hydroxylamin 591*
O-—-— 590*
Methylide 726
Methyl-imid-Bestimmung 543
4-—-imidazol 884
4-—-—, Tautomerie 880
β-—-indol 876
2-—-mentha-trien-*2,6,8(9)* 790*
—-mercaptan 670*
—-—, Hydrat 670
α-—-naphthalin 815*
N-—-nicotinsäureamid (Ion) 843
—-nitrolsäure, Auftret. b. d. Knallsäuresynth. 745
—-nitrosolsäure 665
2-—-*4*-phenyl-oxazol 895*
—-phosphin 695*
3-—-pyrazol, Tautomerie 880
—-pyridine (= Picoline) 840*, 844
—-pyrrol, α- u. N- 871
—-selen-mercaptan 695*
—-silan 695*
—-tellur-mercaptan 695*
des-—-tropidin 793*
Miazin (= Pyrimidin) 852
MICHAEL-Addition (bzw. -Kondensation) 945
—, Variat. n. MANNICH-ROBINSON 946
—, Verw. f. Ringschlußreakt. 945
MICHLERS Keton 579
Mirbanöl, (= Nitrobenzol) 655
α-Monoalkyl-amino-ketone 579
— (aryl)-arsinoxyde 703
— (—)-diimine, als Zwischenverbb. 626
— (—)-phosphonsäuren 700
—-borane 713
—-silane 711
—-trichlorsilane 709
Monoarylhydrazine 598f.
—, Basizität 598
—, Disproportionierung 599
—, Hydrazonbildung 598
—, α-Nitrosoderivv. 599
—, Osazonbildung 598
—, Oxydation 599
—, Reduktion 599
—, Ringschlußreaktionen 599
Monobenzilkalium, als freies Radikal 752
Monodeutero-benzol 763*
—-methan 761*, 763*
Monomethyl-anilin 565*, 573
—-silan 695*
Mono-natrium-malonester, Verw. z. Ringschlußreaktt. 775
—-nitro-aniline (= Nitraniline) 658
—-thioglykol 672
Morphenol 894
MOZINGO, Mercaptan-Spaltung 672
Muscon 799
mustard gas 674

Naphthacen (= Tetracen) 830
Naphthalsäure 821
—-anhydrid 821
Naphthalidinsäure 820*
Naphthalin 815*, 816, 824 Anm.*
—, Sulfonierung 678, 679
Naphthalinring, Abbau
—, Hydrierung 816, 820
—, Isomerieverhältnisse 814
—, Lage der Doppelbindungen 814
—, Ortsbest. v. Subst. 815
—, Reaktionen 815f.
—, Strukturbeweis 813
—, Substitution 816
—, Totalsynthese 813
Naphthalin-sulfonsäure, α- u. β- 815*, 817
Naphthalinverbindungen 813f
—, Eigenschaften 815
—, Nomenklatur 814
Naphthene, als alicycl. Verbb. 774
Naphthionsäure 820*, 821
Naphthoesäure, α- u. β- 815*, 821
Naphtho-chinon, *amphi*- 818
—, *o*- u. *p*- 815*, 818
α-Naphthol 815*, 817
—-*2,4*-disulfonsäure 819*
—-methyläther 815*
—-*2*-sulfonsäure 819*
—-*4*-— 819*
—-*2,4,7*-trisulfonsäure 819*
β-Naphthol 815, 817
—-äthyläther, (= Nerolin neu) 818
—-*3,6*-disulfonsäure 819*
—-*6,8*-— 819*
—-methyläther (= Nerolin) 815*, 818
—-salicylsäureester 818
—-*6*-sulfonsäure 819*
—-*8*-— 819*
—-*3,6,8*-trisulfonsäure 819*
Naphthonitrile 817
Naphthylamin(e), Bldg. aus Naphtholen 817
—, Hydrierung 820
—-sulfonsäure v. CLEVE 820*
α-Naphthylamin 815*, 819
—, Abbau 813
—, p_K-Wert 540*
—-*4,6*-disulfonsäure 820
—-*4,7*— 820*
—-sulfonsäure L 820*
—-*4*-sulfonsäure (=Naphthionsäure) 820*, 821
—-*5*-— 820*
—-*6*-— 820*
β-Naphthylamin 815*, 819
—-*3,6*-disulfonsäure 820*
—-*6,8*— 820*
—-*6*-sulfonsäure 820*
—-*7*-— 820*
—-*8*-— 820*
Natrium-acetat, Deuterierung 764
—-benzol-*anti*-diazotat 614*
—-—-*syn*-— 614*
—-cupferron 626*
—-eisen-II-fulminat 746
—-formiat, Gew. aus CO 741*
—-malonester, Verw. z. Ringschlußreaktt. 775
—-organ. Verbindungen 725
—-— —, Darst. 718
—-phenyl-nitramid 626*
—-trityl 726

Natrium-trityl, Verw. als Kondens.-mittel 942
Neosalvarsan 706
Neoteben 845
Nerolin 818
— neu 818
Neurin 561, 562
NEVILLE-WINTHERsche Säure 819*
nichtmetallorganische Verbindungen 694f.
s. auch einzelne Elemente
Nickel-dimethylglyoxim, als alicycl. Verb. 810
—-tetra-isonitrile 743
Nicotinsäure 840*, 845
—-amid 840*, 845
—-—, N-Methylderiv. 843
—-*N*-diäthylamid (= Coramin) 845
Ninhydrin 834
—-reaktion 835
Nirvanol 586
p-Nitranilid 568*
Nitranilide 571
—, Bldg. aus Diazoverbb. 626
—, Definition 568
m-Nitranilin 645*
o-— 645*
p-— 568*, 645*
Nitraniline 658f.
—, Basizität 658
—, Diazotierung 616
—, Farbe 659
—, hydrolyt. Spalt. 656*, 659
—, Salzbildg. 658
—, Tautomerie 658
Nitrierung 640f.
—, Katalyse 642
—, m. Acetylnitrat 641
—, m. Benzoylnitrat 641
—, m. konz. Salpetersäure 641
—, m. Nitriersäure 641
—, m. rauch. Salpetersäure 641
—. m. Salpetersäure-Acetanhydrid 641
—, m. Salpetersäureestern 641 649
—, m. Stickoxyden 642
—, m. Tetranitromethan 642, 649
—, m. verd. Salpetersäure 641
—, Temp.-Einfluß 642
—, Vermeid. v. Oxydationsreaktt. 640
—, v. aktiv. H-Verbb. 643
—, v. Anilinbasen im Kern 568, 570
— — in d. NH_2-Gruppe 571
—, v. aromatischen Kohlenwasserstoffen 643
—, v. Paraffinen 643
Nitrierung, v. Seitenketten 643
—, v. Thiophenverbb. 899
Nitriersäure 641
-nitril (Endung) 535
Nitrile: s. Carbonsäurenitrile
Nitrilkondensation 944
—, Verw z. Ringschlußreakt. 795, 797
Nitrilo-tri-essigsäure 586
Nitro-acetaldoxim 648
—-Acinitro-Tautomerie 646
—-äthan 645*
—-äthylen 650
—-äthylalkohol 644, 650
α-—-anthrachinon 827
o-—-benzaldehyd 652
m-—-benzoesäure, p_K-Wert 656
o-—-—, — 656
p-—-—, — 656
—-benzol 645*, 655
—-—, Redukt.-Schema 652
α-—-carbonylverbindungen, Labilität 648
—-chloroform (= Chlorpikrin) 649
—-essigsäure (Nichtexistenz) 648
—-—, als Zwischenprodukt 644
Nitroform (= Trinitromethan) 649
Nitro-Form (Nitro-Acinitro-Taut.) 647
Nitrogruppe, Abspaltung 652, 654
—, als Subst. 2. Ordn. 653
Nitro-halogenbenzole 654, 656
Nitrolsäuren 647
o-Nitromandelsäure, Verw. z. Dioxindol-synth. 877*
Nitromethan 645*, 648
—, Darst. aus Chloressigsäure 644
—, Kondens.-Reakt. 648, 942
p-Nitro-*N*-methylanilin 571
Nitron 886f.
—, Ringbrückenformel 887
—, Verw. z. HNO_3- u. BF_4-Best. 887
—, Zwitterionenformel 887
α-Nitronaphthalin 815*, 817
—, Abbau 813
β-— 815*, 817
—, Darstellung 816
m-Nitrophenol 645*, 657
—, p_K-Wert 654
o-— 645*, 656
—, Chelat-Bildung 657
—, p_K-Wert 654
p-— 645*, 656
—, als Indikator 657
p-Nitrophenol, Kupplung 623
—, p_K-Wert 654
Nitrophenole 664
—, Farbe 657
—, Tautomerie 656
o-Nitrophenyl-essigsäure, Verw. z. Oxindol-synth. 876
o-—-glyoxyl-säure, Verw. z. Isatin-synth. 877*
Nitrosamine 550, 571
—, Umlagerung v. O. FISCHER u. HEPP 568, 572
—, v. primären Aminen 619
Nitrosierung, v. aliphat. Nitroverbb. 647
—, v. Anilinbasen im Kern 568
—, — in d. NH_2-Gruppe 571
—, v. CH-Verbb. 660
N-—, v. sek. Aminen 541, 550
p-Nitroso-anilinbasen, Abspalt. d. Aminogruppe 664
α-—-arylhydrazine 599
4-—-antipyrin 884
—-arylhydroxylamine 603
o-—-benzoesäure, aus *o*-Nitrobenzaldehyd 652
—-benzol 652*, 665
p-—-dimethylanilin 666
—-gruppe, als Subst. 1. Ordn. 664
N-—-hydrazine 598
2-—-isobutan 665
—-methan 664
p-—-methylanilin 666
p-—-—, Tautomerie 664
Nitrosol-Säuren 665
p-Nitroso-phenol, Taut. m. Chinonmonoxim 664, 665
—-phenylhydroxylamin 603
1-—-tetrazol 888
Nitrosoverbindungen 660f.
—, alipathische 663f.
—, aromatische 664f.
—, —, Kernsubst. 664
—, Bezieh. zu HNO_2 u. HNO_3 660
—, Darstellung 660
—, Dimerisierung 661, 662
—, Eigenschaften 661
—, Farbe 661
—, Isonitrosoverbb. 664
—, Konstitution 660
—, Nitrosierung 660
—, Nitrosolsäuren 665
—, Oxim-Nitroso-Tautomerie 663
—, Oxydation 662
—, Pseudonitrole 665
—, Reaktt. d. N=O-Doppelbindung 661
—, Reduktion 662

Nitrosoverbindungen, Redukt. z. prim. Aminen 537, 552
o-Nitro-stilben-carbonsäure 828*
α-—-thiophen 897*
p-—-o-toluidin 659
m-Nitrotoluol 645*
o-— 645*, 652
p-— 645*
ω-—, (= Phenylnitromethan) 649
Nitroverbindungen 639f.
—, alipahtische 646f.
—, —, Acinitro-Form 647
—, —, aktive Methylengruppe 647
—, —, Aldolkondensation 647, 938
—, —, als Kupplungskomp. 648
—, —, Crotonaldehydkondensation 648, 941
—, —, Nitro-Form 647
—, —, Nitrolsäuren 647
—, —, Nitrosierung 647, 660
—, —, primäre 647
—, —, Pseudonitrole 647
—, —, sekundäre 647
—, —, Subst. d. Methylengruppe 647
—, —, tertiäre 647
—, als Derivv. v. HNO_2 u. HNO_3 639
—, aromatische 650f.
—, — Darst. n. FRIEDEL-CRAFTS 934
—, —, Kernreaktionen 653
—, —, —, Nebenreaktionen 651
—, —, Reduktion 563, **650f.**
—, — —-s-Schema 652
—, —, —, z. Azoverbb. 630
—, —, Substitution d. Nitrogruppe 652, 655
—, —, — i. d. Seitenkette 655
—, —, — v. neg. Substituent. 653
—, Basizität 652
—, Darstellung 640f.
s. auch Nitrierung
—, —, aus anderen Stickstoffverbb. 644
—, —, aus Carbonsäuren 643
—, —, aus Metallnitriten 643
—, —, aus Olefinen u. Stickoxyden 644
—, —, aus Sulfonsäuren 643, 684
—, —, durch Nitrierung 640f.
—, —, n. V. MEYER 644
—, —, n. SANDMEYER 621, 644
—, Eigenschaften 645
Nitroverbindungen, Explosionsneigung 646
—, Farbe 645f.
—, Isomerie m. Salpetrigsäureestern 639
—, Konstitution 639, 645
—, Löslichkeit 645
—, Nitro-Acinitro-Tautomerie 646
—, Nomenklatur 640
—, Reaktion(en) 646f.
—, — m. metallorg. Verbb. 723
—, Reduktion 563, 646, 650f.
—, —, innermolekulare 642, 646
—, —, z. prim. Aminen 537, 552
N—N-Bindung, Beständigkeitsverhältnisse 597
—, Bildungswärme 597
N=N-Doppelbindung, Anlagerungsreaktt. 628f. 631
—, Hydrierung 918
—, Hydrolyse 629, 665
N→O-Bindung, in Aminoxyden 592
—, in Azoxyverbb. 632
—, in Nitroverbb. 639
N=O-Doppelbindung, Hydrierung 918
—, in Nitroverbb. 646, 651f.
—, Kondensationsreakt. 661
—, Reduktion 662
Nomenklatur, Aminoverbb. 535
—, Ammoniumsalze 545
—, Anthracen-derivv. 823
—, Anthrachinon-derivv. 826
—, Antimon-Verbb. 699 Anm.
—, Arsen-Verbb. 699 Anm., 705 Anm.
—, Azoverbb. 627
—, Azoxyverbb. 627, 632
—, bicyclische Ringsysteme 800, 802
—, Chinolin-Verbindungen 846
—, cyclische Verbb. 772
—, Cyclohexanverbb. 788
—, Cycloparaffine 773
—, Deuteriumverbb. 760
—, Diazoverbindungen 605, 628
—, Enamine 561
—, Furanverbb. 867*, 890
—, Hydrazoverbindungen 627
—, hydrierte Pyrrolbasen 870
—, Imid-azolring 878*
—, Indolring 874
—, Mercaptane 668
—, metallorg. Verbb. 716
—, Naphthalin-derivv. 814
Nomenklatur, Nitroverbb. 640
—, nor-Verbindungen 804
—, Phenanthren-derivv. 828
—, Phosphorverbb. 699 Anm.
—, polycycl. aromat. Verbb. 813
—, Pyrazolring 878*
—, Pyridinverbindungen 839
—, Pyrrolverbb. 867
—, Spirane 802
—, Sulfinsäuren 689
—, Sulfone 687
—, Sulfonsäuren 677
—, Sulfoxyde 691
—, Tetrazolring 878*
—, Thioäther 673
—, Triazolring 878*
nor- (Vorsilbe) 804
Novatophan 848
Novocain 577, 589
Nydrazid 845

Octacen (Derivate) 830
9(10)-Octalin 803
—, Verw. z. Cyclodecansynth. 799
Octamethylendiamin 561*
Octaza-trien (Derivat) 638
Ölsäure, elektrolyt. Hydrierung 921
Oiazin (= Pyridazin) 851
Olefine, Anlagerung v. CH-Verbb. 945f.
—, —, v. metallorg. Verbb. 718, 723
—, —, v. Stickoxyden 644
—, Bldg. aus metallorg. Verbb. 724
—, Carbonylierung 739, 741*
—, Dimerisierung m. R_2AlH 724
—, — z. Cyclobutanderivv. 784, 946
—, Farbreakt. m. Tetranitromethan 649
—, Gew. aus CO 741*
—, Oxydation m. $KMnO_4$ 906
—, — —, Mechanismus 908
—, — m. OsO_4 908
—, — m. $Pb(OAc)_4$ 909
—, Verw. z. FRIEDEL-CRAFTS-Reakt. 933
—, Wander. d. Doppelbind. 953
Olefinoxyd-Umlagerung, Verw. z. Ringweitenänderung 780
Olefinspaltung, als Abbaureakt. 953
Organometall-Verbindungen 715f.
s. auch metallorg. Verbb.
Ortho-carbonsäureester, Reakt. m. metallorg. Verbb. 720

Ortho-kohlensäureester, Reaktion m. metallorg. Verbb. 720
Osazone, Benzoylosazone 604
Osotetrazine 604, 858
Oxalsäure, Darst. durch reduz. Synth. 950
—, Dehydrierung, 913
—, Gew. aus CO 741*
1,4-Oxazin 865
Oxazole (= *1,3*-—) 895
1,2-— (= Isoxazole) 896
Oxazolin-carbonsäureester 896
Oxim(e), Bldg. aus Nitrosoverbb. 663
—, Redukt. z. prim. Aminen 538, 552
—-Nitroso-Tautomerie 663
Oxindol (= α-Oxy-indol) 876
—-oxim 875
α-Oxo-carbonsäuren, dehydrier. Spaltung 913
—-synthese 739, 741*
—-verbindungen, Nitrosierung 660
—-—, Redukt. z. Aminen 538
o-Oxyacetophenon 864
β-Oxyäthyltriäthylsilan 709*
—, Alkyläther 709*
9-Oxy-anthracen (= *9*-Anthranol) 824
p-—-azobenzol 633
o-—-benzal-acetophenon 864
o-—-bromzimtsäure 893*
α-Oxycarbonsäuren, Bleitetraacetatspaltung 952
—, dehydrier. Spaltung 913
2-Oxychinolin (= Carbostyril) 847
4-—-*2*-carbonsäure (= Kynurensäure) 848
o-Oxy-chlorstyrol, Verw. z. Cumaronsynth. 893
Oxydation 904f.
—, Autoxydation 905
—, direkte 904f.
—, Einteilung 904
—, elektrolyt. 922
—, indirekte 910
—, —, durch Anlagerung v. OH-Verbb. 910
—, —, — Dehydrierung 912f. s. auch Dehydrierung
—, —, — Glykolspaltung 911f. s. auch Glykolspaltung
—, —, — Kondensation 911
—, —, — Sulfonierung 911
Oxydationsmittel 905f.
—, Aryljodidacetate 909
—, Benzopersäure 905
—, Bleidioxyd 910
—, Bleitetraacetat 908, 911
—, —, Wirk.-mechanismus 909
Oxydationsmittel, Carosche Säure 906
—, Chromtrioxyd 907
—, Chromylchlorid 907
—, element. O_2 905
—, Hydroperoxyd 906
—, Kaliumbichromat 906
—, Kaliumpermanganat 906f.
—, —, Wirk.-mechanismus 908
—, klassische 905f.
—, Mangandioxyd 910
—, moderne 908f.
—, Osmiumtetroxyd 908
—, Ozon 905
—, Peressigsäure 905
—, Perschwefelsäure 906
—, Salpetersäure 907
—, —, Katalyse durch N_2O_3 u. Hg-Verbb. 907
—, Selendioxyd 910
3-Oxy-*5,6*-dialkyl-*1,2,4*-triazin 856*
oxydierende Synthesen 949
Oxy-glutacondialdehyd-dianil 892
α-—-indol (= Oxindol) 876
β-—-— (= Indoxyl) 876
5-Oxymethyl-furfurol (= ω-—) 892
Oxy-oxoverbindungen, Glykolspaltg. 912
1-—-*5*-phenyl-tetrazol 888
—-pyridine (= Pyridone) 840*, 844
Ozonabbau, Verw. z. Ringspalt. 778, 799

Panthesin 577
Paraffine, Gew. aus CO 741*
—, Hydrierung 779*
—, Sulfonierung 679
Pentaaryläthyl-radikale 752
Pentabenzo-benzol 832*
Pentacen 830
Pentamethylen-diamin (Cadaverin) 556*, 558
—-imin (= Piperidin) 560
Pentamethyl-phenolat, Kupplung 623
—-stickstoff, (Nichtexistenz) 726
Pentanitranilin 659
Pentaphen 831*
Pentaphenyl-äthan, Radikalspalt. 750
—-antimon 708
—-arsen 707
—-chromchlorid 735
—-cyclopentadien 752
—-cyclopentadienyl (freies Radikal) 752
—-phosphor 701
Pentaphenyl-wismut 734
Pentazol (Nichtexistenz) 889
Peptide 583
peri- (Vorsilbe) 815
Perjodsäurespaltung, Verw. z. Ringöffnung 778
Pervitin 553, 555
Perylen 832
Phenacetin 578
Phenäthyl-amin 553
—-glycin 586
Phenanthren 829
—, Bldg. aus Cumaron 894
—-*9*-carbonsäure 828*
—-chinon 829
—-—, Abbau z. Diphensäure 828
—, Konstitution 827
—, Synthesen 828
—-verbindungen 827f.
—-—, Isomerieverhältnisse 828
Phenanthroxyle 759
Phenazin 575*, 854
—, Diamino-— 575*
—, Diphenyl-— 602, 756
Phenetidin 578
—, Dulcin 578
Phenol-äther, Metallierung 717
—-ate, Kupplung m. Diazoverbb. 624
—-*2,4*-disulfonsäure 657, 686
Phenole, Darst. aus Sulfonsäuren 684
—, Kondensation, m. Formaldehyd 939
—, Nitrosierung 660
Phenol, elektrolyt. Hydrierung 921
—, kryoskop. Konst. 807*
—, p_K-Wert 654
—-phthalein 944*
—-sulfonsäure, *o*- u. *p*- 686
—-*2,4,6*-trisulfonsäure 686
—-verkochung 566, 621
Phenoxazin 865
Phenyl-acetaldehyd, Bldg. aus Cyclo-octa-tetraen 797
—-äthyl: s. Phenäthyl
—-azid 633, 636
2-—-chinolin-*4*-carbonsäure (= Atophan) 848
—-chromon (= Flavon) 864
1-—-*2,3*-dimethyl-*5*-pyrazolon (= Antipyrin) 883
1-—-*3,3*-—-triazen 635
m-Phenylendiamin 565*, 575
o-— 565*, 574
—, Diazotierung 617*
—, Reakt. m. Leukonsäure 787
p-— 565*, 575
Phenyl-glycin 587

Phenyl-hydrazin 599
—.—, Darst. aus Diazoverbb. 626
—.—.N,N'-disulfonsäure 626*
—.—, p_K-Wert 540*
—-hydrazone, Verw. z. Indolsynth. 874
—-hydroxylamin 594, 652*
—-isocrotonsäure 814*
—-isocyanat 573
—-mercaptan, (= Thiophenol) 672
1-—-*3*-methyl-*4*-isonitroso-*5*-pyrazolon 882
1-Phenyl-*3*-methyl-*5*-pyrazolon 882f.
—, als Kupplungskomp. 883
—, Ketohydrazinform 883
—, Ketohydrazonform 882
—, Phenolform 883
1-Phenyl-*3,4,4*-trimethyl-*5*-pyrazolon 882
Phenylnitro-äthylen 648, 941
—-methan 645*, 649
—.—, Aciform 650
Phenyl-phosphindichlorid 699
—-phosphonsäure 700*
ω-—-propylchlorid 834
—-senföl 573
—-sulfamidsäure 568*, 686
—-stibinoxyd 708
—-stibonsäure 708
philodiene Komponente 948
Phloroglucin, Reakt. m. Furfurol 892
—-tricarbonsäureester, Synth. 776
Phosgen, Gew. aus CO 741*
—, U. V.-Bestrahlung 738
—, Verw. z. FRIEDEL-CRAFTS-Reakt.
Phosphagen 586
Phosphine 697f.
—, Basizität 698
—, Darstellung 697
—, Eigenschaften 698
—, Reaktionen 698
Phosphin-oxyde 701
—-säuren 699
—.—, Def. 699 Anm.
Phospho-benzol 699
—-kreatin 586
Phosphoniumsalze, quartäre 698
Phosphonsäuren 700f.
—, Definition 699 Anm.
Phosphor, radioaktiver 770
—-Sauerstoff-verbindungen Nomenklatur 699 Anm.
Phosphorverbindungen 697f.
Phosphorverbindungen, arom., Darst. n. FRIEDEL-CRAFTS 934
—, d. +3-wert. Phosphors 699
—, d. —3-wert. Phosphors 697
—, d. 5-wert. Phosphors 700
Phospho-verbindungen 699
Phthalimidkalium, Darst. primärer Amine 551
Phthalonsäure, Bildg. b. Naphthalinabbau 952
Phthalsäureanhydrid, Kondens.-Reaktt. 944
Phthalsäureanhydrid, Kondens.-Reakt. 944
Piazin (= Pyrazin) 854
Picolin(e) 840*, 844
—, Kondensations-reakt. 843, 938, 941
—-säure 840*
Picen 831*
Pikramid 654*, 658
—, Diazotierung 617
Pikrinsäure 645*, 657
—-addukte, v. aromat. Kohlenwasserstst. 658
—, Darst. aus Benzol 643
—-ester 654*, 658
—, p_K-Wert 654*
Pikrylchlorid 654*, 658
Pinakolinumlagerung, Verw. z. Ringweitenänderung 779
Pinakonreduktion 950
—, Verw. z. Ringschlußreaktt. 777
Piperazin **560**, 854
—, p_K-Wert 540*
Piperidin 560
—, Dehydrierung 916
—, p_K-Wert 540*
Piperidon 587
Poly-acene 830
Polyamine 556f.
—, Basizität 557
—, Ringschlußreaktionen 557
—, sekundäre 558
Polyarylalkyl-radikale 752f. s. auch einzelne Radikale
polycyclische Chinone 833
— Verbindungen, alicyclische 800f., 808 s. auch einzelne Ringsysteme
— —, aromatische 812f., 830f.
— —, —, Eigenschaften 813
— —, —, Pikrinsäure-Addukte 813
— —, Def. d. Ringzahl 800 Anm.
Polymethylen-äther, v. Diphenolen 838
Polynitro-naphthaline 817
Polynitroverbindungen, Alkolat-Addition 653
—, Kernsubstitution 653
—, part. Redukt. 563
Polyolefine, Anlagerung v. metallorg. Verbb. 718, 723
—, Reakt. m. Triarylmethylradikalen 749
Polyoxy-naphthaline 818
Polyphenylchrom-halogenide 734
—-hydroxyde 735
Polyphenyle, Darst. durch reduz. Synth. 950
primäre Verbb., s. Einzelverbb.
Prolin (als Pyrrol-deriv.) 873
Prontalbin (= Prontosil album) 687
Propäsin 589
Propargyl-aldehydacetal, Verw. z. Pyrazol-synth. 881
—-alkohol. Gew. aus CO 741*
Propionaldehyd-diäthyl-mercaptal 688
—-phenylhydrazon, Verw. z. Skatol-Synth. 876
Propionsäure, Deuterium-derivv. 763*, 765
—, Elektrolyse, Mechanismus 765
n-Propyl (freies Radikal) 755
—-amin 539*
—-mercaptan 670*
Protonenaustausch, Nachweis durch Deuterium 761
Pseudo-ammoniumbasen 549
—-nitrole 665
—-nitrosite 650
—-pelletierin, Darst. v. Cyclo-octa-tetraen 794
—-phenylessigester 611, 793, **804**
Pteridin 854
Ptomaine 558
Purin 885*
Putrescin 556*, 558
Pyramidon 884
Pyranol-Ring, Aromatisierungstendenz 858
—, Trimethylderiv. 858
Pyranthron 833
Pyrazin 854
Pyrazol 881
—, Darstellung 881
Pyrazolidin 882
Pyrazolin(e) 882
—-tricarbonsäureester 882
—, Überf. i. Cyclopropandc-rivv. 882
Pyrazol, Mesomerie d. Ionen 881

Pyrazol, p_K-Wert 540*, 880
—-ring, Nomenklatur 878
—, Synthesen 879*, 881
—, Tautomerie 880
—-verbindungen 881 f.
s. auch Azapyrrole
—-—, als Kupplungskompp. 882
—-—, Reaktionen 881
—-—, Säurestabilität 881
Pyren 831*, 833
Pyridazin 851
—-tetracarbonsäure 852
Pyridin 840*, 844
—-carbonsäuren 840*, 845
—, *2,4*-Dinitro-chlorbenzol-addukt. 843
—, elektrolyt. Oxydat. 922
—, p_K-Wert 540*, 841
—-Ring, aromat. Reaktt. 841
—-—, Doppelbindungsreaktt. 841 f.
—-—, Konstitution 838 f.
—-—, Spaltung 842
—, SO_3-Addukt. 842
—-stickstoff, als Subst. 2. Ordn. 841
Pyridinverbindungen 838 f.
—, *N*-Alkylpyridiniumsalze 842
s. auch N-Alkyl-...
—, als Reaktionsmedien 841, 844
—, Eigenschaften 840
—, Lösungseigenschaften 841
—, Nomenklatur 839
—, Reaktionen 841
—, Synthese 839
—, Vorkommen 838
α-Pyridon 840*, 844
—, Darst. aus Pyridin 922
γ-— 840*, 844
Pyridyl-indigo 878
Pyrimidin 852
—-derivate 852 f.
Pyrindol 878
Pyromekonsäure 863
α-Pyrone 860
γ-— 861 f.
—, *O*-Alkylderivv. 863
—, Basizität 862
—, Benzoderivv. 864
—, Def. 860
—, Mesomerie 862
—, Reaktionen 862
—, Struktur 862
—, Überf. in Pyridin-derivv. 863
Pyrrol 868, 873
α-—-aldehyd 873*
—, Bldg. aus Furan 890
α-Pyrrol-carbonsäure 872
—, Dienreakt. 949
—, ev. Salzbildung 869
—, p_K-Wert 540*
—, Überf. i. Furan **869**, 890
Pyrrolidin 560
—, Dehydrierung 916
—, p_K-Wert 540*
2-Pyrrolin 870*
3-— 870*
—, Ozonspalt. 872 Anm.
Pyrrolidon 587, 588*
Pyrrolkalium 869
—, Acylier. u. Alkylier. 871
Pyrrolmagnesiumhalogenide 869
—, Acylier. u. Alkylier. 872
Pyrrolring, Halogenierung 870
—, Kernwanderung v. Subst. 871
—, Konstitution 867 f.
—, Nomenklatur 867
—, Pyrrolenin-form 868
—, Pyrrol-form 868
—, Reaktion(en) 868 f.
—, —, als aromat. System 870
—, —, als Diolefin 872
—, —, m. Chloroform 873
—, —, m. Diazoessigester 872
—, Reduktion durch Hydrierung 870
—, — m. nasc. Wasserstoff 872
—, Ringerweiterung 873
—, Spaltung 869
—, —, m. Hydroxylamin 870
—, Subst. a. Stickstoff 871
—, — i. Kern 870
—, Synthese 867 f.
—, Tautomerie 868
Pyrrolstickstoff, dirigierende Wirkung 871
—, Neutralisationsenergie 869
—, Reaktionen 869
Pyrrolverbindungen 867 f.
—, Acidität 869
—, als Kupplungskompp. 870
—, Basizität 869
—, Eigenschaften 868
—, Fichtenspanreaktion 873
—, Säurepolymerisation 872
Pyrylium-perchlorat 859
Pyryliumsalze 858 f.
—, Darstellung 858, 859
—, Eigenschaften 859
—, Pseudobasen 859
—, Ringöffnung 860
—, Überf. i. Pyridin 859

quartäre Verbb. s. Einzelverbb.
Quecksilber, als Katalysator f. Nitrierung 643
Quecksilber, als Katalysator f. Sulfonierung 826
—-diäthyl 695*
—-dialkyle(aryle) 730
—-dimethyl 695*
—-mercaptide 670, 671
—-organ. Verbindungen 730
—-— — Darst. 716, 720, **730**
—-— —, d. Thiophens 899
—-salze, als Katalys. f. HNO_3-Oxydation 907
Quercite 791

Radikale, freie 746 f.
—, —, Alkyl-— 754
—, —, als endotherme Verbb. 747
—, —, Ammenium-— 758
—, —, Beer'sches Gesetzes **747 Anm.**, 750, 757 u. a.
—, —, Beständigkeit 747
—, —, Cyclohexyl-diphenyl 751
—, —, Definition 746
—, —, Diarylstickstoff-— 756
—, —, Diarylstickstoff-oxyd— 758
—, —, Dicyclohexylphenyl-methyl 751
—, —, Diradikale 752
—, —, Geschichte 747
—, —, Hydrazenium 758
—, —, Hydrazyle 757
—, —, Ionen-— 753, 758, 760
—, —, Metallketyle 752
—, —, Nachweis 747
—, —, Paramagnetismus 748
—, —, Pentaphenyl-äthyl 752
—, —, Cyclo-pentadienyl 752
—, —, Polarylalkyl-— 752
s. auch einzelne Radikale
—, —, Sauerstoffradikale 759
—, —, Semichinone 753
—, —, Stickstoff-— 756 f.
—, —, Tetraphenylallyl 751
—, —, Triaryl-bor-natrium 760
—, —, Triarylmethyl-— 748
s. auch Triaryl-...
—, —, Wursters Rot 754
radioaktiv. Kohlenstoff 768 f.
— —, Altersbestimmung org. Subst. 769
— —, Anwendung 769
— —, Einführung in org. Verbb. 769
— —, Gewinnung 768 f.
— Jod 770
— Phosphor 770
— Schwefel 770

Raney-Nickel, als Hydrier.-Katalysator 918
—, Verw z. Mercaptanspalt. 672
Reduktion 917f.
s. auch Hydrierung
—, direkte 917f.
—, durch Zinkstaubdestillation 924
—, elektrolytische 921
—, indirekte 925
—, —, durch Alkohol-Dehydratation 925
—, —, — Kondensation 925
—, —, üb. Diiminderivate 926
—, n. Clemmensen 920
—, n. Meerwein-Ponndorf 924
—, üb. metallorg. Verbb. 924
Reduktionsmittel 917f.
—, Aluminium-amalgam 919
—, atomarer Wasserstoff 922
—, Chrom-II-chlorid 924
—, EisenHCl- 920
—, freie Metalle 924
—, Hydrazin 924
—, Hydrazo-verbindungen 924
—, Jodwasserstoffsäure 923
—, Lithium-aluminium-hydrid 924
—, Lithiumhydrid 924
—, nascierender Wasserstoff 919
s. auch Wasserstoff
—, Natrium-Alkohol 919
—, —-amalgan 919
—, roter Phosphor 923
—, Schwefelwasserstoff 923
—, Titan-III-chlorid 924
—, Zink 924
—, —-amalgam 920
—, —-Eisessig 920
—, —-HCl 920
—, Zinn-II-chlorid 924
—, —-HCl 920
reduzierende Synthese 950
Reformatsky, Synthese 928
Reten 829
Retropinakolin-Umlagerung, Verw. z. Ringweitenänderung 780
Rhodanierung, v. Anilin 901
Rimifon 845
Ring-bildungs-maximum u. -minimum 798
—-brücke 801, 805
—-erweiterung 779
Ringschlußreaktionen 774f.
—, durch Crotonaldehydkondens. 776
—, — Diensynthese 789, 806
—, — Esterkondens. 775
Ringschlußreaktionen, durch Kalksalzdest. 775, 797
—, — Michael-Addition 945
—, — Nitrilkondens. 795, 797
—, — Olefindimerisierung 784
—, — Pinakonreduktion 777
—, — Wurtzsche Synth. 775
—, *m*- u. *p*-Ringschlüsse am Benzolkern 838
Ringspannung, Äthylenimin 559
—, Cyclopropan 782
Ringspaltung 778f.
—, d. Pyridins 842
Ring-verengerung 779f.
—-verknüpfung, *cic*- u. *trans*- 803
Rivanol 851
Rodinal 578
Rotanilin 572
R-Säure 819*
Rubene 831
Rubren 830
Ruggli, Verdünnungsprinzip 798

Saccharin 686
α-Säure, Schäffersche 819*
β-— 820*
—, Schäffersche 819*
γ-— 821
δ-— 820*
Salicylsäure-naphtholester 818
Salpetrigsäureester, als Nitrosierungsmittel 660
Salpetersäure, Nachw. m. Diphenylamin 574
—-ester, Esterkondensation 943
Salvarsan 706
—-oxyd 707
Sandmeyer, Reaktion v. — 621
Sarkosin 586
Sauerstoff-radikale 759
—-verbindungen, Aminoderivate 576
—-—, Analogie m. Schwefelverbb. 667
—-—, Dehydrierung 912f.
— —, m. schweren O 766
Schäffersche α-Säure 819*
Schäffersche β-Säure 819*
Schiffsche Basen, Redukt. zu Aminen 538
Schleimsäure, Brenzung 890
—, Pyrrol-bldg. aus HN_4-Salz 868
Schmidlinsches Phänomen 749
Schwefel, radioaktiver 770
Schwefelverbindungen 667f.
—, Analogie m. Sauerstoffverbb. 667
schwerer Kohlenstoff, org. Derivv. 768
— Sauerstoff, Anwendung 767
— —, Einführung in org. Verbb. 766
— —, org. Derivv. 766
— Stickstoff, Anwendung i. Biochemie 767
—, — org. Derivv. 767
— —, Verw. z. Aminosäuren-Best. 768
— Wasserstoff: s. Deuterium
sekundäre Verbb., s. Einzelverbb.
Selendehydrierung 916
—, Nebenreaktionen 789, 916
—, v. Cyclohexanderivv. 789
—, v. Cyclo-octa-tetraen 796
Selen-one 696
—-onierung 696
—-onsäuren 696
—-ophen 903
—-verbindungen 696
Semichinone, als freie Radikale 753
—, Wursters Rot 754
semicyclisch (Def.) 772
Semidin-Umlagerung 601
semipolare Bindung, Nachweis 692
s. auch N→O-Bindg., S→O-Bindg. usw.
Senfgas 674
SH-Gruppe, als Subst. 1. Ordn. 672
s. auch Mercaptane
Shikimisäure 792
Silane 708f.
Silber-salvarsan 706
—-salz 826
Silicium-atom, asymmetrisches 709
—-tetraäthyl 695*
—-tetramethyl 695*
Siliciumverbindungen 708f.
—, Dialkyldichlorsilane 709
—, Disilane 711
—, Hexaalkyldisilane 711
—, Monoalkyl-trichlorsilane 709
—, part. alkylierte Silane 711
—, Tetraalkylsilane 708
—, Trialkylchlorsilane 709
—, Trialkylsilanole 710
—, —, Äther u. Ester 710
Silicone 710
Silvan (= 2-Methyl-furan) 891
Si-Si-Bindung 711
Skatol (= β-Methylindol) 876

VAN SLYKE, Reaktion v. — 582
S→O-Bindung, i. Sulfinsäuren 689
—, i. Sulfonen 687
—, i. Sulfonsäuren 677
—, i. Sulfoxyden 692
Spannung, s. Ringspannung
Spermidin 558
Spermin 558
Sphingosin 577
Spirane 802
—, alicyclische 810
Spiro-[*4,5*]-decan 802*
—-[*2,4*]-heptan 802*
—-[*4,4*]-nonan 802*
Sterine, als Cycloparaffinderivv. 774
Steroide, als Cycloparaffinderivv. 774
—, Synthesen, Modellreakt. 946
Stibine 707
Stibinsäuren, Definition 699 Anm.
Stiboniumsalze, quartäre 707
Stibonsäuren 708
—, Darst. aus Diazoverbb. 620
—, Definition 699 Anm.
Stickoxyd, als freies Radikal 757
Stickstoffdioxyd, als freies Radikal 756
Stickstoffverbindungen 533f.
s. auch Einzelverbb.
—, Einteilung 534
—, m. schwerem N 767
Stilben, Vergleich m. Azobenzol 630
Stovain 577
STRECKER, Aminosäuresynthese 580
Styphninsäure (= Trinitroresorcin) 645*, 658
Styrol, Dimerisierung 946
Suberon (= Cycloheptanon) 792, 794*
Süßstoffe, *4,5*-Dinitro-*o*-toluidin 659
—, Dulcin 578
—, Glucin 856
—, *p*-Nitro-*o*-toluidin 659
—, Saccharin 686
Sulfanilsäure 568*, 686
—, Diazoniumsalz 686
—, Prontalbin 687
—, Sulfonamide 687
Sulfa-pyridin 845
—-pyrimidin 853
—-thiazol 901
Sulf-hydroxamsäuren 682
Sulf(on)imide 682
Sulfinierung 689f.
Sulfinierung, Definition 677 Anm.
—, m. SO_2 689
Sulfinoxyde (= Sulfoxyde) 691f.
Sulfinsäure(n) 689f.
—, Acidität 690
—, Bezieh. z. H_2SO_2 u. H_2SO_3 689
—, Bleisalze 690
—, Darstellung 689f.
—, —, aus Sulfochloriden 681, 690
—, — n. FRIEDEL-CRAFTS 934
—, —, n. SANDMEYER 621, 690
—, Definition 676
—, Disproportionierung 691
—, Eigenschaften 690
—-ester 690
——, Umlagerung i. Sulfone 688
—, Konstitution 689
—, Nomenklatur 689
—, Oxydation 691
—, Reduktion 691
—, Tautomerie 691
Sulfo-chloride 681
s. auch Sulfonsäuren
—-chlorierung 678
—-essigsäure 685
——, Vgl. m. Acetessigsäure 683
Sulfogruppe, acidif. Wirkg. 682
—, als Subst. 2. Ordn. 683
s. auch Sulfonsäuren
Sulfonal 689
Sulfonamid(e) 682
—, *N*-Alkyl-— 682
—, sekundäre 682
—-therapie 687
—, Verv. z. Trennung v. Amingemischen 541
Sulfone 687f.
—, Acidität 688
—, Bldg., aus Mercaptalen 688
—, —, aus Sulfinsäureestern 688
—, —, aus Thioäthern 688
—, Darstellung 687f.
—, — n. FRIEDEL-CRAFTS 934
—, Definition 676
—, Eigenschaften 688
—, Konstitution 687
—, Nomenklatur 687
Sulfonierung 677f.
—, Definition 677 Anm.
—, Katalyse 679, 826
—, m. Chlorsulfonsäure 678
—, m. konz. Schwefelsäure 677
—, m. rauch. Schwefelsäure 678
Sulfonierung, m. SO_3 678
—, m. SO_3-Dioxan 678
—, m. SO_3-Pyridin 678
—, Temp.-Einfluß 678, 679
—, v. Anilinbasen, im Kern 568, 570
—, — in d. NH_2-Gruppe 572
—, v. Anthrachinon 826
—, v. Naphthalin 678, 679, 817
—, v. Paraffinen 679
—, v. Thiophen-verbb. 899
—, v. Toluol 677
Sulfoniumsalze 674f.
Sulfonsäure(n) 676f.
—, Acidität 680
—, Alkalisulfonate 680
—, als Arylierungsmittel 684
—, Anhydride 682
—, Bariumsulfonate 680
—, Bezieh. zu H_2SO_3 u. H_2SO_4 676
—, CH-Acidität 682
—, Cyanidschmelze 684
—, Darstellung 677f.
s. auch Sulfonierung
—, —, aus Alkalisulfiten 679
—, —, aus Mercaptanen 680
—, —, aus Sulfinsäuren 680
—, —, n. SANDMEYER 679
—, Definition 676
—, Eigenschaften 680
—, Erdalkalisulfonate 680
—-ester 682
—, Hauptvalenzformel 677
—, Konstitution 676
—, Nichtenolisierung 683
—, Nomenklatur 677
—, Phenolschmelze 684
—, Reaktionen 680f.
—, Spaltung 683f.
—, Subst. d. Hydroxylgruppe 680
—, — d. Sulfogruppe 684
—, Sulfhydroxamsäuren 682
—, Sulf(on)imide 682
—, Sulfochloride 681
—, —, Redukt. z. Mercaptanen 669
—, —, —, z. Sulfinsäuren 690
—, Sulfonamide 682
s. auch Sulfonamide
Sulfoxydation 678
Sulfoxyde 691f.
—, Basitität 692
—, Darstellung 691
—, —, n. FRIEDEL-CRAFTS 934
—, Definition 676
—, Eigenschaften 692
—, Salzbildung 692
Sulfurierung (Def.) 677 Anm.
s. auch Sulfonierung

Sulfurierung, n. FRIEDEL-CRAFTS 934
Synthesen 926f.
—, Diensynthese 947f.
s. auch Diensynthese
—, durch Anlagerungsreaktionen 944f.
—, — dehydr. Verknüpf. v. C-Atomen 949
—, — Kondensation 928f.
s. auch Kondensation
—,m. *1,3*-Dicarbonyl-verbb. 928
—, m. Metallacetyleniden 927
—, m. metallorg. Verbb. 720f. 927
—, reduzierende 950
—, v. FRIEDEL-CRAFTS 932f.
s. auch FRIEDEL...
—, v. Nitrilen 927
—, v. REFORMATSKY 928
—, v. Zimtsäuren 940

Taurin 685
Taurocholsäure 685
Tautomerie, s. einzelne Tautomeriefälle
Tellurverbindungen 696
Terpene, als alicyclische Verbb. 774
Terpentinersatz 837
tertiäre Verbb., s. Einzelverbb.
Tetracen (= Naphthacen) 830
Tetraäthyl-germanan 695*
—-plumban (= Blei-tetraäthyl) 695*
—-silan 695*
—-stannan 695*
Tetraalkyl-arsonium-jodide 702*
— (aryl)-tetrazene 637f.
—-diarsine 702
—-germanane 711
—-hydrazine 596
—-phosphoniumsalze 698
—-silane 708f.
—-stannane 731
—-stibonium-salze 707
Tetra-*o*-anisyl-diphenyl-äthan, Radikalspalt. 751
Tetraaryl-hydrazenium Salze 758
—-hydrazine 602
—-—, Radikalspalt. 756
—-—, —, Subst.-Einfluß 757
—-phosphoniumsalze 699
—-tetrazene 602, 638
sym-Tetra-benzo-benzol (= Perylen) 832
—-cyclohexyl-diphenyl-äthan 751, 802
Tetra-deuteromethan 761*, 762, 763*
—-*p*-dimethylamino-tetraphenyl-hydrazin, Radikalspalt. 757
Tetrahydro-anthrachinon 822*
—-isochinolin, Derivate 850
—-naphthalin (= Tetralin) 837
—-naphthochinon 814*
—-pyrrolbasen, Nomenklatur 870
Tetrajod-pyrrol 871*, 873
Tetralin (= Tetrahydronaphthalin) 837
Tetramethylammonium 547
—-hydroxyd 727*
—-tritylat 726
Tetramethyl-diarsin 704*
Tetramethylen-diamin (= Putrescin) 556*, 558
—-imin (= Pyrrolidin) 560
Tetramethyl-germanan 695*
—-methan, als diamantoider Stoff 809
—-methylen-diamin 542
—-plumban (= Bleitetramethyl) 695*
—-silan 695*
—-stannan 695*
1,2,3,5-Tetranitrobenzol 656
—, Subst. einer NO_2-Gruppe 655
Tetranitromethan 645*, 648, 649
—, als Nitrier.-mittel 642
—, Farbreakt. m. Olefinen 648
Tetra-[*p*-nitrophenyl]-dibenzoyl-tetrazan 604
1,2,4,5-Tetraoxy-*3,6*-diaminobenzol 791
Tetraphenyl-äthan 750
—-äthylen 836
—-allyl (freies Radikal) 751
—-arsonium-chlorid 707
—-bismutonium-salze 734
Tetraphenylbor-cäsium 714
—-kalium 714
—-Komplex 713f.
—-—, Beständigkeit 714
—-rubidium 714
—-wasserstoff 714
Tetraphenyl-chromchlorid 735
—, als freies Radikal 760
Tetraphenyl-*9,10*-dihydroanthracen 750*
—-naphthacen (= Rubren) 831
—-octaza-trien 638
—-ruben (= Rubren) 831
—-phosphonium-jodid 701
—-schwefel 693
—-selen 696
—-tellur 696
Tetrazane 604
Tetrazene 637f.
—, Bldg aus *as*-Dialkyl-(aryl) hydrazinen 597
1,2,3,4-Tetrazin, Dihydroderivv. (= Osotetrazine) 857
1,2,3,5-— (Nichtexistenz) 858
1,2,4,5-— 857
—-dicarbonsäure 857
Tetrazol 888
—, Hexaza-dien-Derivv. 889
—, p_K-Wert 880
—-Ring, Nomenklatur 878
—-—, Reaktionen 888
—, Synthesen 879*
—-verbindungen 888f.
Tetrazoliumsalze 889
—, als biochem. Indikatoren 890
Tetronal 688, 689
Thianthren 866
Thiazin 866
Thiazol 897*, 901
Thioäther 673f.
—, als Mercaptan-Derivv. 671*
—, Darst. aus Diazoverbb. 620
—, — n. FRIEDEL-CRAFTS 934
—, Schwermetall-Komplexe 673
Thio-alkohole 668f.
s. auch Mercaptane
—-anisol 670*
—-carbonsäureester, als Mercaptan-Derivv. 671*
—-diazole (= Diaza-thiophene) 901
—-glykol 672
—-—-säure 674
—-—-—, o-Carboxyphenyl-Deriv. 674
—-harnstoff, Alkylierung 669
—-indigo 900
—-indoxyl 900
o-—-kresol 670*
—-naphthen 897*, 900*
Thionyl-imide 572
Thiophen 897*, 898
α-—-aldehyd 897*
—, Azaderivv. 900
—, Bldg. aus Furan 890
α-—-carbonsäure 897*
—, Entdeckung 898
—, Gew. aus Teerbenzol 899
—, Indophenin-reakt. 899
Thiophenine (= Aminothiophene) 900
Thiophenol 670*, 672
Thiophenole 668f.
s. auch Mercaptane

Thiophenole, Acidität 670
—, Darst. aus Sulfochloriden 681
—, — durch Arylier. von SH^- 669
—, — — Sulfurier. v. aromat. Verbb. 669
—, — n. FRIEDEL-CRAFTS 934
Thiophen-quecksilber-oxyacetat 899
Thiophenring, als Benzolmodell 897
—, aromat. Reaktt. 899
—, Aromatisierungsenergie 898
—, Konstitution 898
—, Mercurierung 899
—, Sulfonierung 899
—, Synthesen 898
Thiophen-schwefel, dirigierende Wirkung 899
—-sulfonsäure 899
—-verbindungen 897f.
—-—, Eigenschaften 897
—-—, Nomenklatur 867, 897 Anm.
Thiophthen 897*, 900*
Thiopyrone 865f.
—, *o*-Alkyl-derivv. 866
—, Basizität 866
Thiopyroniumsalze 866
Thiosalicylsäure 672
—, Na-Salz 674
α-Thiotolen 897*, 900*
β-— 897*, 900*
Thioxanthren 866
2,3-Thioxen 897*, 900*
2,4-— 897*, 900*
2,5-— 897*, 900*
3,4-— 897*, 900
Thymin 853
TNT (= Trinitrotoluol) 655
Toluidin, *o*-, *m*- u. *p*- 565*, 574
Toluol-moschus 655
—, Oxydat. m. $Pb(OAc)_4$ 909
—, — m. PbO_2 u. MnO_2 910
—, Sulfonierung 677
—-sulfonsäure, *o*- u. *p*- 685
m-Toluylendiamin 575
Triacetonamin 579
Triäthanolamin 576
Triäthylamin 539*, 556
—, p_K-Wert 540*
Triäthyl-arsin 695*
—-phosphin 695*
—-stibin 695*
Trialkyl-amino-silan 710*
—-aminoxyde 592
s. auch Aminoxyde
—-ammonium-alkylide 727
—-arsin-dichloride 702*
Trialkyl-arsin-sulfide 702*
—(aryl)-arsinoxyde 705*, 707
—(—)-bismutin(e) 734
—(—)-—-dichloride 734
—(—)-phosphinoxyde 698*, 701
—-blei-halogenide 732, 733
—-—-hydroxyde 733
—-borane 712
—-chlorsilane 709
—-hydrazine 596
—-—, Nitrosohydrazine 598
—-hydroxylammoniumsalze 592
—-phosphazine 698*
—-phosphin(e) 695*, 698
—-—-(di)chloride 698*
—-—-imide 698*
—-—-sulfide 698*
—-silane 711
—-silanol 710
—-—-äther 710*
—-—-ester 710*
—-stannol 731*
—-stibin-(di)chloride 707*
—-—-oxyde 707*
—-—-sulfide 707*
—-sulfonium-mercaptide 675
—-—-salze 674f.
—-thio-silanol 710*
—-vinyl-ammoniumsalze 562
—-zinn-hydroxyd 731*
—-—-jodid 731*
Triamino-propan 556*, 558
Triaryl-ammenium-Salze 758
—-bor-natrium (als freie Radikale) 760
—-hydrazine 601f.
—-hydrazyle 757
—-methyl-peroxyde 748
Triarylmethylradikale 748f.
—, Anlagerungsreaktt. 749
—, Darstellung 748
—, Disproportionier. 749
—, Farbe 748
—, Peroxyd-Bildung 748
—, Reakt. m. Diarylstickstoffradikalen 748, 757
—, — m. *1,3*-Dienen 749
—, — m. Phenanthroxylen 759
—, SCHMIDLINsches Phänomen 749
2,4,6-Triaryl-triazine 855
Triazane 603
Triazene 633f.
—, Diazoamino-Verbb. 634
—, Diazobenzolamid 633
—, gemischt-aliph.-aromatische 634
—, Monoarylderivate 633
Triazin(e) 854f.
as-Triazin(e) (= *1,2,4*-—) 856
sym-— (= *1,2,3*-—) 855
—-tricarbonsäure-ester 855
—-—-triamid 855
—-—-trinitril (= Hexacyan) 855
vic-— (= *1,2,3*-—) 856
1,2,3-Triazol(e) 885f.
—, Darst. 885
—-*4,5*-dicarbonsäure 885
—, Eigenschaften 886
—, Isomerieverhältnisse 885
—, p_K-Wert 880
—-Ring, Nomenklatur 878
—, Synthese 879*
—, Tautomerie 881
1,2,4-Triazol(e) 886f.
—-Ring, Nomenklatur 878, 887
—, Synthesen 879*
sym-Tribenzo-benzol 832*
—-furan 894
Tri-*p*-biphenyl-methyl 750
Trichinoyl 787, 791
—-tetrahydrat 791
Trichloressigsäure, $HCCl_3$-Spalt. 955
Trideutero-methan 761*
β,β,β-—-propionsäure 763*
—-—, Elektrolyse 765
Trilone 587
Trimethyl-äthyl-ammonium-jodid 727*
Trimethylamin 539*, 556
—, Bldg. aus Betain 585
—, p_K-Wert 540*
—-oxyd, p_K-Wert 593
Trimethyl-ammonium-methylid 726
—-arsin 695*
N-—-colamin, Zwitter-Ion 727
Trimethylen-diamin 556*, 559
—-imin 559
Trimethyl-glycin (= Betain) 586
—-jodmethyl-ammonium-jodid 727*
—-phosphin 695*
2,4,6-—-pyranol 858
—-pyridine (= Collidine) 840*, 844
2,4,6-—-pyrylium-salze 858f.
—-stibin 695*
—-trimethylen-triamin 542
sym-Trinitro-benzol 645*, 655
2,4,6-—-benzolderivv.: s. Pikrinsäurederivv.
—-methan 645*, 648, 649
2,4,6-—phenol, (= Pikrinsäure) 657
N-—-phenyl-*N'*,*N'*-diphenyl-hydrazyl 757

Trinitro-propan 558
—-resorcin 658
2,4,6-—-toluol 645*, 655
Trional 688, 689
1,2,4-Trioxy-anthrachinon 827
3,4,5-—-cylohexanon 792
Trioxymethyl-nitromethan 648
—-—-trinitrat 648
1,4,5-Trioxy-naphthalin (= Hydrojuglon) 818
Triphenyl-amin 565*, 574
—-aminoguanidin, Verw. z. Nitron-Gew. 886
—-arsin-(di)chlorid 707
—-bismutin-(di)chlorid 734
—-bor 713
—-chromchlorid 735
—-formazan 889
—-formazyl (= formazan) 889
—-hydrazin 601
Triphenylmethyl (freies Radikal) 750
—-peroxyd 748
—-verbindungen: s. auch Trityl-...
Triphenyl-sulfoniumchlorid 693
2,3,5-—-tetrazolium-chlorid 889
Trisulfonylmethane, Acidität 689
Trithione 901f.
—, Mesomerie 902
—, SCHIFFsche Basen 902
—, Verwendung 903
Trithioniumsalze 902
Trityl (= Triphenylmethyl) 750
—-chlorid, Reakt. m. Knallquecksilber 745
—-natrium 726
—-—, Verw. als Kondensationsmittel 942
Trixenyl-methyl (= Tri-*p*-biphenyl-methyl) 750
Tropidin 793*
Tropin 793*
Tropinon-dicarbonsäureester, Synth. 776
Tropolon 793
Trotyl (= Trinitrotoluol) 655
Truxillsäuren 784, 785
Tryparsamid 706
Tryptophan, Abbau z Kynurensäure 848
—, als Indolderiv. 877
TTC 889
Tutocain 577
TWITCHELLS Reagens 685

Umlagerung, Benzidin-— 569, 575, **600**
—, Diphenylen-— 601
—, Semidin-— 601
—, v. Betainen 584
—, v. O. FISCHER u. HEPP 568, 572
—, v. Phenylhydroxylamin 594
—, v. Sulfinsäureestern 688
Uracil 853
Urotropin, als alicycl. Verb 811

δ-Valero-lactam (= Pyrrolidon) 587
Verdünnungsprinzip 798
Veronal, p_K-Wert 540*
Vetivazulen 805
Vinyl-acetylen, Diensynthese 947
—-cyclohexen, Bildg. aus Butadien 948
—-methylketon, Dimerisierung 947

Wasserstoff, atomarer, als Redukt.-mittel 922
—, katalytischer 917f.
s. auch Hydrierung
—, nascierender 919f.
—, —, Anwendungsbereich 920
—, —, elektrolyt. Redukt. 921
—, —, Reduktionspotential 919
—, —, —, Abhängigkeit v. p_H 919 Anm.
—, —, —, Beeinfl. durch Überspannung 920
—, —, Reduktion v. Naphthalin 816
—, —, — v. Pyrrol 872
—, —, Überspannung 920 Anm., 921
Wasserstoff, nascierender, Vergl.m.katalyt.— 919, 920
—, —, Wirk.-mechanismus 920
— schwerer 760 f.
s. auch Deuterium
Weckamine 553
Weinsäure, Glykolspaltg. 912
Wismut-organ. Verbindungen 734
—-triäthyl (= Triäthyl-bismutin) 695*
—-trialkyle 734
—-—, Bildg. v. freien Alkylradikalen 755
—-trimethyl (= Trimethylbismutin) 695*
WURSTERS Rot 754
WURTZ-FITTIGsche Synthese **720**, 927
— —, als Nebenreaktion 727
— —, Nebenreaktionen 718

Xanthogenate, Alkylierung 660
—, Arylierung m. Diazoverbb. 620
Xanthon 865
Xanthylium-Salze 858
2,3-Xylidin 565*, 574*
2,4-— (= m-Xylidin) 565*
2,5-— (= p-Xylidin) 565*, 574*
2,6-— 565*
3,4-— 565*
3,5-— 565*
Xylol-moschus 655

ZEREWITINOFF, Reakt. v. — 719
Zibeton 799
Zimtaldehyd, als philodiene Komp. 948
Zimtsäure-Synthesen 940
Zink-diäthyl 695*
—-dimethyl 695*
—-organ. Verbindungen 728
—-staubdestillation 924
—-—, Verw. z. Konstitut.-aufkl. 958
Zinn-dialkyle 732
—-diaryle 732
—-organ. Verbindungen 731f.
—-— —, Hexaalkyldistannane 732

FSC
www.fsc.org
MIX
Papier | Fördert gute Waldnutzung
FSC® C083411

Kolibri 360 GmbH
Ferdinand-Jühlke-Straße 7
99095 Erfurt, Deutschland
produktsicherheit@kolibri360.de